Die Verbrennungskraftmaschine

Herausgegeben von

Prof. Dr. Dr. h. c. **Hans List**
Graz

Band 11

Der Aufbau der raschlaufenden Verbrennungskraftmaschine

Springer-Verlag Wien GmbH

1964

Der Aufbau der raschlaufenden Verbrennungskraftmaschine

Von

Dipl.-Ing. **A. Scheiterlein**

Anstalt für Verbrennungsmotoren Prof. Dr. Hans List
Graz

Zugleich zweite, völlig neu bearbeitete Auflage von
H. Kremser, Der Aufbau schnellaufender Verbrennungskraftmaschinen
für Kraftfahrzeuge und Triebwagen

Mit 272 Textabbildungen

Springer-Verlag Wien GmbH

1964

ISBN 978-3-662-24344-2 ISBN 978-3-662-26461-4 (eBook)
DOI 10.1007/978-3-662-26461-4

Ursprünglich erschienen bei Springer-Verlag/Wien 1964.

Vorwort

Dem Verfasser der ersten, 1942 erschienenen Auflage des vorliegenden Werkes, Herrn Dr. Ing. HANS KREMSER, war es infolge seiner beruflichen Überlastung nicht möglich, die Neubearbeitung des seit langem vergriffenen Bandes selbst zu übernehmen. Deshalb hat der Herausgeber der Sammlung „Die Verbrennungskraftmaschine", Herr Professor Dipl.-Ing. Dr. techn. Dr. techn. h. c. HANS LIST, mich mit dieser Aufgabe betraut; es ist mir ein Bedürfnis, Herrn Professor LIST für das große Vertrauen, das er damit in mich gesetzt hat, an dieser Stelle meinen besonderen Dank auszusprechen.

Der außerordentliche Fortschritt auf dem Gebiet der raschlaufenden Verbrennungskraftmaschine seit dem Erscheinen der ersten Auflage und die Vielzahl neuer Motoren, die seither in Produktion gegangen sind, machten eine so weitgehende Umarbeitung des Bandes notwendig, daß es sich bei der zweiten Auflage praktisch um ein neues Buch handelt. Der Schwerpunkt der Ausführungen und der Beispiele liegt, meinen eigenen Erfahrungen und Erkenntnissen entsprechend, auf dem Gebiet der raschlaufenden Dieselmotoren. Die Voraussagen Herrn Dr. KREMSERs über die Weiterentwicklung dieser Motoren sind in vielen Fällen Wirklichkeit geworden.

Die Verwendung des Offsetdruckverfahrens für die Abbildungen, bei dem die kostspielige Anfertigung von Klischees vermieden wird, erforderte die Trennung der Abbildungen vom Text; die Bilder sind nunmehr im Anschluß an die Zahlentafeln, die auf den Textteil folgen, in einem besonderen Bildteil angeordnet. Nach dem Bildteil folgen dann die Berechnungsbeispiele. Die Zusammenfassung aller Abbildungen bietet für den Konstrukteur einen großen Vorteil, da sie einen unmittelbaren Vergleich der verschiedenen Motorkonstruktionen erlaubt. Der besseren Übersicht halber sind außerdem die Kenndaten der abgebildeten Konstruktionen in Zahlentafel 1 zusammengestellt. Um ein rasches Auffinden der zu den jeweiligen Abbildungen gehörenden Beschreibungen und Kenndaten zu ermöglichen, sind in den Abbildungsunterschriften die Seiten, auf denen die betreffenden Textstellen, und die Zeilen, unter denen in Zahlentafel 1 die Kenndaten zu finden sind, angeführt.

Zu danken habe ich noch besonders Herrn Dipl.-Ing. GERHARD THIEN für die Bearbeitung der Abschnitte „Berechnung der Ventilatoren", „Berechnung der Kühlgebläse für luftgekühlte Motoren" und „Berechnung der Radialspülgebläse". Außerdem danke ich Herrn Dr. HERBERT PRETTENHOFER für seine Hilfe bei der Korrektur, meiner Frau MELANIE für die mühevolle Schreibarbeit am Manuskript, sowie allen Firmen, die mich in bereitwilliger Weise durch Überlassung von Unterlagen unterstützt haben.

Graz, im Frühjahr 1964

A. Scheiterlein

Inhaltsverzeichnis

A. Einleitung

Die raschlaufende Verbrennungskraftmaschine ist heute ein unerläßlicher Bestandteil der modernen Lebensform.

Insbesondere die raschlaufenden Dieselmotoren bildeten die Grundlage der Mechanisierung der Landwirtschaft und brachten in vielen Ländern die volle wirtschaftliche Bodennutzung und die Befreiung von mühseliger Handarbeit. Die Landmaschinen, Lastwagen, Baumaschinen, Industriemaschinen haben ihren vollen wirtschaftlichen Einsatz erst erlebt, als ihnen zuverlässige, geeignete Dieselmotoren zur Verfügung standen.

Zieht man alle Kraftmaschinen in Betracht, so wird von den raschlaufenden Verbrennungsmotoren einschließlich der Motoren für Personenkraftwagen die größte Anzahl von Pferdestärken erzeugt.

Die Industrie der raschlaufenden Verbrennungsmotoren und die damit verbundenen Industrien sind für die Wirtschaft jedes Staates von größter Bedeutung.

Die Ursache der weiten Verwendung und Verbreitung der raschlaufenden Verbrennungskraftmaschinen liegt aber nicht zuletzt in ihren verhältnismäßig niedrigen Anschaffungskosten. Keine andere Maschinenart ist im Verhältnis zur Leistung, Bauaufwand und erforderlichen Genauigkeit so billig wie der raschlaufende Verbrennungsmotor. Das ist aber zum Großteil auf die zweckmäßige Verbindung fertigungsgerechter Gestaltung und wirtschaftlicher Herstellungsmethoden zurückzuführen.

Die eigentlichen Grundsätze der wirtschaftlichen Massenfertigung und Rationalisierung gehen vom Kraftfahrzeug und dem damit in enger Verbindung stehenden raschlaufenden Verbrennungsmotor aus, der den Kern und gleichzeitig schwierigsten Bauteil eines Kraftfahrzeuges bildet. Es genügt in diesem Zusammenhang nur die Nennung der Namen Ford und Taylor. Genauso finden heute die in dem Sammelbegriff Automation zusammengefaßten Fertigungsverfahren ihren Ausgangspunkt im Kraftfahrzeugbau und Bau raschlaufender Verbrennungsmotoren.

Für den Konstrukteur einer raschlaufenden Verbrennungskraftmaschine bedeuten die obengenannten, nur gestreiften Zusammenhänge, daß es in den meisten Fällen in der Hauptsache darum geht, ein billiges und gleichzeitig zuverlässiges Massenprodukt zu schaffen. Die Ergebnisse der Forschung und Prüfstandsuntersuchungen und neue Konstruktionsideen müssen auf praktische Ausführungsmöglichkeiten und auf billigste Herstellung ausgerichtet und umgestaltet werden.

Viele neue Ergebnisse aus Forschung und Konstruktion setzen erst die Entwicklung neuer Fertigungsverfahren und Werkstoffe voraus, um z. B. die erforderliche Genauigkeit bei niederen Herstellungskosten in der Massenproduktion zu gewährleisten und den Beanspruchungen des praktischen Einsatzes gewachsen zu sein. Es dauert daher oft Jahre, bis neue Ideen die Produktionsreife erlangen. Genauso erfordern umgekehrt Vorschläge hinsichtlich besonders billiger Erzeugungsmethoden einzelner Teile vielfach eine konstruktive Umgestaltung der Teile oder des Motors. Dies kann aber einen großen Aufwand an Erprobung an Prüfständen und im praktischen Einsatz zur Folge haben. Die Konstruktion der Motoren ist auch unmittelbar mit der Gießereitechnik hinsichtlich Formverfahren und Werkstoffentwicklung verbunden, da ja die Hauptteile der raschlaufenden Motoren derzeit am wirtschaftlichsten noch immer und voraussichtlich auch in der Zukunft nur als Gußteile in Frage kommen. Druckguß- und Kunstharzformen (Croning-Verfahren, shell molding) verlangen die Anpassung der Konstruktion an diese hauptsächlich für die Massenproduktion geeigneten Gußverfahren. Nicht von ungefähr ist z. B., daß innerhalb der zentralen großen Forschungslaboratorien von Ford in USA die Motorentwicklung und die Gießereitechnik in einer Abteilung zusammengefaßt sind.

Die Weiterentwicklung der raschlaufenden Verbrennungskraftmaschine wird in der nächsten Zukunft noch mehr mit der technologischen Entwicklung gepaart werden müssen.

Als Hauptziele der Weiterentwicklung gelten

1. Gewicht und Bauraumverminderung, bzw. Erhöhung der spezifischen Leistungskennwerte.
2. Verbrauchssenkung.
3. Senkung der Herstellungskosten.
4. Geräuschminderung.
5. Erhöhung der Zuverlässigkeit und der Lebensdauer bei vermindertem Wartungsaufwand.

B. Grundlagen und Bestimmung der Hauptabmessungen

I. Verwendung und Leistungsbereich

Die hauptsächlichsten Verwendungsgebiete der raschlaufenden Verbrennungskraftmaschinen umfassen den Leistungsbereich von ungefähr 0,5 bis 1000 PS bei Drehzahlen von etwa 1500 bis 4000 U/min und mehr.

Im allgemeinen ergibt sich folgende Zuordnung von Verwendung und Leistungsbereich:

1. Industriemotoren 0,5 bis 1000 PS, für Antriebe im Gewerbe, Industrie, Landwirtschaft; Kompressoren, Bewässerungspumpen, elektrische Krafterzeugung, Baumaschinen, Erdbohraggregate.
2. Landwirtschaftliche Traktoren 5 bis 100 PS.
3. Straßenbaumaschinen 40 bis 600 PS.
4. Personenkraftfahrzeuge: Zweiradkraftfahrzeuge 0,5 bis 30 PS, Personenkraftwagen 15 bis 350 PS.
5. Lastkraftwagen 20 bis 600 PS.
6. Bootsmotoren, Schiffshilfsmaschinen 10 bis 1000 PS.
7. Lokomotivmotoren 50 bis 1000 PS.

II. Grundlegende Gesichtspunkte für den Aufbau

Bevor an die Konstruktion und an die Auslegung der Hauptabmessungen herangegangen wird, ist eine Reihe von gründlichen Überlegungen und Feststellungen notwendig, welche den Aufbau des Motors von vornherein beeinflussen können. Kurz zusammengefaßt ergeben sich folgende Gesichtspunkte, welche beim Entwurf zu beachten sind:

1. Verwendungszweck und Leistungsbereich.
2. Erzeugungskosten.
3. Wartung, Instandhaltung, Betriebskosten.
4. Verbrennungsverfahren — Otto- oder Dieselverfahren.
5. Arbeitsverfahren — Viertakt, Zweitakt, Aufladung.
6. Kühlungsart — Wasser- oder Luftkühlung.
7. Tradition.
8. Normung und Vorschriften.
9. Technischer Stand des Erzeugerlandes.
10. Formgestaltung.
11. Stand der Technik.

Da mit der Produktion der Verbrennungskraftmaschine gleich wie bei jedem anderen Produkt ein kommerzieller Erfolg verbunden sein muß, muß die Verbrennungskraftmaschine auch irgendeinen Bedarf decken. Es müssen daher Käufer vorhanden sein, bzw. der Motor muß für diese einen bestimmten Verwendungszweck haben.

Hiermit wäre der erste grundlegende Gesichtspunkt für den Aufbau der Verbrennungskraftmaschine gegeben.

Der Verwendungszweck wird meistens von der Verkaufsseite eines Betriebes bestimmt. Vielfach ist an und für sich durch die Tradition einer eingeführten Firma der Verwendungszweck gegeben und damit auch der Absatz der Motoren gesichert. Es kann aber auch von der Verkaufsseite durch Marktbeobachtung festgestellt werden, daß ein größerer Bedarf an Motoren in der nächsten Zukunft für diesen oder jenen Verwendungszweck besteht. Es muß dann gegebenenfalls eine neue Produktion im bestehenden Rahmen aufgezogen, oder auch eine neue Produktionsstätte hierfür gegründet werden. Ferner kann auch der Konstrukteur durch eine neue, vorteilhafte Konstruktion einen neuen Verwendungszweck einer Verbrennungsmaschinenart erschließen.

Durch den Verwendungszweck wird die Wahl der Hauptabmessungen und der allgemeine Aufbau weitgehend beeinflußt. Dies wird in den folgenden einschlägigen Abschnitten noch eingehend behandelt werden. Nur in wenigen Fällen wird ein Verbrennungsmotor nur für einen einzigen Verwendungszweck gebaut. Um eine möglichst hohe Produktionszahl zu gewährleisten, wird der Konstrukteur versuchen, mit der gleichen Grundmaschine einen großen Verwendungsbereich zu umfassen. Durch Drehzahl- und Belastungsvariation und entsprechende Anbauten und Anordnung des Zubehörs an der Grundmaschine kann eine Anpassung an mehrere Verwendungszwecke erreicht werden. Durch die Konstruktion einer Baukastenreihe kann der Verwendungsbereich wesentlich erweitert und die Grundlage für eine wirtschaftliche Produktion geschaffen werden.

Der zweite und wichtigste Faktor, welcher den Aufbau der Motoren bestimmt, ist die Möglichkeit zur wirtschaftlichen Produktion.

Die raschlaufende Verbrennungskraftmaschine ist heute ein Massenprodukt und wird in ihrem ganzen Verwendungs- und Leistungsbereich fast durchwegs in größeren und größten Stückzahlen gebaut.

Es geht also nicht mehr an, den Aufbau der Verbrennungskraftmaschine nur nach theoretischen Gesichtspunkten oder patentfähigen Ideen allein auszulegen, sondern mitentscheidend muß auch die einfachste Produktionsmöglichkeit und die Billigkeit des Endproduktes sein. Selbstverständlich muß gleichzeitig die einwandfreie Funktion gewahrt bleiben. Es muß sowohl beim Gesamtaufbau als auch bei der Konstruktion der Einzelteile bei jedem Strich, bei jeder Toleranz und bei jedem Bearbeitungszeichen auf die Produktionskosten Bedacht genommen werden.

Der Konstrukteur einer raschlaufenden Verbrennungskraftmaschine muß neben seinem besonderen Fachwissen auch auf dem Gebiet der modernen, wirtschaftlichen Erzeugungsmethoden gut informiert sein, um mit den Produktionsabteilungen gemeinsam die billigste Form im Kompromiß mit der richtigen Funktion jedes Einzelteiles zu finden. Hinzu kommt, daß besonders einfache und billige Konstruktionselemente eine besondere kostspielige Entwicklung ihrer Funktion und hiefür meistens auch eine eigene Entwicklung der zugehörigen Fertigungseinrichtungen erfordern.

Als dritter wesentlicher Faktor im Grundaufbau und in der Auslegung muß die leichte, einfache Wartung, Instandhaltung und die leichte und billige Auswechselbarkeit von Verschleißteilen unbedingt Berücksichtigung finden.

Von grundlegendem und wesentlichem Einfluß auf den Aufbau sind außer dem Verwendungszweck die Faktoren Verbrennungsverfahren, Arbeitsverfahren und Kühlung.

Schon auf Grund des Bedarfes ergibt sich im allgemeinen bei den verschiedenen Verwendungsgebieten zwischen Otto- und Dieselmotor eine mehr oder minder klare Abgrenzung. Bei Kleinmotoren für Krafträder und für alle PKW-Motoren ist bis auf wenige Ausnahmen derzeit der Ottomotor vorherrschend.

Für Lastkraftwagen und Traktoren wird in Europa fast ausschließlich der Dieselmotor verwendet. In USA dagegen wird bei kleineren landwirtschaftlichen Traktoren und bei leichten und mittleren LKW's noch hauptsächlich der Ottomotor eingebaut. Bei schweren Lastkraftwagen und Traktoren findet jedoch der Dieselmotor auch in USA zunehmend Verwendung.

Für stationäre Anlagen, insbesondere für größere Leistungen, ist nur mehr der Dieselmotor gebräuchlich. In USA findet man jedoch auch für kleinere Stationäranlagen, vornehmlich dort, wo Erdgas unmittelbar zur Verfügung steht, raschlaufende Otto-Gasmotoren in Anwendung. Es ist möglich, daß die Erschließung weiterer Erdgasvorkommen in Europa auch eine größere Verbreitung raschlaufender Otto-Gasmotoren und Zündstrahlmotoren bringen wird.

Inwieweit sich eine Verschiebung der Anwendungsgebiete durch die weitere Entwicklung in Richtung der Erhöhung der Kompression bei Ottomotoren ergibt, welche dadurch in der Wirtschaftlichkeit den Dieselmotoren nahekommen, ist noch nicht abzusehen.

Ein klarer Entscheid, ob für eine Neuentwicklung eines raschlaufenden Verbrennungsmotors das Viertakt- oder Zweitaktverfahren für eine bestimmte Motorengröße oder einen bestimmten Verwendungszweck am geeignetsten ist, ist insbesondere bei Dieselmotoren derzeit schwer zu treffen, da beide Verfahren in ihren Entwicklungsmöglichkeiten noch keineswegs ausgeschöpft sind.

Abgesehen von den Großdieselmotoren ist heute auf dem Gebiet der raschlaufenden Motoren im allgemeinen der Viertaktmotor vorherrschend. Vornehmlich bei den Ottomotoren für mittlere und größere Leistungen für PKW und LKW wird das Viertaktverfahren von den Motorherstellern bevorzugt; für kleine Motoren für Krafträder und Außenbordmotoren wird das Zweitaktverfahren mit Kurbelkastenspülung allerdings häufiger angewendet.

Das Zweitaktverfahren für Ottomotoren mit Gebläsespülung, für welches die Benzineinspritzung geeignet wäre, ist in seiner Entwicklungsmöglichkeit noch kaum erschlossen, obwohl es nach Versuchen von RICARDO höchste Literleistungen und damit sehr gedrängte Bauformen erwarten ließe.

Einige Hersteller von Dieselmotoren insbesondere für Fahrzeuge bevorzugen den gleichstromgespülten Zweitaktmotor, jedoch zeigen Neuentwicklungen von raschlaufenden umkehrgespülten Zweitaktmotoren eine sehr aussichtsreiche Bauart hinsichtlich gedrängter Bauform, Gewicht und Einfachheit im Vergleich mit nicht aufgeladenen Viertaktmotoren.

Die parallel dazu vorangetriebene Entwicklung raschlaufender Viertaktmotoren mit Abgasturboaufladung, welche insbesondere durch Entwicklung geeigneter zuverlässiger Abgasturbolader ermöglicht wurde, konnte die Leistungskonzentration des unaufgeladenen Zweitaktmotors rasch einholen. Es sind aber auch schon aufgeladene, raschlaufende Zweitaktmotoren in aussichtsreicher Entwicklung und im mittleren Drehzahlbereich bis zu 1500 U/min bereits am Markt, so daß damit schon die Richtung für weitere spezifische Bauraum- und Gewichtsverminderung beschritten ist.

In Zukunft werden das Viertakt- und Zweitaktverfahren weiterhin im Wettbewerb stehen, wobei bei einer Neukonstruktion die Tradition und die Sondererfahrungen einzelner Firmen und der Verwendungszweck die Wahl beeinflussen können.

Wenn heute einem Konstrukteur die Aufgabe gestellt wird, eine neue, größere Dieselmotorenbaureihe zu konstruieren, muß in der Gesamtauslegung und Dimensionierung von vornherein auf eine spätere Weiterentwicklung durch Aufladung Rücksicht genommen werden, weil nun einmal die Aufladung am Wege der zunehmenden Leistungsausbeute liegt und die Erweiterung des Leistungsbereiches einer Baureihe ermöglicht.

Bei Leistungen über 200 bis 300 PS für Viertakt-Dieselmotoren wird man für viele Verwendungszwecke schon bei der Neuauslegung die Hauptabmessungen mit Aufladung von vornherein bestimmen. Auf die dann noch bestehende Wahl zwischen den Möglichkeiten von mechanischer oder Abgasaufladung wird später eingegangen werden.

Bei allem Bestreben der fortschreitenden Erhöhung der spezifischen Leistungen darf nicht übersehen werden, daß der Preis des Motors mit den hinzukommenden laufenden Bedienungs- und Instandhaltungskosten weiterhin die entscheidendste Rolle für den jeweiligen Verwendungszweck spielt. Es wird daher auch in der Zukunft ein weites Anwendungsfeld einfacher, nichtaufgeladener und vor allem billiger Motoren bestehen bleiben und in dieses Feld gehört auch der einfache, umkehrgespülte Zweitakt-Dieselmotor.

Die Wahl zwischen Wasser- und Luftkühlung ist von der Motorengröße, vom Verwendungszweck, von den klimatischen Verhältnissen und von der Einstellung des Käufers abhängig. Es haben sich durch die Erfordernisse des Marktes schon gewisse Abgrenzungen zwischen Luft- und Wasserkühlung ergeben, wobei im allgemeinen im kleinen und mittleren Leistungsbereich von Stationärmotoren ein steter Zug zur Luftkühlung zu beobachten ist.

Bei der Festlegung eines neuen Produktionsprogramms wird man nicht fehlgehen, wenn man sich auch etwas nach dem Stand und der Entwicklung des Marktes ausrichtet.

Von einer allgemeinen Gegenüberstellung von jeweiligen Vor- und Nachteilen der beiden Kühlungsarten wird bewußt abgesehen, weil jede Kühlungsart, wenn die Motoren dem Verwendungszweck angepaßt und richtig durchkonstruiert sind, gleich zuverlässige Motoren mit gleich hoher Lebensdauer ergibt.

Die Luftkühlung findet ausschließlich bei Motoren für Krafträder und für kleine Motoren sowohl im Otto- als auch im Dieselverfahren, für stationären Antrieb Verwendung.

Bei den landwirtschaftlichen Traktoren kleiner und mittlerer Leistung ist die Verwendung von wasser- und luftgekühlten Dieselmotoren ziemlich gleich verteilt, wobei hauptsächlich in europäischen Ländern, insbesondere in Deutschland, mehr der Luftkühlung der Vorzug gegeben wird.

Für Industrie-Dieselmotoren bis zu 200 PS und darüber ist eine steigende Anwendung der Luftkühlung zu beobachten, wobei der Wasserkühlung weiterhin ein großes Anwendungsfeld vorbehalten bleibt. Es sind schon mehrere Konstruktionen am Markt, welche eine wahlweise Ausführung eines wasser- oder luftgekühlten Motors bei gleichem Kurbelgehäuse und sonstigen gleichen Bauteilen gestatten, um sich den jeweiligen Anwendungsfällen und den Käuferwünschen rasch anpassen zu können.

Für Lastkraftwagen und schwere Traktoren ist der luftgekühlte Motor bis jetzt nur auf einige Fabrikate beschränkt. Bei PKW's ist bis auf Kleinwagen die Wasserkühlung vorherrschend, weil hier die Vorteile der Luftkühlung als weniger notwendig erachtet werden und eher die Laufruhe der wassergekühlten Motoren und die einfache Möglichkeit der Wagenheizung geschätzt werden.

Die Wasserkühlung wird für Hochleistungsmotoren, insbesondere mit Aufladung und Motoren mit großer Leistung und großen Kolbendurchmessern im allgemeinen vorbehalten bleiben. Es ist jedoch die Luftkühlung auch für aufgeladene Hochleistungsdieselmotoren für Sonderzwecke für Leistungen bis zu 1000 PS möglich und geplant, wie dies die Entwicklung des Continental-Dieselmotors von 750 PS beweist, ganz abgesehen davon, daß alle großen Kolbentriebwerke der Verkehrsflugzeuge luftgekühlt waren und die Motoren für alle existierenden Sport- und Reiseflugzeuge noch immer luftgekühlt sind. Für Bootsmotoren ist die Wasserkühlung im allgemeinen die gegebene Kühlungsart. Für Schiffe, welche in stark verschlammten Gewässern operieren müssen, hat auch die luftgekühlte Maschine ihre Vorteile. Ferner werden vielfach die Rettungsboote jetzt mit luftgekühlten Motoren ausgerüstet.

Im Hinblick auf das Arbeitsverfahren findet man bei den Kleinmotoren sowohl luftgekühlte Viertakt- als auch Zweitaktmotoren nach dem Otto- und Dieselverfahren vor. Bei den größeren luftgekühlten Dieselmotoren ist das Viertaktverfahren vorherrschend. Der luftgekühlte Zweitaktdieselmotor mit Gebläsespülung ist bis auf wenige Ausnahmen (s. Abb. 262) insbesondere für höhere Drehzahlen noch im Entwicklungsstadium. Der konstruktive Aufbau insbesondere des umkehrgespülten Zweitaktmotors mit Luftkühlung erscheint einfach. Die Hauptschwierigkeiten liegen jedoch in der Kühlung der Schlitzzone der Zylinderbüchse und in der Kühlung des Kolbens und der Ringpartie. In dieser Hinsicht ist der gleichstromgespülte Zweitaktmotor für Luftkühlung besser geeignet.

Mit der Festlegung von Verbrennungs- und Arbeitsverfahren und der Kühlungsart wären nun die maßgeblichen den Aufbau bestimmenden Faktoren geklärt. Auf die Wahl der Hauptabmessungen und auf die Konstruktion können gegebenenfalls noch folgende Faktoren von Einfluß sein:

Bei einer Erweiterung eines Produktionsprogramms durch eine Neukonstruktion sind in den meisten Fällen das vorhandene Erfahrungsmaterial, das charakteristische Verbrennungsverfahren, Patente, der Verkaufserfolg der in Produktion befindlichen Bauarten weitgehend mitbestimmend für den Aufbau der neuen Type. Auch die persönliche Note und die Ansichten des Konstrukteurs prägen sich immer wieder bei Neukonstruktionen aus.

Es kann weiterhin zur Aufgabe gestellt werden, daß bereits vorhandene Produktionseinrichtungen auch für die Neukonstruktion weiter verwendet werden müssen. Diese können den Aufbau der Neukonstruktion insofern beeinflussen, daß z. B. die Zylinderabstände aus einer laufenden Fertigungsstraße übernommen werden müssen, um Einrichtungskosten zu sparen. Diese Rücksicht sollte aber nur dann genommen werden, wenn die vorhandene Fertigungsstraße nicht zu veraltet ist, um eine wirtschaftliche Fertigung über die ganze Zeitdauer der Produktion der Neukonstruktion zu gewährleisten. Das muß gründlich überlegt und durchkalkuliert werden, um nicht die Neukonstruktion zu weit einzuengen und mit gewissen Nachteilen von vornherein zu belasten.

Solange die Tradition mit dem technischen Fortschritt und den Erfordernissen des Marktes Schritt hält, solange ist der Verkaufserfolg gesichert. Manche in der Entwicklungsgeschichte des Motorenbaues hervorragende Firmen sind durch allzu traditionsgebundene Konstruktionen heute nicht mehr am Markt vertreten.

Durch die fast ausschließliche Verwendung von Verbrennungsmotoren in allen öffentlichen Verkehrsmitteln und durch die Benutzung öffentlicher Verkehrswege durch die Kraftfahrzeuge können Konstruktionsdetails auch gewissen Vorschriften unterworfen sein, welche im Aufbau dann mitzuberücksichtigen sind.

Bei Verwendung von Motoren in Schiffen als Antriebsmaschinen oder als Schiffshilfsmaschinen sind hinsichtlich der Dimensionierung des Triebwerkes und des zu verwendenden Zubehörs die Vorschriften der Schiffsabnahmegesellschaften und der Versicherungen bei der Konstruktion einzuhalten. Das gleiche gilt auch bei der Verwendung von Motoren für Heer und Marine, welche meist wieder ihre eigenen Vorschriften herausgeben, die gegebenenfalls berücksichtigt werden müssen.

Auch die jeweiligen Vorschriften sollten mit der Weiterentwicklung der Motoren Schritt halten, weil zu viele und starre Vorschriften die Entwicklung hemmen, die Kosten der Motoren erhöhen und somit die Konkurrenzfähigkeit beeinträchtigen können.

Da die weitgehende Verwendung von Motoren in der Landwirtschaft für Traktoren, für Bewässerungsanlagen, kleine Lichtaggregate, Bootsmotoren usw. für unterentwickelte Länder die Grundlage für deren allgemeinen wirtschaftlichen Aufbau bildet, andererseits aber meistens nicht genügend Devisen für den Ankauf der notwendigen großen Zahl von Motoren aufgebracht werden können, versuchen viele dieser Länder, eine eigene, nationale Motorenindustrie entweder durch Ankauf von Lizenzen oder durch eigene Konstruktionen aufzubauen.

Die Grund- und Zulieferindustrie, die Facharbeiter und die allgemeine technische Schulung der Entwicklungsländer haben aber im allgemeinen noch keineswegs das Niveau der ausgesprochen industrialisierten Länder erreicht, daher kann die direkte Übernahme einer hochentwickelten vorhandenen Motorenkonstruktion aus diesen Ländern zu einem Fehlschlag oder zu langdauernder Abhängigkeit von Beratern und Zulieferung der komplizierten Einzelteile vom Lizenzgeber führen, was aber wieder zusätzlichen Devisenaufwand bedeutet.

Der Aufbau von Motoren für solche Länder hat sich daher nach den gegebenen technischen Möglichkeiten zu richten; das soll aber nicht heißen, daß man nun eine gegenüber dem Stand der Technik um Jahrzehnte zurückliegende oder weit überdimensionierte Bauart konstruieren muß. Der Aufbau eines solchen Motors für die Fabrikation in Entwicklungsländern muß so ausgeführt werden, daß er alle neuzeitlichen Erfahrungen des Motorenbaues beinhaltet, aber doch in der Gestaltung jedes einzelnen Teiles die einfachste Herstellungsmöglichkeit nach den Gegebenheiten des jeweiligen Landes berücksichtigt. Diese braucht nach den Gesichtspunkten in den Industrieländern nicht immer die billigste zu sein. Der Aufbau muß auch so gestaltet und die Dimensionierung so ausgelegt sein, daß mit dem Fortschreiten der technischen Entwicklung des jeweiligen Landes auch eine Weiterentwicklung des Motors auf internationalen Stand später möglich sein muß, ohne den Grundaufbau und die Fertigungseinrichtungen wesentlich zu ändern.

Im Zeitalter der modernen Formgebung auch für industrielle Produkte darf der Konstrukteur von Verbrennungskraftmaschinen nicht nachstehen und muß versuchen, zumindest durch Zweckmäßigkeit des Aufbaues und der Anordnung des Zubehörs ein gefälliges Aussehen zu erreichen. Allein die Zweckmäßigkeit wird das Aussehen verbessern. Durch schöne und zweckmäßige Formgestaltung dürfen jedoch nicht die Kosten erhöht werden.

Durch entsprechende Anordnung z. B. von Ölpumpe, Filter, Ölkühler kann man jede außenliegende Rohrleitung vermeiden. Ebenso kann man die Kühlwasserführung am Motor vom Kühler zum Ölkühler und Wasserpumpe durch richtige Anordnung dieser Hilfsaggregate ohne oder nur mit kurzen Verbindungsleitungen gestalten. Alle diese oder ähnliche Maßnahmen vereinfachen die Form des Motors auf zweckmäßige Linien. Gleichzeitig werden mögliche Leckstellen und damit die Verschmutzung des Motors vermieden und auch die Montage und die Wartung vereinfacht. Geeignete Rundungen und Linienführung an Gehäusen und Deckeln kosten nichts, können aber das Aussehen weitgehend verbessern.

Es sei nochmals betont, daß vom Käufer in Zukunft mehr und mehr Wert auch auf die zweckmäßige Formgestaltung gelegt werden wird, da der Begriff der Qualität damit eng verbunden ist. Es ist dies sinnvoll, da es einer zusätzlichen qualitativen Entwurfs- und Konstruktionsarbeit bedarf, um den Anforderungen nach zweckmäßiger Formgestaltung zu genügen.

Wie man sieht, sind eine große Zahl von Überlegungen und grundsätzlicher Entscheidungen notwendig, bevor überhaupt mit der Konstruktion begonnen werden kann.

Bei Neukonstruktionen sollte man keineswegs zu extreme Kennwerte und zu viel neue noch unerprobte Merkmale auf einmal zugrunde legen. Selbstverständlich muß eine Neukonstruktion fortschrittlicher sein als der gegenwärtige Stand. Aber es ist eine Frage der Zeit und der zur Verfügung stehenden Mittel für die Entwicklung, bis eine umwälzende Neukonstruktion die Serienreife erlangt hat. Es ist in den meisten Fällen zweckmäßig, vorläufig nur wenig neue Merkmale in die Neukonstruktion aufzunehmen, so daß diese in absehbarer Zeit gründlich entwickelt und zur Serienreife gebracht werden kann. Gleichzeitig soll man in eine Neukonstruktion alle Möglichkeiten einer späteren Weiterentwicklung mit einschließen, damit diese nach und nach verwirklicht werden kann, ohne daß dann die Produktionseinrichtungen wesentlich geändert werden müssen.

Selbstverständlich können große Firmen, welche eine tragende Produktion haben, es sich leisten, sich mit umwälzenden Neukonstruktionen in ihren Entwicklungsabteilungen zu befassen, aber selbst diese kommen meist nur mit schrittweisen Weiterentwicklungen in die Serienproduktion.

Für den Konstrukteur ist es sowohl bei der Weiterentwicklung vorhandener Typen als auch bei Neukonstruktionen notwendig, daß er die wichtigsten und fortschrittlichsten der auf dem Markt befindlichen Motoren und deren Kennzahlen kennt. Er muß über den Stand der Technik stets gut informiert sein, um seine Konstruktionen zumindest auf der gleichen Höhe zu halten. Bekanntlich ist die Konkurrenz eine Triebfeder der Weiterentwicklung und ist nach Kettering: „Research is an organized method of keeping you reasonably dissatisfied with what you have."

Allgemeine Vergleichsmöglichkeiten bieten die sogenannten Kennzahlen. Es wurde schon mehrfach versucht, ähnlich den Strömungsmaschinen dimensionslose Kennzahlen zu finden (Bd. 8/2: „Die Dynamik der Verbrennungskraftmaschine"), doch konnten diese keinen Eingang finden. Praktische Vergleichswerte, welche auch die Käufer interessieren, sind:

1. Mitteldruck p_e kg/cm².
2. Kolbengeschwindigkeit m/sek.
3. Leistungsgewicht kg/PS.
4. Hubraumleistung PS/l.
5. Spez. Bauraumleistung PS/m³.
6. Hubraumgewicht kg/l.

In Zahlentafel 1 sind die Hauptabmessungen, die Leistungen und die oben angeführten Kennzahlen typischer, raschlaufender Motoren im Aufgabenbereich dieses Buches zusammengestellt.

Solche Überblicke bieten auch für Projekte ein gutes Hilfsmittel, Gewichte und Raumbedarf im voraus zu schätzen. Ferner sind in Zahlentafel 1 die Kennwerte der in diesem Band abgebildeten Motorkonstruktionen zusammengefaßt.

III. Bestimmung der Hauptabmessungen

Nachdem man sich über die für den Verwendungszweck geeignete Bauform, über das Arbeitsverfahren und über die Kühlungsart klar ist, kann nunmehr an die Festlegung der Hauptabmessungen, das sind Hubvolumen, Bohrung und Hub, geschritten werden (Bd. 8/2: „Die Dynamik der Verbrennungskraftmaschine").

Das Hubvolumen bestimmt sich aus der bekannten Leistungsformel nach:

$$V_h = \frac{C\,N}{p_e\,n}\ (\mathrm{dm}^3).$$

N (PS), die Leistung, ist vom Verwendungszweck her gegeben. Es muß von der Bedarfsseite geklärt werden, welche Antriebsleistungen von Hilfsmaschinen mit eingeschlossen werden müssen.

n (U/min), die Drehzahl, ist ebenfalls vom Bedarfsfall her meistens festgelegt.

C ist abhängig vom gewählten Arbeitsverfahren (450 bei Zweitakt und 900 bei Viertakt).

p_e (kg/cm²) ist der mittlere effektive Nutzdruck. Er bedarf für die Bestimmung der Hauptabmessungen einer sehr sorgfältigen Wahl des Wertes.

Der Nutzdruck ist zum Teil durch das Verbrennungsverfahren und bei gegebener Drehzahl von der thermischen Haltbarkeit des Materials der Kolben, Zylinderbüchsen, Kolbenringe, Zylinderköpfe, Ventile begrenzt und bei aufgeladenen Motoren auch von der Lebensdauer der Abgasturbinen abhängig. Der mittlere Nutzdruck konnte im Laufe der letzten Jahrzehnte Schritt für Schritt durch Materialentwicklung und durch verbesserte Bearbeitungsmethoden erhöht werden. Es werden heute Nutzdrücke für Dauerbetrieb gewählt, welche vor Jahren nur für kurzzeitige Höchstleistungen zugelassen waren.

Es ist durch fortschreitende technologische Verbesserungen und Entwicklungen eine weitere Steigerung der zulässigen p_e-Werte zu erwarten.

Bei den nichtaufgeladenen Motoren sind dem Nutzdruck durch das Luftgewicht, welches man durch den Saugvorgang in den Zylinder bekommt, und dessen Ausnützung für den Verbrennungsvorgang Grenzen gesetzt. Auch hier konnte im Verlauf der letzten Jahre durch schrittweise Weiterentwicklung der Verbrennungsverfahren, der Steuerung, der Kanalausbildung und der Einspritzeinrichtungen eine allmähliche Steigerung des Nutzdruckes erzielt werden.

Die Wahl des Nutzdruckes hat sich nach folgenden Faktoren zu richten, wie Verwendungszweck und Dauer der Höchstleistung, Reibungsleistung bzw. Zylindergröße und Zylinderzahl, Verbrennungsverfahren und Verbrauch, Arbeitsverfahren, Aufladung, Kühlungsart.

Für Motoren, die im Dauerbetrieb arbeiten müssen, und bei Verwendungszwecken, wo unsachgemäße Wartung angenommen werden kann, wird man den Nutzdruck, bzw. die thermische Belastung niedriger wählen müssen als für Kraftfahrzeuge und ähnliche Anwendungen, wo nur kurzdauernde Höchstleistungen benötigt werden.

Da die Reibungsleistung von Motoren mit steigender Drehzahl zunimmt, wird man für Motoren mit hohen Drehzahlen einen verminderten Nutzdruck für die maximale Leistung annehmen müssen. Ferner muß im allgemeinen ein höherer spezifischer Brennstoffverbrauch bei hohen Drehzahlen in Kauf genommen werden.

Ebenso ist bei Motoren mit kleinem Hubvolumen die Reibungsleistung anteilig höher als bei größeren Motoren, zum Teil deshalb, weil die Antriebsleistung der zum Betrieb notwendigen Hilfsmaschinen bei kleineren Motoren nicht im Verhältnis der Motorgröße abnimmt.

Von weiterem Einfluß auf das p_e ist auch die Zylinderzahl. Es sind bei gleicher Zylindergröße die erreichbaren Nutzdrücke bei Ein- und Zweizylindermotoren meist kleiner als bei Mehrzylindermotoren. Man muß auch bei den kleinen Zylinderzahlen mit höheren spezifischen Verbräuchen rechnen.

Die genauen diesbezüglichen Zusammenhänge und auch der Einfluß der Verbrennungsverfahren werden in Bd. 14: „Verschleiß, Betriebszahlen und Wirtschaftlichkeit von Verbrennungskraftmaschinen" eingehend behandelt.

Bei Ottomotoren kann man wegen des erforderlichen geringeren Luftüberschusses im allgemeinen höhere spezifische Nutzdrücke erreichen als bei Dieselmotoren. Für Zweitakt-Dieselmotoren mit Umkehrspülung können nicht die gleich hohen p_e-Werte wie für Viertaktmaschinen in die Rechnung eingesetzt werden, da infolge des späteren Abschlusses der Schlitze nicht der volle Kolbenhubraum für die Luftfüllung ausgenutzt werden kann. Für gleichstromgespülte Zweitaktmotoren können infolge des unsymmetrischen Steuerdiagramms höhere p_e-Werte ähnlich denen der Viertaktmotoren angenommen werden. Eingehend wird dies in Bd. 4: „Der Ladungswechsel der Verbrennungskraftmaschine" behandelt.

Von Einfluß auf die Wahl des p_e bei aufgeladenen Motoren ist die Art der Aufladung. Für Viertaktmotoren mit mechanischer Aufladung kann man mit etwa 25 bis 30% Steigerung des p_e-Wertes der nicht aufgeladenen Maschine rechnen. Darüber hinaus ist eine Steigerung unwirtschaftlich, weil sie dann mit höheren spezifischen Verbräuchen und damit auch mit höheren thermischen Belastungen erkauft werden muß.

Die mechanische Aufladung, insbesondere bei Verwendung von Rootsgebläsen, kann bei geringem Aufladungsgrad bis zu Leistungen von 200 PS für manche Anwendungen zum Teil zweckmäßiger sein als Abgasaufladung. Viele Firmen, vornehmlich amerikanische Motorenhersteller, sehen sowohl die Roots- als auch Abgasturboaufladung bei ihren Motorentypen vor, um allen Marktforderungen gerecht zu werden.

Die mechanische Aufladung ist dort von Vorteil, wo ein sehr robuster Einsatz des Motors erfolgt. Auch bei Betrieb von Motoren in großen Höhen wird, um den dadurch bedingten Leistungsabfall wettzumachen, öfters mechanische Aufladung angewandt. Allerdings muß die Anbringung eines mechanischen Laders beim Neuentwurf schon geplant werden, während der nachträgliche Anbau eines Abgasturboladers bei geringem Aufladegrad im wesentlichen außer der in jedem Fall notwendigen Anpassung der Steuerung, des Verbrennungs- und Einspritzsystems, nur Änderungen der Ansaug- und Auspuffleitungen mit sich bringt. Bei höheren Aufladegraden müssen die höheren thermischen Belastungen und die höheren Spitzendrücke in der Bemessung des Triebwerkes und des Gehäuses von vornherein berücksichtigt werden.

Die maximal erreichbaren Werte des mittleren Nutzdruckes mit Abgasaufladung sind durch den jeweiligen Entwicklungsstand der Abgasturbolader und durch die thermische Standfestigkeit des in Mitleidenschaft gezogenen Materials nach oben begrenzt.

Die für die verschiedenen Verwendungszwecke gegenwärtig angewendeten p_e-Werte sind in den Zahlentafeln 1 und 2 angegeben.

Aufgeladene Benzinmotoren sind außer als Flugmotoren und für sportliche und militärische Sonderfahrzeuge noch wenig in Anwendung.

Die Kühlungsart muß man bei Festsetzung des p_e dadurch berücksichtigen, daß man bei luftgekühlten Motoren das p_e etwas kleiner wählt als bei wassergekühlten Motoren gleicher Zylindergröße und ähnlichem Verwendungszweck.

In Zahlentafel 2 sind nun für die verschiedenen Motorarten und Verwendungszwecke die p_e-Werte zusammengestellt, welche für eine Neuauslegung eines Motors in Frage kommen. Diese Werte können mit Sicherheit erreicht und damit marktfähige Maschinen herausgebracht werden. Es bleibt dann immer noch der Geschicklichkeit und dem Erfahrungsgut der Entwicklung vorbehalten, diese Werte zu verbessern.

Hat man aus Zahlentafel 2 auf Grund des Verwendungszweckes, der Drehzahl, Kühlungsart, Arbeitsverfahren das jeweils geeignete p_e gewählt, kann nunmehr das Hubvolumen des Motors errechnet werden. Aus dem Gesamthubvolumen müssen nun Zylinderzahl, Bohrung und Hub ermittelt werden.

Die richtige Wahl dieser Größen bei gegebenem Hubvolumen ist wiederum verschiedenen Einflüssen und Forderungen aus dem Verwendungszweck unterworfen.

Für die meisten Verwendungszwecke und Leistungen hat sich eine wirtschaftlichste und zweckmäßige Zylinderzahl schon aus den Einbauerfordernissen ergeben. Für kleinere Stationärmotoren bis zu 10 PS Leistung sowohl für Otto- als auch für Dieselmotoren mit einem Hubvolumen bis 0,8 l ist die Einzylinderbauart am wirtschaftlichsten.

Bei Motoren für PKW's von 500 bis 700 cm^3 Hubvolumen wird dieses in zwei Zylinder, über 600 bis 2000 cm^3 in vier Zylinder, von 1,8 bis 3 l in sechs Zylinder und darüber in sechs bis acht Zylinder aufgeteilt.

Bei Dieselmotoren findet man zwischen 10 und 20 PS die Ein- und Zweizylinderbauart nebeneinander, wobei in den letzten Jahren insbesondere für Traktoren in diesem Leistungsbereich der Zweizylindermotor mehr und mehr in Gebrauch gekommen ist. Ähnlich ist es im Leistungsbereich von 20 bis 40 PS, wo hauptsächlich für Traktoren der Zweizylindermotor durch den leichteren, rascherlaufenden Drei- bis Vierzylinder-Viertaktmotor ersetzt wurde. Für LKW's werden bis etwa 80 PS die Motoren mit vier Zylindern, von 80 bis 200 PS mit sechs Zylindern und von 180 PS und darüber die Motoren mit acht Zylindern gebaut.

Nach oben ist praktisch die Zylinderzahl mit der V-Anordnung von zwölf bis sechzehn Zylindern mit einer Kurbelwelle beschränkt. Durch Parallelschaltung mehrerer Motoren auf ein gemeinsames Getriebe könnte das Hubvolumen auf eine unbegrenzte Zylinderzahl aufgeteilt werden. Diese Maßnahme führt sich zögernd im Schiffbau ein. Die großen, langsamlaufenden Motoren werden dabei durch mehrere raschlaufende Motoren ersetzt und dadurch beträchtlich Gewicht, Raum und Kosten eingespart.

Auch Mehrwellenmotoren und Gegenkolben-Zweitaktmotoren erlauben die Anwendung höherer Zylinderzahlen.

Abgesehen von den oben angeführten Beispielen, bei den sich aus dem Verwendungszweck schon bestimmte Zylinderzahlen eingeführt haben, bestehen in der Unterteilung des Hubvolumens insbesondere bei den größeren Leistungen mehrere Möglichkeiten.

Die Zylinderzahl ist im allgemeinen im Hinblick auf folgende Faktoren festzulegen:

Massenausgleich, Gleichförmigkeit des Ganges,
Kolbengeschwindigkeit,
Gewicht und Einbauabmessungen,
Kosten,
Kühlungsart.

Die Notwendigkeit eines guten bzw. vollkommenen Massenausgleiches wird auch vom Verwendungszweck bestimmt. Für die meisten Fälle reicht der Ausgleichsgrad des

Vierzylindermotors noch aus. Für moderne Traktoren mit Ein- und Zweizylindermotoren sieht man schon vielfach einen zusätzlichen Massenausgleich vor, um einen möglichst erschütterungsfreien Lauf zu gewährleisten.

Die näheren Zusammenhänge von Massenausgleich und Zylinderzahl sind eingehend in Bd. 8/2: „Die Dynamik der Verbrennungskraftmaschine" behandelt.

Die Kolbengeschwindigkeit gehört zu jenen Kennzahlen, deren Größe für die Lebensdauer der Motoren kennzeichnend ist und damit auch im Hinblick auf den Verwendungszweck festzulegen ist. Im allgemeinen gelten folgende Werte:

PKW-Motoren	$c_m = 10$ bis 13 m/sek
Stationär- und Bootsmotoren	$c_m = 6$ bis 9 m/sek
Traktormotoren	$c_m = 8$ bis 10 m/sek
LKW-Motoren	$c_m = 10$ bis 12 m/sek

Die Kolbengeschwindigkeit ist andererseits auch durch die erforderliche Luftmenge, welche noch in den Zylinder gelangen muß, begrenzt. In dieser Hinsicht liegt die obere Grenze der Kolbengeschwindigkeit im allgemeinen bei 12 m/sek.

Hohe Kolbengeschwindigkeiten von 11 bis 12 m/sek können nur erreicht werden, wenn das ganze Ansaug- und Steuerungssystem sorgfältig auf geringe Widerstände und hohe Füllungsgrade durchgebildet ist.

Ergibt sich nun aus den errechneten Hauptabmessungen bei der angenommenen Zylinderzahl für den gedachten Verwendungszweck eine unzulässig hohe Kolbengeschwindigkeit, muß man die Zylinderzahl vergrößern, d. h. man erhält damit kleinere Zylinderabmessungen. In gewissen Grenzen kann man auch durch Verminderung des Hubes bzw. des Hubverhältnisses die Kolbengeschwindigkeit herabsetzen. Auf die Wahl und den Einfluß des Hubverhältnisses wird anschließend noch näher eingegangen werden.

Die Zylinderzahl beeinflußt neben der Bauform auch weitgehend das Gewicht des Motors. Je größer man die Zylinderzahl für eine gegebene Motorleistung wählt, um so kleiner wird das Gesamtgewicht und auch der gesamte Einbauraum des Motors, obwohl die Länge des Motors mit mehreren kleinen Zylindern immer größer ist als der Motor gleicher Leistung mit weniger Zylindern.

Die Kostenfrage ist bei der Wahl der Zylinderzahl ebenfalls mit in die Überlegungen einzubeziehen.

Die wenigzylindrigen Maschinen werden im allgemeinen durch ihr größeres Gewicht höhere Materialkosten und etwas geringere Bearbeitungskosten ergeben, während dies bei den vielzylindrigen Bauformen umgekehrt sein wird. Auch ergibt die durch hohe Zylinderzahlen bedingte große Zahl von Teilen erhöhte Wartungskosten und Störanfälligkeit.

Im allgemeinen gibt es für jeden Verwendungszweck und Leistungsbereich eine wirtschaftlichste und zweckmäßigste Zylinderzahl, welche fallweise durch Kostenvergleich mehrerer Entwürfe und gründliches Abwägen aller Vor- und Nachteile hinsichtlich Gewicht, Einbauabmessungen, Brennstoffverbrauch usw. ermittelt werden muß.

Im oberen Leistungsbereich der raschlaufenden Motoren gelangt man — bedingt durch die hohen Drehzahlen und durch die Begrenzung der zulässigen Kolbengeschwindigkeit — von vornherein zu vielzylindrigen Bauformen.

Bei luftgekühlten Motoren ist die Abhängigkeit des thermischen Verhaltens bzw. der Kolben- und Kopftemperaturen von der Zylindergröße zu beachten. Man wird daher bei luftgekühlten Motoren das Gesamthubvolumen in kleinere Einzelvolumen, d. h. in höhere Zylinderzahlen unterteilen. Die bis jetzt gebauten luftgekühlten Motoren arbeiten meist mit Zylindervolumen unter 1,5 bis 1,8 l.

Als letzter Vorgang in der Bestimmung der Hauptabmessungen kommt nun die Bestimmung von Bohrung und Hub an die Reihe. Wie im letzten Abschnitt schon erwähnt, ist die Größe des Hubes auch von der zulässigen Kolbengeschwindigkeit abhängig.

Darüber hinaus sollen Hub und Bohrung zueinander in einem bestimmten Verhältnis stehen, welches als Hubverhältnis S/D bezeichnet wird.

Die näheren Zusammenhänge des Hubverhältnisses mit der Verbrennung, dem Brennstoffverbrauch und sein Einfluß auf die Wärmeabfuhr, können im Rahmen dieses Buches nicht behandelt werden.

Zusammengefaßt ergibt kurzer Hub bei Einhaltung der zulässigen Kolbengeschwindigkeit gute Füllung, gedrungenes Triebwerk, geringe Bauhöhe bzw. Baubreite bei V- und Boxermotoren, höhere Eigenschwingungszahlen der Kurbelwelle, geringeres Gewicht des Motors.

Im allgemeinen liegt bei Ottomotoren das Hubverhältnis $S/D = 0{,}6$ bis 0,8 bis 1, wobei eine Tendenz zur extrem überquadratischen Maschine vorliegt. Bei Dieselmotoren liegt das Hubverhältnis $S/D = 1$ bis 1,27 bis (1,3), wobei auch hier insbesondere aus den Erfordernissen des Kraftfahrzeugbaues nach Motoren mit Drehzahlen von 2600 bis 3000 bis 3500 U/min die Entwicklung zur quadratischen und zum Teil zur überquadratischen ($S/D < 1$) Maschine führt. Schon in dieser Richtung laufende, durchaus erfolgreiche Entwicklungen lassen in naher Zukunft die ersten Serienausführungen mit einem Hubverhältnis $S/D < 1$ erwarten.

Die kurzhubige Ausführung bringt auch bei luftgekühlten Motoren hinsichtlich der Gestaltung des Zylinderkopfes gewisse Vorteile. Dies gilt insbesondere für den Ventilsteg und die Stege zur Düse oder Brennkammeröffnung.

Vergleicht man nämlich den Ventilsteg für eine kurz- und langhubige Ausführung gleichen Zylinderhubraumes unter Voraussetzung der gleichen Drehzahl und gleichen Gasgeschwindigkeit in den Kanälen, so läßt sich der Ventilsteg beim kurzhubigen Motor um die Differenz der Zylinderdurchmesser zwischen kurz- und langhubiger Ausführung breiter gestalten. Es lassen sich daher über dem Ventilsteg mehr Kühlrippen unterbringen, was wesentlich zur thermischen Entlastung dieser in der Regel kritischen Stelle beiträgt. Bei der kurzhubigen Maschine ist der freie Querschnitt für den Kühlluftdurchtritt im Verhältnis größer als bei der langhubigen Ausführung, weil der Zylinderkopf durch Düsen, Stoßstangendurchtritte und Kanäle, welche in beiden Fällen die gleichen Abmessungen aufweisen, weniger versperrt wird.

Bekanntlich haben aber Zylinder, wenn diese im Achsialschnitt quadratisch sind, ein Minimum an Oberfläche. Dies übertragen auf Motorenzylinder heißt, daß kurzhubige Motoren demnach auch ungünstiger für die Wärmeübertragung nach außen wären.

Praktisch wirkt sich die bei der langhubigen Maschine aus den geometrischen Verhältnissen heraus unterbringbare größere gesamte Kühlfläche jedoch nur auf eine größere ausführbare Kühlfläche an der Zylinderbüchse aus. Bei der kurzhubigen Maschine kann man aber die verhältnismäßig geringere an der Kühlung beteiligte Oberfläche an der Zylinderbüchse durch engere Rippenteilung, durch einen Rippenmantel aus Leichtmetall und durch Ölkühlung der Kolben sehr wirksam und auch billig ausgleichen, wogegen sich gerade der immer kritische Zylinderkopf, wie oben näher ausgeführt, bei der kurzhubigen Maschine hinsichtlich Kühlflächen günstiger gestalten läßt als bei der langhubigen.

Die Entwicklung neuerer luftgekühlter Motoren zeigt daher ebenfalls die Tendenz zur kurzhubigen Ausführung.

Es wurde bisher so vorgegangen, daß für einen einzigen Verwendungszweck und für eine gegebene Leistung und Drehzahl die Hauptabmessungen für die jeweilig günstigste Zylinderzahl festgelegt wurden. Dies genügt für kleine Stationärmotoren und für Verwendungszwecke von Motoren, welche für sich in großen Stückzahlen hergestellt werden. wie z. B. für PKW's und LKW's.

Nun läßt sich bei der Kolbenmaschine wie bei keiner anderen Kraftmaschine durch Vervielfachung der Leistungseinheit ein weiter Leistungs- und Verwendungsbereich überspannen. Man nennt diese Aneinanderreihung gleicher Zylindereinheiten eine Baukastenreihe. Durch Anwendung des Baukastenprinzips kann auch die Fertigung von kleineren Stückzahlen von Motoren wirtschaftlich gestaltet werden, da man die Teile der Zylindereinheit und viele andere gleiche Bauteile der Baureihe dann in größeren Stückzahlen billiger herstellen kann. Durch die Bearbeitung z. B. der Kurbelgehäuse der Baureihe auf den gleichen Werkzeugmaschinen können außerdem bedeutende Kosten an Einrichtungen und Arbeitszeit eingespart werden. Man wird also bei der Festlegung der Zylindergröße und Zylinderzahl noch beachten müssen, welcher Verwendungs- und Leistungsbereich durch eine Baukastenreihe überbrückt werden kann.

Nicht mit jeder Zylindergröße ist es zweckmäßig, den gesamten Bereich von 1 bis 12 bis 16 Zylinder zu überspannen. So dürfte es unwirtschaftlich sein, Dieselmotoren mit einem kleineren Zylindervolumen als 0,6 l mit sechs oder mehr Zylindern — außer für Sonderfälle — zu bauen. Das größte Zylindervolumen, welches für einen raschlaufenden Einzylindermotor mit ungefähr 1500 U/min heute noch praktisch Verwendung findet, liegt bei etwa 1,5 bis 1,8 l/Zylinder. Demnach stellt dieses Zylindervolumen die obere Grenze dar, mit der man vom Einzylindermotor an eine Baukastenreihe aufbauen wird.

Für größere Zylindervolumen wird man wegen des erforderlichen Massenausgleichs und des gleichmäßigen Drehmomentes bei Viertaktmotoren ab vier Zylindern und bei Zweitaktmotoren ab zwei Zylindern eine Baukastenreihe aufbauen.

Zylinderdurchmesser, Hub- und Zylinderzahl können jetzt unter Zugrundelegung obiger Gesichtspunkte berechnet werden.

Es kann nunmehr mit der eigentlichen Konstruktionsarbeit begonnen werden. Zuerst müssen Kurbelwelle, Pleuelstange und Kolben in ihren Dimensionen berechnet und festgelegt werden. Hiezu muß vorher noch die Zylinderanordnung geklärt werden, da diese den Zylinderabstand und die Abmessungen der Kurbelwelle beeinflußt. Die Zylinderanordnung selbst ist von der Zylinderzahl, vom Verwendungszweck und vom zur Verfügung stehenden Einbauraum abhängig. Alle Möglichkeiten der Zylinderanordnung und deren Einfluß auf Zündfolge, Massenausgleich und Drehschwingungen sind im Bd. 8/2: „Die Dynamik der Verbrennungskraftmaschine“ zusammengestellt.

Praktisch angewendet findet man hauptsächlich die Reihen-, V- und Boxeranordnung der Zylinder. In vereinzelten Ausführungen wird bei Zweitaktmotoren auch die Bauform mit Gegenkolben verwendet.

Bei kleineren Zwei- und Vierzylindermotoren für PKW's ist die Boxeranordnung der Zylinder beliebt, welche insbesondere für Anordnung des Motors im Heck des Fahrzeuges von Vorteil ist.

Bis zu sechs Zylindern wird die Reihenanordnung hauptsächlich bevorzugt, während Achtzylindermotoren nur mehr in V-Bauart mit 90° V-Winkel gebaut werden.

Da die Bauform der PKW-Motoren in enger Verbindung mit der Entwicklung der Karosserieform steht, ist es durchaus möglich, daß auch Vier- und Sechszylinder-V-Motoren und Sechs- und Achtzylinder-Boxermotoren in Zukunft in stärkerem Maß zum Einbau gelangen.

Bei stationären Dieselmotoren, Traktormotoren und Fahrzeugdieselmotoren verwendet man bis zu sechs Zylindern fast durchwegs die Reihenanordnung. Wegen der ungünstigen Drehschwingungslage werden bei raschlaufenden Motoren sehr selten acht Zylinder in Reihe angeordnet.

In zunehmendem Maß scheint sich die V-Sechszylinderbauart für LKW's durchzusetzen. Für Motoren mit acht und mehr Zylindern ist die V-Anordnung die gegebene Bauform.

Der V-Winkel selbst ist für gleichmäßigen Zündabstand, guten Massenausgleich und gegebenenfalls mit Rücksicht auf eine Baukastenreihe zu bestimmen.

Hat man eine Baukastenreihe, welche mehrere V-Motoren beinhaltet, so wird man nach Möglichkeit deren Kurbelgehäuse mit einem einheitlichen V-Winkel konstruieren, um die gleichen Einrichtungen für die Bearbeitung verwenden zu können. Vorteilhaft ist z. B. der einheitliche V-Winkel von 90°, da die Massenkräfte und Momente erster Ordnung vom Zweizylindermotor an ausgeglichen werden können.

Die Boxeranordnung der Zylinder ist bei Dieselmotoren derzeit auf wenige Ausführungen und hauptsächlich auf Triebwagenmotoren beschränkt.

Der Zylinderabstand wird im allgemeinen so klein als möglich, soweit es die Kurbelwellen- und Lagerdimensionierung zuläßt, ausgeführt. Doch können auch konstruktive und herstellungsmäßige Gesichtspunkte, wie Zylinderbüchsen- und Zylinderkopfkonstruktion, für den Zylinderabstand zusätzlich maßgebend sein.

Bei luftgekühlten Motoren ist die Verrippung der Zylinderbüchse und des Zylinderkopfes im allgemeinen für den Zylinderabstand bestimmend.

Bei Zweitaktmotoren wird der Zylinderabstand ebenfalls von der Zylinderbüchsenausführung und dem notwendigen Abstand zwischen den Zylinderbüchsen für die Spülluftzufuhr bestimmt. Der sich daraus ergebende Abstand ist so groß, daß man bei gleichen Abmessungen auch eine Kurbelwelle für eine V-Maschine mit nebeneinanderliegenden Pleueln unterbringt. Es ist daher, um eine gedrängte und kurze Bauart des Zweitaktmotors, insbesondere bei Umkehrspülung zu erreichen, zweckmäßig, vom Vierzylinder an die V-Bauart zu wählen.

IV. Richtlinien für die Folge der Entwurfsarbeiten

Die unten angeführte Arbeitsfolge soll, nachdem die Hauptabmessungen im wesentlichen festliegen, den weiteren notwendigen Arbeitsumfang der Konstruktion und alle noch damit zusammenhängenden Probleme übersichtlich aufzeigen.

1. Entwurf und Berechnung von Pleuelstange, Kurbelwelle, Haupt- und Pleuellagern und Kolben (Bd. 10: „Das Triebwerk schnellaufender Verbrennungskraftmaschinen".)

2. Festlegung der Zündfolge mit Berücksichtigung der Hauptlagerbelastung, des Massenausgleiches und der Drehschwingungen an der Kurbelwelle.

Anordnung und Bestimmung der Größe der Gegengewichte, welche auch die Länge der Pleuelstange beeinflussen können.

Bestimmung der Schwungradgröße.

(Bd. 8/2: „Die Dynamik der Verbrennungskraftmaschine".)

3. Entwurf der Zylindereinheit.

a) Entscheid über Büchsenkonstruktion und Anordnung im Kurbelgehäuse (Abschnitt C. I., S. 18).

Entwurf und Dimensionierung der Zylinderbüchse je nach Arbeitsverfahren und Kühlungsart.

Bei Zweitaktmotoren sind die ungefähren Schlitzabmessungen und die Querschnitte der Spülluftzufuhr und des Auslaßkanals zu bestimmen (Bd. 4/2: „Ladungswechsel der Zweitaktmaschine").

b) Entwurf des Zylinderkopfes. Dessen Aufbau ist vom Arbeits- und Verbrennungsverfahren und von der Kühlungsart abhängig.

Festlegung des Verbrennungsraumes, der Zündkerzen- und Düsenlage.

(Bd. 7: „Gemischbildung und Verbrennung im Dieselmotor".)

Festlegung der Ventil- und Kanalquerschnitte und der Kanalführung im Zylinderkopf (Abschnitt C. II., S. 37).

c) Entwurf und Berechnung der Steuerung, Kipphebel, Ventilfedern, Nockenform usw. in Verbindung mit der Zylinderkopfkonstruktion und dem Gehäuseentwurf. (Bd. 9: „Die Steuerung der Verbrennungskraftmaschinen".)

d) Entwurf der Zylindereinheit des Kurbelgehäuses.

Entscheid über Material des Kurbelgehäuses.

Festlegung der Höhe des Kurbelgehäuses über Kurbelwellenmitte aus den schon bekannten Abmessungen von Pleuellänge, Kolbenhöhe und Verbrennungsraum.

Aufzeichnung der Hüllkurve der Pleuelbewegung.

Aufzeichnung des Wasser- und Kurbelraumes.

Festlegung des durchgehend geschlossenen Kräfteverlaufes von den Zylinderkopfschrauben zu den Hauptlagern.

Dimensionierung und Führung der notwendigen Rippenquerschnitte und Wände.

Bestimmung der Lage der Nockenwelle oder Massenausgleichswelle außerhalb der durchlaufenden Zugquerschnitte (Abschnitt C. III., S. 60).

4. Gesamtaufbau des Kurbelgehäuses mit Anordnung der Hilfsmaschinen und des Zubehörs.

a) Festlegung des Schmieröl- und Kühlwasserkreislaufes und Anordnung des Kühlgebläses bei luftgekühlten Motoren.

b) Berechnung und Anordnung der Öl- und Wasserpumpen (Abschnitt C. IV., S. 88, und C. V., S. 109).

c) Anordnung des Steuerungsantriebes und des Antriebes von Einspritzpumpen, Zündverteilern (Abschnitt C. VI., S. 154).

d) Anordnung des Spül- und mechanisch angetriebenen Ladegebläses.

e) Anordnung von Schmierölfiltern und Schmierölkühlern.

f) Anordnung von Wärmeaustauschern.

g) Anordnung von Anlassern und elektrischen Maschinen.

5. Berechnung und Entwurf der Kühlgebläse und Kühler und Wärmetauscher (Abschnitt C. V. 2. c, d, S. 117).

6. Berechnung und Entwurf der Spülgebläse und Ladegebläse (Abschnitt C. IX., S. 171).

7. Entwurf der Ansaug- und Auspuffleitungen, Luftfilter (Abschnitt C. X., S. 187, und C. XI., S. 189).

8. Entwurf und Anordnung der Riementriebe für die Hilfsmaschinen (Abschnitt C. VII., S. 157).

9. Entwurf der Schwungradgehäuse- und sonstigen Deckel und Abschlußgehäuse und der Ölwanne entsprechend dem Verwendungszweck und der Einbauverhältnisse. Anordnung der Motoraufhängung.

10. Anordnung von Meßgeräten und Überwachungseinrichtung, Starthilfsgeräten, Gashebel usw., Thermostaten (Abschnitt C. V. 2. f, S. 124, und C. VIII., S. 161).

11. Abstimmung der Entwürfe mit Fertigungseinrichtung.

Bevor man nunmehr den endgültigen detailreifen Entwurf ausarbeitet und mit den Detailzeichnungen beginnt, ist es unbedingt notwendig, mit der Planungsabteilung und mit der Gießerei an Hand der Erst- und verschiedenen Detailentwürfe zumindest der größeren Hauptteile die billigste Herstellungsmöglichkeit auf Grund der vorhandenen oder geplanten Neueinrichtungen eingehend durchzusprechen.

Der Konstrukteur erspart sich nachher gegebenenfalls weitgehende Änderungen, welche die Einheit des ursprünglich gedachten Gesamtaufbaues stören können.

Schrifttum

Automotive Industries, Statistical Issue.

Bensinger, W.: Einfluß der Zylindergröße auf das Baugewicht von Flugmotoren. Luftfahrtforschung **14**, 228 (1937).

British Diesel Engine Catalog, Publ. Brit. Int. Comb. Eng. Manuf. Ass. London.

Chatterton, E.: Future Developments of the High Speed Diesel Engine. Trans. ASME 1957, November, S. 1941.

Deutsche Verbrennungsmotoren, Fachgem. Kraftmaschinen, Frankfurt.

Diesel Engine Catalog, Publ. Diesel Progress Los Angeles.

Fetzer, E.: Motorische Kennwerte in graphischer Darstellung als Vergleichsgrundlage für Diesel-Hubkolbenmaschinen aller Größen. MTZ 1961, S. 463.

Haas, H. H.: Aircooling Versus Watercooling in Agricultural and Construction Equipment. SAE Trans. 1961, S. 402.

Howarth, M. H.: Schnellaufende Dieselmotoren bis 2 l Gesamthubraum. MTZ 1959, Oktober, S. 374.

Kamm, W.: Rückblick auf interessante Motorenentwicklung. MTZ 1963, April, S. 135.

KAMM, W., L. HUBER und P. SCHMID: Betriebsbeanspruchungen und Baugewicht von Fahrzeugmotoren in Abhängigkeit von der Zylindergröße und der Zylinderzahl. Kraftfahrtechn. Forschungsarb. 1935, H. 1.

KIENE, W.: Gedanken über ein zukünftiges Bauprogramm von Schleppermotoren. Landtechn. Forsch. 1959, H. 5.

KIENLIN, M.: Mechanische und thermische Beanspruchungsverhältnisse eines raschlaufenden Dieselmotors. MTZ 1959, Juli, S. 223.

KLÜSENER, O.: Entwicklungstendenzen im Motorenbau. MTZ 1959, Juni, S. 166.

KYROPOULOS, P.: The Potential of Unconventional Powerplants for Vehicle Propulsion. SAE Paper 71 A (1958).

LÖHNER, O.: Leichtbau bei Kolbenmotoren, insbesondere Kolbenflugmotoren. Konstruktion 1954, Dezember, S. 452.

— Probleme neuzeitlicher Motorenentwicklung. ATZ 1955, März, S. 83.

LUTZ, O.: Ähnlichkeitsbetrachtungen bei Brennkraftmaschinen. Ing.-Arch. 4, 373 (1933).

MARKS, D. T., und N. M. REINERS: Forward Look on Engines. SAE Paper 71B (1958).

Maßnahmen zur Leistungssteigerung eines schnellaufenden Dieselmotors über 3000 PS. MTZ 1962, Juni, S. 192.

MEURER, S.: Möglichkeiten der Weiterentwicklung von Fahrzeugmotoren. MTZ 1944, H. 1, S. 3.

PETERS, H.: Neuzeitliche Entwicklungstendenzen im Bau von Dieselmotoren 10 — 2000 PS. Konstruktion 1957, Dezember, S. 469.

PITCHFORD, J. H.: The Future of the High Speed Reciprocating Internal Combustion Engine. The Chartered Mechanical Engineer 1960, November, S. 450.

RAVIOLO, V. G.: Automotive Development Trends in the USA. The Chartered Mechanical Engineer 1960, November, S. 458.

RICARDO, H. R.: Der schnellaufende Verbrennungsmotor. Berlin-Göttingen-Heidelberg: Springer, 1954.

RIEKERT, R.: Leistungsverhalten verschiedener Zylindergrößen. MTZ 1939, H. 1, S. 13.

RIEKERT, R., und P. A. HELD: Leistung und Wärmeabfuhr bei geometrisch ähnlichen Zylindern. Jahrb. Deutsche Versuchsanstalt für Luftfahrt 1938.

SCHEITERLEIN, A.: Konstruktion und Entwicklung amerikanischer Dieselmotoren. MTZ 1956, Februar, S. 45.

SCHMID, C.: Entwicklungsrichtlinien im Lastkraftwagen- und Motorenbau. Techn. Mitt. Krupp **15**, Nr. 5, S. 101 (1957).

WITTEK, H., A. SCHEITERLEIN und F. LEBER: A Family of Lightweight Air-Cooled Industrial Diesel Engines. SAE Paper 761 A (1963).

C. Bauteile

I. Zylinderbüchsen

1. Allgemeines

Die Zylinder von Verbrennungskraftmaschinen dienen zur Geradführung und Abdichtung der Kolben. Außerdem müssen sie auch einen Teil der Verlustwärme an das sie umgebende Kühlmittel ableiten.

Die aus diesen Aufgaben resultierenden Beanspruchungen müssen in der Bauform der Zylinder, in deren Dimensionierung und Materialauswahl und Bearbeitung ihren Niederschlag finden.

Im Vordergrund der nach außen ersichtlichen Art der Beanspruchung der Zylinderbüchse steht der Verschleiß der Laufbahn des Kolbens.

Art und Ursachen des Zylinderverschleißes, sowie Mittel zu dessen Verminderung wie geeignete Materialwahl, Oberflächenbeschaffenheit und Materialpaarung von Zylinder- und Kolbenringen sind in Bd. 14: „Verschleiß, Betriebszahlen und Wirtschaftlichkeit von Verbrennungskraftmaschinen" eingehend behandelt.

Grundsätzlich kann der Verschleiß nicht verhindert werden, sondern es ist die Hauptaufgabe, den Verschleiß in erträglichen Grenzen zu halten und damit die Lebensdauer der dem Verschleiß unterliegenden Teile möglichst zu erhöhen.

Der Verschleiß der Zylinder bestimmt im allgemeinen den Zeitpunkt der Grundüberholung der Motoren. Einen wesentlichen Anteil der Kosten der Grundüberholung bildet die Art und Weise, wie die Auswirkungen des Verschleißes der Zylinder behoben werden können.

Der Verschleiß kann von vornherein durch entsprechende konstruktive Ausführung der Zylinderbüchsen selbst und durch den entsprechenden Aufbau des Kurbelgehäuses in Verbindung mit sorgfältiger Bearbeitung eingeschränkt werden. Es soll vor allem unter allen Betriebsbedingungen ein einwandfreier Kolbenlauf in runden und auf der Kurbelwelle senkrechten Zylinderlaufbahnen erreicht werden. Die Verformung der Zylinderlaufbahn durch den Dichtungsdruck der Zylinderkopfschrauben und durch die Verbrennungskräfte ist weitgehend auszuschalten. Grundbedingung hiefür ist, daß auch die jeweiligen An- und Auflagen der Zylinderbüchsen im Kurbelgehäuse entsprechende Steifigkeit aufweisen. Nachteilige Auswirkungen der Verformungen durch die thermische Beanspruchung können durch freie Wärmedehnung der Zylinderbüchsen jedes einzelnen Zylinders und deren gleichmäßige Kühlung weitgehend reduziert werden.

Die Zylinderlaufbahnen müssen selbstverständlich vor äußeren Angriffen von Staub, Sand und Spänen durch sorgfältige Reinigung der Motorteile vor dem Zusammenbau und durch geeignete Filter für die Ansaugluft und für das Schmieröl geschützt werden.

Geringe Verformungen durch Überdimensionierung zu erreichen, ist jedoch nicht der alleinige Ausweg, da dadurch die Kosten und die Baugröße des Motors nachteilig beeinflußt werden können.

Es muß hier, wie bei vielen Details, der beste Kompromiß zwischen optimaler Materialausnützung, niedrigen Gestehungskosten und möglichst hoher Lebensdauer gesucht werden.

Die verschiedenen Motor- und Kühlungsarten erfordern jeweils eine angepaßte Ausbildung der Zylinder, welche in den folgenden Abschnitten im einzelnen behandelt wird.

Die Beschreibung der Konstruktion der Zylinderbüchsen wird besonders ausführlich behandelt, um besonders den jungen Konstrukteuren vor Augen zu führen, mit welcher Sorgfalt und Gründlichkeit auch die Konstruktion eines Details eines Motors bearbeitet werden muß.

2. Zylinderbüchsen für wassergekühlte Viertaktmotoren

Eine der ersten Entscheidungen, welche beim Entwurf des Kurbelgehäuses getroffen werden muß, ist die, ob die Zylinderlaufflächen mit dem Kurbelgehäuse aus einem Stück gegossen werden sollen, oder ob besonders eingesetzte Zylinderlaufbüchsen verwendet werden sollen. Die Entscheidung ist zum Teil von folgenden Faktoren abhängig:

1. Größe des Zylinderhubraumes.
2. Qualität der Gießerei. Bei eingegossenen Zylinderlaufbahnen werden Gußfehler an der Lauffläche meist erst bei der letzten Arbeitsoperation des Kurbelgehäuses bemerkt, so daß bei Ausschuß zu den Gußkosten noch die gesamten Bearbeitungskosten des Kurbelgehäuses hinzukommen.
3. Vorhandensein eines ausgedehnten Servicenetzes mit geeigneten Reparaturmaschinen oder Service mit Austauschmotoren.
4. Kosten von Zylinder- und Kolbenservice.

Es werden fast ausschließlich nur bei kleineren Zylinderdurchmessern und hauptsächlich bei PKW-Motoren die Zylinderlaufbahnen mit dem Kurbelgehäuse zusammen gegossen. Bei Dieselmotoren werden bei den meisten Konstruktionen in das Kurbelgehäuse eingesetzte Zylinderbüchsen aus besonders verschleißfestem Material verwendet. Hierbei unterscheidet man zwei Bauarten, nämlich trockene und nasse Zylinderbüchsen.

In manchen Fällen kann die Art der Zylinderbüchse, mit dem Gehäuse mitgegossene, trockene oder nasse eingesetzte Büchsen, von der jeweiligen Tradition und den Erfahrungen des Motorenwerkes mitbestimmt werden. Mitbestimmend sind ferner das Kurbelgehäusematerial, der Zylinderabstand und die Kosten des Motors.

a) Trockene Zylinderlaufbüchsen

Bei Dieselmotoren für Lastkraftwagen bis etwa 100 bis 120 mm Zylinderdurchmesser findet man neben der vornehmlich verwendeten Bauform der nassen Büchse auch die trockene Zylinderbüchse in Gebrauch. Letztere ist aus der Reparatur von Motoren mit Zylindern, welche anfänglich mit dem Kurbelgehäuse mitgegossen waren, hervorgegangen. Zuerst wurden die Zylinderbohrungen schrittweise aufgebohrt und die Motoren mit Übermaß-Kolben und Kolbenringen versehen. Als dies dann infolge der zu klein werdenden Zylinderwandstärke nicht mehr möglich war, preßte man dünne Zylinderbüchsen ein, welche im eingepreßten Zustand im Kurbelgehäuse fertig bearbeitet und gehont wurden.

Um nun von vornherein unabhängig von der Gußqualität und richtigen Gefügeausbildung der Zylinderlauffläche zu sein, ist man dazu übergegangen, auch bei den neuen Motoren eingepreßte Zylinderbüchsen vorzusehen. Um die Auswechslung im Kundendienst zu erleichtern, wurde die Preßpassung der Büchse im Gehäuse durch einen engen Schiebesitz ersetzt, welcher das Einschieben der Zylinderbüchse von Hand in die Gehäusebohrung gestattet.

Die Zylinderbohrung braucht in diesem Falle auch im Service nicht bearbeitet oder nachgehont werden, wobei von vornherein eine hohe Bearbeitungsgenauigkeit der Gehäusebohrung und der Büchse in engen Toleranzen erforderlich ist. Die Verwendung dieser trockenen Schiebesitzbüchsen (im englischen Sprachgebrauch „slip fit liners") ist neueren Datums, daneben sind noch im gleichen Maße auch die eingepreßten Büchsen in Gebrauch.

Eine fortschreitende Gießereitechnik kann die in das Kurbelgehäuse eingegossene Zylinderlaufbahn auch für mittlere Zylindergrößen wieder in den Vordergrund rücken.

Abb. 1 zeigt eine Zylinderkonstruktion unter Verwendung trockener Laufbüchsen. Die zwischen Zylinderkopfauflage und Lagerwänden durchgehenden Zylinderrohre ergeben eine sehr starre und steife Ausführung des Kurbelgehäuses und ermöglichen die Konstruktion mit dem engsten erreichbaren Zylinderabstand, was bei Reihenanordnung der Zylinder somit die Ausführung der kürzesten Baulänge eines Motors bringt.

Die Länge der Zylinderlaufbahn ergibt sich aus dem Kolbenhub plus der Kolbenlänge. Ein Heraustreten des Kolbens aus der Büchse im unteren Totpunkt um etwa 10 bis 15% Kolbenlänge ist ohne weiteres möglich und man erspart sich dadurch oft die Schlitze in der Zylinderbüchse für den Ausschlag der Pleuelstange.

Die Länge des Wassermantels um den Zylinder sollte so gewählt werden, daß der unterste Verdichtungsring in der unteren Totlage des Kolbens zumindest noch innerhalb des Wassermantels liegt. Für eine möglichst gleichmäßige Verformung der Büchse ist es besser, sowohl bei dieser Bauart als auch bei eingegossenen Zylinderlaufbahnen, den Wassermantel bis zum Ende der Kolbenlaufbahn zu führen.

Die Zylinderrohre sollten grundsätzlich nicht zur Übertragung der Verbrennungskräfte herangezogen werden, d. h., die Schraubenbutzen der Zylinderkopfschrauben dürfen nicht an die Zylinderrohre anwachsen. Dadurch wird ein Verzug der Zylinderbohrung durch die Vorspannung der Zylinderkopfschrauben weitgehend vermindert und außerdem wird eine wirklich gleichmäßige Kühlung der Büchse bis zum oberen Rand ermöglicht. Die Verbrennungskräfte müssen dann über dem äußeren Wassermantel, an dem die Butzen der Zylinderkopfschrauben einfließen, zu den Lagerwänden übertragen werden. Der geschlossene Wassermantel im Kurbelgehäuse erfordert eine einwandfreie Kernlagerung, damit die Wandstärken der Zylinderrohre gleichmäßig ausfallen. Ungleichmäßige Wandstärken können zu unerwünschten Deformationen der Zylinderbohrung führen. Für eine starre Lagerung des Wassermantelkerns und für gute Reinigung des Wasserraumes von Kernsand müssen ausreichende Öffnungen im Kurbelgehäuse vorgesehen sein, welche dann wieder wasserdicht verschlossen werden müssen. Durch diese Kernöffnungen muß auch die Wandstärke der Zylinderrohre kontrolliert werden können.

Um den notwendigen guten Wärmeübergang zwischen Büchse und Zylinderrohr des Kurbelgehäuses zu gewährleisten, müssen Büchse und Gehäuse feinst bearbeitet sein. Die Büchse muß außen geschliffen und die Aufnahmebohrung im Kurbelgehäuse gehont werden. Die Schiebesitzbüchsen werden meist von Spezialfirmen gegossen und auch fertig bearbeitet angeliefert. Nur die eingepreßten Büchsen müssen im Block nachgehont werden.

Die Wandstärke von trockenen Büchsen beträgt je nach Zylinderdurchmesser zwischen 2 und 3,5 mm. Im allgemeinen werden die Büchsen mit einem Bund am oberen Ende versehen. Falls die Zylinderkopfdichtung am Bund der Büchse aufliegt, wie dies bei Schiebesitzbüchsen erforderlich ist, so ist die Pressung der Dichtung sorgfältig so abzustimmen, daß ein Verzug der Büchse vermieden wird. Es ist ferner durch sorgfältige Tolerierung und Kontrolle der Abschrägungen und Abrundungsradien in den Hohlkehlen von Büchse und Gehäuse darauf zu achten, daß der Büchsenbund eben im Gehäuse aufliegt.

Die gebräuchlichen Passungen für trockene Büchsen in Graugußgehäusen und die Dimensionen des Büchsenbundes sind aus Abb. 1 ersichtlich.

Bei Verwendung von trockenen Büchsen in Leichtmetallgehäusen können naturgemäß nur Preßsitzbüchsen mit größeren Übermaßen verwendet werden. Es ist eine sehr sorgfältige Abstimmung des Preßsitzes auf Grund von Temperaturmessungen von Büchse und Gehäuse erforderlich. Außerdem ist auf die große unterschiedliche Dehnung in achsialer Richtung zu achten.

Im allgemeinen werden derzeit bei Leichtmetallgehäusen hauptsächlich nasse Zylinderbüchsen verwendet.

Von einigen Firmen werden aus Gründen der einfacheren Herstellung trockene Büchsen ohne Bund (Abb. 208) vorgezogen, welche den Vorteil haben, daß sie durch die Zylinderkopfdichtungspressung nicht deformiert werden können. Es muß aber in diesem Falle die Büchse mit Preßpassung in das Gehäuse eingesetzt und unten in der Gehäusebohrung ein Sicherungsring vorgesehen werden, damit bei etwaigen Kolbenfressern das Herausreißen der Büchse nach unten verhindert wird.

b) Nasse Zylinderlaufbüchsen

Die nasse Zylinderlaufbüchse wird bei Dieselmotoren für mittlere Zylinderdurchmesser hauptsächlich und für alle größeren Zylinder über 125 mm Durchmesser ausschließlich verwendet. Die Bauart der nassen Büchse erlaubt vor allem die Wasserräume des Kurbelgehäuses offen zu gestalten und die hiezu notwendigen Kerne in der Gußform kräftig zu lagern. Die Reinigung der Gußstücke ist einfach. Die nassen Zylinderbüchsen können, da sie starkwandig sind, leichter mit normalen Maschinen auf die erforderliche Genauigkeit gebracht werden als die dünnwandigen „weichen" trockenen Büchsen. Die Auswechslung der Büchsen bei der Grundüberholung oder im Reparaturfall ist einfach und kann gegebenenfalls im Fahrzeug erfolgen.

Für die Produktion von Motoren in technisch weniger entwickelten Ländern stellt die Verwendung der nassen Büchse im Aufbau des Motors die einzig mögliche Lösung dar. Die notwendige Steifigkeit des Kurbelgehäuses für verzugsfreie Aufnahme und Lagerung der nassen Büchse läßt sich durch entsprechende Ausbildung und Verrippung mit annähernd gleichem Materialaufwand wie für Motoren mit trockener Büchse erreichen.

Abb. 2 zeigt die Detailzeichnung einer nassen Zylinderbüchse in der üblichen Ausführung. Da, wie die Bezeichnung schon aussagt, die Zylinderbüchse direkt in den Wasserraum eingeschoben wird, muß oben und unten eine geeignete Abdichtung vorgesehen werden. Oben wird die Zylinderbüchse rein metallisch durch eine satte Auflage des Flansches auf eine genau ebene Fläche im Kurbelgehäuse abgedichtet. Angepreßt und in ihrer Lage gehalten wird die Büchse durch die Pressung über der Zylinderkopfdichtung. Gegen den Kurbelraum wird die Büchse durch Gummiringe, welche in Nuten der Büchse oder auch in Nuten des Gehäuses liegen, abgedichtet. Diese Bauart gewährleistet die ungehinderte, freie Wärmedehnung der Büchse.

Beansprucht wird die Büchse durch den Zünddruck und durch den Druck der Dichtung auf den Büchsenbund durch die Zylinderkopfschrauben.

Einen guten Richtwert für die Wandstärke s ergibt deren Berechnung nach der bekannten Formel für zylindrische Gefäße unter innerem Überdruck

$$s = \frac{D}{2}\left(\sqrt{\frac{\sigma_z + 0{,}4\,p_z}{\sigma_z - 1{,}3\,p_z}} - 1\right)\text{cm}$$

s = Wandstärke in cm
D = Zylinderinnendurchmesser in cm
σ_z = Zugbeanspruchung kg/cm² = 500 bis 600 kg/cm² als Erfahrungswert.
p_z = Zünddruck
für Ottomotoren = 40 bis 50 kg/cm²
für Dieselmotoren = 80 bis 90 kg/cm²
für Dieselmotoren aufgeladen = 100 kg/cm² und darüber.

Mit der errechneten Wandstärke ergibt sich nun der Außendurchmesser der Zylinderbüchse, welcher den Ausgangspunkt für die weitere Gestaltung darstellt.

Als Übergang zum Flansch schließt man einen Konus von 2 bis 5° Kegelwinkel mit 20 bis 30 mm Länge an. Der Übergang vom Konus zur Sitzfläche des Flansches soll mit einem Übergangsradius von $r = 1$ bis 2 mm sorgfältig, riefenfrei ausgerundet sein.

Die Sitzbreite des Flansches ist abhängig von der zulässigen Flächenpressung des Kurbelgehäusematerials.

Zulässige Druckbelastung für Gußeisen GG 22 oder GG 26 = 38 bis 42 kg/mm².

Zulässige Druckbelastung für vergütete Leichtmetallegierung G Al Si 5 Mga = 14 bis 18 kg/mm², wobei für Leichtmetall Sandguß an dieser Stelle Kokillen eingelegt werden müssen, um ein dichtes Gefüge und die äußerst erreichbare Druckfestigkeit zu gewährleisten.

Die Belastung ergibt sich aus den bis auf ihre Streckgrenze angezogenen Zylinderkopfschrauben.

Bei der Ermittlung der Sitzfläche sind die in Frage kommenden Durchmesser von Gehäuse und Büchse und auch deren Abrundungen und Fasen mit ihren Toleranzgrenzen einzusetzen.

Die winkelrechte Lage der Sitzfläche zur Zylinderbohrung und ihre Parallelität zur Kurbelwellenachse ist auf der Zeichnung genau zu tolerieren. Die Bearbeitung der Sitzfläche im Gehäuse soll durch Planziehen und nicht durch Absenken erfolgen. Die Auflageflächen an der Büchse und am Gehäuse sollen mit einem Mittenrauhwert *Ra* von 0,7 μ (32 microinch) bearbeitet sein. Die satte Auflage über die ganze Sitzbreite der Büchse im Gehäuse muß kontrolliert werden. Ein nachträgliches Aufschleifen der Büchse auf die Sitzfläche bei Montage des Motors soll wegen der Austauschbarkeit nicht notwendig sein.

Die einwandfreie Lage und Bearbeitung der Sitzfläche oben und der zylindrischen Führung unten an der Büchse und im Gehäuse sind die notwendige Voraussetzung für einen einwandfreien Kolbenlauf. Je höher die Drehzahl und Belastung eines Motors, um so geringer dürfen die Abweichungen von der Normallage sein. Auch die Sicherheit gegen Bruch des Büchsenflansches ist von der Genauigkeit der Lage der Sitzfläche abhängig.

Beim Entwurf ist darauf zu achten, daß der Bund bzw. das anschließende Rohr möglichst wenig durch den Dichtungsdruck auf Biegung beansprucht werden, weil dadurch auch die zylindrische Form der Laufbahn weitgehend erhalten bleibt. Demnach ist der Innenrand der Zylinderkopfdichtung so nahe der Sitzfläche der Zylinderbüchse anzuordnen, daß noch eine genügend sichere Abdichtung durch den schmalen Dichtungsrand erreicht werden kann. Durch Hochziehen des inneren Büchsenrandes bis auf 0,3 bis 0,4 mm an den Zylinderkopfboden läßt sich eine Abschirmung der Dichtung gegen die Verbrennungsgase erreichen.

Läßt sich eine Versetzung der beiden Druckflächen am Bund gegeneinander nicht vermeiden, so ist der Büchsenbund und die anschließende Wand des Zylinders auf Biegung nachzurechnen.

Man denkt sich ein 1 cm breites Stück aus der Zylinderbüchse herausgeschnitten und betrachtet es als Träger, an dem das Biegemoment

$$M_b = \frac{P}{D \cdot \pi} \cdot y = \frac{d^2}{6} \cdot \sigma_b \quad \text{(Abb. 3)}$$

P = Kraft der auf Streckgrenze angezogenen Zylinderkopfschrauben,
D = Zylinderdurchmesser in cm,
d = Abmessung im gefährlichen Querschnitt in cm, welcher entweder die Bundhöhe oder die Büchsenwandstärke unmittelbar unterhalb des Bundes ist,
σ_b = Zulässige Biegebeanspruchung 2500 bis 3600 kg/cm² nach ausgeführten Konstruktionen,
y = Biegearm in cm Abstand von Mitte Dichtung zu Mitte Sitzfläche.

Bei eingebördelten Dichtungen muß man den Angriffspunkt des Dichtungsdruckes von Mitte Bördelrand rechnen.

Die Überprüfung der Flanschhöhe kann auch nach der im Bd. 12: „Ortsfeste Dieselmotoren und Schiffsdieselmotoren", S. 93, angegebenen Formel erfolgen.

Da der Flansch der Zylinderbüchse ungekühlt ist, wird man dessen Höhe im Hinblick auf das Mindestmaß beschränken, welches Festigkeit und Deformation noch zulassen.

Je geringer die Versetzung der beiden Druckflächen am Büchsenbund ist, um so geringer kann auch die Höhe des Büchsenbundes ausgeführt werden. Die Flanschhöhe liegt im allgemeinen bei etwa 0,1 *D*, wenn eine Biegebeanspruchung im Flansch vorhanden ist. Bei $y = 0$ kann die Flanschhöhe geringer ausgeführt werden.

Die bei manchen älteren Konstruktionen noch verwendeten Ventiltaschen im Zylinderbüchsenflansch sind unbedingt zu vermeiden. Die dadurch erreichbare Querschnittsvergrößerung der Ventile wird durch die teilweise Abdeckung des Strömungsquerschnittes durch die Taschen der Zylinderbüchse hinsichtlich des Einflusses auf den Liefergrad zum Teil wieder aufgehoben. Nachteilig sind auch erhöhte Bruchgefahr und Verzug der Büchse infolge ungleichmäßiger Beanspruchung an diesen Stellen. Außerdem nimmt die Luft in den Taschen an der Verbrennung nicht teil und der oberste Kolbenring rückt durch die Tiefe der Taschen den Verbrennungsgasen näher.

Der Außendurchmesser des Zylinderbüchsenflansches soll, um seine freie Wärmedehnung zu gewährleisten, mit einem leichten Laufsitz H7/e8 im Gehäuse sitzen.

Für die notwendige Pressung der Zylinderkopfdichtung um den Verbrennungsraum muß der Flansch der Büchse über die Gehäusefläche um einen geringen Betrag vorstehen, welcher sich nach der Stärke und Elastizität des verwendeten Dichtungsmaterials richtet. Im Mittel beträgt dieser Überstand des Büchsenbundes etwa 0,06 bis 0,08 bis 0,12 bis 0,15 mm.

Um eine gleichmäßige Dichtwirkung zu gewährleisten und den Austausch im Service zu ermöglichen, soll der Überstand der Büchsen durch entsprechende Tolerierung der Tiefe der Absenkung im Gehäuse und der Bundhöhe der Büchse in engen Grenzen gehalten werden.

Der erste Verdichtungsring im oberen Totpunkt des Kolbens sollte bereits in die vom Kühlwasser umspülte Zone der Zylinderbüchse zu liegen kommen. Im allgemeinen wird dies nahezu erreicht, da der erste Kolbenring bei Hochleistungsmotoren wegen Ringstecken und Ausschlagen der ersten Ringnut sowieso in größerer Entfernung vom oberen Kolbenrand angeordnet wird. Um jedoch Kühlwasser bis nahe an die Sitzfläche zu bringen, kann man noch eine oder mehrere Querbohrungen knapp unterhalb der Sitzfläche anordnen, welche in die Übertrittsbohrung des Kühlwassers in den Zylinderkopf münden, Abb. 4.

Bei vielen Motorkonstruktionen, insbesondere bei größeren Zylinderdurchmessern, wird die Büchse auch unterhalb der Sitzfläche mit einem leichten Laufsitz in das Gehäuse eingepaßt, Abb. 5.

Bei Leichtmetall-Kurbelgehäusen kann die Sitzfläche Korrosionsangriffen ausgesetzt sein. Um diese zu verhindern, ist es zweckmäßig, wie in Abb. 6 dargestellt, die Sitzfläche gegen Wasser und Dampf mit einem dünnen, hitzebeständigen Silicongummiring gesondert abzudichten.

Im weiteren Verlauf der Konstruktion kommt nun die Ausbildung des unteren Teiles der Büchse an die Reihe.

Die Höhe des Kühlwasserraumes bzw. die Lage der Abdichtung gegen den Kurbelraum bestimmt sich aus der Lage des unteren Dichtungsringes am Kolben im unteren Totpunkt.

Abb. 2 zeigt nun die meist verwendete Konstruktion mit zwei Gummiringen in Nuten der Büchse. Bei größeren Zylinderdurchmessern werden von manchen Firmen drei Ringe vorgezogen. Die Wandstärke der Büchse am Nutengrund sollte nicht zu gering ausfallen und etwa 0,6 bis 0,8 der Büchsenwandstärke s betragen. Der Nutengrunddurchmesser muß möglichst genau zentrisch zum Paßdurchmesser ausgeführt werden. Schlecht passende Gummiringe und zu hohe, ungleichmäßige Pressung können zu starker Verformung in diesem Büchsenteil führen.

Als Dichtringe sollen nur Präzisions-Rundgummiringe, O-Ringe genannt, verwendet werden. Die Ringe müssen naht- und gratlos sein und enge Toleranzen ihrer Abmessungen aufweisen.

Das Material muß öl- und warmfest sein. Es kommen daher nur synthetische Gummisorten in Frage. Die Gummiringe sollen mit einer geringen Spannung am Nutengrund aufliegen. Die Außenpressung kann bei den Präzisions O-Ringen verhältnismäßig gering sein. Die Breite der Nut muß eine freie Deformation des Ringes zulassen.

In Zahlentafel 3 sind die gebräuchlichen O-Ring-Abmessungen und die notwendigen zugehörigen Dimensionen der Nuten zusammengestellt. Die O-Ringe eignen sich außerdem vorzüglich als Dichtelement an anderen Stellen des Motors auch gegen hohe Öldrücke.

Beim Entwurf ist zu beachten, daß die Zylinderbüchse mit den aufgelegten Gummiringen mit genügend Spiel (etwa 0,5 bis 1 mm) durch den Innendurchmesser der oberen Büchsenauflage ohne Beschädigung der Ringe montiert werden kann. Ebenso ist zur Einführung ohne Verletzung der Ringe in den unteren Paßdurchmesser eine konische, gut abgegratete Erweiterung vorzusehen, wie sie beispielsweise in Abb. 2 vermaßt wurde. Es ist zweckmäßig, den obersten O-Ring in der Büchse wie in Abb. 2 eingezeichnet direkt unter dem konischen Einlauf anzuordnen. Es wird dadurch der Rost- und Kalkansatz und die Spaltkorrosion am Einpaßdurchmesser am Gehäuse vermieden, welcher sonst nach längerer Laufzeit bei Neumontage zur Verletzung der O-Ringe führen kann. Manche Firmen sehen auch eine schmale Nut zwischen den beiden Gummiringen vor, von welcher eine Bohrung durch das Kurbelgehäuse nach außen führt, um eventuell durchsickerndes Wasser nach außen abzuleiten. Eine Beschädigung des Gummiringes wird dadurch aufgezeigt. Bei sorgfältiger Ausführung und Montage und geeigneten Gummiringen darf eine solche nicht vorkommen. Die Passung der unteren Zentrierung der Büchse im Gehäuse soll H6/f7 betragen. Keinesfalls soll diese weiter sein, um ein Ausschlagen der Zentrierbohrung durch zu große seitliche Büchsenbewegungen zu vermeiden. Die Höhe der Zentrierbohrung wird 0,25 bis 0,45 vom Zylinderdurchmesser ausgeführt, wobei insbesondere für Leichtmetallgehäuse der obere Wert zu nehmen ist.

Bei neueren Motorkonstruktionen werden vielfach die Gummiringe in Nuten in der Kurbelgehäusebohrung angeordnet Abb. 7. Dies erfordert zwar ein Sonderwerkzeug, bringt aber konstruktiv und für die Montage manche Vorteile, so daß diese Ausführung im allgemeinen zu empfehlen ist. Die Zylinderbüchse wird durch die Gummiringnuten nicht weiter geschwächt und kann daher weniger leicht verformt werden. Der obere Flansch der Zylinderbüchse kann etwas gedrängter konstruiert werden, da auch der untere Einpaßdurchmesser infolge des Entfalles der Nuten geringfügig vermindert werden kann, so daß gegebenenfalls einige Millimeter am Zylinderabstand durch diese Ausführung eingespart werden können.

Bei Demontage können die Gummiringe durch Rost und Kalkansatz an der Büchse und im Gehäuse nicht verletzt werden.

Am Büchsenende muß ein flacher Konus vorgesehen werden, um das Einführen der Büchse durch die eingelegten Ringe zu ermöglichen.

Von großer Bedeutung für die Lebensdauer der Büchse ist die Art der Bearbeitung und Behandlung der Lauffläche, welche ebenfalls auf der Detailzeichnung der Büchse angegeben werden müssen.

Von größter Wichtigkeit für das Betriebsverhalten ist, daß sich die Kolbenringe und die Zylinderfläche in möglichst kurzer Betriebszeit gegeneinander anpassen, „einlaufen". Diese erwünschte rasche Einlaufzeit wird nicht, wie man annehmen würde, bzw. auch anfänglich ausgeführt hat, durch eine spiegelnd gehonte Lauffläche erreicht, sondern durch eine ganz bestimmte Oberflächenrauhigkeit gewährleistet, bei der man die Honsteinriefen noch deutlich erkennen kann.

Die Lauffläche muß erfahrungsgemäß einen Mittenrauhwert Ra 0,6 bis 0,8 μ (25 bis 35 microinch) aufweisen, wobei sich die Honsteinriefen unter 90° kreuzen sollen (cross hatch). Oberflächenbehandlungen wie bondern, parcolubrite, weichnitrieren, erleichtern und beschleunigen das Einlaufen und verbessern den Ringlauf.

Die Oberflächenrauhigkeit bei vergüteten harten Büchsen soll etwas geringer sein und einen Mittenrauhenwert $Ra = 0{,}5$ bis 0,6 μ (20 bis 25 microinch) aufweisen.

Auf noch einen Verschleißangriff der nassen Zylinderbüchse von Viertaktmotoren wird an dieser Stelle besonders hingewiesen, weil dieser teilweise auch durch konstruktive Vorkehrungen vermindert werden kann.

Es ist dies die Grübchenbildung (Pitting) an der Außenseite der Zylinderbüchse, welche deren Lebensdauer weit unter die Grenzen der Lebensdauer durch den normalen Reibverschleiß an der Laufbahn drücken kann. Insbesondere sind davon in neuerer Zeit Hochleistungsmotoren mit hohen Spitzendrücken und hohen Drehzahlen befallen.

Die Ursache der äußeren Korrosion können von sehr vielfältiger Natur sein. Nach den neuesten Untersuchungen überlagern sich sowohl elektro-chemische Korrosionsformen aller Art als auch Kavitationsangriffe infolge mechanischer Beanspruchungen. Näheres ist aus Bd. 14: „Verschleiß, Betriebszahlen und Wirtschaftlichkeit von Verbrennungskraftmaschinen" und den verschiedenen Literaturangaben zu entnehmen.

J. E. Witzky hat die mechanischen Ursachen dieser eigenartigen Erscheinungen durch Messungen nachgewiesen. Durch das Kippen des Kolbens in der Zylinderbüchse wird eine Vibration der Zylinderwand hervorgerufen. Wenn nun Amplitude und Frequenz einen bestimmten Wert überschreiten, ist das umgebende Wasser nicht mehr fähig der Vibration zu folgen, daher entsteht beim Zurückgehen der Zylinderwand eine Vakuumblase, welche dann eine der Kavitation ähnliche Zerstörung des Materials hervorruft. Bei Hochleistungs- und sehr leicht gebauten Dieselmotoren sind die Schwingungsausschläge im allgemeinen größer.

Gegen die Büchsenkorrosion wurden folgende Abhilfemaßnahmen gefunden:

Das wirkungsvollste Mittel ist eine Verkleinerung des Kolbenspieles. Eine galvanische Nickel-Chromauflage oder ein keramischer Überzug der Außenseite der Zylinderbüchse weist einen großen Widerstand gegen Kavitationsgrübchen auf. Jedoch sind bei Leichtmetallkurbelgehäusen außen verchromte Büchsen nicht zulässig. Durch Verstärkung der Zylinderwand und durch starre Lagerung der Laufbüchse wird eine meßbare Verkleinerung der Amplitude erreicht und damit die Kavitationsgefahr weiter vermindert.

Eine Erhöhung des Wasserdruckes bringt einen dämpfenden Effekt der Ausschläge. Sorgfältige Durchbildung der Kühlwasserführung und Vermeidung von toten Winkeln im Kühlwasserstrom und Anordnung von nicht zu schmalen Kühlwasserräumen um die Büchse verringern auch die Neigung zu Korrosionsangriffen. Verwendung von aufbereitetem Kühlwasser und Beigabe von Korrosionsschutzölen sind Mittel gegen elektrochemische Korrosion.

Eine weitere Abart der nassen Zylinderbüchsen ist, wie Abb. 8 zeigt, die Ausführung mit unten liegendem Abstützflansch, ähnlich der Ausführung luftgekühlter Zylinderbüchsen.

Diese Ausführung gibt die beste Kühlung des oberen Büchsenteiles. Nachteilig ist jedoch, daß die Zylinderbüchse über ihre ganze Länge durch die Dichtungskraft auf Druck beansprucht wird und daher leicht deformiert werden kann. Die Wandstärke der Büchse muß bei dieser Ausführung daher größer gemacht werden als bei der hängenden Büchse.

Die Einhaltung der erforderlichen Toleranzen in den Abständen zwischen den Dichtungsflächen und der Auflage der Büchse im Gehäuse zur Erreichung der notwendigen gleichmäßigen Pressung der Zylinderkopfdichtung ist infolge der großen Längen schon schwierig. Es ist daher durch Unterlegen von Einstellblechen unter den Auflageflansch jede Büchse individuell auf gleichmäßigen Überstand über das Gehäuse einzustellen. Die Nachteile dieser Bauart überwiegen die Vorteile der guten Kühlung, so daß diese Ausführung bei Dieselmotoren neuerer Konstruktion kaum mehr verwendet wird.

Bei manchen PKW-Motoren findet jedoch diese Büchsenkonstruktion weiter ihre Anwendung. Hier liegen die Probleme einfacher, da infolge der Kurzhubigkeit und der kurzen Kolben bei Ottomotoren die Büchsen wesentlich gedrungener gebaut werden können. Außerdem treten die oben erwähnten Abdichtungsschwierigkeiten infolge der niedrigen Spitzendrücke bei Ottomotoren nicht so in Erscheinung. Hier bringen die erreichbaren kleineren Zylinderabstände insbesondere bei dreifach gelagerten Vierzylindermotoren und die einfache, offene Gestaltung des Wasserraumes gegebenenfalls weitere Vorteile. Bei Leichtmetallgehäusen kann daher der offene Wasserraum mit einem einfachen, ausziehbaren Kokillenteil geformt werden.

Vereinzelt wird noch eine Zwischenlösung von stehender und hängender Ausführung der nassen Zylinderbüchse Abb. 9 verwendet. Der Stützflansch der Büchse wird in das obere Viertel des Kolbenhubes gelegt. Der obere Büchsenteil ist dadurch gut gekühlt und die auf Druck beanspruchte Büchsenlänge ist kurz. Als Nachteil dieser Ausführung kann angesehen werden, daß die größte Deformation der Büchse und die ungleichmäßige Kühlung und Wärmedehnung gerade in den Teil der größten Kolbengeschwindigkeit fällt.

Die durch die immer höher werdende Aufladung der Motoren zunehmenden Temperaturen und Spitzendrücke bringen immer größere Schwierigkeiten in der Entwicklung geeigneter Abdichtungen zwischen Büchse und Kopf mit sich. Es ist daher nicht ausgeschlossen, daß man bei mittleren und größeren Hochleistungsmotoren wieder auf eine alte Bauart zurückgreifen wird, bei der man Zylinderkopf und Büchse aus einem Stück macht.

Eine interessante neue Lösung in ähnlicher Richtung zeigt der Packard-Dieselmotor, bei dem eine nitrierte Stahlbüchse an den Stahlgußzylinderkopf angeschweißt wird.

3. Zylinderbüchsen für wassergekühlte Zweitaktmotoren

Zu den in Abschnitt C. I. 1., S. 18, zusammengestellten Aufgaben und Beanspruchungen der Zylinderbüchsen kommen bei den Zweitaktmotoren noch die Aufgaben der Steuerung des Ladungswechsels hinzu. Entsprechend der Art und den Anforderungen des Ladungswechsels ergibt sich die Gestaltung der Zylinderbüchsen und des diese umschließenden Kurbelgehäuseteiles.

Um Wiederholungen zu vermeiden, wird auf die Abschnitte C. I. 1., S. 18, und C. I. 2., S. 19, verwiesen, da die meisten darin geschilderten Maßnahmen und Regeln auch für die Zylinderbüchsen von Zweitaktmotoren gelten.

a) Zylinderbüchsen für Zweitaktmotoren mit Umkehrspülung

Die Entscheidung, ob mit dem Kurbelgehäuse zusammengegossene Zylinderlaufbahnen oder eingesetzte Zylinderbüchsen verwendet werden sollen, ist hier einfacher zu treffen.

Die erste Ausführung wird nur bei kleineren Einzylinder-Otto- und Dieselmotoren mit Kurbelkastenspülung verwendet. Die Schlitzführung für die Spülluft und für die Abgase und die genaue Einhaltung ihrer Lage und Abmessungen würden das Einformen und den Abguß eines mehrzylindrigen Kurbelgehäuses mit zusammengegossenen Zylinderlaufbahnen äußerst schwierig gestalten. Die Ausschußgefahr des teuren Gußstückes würde dadurch sehr stark erhöht werden. Es ist daher naheliegend, bei mehrzylindrigen Dieselmotoren in das Kurbelgehäuse gesondert eingesetzte Zylinderbüchsen zu verwenden.

Die Anordnung von trockenen Büchsen ist bei umkehrgespülten Dieselmotoren ebenfalls schwierig, weil die ungekühlten, schwachen Stege zwischen den Auspuffschlitzen große Verzüge der Büchse an diesen Stellen zur Folge haben dürften.

Bei ventilgespülten Zweitaktmotoren ist die Verwendung von trockenen Büchsen eher möglich, aber ganz allgemein wird bei Zweitaktmotoren die nasse Bauart vorgezogen.

Abb. 10 zeigt die Werkstattzeichnung einer nassen, ins Kurbelgehäuse eingesetzten Zylinderbüchse für einen Dieselmotor mit Umkehrspülung. Diese Bauart findet in ähnlicher Ausführung von den mittleren bis zu den großen Zweitaktmotoren Anwendung.

Beim Entwurf beginnt man mit der Festlegung der Schlitzabmessungen. Hierbei ist zu beachten, daß für die einwandfreie Funktion des Zweitaktmotors mit Umkehrspülung die Kühlung der Schlitzzone und der Stege bei den Auslaßschlitzen und des Büchsenteiles unterhalb der Schlitze erforderlich ist. Diese Gesichtspunkte beeinflussen maßgebend den Aufbau der Büchsen und des umgebenden Gehäuseteiles.

Die Schlitzlagen und die Schlitzquerschnitte können nach Bd. 4/2: „Der Zweitakt“ bestimmt oder aus vorangegangenen Einzylinderversuchen übernommen werden.

Um bei einem Erstentwurf, insbesondere bei der Konstruktion des Kurbelgehäuses, rasch vorgehen zu können, kann man die Lage und Höhe der Ein- und Auslaßschlitze für die Umkehrspülung nach den in Zahlentafel 4 zusammengestellten Richtwerten einstweilen genau genug vorausbestimmen.

Die Schlitzunterkanten der Einlaßschlitze liegen gewöhnlich in der Höhe des Kolbenbodens in der unteren Totlage. Die Schlitzneigung nach oben beträgt je nach dem Hubverhältnis zwischen 30° und 45°. Die Einlaßschlitze sollen sich nach außen leicht konisch erweitern und zum äußeren Büchsenmantel gut ausgerundet sein, weil damit eine Senkung des erforderlichen Spüldruckes erreicht wird.

Die Unterkanten der Auslaßschlitze ordnet man meistens einige Millimeter über der unteren Totlage des Kolbenbodens an. Die oberen und unteren Schlitzflächen der Auslaßschlitze liegen in den meisten Fällen senkrecht zur Zylinderachse.

Die Schlitzanordnung im Grundriß läßt sich für die Schnürle-Spülung für den Erstentwurf nach folgenden Richtlinien bestimmen. Kennzeichnend für die Umkehrspülung ist die symmetrische Anordnung der Schlitze zu einer durch die Auslaßschlitze gehenden Symmetrieebene.

Man beginnt daher mit der Anordnung der Auslaßschlitze. Die Richtung der Auslaßschlitze liegt parallel oder schwach geneigt zur Symmetrieebene der Schlitzanordnung. Die Stärke der Auslaßschlitzstege ergibt sich aus der Notwendigkeit der Unterbringung einer Bohrung oder eines schmalen, gegossenen Kanals für die Kühlwasserdurchführung. Damit liegt auch der Außendurchmesser der Büchse in der Schlitzzone fest, welcher ungefähr 1,35 bis 1,42 D des Zylinderdurchmessers beträgt.

Die den Auslaßschlitzen zunächst liegenden Einlaßschlitze werden etwa 45° zur Symmetrieachse geneigt angeordnet, wobei am Außenumfang zwischen den benachbarten Ein- und Auslaßschlitzkanten genügend Abstand vorhanden sein muß, um dort einen ausreichend großen Querschnitt im Kurbelgehäuse für die Durchleitung der Verbrennungskräfte zu den Lagerwänden unterzubringen.

Als nächstes legt man die äußersten Einlaßschlitze fest, wobei diese meist nahezu senkrecht zur Symmetrieebene stehen. Die äußerste Einlaßschlitzkante darf jedoch nicht einen nahezu tangentialen Schnitt mit der Zylinderbohrung ergeben, da sonst dieser Schlitz im Querschnitt zu klein wird. Außerdem kann sich dadurch ein zu großer Umfangwinkel der inneren Schlitzkanten ergeben, in den die Kolbenringe einspringen würden. Zwischen diesen äußersten Einlaßschlitzkanten und den Auslaßschlitzen müssen nun die notwendigen Schlitzquerschnitte für den Einlaß einschließlich der notwendigen Stegquerschnitte angeordnet werden. Um eine entsprechende Richtwirkung der einströmenden Luft für die Spülung zu erhalten, dürfen die Einlaßschlitze nicht zu breit gemacht werden, wobei jedoch eine zu große Anzahl von schmalen Einlaßschlitzen den erforderlichen Spüldruck zu sehr erhöhen könnte. Aus Herstellungsgründen wird man, insbesondere für Büchsen mit gegossenen Schlitzen, durch Versuche die Mindestanzahl der erforderlichen Schlitze feststellen müssen.

Der Umfangswinkel der Schlitzbreite an der Zylinderlaufbahn soll bei ungesicherten Ringen nicht größer als 25° bis 30° ausfallen. Die Stege zwischen den Einlaßschlitzen brauchen nicht gekühlt werden. Um möglichst viel Einlaßquerschnitt unterzubringen, kann die innere Stegbreite im Minimum etwa 2,5 bis 3 mm stark ausgeführt werden.

Die Mittellinien aller Einlaßschlitze sollen sich in der Nähe des Schnittpunktes der Mittellinien der äußersten Einlaßschlitze mit der Symmetrieachse kreuzen. Nach diesen Richtlinien ergibt sich die für die Schnürle-Spülung typische Schlitzanordnung, wie der in Abb. 10 dargestellte Grundriß zeigt. Die Begrenzung der Schlitze nach oben und unten soll — um einen einwandfreien Ringlauf zu gewährleisten — bei raschlaufenden Zweitaktmotoren halbkreisförmig ausgerundet sein.

Die weitere Gestaltung der Büchse ist teilweise davon abhängig, ob die Büchse mit allen Schlitz- und Wasserquerschnitten gegossen, oder ob diese aus einem vollen Schleudergußrohling bearbeitet wird. Die moderne Gußtechnik mit Kunstharzkernen erlaubt den einwandfreien, genauen Abguß aller Schlitze und Wasserdurchtritte, so daß im folgenden nur die Gestaltung dieser Büchsenausführung weiter behandelt wird.

Die Wandstärke der Büchse kann nach der gleichen Formel wie für die nassen Büchsen von Viertaktmotoren bestimmt werden.

Bei den Zweitakt-Zylinderbüchsen der Bauart nach Abb. 10 müssen auch die Schlitzzonen gegen den Wasserraum abgedichtet werden, was wieder unter Zuhilfenahme von O-Ringen erfolgt, welche sowohl in Nuten der Zylinderbüchse als auch in Nuten des Gehäuses angeordnet werden können. Zweckmäßig für die einwandfreie Montage und Demontage ist die Unterbringung der O-Ringe im Gehäuse. Der O-Ring unterhalb der Schlitze muß auf einem 2 bis 3 mm kleineren Paßdurchmesser liegen als der obere O-Ring, um die Beschädigung der Ringe beim Einführen der Büchse zu vermeiden, wobei es außerdem notwendig ist, an der Büchse und im Gehäuse konische Abschrägungen von 15° vorzusehen.

Der O-Ring unterhalb der Schlitzzone muß tiefer als die Verschneidung des äußersten Einlaßschlitzes am Außendurchmesser der Büchse zu liegen kommen.

Die Anordnung des oberen O-Ringes ergibt sich aus der Lage der Oberkante des Auslaßkanals. Diese soll am Gehäuse um 3 bis 5 mm höher liegen als die Oberkante der Auspuffschlitze in der Büchse. 6 bis 8 mm über der Oberkante des Auspuffkanals soll dann der obere Dichtring der Büchse angeordnet werden; dadurch liegt dann dieser O-Ring in der gekühlten Wand oberhalb des Auslaßkanals im Gehäuse.

Die weitere Gestaltung der Schlitzzone ist aus Abb. 10 ersichtlich.

Die Stellung der untersten O-Ringe, welche den Wasserraum gegen den Kurbelraum abdichten, bestimmt die untere Totpunktlage der Verdichtungsringe des Kolbens. Die konstruktive Ausführung dieses Büchsenteiles ist gleich wie bei den nassen Viertaktbüchsen.

Die Gesamtlänge der Kolbenlaufbahn ergibt sich aus der Lage des untersten Ölabstreifringes im unteren Totpunkt des Kolbens, welcher noch mit 1 bis 2 mm Sicherheitsabstand in dem zylindrischen Teil der Büchse zu liegen kommen muß.

Hinsichtlich der Ausbildung des oberen Teiles der Büchse und der Verbindung mit dem Zylinderkopf gibt es zwei verschiedene Bauarten. Die erste ist ähnlich wie bei den nassen Viertaktbüchsen, bei welcher die Büchse über den Zylinderkopf auf eine Sitzfläche im Gehäuse gepreßt wird. Diese Konstruktion ist in Abb. 10 dargestellt, sie wird im folgenden näher beschrieben.

Die Breite der Auflage der Zylinderbüchse am Kurbelgehäuse errechnet sich nach Abschnitt C. I. 2., S. 21. Diese Zylinderbüchsenkonstruktion ergibt einen breiten Flansch mit einem großen Biegemoment zwischen Dichtfläche und Auflage im Gehäuse. Dies erfordert eine sehr starre Ausbildung des Flansches mit einem entsprechend steifen Übergang zum Zylinderrohr, wie Abb. 10 zeigt, um die Deformation der Zylinderlauffläche im oberen Teil auf ein für den Kolben und Ringlauf erträgliches Minimum zu beschränken. Die Steifigkeit des Flansches ist auch notwendig, um der Zylinderkopfdichtung am Innenrand die erforderliche Pressung zu geben. An Hand ausgeführter Motoren ergibt sich in Abhängigkeit vom Zylinderdurchmesser eine Flanschhöhe von $H = 0{,}25$ bis $0{,}28\,D$.

Die große Flanschbreite ermöglicht jedoch den direkten Übertritt des Kühlwassers durch mehrere Bohrungen am ganzen Umfang des Flansches zum Zylinderkopf. Die Aufteilung der Übertrittsbohrungen wird auch von der Zylinderkopfkonstruktion bestimmt. Trotz der großen Höhe des Flansches gewährleistet dieser Übertritt eine ausreichende, gleichmäßige Kühlung des oberen Teiles der Zylinderbüchse. Das Biegemoment und damit die Deformation läßt sich verringern, wenn man die Zylinderkopfdichtfläche über die Auflagefläche im Gehäuse bis nahe an das Mittel der Zylinderkopfschrauben hinauszieht. Durch die Anordnung der Nuten für die Gummiringe im Kurbelgehäuse läßt sich eine Verringerung des Außendurchmessers der Zylinderbüchse und damit eine

Verminderung der Flanschbreite und des Biegemomentes erreichen. Auch die schon von den Viertaktbüchsen bekannte Anordnung eines schmalen Feuerschutzsteges am Innenrand der Büchse, wodurch die Auflage der Dichtung etwas nach außen gerückt wird, vermindert das Biegemoment. Es ist nur darauf zu achten, daß noch eine genügende Dichtungsbreite zu den Wasserdurchtrittslöchern vorhanden bleibt.

Eine sehr starre Ausführung zeigt Abb. 11 in Form einer doppelwandigen Büchse, die häufiger bei größeren Motoren Anwendung findet. Diese Bauart stellt zwar ziemliche Anforderungen an die Gießereieinrichtung, dürfte aber bei der weiteren Entwicklung der raschlaufenden Zweitaktmotoren in zunehmendem Maße Verwendung finden.

Die zweite, grundsätzlich andere Möglichkeit der Zylinderbüchsenbefestigung bringt Abb. 12, bei der die Zylinderbüchse über eine Schraubenverbindung am Zylinderkopf hängt, wodurch keine Deformation in die Zylinderlaufbahn kommt. Der Zylinderkopf liegt direkt am Kurbelgehäuse auf und wird mit den Zylinderkopfschrauben darauf niedergespannt. Im allgemeinen eignet sich diese Lösung wegen der notwendigen Flanschausbildung nur für größere Zylinderdurchmesser, weil zwischen dem Gewinde und dem äußeren Flanschdurchmesser und der Zylinderbohrung genügend Wandstärke übrigbleiben muß.

Beispielsweise mußte bei einer Zylinderbüchse mit 120 mm Bohrung dieser gleichen Bauart außen am Flansch ein Stahlring aufgeschrumpft werden, um die ganze Flanschzone unter eine Druckvorspannung zu setzen, um ein Aufreißen durch die Gewindebohrung zu vermeiden.

Besondere Sorgfalt ist der Schraubenverbindung der Zylinderbüchse mit dem Zylinderkopf zu widmen. Die Schrauben zur Befestigung der Büchse müssen als Stiftschrauben mit Dehnschaft ausgeführt sein. Das Einschraubgewinde soll sich am Grund der Schraubenbohrung abstützen, damit alle Gewindegänge gleichmäßig zum Tragen kommen (s. Abschnitt C. XII., S. 190, Abb. 198c). Das Gewinde muß etwa 3 mm unterhalb der Dichtfläche beginnen, um ein Aufwölben der Dichtfläche zu vermeiden. Die Abdichtung des Kühlwassers nach außen erfolgt durch einen in der Ecke zwischen Büchse, Gehäuse und Kopf eingelegten O-Ring.

Eine weitere Büchsenkonstruktion, welche vor allem den Aufbau des Kurbelgehäuses vereinfacht, zeigt der Zweitaktmotor der Hanomag nach Abb. 243. Bei dieser Ausführung ist die Zylinderbüchse ähnlich wie Abb. 11 doppelwandig, jedoch steht die Zylinderbüchse am unteren Teil des Wassermantels auf dem Kurbelgehäuse auf. Der Spülluftbehälter ist gesondert als Kasten über die Zylinderbüchse gestülpt.

Die Bearbeitung der Zylinderbüchsen und der zugehörigen Aufnahmeflächen im Kurbelgehäuse muß mit größter Sorgfalt und Genauigkeit erfolgen, da bei Zweitaktmotoren die Gleichmäßigkeit eines niederen Ölverbrauches in der Serienproduktion wesentlich davon abhängt.

Da die Stege bei den Schlitzen erfahrungsmäßig die Neigung haben nach innen zu wachsen, muß die Lauffläche in der Schlitzzone tonnenförmig frei gehont werden.

Die Zweitaktzylinderbüchse ist naturgemäß durch ihren Aufbau als Ersatzteil für die Grundüberholung des Motors teurer als die einfachere Viertakt-Zylinderbüchse.

Es sind daher die verschiedentlich zum Teil noch in Entwicklung befindlichen Verfahren der Laufflächenbehandlung, wie Nitrieren, Verchromen, Aufspritzen verschleißfester Legierungen (Molybdän), für den Zweitaktmotor besonders interessant. Es muß erreicht werden, die Lebensdauer der Büchsen auf die Verwendungsdauer des Motors zu verlängern, wobei höchstens ein fallweises Aufbringen einer neuen Lauffläche notwendig werden darf.

Diese gewiß einmal serienreif und auch billiger werdenden Verfahren bringen für die Weiterentwicklung des umkehrgespülten Zweitaktmotors die dichtungslose Verbindung von Zylinderkopf und Zylinderbüchse in einem Gußstück in den Bereich der Möglichkeit. Der einfache Zylinderkopf des Zweitaktmotors mit Umkehrspülung käme dieser Ausführung sehr entgegen, wie das abgebildete Beispiel Abb. 13 erkennen läßt.

Die bei den nassen Zylinderbüchsen von Viertaktmotoren vorkommende Grübchenbildung an der Außenseite tritt erfahrungsgemäß bei Zweitaktzylinderbüchsen nicht auf. Der Grund hiefür dürfte darin zu suchen sein, daß bei der Zweitaktbüchse durch die Doppelwand und die Abstützung in der Schlitzzone keine wesentlichen Vibrationen auftreten können, welche zu den bekannten Kavitationserscheinungen führen könnten. Diese Erfahrungen unterstützen die Theorie von WITZKY, daß die Grübchenbildung zum Großteil auf mechanische Ursachen zurückzuführen ist.

b) Zylinderbüchsen für Zweitaktmotoren mit Gleichstromspülung

Da bei dieser Motorbauart nur die Einlaßschlitze in der Büchse vorzusehen sind, ist die thermische Beanspruchung in der Schlitzzone geringer als bei Umkehrspülung, daher wird auch die Gestaltung der Büchse einfacher. Die Einlaßschlitze brauchen für die wirksame Spülung keine allzu große Richtwirkung ausüben und müssen in den Schlitzstegen nicht gekühlt werden. Daher können die Schlitze kurz und der Außendurchmesser der Büchse in der Schlitzzone kleiner sein als bei den umkehrgespülten Motoren.

Wie ausgeführte Beispiele von Motoren zeigen, ist die Kühlung des unterhalb den Einlaßschlitzen liegenden Teils der Büchse nicht unbedingt notwendig, was weiterhin die Konstruktion der Büchse und des Gehäuses vereinfacht. Trotzdem der ungekühlte Teil der Zylinderbüchse dann im Spülluftraum steht, ist die dadurch zu erwartende Temperaturerhöhung der Spülluft so gering, daß sie keinen meßbaren Einfluß auf den Liefergrad und die Leistung des Motors ausübt.

Auch die Verwendung von trockenen Büchsen ist bei dieser Motorbauart möglich. Bei allen diesen Motoren ist der Kolben ölgekühlt, was die Anwendung der vereinfachten Büchsenausführung erleichtert.

Abb. 14 zeigt die Ausführung einer nassen Büchse für Gleichstromspülung. Für die Dimensionierung der Wandstärke, der Flanschhöhe und der Sitzbreite des Flansches im Kurbelgehäuse und über sonstige Einzelheiten, wie Toleranzen und Bearbeitung der Büchse und Bemessung der Abdichtringe, gilt das gleiche wie das in Abschnitt C. I. 2. b, S. 21, Gesagte.

Um eine genügende Steifigkeit der Büchse in der Schlitzzone zu erreichen, wird man dort die Wandstärke etwas kräftiger als die Rechnung ergibt ausführen. Der Paßdurchmesser oberhalb der Schlitze ist etwas kleiner zu halten als der Innendurchmesser der Auflage beim Auflageflansch. Es ist zweckmäßig, die O-Ringe in Nuten des Gehäuses zu legen, da dadurch kleinere Flanschabmessungen und eine bessere Kühlung der Gummiringe erreicht werden. Die Lage der O-Ringe richtet sich nach der notwendigen Höhe der Einlaßschlitze. Für den Erstentwurf kann die Schlitzhöhe nach Zahlentafel 5 gewählt werden.

Den Außendurchmesser der Schlitzzone wird man vom Paßdurchmesser um etwa 2 mm zurücknehmen, um eine Beschädigung der Gummiringe beim Einsetzen der Büchse zu vermeiden.

Die Schlitze sind im allgemeinen über den ganzen Umfang gleichmäßig verteilt und werden bei diesen Büchsen meistens wegen ihrer kleinen Breite gefräst oder gebohrt. Die Büchse kann dadurch im Schleuderguß hergestellt werden. Je nach dem notwendigen Drall für die Spülung und für das Verbrennungsverfahren werden die Schlitze etwa 10 bis 15° zum Radius tangential gerichtet. Um eine genügende Richtwirkung der Luft durch die Schlitze erzielen zu können, ist durch die verhältnismäßig geringe Wandstärke die Schlitzbreite begrenzt und eine größere Anzahl von Schlitzen notwendig. Die Stegbreite soll nicht kleiner als 3 bis 4 mm ausfallen. Eine geringfügige, tonnenförmige Erweiterung der Lauffläche in der Schlitzzone ist auch hier bei größeren Zylinderdurchmessern zweckmäßig.

Die Zweitaktmotoren von General Motors verwenden trockene Zylinderbüchsen, wie aus der Schnittzeichnung Abb. 252 erkenntlich ist. Diese sind jedoch über die ganze Länge von einem Wassermantel umgeben, um eine gleichmäßige Anlage im Gehäuse zu erreichen. Die Wandstärke der trockenen Büchsen für Zweitaktmotoren muß naturgemäß etwas größer sein als die der üblichen trockenen Büchsen bei Viertaktmotoren, um Deformationen und Brüche in der Schlitzzone zu vermeiden, sie beträgt etwa $s = 0{,}04$ bis $0{,}045\ D$.

Die Büchse stützt sich oben auf einen 6 mm hohen Bund und 2 mm breiten Sitz im Gehäuse ab und kann bei kaltem Motor mit 0,015 bis 0,066 mm Spiel ins Gehäuse von Hand aus eingeschoben werden.

Der Zweitaktmotor mit Gleichstromspülung der Firma Harnischfeger zeigt nach Abb. 15 eine weitere interessante Ausführung einer Verbindung von Zylinderbüchse mit Zylinderkopf. Die Zylinderbüchse hat am Außendurchmesser des oberen Büchsenendes ein Gewinde, über welches die Büchse im Kopf eingeschraubt wird. Dadurch wird eine fest verbundene, dichtungslose Montageeinheit von Büchse und Kopf gebildet. Den äußeren Wassermantel der Büchse bilden zwei aufgeschobene Rohrteile, welche gegen die Büchse mit den üblichen O-Ringen abdichten und somit eine geschlossene Kühlwasserführung innerhalb von Büchse und Kopf ermöglichen. Die Büchse ist bei dieser Ausführung über die ganze Länge gekühlt.

4. Luftgekühlte Zylinderbüchsen

a) Allgemeines

Der Zylinder für luftgekühlte Motoren hat neben den eingangs erwähnten Aufgaben und Beanspruchungen noch die auf ihn entfallende Kühlwärme direkt an die Luft abzuführen. Um eine ausreichende Wärmeabfuhr infolge der niedrigeren Wärmeübergangszahl der Luft noch bei zulässigen Wandtemperaturen zu erhalten, muß daher die Oberfläche des Zylinders durch Anordnung von Kühlrippen vergrößert werden.

Eine exakte Vorausberechnung des Kühlflächenbedarfes und des hiezu notwendigen Kühlleistungsaufwandes ist nicht möglich. Hiezu wäre im voraus die Kenntnis der Wärmebelastung der inneren Oberfläche des Zylinderraumes und deren halbwegs genaue Aufteilung auf Kolben, Zylinder und Zylinderkopf notwendig. Die Wärmebelastung und deren Aufteilung auf die abführenden Flächen, bzw. die Wärmeübergangszahlen sind von der Verdichtung, der Drehzahl, vom Mitteldruck und von der Brennraumgestaltung stark abhängig. Man muß daher beim Erstentwurf für die Rippenanordnung auf Erfahrungszahlen zurückgreifen. Eine einfache Vergleichsrechnung zwischen Wasser- und Luftkühlung am Zylinder unter Verwendung der zugehörigen Wärmeübergangszahlen und der Temperaturgefälle zum Kühlmittel ergibt, daß die Rippenoberfläche des luftgekühlten Zylinders etwa elfmal so groß als seine Innenfläche sein soll.

Die genaue Abstimmung der notwendigen Kühlflächen und des dazugehörigen Kühlluftbedarfes muß durch Messungen der Temperaturen am Zylinder und an den kritischen Stellen des Zylinderkopfes und des Kolbens erfolgen. Die höchsten Zylinderwandtemperaturen sollen zwischen 150° und 180° liegen, dürfen aber 200° C nicht übersteigen, um einen einwandfreien Ringlauf zu gewährleisten.

Rippenhöhe und Rippenzahl sind in Einklang mit einer möglichst niedrigen Gebläseleistung und mit einer wirtschaftlichen Herstellung der Zylinderbüchse zu bringen.

Am häufigsten werden auch bei den luftgekühlten Motoren die Zylinderbüchsen aus Grauguß hergestellt. Werden die Rippen in Sand- oder Schleuderguß mit dem Zylinderrohr mitgegossen, so ist die erreichbare kleinste Teilung der Rippen etwa 6 bis 8 mm. Die Rippenspitze kann bei kleineren Zylinderdurchmessern unter 100 mm mit 1,5 mm, darüber mit 2 bis 2,5 mm Stärke gegossen werden. Die Flanken der gegossenen Rippen werden mit einem Anzug von 2 bis 3° ausgeführt. Der Übergang der Rippen zum Zylinderrohr soll gut ausgerundet werden. Für stationäre Motoren und nichtaufgeladene Fahrzeugmotoren genügen im allgemeinen die durch das Gießen der Rippen bei Graugußbüchsen erreichbaren Kühlflächen. Für höhere thermische Belastungen müssen gegebenenfalls engere Teilungen und kleinere Rippenstärken vorgesehen werden, welche aber nur durch Drehen der Rippen aus dem vollen Zylindermaterial herzustellen sind.

Bei extrem engen Rippenabständen wäre zu beachten, daß zwischen den Kühlrippen eine turbulente Strömung der Kühlluft herrschen soll, weil ein höherer Wärmeübergang erreicht wird als bei der laminaren Strömung. Der Mindestabstand der Rippenwände voneinander ist daher so groß zu wählen, daß die beim Anströmvorgang an den Rippen sich bildenden Grenzschichten noch nicht zusammenfließen können, sondern noch vorher in eine turbulente Strömung umschlagen. Bei der immer bereits vorhandenen turbulenten Anströmung durch die Gebläsekühlung und bei Luftgeschwindigkeiten zwischen 40 und 60 m/sek wäre dieser Mindestabstand zwischen zwei Rippenwänden 1,1 bis 1,2 mm. Solch extrem enge Verrippungen wurden nur bei Flugmotorenzylindern ausgeführt.

Eine Verbesserung des Wärmeüberganges läßt sich auch durch die Anordnung von sogenannten Lamellenrippen nach Abb. 16 erzielen.

Der Kühlluftstrom wird durch die kurzen, in Strömungsrichtung gegeneinander versetzten Rippenwände immer wieder neu angeschnitten, so daß sich nennenswerte Grenzschichtstärken nicht aufbauen können. Diese Rippenform sucht außerdem die Wärmedehnungen des Zylinders nicht zu verhindern, so daß dieser seine runde Form beibehält.

Ein Nachteil der Lamellenrippen ist das leichte Verschmutzen bei landwirtschaftlicher Anwendung der Motoren. Der Lamellenrippenzylinder bedarf besonderer Formeinrichtungen für den Abguß.

Eine weitere Möglichkeit zur Verbesserung der Wärmeabfuhr bietet die Verwendung von Materialien mit höherer Wärmeleitfähigkeit für Zylinder und Rippen. Am geeignetsten sind hiezu die verschiedenen Aluminiumlegierungen, nur müssen geeignete harte Laufflächen aufgebracht werden. Bei kleinen Ottomotoren für Baumsägen und ähnliche Geräte und für Sportmotoren sind Leichtmetallrippenzylinder mit verchromten Laufflächen schon vielfach serienmäßig in Verwendung und haben sich bewährt.

Für größere Zylinderdurchmesser ist die Aufbringung geeigneter Laufflächen auf Leichtmetall in gleichmäßiger Qualität noch schwierig und teuer. Außerdem müßte hiezu auch noch eine geeignete Zylinderbüchsenkonstruktion für Dieselmotoren entwickelt werden. Eine brauchbare Zwischenlösung ist die, daß man einen Rippenkörper aus Aluminium auf die Gußeisen- oder Stahlbüchse im Al-Finverfahren aufgießt.

Eine fertigungstechnisch interessante Ausführung findet man bei Flugmotoren, bei welchen ein Aluminiumblechstreifen schraubenartig auf den Stahlzylinder gewickelt und dieser dann durch Einwalzen oder Auflöten mit dem Zylinder verbunden wird. Man kann dadurch sehr enge Rippenabstände erreichen.

Von nicht zu unterschätzender Wichtigkeit ist auch die geeignete Führung der Kühlluft um den Zylinder. Frei im Kühlluftstrom bzw. im Fahrtwind stehen nur die Zylinder von Motorradmotoren. Bei allen anderen luftgekühlten Motoren ist jedoch durchwegs die Gebläsekühlung mit geführter Strömung der Luft um die Zylinder üblich. Selbst die neuen Ausführungsformen der Krafträder haben gebläsegekühlte Motoren. Durch eine richtig abgestimmte Kühlluftführung um den Zylinder kann eine wirksame Erhöhung der Kühlwirkung durch eine Steigerung der Kühlluftturbulenz vor und in der Verrippung erreicht werden. Dadurch kann Leistung am Kühlluftgebläse eingespart werden.

Durch die Zylinderverkleidung muß auch eine möglichst gleichmäßige Temperaturverteilung am Zylinderumfang erzielt werden, um den thermischen Zylinderverzug auf ein Minimum zu bringen.

Auf Grund vieler Versuche von Berndorfer mit verschiedenen Variationen von Verkleidungen an Flugmotorenzylindern hat sich die sogenannte Spaltplattenverkleidung (Abb. 17) hinsichtlich niedriger Kühlleistung und gleichmäßiger Temperaturverteilung am günstigsten erwiesen. Eine solche Verkleidung läßt sich auch durch Bleche einfach und billig herstellen. Die genaue Abstimmung der Ein- und Austrittsquerschnitte der Kühlluft um den Zylinder muß durch Versuche mit Hilfe von Temperatur- und Kühlleistungsmessungen erfolgen.

b) Luftgekühlte Zylinderbüchsen für Viertaktmotoren

Abb. 18 zeigt die Detailzeichnung einer Zylinderbüchse eines luftgekühlten Dieselmotors, an Hand welcher auch der allgemeine Aufbau und die Dimensionierung besprochen werden. Die dargestellte Büchse einschließlich der Rippen ist im Schleudergußverfahren gegossen.

Fast durchwegs wird bei luftgekühlten Dieselmotoren und luftgekühlten Ottomotoren für PKW's die Zylinderbüchse über den Zylinderkopf mittels Dehnschrauben auf das Kurbelgehäuse gespannt. Die Wandstärke der Büchse im Mittelteil nimmt man daher etwas stärker an als bei wassergekühlten Motoren, um die Deformation der Büchse durch die Druck- und thermische Beanspruchung in engen Grenzen zu halten. $s = 0{,}06$ bis $0{,}07\ D_{Zyl}$.

Die Lage des unteren Auflageflansches der Büchse am Kurbelgehäuse richtet sich nach dem untersten Verdichtungsring im Kolben im unteren Totpunkt. Der Übergang der Wand zu den beiden Auflageflanschen des Zylinderkopfes und des Kurbelgehäuses soll allmählich erfolgen.

Die Wandstärke am Einpaßdurchmesser soll etwa gleich der Büchsenwandstärke sein.

Die Passung zwischen Büchse und Gehäuse soll in den Grenzen H7/f7 liegen. Eine besondere Abdichtung gegen das Kurbelgehäuse mittels eines Gummiringes ist nicht notwendig, wird aber von manchen Firmen vorgesehen. Auch die Wandstärke der Büchse unterhalb des Einpasses soll nicht zu schwach, am besten nur um 0,5 bis 1 mm kleiner als beim Einpaßdurchmesser, ausgeführt werden, damit sich dieser Büchsenteil unter Einfluß des Biegemomentes der Büchsenauflage nur wenig verformt. Die Sitzbreite des unteren Auflageflansches macht man etwa 0,05 bis $0{,}06\ D_{Zyl}$.

Der Übergang vom Einpaßdurchmesser zum Auflageflansch soll mit $r = 1$ bis 2 mm sauber ausgerundet sein, wobei durch entsprechende Vermaßung und Tolerierung des Abrundungsradius und der Anschrägung im Gehäuse peinlichst darauf zu achten ist, daß die Büchse nicht am Abrundungsradius zum Aufliegen kommt. Der schon mehrmalige Hinweis auf solche unscheinbare und selbstverständliche Kleinigkeiten erscheint vielleicht übertrieben, aber wie die Erfahrung lehrt, werden diese Kleinigkeiten sowohl vom jungen Konstrukteur, als auch von der Herstellung und Kontrolle oft vernachlässigt. Die gleichmäßige Qualität der Serie hängt aber gerade von vielen solchen Details ab.

Der obere Flansch der Zylinderbüchse hat die Abdichtung des Verbrennungsraumes und die Lagesicherung des Zylinderkopfes auf der Büchse zu übernehmen. Es ist zweckmäßig, wie sich auch aus der Gestaltung des Zylinderkopfes ergibt, diesen außen auf der Büchse zu zentrieren und aufliegen zu lassen, wodurch auch zwischen der Dichtfläche und der unteren Auflage der Büchse der Biegearm vermindert wird.

Die Wandstärke am Zentrierdurchmesser des Kopfes ist etwa 0,03 bis $0{,}04\ D_{Zyl}$, die Höhe der Zentrierung etwa 10 bis 15 mm. Um eine leichte Demontage des Kopfes von der Büchse zu ermöglichen, muß zwischen Kopf und Büchse ein leichter Sitz von ungefähr H8-e9 vorgesehen werden. Eine nur kurze Zentrierung mit einem anschließenden flachen Konus erleichtert auch das Abnehmen des Zylinderkopfes. Es ist anzustreben, daß der oberste Kolbenring bereits in den verrippten Teil der Büchse fällt.

Die Dichtungsbreite richtet sich nach der zulässigen Druckbeanspruchung des Zylinderkopfmaterials und der Dichtung unter Berücksichtigung der Temperatur an dieser Stelle. Allgemein werden nur metallische Dichtungen in Form eines Kupferringes oder einer Metallfolie verwendet. Bei kleineren Motoren wird vielfach direkt gegen das Leichtmetall des Zylinderkopfes ohne gesonderten Dichtring abgedichtet. Durch die hohe Zentrierung ist die Zylinderkopfdichtung gut geschützt, so daß im allgemeinen bei luftgekühlten Motoren wenig Dichtschwierigkeiten vorkommen, außer es treten stärkere Verformungen des Zylinderkopfes auf. Durchschnittlich genügt eine Dichtbreite von 0,04 bis $0{,}06\ D_{Zyl}$.

Von Wichtigkeit sind die senkrechte Lage der beiden Auflageflanschen an der Büchse zur Zylinderbohrung, deren genaue Parallelität zueinander und die satten ebenen Auflagen am Gehäuse und am Zylinderkopf.

Bei aus dem vollen Material eingestochenen und verhältnismäßig dünnen Rippen soll man die erste und letzte Rippe etwas stärker als die übrigen ausführen (2 bis 3 mm), um deren Beschädigung bei der Bearbeitung und beim Transport zu vermeiden.

Der Zylinderabstand bei luftgekühlten Reihenmotoren soll im Hinblick auf die günstigste Gestaltung des luftgekühlten Zylinderkopfes und der Rippentiefe am Zylinder in Verbindung mit einem optimalen Kühlleistungsaufwand ausgeführt werden. Im allgemeinen fällt der Zylinderabstand etwas größer aus als bei wassergekühlten Motoren.

Nach verschiedenen luftgekühlten ausgeführten Motoren kann der Zylinderabstand bei Reihenanordnung der Zylinder mit

$$A = 1{,}36 \text{ bis } 1{,}45\, D_{\mathrm{Zyl}}$$

ausgelegt werden.

Bei Anwendung der unteren Grenze des Zylinderabstandes ist die Gestaltung des Zylinderkopfes für Luftkühlung schon sehr beengt. Bei Neuentwürfen von luftgekühlten Motoren werden für den Zylinderabstand mehr die mittleren und oberen Werte obiger Formel empfohlen. Bei V-Motoren ist der sich aus den notwendigen Triebwerksabmessungen ergebende Zylinderabstand für die Gestaltung von luftgekühlten Köpfen und Zylinderbüchsen mehr als ausreichend. Aus dem Achsabstand ist die Rippentiefe der Zylinderbüchse in der Richtung der Kurbelwellenachse gegeben. Die Rippentiefe bzw. der Außendurchmesser des Rippenzylinders an der An- und Abströmseite wird meist größer ausgeführt und zwar macht man diesen etwa 1,5 bis 1,6 D_{Zyl}. Mit den aus dem Zylinderabstand und obiger Formel sich ergebenden Rippentiefen und mit den für gegossene Rippen herstellbaren Rippenabständen erhält man für normale Fahrzeugdieselmotoren bei optimalem Kühlleistungsaufwand im allgemeinen eine genügend große Kühlfläche der Büchse.

Da die Zylinderkopfschrauben möglichst nahe der Dichtfläche liegen sollen, um geringe Verspannungen des Zylinderkopfes und der Büchse zu erzielen, rücken meistens die Schraubenmittel in die Rippenflächen. Es müssen daher entsprechende Ausnehmungen an den Rippen um die Stehbolzen vorgesehen werden.

Manchmal werden auch die Rippen auf der Abströmseite tiefer gemacht, um eine möglichst gleichmäßige Temperaturverteilung am Umfang der Büchse zu erreichen.

Es kann sich als zweckmäßig erweisen, in der Zone des Auflageflansches der Zylinderbüchse am Kurbelgehäuse die Zylinderlaufbahn je nach dem Zylinderdurchmesser um etwa 0,02 bis 0,05 mm bauchig aufzuhonen, um die durch das Biegemoment am Auflageflansch hervorgerufene unvermeidliche Deformation der Zylinderbüchse nach innen auszugleichen.

Abb. 19 zeigt einen Zylinder mit einem im Alfin-Verfahren aufgegossenen Rippenmantel aus Leichtmetall. Die mit großem Radius versehenen Übergänge vom zylindrischen Teil zu den beiden Auflageflanschen vermitteln eine gute Haftung des Leichtmetallmantels.

Abb. 20 zeigt die Zylinderbüchse eines luftgekühlten PKW-Ottomotors (Volkswagen). Ihr Aufbau ist ähnlich wie der in Abb. 18 dargestellte Dieselmotorenzylinder.

Bei kleinen Ottomotoren für Krafträder und seltener bei kleinen, luftgekühlten Einzylinder-Dieselmotoren, wird der Zylinderkopf durch 4 bis 6 Stiftschrauben unmittelbar am oberen Flansch der Büchse befestigt. Die Zylinderbüchse ist dann in gleicher Weise auf dem Gehäuse mittels einer Flanschverbindung verschraubt. Die Zylinderbüchse und die Flansche sind in diesem Falle durch die Verbrennungskräfte auf Zug beansprucht. Die Kühlung der Flanschzone beim Zylinderkopf ist durch den notwendigen starken Flansch mit den Schraubenbutzen nicht besonders gut und ungleichmäßig. Es beschränkt sich daher die Verwendung dieser Bauart in Graugußausführung von vornherein auf kleine und schwach belastete Zylinder.

Für hohe thermische Belastungen und größeren Zylinderdurchmesser kommt die Ausführung nach Abb. 21 in Frage, welche ausschließlich bei Flugmotoren und auch beim aufgeladenen luftgekühlten Dieselmotor der Continental Aviation Anwendung findet. Die Zylinderbüchse ist aus hochwertigem Nitrierstahl hergestellt und der Zylinderkopf ist mit einem Schrumpfgewinde mit der Büchse verbunden. Die Flanschbefestigung zum Kurbelgehäuse ist sehr sorgfältig ausgebildet. Im allgemeinen muß diese mit Hilfe von Reißlackverfahren und Spannungsdehnungsmessungen entwickelt werden.

Der Kühlmantel, in welchen die Rippen eingestochen sind, ist im Alfin-Verfahren auf dem Stahlzylinder aufgegossen. Die Wärmeübertragung aus dem oberen Teil der Büchse erfolgt über die Schrumpfverbindung auf den gut verrippten Teil des Zylinderkopfes. Von großer Bedeutung ist, daß der an der Schrumpfverbindung beteiligte Teil des Zylinderkopfes einen gleichmäßigen und starken Querschnitt aufweist, da es sonst zu sehr ungleichmäßigen Verformungen der Büchse in diesem Teil kommt. Bei dieser besonderen Büchsenausführung wird eine Rippenfläche erreicht, die das 26fache der inneren Zylinderfläche beträgt.

Grundsätzlich besteht auch bei luftgekühlten Motoren die Möglichkeit, die Zylinderbüchsen hängend, wie bei wassergekühlten Motoren, anzuordnen, um eine freie Dehnung nach unten zu erreichen. Die Büchse ist dann in ähnlicher Weise wie in Abb. 21 in den Zylinderkopf eingeschrumpft. Der Zylinderkopf wird entweder auf hochgezogenen Gehäusewänden oder auf Zwischenstücken, welche gleichzeitig zur Luftführung um die Büchse dienen, niedergespannt. Auch bei dieser Konstruktion kann die Zylinderbüchse aus Grauguß hergestellt sein. Diese Bauart wird bis jetzt selten angewendet, obwohl sie für hohe thermische Belastungen geeignet erscheint. Der Zylinderabstand fällt bei den flanschbefestigten und hängenden Büchsenkonstruktionen beträchtlich größer aus als bei den üblichen gedrückten Bauarten. Es ist daher diese Ausführung hauptsächlich für V-Motoren geeignet.

c) Luftgekühlte Zylinderbüchsen für Zweitaktmotoren

Die Aufgabe, beim luftgekühlten verrippten Zylinder noch die notwendigen Ein- und Auslaßkanäle am Zylinder anzuordnen, erschwert die gute gleichmäßige Kühlung und die Kühlluftführung. An die Schlitzzone kann direkt überhaupt keine Kühlluft herangeführt werden. Die notwendige Kühlung unterhalb der Schlitzzone bei umkehrgespülten Zweitakt-Dieselmotoren erfordert bei Mehrzylindermotoren einen komplizierten Aufbau des Kurbelgehäuses, da die Kühlluftführung und Spülluftführung nebeneinander im Kurbelgehäuse angeordnet werden müssen. Schwierig ist auch die Befestigung der Zylinderbüchsen für den Zweitaktmotor mit Umkehrspülung, weil die Schlitzzone entweder durch die Verbrennungskräfte oder durch die Schraubenkräfte beansprucht wird, wenn nicht eine hängende Büchsenkonstruktion vorgezogen wird.

Hinzu kommt noch die höhere thermische Belastung des Zweitaktmotors. Alle diese Probleme bringen es mit sich, daß der luftgekühlte Zweitaktmotor mit Umkehrspülung bis jetzt ausschließlich auf Einzylinder-Ottomotoren und kleinere Einzylinder-Dieselmotoren mit Kurbelkastenspülung und mit verhältnismäßig niedrigen Belastungen beschränkt ist.

In letzter Zeit ist allerdings ein luftgekühlter Zweitaktmotor mit Umkehrspülung und Rootsgebläse mit einem Zylinderhubvolumen von 1,2 l von Orenstein & Koppel auf den Markt gebracht worden, dessen Zylinder nach Abb. 262 beschrieben wird. Die sehr niedrige Belastung und Drehzahl dieses Motors erlaubt noch, die Kühlung unterhalb der Schlitze wegzulassen, was den Aufbau des Motors wesentlich vereinfacht.

Die Anwendung der Luftkühlung für raschlaufende Zweitaktmotoren mit Gleichstromspülung dürfte auch bei größeren Zylindereinheiten weniger Schwierigkeiten bereiten, da die Kühlung unterhalb der Schlitzzone nicht so wesentlich ist wie bei umkehrgespülten Motoren.

d) Luftgekühlte Zylinderbüchsen für Zweitaktmotoren mit Kurbelkastenspülung

Abb. 22 zeigt die Ausführung eines Zylinders für einen luftgekühlten Dieselmotor mit Kurbelkastenspülung von Fichtel & Sachs. Die Zeichnung zeigt die für Kleinmotoren übliche Befestigungsart des Zylinders, welcher an seinem unteren Ende mit einem kräftigen Flansch versehen und mit vier Schrauben auf den Kurbelkasten gespannt ist. Der Zylinderkopf ist mit im oberen Flansch des Zylinders eingeschraubten Stiftschrauben niedergehalten.

Die Wandstärke solcher Büchsen ist annähernd doppelt so groß wie bei den üblichen Büchsen für luftgekühlte Viertaktmotoren, um einen gleichmäßigen Spannungsverlauf zu den Flanschen und Schraubenbutzen zu erreichen, da die Verbrennungskräfte über das Zylinderrohr gehen.

Da durch die Einzylinderausführung keine Beschränkung der Rippentiefe besteht, ist der Außendurchmesser des Rippenzylinders ziemlich reichlich gehalten. Der Auslaßkanal ist quer zur Luftströmung gestellt, um eine Kühlung der Auslaßschlitzzone zu erreichen. Die Überströmkanäle aus dem Kurbelraum zu den Einlaßschlitzen sind längsseits der Zylinderlaufbahn angegossen. Im allgemeinen erfordern solche Büchsen eine exakte Gußausführung.

Um eine Möglichkeit der Korrektur der Einlaßschlitzkanten durch eine Bearbeitung zu haben, ist an der Außenseite der Büchse eine mit einem Deckel verschlossene Öffnung vorgesehen.

Schrifttum

Automobile Engineer 1953, S. 373, 427: Cylinder Liner Design.

Bauer, A. F.: Aluminium Engine Cylinders. SAE Journal 1959, September, S. 38.

Berndorfer, H.: Die Beeinflussung der Kühlverhältnisse an luftgekühlten Motorenzylindern durch die Gestaltung der Kühlluftführung. MTZ 1954, Oktober, S. 291.

— Die Anwendung des Alfin-Verfahrens bei luftgekühlten Motorenzylindern. MTZ 1959, Januar, S. 27.

Bullnheimer, H.: Kühlwasserseitige Ausfressungen an Zylinderbüchsen und Gestellen schnelllaufender Dieselmotoren. MAN Forschungsheft Nr. 9 (1960).

Eckert, K.: Versuche mit luftgekühlten Leichtmetall- und Graugußzylindern. MTZ 1958, Januar, S. 9.

— Der Wärmeübergang im Zylinderkopf und Zylinder von schnellaufenden, luftgekühlten Otto- und Dieselmotoren. MTZ 1961, Februar, S. 37.

Forschungsvereinigung Verbrennungsmotoren: Kavitätsuntersuchungen. Forschungsbericht 2—214/2, Heft 17, 1961; Forschungsbericht 2—214/3, Heft 20, 1962.

— Korrosion und Kavitation; Einfluß der Wasserhärte. Forschungsbericht 2—214/4, Heft 26, 1962.

— Verschleiß an Zylinderlaufbüchsen aus Schleuderguß. Forschungsbericht 2—220, Heft 16, 1960.

Groth, K.: Beitrag zur Frage des Temperaturverhaltens und der niedrigen Zylinderwandtemperaturen. MTZ 1955, Oktober, S. 277.

Haas, H.: Entwicklungsarbeiten an einem luftgekühlten Dieselmotor größerer Leistung. Dissertation Technische Hochschule Graz.

Hansel, H.: Aluminiumzylinder mit verchromter Lauffläche für Kleinfahrzeuge und Industrie-Kleinmotoren. MTZ 1956, Februar, S. 39.

Hirsch, O.: Ein Beitrag zur Verhütung von Kühlwasserraum-Korrosionen in Brennkraftmaschinen. MTZ 1959, Juli, S. 248.

Hockel, H.: Der Zylinderverschleiß im Dieselmotor und die hartverchromte Zylinderbüchse. MTZ 1956, Juni, S. 185.

Joyner, J. A.: Reduction of Cavitation Pitting of Diesel Engine Cylinder Liners. SAE Trans. 1957, S. 337.

Löhner, K.: Probleme neuzeitlicher Motorenentwicklung. ATZ 1955, März, S. 83.

— Wärmeübergang an Rippen von Rippenzylindern. MTZ 1957, Dezember, S. 373.

Margulis, W.: Cavitation Control through Diesel Engine Water Treatment. SAE Trans. 1957, S. 331.

Müller, R.: Das Temperaturverhalten von Rippenzylindern bei stetig reguliertem Kühlluftdurchsatz. MTZ 1960, April, S. 104.

Rothmann, G.: Auswechselbare Zylinderbüchsen bei hochverdichtenden Verbrennungsmotoren kleiner Leistung. MTZ 1954, November, S. 328.

Seifert, A.: Untersuchungen über Temperaturverlauf an Zylindern von luft- und wassergekühlten Ackerschlepper-Dieselmotoren. MTZ 1959, März, S. 73.

WELLINGER, K.: Verschleiß an Zylinderlaufbüchsen aus Schleuderguß. MTZ 1962, September, S. 307.
WITZKY, J. E.: Erfahrungen mit Diesel-Zylinder-Kavitation-Pitting in den USA. MTZ 1957, Februar, S. 33.
ZEYNS, J.: Probleme der Kühlung im Verbrennungsmotorenbau. MTZ 1957, Dezember, S. 378.

II. Zylinderköpfe

1. Allgemeines

Die Zylinderköpfe von Verbrennungskraftmaschinen haben die Aufgabe, den Verbrennungsraum nach außen abzuschließen. Ferner haben sie einen beträchtlichen Teil der Verlustwärme an das Kühlmittel abzuleiten. Im Zylinderkopf müssen bei Ottomotoren die Zündkerzen und bei Dieselmotoren, je nach Verbrennungsverfahren, die Einspritzdüsen oder die Verbrennungskammern untergebracht werden.

Bei Viertaktmotoren und gleichstromgespülten Zweitaktmotoren sind außerdem die Steuerungsorgane für den Ladungswechsel und die dazugehörigen Kanäle im Zylinderkopf anzuordnen.

Der Zylinderkopf wird von den Verbrennungsdrücken und von den Zylinderkopfschrauben auf Biegung beansprucht. Darüber hinaus ist das Zylinderkopfmaterial thermischen Beanspruchungen und ungleichmäßigen Wärmedehnungen durch die hohen Temperaturen der Verbrennungsgase unterworfen. Durch die Führung der Ansaugluft und der Abgase in den Kanälen und durch die meist einseitige Anordnung von Zündkerzen und Brennkammern werden die ungleichmäßige Temperaturverteilung und damit die ungleichmäßigen Wärmedehnungen noch mehr verstärkt.

Die Vielseitigkeit der Aufgaben und die wechselnden und ungleichmäßigen thermischen Beanspruchungen machen den Zylinderkopf zum schwierigsten Bauteil des Motors, welcher daher gründlicher Überlegungen bei der Entwurfsarbeit und einer ausgedehnten Erprobung bedarf.

Aus den allgemeinen Richtlinien ergeben sich für die Konstruktion der Zylinderköpfe folgende Aufgaben und Beanspruchungen.

Zur Übertragung der Verbrennungskräfte auf das Kurbelgehäuse und insbesondere um eine gasdichte Verbindung gegen die Zylinderbüchse sicherzustellen, muß der Kopf möglichst steif ausgebildet werden. Die ungleichmäßige Wärmebeaufschlagung ergibt an der Brennraumseite Spannungsspitzen mit Gefahr von Rißbildung. Es muß daher vor allem darauf Bedacht genommen werden, die Temperaturverteilung am Zylinderkopfboden zu vergleichmäßigen, indem man für die Ableitung der Wärme an den Stellen großer Wärmebeaufschlagung durch das Heranführen des Kühlmittels in genügender Menge und mit möglichst hoher Geschwindigkeit sorgt.

Bei wassergekühlten Motoren sind Dampfsäcke, bei luftgekühlten Motoren tote Ecken grundsätzlich zu vermeiden. Teile des Zylinderkopfes, die im Betrieb verschiedene Temperaturen annehmen, sich daher verschieden dehnen, können durch nachgiebige Verbindung miteinander hinsichtlich Wärmespannungen entlastet werden.

Der Forderung nach möglichst freier Wärmedehnung kann man dadurch entgegenkommen, indem man die Größe der Gußstücke der Zylinderköpfe beschränkt. Im allgemeinen wird daher bei größeren Zylinderdurchmessern und bei Motoren mit höheren thermischen Belastungen, wie bei luftgekühlten Motoren und Zweitakt-Dieselmotoren, für jeden Zylinder ein eigener Zylinderkopf vorgesehen. Auch die Zusammenfassung von nur zwei Zylinderköpfen in einem Gußstück erleichtert bei kleinen und mittleren Zylinderdurchmessern die Beherrschung der Wärmespannungen gegenüber zusammengegossenen Zylinderköpfen von Mehrzylindermotoren. Bei Ottomotoren ist diese Unterteilung nicht so zwingend, weil diese Motoren meist kleine Zylinderdurchmesser aufweisen und mit niedrigeren Drücken und gleichmäßigerer Wärmeverteilung arbeiten.

Die Aufteilung der Zylinderkopfschrauben muß so erfolgen, daß ein gleichmäßiger Dichtungsdruck erzielt und durch die Schraubenkräfte die Zylinderbüchse nicht verformt wird. Es ist darüber hinaus zu achten, daß die zugehörigen Schraubenbutzen im Kurbelgehäuse die gleichmäßige Kühlung des Zylinders nicht behindern.

Der richtigen Dimensionierung und Gestaltung der Befestigungsschrauben des Zylinderkopfes ist größte Sorgfalt zuzuwenden. Die Haltbarkeit der Zylinderkopfdichtung ist weitgehend davon abhängig. Die Wichtigkeit, welche dieser und ähnlichen Schraubenverbindungen im Motorenbau zukommt, kann gar nicht genug hervorgehoben werden. Es wird deshalb die Dimensionierung und Gestaltung der Zylinderkopfschrauben und ähnlicher Schraubenverbindungen in einem gesonderten Abschnitt C. XII., S. 190, behandelt.

2. Zylinderköpfe für wassergekühlte Viertakt-Dieselmotoren

Bei Beginn des Entwurfes des Zylinderkopfes ist zu entscheiden, ob Einzel- oder Doppelköpfe, oder ein gemeinsamer Kopf über den ganzen Zylinderblock verwendet werden sollen.

Zylindergröße, Baulänge und Gewicht des Motors, die Zylinderzahlen der Baureihe, Verwendungszweck, thermische Belastung und Kundendienst beeinflussen die Entscheidung.

Nachstehend sind die verschiedenen Vor- und Nachteile der Bauformen der Zylinderköpfe gegenübergestellt.

Die Gestaltung eines Einzelkopfes wird um so schwieriger, je kleiner der Zylinderdurchmesser wird, da die Wandstärken und die noch formbaren Stärken der Kernquerschnitte nicht im entsprechenden Verhältnis kleiner gemacht werden können.

Der Zylinderdurchmesser von 105 mm kann als untere Grenze angesehen werden, bei welcher der Zylinderabstand bei geschickter Kanalführung und noch herstellbaren Wand- und Kernstärken noch gleich wie bei Verwendung von Doppel- oder Reihenköpfen gemacht werden kann.

Das Gewicht der Einzelköpfe ist infolge der mehrfachen Trennungswände und der Einzelkanäle meistens etwas höher als bei einem gemeinsamen Kopf. Die Führung und Anordnung der Ansaug- und Auspuffkanäle ist naturgemäß bei Doppel- und gemeinsamen Köpfen insbesondere bei kleineren Zylinderdurchmessern wesentlich einfacher, was gegebenenfalls die Unterbringung der Hilfsmaschinen und des Zubehörs erleichtert.

Bei Motoren, welche nur für einen einzigen Verwendungszweck wie für Traktoren und Fahrzeuge, und nur in einer bestimmten Zylinderzahl in großen Stückzahlen gebaut werden, können gemeinsame Köpfe vorteilhafter und billiger sein.

Für die Ausführung einer Baureihe vom Einzylinder bis zur V-Bauart ist im allgemeinen der Einzelkopf am zweckmäßigsten, da wegen des bei V-Motoren notwendigen größeren Zylinderabstandes nur der Einzelkopf auch aus der Reihen- in die V-Bauart übernommen werden kann.

Eine sichere, gleichmäßige Abdichtung, insbesondere für eingesetzte nasse Zylinderbüchsen, ist ebenfalls durch den Einzelkopf besser gewährleistet.

Vom Standpunkt der Gießerei wird im allgemeinen der Einzel- und auch noch der Doppelkopf gegenüber gemeinsamen Köpfen vorgezogen, da die Ausschußgefahr bei gemeinsamen Köpfen größer als bei Einzelköpfen ist.

Schon bei kleinen und mittleren Produktionszahlen einer Baureihe läßt sich bei Verwendung von Einzelköpfen für diese eine sehr wirtschaftliche Fertigung einrichten, wobei außerdem die dabei verwendeten Werkzeugmaschinen, Mehrspindelbohrköpfe und Spann- und Transporteinrichtungen infolge der beschränkten Größe des Werkstückes mit einem verhältnismäßig geringen Kostenaufwand beschafft werden können.

Für den Kundendienst bietet der Einzelkopf ebenfalls weitere Vorteile, indem z. B. bei Rissen an einer Stelle des Zylinderkopfes nur dieser eine Einzelkopf ersetzt zu werden braucht und nicht das große, teurere Gußstück eines gemeinsamen Kopfes.

Für spätere Weiterentwicklungen, für Aufladung, Verwendung zweier Verbrennungsverfahren nebeneinander (z. B. Vielstoff) ist man mit Einzelköpfen viel elastischer, da die Modell- und Fertigungseinrichtungen einfacher und billiger geändert werden können.

Aus der obigen Gegenüberstellung geht hervor, daß der Einzelzylinderkopf viele Vorteile bietet, so daß für Neukonstruktionen von Dieselmotoren über 110 mm Zylinderdurchmesser der Einzelkopf insbesondere bei Baureihen sehr zweckmäßig und wirtschaftlich erscheint und daher auch vielfach angewendet wird. In Grenzfällen wird man mehrere Zylinderkopfentwürfe nebeneinander anfertigen, um diese von der Planungsabteilung und der Gießerei von deren Gesichtspunkten aus beurteilen und kalkulieren zu lassen.

Nach der Entscheidung über die Bauform des Kopfes ist es notwendig, vorerst die Größe der Ein- und Auslaßventile festzulegen. Die Anordnung der Ventile selbst und der dazugehörigen Kanäle ist zusammen mit dem Raumbedarf und der Lage der Brennkammer und der Einspritzdüse zu entwerfen. Mitbestimmend hiefür ist auch die Lage der Nockenwelle und der Einspritzpumpe am Kurbelgehäuse. Vorteilhaft ist es, wenn sich die Lage der Nockenwelle und der Einspritzpumpe nach den günstigsten Gestaltungsmöglichkeiten des Zylinderkopfes richten können.

Die Größen der Ein- und Auslaßquerschnitte der Ventile und der Kanäle und deren Form sind im Hinblick auf eine möglichst geringe Drosselung während des Ladungswechsels zu bestimmen (Bd. 4: „Der Ladungswechsel der Verbrennungskraftmaschine"; Bd. 9: „Die Steuerung der Verbrennungskraftmaschinen"). Für den Entwurf genügt die Berechnung der freien Ventilquerschnitte unter Annahme von Erfahrungswerten für die mittlere Gasgeschwindigkeit nach der einfachen Beziehung

$$F_V = \frac{F_k \cdot c_m}{w_m}$$

worin

F_V lichter Ventilquerschnitt cm²
F_k Kolbenfläche cm²
w_m mittlere Gasgeschwindigkeit im Ventilquerschnitt m/sek
c_m mittlere Kolbengeschwindigkeit m/sek
d_e innerer Sitzdurchmesser des Einlaßventils
d_a innerer Sitzdurchmesser des Auslaßventiles

sind.

Bei raschlaufenden, selbstansaugenden Motoren ist es meistens notwendig, um einen guten Liefergrad zu erreichen, das Einlaßventil größer als das Auslaßventil auszuführen.

Die mittlere Geschwindigkeit im Einlaßventilquerschnitt soll 60 m/sek nicht viel übersteigen. Nach Ricardo ergibt sich zwischen 50 und 60 m/sek der beste Liefergrad, über 64 m/sek fällt er bereits stark ab. Die Auslaßgeschwindigkeit soll 100 m/sek nicht überschreiten. Für die zweiventilige Anordnung, welche bei nicht aufgeladenen Viertaktmotoren überwiegt, beträgt im allgemeinen

$$d_e = 0{,}42\ D_{Zyl}$$

und

$$d_a \sim 0{,}8 \text{ bis } 0{,}95\ d_e\,.$$

Bei Dieselmotoren mit Kolbengeschwindigkeiten über 12 m/sek können in der Regel unter Berücksichtigung eines ausreichend dimensionierten Ventilsteges und eines guten Liefergrades die erforderlichen Ventilquerschnitte mit zwei Ventilen nicht mehr untergebracht werden. Man muß dann auf eine vierventilige Ausführung übergehen, welche größere Querschnitte ermöglicht. Auch Konstruktionen mit zwei Einlaßventilen und einem Auslaßventil werden gegebenenfalls verwendet, um gute Liefergrade zu gewährleisten.

Bei aufgeladenen Motoren werden, um die Ausschubverluste zu vermindern, im allgemeinen die Auslaßquerschnitte gleich den Einlaßquerschnitten ausgeführt.

Hinsichtlich Verzug der Ventile bei hoher Wärmebelastung ist die vierventilige Anordnung infolge der kleineren Ventilabmessungen ebenfalls günstiger. Die vierventilige Anordnung erfordert jedoch die Verwendung einer direkten Einspritzung mit einer zentralen Düse oder auch einer zentralen Vorkammer. Wie bereits beim Entwurf der Zylinderbüchse im Abschnitt C. I., S. 23, dargelegt wurde, sollte keinesfalls versucht werden, die erforderlichen Ventilquerschnitte durch Anordnung von seitlichen Taschen in den Zylinderbüchsen unterzubringen. Wenn es das Verbrennungsverfahren zuläßt, können die Ventile etwas nach außen geneigt werden, wodurch auch eine Vergrößerung der Ventilquerschnitte erreicht werden kann. Der Zylinderkopf- und Kolbenboden muß dann kegelig oder nach einer flachen Kugelkalotte geformt werden.

Nachdem die Ein- und Auslaßdurchmesser in erster Annahme vorliegen, werden die Abmessungen der Ventile, Ventilsitze, Ventilschäfte und Führungen usw. nach Bd. 9: „Die Steuerung der Verbrennungskraftmaschinen“ bestimmt.

Der Kegelwinkel des Ventilsitzes wird fast allgemein 45°, seltener auch 30° ausgeführt. Das Verhältnis zwischen äußerem (d_k) und innerem Sitzdurchmesser (d) wird in der Regel

$$\frac{d_k}{d} = 1{,}05 \text{ bis } 1{,}15$$

gewählt. Die gegenseitige Zuordnung der Sitzflächen am Zylinderkopf und an den Ventilen ist nach Ausführung C, Abb. 166, Bd. 9, auszuführen.

Der unmittelbar an die Sitzflächen anschließende Kanalteil ist zu bearbeiten, um eine gleichmäßige Sitzbreite und gleichmäßige Strömungsverhältnisse zu erhalten.

Für aufgeladene Motoren ist es in der Regel notwendig, auch bei Zylinderköpfen aus Grauguß Ventilsitzringe aus einem geeigneten Sondermaterial einzusetzen. Das gleiche gilt selbstverständlich bei Zylinderköpfen aus Leichtmetall. Zweckmäßig ist es auch bei Motorenkonstruktionen für technisch unterentwickelte Länder von vornherein Ventilsitzringe anzuordnen, da der Guß des Zylinderkopfes in der notwendigen Härte anfangs Schwierigkeiten bereiten dürfte.

Im allgemeinen genügt es, die Ventilsitzringe in die entsprechende zylindrische Aussenkung des Kopfes einzuschrumpfen. Der Querschnitt der Ringe soll schmal und hoch sein. In Abb. 23 sind die zweckmäßigsten Formen der Ringe und die notwendigen Passungen zusammengestellt.

Der Außendurchmesser des Ventilsitzringes kann gegebenenfalls über die Zylinderbohrung hinausragen.

Mit Rücksicht auf eine gute Verbrennung ist es meistens notwendig, den Spalt zwischen Kolben- und Zylinderkopfboden möglichst klein auszuführen. Um Ausfräsungen im Kolbenboden zu vermeiden, welche für die Verbrennung ebenfalls nicht günstig sind, müssen die Ventile im Kopf soweit zurückversetzt werden, daß wenn sich Ventil und Kolben bei ihrer Bewegung im oberen Totpunkt nähern, ein Abstand zwischen Kolbenboden und Ventilteller von 1 bis 1,5 mm erhalten bleibt.

Bei aufgeladenen Motoren mit größeren Ventilüberschneidungen lassen sich aber Taschen im Kolben nicht vermeiden, da sonst die Ventile zu tief in den Kopf versenkt werden müßten, was die Strömung um die Ventile behindern würde.

Bei den neueren Entwicklungen aufgeladener Motoren versucht man ohne größere Ventilüberschneidungen auszukommen.

Als nächstes müssen die Ventilmitten festgelegt werden. An der engsten Stelle zwischen den beiden Ventilsitzen liegt in der Regel die thermisch am stärksten beanspruchte Stelle des Zylinderkopfes. Es ist daher zwischen den Gaskanälen unbedingt ein genügender Wasserraum und Strömungsquerschnitt vorzusehen, um den Hauptteil des Kühlwassers hier durchleiten zu können. Abb. 24 zeigt die Gestaltung dieser kritischen Stelle.

Der Mindestabstand zwischen den Gaskanälen ist durch die gerade noch formbare Spitze des Wasserkernes von $R = 3$ mm und durch die Wandstärken der Gaskanäle von 4 bis 6 mm gegeben. Durch Ausbeulen der Kanäle nach außen kann man den Wasserquerschnitt noch etwas vergrößern.

Zur thermischen Entlastung des Ventilsteges hat sich eine seichte Ausfräsung am Zylinderkopfboden, welche die Kanalaustritte verbindet, recht vorteilhaft und rißvermindernd erwiesen. Abb. 25 und 26 zeigen weitere konstruktive Möglichkeiten, die Kühlung des Ventilsteges zu verbessern.

Durch Anordnung einer eingegossenen Leitwand in halber Höhe des Wasserraumes oder mit Hilfe eines gebohrten Kanals am Zylinderkopfboden kann man das Kühlwasser mit erhöhter Geschwindigkeit durch den kritischen Querschnitt und auch direkt auf die Düsenpfeife oder an die Brennkammermündung, welche thermisch meist ebenso gefährdet sind, führen.

Es ist fernerhin — unter Berücksichtigung der Herstellungstoleranzen und des Spieles zwischen den Zylinderkopfschrauben und Schraubenbutzen — darauf zu achten, daß ein genügend großer Abstand zwischen den Ventiltellern von der Zylinderwand erhalten bleibt.

Außerdem wird bei zu geringem Abstand des Einlaßventils von der Zylinderwand der Liefergrad verschlechtert. Mit Rücksicht darauf sollte der Abstand zwischen Ventilteller und Zylinderwand mindestens 0,015 bis 0,02 D_{Zyl} betragen.

Die größten Ventilquerschnitte und Stegbreiten erreicht man mit der Anordnung der Ventile in der Zylindermitte. Gewöhnlich müssen im Hinblick auf die Düsen- oder Brennkammerlage die Ventile etwas aus der Zylindermitte verschoben werden.

Die Ausbildung der Form und des Querschnittverlaufes der Ein- und Auslaßkanäle von den Ventilsitzen bis zu den Austrittsflanschen am Kopf ist im Hinblick auf einen guten Liefergrad bzw. auf niedrige Ausschubverluste durchzuführen.

Beim Einlaßkanal sollen sich die Querschnitte vom Ventilsitz bis zum Flanschquerschnitt allmählich und gleichmäßig auf etwa das 1,2- bis 1,4fache des Ventilsitzquerschnittes erweitern. Die stetige Querschnittsänderung ist durch Aufzeichnen und Nachrechnung einer Anzahl von Querschnitten zu überprüfen, wobei besondere Sorgfalt auf den Durchtritt der Ventilführung durch den Kanal zu legen ist. Plötzliche Sprünge im Querschnittsverlauf, enge Umlenkung, Ein- oder Ausbuchtungen in den Kanalwänden sind zu vermeiden. Im großen und ganzen muß eine flüssige Form erreicht werden. Die Führung der Einlaßkanäle senkrecht nach oben ohne Umlenkung gibt in der Regel gute Liefergrade. Abb. 27 zeigt den Verlauf eines solchen Kanals mit im Grundriß eingezeichneten Schichtschnitten.

In Abb. 28 ist die Form eines Auslaßkanals mit dem Querschnittsverlauf dargestellt, welcher auf einem Strömungsprüfstand für einen besonders niedrigen Ausschubverlust für einen raschlaufenden Viertaktmotor mit Aufladung entwickelt wurde.

Bei der Auslegung des Querschnittsverlaufes ist folgendes wesentlich: an den inneren Ventilsitzdurchmesser soll sich ein kleiner Radius anschließen (I). Im weiteren Verlauf bis zum Beginn der Krümmung (II) sollen sich die Querschnitte leicht erweitern. Während der Krümmung von den Querschnitten II bis IV soll eine leicht beschleunigte Strömung, zumindest eine gleichmäßige Geschwindigkeit herrschen. Erst nach der Krümmung im geraden Kanalteil bis zum Kanalaustritt VII soll dann eine gleichmäßige Verzögerung mit allmählicher Erweiterung der Kanalquerschnitte auf das 1,2- bis 1,4fache des Ventilsitzquerschnittes erfolgen. Von Bedeutung ist auch, daß der innere Krümmungsradius des Kanals im Anschluß an den Ventilsitz nicht zu klein gewählt wird. Nach Erfahrungen soll dieser etwa 0,5 bis 0,6 des Ventilsitzdurchmessers betragen.

Es ist zweckmäßig, vor der Modellherstellung an Kanalmodellen Durchströmversuche durchzuführen. Die meisten Verfahren mit direkter Einspritzung verlangen eine stark kreisende Bewegung der Luft in der Brennraummulde, welche entweder mit Schirmventilen oder auch durch entsprechende Richtung und Verwindung des Einlaßkanals erzielt werden kann. Um den notwendigen Drall zu erreichen, sind eingehende Versuche an Kanalmodellen vor und während der Brennraumentwicklung notwendig.

Die im Versuch ermittelten Kanalmodelle können vom Modelltischler gleich zur richtigen Herstellung der Kanalkernkästen verwendet werden. Die Führung der Gaskanäle im Kopf in Verbindung mit dem Steuerungstrieb, den Brennkammern und Düseneinbau wird an Hand der folgenden Beispiele von verschiedenen Zylinderkopfausführungen besprochen.

Eine große Zahl von Beispielen von Brennkammern- und Düsenanordnungen und Richtlinien für deren Ausführung sind in Bd. 7: „Gemischbildung und Verbrennung im Dieselmotor" angeführt und können auch den Darstellungen ausgeführter Motoren Abschnitt D, S. 197, entnommen werden.

In Verbindung mit dem Entwurf und der Führung der Kanäle müssen auch die Zylinderkopfschrauben möglichst gleichmäßig und nahe um die Zylinderbohrung zu liegen kommen. Gleichzeitig muß deren Lage in Übereinstimmung mit dem Kurbelgehäuse gebracht werden, damit die in dieses eingeleiteten Kräfte möglichst auf geradem Wege zu den Lagerschrauben geführt werden. Daraus folgt, daß die Zylinderkopfschrauben nahe an den Lagerwandebenen anzuordnen sind. Die Zahl und Aufteilung der Schrauben ist auch davon abhängig, ob Einzel- oder Mehrfachköpfe verwendet werden. Es ist weiters darauf zu achten, daß die Schraubenbutzen im Kurbelgehäuse noch genügend Abstand vom Zylinderrohr haben, um dessen gleichmäßige Kühlung nicht zu behindern.

Abb. 1 zeigt die Schraubenbutzenanordnung bei trockenen Büchsen, Abb. 29 die Anordnung bei nassen Büchsen.

Dadurch, daß man das Gewinde unter der Zylinderbüchsenauflage beginnen läßt, kann man mit dem Schraubenmittel am nächsten an das Zylindermittel herankommen. Das Tiefersetzen des Gewindes verhindert außerdem ein Hoch- und Krummziehen der Dichtfläche.

Beim Entwurf der Kanäle ist unbedingt darauf zu achten, daß diese in ihrer Verschneidung mit dem Zylinderkopfboden allseitig vom Kühlwasser umspült werden, damit die Ventilsitze gut und gleichmäßig gekühlt werden. Außerdem sollen die Kanäle in genügendem Abstand über dem Zylinderkopfboden geführt werden, damit nicht festgebrannter Kernsand die Wasserführung verhindert.

Es ist darauf Bedacht zu nehmen, daß die Kühlwasserableitung aus dem Kopf gegenüber dem Kühlwasserübertritt aus dem Zylinderblock zu liegen kommt. Ist dies nicht möglich, wie z. B. auch bei V- und Unterflurmotoren, so müßte eine Trennwand in halber Wasserraumhöhe — wie Abb. 25 zeigt — vorgesehen werden, um das Kühlwasser zuerst durch den Querschnitt zwischen den Ventilen zu führen.

Die Lage der oberen Deckwand muß so festgelegt werden, daß oberhalb der Kanalwände noch eine Kühlung der Ventilführungsbutzen ermöglicht wird. Damit liegt im wesentlichen die Höhe des Zylinderkopfes fest, sie darf aber nicht zu niedrig ausfallen, damit noch eine genügende Steifigkeit und dadurch eine gleichmäßige Verteilung des Dichtungsdruckes gewährleistet ist.

Nach ausgeführten Beispielen soll die Höhe zur oberen Begrenzungswand des Wasserraumes etwa 0,8 bis 1 D_{Zyl} betragen. Eine etwas schräg geneigte obere Deckwand erleichtert die Ableitung der Dampfblasen.

Die Stärke der Bodenplatte wird in der Regel etwa 0,09 bis 0,1 D_{Zyl} ausgeführt.

Die Wandstärken der Kanäle und Seitenwände betragen bei Grauguß 4 bis 4,5 mm bei 80 bis 100 mm Zylinderdurchmesser und 6 bis 7 mm bei 150 mm Zylinderdurchmesser.

Bei Ausführung in Leichtmetall werden die Wandstärken um 1 bis 2 mm stärker gemacht.

Die Lage der Öffnungen für die Unterstützung der Wasserraumkerne wird zweckmäßig mit der Modelltischlerei und Gießerei besprochen. Es ist darauf zu achten, daß der Wasserraum durch diese Öffnungen, insbesondere die kritischen und engen Stellen, gut von Sand und Gußfedern gereinigt werden können. Zum Verschluß der Kernlochbohrungen eignen sich die Ausführungen nach DIN 906, DIN 443 und DIN 470.

Es folgt nun in der Entwurfsarbeit als nächstes die Anordnung der Federn, Kipphebel und Kipphebellagerung nach Bd. 9: „Die Steuerung der Verbrennungskraftmaschinen." In der Regel kommt in die Höhe der oberen Abschlußwand des Wasserraumes die Auflage der Ventilfedern zu liegen.

Bei allen raschlaufenden Motoren werden die Steuerungsteile am Zylinderkopf durch aufgesetzte Gehäuse und Deckel öl- und staubdicht abgeschlossen. Die Ausführung der Zylinderkopfhauben oder Ventilkammerdeckel ist von der Bauform der Zylinderköpfe abhängig. Ausführungsbeispiele sind ebenfalls im Bd. 9 angeführt.

In den Entwurf des Zylinderkopfes und der Steuerung müssen auch die Konstruktionsvorkehrungen für die Zwangsschmierung der Kipphebellager und Ventile und der Ölrücklauf in das Kurbelgehäuse eingeschlossen werden.

Es ist zweckmäßig, die Dichtfläche des Ventilkammerdeckels etwas höher als die obere Abschlußwand des Wasserraumes zu legen, so daß sich dadurch ein seichter Ölsammelraum bildet, aus dem das Öl über die Stoßstangendurchtritte abfließen kann.

Als Material für Zylinderköpfe für wassergekühlte Dieselmotoren kommen in der Hauptsache Graugußlegierungen zur Anwendung. Für Stationärmotoren kommt man im allgemeinen mit GG26 oder GG22 aus.

Bei Fahrzeugmotoren mit höheren Belastungen und Drehzahlen, insbesondere für Aufladung, muß durch Legierungszusätze wie Mo, Cr, Ni, die Warmfestigkeit und die Bruchdehnung erhöht werden.

In Zahlentafel 6 ist die Zusammensetzung einiger gebräuchlicher Graugußlegierungen angeführt.

Bei größeren Zylinderabmessungen wird im steigenden Maß Sphärogußeisen verwendet.

Für thermisch hochbeanspruchte Motoren sind infolge der guten Wärmeabfuhr und Wärmeverteilung Leichtmetallegierungen gut geeignet. Hiefür kommt hauptsächlich die vergütete Leichtmetallegierung GAlSi 10 Mg oder Alcoa 356 in Frage, wobei getrachtet werden muß, daß insbesondere am Zylinderkopfboden eine hohe Bruchdehnung von mindestens 3% und ein sehr dichtes, feinkörniges Gefüge erreicht wird. Die Material- und Festigkeitsprüfung ist an Hand von aus dem Zylinderkopfboden entnommenen Probestäben vorzunehmen.

Weitere Hinweise über notwendige Konstruktionsdetails finden sich in den folgenden Beschreibungen ausgeführter Konstruktionen von Zylinderköpfen.

a) Einzelkopf eines Fahrzeugdieselmotors

Abb. 30 zeigt einen Einzelkopf aus einer Motorenbaureihe von 1 bis 12 Zylindern, mit 112 mm Bohrung, 140 mm Hub.

Abb. 218 und Abb. 220 zeigen die zugehörigen Motorenschnittbilder. Der gewählte Zylinderabstand von 155 mm für die Reihenmotoren ergab sich aus der gußtechnisch begründeten Forderung, die Wandstärken des Kopfes 6 bis 7 mm und die geringsten Kernstärken des Wasserraumkernes nicht unter 9 mm auszuführen. Es wäre aber sonst ohne weiters möglich, mit geringeren Wand- und Kernstärken einen Zylinderabstand von 145 bis 150 mm einzuhalten.

Im vorliegenden Fall wurde die Reihenanordnung nur bis zum Vierzylindermotor geplant, so daß eine Verlängerung des Motors durch den größeren Zylinderabstand noch nicht so ins Gewicht fällt. Für die V-Motoren ist die größere Zylinderkopfbreite unwesentlich.

Bestimmend für die Konstruktion des Kopfes war ferner die Anordnung einer Vorkammer und die Verwendung der gleichen Köpfe für Reihen- und V-Motoren. Bei V-Motoren dieser Größenordnung ist es zweckmäßig, nur eine Nockenwelle zu verwenden und die Einspritzpumpe innerhalb des V-Raumes anzuordnen. Es ist daher für den Aufbau des Reihenmotors auch die Anordnung von Nockenwelle und Einspritzpumpe auf der gleichen Motorseite schon mit festgelegt. Daraus folgt für die Kopfkonstruktion, daß Stoßstangendurchtritte, Kipphebellagerung und Brennkammer und Düse auf der gleichen Kopfseite anzuordnen sind. Die Vorkammer mußte nach außen geneigt werden, um diese noch unterhalb der Kipphebellagerung durchzubringen, wodurch die Düse vorteilhaft außerhalb der Ventilraumabdeckung zu liegen kommt und daher leicht zugänglich wird.

Die Anordnung von Brennkammer und Stoßstangen auf der einen Kopfseite ergibt demnach, daß die Kanäle auf die andere Seite geführt werden müssen. In diesem Fall ist es dann zweckmäßig, den Ansaugkanal nach der Kopfoberseite herauszuführen. Wie aus der Zeichnung ersichtlich, bringt dies eine flüssige, widerstandsarme Kanalform mit sich, welche einen guten Liefergrad erwarten läßt. Bei dieser Kopfbauart kommen dann bei den V-Motoren die Auslaßkanäle auf die Außenseite zu liegen, was für Fahrzeugeinbauten am zweckmäßigsten ist.

Der Einlaßventilquerschnitt wurde mit einer Ansauggeschwindigkeit von 58 m/sek bei 2000 U/min berechnet, während der Auslaß mit 83% des Einlaßdurchmessers festgelegt wurde. Der Ventilsteg ist mit 18 mm Stärke reichlich dimensioniert, wodurch ein kräftiger Wasserraumkern erreicht und ein genügender Wasserdurchtritt gewährleistet wurde.

Der Auslaßkanal wird unter dem Einlaßkanal durchgeführt und berührt an der Außenseite den Butzen der Zylinderkopfschraube. Die Lage der Vorkammer ist so gewählt, daß die Verschneidung des Durchtritts des Brenners am Zylinderkopfboden zumindest den gleichen Abstand von den Ventilen hat, wie die Ventilstegstärke selbst. An der Wasserraumseite wächst der Butzen der Vorkammer nicht mit den Kanälen zusammen, wodurch eine allseitige, gleichmäßige Kühlung dieses Kopfteiles gewährleistet wird. Als Zylinderkopfschrauben sind M 16 $\times$ 1,5-Stiftschrauben mit einem Dehnschaft vorgesehen. Bei der Ermittlung der Lage der Schrauben wurde darauf geachtet, daß diese mit einem Drehmomentensteckschlüssel angezogen werden können. Die Schraubenpfeifen haben einen Außendurchmesser von 30 mm und sind mit den seitlichen Trennwänden verwachsen, was eine gleichmäßige Übertragung der Schraubenkräfte auf die Dichtung ermöglicht.

Die obere Abschlußwand des Wasserraumes bzw. die Ventilfederauflagen wurden so hoch gelegt, daß die Ventilführungsbutzen noch allseitig vom Kühlwasser umspült sind. Die Dichtfläche des Ventilraumdeckels wurde über der oberen Abschlußwand angeordnet. Der Flansch des Einlaßkanals und die Befestigungsfläche des Kipphebelbockes wurden auf die Ebene der Dichtfläche hochgezogen.

Bei der Wasserführung wurde ebenfalls auf die Verwendung des Kopfes sowohl für Reihen- als auch für V-Motoren Bedacht genommen. Der Übertritt des Kühlwassers vom Kurbelgehäuse in den Kopf erfolgt unter dem Vorkammerbutzen, um diese thermisch hochbelastete Stelle besonders gut zu kühlen.

Bei der Reihenmaschine war auf Grund der Einbauverhältnisse der Kühlwasseraustritt auf der Auslaßflanschseite unterzubringen. Bei der V-Maschine ist jedoch der Kühlwasseraustritt an der höchsten Stelle, welche in diesem Falle auf der Vorkammerseite liegt, anzuordnen. Es mußten daher bei dieser Konstruktion zwei Austrittsöffnungen für das Kühlwasser vorgesehen werden, von denen eine je nach der Motorbauart durch einen Kernstopfen verschlossen wird. Um bei der V-Maschine den Kühlwasserstrom auch über die Ventilstege zu leiten, mußte zusätzlich eine Leitwand in halber Höhe des Wasserraumes gelegt werden. Die Stoßstangendurchtritte sind eingegossen, da genügend Raum vorhanden ist. Der Ölrücklauf aus dem Ventilraum erfolgt bei der Reihenmaschine durch die Stoßstangendurchtritte. Bei den V-Maschinen muß eine gesonderte Rücklaufleitung aus dem tiefsten Punkt des Ventilraumes hinter den Ventilfedern zum Kurbelgehäuse angebracht werden.

Zur Befestigung der Auspuff- und Ansaugrohre werden M 10-Schrauben verwendet. Schrauben unter M 8 sollten in der Regel vermieden werden.

Die gleiche Kopfkonstruktion läßt sich auch für größere Motoren in Reihen- und V-Bauart anwenden.

Es sind natürlich weitere Variationen in der Anordnung der Kanäle und Düsen für Einzelköpfe möglich. Bei Reihenmotoren, welche z. B. Einspritzpumpe und Nockenwelle auf verschiedenen Motorseiten angeordnet haben, kann man den Auslaßkanal zwischen den Stoßstangen durchführen und den Einlaßkanal und die Düse bzw. Vorkammer auf die Einspritzpumpenseite legen. Ein solcher Kopf kann jedoch nicht in der gleichen Ausführung für V-Motoren mit Anordnung der Nockenwelle und Einpritzpumpe zwischen den Zylinderreihen verwendet werden.

b) Doppelkopf eines Fahrzeugdieselmotors

Abb. 31 bringt die Schnittdarstellung eines Zylinderkopfes eines raschlaufenden Fahrzeugdieselmotors mit 100 mm Bohrung, 125 mm Hub, 2700 U/min (MAN). In Abb. 208 ist die Schnittzeichnung des zugehörigen Sechszylindermotors dargestellt. Für diese Zylindergröße und für den Zylinderabstand von 130 mm, welcher aus der Gehäusekonstruktion mit trockenen Zylinderbüchsen stammt, ist die Zusammenfassung in einem Doppelkopf die geeignete Bauart. Maßgebend für den Aufbau des Kopfes ist die Anordnung der Düse und des Ansaugkanals entsprechend den Anforderungen der direkten Einspritzung nach dem M-Verfahren. Dieses benötigt eine starke Drehbewegung der in den Zylinderraum eintretenden Ansaugluft, welche durch die entsprechende Form und Verwindung des Ansaugkanals erzeugt wird. Bei Verwendung von Drallkanälen ist es in der Regel erforderlich, daß diese einzeln nach außen geführt werden müssen und nicht im Kopf zusammengefaßt werden können. Da man bestrebt ist, allen Zylindern die gleiche Drallrichtung zu geben, um gleiche Kolben zu erhalten, müssen in diesem Fall auch die Auslaßkanäle einzeln aus dem Kopf herausgeführt werden. Ansonsten ist es bei anderen Verbrennungsverfahren bei Doppelköpfen möglich, zwei Kanäle zusammenzufassen.

Der Kanal am Einlaßventil von 42 mm Durchmesser wurde mit einer Ansauggeschwindigkeit von 64 m/sek ausgelegt. Der Auslaßventildurchmesser beträgt 0,85 vom Einlaßventildurchmesser. Die Drallbewegung der Ansaugluft wird durch ein spiralförmiges Herumwinden des Kanals um den ziemlich tief heruntergezogenen Ventilführungsbutzen erzeugt. Das Einlegen des Drallkanalkernes in die Gußform ist mittels einer Schablone vorgeschrieben, da im allgemeinen die direkten Verbrennungsverfahren gegen Abweichungen der Drallbewegung sehr empfindlich sind.

Die Ventilstegstärke beträgt 11 mm, die Kanalwandstärke 4 mm. Durch Ausbeulen der Kanäle nach außen wurde ein sehr kräftiger Wasserkern zwischen den Ventilen erreicht. Die Bodenstärke beim Ventilsteg ist mit 13 mm, im übrigen Teil mit 10 mm bemessen. Die Einspritzdüse ist 22,5 ° zur Zylinderachse geneigt und lehnt sich an den Ansaugkanal an. Um jeden Zylinder sind vier Stück M 14-Kopfschrauben für die Zylinderkopfbefestigung am Kurbelgehäuse angeordnet. Die Ansaug- und Auspuffrohre sind mittels Zweischraubenflanschen und M 10-Kopfschrauben am Zylinderkopf befestigt.

c) Gemeinsamer Zylinderkopf eines V8-Fahrzeugdieselmotors

In Abb. 32 sind Schnitte des Zylinderkopfes des V8-Fahrzeugdieselmotors der MAN mit 115 mm Bohrung, 140 mm Hub dargestellt. Die Schnittzeichnung des Motors ist in Abb. 210 gezeigt.

Für den Aufbau des Kopfes war die Verwendung der direkten Einspritzung nach dem M-Verfahren, die Abgasturboaufladung und die Konstruktion des Motors in V-Bauart mit zwischen den Zylinderreihen angeordneter Nockenwelle und Einspritzpumpe maßgebend. Der sich aus der Triebswerkauslegung ergebende Zylinderabstand beträgt 168 mm. Die Einbauverhältnisse in Fahrzeugen verlangen bei V-Motoren im allgemeinen, daß die Düsen und die Einlaßkanäle nach innen und die Auslaßkanäle nach außen gelegt werden. Zur Erzeugung der notwendigen Drehbewegung der Ansaugluft werden bei dieser Konstruktion Schirmventile verwendet, so daß es in diesem Fall möglich ist, je zwei Ansaugkanäle zusammenzufassen. Für die bei diesem Motor angewendete Abgasturboaufladung war es notwendig, die Auslaßkanäle einzeln aus dem Kopf herauszuführen. Desgleichen sind im Hinblick auf die Abgasturboaufladung Einlaß- und Auslaß-Ventilquerschnitte gleich groß ausgeführt. Außerdem sind Ventilsitzringe vorgesehen, welche im Kopf eingeschrumpft werden. Die mittlere Gasgeschwindigkeit im Ventilquerschnitt beträgt 62 m/sek bei 44 mm Kanaldurchmesser. Die Kanäle werden von der Bodenseite aus mittels Formfräser angesenkt, um Gußversetzungen auszugleichen. Die Ventilstegstärke zwischen den Kanälen beträgt 12 mm und zwischen den Ventilsitzringen 4 mm. Zur thermischen Entlastung des Steges ist eine 1,5 mm tiefe Ausfräsung zwischen den Ventiltaschen vorgesehen. Die Wandstärken der Kanäle und Seitenwände sind nur 4 mm stark bemessen, was bei diesem schon verhältnismäßig großen Gußstück eine ausgezeichnete Formeinrichtung verlangt. Die unter 32° zur Zylinderachse geneigte Düse liegt in der Zylindermitte zwischen den Stoßstangendurchtritten. Es wurde darauf geachtet, daß die Düsenpfeife nicht mit den Kanälen am Zylinderkopfboden zusammenwächst. Für die Befestigung des Zylinderkopfes sind pro Zylinder vier M 14 × 1,5-Kopfschrauben mit Dehnschaft vorgesehen. 16 große Kernlochöffnungen sorgen für eine gute Lagerung der Wasserraumkerne und für eine leichte Reinigung von Sand und Gußfedern.

Mit Rücksicht auf die Aufladung wird eine Gußeisenlegierung mit folgender Zusammensetzung verwendet:

C = 3,2 bis 3,4	Ni = 0,2 bis 0,4
Si = 2,0 bis 2,2	Cr = 0,3 bis 0,4
Mn = 0,6 bis 0,8	Mo = 0,3 bis 0,4
P = 0,05 bis 0,15	Cu = 0,6 bis 0,7%
S = 0,1 max.	Brinellhärte 210 bis 250 kg/mm².

3. Zylinderköpfe für wassergekühlte Zweitakt-Dieselmotoren mit Umkehrspülung

Die bei Beginn der Konstruktion des Zylinderkopfes zu treffende Entscheidung, ob Einzelköpfe oder gemeinsame Köpfe zur Verwendung gelangen sollen, fällt hier — da der Zylinderabstand von vornherein verhältnismäßig größer ausgelegt werden muß — im allgemeinen für Einzelköpfe aus. Der Aufbau des Kopfes ist einfach, da keine Gaskanäle und Ventilsteuerungsteile unterzubringen sind.

a) Zylinderkopf aus Leichtmetall für 100 mm Bohrung

Abb. 33 zeigt einen Zylinderkopf aus Leichtmetall für einen raschlaufenden Zweitaktmotor für 100 mm Bohrung.

Die dargestellte Bauart gehört zur Büchsenausführung nach Abb. 10, bei der die Büchse über den Zylinderkopf auf das Kurbelgehäuse gedrückt wird.

Die für die Gestaltung des Kopfes wesentlichen Punkte beschränken sich hier auf die Unterbringung der Brennkammer mit Düse und auf das Erreichen der notwendigen Steifigkeit, um eine gleichmäßige Dichtungspressung am Innenrand der Zylinderbüchse zu gewährleisten.

Die Düse, oder im vorliegenden Beispiel die Vorkammer, wird, da sonst keine Behinderung vorliegt, am günstigsten in der Zylindermitte angeordnet, da dadurch eine gleichmäßige kreissymmetrische Wärmebelastung am Kolben und Zylinderkopf erreicht wird. Da die Zylinderkopfschrauben außerhalb der Dichtfläche der Büchse zu liegen kommen, wird der Kopf ziemlich stark auf Biegung beansprucht. Die vier Seitenwände und auch der obere Zylinderkopfboden sind daher verhältnismäßig kräftig ausgebildet.

Für die Überleitung der Verbrennungskräfte vom Zylinderkopfboden zu den Zylinderkopfschrauben genügt nicht die Abstützung des Bodens allein durch die in Mitte vorhandene Brennkammerpfeife. Es müssen in der Regel zusätzliche Versteifungen am Zylinderkopfboden zu den Schraubenbutzen angeordnet werden. In der beschriebenen Konstruktion sind die Schraubenbutzen kastenförmig erweitert und die Wände über den Zylinderboden hineingezogen worden. Diese einspringenden Wände ergeben mit den sie verbindenden kreisförmigen Rippen auch eine gute Abstützung des Zylinderkopfbodens über der Dichtfläche. Um die notwendige Steifigkeit zu erreichen, ist erfahrungsgemäß die Zylinderkopfhöhe $H = 0{,}85$ bis $0{,}90\, D_{\text{Zyl}}$ auszuführen. Zur Lagesicherung des Kopfes ist dieser durch einen 3 mm hohen Bund in der Zylinderbohrung zentriert. Bei größeren Zylinderdurchmessern, wo auch ein späteres Aufbohren für Übermaßkolben in Frage kommt, macht man den Zentrierdurchmesser in der Regel um etwa 2 mm größer als die Zylinderbohrung, um auch nach dem Aufbohren die notwendige Lagesicherung beizubehalten. Die Kühlwasserübertritte sind schon aus der Büchsenkonstruktion gegeben und sind gleichmäßig über die Dichtfläche aufgeteilt. Der Kühlwasseraustritt liegt in der oberen Abschlußwand in gleicher Ebene wie die Schraubenauflagen. Durch die einspringenden Versteifungswände wird der Kühlwasserstrom um die Brennkammerpfeife geführt, was bei kleineren Zylinderabmessungen zur Kühlung genügt. Bei größeren Zylinderdurchmessern und bei Graugußausführungen ist es zweckmäßig, eine knapp über dem Zylinderkopfboden liegende Zwischenwand vorzusehen, welche den Kühlwasserstrom mit höherer Geschwindigkeit über den Zylinderkopfboden zum Fuße der Brennkammer oder Düsenpfeife führt.

Die Zylinderkopfschrauben, deren Lage in Verbindung mit dem Kurbelgehäuse und der Zylinderbüchse abzustimmen ist, sind als Stiftschrauben M $16 \times 1{,}5$ mit Dehnschaft ausgeführt.

b) Zylinderkopf aus Leichtmetall für 120 mm Bohrung

Abb. 34 zeigt die Konstruktion eines Zylinderkopfes in Leichtmetall für die Zylinderbüchsenbauart nach Abb. 12 für einen Zweitaktmotor mit 120 mm Zylinderdurchmesser (Gräf & Stift). Bei umkehrgespülten Zweitaktmotoren kann auch bei der direkten Einspritzung der Brennraum im Zylinderkopf untergebracht werden, wodurch eine Entlastung des ohnehin thermisch hochbelasteten Kolbens ermöglicht wird.

Die mit einem ovalen Querschnitt versehenen Schraubenpfeifen für die Zylinderbüchsenbefestigung sind über die Zylinderbohrung hereingezogen und tragen zur Abstützung des Zylinderkopfbodens und der Dichtfläche wesentlich bei.

Die Verformung des Kopfes durch die Zylinderkopfschrauben ist in diesem Falle gering, da die Auflagefläche des Kopfes am Gehäuse nahe den Schrauben liegt. Die Lagesicherung des Kopfes und die Wasserführung ist gleich wie bei der in Abb. 33 beschriebenen Ausführung.

Als Zylinderkopfschrauben werden Stiftschrauben M $18 \times 1{,}5$ mit Dehnschaft verwendet.

Der Einspritzdüsenhalter wird elastisch mittels einer Brille und zwei M 8-Stiftschrauben auf den konischen Sitz gedrückt. Für Fahrzeuge muß gegebenenfalls für die Motorbremse im Zylinderkopf von Zweitaktmotoren noch eine Hilfseinrichtung in Form eines kleinen Dekompressionsventils untergebracht werden. Im Schnitt *C-D* ist die Anordnung der Ventilführung und der Austrittsbohrung, welche mit dem Auslaßsammelrohr verbunden wird, ersichtlich.

4. Zylinderköpfe für wassergekühlte Zweitakt-Dieselmotoren mit Gleichstromspülung

Die Entscheidung der zu wählenden Kopfbauart fällt im allgemeinen bei mittlerem und größerem Zylinderdurchmesser auch hier zugunsten der Einzelkopfkonstruktion aus. Der größere notwendige Zylinderabstand läßt diese Bauart leicht zu, welche auch für die hohe thermische Beanspruchung der Köpfe in jeder Hinsicht von Vorteil ist.

Nach den bisher bekannten Ausführungen kommt bei ventilgespülten Zweitaktmotoren nur die direkte Einspritzung zur Anwendung. Die Konstruktionsaufgabe besteht hier darin, die Düse, die Auspuffventile und die Auslaßkanäle, die Steuerungsteile und die Zylinderkopfschrauben innerhalb des zur Verfügung stehenden Zylinderabstandes unterzubringen.

Der notwendige Auslaßquerschnitt ist für eine mittlere Gasgeschwindigkeit von 40 bis 50 m/sek, bezogen auf die Kolbengeschwindigkeit c_m, zu dimensionieren.

Es gibt Motorkonstruktionen, welche den erforderlichen Ventilquerschnitt in einem einzigen großen Ventil, welches in Zylindermitte angeordnet ist, unterzubringen versuchen. Diese Bauart ist bei Großmotoren vielfach üblich, wird aber nur in einzelnen Fällen auch bei raschlaufenden Zweitaktmotoren angewendet.

Der Vorteil eines zentralen Ventils dürfte im Erreichen einer guten, symmetrischen Spülung liegen, der Hauptnachteil besteht aber in den großen Abmessungen des Ventils und in der schwierigen Beherrschbarkeit der thermischen und mechanischen Beanspruchung bei höheren Drehzahlen. In der Regel wird der erforderliche Auslaßquerschnitt auf mindestens zwei Auslaßventile aufgeteilt. Bei den Neuentwicklungen der General-Motors-Zweitaktmotoren werden vier Auslaßventile je Zylinder verwendet.

Die Einspritzdüse wird im allgemeinen zwischen den Auslaßventilen nahe oder in Zylindermitte angeordnet, wobei es vorteilhaft ist, die Düsenpfeife aus einem Aluminium- oder Kupferrohr in den Zylinderkopf einzusezten, um zu große Gußanhäufung in Zylindermitte zu vermeiden und um genügend dimensionierte Wasserraumkerne zwischen Düse und Kanälen zu gewährleisten.

Im allgemeinen ist es notwendig, auch bei Graugußköpfen Ventilsitzringe zu verwenden. Die Auslaßkanäle können im Zylinderkopf zusammengefaßt oder auch getrennt auf der Seite des Kopfes herausgeführt werden.

Um niedrige Spüldrücke zu erreichen, muß für die strömungsgerechte Form der Auslaßkanäle beim Entwurf einige Sorgfalt aufgewendet werden. Es ist sehr zu empfehlen, durch vorherige Strömungsversuche die widerstandsärmste Form der Kanäle festzustellen.

Bei langsamlaufenden Motoren mit zwei Ventilen können diese noch mit einer Stoßstange und mit einem gegabelten Kipphebel betätigt werden. Bei drei und vier Ventilen müssen zwei Stoßstangen und zwei Kipphebel vorgesehen werden. Die aus dem Zweitakt resultierenden großen Ventilbeschleunigungen und Kräfte machen für die Abnahme der Nockenbewegung die Anordnung von Rollenstößeln notwendig, welche zweckmäßig für sich abgefedert werden sollen, um nicht zu große Federn am Ventil zu bekommen. Bei Drehzahlen über 2000 U/min ist es vorteilhaft, die Nockenwelle nahe dem Zylinderkopf anzuordnen, wobei dann die Führungen der Stößel ebenfalls im Zylinderkopf unterzubringen sind. Auch die Lagerung der Nockenwelle im Zylinderkopf ist für hohe Drehzahlen gleichstromgespülter Zweitaktmotoren zu erwägen.

Hinsichtlich der Gestaltung der Kühlwasserführung, Ventilsitze, Ventilstege gilt das gleiche, wie in den Abschnitten C. II. 1., S. 37, und C. II. 2., S. 38, schon dargelegt. Bei der Festlegung der Schraubenmittel muß auf die Konstruktion des Kurbelgehäuses Rücksicht genommen werden, wobei außer daß die Schraubenkräfte möglichst direkt zu den Lagerschrauben durchzuleiten sind, die Spülluftführung zu den Schlitzen nicht behindert werden darf.

Einzelkopf eines gleichstromgespülten Zweitakt-Dieselmotors für Lastkraftwagen

Der in Abb. 35 dargestellte Zylinderkopf gehört zu der in Abb. 250 besprochenen Motorkonstruktion eines Zweitakt-Dieselmotors mit Gleichstromspülung mit 115 mm Bohrung und 140 mm Hub (Krupp). Die gewählte Einzelkopfbauart erscheint für diese Zylinderabmessung und für den Zylinderabstand von 162 mm sowohl konstruktiv, als auch hinsichtlich der zu erwartenden hohen, thermischen Belastung am geeignetsten.

Die Einspritzdüse und die beiden Auslaßventile sind in der Zylindermittenebene angeordnet. Der lichte Auslaßventilquerschnitt mit 37 mm Durchmesser ergibt eine mittlere Auslaßgeschwindigkeit von 44 m/sek bei 1950 U/min. Die Auslaßkanäle werden getrennt aus dem Kopf geführt und erweitern sich im Querschnitt von den Ventilen bis zu den Austrittsflanschen um das 1,5-fache. Sie sind strömungsmäßig sehr gut durchgebildet. Um auch einen genügenden Kühlwasserdurchtritt zwischen den Kanälen und der gegossenen Düsenpfeife zu erhalten, sind die Kanäle gegen die Mittelebene nach den Ventilsitzen nach außen um 30° abgebogen (Schnitt *E*-*F*).

Für die Kühlwasserzuführung aus dem Kurbelgehäuse zum Kopf sind acht ziemlich gleichmäßig um die Zylinderbohrung verteilte Öffnungen von 12 mm Durchmesser vorgesehen, während die Ableitung aus dem Kopf über den Auslaßstutzen angeordnet ist.

Zum Heranführen des gesamten Kühlwasserstromes in die Nähe des Düsensitzes und der Ventilstege sind von der in halber Höhe des Wasserraumes liegenden Leitwand noch zusätzlich zwei Schürzen nahe zum Boden heruntergezogen (Schnitt *A*-*B*). Die Zylinderkopfbodenstärke beträgt 10 mm, wobei diese zwischen den Ventilen zur Düse hin muldenförmig auf nur 6 mm Stärke vermindert wird (Schnitte *A*-*B*, *J*-*K*).

Die Lage der Trennwand zwischen Wasser- und Kipphebelraum erlaubt noch eine reichliche Umspülung der Ventilführungsbutzen. Der Kipphebelraum, einschließlich der Lagerung der Kipphebelachsen, ist im Gußstück des Kopfes mit eingeschlossen, wodurch eine hohe Steifigkeit des Kopfes gewährleistet ist. Die kräftige 24 mm starke Kipphebelachse ist dreifach unterstützt (Schnitt *J*-*K*) und trägt zwei separate Kipphebel, da für jedes der beiden Auslaßventile eine eigene Ventilbetätigung vorgesehen ist. Die Schmierölzuführung zur Kipphebelachse erfolgt vom Kurbelgehäuse über im Zylinderkopf angeordnete Bohrungen (Schnitt *C*-*D*). Die Stoßstangendurchtritte liegen zwischen den beiden Auspuffkanälen.

Die Zylinderkopfbefestigung erfolgt mit M $16 \times 1{,}5$-Stiftschrauben, wobei abweichend von der üblichen Norm je zwei nebeneinanderliegende Zylinderköpfe in der Lagerwandebene durch eine gemeinsame Zylinderkopfschraube niedergespannt werden.

Die zugehörigen Schraubenbutzen sind in der Mitte geteilt (Schnitt *N*-*O*). Für die Endköpfe wird der Schraubenbutzen als voller Zylinder ausgeführt.

5. Zylinderköpfe für luftgekühlte Motoren

Zur Konstruktionsaufgabe der Anordnung der Gaskanäle, der Düse, der Brennkammer und der Aufteilung der Zylinderkopfschrauben kommt beim Entwurf des luftgekühlten Zylinderkopfes noch die Unterbringung der notwendigen Rippenfläche und des freien Durchgangsquerschnittes für die Kühlluft hinzu.

Um Wiederholungen über allgemeine Probleme der Luftkühlung zu vermeiden, wird auch auf den Abschnitt C. I. 4., S. 31, über luftgekühlte Zylinderbüchsen verwiesen.

Die Aufteilung und Anordnung der Rippen und der Luftführung soll im Hinblick auf möglichst niedrige Temperaturen und eine möglichst gleichmäßige Temperaturverteilung am Zylinderkopfboden erfolgen, um Risse durch Wärmespannungen zu vermeiden.

Die gleichmäßige Temperaturverteilung läßt sich insbesondere durch Verwendung von Leichtmetall als Zylinderkopfmaterial erreichen. Der Vorteil von Leichtmetall liegt weniger in der Verminderung des Temperaturgefälles beim Durchgang senkrecht zur Wandung, sondern in einer besseren Verteilung der Wärme quer zur Hauptströmungsrichtung. Es wird damit ein Abbau von Temperaturspitzen, sowie eine bessere Ausnutzung der Rippenoberflächen zur Wärmeabgabe an die Kühlluft erreicht. Es müssen daher die Zylinderkopfböden bei luftgekühlten Motoren verhältnismäßig stark ausgeführt werden, um diese Querströmung der Wärme zu ermöglichen.

Um kurze Wärmewege zu erhalten ist es zweckmäßig, die Kühlrippen möglichst direkt über der wärmebelasteten Fläche anzuordnen.

An Stellen konzentrierter Wärmebelastung, wie beim Ventilsteg, bei Brennkammer- und Düsenmündung, in der Nähe des Auspuffkanals, wird man um ein Maximum an Wärmeabfuhr zu erreichen, höhere Rippen mit engerer Teilung anordnen. Durch Temperatur- und Strömungsmessungen ist die Zweckmäßigkeit der Verrippung in Verbindung mit dem Kühlluftaufwand zu überprüfen und gegebenenfalls anzupassen. An den heißesten Stellen des Zylinderkopfbodens soll die Temperatur von 260° nicht überschritten werden.

In Kokillenguß sind Rippenhöhen von 70 bis 75 mm bei einem Abstand von 6 mm mit einer Rippengrundstärke von 3 mm und einer Rippenspitze von 1,5 bis 2 mm herstellbar.

Nach ausgeführten Beispielen bei luftgekühlten Fahrzeugdieselmotoren soll die Verhältniszahl zwischen Rippenfläche und Kolbenfläche im Bereich von 30 bis 50 als Erfahrungswert liegen, wobei die unteren Werte für direkte Einspritzverfahren, die oberen für indirekte Verfahren gelten. Maßgebend wird die Rippenaufteilung und die Kühlluftführung durch das Verbrennungsverfahren beeinflußt. Indirekte Verfahren bringen in den Zylinderkopf zusätzlich beheizte Flächen und höhere thermische Belastung. Der Platzbedarf einer Brennkammer behindert im allgemeinen den Kühlluftdurchtritt und es bedarf geschickter Luftführung und Rippenanordnung, um die Wärme überall abführen zu können.

Leichter zu gestalten und thermisch besser zu beherrschen sind Zylinderköpfe für direkte Einspritzverfahren, da die im Zylinderkopf unterzubringende Einspritzdüse infolge ihrer Schlankheit keine wesentliche Versperrung des Luftdurchtrittes hervorruft und die bloße Umströmung der Düse zu ihrer Kühlung in der Regel genügt.

Bei direkten Verfahren ist es zweckmäßig, insbesondere wenn auch Aufladung in Frage kommt, hiefür möglichst offene Brennräume im Kolben zu entwickeln, weil auch dadurch eine gleichmäßigere Beheizung und Temperaturverteilung des Zylinderkopfbodens erreicht wird. Die Art der Verbindung mit der Zylinderbüchse, die hier fast zwingende Forderung nach möglichst ungehinderter Wärmedehnung und die Herstellung des Kopfes als Kokillengußstück, führen von selbst zur Bauart von Einzelköpfen. Der Zylinderabstand bei Reihenmotoren soll, wenn möglich, hinsichtlich der besten Kühlung des Kopfes bestimmt werden. Nur bei luftgekühlten Ottomotoren für PKW's findet man auch Doppelköpfe (Volkswagen, General Motors).

Bei der Gesamtauslegung des Motors ist zu beachten, daß Auslaßkanäle, Stoßstangenführungen und sonstige Öl- und Brennstoffleitungen auf die Abströmseite der Kühlluft zu liegen kommen, um ein mögliches Verschmutzen der Rippen zu vermeiden.

Als Material für die luftgekühlten Zylinderköpfe kommen in der Regel nur Al-Legierungen mit hoher Warmfestigkeit und Bruchdehnung zur Verwendung. Die gebräuchlichsten Legierungen sind Hydronalium Hy 51 und Hy 511 und GAlSi 10 Mg mit Zusätzen von Wi, Beryllium usw. Durch einen geregelten Abkühlvorgang in der Kokille und durch eine sorgfältige Wärmebehandlung muß insbesondere die Bodenpartie auf ein feines, gleichmäßiges Materialgefüge mit einer Mindestbruchdehnung von 3 bis 5% und einer Festigkeit von mindestens 22 kg/mm² gebracht werden. Diese Werte gelten für einen aus dem Zylinderkopfboden entnommenen Probestab.

a) Zylinderköpfe für luftgekühlte Viertakt-Dieselmotoren

Wie schon im vorherigen Abschnitt dargelegt wurde, kommt nur die Bauart des Einzelkopfes in Frage.

Als erster Schritt beim Entwurf ist auch hier die Bestimmung der Ventilgrößen nach den Richtlinien des Abschnittes C. II. 2., S. 38, für wassergekühlte Dieselmotoren durchzuführen.

Wegen der üblichen Leichtmetallausführung der Köpfe müssen Ventilsitzringe eingesetzt werden, deren Ausführung und Befestigung in Abb. 23, Abschnitt C. II. 2., S. 40, dargestellt sind.

Eingegossene Ringe oder Ventilsitzplatten haben sich nicht bewährt, da eine einwandfreie Bindung mit dem Leichtmetall vorher nicht kontrolliert werden kann. Ventilsitzringe erfordern eine etwas breitere Ausbildung des Ventilsteges, um einen genügenden Halt der eingeschrumpften Sitzringe zu gewährleisten. Dies beschränkt etwas die Dimensionierung der Ventilquerschnitte, so daß man an die obere zulässige Grenze der Gasgeschwindigkeit kommt. Durch Neigung der Ventile zur Zylinderachse nach außen kann, wenn es das Verbrennungsverfahren zuläßt, etwas an Ventilquerschnitt, Stegbreite und Rippenzahl über dem Ventilsteg gewonnen werden. Eine vierventilige Ausführung ist für luftgekühlte Köpfe unmöglich, da es damit ausgeschlossen ist, die Ventilstege genügend zu kühlen.

Die Lage der Ventile, die dazugehörige Kanalführung, die Brennkammer- und Düsenanordnung und die Aufteilung der Zylinderkopfschrauben sind nun so festzulegen, daß gleichzeitig eine möglichst große Rippenoberfläche und ein genügender Querschnitt für einen ungehinderten Kühlluftdurchtritt untergebracht werden können.

Die Ventile können entweder parallel, wie bei wassergekühlten Motoren in der Regel üblich, oder auch senkrecht zur Kurbelwellenachse gestellt werden. Letztere Ventilanordnung ermöglicht im allgemeinen eine günstige Verrippung und Kühlluftführung. Die dazugehörigen Kanalführungen und Brennkammer- und Düsenanordnungen werden an Hand der Ausführungsbeispiele eingehender besprochen.

Um ein Optimum an Rippenoberfläche und an freien Querschnitten für die Kühlluftführung zu erreichen, wird man versuchen, die Kanalquerschnitte hoch und schmal auszubilden. Es ist bei luftgekühlten Köpfen sehr zu empfehlen, die günstigste Kanalform durch vorherige Modellversuche festzustellen.

Die Zylinderkopfschrauben müssen gleichmäßig um die Zylindermitte verteilt und möglichst nahe an die Dichtfläche herangeführt werden, um eine Deformation der Kolbenlaufbahn zu vermeiden. Die Dimensionierung und Ausbildung der Schrauben wird in Abschnitt C. XII., S. 190, behandelt.

Den luftgekühlten Köpfen fehlt naturgemäß der geschlossene, kastenförmige, steife Aufbau der wassergekühlten Bauart. Um nun die Schraubenkräfte verzugfrei auf die Dichtfläche der Zylinderbüchse zu bringen, muß auch aus diesem Grund der Zylinderkopfboden dementsprechend kräftig ausgebildet werden. Der starke Zylinderkopfboden ist, wie schon erwähnt, auch für die Wärmeverteilung notwendig. Es ist vorteilhaft, die Kanäle, Rippen und Kipphebelgehäuse und Leitwände durch zweckmäßige Anordnung zur Versteifung des Kopfes heranzuziehen.

Nach ausgeführten Motoren ist bei Leichtmetallköpfen die Bodenstärke im Ventilsteg $s = 0{,}30$ bis $0{,}35\ D_{\text{Zyl}}$.

Im allgemeinen, insbesondere bei größeren Zylinderdurchmessern, ist es zweckmäßig, die Kipphebelkammer am Zylinderkopf getrennt zu befestigen, um eine einfachere Kokille für den Kopf zu erhalten.

Der Durchtritt der Stoßstangen durch den Kühlluftraum zwischen Kipphebelgehäuse und Kurbelgehäuse muß öldicht abgeschlossen werden, wobei in der Regel Rohre Verwendung finden. Die Abdichtung muß unter Zuhilfenahme von geeigneten Elementen sehr sorgfältig durchgebildet werden, damit kein Lecköl auf die Kühlrippen kommt. Aus diesem Grunde ist es zweckmäßig, die Stoßstangen auf der Abströmseite der Kühlluft anzuordnen, wenn dies die Gesamtkonzeption des Motors zuläßt. Eine Anzahl verschiedener Lösungen von Stoßstangenverkleidungen bringt Abb. 36. Um außenliegende Schmierölleitungen zu vermeiden, wird häufig die Schmierung der Kipphebel und des Ventiltriebes vom Kurbelgehäuse über die Stößel und über die hohlen Stoßstangen durchgeführt.

Bei V-Motoren, wo die Nockenwelle und damit die Stoßstangen zwischen den Zylinderreihen angeordnet sind, muß aus dem Kipphebelraum zum Kurbelgehäuse ein gesondertes Rohr zum Ableiten des Öles vorgesehen werden.

Die zweckmäßige Anordnung der Stoßstangenrohre und der Auslaßkanäle auf der Ausblaseseite der Kühlluft erfordert bei V-Motoren mit dem üblichen Druckgebläse im V-Raum die Verwendung von zwei außenliegenden Nockenwellen. In diesem Falle kann das Öl aus dem Kipphebelraum durch die außenliegenden Stoßstangenrohre zurückfließen.

b) Zylinderkopf für einen luftgekühlten Dieselmotor mit direkter Einspritzung

Abb. 37 zeigt Schnittdarstellungen des Zylinderkopfes für einen luftgekühlten Dieselmotor mit 90 mm Bohrung und 90 mm Hub mit 3000 U/min (Bernard). Der zugehörige Motor ist aus Abb. 228 ersichtlich.

Für den Aufbau war die Verwendung des gleichen Kopfes für eine Baureihe von Motoren mit einem Zylinder und mit zwei und vier Zylindern in 90° V-Anordnung zu berücksichtigen. Das Kipphebelgehäuse ist gesondert am Kopf aufgesetzt. Ein- und Auslaßkanäle sind senkrecht zur Kurbelachse bzw. in Richtung des Kühlluftstromes gestellt. Wie aus dem Schnitt *C-D* und der Draufsicht zu ersehen, ergibt diese Konstruktion in Verbindung mit den senkrecht auf die Bodenfläche aufgestellten Rippen eine einfache, gerade Kühlluftführung durch den Zylinderkopf. Durch schräg zum Kühlluftstrom gestellte Rippen zwischen den Ventilen und durch ein eingelegtes Leitblech wird dem kritischen Ventilsteg genügend Kühlluft zugeführt, so daß dort die Wandtemperatur am Boden 230° nicht übersteigt. Die Einspritzdüse liegt 45° schräg zur Zylinderachse und quer im Kühlluftstrom, Schnitt *C-D*. Um gleiche Köpfe beim Zwei- und Vierzylindermotor zu ermöglichen, müssen die Ein- und Auslaßventile und Kanäle gleich groß ausgebildet werden. Der lichte Ventilquerschnitt ergibt eine mittlere Gasgeschwindigkeit von 67 m/sek. Trotz dieser verhältnismäßig hohen Geschwindigkeit konnte durch eine gute Ausbildung der Kanäle auf Grund vorheriger Durchströmversuche ein Liefergrad von 87 % erreicht werden. Der Kanalaustrittsquerschnitt ist um 38 % größer als der Ventilquerschnitt.

Der Steg zwischen den Ventilsitzringen ist 10 mm stark. Der Zylinderkopfboden ist über den Ventilsteg 25 mm hoch und kalottenförmig gekrümmt. Die Kühlrippen über dem Boden sind 40 mm hoch und haben einen Abstand von 7 mm. Das Verhältnis von Rippenfläche zur Kolbenfläche beträgt 33. Der Zylinderkopf ist auf der Zylinderbüchse außen zentriert, die Dichtfläche liegt 10 mm tiefer als die Zylinderkopfbodenfläche. Als Dichtung wird ein 5 mm breiter Weichkupferring verwendet.

Um den Kopf möglichst steif auszubilden, wurde ein kastenähnlicher Aufbau wie bei wassergekühlten Motoren nachgeahmt. Die Schraubenbutzen der Zylinderkopfschrauben sind bis auf die Trennfläche mit dem Kipphebelgehäuse hochgezogen und sind außerdem in der Strömungsrichtung der Kühlluft durch 5 mm starke Wände verbunden. Diese Wände dienen auch zur Kühlluftführung. In der Querrichtung sind die Schraubenbutzen an der Trennfläche durch starke Querbänder miteinander verbunden. Die M12 × 1,5-Zylinderkopfschrauben mit Dehnschaft befestigen gleichzeitig auch das Kipphebelgehäuse am Kopf.

c) Zylinderkopf für einen luftgekühlten Dieselmotor mit Wirbelkammer

Abb. 38 zeigt den Zylinderkopf des luftgekühlten Deutz-Motors mit 110 mm Bohrung. Die zugehörigen Motoren sind in Abb. 231, 233, 234 dargestellt.

Den Aufbau des Kopfes bestimmt zum Teil die Unterbringung einer Wirbelkammer und die Verwendung des gleichen Kopfes für eine Baureihe von Reihen- und V-Motoren. Daraus ergibt sich die Lage der Wirbelkammer und Stoßstangen auf einer Kopfseite und das Hinausführen von Ansaug- und Auslaßkanälen auf die gegenüberliegende Kopfseite, welche bei den V-Motoren dann auf die Außenseite zu liegen kommen. Das Kipphebelgehäuse ist am Kopf gesondert aufgesetzt, wodurch die Kokillenform und insbesondere das Gießen der Verrippung im Ventilsteg vereinfacht wird.

Die Wirbelkammer ist mit der Düsen- und Glühkerzenverschraubung im Zylinderkopf eingegossen. Der die Wirbelkammer umgebende Kopfteil ist außerordentlich dicht verrippt. Ein- und Auslaßventile stehen parallel zur Zylinderachse. Die Kanäle sind nach den Ventilsitzen nach außen abgebogen und in ihrem weiteren Verlauf zu den Austrittsflanschen im Querschnitt verhältnismäßig schmal und hoch ausgeführt, um noch genügend Kühlluft zwischen den Ventilen durchzubringen. Im Ventilsteg sind 4 vertikale Kühlrippen untergebracht, welche eine Höhe von 75 mm bei einem Rippenabstand von 6,5 mm aufweisen. Die Kühlluftzufuhr zu diesen Rippen erfolgt in der Hauptsache über die Wirbelkammer hinweg durch eine entsprechende Ausnehmung im Ventilkammerdeckel. Die Bodenstärke über dem Ventilsteg beträgt 30 mm. Der Übergang aus der zylinderseitigen Kopffläche zur außenliegenden Dichtfläche ist mit einem großen Radius ausgerundet. Der Zylinderkopf ist mit vier Dehnschaftschrauben über die Zylinderbüchsen auf das Kurbelgehäuse niedergespannt. Die Schraubenauflagen liegen in der Höhe des starken Zylinderkopfbodens. Die Verhältniszahl von Rippenfläche zu Kolbenfläche beträgt 53.

6. Zylinderköpfe für luftgekühlte Zweitakt-Dieselmotoren

a) Zylinderköpfe für luftgekühlte Zweitakt-Dieselmotoren mit Umkehrspülung

Die Gestaltung des Zylinderkopfes für Luftkühlung ist bei dieser Motorbauart einfach, da hier nur die Aufgabe besteht, die Düse oder die Brennkammer unterzubringen und eine dichte Verbindung mit der Zylinderbüchse herzustellen. Ansonsten ist die ganze Bodenfläche zur Unterbringung der notwendigen Verrippung frei. Es ergibt sich hiebei von selbst, die Rippen senkrecht zur Bodenfläche zu stellen. Bei den kleinen, meist kurbelkastengespülten Motoren, wird der Zylinderkopf durch mehrere, kleinere Schrauben direkt mit der Büchse verschraubt. Bei größeren Zylinderdurchmessern werden Kopf und Büchse gleich wie bei den luftgekühlten Viertaktmotoren auf das Gehäuse niedergespannt.

b) Zylinderköpfe für luftgekühlte Zweitakt-Dieselmotoren mit Ventilspülung

Es bestehen hier im wesentlichen die gleichen Gestaltungsaufgaben und Ausführungsmöglichkeiten wie bei den Zylinderköpfen für luftgekühlte Viertaktmotoren. Der einzige Unterschied besteht darin, daß nur die Auslaßkanäle untergebracht werden müssen. Hinsichtlich der Unterbringung der notwendigen Rippenflächen und Durchtrittsquerschnitte für die Kühlluft für die Wärmeabfuhr aus den kritischen Stellen des Zylinderkopfes ist praktisch nur die Anordnung von einem oder von zwei parallelen Ventilen möglich. Um zwischen den Ventilen Rippen anordnen zu können und Kühlluft durchzubringen, ist nur eine getrennte Führung der Auspuffkanäle aus dem Zylinderkopf möglich.

Wegen der an und für sich schon hohen thermischen Belastung durch das Zweitaktverfahren ist es zweckmäßig, nur die direkte Einspritzung in Erwägung zu ziehen, um den Kopf durch Brennkammern nicht noch mehr aufzuheizen. Es empfiehlt sich daher, einen möglichst offenen Brennraum zu wählen, um eine gleichmäßige Wärmebelastung des Zylinderkopfbodens zu erreichen.

7. Zylinderköpfe für Ottomotoren

Die bei Beginn der Entwurfsarbeit bei wassergekühlten Motoren zu treffende Entscheidung hinsichtlich der Verwendung von Einzelköpfen oder von gemeinsamen Köpfen fällt hier zugunsten der gemeinsamen Köpfe aus. Die hauptsächlich in Frage kommenden kleineren Zylinderabmessungen bei Ottomotoren lassen die Bauart von Einzelköpfen nicht mehr zu, ohne den Zylinderabstand zu vergrößern, was in der Folge das Gewicht, die Einbauabmessungen und die Kosten erhöhen würde. Der Verwendungszweck der wassergekühlten Ottomotoren ist außerdem auf bestimmte LKW- und PKW-Typen beschränkt, welche an und für sich schon in großen Stückzahlen erzeugt werden, so daß der Einzelkopf im allgemeinen keine weitere Verbilligung durch noch größere Stückzahlen bringen würde. Bei luftgekühlten Motoren ist aus Gründen der einfachen Kokillenform die Einzelkopfbauart vorzuziehen. Die Zylinderabstände sind durch die Kurbelwellenlagerung und durch die Zylinderbauart gegeben.

Der Brennraum bzw. der Verdichtungsraum wird bei Ottomotoren in der Regel durch die entsprechende Formgebung des Kopfbodens gebildet. Durch die Form des Verbrennungsraumes wird auch die Ventilanordnung, der Ventilbetätigungsmechanismus und die Zündkerzenanlage beeinflußt.

Ricardo gibt folgende Richtlinien für die Konstruktion eines Brennraumes bzw. des Zylinderkopfes für Ottomotoren an:

1. Ein möglichst großes Einlaßventil mit reichlichem Querschnitt um den Ventilteller, um einen guten Liefergrad zu erhalten.
2. Mit Rücksicht auf das Klopfen ist der Flammenweg von der Zündkerze bis zum entferntesten Punkt des Brennraumes möglichst kurz zu halten.
3. Das Auslaßventil ist wegen seiner heißen Oberfläche im Durchmesser klein zu halten. Dies sollte aber durch einen verhältnismäßig großen Ventilhub ausgeglichen werden.
4. Es ist sicherzustellen, daß der Sitz des Auslaßventiles und die Einschraubstelle der Zündkerze gut gekühlt werden.
5. Um die untere Zündgrenze besonders bei Teillast möglichst tief zu legen, soll die Kerze so angeordnet werden, daß sie durch die eintretende Ladung von Restgasen frei gespült wird.
6. Zum Erreichen einer zusätzlichen Wirbelung sollen Flächen vorgesehen werden, aus denen das Gas herausgequetscht wird. Diese Forderung erfüllt weitgehend in einem einfachen Kompromiß ein wannenförmiger Brennraum, welcher aus einer ovalen Kammer mit den beiden senkrecht oder etwas geneigt darüber hängenden Ventilen und der seitlich angeordneten Zündkerze, wie dies z. B. Abb. 39 zeigt, besteht. Durch die ovale im Zylinderkopfboden versenkte Brennkammer entstehen auch in Verbindung mit dem sonst ebenen Zylinderkopf und Kolbenboden die notwendigen Spalte zum Erreichen der Quetschströmung.

Diese Brennraumform ergibt auch einen mechanisch einfachen Ventilantrieb. Tatsächlich ist heute der Großteil der normalen PKW-Motoren mit dieser oder einer ähnlichen Brennraumform ausgerüstet.

Der Verbrennungsraum kann etwas über die Zylinderbohrung hinausragen, so daß dementsprechend auch die Ventilquerschnitte größer ausgeführt werden können, und damit ohne weiters Kolbengeschwindigkeiten bis 15 bis 16 m/sek bei genügender Ansaugfähigkeit gefahren werden können. Die mittleren Gasgeschwindigkeiten bei Ottomotoren liegen in den oberen Grenzen, wie im Abschnitt C. II. 2., S. 39, angeführt.

Wegen der üblichen Ansaugrohrvorwärmung durch die Auspuffgase werden bei

Reihenmotoren die Einlaß- und Auslaßkanäle meistens auf die gleiche Zylinderkopfseite herausgeführt, wobei vielfach je zwei Kanäle im Kopf zusammengefaßt werden. Damit ist in der Regel die Lage der Zündkerze zwischen den Stoßstangendurchtritten gegeben.

Bei V-Motoren wird der Aufbau des Zylinderkopfes und die Kanalführung durch die zweckmäßige Anordnung der Nockenwelle und des Vergasers im V-Raum zwischen den Zylinderreihen bestimmt. Die Auspuffrohre und die Zündkerzen kommen dann auf die Außenseite des Motors zu liegen. Für die Ansaugrohrvorerwärmung wird in der Regel dann das Kühlwasser herangezogen, dessen Durchfluß durch das Ansaugrohr über einen Thermostaten geregelt wird.

Für Hochleistungsmotoren für sportliche Fahrzeuge wird vielfach der halbkugelige oder dachförmige Verbrennungsraum im Kopf angewendet, welcher höhere Kompressionsverhältnisse und große Ventilquerschnitte für hohe Drehzahlen und Kolbengeschwindigkeiten zuläßt. Die Ventile stehen dann senkrecht zur Brennraumfläche in einem Winkel zueinander. Die Ventilbetätigung kann bei dieser Ventilanordnung sowohl über Stoßstangen von der im Kurbelgehäuse liegenden Nockenwelle, als auch wie vielfach üblich, durch die im Zylinderkopf gelagerten ein oder zwei Nockenwellen erfolgen. Beispiele von Steuerungsantrieben für Ottomotoren sind auch in Bd. 9: „Die Steuerung der Verbrennungskraftmaschinen“ zusammengestellt.

Um eine ausreichende Wärmeabfuhr insbesondere aus den Auslaßventilen zu erreichen, werden bei neueren Motorenkonstruktionen keine gesonderten Ventilführungen in den Zylinderkopf mehr eingepreßt, sondern der Ventilschaft wird direkt im Zylinderkopfmaterial geführt. Manche Ausführungen verwenden auch eingeschrumpfte Ventilführungen, welche direkt vom Kühlwasser umspült werden.

Als Material für die Zylinderköpfe der üblichen Ottomotoren für PKW's ist derzeit hauptsächlich Grauguß in Gebrauch. Im Zuge der Weiterentwicklung durch Leistungssteigerung und Erhöhung des Verdichtungsverhältnisses gelangen jedoch in zunehmendem Maße Leichtmetallköpfe in Verwendung. Selbst für hohe Produktionszahlen sind derzeit jedoch Zylinderköpfe in Leichtmetall in Kokillenguß mit den notwendigen Sandkernen für die Wasserräume und für die Kanäle noch teurer als Graugußköpfe. Neuere amerikanische Produktionsentwicklungen gehen dahin, den Zylinderkopf durch die Kanäle und Wasserräume zu teilen, so daß Unterschneidungen und Kerne vermieden werden und die beiden Hälften in Druckguß hergestellt werden können. Die beiden Hälften sollen durch Kunststoffkleber verbunden werden.

a) Zylinderkopf für einen wassergekühlten Ottomotor

Abb. 39 zeigt Schnitte durch einen Zylinderkopf für einen wassergekühlten PKW-Motor mit 84 mm Bohrung und 76,6 mm Hub mit 4500 U/min (Ford).

Die Schnittdarstellung des Motors ist aus Abb. 266 zu ersehen. Der Aufbau des Kopfes entspricht im wesentlichen den im Abschnitt C. II. 7., S. 54, angeführten Richtlinien.

Der wannenförmige Brennraum ist für ein Verdichtungsverhältnis von 1:7,2 ausgelegt. Der Brennraum steht in Achsrichtung etwas über die Zylinderbohrung hinaus, um genügend große Ventilquerschnitte unterzubringen (Schnitt *E-E*). Der Einlaßventilquerschnitt von 36 mm Durchmesser ist für eine mittlere Gasgeschwindigkeit von 59 m/sek, der Auslaßquerschnitt mit 28,5 mm Durchmesser für 96 m/sek ausgelegt, $d_a = 0{,}79\ d_e$. Die Kanäle sind im Übergang zum Ventilsitz mit einem konischen Fräser bearbeitet, um einen guten, ungestörten Einlauf zu den Ventilen zu erreichen.

Die Ventilstegbreite ist mit 11 mm reichlich bemessen, so daß ein kräftiger Wasserraumkern zwischen den Kanälen möglich ist (Schnitt *E-E*). Die Einlaß- und Auslaßkanäle werden wegen der üblichen Ansaugrohrvorwärmung auf dieselbe Zylinderkopfseite herausgeführt, wobei die Einlaßkanäle von den nebeneinanderliegenden Zylindern im Kopf zusammengefaßt werden (Schnitt *D-D*). Die Ventile werden direkt im Zylinderkopfmaterial geführt, wobei außerdem für eine gute Kühlung der Ventilführungsbutzen durch einen reichlichen Kühlwasserraum über den Kanälen Vorsorge getroffen wurde. Die Zündkerze liegt schräg zwischen den beiden Ventilen bzw. zwischen den Stoßstangendurchtritten. Der Zündkerzenbutzen ist gut gekühlt (Schnitt *B-B*).

Die Bodenstärke beträgt im Ventilsteg 9 mm und über dem Verdichtungsraum 5 mm. Die übrigen Wandstärken sind 4 bis 5 mm ausgeführt. Im allgemeinen wurde, wie aus den verschiedenen Schnitten ersichtlich ist, sehr darauf geachtet, ein einfaches Formen der Kerne zu erreichen und Gußanhäufungen zu vermeiden. Zur Zylinderkopfbefestigung sind 12 Stück M10-Kopfschrauben mit Dehnschaft angeordnet. An der Ventilatorseite des Kopfes ist direkt im Wasserraum der Thermostat untergebracht, über den der Austritt des Kühlwassers aus dem Kopf geführt wird (Schnitt *D-D*).

b) Zylinderkopf für einen luftgekühlten Ottomotor

Abb. 40 zeigt im Schnitt die Auslegung eines Zylinderkopfes für einen luftgekühlten Motor eines Kleinwagens mit 77 mm Bohrung und 64 mm Hub (Lloyd). Die zugehörigen Motorenschnitte sind aus Abb. 264 ersichtlich.

Der Aufbau dieses Kopfes wird durch den dachförmigen Verbrennungsraum maßgebend beeinflußt. Dadurch sind Ventil- und Kanalanordnung im wesentlichen schon festgelegt. Die Ventile stehen normal zu den Brennkammerwänden und stehen daher zur Zylinderachse in einem Winkel von 30°. Die Ventile und Kanäle liegen in Richtung der Luftströmung hintereinander. Wie aus Schnitt *A-B* ersichtlich, erlaubt die Neigung der Ventile große Ventilquerschnitte, einen kräftigen Ventilsteg und eine günstige Strömungsform der Kanäle. Beide Ventile sind gleich groß. Die Zündkerzenbohrung ist seitlich zwischen den beiden Ventilen angeordnet, die Zündkerze selbst ist dadurch, daß sie quer zum Kühlluftstrom liegt, gut gekühlt. Die Kühlrippenanordnung ist im Schnitt *C-D* gut zu erkennen. Für die Wärmeabfuhr aus dem Ventilsteg ist über diesem ein 20 mm starker Wärmeleitquerschnitt hochgezogen, von dem dann die horizontalen Rippen ausgehen. Die Rippenteilung ist 6 mm und die größte Rippentiefe 45 mm ausgeführt. Die Bodenstärke beträgt 12 mm. Das Kipphebelgehäuse wird am Kopf gesondert befestigt. Der Kopf ist auf der Büchse zentriert; die Abdichtung erfolgt durch einen schmalen Kupferring am Innenrand der Büchse.

Zylinderkopf und Büchse sind gemeinsam mit vier Stück M10-Stiftschrauben mit Dehnschaft auf das Kurbelgehäuse gespannt.

8. Zylinderkopfdichtung

Bei der allgemein üblichen Bauweise der Motoren besteht die Aufgabe der Zylinderkopfdichtung darin, die Trennfläche zwischen Zylinderkopf und Zylinderbüchse bzw. Kurbelgehäuse gegen den Austritt der Verbrennungsgase abzudichten. Bei wassergekühlten Motoren muß die Zylinderkopfdichtung gleichzeitig auch die Öl- und Wasserdurchtritte abdichten.

Die Wirkung einer Dichtung besteht grundsätzlich darin, die Rauhigkeit und Unebenheiten der Trennflächen durch ihre plastische Verformung unter entsprechender Pressung auszugleichen und damit die Undichtheitswege zu verschließen. Die Mechanik der Dichtung selbst kann im Rahmen dieses Buches nicht behandelt werden. Es wird auf das angegebene Schrifttum hingewiesen.

Das Abdichtproblem ist bei Zylinderköpfen besonders kompliziert und schwierig, weil die Dichtung wechselnden Temperaturen und pulsierenden Drücken unterworfen ist und außerdem die Dichtflächen selbst auch thermischen und mechanischen Deformationen ausgesetzt sind und nicht starr bleiben. Man muß daher, um die Abdichtung überhaupt beherrschen zu können, bereits beim Entwurf die entsprechenden Vorkehrungen durch richtige Schraubendimensionierung und Schraubenart (Abschnitt C. XII., S. 190) und Auswahl der Dichtung usw. treffen. Es ist außerdem zweckmäßig, sich schon während der Entwurfsarbeiten mit den Dichtungsherstellern hinsichtlich Dichtungswahl und Ausführung und den damit zusammenhängenden Details abzustimmen.

Es stehen dem Konstrukteur je nach Motor und Kühlungsart verschiedene Dichtungsmaterialien und -Arten zur Verfügung. Das gebräuchlichste Dichtungsmaterial für Zylinderkopfdichtungen wassergekühlter, raschlaufender Motoren ist ein Asbestgewebe, dem verschiedene Bindemittel und Verstärkungseinlagen hinzugefügt sind. Bindemittel und Einlagen sind notwendig, da die Asbestfaser selbst nicht die genügende Festigkeit aufweist.

Die ursprüngliche Dichtungsausführung war die Kupfer- oder Eisenasbestdichtung, bei der eine Asbestfaserlage zwischen zwei dünnen Eisen- oder Kupferblechen eingelegt war. Diese Dichtungsart entspricht aber nicht mehr den hohen Anforderungen neuer raschlaufender Motoren. Sie wird daher nur mehr selten verwendet. Im allgemeinen hat sich bei raschlaufenden Motoren die Weichstoffdichtung in Form einer Gummi- oder kunststoffgebundenen Asbestfaser mit einer Metalleinlage als derzeit geeignetste Ausführung durchgesetzt. Die Metalleinlage besteht entweder aus einem Stahldrahtgewebe oder einem dünnen, aufgerauhten Trägerblech. Insbesondere letztere Art weist eine hohe Gestaltfestigkeit auf.

Abb. 41 zeigt die Ausführung einer solchen Dichtung (Diring Ferrolastic). Bei dieser ist auf einem mit Verklammerungszacken versehenen dünnen Trägerblech beiderseits eine chemisch behandelte Asbestschicht aufgewalzt. Die im Anfangszustand vorhandene plastische Verformbarkeit ermöglicht eine Anpassung an die Unebenheiten der Dichtfläche wie z. B. vorstehender Büchsenbund und Bearbeitungsriefen. Gleichzeitig verbleibt ein genügendes Rückfederungsvermögen (Abb. 42), um die pulsierende Bewegung der Dichtflächen auszugleichen. Am geeignetsten hat sich erfahrungsgemäß eine Dichtungsstärke von 1,1 bis 1,2 mm im gepreßten Zustand erwiesen. Es hat sich gezeigt, daß dünnere Dichtungen nicht die notwendigen Eigenschaften für die Zylinderkopfabdichtung aufbringen.

Um eine einwandfreie Abdichtung zu gewährleisten, soll durch die Zylinderkopfschrauben eine mittlere Mindestpressung von 150 bis 300 kg/cm² erreicht werden. In der Regel werden diese Pressungen durch die Wahl der Schraubenvorspannung auf das $3^1/_2$- bis 4-fache des Verbrennungsdruckes angenähert erreicht. Eine beliebige Steigerung der Dichtungspressung ist nicht möglich, weil bei Überschreitung der Quetschgrenze das Rückfederungsvermögen der Dichtung verloren geht.

Abb. 42 zeigt das typische Verformungsbild einer gepreßt 1,2 mm starken Weichstoffdichtung (Diring Ferrolastic).

Die Dichtung verformt sich zunächst bis zum Erreichen der Mindestpressung plastisch. Durch die Verdichtung und durch einen Aushärtevorgang erhält dann die Dichtung in engen Grenzen ein elastisches Verhalten. Leider ist die Verteilung der Dichtpressung über der Dichtfläche nicht gleichmäßig. Um die Verteilung der Pressung über der Dichtfläche abschätzen zu können, muß zunächst die Verteilung der Verformung bekannt sein. Die Verformungen der Dichtflächen lassen sich mit Hilfe der Bleiklötzchenmethode bestimmen, bei der Bleiklötzchen in kleinen Löchern der Dichtung an mehreren Stellen der Dichtfläche eingesetzt werden und auf welcher dann darauf der Zylinderkopf in der üblichen Weise auf das Kurbelgehäuse niedergespannt wird. Die nachgemessenen Stärken der gepreßten Bleiklötzchen geben ein anschauliches, auswertbares Bild der tatsächlichen Dichtflächenverformung und der daraus bestimmbaren Dichtungspressung.

Im allgemeinen ist es zweckmäßig und notwendig, die Dichtungspressung an der Brennraumumrandung bei nassen Büchsen durch Hochziehen des Büchsenflansches über die Dichtfläche oder durch eine Metalleinfassung zu erhöhen. Der Bördelrand dient auch zum Schutz des Dichtungsmaterials gegen den Angriff der Verbrennungsgase. Abb. 43 zeigt die Ausführung eines Bördelrandes.

Bei Motoren mit höheren thermischen Beanspruchungen wie bei aufgeladenen Dieselmotoren, wird als zusätzlicher Schutz vor dem Bördelrand noch ein Stahlring eingesprengt, Abb. 44. Dieser eingesprengte Stahlring wird bei angezogenem Zylinderkopf nicht gepreßt, sondern ist um 0,05 bis 0,15 mm schwächer als die gepreßte Dichtung. Der Stahlring stützt außerdem den Bördelring gegen ein Aufplatzen durch den hydraulischen Druck des Weichstoffes und schirmt den Bördelring und die Dichtung gegen die Verbrennungsgase durch den engen kontrollierten Spalt gut ab.

Die Pressungsverteilung an der Dichtung kann ferner durch Aussparungen in der Dichtung selbst, wie auch durch in die Dichtung eingebaute Abstützelemente und durch zusätzliche Bördelungen an den Öl- und Wasserdurchtritten weitgehend beeinflußt werden. Es ist vorteilhaft, den Dichtungsausschnitt um den Brennraum um 1 bis 1,5 mm größer zu machen. Die richtige Lage des Dichtungsrandes bei nassen Zylinderbüchsen ist aus Abb. 2 ersichtlich.

Für die Möglichkeit der Unterbringung ausreichender Dichtwege muß von Anfang an beim Entwurf von Zylinderkopf und Kurbelgehäuse gesorgt werden. Vor allem zwischen zwei benachbarten Zylindern, wie z. B. bei Ottomotoren mit im Kurbelgehäuse eingegossener Zylinderlaufbahn, muß noch eine ausreichende Dichtungsbreite vorhanden sein, welche im äußersten Fall 7 mm nicht unterschreiten sollte. Neben einem Bördel sollte immer noch eine mindestens 4 mm breite Weichstofffläche untergebracht werden.

Zu nahe an den Dichtflächenrand verlegte Durchgänge machen hinsichtlich der einwandfreien Abdichtung stets Schwierigkeiten. Die vier- bis fünffache Dichtungsstärke soll auch an untergeordneten Abdichtstellen nicht unterschritten werden.

Bei Öl- und Wasserdurchtritten muß darauf geachtet werden, daß die Dichtung über den ganzen Umfang der Durchtritte gepreßt wird. Unter Berücksichtigung des möglichen Gußversatzes soll der Durchtritt in der Dichtung um 1 bis 1,5 mm radial größer als im Gußteil gehalten werden. Es ist unstatthaft, die Dichtung als Drosselblende für die Kühlwasserverteilung zum Kopf zu benützen.

Damit eine gleichmäßige Verteilung der Dichtpressung erreicht wird, gehört noch, daß der Schwerpunkt der Schraubenkräfte möglichst nahe mit dem Schwerpunkt der Dichtfläche zusammenfällt. Grundsätzlich sollen nur gleichartige und gleichlange Zylinderkopfschrauben verwendet werden und jede Schraube soll auf den gleich großen Flächenabschnitt wirken. Bei der Austeilung der Schrauben ist auch darauf zu achten, daß wasser- und ölführende Durchgänge noch genügend Pressung erhalten. Druckführende Durchgänge sollen in der Nähe einer Schraube liegen. Die Zylinderkopfschrauben dürfen außerdem nicht zur Befestigung weiterer Motorteile herangezogen werden. Die Gewindebohrungen an den Dichtflächen sind um 5 bis 12 mm tiefer zu senken, damit die Dichtflächen durch die Schraubenkräfte nicht hochgezogen werden und so einen Teil der Dichtungspressung abbauen.

Unter Berücksichtigung der Herstellungstoleranzen macht man die Schraubenausschnitte in der Dichtung um 1 bis 2 mm größer als den Gewindedurchmesser. Es ist zweckmäßig, die Lage der Dichtung und des Zylinderkopfes mittels Paßstiften am Kurbelgehäuse zu fixieren. Die zugehörigen Paßlöcher in der Dichtung sind um 0,2 bis 0,3 mm weiter zu halten. Durch entsprechende Vermaßung und Tolerierung der Bohrungstiefe ist darauf zu achten, daß die Stifte im Extremfall nicht am Grund der Fixierungsbohrung aufsitzen können.

Als weitere Dichtungsarten für Zylinderköpfe kommen auch Metallmassivdichtungen, Metallagendichtungen und die Metallsickendichtung in Frage. Die Metallmassivdichtung wird hauptsächlich bei Großmotoren und teilweise auch im oberen Durchmesserbereich der raschlaufenden Motoren verwendet. Ferner kommt sie auch als Zylinderkopfdichtung bei luftgekühlten Motoren häufig zur Anwendung. Die Metalldichtung erfordert eine sehr starre Bauart von Kopf und Gehäuse und fein und eben bearbeitete Dichtflächen. Die

Dichtung selbst muß weicher sein als die Dichtflächen. In der Regel wird Kupfer, seltener Aluminium als Dichtungsmaterial verwendet.

Abb. 45 zeigt die Anordnung einer Massivdichtung bei einem wassergekühlten Motor. Die Wirkung besteht hier darin, daß die Dichtung in einem geschlossenen Dichtungsraum eingeschlossen und durch die Flächenpressung zum Fließen gebracht wird. Die Dichtung wirkt gewissermaßen als dichtende Flüssigkeitsfüllung des Dichtraumes und sperrt so sämtliche Undichtigkeitswege. Ein satter Sitz der zylindrischen Flächen ist hiebei notwendig. Die Abdichtung der Öl- und Wasserdurchtritte erfolgt in diesem Fall entweder durch eine in der Dicke genau abgestimmte Weichstoffdichtung, oder durch um jede Übertrittsöffnung eingelegte Gummiringe (O-Ringe).

Bei der Metallagendichtung wird durch Schichtung mehrerer dünner Bleche übereinander ein zusätzliches Federungsvermögen erreicht. Die Dichtung der Öl- und Wasserübertritte erfolgt auch hier durch eingelegte Gummiringe. Diese Art der Dichtung wird nur mehr selten verwendet.

Bei Ottomotoren englischer und amerikanischer Personenkraftwagen findet man vielfach die Metallsickendichtung. Diese besteht aus einem einzigen durchgehenden Blech, welches um alle abzudichtenden Kanten eingeprägte Sicken enthält (Abb. 46). Bei festgespanntem Zylinderkopf werden die Sicken zwischen den ebenen Dichtflächen flachgedrückt, wobei die örtliche plastische Verformung eine Linienabdichtung bewirkt. Zur Erzielung einer vollkommenen Abdichtung muß das Stahlblech noch mit Kupfer oder Aluminium plattiert und mit einem Dichtlack überzogen werden. Für Dieselmotoren ist die Metallsickendichtung ungeeignet.

In der Zahlentafel 7 sind Anhaltszahlen einer Reihe von Zylinderdichtungsmaterialien zusammengestellt, welche für die Dimensionierung der Zylinderkopfschrauben und Dichtflächen notwendig sind.

Schrifttum

Bischel, I.: Luftgekühlte MWM-Dieselmotoren. MWM-Nachrichten 1956, H. 1.

Boon, E. F., und H. H. Lok: Untersuchungen an Flanschen und Dichtungen. VDI 1958, Dezember, S. 1605.

Elonka, St.: Dichtungen. Konstruktion 1955, Juni, S. 238.

Fitzgeorge, D., und J. L. Allison: Air Swirl in a Road Vehicle Engine. The Institution of Mechanical Engineers, Paper ADP/463.

Giesen, K.: Legierter Grauguß als Werkstoff im Kraftfahrzeug. Druckschrift Climax Molybdän Ges. Zürich.

— Poppet Valves, Guides and Seats. Automobile Engineer 1954, September, S. 349; 1954, Oktober, S. 421.

Groth, K.: Temperaturprobleme bei Fahrzeugmotoren. Konstruktion 1957, S. 172, 230.

Irmler, Chr.: Wärmespannungen im Zylinderkopf. MTZ 1962, Oktober, S. 368. VDI Forschungsheft 495.

Mickel, E., und W. Stadelmann: Die Zylinderkopfdichtung am wassergekühlten Fahrzeugmotor. ATZ 1957, H. 9, 1958, H. 1.

Schmid, K.: Untersuchungen an Metall-Weichstoffdichtungen. Konstruktion 1954, April, S. 156.

Siebel, E.: Untersuchungen an Dichtungen für Rohrleitungen. Konstruktion 1955, April, S. 123.

Teucher, S.: Dünne Flachdichtungen für Fahrzeugmotoren. ATZ 1960, H. 12.

Trutnovsky, K.: Berührungsdichtungen an ruhenden und bewegten Maschinenteilen. Konstruktionsbücher, 17. Band. Berlin-Göttingen-Heidelberg: Springer-Verlag, 1958.

Vosskühler, H.: Untersuchungen an gegossenen Aluminium-Zylinderkopf-Legierungen. Aluminium 1952, April, S. 99.

Zimmer, G.: Stationäre Strömungsuntersuchungen an Einlaßkanalmodellen für Viertakt-Dieselmotoren. Kraftfahrzeugtechnik 1961, S. 228.

III. Kurbelgehäuse

1. Allgemeine Gestaltungsrichtlinien

Das Kurbelgehäuse ist der eigentliche Hauptteil des Motors, welcher alle anderen Baugruppen verbindet, bzw. in sich aufnimmt. Die die Gestaltung des Kurbelgehäuses hauptsächlich beeinflussende Aufgabe ist, den nötigen Kraftschluß zwischen den Zylinderköpfen, Zylinderbüchsen und den Kurbelwellenlagern herzustellen. Durch entsprechende Formsteifigkeit muß die Beibehaltung der exakten Lage der verschiedenen Aufnahmeflächen der Zylinderbüchsen und der Kurbelwellenlager zueinander für einen einwandfreien Lauf von Kolben und Kurbelwelle gewährleistet werden.

Bei Viertaktmotoren und gleichstromgespülten Zweitaktmotoren ist in der Regel die Lagerung der Nockenwelle, der Stößel und des Steuerungsantriebes ebenfalls im Kurbelgehäuse aufzunehmen. Bei Zweitaktmotoren sind zusätzlich die notwendigen Spüllufträume und die Kanäle für den Ladungswechsel unterzubringen.

Ferner dient im allgemeinen bei den raschlaufenden Motoren das Kurbelgehäuse als Träger für die notwendigen Hilfsmaschinen, wie Wasser- und Ölpumpen, Spül- und Ladegebläse, Einspritzpumpen und Zündverteiler und des verschiedenen Zubehörs wie Ölfilter, Brennstoffilter usw. Die entsprechenden Befestigungsflächen für die sinngemäße Anordnung dieser Teile sind am Kurbelgehäuse vorzusehen. Bei größeren Motoren für Boote und Lokomotiven werden aus Gründen der gegebenen Zugänglichkeit die Hilfsmaschinen und das Zubehör meistens an einem Motorende in einem sogenannten Apparateteil zusammengefaßt. Bei Motoren für Traktoren und Baumaschinen kommt noch hinzu, daß das Kurbelgehäuse vielfach auch als tragender Teil des Fahrgestelles herangezogen wird.

Der Aufbau des Kurbelgehäuses wird dann noch weiter von der Zylinderzahl, der Zylinderanordnung, von der Motorbauart, von der Art der Kühlung, vom Verwendungszweck und vom verwendeten Material beeinflußt. Dies wird an Hand von Beispielen ausgeführter Kurbelgehäuse von verschiedenen Motorenkonstruktionen im folgenden eingehend behandelt.

Die Vielseitigkeit der Aufgaben, welche das Kurbelgehäuse zu erfüllen hat, und die Vielfalt von zusammengesetzten Beanspruchungen machen eine besonders sorgfältige Durchkonstruktion und eingehende Überlegungen in jeder Hinsicht notwendig. Da das Kurbelgehäuse außerdem kosten- und gewichtsmäßig den Hauptanteil des gesamten Motors ausmacht, ist das Hauptaugenmerk bei der Konstruktion auf formgerechte Materialausnützung und auf billige und einfache Herstellung zu legen.

Ein Optimum an Steifigkeit bei einem Minimum an Materialaufwand kann bekanntlich durch ein großes Trägheitsmoment mit großer Bauhöhe erreicht werden. Aus diesem Grunde ist daher das Kurbelgehäuse und der Zylinderblock, wie bei den wassergekühlten Motoren heute allgemein üblich, aus einem Stück auszuführen und das Kurbelgehäuse auch unter die Kurbelwellenmitte herunterzuziehen. Infolge des Fehlens des mittragenden Zylinderblocks bei luftgekühlten Motoren muß man durch Anordnung von hohen Rippen und Hohlträgern, durch Verwendung der Tunnelbauart usw., die erforderliche Steifigkeit zu erreichen trachten.

Der Kräftefluß von den Zylinderkopfschrauben zu den Befestigungsschrauben der Lagerdeckel der Kurbelwelle hat möglichst direkt und ohne Unterbrechungen zu erfolgen. Jede zusätzliche Biegebeanspruchung erhöht die Deformation eines Teiles des Gehäuses. Bei keinem anderen Bauteil des Motors bewährt sich mehr als beim Kurbelgehäuse die Anwendung des Grundsatzes: „Die Kräfte gehören dort aufgenommen, wo sie auftreten."

Die Kurbelgehäuse, insbesondere bei mehrzylindrigen Ausführungen, erfordern in der Regel teure Modell- und Fabrikationseinrichtungen. Man muß daher gerade hier bestrebt sein, für verschiedene Verwendungszwecke eines Motors ein einheitliches Kurbelgehäuse zu entwerfen, ohne daß die Modell- und Fabrikationseinrichtungen davon berührt werden.

Der Entwurf des Motors muß so ausgelegt werden, daß alle Hilfsmaschinen und Zubehörteile für die jeweiligen Verwendungen als getrennte, vormontierte Baugruppen am Kurbelgehäuse befestigt werden können. Es ist auch zweckmäßig, die Anschlußflanschen für Getriebe (Schwungradgehäuse) und das Gehäuse für den Steuerungsantrieb und für sonstige Hilfsmaschinenantriebe vom Kurbelgehäuse getrennt auszuführen. Dadurch wird neben der Erweiterung der Variationsmöglichkeit der Anwendung des Motors auch das Kurbelgehäuse selbst als Gußstück und in der Bearbeitung vereinfacht. Auch Änderungen infolge Weiterentwicklung werden dadurch erleichtert.

Alle Schrauben- und Ölbohrungen an den einzelnen Kurbelgehäuseseiten sollen möglichst nur eine Richtung haben, um die Verwendung von Mehrspindelbohrköpfen zu ermöglichen.

Ferner soll für durchlaufende Fräs- oder Außenräumoperationen angestrebt werden, die Befestigungsflächen an den Seiten des Kurbelgehäuses auf gemeinsame Bearbeitungsebenen zu bringen.

a) Dimensionierung des Kurbelgehäuses und der Kurbelwellenlagerung

Nachdem die Zylinderzahl und die Zylinderanordnung nach Abschnitt B. III., S. 9, festgelegt und das Triebwerk nach Bd. 10 und im wesentlichen Zylinderbüchse und Zylinderkopf nach den Abschnitten C. I., S. 18 und C. II., S. 37, entworfen sind und damit auch die Zylinderabstände festliegen, kann nunmehr unter Befolgung der oben angegebenen allgemeinen Richtlinien an die konstruktive Auslegung des Kurbelgehäuses geschritten werden. Am besten beginnt man mit der Durchbildung des Ausschnittes einer Zylindereinheit (Abb. 45). Zuerst wird die Einhüllende um sämtliche Pleuelstangenstellungen, die sogenannte Geige, gezeichnet und der Gegengewichtskreis gezogen. Dadurch erhält man den freien Raum, den das Triebwerk benötigt. Gehäusewände und Rippen müssen davon je nach Motorgröße und erreichbarer Gußgenauigkeit 5 bis 15 mm Abstand haben. Die Höhe des Kurbelgehäuses bzw. die Auflagefläche der Zylinderköpfe ist bei wassergekühlten Motoren durch das Triebwerk schon gegeben.

Bei luftgekühlten Motoren ergibt sich die Höhe des Kurbelgehäuses über Kurbelwellenmitte aus der Lage des Abstützflansches der Zylinderbüchse (Abschnitt C. I. 4., S. 31).

Bei wassergekühlten Motoren legt man nun je nach der Zylinderbüchsenkonstruktion den Kühlwasserraum fest (Abschnitte C. I. 2., S. 19, C. II. 2., S. 38).

Wie bei jeder anderen Konstruktionsarbeit muß sich der Konstrukteur zuerst über die Größe und Art und Aufnahme der auftretenden Kräfte klar sein. Daher kommt als nächstes die Führung und Dimensionierung der notwendigen Querschnitte der Zugbänder in den Gehäusewänden zur Übertragung der Verbrennungskräfte von den Zylinderkopfschrauben zu den Schrauben der Lagerdeckel. Die Lage und Größe der Zylinderkopfschrauben ist im wesentlichen aus dem Zylinderkopfentwurf schon gegeben.

Die Lagerdeckelschrauben werden nach Abschnitt C. XII., S. 190, dimensioniert. Um das Biegemoment und die Deformation des Lagerdeckels möglichst gering zu halten, sind die Gewindebohrungen der Lagerschrauben im Gehäuse nahe an die Lagerschalengrundbohrung zu setzen. Man kann mit dem Außendurchmesser der Schraube bis 2 bis 3 mm an die Aufnahmebohrung der Lagerschalen herangehen. Das Gewinde der Lagerschrauben im Gehäuse läßt man 15 bis 25 mm unter der Teilfläche beginnen, um für eine gleichmäßige Spannungsverteilung eine genügende Werkstoffstärke zwischen Gewinde und Lagerbohrung zu erreichen. Es ist nun zu prüfen, ob die Schraubenmittel der Zylinderkopfschrauben und der Lagerbügelschrauben nahezu senkrecht übereinander zu liegen kommen, wie dies der Querschnitt nach Abb. 47 zeigt. Ist dies nicht der Fall, so wären gegebenenfalls die Schraubenmittel im Zylinderkopf und in der Lagerwand zueinander zu verschieben.

Die Wände des Kühlwassermantels sollen so gelegt werden, daß diese durch die Mittel der Zylinderkopfschrauben gehen. Man erhält dadurch nach Schnitt *A-B* wellenförmig verlaufende Außenwände. Dadurch werden die Zylinderbüchsen gleichmäßig abgestützt und gleichzeitig wird die Schwingungssteifigkeit dieses Gehäuseteiles und damit auch die Schalldämmung erhöht.

Zwischen den Zylindern in Lagermitte muß bei nassen Büchsen jeweils eine Querwand gezogen werden, welche zur Unterstützung der Zylinderbüchsenauflage notwendig ist. Etwaige Verbindungsöffnungen zwischen den Wasserräumen benachbarter Zylinder sollen möglichst niedrig sein, um die erforderliche verzugfreie Auflage der Zylinderbüchsen nicht zu vermindern. Der durch die Verbindungsöffnung entstehende Träger (Abb. 47) ist auf Biegung durch den Dichtungsdruck der bis auf die Streckgrenze angezogenen Zylinderkopfschrauben beansprucht. Für die Vergleichsrechnung nimmt man an, daß der Träger von jeder Zylinderseite aus etwa ein Viertel der auf den Zylinder entfallenden Schraubenkräfte aufzunehmen hat.

Für bewährte Konstruktionen liegen für Grauguß GG26 die Vergleichswerte der Biegespannung für die Annahme eines frei aufliegenden Trägers bei 2500 bis 2800 kg/cm² und für den beiderseitig eingespannten Träger zwischen 1800 und 1900 kg/cm². Bei Leichtmetallgehäusen empfiehlt es sich, die Querwand über die ganze Höhe des Wasserraumes durchzuziehen.

Die Schraubenbutzen sollen mit großen, weichen Abrundungen in die Wände einfließen. Die Mindestwandstärke der Schraubenbutzen für die Zylinderkopfschrauben, Lagerbügelschrauben und auch anderer stärker beanspruchter Schrauben soll für Grauguß und Leichtmetall 6 bis 7 mm keinesfalls unterschreiten, um eine gewisse Sicherheit gegen Gußversetzungen zu haben. Zweckmäßig und sicher ist, wenn man

$$d_p = 1{,}7 \text{ bis } 2\, d_s$$

macht,

d_p = Außendurchmesser der Schraubenbutzen,
d_s = Gewindedurchmesser,

wobei die obere Grenze für Leichtmetall gilt.

Unterhalb des Kühlwasserraumes werden in den Lagerwänden die Zugbänder zu den Butzen der Befestigungsschrauben der Lagerdeckel fortgesetzt. Dazu dient ein vom Boden des Kühlwasserraumes zum Kurbelwellenlager führendes Zugstück mit I-förmigem Querschnitt, welches direkt in den Butzen der Lagerdeckelschrauben einfließt (Schnitt *E-F*). Die Höhe des I-Querschnittes ist im allgemeinen gleich dem Schraubenbutzendurchmesser bzw. etwas schmäler als die Lagerstuhlbreite.

Die Rippen sollen mit großen Abrundungen und konischen Übergängen in die Lagerwand einfließen. Die Dicke der Lagerwände macht man bei Kurbelgehäusen für Dieselmotoren bei Verwendung von Gußeisen meistens 1 bis 2 mm stärker als die Außenwände. In der Regel werden durchschnittlich folgende Wandstärken bei Dieselmotoren in Grauguß ausgeführt:

D_{Zyl}	s_a	s_L
80—100	4—5 mm	5—6 mm
100—130	5—6 mm	7—8 mm
130—150	6—7 mm	8—10 mm

s_a = Stärke von Kühlmantel und Außenwänden
s_L = Stärke der Lagerwand.

Bei Leichtmetall werden die Lagerwände im allgemeinen um 2 mm stärker als obige Werte ausgeführt. Die Rippenstärke der Zugrippen macht man gleich der Stärke der Lagerwand. Die Breite des Zugbandes, welches man als tragend für die Kraftführung in den Wänden für die Rechnung annehmen kann, beträgt bei Grauguß etwa das vierfache und bei Leichtmetall das dreifache des Schraubendurchmessers.

Unter dieser Annahme soll die Zugbeanspruchung im Zugband unter Einfluß der maximalen Verbrennungskraft bei

Grauguß 250 bis 300 kg/cm² und bei
Leichtmetall 200 bis 240 kg/cm²

nicht überschreiten.

Bei luftgekühlten Motoren beschränkt sich die Ausbildung des Zugbandes nur auf die Lagerwand, da die Gewindebutzen der Zylinderkopfschrauben direkt neben den Lagerwänden zu liegen kommen. Die Kraftleitung bei V-Motoren wird an Hand eines Kurbelgehäusebeispieles erklärt (Abb. 59).

Durchgehende, gesonderte Zuganker zwischen Zylinderkopf und Lagerbügel sind bei raschlaufenden Motoren zu aufwendig und infolge der gedrängten Bauverhältnisse kaum unterzubringen und in der Regel nicht notwendig.

Nun folgt in der Entwurfsarbeit die Durchbildung der Aufnahme der Kurbelwelle im Kurbelgehäuse. Bei den raschlaufenden Motoren wird im allgemeinen die gleitgelagerte Kurbelwelle und deren Unterstützung mittels hängender Lagerbügel im Kurbelgehäuse vorgezogen. Bei Einzylindermotoren und auch bei zweifach gelagerten Zweizylinderausführungen kommen häufig auch wälzgelagerte Wellen zur Anwendung. Otto-Zweitaktmotoren werden ausschließlich wälzgelagert.

Bei Mehrzylinder-Dieselmotoren ist die wälzgelagerte Kurbelwelle nur auf wenige Firmen beschränkt (Maybach, Tatra). Manche Firmen ziehen insbesondere für Traktorenmotoren auch für die mehrzylindrigen Ausführungen die Konstruktion von Tunnelgehäusen vor. In diesem Fall werden geteilte Lagerscheiben an den Kurbelwellenhauptlagern befestigt und diese gemeinsam mit der Kurbelwelle in das Kurbelgehäuse eingeschoben. Im folgenden wird nur die gebräuchliche Ausführung des geteilten Lagerbügels und dessen Befestigung im Kurbelgehäuse näher behandelt.

Die Wälzlagerung von Kurbelwellen ist aus den Abb. 238, 264, die Ausführung mit geteilten Lagerscheiben für Tunnelgehäuse aus den Abb. 203, 229, 230, 243 zu ersehen.

Der Lagerdeckel (Abb. 48) ist durch die Verbrennungsdrücke und Massenkräfte in verschiedenen Richtungen wechselnd beansprucht. Hinzu kommen noch Vorspannungen, welche von der Preßpassung der Lagerschalen in der Grundbohrung und von den vorgespannten Lagerschrauben herrühren. Unter Einfluß dieser Kräfte und Spannungen soll die Deformation der Lagerbügel möglichst gering sein, damit die Kurbelwelle keine zusätzlichen Biegespannungen erhält und auch die exakte zylindrische Form der Lagerbohrung selbst unter allen Betriebsbedingungen möglichst beibehalten bleibt. Der Querschnitt in Lagermitte bestimmt sich nach Vergleichswerten ausgeführter Motoren nach folgender Berechnung

$$4 \cdot M_B = \frac{P_z}{2}\left(\frac{l}{2} - \frac{a}{4}\right) = W_B \cdot \sigma_B$$

P_z = maximale Verbrennungskraft
l = Entfernung der Lagerschraube
a = Lagerbohrung
σ_B = zulässige Biegebeanspruchung für Grauguß 900 bis 1200 kg/cm²
zulässige Biegebeanspruchung für Leichtmetall 600 bis 750 kg/cm²

Der Querschnitt wird am besten T-förmig ausgebildet.

Die Breite des Lagerbügels ergibt sich aus dem Abstand von den Kurbelwellenwangen, welcher 4 bis 6 mm nicht unterschreiten sollte. Da bei raschlaufenden Motoren jetzt fast ausschließlich fertig einlegbare Lagerschalen verwendet werden, welche keine Bearbeitung der Lagerbohrung im eingespannten Zustand im Kurbelgehäuse benötigen, ist geringe Deformation des Lagerbügels und der Nabe in der Lagerwand des Kurbelgehäuses von besonderer Wichtigkeit. Zur Erfüllung dieser Forderung muß die Nabe am Bügel und Gehäuse eine gewisse Mindeststärke aufweisen, und zwar

S_N = 0,1 bis 0,15 d_g bei Grauguß
S_N = 0,2 bis 0,25 d_g bei Leichtmetall

S_N = Nabenstärke
d_g = Lageraufnahmebohrung im Gehäuse

Es ist zweckmäßig, in Zusammenarbeit mit der Herstellerfirma der Lagerschalen an einem Prototyp-Kurbelgehäuse die Rundheit und den einwandfreien Sitz der eingebauten Fertiglagerschalen zu überprüfen.

Die Wandstärke der Schraubenpfeifen am Lagerbügel soll 5 mm nicht unterschreiten. Der Querschnitt der Schraubenpfeife ist auf Druckbeanspruchung durch die auf Streckgrenze angezogenen Lagerschrauben nachzurechnen. Die Druckbeanspruchung bei Grauguß soll 2000 bis 2200 kg/cm² und bei Leichtmetall 1400 bis 1600 kg/cm² nicht überschreiten. Die Flächenpressung der Sitzfläche des Lagerbügels am Gehäuse liegt nach ausgeführten Motoren bei Grauguß zwischen 1500 und 1900 kg/cm² und bei Leichtmetall zwischen 1000 und 1400 kg/cm².

Im allgemeinen reichen Grauguß G 22 bis G 26 und vergütete Al-Gußlegierungen als Material für die Lagerbügel aus. Bei aufgeladenen Motoren mit hohen Spitzendrücken, insbesondere wenn bereits vorhandene Modelle nachträglich aufgeladen werden sollen, kann man Sphäroguß, Stahl und Al-Schmiedelegierungen für die Lagerbügel verwenden.

Von Wichtigkeit für die genaue Lagerung der Kurbelwelle ist auch die einwandfreie Lagesicherung des Lagerbügels.

Der seitliche Einpaß im Gehäuse ist sehr gebräuchlich und ergibt eine verläßliche Lagesicherung. Bei Grauguß genügt eine Einpaßhöhe von 10 bis 15 mm, bei Leichtmetall von 15 bis 30 mm. Die Einpaßtoleranz ist bei Grauguß H 7, k 6, bei Leichtmetallgehäusen H 7, m 6. Um beim Einführen der Lagerbügel in Leichtmetallgehäusen den strengen Einpaß nicht zu beschädigen, ist es notwendig, das Gehäuse bei der Montage mit einer Vorrichtung etwas aufzuspannen. Zwischen der Teilfläche und der Einpaßfläche soll ein Übergangsradius von 3 bis 6 mm vorgesehen werden. Die Lagerbügel müssen auch in Kurbelwellenachsrichtung lagegesichert werden. Bei den gebräuchlichen bundlosen Lagerschalen braucht diese Lagesicherung nicht so genau sein. Im allgemeinen genügt eine lockere Zentrierung an einem Paßbund einer Lagerschraube oder eine sorgfältige Montage mit Hilfe einer Montagevorrichtung.

Beim Führungslager der Kurbelwelle muß — wenn an beiden Lagerhälften Anlaufflächen vorgesehen sind — eine genaue Lagesicherung durch Paßhülsen, Paßstifte oder durch einen Paßbund an einer Lagerbügelschraube vorgenommen werden.

In vielen Fällen genügt aber für die Kurbelwelle nur der seitliche Anlauf auf einer Halbschale, welche zweckmäßig auf der Lagerbügelseite eingelegt wird. Dadurch entfällt die Notwendigkeit einer exakten Längssicherung des Lagerbügels. Die fallweise noch verwendete Lagesicherung des Lagerbügels durch die über die um 3 bis 4 mm außermittig versetzte Teilfläche vorstehende Lagerschale Abb. 231, 233 kann bei den jetzt allgemein gebräuchlichen, dünnen Bandlagerschalen mit ausgepreßten Nasen nicht vorgesehen werden. Auch bei Leichtmetallgehäusen ist diese Art nicht anzuraten.

Bei den raschlaufenden Motoren hat sich die Verdreh- und Lagesicherung der Lagerschalen durch ausgepreßte Nasen allgemein durchgesetzt. Von Lagerschalenfirmen empfohlene Nasen und Schlitzbreiten an den Schalen und im Gehäuse und Lagerdeckel gibt Zahlentafel 8.

In der weiteren Gestaltung des Lagerbügels zieht man den oberen Steg bogenförmig zu den Schraubenbutzen. Je nach den Platzverhältnissen können die Schraubenauflagen tiefer oder auf gleicher Höhe wie der Biegungsquerschnitt in Lagermitte gelegt werden. Letztere bzw. die dargestellte Ausführung bietet eine einwandfreie Schraubenauflage und eine einfache Bearbeitung.

Die Konstruktion der Lagerbügel und des anschließenden Gehäuseteils für V-Motoren muß unter eingehender Berücksichtigung des auftretenden Kräfteverlaufes erfolgen.

Für die Dimensionierung des Lagerbügels und für den Entscheid der zu wählenden Verbindung mit dem Kurbelgehäuse ist es notwendig, zuerst die Polardiagramme der Lagerbelastungen (Bd. 8/2 :„Die Dynamik der Verbrennungskraftmaschine“) der einzelnen Hauptlager aufzuzeichnen. Aus diesen sind für die Dimensionierung des Lagerbügels und der Schrauben die größten Vertikal- und Horizontalkomponenten auszusuchen. Die Lagerschrauben müssen in der Teilfläche unter den auftretenden größten Horizontalkomponenten einen vollkommenen Reibungsschluß mit mindestens doppelter Sicherheit gewährleisten. Der Reibungsschluß wird bei einem 60° V-Winkel bei Anordnung von zwei Lagerbügelschrauben in der Regel auch bei Dieselmotoren noch erreicht und es können daher die Lagerbügel ähnlich der Reihenmotorenausführung gestaltet werden. Auch bei 90° V-Ottomotoren reichen zwei Lagerschrauben im allgemeinen noch aus. Bei Dieselmotoren mit 90° V-Winkel können die notwendigen Reibungskräfte mit zwei Lagerschrauben nicht mehr aufgenommen werden. Es müssen entweder vier Schrauben angeordnet, oder es muß eine Spannungsverbindung zwischen Lagerbügel und Kurbelgehäuse hergestellt werden. Die zweckmäßigste Verbindung dieser Art stellt Abb. 49 dar, bei welcher Lagerbügel und Kurbelgehäuse durch Querschrauben verspannt werden. Wie ersichtlich, ergibt diese Art eine dem Tunnelgehäuse ähnliche Bauform, da auch die tiefgezogenen seitlichen Lappen des Kurbelgehäuses zum Tragen eindeutig herangezogen werden. Bei Lagerbügeln aus Leichtmetall müssen im Lagerbügel Gewindebüchsen oder Helicoil-Gewindeeinsätze vorgesehen werden.

Bei größeren Motoren mit breiten Lagern, wo auch zwei Schrauben nebeneinander je Lagerbügelseite unterzubringen sind, können zwischen den Schrauben durch Lagerbügel und Gehäuse durchgehende Querschrauben verwendet werden.

Der Dehnschaftquerschnitt der Querschraube soll etwa 0,8 des Dehnschaftquerschnittes einer Lagerschraube betragen. Die Querschrauben müssen bei jeder Montage auf das ihrem Querschnitt entsprechende Anziehdrehmoment gleichmäßig angezogen werden. Der seitliche Einpaß des Lagerbügels im Gehäuse ist bei Grauguß in den Toleranzgrenzen H6/m6, bei Leichtmetall H6/n6 auszuführen. Bei der Bearbeitung ist darauf zu achten, daß die seitlichen Paßflächen genau parallel und senkrecht zur Teilfläche sind.

Zum Einführen der Lagerbügel ins Gehäuse ist dieses durch eine Vorrichtung vorher aufzuspannen.

Die Paßflächen können in der Mitte unterbrochen werden. Um eine gute Abstützung des Bügels zu gewährleisten, sollen die seitlichen Paßflächen am Bügel und Gehäuse bis zu den Schraubenauflagen hochgezogen werden. Die Gewinde oder die Bohrung für die Querschrauben sollen nicht zu knapp unter der Schraubenauflage zu liegen kommen.

Das Verzahnen der Lagerteilfläche zur Aufnahme der Horizontalkomponenten ist wegen Neigung zur Rißbildung in den Lagerwänden auch für Graugußgehäuse nicht zu empfehlen, keinesfalls darf eine solche Art der Lagerbügelbefestigung bei Leichtmetallgehäusen verwendet werden.

Den Abstand des unteren Kurbelgehäuseflansches von Kurbelwellenmitte macht man in der Regel um geringes tiefer als die Lagerbügelschrauben bzw. die Pleuelgeige. Das gibt bei wassergekühlten Motoren passende Proportionen des Kurbelgehäuses.

Bei luftgekühlten Motoren ist es zweckmäßig, den Ölwannenflansch noch etwas tiefer unter der Kurbelwellenmitte als bei wassergekühlten Motoren anzuordnen, um die geringe Bauhöhe oberhalb der Mitte etwas auszugleichen. Die innere Weite des Ölwannenflansches wird etwa 10 bis 15 mm breiter gemacht als der Gegengewichtskreis. Kräftige und breite Flansche erhöhen die erstrebte Steifigkeit des Kurbelgehäuses.

Wie bereits in früheren Abschnitten erwähnt, muß der Konstrukteur auf der Detailzeichnung außer den Passungen noch alle jene zusätzlichen Genauigkeits- und Kontrollvorschriften anführen, welche nicht so ohne weiters aus der Zeichnung hervorgehen und auf die es gerade für die gedachte Funktion bei den gegebenen Belastungen und Drehzahlen besonders ankommt. Es mag zwar selbstverständlich erscheinen, daß die Hauptlagerbohrungen rund sein müssen und in einer Flucht liegen sollen, und daß die Zylinderbohrungen senkrecht zur Kurbelwellenachse stehen müssen. Aber auch die Werkzeugmaschinen, Spannvorrichtungen, Werkzeugabnutzung und deren Deformation usw. ergeben Abweichungen, welche sich auf das Werkstück übertragen. Es muß nun vom

Konstrukteur ein Kompromiß zwischen den Forderungen des einwandfreien Motorbetriebes und den noch wirtschaftlichen Bearbeitungsmethoden gesucht werden. Je höher jedoch die Anforderungen an die Motoren hinsichtlich Drehzahlen, thermischer Belastung und Lebensdauer gestellt werden, desto enger fallen die erforderlichen Toleranzen aus und desto genauer müssen die Bearbeitungsmethoden gewählt werden. Die Wichtigkeit der einwandfreien, exakten Bearbeitung des Kurbelgehäuses und des Triebwerkes kann nicht genug hervorgehoben und übertrieben werden, wenn hohe Laufzeiten der Motoren erwartet werden sollen.

Zur Gewährleistung der Maßhaltigkeit ist es unerläßlich, die Gehäuse vor Bearbeitung einem Glühvorgang zum Ausgleich der Gußspannungen zu unterziehen, da bei den meisten heutigen Produktionen kaum ausreichende Lagerzeiten der Kurbelgehäuse zwischen Gießerei und mechanischer Bearbeitung vorkommen.

Nachstehend einige Erfahrungswerte von Toleranzen ausgeführter raschlaufender Motoren.

Die Aufnahmebohrung für die Lagerschalen im Kurbelgehäuse muß, um eine satte Anlage der Lagerschalen zu gewährleisten, einen Mittenrauhwert *Ra* 1,6 μ oder 63 microinch RMS aufweisen. Diese Oberflächenrauhigkeit gibt einen noch genügenden Lagerschalenkontakt und ist durch Feinbohren noch ohne weiters zu erreichen. Bei einigen neueren amerikanischen Fahrzeugdieselmotoren werden die Lagerbohrungen im Kurbelgehäuse gemeinsam durchgehont, um genaueste Fluchtung, Rundheit und guten Lagerschalenkontakt zu erreichen.

Der Durchmesser der Aufnahmebohrung für die Lagerschalen soll innerhalb einer Toleranz von $0 + 0{,}02$ mm hergestellt werden, die Konizität der Bohrung 0,005 mm bis 25 mm Lagerlänge und 0,01 mm bis 50 mm Lagerlänge nicht überschreiten.

Eine Unrundheit der Bohrung von maximal 0,02 mm ist noch zulässig, wenn der horizontale Durchmesser größer als der vertikale ist.

Die maximale Abweichung von der genauen Fluchtung aller Hauptlagerdurchmesser, mit der üblichen Kontrollstange geprüft, darf bis 100 mm Lagerdurchmesser 0,01 mm unter dem kleinsten Durchmesser der Hauptlagerbohrung,

bei 100 bis 150 mm 0,015 mm unter dem kleinsten Durchmesser der Hauptlagerbohrung,

bei 150 mm und darüber 0,02 mm bis 0,04 mm unter dem kleinsten Durchmesser der Hauptlagerbohrung betragen.

Das Anziehdrehmoment der Lagerschrauben muß auf den Detailzeichnungen des Kurbelgehäuses angegeben werden. Es ist zweckmäßig, die Lagerschrauben zwischen den Schrupp- und Feinbohroperationen zu lösen und wieder auf das gleiche Drehmoment anzuziehen, um die Bearbeitungsspannungen auszugleichen.

Die Zylinderbohrungen müssen senkrecht auf die Lagerbohrung stehen. Die maximal zulässige Abweichung der Zylinderlaufbahn von der senkrechten auf die Lagerbohrung soll 0,02 mm auf 100 mm Laufbahnlänge nicht überschreiten.

In der Regel wird für Kurbelgehäuse als Baustoff Gußeisen verwendet, wobei für die meisten Motorbauarten die DIN-Qualitäten GG 22 und GG 26 ausreichen. Amerikanische Dieselmotoren verwenden vielfach Gußeisenlegierungen, deren gebräuchlichste Zusammensetzungen in Zahlentafel 9 zusammengestellt sind.

Geschweißte Kurbelgehäuse konnten bei raschlaufenden Motoren nicht Fuß fassen, da die Herstellung gegossener Gehäuse für die in Frage kommenden Größen noch wesentlich billiger kommt und die erzielbare Gewichtsersparnis noch nicht spürbar ist.

Die zunehmende Tendenz der Verwendung von Aluminiumlegierungen für Kurbelgehäuse und sonstige Motorteile infolge der Entwicklung im LKW- und PKW-Bau in Richtung weiterer Verminderung der Eigengewichte, lassen es zweckdienlich erscheinen, den Aufbau von Kurbelgehäusen in einem eigenen Abschnitt zu behandeln.

b) Richtlinien für die Konstruktion von Kurbelgehäusen und anderen Motorteilen in Leichtmetall

Es ist schon eine Vielzahl ausgeführter Motorenkonstruktionen sowohl für Otto- als auch Dieselmotoren mit Kurbelgehäusen und anderen größeren Motorteilen aus Leichtmetall auf dem Markt. Sie werden hauptsächlich dort eingesetzt, wo auch der Verwendungszweck ein geringes Motorgewicht erfordert.

Eine weitgehendere Verwendung von Leichtmetall bei PKW- und LKW-Motoren war bisher mehr aus Preisgründen beschränkt, da die Kurbelgehäuse und anderen Teile aus Grauguß billiger hergestellt werden konnten als Aluminiumteile aus Sandguß. Doch zeigen die neueren Entwicklungstendenzen, daß in Leichtmetall gegossene Kurbelgehäuse preismäßig sehr wohl mit den bisher üblichen Graugußgehäusen konkurrieren können, wenn alle Eigenschaften und Vorteile, welche das Aluminium mit sich bringt, voll ausgenützt werden. Das einzelne Gußstück in Aluminium, für sich betrachtet, wird insbesondere bei Sandguß teurer sein als das gleiche Gußstück in Gußeisen, weil die Gewichtsersparnis durch die derzeit im Verhältnis höheren Aluminium-Preise aufgehoben wird. Grundsätzlich dürfte ein Leichtmetallteil entsprechend den spezifischen Gewichten nur 2,6mal teurer sein als in Gußeisen, ohne die Kosten pro Stück zu erhöhen. Derzeit liegt jedoch der Kilopreis von Leichtmetallsandguß noch um 3- bis 4mal höher als Grauguß. Bei Kurbelgehäusen mit hohen Beanspruchungen wie bei Dieselmotoren entspricht die Gewichtsersparnis infolge der an den kraftleitenden Stellen notwendigen größeren Materialstärken nicht ganz dem Verhältnis der spezifischen Gewichte, sondern liegt noch etwas ungünstiger. Bei Kurbelgehäusen für Ottomotoren und Kleinmotoren und vielen anderen Motorteilen können dagegen die Wandstärken bei Leichtmetall infolge der besseren Gießbarkeit meistens wesentlich geringer gehalten werden als in Graugußausführung. Die anfänglich verhältnismäßig höheren Kosten von Leichtmetallgußstücken können jedoch durch geringere Frachtkosten, weiters durch verminderte Anarbeitskosten infolge Anwendung höherer Arbeitsgeschwindigkeiten im Fertigprodukt noch wesentlich reduziert werden. Die Anarbeitsmaschinen für Aluminiumteile können leichter gebaut sein und erreichen durch die höheren Schnittgeschwindigkeiten einen höheren Ausstoß. Durch das kleinere Gewicht der Leichtmetallteile werden auch der innerbetriebliche Transport und die Bewegung von Maschine zu Maschine und die Spannzeiten verkürzt und verbilligt. Es kann daher im allgemeinen der Kapitalaufwand für die Einrichtung für Leichtmetallteile niedriger sein. Von großer Bedeutung ist jedoch die Tatsache, daß Aluminium ein Endprodukt von geringstem Gewicht ermöglicht, welches der heutigen Entwicklungsrichtung und den künftigen Markterfordernissen entspricht.

Das kleinere Motorgewicht des Leichtmetallmotors erleichtert die Gewichtsverteilungsprobleme bei LKW's und PKW's. Auch die Wirtschaftlichkeit von Fahrzeugen mit niedrigerem Eigengewicht wird durch einen höheren Nutzlastfaktor oder eine Senkung des Brennstoffverbrauches verbessert.

Die endgültige Zusammenfassung aller Kosten und Eigenschaften ergibt, daß die Verwendung von Al-Legierungen für Teile von raschlaufenden Motoren wirtschaftlich und vorteilhaft ist. Die volle Verwirklichung aller Vorteile dieses vielseitig verwendbaren Materials erfordert jedoch eine entsprechende Anpassung im Entwurf der Einzelteile und zum Teil auch des Gesamtaufbaues an die mechanischen Eigenschaften und wirtschaftliche Guß- und Bearbeitungsmethoden der Leichtmetallegierungen.

Das Kurbelgehäuse insbesondere für wassergekühlte, mehrzylindrige Motoren ist als Gußstück gesehen der am schwersten herzustellende Teil, welcher bei üblichem Aufbau für rationelle Gußmethoden für Leichtmetall nicht von vornherein geeignet ist.

Im allgemeinen kann der Aufbau des Motors und des Kurbelgehäuses bei Abguß in einer Sandform ähnlich wie für Gußeisen ausgeführt werden; es sind nur die mechanischen Eigenschaften des Aluminiums, sowie einige besondere Details, wie im nachstehenden noch angegeben, zu berücksichtigen. Bei kleineren Stückzahlen, insbesondere bei größeren

Kurbelgehäusen und komplizierten Gußstücken von Dieselmotoren, ist Leichtmetallsandguß immer anwendbar. Die Verwendung einer Außenkokille in Verbindung mit Sand- oder Kunstharzkernen für die Wasserräume von Kurbelgehäusen erfordert im allgemeinen schon größere Stückzahlen und eine entsprechende Berücksichtigung beim Entwurf und in der Detailausführung. Insbesondere sind dann Hinterschnitte bei der Außenform des Gehäuses zu vermeiden.

Diese Gußmethode ist schon sehr wirtschaftlich und wird für Kurbelgehäuse für Otto- und Fahrzeugdieselmotoren häufig verwendet. Der übliche Aufbau eines Kurbelgehäuses kann in der Regel auch bei Kokillenguß beibehalten werden.

Druckguß erfordert schon sehr kostspielige Einrichtungen und ist infolgedessen nur für sehr große Stückzahlen anwendbar und wurde bis jetzt nur bei verhältnismäßig kleinen Stückgewichten von 10 kg bis 15 kg für Kurbelgehäuse verwendet. Luftgekühlte Ottomotoren verwendeten schon vielfach in Druckguß hergestellte Kurbelgehäuse, da sie infolge Fehlens von Hohlräumen für die Wasserführungen für Druckguß von vornherein besser geeignet sind.

Die Kurbelgehäuse für wassergekühlte Motoren müssen in ihrem Aufbau zum Teil grundsätzlich geändert und entwickelt werden, um für die Herstellung in Druckguß in Betracht zu kommen.

Die Entwicklung von Druckgehäusen für Ottomotoren größerer Leistung mit Wasserkühlung wurde insbesondere in USA in den letzten Jahren mit großer Intensität und Aufwand vorangetrieben. Einige der neuesten Modelle der Compactwagen sind mit Motoren mit Druckgußgehäusen ausgerüstet.

Bei der Konstruktion und Dimensionierung von Kurbelgehäusen in Leichtmetall, insbesondere für die höheren Beanspruchungen bei Dieselmotoren, sind nun infolge der besonderen Eigenschaften des Materials folgende Gesichtspunkte zu berücksichtigen. Als Werkstoff für Kurbelgehäuse für Dieselmotoren kommen nur vergütete Al-Legierungen der Qualitäten G-Al Si 10 Mg DIN 1725 (Silumin Gamma) in Frage.

Die notwendigen Festigkeitseigenschaften sind mittels aus Gußstücken herausgeschnittenen Probestäben zu prüfen, wobei insbesondere auf eine genügende Bruchdehnung großer Wert zu legen ist. Der gegenüber Gußeisen (1,200000 kg/cm^2) niedrigere Elastizitätsmodul von Leichtmetall (700000 kg/cm^2) erfordert, um die Deformationen in gleichen Grenzen zu halten, die Anordnung größerer Trägheitsmomente und Zugquerschnitte bei beanspruchten Gehäuseteilen. Zur Kraftführung können nur schmale Gehäuseausschnitte als tragend angenommen und herangezogen werden, daher ist die Regel einer geraden, direkten Leitung von Kräften, wie z. B. zwischen den Zylinderkopfschrauben und Lagerbügelschrauben, beim Entwurf besonders streng zu beachten.

Die Butzen der Bolzen sind in tragenden Wänden anzuordnen. Der Übergang der Butzen in die Wände soll weich und allmählich mit großen Radien erfolgen, Abb. 50. Die für die Dimensionierung von Gehäuseteilen für Leichtmetall zulässigen Festigkeitswerte wurden im Abschnitt C. III. 1. a, S. 61, schon angegeben.

Grundsätzlich sollen nur Stiftschrauben mit Normalgewinde für größere Kräfte übertragende Schrauben verwendet werden. Die tragende Gewindelänge für die Zylinderkopf- und Lagerschrauben soll das dreifache des Gewindedurchmessers betragen.

Für die Kraftübertragung und auch vom Gießereistandpunkt sind breite und flache Rippen mit weichen Übergängen zu den Wänden von Vorteil. Abb. 51 zeigt die zweckmäßige Ausbildung von Rippen und Wandübergängen für Leichtmetallkonstruktionen.

Werkstoffanhäufungen sind, wie bei allen Gußteilen, grundsätzlich zu vermeiden. Wo diese jedoch schwer zu umgehen sind, wie z. B. bei den Zylinderbüchsenauflagen und in den Lagerwänden, sind bei Sandguß in die Form an diesen Stellen sogenannte Kühleisen einzulegen. Es kann dadurch eine Lunkerbildung weitgehend vermieden und auch eine erhöhte Festigkeit erreicht werden. Da der Konstrukteur am besten übersehen kann, wo besondere Materialeigenschaften erforderlich sind, ist es zweckmäßig, der Gießerei in der Detailzeichnung anzugeben, wo gegebenenfalls Kühleisen von vornherein vorzusehen sind.

Der starren Unterstützung der Auflage der Zylinderbüchsen ist bei Leichtmetall besondere Aufmerksamkeit zu widmen, um Deformationen der Zylinderlaufbahn zu vermeiden. Die Wände zwischen benachbarten Zylindern sind bei Leichtmetallgehäusen über die ganze Wasserraumhöhe zu führen. Um die nötige Festigkeit und Gesamtsteifigkeit des Kurbelgehäuses zu erreichen und die erforderliche biegungssteife Unterstützung der Kurbelwelle und die Haltbarkeit der Lagerwände selbst zu gewährleisten, ist bei Dieselmotoren das Kurbelgehäuse unbedingt entsprechend tief unter die Kurbelwellenmitte herunterzuziehen. Breite und starke Ölwannenflanschen, gewölbte und zweckmäßig verrippte Kurbelraumwände erhöhen die Festigkeit und die Steifigkeit. Bei Diesel-V-Motoren sind Lagerbügel und Gehäuse nach Abb. 49 zu verspannen.

Da Aluminiumlegierungen in der Regel gute Gleiteigenschaften aufweisen, können Nockenwellen und Stößel im allgemeinen direkt im Kurbelgehäusematerial ohne eingepreßte Lagerbüchsen laufen. Zum Ausgleich des Unterschiedes der Wärmedehnungen zwischen Leichtmetallgehäuse und Kurbelwelle empfiehlt es sich als Festlager der Kurbelwelle ein mittleres Lager vorzuziehen.

Weitere Einzelheiten in der Gestaltung von Leichtmetallgehäusen werden in den Ausführungsbeispielen Abb. 58, 61, 62 gegeben.

Aluminiumlegierungen sind im allgemeinen sehr korrosionsbeständig. Doch müssen bei Verbindungen von Teilen aus Aluminiumlegierungen und anderen Metallteilen Vorkehrungen getroffen werden, um sowohl Kavitations- als auch Korrosionsangriffe zu verhindern. Zur Vermeidung von Kavitationsangriffen an den Wänden der Wasserräume gelten hier zum Teil die gleichen Maßnahmen wie nach Abschnitt C. I. 2. b, S. 25. Zur Vermeidung der Spaltkorrosion in der unteren Büchsenaufnahmebohrung zwischen Zylinderbüchse und Gehäuse soll der oberste O-Ring nahe dem Wasserraum angeordnet werden (Abb. 2, 7).

Zum Schutz vor korrosiven Angriffen der Zylinderbüchsenauflage am Gehäuse ist es zweckmäßig, einen O-Ring nach Abb. 6 vorzusehen. Nach einem amerikanischen Vorschlag ist auch ein Aufspritzen von Aluminium auf die Außenseite der Büchse oder ein Eintauchen in flüssiges Aluminium von Vorteil. Außenverchromte Zylinderbüchsen sind bei Leichtmetallgehäusen nicht zulässig. Bei Wasserübertritten zwischen Gußeisen und Aluminiumteilen soll die Wasserübertrittsbohrung im Aluminiumteil größer und die dazwischenliegende Dichtung darf nicht wasseraufnehmend sein. Im Wasserkreislauf dürfen keine Kupferrohre oder sonstige Teile aus Kupferlegierungen angeordnet werden. Dichtringe bei Rohrleitungsanschlüssen und Verschlußschrauben auf Aluminiumteilen sind aus Aluminium vorzusehen. Für Kurbelgehäuse und sonstige mit Wasser in Berührung kommende Motorteile sind am besten kupferfreie Aluminium-Siliziumlegierungen geeignet. Eisenverunreinigungen dürfen in der Legierung nicht aufscheinen. Kupfer- und eisenfreie Legierungen müssen insbesondere bei Marinemotoren verwendet werden.

Die Herstellung von Kurbelgehäusen im Druckguß für mehrzylindrische wassergekühlte Motoren wird sich auch in der Zukunft nur auf PKW-Motoren beschränken, da nur für diese Zwecke die notwendigen großen Stückzahlen gegeben sind. Druckguß setzt vor allem voraus, daß keine geschlossenen Wasserräume und keine Unterschneidungen vorkommen.

Es ist daher von vornherein der Gesamtaufbau des Motors für die Anwendbarkeit des Druckgusses für das Kurbelgehäuse abzustimmen. In vielen Details erfordert die Gestaltung in Druckguß ein Abweichen von bisher gewohnten Formen und Konstruktionselementen und einen nicht geringen Aufwand an Entwicklungsarbeit.

Die nachstehenden Gestaltungsbeispiele stammen aus Entwicklungsstudien amerikanischer Leichtmetallfirmen (Alcoa und Doehler-Jarvis). Diese wenigen Beispiele sollen dem Konstrukteur nur den Umfang der Probleme andeuten, mit welchen im allgemeinen bei der Umstellung auf Druckguß gerechnet werden muß.

Am schwierigsten gestaltet sich die Ausbildung der Wasserräume für die Kühlung der Zylinderlaufbahnen, da diese an der Teilfläche zwischen Kopf und Gehäuse offen ausgeführt werden müssen. In dieser Hinsicht sind nasse Zylinderbüchsen mit unten liegendem Abstützflansch nach Abb. 8 und 9 geeignet. Die amerikanischen Entwicklungen zielen zum Teil darauf hin, die Zylinderlaufbahn fest mit dem Gehäuse zu verbinden.

Hieher gehört vor allem das Eingießen von Graugußzylindern, wobei durch den hohen Druck beim Gießen eine innige und einwandfreie Bindung zwischen Leichtmetall und Büchse entsteht.

Andere Entwicklungen befassen sich mit dem Aufspritzen einer Laufbahn aus Molybdän auf das Leichtmetallrohr im Gehäuse. Außerdem wird versucht, durch Entwicklung verschleißfester, übereutektischer Aluminiumlegierungen den Kolben direkt auf den Leichtmetallzylinder laufen zu lassen.

Abb. 52, 53, 54 zeigen weitere Gestaltungsmaßnahmen an Reihen- und V-Motoren für Druckguß.

Es müssen vor allem Unterschnitte bei Flanschen und Rippen vermieden werden, was z. B. zur Folge hat, daß die sonst innenliegenden Versteifungsrippen und Flansche im Kurbelraum nach außen gelegt werden, da der Kurbelraum nach unten offen sein muß. In Abb. 53 ist ferner dargestellt, wie durch eine Umkonstruktion durch die Trennung des Nockenwellen- und Stößeltriebes vom Gehäuse Unterschnitte vermieden werden. Auch die Anordnung der Nockenwellen am Zylinderkopf erleichtert die Ausführung einer Druckgußform für das Gehäuse.

Ein weiteres Problem bringen die Materialanhäufungen in den Lagerwänden, da die Lagernaben und Schraubenbutzen eine gewisse Breite an der Unterseite der Lagerwand haben müssen. Andererseits kann man die Lagerwand nicht in der vollen Lagerbreite an die schwachen Kurbelraumwände anlaufen lassen.

Es müssen daher Ausnehmungen in die Lagerwände von außen und von unten durch entsprechende ausziehbare Formstücke, wie das beispielsweise die Abb. 53 und 54 zeigen, vorgesehen werden. In ähnlicher Weise verlangen viele andere Stellen des Gehäuses entsprechende Umkonstruktion und ein formgerechtes Anpassen an die Forderungen des Druckgusses, welche hinsichtlich der tatsächlichen Ausführungsmöglichkeit in engem Kontakt mit den Herstellern der Druckgußformen und -maschinen durchzuführen sind.

c) Richtlinien für die Anordnung des Steuerungs- und Einspritzpumpenantriebes, der Hilfsmaschinen und des sonstigen Zubehörs

Nachdem nun am Kurbelgehäuse nach den Abschnitten C. III. 1. a, S. 61, und C. III. 1. b, S. 67, die Zylindereinheit mit dem Kühlwasserraum, die Zugquerschnitte und die Lagerbügelbefestigung in der Lagerwand bestimmt worden sind, und auch der vom bewegten Triebwerk bestrichene Raum aufgezeichnet ist, folgt nun bei Viertaktmotoren und gleichstromgespülten Zweitaktmotoren die Bestimmung der Lage der Nockenwelle im Kurbelgehäuse.

Bei Lagerung der Nockenwelle am Kopf, oder bei umkehrgespülten Zweitaktmotoren, entfallen nachfolgende Überlegungen. Nockenwelle bzw. Nockenform, Nockenhub, die Abmessungen der Ventilstößel und der Nockenwellenlager werden nach Bd. 9 bestimmt. Im wesentlichen sind diese zum Teil schon während des Entwurfes des Zylinderkopfes und der Ventilbetätigung festgelegt worden.

Es muß nun bei Reihenmotoren vorerst entschieden werden, auf welcher Motorseite die Nockenwelle angeordnet werden soll. Die Lage der Nockenwelle hängt auch zumeist mit der Anordnung der Einspritzpumpe und der Ansaug- und Auspuffleitungen bzw. mit der Zylinderkopfkonstruktion zusammen. Bei Fahrzeugdieselmotoren wird vielfach nach der Regel gehandelt, daß die Einspritzpumpe in Fahrtrichtung gesehen auf der Straßenrandseite angeordnet werden sollte.

Bei LKW's und Omnibussen, mit der Anordnung des Motors im Fahrerhaus, im Heck oder Unterflur, entscheiden die Platzverhältnisse und die Zugänglichkeit die Lage der Einspritzpumpe. Je nach der Art des Steuerungsantriebes kann dann die Lage der Nockenwelle am Gehäuse festgelegt werden.

Die seitliche Entfernung der Nockenwelle von der Zylindermitte ist in Einklang mit der Lage der Stoßstangendurchtritte am Zylinderkopf zu bringen. Es ist dann darauf zu achten, daß die Ventilstößelbohrungen und Stoßstangendurchtritte am Gehäuse noch einen genügenden Abstand von der Wand des Kühlwassermantels haben und entweder von der Zylinderkopf- oder Ölwannenseite gebohrt werden können. Ferner ist darauf zu sehen, daß die Nockenwellenlagerung in der Lagerwand das Zugband von den Kopf- zu den Lagerschrauben nicht unterbricht oder anschneidet.

Bei den meisten Motoren, wo die Nockenwelle im Kurbelgehäuse gelagert wird, wird diese im Kurbelraum angeordnet.

Bei sehr raschlaufenden Motoren kann es vorteilhaft sein, die Nockenwelle im Kurbelgehäuse möglichst hoch zu setzen, um kurze Stoßstangen zu erhalten. Die Stößel liegen dann unmittelbar unter der Zylinderkopfdichtfläche und die Nockenwelle knapp neben dem Kühlwasserraum. Bei einigen Motorenbauarten werden die Stößelführungen auch im Zylinderkopf angeordnet, wobei dann die Nockenwelle direkt unter die Oberkante des Kurbelgehäuses zu liegen kommt. Derart hochliegende Nockenwellen erfordern dann einen Kettenantrieb oder mehrere Zwischenräder.

Bei der meist üblichen Unterbringung der Nockenwelle im Kurbelraum wird diese dann auf 2 bis 3 mm Abstand von der Pleuelgeige gelegt, um möglichst kleine Antriebszahnräder zu erhalten. Sind in einer Baureihe neben den Reihenmaschinen auch V-Maschinen geplant, ist es notwendig, um gleiche Zahnräder für beide Bauformen zu bekommen, die Lage des Nockenwellenmittels auch in diesem Zusammenhang festzulegen.

Die Nockenwelle kann im allgemeinen unmittelbar im Material des Kurbelgehäuses sowohl in Grauguß als auch in Leichtmetall laufen. Nur bei höheren Motordrehzahlen über 3000 U/min werden gerollte Dünnwandlagerschalen mit Bleibronze- oder Weißmetallauflage zur Lagerung der Nockenwelle ins Kurbelgehäuse eingepreßt. Die Nockenwellenlager müssen an die Motordruckschmierung angeschlossen werden.

Bei langsamlaufenden Reihenmotoren genügt die Lagerung nach je zwei Zylindern, bei höheren Drehzahlen und bei V-Motoren wird man, um die Durchbiegung der Nockenwelle zu vermindern, in jeder Lagerwand eine Lagerstelle anordnen. Die Lagerbreite an der Nockenwelle macht man ungefähr gleich der Hauptlagerbreite. In der Lagerwand, in der die Nockenwelle nicht gelagert ist, muß man die Durchtrittsöffnung mit einem Ringwulst verstärken.

Im wesentlichen liegt nun die Innenform des Kurbelgehäuses fest und es folgt als weiteres die Festlegung der Außenform hinsichtlich der Anordnung des Steuerungs- und Einspritzpumpenantriebes und der Anordnung von Ölpumpe, Ölverteilung, Wasserpumpe und Wasserverteilkanal und Befestigung sonstiger Zubehörteile am Kurbelgehäuse.

Im Größenbereich der raschlaufenden Motoren, insbesondere bei allen Kraftfahrzeugmotoren, wird bei den mehrzylindrigen Ausführungen die Einspritzpumpe mit Regler als gesonderte Einheit außerhalb des Kurbelgehäuses mit einem eigenen Antrieb angeordnet. Nur bei Einzylindermotoren und seltener bei Zweizylindermotoren werden Einspritzpumpentypen, welche von der Nockenwelle des Ventiltriebes betätigt werden, eingebaut.

Bei den meisten PKW- und LKW-Viertaktmotoren werden die Antriebsräder für die Nockenwelle und für die Einspritzpumpe am freien Kurbelwellenende angeordnet. Dies ergibt die kleinsten Zahnradabmessungen und eine einfache Montage des Rädertriebes. Bei Kettentrieb ist dessen ventilatorseitige Lage auf alle Fälle am zweckmäßigsten. Theoretisch richtig wäre zwar der schwungradseitig gelegene Zahnradtrieb, da dieser nahe dem Schwingungsknoten der Kurbelwelle liegt und daher von den Schwingungsausschlägen der Kurbelwelle wenig beeinflußt wird. Nachteilig ist jedoch, daß große Räder, insbesondere bei Viertaktmotoren, sich ergeben, da das Zahnrad auf der Kurbelwelle größer sein muß als der Befestigungsflansch des Schwungrades. Das Schneiden der Zähne direkt auf die Kurbelwelle neben dem schwungradseitigen Hauptlager ist zwar möglich, wird jedoch nur selten angewandt, da die Herstellung zeitraubend und umständlich ist und einer Sondereinrichtung bedarf. Bei der Mehrzahl der kleinen, mittleren und Fahrzeugmotoren findet man den Steuerungsantrieb an der Frontseite des Motors. Nur bei größeren Motoren und insbesondere dort, wo auch mechanisch angetriebene Auflade- oder Spülgebläse über Zahnräder angetrieben werden müssen, ist die schwungradseitige Anordnung des Rädertriebes richtiger. Ebenso ist bei luftgekühlten V-Motoren wegen der Kühlgebläselage der schwungradseitige Rädertrieb zweckmäßiger.

Der frontseitige Steuerradkasten wird häufig zur Hälfte vom Kurbelgehäuse, zur anderen Hälfte durch einen dazu passenden Gehäusedeckel gebildet.

Bei schwungradseitigem Rädertrieb muß zwischen dem Schwungradgehäuse und Kurbelgehäuse ein flacher Hohlraum geschaffen werden, in dem die Räder von unten eingeschoben werden müssen. Der Radkasten ragt bei beiden Anordnungen erheblich über die Grundform des Kurbelgehäuses hinaus. Diese vorstehenden Gehäuselappen erfordern tiefe Gußformen und stehen einer durchlaufenden Fräsoperation von seitlichen Flächen am Kurbelgehäuse im Wege.

Obige Nachteile vermeidet die Konstruktion nach Abb. 55, bei der eine Blechplatte zwischen das Gehäuse und den Steuerräderdeckel geklemmt wird, welche die über die Kurbelgehäusekontur vorspringenden Zahnräder abdeckt.

Die Stärke der Blechplatte bewegt sich zwischen 3 und 7 mm und richtet sich nach der Größe des Vorsprunges über die Gehäusekontur und ob an der Blechplatte direkt ein Zahnradtriebgehäuse oder die Einspritzpumpe angeflanscht wird.

Abb. 55 zeigt außerdem eine einfache und billige achsiale Lagesicherung der Nockenwelle durch einen in der Nockenwellenachse liegenden abgefederten Stift, welcher sich an einer Kugel im Räderkastendeckel abstützt. Das Nockenwellenantriebsrad ist an der Stirnseite der Nockenwelle angeschraubt und am Lagerdurchmesser zentriert. Die Radnabe läuft an einer an der Blechplatte anliegenden Bronzescheibe an. Die dargestellte Flanschbefestigung der Einspritzpumpe direkt auf der Blechplatte und die Anordnung des Antriebszahnrades am Antriebsstummel der Einspritzpumpe ist einfach, zuverlässig und billig und erspart die sonst übliche Einspritzpumpenkupplung, eine Welle mit Lagern und ein Gehäuse. Die gleiche Ausführung unter Verwendung einer Blechplatte ist auch bei schwungradseitiger Anordnung des Zahnradtriebes zweckmäßig.

In der weiteren Folge der konstruktiven Arbeiten am Kurbelgehäuse kommt nun die Anordnung der Schmierölkanäle und der Ölpumpe. Es müssen vorerst die Überlegungen der Führung des Ölkreislaufes und die damit zusammenhängenden Entwurfsarbeiten nach Abschnitt C. IV., S. 88, eingeschaltet werden.

Bei Ottomotoren und kleineren Dieselmotoren wird die Ölpumpe meistens über einen rechtwinkeligen Schraubenradtrieb von der Nockenwelle und über eine senkrecht oder schwach geneigte in einer Hauptlagerwand liegenden Welle angetrieben.

Die Ölpumpe ist dann am Ölwannenflansch befestigt und liegt mit horizontalen Ölpumpenrädern im Ölsumpf. An das obere Ende der Schraubenradwelle wird bei Ottomotoren häufig der Zündverteiler gekuppelt. Bei Verwendung der CAV-Verteilerpumpe kann in gleicher Weise auch deren Antrieb von diesem Wellenende abgenommen werden (Abb. 205). Für die Antriebsleistungen von größeren Ölpumpen reicht der Schraubenradtrieb infolge der begrenzten Raddurchmesser nicht aus. Für alle mittleren und größeren Dieselmotoren ist daher ein Stirnradtrieb für die Ölpumpe vorzusehen. Die Ölpumpe wird dann entweder an der Frontseite (Abb. 245) oder am Ölwannenflansch (Abb. 247) befestigt.

Der Einbau der Ölpumpe im Frontlagerbügel ist nicht zweckmäßig, da bei einem Schaden an der Ölpumpe auch der Lagerbügel ersetzt werden müßte. Dies hat dann die unangenehme Folge, daß die Lagerschalenaufnahmebohrung im Gehäuse aufgebohrt und neue Übermaßlagerschalen verwendet werden müssen. Die Anordnung der Ölpumpe außerhalb des Kurbelgehäuseraumes wird bei raschlaufenden Motoren sehr selten und meistens nur bei größeren Marinemotoren vorgesehen, um eine Überprüfung oder den Austausch der Ölpumpe ohne Ausbau des Motors zu gestatten.

Es lohnt sich die Mühe, beim Entwurf des Kurbelgehäuses den Ölkreislauf so zu legen, daß gesonderte und außenliegende Ölleitungen weitgehend vermieden werden. Eine sehr zweckmäßige Ölkanalführung in einer Lagerwand ist in Abb. 56 dargestellt. Der Druckkanal der Ölpumpe mündet direkt in die senkrechte Bohrung in der Lagerwand, aus welcher das Öl unmittelbar dem seitlich am Kurbelgehäuse angeflanschten Filter zugeführt wird. Vom Filter tritt das Öl wieder in die senkrechte Bohrung zurück, welche durch einen Verschlußstopfen unterteilt ist.

Aus bekannten, schmiertechnischen Gründen soll die Zufuhr des Schmieröls zu den Lagerstellen auf der entlasteten Seite der Lagerfläche erfolgen. Es müssen daher die Zuführungsbohrungen zu den Hauptlagern in den Lagerwänden des Kurbelgehäuses und nicht in den Lagerbügeln angeordnet werden. Daraus folgt die Notwendigkeit, den Ölverteilkanal in das Kurbelgehäuse aufzunehmen.

Eine Anordnung der Ölverteilleitung auf der Nockenwellenseite ist zweckmäßig, da sich dabei in den Lagerwänden sowohl zu den Hauptlagern als auch zu den Nockenwellenlagern kurze Schmierbohrungen ausführen lassen (Abb. 47).

Es muß darauf geachtet werden, daß Sackbohrungen, welche nicht durchgehend gereinigt werden können, vermieden werden (Abb. 57). Außerdem ist darauf zu achten, daß keine Gewindebohrungen von irgendwelchen Befestigungsschrauben in Ölkanäle oder Ölbohrungen nach dem Filter münden, da sonst die beim Einschrauben abgebrochenen Gewindeteilchen zu den Lagerstellen gelangen.

Bei mittleren Fahrzeugmotoren wird die Ölverteilleitung meistens aus dem vollen Butzen gebohrt. Die Butzenwandstärke soll mindestens 6 bis 7 mm betragen, um ein Verlaufen des Bohrers auszugleichen. Manche Firmen ziehen vor, als Ölverteilleitung ein Stahlrohr einzugießen, was sowohl in Grauguß als auch in Leichtmetall möglich ist. Bei größeren Motorabmessungen ist das Einwalzen oder Einpressen eines Stahlrohres als Verteilleitung üblich (Abb. 257). Letztere Ausführung gibt die sicherste Gewähr, daß am wenigsten Späne, Sand oder Zunder ungefiltert in die Hauptlager kommen.

Hinsichtlich der günstigsten Anordnung der Wasserpumpe am Kurbelgehäuse kann infolge der Vielfältigkeit der Antriebs- und Anordnungsmöglichkeiten keine eindeutige Regel aufgestellt werden. Auch hier muß beim Entwurf die Mühe aufgewendet werden, die Leitungen zur und von der Pumpe und zum Ölkühler möglichst ohne eine Vielzahl von Rohrverbindungen auszuführen. Bei kleinen PKW-Motoren und kleineren Ein- und Zweizylinder-Dieselmotoren ist es üblich, das an der Frontseite angeordnete Wasserpumpenrad ohne Spirale direkt in den Wasserraum um die Zylinder fördern zu lassen. Bei größeren Motoren ist es jedoch richtig, längs des Zylinderblocks einen Kühlwasserverteilkanal im Gehäuse anzuordnen, von wo durch entsprechende Bemessung der Übertrittsbohrungen zu den Kühlwasserräumen der Zylinder eine gleichmäßige Kühlwasserverteilung erreicht werden kann.

Bei Anordnung des Kanals knapp unter der Dichtfläche kann ein Teilstrom des Kühlwassers auch direkt in den Kopf geführt werden.

Bei den meisten Fahrzeugmotoren werden Wasserpumpe und Ventilator auf einer gemeinsamen Achse an der Frontseite des Motors angeordnet. Den Austritt aus der Spirale kann man direkt über den seitlichen Verteilkanal am Gehäuse anflanschen.

Bei größeren Motoren trennt man in der Regel Ventilatortrieb und Wasserpumpe. Diese kann man dann seitlich am Kurbelgehäuse anbauen und auch unmittelbar in den Verteilkanal fördern lassen.

Die schwungradseitige Ausbildung des Kurbelgehäuses hängt ab vom Verwendungszweck und den dazugehörigen Abtrieben. Für die Befestigung von Kupplungen, Getrieben, Flanschgeneratoren usw. am Motor muß ein das Schwungrad umschließendes Gehäuse am Kurbelgehäuse angebracht werden.

Bei Motoren für PKW's und LKW's, welche ausschließlich für diesen Verwendungszweck bestimmt sind, kann das Schwungradgehäuse oder der Anschlußflansch am Kurbelgehäuse angegossen sein. Für die durchlaufende Fräsoperation des Ölwannenflansches und der Lagerbügelauflagen ist es jedoch zweckmäßig, das Schwungradgehäuse nach unten offen zu gestalten. Das dann über den Flansch vorstehende Schwungrad muß mit einem gesonderten, segmentförmigen Deckel abgedeckt werden. Bei PKW-Motoren wird vielfach am Gehäuse eine Blechplatte angeschraubt, an welcher die mit Wechselgetriebe verbundene Kupplungsglocke befestigt wird.

Bei größeren Motoren ist es auf alle Fälle ratsam, das ganze Schwungradgehäuse an das Kurbelgehäuse gesondert anzuschrauben. Es ist dadurch die leichte Variations- und Anpassungsmöglichkeit an verschiedene Verwendungszwecke gegeben. Außerdem wird das Modell des Kurbelgehäuses vereinfacht und auch die durchlaufende Bearbeitung der Seitenflächen des Kurbelgehäuses ermöglicht. Die Abmessungen des Schwungradflansches richten sich nach dem Verwendungszweck und nach der erforderlichen Schwungradgröße (Bd. 8/2: „Die Dynamik der Verbrennungskraftmaschine").

Es ist zweckmäßig, den Schwungradgehäuseflansch im Durchmesser und Lochkreis nach den bestehenden Normen auszuführen, da dies gegebenenfalls den Anschluß verschiedener handelsüblicher Kupplungen und Getriebe gestattet.

Am Schwungradgehäuse müssen in der Regel die Befestigungsflächen für die Starter und Motoraufhängung angeordnet werden.

Die Unterbringung der weiters notwendigen Hilfsmaschinen und Zubehörteile am Kurbelgehäuse, wie Aufladegebläse, Bremskompressoren, Starter, Lichtmaschinen, hydraulische Pumpen für Hubgeräte und Lenkungen, Motoraufhängung, Öleinfüllung, Entlüftung usw., hängen weitgehend vom Verwendungszweck ab. Es bedarf großer Geschicklichkeit und vieler Entwurfsvariationen, um eine klare, übersichtliche Anordnung zu finden, welche eine gute Zugänglichkeit und Wartungsmöglichkeit des Motors und der Hilfsmaschinen gewährleistet.

2. Beispiele von Kurbelgehäuseausführungen für wassergekühlte Viertaktmotoren

a) Kurbelgehäuse eines Vierzylinder-Viertakt-Dieselmotors der Steyr-Daimler-Puch AG., Steyr

Abb. 58 zeigt das Kurbelgehäuse eines Vierzylinder-Viertakt-Dieselmotors der Steyr-Daimler-Puch AG. für 110 mm Bohrung, 140 mm Hub.

Der Motor ist in seinem Gesamtaufbau in Abb. 212 dargestellt. Maßgebend für die Gestaltung dieses Kurbelgehäuses ist die Verwendung des Motors für einen 5-Tonnen-Lastkraftwagen und die Ausführung in Leichtmetall-Sandguß. Am Kurbelgehäuse sind Einspritzpumpe, Ölpumpe, Wasserpumpe und Ventilator, Anlasser, Lichtmaschine, Ölfilter, Bremsluftkompressor befestigt. Der Antrieb von Wasserpumpe, Lichtmaschine, Ventilator und Kompressor erfolgt durch Keilriemen. Die Zahnräder des Steuerungsantriebes sind auf der Ventilatorseite angeordnet.

Nockenwelle und Einspritzpumpe sind auf der gleichen Motorseite untergebracht. Bestimmend hiefür war die Verwendung des Zylinderkopfaufbaues nach Abb. 30 als Einzelkopf mit Brennkammer mit Düse und Stoßstangendurchtritten auf derselben Zylinderkopfseite.

Der Zylinderabstand beträgt 150 mm. Er ermöglicht die Ausbildung der vorgesehenen breiten Zylinderbüchsenauflagen und der starken Querwände. In das Kurbelgehäuse sind nasse Zylinderbüchsen eingesetzt.

Die Auflagefläche der Zylinderbüchse ist durch die bis zur Streckgrenze angezogenen Zylinderkopfschrauben mit einer Flächenpressung von 22 kg/mm^2 belastet. Hiezu sei bemerkt, daß bei der bei diesem Motor gewählten Ausführung der Zylinderkopfdichtung die gesamte Schraubenkraft auf die Zylinderbüchsenauflage kommt.

Die untere Zylinderbüchsenzentrierung gegen den Kurbelraum ist der Leichtmetallkonstruktion entsprechend verhältnismäßig lang ausgebildet (Schnitt *A-A*), um eine gute Einspannung der Büchse zu gewährleisten.

Die Zylinderbüchsenauflage wird durch einen 13 mm hohen Ringwulst unterstützt, welcher mit konischen Übergängen in die wellenförmigen Kühlwasserraumwände und in die Querwände einfließt. Die Querwände zwischen den Zylindern sind nur durch eine niedrige Verbindungsöffnung unterbrochen.

Das Einschraubende der Stiftschrauben für die Zylinderkopfbefestigung hat ein M16-Gewinde. Durch die vorgesehene Einschraublänge von 42 mm wird für einen allmählichen Kraftübergang in die Wände und Rippen gesorgt. Das Gewinde beginnt in der Höhe der Zylinderbüchsenauflage. Wie aus den Schnitten *C-C* und *D-D* ersichtlich, sitzen die Schraubenbutzen unmittelbar in den an die Schraubenmittel herangezogenen wellenförmigen Kühlraumwänden und nahe den Querwänden.

Von den in die allmählich mit großen Radien in die Wände einfließenden Butzen führen schräge Rippen zu den Lagerwänden und sorgen für einen direkten Kraftfluß zu den Zugbändern in der Lagerwand, Schnitt *L-L*.

Die Wände des Kühlwasserraumes sind außerdem so gelegt, daß sie durch ihre Wellenform über der Lagerwand direkt in die Zugrippen der Lagerschrauben übergehen. Die Nockenwellenbohrung liegt außerhalb der Zugrippen der Lagerwand.

Das M16-Gewinde der Lagerschrauben beginnt 25 mm unter der Teilfläche, die Gewindelänge beträgt 42 mm.

Die Schraubenbutzen haben einen Durchmesser von 32 mm und gehen mit einem Radius von 80 mm allmählich in die Zugrippen über.

Die Nabe der Lagerschalenbohrung im Gehäuse und im Lagerbügel von 20 mm Stärke gewährt einen sicheren, runden Sitz der Lagerschalen. Der Lagerbügel ist durch einen 30 mm hohen, seitlichen Einpaß gehalten. Die Lagerwände sind durch Rippen mit den seitlichen Kurbelraumwänden verbunden und gut versteift. Der Ölwannenflansch liegt 150 mm unter der Kurbelwellenmitte und ist breit und kräftig und mit starken Rippen an die Kurbelraumwände angehängt und trägt wesentlich zur Versteifung des Gehäuses bei. Die seitlichen Kurbelraumwände sowie alle übrigen Wände des Kühlwasserraumes haben eine Stärke von 6 mm, die Lager- und Querwände eine Stärke von 8 mm.

Die Nockenwelle ist in jeder Lagerwand gelagert und läuft so wie die Stößel direkt im Kurbelgehäusematerial, Schnitt *L-L*. Die Stoßstangen zu den Ventilen werden durch einen außerhalb des Kühlwasserraumes angeordneten Stößelraum geführt, welcher durch einen Blechdeckel abgeschlossen ist. Auf der dem Stößelraum gegenüberliegenden Motorseite ist ein schmaler Kühlwasserverteilkanal angeordnet, welcher sich über die gesamte Kühlwasserraumhöhe erstreckt, Schnitt *B-B*. Die Kurbelraumwand läuft direkt in die äußere Wand des Verteilkanals über. Der Stößelraum und der Verteilkanal erhöhen wesentlich das Trägheitsmoment des Gehäuses. Große, durch Blechdeckel verschlossene Kernöffnungen sorgen für eine einwandfreie Kernlagerung und Reinigung des Verteilkanals. Das Spiralgehäuse der Wasserpumpe ist über dem Steuerräderkasten angeordnet. Der Austritt aus dem Spiralgehäuse mündet direkt in den Kühlwasserverteilkanal, Schnitt *C-C*. Vom Verteilkanal führen Bohrungen in die einzelnen Zylinderwasserräume. Der Übertritt des Kühlwassers in den Zylinderkopf erfolgt auf der Stößelraumseite durch die in der Kühlmantelwand ausgebuchteten Taschen, welche das Wasser unter die Brennkammer leiten. Zur Entlüftung und zur Vermeidung von Dampfsäcken im Verteilkanal sind auch dort kleine Übertrittsbohrungen zu den Zylinderköpfen vorgesehen.

Der Räderkasten und das Schwungradgehäuse sind mit dem Kurbelgehäuse verbunden. Das Schwungradgehäuse ist unten über die ganze Länge offen, um ein Durchfräsen der Lagerbügelflächen und des Ölwannenflansches zu ermöglichen. Der Träger für die Einspritzpumpe wird gesondert seitlich am Kurbelgehäuse angeschraubt.

Eine Besonderheit dieser Motorenkonstruktion ist, daß die Kurbelwellenlager von innen, aus der hohlgebohrten in ihrer ganzen Länge vom Öl durchströmten Kurbelwelle geschmiert werden. Es entfallen daher die sonst notwendige Schmierölverteilung entlang dem Kurbelgehäuse und die Schmierbohrungen in den Lagerwänden. Die Schmierölzufuhr zur Kurbelwelle erfolgt über das verbreiterte, mit einer Ringnut versehene vordere Kurbelwellenlager. Die Schmierölbohrungen in der vorderen Lagerwand sind aus der Vorderansicht und Schnitt *O-O* zu ersehen. Die Ölpumpe ist beim vorderen Hauptlager am Ölwannenflansch angeschraubt. Das Öl tritt direkt in die senkrechte Bohrung in der vorderen Lagerwand über. Von dieser Bohrung wird das Öl dem seitlich angeflanschten Filter zugeführt.

Entlang den Stößelbohrungen ist noch eine 12 mm große Längsbohrung für die Schmierölzufuhr zu den Stößeln vorgesehen, von welcher über die hohlen Stoßstangen die Kipphebel geschmiert werden. Die Nockenwellenlager werden ebenfalls von dieser Längsbohrung geschmiert (Schnitt *L-L*).

b) Kurbelgehäuse des V-Achtzylinder-Viertakt-Dieselmotors der Torpedo-Werke, Rijeka

Abb. 59 zeigt das Kurbelgehäuse des in Abb. 220 dargestellten V-Achtzylinder-Viertakt-Dieselmotors der Torpedo-Werke, Rijeka, Jugoslawien, Bohrung 112 mm, Hub 140 mm.

Maßgebend für die Gestaltung dieses Kurbelgehäuses ist die Verwendung eines einheitlichen Gehäuses für den Einbau des Motors in Lastkraftwagen, schwere Straßenbaumaschinen, Lokomotiven und Bootsmotoren. Ferner war beim Aufbau die Baureihe vom Zwei- bis Zwölfzylinder zu berücksichtigen, wobei die Sechs- und Zwölfzylindermotoren in V-Bauart mit gleichem V-Winkel vorgesehen waren, welche über die gleichen Bearbeitungsmaschinen laufen müssen.

Die Vielfalt der vorgesehenen Verwendungsmöglichkeiten ließen es zweckmäßig erscheinen, sowohl das Schwungradgehäuse, wie auch den Steuerräderkasten vom Kurbelgehäuse zu trennen. Dadurch ergibt sich ein vereinfachter Aufbau, welcher auch eine durchlaufende Bearbeitung aller Seitenflächen gewährleistet. Das für die verschiedenen Verwendungszwecke notwendige Zubehör ist zum Großteil am Steuerräderkasten befestigt, welcher an das Kurbelgehäuse unter Zwischenschaltung einer Blechplatte angeschraubt ist. Die Blechplatte schließt die über den V-Raum vorstehenden Steuerungsräder ab.

Am Kurbelgehäuse sind Ölpumpe, Ölfilter mit Kühler, Rootsgebläse und Einspritzpumpe angebracht.

Mit Rücksicht auf die Gepflogenheiten für größere Bootsmotoren sind auch seitliche Lukendeckel am Gehäuse vorgesehen, um den Ausbau der Pleuelstangen und Kolben ohne Demontage des Motors zu ermöglichen. Der Steuerungsantrieb ist ventilatorseitig angeordnet.

Der Mittenabstand der Nockenwelle ist gleich dem der Reihenmotoren, um die gleichen Steuerungsräder zu verwenden.

Der dazugehörige Einzelzylinderkopf ist in Abb. 30 dargestellt. Er wurde hinsichtlich der Wasserführung auch für die V-Baureihe ausgelegt.

Der Zylinderabstand von 194 mm ergab sich aus der Dimensionierung der Kurbelwelle mit den Dimensionierungsformeln der Klassifikationsgesellschaften für die Verwendung als Marinemotor.

Als Material für das Kurbelgehäuse ist Grauguß GG 26 vorgesehen. Die tragenden Querschnitte sind hinsichtlich ihrer Beanspruchungen im Hinblick auf die geplante

Aufladung des Motors dimensioniert. Damit sind im wesentlichen die Grundlagen und Aufgaben für den Entwurf dieses Kurbelgehäuses umrissen. Die Forderung der gleichen Bearbeitungsmaschinen für die V-Baureihe führte zur Wahl des V-Winkels von 90°, da mit diesem Winkel der Massenausgleich I. Ordnung für alle Zylinderzahlen gewährleistet ist.

Infolge der Anordnung von zwei nebeneinanderliegenden Pleuelstangen am Kurbelzapfen sind die beiden Zylinderreihen gegeneinander um 36 mm versetzt.

Die nassen Zylinderbüchsen sind in der üblichen Weise in das Gehäuse eingesetzt. Die Flächenpressung an der Auflagefläche der Büchse unter den bis zur Streckgrenze angezogenen Zylinderkopfschrauben beträgt 3600 kg/cm².

Der Auflagebund ist 14 mm hoch.

Die Trennwand zwischen den Zylindern hat am unteren Ende des Kühlwasserraumes eine durch einen Ringwulst verstärkte Verbindungsöffnung.

Vom Zylinderkopf Abb. 30 ist bereits die Lage der vier Zylinderkopfschrauben gegeben. Die wellenförmigen Wände des Kühlwassermantels sind so gelegt, daß sie durch die Schraubenmitten der Zylinderkopfschrauben laufen. Der Gewindeanfang liegt knapp unterhalb der Auflagefläche der Zylinderbüchse. Für die Kräfteführung zu den Lagerwänden sind schräge Zugrippen (Schnitt *A*-*B*) von den Schraubenbutzen der Zylinderkopfschrauben zu den Lagerwänden vorgesehen.

Durch die Versetzung der Zylinderreihen ergibt sich, daß die Querwände zwischen den Zylinderbüchsen nicht mehr mit den Mitteln der Lager der Kurbelwelle zusammenfallen. Um jedoch eine durchlaufende Verbindung zwischen den Quer- und Lagerwänden zu erreichen, ist der Lagerwandteil unter der jeweiligen Zylinderseite in Richtung zur Querwand verschoben. Es entsteht dadurch eine gekröpfte Ausbildung der Lagerwände nach Schnitt E_2-F_2. Durch die Kröpfung der Lagerwände in Motormitte ist die Ölzuführungsbohrung zum Hauptlager gelegt. Die von den Zugbändern in den Kühlwasserraumwänden anschließenden Rippen sind in den Lagerwänden fortgesetzt und zum Lagerstuhl geführt, wobei sich dann die inneren Rippen kreuzen. Die Butzen der Lagerschrauben hängen zwischen den Zugbändern, deren M16-Gewinde tief in den Lagerwänden zu liegen kommt. Dadurch ist ein gleichmäßiges Mittragen eines weiten Wandbereiches gewährleistet.

Für die Aufnahme der großen seitlichen Kräfte durch den 90° V-Winkel sind die Lagerbügel mit dem Kurbelgehäuse durch seitliche Spannschrauben verschraubt.

Das Kurbelgehäuse ist 170 mm tief unter die Kurbelwellenmitte heruntergezogen. Der Untergurt ist als C-förmiger Längsträger ausgebildet, um die Schwächung durch die seitlichen Montageöffnungen in den Kurbelraumwänden auszugleichen.

Die Kurbelraumwände gehen vom Ölwannenflansch schräg nach oben auseinander, an welche sich dann ein gewölbter Boden als Abschluß des Kurbelraumes anschließt. Es entsteht so auch für den Zwölfzylindermotor in Verbindung mit den querverspannten Lagerbügeln ein genügend biegungs- und verdrehsteifer, rohrförmiger Gehäusekörper.

Die Nockenwelle ist in jeder Lagerwand gelagert und läuft wie die Stößel im Grauguß des Gehäuses. Die Stößelbohrungen werden durch die seitlichen Gehäuseöffnungen gebohrt.

Die Kühlwasserverteilleitungen liegen an den Außenseiten der beiden Zylinderblöcke unterhalb der Zylinderkopfdichtfläche. Der Wasserübertritt in die Zylinderköpfe erfolgt durch an der höchsten Stelle des Kühlwasserraumes angeordnete Taschen. Die Ölpumpe ist an der Frontwand angeschraubt. Die Ölleitungen zum und vom Ölfilter sind ebenfalls in der Frontwand gebohrt. Der Ölübertritt erfolgt direkt in den seitlich angeschraubten Ölfilter. Der gebohrte Ölverteilkanal mit 22 mm lichter Weite ist seitlich im äußersten Winkel des Kurbelraumes angeordnet, von welchem 9 mm Bohrungen in den Lagerwänden zu den Hauptlagern führen. Die Nockenwelle wird über die verlängerte Zuführbohrung des Hauptlagers geschmiert. Neben den Stößelbohrungen laufen noch zwei Verteilleitungen, welche das Öl über die Stößel und hohlen Stoßstangen zu den Kipphebeln führen.

Für die Einspritzpumpe ist im V-Raum eine Sattelbefestigung vorgesehen.

c) Kurbelgehäuse eines Vierzylinder-Viertakt-Ottomotors der Ford-Werke AG., Köln

Abb. 60 zeigt das Kurbelgehäuse eines Vierzylinder-Viertakt-Ottomotors der Ford-Werke AG., Köln. Bohrung 84 mm, Hub 76,6 mm. Der Motor ist in Abb. 266 dargestellt.

Der Aufbau eines solchen Gehäuses hat sich im allgemeinen nur nach der Verwendung und den Einbauverhältnissen in PKW's zu richten, wobei es in besonderem Maße auf billigste Herstellung und niedriges Gewicht ankommt. Der dazugehörige Zylinderkopf ist in Abb. 39 dargestellt.

Am Kurbelgehäuse sind Ölpumpe, Wasserpumpe, Verteiler, Förderpumpe und Lichtmaschine zu befestigen. Der Nockenwellentrieb über Zahnräder ist ventilatorseitig angeordnet.

Der Zylinderabstand von 101 mm ist so gewählt, daß jedes Zylinderrohr unter Einhaltung einer noch erreichbaren Kernstärke allseitig vom Kühlwasser umspült wird, Schnitt *C-C*. Die Wandstärke des Zylinderrohres beträgt 5,5 mm, so daß bei der Überholung noch eine trockene Büchse von 1,8 mm Wandstärke eingezogen werden kann. Die Kernstärke zwischen zwei Zylinderrohren beträgt 6 mm. Die Laufflächen der Zylinder sind mit einer Oberflächenrauhigkeit von 25 bis 30 microinch gehont. Die Zylinder müssen innerhalb 0,07 mm Gesamtindikatorausschlag auf 200 mm Büchsenlänge senkrecht zur Kurbelwelle stehen. Die zulässige Konizität und Unrundheit darf 0,01 mm nicht überschreiten, wobei der größere Durchmesser unten sein muß. Diese engen Toleranzen für die Zylinderbohrung sind für den ruhigen Kolbenlauf eines PKW-Motors notwendig.

Die Übertragung der Verbrennungskräfte erfolgt über die Wände des Kühlwassermantels, in welche die Butzen der Zylinderkopfschrauben (M 10) einfließen. Wie aus der Austeilung der Schrauben (Ansicht *Z*) ersichtlich, wurde ein Zusammenwachsen der Butzen mit den Zylinderrohren sorgfältig vermieden. Infolge der dreifachen Kurbelwellenlagerung müssen die Verbrennungskräfte von den zwischen zwei Lagern befindlichen Schrauben über eine Biegungsbeanspruchung des oberen Gehäuseteiles zu den äußeren Lagerwänden geführt werden. Die Trennwand zwischen Kühlwasser und Kurbelraum liegt am Ende der Zylinderlaufbahnen, so daß dadurch ein hoher Biegungsträger entsteht. Das Kurbelgehäuse ist 60 mm unter die Kurbelwellenmitte gezogen. Die Hauptlagerbügel sind seitlich in 6 mm hohen Paßbunden im Gehäuse gehalten und mit M 12-Kopfschrauben niedergespannt. Die Schmierölzuführung zu den Haupt- und Nockenwellenlagern erfolgt durch eine nahe dem Ölwannenflansch liegende gebohrte Verteilleitung mit 11 mm Durchmesser. Die Querbohrungen in den Hauptlagerwänden versorgen sowohl die Hauptals auch die Nockenwellenlager (Schnitt *H-H*). Die Nockenwelle ist im Kurbelraum knapp unterhalb des Wasserraumes angeordnet. Der Stoßstangenraum ist von der Zylinderkopfdichtfläche her offen (Schnitt *A-A*).

Der Antrieb für die Ölpumpe und für den Zündverteiler ist zwischen 1. und 2. Zylinder angeordnet (Schnitt *E-E*). Die Ölpumpe ist an der Innenseite des Kurbelraumes seitlich angeflanscht.

Der Kühlwasserzutritt erfolgt an der Frontseite durch ein unmittelbar in den Wasserraum förderndes Wasserpumpenrad (Schnitt *B-B*). Die Kurbel- und Wasserraumwände sind innerhalb von 4 bis 5 mm Stärke gegossen.

Ferner ist an allen dargestellten Schnitten des Gehäuses besonders zu beachten, daß durch entsprechende Gestaltung und Kernausbildung jedwede Materialanhäufung sorgfältig vermieden wurde.

3. Kurbelgehäuse für wassergekühlte Zweitakt-Dieselmotoren

Zu den in den allgemeinen Abschnitten C. III. 1., S. 60, gegebenen Richtlinien und Gestaltungsmerkmalen für den Aufbau von Kurbelgehäusen kommt bei Zweitaktmotoren die Unterbringung der Spülluftträume und Befestigung der Auspuffstutzen und Spülgebläse noch hinzu. Die zugehörigen spezifischen Gestaltungsrichtlinien werden am besten gleich an Hand von Ausführungsbeispielen beschrieben.

a) Kurbelgehäuse für einen Zweizylinder-Zweitakt-Dieselmotor von Alfa Romeo, S.P.A., Mailand

Abb. 61 zeigt ein Kurbelgehäuse für einen Zweizylinder-Zweitakt-Dieselmotor mit Umkehrspülung mit 85 mm Bohrung, 102 mm Hub, der Firma Alfa Romeo, Mailand. Der Aufbau des Motors ist in Abb. 245 dargestellt.

Der an Hand dieses Zweitakt-Dieselmotors beschriebene Aufbau eines Gehäuses für Umkehrspülung nach Abb. 61 läßt sich in der gleichen Art auch für größere, raschlaufende Motoren übertragen. Die zum Aufbau dieses Gehäuses zugehörige Zylinderbüchsenbauart ist in Abb. 10 dargestellt. Vor Beginn der Kurbelgehäusekonstruktion ist bei Zweitaktmotoren zuerst der Zylinderabstand festzulegen. Dieser bestimmt sich in der Regel aus der Zylinderbüchsendimension und dem notwendigen Luftzutrittsquerschnitt zu den Einlaßschlitzen zwischen den Büchsen.

Im allgemeinen läßt sich bei Zweitaktmotoren mit Umkehrspülung mit eingesetzten nassen Zylinderbüchsen der Bauart nach Abb. 10 ein Zylinderabstand $A = 1{,}5$ bis $1{,}7\ D_{\text{Zyl}}$ erreichen. Die kleineren Werte gelten für größeren Zylinderdurchmesser. Im vorliegenden Beispiel ist $A = 1{,}7\ D_{\text{Zyl}}$.

In Verbindung mit den Einbauverhältnissen und dem Zubehör muß vorher geklärt werden, ob die Auspuffschlitze und der Spülluftraum bzw. das Gebläse auf der gleichen oder auf gegenüberliegenden Gehäuseseiten angeordnet werden sollen. Versuche haben gezeigt, daß die beiden möglichen Lagen am Gehäuse für Spüllufteintritt und Auslaßkanal wenig Einfluß auf die Spülung haben. Bei vorliegendem Zweizylinder-Reihenmotor sind aus Einbaugründen im Fahrzeug Auspuff und Gebläse auf der gleichen Motorseite angeordnet. Als Spülluftgebläse ist bei diesem Beispiel ein Rootsgebläse vorgesehen.

Bei Zweitaktmotoren beginnt man am besten den Gehäuseentwurf damit, aus dem Büchsenentwurf die Außenkonturen und die äußeren Schlitzkanten zu übertragen. Damit erhält man im Gehäuse die notwendige Größe und Lage der Öffnungen für den Spülluftzutritt und für die Abgasableitung. Um keine Überdeckungen der Schlitze bei Gußversetzungen zu erhalten, sind die Öffnungen im Gehäuse etwas größer als die jeweiligen äußersten Schlitzkanten zu halten. Es ist zu trachten, daß die anschließenden Gehäusekonturen in der Strömungsrichtung der Schlitze liegen, um die Zu- und Abströmung nicht zu behindern (Schnitt *L-M*, *J-K*).

Die Querwand zwischen den Zylinderbüchsen, welche zur Unterstützung der Zylinderbüchse notwendig ist, wird durch den erforderlichen Spülluftzutrittsspalt unterbrochen. Um dennoch eine möglichst große Biegehöhe auszunützen, muß die Querwand bis knapp an die Spülschlitzeintrittsöffnungen heruntergezogen werden (Schnitt *A-B*). Der Anlauf der Querwand an die Längswand erfolgt am besten mit großen Übergangsradien.

Die von den Schraubenbutzen des Zylinderkopfes führenden Zugbänder zu den Lagerwänden müssen außerhalb der notwendigen Öffnungen für den Gaswechsel gelegt werden.

Die Führung der Zugbänder und die Zugquerschnitte im Bereich der Spülluftzutritte zwischen den Büchsen ist aus den Schnitten *O-P*, *R-S*, *J-K*, *L-M*, *G-H* zu ersehen.

Infolge des verhältnismäßig großen Zylinderabstandes ist der Übergang der Zugbänder von den Zylinderkopfschrauben in die Lagerwände besonders sorgfältig durchzubilden.

Schnitt *O-P* zeigt die Ausbildung des Überganges auf der Spülluftraumseite. Die Zugrippen sind am unteren Ende der Übertrittsöffnung aus dem Spülluftraum zur Lagerwand hin etwas verstärkt, um besser in die oben konisch auseinandergezogene Lagerwand einfließen zu können. Auf der Kurbelraumseite sind zusätzlich unter den Zugbändern der Spülraumseite Längsrippen angeordnet, welche in die Zugrippen der Lagerwand übergehen. Schnitt *R-S* zeigt die Führung der Zugbänder zur Lagerwand auf der anderen Zylinderseite.

Hier werden die Zugbänder durch die Massenausgleichswelle zum Teil unterbrochen (Schnitt *E-F*). Dadurch, daß ein über die Gehäuselänge laufender rohrförmiger Biegeträger, in welchem die Massenausgleichswelle läuft, angeordnet ist, leitet dieser dann die Zugkräfte auf die Lagerwand über. Die Ausbildung und Dimensionierung der Zugquerschnitte selbst erfolgt in der in den früheren Abschnitten beschriebenen Weise.

Maßgebend für die weitere Gestaltung des Kurbelgehäuses und die Anordnung der Hilfsmaschinen und des Zubehörs ist die hauptsächliche Verwendung des Motors für einen 1-Tonnen-Lieferwagen. Das Kurbelgehäuse und die sonstigen an diesem angebauten Teile sind in Leichtmetall ausgeführt, um die Vorderachsbelastung niedrig zu halten, wobei auf die Verwendung einer Außenkokille in der Detailausführung geachtet wurde.

Am Kurbelgehäuse sind ein riemengetriebenes Rootsgebläse, Auspuffleitung, Massenausgleichswelle, Wasser- und Ölpumpe, Lichtmaschine und Ölfilter untergebracht und befestigt. Einspritzpumpe und Anlasser sind am Schwungradgehäuse angeflanscht.

Da der Motor im Fahrgestell im Führerhaus neben dem Lenkersitz angeordnet ist, war die Unterbringung der weiter ausladenden Hilfsmaschinen und des Zubehörs auf der in Fahrtrichtung rechtsliegenden Motorseite gegeben. Es sind daher auf der rechten Motorseite Auspuffleitung und Gebläse, Lichtmaschine und Filter und auf der Fahrerseite nur Einspritzpumpe und Anlasser angeordnet.

In der Regel erweist es sich bei Zweitaktmotoren als praktisch, den Zahnradtrieb für die Einspritzpumpe auf die Schwungradseite zu legen, um an der Frontseite genügend Raum für die riemengetriebenen Hilfsmaschinen, insbesondere für den Rootsgebläseantrieb, zu erhalten.

Da bei Zweitaktmotoren die Einspritzpumpen und Nocken- und Massenausgleichswellen mit Kurbelwellendrehzahl laufen, entstehen durch die notwendigerweise größeren Räder über dem Kurbelwellenflansch keine übermäßig großen Steuerräder, wie dies sonst bei schwungradseitigem Zahnradtrieb bei Viertaktmotoren der Fall ist.

Das Schwungradgehäuse ist vom Kurbelgehäuse getrennt. Für die durchlaufende Fräsbearbeitung aller Befestigungsflächen für die Hilfsmaschinen und für das Zubehör sind alle Flächen in die gleiche Ebene gerückt. Bei einiger Bemühung beim Entwurf ist dies möglich, ohne Nachteile für die Einbauabmessungen in Kauf nehmen zu müssen.

Wie bei allen Zweitaktmotoren vorteilhaft, sind die Auslaßkanäle am Kurbelgehäuse ebenfalls vom Kühlwasser umgeben, um Gehäusedeformationen und damit Büchsenverzüge an dieser Stelle zu vermeiden.

Unter dem Kühlwasserraum um die Auslaßstutzen ist entlang dem Gehäuse der Spülluftraum angeordnet (Schnitt *O-P* und *C-D*). Von diesem Aufnahmeraum bzw. Verteilkanal wird die Spülluft den flachen Kanälen zwischen den Zylinderrohren zugeführt (Schnitt *E-F*). Es ist zweckmäßig, den Spülluftraum insbesondere bei Motoren mit wenigen Zylindern, so groß es die Einbauverhältnisse zulassen, auszuführen.

Die Trennwand zwischen Spülluftraum und Kurbelraum ist bis nahe an das Kolbenlaufbahnende gelegt, um hohe Durchtrittsöffnungen zwischen den Zylinderbüchsen zu den Schlitzen zu erhalten. In die ungefähr gleiche Höhe ist auch der untere Wasserraum um die Zylinderbüchse angeordnet, um eine durchgehende geschlossene Längswand über dem Kurbelraum zu erhalten. Direkt über dem Spülluftraum ist das Rootsgebläse am Gehäuse angeflanscht. Die Massenausgleichswelle liegt im Winkel zwischen unterer Zylinderbüchsenabdichtung und der Trennwand zwischen Kurbelraum und Wasserverteilkanal, wobei deren Mittel so gelegt wurde, daß das Antriebsrad der Massenausgleichswelle gleichzeitig das Zwischenrad zum Einspritzpumpentrieb bildet. Die Welle ist nur an den beiden Enden in den in das Gehäuse eingepreßten Lagerbüchsen gelagert.

Die Kurbelraumwände sind knapp an die Pleuelgeige herangezogen. Sie sind durch zickzack verlaufende Rippen gut versteift. Das Kurbelgehäuse ist 100 mm unter die Kurbelwellenmitte heruntergezogen. Die M 12-Lagerschrauben sitzen tief in der 6,5 mm starken Lagerwand. Von den Schraubenbutzen sind noch schräge Rippen an die Seitenwände geführt. Die Lagernaben im Gehäuse und Lagerbügel zur Aufnahme der Dünnwandlagerschalen sind 15 mm stark und ermöglichen deren festen, runden Sitz. Der in Kokille gegossene Lagerbügel ist seitlich im Gehäuse eingepaßt. Seine Biegungsbeanspruchung beim Verbrennungsdruck beträgt 670 kg/cm². Die Wasserpumpe und die Ölpumpe sind auf der Frontfläche in gleicher Ebene mit dem vorderen Abschlußdeckel befestigt. Die Wasserpumpe fördert direkt in den Wasserverteilkanal (Schnitt *R-S*) oberhalb der Massenausgleichswelle. Ein geringer Teilstrom wird aus der Wasserpumpe in den Wasserraum um die Auspuffkanäle geführt.

Die Ölpumpe liegt unmittelbar über der vertikalen Ölbohrung in der vorderen Lagerwand. Der Ölverteilkanal zu den Hauptlagern ist gebläseseitig unter dem Spülluftraum angeordnet. Von diesem Ölverteilkanal erfolgt auch die direkte Schmierölversorgung zu den Lagerdeckeln vom Rootsgebläse. Für den Ölrücklauf aus dem Gebläse sind in der Seitenwand zwei Bohrungen vorgesehen. Die Schmierölzufuhr zu den Lagerbüchsen der Massenausgleichswelle erfolgt durch schräge Bohrungen in den beiden äußeren Lagerwänden, die von den eingefrästen Nuten in den Hauptlagernaben ausgehen.

Das Schwungradgehäuse, welches auch den Räderkasten enthält, ist unter Zwischenschaltung einer 4-mm-Blechplatte am Kurbelgehäuse angeschraubt. Die Kurbelraum- und Spülluftraumwände sind 4,5 mm stark ausgeführt, die innen bearbeiteten Wände um die Zylinderbüchsen sind 6 mm stark, um Versetzungen auszugleichen.

b) Kurbelgehäuse für einen Sechszylinder-Zweitakt-Dieselmotor der Ford-Werke AG., Köln

Abb. 62 zeigt das Kurbelgehäuse für einen Sechszylinder-Zweitakt-Dieselmotor mit Umkehrspülung mit 92 mm Bohrung, 105 mm Hub, der Ford-Werke AG., Köln. Der Motor ist in Abb. 247 dargestellt.

Für Zweitaktmotoren mit Umkehrspülung mit mehr als drei Zylindern erreicht man mit der V-Anordnung in der Regel die gedrängteste Bauform, wobei der V-Winkel von 90° den zumindest erforderlichen Massenausgleich I. Ordnung ohne Ausgleichswelle für alle Zylinderzahlen gewährleistet.

Der V-Winkel von 90° erfordert das Verspannen der Lagerbügel mit dem unter das Kurbelwellenmittel heruntergezogene Kurbelgehäuse, was insbesondere in diesem Fall für die verwendete Leichtmetallbauart unbedingt notwendig ist.

Um das an und für sich komplizierte Gußstück zu vereinfachen, ist das Schwungradgehäuse vom Kurbelgehäuse getrennt und auch die sonstigen Hilfsmaschinen sind als für sich geschlossene Aggregate ausgebildet.

Am Kurbelgehäuse sind Rootsgebläse, Ölpumpe, Ölfilter, Auspuffleitung, Bremsluftkompressor und vordere Motoraufhängung befestigt. Einspritzpumpe, Anlasser und der Zahnradtrieb für das Rootsgebläse und die Einspritzpumpe sind an der Blechplatte zwischen Kurbelgehäuse und Schwungradgehäuse bzw. direkt am Schwungradgehäuse angeschraubt. Die Wasserpumpe mit den Wasserzuführungsleitungen zu den Zylinderblöcken ist mit dem Frontdeckel verbunden. In Verbindung mit Unterbringung und Antrieb der Hilfsmaschinen ist hier sowie im allgemeinen bei Zweitaktmotoren der schwungradseitige Zahnradantrieb vorteilhaft.

Der gegebene Platz für die Unterbringung des Spülluftraumes und des immer etwas voluminös bauenden Rootsgebläses ist bei V-Motoren der Raum zwischen den beiden Zylinderreihen.

Die Auslaßkanäle und damit die Auspuffleitungen kommen dann auf den Außenseiten der Zylinderreihen zu liegen, was auch in der Regel den Einbauverhältnissen im Lastkraftwagen am besten entspricht. Der sich aus der verwendeten Zylinderbüchsenkonstruktion nach Abb. 10 und dem notwendigen Spülluftzufuhrkanal zwischen den Zylindern ergebende Zylinderabstand von 150 mm reicht auch aus, eine ausreichend dimensionierte Kurbelwelle mit am Kurbelzapfen nebeneinander liegenden Pleuelstangen unterzubringen. Die Versetzung der Zylinderreihen beträgt 29 mm. Der Zylinderabstand ist im vorliegenden Beispiel $A = 1{,}63\, D_{\text{Zyl}}$. Die im Abschnitt C. III. 3. a, S. 79 gegebenen Gestaltungsrichtlinien für die Ausbildung eines Kurbelgehäuses für Zweitaktmotoren mit Umkehrspülung gelten im wesentlichen auch hier. Die ausgeprägte Führung der Zugbänder von den Zylinderkopfschrauben zu den Hauptlagerschrauben ist in den Schnitten *Y-Z*, *L-M* dargestellt.

Mit Sorgfalt muß am Kurbelgehäuse der ungehinderte Zutritt der Spülluft zu den den Auslaßschlitzen anschließenden Einlaßschlitzen ausgebildet werden. Wie Schnitt *W-X* zeigt, ist die an den äußersten Einlaßschlitz anschließende Wand noch etwas in Richtung dieses Schlitzes zu führen. Aus dem Schnittpunkt mit der entsprechenden Wand vom daneben liegenden Zylinder ergibt sich dann die Lage der Trennwand zum Wasserraum um die Auspuffkanäle.

Die Kräfte leitende Trennwand zwischen dem Spülluftraum und dem Wasserraum um die Auslaßstutzen muß im weiteren Verlauf nach unten etwas schräg gezogen werden, damit die in den Lagerwänden sich fortsetzenden Zugrippen zu den Lagerschrauben geführt werden können. Der Übergang und die Fortsetzung der spülraumseitigen Zugbänder in die Rippen der Lagerwände zu den Lagerschrauben ist im Schnitt *L-M* zu sehen. Die Zugrippen von den Zylinderkopfschrauben kommen wegen des dazwischen notwendigen Spülluftdurchtrittes zu den die Zugkräfte weiterführenden Rippen in den Lagerwänden etwas versetzt zu liegen. Zur Weiterübertragung der Zugkräfte werden daher Biegungsträger in Form von Doppelrippen herangezogen, welche kurbelraumseitig an der Trennwand zwischen Spülluftraum und Kurbelraum angeordnet sind. In der Lagerwand werden dann die vom Spülluftraum übertretenden Rippen über die Biegungsträger als Doppelrippen fortgesetzt. Die Lagerwände sind entsprechend der Versetzung der beiden Zylinderreihen wie Schnitt *P-Q* zeigt, gekröpft. Die M 14-Lagerbügelschrauben sitzen zwischen den beiden vom Zylinderblock kommenden Zugbändern tief in den Lagerwänden. Die Lagerwände sind 7 mm, die übrigen Verkleidungswände 4,5 mm stark. Die Naben der Lagerbohrung im Gehäuse und Lagerbügel haben eine Stärke von 15 mm.

Der Lagerbügel im Gehäuse wird mit einer kräftig ausgebildeten U-förmigen Zange umfaßt und mit zwei in den Lagerbügel eingeschraubten M 10-Kopfschrauben kraftschlüssig seitlich verspannt. Die Überdeckung zwischen Lagerbügel und Gehäuse beträgt 0,01 bis 0,03 mm, wobei die seitlichen Einpaßflächen innerhalb 0,015 mm Abweichung auf 100 mm Meßlänge senkrecht zur Lagerbügelteilebene sein müssen.

Zur Montage des Lagerbügels muß das Gehäuse mit einer Vorrichtung um einige Hundertstel Millimeter aufgespannt werden. Die U-förmige Zange ist mit den in den Kurbelraumwänden angeordneten Längs- und Zick-Zack-Rippen verbunden. Der breite Ölwannenflansch liegt 122 mm unter Kurbelwellenmitte. Die schräg davon nach außen geneigten Kurbelraumwände gehen bogenförmig verlaufend in die Außenwand des Kühlwasserraumes um die Auslaßkanäle über. Alle seitlichen Befestigungsflächen für den Ölfilter und Ölkühler, die Auspufflanschen und die Butzen für die Motoraufhängung sind in eine gemeinsame Ebene gerückt, um eine durchlaufende Fräsbearbeitung zu ermöglichen.

Die außenliegenden Kühlwasserräume um die Auslaßstutzen dienen gleichzeitig zur Kühlwasserverteilung zu den einzelnen Zylindern. Die Kühlwasserzufuhr erfolgt an der vorderen Gehäusefläche über den Frontdeckel.

Die Ölpumpe ist am Ölwannenflansch unter dem vorderen Lagerbügel befestigt. Die Ölleitungen zum Filter und zur Verteilleitung in der Motormitte sind in der vorderen Lagerwand angeordnet. Das Gewicht des Kurbelgehäuses in Leichtmetall beträgt 45,9 kg.

Als wichtigste Herstellungstoleranzen sind folgende vorgeschrieben:

Die Aufnahmedurchmesser der Zylinderbüchse im Kurbelgehäuse müssen zueinander konzentrisch innerhalb 0,015 mm Gesamtindikatorausschlag und rechtwinkelig 0,03 mm auf 150 mm Meßlänge zur Kurbelwellenachse sein.

Die Büchsenauflage muß innerhalb 0,02 mm Gesamtindikatorausschlag parallel zur Kurbelwellenachse liegen.

c) Kurbelgehäuse für einen Zwölfzylinder-Zweitakt-Dieselmotor der Jenbacher Werke AG., Jenbach, Tirol

Abb. 63 zeigt das Kurbelgehäuse für einen Zwölfzylinder-Zweitakt-Dieselmotor mit Umkehrspülung mit 150 mm Bohrung und 170 mm Hub der Jenbacher Werke, Jenbach, Tirol. Der Motor ist in Abb. 257 dargestellt.

Bei der Gestaltung des Kurbelgehäuses und für die Ausbildung und Anordnung des Zubehörs und der Hilfsmaschinen am Gehäuse war die hauptsächliche Verwendung des Motors für Lokomotiven und stationäre Aggregate maßgebend. Weiters war die weitgehende Einheitlichkeit einer Baureihe mit zu berücksichtigen. Als Werkstoff für das Kurbelgehäuse wird GG 22 verwendet.

Der V-Winkel von 90° ist für die Baureihe mit vier bis acht und zwölf Zylindern einheitlich. Daher ist die Bearbeitung der Gehäuse auf weitgehend gleichen Werkzeugmaschinen und Vorrichtungen möglich. Dieser Winkel gibt einen Massenausgleich I. Ordnung für alle Zylinderzahlen.

Zur Aufnahme der Seitenkräfte und zwecks Erreichung des Optimums einer steifen Lagerung der Kurbelwelle ist die Ausführung der seitlichen Verspannung von Lagerbügel und Kurbelgehäuse vorgesehen. Für die Spülluftförderung wird ein Radialgebläse verwendet. Am Kurbelgehäuse sind Radialgebläse, Zahnradtriebe, Auspuffleitungen, Einspritzpumpe, Anlasser, Lichtmaschine, Ölfilter und Ölkühler und Öl- und Wasserpumpe befestigt.

Aus der Verwendung als Lokomotivmotor heraus ist die Anordnung der Auspuffleitungen innerhalb der Zylinderreihen vorzuziehen, welche infolge der größeren Dimension des Motors auch dort neben dem Spülluftaufnahmeraum leicht unterzubringen sind.

Die Antriebsräder für das Gebläse und für die Einspritzpumpe sind schwungradseitig in einem mit dem Kurbelgehäuse verbundenen Radkasten untergebracht. Die Ölpumpe und Wasserpumpe werden ebenfalls über Zahnräder angetrieben, die in einem schmalen, stirnseitig angebrachten Räderkasten angeordnet sind. Ebenso ist das Radialgebläse stirnseitig angeflanscht, dessen Lage aus den Einbauverhältnissen gegeben ist. Die Zylinderbüchsen sind prinzipiell in gleicher Bauart wie in Abb. 10 ausgebildet und in das Gehäuse eingesetzt. In Verbindung mit dem notwendigen Abstand für die Spülluftführung zwischen den Zylinderbüchsen ergibt sich ein Zylinderabstand von 1,53 $D_{\text{Zyl}} = 230$ mm, welcher auch für die Dimensionierung der Kurbelwelle einschließlich der Anordnung von nebeneinander liegenden Pleuelstangen am Kurbelzapfen ausreicht. Die Versetzung der Zylinderreihen beträgt 40 mm. Die Ausbildung der Spülluftkanäle und Auslaßstutzen entspricht im wesentlichen der beschriebenen prinzipiellen Ausführung nach Abschnitt C. III. 3. a, S. 79, mit Spülluftraum und Auslaßkanal auf der gleichen Zylinderseite. Die Übertragung der Verbrennungskräfte von den Zylinderköpfen erfolgt durch lange Zuganker mit M 20-Gewinde, welche in Schraubenbutzen knapp neben den Lagerwänden und unterhalb der Trennwand zwischen Spülluftraum und Kurbelraum sitzen (Schnitt *B-B*). Die Zuganker stehen offen im Spülluftraum und erlauben den ungehinderten Spülluftzutritt zu den Schlitzen in der Zylinderbüchse (Schnitt *K-K*). Die Gehäusewände der Zylinderblöcke sind dadurch von den Zugkräften entlastet und nur auf Druck beansprucht. Die Ausbildung der Zylinderblöcke und die Durchführung der Zuganker ist in den Schnitten *B-B* und *K-K* ersichtlich. Von den Schraubenbutzen der Zuganker führen dann kräftige Doppelrippen in den Lagerwänden zu den Lagerschrauben. Die 12 mm starken Lagerwände sind entsprechend der Versetzung der Zylinderreihen gekröpft. Durch die Kröpfung der Lagerwand in der Mitte des Motors führt die Ölbohrung zum Hauptlager. Die Lagerbügel sind aus Sphäroguß gegossen und sind mit M22-Kopfschrauben in den Lagerwänden befestigt und seitlich mit M18-Kopfschrauben in den zangenartig umgreifenden Kurbelgehäuseteil kraftschlüssig verspannt.

Die Passungstoleranzen zwischen Gehäuse und Lagerbügel sind H6/k6 ausgeführt. Der Ölwannenflansch liegt 235 mm unter Kurbelwellenmitte und ist nach außen stark verbreitert, da der Motor auf der gleichen Fläche aufgestellt wird. Die schräg nach außen gezogenen Kurbelraumseitenwände sind im unteren Teil für die Zugänglichkeit zu den Pleuelschrauben mit runden Luckendeckeln versehen. Im Winkel zwischen den Kurbelraumwänden und den Zylinderblockwänden sind die Sättel für die Anlasserbefestigung angeordnet.

Die gemeinsame Befestigungsebene für die Abschlußdeckel des Spülluftraumes und der Auspufflanschen und für die Lufteintrittsstutzen ist über die Auflageflächen der Zylinderbüchsen gelegt. Dadurch wird eine genügend breite Fläche für die Unterbringung der Auspuffrohre und der dazwischen in Motormitte gestellten Einspritzpumpe erhalten. Der schwungradseitige Abschlußdeckel für den Spülluftraum dient gleichzeitig für die Sattelbefestigung der Einspritzpumpe. Diese Öffnungen und die Spülluftеintrittsöffnung sind genügend groß, um eine ausreichende Kernlagerung und sorgfältige Reinigung des zerklüfteten Spülluftraumes zu gewährleisten.

Die Kühlwasserzufuhr zu den Zylinderbüchsen erfolgt durch außenliegende Wasserverteilrohre, welche im Winkel der äußeren Gehäusewände angeflanscht werden. Die Auslaßstutzen sind ebenfalls von einem Kühlwassermantel umgeben. Die Ölpumpe ist außerhalb des Gehäuses an der Frontfläche des Gehäuses angeflanscht.

Die Ölverteilleitung zu den Hauptlagern ist als Stahlrohr mit 40 mm Außendurchmesser und $1^1/_2$ mm Wandstärke in 46 mm breite Butzen in den Lagerwänden in Motormitte eingewalzt. Dies ist für Kurbelgehäuse größerer Abmessung die zweckmäßigste Lösung, da Gußanhäufungen vermieden werden und auch die Reinigung der Leitungen wesentlich erleichtert wird.

An der schwungradseitigen Radkastenwand wird entsprechend den jeweiligen Einbauverhältnissen ein Schwungradgehäuse angeflanscht. Die Radkastenwand dient auch zur Gegenlagerung der innerhalb angeordneten Antriebsräder.

d) Kurbelgehäuse für einen Zweizylinder-Zweitakt-Dieselmotor der Rheinstahl-Hanomag AG., Hannover

Abb. 64 zeigt das Kurbelgehäuse für einen Zweizylinder-Zweitaktmotor mit Umkehrspülung in Tunnelausführung, Bohrung 85 mm, Hub 90 mm der Hanomag, Hannover. Der Gesamtaufbau des Motors ist in Abb. 243 dargestellt.

Maßgebend für den Aufbau dieses Kurbelgehäuses ist die eigenartige Zylinderbüchsenbauart in Form von aufgesetzten Einzelzylinderblöcken und eines darüber gestülpten gesonderten Spülluftbehälters. Diese Bauart ist am besten aus der dazugehörigen Motorschnittzeichnung Abb. 243 ersichtlich. Dadurch wird vor allem ein einfaches Gußstück für das Kurbelgehäuse erreicht, da die etwas komplizierte Kerngestaltung für die Spülluft- und Kühlwasserführung im Kurbelgehäuseoberteil entfällt. Als Folge dieser Zylinderkonstruktion ergibt sich jedoch ein verhältnismäßig niedriges Kurbelgehäuse, das, um die Steifigkeit zu erhöhen, nunmehr als Tunnelgehäuse ausgebildet wurde. Die Kurbelwelle ist nach jeder Kröpfung in geteilten Lagerschilden gelagert, welche mit der Kurbelwelle ins Kurbelgehäuse eingeschoben werden.

Der Hauptverwendungszweck des Motors ist für Traktoren gedacht. Aus diesem Grund sind Rootsgebläse, Luftfilter und Auspuffleitung, also die weit ausladenden Teile, auf der in Fahrtrichtung links liegenden Motorseite angeordnet, um die Sicht des Fahrers auf die meist rechts angeordneten landwirtschaftlichen Geräte nicht zu behindern. Dadurch ist im wesentlichen auch die Anordnung der anderen Hilfsmaschinen und Zubehörteile am Kurbelgehäuse bestimmt.

Am Kurbelgehäuse sind Rootsgebläse, Zahnradantrieb, Ölpumpe, Ölfilter und Anlasser befestigt. Ferner ist eine Massenausgleichswelle, von der auch die Einspritzpumpe mit Fremdantrieb über Stößel betätigt wird, und ein Antrieb für einen Drehzahlverstellregler untergebracht. Der Zahnradtrieb ist schwungradseitig angeordnet; Räderkasten und Schwungradgehäuse sind mit dem Kurbelgehäuse verbunden. Der Werkstoff des Kurbelgehäuses ist Grauguß GG 18.

Aus der Zylinderbüchsenkonstruktion und dem notwendigen Abstand für den Spülluftzutritt zu den Schlitzen ergibt sich eine Zylindermittenentfernung von $1{,}53\ D_{\text{Zyl}} = 130$ mm.

Der Zylinderkopf wird über die Zylinderbüchse mittels vier durchgehenden Ankerschrauben M 12 auf das Kurbelgehäuse gespannt. Die Übertragung der durch die Zylinderkopfschrauben eingeleiteten Zugkräfte zu den Lagerschilden erfolgt durch je zwei Kopfschrauben M 12, mit denen die Lagerschilde (Abb. 65) an die Lagerschildaufnahmebohrung im Kurbelgehäuse kraftschlüssig nach oben gezogen werden (Schnitt *E-F*). Die Zugschrauben zu den Lagerschilden sind, wie aus der Ansicht von oben ersichtlich, neben den Schraubenbutzen der Zylinderkopfschrauben angeordnet. Die beiden Butzen sind auf eine Länge von 50 mm zusammengewachsen (Schnitt *E-F*). Dadurch werden die Kräfte von den Zylinderkopfschrauben zu den Lagerschildschrauben geleitet.

Die Zylinderbüchsen werden in den unter der Teilfläche liegenden Bohrungen zentriert und mittels der üblichen O-Ringe gegen den Kurbelraum abgedichtet. Die Kühlwasserzufuhr zu den Büchsen erfolgt über den Ringraum zwischen Büchsenauflage und Büchsenzentrierung (Schnitt *A-B*). Für den Spülluftübertritt in den Spülluftbehälter aus dem Spülluftkanal entlang dem Kurbelgehäuse sind drei große Öffnungen in der Teilfläche (Schnitt *E-F*) vorgesehen. Über dem Spülluftkanal ist das Rootsgebläse seitlich am Gehäuse angeflanscht. Die fremdgetriebene Einspritzpumpe wird ebenfalls auf der Teilfläche des Kurbelgehäuses neben dem aufgesetzten Spülluftbehälter befestigt. Die Rollenstößel sind im Kurbelgehäuse geführt (Schnitt *W-X*).

Die Massenausgleichs- bzw. Nockenwelle ist dreifach gelagert, wobei zwischen den beiden vorderen Lagern die Einspritzpumpennocken angeordnet sind.

Der gesamte Zahnradtrieb ist schwungradseitig in dem geschlossenen Radkasten angeordnet. Die Abtriebe für den Regler und für das Rootsgebläse ragen über die Kurbelraumkontur vor. Die Zahnräder für das Einspritzpumpenantriebsrad und für das Zwischenrad des Gebläseantriebes können durch die Tunnelbohrung in den Radkasten eingeschoben werden. Die Lagergehäuse für Regler und Gebläseantriebszahnrad und des Anlassers werden auf gefrästen Flächen auf der Außenseite des Räderkastens befestigt. Die Ölpumpe ist an der Frontfläche des Gehäuses angeflanscht.

Die Saug- und Druckleitungen sind in das Kurbelgehäuse eingewalzt (Schnitt *W-X*).

Die Schmierölzufuhr zu den Hauptlagern erfolgt über die Rundpassung der Tunnelbohrung (Schnitt *A-B*) zu den Lagerschilden.

Das Kurbelgehäuse ist nach unten zur Pleuelmontage offen. Die Verkleidungswände sind 4 mm und die Lagerwände 5 mm stark ausgeführt.

In Abb. 65 ist der zum Tunnelgehäuse Abb. 64 zugehörige Lagerschild dargestellt. Der Durchmesser der Tunnelbohrung muß so gewählt werden, daß die Kurbelwelle mit den Gegengewichten in das Gehäuse eingeschoben werden kann. Die Rundpassung zwischen Tunnelbohrung und Lagerschild hat 185 mm H7/k6 Durchmesser. Der Lagerbügel ist zur Aufnahme der Seitenkräfte mit einer Gewindeverzahnung auf dem Lagerschild gehalten und mittels M 12-Kopfschrauben mit 9,5 mm Dehnschaft niedergespannt.

Die Gewindebohrungen der Zugschrauben vom Kurbelgehäuse liegen in der Achse der Lagerbügelschrauben, so daß damit ein gerader, direkter Kraftfluß im Lagerschild erfolgen kann.

Die Lagerschalen-Aufnahmebohrungen werden mit den in das Kurbelgehäuse eingeschobenen und befestigten Lagerschilden gemeinsam feingebohrt.

e) Kurbelgehäuse für einen Fünfzylinder-Zweitakt-Dieselmotor mit Ventilspülung von Friedrich Krupp, Motoren- und Kraftwagenfabriken, Essen

Abb. 66 zeigt das Kurbelgehäuse für einen Fünfzylinder wassergekühlten Zweitakt-Dieselmotor mit Ventilspülung, 115 mm Bohrung, 140 mm Hub von Krupp.

Der Motor ist in seinem Gesamtaufbau in Abb. 250 dargestellt. Maßgebend für den Aufbau eines Kurbelgehäuses für Zweitaktmotoren mit Gleichstromspülung ist die Unterbringung eines Spülluftraumes, der einen allseitigen Zutritt zu den in der Regel am ganzen Umfang der Zylinderbüchse verteilten Spülschlitzen gestattet; ferner ist die Anordnung einer Nockenwelle mit den zugehörigen Stößelführungen notwendig. Erleichternd für den Aufbau ist, wie dies erprobte Ausführungen beweisen, daß für die Kühlung der Zylinderbüchsen unterhalb der Schlitze keine zusätzlichen Wasserräume angeordnet werden brauchen.

Für die Spülluftförderung ist im vorliegenden Beispiel ein riemengetriebenes Rootsgebläse vorgesehen. Am Kurbelgehäuse sind die Befestigungsflanschen für das Rootsgebläse, ferner für die Einspritzpumpe, Wasserpumpe, Ölpumpe und Ölfilter und für das Schwungradgehäuse angebracht.

Der Steuerungstrieb ist schwungradseitig in einem mit dem Kurbelgehäuse verbundenen Räderkasten angeordnet.

Die zu diesem Motor gehörige Zylinderbüchse ist in Abb. 14 und der dazugehörige Zylinderkopf in Abb. 35 dargestellt.

Das Kurbelgehäuse ist in Grauguß GG 26 abgegossen.

Der Zylinderabstand von 162 mm (1,41 D_{Zyl}) ergibt sich vornehmlich aus der Konstruktion des Zylinderkopfes und aus dem notwendigen Abstand der Zylinderbüchsen für den Spülluftdurchtritt. Der Achsabstand ist infolge der geringeren Außenabmessungen der Büchse verhältnismäßig kleiner als bei umkehrgespülten Zweitaktmotoren. Die Zylinderbüchse liegt auf einem 14 mm hohen Ringwulst am Gehäuse auf, welcher durch groß ausgerundete Übergänge zu den anliegenden Gehäusewänden gut unterstützt wird.

Die Büchse ist dann zwischen Wasserraum und Spülluftraum und zwischen Spülluftraum und Kurbelraum im Gehäuse geführt und abgedichtet. Zur Abdichtung sind die üblichen O-Ringe in Nuten im Gehäuse eingelegt. Die Trennwand zwischen Spülluftraum und Kurbelgehäuse ist am unteren Ende der Zylinderbüchse angeordnet, um einen großen Spülluftraum und hohe Spülluftdurchtritte zwischen den Zylinderbüchsen zu erhalten. Die Höhe der Trennwand zwischen Spülluft- und Wasserraum ist aus der Lage der oberen Schlitzkanten bestimmt (Schnitt A-B).

Schwierig gestaltet sich die Übertragung der Verbrennungskräfte von den Zylinderkopfschrauben zu den Hauptlagern, weil im Spülluftraum keine durchgehenden, tragenden Wände um die Zylinderbüchsen angeordnet werden können, um den erforderlichen allseitigen Spülluftzutritt zu den Büchsen nicht zu behindern.

Für die Kraftleitung sind hier hauptsächlich die Außenwände herangezogen worden.

Bemerkenswert und interessant ist die Ausbildung der Querwände im Bereich des Wasser- und Spülluftraumes (Schnitte E-F, X-Y, V-W). Die Querwände im Wasserraum unterstützen die Zylinderbüchsenauflage nur hauptsächlich in der Zylindermitte. Gegen die Außenwände hin sind sie beiderseits unterbrochen, um eine durchgehende Verbindung der einzelnen Wasserräume um die Zylinder zu ermöglichen (Schnitt X-Y). Die Durchbrechungen sind mit einem Wulst verstärkt.

Im Spülluftraum sind die Querwände in Motormitte zwischen den Zylinderbüchsen unterbrochen, um eine genügend weite Verbindung zwischen den beiderseits der Zylinderbüchsen liegenden Spülluftträumen herzustellen (Schnitt V-W). Die Ränder der Querwände sind ebenfalls mit Ringwülsten verstärkt, welche sich in die Ringwülste der Querwände im Wasserraum fortsetzen (Schnitt E-F). Bemerkenswert ist auch die Anordnung der Querwände auf der Gebläseseite (Schnitt V-W). Von der Gebläseeintrittsöffnung werden die einzelnen Querwände S-förmig zwischen die Zylinderbüchsen geführt.

Die Nockenwelle ist mit den Stößelführungen knapp unterhalb der Zylinderkopfdichtfläche angeordnet. Dadurch kommt sie noch außerhalb des Spülluftraumes zu liegen und ermöglicht damit ein schmales Kurbelgehäuse und auch ein kurzes Steuerungsgestänge. Für jeden Zylinderkopf sind zwei Stößelführungen für die Rollenstößel vorgesehen, welche knapp nebeneinander in Zylindermitte liegen. Die Nockenwelle ist zwischen jedem Zylinder in eingepreßten Büchsen gelagert und in einem aus den umgebenden Begrenzungswänden sich bildenden rohrförmigen Kanal untergebracht, welcher zur Übertragung der Verbrennungskräfte in die S-förmigen Querwände und an die Außenwände herangezogen wird. Zur Heranführung der Verbrennungskräfte an die Lagerschrauben sind in den Lagerwänden von den Schraubenbutzen schräge Rippen an die hauptsächlich kraftleitenden Außenwände gezogen. Die Lagerbügel sind mit M 18 × 1,5 Stiftschrauben am Kurbelgehäuse befestigt und mittels Paßhülsen lagegesichert. Die Lagerwände sind 7 mm, die Querwände im Spül- und Wasserraum 8 mm, die übrigen Wände meistens 6 mm stark ausgeführt.

Der Ölwannenflansch liegt 120 mm unterhalb der Kurbelwellenmitte. Die Wasserpumpe ist auf der dem Gebläse gegenüberliegenden Motorseite in der Höhe des Spülluftraumes angeflanscht. Die Wasserzuführung in den Wasserraum um die Zylinder erfolgt über zwei schmale Kanäle innerhalb des Spülluftraumes (Schnitt *E-F*, *A-B*).

Bemerkenswert ist noch der Kühlwasserübertritt in die Zylinderköpfe (Schnitt A_1-A_1). Um die Zylinderbüchsen bis unter die Auflagen kühlen zu können, sind knapp unter den Auflagen acht am Umfang verteilte horizontale 8-mm-Bohrungen vorgesehen, über welche das Kühlwasser in die vertikalen Übertrittsbohrungen zu den Zylinderköpfen geführt wird.

Die Schmierölzuführung zu den Hauptlagern erfolgt in der üblichen Weise über eine gebohrte Verteilleitung mit 16 mm Durchmesser und den Zuführungsbohrungen in den Lagerwänden (Schnitt *E-F*). Das Einspritzpumpenmittel liegt in gleicher Höhe wie die Nockenwelle knapp unter der Dichtfläche des Zylinderkopfes. Nockenwelle und Einspritzpumpe werden über ein im Radkasten gelagertes großes Zwischenrad angetrieben. Der Einspritzpumpenträger ist seitlich am Kurbelgehäuse in einer Rundzentrierung angeflanscht, welche in der Achse der Lagerung des Einspritzpumpenantriebrades liegt (Schnitt *C-D*).

Schrifttum

Bauer, A.: Vorteile und Möglichkeiten des Aluminium-Druckguß-Motors. MTZ 1962, April, S. 104.

Bauer, A. F.: Zylinderblöcke aus Aluminium-Druckguß in der USA-Motoren- und Fahrzeugindustrie. MTZ 1960, Oktober, S. 392.

— Engine Blocks and Their Components in Aluminum Die Casting. SAE Trans. 1960, S. 385.

Bücken, C.: Werkstoff und Gestaltungsmöglichkeiten für den Leicht-Ottomotor. MTZ 1963, April, S. 125.

Camp, N. W. Van: Stress Analysis of Aluminum V 8 Diesel Cylinder Block. SAE Trans. 1961, S. 212.

Geschelin, J.: Making Aluminum Cylinder Blocks. Automotive Industries 1960, 1. November, S. 33.

Institution of Mechanical Engineers: Symposium of Engine Noise and Noise Suppression, 1958.

Kessler, H.: Neue Erkenntnisse bezüglich Gestaltung mehrzylindriger Motorblöcke aus Aluminium. Metall 1955, S. 201.

Luther, K.: Kunststoff-Verschalungen für Dieselmotoren. MTZ 1962, September, S. 331.

Montgomery, A. M.: Corrosion Resistance of Aluminum Automobile Engine Components. SAE Journal 1960, August, S. 46.

Oberst, H., L. Bohn und F. Linhardt: Schwingungsdämpfende Kunststoffe in der Lärmbekämpfung. Kunststoffe 1961, Heft 9, S. 495.

Rihm, F.: Geschweißte Konstruktionen, technische und wirtschaftliche Grenzen. Konstruktion 1960, S. 242.

Schaefer, R. F.: Aluminum High-Output, High-Speed Diesel Engines. SAE Journal 1960, Februar, S. 40.

Schneider, K.: Wirtschaftliche Grenzen der Verwendung von Aluminiumguß im Kraftfahrzeugbau. Gießerei 1952, H. 13.

Smith, J. M.: Aluminum Engines, Design for Modern Fabrication. SAE Trans. 1959, S. 295.

Witzky, I.: Kurbelgehäuse-Korrosion bei Dieselmotoren. MTZ 1959, April, S. 112.

IV. Motorschmierung

1. Schmierölkreislauf

Bei der Konstruktion von Motoren ist der Ausbildung des gesamten Motorschmiersystems besondere Aufmerksamkeit zuzuwenden, weil seine richtige Gestaltung einen wesentlichen Faktor in der Betriebssicherheit und Lebensdauer der Motoren darstellt.

Die Aufgaben sind zusammengefaßt:

Schmieren zur Verringerung der Reibung gleitender Flächen und Verminderung der Abnützung;

Kühlen von hochbeanspruchten Lagerflächen und thermisch belasteten Bauteilen;

Reinigen der Gleitflächen von unvermeidbaren Abnützungsteilchen und von Verbrennungsrückständen.

Zur Erfüllung dieser Aufgaben gilt es, das Schmieröl an die Schmier- und Kühlstellen heranzubringen, die aufgenommene Wärme abzuführen und die Schmutzteilchen auszuscheiden.

Je nach Motorbauart und dem Verwendungszweck gibt es drei Möglichkeiten der Schmierölförderung:

a) Frischölschmierung. Die Frischölschmierung kommt nur bei kleineren Otto- und Diesel-Einzylinder-Zweitaktmotoren mit Kurbelkastenspülung in Frage. Diese Motoren sind immer mit wälzgelagerten Kurbelwellen und meist auch mit wälzgelagerten Pleuelstangen ausgerüstet. Die Pumpe fördert aus einem vom Motor getrennten Schmierölbehälter und drückt das Öl über Druckleitungen zu den einzelnen Schmierstellen. Die Frischölpumpen werden am besten von der Zubehörindustrie (Bosch, Friedmann) bezogen. Die Förderung und Zuteilung erfolgt über mehrere kleine Kolben, welche über eine Taumelscheibe betätigt werden. Der Hub der Kolben ist je nach der erforderlichen Bedarfsmenge der einzelnen Schmierstellen einstellbar. Auch eine lastabhängige Schmierölzuteilung ist ausführbar. Der Antrieb der Pumpe wird häufig von der Kurbelwelle über einen gekreuzten Schraubenradtrieb abgenommen, Abb. 261 (Fichtel & Sachs-Motor). Ebenso werden bei größeren Zweitakt-Dieselmotoren die Zylinderlaufflächen vielfach durch eine vom übrigen Schmierölkreislauf getrennte Frischölpumpe gesondert geschmiert. Durch die Frischölschmierung wird keine Kühlwirkung an den belasteten Stellen erreicht.

Der Vollständigkeit halber sei auch die Gemischschmierung erwähnt, die bei Otto-Zweitaktmotoren mit Kurbelkastenspülung angewendet wird, bei welcher die Öltröpfchen durch das Brennstoff-Öl-Luftgemisch zu den Schmierstellen im Kurbelraum und auf die Kolbenlaufbahn gelangen.

b) Tauchschmierung. Diese kommt nur noch selten bei kleinen Einzylinder-Viertaktmotoren vor. Die Kurbelwelle ist bei dieser Art der Schmierung in der Regel ebenfalls wälzgelagert. Der Pleuellagerdeckel ist mit einem schmalen Schöpflöffel versehen, welcher in den Ölspiegel des im Kurbelgehäuse befindlichen Schmieröles eintaucht und dabei das Öl im ganzen Kurbelraum herumschleudert. Durch entsprechend angeordnete Fangschalen wird das Öl den einzelnen Schmierstellen zugeleitet.

c) Druckumlaufschmierung. Bei allen Verbrennungsmotoren außer den oben genannten wenigen Ausnahmen wird das Öl unter Druck und in reichlichem Maße durch eine kontinuierlich fördernde Pumpe den Schmier- und Kühlstellen zugeführt. Das Schmier- und Kühlöl rinnt von den Schmierstellen austretend in die Ölwanne zurück und wird dann wieder von der Pumpe angesaugt und über Kühler und Filter in den Kreislauf gedrückt.

Beim Gesamtaufbau des Motors und insbesondere bei der Gestaltung des Kurbelgehäuses ist der Schmierölkreislauf in der richtigen Folge von Ölpumpe, Ölkühler und Ölfilter bei Beginn der Entwurfsarbeiten mit einzubeziehen.

Mit einzuschließen in die Auslegung des Ölkreislaufes ist die Ausbildung der Ölbehälter und der Kurbelgehäuseentlüftung und Anordnung von Öleinfüllung, Ölstands-

und Öldruckanzeige. Eine einwandfreie Funktion des Schmierölkreislaufes setzt die einwandfreie Abdichtung aller Ölräume und der Wellendurchtritte gegen Ölaustritt und Schmutzeintritt voraus.

Das Prinzip und die Anordnung eines Ölkreislaufes werden an Hand der schematischen Darstellung in Abb. 67 besprochen.

Die Pumpe, in der Regel eine Zahnradpumpe, saugt das Öl aus dem Ölbehälter über einen Saugfilter an. Dieser Saugfilter ist ein grobmaschiges Sieb oder ein perforiertes Blech und dient im allgemeinen nur zum Schutz der Ölpumpe gegen grobe Verunreinigungen. Unmittelbar an der Ölpumpe ist ein Sicherheitsventil angeordnet, um Ölpumpe und Pumpenantrieb vor einer Überbeanspruchung zu schützen, wie sie beim Anlassen bei kalter Maschine vorkommen kann. Das Sicherheitsventil wird in den meisten Fällen auf etwa 10 atü eingestellt. Es öffnet im normalen Betrieb des Motors nicht. Die Öffnungsquerschnitte des Sicherheitsventiles müssen genügend groß gewählt werden, damit der Öldruck nicht zuviel über den eingestellten Öffnungsdruck ansteigen kann. Nach der Ölpumpe gelangt nun das Öl entweder direkt in den Ölfilter oder in einen noch vorher dazwischen eingeschalteten Ölkühler. Es ist unbedingt anzuraten, den Ölkühler vor dem Ölfilter in den Kreislauf zu schalten, damit etwaige Verunreinigungen und Zunderteilchen aus dem Herstellungsvorgang des Ölkühlers vom Filter noch ausgeschieden werden können. Die Notwendigkeit eines Ölkühlers ergibt sich dann, wenn die Wärmeabfuhr aus dem Öl durch die Wärmeabstrahlung und durch die Wärmeableitung durch die den Motor umströmende Kühlluft des Ventilators oder durch den Fahrtwind nicht mehr ausreicht, die Öltemperatur bei dauernder Höchstlast auf einem konstanten, für die Ölqualität zulässigen Niveau zu halten.

Erfahrungsgemäß benötigen wassergekühlte PKW-Motoren und kleinere LKW-Dieselmotoren bis 120 PS noch keinen Ölkühler. Für luftgekühlte raschlaufende Mehrzylindermotoren sind Ölkühler in den meisten Fällen notwendig.

Bei Bootsmotoren, die infolge der Kühlung mittels Wärmetauscher keine Motorraumbelüftung haben, sind Ölkühler in vielen Fällen notwendig und in der Regel vorgeschrieben.

Für raschlaufende Fahrzeug-Dieselmotoren über 150 PS ist es zweckmäßig, von vornherein den Anbau eines Ölkühlers vorzusehen. Bei thermisch besonders hochbelasteten Motoren, wie bei Zweitakt- und aufgeladenen Viertaktmotoren, bei denen eine zusätzliche Kolbenkühlung notwendig ist, kann die in das Öl aufgenommene Wärme nur mehr durch eine gesonderte Kühlung des Öles abgeführt werden. In vielen Verwendungsfällen muß durch Öltemperaturmessungen an Ort und Stelle unter den Betriebsbedingungen geprüft werden, ob der Einbau eines Ölkühlers erforderlich ist. Es ist daher vorteilhaft, die leichte Anschlußmöglichkeit eines Ölkühlers in den Öl- und Wasserkreislauf von Anfang an zu planen.

Der Ölkühler ist durch ein eingebautes Umgehungsventil, welches auf etwa 2 bis 3 atü eingestellt ist, vor zu hohen Drücken beim Anlauf der kalten Maschine zu schützen.

In den Kühlwasserkreislauf eingeschaltete Ölkühler bewirken, daß das Öl nach dem Anfahren in kurzer Zeit auf seine Betriebstemperatur kommt, da es durch das sich rasch erhitzende Motorkühlwasser zuerst vorgewärmt wird.

Nach dem Ölkühler folgt im Kreislauf der Schmierölfilter.

Bei der Neukonstruktion von raschlaufenden Motoren soll grundsätzlich nur mehr die Verwendung von Hauptstromfiltern vorgesehen werden, bei denen das gesamte von der Pumpe geförderte, den Schmierstellen zugeführte Schmieröl zuerst gefiltert wird. Nur dadurch ist eine lange Lebensdauer aller Verschleißteile gegeben.

Die Filter sind so nahe als möglich vor der Verteilleitung zu den Schmierstellen im Kreislauf einzuschalten. Am Filter soll in der Regel je nach der Bauart und Filtergröße auch ein Umgehungsventil angeordnet werden. Das Schmieröl kommt allerdings dann bei kalter Maschine oder bei verstopftem Filter ungefiltert zu den Schmierstellen. Das

Filterkurzschlußventil ist daher am Filter zumindest so anzubringen, daß bei kurzgeschlossenem Filter kein Ölschlamm aus dem Filterraum durch das Ventil mitgerissen wird.

Die Ölpumpe soll bei allen Betriebszuständen und auch bei abgenützter Maschine mit vergrößerten Lagerspielen eine noch ausreichende Ölversorgung aller Lagerstellen unter genügendem Druck gewährleisten. Es muß daher die Ölpumpe für die extremen Betriebsbedingungen dimensioniert sein. Um nun den Öldruck im Schmiersystem in engeren Grenzen zu halten, ist ein Öldruckregelventil vorzusehen, welches die Überschußmenge bei neuer und kalter Maschine absteuert. Der Öldruck vor den Schmierstellen soll in der Regel etwa 3,5 bis 4,5 atü erreichen. Die abgesteuerte Ölmenge soll ungehindert in den Ölsumpf zurückfließen können und nicht auf bewegte Triebwerksteile und Zahnräder usw. auftreffen und auch nicht in die Nähe der Motorentlüftung abgeführt werden. Von der Verteilleitung wird nun das Öl den Lagerstellen entsprechend dem jeweiligen Bedarf zugeführt. Der Hauptanteil fließt naturgemäß zur Kurbelwelle, wobei in der Regel die Pleuellager über die Hauptlager versorgt werden. Bei einigen Ausführungen raschlaufender Motoren wird die Schmierölzufuhr zu den Haupt- und Pleuellagern getrennt. Den Hauptlagern wird im letzteren Fall das Öl in der üblichen Weise über die Lagerwände zugeführt, während die Pleuelzapfen durch die hohlgebohrte Welle von innen über ein am vorderen Kurbelwellenende angeordnetes Zuführungslager mit Öl versorgt werden. Diese Art der Pleuelschmierung ist auch für wälzgelagerte Kurbelwellen notwendig und für Motoren mit extremer Kolbenkühlung über die Pleuelstange zu empfehlen. Die Ölzufuhr zu den Nockenwellenlagern erfolgt am besten über die Zuführungsbohrungen zu den Hauptlagern (Abb. 47). Für die Schmierölzufuhr zum Ventilmechanismus gibt es entsprechend den verschiedenen Zylinderkopfbauarten mehrere Möglichkeiten.

Bei gemeinsamen Köpfen besteht die einfachste Ausführung in einer außen am Kurbelgehäuse verlegten Leitung zum Zylinderkopf, welche das Öl der hohlen gemeinsamen Kipphebelachse zuführt. Zweckmäßig ist die Ölzufuhr zum Zylinderkopf über eine von der Verteilleitung im Zylinderblock abgezweigten Bohrung.

Bei Einzelzylinderköpfen ist die Zufuhr über die Ventilstößel und die hohlen Stoßstangen die gegebene Art, um nicht zu viele außenliegende Leitungen zu erhalten.

Die Ölzufuhr zu den Ventilstößeln erfolgt über eine längs dem Kurbelgehäuse gebohrte kleinere Verteilleitung. Die Zuteilung zu den Zylinderköpfen kann durch die gegenseitige Lage der Übertrittsbohrungen im Gehäuse zur Nut im Stößel beeinflußt werden. Es ist besonders darauf zu achten, daß genügend große Ablaufquerschnitte im Kopf und Gehäuse vorgesehen werden.

Die Zahnräder des Steuerungsantriebes sind meistens ausreichend durch Sprühöl geschmiert. Nur für die Gleitlagerung von Zwischenrädern ist eine Schmierölzuführung anzubringen.

Die Kühlung des Kolbens durch das Schmieröl kann entweder über eine Düse am oberen Pleuelstangenende oder über eine feste Spritzdüse im Kurbelgehäuse erfolgen. Der Spritzdüse am Pleuelende wird das Öl über eine Nut im Pleuellager und eine Bohrung im Pleuelstangenschaft zugeführt. Die feste Düse entnimmt das Öl aus der Verteilleitung zu den Hauptlagern. Bei großem Kühlölbedarf kann auch eine eigene Leitung zu diesem Zweck im Gehäuse verlegt oder gebohrt werden.

Im letzteren Fall wird bei größeren Motoren für die Kühlung des Kolbens vielfach auch eine eigene Ölpumpe verwendet, welche das Öl direkt vom Ölsumpf über einen Ölkühler zu den Spritzdüsen drückt. Dadurch, daß das Kühlöl des Kolbens nicht gefiltert zu werden braucht, ergeben sich dann kleinere Filterdimensionen. Zur Schmierung von hochdrehenden Wellen in Abgasturboladern und Radialspülluftgebläsen muß gegebenenfalls noch ein eigener Feinstfilter vorgeschaltet werden.

Bei Motoren für geländegängige Kraftfahrzeuge und Traktoren und Boote, wo im Betrieb große Neigungen vorkommen, sind entsprechende Vorkehrungen für die kontinuierliche Förderung des Öles ohne zusätzliches Ansaugen von Luft zu treffen. Bei geringeren Neigungen genügt die Anordnung einer zusätzlichen Absaugpumpe zur normalen Umlaufpumpe.

Die Absaugpumpe hat z. B. bei Motoren mit am vorderen Motorende liegendem Ölsumpf das sich im schwungradseitigen Teil der Ölwanne ansammelnde Öl in den Ölsumpf nach vorne zu befördern. Absaug- und Umlaufpumpe werden gleich groß ausgeführt und in der Regel in einem Block mit gemeinsamer Antriebswelle zusammengefaßt.

Bei Verwendung von Motoren in Fahrzeugen, wo extreme Neigungen mit raschem Richtungswechsel vorkommen und wo außerdem die Einbauverhältnisse eine niedrige Bauhöhe der Motoren unter der Kurbelwellenmitte verlangen, muß eine Trockensumpfschmierung vorgesehen werden. Diese besteht darin, daß das gesamte Öl aus dem Kurbelraum durch zwei Pumpen mit an beiden Motorenden angebrachten Absaugstellen in einen vom Kurbelraum getrennten Ölbehälter gefördert wird. Die normale Umlaufpumpe saugt das Öl dann aus dem Ölbehälter an und führt es dem üblichen Schmierkreislauf zu. Die zwei Absaugpumpen können auch in einer Doppelpumpe mit drei Zahnrädern zusammengefaßt sein, Abb. 68.

Die Absaugpumpen müssen in ihrer Förderleistung um 25 bis 30% größer dimensioniert werden als die Umlaufpumpe, damit der Kurbelraum mit Sicherheit leer gesaugt wird. Da die Absaugpumpen auch Luft ansaugen, müssen im Ölbehälter Vorkehrungen für die Entschäumung des Öls und für eine ausreichende Entlüftung getroffen werden.

Abb. 69 zeigt eine interessante Ausführung eines Schmierölkreislaufes mit Trockensumpfschmierung von einem aufgeladenen, luftgekühlten Viertakt-Dieselmotor der Continental Aviation, Detroit.

Die Ölwanne ist in diesem Fall mehrfach unterteilt und besteht aus einem Umlaufölraum, aus dem Reserveabteil und aus an den beiden Enden des Motors angeordneten Ölsümpfen. Die dreiräderige Absaugpumpe saugt das Öl von den beiden Motorenden ab und fördert es in den Umlaufölbehälter. Nachdem dieser Raum gefüllt ist, fließt das Öl in das Reserveabteil über. Auf diese Weise wird ein konstanter Ölspiegel über dem Absaugtrichter der Umlaufpumpe gehalten. Kleine Überlaufbohrungen an beiden Enden des Reserveölbehälters führen geringe Ölmengen wieder in den Kreislauf zurück. Der Ölinhalt des Reservebehälters beträgt 38 l und der des Umlaufölbehälters 26 l. Während des Überlaufes des Überschußöles und der Stillstandsperiode im Reservebehälter kann sich der Ölschaum auflösen. Von der Druckumlaufpumpe wird das Öl zuerst dem Ölkühler zugeführt. Dieser ist durch ein Bypass-Ventil gegen zu hohe Drücke geschützt. Außerdem ist noch ein thermostatisch geregeltes Ventil vorgesehen, um die Öltemperatur auf gleichem Niveau zu halten, da es sich um eine luftgekühlte Maschine handelt. Vom Hauptstromfilter wird das Öl zur Hauptverteilleitung und zu den anderen Schmierstellen geführt. Vor dem Ladegebläse und den Einspritzpumpen ist noch ein Papierfeinfilter in die Zuführungsleitung eingeschaltet.

Das Öldruckregelventil wird vom Öldruck der Hauptverteilleitung gesteuert, entnimmt aber das Öl vor dem Filter. Das abgesteuerte Öl wird unmittelbar in den Umlaufölbehälter zurückgeleitet. Für die Kühlung der Kolben ist ein gesonderter Kreislauf mit getrennter Ölpumpe vorgesehen, dessen Umlaufmenge ebenfalls thermostatisch geregelt wird. Die Umlaufmenge des Kühlöles für die Kolbenkühlung beträgt 75 l/min (6 l/PSh) und die des Schmierölkreislaufes 90 l/min (15 l/PSh).

2. Schmierölpumpen

a) Fördermenge der Schmierölpumpe

Die Fördermenge, für welche die Ölpumpe zu dimensionieren ist, wird von verschiedenen Faktoren bestimmt.

1. Aufrechterhaltung eines tragfähigen Schmierölfilms an allen Lagerstellen unter den höchsten Belastungen, auch bei vergrößerten Lagerspielen bei abgenützten Lagern.

Der Schmierölfilm muß die relativ gegeneinander bewegten Teile voneinander trennen, um die sonst mit starkem Verschleiß verbundene Oberflächenreibung zu verhindern.

2. Wärmeabfuhr aus den hochbelasteten Lagerstellen.

3. Wärmeabfuhr aus thermisch hochbeanspruchten Kolben von aufgeladenen Viertaktmotoren und raschlaufenden Zweitaktmotoren.

4. Versorgung von Hilfsmaschinen, Ladegebläsen und deren Rädertrieben und Lagerstellen mit Schmieröl.

Abb. 70 zeigt die gemessene Ölverteilung auf die Schmierstellen eines Zweizylinder-Zweitaktmotors. Daraus ist vor allem zu ersehen, daß die Hauptverbraucher von Umlauföl die Haupt- und Pleuellager sind. Dies gilt ebenso auch für alle anderen Verbrennungsmotoren.

Im Hinblick auf die Schmierfilmbildung sollte das Spiel in den Haupt- und Pleuellagern möglichst gering sein. Das Mindestspiel ist jedoch einerseits durch die unvermeidlichen Fluchtungsfehler und sonstigen Toleranzabweichungen der Zapfen und Lager bei mehrfachgelagerten Wellen, und andererseits durch die elastischen und thermischen Deformationen von Gehäuse und Wellen begrenzt. Außerdem soll auch noch genügend Spaltquerschnitt in den Lagern übrigbleiben, um die für die Kühlung der Lager notwendige Menge durchzubringen, ohne dabei zu große Ölpumpendrücke zu erreichen.

Eingehend werden die Grundlagen und Probleme der Schmierung in Bd. 8/1: „Lager und Schmierung" behandelt.

Im allgemeinen ist man gezwungen, die Ölpumpe in ihrer Förderleistung mit einer Reserve auszulegen, um das Öl mit Sicherheit mit genügendem Druck auch bei abgenützten Lagern an alle Schmierstellen zu bringen. Bei neuer Maschine und bei hohen Drehzahlen steuert man durch ein Öldruckregelventil einen Teil des Öls wieder ab. Die Gleichmäßigkeit der Ölverteilung auf die Schmierstellen ist bei genügend hohem Öldruck in der Verteilleitung gewährleistet. Der Öldruck soll über einen weiten Bereich der Motordrehzahl zwischen 3,5 und 5 atü liegen und auch bei Leerlauf nicht unter 1 atü fallen. Es ist aber nicht gut, zu viel Öl umzuwälzen, weil dadurch eine zu rasche Alterung des Öles durch Oxydation eintritt und zu große Ölfilter und Ölpumpenleistungen notwendig werden.

Als Anhalt für die Dimensionierung der Ölpumpe kann man folgende Erfahrungswerte von spezifischen Ölfördermengen (l/PSh) annehmen:

PKW-Ottomotoren mit Weißmetallagerschalen	15 bis 20 l/PSh
Fahrzeugdieselmotoren, Viertakt	20 bis 30 l/PSh
Zweitakt-Dieselmotoren mit Kolbenkühlung	35 bis 50 l/PSh
Viertakt-Dieselmotoren aufgeladen mit Kolbenkühlung	35 bis 50 l/PSh

Die Ölmenge für die Kolbenkühlung ist weitgehend von der Art des Verbrennungsverfahrens, dem Grad der Aufladung, von der Drehzahl und von der Kühlungsart des Motors abhängig. Sie muß in jedem einzelnen Fall durch Versuche mit Kolben- und Zylinderbüchsentemperaturmessungen bestimmt werden. Die Ölmenge für die Kolbenkühlung kann bis zu 30 bis 50% der zur Schmierung des Motors notwendigen Ölmenge ausmachen.

b) Ölpumpenkonstruktion

α) Kolbenpumpen

Kolbenpumpen für die Schmierölförderung findet man nur mehr bei wälzgelagerten nicht schnell drehenden Einzylindermotoren einfachster Ausführung. Abb. 71 zeigt die Konstruktion einer solchen Kolbenpumpe, wie sie beim Einzylinder-Dieselmotor der Jenbacher Werke Abb. 199 eingebaut wird.

Die notwendige hin- und hergehende Bewegung des Kolbens wird durch eine am Hauptlagerzapfen aufgekeilte Exzenterscheibe, welche gleichzeitig als Schleifring für die Ölzuführung zur Kurbelwelle dient, erreicht. In den gußeisernen Exzenterring ist der gehärtete und geschliffene Kolben eingepreßt. Im Kolben ist auch das erforderliche Rückschlagventil eingebaut. Die Ölförderung erfolgt über die zentrale Bohrung im Kolben. Der schwingende Pumpenzylinder aus Gußeisen bewegt sich auf einer in das Gehäuse eingeschobenen hohlen Achse, durch welche das Öl aus dem Ölsumpf zugeführt wird. Der Wirkungsgrad der Kolbenpumpe ist klein, weil viele Spaltverluste auftreten, der Aufbau ist jedoch billig, da sie nur aus einfachen Drehteilen besteht.

β) Zahnradpumpen

Diese werden bei Verbrennungsmotoren fast ausschließlich als Schmierölförderpumpen verwendet. Die Zahnradpumpe ist einfach und billig herzustellen, ist unempfindlich gegen Veränderungen der Zähigkeit des Schmiermittels und hat einen hohen, vom Förderdruck wenig abhängigen volumetrischen Wirkungsgrad. Die Zahnradölpumpe besteht aus zwei meist gleich großen Zahnrädern, von denen eines angetrieben wird, Abb. 72.

Die Fördermenge der Zahnradpumpe errechnet sich für den Entwurf genau genug nach

$$Q = \lambda \cdot \frac{\pi}{4} (D_K^2 - D_F^2) b \cdot n \text{ l/min},$$

wobei angenommen wird, daß das Volumen der Zahnlücke gleich dem Zahnvolumen ist.

D_F = Kopfkreisdurchmesser in dm
D_K = Fußkreisdurchmesser in dm
b = Zahnbreite in dm
n = Drehzahl U/min
λ = volumetrischer Wirkungsgrad

Der volumetrische Wirkungsgrad beträgt 0,75 bis 0,90 bei 4 atü Förderdruck und 80° Öltemperatur und ist abhängig von der Pumpengröße, von der Drehzahl und von der Herstellungsgenauigkeit. Der volumetrische Wirkungsgrad nimmt mit steigender Drehzahl zu. Von meßbarem Einfluß auf λ ist auch der Saugleitungswiderstand. Es ist daher der Querschnitt der Saugleitung nach den in Abschnitt C. IV. 3., S. 96, angegebenen zulässigen Strömungsgeschwindigkeiten zu dimensionieren.

Für die genaue Nachrechnung der Fördermenge aus den tatsächlichen Verzahnungsdaten bzw. zur Überprüfung des Liefergrades aus gemessenen Fördermengen wird auf die in der ATZ 1941, Heft 7, und Konstruktion 1949, S. 309, angegebenen Formeln und Tafeln hingewiesen.

In den meisten Fällen ist man gezwungen, die Außenabmessungen der Pumpe so klein als möglich zu halten, was bei gegebener Fördermenge zur Wahl von hohen Drehzahlen und von Zahnrädern mit kleinen Zähnezahlen und großem Modul führt.

Die Drehzahlen der Ölpumpenräder betragen bei ausgeführten raschlaufenden Motoren bis zu 4000 bis 5000 U/min. Als einen Richtwert für die Wahl der Ölpumpendrehzahl kann man die 1,5 fache Motordrehzahl annehmen. Die Umfanggeschwindigkeit am Kopfkreis bewegt sich bei ausgeführten Pumpen um 6 bis 10 m/sek. Ölpumpen, welche von der Nockenwelle über Schraubenräder angetrieben werden, drehen bei Ottomotoren mit Verteilerdrehzahl.

In Grenzfällen können Pumpenräder mit 6 bis 7 Zähnen noch ausgeführt werden, wobei aber die Eingriffsdauer nicht zu klein werden darf, vor allem wegen der Abdichtung zwischen Saug- und Druckraum, der ja auch durch die Zahnflanken erfolgt. Man kann sich gegebenenfalls durch eine flache Schrägverzahnung helfen. Im allgemeinen sind korrigierte Verzahnungen notwendig. Am Kopfkreis soll die Zahnstärke von 1,5 bis 2 mm nicht unterschritten werden, da die Zähne dort gegen das Gehäuse dichten müssen. Der Durchmesser der Wellenzapfen der Zahnräder soll mindestens 5 mm kleiner als der Fußkreis sein, um eine genügend breite Dichtleiste zu erhalten. Bei der Auslegung der

Ölpumpen für eine Motorenbaureihe wird man zweckmäßigerweise versuchen, auch einheitliche Abmessungen der Verzahnung zu verwenden, wobei für die verschiedenen Zylinderzahlen dann die Radbreiten variiert werden. Dabei ist aber zu beachten, daß für die größte Förderleistung das Verhältnis von Zahnradbreite zum Kopfkreisdurchmesser wenn möglich nicht größer als 1,2 bis 1,5 wird. Es wird sonst das seitliche Abströmen des Öls aus den Zahnlücken erschwert und es kann zu großen Durchbiegungen der Ölpumpenwellen kommen. Es ist angezeigt, die Wellen auf Festigkeit und Durchbiegung und die Lager auf Flächenpressung nachzurechnen, wobei Öldrücke von 30 bis 40 atü, die bei Kaltstart von Fahrzeugmotoren vorkommen können, für die Rechnung zugrunde zu legen sind.

Die Laufflächen der Wellenstummel müssen gehärtet und geschliffen sein. Für die Zahnräder genügt im allgemeinen ein Vergütungsstahl. Das Umfangsspiel der Zahnräder im Gehäuse soll in den Passungstoleranzen H8/e8 liegen. Damit werden gleichmäßige volumetrische Wirkungsgrade in der Produktion gewährleistet. Das Lagerspiel zwischen Wellenstummel und Lagerbohrung soll im Toleranzfeld H8/f7 ausgeführt werden.

Bei kleineren Motoren und bei Fahrzeugmotoren können die gehärteten Wellenzapfen im Pumpengehäusematerial aus Grauguß oder Leichtmetall (Abb. 71) laufen. Bei größeren Zahnradpumpen sind Büchsen aus geeignetem Lagermaterial in das Pumpengehäuse einzupressen.

Eine einfache und billige, bei Fahrzeugmotoren häufig angewandte Verbindung von Zahnrad und Welle ist in Abb. 72 dargestellt. Die Ölpumpenräder und das Antriebszahnrad sind auf die Wellen aufgeschrumpft. Die Überdeckung zwischen Welle und Nabe muß erfahrungsgemäß im Toleranzfeld H 6/u 6 bis x 6 liegen, wobei eine Auswahlpassung zweckmäßig ist. Es soll jedoch zumindest eine Nabenstärke von 4 bis 5 mm zwischen Zahnfußkreis und Nabenbohrung vorhanden sein. Die Schrumpfverbindung ist gegen Aufplatzen der Nabe nachzurechnen. Diese Ausführung erlaubt die Verwendung von spitzenlos geschliffenen Wellen, und außerdem können treibendes und getriebenes Ölpumpenrad gleich sein. Für die obige Ausführung wäre auch die Verwendung von Rädern aus Sinterstahl möglich. Der Sinterstahl muß jedoch härtbar sein und gleichmäßig dichtes Gefüge aufweisen, um ein Setzen des Materials, welches sonst ein Lockern der Preßpassung zur Folge hat, zu vermeiden. Bei größeren und auch bei mehrteiligen Pumpen für Trockensumpfschmierung werden die Ölpumpenräder auf die Wellen in der sonst üblichen Art mittels Scheibenkeil und normalem Preßsitz befestigt. Wenn besonders gedrängte Pumpenabmessungen erforderlich sind, ist die Ausführung von Rädern und Wellen aus einem Stück von Vorteil.

Es ist außerordentlich wichtig, daß das durch den Zahneingriff verdrängte Öl seitlich und zwischen den Zähnen abfließen kann, weil sonst sehr hohe Drücke entstehen, welche Zapfen und Lager übermäßig hoch belasten und Lagerschäden und Brüche hervorrufen können. Um den seitlichen Abfluß aus den Zähnen zu ermöglichen, sind auf der Druckseite im Ölpumpengehäuse und Deckel Entlastungsnuten einzufräsen, Abb. 73.

Die Entlastungsnut muß bis zur Längsachse der Pumpe reichen, soll aber nicht in die Saugseite reichen. Zwischen den Entlastungsnuten und dem Zuströmquerschnitt und Ausnehmungen in den Seitenflächen auf der Saugseite soll mindestens ein Abstand einer Zahnstärke vorhanden sein. Bei schmalen Pumpenrädern genügt die Anordnung der Entlastungsnut an einer Radseite. Das Zahnspiel soll im Bereich von 0,1 mm liegen, damit das im Zahnfuß eingeschlossene Öl auch über die Zähne abfließen kann.

Die weitere konstruktive Ausbildung des Ölpumpengehäuses hängt von der Anordnung der Pumpe am Kurbelgehäuse und der Art des Antriebes der Pumpe ab. Die zulässigen Geschwindigkeiten für die Bemessung der Saug- und Druckleitungsquerschnitte in der Pumpe sind im nächsten Abschnitt angegeben.

Aus den Motorabbildungen Abb. 205, 207, 214, 266, 270, ist die Anordnung der Pumpe im Ölsumpf und deren Antrieb über Schraubenräder von der Nockenwelle ersichtlich.

Bei PKW-Ottomotoren ist der Pumpenantrieb in der Regel mit dem des Verteilers kombiniert. Die Pumpenantriebswelle ist bei kleineren Pumpen in diesem Fall mit dem Schraubenradtrieb über eine einfache Wellenkupplung mittels Schlitz und flachen Zapfen an den Wellenenden verbunden. Das Ölpumpengehäuse ist häufig mit dem Lagergehäuse der Schraubenradwelle aus einem Stück.

Im allgemeinen genügt bei diesen Ausführungen die einseitige Lagerung der Ölpumpenräder, da die Wellen auf der Antriebsseite genügend lang geführt werden können. Der Ölpumpendeckel ist dann nur eine einfache Abdeckplatte.

Vielfach ist bei dieser Pumpenart auch der Ansaugtrichter mit dem Pumpengehäuse aus einem Stück. Infolge der durch den Schraubenradtrieb gegebenen Lage der Pumpe knapp über oder unter dem Ölspiegel fördert die Pumpe sofort beim Startvorgang.

Abb. 72 zeigt die Konstruktionszeichnung einer Ölpumpe in der für Dieselmotoren mittlerer und größerer Leistung üblichen Bauart. Der Antrieb erfolgt über Stirnräder von der Kurbelwelle; dadurch kann die Pumpe für höhere Drehzahlen ausgelegt werden. Beim Abtrieb von der Nockenwelle über Schraubenräder ist das nicht möglich.

Das Pumpengehäuse überbrückt beide Ölwannenflansche und ist an diesen befestigt. Pumpengehäuse und Deckel sind aus vergüteter Aluminiumlegierung gegossen. Das Drucköl wird über den hohlen Befestigungsarm direkt in die Ölleitung im Kurbelgehäuse geführt. Das Sicherheitsventil, ein Kolbenschieber, ist im Pumpengehäuse angeordnet.

Um bei der hohen Drehzahl eine gute Füllung der Zähne zu erreichen, ist der Pumpensaugraum reichlich groß ausgeführt. Der Pumpendeckel, der die Gegenlager der Wellenzapfen trägt, ist am Gehäuse durch zwei Paßstifte zentriert. Zwischen Deckel und Gehäuse soll keine Papierdichtung geklemmt werden, um gleichmäßige enge Achsialspiele der Zahnräder in der Produktion zu erreichen. Durch ebene und glatte Bearbeitung läßt sich eine einwandfreie metallische Abdichtung erzielen. Die Saugleitung ist im vorliegenden Beispiel am Pumpendeckel befestigt. Sie kann aber auch im Pumpengehäuse angeordnet und nach unten herausgeführt werden.

Bei der Lage der Pumpe oberhalb des Ölspiegels ist darauf zu achten, daß das Öl in der Pumpe bei Stillstand nicht vollkommen auslaufen kann, um bei Start des Motors eine sofortige Ölförderung zu gewährleisten. Es ist daher zweckmäßig, die Pumpenräder wenn möglich senkrecht übereinander anzuordnen, wie dies das Konstruktionsbeispiel zeigt. Andernfalls kann man durch Bildung eines Siphons in der Saugleitung das Leerlaufen der Pumpe verhindern.

γ) Innenzahnradpumpen

Diese Bauart wurde in USA von der Eaton Manufacturing Company entwickelt und ist bis jetzt hauptsächlich in amerikanischen Motoren verwendet worden. Neuerdings hat auch die Zahnradfabrik Friedrichshafen die Erzeugung dieser Pumpenbauart in Deutschland aufgenommen.

Abb. 74 läßt das Prinzip der Verzahnung und Abb. 75 die Wirkung und den Aufbau der Pumpe erkennen. Die Herstellung der Verzahnung erfordert Sondereinrichtungen, so daß im allgemeinen nur der Bezug der Rotoren von den hiefür eingerichteten Spezialfirmen in Frage kommt. Die Pumpe arbeitet nach dem Verdrängerprinzip und besteht aus einem Außen- und Innenrotor. Der Außenrotor ist innen mit kreisförmigen Zahnflanken verzahnt, welche die Erzeugenden für die Zahnform des Innenrotors bilden. Der Innenrotor, der auf der Antriebswelle sitzt, hat einen Zahn weniger als der Außenrotor. Die beiden Rotoren berühren sich mit allen Zähnen dauernd im Wälzpunkt. Der Mittelpunkt des Innenrotors ist mit der halben Zahntiefe exzentrisch zum Außenrotor versetzt.

Bei der Bewegung der Rotoren werden auf der Saugseite die Pumpräume kontinuierlich vergrößert, während auf der Druckseite der Vorgang umgekehrt verläuft. Die Ansaug- und Ausflußöffnungen haben einen nierenförmigen Querschnitt und sind stirnseitig im Deckel oder im Gehäuse angebracht.

Die Fördermenge berechnet sich nach

$$Q = \frac{\pi}{4} \frac{D^2 - d^2}{1000} \cdot b \cdot n \cdot \lambda \cdot \text{l/min}$$

D = Außendurchmesser des Innenrotors in cm
d = Innendurchmesser des Innenrotors in cm
b = Rotorbreite in cm
n = Drehzahl U/min
λ = volumetrischer Wirkungsgrad 0,85 bis 0,95 bei Drücken bis 10 atü, Drehzahlbereich 400 bis 5000 U/min.

Abb. 75 zeigt die Ausführung einer ZF-Eatonpumpe mit einer Fördermenge $Q = 23{,}5$ l/min bei 2650 U/min.

Infolge der Anordnung der Räder ineinander ergeben sich in radialer Richtung kleine Abmessungen.

Die Bearbeitung des Gehäuses ist einfach, weil die Gehäusebohrung für die Aufnahme der beiden Rotoren mit einem Arbeitsgang fertiggestellt wird und nur eine Lagerzapfenbohrung bearbeitet zu werden braucht. Diese Pumpenbauart eignet sich besonders gut für die Anordnung an Wellenenden, z. B. am Frontende der Kurbel- oder Nockenwelle. Die Pumpenrotoren können dabei organisch in das Kurbelgehäuse eingefügt werden, so daß sich ein separates Pumpengehäuse und eigene Antriebsräder erübrigen.

3. Schmierölleitungen und Ölbohrungen

Um die Druckverluste in den Leitungen und die Antriebsleistung der Ölpumpe in mäßigen Grenzen zu halten, sind die Querschnitte in den Leitungen, Bohrungen und in der Ölpumpe für nicht sehr hohe Strömungsgeschwindigkeiten zu dimensionieren.

Die Geschwindigkeit in der Saugleitung und in den Querschnitten auf der Saugseite der Ölpumpe soll 1,5 bis 2 m/sek, die Geschwindigkeit in den Querschnitten auf der Druckseite der Pumpe, in den Druckleitungen und Drucköl führenden Bohrungen im Kurbelgehäuse, Filter, Ölkühler soll 3 bis 5 m/sek betragen.

Die Verteilleitung zu den Hauptlagern ist für eine Geschwindigkeit von 2 bis 3 m/sek auszulegen. Die Bohrungen, die von der Ölverteilleitung zu den Hauptlagern führen, sollen bei Fahrzeugdieselmotoren in der Regel nicht unter 8 bis 12 mm Durchmesser haben, damit die Ölversorgung der Lager bei kalter Maschine nicht gestört und eine gleichmäßige Ölzuteilung gewährleistet wird.

a) Saugleitung und Saugleitungsfilter

Diese gehören in ihrer konstruktiven Durchbildung mit zur Konstruktion der Ölpumpe. Die Form und Länge der Saugleitung hängt von der Gestalt der Ölwanne ab, welche sich in ihrer Ausführung und Form nach dem Verwendungszweck und nach den Einbauverhältnissen des Motors zu richten hat.

Die Saugleitung und der Saugtrichter erfordern eine ebenso sorgfältige Durchbildung wie jeder andere Motorteil, damit unter anderem die Flanschverbindung zwischen dem Saugrohr und dem Pumpengehäuse sich nicht lockert und im Betrieb vollkommen dicht bleibt. Die Saugleitung muß insbesondere in der unmittelbaren Nähe des Ansaugtrichters durch steife Schellen abgestützt werden.

Zur Befestigung der Schellen kann der Lagerbügel oder der Ölwannenflansch herangezogen werden. Durch die Schellen werden außerdem Brüche an den Schweißstellen der Flansche und Saugtrichter durch die Motorenerschütterungen verhindert, welche in besonderer Härte durch den Ölinhalt auf den Saugtrichter übertragen werden. Die Schraubenverbindungen an der Ölpumpe und an den Ölleitungen, einschließlich der Schellenbefestigung der Saugleitung, sind mit Blechsicherungen zu sichern, wie dies überhaupt grundsätzlich für alle üblichen Schraubverbindungen innerhalb des Ölraumes eines Motors gelten sollte. Am Ansaugende der Saugleitung soll sich ein nach unten gerichteter Saugtrichter anschließen, damit bei zähem Öl die Saugöffnung des Rohres gegen den Ölspiegel genügend abgedeckt wird. Sonst kann sich über der Saugöffnung ein Trichter bilden und die Pumpe saugt neben Öl auch Luft an.

Der Saugtrichter wird allgemein durch ein grobes Sieb abgeschlossen, um die Ölpumpe vor Beschädigung durch grobe Verunreinigungen und durch feste Teile, z.B. Schraubenmuttern, zu schützen. Als Sieb wird ein starkes Stahldrahtnetz oder ein gelochtes Blech verwendet. Der freie Siebquerschnitt soll mindestens das Zehnfache des Saugleitungsquerschnittes betragen.

Abb. 76 zeigt die einfachste Ausführung eines solchen Saugtrichters. Der Saugtrichter selbst ist meistens ein Tiefziehteil, der mit der Saugleitung verlötet oder verschweißt wird.

Das Stahldrahtsieb wird im Saugtrichter durch den eingebördelten Rand gehalten. Um ein Wölben und Herausziehen des Drahtsiebes durch den Durchflußwiderstand zu vermeiden, empfiehlt es sich, das Sieb durch einen Blechbügel abzustützen.

Abb. 77 zeigt dann eine zerlegbare Ausführung, welche ebenfalls häufig verwendet wird. Die Siebglocke, die durch ein perforiertes Stützblech entsprechend versteift werden muß, wird durch einen federnden Drahtbügel gegen die Saugtrichter gedrückt. Die Verbindung von Saugtrichter und Rohrleitung muß sorgfältig ausgebildet und geschweißt werden, um Brüche an der Verbindungsstelle zu vermeiden. Einige Motorenkonstruktionen, insbesondere amerikanische PKW-Motoren, verwenden schwenkbare Saugglocken.

Bei Kleinmotoren und kleinen PKW-Motoren wird dem Saugsieb vielfach die Aufgabe des Hauptstromfilters übertragen. Auch bei größeren Motoren verwenden einige Firmen das Saugsieb als Vorfilter. In diesem Fall muß es dementsprechend feinmaschiger und auch mit genügend großer Oberfläche ausgeführt werden und außerdem zwecks Reinigung leicht zugänglich sein. Das Saugsieb wird bei manchen dieser Ausführungen auf einem gesonderten Deckel auf der Ölwanne befestigt und von unten oder von der Seite auf die Saugleitung aufgeschoben (Abb. 203, 214, 265).

b) Sicherheits-, Regel- und Kurzschlußventile im Ölkreislauf

Die Aufgabe, die zweckmäßige Anordnung und Einstellung der jeweiligen Ventile wurde in Abschnitt C. VI. 1., S. 88, schon dargelegt. Die Voraussetzung für die Wirksamkeit der Ventile sind genügend große Durchgangs- und Abströmquerschnitte, um ein Überschreiten des gewünschten Druckes zu vermeiden.

Erfahrungsgemäß soll der Öffnungsquerschnitt der Ventile mindestens das 0,4- bis 0,5fache des Druckleitungsquerschnittes betragen.

Ventile, die als Abschlußorgan eine Kugel verwenden, sind nur für kleine Motoren und kleine Ölmengen zu empfehlen. Kugelventile neigen zum Verklemmen von Feder und Kugel und wegen der meist kurzen und harten Federn beim Öffnungsvorgang auch zum Schnattern. Bei Pumpen oder Filtergehäusen aus Leichtmetall müssen für Kugelventile Sitzringe aus Stahl eingepreßt werden.

Für größere Ölmengen empfiehlt sich unbedingt die Verwendung von Kolbenventilen. Bei diesen können zur gleichmäßigen Steuerung der Öldrücke leicht große Öffnungsquerschnitte und weiche Ventilfedern untergebracht werden.

Abb. 78 zeigt die Konstruktion eines einfachen Kolbenventiles. Es ist wichtig, daß die Kolbenventile genügend lange geführt werden. Die Gleitflächen und der Sitz des Ventiles sollen gehärtet und geschliffen sein. Bei Leichtmetallgehäusen ist bei Kolbenventilen im allgemeinen kein gesonderter Sitzring notwendig. Am unteren Ende des Kolbenschaftes sind mehrere kleine Bohrungen anzubringen, damit das hinter dem Kolbenventil eingeschlossene Öl während der Hubbewegung entweichen kann. Dadurch, daß man die Abströmöffnung aus dem Ventil etwas höher als die Sitzfläche des Ventiles anordnet, erreicht man beim Ansprechdruck ein rasches Öffnen des Abströmquerschnittes und ein weiches Aufsetzen beim Schließen des Ventiles. Um ein Klemmen des Ventiles durch Verunreinigungen zu vermeiden, bearbeitet man den Kolbenschaft über dem Sitz um etwa 0,4 bis 1 mm kleiner als den Führungsdurchmesser.

Die Ventilfedern für die verschiedenen Regel- und Umgehungsventile sollten, um Verwechslungen auszuschließen, gleich ausgeführt werden. Die jeweils notwendigen Öffnungsdrücke können durch die entsprechenden Einbauhöhen der einheitlichen Federn eingestellt werden.

Um ungeschulten Fahrern und Bedienungspersonal von Motoren sichtbar anzuzeigen, wann die Ölfilter am Motor zu reinigen bzw. auszutauschen sind, können die Umgehungsventile mit einem elektrischen Kontakt verbunden werden, welcher beim Öffnen des Ventiles bei verstopftem Filter eine Warnlampe am Bedienungs- oder Fahrerstand aufleuchten läßt.

4. Ölfilter

Die Aufgabe der Ölfilter besteht darin, die während des Betriebes im Schmieröl aufgenommenen und mitgeführten, Verschleiß erzeugenden Teilchen und Verunreinigungen, welche die Schmierfähigkeit herabsetzen, laufend und vollständig aus dem Schmierölkreislauf wieder auszuscheiden.

Über den näheren Einfluß auf das Verschleißverhalten und über Bauarten der Filter siehe auch Bd. 14: „Verschleiß, Betriebszahlen und Wirtschaftlichkeit von Verbrennungskraftmaschinen". Die Ölfilterbauarten sind heute ein Spezialgebiet der Zubehörindustrie, so daß sich der Motorenkonstrukteur nicht mehr mit der Aufgabe der Ölfilterkonstruktion im Detail zu beschäftigen braucht.

Es muß nur die richtige Auswahl der für die Motorkonstruktion und für den Verwendungszweck geeigneten Filterbauart getroffen werden. Ferner ist der Filter funktionsmäßig richtig an dem Motor anzubauen und gegebenenfalls ein passendes Filtergehäuse zu konstruieren.

Es ist von größter Wichtigkeit bei der Auslegung des Gesamtaufbaues des Motors, daß der Filter für die Reinigung oder für den Austausch der Filterelemente leicht zugänglich angeordnet wird. Dies gilt insbesondere für den Einbau des Motors in beschränkte Räume, wie bei Fahrzeugen und Booten. Es müssen daher auch die Einbauverhältnisse des Motors bei der Lage des Filters Berücksichtigung finden. Die Schlammablaßschrauben der Filter müssen ebenfalls gut zugänglich und so gelegt werden, daß das abfließende Öl leicht aufgefangen werden kann und nicht über andere Motorteile abrinnt.

Grundsätzlich unterscheidet man zwei Arten der Ölfilterung:

Filterung im Nebenstrom (Bypass) und

Filterung im Hauptstrom.

Bei der Nebenstromfilterung werden nur 3 bis 10% der geförderten Ölumlaufmenge durch einen Feinstfilter (Microfilter) gedrückt, welche nach erfolgter Reinigung in die Ölwanne zurückfließt. Das Filterelement (Filterpatrone) wird nach der Verschmutzung nicht mehr gereinigt, sondern beim Ölwechsel ausgetauscht. Die im Nebenstromfilter erzielbare Ausscheidungsfeinheit beträgt 5 bis 1 μ.

Abb. 79 zeigt den Aufbau und die daraus erkennbare Wirkungsweise eines Nebenstromfilters. In den meisten Fällen wird das Filtergehäuse und die Patrone als kompletter Zubehörteil bezogen und am Motor oder bei Kraftfahrzeugen manchmal an der Spritzwand befestigt. Infolge der geringen Durchflußmenge genügt der Anschluß mit zwei dünnen Schläuchen. Am besten wird das Öl für den Nebenstromfilter aus der Verteilleitung zu den Lagern entnommen.

Der Nachteil des Nebenstromfilters besteht jedoch darin, daß immer nur ein kleiner Teil des Umlauföles zwar feinst gereinigt wird, aber nicht alle schädlichen Teilchen vor Erreichung der Lagerstellen ausgeschieden werden. Es ist daher zweckmäßig, einen Nebenstromfilter nur in Verbindung mit einem Hauptstromfilter zu verwenden. Bei Ottomotoren findet man noch Nebenstromfilter als alleinigen Filter vor, doch gelangt Hauptstromfilterung auch dort mehr und mehr zur Anwendung.

Bei den Hauptstromfiltern unterscheidet man je nach dem Aufbau der Filterelemente
Spaltfilter (Abb. 80)
Siebfilter (Abb. 81)
Gewebe- und Papierfilter als Feinstfilter (Microfilter) (Abb. 82)
Kombinationsfilter (Abb. 83).

Die Wahl der Filterbauart hat nach dem jeweils erforderlichen Feinheitsgrad der Filterung zu erfolgen. Filtertype und Filterungsgrad sind von den Qualitäts- und Lebensdaueranforderungen des Motors, von der Drehzahl und Lagerbelastung, vom Lagermaterial und von der erhältlichen Schmierölqualität abhängig. Ferner spielt in der Auswahl des Filters die Wartungsmöglichkeit, die Wahrscheinlichkeit einer sicheren, laufenden Reinigung und die Beschaffungsmöglichkeit von Ersatzfilterpatronen eine entscheidende Rolle.

Für die bei raschlaufenden Motoren notwendigen engen Lagerspiele ist es wünschenswert, alle körnigen Verunreinigungen in den Größenordnungen von 5 bis 10 μ aus dem Umlauföl herauszufiltern. Es kommt aber nicht nur auf das größtzulässige Korn im Vergleich zu den Laufspielen an, sondern es wurde nachgewiesen, daß für die Schmierungsverhältnisse und Abnützung außer der Korngröße und -härte auch die Schmutzkonzentration eine große Rolle spielt. Es ist daher notwendig, diese Konzentration, auch wenn es sich um sehr kleine Körner handelt, möglichst niedrigzuhalten. Bei Verwendung von unlegiertem Öl ist das Ausscheiden der feinkörnigen Beimengungen durch das vielfach übliche und auch praktische Spaltfilter mit Maschenweiten von 50 bis 100 μ verhältnismäßig einfach. Bei unlegiertem Öl bildet sich infolge Zusammenballung der feinen Verunreinigungen bald eine Schlammschicht, welche dann die Feinfilterung übernimmt.

Bei den neuzeitlichen legierten Ölen (HD-Ölen) dagegen mit den schmutzlösenden Wirkstoffzusätzen werden jedoch die meisten Verunreinigungen, ausgenommen feste Teilchen (Sand, Späne) in Schwebe gehalten. Diese schwebenden Schmutzteilchen setzen sich an Spalt- und Siebfiltern nicht mehr ab.

Es bildet sich an der Filterfläche dieser Filterbauarten nur sehr langsam eine Schlammschicht. Der Ausscheidungsgrad wird dadurch erheblich herabgesetzt, denn sie vermögen nur noch Korngrößen bis etwa 50 μ mit Sicherheit auszuscheiden.

Demnach sind Spalt- und Siebfilter hauptsächlich nur mehr für kleinere wenig belastete Stationär- und Traktormotoren geeignet, welche auch noch mit unlegiertem Schmieröl betriebssicher arbeiten müssen. Spalt- und Siebfilter haben jedoch den Vorteil, daß diese selbstreinigend sind, bzw. leicht durch Ausbau und Waschen gereinigt werden können, da in entlegenen Gebieten Ersatzpatronen von Feinstfiltern im Falle des Filterwechsels nicht immer zur Hand sein müssen.

Bei raschlaufenden höher belasteten Motoren, welche HD-Öle verwenden, sollten zumindest zu den Spalt- und Siebfiltern noch zusätzlich Nebenstromfilter angeordnet werden.

Zur Erreichung des höchsten Ausscheidungsgrades sind dann Feinstfilter im Hauptstrom am besten geeignet. Diese dürfen jedoch nur einen geringen Druckverlust verursachen und müssen deshalb in hohem Grade durchlässig sein. Um keine zu großen Filter zu erhalten, wird die Porenweite von Hauptstromfeinstfiltern größer gehalten als bei Nebenstromfiltern. Es genügt im allgemeinen eine Filterfeinheit im Hauptstrom von 10 bis 15 μ, wobei mit wachsender Schmutzauflage auch kleinere Teilchen nach und nach in immer größerer Zahl ausgeschieden werden.

Damit bei Verstopfung der Filter der Motor nicht durch Ölmangel gefährdet wird, müssen diese Filter durch Umgehungsventile mit einem Öffnungsdruck von 1 bis 2 atü gesichert sein. Die Schmutzkapazität und die Standzeit der Feinstfilter soll auf die Ölwechselzeiten des Motors mit reichlicher Reserve abgestimmt sein.

Die zweckmäßige Unterbringung von Hauptstromfeinstfiltern kann infolge ihrer Baugröße bei raschlaufenden Fahrzeugmotoren schon schwierig werden. Es ist vorteilhaft, auch bei Hauptstromfeinstfiltern einen Vorfilter in Form eines Spalt- oder Siebfilters zu verwenden, damit nicht bei Verstopfung der Feinstfilterpatrone völlig ungereinigtes Öl über das Kurzschlußventil zu den Schmierstellen gelangt. Die Filterindustrie hat nunmehr einen weiteren Filtertyp, den Stufen- oder Kombinationsfilter, entwickelt, in dem Vor- und Feinstfilter organisch zusammengebaut im Hauptstromkreis liegen. Diese Kombinationsfilter benötigen weniger Einbauraum als getrennte Filter.

Als Vorfilter werden Sieb- oder auch Spaltfilter verwendet. Zur Feinstfilterung ist eine auswechselbare Patrone nachgeschaltet. Wenn sich die Patrone mit Schlamm zusetzt, spricht das Kurzschlußventil an und der Feinstfilter wird dann von einem allmählich kleiner werdenden Ölteilstrom durchflossen, wobei die feingefilterte Ölmenge in der Regel noch immer größer bleibt, als sie bei einem Nebenstromfilter während der ganzen Betriebszeit vorgesehen ist. Da bei Verwendung von HD-Öl die Vorfilter kaum verstopfen, ist zumindest eine Grobfilterung des Öls sichergestellt.

Beschreibung von Ölfilterbauarten

Spaltfilter

Abb. 80 zeigt den Aufbau eines Plattenspaltfilters der Firma Mann & Hummel GmbH., Ludwigsburg / Württemberg.

Der Filtereinsatz besteht aus einer Anzahl fest zusammengepreßter Lamellen *L*, die auf einer drehbaren Flachspindel *D* aufgereiht sind. Zwischen den einzelnen kreisrunden, mit sektorförmigen Ausschnitten versehenen Stahllamellen sind sternartige Zwischenlagen (*Z*) als Distanzscheiben eingelegt. Diese bilden die Filterspalte von bestimmter, unveränderlicher Spaltweite (bis zu 0,08 mm), in welche jeweils die auf dem Kratzerbolzen aufgereihten Spalträumer (*S*) mit zwei feinen Zacken tief eingreifen. Dreht man das Lamellenpaket mittels des Handgriffes (*R*) ein- bis zweimal, so führen die Spalträumer (*S*) den hauptsächlich in den Eingängen der Spalte abgesetzten Schmutz wieder nach außen zurück. Der dargestellte Einsatz zeigt die Ausführung, wo das gefilterte Öl nach oben über den Einsatzflansch in das Gehäuse zurückströmt. Es gibt auch eine alternative Ausführung mit Abströmung des gereinigten Öles nach unten.

Die Spaltfilter sind sehr druckfest und beanspruchen einen kleinen Einbauraum.

Siebscheibenfilter

Abb. 81 zeigt die Ausführung eines Siebscheibenfilters. Dieser besteht aus doppelkegelförmigen Siebscheiben, die auf einem Stützrohr aufgereiht und fest zusammengespannt sind. Je nach der erforderlichen Durchflußmenge wird eine kleinere oder größere Zahl Siebscheiben verwendet. Das zu reinigende Öl umströmt von außen das Siebscheibenpaket und tritt durch das Maschengewebe in das Innere des Scheibenpaketes und lagert dabei die Schmutzteile an der Außenseite ab. Das gereinigte Öl fließt durch das Mittelrohr nach unten oder oben in das umschließende Gehäuse ab.

Um die zulässige Siebscheibenbelastung von 6 kg/cm² bei totaler Verschmutzung nicht zu überschreiten und andererseits den Durchfluß zu den Schmierstellen bei abnormal hoher Verschmutzung oder Kaltstart nicht zu verhindern, ist ein Kurzschlußventil mit 5 bis 6 atü Ansprechdruck vorzusehen.

Abb. 84 und 85 zeigen die Normgrößen von Siebscheibenfiltereinsätzen von der Firma Mann & Hummel und deren Einbaumaße (Zahlentafel 10). Die für einen Einsatz zulässige Durchflußmenge ergibt sich aus der Scheibengröße und Scheibenzahl, der Maschenweite des Siebgewebes, sowie aus der Art und der Temperatur des Öles und dem zulässigen Druckverlust, Zahlentafel 11.

Eine große spezifische Durchflußmenge ist zu wählen bei geringer Zähigkeit, geringer Verschmutzung, kurzer Standzeit; eine kleine spezifische Durchflußmenge bei geringem zulässigen Druckanstieg bei Verschmutzung, bei kleiner Maschenweite, wenn kein Kurzschlußventil verwendet wird und zulässig ist, wenn zeitweise bei niedrigen Temperaturen gefahren wird, sowie bei starkem Schmutzanfall. An Hand der Werte für die spezifische Durchflußmenge q l/h cm² nach Zahlentafel 11 läßt sich aus der geförderten Ölumlaufmenge Q l/h die nötige Siebfläche F (cm²) errechnen aus $F = \frac{Q}{q}$ cm². Damit läßt sich aus der Zahlentafel 10 dann die notwendige Filtergröße des Siebscheibenfilters bestimmen. Abb. 86 bringt dann als Beispiel die konstruktive Ausführung eines Gehäuses für einen Siebscheibenfilter.

Dieses Beispiel zeigt insbesondere die direkte Verbindung des Filtergehäuses mit dem Kurbelgehäuse und den unmittelbaren Anschluß des Ölkühlers an das Filtergehäuse. Das Öl wird aus dem Kurbelgehäuse zuerst in den Ölkühler geleitet und dann dem Ölfilter zugeführt.

Der Filterbehälter ist aus Blech gezogen und dichtet gegen das Gehäuse durch einen O-Ring ab. Im Filtergehäuse ist auch das Umgehungsventil eingebaut, welches als Kolbenventil ausgeführt ist. Das Filtergehäuse ist aus Leichtmetall und so durchgebildet, daß es vollständig in Kokille gegossen werden kann.

Kombinationsfilter

Abb. 83 bringt den Aufbau eines Stufen- oder Kombinationsfilters der Firma Mann & Hummel, dessen prinzipielle Wirkungsweise im wesentlichen schon oben beschrieben wurde. Siebfilter und Feinstfilter sind konzentrisch ineinander geschoben, so daß sich damit eine raumsparende Anordnung ergibt. Der Siebfiltereinsatz ist ein zylindrischer Siebmantel mit einem Stützkörper aus gelochtem Blech, welcher leicht gereinigt werden kann. Die nachgeschaltete auszuwechselnde Feinstfilterpatrone besteht aus spezialbehandeltem imprägniertem Werkstoff, welche zur Erreichung der notwendigen Durchtrittsfläche sternförmig gefaltet ist.

Ölzentrifugen

Die bisher beschriebenen Filter wirken durch Einschaltung eines porösen feinmaschigen Elementes in den Ölstrom und durch Ausscheidung der Schmutzteilchen an dessen Oberfläche.

Eine wirksame Ausscheidung der Schmutzteilchen läßt sich mittels der Fliehkräfte in einer Zentrifuge erreichen. Ölzentrifugen in der bisherigen Ausführung werden hauptsächlich im Großmotorenbau verwendet und benötigen einen gesonderten mechanischen Antrieb. Eine neue, interessante, praktische und billige Lösung bringt die Freistrahlzentrifuge von Mann & Hummel, Abb. 87, welche keinen eigenen Antrieb erfordert und daher überall am Motor jederzeit an geeigneter Stelle angebracht werden kann.

Die Freistrahlzentrifuge wird in den Nebenstrom eingeschaltet und wirkt als Nebenstromfilter. Man braucht jedoch keine Ersatzpatronen. Die Freistrahlzentrifugen finden bei größeren raschlaufenden Motoren, insbesondere bei Lokomotivmotoren, zunehmenden Einsatz.

Das vom Hauptstromkreislauf in eine Nebenstromleitung abgezweigte Öl strömt durch den Einlaß (E) in die Zentrifuge und gelangt durch den im Gehäuse eingegossenen Kanal in die Hohlwelle (W) und weiter zum Rotor (R). Das Öl füllt den Rotor, strömt dann unter Druck durch die Siebe (B) in die Standrohre (S) und aus den Düsen (F) in das Gehäuse (G). Von da fließt es durch den Reinöl-Austritt (A) drucklos zurück in die Motorölwanne oder in einen getrennt vom Motor angeordneten Ölbehälter (z. B. bei Trockensumpf).

Die bei dem Austritt des Öles aus den Düsen entstehenden Rückstoßkräfte bewirken — entsprechend dem jeweils vorhandenen Öldruck — eine Drehbewegung des Rotors mit hoher Geschwindigkeit. Infolge der dabei erzeugten Zentrifugalkraft werden die im Öl enthaltenen Schmutzteilchen an die Innenwand des Rotortopfes geschleudert, an der sie durch ihr Klebevermögen haften bleiben. Im Laufe des Motorbetriebes bildet sich an der Topfwandung eine dunkle, homogene Schicht, die leicht mit einem Spachtel od. dgl. entfernt werden kann.

Um eine ausreichende Drehzahl des Rotors und damit eine wirksame Filterung zu erhalten, sollte normalerweise der Öldruck 2 atü übersteigen. Der günstigste Betriebsbereich liegt bei Öldrücken zwischen 3 und 5 atü.

Bei Verwendung von Öl SAE 20 bis 30 und einer Öltemperatur von 60° erreicht der Rotor bei 2,5 atü etwa 4000 U/min und bei 4,0 atü etwa 5000 bis 6000 U/min.

Magnetfilter

Eine weitere Möglichkeit, insbesondere für die Ausscheidung von feinstem Eisenabrieb aus dem natürlichen Abnützungsvorgang der Gleitflächen, bieten starke Permanentmagnete. Diese werden hauptsächlich in Verschlußschrauben untergebracht und an der Ölwanne oder am Filtergehäuse in den Ölstrom eingeschaltet. Wichtig ist, daß Öl am Magnet vorbeifließt.

Eine wirksame dauernde Ausscheidung des Eisenabriebes läßt sich aber nur durch oftmaliges Reinigen des Magneten erzielen.

5. Ölkühler

Die zweckmäßige Anordnung und die Fälle der Notwendigkeit von Ölkühlern im Ölkreislauf wurden im Abschnitt C. IV. 1., S. 88, schon zum Teil behandelt.

Die im Ölkühler abzuführenden Wärmemengen sind vor allem von der erforderlichen Höhe der Rückkühlung des Öles, wie auch von den Einbauverhältnissen, vom Kurbelgehäusematerial, von der Drehzahl und von der thermischen Belastung des Motors (Ölkühlung des Kolbens) abhängig. Bei raschlaufenden Motoren, insbesondere für Fahrzeuge, versucht man die Öltemperatur im Dauerbetrieb bei der größten Nutzleistung auf 95 bis 105° C zu stabilisieren. Viel weniger ist bei den vom Motorkühlwasser durchflossenen Ölkühlern nicht zu erreichen, weil man andererseits durch Thermostaten die Wassertemperatur möglichst gleichmäßig hoch hält, um geringe Zylinderbüchsenabnützung zu erreichen. Diese hohen Öltemperaturen sind bei den heutigen Schmierölen zulässig, ohne eine zu frühe Alterung des Öles herbeizuführen.

Für die vorläufige Vorausbestimmung der Ölkühlergröße für den Entwurf des Motors können nachstehende spezifische Werte der im Öl abzuführenden Wärmemengen angenommen werden:

Motoren ohne Kolbenkühlung	50 bis 70 Kcal/PSh
raschlaufende Motoren mit Kolbenkühlung	80 bis 120 Kcal/PSh und mehr.

Der Aufbau und der Kühlflächenbedarf eines Ölkühlers ist von der Art des zur Verfügung stehenden Kühlmittels abhängig, je nachdem ob Wasser oder Luft zur Kühlung des Öles herangezogen wird. Es ist möglich, auch bei wassergekühlten Motoren mit Luft gekühlte Ölkühler zu verwenden. Im allgemeinen wird aber bei den vom Motorkühlwasser durchströmten Ölkühlern der Vorteil ausgenutzt, daß das Öl bei Betriebsbeginn rascher auf höhere Temperatur kommt. Die erreichbaren Wärmedurchgangszahlen bei den Ölkühlern sind weitgehend von den Strömungsgeschwindigkeiten der Medien und vom konstruktiven Aufbau der Ölkühlerelemente abhängig. Eine halbwegs genaue Vorausberechnung der notwendigen Kühlflächen läßt sich nur für die einfachen Röhrenkühler durchführen. Die sich bei einfachen Röhrenkühlern ergebenden Außenabmessungen bei hohen abzuführenden Wärmemengen machen die Unterbringung bei gedrängten Konstruktionen raschlaufender Motoren jedoch schwierig.

Die Zubehörindustrie bringt daher Ausführungen, welche höhere Wärmeübergangszahlen durch z. B. im Ölstrom eingeschaltete Drallelemente erzielen und dadurch einen geringeren Raumbedarf haben.

Es empfiehlt sich, die Ölkühler aus der Zubehörindustrie zu beziehen, da sich eine wirtschaftliche Erzeugung von wirksamen Ölkühlerelementen infolge der notwendigen Spezialeinrichtungen für einen Motortyp allein nicht erreichen läßt und außerdem die Erzeugung in den meisten Fällen nicht in den Rahmen einer Motorenproduktion paßt. Die Aufgabe des Konstrukteurs beschränkt sich daher in der Regel auf die richtige Auswahl und auf den zweckmäßigen Anbau des Ölkühlers am Motor und auf seine Einschaltung in den Öl- und Kühlmittelkreislauf.

Die notwendige ölseitige spezifische Kühlfläche bezogen auf die Leistung bei wassergekühlten Ölkühlern mit einfachen Rohren bewegt sich von 0,0025 m^2/PS bis 0,0040 m^2/PS.

Eine endgültige Abstimmung und Festlegung der Ölkühlergröße ist im allgemeinen erst im Versuchsbetrieb nach den tatsächlichen Gegebenheiten der jeweiligen Motorkonstruktion möglich.

Die auftretenden Druckverluste im Ölkühler sollten auf der Ölseite nicht mehr als 0,5 bis 1 atü und auf der Wasserseite, insbesondere bei Anordnung des Ölkühlers auf der Saugseite der Wasserpumpe, nicht mehr als 0,1 bis 0,2 atü betragen.

Es ist an und für sich vorteilhaft, die Ölkühler als einen geschlossenen Bauteil an die Motoren anzubauen. Es wird dadurch die Montage und die Auswechslung zwecks Reinigung, der Ersatz des Kühlers und die Variationsmöglichkeit einer Motortype für Verwendungszwecke mit und ohne Ölkühler wesentlich erleichtert.

Der manchmal geübte Einbau von Rohrschlangen in den Wasserraum oder in die Ölwanne ist nicht praktisch und für hohe Kühlleistungen nicht geeignet, weil in der Regel entweder auf der Wasserseite oder auf der Ölseite nur geringe Strömungsgeschwindigkeiten erzielt werden können.

a) Ölkühler für wassergekühlte Motoren

Abb. 88 zeigt die Ausführung eines Ölkühlers unter Verwendung von einfachen Kupferrohren als Kühlelemente, Bauart Süddeutsche Kühlerfabrik F. Behr, Stuttgart.

Die erreichbaren Wärmedurchgangszahlen liegen bei diesem System zwischen 400 und 700 Kcal/m^2hC°. Die Ölgeschwindigkeit in den Rohren liegt im Bereich von 0,5 bis 1 m/sek und die Wassergeschwindigkeit zwischen 0,4 und 0,8 m/sek.

Der Ölkühler ist mit dem Ölfiltergehäuse verschraubt und wasserseitig an der Saugseite der Wasserpumpe angeschlossen.

Das Drucköl wird innerhalb der Rohre geführt, während das Kühlwasser mittels Längs- und Querwänden entlang des Rohrbündels geleitet wird. Es wird dadurch eine leichte Ausführung erreicht, da der Außenmantel dünnwandig hergestellt werden kann.

Das ganze Rohrbündel ist in einem Boden eingelötet und außen durch die Leitwände abgestützt. Es kann als Ganzes in den Wassermantel eingeschoben werden, wodurch es sich frei dehnen kann. Die Rohre sind aus Kupfer mit 1 mm Wandstärke, der Wassermantel ist aus 1 mm Messingblech hergestellt.

Abb. 89 zeigt den Doppelrohrwärmeaustauscher der Kühlerfabrik Längerer & Reich, Stuttgart. Diese Bauart besteht aus einer Anzahl öldurchströmter Doppelrohre, die in einem zylindrischen Mantel mit freier Wärmedehnungsmöglichkeit untergebracht und außen vom Motorkühlwasser umströmt sind. Durch Ausbildung von Drallrohren wird ölseitig eine stark turbulente Strömung mit hohen Wärmeübergangszahlen erreicht.

Das Öl strömt durch die Anschlüsse eines zusammen mit dem Rohrboden an den Behältermantel angeflanschten Deckels zu und ab. Der Deckel ist innen in insgesamt drei Kammern unterteilt, und zwar in die beiden durch Quersteg getrennten Zu- und Abflußkammern sowie eine zwischen diesen und dem Rohrboden befindliche Umlenkkammer. In den gemeinsamen Boden der Zu- und Abflußkammern münden satt eingespannt die verlängerten Innenrohre, während die im Rohrboden dicht eingelöteten kürzeren Außenrohre in die Umlenkkammer münden. Das Öl strömt also von der Zuflußkammer zunächst durch die eine Hälfte des gesamten Rohrbündels, und zwar durch deren Innenrohre zu und durch die Außenrohre zur Umlenkkammer ab. Von hier aus wird die zweite Rohrbündelhälfte in umgekehrter Folge, also Eintritt durch die Außenrohre und Austritt durch die Innenrohre, zur Abflußkammer durchströmt. Das Kühlwasser wird am besten im Gegenstrom zum Öl, eventuell auch umgelenkt durch entsprechende Schottwandeinbauten, durch den Behälter geführt. Der Ringraum zwischen Innen- und Außenrohr ist mit wendelförmigen Blechrippen versehen, die mit beiden Rohren durch Tauchlötung metallisch verbunden sind.

Innenrohr und Rippen bringen eine wesentliche zusätzliche Vergrößerung der ölseitigen, gegenüber der nur vom Außenrohr gebildeten, wasserseitigen Kühlfläche. Die mehrgängige wendelartige Führung des Ölstromes in dem Ringraum zwischen Innen- und Außenrohr erhöht stark die Turbulenz des Öles und damit den Wärmeübergang vom Öl an die Metallwände. Die Ölwärme tritt nicht nur vom Ringraum, sondern ein Teil derselben auch beim Durchströmen des Innenrohres an die Metallwände über.

In Abb. 90 ist für die Entwurfsarbeit die Ermittlung der notwendigen Ölkühlergrößen für obige Bauart zusammengestellt.

b) Ölkühler für luftgekühlte Motoren

Im Prinzip unterscheiden sich diese Ölkühler im Aufbau nicht viel von den üblichen Wasserkühlern. Es müssen für diesen Fall nur die Kühlrohre und die Zu- und Ableitungskammern druckfest gebaut werden.

Der Ölkühlerblock ist möglichst organisch an die Kühlluftführung des Motors anzuschließen. Die aus dem Ölkühler austretende Luft soll in der gleichen Richtung abströmen wie die von den Motorzylindern, um die Ableitung der warmen Kühlluft aus geschlossenen Motorräumen zu vereinfachen. Dies läßt sich zweckmäßig durch Anordnung des Ölkühlers parallel zu den Zylindern an einem der beiden Enden der Zylinderreihen erreichen. Die Höhe des Ölkühlerblockes richtet sich in diesem Falle dann nach der Höhe von Zylinderbüchse und Zylinderkopf.

Einige konstruktive Mühe kostet die möglichst leitungslose Einschaltung des Ölkühlers an den Ölkreislauf. Wenn sich außenliegende Leitungen oder Schläuche nicht umgehen lassen, sollte zumindest versucht werden, diese Verbindungen möglichst kurz zu halten. Leitungsanschlüsse innerhalb der Kühlluftwege sollten wegen der Gefahr von Undichtigkeit grundsätzlich vermieden werden.

Der Einbau von Umgehungsventilen zum Schutz gegen Überlastung bei kalter Maschine ist unbedingt notwendig. Sehr zweckmäßig ist es, das Umgehungsventil auch gleichzeitig von der Öltemperatur her zu steuern, so daß dieses Ventil bei kalter Maschine von vornherein offen ist. Außerdem wird durch solch ein Thermostatventil das Öl rascher auf die Betriebstemperatur gebracht und auf einem gleichmäßigen Temperaturniveau gehalten.

Abb. 91 zeigt einen luftgekühlten Ölkühler nach der Bauart der Kühlerfabrik Längerer & Reich, Stuttgart, für den luftgekühlten Vierzylinder-Dieselmotor von 85 PS der Klöckner-Humboldt-Deutz AG., Abb. 233. Bei der vorliegenden Bauart werden scheidenartige Flachrohre nach Abb. 92 verwendet. Diese Flachrohre sind aus Bandstahl hergestellt und an einer Schmalseite gefalzt und hartgelötet. Um die notwendige Gestaltfestigkeit gegen den Innendruck zu erzielen, sind die Wände der Flachrohre mit jeweils gegenüberliegenden eingepreßten kreisförmigen Warzen versehen, welche ebenfalls zusammengelötet werden. Dadurch wird auch ein wechselnder Rohrquerschnitt geschaffen und die Ausbildung einer laminaren Strömung verhindert. Auf der Luftseite bzw. auf der Außenseite sind dann noch zur Verbesserung des Wärmeüberganges Luftleitbleche befestigt. Die Flachrohre sind an beiden Enden in die tiefgezogenen druckfesten Sammelkästen eingelötet. Im abgeteilten unteren Sammelkasten ist das Umgehungsventil eingebaut.

In Abb. 93 ist die spezifische Kühlleistung $q = \frac{Q}{t_{\text{Öl}_e} - t_{\text{Luft}_e}}$ in Abhängigkeit von der Mengenstromdichte $v \cdot \gamma$ des Ölkühlers Abb. 91 dargestellt.

6. Ölwanne

Die Ölwanne dient in der Regel als Sammel- und Vorratsbehälter für das Schmieröl und zum Abschluß des Kurbelraumes.

Die Form und Ausführung der Ölwanne ist vom Verwendungszweck und von den Einbauverhältnissen der Motoren abhängig. Die erforderliche Größe des Ölinhaltes richtet sich ebenso wie die Ölumlaufmenge hauptsächlich nach der Motorleistung und liegt im allgemeinen bei ausgeführten Motoren bei

PKW-Motoren	0,05	bis	0,1	l/PS
LKW-Dieselmotoren	0,1	bis	0,15	l/PS
Stationärmotoren	0,15	und	mehr	l/PS

Im Zusammenhang mit der notwendigen Ölumlaufmenge ergibt sich, daß der Ölinhalt durchschnittlich zwei- bis dreimal in der Minute im Motor umgewälzt wird.

Bei Stationärmotoren für Dauerbetrieb, insbesondere bei automatischen Anlagen, muß der Ölinhalt den erforderlichen Wartungszeiten für den Ölwechsel angepaßt werden, um sicher ohne Nachfüllen auszukommen.

Bei Stationärmotoren genügt meist eine einfache, prismatische Form der Ölwanne mit etwas geneigter Bodenwand, um den Schlammablauf zu erleichtern. Die Ölwanne wird auch bei entsprechend stabiler Ausführung in manchen Fällen als Grundplatte für die Aufstellung des Motors verwendet. Bei Motoren mit Tunnelgehäuse und auch bei den meisten Einzylindermotoren ist der Ölvorratsbehälter vielfach mit ins Kurbelgehäuse eingeschlossen.

Bei Motoren für Traktoren kann gegebenenfalls bei der rahmenlosen Bauart die Ölwanne als Verbindungsträger zwischen der Traktorvorderachse und dem Traktorgetriebe ausgebildet werden. Die Ölwanne ist in diesem Fall steif und kräftig und mit den entsprechenden Anschlußflächen für die Achsen und Getriebe auszuführen. Vielfach müssen an der Ölwanne noch Anschlußflächen für verschiedene Traktorgeräte angebracht werden.

Für Kraftfahrzeuge und Boote sind die Ölwannen den im Betrieb vorkommenden maximalen Neigungen und Bewegungen des Motors anzupassen, so daß immer noch eine genügende Ölspiegelhöhe über dem Ölansaugsieb der Pumpe vorhanden bleibt.

Bei den normalen Straßenfahrzeugen genügt es, die Ausmittlung des Ölsumpfes für die auf den Gebirgsstraßen vorkommenden Steigungen von 35% anzustellen, wobei dann noch die Einbauverhältnisse in das Kraftfahrzeug und die Lage der Achse und der Spurstange und deren Ausschläge berücksichtigt werden müssen.

Bei Geländefahrzeugen, Traktoren müssen Steigungen von 55 bis 60% und Querneigungen bis 36% und bei Bootsmotoren 50% Längs- und Querneigung für die Ölspiegeluntersuchung angenommen werden. Wenn es die Platzverhältnisse im zur Verfügung stehenden Einbauraum erlauben, kann man bei entsprechend tiefer Anordnung des Ölsumpfes in Motormitte in der Regel noch mit einer Absaugstelle der Ölpumpe auskommen.

Abb. 94 zeigt als Beispiel die Ausmittlung einer Ölwanne für einen Fahrzeugdieselmotor für 165 PS. Für den Entwurf war maßgebend, daß eine zweite Absaugstelle erspart und der Motor sowohl in einen normalen wie auch in einen geländegängigen Lastkraftwagen mit Allradantrieb eingebaut werden sollte. Das Differentialgehäuse der angetriebenen Vorderachsen erforderte bei der Ausbildung der Ölwanne besondere Berücksichtigung. Der Ölsumpf konnte durch die Lage der Achse nicht, wie es am günstigsten gewesen wäre, unter der Motormitte angeordnet werden. Um nun die für dieses Fahrzeug in Betracht kommenden Steigungen von 36% doch noch ohne Ölabsaugpumpe befahren zu können, mußte der Ölsumpf, wie im Querschnitt ersichtlich, verbreitert werden.

Um eine Ausführung in Blech zu ermöglichen, war eine Unterteilung in drei Ziehteile notwendig.

Die Verbindung des eigentlichen Ölsumpfes mit der Ölwanne erfolgt durch eine große runde Öffnung. Für die Ausmittlung der Ölwanne wurde ein Ölvorrat von 18 l angenommen, wobei mit dieser Form bis zu einem Ölstand von 11 l gefahren werden kann.

Die Unterteilung der Ölwanne in drei kleinere einfache Blechpreßteile, wobei die Schalen des Ölsumpfes mit den gleichen Vorgesenken hergestellt werden können, ist sehr zweckmäßig und wirtschaftlich, da der Ölsumpf auch für andere Einbauverhältnisse und Zylinderzahlen der Motorbaureihe verwendet werden kann.

Wenn die Einbauhöhe unter der Kurbelwellenmitte beschränkt ist und daher die Ölwanne flacher ausgeführt oder einseitig an einem Motorende untergebracht werden muß, ist eine zweite Absaugpumpe oder bei extremen Bedingungen und Neigungen eine Trockensumpfschmierung vorzusehen.

Abb. 95 zeigt die schematische Ausführung einer flachen Ölwanne mit einer Absaugpumpe, welche das Öl aus dem schwungradseitigen Ende in den Ölsumpf nach vor pumpt.

Bei Trockensumpfschmierung ist die Ölwanne gewöhnlich ein flacher Deckel mit seichten Vertiefungen an beiden Enden für die Absaugsiebe. Der Ölbehälter ist bei Fahrzeugmotoren häufig seitlich am Kurbelgehäuse befestigt. Bei Bootseinbauten kann er auch vom Motor getrennt im Motorraum aufgestellt werden. In die Ölbehälter für Trockensumpfschmierung sind geeignete Vorrichtungen für die Entschäumung des Öles und große Querschnitte für die Entlüftung unterzubringen.

Abb. 96 zeigt eine einfache Möglichkeit der Trennung des von den Absaugpumpen in den Behälter geförderten Öl-Luftgemisches. Das Öl-Luftgemisch wird im Behälter in einer sich nach oben erweiternden Steigleitung bis knapp unter den Ölspiegel geführt. Durch die starke Geschwindigkeitsverminderung und Entspannung trennen sich die Luftblasen vom Öl und entweichen leicht aus dem Ölspiegel nach oben, während das Öl über den Rand des Trichters seitlich abfließt.

Abb. 69 zeigt auch die Verbindung einer Ölwanne für Trockensumpfschmierung mit einem flachen Ölbehälter.

Horizontalmotoren für Unterfluranordnung in Kraftfahrzeugen erfordern meistens eine sehr ausführliche konstruktive Behandlung der Ölwanne, weil an dieser die sonst seitlich am Kurbelgehäuse angeordneten Hilfsmaschinen und Zubehörteile untergebracht werden müssen. Ausführungsbeispiele sind in den Abb. 215, 217 dargestellt.

Für Motoren für PKW's und LKW's, welche in größeren Stückzahlen hergestellt werden, wird die Ölwanne am wirtschaftlichsten als Tiefziehteil in Blechstärken von 1 bis 2 mm hergestellt. Sonst ist auch die Verwendung von in Aluminium gegossenen Ölwannen sehr zweckdienlich. Durch die gute Wärmeleitung von Aluminium kann eine gute Ölkühlung durch den Fahrt- oder Ventilatorwind erreicht werden, so daß in Grenzfällen eine gesonderte Ölkühlung bei Fahrzeugmotoren nicht notwendig ist. Durch einen gewellten Boden oder durch Anordnung von Rippen kann die Wärmeabfuhr aus einer Leichtmetallölwanne noch verbessert werden.

Auch Polyester-Glasfaserstoffe kommen für die Herstellung von Ölwannen in Frage und werden vereinzelt bei PKW-Motoren schon verwendet. Allerdings wird sich damit eine genügende Wärmeabfuhr aus der Ölwanne kaum erreichen lassen.

Große Sorgfalt muß bei allen Ölwannenausführungen auf die vollkommene Abdichtung des Flansches gegen das Kurbelgehäuse gelegt werden. Abb. 97 zeigt die Ausbildung des Dichtflansches für eine Ölwanne aus Blech. Zur Erhöhung der Steifigkeit und der örtlichen Dichtungspressung sind Rillen aus dem Dichtflansch herausgeprägt. Als Befestigungsschrauben kommen bei Blechwannen M 6- bis M 8-Schrauben in Frage, welche in Abständen von 50 bis 60 mm angeordnet werden müssen, um eine genügende Dichtheit zu erreichen.

Abb. 98 zeigt eine für größere Motoren geeignete Abdichtung für Blechölwannen mittels eines ölfesten endlosen Gummiprofiles. Mit dieser Art genügen vier bis sechs M 8- bis M 10-Schrauben für die Befestigung und Abdichtung einer Ölwanne.

Die fertigungsgerechte Durchbildung einer Ölwanne als Tiefziehteil erfordert eine enge Zusammenarbeit mit dem Konstrukteur des Ziehwerkzeuges. Es ist zweckmäßig, alle Seitenwände und den Boden der Ölwanne leicht gewölbt auszuführen und durch Sicken und gegebenenfalls eingeschweißte Querbleche zu versteifen, um Schwingungen der Wände und als Folge Risse zu vermeiden. Auch die Geräuschdämpfung wird durch gekrümmte Wände verbessert.

Die Ölablaßschrauben an der Ölwanne sollen gut zugänglich angeordnet und auch das ablaufende Öl leicht aufgefangen werden können. Der Ablaufquerschnitt soll, um das Abfließen des Ölschlammes zu ermöglichen, genügend groß gewählt werden. Als Richtwert für die Gewindegrößen können für PKW-Motoren M 14 × 1,5 bis M 18 × 1,5 und für LKW-Motoren und größere Motoren M 38 × 1,5 bis M 45 × 1,5 angenommen werden, wobei im allgemeinen die Ausführung der Ölablaßschrauben nach DIN 7604 in Stahl üblich ist.

Bei Blechölwannen muß ein gesonderter Gewindebutzen für die Ölablaßschrauben in den Boden eingeschweißt werden. Eine für diesen Zweck sehr geeignete Ausführung zeigt Abb. 99.

Das Gewindestück ist ebenfalls ein Blechpreßteil, welcher an die Ölwanne an den abgewinkelten Lappen angepunktet wird.

Damit die Ölablaßschraube bei geländegängigen Fahrzeugen und bei Fahrzeugen mit niedriger Bodenfreiheit durch Geländehindernisse nicht abgerissen wird, muß diese etwas versenkt in der Bodenwand durch einen flachen Ringwulst geschützt oder auch an den Seitenwänden angeordnet werden.

7. Öleinfüllung und Ölmeßstab

Öleinfüllung und Ölmeßstab sollen gut zugänglich und wegen einfacherer Wartung auf der gleichen Motorseite angeordnet werden. Die Öleinfüllung wird vielfach durch einen längeren Rohrstutzen an die Stelle hochgezogen, wo eine leichte Zugänglichkeit erreicht wird. Die Öleinfüllung soll nicht zu klein sein. Der Verschlußdeckel muß fest und einwandfrei dicht sitzen, damit kein Staub in den Motorraum eintreten kann. Als Verschlußdeckel sind Renkverschlüsse nach DIN 73400 oder auch Schraubverschlüsse üblich. Häufig wird auch der Stutzen zur Ölfüllung mit der Entlüftung des Triebwerkraumes kombiniert.

Zur Feststellung des Ölstandes dient bei den raschlaufenden Motoren, insbesondere bei den Fahrzeugmotoren, meist ein Meßstab, der in das Öl eintaucht und dessen Benetzung die Höhe des Ölstandes anzeigt. Die zulässigen Grenzen des Ölstandes sind in den Meßstab eingekerbt. Auch hier muß dafür gesorgt werden, daß der Ölmeßstab fest und vollkommen dicht in seiner Aufnahmebohrung sitzt. Muß auch bei laufender Maschine der Ölstand mittels eines Meßstabes gemessen werden können, ist das Führungsrohr des Ölmeßstabes bis unter den Ölspiegel zu verlängern. Für den Meßstab wird in der Regel 3- bis 4-mm-Runddraht, 5- bis 7-mm-Splintdraht oder auch 8 bis 10 mm breiter Bandstahl verwendet. Abb. 100 zeigt eine einfache Ausführung eines Meßstabes.

Ein 8 mm breiter Bandstahl ist in einem Griff aus Leichtmetalldruckguß eingegossen. Eine aus dem Band ausgestanzte federnde Leiste verhindert durch Verklemmen im Führungsrohr ein Herausfallen des Stabes. Im zylindrischen Ansatz des Griffes ist ein O-Ring eingelegt, um für eine vollkommene Abdichtung zu sorgen.

8. Kurbelgehäuseentlüftung

Die während der Kompression und Verbrennung unvermeidlich von den Kolbenringen durchgelassenen Leckgasmengen müssen aus dem Triebwerksraum wieder austreten können. Es würde sonst im Kurbelgehäuse ein zu großer Überdruck entstehen, so daß bei sämtlichen Dichtstellen und Wellendurchtritten Öl austreten würde. Auch die Ölverschmutzung würde durch die Verbrennungsgase im Ölraum beträchtlich zunehmen. Es muß daher für eine wirksame Entlüftung bzw. Belüftung des Kurbelgehäuses Vorkehrung getroffen werden. Damit durch die ausströmenden Leckgasmengen nicht zu viele Öltropfen mitgerissen werden, ist es zweckmäßig, die Entlüftungsöffnung an einer Stelle des Kurbelgehäuses anzuordnen, wo wenig Spritzöl auftritt. Bei Viertaktmotoren wird die Entlüftungsöffnung vielfach im Deckel des Stößelraumes vorgesehen. Gegebenenfalls ist ein gesonderter Beruhigungsraum mit geringen Gasgeschwindigkeiten und Prallwänden zur Ausscheidung der Öltröpfchen zu schaffen. Die austretenden Gase und der mitgerissene Öldunst werden bei Fahrzeugmotoren im allgemeinen durch ein Rohr bis zur Unterkante des Motors geführt, wo sie vom Fahrtwind abgesaugt werden. Damit umgekehrt kein Schmutz durch die Entlüftungsleitung in den Motor eindringen kann, muß ein kleiner Luftfilter — es genügt ein Drahtgewebe — im Entlüftungssystem mit angeordnet werden. Es muß beachtet werden, daß das Entlüftungssystem einen nicht zu hohen Durchtrittswiderstand aufweist. Dies gilt insbesondere für Zweitaktmotoren, wo durch die knapp am unteren Kolbenrand angeordneten Spülschlitze an und für sich größere Durchblasmengen auftreten und ein erhöhter Innendruck im Kurbelgehäuse ein starkes Ansteigen des Ölverbrauches durch das dann über die Schlitze hinausgedrückte Öl verursacht. Der Innendruck im Kurbelgehäuse soll in der Regel 20 bis 30 mm Wassersäule nicht übersteigen. Dementsprechend sind die Querschnitte im Entlüftungssystem abzustimmen. Das Absaugen der Leckgase aus dem Kurbelraum in die Ansaugleitung ist abzulehnen, weil dadurch unerwünschte, korrosionsfördernde Produkte aus den Verbrennungsgasen dem Motor bzw. dem Schmieröl über die Ansaugleitung immer wieder zugeführt werden.

Sehr zweckmäßig ist es, eine richtig gehende Belüftung des Triebwerkraumes vorzusehen. Dies ist insbesondere bei Ottomotoren notwendig. In diesem Fall wird meistens in der Zylinderkopfhaube eine mit einem Filter versehene Öffnung angeordnet, durch welche durch den Ventilatorüberdruck Frischluft durch den Kurbelraum gedrückt wird.

Bei Einzylindermotoren entsteht durch die Kolbenbewegung eine kräftige Pumpwirkung im Triebwerksraum. Damit beim Kolbenaufwärtsgang keine schmutzige Außenluft in den Kurbelraum angesaugt wird, muß ein Rückschlagventil im Entlüftungssystem des Kurbelraumes vorgesehen werden, welches sicherheitshalber auch mit einem Filter kombiniert werden soll. Durch Anordnung des Entlüftungsventiles in der Zylinderkopfhaube kann vielfach auf eine eigene Schmierung des Ventiltriebes bei langsam laufenden Einzylindermotoren verzichtet werden, da beim Abwärtsgang des Kolbens meist genügend Öldunst zur Schmierung in den Ventilraum gefördert wird.

Schrifttum

Burnell, W. J.: Filtration. Automobile Engineer 1952, S. 235.
Damrat, F.: Flüssigkeitsfilter im Maschinenbau. Konstruktion 1955, S. 137.
Fritzsche, A. F.: Gestaltung und Berechnung von Ölkühlern. Zürich: Leemann.
Frössel, W.: Hochtourige Schmierölpumpe. Konstruktion 1960, S. 195.
Gadebusch, H. M.: New Filtering Problems Created by High Detergency Lubricants. SAE Journal 1952, April, S. 33.
Georgi, C. W.: Oil Filters. SAE Journal 1952, April, S. 27.
Hasselgruber, H.: Erfassung der Schmierstoffversorgung von Verbrennungsmotoren. MTZ 1957, S. 235.
— Einige Probleme der Schmierung großer Maschinen. MTZ 1953, S. 309.
Haupt, W.: Frischölautomatik für Zweitaktmotoren. MTZ 1962, Mai, S. 166.
Holfelder, O.: Schmier- und Kühlkreislaufuntersuchungen. MTZ 1951, S. 92.

JAMES, W. S.: Air Cleaner-Oilfilter Protection, Critical Factor in Engine Wear. SAE Journal 1952, April, S. 19.
KAMPS, R.: Lager und Schmiertechnik. Düsseldorf: VDI Verlag.
KLÜSENER, O.: Beitrag zur Lagerschmierung bei nicht stationärer Belastung. MTZ 1957, S. 89.
— Versuche mit Zentrifugalfiltern. Oil Engine 1958, Dezember.
KOENIGS, H.: Die Bedeutung der Mikrofilterung des Schmieröles für die Lebensdauer moderner Motoren. ATZ 1958, S. 206.
— Die Betriebsergebnisse mit Mann-Freistrahlzentrifugen in Diesellokomotiven V 60 der Deutschen Bundesbahn. MTZ 1960, S. 262.
KOLLMANN, K.: Das Verschäumungsverhalten von Schmierölen in schnellaufenden Verbrennungsmotoren. Konstruktion 1958, S. 192.
KRUSE, H.: Schmierölpumpen beim Kaltstart von Verbrennungskraftmaschinen. MTZ 1962, Dezember, S. 447.
LANZINGER, W.: Die Berechnung der Fördermenge und der Antriebsleistung von Zahnradpumpen mit zwei gleich großen Zahnrädern. ATZ 1941, H. 7.
MAUSER, H.: Neuzeitliche Schmierölfilterung für Verbrennungsmotoren. ATZ 1953, S. 15.
MEURER, S.: Rückwirkung des Motorbetriebes auf die Schmierstoffe. ATZ 1953, S. 193.
— Oilfilters. Automobile Engineer 1951, S. 192.
REICHENBÄCHER, H.: Die Fördermenge der Zahnradpumpe. Konstruktion 1949, S. 309.
ROTHMANN, G.: Stabilisierung des Schmierölzustandes bei Fahrzeugdieselmotoren. ATZ 1954, S. 341.
STAHLMANN, G.: Die Rückkühlung des Schmieröles bei Dieselmotoren. ATZ 1954, S. 15.

V. Kühlung

1. Allgemeines

Die Aufgabe der Kühlung ist, die Wandtemperaturen von Zylinder, Kopf und Kolben in für den einwandfreien Betrieb des Motors notwendigen und erträglichen Grenzen zu halten. Die oberen Grenztemperaturen sind zum Teil von der Warmfestigkeit der verwendeten Werkstoffe und bei Kolben und Büchsen auch von der Erhaltung der Schmierfähigkeit des Schmieröles und den damit verbundenen Laufeigenschaften abhängig.

Als Kühlmittel kommen Flüssigkeiten, davon in der Hauptsache Wasser, oder Luft in Frage. Von der Art des Kühlmittels werden sowohl die Bauform des Motors als auch die erforderlichen Hilfsmaschinen und Zubehörteile beeinflußt.

2. Flüssigkeitskühlung

Für den normalen Einsatz der Motoren ist das Wasser als idealstes Kühlmittel anzusehen. Es ist billig, überall dort erhältlich, wo Menschen sich aufhalten müssen. In der Kühlwirkung wird es von keinem anderen Kühlmittel übertroffen.

Die sogenannten Heißkühlmittel wie Äthylenglycol haben zwar bei den Flugmotoren, bei den raschlaufenden Kraftfahrzeug- und Industriemotoren hingegen im allgemeinen kaum Verwendung gefunden.

Die Heißkühlmittel geben größere Temperaturunterschiede zwischen Kühlmittel und Luft. Sie wurden daher bei Flugmotoren hauptsächlich darum verwendet, um kleine Kühler zu erhalten.

Vielversprechend scheinen die noch in Entwicklung befindlichen synthetischen Heißkühlmittel aus organischen Siliziumverbindungen zu werden. Diese bleiben zwischen —56° und 360° C bei atmosphärem Druck noch flüssig. Diese Mittel könnten jahrelang im Kühlsystem ohne Nachfüllung bleiben, da keine Verdunstung und auch keine Schlamm- oder Kesselsteinbildung auftritt und darum auch die Metallteile nicht angegriffen werden. Voraussetzung ist dann vollkommene Dichtheit des Kühlsystems. Obwohl sich naturgemäß höhere Wandtemperaturen bei Verwendung dieser Mittel ergeben würden, sind jedoch wesentlich geringere Wandtemperaturunterschiede z. B. beim Zylinderkopf zu erwarten, da auch keine Dampfblasenbildung, welche bei normaler Wasserkühlung zu lokalen Überhitzungen führt, auftreten kann.

Bei Motoren für Erdölbohraggregate wird vielfach als Kühlmittel Dieselöl verwendet, um sich den gesonderten Transport des Kühlwassers in die oft entlegenen und wasserarmen Gegenden der Bohrstellen zu ersparen.

Je nach der Art des Kühlwasserumlaufes und der Rückkühlung unterscheidet man:

A. Verdampfungskühlung

B. Umlaufkühlung

a) mit Frischwasser (offener Kühlkreislauf)

b) mit Rückkühlung (geschlossener Kühlkreislauf des Kühlwassers)

α) durch Luft in Wasser-Luftwärmetauschern

β) durch Frischwasser in Wasser-Wärmetauschern.

Die tatsächliche Anwendung der jeweiligen Kühlkreisläufe richtet sich nach dem Verwendungszweck der Motoren. Der Aufbau des Motors und der anzubauenden Hilfsmaschinen ist darauf abzustimmen.

A. Verdampfungskühlung. Diese wird noch für stationäre Einzylindermotoren für landwirtschaftliche Geräte und kleine Baumaschinen angewendet. Sie ermöglicht die einfachste Bauweise eines Motors mit dem geringsten Aufwand an Hilfsmaschinen und Zubehör.

Die zweckmäßigste und auch gebräuchlichste Bauform für Verdampfungskühlung ist die liegende Anordnung des Zylinders. Es wird dadurch das Aufsteigen der Dampfblasen an den beheizten Flächen erleichtert und außerdem kann ein großer Kühlwasservorratsbehälter über dem Zylinder und dem Kurbelraum untergebracht werden, Abb. 199. Es sind genügend große Überströmquerschnitte aus dem Zylinderkopf in den Wasserraum vorzusehen.

Der Kühlwasserverbrauch bei der Verdampfungskühlung beträgt im Mittel 1 l/PSh. Um das notwendige häufige Nachfüllen des Kühlwassers auf größere Zeiträume auszudehnen, besteht die Möglichkeit, den Dampf zu kondensieren und das Kondensat wieder in den Behälter zurückzuführen (Kondensatorkühlung).

Wirkungsvoll und einfach kann das Schwungrad als Kondensator herangezogen werden. Der Dampf wird durch einen Kanal über die Nabe des Schwungrades dem mit Kühlrippen versehenen hohlen Schwungradkranz zugeführt, wo der Dampf durch die Kühlwirkung der Drehbewegung kondensiert. Das Kondenswasser bildet im Kranz einen Wasserring. Durch einen feststehenden, in den Wasserring eintauchenden Rohrlöffel, wird das Wasser unter dem entstehenden Staudruck wieder über die Schwungradnabe in den Behälter zurückgedrückt.

B. Umlaufkühlung. Die Verwendung von Frischwasser bzw. die direkte Seewasserkühlung beschränkt sich heute bei den raschlaufenden Motoren nur mehr auf wenige Ausführungen. Durch die starke Schlamm- und Kesselsteinbildung müssen die Motoren oft gereinigt werden. Bei Salzwasser darf dessen Temperatur nicht mehr als 50 bis 60° C erreichen, was aber im Gegensatz zu den Forderungen für niedrige Zylinderbüchsenabnützung steht. In der Regel findet daher bei den raschlaufenden Motoren der geschlossene Kreislauf mit Rückkühlung des Motorkühlwassers Anwendung. Für ortsbewegliche Motoren, wie für Kraftfahrzeuge, Baumaschinen, Lokomotiven usw. kommt naturgemäß nur die Rückkühlung durch Luft in Frage.

Die Rückkühlung des Motorkreislaufwassers durch Frischwasser ist nur bei größeren Stationäranlagen und für Boots- und Schiffshilfsmotoren gebräuchlich, wobei letztere zur Rückkühlung Fluß- oder Seewasser verwenden.

Im allgemeinen wird das Motorkühlwasser durch eine vom Motor angetriebene Kreiselpumpe im Umlauf gehalten. Der Umlauf durch Thermosyphonwirkung wird nur mehr sehr selten bei kleinen PKW-Motoren und kleinen Einzylinder-Dieselmotoren angewendet.

Die gesamte Kühlanlage muß so ausgelegt werden, daß die anfallende Kühlwärme bei der Höchstleistung des Motors und bei den höchsten im jeweiligen Einsatz vorkommenden Außentemperaturen noch abgeführt werden kann. Im Wasserkreislauf des Motors muß das Kühlwasser den einzelnen Zylindern in gleichen Mengen zugeführt werden, damit diese unter gleichen Temperaturverhältnissen arbeiten. Der Kühlwasserstrom um die einzelnen Zylinder und innerhalb der Köpfe muß so geführt werden, daß Dampfblasenbildung auch an den thermisch höchstbeanspruchten Stellen möglichst vermieden wird, bzw. zumindest die Dampfblasen durch eine entsprechende Wasserführung rasch fortgespült werden, wobei weiter zu beachten ist, daß sich im ganzen Kreislaufsystem keine Luft- und Dampfsäcke bilden können.

Zur Verminderung der thermischen Beanspruchungen und Deformationen sollen auch möglichst geringe Temperaturdifferenzen innerhalb der gekühlten Teile auftreten.

Für die dauernde Gewährleistung einer niedrigen Zylinderabnützung sollen im Betrieb die Wasseraustrittstemperaturen gleichmäßig zwischen 80° und 90° C gehalten werden. Das ist nur durch eine automatische Regelung im Kühlsystem zu erreichen.

Abb. 101 zeigt den Kühlwasserkreislauf in der üblichen Ausführung unter Verwendung eines mit Luft gekühlten Wasserkühlers. Die notwendige Luftbewegung wird durch ein vom Motor angetriebenes Gebläse erzeugt. Das rückgekühlte Wasser wird aus dem unteren Wasserkasten des Kühlers von der Wasserpumpe angesaugt. Bei mittleren Motoren kann, falls ein Ölkühler erforderlich ist, dieser noch in der Saugseite der Wasserpumpe eingeschaltet werden, weil dadurch in der Regel eine günstige und kurze Leitungsverlegung möglich wird. Von der Druckspirale der Wasserpumpe wird das Wasser in die Wasserverteilleitung oder in den im Kurbelgehäuse miteingeschlossenen Verteilkanal geführt, aus welchem eine gleichmäßige Zuteilung zu den einzelnen Zylindern erfolgen soll. Wenn nötig sind die Übertrittsöffnungen aus der Verteilleitung zu den einzelnen Zylindereinheiten an Hand von Temperaturmessungen versuchsweise abzustimmen. An der höchsten Stelle der Zylinderköpfe ist die Sammelleitung angeschlossen, welche mit dem oberen Wasserkasten des Kühlers verbunden ist. Der obere Wasserkasten des Kühlers muß bei der üblichen Anordnung die höchste Stelle im Kühlkreis bilden. Zwischen der Sammelleitung am Motor und dem Kühler ist dann der Thermostat einzuschalten. Die Kurzschlußleitung aus dem Thermostat wird am günstigsten an den Saugraum der Wasserpumpe oder an die Saugleitung angeschlossen.

Bei der Auslegung des Wasserkreislaufes sind einige weitere Einzelheiten zu beachten.

Kann aus dem Gesamtaufbau heraus die Ableitung des Wassers nicht an der höchsten Stelle der Druckspirale der Wasserpumpe erfolgen, so muß von dem obersten Punkt der Spirale eine eigene Entlüftungsleitung zum Sammelrohr oder in die Kurzschlußleitung des Thermostaten geführt werden, weil sonst eine unregelmäßige, verminderte Förderleistung der Wasserpumpe die Folge ist.

Zur vollständigen Entleerung des Kühlsystems sind Ablaßhähne an den tiefsten Stellen des Motors und an den Leitungen anzubringen. Es lohnt sich die Mühe, das Leitungssystem und die Wasserräume so auszulegen, daß man das ganze Kühlsystem mit nur einem Ablaßhahn entleeren kann. Die Hähne sind gut zugänglich und so anzuordnen, daß das Wasser frei ablaufen bzw. aufgefangen werden kann und keinesfalls z. B. über elektrische Zubehörteile und Leitungen läuft. Um auch einen vollständigen Ablauf des Wassers aus dem Spiralgehäuse zu ermöglichen, hilft in den meisten Fällen eine kleine Verbindungsbohrung vom tiefsten Punkt der Spirale in den Saugraum der Wasserpumpe.

Die Ablaßhähne für Motoren sind nach DIN 71401 und die Fernthermometeranschlüsse nach DIN 75575 festgelegt.

Die Leitungsquerschnitte sollen für Wassergeschwindigkeiten von 3 bis 4,5 m/sek ausgelegt werden, wobei der kleinere Wert für die Saugleitung gilt. Die Widerstände in der Saugleitung sollen möglichst gering sein, damit keine vorzeitige Dampfbildung mit Verminderung der Förderleistung der Wasserpumpe und Kavitation eintreten kann. Bei langen Saugleitungen sind die Saugwiderstände nachzurechnen bzw. im Versuch zu überprüfen.

Viel zuwenig Beachtung wird der Tatsache zugewendet, daß die im Kühlwasserkreislauf aufgenommenen und enthaltenen Gase wieder aus dem Wasser ausgeschieden werden müssen, bzw. daß verhindert werden muß, daß Luft und Wasser sich immer wieder von neuem mischen. Neuere amerikanische Untersuchungen wandten diesem

Problem größere Aufmerksamkeit zu. Durch zu großen Luft- oder Gasgehalt des Kühlwassers sinkt die Förderleistung der Wasserpumpe, außerdem ist die Wärmeaufnahmefähigkeit des Luft-Wassergemisches wesentlich schlechter, so daß es dadurch zu örtlichen Überhitzungen im Motor kommen kann. Der Luft- und Gasgehalt des Kühlwassers erhöht auch die Korrosionsgefahr innerhalb des Kühlsystems. Der Eintritt von Luft und Gas ins Kühlsystem kann folgende Ursachen haben:

a) Undichtigkeit der Wasserpumpendichtung und an den Schlauchverbindungen infolge des an der Saugseite der Pumpe herrschenden Unterdruckes,

b) Lufttaschen im Kühlsystem oder in Heizungsgeräten bei Kraftfahrzeugen,

c) Übertritt von Auspuffgasen infolge undichter Zylinderkopfdichtungen, insbesondere beim Start der Motoren.

Eine Hauptursache der intensiven dauernden Mischung von Luft und Kühlwasser bildet der meistens aus Gründen der Karosserieformgebung bei Kraftfahrzeugen viel zu niedrig ausgeführte obere Wasserbehälter des Kühlers. Das mit großer Geschwindigkeit aus der Leitung in dem oberen Wasserraum des Kühlers übertretende Wasser ruft bei niedrigem Wasserspiegel über der Übertrittsöffnung eine heftige Wasserbewegung mit Spritzen und Schäumen hervor, so daß dabei das Kühlwasser dauernd das über dem Wasserspiegel liegende Luft- und Dampfgemisch in sich aufnimmt. Messungen haben ergeben, daß dadurch die Wasserumlaufmenge bis unter die Hälfte der notwendigen Fördermenge absinken kann. Es muß daher der Kühlwasserübertritt in den Kühler genügend tief unter dem Wasserspiegel des oberen Wasserraumes angeordnet werden, was die Ausbildung eines hohen oberen Wasserkastens am Kühler verlangt.

Als sehr wirksam für die Entgasung des Kreislaufwassers haben sich auch Maßnahmen nach den Abb. 102 und 103 erwiesen.

Durch die Anordnung eines Beruhigungsbehälters oberhalb des Wasserkastens im Nebenschluß zum Wasserkreislauf kommt das zirkulierende Wasser nie mit der ausgeschiedenen Luft in Berührung. Der aufgesetzte Behälter gewährleistet außerdem eine längere Betriebszeit eines gefüllten Kreislaufes. Der Beruhigungsbehälter kann auch mit in den oberen Wasserkasten des Kühlers eingeschlossen werden (Abb. 103).

Abb. 104 zeigt die Anordnung eines Kühlkreislaufes für Boots- und Schiffsmotoren. In diesem Fall sind zwei getrennte Wasserkreisläufe, ein innerer und ein äußerer, mit dem dazugehörigen Wärmetauscher vorgesehen.

Der innere Kreislauf des Motorkühlwassers gleicht im wesentlichen der üblichen Ausführung nach Abb. 101.

Die Wärmetauscher zwischen innerem und äußerem Kreislauf sind im allgemeinen ähnlich wie die Ölkühler ausgebildet. Eine geschlossene Ausführung läßt sich mit einer Zusammenlegung des Sammel- bzw. Vorratsbehälters des Motorkühlwassers mit dem Wärmetauscher und Anordnung an der Stirnseite des Motors erreichen, in welchem dann die Kühlelemente des äußeren Kreislaufes eingeschoben werden. In diesem Behälter können auch die Ölkühlerelemente der Motorschmierung mit untergebracht werden. Eine solche Konstruktion ist in Abb. 219 dargestellt. Für den äußeren Kreislauf ist eine eigene vom Motor angetriebene Umlaufpumpe, welche meistens auch selbstansaugend sein muß, vorzusehen. Der Wärmetauscher und die Fördermenge der Seewasserpumpe ist bei Verwendung von Salzwasser so auszulegen, daß dessen Austrittstemperatur 50 bis 55° C nicht übersteigt. Zur Vermeidung von Salzwasserkorrosion sind im äußeren Kreislauf Zinkpfropfen anzuordnen.

Vielfach wird bei Bootsmotoren die Kühlung des Auspuffrohres am Motor verlangt. In diesem Fall muß das Auspuffsammelrohr doppelwandig ausgeführt und in einen der Wasserkreisläufe eingeschaltet werden. Die zusätzlich im Auspuffrohr aufgenommene Wärmemenge kann bis zu 25% der Kühlwärme des Motors ausmachen und ist daher bei der Auslegung des Wärmetauschers zu berücksichtigen. Ausführungen von Wärmetauschern sind auch aus Bd. 12: „Ortsfeste Dieselmotoren und Schiffsdieselmotoren" zu ersehen.

a) Berechnung der Kühlwasserpumpen

Im Bereich der raschlaufenden Motoren kommen ausschließlich Kreiselpumpen für den Motorkühlkreislauf zur Anwendung. Die Ausbildung und Anordnung der Kühlwasserpumpen ist zum Teil auch vom Verwendungszweck des Motors und von der Antriebsart der Pumpen abhängig. Für PKW- und LKW-Motoren mittlerer Leistung wird die Konstruktion der Pumpen im wesentlichen von der billigsten und einfachsten Herstellung beeinflußt und weniger Wert auf eine Ausführung mit bestem Wirkungsgrad gelegt. Für größere Motoren, für Lokomotiven und für stationäre Anlagen mit höheren Antriebsleistungen der Pumpen ist die Berechnung und Ausführung der Pumpen nach den Richtlinien des allgemeinen Pumpenbaues durchzuführen.

Die folgende Berechnung beschränkt sich hauptsächlich auf die rasche Bestimmung der Hauptabmessungen für den Entwurf der Pumpen für Fahrzeugmotoren.

Für die Auslegung der Kühlwasserpumpen und Wärmetauscher ist vorerst die Kenntnis der abzuführenden Wärmemenge notwendig. Diese ist vom Brennstoffverbrauch abhängig und bestimmt sich unter der für die Erstauslegung genügend genauen Annahme, daß etwa 30 % der im Kraftstoff enthaltenen Wärmemenge (bei unaufgeladenen Motoren) durch das Kühlwasser abzuführen ist.

Die spezifische abzuführende Wärmemenge q_k beträgt

$$q_k = 0{,}3\ B \,.\, Hu \text{ Kcal/PSh}$$

B = Brennstoffverbrauch kg/PSh
Hu = 10.000 Kcal

Man kann für den Entwurf auch folgende Durchschnittswerte für q_k vorläufig annehmen:

Dieselmotoren mit direkter Einspritzung	q_k = 450 bis 600 Kcal/PSh
Dieselmotoren mit indirekter Einspritzung	q_k = 600 bis 700 Kcal/PSh
Ottomotoren	q_k = 800 bis 1000 Kcal/PSh

Für aufgeladene Motoren gelten die unteren Grenzwerte.

Die erforderliche Kühlwassermenge Q_K errechnet sich dann

$$Q_K = \frac{q_k N_e}{\Delta t} \text{ l/h}$$

N_e = Nutzleistung
Δt = Temperaturunterschied des Kühlwassers zwischen Austritt und Eintritt
Δt = 7° bis 8° C bei langsamlaufenden, wenig belasteten Motoren
Δt = maximal 5° C bei raschlaufenden, hochbelasteten Motoren.

Die erforderliche Förderhöhe der Wasserpumpe ist von der Fördermenge, von den Durchflußquerschnitten im Motor und im Kühler und von der Gesamtanordnung der Kühlanlage und von den Leitungslängen zwischen Motor und Kühler abhängig. Für die Berechnung ist für PKW- und LKW-Motoren eine Druckhöhe von etwa 10 m, für größere Motoren und insbesondere für Lokomotivmotoren je nach Kühlerlage eine Druckhöhe von etwa 12 bis 20 m zugrunde zu legen. Die Wasserpumpenräder werden in der Regel offen und mit rückwärtsgekrümmten Laufschaufeln mit radialem Eintritt ausgeführt. Laufräder mit radialen Schaufeln werden wegen ihrer Einfachheit nur für Kleinmotoren verwendet, kommen aber für größere Motoren wegen des schlechten Wirkungsgrades nicht in Betracht. Für die Druckhöhe für radialen Eintritt gilt die Hauptgleichung

$$H = \eta_h \cdot \frac{k \cdot u_2 \cdot c_{u2}}{g} \text{ m}.$$

Abb. 105 zeigt das Eintrittsdreieck und Abb. 106 das dazugehörige Austrittsdreieck des Wasserpumpenrades.

c_1 ist die Eintrittsgeschwindigkeit in die Laufradschaufeln,
c_0 ist die Zuströmgeschwindigkeit, wobei $c_0 = 0{,}8\, c_1$ gewählt wird,
u_1 ist die Umfangsgeschwindigkeit am Eintrittsdurchmesser D_1,
u_2 ist die Umfangsgeschwindigkeit am Austrittsdurchmesser D_2,
$c_{u2} = c_2 \cos \alpha_2$ die in der Richtung der Umfangsgeschwindigkeit,
$c_{m2} = c_2 \sin \alpha_2$ die senkrecht dazuliegende Komponente der Austrittsgeschwindigkeit c_2,
η_h = hydraulischer Wirkungsgrad, welcher bei gut ausgebildeten Kühlwasserpumpen um 0,65 liegt,
k = Berichtigungszahl, welche die endliche Schaufelzahl berücksichtigt. Für Laufräder mit 8 Schaufeln gelten für k die in Zahlentafel 12 zusammengestellten Werte für verschiedene Verhältnisse von Austrittsdurchmesser zu Eintrittsdurchmesser D_2/D_1 und für verschiedene Schaufelwinkel am Austritt.

Die Winkel α_2 und β_2 haben bei Kühlwasserpumpen im allgemeinen folgende Werte:

$\alpha_2 = 10°$
$\beta_2 \sim 30°$ (in den Grenzen 25 bis 50°)

Berechnung des Laufrades

Um einen raschen Überblick über die ungefähren Abmessungen einer Kühlwasserpumpe für einen PKW- oder LKW-Motor unter Annahme einer Druckhöhe von 10 m zu bekommen, erhält man in erster Annäherung

$$D_2 \sim \frac{280}{n}\ \text{m}\,.$$

Beim Entwurf des Laufrades geht man von der Nabe aus. Der Nabendurchmesser D_n ist von der Art der Wellendichtung und von der Verbindung des Laufrades mit der Welle abhängig.

Die Zuströmgeschwindigkeit $c_0 = 2$ bis 3 m/sek.

Die Durchflußfläche an der Nabe ist nach Abb. 107, wenn, wie bei kleinen Rädern üblich, der Saugrohrdurchmesser gleich D_1 ist,

$$F = (D_1^2 - D_n^2)\,\frac{\pi}{4}\ \text{m}^2$$

$F \cdot c_0 = 1{,}1\ Q\ \text{m}^3/\text{sek}$

1,1 = Berücksichtigungsfaktor des Spaltverlustes.

Damit ist D_1 gegeben.

D_2 ergibt sich dann aus dem zulässigen Durchmesserverhältnis $D_2/D_1 = 1{,}5$ bis 1,7.

Wird der Lüfter mit der Kühlwasserpumpe zusammengefaßt, so ist bei der Wahl der Pumpendrehzahl auch die Lüfterdrehzahl zu berücksichtigen. Aus der Hauptgleichung kann nun der Wert $u_2 \cdot c_{u2}$, der zur Erreichung der gewünschten Druckhöhe erforderlich ist, berechnet werden. c_{m2} kann $\sim c_1$ angenommen werden. Die Winkel bestimmen sich aus

$$\operatorname{tg} \alpha_2 = \frac{c_{m2}}{c_{u2}}$$

$$\operatorname{tg} \beta_2 = \frac{c_{m2}}{u_2 - c_{u2}}$$

$$\alpha_1 = 90°$$

$$\operatorname{tg} \beta_1 = \frac{c_1}{u_1}\,.$$

Für die Ermittlung der günstigsten Schaufelzahl gilt

$$z = k'' \,\frac{D_1 + D_2}{D_2 - D_1} \cdot \sin \beta_m$$

wobei

$$\sin \beta_m = \sin\left(\frac{\beta_1 + \beta_2}{2}\right)$$

$k'' = 4{,}5$ bis 5 für Kühlwasserpumpen.

Die Radbreiten bestimmen sich aus

$$1{,}1\, Q = c_1 \cdot b_1 \cdot D_1 \pi \tau_1 \text{ m}^3/\text{sek}$$
$$= c_{m2} \cdot b_2 D_2 \pi \tau_2$$
$$\tau_1 = 0{,}55 \text{ bis } 0{,}65$$
$$\tau_2 = 0{,}8 \text{ bis } 0{,}85$$

$\tau_1, \tau_2 =$ Berichtigungsfaktoren infolge Verengung durch Schaufelstärke und Kontraktion.

Im Meridianschnitt wird der Kanal im Laufrad bei offener Ausführung nach Abb. 107 am einfachsten durch eine Verbindungsgerade von b_1 nach b_2 begrenzt.

Entwurf der Laufradschaufeln

Die Schaufeln werden genügend genau nach einem Kreisbogen nach folgender Konstruktion geformt.

Man trägt nach Abb. 108 im Punkt A den Winkel β_2 und im Kreismittelpunkt den Winkel $\beta_1 + \beta_2$ auf. Der durch den Winkel $\beta_1 + \beta_2$ gegebene Strahl schneidet den Kreis mit dem Durchmesser D_1 im Punkt B. Die Verbindung AB gibt den Schnittpunkt C am Kreis D_1. In der Mitte der Strecke AC zieht man zu dieser eine Senkrechte, die den von A unter dem Winkel β_2 ausgehenden Strahl in dem Mittelpunkt M des Schaufelkreisbogens schneidet.

Spiralgehäuse

Bei kleineren Einzylindern, Stationär-, Traktormotoren und auch bei PKW-Motoren wird vielfach das Wasserpumpenrad ohne Spirale offen im Kühlwasserraum des Zylinderblockes angeordnet. Bei größeren Wassermengen ist es zweckmäßig, ein richtiges Spiralgehäuse auszubilden. Leiträder sind im allgemeinen nicht erforderlich. Für die Berechnung der Spirale gilt bekanntlich der Flächensatz

$$r_2 \cdot c_{u3} = K = r_0 \cdot c_{u0} \tag{1}$$

wobei $c_{u3} = c_{u2} \cdot k$

$k =$ Berichtigungszahl, s. Zahlentafel 12.

Die Querschnittform der Spirale ist von der Anordnung der Wasserpumpe, ihrem Platzbedarf und von gußtechnischen Voraussetzungen abhängig. Sehr platzsparend und auch gußtechnisch einfach ist der rechteckige Querschnitt.

Spiralgehäuse mit rechteckigem Querschnitt, Abb. 109.

$$R = r_0 \cdot e^{V \frac{\varphi^0}{360} \cdot \frac{1}{K \cdot b}} \text{ m}$$

r_0 = Radius, auf welchem der Anfangspunkt der Spirale liegt, m

R = jeweiliger Spiralenpunkt am Winkel φ, m

V = $1{,}1 \cdot Q$ (Berücksichtigung der Reibungsverluste in der Spirale)

Q = Fördermenge der Wasserpumpe, m³/sek

b = Breite der Spirale, m

Der Verlauf der Spiralenbreite kann gewählt werden; entweder nimmt man linearen Verlauf von b_2 bis zu der notwendigen Austrittsbreite, oder auch eine gleiche Breite b über den Umfang an.

Axiale und Innenspiralen ermöglichen besonders gedrängte Außenabmessungen in Form eines zylindrischen Wasserpumpengehäuses ($R =$ konstant), Abb. 110.

Obige Formel nach b aufgelöst ergibt

$$b = \frac{V \cdot \varphi^0}{360\,K \cdot \ln \frac{R}{r_0}}\ \text{m}.$$

Das Teilstück der Spirale über den $\sphericalangle\ \varphi$ kann aus der Formel (1) berechnet werden.

Aus den gleichen Formeln kann auch die Innenspirale, Abb. 111, berechnet werden, wobei R = konstant, b = konstant und r_0 dann als die Veränderliche gilt. Für das Teilstück φ_0 gilt dann wieder Formel (1).

Spirale mit kreisförmigem Querschnitt, Abb. 112.

$$\varrho = \frac{\varphi^0}{C} + \sqrt{2r\frac{\varphi^0}{C}}\ \text{m}; \quad C = \frac{720 \cdot \pi \cdot K}{V}.$$

Der Übergang vom Endquerschnitt der Spirale zum Druckrohrquerschnitt erfolgt am besten in Form eines an die Spirale angesetzten Diffusors, der am Ende einen mit einer Wassergeschwindigkeit von etwa 3 bis 5 m/sek ausgelegten Querschnitt aufweist.

b) Ausführungsbeispiele von Kühlwasserpumpen

Abb. 113 zeigt die einfache und billige Gestaltung einer Wasserpumpe für Fahrzeugmotoren, bei welchen in den meisten Fällen Wasserpumpen- und Ventilatorlagerung zusammengefaßt werden. Dieses Beispiel bringt außerdem ein interessantes Zubehördetail, bei welchem die Welle und deren Wälzlagerung in einer geschlossenen Einheit zusammengebaut sind. Die inneren Laufbahnen der Kugeln sind direkt in die Welle eingeschliffen, während die Wellendichtringe im Außenring eingesprengt sind. Die Fettfüllung soll für die Lebensdauer des Lagers reichen, so daß an der Pumpe keine Schmierbohrungen und Nippel für diese Art der Lagerung vorgesehen zu werden brauchen. Die Lagereinheit sitzt mit einer Überdeckung von 0,02 bis 0,05 mm im Gehäuse. Der achsiale Ventilatorschub wird durch einen 2 mm starken Messingdraht (D) aufgenommen, welcher in den korrespondierenden halbkreisförmigen Rillen im Außenring und im Gehäuse liegt. Die Drahtschleife wird von außen durch den Schlitz (S) in der Gehäusenabe in die Rillen eingefädelt. Wasserpumpenrad und Ventilatornabe sind auf den zylindrischen Wellenstummeln mit einer Überdeckung von 0,04 bis 0,07 mm aufgepreßt. Die Riemenscheibe und der Ventilatorstern werden auf dem über die Nabe vorstehenden Wellenstummel zentriert. Der Wasserraum wird meist durch eine achsiale Schleifringdichtung abgedichtet. Zwischen Schleifring und Lager soll ein genügend breiter Raum von mindestens 7 bis 10 mm freigehalten werden, aus dem eine nicht zu kleine Bohrung oder ein Schlitz nach außen führt, um fallweise austretendes Leckwasser sicher abzuleiten.

Die weitere Gestaltung des Gehäuses geht aus der Darstellung hervor. Das offene, rechteckige Spiralgehäuse wird mit einer Blechplatte von 3 mm Stärke abgedeckt und beide werden gemeinsam an das Kurbelgehäuse geschraubt.

Bei größeren Lastwagenmotoren mit höheren Lagerbelastungen durch den Keilriemenzug werden die Wasserpumpen- bzw. Ventilatorwellen im allgemeinen auf normalen Wälzlagern gelagert. Mehrere verschiedene Ausführungen von Wasserpumpen sind in den zahlreichen Motorabbildungen zu sehen.

Bei Lokomotivmotoren und Bootsmotoren usw. werden die Wasserpumpen vielfach über Zahnräder vom Steuerungs- oder Ölpumpentrieb aus angetrieben. Bei manchen Konstruktionen wird die Wasserpumpe auch gleichachsig mit der Lichtmaschine seitlich am Kurbelgehäuse angebracht und mit dieser gekuppelt.

Abb. 114 bringt den Aufbau und die Hauptabmessungen einer der gebräuchlichen Schleifringdichtungen (KAKO).

Der aus einem Kunstharz-Asbest-Graphit-Gemisch bestehende Schleifring sitzt in einem Dichtungsbalg aus synthetischem Gummi, der durch eine am Dichtungsgehäuse sich abstützende Bronzefeder an die Dichtfläche an der Nabe des Wasserpumpenrades gedrückt wird. Der Schleifring ist im Dichtungsgehäuse gegen Verdrehen gesichert. Der Schleifring läuft erfahrungsgemäß am besten auf normalem Gußeisen, aus welchem auch in der Regel die Laufräder hergestellt werden. Die Dichtfläche am Wasserpumpenrad muß genau senkrecht zur Wellenachse stehen und muß riefenfrei geläppt werden. Der Durchmesser der Dichtfläche am Rad soll etwas größer als der des Schleifringes sein. Es ist auch zweckmäßig, die Dichtfläche am Wellensitzdurchmesser etwas auszusenken, damit, wie aus Abb. 114 verständlich, beim Aufpressen des Rades auf die Welle die empfindliche Fläche nicht aufgestaucht oder beschädigt werden kann. Die dargestellten Dichtungen können sowohl saug- als auch druckseitig bis zu 1 atü eingebaut werden.

Abb. 115 zeigt die Konstruktion einer selbstansaugenden Wasserpumpe in Form einer Wasserringpumpe mit Seitenkanal. Diese Pumpenbauart findet häufig für Boots- und Schiffsmotoren für den äußeren Kühlkreislauf (Abb. 104) Verwendung.

Die Wirkungsweise einer Wasserringpumpe ist in Abb. 116 schematisch dargestellt. Läuft ein sternförmiges Rad in einem zum Teil mit Wasser gefüllten zylindrischen Gehäuse um, so bildet sich außen ein Wasserring. Erfolgt die Anordnung des Rades zum Zylinder exzentrisch, wie das Schema zeigt, so entstehen dann ungleichmäßig gefüllte Schaufelräume. Die Schaufelräume 1 bis 3 vergrößern sich während einer halben Umdrehung, wobei eine Saugwirkung aus der Öffnung S entsteht, während sich die Schaufelräume 4 bis 6 bei der anderen Hälfte der Umdrehung wieder verkleinern, dadurch wird eine Förderung durch die Drucköffnung D bewirkt. Auch Luft wird bei dieser Bauart aus der Saugleitung abgesaugt und daher ein Beginn der Wasserförderung möglich, auch wenn das Saugrohr mit Luft gefüllt ist. Beim Einbau dieser Pumpen ist darauf zu achten, daß Saug- und Drucköffnung nach oben stehen, damit die Pumpe auch bei Stillstand mit Wasser gefüllt bleibt und der zur Selbstansaugung erforderliche Wasserring sich beim Start bilden kann. Die gleichen Wirkungen können auch durch Anordnung von seitlichen Kanälen über einen Teil des äußeren Gehäuseumfanges erreicht werden, wie das die Pumpenausführung Abb. 115 zeigt. Für die Berechnung dieser Pumpenart wird auf das einschlägige Schrifttum verwiesen (PFLEIDERER).

Für Salzwasserbetrieb müssen die verschiedenen mit Salzwasser in Berührung kommenden Teile aus nichtrostenden Werkstoffen (Bronze, rostfreier Stahl) hergestellt werden. Die selbstansaugenden Seewasserpumpen werden meist von der einschlägigen Zubehörindustrie fertig bezogen.

Bei kleineren Bootsmotoren werden vielfach nur Zahnradpumpen für den äußeren Kreislauf eingebaut. Auch hier muß darauf geachtet werden, daß rostfreie Werkstoffe verwendet werden und die Pumpe bei Stillstand mit Wasser gefüllt bleibt.

Eine sehr einfache und billige Konstruktion ohne empfindliche Passungen zeigen die Gummiradpumpen, welche in USA bei Bootsmotoren sehr gebräuchlich sind (Jabscopumpen). Die verblüffend einfache Bauart und ihre Wirkungsweise sind aus Abb. 117 ersichtlich. Diese Pumpe ist ein gutes Beispiel für die Ausnützung und Verwendung moderner Baustoffe. Die radialen Schaufeln aus Gummi des Laufrades liegen dicht am Umfang und an den Seitenflächen des Gehäuses an. An einer Stelle des zylindrisch bearbeiteten Gehäuses ist zwischen Ein- und Auslaßöffnung ein sichelförmiges Segment eingelegt, wodurch die biegsamen Schaufeln bei ihrer Drehbewegung abgebogen werden. Im Laufe einer Umdrehung vergrößern und verkleinern sich die Räume zwischen den Schaufeln, wodurch Luft und Flüssigkeit angesaugt und ausgeschoben werden.

c) Kühlerauslegung

Bearbeitet von Dipl.-Ing. GERHARD THIEN,
Anstalt für Verbrennungsmotoren Prof. Dr. Hans List, Graz

Die Auslegung von Kühlern und Ventilatoren steht in engem Zusammenhang und muß gemeinsam behandelt werden. Die Ausführung der Kühlanlage hängt von der Motorgröße, vom Verwendungszweck und von den Einbau- und Temperaturverhältnissen ab.

Bei Kraftfahrzeugmotoren und bei kleineren und mittleren Stationärmotoren ist im allgemeinen der Ventilator vorne am Motor angeordnet. Der Kühler steht unmittelbar vor dem Motor und dem Ventilator. Ausnahmen bilden Heckmotoren und Unterflurmotoren, wo vielfach Kühler und Gebläse in einem Aggregat zusammengefaßt und seitlich oder in einiger Entfernung vom Motor im Fahrgestell untergebracht werden. Bei Lokomotivmotoren und bei Stationärmotoren in geschlossenen Räumen, bei Bohraggregaten sind meist Kühler und Gebläse in einer Einheit gruppiert und getrennt vom Motor, z. B. am Dach, entsprechend der Raumausteilung aufgestellt.

Da die für den Antrieb des Kühlgebläses erforderliche Leistung vom Motor aufgebracht werden muß, ist es notwendig, den Leistungsbedarf und die Kühlerabmessungen auf ein wirtschaftliches Optimum zu bringen. Es ist nicht immer möglich, die Einflüsse der Einbauverhältnisse von vornherein zu erfassen. Es ist daher in vielen Fällen notwendig, die Kühlanlage mit dem Motor an Hand der tatsächlichen Einbauverhältnisse durchzumessen und abzustimmen.

Bei den Motoreinbauten in Kraftfahrzeuge sind die Strömungsverhältnisse vor und nach dem Ventilator in der Regel besonders ungünstig, weil von Seite der Fahrzeugkonstruktion gewöhnlich zu wenig Platz für eine möglichst verlustfreie Zu- und Abströmung der Kühlluft zur Verfügung gestellt wird. Der Einfluß der Luftzu- und -abführung auf den Leistungsbedarf von Kühlanlagen wird meistens sehr unterschätzt.

Um die erforderliche Kühlleistung zu erreichen, ist eine nicht geringe Luftmenge notwendig. Je ungünstiger die Gestaltung der Luftzuführung und -abführung der Kühlanlage, desto höher sind die Widerstände und desto größer ist auch die vom Ventilator aufzubringende Leistung.

Mit zur Kühlerausführung gehört in der Regel die Ventilatorhaube, welche die Luftzuführung zwischen Kühler und Ventilator umschließt. Zwischen Kühler und Ventilator soll ein genügender Abstand von wenigstens 80 bis 100 mm vorhanden sein, damit der Kühler in seiner ganzen Fläche gleichmäßig von Luft durchströmt und somit in seiner Kühlwirkung voll ausgenützt wird. Nur bei kleineren PKW- und Traktormotoren kann gegebenenfalls auf die Ventilatorhaube verzichtet werden. In diesem Fall soll der Abstand zwischen Kühler und Ventilator nicht mehr als 10 mm betragen.

Wie aus dem Diagramm Abb. 119c ersichtlich, hat die Größe des Umfangspaltes zwischen Ventilatorstern und Ventilatorhaube einen wesentlichen Einfluß auf den Ventilatorwirkungsgrad.

Bei Kraftfahrzeugmotoren mit getrennter und elastischer Aufstellung von Kühler und Motor sind jedoch in der Regel Laufradspalte in der Größenordnung von 5 bis 20 mm, je nach Größe der Relativbewegungen, erforderlich. Für wirklich optimale Ventilatorauslegungen, insbesondere bei größeren Leistungen, wäre die Anwendung kleinstmöglicher Laufradspalte wünschenswert. Diese können durch die Zusammenfassung von Kühler und Ventilatorlagerung in einem Aggregat oder durch die starre Befestigung des Kühlers am Kurbelgehäuse verwirklicht werden. Auch die Anordnung eines fest mit dem Motor verbundenen Ringes um den Ventilator mit engem Spalt, der sich über einen elastischen Gummibalg an den mit dem Kühler verbundenen Lufttrichter anschließt, ist zur Erreichung eines geringeren Kühlleistungsaufwandes gegebenenfalls zweckmäßig.

Für die Bestimmung der Kühlergröße ist vorerst die Kenntnis der im Kühler abzuführenden Wärmemenge Q notwendig. Diese bestimmt sich entweder aus Messungen am Versuchsmotor auf dem Prüfstand oder an Hand der Erfahrungszahl der spezifischen abzuführenden Wärmemenge q_k, deren Werte schon in Abschnitt C. V. 2. a, S. 113, angegeben wurden.

$$Q = q_k \cdot N_e \text{ Kcal/h} .$$

Die durch den Kühler übertragbare Wärmemenge wird von den Kühlerherstellern meist auf die Kühlerstirnfläche F_{St} m² und die Differenz zwischen mittlerer Wassertemperatur t_{wm} °C im Kühler und der Lufteintrittstemperatur t_{Le} °C bezogen. Dieser

Wert wird als spezifische Kühlleistung q kcal/m² °C h des Kühlers bezeichnet. Die gesamte im Kühler übertragbare Wärmemenge ist dann gegeben durch

$$Q = q \cdot F_{St} (t_{wm} - t_{Le}) .$$

q ist abhängig von der Luftgeschwindigkeit und dem Luftzustand im Kühler. q wird in der Regel noch durch spezifische Kennwerte

$$q = q_1 \left(\frac{c_0}{c_{01}}\right)^m$$

dargestellt. q_1 und m sind spezifische Werte für eine bestimmte Kühlertype. q_1 ist die spezifische Kühlleistung bei der Luftgeschwindigkeit c_{01}. Zahlentafel 13 enthält eine Aufstellung dieser Werte q_1 und m für verschiedene Typen von Flachrohrkühlern der Kühlerfabrik Längerer & Reich bei einem spezifischen Gewicht der Luft von $\gamma_{L0} = 1{,}125$ kg/m³ und $c_{01} = 1$ m/sek.

Für die Bestimmung der Kühlergröße und Ventilatorauslegung ist auch die Kenntnis des Druckverlustes des Kühlers

$$\Delta p_k = \zeta_k \frac{\gamma_{L0}}{2g} c_0^2 \text{ kg/m}^2$$

notwendig.

Zahlentafel 13 enthält ebenfalls eine Aufstellung der Kühlerwiderstandsziffern ζ_k für die einzelnen Kühlertypen.

Durch den Kühlerdruckverlust entsteht luftseitig eine Kühlerverlustleistung

$$N_{kü} = \frac{\Delta p_k \cdot V_{L0}}{75} \text{ PS},$$

wobei $V_{L0} = c_0 \cdot F_{St}$ in m³/sek die geförderte Luftmenge im Zustand vor dem Kühler ist.

Die Ventilatorantriebsleistung N_{vent} ist meist erheblich größer als die Kühlerverlustleistung. Dies ist einerseits durch den Ventilatorwirkungsgrad η_{fa} und andererseits durch die Einbauverhältnisse bedingt. Die als Einbauverlust Δp_E bezeichneten Widerstände sind von der Luftzu- und -abführung und der Störung des Ventilators durch die Ventilatorhaube und dicht hinter dem Ventilator angeordnete Motorteile abhängig. Die Ventilatorantriebsleistung beträgt

$$N_{vent} = \frac{\Delta p_k + \Delta p_E}{\eta_{fa} \cdot 75} \cdot V_{L1} \text{ PS}.$$

V_{L1} = Fördermenge im Zustand bei Ventilatoreintritt.

Das Verhältnis

$$\lambda_{VL} = \frac{N_{vent}}{N_{kü}} = \frac{\Delta p_k + \Delta p_E}{\eta_{fa} \cdot \Delta p_k} \cdot \frac{V_{L1}}{V_{L0}}$$

wird als Leistungskennwert bezeichnet.

In der Regel ist es erwünscht, daß die Ventilatorantriebsleistung N_{vent} einen bestimmten Prozentsatz der Motorleistung N_e nicht überschreitet. Man bestimmt daher die Größen der zur Auswahl stehenden Kühlertypen unter Annahme eines bestimmten Verhältnisses N_{vent}/N_e.

Für diesen Zweck läßt sich auf folgende Weise eine geeignete Gleichung ableiten. Es ist

$$q_k \cdot N_e = q \cdot F_{St} \cdot (t_{wm} - t_{Le})$$

und mit

$$q = q_1 \left(\frac{c_0}{c_{01}}\right)^m \text{ daher}$$

$$\frac{F_{St}}{N_e} = \frac{q_k}{q_1 (t_{wm} - t_{Le})} \left(\frac{c_{01}}{c_0}\right)^m .$$

Des weiteren ist

$$N_{\text{vent}} = N_{\text{kü}} \cdot \lambda_{VL} = \frac{\Delta p_k \cdot V_{L0}}{75} \cdot \lambda_{VL},$$

womit man unter Berücksichtigung von

$$\Delta p_k = \zeta_k \frac{\gamma_{L0}}{2g} \cdot c_0^2 \quad \text{und} \quad V_{L0} = c_0 \cdot F_{\text{St}}$$

$$c_0 = \sqrt[3]{\frac{N_{\text{vent}}}{\lambda_{VL}} \cdot \frac{75}{\zeta_k} \cdot \frac{2g}{\gamma_{L0}} \cdot \frac{1}{F_{\text{St}}}}$$

erhält. Setzt man c_0 in obige Gleichung für F_{St}/N_e ein, so ergibt sich schließlich

$$\frac{F_{\text{St}}}{N_e} = \left[\frac{q_k \cdot c_{01}^m}{q_1 \cdot (t_{wm} - t_{\text{Le}})}\right]^{\frac{3}{3-m}} \cdot \left(\frac{\lambda_{VL}\,\zeta_k}{75} \cdot \frac{\gamma_{L0}}{2g}\right)^{\frac{m}{3-m}} \cdot \left(\frac{N_e}{N_{\text{vent}}}\right)^{\frac{m}{3-m}} \;\; \text{m}^2/\text{PS}$$

$t_{wm} = 80$ bis $85°$ C	mittlere Wassertemperatur im Kühler für normale Verhältnisse. (Für Überdruckkühler entsprechend mehr.)
$t_{\text{Le}} = 30°$ C	Lufteintrittstemperatur in mittleren geographischen Breiten.
$t_{\text{Le}} = 45°$ C	für Tropenausführungen.
$\lambda_{VL} \cong 4$ bis 6	Leistungskennwert muß vorläufig geschätzt werden. Diese Werte gelten bei den im Fahrzeugbau üblichen Laufradspalten, wobei $\eta_{\text{fa}} = 0{,}35$ bis $0{,}45$ und Δp_E in der Größenordnung des Kühlerdruckverlustes liegt.
$\lambda_{VL} \approx 3$	bei extrem guten Ausführungen mit sehr kleinen Laufradspalten mit $\eta_{\text{fa}} = 0{,}65$.
λ_{VL} bis maximal 20	bei Ausführungen ohne Ventilatorhaube.
$\frac{N_{\text{vent}}}{N_e} = 4$ bis 6%	um zu erträglichen Kühler- und Ventilatorabmessungen zu kommen.

Zur raschen Abschätzung der Kühlergrößen enthält Abb. 118 zu den in Zahlentafel 13 angegebenen Kühlertypen die Kurven $F_{\text{St}}/N_e = f(N_{\text{vent}}/N_e)$ für folgende Annahmen eingetragen:

$q_k = 700$ kcal/PSh
$t_{wm} - t_{\text{Le}} = 50°$ C
$\gamma_{L0} = 1{,}125$ kg/m³ (entspricht z. B. 735 mm HgS und $t_{\text{Le}} = 30°$ C).
$\lambda_{VL} = 5.$

Hat man nun auf diese Weise die Kühlergröße bestimmt, so ergibt sich die auf die Kühlerstirnfläche F_{St} bezogene Luftgeschwindigkeit in m/sek aus

$$c_0 = \sqrt[3]{\frac{N_{\text{vent}}}{\lambda_{VL}} \frac{75}{\zeta_k} \frac{2g}{\gamma_{L0}} \cdot \frac{1}{F_{\text{St}}}},$$

die Luftmenge in m³/sek im Zustand vor dem Kühler aus

$$V_{L0} = c_0 \cdot F_{\text{St}},$$

der Kühlerdruckverlust in kg/m² aus

$$\Delta p_k = \zeta_k \frac{\gamma_{L0}}{2g} c_0^2$$

und die Temperaturzunahme Δt_L der Luft im Kühler in °C aus

$$\Delta t_L = \frac{q_k \cdot N_e}{3600 \cdot V_{L0} \cdot \gamma_{L0} \cdot c_{pL}}$$

wobei für $c_{pL} = 0{,}24$ kcal/kg °C gesetzt werden kann.

Bei der engeren Wahl der Kühlertype sind noch folgende Einflüsse zu beachten:

a) Es werden zwar Lufttemperaturzunahmen bis zu $\Delta t_L/(t_{wm} - t_{Le}) = 0{,}8$ ausgeführt. Ist jedoch die Möglichkeit zum Wiederansaugen der aus dem Ventilator austretenden

Luft gegeben (z. B. bei Frontlenkereinbau infolge schlechter Abdichtmöglichkeit des Kühlers zum Motorraum), dann soll Δt_L möglichst klein und die Luftmenge entsprechend groß sein.

b) Große Kühlerdruckverluste Δp_k erfordern höhere Ventilatorumfangsgeschwindigkeiten und ergeben ein stärkeres Ventilatorgeräusch, da dieses in erster Linie von der Umfangsgeschwindigkeit abhängig ist. Wird großer Wert auf geringes Ventilatorgeräusch gelegt, dann ist eine Kühlertype mit kleinem Δp_k auszuwählen.

c) Große Luftgeschwindigkeiten führen bei manchen Kühlerbauarten zu starken Pfeifgeräuschen, z. B. bei Röhrenkühlern mit ebenen Blechlamellen bei $c_0 > 10$ m/sek.

Bei der üblichen Ausführung von Fahrzeugkühlanlagen liegen die Werte für die Lufttemperaturzunahme im Kühler, die Luftgeschwindigkeit und den Kühlerdruckverlust in folgender Größenordnung:

$$\Delta t_L = 20 \text{ bis } 30^\circ \text{C}$$
$$c_0 = 7 \text{ bis } 10 \text{ m/sek}$$
$$\Delta p_k = 15 \text{ bis } 25 \text{ kg/m}^2.$$

Um der im Betrieb sich ergebenden Verschmutzung des Kühlers gerecht zu werden, muß der tatsächlich zum Einbau kommende Kühler in seiner Stirnfläche um etwa 5 bis 10% größer als nach der Rechnung ausgeführt werden.

d) Ventilatorauslegung

Bearbeitet von Dipl.-Ing. Gerhard Thien,
Anstalt für Verbrennungsmotoren Prof. Dr. Hans List, Graz

Die Auslegung der Kühlerventilatoren kann sich im Rahmen dieses Bandes nur auf die Festlegung der Hauptabmessung des Außendurchmessers und der Drehzahl für Kraftfahrzeugmotoren und Stationäranlagen mittlerer Leistung beschränken. Benutzt werden hiezu die von Marcinowski veröffentlichten Ergebnisse ausgedehnter Versuche an Ventilatoren für Kraftfahrzeuge.

Für Kühlanlagen, für welche infolge der gedrängten Einbauverhältnisse oder für höhere Leistungen ausgesprochen gut durchgebildete Hochleistungsgebläse in Frage kommen, können die Gebläse zum Teil nach der im Abschnitt C. V. 3. a, S. 127, für Gebläse für luftgekühlte Motoren angegebenen Berechnung oder nach den im Literaturverzeichnis angeführten Quellen ermittelt werden.

Durch die nunmehr erfolgte Auswahl eines passenden Kühlers ist nach dem vorhergehenden Abschnitt die Luftmenge V_{L0} im Zustand vor dem Kühler bekannt. Ist der Ventilator vor dem Kühler angeordnet, so kann der Ventilator mit $V_{L1} = V_{L0}$ berechnet werden, da die Zustandsänderung der Luft beim Durchströmen des Ventilators vernachlässigbar klein ist. Bei der üblichen Anordnung hinter dem Kühler tritt jedoch beim Durchströmen des Kühlers eine nicht vernachlässigbare Zustandsänderung der Luft durch Erwärmung von t_{Le} auf $t_{\text{La}} = t_{\text{Le}} + \Delta t_L$ ein und die in die Ventilatorrechnung einzusetzende Luftmenge vergrößert sich auf

$$V_{L1} \cong V_{L0} \frac{273 + t_{\text{La}}}{273 + t_{\text{Le}}}$$

Durch die Kühlerauswahl ist auch der Kühlerdruckverlust Δp_k bekannt. Wie schon erwähnt, muß jedoch der Ventilator auch für die durch den Einbau knapp vor dem Motor, die meist ungünstige Ventilatorhaubenform und den Einbau unter die Motorhaube bedingten Einbauverluste Δp_E aufkommen. Diese liegen in der Größenordnung von Δp_k und wurden bei der Kühlerauswahl bereits berücksichtigt.

Der Ventilator ist daher für die Druckdifferenz

$$\Delta p_{\text{fa}} = \Delta p_k + \Delta p_E \text{ (Abb. 119b)}$$

zu berechnen. Sie stellt den statischen Druckunterschied dar, den der Ventilator bei Einbau mit gleichem Laufradspalt in ein gut geformtes Gebläsegehäuse und Förderung von einem großen Raum in einen zweiten großen Raum überwinden würde (Index „fa" heißt „frei ausblasend" und deutet an, daß die Geschwindigkeitsenergie beim Austritt aus dem Ventilator als verloren betrachtet wird).

Die Förderhöhe des Ventilators ergibt sich dann aus

$$H_{\mathrm{fa}} = \frac{\Delta p_{\mathrm{fa}}}{\gamma_{L1}} \mathrm{m}$$

wobei γ_{L1} das spezifische Gewicht der Luft bei Ventilatoreintritt ist. Bei Anordnung des Ventilators vor dem Kühler ist $\gamma_{L1} = \gamma_{L0}$. Bei dem üblichen Einbau hinter dem Kühler ist γ_{L1} kleiner, und zwar

$$\gamma_{L1} \cong \gamma_{L0} \frac{273 + t_{\mathrm{Le}}}{273 + t_{\mathrm{La}}}$$

Von den Kühlerventilatoren sind normalerweise relativ große Luftmengen bei verhältnismäßig kleinen Druckdifferenzen zu fördern. Die günstigste und ausschließlich verwendete Bauart hierfür ist der Axialventilator ohne Leitrad.

Eine hochwertige Ausführung mit profilierten Schaufeln, eventuell mit Leitrad, lohnt sich vom strömungstechnischen Standpunkt betrachtet nur bei Ausführungen mit sehr kleinen Laufradspalten. Bei den großen Laufradspalten, die bei der üblichen getrennten Anordnung vom Motor mit Ventilator einerseits und Kühler andererseits wegen der Relativbewegungen vorgesehen werden müssen, ist der Wirkungsgrad eines einfachen Blechlüfters mit unverwundenen Schaufeln kaum schlechter. Hinzu kommt noch, daß beim gegossenen Ventilator mit verwundenen Schaufeln sich die Störung durch den knapp hinter dem Ventilator angeordneten Motor wegen der gleichmäßig über den Ventilatorquerschnitt verteilten Strömung stärker auswirkt, so daß in diesen üblichen Einbaufällen die mit beiden Bauarten erzielbaren Wirkungsgrade praktisch gleich groß sind. Eine Auswahl kann daher in diesen Einbaufällen allein nach Herstellungsrücksichten getroffen werden.

Wegen des großen Einflusses des Laufradspaltes auf Förderhöhe und Wirkungsgrad des Ventilators ist es schwierig, eine genaue Vorausberechnung eines Ventilators für solche Einbaubedingungen durchzuführen. Es ist sicherer und viel rascher, von in Abhängigkeit vom Laufradspalt gemessenen dimensionslosen Kennfeldern geeigneter Ventilatortypen auszugehen und an Hand der geforderten Fördermenge und Förderhöhe die Größe und Drehzahl einer passenden Type zu bestimmen.

Die Abb. 119, 120 enthalten zwei Arbeitsblätter nach Marcinowski zur raschen Ermittlung der Abmessungen eines Ventilators in Blechausführung mit 6, 4 und 3 Schaufeln bzw. einer gegossenen Ausführung mit 4 Schaufeln. Mit Hilfe der gewünschten Fördermenge $V = V_{L1}$ und der Förderhöhe H_{fa} erhält man aus den Abb. 119a bzw. Abb. 120a zunächst zusammengehörige Werte von Außendurchmesser D, Drehzahl n und Umfangsgeschwindigkeit u_a für einen Laufradspalt von $s/D = 1^0/_{00}$ (Drehzahl n_0 und Umfangsgeschwindigkeit u_{a0} mit 6 Schaufeln bei der Blechausführung). Die Linien für D in den Schaubildern sind nach Normdurchmessern abgestuft.

Liegt der Betriebspunkt zwischen zwei Normdurchmessern und will man einen Normdurchmesser verwirklichen, so hat man den kleineren Normdurchmesser zu wählen bzw. hat man horizontal nach links weiterzugehen. Es ist dann zu berücksichtigen, daß beim Übergang von einem Normdurchmesser zum nächst kleineren der Schaufelwinkel um $\Delta \beta_s = 2°$ zu vergrößern und der Wirkungsgrad um $\Delta \eta = 0{,}02$ zu verkleinern ist. Für kleinere Schaufelzahlen ist bei der Blechausführung die Drehzahl n_0 und die Umfangsgeschwindigkeit u_{a0} entsprechend der Zahlentafel in Abb. 119b auf die Drehzahl n bzw. Umfangsgeschwindigkeit u_a zu erhöhen.

Auf Grund der Wahl eines gewünschten Laufradspaltes s ist an Hand der Abb. 119c oder 120c entweder der Schaufelwinkel zu vergrößern oder die Drehzahl n und die

Umfangsgeschwindigkeit u_a zu erhöhen. Aus Abb. 119c oder 120c kann der Wirkungsgrad η_{fa} abgelesen werden. (Beim Übergang zu einem anderen Durchmesser ist hierbei, wie schon erwähnt, η_{fa} um $\Delta\eta$ zu verkleinern.)

Für den in Abb. 119 und 120 erfaßten Bereich von Laufraddurchmesser und Drehzahl liegt die Re-Zahl für das äußerste Schaufelprofil über dem Wert

$$Re = \frac{u_a \cdot 1}{\nu} \geqq 1 \cdot 10^5.$$

Eine Extrapolation des Schaubildes nach kleineren Werten von D und n ist nicht ohne weiteres zulässig.

In jedem Falle, vor allem bei Umfangsgeschwindigkeiten über 60 m/sek ist die jeweilige Konstruktion auf Festigkeit nachzurechnen (Schaufelbefestigung am Stern, auf Fliehkraft, eventuell Schaufelschwingungen).

Die Ventilatorantriebsleistung erhält man in PS aus der Beziehung

$$N_{\text{vent}} = \frac{V \cdot \Delta p_{fa}}{\eta_{fa} \cdot 75}.$$

Sollte diese zu hoch sein wegen Abweichungen von η_{fa} und Δp_{fa} von den in der Kühlergrößenbestimmung geschätzten Werten, so müßte die Kühlergröße korrigiert und der Ventilator neu ausgelegt werden.

Bei Motorbaureihen wird man versuchen, für mehrere Zylinderzahlen dieselbe Ventilatordrehzahl bzw. bei Blechventilatoren jeweils zwei oder drei Ventilatoren mit gleichem Nabenstern, Schaufelwinkel oder Schaufelgröße auszuführen. Eine Auslegung nach den Abb. 119, 120 ist dann schwierig durchzuführen, weil man gegebenenfalls von den in den Diagrammen festgelegten Optimalauslegungen abweichen muß. Es wird für diese Fälle auf die in der Arbeit von MARCINOWSKI „Der Einfluß des Laufradspaltes bei leitradlosen frei ausblasenden Axialventilatoren" veröffentlichten Diagramme hingewiesen.

e) Ausführungsbeispiele von Ventilatoren

Ventilatoren in Blechausführung finden bei den raschlaufenden Motoren insbesondere für Kraftfahrzeuge, und zwar bis zu Leistungen von 700 PS ihre Anwendung.

In dieser Ausführung sind sie äußerst billig und erreichen trotzdem, wie aus dem letzten Abschnitt hervorgeht, bei richtiger Auslegung zumindest ebenso gute Wirkungsgrade wie gegossene Ausführungen, wenn durch die Anordnung von Motor und Kühler keine genügend kleinen Laufradspalte gewährleistet werden können.

Bei PKW- und kleineren Dieselmotoren werden die Ventilatoren vielfach aus zwei kreuzweise übereinandergelegten gepreßten Flügelblättern gebildet. Bis zu Außendurchmessern von 450 bis 480 mm findet man sechsflügelige Schaufelsterne, welche aus einem einteiligen Blechpreßstück geformt sind. Diese Bauart ist durch die Kaltverformung ziemlich rißempfindlich und bedarf eines gewissenhaften Herstellungsvorganges. Es ist zweckmäßig, hiefür die Nabenpartie durch Sicken und durch ein zusätzlich eingepunktetes Stützblech zu verstärken.

Für größere Durchmesser und höhere Umfangsgeschwindigkeiten ist die Ausführung nach Abb. 121 vorzuziehen und zu verwenden, die aus einem Nabenstern und darauf aufgenieteten Flügelblättern besteht.

Der Nabenstern ist aus einem 4- bis 6-mm-Blech aus St. 42.2 gestanzt. Bei vorgestanzten Nietlöchern im Nabenstern wie auch in den Flügelblättern sind diese nachträglich noch aufzubohren, da sonst Anrisse in den Nietlöchern entstehen. Der Nabenstern selbst muß durch Warmverformung gebogen und nachher durch einen Glühvorgang normalisiert werden.

Für die Flügelblätter muß am Nabenstern eine genügend große passende Auflage geschaffen werden, um eine ausreichende Einspannung der Blätter zu gewährleisten.

Die Flügelblätter, welche je nach Ventilatorgröße aus 1- bis 2-mm-Tiefziehblech bestehen, sind in der Strömungsrichtung vor dem Nabenstern aufzunieten, so daß die Saugseite des Ventilators möglichst ungestört bleibt. Bei großen freistehenden Flügelblättern ist es in der Regel notwendig, diese durch eine Sicke in der Mitte zu versteifen oder durch ein zweites, kürzeres, mitgenietetes Flügelblatt abzustützen.

Bei hohen Umfangsgeschwindigkeiten und breiten Flügelblättern ist es zweckmäßig, die Blätter zwischen zwei etwas schwächeren Nabensternen einzunieten.

Die Ventilatoren in gegossener Ausführung können nach den gleichen Gesichtspunkten wie für die Laufräder der Gebläse für luftgekühlte Motoren gestaltet werden. In der Regel werden vergütete Leichtmetallegierungen verwendet. Bei PKW-Motoren werden, wenn durch entsprechende Stückzahlen die Wirtschaftlichkeit gegeben ist, die Ventilatoren in Druckguß hergestellt.

Bei kleineren PKW-Motoren findet man im Zuge des Zeitalters der Plastikwerkstoffe gepreßte Ventilatorsterne aus Kunststoff, die im wesentlichen ähnlich wie die gegossenen Lüfter gestaltet sind und sich durch eine außerordentlich glatte Oberfläche auszeichnen.

f) Temperaturregelung für wassergekühlte Motoren

Für die Konstanthaltung der Zylinderwandtemperatur in den erforderlichen ziemlich engen Grenzen unabhängig von der Außentemperatur und vom Betriebszustand sowie für die rasche Erreichung der Betriebstemperatur nach dem Start der Maschine ist bei raschlaufenden Motoren, insbesondere bei Fahrzeugmotoren, eine automatische Regeleinrichtung vorzusehen.

Bei wassergekühlten Motoren stehen zwei Einflußgrößen für die Regelung der Temperatur zur Verfügung:

Regelung des Kühlwasserumlaufes und Regelung der Kühlluftmenge.

Bei Kraftfahrzeugmotoren mittlerer Leistung und bei Stationärmotoren mit gleichmäßigen Betriebsbedingungen wird im allgemeinen mit der Steuerung des Kühlwasserumlaufes das Auslangen gefunden.

Wie schon aus der schematischen Darstellung eines Kühlwasserkreislaufes nach Abb. 101 ersichtlich, wird im allgemeinen ein von der Wassertemperatur gesteuertes Kurzschlußventil, Thermostat genannt, im Wasserkreislauf zwischen Motoraustritt und Kühlereintritt eingeschaltet. Die abgesteuerte Wassermenge wird in einer Kurzschlußleitung zur Saugleitung der Wasserpumpe zurückgeführt. Die Kurzschlußleitung soll einen genügend großen Querschnitt aufweisen.

Die bei kleineren Motoren zum Teil noch verwendete Drosselung des Kühlwasserstromes durch den Thermostat ist für die genaue Einhaltung und Steuerung der Temperatur nicht ausreichend. Es muß der volle Wasserkreislauf durch den Motor auch bei durch den Thermostat abgeschaltetem Kühler aufrechterhalten bleiben, um örtliche Dampfbildung im Motor zu verhindern.

Abb. 122 zeigt die Ausführung eines Kurzschlußthermostaten und das zugehörige Dehnstoffelement als Regelglied. Die dargestellte Ausführung ist für die Einschaltung durch Schlauchverbindungen in die Leitung vom Motor zum Kühler bestimmt.

Das Regelglied selbst besteht aus einer druckfesten und gasdichten Dose. Die darin eingeschlossene Dehnstoffüllung vergrößert im vorgesehenen Regelbereich bei Erwärmung ihre Volumen erheblich durch Schmelzen, wobei über eine hutförmige Gummimembrane der Kolben unter hohem Druck nach außen bewegt wird.

Der Regeleinsatz allein kann auch direkt in den Zylinderblock, Zylinderkopf, in das Wasserpumpengehäuse oder in einem eigenen Gußgehäuse eingesetzt werden. Abb. 123 zeigt die Ausführung eines Kurzschlußthermostaten für größere Wassermengen.

Bei tiefen Temperaturen und bei langen Teillastperioden, wie z. B. bei Talfahrten bei Kraftfahrzeugen und Schienenfahrzeugen, reicht eine alleinige Regelung des Kühlwasserstromes für die Gleichhaltung der Temperatur nicht mehr aus. Es muß daher auch die Regelung der Kühlluftmenge zur Temperaturregelung mit herangezogen werden. Die einfachste Art ist die Verwendung einer Kühlerjalousie, die entweder von Hand aus oder auch selbsttätig von Thermostaten betätigt wird. Die wirksamste Methode zur Gleichhaltung der Wassertemperatur besteht in der Regelung der Kühlluftmenge durch Änderung der Ventilatordrehzahl. Diese Art bringt dann insbesondere bei größeren Motoren eine beträchtliche Verminderung des Leistungsaufwandes für das Kühlluftgebläse und damit auch eine merkbare Verbrauchseinsparung mit sich. Die Regelung der Ventilatordrehzahl hat sich bei großen Motoren für Schienenfahrzeuge und für Erdölbohrgeräte allgemein eingeführt und wird auch bei Motoren für Lastkraftwagen und Omnibusse und auch für Personenkraftwagen in zunehmendem Maße Eingang finden.

Zur Änderung der Drehzahl können alle Antriebsmöglichkeiten des Kühlgebläses herangezogen werden:

a) Die hydrodynamische Kupplung in Verbindung mit mechanischem Antrieb über Riemen, Zahnräder oder Gelenkwellen;

b) der hydrostatische Antrieb mit Ölpumpe und Ölmotor, der auch als Ferntrieb des Gebläses geeignet ist;

c) der elektrische Antrieb, welcher ebenfalls einen vom Motor getrennten Gebläseantrieb gestattet und hauptsächlich für größere dieselelektrische Anlagen in Frage kommt, da er verhältnismäßig teuer ist.

Abb. 124 zeigt die schematische Darstellung und die Wirkungsweise eines Ventilatorantriebes mit hydrodynamischer Kupplung der Firma Voith, Heidenheim.

Ein thermostatischer Fühler, welcher vor dem Kühler in der Wasserleitung eingebaut ist, regelt die Füllung der Strömungskupplung in Abhängigkeit von der Wassertemperatur. Damit ändert sich auch die Drehzahl des Ventilators. Die Füllung der Kupplung wird in diesem Fall durch die jeweilige Lage des Schwenkrohres geregelt, welches durch den Thermostat über eine Öldruckservobetätigung und Zahnstange und Ritzel geschwenkt wird.

Bei kleineren Gebläsen wird die Füllung der Kupplung durch ein von einem Thermostaten betätigtes Drosselventil geregelt. Letztere Ausführung findet in zunehmendem Maße auch für die Drehzahlregelung des Gebläses für luftgekühlte Motoren Anwendung.

Bei einer Wassertemperatur von 90 bis 95°, bei welcher die Kupplung voll gefüllt ist, wird dann die maximale Lüfterdrehzahl erreicht. Das Öl für die Flüssigkeitskupplung wird dem Schmierölkreislauf des Motors entnommen.

Abb. 125 bringt die zugehörige Schaltung des Öl- und Wasserkreislaufes bei einem hydrostatischen Lüfterantrieb (Süddeutsche Kühlerfabrik J. F. Behr). Es muß in diesem Fall ein eigener Ölkreislauf für die Ölpumpe und den Ölmotor vorgesehen werden. Dieser arbeitet mit Drücken bis 140 atü, aber mit kleinen Ölumlaufmengen. Die Regelung der Drehzahl erfolgt über ein von der Wassertemperatur gesteuertes Ventil, welches die Umlaufmenge zwischen Pumpe und Ölmotor über einen Nebenschluß steuert. Bei hoher Wassertemperatur ist der Nebenschluß geschlossen. Das ganze Öl strömt dann von der Pumpe zum Ölmotor, wodurch der Lüfter dann die volle Drehzahl erreicht. Als Antriebs- und Übertragungselemente können sowohl Zahnrad- als auch Flügel- oder Taumelscheiben-Kolbenpumpen bzw. Motoren verwendet werden. Letzteres Übertragungsprinzip ist derzeit für Ventilatorantriebe am häufigsten im Gebrauch.

Es kann auch eine Kombination von Flügel- oder Zahnradpumpen mit einem Taumelscheibenkolbenmotor verwendet werden, welche insbesondere bei kleinem Leistungsaufwand in Frage kommt, wobei die Flügelpumpe mit der Lichtmaschine kombiniert ist, welche in der üblichen Weise über Keilriemen angetrieben werden kann.

Wie schon aus der Anlagenskizze hervorgeht, ermöglicht der hydrostatische Antrieb eine vom Motor unabhängige Aufstellung der Kühlergruppe. Durch entsprechende Wahl von verschiedenen Pumpen- und Motorkolbendurchmessern ist eine Übersetzung ins Schnelle oder Langsame möglich.

Der Antrieb der Pumpe kann über Keilriemen oder über Zahnräder vom Steuerungsantrieb aus erfolgen.

Hinsichtlich Gebläseradausführung können bei dieser Art des Antriebes ausgesprochene Hochleistungsräder in gegossener Bauart verwendet werden, weil die vom Motor getrennte Gebläse-Kühlergruppe engste Laufradspiele gestattet.

Bei Personenkraftwagenmotoren hat sich eine andere, einfachere Art der Steuerung der Kühlluftmenge zur Wassertemperaturregelung eingeführt. Ein im Kühlwasserkreislauf eingebauter Thermostat betätigt einen elektrischen Kontakt, der bei Über- und Unterschreiten der festgelegten Temperaturgrenzen den Ventilator über eine Magnetkupplung ein- und ausschaltet. Das etwas ruckweise Ein- und Ausschalten ist bei den kleineren Lüftern von PKW-Motoren möglich, weil infolge des Staueinflusses bei rascher Straßenfahrt größere Zeiträume vorhanden sind, bei denen der Lüfter nicht angetrieben zu werden braucht.

Schrifttum

BENSINGER, W.: Die Flüssigkeitskühlung bei neuzeitlichen Kraftfahrzeugmotoren im Vergleich mit Luftkühlung. ATZ 1953, S. 233.

BEYER, W.: Variable Speed Fans. SAE 1958, September, S. 88.

BUSSIEN, W.: Automobiltechnisches Handbuch.

GÖPPEL, W.: Der Regelventilator mit mechanischem Antrieb. MTZ 1958, S. 277.

GRÜNERT, W., und W. KÖTHE: Maßgebende Faktoren bei der Auslegung der Flüssigkeitskühlung. Kraftfahrzeugtechnik 1956, S. 171.

HOLFELDER, O.: Schmier- und Kühlkreislaufuntersuchungen an Hochleistungs-Flugmotoren. MTZ 1951, S. 92.

HUNDLEY, W.: A New Engine Coolant. SAE 1950, November, S. 33.

JENSEN, R. G.: Radiators and Then Dearation. SAE Paper 77V (1959).

KOFFMANN, W.: Liquid Cooling. Automobile Engineer 1954, Februar, S. 69.

— Fan Position. Automobile Engineer 1956, S. 13.

— Automobil Fans. Automobile Engineer 1955, S. 32.

MARCINOWSKI, H.: Einfluß des Laufradspaltes und der Luftführung bei dem Kühlgebläse achsialer Bauart. MTZ 1954, S. 259.

— Die Auslegung von Ventilatoren für Kraftfahrzeug-Kühlanlagen. MTZ 1958, S. 304.

— Luftführung und Leistungsbedarf bei Fahrzeug-Kühlanlagen mit Wasserkühlung. MTZ 1958, S. 342.

— Einfluß des Laufradspaltes bei leitradlosen, frei ausblasenden Axialventilatoren. Voith Forschung und Konstruktion Nr. 3, 1958.

— Optimalprobleme bei Axialventilatoren. Heizung-Lüftung-Haustechnik 1957, S. 273, 295.

MILLER, J. C.: Coolant Circulation as it Affects Engine Cooling. SAE Paper 77U (1959).

MÜLLER, W.: Automatische Temperaturregelung im Kühlwasserkreislauf. MTZ 1959, S. 139.

POPE, A. W.: In Car Cooling It Is the Little Things That Count. SAE 1952, November, S. 29.

TWOBRIDGE, M. E.: Modern Trends in Diesel Engine Cooling. Oil Engine 1953, Februar, S. 362.

— Kondensatorkühlung an Farymannmotoren. MTZ 1954, S. 38.

3. Luftkühlung

Bevor an die Auslegung und Berechnung der Kühlgebläse für luftgekühlte Motoren geschritten wird, muß entsprechend der Motorgröße, dem Verwendungszweck, den Einbauverhältnissen und der Motorbauform die Art und Anordnung der Kühlgebläse und die Antriebsart überlegt werden. Es ist die Auswahl zwischen Radial- und Axialgebläsen zu treffen.

Radialgebläse sind vor allem geeignet für die Anordnung am Schwungrad für kleinere Stationärmotoren mit einem und zwei Zylindern. Es entfallen beim Schwungradgebläse Antriebsriemen oder Zahnräder. Die Ausbildung von Schwungradgebläsen ist jedoch beschränkt durch die Motordrehzahl, Schwungradgröße und Kupplungs- und Getriebeanbau, so daß diese Bauart für Mehrzylindermotoren größerer Leistung auch infolge der Sperrigkeit der notwendigen Spiralgehäuse und der Luftführungen nicht sehr geeignet ist. Riemengetriebene Radialgebläse lassen sich bei Boxermotoren gut anordnen, wie das Beispiel des Volkswagenmotors zeigt. Größere Zylinderzahlen erfordern in der Regel schon die Parallelanordnung mehrerer einzelner Radialgebläse vor jedem Zylinder, um die Einbauabmessungen des Motors zu beschränken. Der Aufwand in der Anordnung mehrerer einzelner Spiralgehäuse und der Lagerung der Welle ist dabei ziemlich groß, obwohl der Kühlleistungsaufwand verhältnismäßig gering ist, da durch die Einzelgebläse die Zylindereinheiten direkt angeblasen werden können. Im allgemeinen ist das Axialrad infolge besserer Anpassungsfähigkeit, gutem Wirkungsgrad, gedrängter Bauart für große Luftmengen und der einfachen Gestaltung der Luftführung für Mehrzylindermotoren über 40 PS am besten geeignet.

Die Anordnung der Axialgebläse am Motor hat sich aus der Praxis schon mehr oder minder standardisiert. Bei Reihenmotoren läßt sich das Axialgebläse am besten vorne neben der Zylinderreihe unterbringen. Bei den V-Motoren ist es naheliegend, den V-Raum zwischen den Zylindern als Luftverteilungsraum auszunützen und das Axialgebläse vorne am Motor anzuordnen. Die Ausführung mit zwei außenliegenden Gebläsen findet zwar auch Anwendung, ergibt aber eine große Einbaubreite des V-Motors.

Es ist dann noch zwischen Druck- oder Sauggebläse zu wählen. Für Fahrzeugmotoren und auch für die meisten Stationärmotoren hat sich das Druckgebläse als am zweckmäßigsten erwiesen. Sauggebläse sind insbesondere für Motoren, welche in engen Räumen eingebaut werden, wie z. B. für Kampfwagen und auch für Lokomotiven, besser geeignet, da sie eine gute Luftverteilung gewährleisten und den Maschinenraum entlüften.

Bei der Auslegung der Gebläseluftmenge und Konstruktion der Luftführung ist auch der Einbau des bei luftgekühlten Motoren fast immer notwendigen Ölkühlers zu berücksichtigen.

a) Berechnung der Kühlgebläse für luftgekühlte Motoren

Bearbeitet von Dipl.-Ing. Gerhard Thien,
Anstalt für Verbrennungsmotoren Prof. Dr. Hans List, Graz

Zur Auslegung der Kühlgebläse ist die Kenntnis der erforderlichen Luftmenge und die des aufzuwendenden Druckes notwendig. Beide können für die erste Auslegung eines Kühlgebläses für eine neue Type eines luftgekühlten Motors vorläufig nur auf Grund von Erfahrungszahlen bestimmt werden.

Luftmenge und Druck sind neben der notwendigen Verrippungsdichte auf Grund der thermischen Belastung des Motors auch vom Verbrennungsverfahren, der Versperrung des Zylinderkopfes durch Düsen, den Brennkammern und Kanälen und vom Zylinderabstand abhängig.

Es ist in der Regel notwendig, die vorläufig auf Grund der Erfahrungszahlen ausgelegten Gebläse noch auf den Prototypmotoren zu erproben, wobei die Höhe der Wandtemperaturen und die Gleichmäßigkeit der Temperaturverteilung im Kopf und am Zylinder für die endgültige optimale Gebläseauslegung maßgebend sind.

Für normale Verhältnisse mit bis zu 40° C Ansauglufttemperatur kann als spezifische Kühlluftmenge im Zustand vor dem Motor

$v_0 = 30$ bis $50\ m^3/PSh$ bei Ottomotoren
$v_0 = 35$ bis $45\ m^3/PSh$ bei Dieselmotoren mit direkten Einspritzverfahren
$v_0 = 45$ bis $55\ m^3/PSh$ bei Dieselmotoren mit indirekten Einspritzverfahren

für die anfängliche Gebläseauslegung zugrunde gelegt werden.

Bei einer Baureihe mit verschiedenen Zylinderzahlen ist dabei zu beachten, daß die mit der Kühlgebläseluft je PSh abzuführende Wärmemenge mit steigender Zylinderzahl größer wird, da die wärmeabstrahlende Motoroberfläche im Verhältnis zum Gesamthubvolumen abnimmt.

Bei Druckgebläsen ist v_0 gleich der spezifischen Fördermenge. Mit N_e in PS als effektive Motorleistung beträgt die Gebläsefördermenge

$$V = v_0 \cdot N_e \text{ in } m^3/h .$$

Sauggebläse sind für die durch die Erwärmung um Δt vergrößerte Luftmenge zu bemessen. Mit t_0 in °C als Raumtemperatur errechnet sich in diesem Fall die Gebläsefördermenge aus

$$V = v_0 \frac{273 + t_0 + \Delta t}{273 + t_0} N_e \text{ in m}^3/\text{h}.$$

Sie ist im Durchschnitt um 15 bis 20% größer als bei Druckgebläsen.

Abb. 126 zeigt als Beispiel an einem schematischen Schnitt durch Kühlgebläse und Kühlluftweg eines luftgekühlten Vierzylinder-Reihenmotors die Verhältnisse bei drückender und saugender Anordnung des Kühlgebläses.

Durch Oberflächenreibung, Wirbelverluste bei den plötzlichen Querschnittserweiterungen und den Verlust der Geschwindigkeitsenergie beim Kühlluftaustritt entsteht zwischen Ein- und Austritt der Kühlluft ein Druckabfall Δp, der vom Kühlgebläse zu überwinden ist. Einen raschen Anhalt erhält man, wenn von einem ähnlichen Motor mit einigermaßen geometrisch ähnlicher Zylinder- und Zylinderkopfform der Druckabfall bekannt ist. Es ist dann näherungsweise unter Annahme gleicher spezifischer Kühlluftmenge und gleichen mittleren effektiven Drucks des Motors der Druckabfall Δp proportional dem Quadrat der mittleren Kolbengeschwindigkeit. Im allgemeinen liegt der Druckabfall bei Fahrzeugmotoren in der Größenordnung

$\Delta p =$ bis 150 kg/m² bei Ottomotoren,
$\Delta p = 100$ bis 180 kg/m² für Dieselmotoren mit direkter Einspritzung, V-Motoren mit reichlichem Zylinderabstand,
$\Delta p = 150$ bis 240 kg/m² für Dieselmotoren mit indirekter Einspritzung, enger Zylinderabstand, hohe Drehzahlen.

Das Kühlgebläse liefert entsprechend der gesamten Energiezunahme der Luft innerhalb des Gebläses eine Gesamtdruckdifferenz Δp_{ges}. Diese setzt sich zusammen aus dem statischen Druckunterschied Δp_{fa}, den das Gebläse bei Förderung aus einem großen in einen anderen großen Raum überwinden würde, und dem der Geschwindigkeitsenergie beim Gebläseaustritt entsprechenden dynamischen Druckanteil Δp_{dyn}. Index „fa" heißt „frei ausblasend" und deutet an, daß beim Fördern in einen großen Raum die Geschwindigkeitsenergie als Verlust zu betrachten ist und Δp_{fa} in diesem Fall der nutzbare Druckunterschied ist. Der dynamische Druckanteil ist in der Regel aus den Anordnungs- und Platzverhältnissen heraus als verloren zu betrachten, daher im allgemeinen $\Delta p = \Delta p_{\text{fa}}$.

Dem Druckabfall Δp entspricht für die bei Kühlgebläsen in Frage kommenden Drücke $\Delta p \leqq 300$ kg/m² ein Energieverlust pro kg durchströmender Kühlluft von

$$H = \frac{\Delta p}{\gamma_L} \text{ in mkg/kg bzw. m.}$$

Dieser Ausdruck hat die Dimension einer Länge (m) und kann als erforderliche Förderhöhe bezeichnet werden. γ_L ist in kg/m³ das spezifische Gewicht der Luft bei Gebläseeintritt. Bei Druckgebläsen ist γ_L gleich dem spezifischen Gewicht γ_{L0} der angesaugten Luft, während bei Sauggebläsen mit dem durch die Erwärmung verkleinerten spezifischen Gewicht

$$\gamma_L = \gamma_{L0} \frac{273 + t_0}{273 + t_0 + \Delta t} \text{ in kg/m}^3$$

zu rechnen ist. Man unterscheidet wie bei den Druckdifferenzen zwischen der Gesamtförderhöhe H_{ges}, der statischen Förderhöhe H_{fa} des frei ausblasenden Gebläses und der dynamischen Förderhöhe H_{dyn}, wobei $H_{\text{ges}} = H_{\text{fa}} + H_{\text{dyn}}$ ist. Aus dem bereits Gesagten ergibt sich, daß im allgemeinen $H = H_{\text{fa}}$ zu setzen ist.

α) Wahl der Gebläsebauart

Als Kühlgebläse für luftgekühlte Motoren werden fast ausschließlich einstufige Axialgebläse mit Nachleitrad, Vorleitrad oder ohne Leitrad und einstufige Radialgebläse mit Spiralgehäuse verwendet. Dies ergibt sich aus dem Wunsch nach möglichst einfacher Bauweise und aus der Tatsache, daß die geforderten Förderhöhen in einstufiger Bauart noch mit erträglichen Umfangsgeschwindigkeiten des Laufrades erreichbar sind.

Die Bauart des Gebläses steht für eine gewünschte Fördermenge und Förderhöhe in engem Zusammenhang mit dessen Laufraddurchmesser und Laufraddrehzahl. Die zusammengehörigen Optimalwerte der nachstehend definierten dimensionslosen Kennzahlen δ und σ für Durchmesser und Drehzahl gruppieren sich entlang eines ziemlich schmalen Bereiches, der sogenannten Cordier-Kurve (Abb. 127). Unter Optimalwerten werden dabei die dem Punkt besten Wirkungsgrades η_{max} zugeordneten Werte verstanden. Man bestimmt sich daher zunächst das bereits durch Fördermenge V in m³/sek und Förderhöhe H in m gegebene spezifische Durchmesserverhältnis D/δ und spezifische Drehzahlverhältnis n/σ. Sie sind gegeben durch die Beziehungen

$$\frac{D}{\delta} = \sqrt[4]{\frac{V^2}{2gH}} \sqrt[2]{\frac{4}{\pi}} \text{ in m}$$

$$\frac{n}{\sigma} = \sqrt[4]{\frac{(2gH)^3}{V^2}} \frac{1}{2\sqrt{\pi}} \text{ in sek}^{-1}.$$

Hierin bedeuten

D in m ...... Laufrad-Außendurchmesser
n in sek^{-1} .... Laufraddrehzahl
δ............ Durchmesser-Kennwert oder Durchmesserzahl
σ............ Drehzahl-Kennwert oder Schnellaufzahl.

Abb. 127 enthält nun ein σ-, δ-Diagramm mit dem schraffiert eingezeichneten Bereich der Optimalwerte (Cordier-Kurve).

Darunter sind außerdem über der Durchmesserzahl δ schematisch die zugehörigen Laufradformen für einstufige Gebläse im richtigen Größenverhältnis aufgetragen. Wie man sieht, ergeben sich für die einzelnen Bereiche der Cordier-Kurve verschiedene günstige Bauformen. Den kleinen Durchmesser- und großen Drehzahlkennwerten sind die Axialgebläse, beginnend mit den extremen Schnelläufern mit kleinem Nabenverhältnis ν (Abb. 128) zugeordnet. Mit großem Nabenverhältnis gehen sie dann bei mittleren Durchmesser- und Drehzahlkennwerten in die schnelläufigen Radialgebläse mit großem Verhältnis Eintrittsdurchmesser D_1/Austrittsdurchmesser D_2 (Abb. 143) über. Den kleinen Drehzahl- und großen Durchmesserkennwerten sind schließlich die langsamläufigen Radialräder mit kleinem Durchmesserverhältnis vorbehalten. Die Bandbreite der Cordier-Kurve erklärt sich zum Teil aus der unterschiedlichen Definition von Förderhöhe und Wirkungsgrad. Wenn man nur die statische Druckerhöhung des Gebläses als nutzbringend ansieht, was bei Kühlgebläsen, wie bereits erwähnt, meist der Fall ist, dann liegen für Axialräder nach Marcinowski die Optimalwerte am oberen Rand der Cordier-Kurve.

Ist nun aus konstruktiven Gründen eine bestimmte Gebläsebauform gegeben, so ergibt sich an Hand der Abb. 127 ein begrenzter Bereich für σ_{opt} und δ_{opt} und man kann die zugehörigen Drehzahlen und Durchmesser berechnen aus

$$n = \left(\frac{n}{\sigma}\right) \cdot \sigma_{opt} \text{ in sek}^{-1}$$

$$D = \left(\frac{D}{\delta}\right) \cdot \delta_{opt} \text{ in m.}$$

Ist eine bestimmte Gebläsedrehzahl und damit $\sigma_{opt} = n/\left(\frac{n}{\sigma}\right)$ gegeben, erhält man dann einen begrenzten Bereich für δ_{opt} und damit eine bestimmte Bauform vorgeschrieben. Der Durchmesser errechnet sich daraus auf gleiche Weise wie vorhin angegeben. Schließlich erhält man auf ähnliche Art Drehzahl und Bauform des Gebläses, wenn aus irgendeinem Grund der Laufraddurchmesser bereits festgelegt sein sollte.

Wegen der Bandbreite der CORDIER-Kurve ist es zwar noch nicht möglich, die genauen Gebläseabmessungen zu bestimmen. Immerhin erhält man aber bereits einen Überblick über die mögliche Größenordnung der einzelnen Gebläsedaten und kann eine Entscheidung über die zu wählende Gebläsebauart treffen.

Eine genaue Festlegung aller Gebläseabmessungen ist jedoch möglich, wenn man ein ausgeführtes Gebläse, dessen Kennlinie und Wirkungsgradkurve aus Messungen bekannt ist, geometrisch ähnlich übertragen will. Man bestimmt sich dann aus der Kennlinie des vorhandenen Gebläses für den Punkt besten Wirkungsgrades die Werte σ_{opt} und δ_{opt} und erhält damit, wie bereits beschrieben, jetzt aber genau, Durchmesser D und Drehzahl n des neuen Gebläses. Alle übrigen Gebläseabmessungen sind nun ebenfalls im Verhältnis der Durchmesser umzuändern. Man kann auch direkt aus der Förderhöhe und Fördermenge umrechnen; und zwar ist, wenn mit * die Daten des ausgeführten bekannten Gebläses gekennzeichnet werden:

$$D = D^* \left(\frac{V}{V^*}\right)^{\frac{1}{2}} \cdot \left(\frac{H}{H^*}\right)^{-\frac{1}{4}} \text{ in m}$$

$$n = n^* \left(\frac{V}{V^*}\right)^{-\frac{1}{2}} \cdot \left(\frac{H}{H^*}\right)^{\frac{3}{4}} \text{ in sek}^{-1}.$$

β) Einstufige Axialgebläse

Die Berechnung der Axialgebläse kann sich im Rahmen dieses Bandes nur auf die für den Entwurf der Motoren notwendigen Hauptabmessungen, wie Außendurchmesser D_a, Nabendurchmesser D_i, Baulänge und Drehzahl des Gebläses, beschränken. Die genaue Auslegung der Gebläseräder und Leitradkränze mit den Schaufelprofilen und zugehörigen Schaufelwinkeln muß an Hand an und für sich bekannter Rechnungsvorgänge erfolgen, welche in den im Literaturverzeichnis angegebenen Quellen ausführlich behandelt sind.

Abb. 128 zeigt schematisch als Beispiel den Aufbau eines einstufigen Axialgebläses mit Nachleitrad und Diffusor. Ohne Diffusor ist das Gebläse bei *A-A*, ohne Leitrad bei *B-B* abgeschnitten zu denken.

Bei einem einstufigen Axialgebläse mit Vorleitrad sind Laufrad und Leitrad vertauscht.

Wie bereits anfangs erwähnt wurde, kann im allgemeinen bei Kühlgebläsen der der Geschwindigkeitsenergie beim Gebläseaustritt entsprechende dynamische Druckanteil nicht ausgenützt werden. Um den Energieaufwand für die Förderung der Kühlluft klein zu halten, wären daher Bauformen zu bevorzugen, die einen möglichst hohen statischen Wirkungsgrad $\eta_{fa} = H_{fa}/H_{th}$ ergeben. H_{th} ist hierbei die theoretische (verlustlose) Gesamtförderhöhe des Gebläses. In dem bei axialen Kühlgebläsen üblichen Bereich der CORDIER-Kurve ist in dieser Hinsicht die Ausführung mit Leitrad und Diffusor am günstigsten. Es folgt die Bauform mit Leitrad. Die niedrigsten Wirkungsgrade ergeben sich mit Laufrad allein. Erst ab sehr großen Schnellauf- und kleinen Durchmesserzahlen, etwa $\sigma > 4$, $\delta < 1{,}2$, ist das Leitrad überflüssig. Der für das Kühlgebläse zur Verfügung stehende Raum ist meist sehr knapp, so daß im allgemeinen ein Diffusor nicht angeordnet werden kann. Im folgenden wird daher diese Ausführung außer acht gelassen und nur die Bauart des einstufigen Axialgebläses mit oder ohne Leitrad näher besprochen.

Das Leitrad kann nach oder vor dem Laufrad angeordnet werden. Der natürliche Fall ist das Nachleitrad, da dann sowohl im Laufrad als auch im Leitrad eine Zunahme des statischen Druckes vor sich geht.

Beim Vorleitrad hingegen ist die statische Druckdifferenz im Laufrad größer als die des ganzen Gebläses. Sowohl der innere Gesamtwirkungsgrad $\eta = H_{ges}/H_{th}$ als auch der statische Wirkungsgrad η_{fa} ist daher bei Nachleitradgebläsen meist etwas höher als bei entsprechenden Vorleitradgebläsen. Wie man später sehen wird, sind bei gleichen Umfangsgeschwindigkeiten des Nach- und Vorleitradgebläses die Relativgeschwindigkeiten im Laufrad des Vorleitradgebläses größer. Dies führt dazu, daß das Vorleitradgebläse eventuell mit etwas niedrigerer Drehzahl ausgeführt werden kann oder unter Umständen bei gleicher Drehzahl axial gesehen sich mit Rücksicht auf die Herstellung die Laufschaufeln nicht zu überdecken brauchen. Das Vorleitrad bildet außerdem gleichzeitig ein Schutzgitter für das Gebläse, während es bei der Nachleitradbauart zusätzlich vorgesehen werden muß. Die größeren Relativgeschwindigkeiten im Laufrad im Zusammenhang mit der durch das Vorleitrad verursachten ungleichmäßigen Geschwindigkeitsverteilung beim Anströmen des Laufrades führen jedoch im allgemeinen zu einer bis zu 10 Phon größeren Geräuschentwicklung des Vorleitradgebläses gegenüber der des Nachleitradgebläses für denselben Anwendungsfall. Dies ist vor allem bei Gebläsen für größere Förderhöhen und Fördermengen von Bedeutung, da diese höhere Umfangs- und Strömungsgeschwindigkeiten erfordern.

Das leitradlose Axialgebläse hat, wie bereits erwähnt, einen kleineren Wirkungsgrad als jenes mit Leitrad. Dafür ist es einfacher im Aufbau und kürzer. Obwohl das Geräusch bei gleicher Umfangsgeschwindigkeit schwächer als jenes des Nachleitradgebläses ist, wird es durch die infolge des schlechteren Wirkungsgrades erforderliche größere Drehzahl bzw. Umfangsgeschwindigkeit im gleichen Anwendungsfall etwa gleich laut wie ein entsprechendes Nachleitradgebläse.

1. Einstufiges Axialgebläse mit Leitrad

(Berechnungsbeispiel s. im Anhang)

Um für einen bestimmten Anwendungsfall günstigste bzw. kleinste Gebläseabmessungen zu erhalten, ist es erforderlich, bestimmte Umfangsgeschwindigkeiten des Laufrades einzuhalten und eine geeignete Meridiangeschwindigkeit, das ist die absolute Strömungsgeschwindigkeit in axialer Richtung, zu wählen. Verschiedene Optimal- bzw. Grenzbedingungen ergeben im Zusammenhang mit der gewählten Meridiangeschwindigkeit eine bestimmte minimale Umfangsgeschwindigkeit. Um im Bereich günstiger Schaufelwinkel zu bleiben sowie aus Gründen der Geräuschentwicklung und Laufradbeanspruchung, soll eine bestimmte maximale Umfangsgeschwindigkeit nicht überschritten werden.

Im Bestreben, eine für die gesamte Motorkonstruktion günstige Kompromißlösung zu finden, muß man meist darauf verzichten, eine Gebläsegröße und Laufraddrehzahl auszuführen, mit der man in einem bestimmten Anwendungsfall den höchstmöglichen Wirkungsgrad erzielen würde. Wie MARCINOWSKI hinweist, gibt es an sich für jedes Nabenverhältnis ν nur ein Wertepaar δ und σ, bei dem der jeweils höchstmögliche Wirkungsgrad erreicht wird. Darüber hinaus liegt der absolut höchste Wirkungsgrad der Axialgebläse bei einem Nabenverhältnis in der Nähe von 0,5. Man macht sich aber die Tatsache zunutze, daß in einem gewissen von den optimalen Werten für δ und σ abweichenden Bereich und in einem gewissen Bereich für das Nabenverhältnis der Wirkungsgrad nur wenig kleiner als der höchstmögliche Wert ist, und benutzt dieses Gebiet zur Auslegung der Kühlgebläse.

Die Geschwindigkeitsenergie der Meridiangeschwindigkeit ist bei der üblichen Anordnung der axialen Kühlgebläse als Verlust anzusehen. Um dies zu berücksichtigen, ist es daher vorteilhaft, die Wahl der Meridiangeschwindigkeit durch die Annahme der Drosselziffer

$$\varepsilon^2 = \frac{c_m^2}{2 g H_{ges}}$$

vorzunehmen. Diese ist das Verhältnis aus Geschwindigkeitsenergie der Meridiangeschwindigkeit zur Gesamtförderhöhe H_{ges} des Gebläses. Letztere entspricht der der Luft im Gebläse zugeführten Gesamtenergie.

Bei Axialgebläsen sind die wesentlichsten Auslegungsgrenzen an der Nabe zu finden, und es ist daher naheliegend, bei der Berechnung des Gebläses von hier auszugehen. Mit den an dieser Stelle geltenden Optimal- bzw. Grenzwerten (Zahlentafel 14) ist durch die Wahl der Drosselziffer (Meridiangeschwindigkeit) eine eindeutige Bestimmung der Umfangsgeschwindigkeit u_i an der Nabe möglich.

Da zur Ermittlung von u_i die Drosselziffer vorher angenommen werden muß, genügt im weiteren die Wahl eines Bestimmungsstückes, wie Umfangsgeschwindigkeit u_a am Außendurchmesser, Nabenverhältnis ν, Laufraddrehzahl n, Außendurchmesser D_a oder Nabendurchmesser D_i, um alle Hauptabmessungen des Gebläses zu erhalten. Man kann sich dabei in einem gewissen Rahmen den konstruktiven Wünschen anpassen.

Das kleinste Nabenverhältnis und damit das kleinste Gebläse (s. Abb. 127), allerdings damit auch die höchste Mindestdrehzahl, ergibt sich, wenn man u_a an der durch den Strömungswinkel $\beta_{\infty a}$ (Zahlentafel 14) oder durch die zulässige Umfangsgeschwindigkeit gegebenen oberen Grenze wählt. Umgekehrt wird die Drehzahl am kleinsten, wenn für das Nabenverhältnis der größtmögliche Wert angenommen wird. Zwischen diesen beiden Extremfällen sind viele Kombinationen möglich.

Im folgenden werden nun die Beziehungen abgeleitet, mit denen nach den besprochenen Gesichtspunkten die Hauptabmessungen von einstufigen Axialgebläsen mit Leitrad bestimmt werden können.

Es wird als Normalfall die sogenannte Wirbelflußmaschine zugrunde gelegt. Diese hat gleiche Energiezufuhr, d. h. gleiche Gesamtförderhöhe H_{ges} auf allen Radien. Sie ist weiters gekennzeichnet durch konstante Meridiangeschwindigkeit über den ganzen Gebläsequerschnitt.

Das Schema eines Zylinderschnittes durch Lauf- und Leitrad auf einem beliebigen Radius mit den zugehörigen Geschwindigkeitsdreiecken für das Laufrad ist aus Abb. 129 zu ersehen.

Es bedeuten

u in m/sek ...	Umfangsgeschwindigkeit des Laufrades
c_1 in m/sek ...	Absolutgeschwindigkeit am Laufradeintritt
c_2 in m/sek ...	Absolutgeschwindigkeit am Laufradaustritt
c_∞ in m/sek ...	Mittlere Absolutgeschwindigkeit im Laufrad
c_m in m/sek ...	Meridiangeschwindigkeit
Δc_u in m/sek ...	Änderung der Umfangskomponente der Absolutgeschwindigkeit im Laufrad
c_u in m/sek ...	Umfangskomponente der Absolutgeschwindigkeit zwischen Lauf- und Leitrad
w_1 in m/sek ...	Relativgeschwindigkeit am Laufradeintritt
w_2 in m/sek ...	Relativgeschwindigkeit am Laufradaustritt
w_∞ in m/sek ...	Mittlere Relativgeschwindigkeit im Laufrad
Δw_u in m/sek ...	Änderung der Umfangskomponente der Relativgeschwindigkeit im Laufrad
α_∞ in °	Strömungswinkel der mittleren Absolutgeschwindigkeit
β_∞ in °	Strömungswinkel der mittleren Relativgeschwindigkeit.

Die Hauptgleichung für das einstufige Axialgebläse lautet

$$H_{\text{ges}} = \frac{\eta}{g} \cdot u \cdot \Delta c_u \,\text{in m},$$

wobei

η	Innerer Gesamtwirkungsgrad (Geschwindigkeitsenergie am Austritt nicht als Verlust gerechnet, mechanische Verluste unberücksichtigt).
$g = 9{,}81$ m/sek² ...	Erdbeschleunigung.

Die statische Förderhöhe des frei ausblasenden Gebläses ist

$$H_{\text{fa}} = H_{\text{ges}} - \frac{c_m^2}{2g} \text{ in m.}$$

Da bei den axialen Kühlgebläsen die Geschwindigkeitsenergie der Meridiangeschwindigkeit in der Regel nicht ausgenützt werden kann und daher im allgemeinen $H = H_{\text{fa}}$ zu setzen ist, ist es vorteilhaft, mit der statischen Förderhöhe zu rechnen und die für die Gebläseauslegung wichtigen Größen auf H_{fa} zu beziehen.

Es gibt nun vier Daten, für die am Nabendurchmesser bei der Gebläseauslegung Optimal-, bzw. Grenzwerte einzuhalten sind. Und zwar sind dies:

Belastungsziffer der Laufschaufel .... $\left(C_a \frac{l}{t}\right)_{\text{La}} = 2 \frac{\Delta w_u}{w_\infty}$

Belastungsziffer der Leitschaufel .... $\left(C_a \frac{l}{t}\right)_{\text{Le}} = 2 \frac{\Delta c_u}{c_\infty}$

Verhältnis der Umfangs- zur Meridiankomponente der Absolutgeschwindigkeit zwischen Lauf- und Leitrad .... $\frac{c_u}{c_m}$

Verzögerungsverhältnis .... $\frac{w_2}{w_1}$.

Unter Vernachlässigung des Profilwiderstandes für die Lauf- und Leitradbeschaufelung ist C_a der Auftriebsbeiwert der Lauf- bzw. Leitschaufel. l ist die Sehnenlänge der Lauf- bzw. Leitschaufel und t die Schaufelteilung.

Zur Berechnung der Umfangsgeschwindigkeit u_i am Nabendurchmesser können für das Nach- und Vorleitradgebläse vier Gleichungen abgeleitet werden, in denen die auf die statische Förderhöhe H_{fa} bezogene Umfangsgeschwindigkeit u_i eine Funktion der Drosselziffer ε^2, des inneren Gesamtwirkungsgrades und jeweils einer der vorhin angeführten vier Daten ist. Dies ist mit Hilfe der Geschwindigkeitsdreiecke und der bisher angegebenen Beziehungen möglich.

a) Gleichung für u_i mit c_{ui}/c_m

Durch Quadrieren und Umformen erhält man aus der Hauptgleichung

$$\frac{u^2}{2g\,H_{\text{ges}}} = \frac{g \cdot H_{\text{ges}}}{2 \cdot \eta^2 \cdot \Delta c_u^2}.$$

Aus der Definition von ε^2 ist

$$H_{\text{ges}} = \frac{1}{\varepsilon^2} \frac{c_m^2}{2g}.$$

Dies eingesetzt ergibt

$$\frac{u^2}{2g\,H_{\text{ges}}} = \frac{1}{4\,\eta^2\,\varepsilon^2 \left(\frac{\Delta c_u}{c_m}\right)^2}.$$

Im vorliegenden Fall der einstufigen Axialgebläse ist

$$\Delta c_u = c_u.$$

Durch Einsetzen der Drosselziffer in die früher angegebene Beziehung für H_{fa} ergibt sich

$$H_{\text{fa}} = H_{\text{ges}}\,(1 - \varepsilon^2)$$

und man erhält schließlich, angeschrieben für den Nabendurchmesser

$$\frac{u_i^2}{2g\,H_{\text{fa}}} = \frac{1}{4\eta^2\,\varepsilon^2\,(1-\varepsilon^2)\left(\frac{c_{ui}}{c_m}\right)^2}. \qquad (1)$$

b) Gleichung für u_i mit $\left(C_a \frac{l}{t}\right)_{\mathrm{Lei}}$

Aus den Geschwindigkeitsdreiecken ist

$$c_\infty^2 = c_m^2 + \frac{\Delta c_u^2}{4}.$$

Dies in die quadrierte Definitonsgleichung für $\left(C_a \frac{l}{t}\right)_{\mathrm{Le}}$ eingesetzt und Zähler und Nenner durch c_m^2 dividiert gibt

$$\left(C_a \frac{l}{t}\right)_{\mathrm{Le}}^2 = \frac{4\left(\frac{\Delta c_u}{c_m}\right)^2}{1+\frac{1}{4}\left(\frac{\Delta c_u}{c_m}\right)^2}.$$

Löst man nach $(\Delta c_u/c_m)^2$ auf und berücksichtigt, daß $\Delta c_u = c_u$ ist, so erhält man

$$\left(\frac{c_u}{c_m}\right)^2 = \frac{1}{\frac{4}{\left(C_a \frac{l}{t}\right)_{\mathrm{Le}}^2} - \frac{1}{4}}.$$

Setzt man dies, angeschrieben für den Nabendurchmesser, in Gl. (1) ein, so ist

$$\frac{u_i^2}{2g\,H_{fa}} = \frac{\frac{4}{\left(C_a \frac{l}{t}\right)_{\mathrm{Lei}}^2} - \frac{1}{4}}{4\eta^2 \varepsilon^2 (1-\varepsilon^2)}. \tag{2}$$

c) Gleichung für u_i mit $\left(C_a \frac{l}{t}\right)_{\mathrm{Lai}}$

Aus den Geschwindigkeitsdreiecken erhält man

$$w_\infty^2 = c_m^2 + \left(u \mp \frac{\Delta w_u}{2}\right)^2.$$

(Das obere Vorzeichen gilt hier und in der weiteren Rechnung für das Nachleitradgebläse, das untere für das Vorleitradgebläse.)

Hebt man c_m^2 heraus und berücksichtigt $\Delta w_u = \Delta c_u$, dann ist

$$w_\infty^2 = c_m^2\left[1 + \left(\frac{u}{c_m} \mp \frac{1}{2}\frac{\Delta c_u}{c_m}\right)^2\right].$$

Ersetzt man in der Hauptgleichung H_{ges} durch $\frac{1}{\varepsilon^2}\frac{c_m^2}{2g}$, so ergibt sich

$$\frac{\eta}{g} \cdot u \cdot \Delta c_u = \frac{1}{\varepsilon^2}\frac{c_m^2}{2g}$$

und daraus

$$\frac{u}{c_m} = \frac{c_m}{\Delta c_u}\frac{1}{2\varepsilon^2 \eta}.$$

Ersetzt man damit u/c_m in der Gleichung für w_∞^2 und führt dann dieses w_∞^2 in die quadrierte Definitionsgleichung für $\left(C_a \frac{l}{t}\right)_{\mathrm{La}}$ ein, so erhält man

$$\left(C_a \frac{l}{t}\right)_{\mathrm{La}}^2 = \frac{4\left(\frac{\Delta c_u}{c_m}\right)^2}{1+\left(\frac{c_m}{\Delta c_u}\frac{1}{2\varepsilon^2\eta} \mp \frac{1}{2}\frac{\Delta c_u}{c_m}\right)^2}.$$

Diese Beziehung nach $(\Delta c_u/c_m)^2$ aufgelöst und $\Delta c_u = c_u$ berücksichtigt, ergibt

$$\left(\frac{c_u}{c_m}\right)^2 = \frac{1 \mp \dfrac{1}{2\varepsilon^2\eta} + \sqrt{\left(1 \mp \dfrac{1}{2\varepsilon^2\eta}\right)^2 + \left[\dfrac{4}{\left(C_a \dfrac{l}{t}\right)^2_{\mathrm{La}}} - \dfrac{1}{4}\right]\dfrac{1}{\varepsilon^4\eta^2}}}{\dfrac{8}{\left(C_a \dfrac{l}{t}\right)^2_{\mathrm{La}}} - \dfrac{1}{2}}.$$

Setzt man dies, angeschrieben für den Nabendurchmesser, in Gl. (1) ein, dann ist

$$\frac{u_i^2}{2g H_{\mathrm{fa}}} = \frac{1}{2\eta(1-\varepsilon^2)} \; \frac{\dfrac{4}{\left(C_a \dfrac{l}{t}\right)^2_{\mathrm{Lai}}} - \dfrac{1}{4}}{\varepsilon^2\eta \mp \dfrac{1}{2} + \sqrt{\left(\varepsilon^2\eta \mp \dfrac{1}{2}\right)^2 + \dfrac{4}{\left(C_a \dfrac{l}{t}\right)^2_{\mathrm{Lai}}} - \dfrac{1}{4}}}. \qquad (3)$$

„—“ ..... gilt für Nachleitradgebläse
„+“ ..... gilt für Vorleitradgebläse.

d) Gleichung für u_i mit $\left(\frac{w_2}{w_1}\right)_i$

Aus den Geschwindigkeitsdreiecken erhält man
für das Nachleitradgebläse

$$\left(\frac{w_2}{w_1}\right)^2 = \frac{(u - \Delta w_u)^2 + c_m^2}{u^2 + c_m^2}$$

und für das Vorleitradgebläse

$$\left(\frac{w_1}{w_2}\right) = \frac{(u + \Delta w_u)^2 + c_m^2}{u^2 + c_m^2}.$$

Quadriert man in diesen Gleichungen die Klammer im Zähler aus, dividiert durch den Nenner, dividiert im verbleibenden Bruch Zähler und Nenner durch c_m^2, berücksichtigt, daß $\Delta w_u = \Delta c_u$ ist und ersetzt $\frac{u}{c_m}$ durch $\frac{c_m}{\Delta c_u}\,\frac{1}{2\varepsilon^2\eta}$ (s. unter c), so ergibt sich
für das Nachleitradgebläse

$$\left(\frac{w_2}{w_1}\right)^2 = 1 + \frac{\left(\dfrac{\Delta c_u}{c_m}\right)^2 - \dfrac{1}{\varepsilon^2\eta}}{\left(\dfrac{c_m}{\Delta c_u}\right)^2 \dfrac{1}{4\varepsilon^4\eta^2} + 1}$$

und für das Vorleitradgebläse

$$\left(\frac{w_1}{w_2}\right)^2 = 1 + \frac{\left(\dfrac{\Delta c_u}{c_m}\right)^2 + \dfrac{1}{\varepsilon^2\eta}}{\left(\dfrac{c_m}{\Delta c_u}\right)^2 \dfrac{1}{4\varepsilon^4\eta^2} + 1}.$$

Diese Gleichungen nach $(\Delta c_u/c_m)^2$ aufgelöst und $\Delta c_u = c_u$ berücksichtigt, ergeben
für das Nachleitradgebläse

$$\left(\frac{c_u}{c_m}\right)^2 = \frac{1}{2\varepsilon^2}\left\{\frac{1}{\eta} - \varepsilon^2\left[1 - \left(\frac{w_2}{w_1}\right)^2\right] - \sqrt{\left\{\frac{1}{\eta} - \varepsilon^2\left[1 - \left(\frac{w_2}{w_1}\right)^2\right]\right\}^2 - \frac{1 - \left(\dfrac{w_2}{w_1}\right)^2}{\eta^2}}\right\}$$

und für das Vorleitradgebläse

$$\left(\frac{c_u}{c_m}\right)^2 = \frac{1}{2\varepsilon^2}\left\{\varepsilon^2\left[\left(\frac{w_1}{w_2}\right)^2 - 1\right] - \frac{1}{\eta} + \sqrt{\left\{\varepsilon^2\left[\left(\frac{w_1}{w_2}\right)^2 - 1\right] - \frac{1}{\eta}\right\}^2 + \frac{\left(\dfrac{w_1}{w_2}\right)^2 - 1}{\eta^2}}\right\}.$$

Setzt man diese Beziehungen, angeschrieben für den Nabendurchmesser, in Gl. (1) ein, dann erhält man nach einiger Umformung

für das Nachleitradgebläse

$$\frac{u_i^2}{2g\,H_{fa}} = \frac{1}{2(1-\varepsilon^2)\left[1-\left(\frac{w_2}{w_1}\right)_i^2\right]}\left\{\frac{1}{\eta}-\varepsilon^2\left[1-\left(\frac{w_2}{w_1}\right)_i^2\right]+\sqrt{\left\{\frac{1}{\eta}-\varepsilon^2\left[1-\left(\frac{w_2}{w_1}\right)_i^2\right]\right\}^2-\frac{1-\left(\frac{w_2}{w_1}\right)_i^2}{\eta^2}}\right\} \tag{4N}$$

und für das Vorleitradgebläse

$$\frac{u_i^2}{2g\,H_{fa}} = \frac{1}{2(1-\varepsilon^2)\left[\left(\frac{w_1}{w_2}\right)_i^2-1\right]}\left\{\frac{1}{\eta}-\varepsilon^2\left[\left(\frac{w_1}{w_2}\right)_i^2-1\right]+\sqrt{\left\{\frac{1}{\eta}-\varepsilon^2\left[\left(\frac{w_1}{w_2}\right)_i^2-1\right]\right\}^2+\frac{\left(\frac{w_1}{w_2}\right)_i^2-1}{\eta^2}}\right\}. \tag{4V}$$

Für eine geforderte statische Förderhöhe H_{fa} können nun mit den Gl. (1), (2), (3) Vorzeichen „—" und (4N) für das Nachleitradgebläse und mit den Gl. (1), (2), (3) Vorzeichen „+" und (4V) für das Vorleitradgebläse jeweils vier Optimal- bzw. Grenzwerte der Umfangsgeschwindigkeit u_i an der Nabe bestimmt werden. Hierzu ist der innere Gesamtwirkungsgrad η vorauszuschätzen, die Drosselziffer ε^2 anzunehmen und sind die Optimal- bzw. Grenzwerte für $\left(C_a\frac{l}{t}\right)_{Lai}$, $\left(C_a\frac{l}{t}\right)_{Lei}$, $\frac{c_{ui}}{c_m}$ und $\left(\frac{w_2}{w_1}\right)_i$ aus Zahlentafel 14 einzusetzen. Da u_i nicht kleiner sein darf als jeder der vier errechneten Werte, ist der höchste von ihnen bindend und ist dieser in der weiteren Rechnung zu verwenden.

Zu den einzusetzenden Werten ist folgendes zu sagen:

η... Der innere Gesamtwirkungsgrad kann für Nachleitradgebläse mit 0,75 und für Vorleitradgebläse mit 0,70 geschätzt werden. Dies unter der Voraussetzung, daß man mit den Grenzwerten auslegt, Drosselziffern im Bereich von 0,1 bis 0,4, Nabenverhältnisse in der Größenordnung von 0,3 bis 0,8, übliche Laufradspalte etwa in der Größe von 1‰ vom Laufradaußendurchmesser, Re-Zahlen der Lauf-, bzw. Leitradbeschaufelung (s. später) größer als 2.10^5 und normale Gebläseausführungen ohne störende zusätzliche Bauelemente angenommen werden. Bei Auslegung mit Optimalwerten könnte man etwas höher gehen. Kann man die vorhin aufgezählten Voraussetzungen nicht alle erwarten, z. B. größerer Laufradspalt, störende Einbauten oder sehr kleines Gebläse, bei dem die Re-Zahl nicht eingehalten werden kann usw., dann ist η entsprechend niedriger einzusetzen. Da ohne festgelegte Gebläseabmessungen der Wirkungsgrad nicht berechnet werden kann, ist man zunächst auf jeden Fall auf eine Schätzung angewiesen. Dies genügt aber meist, um die für die Konstruktion wichtigen Daten wie Durchmesser und Drehzahl festzulegen. Ein genauerer Wirkungsgrad kann später bei der Lauf- und Leitschaufelberechnung berücksichtigt werden.

ε^2... Die Drosselziffer beeinflußt den statischen Wirkungsgrad η_{fa} und, abgesehen von ihrer Rolle innerhalb der Gleichungen für u_i, auch direkt die Gebläsegröße. Der statische Wirkungsgrad ist definiert durch

$$\eta_{fa} = \eta\,\frac{H_{fa}}{H_{ges}}$$

und unter Berücksichtigung der schon angegebenen Beziehung zwischen H_{fa} und H_{ge}

$$\eta_{fa} = (1-\varepsilon^2)\cdot\eta\,.$$

Mit wachsender Drosselziffer wird bei gleichem inneren Gesamtwirkungsgrad η der bei Kühlgebläsen für den Nutzeffekt maßgebende statische Wirkungsgrad η_{fa} immer kleiner. Nach diesem Gesichtspunkt sollte daher ε^2 möglichst klein sein. Unter einen gewissen Wert kann ε^2 aber auch nicht gehen, da dann einzelne Grenzwerte nicht eingehalten werden könnten, wodurch η und damit schließlich auch η_{fa} wieder absinken würde. Je größer die Drosselziffer, um so größer ist andererseits aus ihrer Definition heraus die Meridiangeschwindigkeit und damit um so kleiner bei gegebener Fördermenge der Gebläsequerschnitt. Daraus folgt bei gegebenem Nabendurchmesser ein kleinerer Außendurchmesser und ein größeres Nabenverhältnis.

Auf Grund dieser Überlegungen und an Hand von theoretischen und praktischen Erfahrungen ist es zweckmäßig, ε^2 im Bereich von 0,1 bis 0,3 zu wählen.

Und zwar bei Kühlgebläsen für kleinere Mengen mehr an der unteren Grenze, da hier weniger die Baugröße eine Rolle spielt, als eher das Nabenverhältnis ungünstig groß wird. Bei Kühlgebläsen für große Mengen muß ε^2 mehr an der oberen Grenze angenommen werden, obwohl sich damit ein kleineres η_{fa} ergibt, da sonst das Gebläse ungünstig groß wird und die Umfangsgeschwindigkeit am Außenschnitt zu hohe Werte erreicht, was zu unzulässiger Geräuschentwicklung führen würde.

$\left(C_a \frac{l}{t}\right)$ ... Die Belastungsziffern der Gebläseschaufeln (Zahlentafel 14) sind begrenzt durch den Auftriebsbeiwert C_a, der wegen der Gefahr von Strömungsablösungen an den Schaufeln nicht größer als 1,0 bis 1,2 sein kann, und durch das Teilungsverhältnis l/t, das wegen sonst zu großer Reibungsverluste über ein bestimmtes Maß nicht hinausgehen kann. Beim Leitrad kann man eher höher gehen, da die Leitradverluste einen geringeren Teil der gesamten Gebläseverluste ausmachen. Dies besonders beim Vorleitrad mit beschleunigter Strömung. Will man keine Überdeckung bei den Laufschaufeln haben (einfachere Herstellung), dann ist für die Belastungsziffer der Laufschaufel 1,0 bis 1,2 anzunehmen.

$\frac{c_u}{c_m}$ ... Das Verhältnis der Umfangskomponente zur Meridiankomponente der Absolutgeschwindigkeit zwischen Lauf- und Leitrad ist nach STRSCHELETZKY durch die Gefahr der Strömungsablösung vom Nabenkörper (Totwasserkernbildung) begrenzt. Diese beginnt bei Gebläsen mit Leitrad („axial begrenzter Drall“) bereits bei $c_u/c_m = 1$. Der Optimalwert liegt nach MARCINOWSKI etwas höher. Als Grenzwert wurde ein noch größerer Wert angenommen.

$\frac{w_2}{w_1}$ ... Das theoretische Verzögerungsverhältnis kann nicht zu klein gemacht werden, sonst stellt es sich in Wirklichkeit nicht ein, da es zu Strömungsablösungen an den Gebläsewänden kommt. Der Optimalwert in Zahlentafel 14 ist von MARCINOWSKI angegeben. Erfahrungsgemäß sind noch kleinere Werte möglich. Unter den angegebenen Grenzwert zu gehen, dürfte für die Gebläseauslegung jedoch nicht ratsam sein.

Um für die rasche Gebläseauslegung Rechenarbeit zu sparen und schnell verschiedene Variationen überblicken zu können, sind in Abb. 130 für das Nachleitradgebläse mit einem durchschnittlichen inneren Gesamtwirkungsgrad $\eta = 0{,}75$ und in Abb. 131 für das Vorleitradgebläse mit $\eta = 0{,}70$ die den Gl. (1) bis (4N), bzw. (4V) entsprechenden Kurven $\left(C_a \frac{l}{t}\right)_{Lai}$, $\left(C_a \frac{l}{t}\right)_{Lei}$, $\frac{c_{ui}}{c_m}$ und $\left(\frac{w_2}{w_1}\right)_i$ = konst. als Funktion von ε^2 aufgetragen. Die für die Optimal- und Grenzwerte nach Zahlentafel 14 geltenden Kurven sind stark herausgezeichnet.

Nach der Ermittlung von u_i kann nun z. B. die Gebläseauslegung mit der Festlegung der Umfangsgeschwindigkeit u_a am Außendurchmesser fortgesetzt werden. Als Kriterium soll zunächst der Strömungswinkel $\beta_{\infty a}$ der mittleren Relativgeschwindigkeit am Laufradaußendurchmesser herangezogen werden.

Aus den Geschwindigkeitsdreiecken ist

$$\operatorname{ctg}\beta_\infty = \frac{u \mp \frac{\Delta w_u}{2}}{c_m}.$$

(Das obere Vorzeichen gilt hier und in der weiteren Rechnung für das Nachleitradgebläse, das untere für das Vorleitradgebläse.)

Dividiert man Zähler und Nenner durch c_m, berücksichtigt $\Delta w_u = \Delta c_u$ und ersetzt $\frac{\Delta c_u}{c_m}$ durch $\frac{c_m}{u}\frac{1}{2\varepsilon^2\eta}$ (s. S. 134), so erhält man

$$\operatorname{ctg}\beta_\infty = \frac{u}{c_m} \mp \frac{1}{4\varepsilon^2\eta}\frac{c_m}{u}.$$

Löst man diese Gleichung nach u/c_m auf, so ergibt sich

$$\frac{u}{c_m} = \frac{1}{2}\left[\operatorname{ctg}\beta_\infty + \sqrt{\operatorname{ctg}^2\beta_\infty \pm \frac{1}{\varepsilon^2\eta}}\right].$$

Aus der Definition von ε^2 und dem Zusammenhang zwischen H_{ges} und H_{fa} ist

$$c_m^2 = \frac{\varepsilon^2}{1-\varepsilon^2}\,2gH_{\text{fa}}.$$

Quadriert man die Gleichung für u/c_m und setzt c_m^2 ein, so erhält man, angeschrieben für den Außendurchmesser

$$\frac{u_a^2}{2gH_{\text{fa}}} = \frac{\varepsilon^2}{4(1-\varepsilon^2)}\left[\operatorname{ctg}\beta_{\infty a} + \sqrt{\operatorname{ctg}^2\beta_{\infty a} \pm \frac{1}{\varepsilon_2\eta}}\right]^2. \tag{5}$$

„+" ... gilt für Nachleitradgebläse
„—" ... gilt für Vorleitradgebläse

Für die geforderte statische Förderhöhe H_{fa}, den bereits geschätzten Gütegrad η und die angenommene Drosselziffer ε^2 erhält man mit Gl. (5) durch Annahme eines Wertes für $\beta_{\infty a}$ die Umfangsgeschwindigkeit u_a.

$\beta_{\infty a}$ ... Der Strömungswinkel der mittleren Relativgeschwindigkeit am Laufradaußendurchmesser kann nach folgender Überlegung ausgewählt werden: Der Gütegrad der Druckumsetzung im Schaufelgitter ist zwischen Strömungswinkeln $\beta_\infty = 20$ bis 60°[1] ziemlich gleich hoch, fällt jedoch unter- und oberhalb dieses Bereiches mehr und mehr ab. Da im Laufrad die Strömungswinkel vom Außendurchmesser zum Nabendurchmesser zunehmen, liegt außen die Grenze des Optimalbereiches für $\beta_{\infty a}$ beim kleineren Wert. Der in Zahlentafel 14 angegebene Grenzwert für $\beta_{\infty a}$ teilt etwa den Bereich ab, ab dem der Wirkungsgrad der Druckumsetzung noch stärker abzufallen beginnt und ein für eine größere Variationsbreite vorausgeschätzter innerer Gesamtwirkungsgrad η nicht beibehaltbar ist.

An der Nabe liegt die Grenze für $\beta_{\infty i}$ beim oberen Wert. Er wird jedoch bei einstufigen Kühlgebläsen kaum erreicht. Es wurde daher $\beta_{\infty i}$ für die Gebläseauslegung außer Betracht gelassen.

u_a ... Die Umfangsgeschwindigkeit am Laufradaußendurchmesser sollte bei kleineren Gebläsen (bzw. Motoren) 100 m/sek, bei großen 125 m/sek nicht übersteigen, da sonst eine zu große Geräuschentwicklung des Gebläses zu erwarten ist. Es ist auch zu überlegen, ob die Festigkeit des vorgesehenen Laufradmaterials für die geplante Umfangsgeschwindigkeit ausreicht.

Um bei der Gebläseauslegung einen Überblick zu bekommen, sind in Abb. 132 für das Nachleitradgebläse mit $\eta = 0{,}75$ und in Abb. 133 für das Vorleitradgebläse mit $\eta = 0{,}70$ die Kurven $\beta_{\infty a} = \text{konst.}$ der Gl. (5) als Funktion von ε^2 aufgetragen, wobei die den Optimal- und Grenzwerten entsprechenden Kurven hervorgehoben sind.

Sollte sich mit Gl. (5) ein zu hohes u_a ergeben, so ist natürlich mit einem nach den anderen Gesichtspunkten gegebenen u_a weiterzurechnen.

Mit der bei der Ableitung von Gl. (5) angegebenen Beziehung für die Meridiangeschwindigkeit c_m lassen sich nun der Außendurchmesser D_a, der Innendurchmesser D_i, das Nabenverhältnis ν und die Laufraddrehzahl n bestimmen. Und zwar ist

[1] Siehe BETZ, A.: Einführung in die Theorie der Strömungsmaschinen. Karlsruhe: G. Braun, 1959.

$$\nu = \frac{u_i}{u_a}$$

$$\frac{D_a^2 \pi}{4} = \frac{1}{1-\nu^2} \cdot \frac{V'}{c_m} \qquad \text{in m}^2$$

$$D_i = \nu \cdot D_a \qquad \text{in m}$$

$$n = \frac{60 \cdot u_a}{D_a \cdot \pi} \qquad \text{in U/min}$$

V' ... Die Rechnungsfördermenge des Gebläses in m³/sek wird zweckmäßig 10 bis 20% größer als die geforderte Fördermenge V eingesetzt. Der tatsächliche spätere Betriebspunkt kommt dann ungefähr in den Bereich von η_{famax}, während der Auslegungspunkt bei $\eta_{\max}$ liegt. Es wird nämlich bei abnehmender Fördermenge (Gebläse stärker gedrosselt) der für den Unterschied zwischen η_{fa} und η maßgebende Verlust an kinetischer Energie der Meridiangeschwindigkeit mit V^2 kleiner, während η zunächst nur wenig abfällt. Es wäre wohl denkbar, das Gebläse von vornherein für η_{famax} auszulegen. Man müßte dann die Optimal- bzw. Grenzwerte der für die Auslegung maßgebenden Daten nach η_{famax} festlegen. Dies ist jedoch für die bei Kühlgebläsen notwendige Variationsbreite sehr schwierig, und es wird daher der vorliegende Weg beschritten. Da die Gebläsekennlinie (Förderhöhe über Fördermenge bei konstanter Drehzahl) bei abnehmender Fördermenge ansteigt, ergibt sich in diesem Fall automatisch ein kleiner Sicherheitszuschlag für die Förderhöhe und Fördermenge.

Anstatt sich u_a zu bestimmen, kann nach der Ermittlung von u_i natürlich auch z. B. mit einer gegebenen Drehzahl n in U/min weitergerechnet werden. Es ist dann

$$D_i = \frac{60 \cdot u_i}{n \cdot \pi} \qquad \text{in m}$$

$$\frac{D_a^2 \pi}{4} = \frac{D_i^2 \pi}{4} + \frac{V'}{c_m} \qquad \text{in m}^2$$

$$\nu = \frac{D_i}{D_a}$$

$$u_a = \frac{u_i}{\nu} \qquad \text{in m/sek.}$$

Zur Kontrolle, ob $\beta_{\infty a}$ nicht zu klein wird, kann die bei der Ableitung der Gl. (5) verwendete Gleichung für $\text{ctg}\,\beta_\infty$ als $f\left(\frac{u}{c_m}\right)$, angeschrieben für den Außendurchmesser, benützt werden.

Auf ähnliche Weise kann man auch von einem gegebenen Durchmesser D_i, D_a oder einem gegebenen Nabenverhältnis ν ausgehen.

ν ... Das Nabenverhältnis liegt üblicherweise zwischen 0,5 bis 0,8. Wenn es die anderen Bedingungen zulassen, sollte man ν in der Nähe von 0,5 wählen, da, wie anfangs schon erwähnt, in diesem Bereich die höchsten Wirkungsgrade erzielbar sind. Ein größerer Wert als 0,8 ist nicht zu empfehlen, da dann der Anteil der Wandreibung in den Verlusten stark zunimmt und sich der Laufradspalt immer ungünstiger auswirkt.

Zum besseren Überblick sind in Abb. 134 die Kurve $\frac{c_m^2}{2\,g\,H_{\text{fa}}}$ und für Nach-, bzw. Vorleitradgebläse mit $\eta = 0{,}75$, bzw. 0,70 der Verlauf von η_{fa} als Funktion von ε^2 aufgezeichnet.

Die axiale Baulänge des Gebläses kann für den ersten Entwurf durch folgende Überlegung bestimmt werden. Der maximal erreichbare innere Gesamtwirkungsgrad optimal ausgelegter Gebläse ist eine Funktion der Re-Zahl, wobei diese definiert werden kann für das Laufrad durch

$$\text{Re} = \text{TF}\,\frac{l \cdot w_\infty}{\nu_L}$$

und für das Leitrad durch

$$\mathrm{Re} = \mathrm{TF}\,\frac{l \cdot c_\infty}{\nu_L}$$

worin

TF = 1,2 .... Turbulenzfaktor bei einstufigen Gebläsen

ν_L .... kinematische Zähigkeit der Luft. Für 760 mm HgS und 20° C ist $\nu_L = 15{,}1 \cdot 10^{-6}$ m²/sek.

l in m .... Sehnenlänge der Lauf- bzw. Leitschaufel am jeweiligen Gebläsedurchmesser.

Und zwar nimmt $\eta_{\max}$ mit abnehmender Re-Zahl zunächst sehr wenig, bei kleinen Re-Zahlen aber sehr stark ab. Für größere Gebläse sollte daher

$$\mathrm{Re}_{\min} = (3 - 3{,}5) \cdot 10^5$$

sein. Als tragbare Grenze kann für kleinere Gebläse

$$\mathrm{Re}_{\min} = 2 \cdot 10^5$$

eingesetzt werden.

Wenn man näherungsweise annimmt, daß die Schaufelsehne unter dem mittleren Strömungswinkel β_∞ beim Laufrad, bzw. α_∞ beim Leitrad angeordnet ist (tatsächlich sind die mittleren Schaufelwinkel etwas größer), so ergibt sich für die Schaufellänge a in der Zylinderprojektion (axiale Schaufellänge):

Laufschaufel $$a_{\mathrm{La}} > \frac{\mathrm{Re}_{\min} \cdot \nu_L}{\mathrm{TF} \cdot c_m}\,\frac{1}{1 + \left(\frac{u}{c_m} \pm \frac{c_m}{u}\,\frac{1}{4\varepsilon^2\eta}\right)^2} \text{ in m}$$

"—" ..... gilt für Gebläse mit Nachleitrad

"+" ..... gilt für Gebläse mit Vorleitrad

Leitschaufel $$a_{\mathrm{Le}} > \frac{\mathrm{Re}_{\min} \cdot \nu_L}{\mathrm{TF} \cdot c_m}\,\frac{1}{1 + \left(\frac{c_m}{u}\,\frac{1}{4\varepsilon^2\eta}\right)^2} \text{ in m.}$$

Diese Größen gelten für den jeweiligen Gebläsedurchmesser, dessen zugehörige Umfangsgeschwindigkeit u eingesetzt wird.

Der axiale Abstand b zwischen Lauf- und Leitrad ist aus Geräuschgründen mit 40 bis 50% der axialen Länge der vorhergehenden Schaufel anzunehmen. Dies ist ein üblicher Kompromiß, da mit größerem Abstand der innere Gesamtwirkungsgrad etwas absinkt, während mit kürzerem Abstand das Gebläsegeräusch merkbar zunimmt.

Bei der Laufschaufel ist zu berücksichtigen, daß die Schwerpunkte der Schaufelschnitte der einzelnen Gebläsedurchmesser aus Festigkeitsgründen auf einer Normalen durch die Gebläseachse liegen müssen. Bei der Ermittlung der gesamten axialen Gebläselänge ist noch zu bedenken, daß die Nabe und das Außengehäuse beim Lufteintritt gut abgerundet werden müssen und daher diese größer wird als die Länge des beschaufelten Teiles. Die Abrundung wird meist bis in den ersten Schaufelteil hineingezogen; beim Nachleitradgebläse natürlich nur an der Nabe. Dies ergibt eine Ersparnis an axialer Baulänge bei guter Abrundung. Außerdem dürfte durch diese zusätzliche Kontraktion des Meridianschnittes innerhalb der Beschaufelung die ungleichmäßige Geschwindigkeitsverteilung beim Austritt aus dem ersten Schaufelrad gemildert und das Gebläsegeräusch etwas verringert werden. Am Luftaustritt kann das Gebläse knapp hinter den Schaufelenden abgeschnitten werden.

Die Abb. 135 zeigt schematisch den Aufbau der Gebläse.

2. *Einstufiges Axialgebläse ohne Leitrad*

(Berechnungsbeispiel s. im Anhang)

Das einstufige Axialgebläse ohne Leitrad entspricht einem einstufigen Axialgebläse mit Nachleitrad, bei dem letzteres weggelassen wurde. Es gelten an sich für die Umfangsgeschwindigkeiten an der Nabe und am Außendurchmesser dieselben grundsätzlichen Bedingungen wie bei den einstufigen Axialgebläsen mit Leitrad.

Durch den Wegfall des Leitrades ist jedoch beim Gebläseaustritt außer der Meridiangeschwindigkeit c_m auch die Umfangskomponente c_u der Absolutgeschwindigkeit vorhanden. Bei der zugrunde gelegten Berechnung als Wirbelflußmaschine mit gleicher Gesamtförderhöhe H_{ges} auf allen Radien nimmt c_u zur Nabe hin zu, während demnach der statische Druck dicht hinter dem Laufrad von außen nach innen abnimmt.

Durch die Umfangskomponente c_u tritt beim Weglassen des Leitrades ein zusätzlicher Verlust auf. Wie Messungen von Marcinowski und Laux gezeigt haben, entspricht dieser beim frei ausblasenden Gebläse jedoch nicht der gesamten Geschwindigkeitsenergie der Umfangskomponente, sondern es entsteht beim Ausblasen in einen größeren Raum ein nicht unerheblicher Druckrückgewinn aus der Geschwindigkeitsenergie von c_u. Und zwar ist der statische Druck in diesem Raum etwa gleich dem statischen Druck hinter dem Laufrad am äußersten Gebläseradius. Der Druck-Rückgewinn kann daher für den ersten Gebläseentwurf näherungsweise als Differenz der Geschwindigkeitsenergie der Umfangskomponente c_u am jeweiligen Radius und jener der Umfangskomponente c_{ua} am Außenradius angenommen werden. Man erhält dann für die statische Förderhöhe des frei ausblasenden einstufigen Axialgebläses ohne Leitrad die Beziehung

$$H_{\text{fa}} = H_{\text{ges}} - \frac{c_m^2}{2g} - \frac{c_{ua}^2}{2g} \quad \text{in m.}$$

Bei den axialen Kühlgebläsen ist, wie schon erwähnt, in der Regel die erforderliche Förderhöhe $H = H_{\text{fa}}$ zu setzen. H_{ges} ist dann, wie man sieht, für einen gegebenen Anwendungsfall nicht nur von c_m bzw. der Drosselziffer ε^2, sondern auch von c_{ua} abhängig. c_{ua} steht wiederum über das Nabenverhältnis ν und die Hauptgleichung mit c_{ui} und u_i in Beziehung. Die erforderliche Umfangsgeschwindigkeit u_i an der Nabe hängt daher nicht wie bei den Gebläsen mit Leitrad, nur von H_{fa}, ε^2 und den Optimal- bzw. Grenzwerten ab, sondern auch vom Nabenverhältnis ν. Darüber hinaus ist beim leitradlosen Gebläse auch der Optimal-, bzw. Grenzwert für c_{ui}/c_m (Zahlentafel 14) eine Funktion von ν.

Man ist daher gezwungen, bei der Ermittlung einer der Umfangsgeschwindigkeiten des Laufrades nicht nur die Drosselziffer, sondern auch das Nabenverhältnis anzunehmen, wodurch sich dann automatisch die andere Umfangsgeschwindigkeit, Innen-, Außendurchmesser und Drehzahl des Laufrades ergeben.

Es ist naheliegend, in diesem Fall die Gebläseberechnung auf die Bestimmung der Umfangsgeschwindigkeit u_a am Laufrad-Außendurchmesser aufzubauen, da dann sofort kontrolliert werden kann, ob diese die hinsichtlich Geräuschentwicklung und Laufradbeanspruchung zulässigen Grenzen nicht überschreitet.

Im folgenden werden nun die Beziehungen abgeleitet, mit denen nach den besprochenen Gesichtspunkten die Hauptabmessungen von einstufigen Axialgebläsen ohne Leitrad bestimmt werden können.

Wegen $H_{\text{fa}} = H$ ist es auch beim leitradlosen Axialgebläse zweckmäßig, die Auslegungsgrößen auf H_{fa} zu beziehen.

Es sind an der Nabe und am Außendurchmesser wie bei den einstufigen Axialgebläsen mit Leitrad, Optimal- bzw. Grenzbedingungen (Zahlentafel 14) einzuhalten. Allerdings fällt wegen des fehlenden Leitrades die Belastungsziffer für die Leitschaufel weg. Für die übrigen drei Daten der Nabe, und zwar $\frac{c_{ui}}{c_m}$, $\left(C_a \frac{l}{t}\right)_{\text{Lai}}$ und $\left(\frac{w_2}{w_1}\right)_i$ können folgende Gleichungen zur Festlegung von u_a abgeleitet werden.

a) Gleichung für u_a mit c_{ui}/c_m

Aus der Hauptgleichung und der Definition von $\varepsilon^2 = c_m^2/2g\,H_{\text{ges}}$ gilt wie bei den Leitradgebläsen, angeschrieben für den Nabendurchmesser

$$\frac{u_i^2}{2g\,H_{\text{ges}}} = \frac{1}{4\,\eta^2\varepsilon^2\left(\frac{\Delta c_{ui}}{c_m}\right)^2}\,.$$

Bei der Wirbelflußmaschine ist $H_{\text{ges}} = \text{konst.}$ und daher aus der Hauptgleichung

$$\Delta c_{ua} = \nu\cdot\Delta c_{ui}\,.$$

Ersetzt man damit Δc_{ua} in der früher angegebenen Gleichung für H_{fa} und führt die Drosselziffer ein, so erhält man

$$H_{\text{fa}} = H_{\text{ges}}\left[1 - \varepsilon^2 - \nu^2\,\varepsilon^2\left(\frac{\Delta c_{ui}}{c_m}\right)^2\right] \text{ in m.}$$

Berücksichtigt man, daß beim einstufigen Gebläse $\Delta c_u = c_u$ ist, führt H_{fa} statt H_{ges} ein und schreibt $u_i = \nu\cdot u_a$, so ergibt sich

$$\frac{u_a^2}{2g\,H_{\text{fa}}} = \frac{1}{4\,\nu^2\,\eta^2\,\varepsilon^2\left[1 - \varepsilon^2 - \nu^2\,\varepsilon^2\left(\frac{c_{ui}}{c_m}\right)^2\right]\left(\frac{c_{ui}}{c_m}\right)^2}\,. \tag{6}$$

Ebenso kann man, wie bei den Leitradgebläsen, auch Gleichungen für u_a mit $\left(C_a\frac{l}{t}\right)_{\text{Lai}}$ bzw. $\left(\frac{w_2}{w_1}\right)_i$ ableiten. Diese werden jedoch bei leitradlosen Axialgebläsen sehr kompliziert. Es ist einfacher, aus Beziehungen für $\frac{c_{ui}}{c_m}$ mit $\left(C_a\frac{l}{t}\right)_{\text{Lai}}$ bzw. $\left(\frac{w_2}{w_1}\right)_i$ die Größe $\frac{c_{ui}}{c_m}$ auszurechnen und u_a mit Gl. (6) zu bestimmen.

b) Gleichung für c_{ui}/c_m mit $\left(C_a\frac{l}{t}\right)_{\text{Lai}}$

Es gilt die bei den Leitradgebläsen abgeleitete Beziehung, angeschrieben für das Nachleitrad und den Nabendurchmesser

$$\left(\frac{c_{ui}}{c_m}\right)^2 = \frac{1 - \frac{1}{2\varepsilon^2\eta} + \sqrt{\left(1 - \frac{1}{2\varepsilon^2\eta}\right)^2 + \left[\frac{4}{\left(C_a\frac{l}{t}\right)_{\text{Lai}}^2} - \frac{1}{4}\right]\frac{1}{\varepsilon^4\,\eta^2}}}{\frac{8}{\left(C_a\frac{l}{t}\right)_{\text{Lai}}^2} - \frac{1}{2}}\,. \tag{7}$$

c) Gleichung für c_{ui}/c_m mit $\left(\frac{w_2}{w_1}\right)_i$

Auch hier gilt die für das Nachleitradgebläse abgeleitete Beziehung, angeschrieben für den Nabendurchmesser.

$$\left(\frac{c_{ui}}{c_m}\right)^2 = \frac{1}{2\varepsilon^2}\left\{\frac{1}{\eta} - \varepsilon^2\left[1 - \left(\frac{w_2}{w_1}\right)_i^2\right] - \sqrt{\left\{\frac{1}{\eta} - \varepsilon^2\left[1 - \left(\frac{w_2}{w_1}\right)_i^2\right]\right\}^2 - \frac{1 - \left(\frac{w_2}{w_1}\right)_i^2}{\eta^2}}\right\}. \tag{8}$$

Bedingt durch die zum Teil als Verlust zu buchende Geschwindigkeitsenergie der Umfangskomponente c_u am Laufradaustritt, gibt es, unabhängig von den Optimal- bzw. Grenzwerten, ein $\frac{c_{ui}}{c_m}$, für das die Umfangsgeschwindigkeit u_a am Außendurchmesser den kleinstmöglichen Wert erreicht. Man erhält dieses $\left(\frac{c_{ui}}{c_m}\right)_{u_a = \text{Min}}$ durch Differenzieren der Gl. (6) nach $\frac{c_{ui}}{c_m}$. Es hat die Größe

$$\left(\frac{c_{ui}}{c_m}\right)_{u_a = \text{Min}} = \frac{1-\varepsilon^2}{2\varepsilon^2 \nu^2}, \tag{9}$$

woraus dann

$$\left(\frac{u_a^2}{2g H_{fa}}\right)_{\text{Min}} = \frac{1}{\eta^2 (1-\varepsilon^2)}.$$

Die Umfangsgeschwindigkeit u_a kann jetzt für eine geforderte statische Förderhöhe H_{fa} auf folgende Weise bestimmt werden: Man schätzt den inneren Gesamtwirkungsgrad η und wählt das Nabenverhältnis ν und die Drosselziffer ε^2. Dann entnimmt man Zahlentafel 14 die Grenz- bzw. Optimalwerte für $\frac{c_{ui}}{c_m}$, $\left(C_a \frac{l}{t}\right)_{\text{Lai}}$ und $\left(\frac{w_2}{w_1}\right)_i$. Mit den Gl. (7), (8) und (9) ergeben sich schließlich vier Werte für $\frac{c_{ui}}{c_m}$, wobei der kleinste von ihnen bindend ist und dieser in Gl. (6) zur Bestimmung von u_a einzusetzen ist.

Es ist nun zu überprüfen, ob die errechnete Umfangsgeschwindigkeit die hinsichtlich Geräuschentwicklung und Laufradbeanspruchung zulässigen Grenzen nicht überschreitet. Auch sollte, wie bei den Leitradgebläsen, der mittlere Strömungswinkel $\beta_{\infty a}$ der Relativgeschwindigkeit am Laufrad-Außendurchmesser (Zahlentafel 14) nicht zu klein sein. Es ist sonst die Berechnung von u_a mit geänderten Annahmen zu wiederholen.

Für $\beta_{\infty a}$ gilt, angeschrieben für den Außendurchmesser, die bei den Leitradgebläsen abgeleitete Beziehung, mit Vorzeichen für Nachleitradbauart

$$\operatorname{ctg} \beta_{\infty a} = \frac{u_a}{c_m} - \frac{1}{4\varepsilon^2 \eta} \frac{c_m}{u_a},$$

wobei die Meridiangeschwindigkeit aus

$$\frac{c_m^2}{2g H_{\text{fa}}} = \frac{2\varepsilon^2}{1-\varepsilon^2 + \sqrt{(1-\varepsilon^2)^2 - \frac{1}{\eta^2} \frac{2g H_{\text{fa}}}{u_a^2}}}$$

bestimmt werden kann. Letztere Beziehung ergibt sich, wenn man Gl. (6) nach $\left(\frac{c_{ui}}{c_m}\right)^2$ auflöst, dabei für $c_{ui} = c_{ua}/\nu$ setzt, so daß

$$\left(\frac{c_{ua}}{c_m}\right)^2 = \frac{1}{2\varepsilon^2}\left[1-\varepsilon^2 - \sqrt{(1-\varepsilon^2)^2 - \frac{1}{\eta^2} \frac{2g H_{\text{fa}}}{u_a^2}}\right]$$

und dies in die Gleichung

$$\frac{c_m^2}{2g H_{\text{fa}}} = \frac{\varepsilon^2}{1-\varepsilon^2-\varepsilon^2\left(\frac{c_{ua}}{c_m}\right)^2}$$

einsetzt, die man aus der anfangs angegebenen Beziehung für H_{fa} durch Einführung der Drosselziffer ε^2 erhält.

Hat man nun eine brauchbare Umfangsgeschwindigkeit u_a bestimmt, dann ergibt sich Laufrad-Außendurchmesser D_a, Nabendurchmesser D_i und Drehzahl n aus

$$\frac{D_a^2 \pi}{4} = \frac{1}{1-\nu^2} \cdot \frac{V'}{c_m} \quad \text{in m}^2$$

$$D_i = \nu \cdot D_a \quad \text{in m}$$

$$n = \frac{60 \cdot u_a}{D_a \cdot \pi} \quad \text{in U/min.}$$

Der statische Wirkungsgrad des frei ausblasenden, leitradlosen Axialgebläses errechnet sich aus

$$\eta_{fa} = \eta \frac{H_{fa}}{H_{ges}}.$$

Führt man die Drosselziffer ein, so ist

$$\eta_{fa} = \eta \cdot \varepsilon^2 \cdot \frac{2gH_{fa}}{c_m^2}.$$

Durch Einsetzen von $c_m^2/2gH_{fa}$ aus der Gleichung für die Meridiangeschwindigkeit ergibt sich

$$\eta_{fa} = \frac{\eta}{2}\left[1 - \varepsilon^2 + \sqrt{(1-\varepsilon^2)^2 - \frac{1}{\eta^2}\frac{2gH_{fa}}{u_a^2}}\right].$$

Abweichend von dem bei den Leitradgebläsen Gesagten ist bei den leitradlosen Axialgebläsen zu einzelnen Werten folgendes zu bemerken:

η ... Der innere Gesamtwirkungsgrad kann unter den bei den Leitradgebläsen gemachten Voraussetzungen in der Größenordnung von 0,8 geschätzt werden. Er ist höher als dort, da die Leitradverluste wegfallen und in diesem Wirkungsgrad der Verlust der Geschwindigkeitsenergie beim Gebläseaustritt nicht inbegriffen ist.

ε^2 ... Die Drosselziffer ist für günstigste statische Wirkungsgrade η_{fa} wegen der zusätzlichen Verluste durch die verbleibende Umfangskomponente c_u kleiner als bei den Leitradgebläsen anzunehmen.

ν... Das Nabenverhältnis sollte nicht zu groß gewählt werden, da der von c_u herrührende Verlustanteil in η_{fa} mit wachsendem ν zunimmt.

$\frac{c_{ui}}{c_m}$ ... Das Verhältnis der Umfangskomponente zur Meridiankomponente der Absolutgeschwindigkeit hinter dem Laufrad kann bei leitradlosen Gebläsen („Axial unbegrenzter Drall") viel größer sein als bei der Bauart mit Leitrad. Nach STRSCHELETZKY beginnt die Totwasserkernbildung bei der in Zahlentafel 14 als Optimal- und Grenzwert angegebenen Funktion von ν.

$\beta_{\infty a}$... Der Strömungswinkel der mittleren Relativgeschwindigkeit am Laufrad-Außendurchmesser kann für günstiges η_{fa} wegen der zusätzlichen Verluste durch c_u eher noch kleiner als bei den Leitradgebläsen sein.

u_a... Die Umfangsgeschwindigkeit am Laufrad-Außendurchmesser kann, sofern es die Festigkeit des Laufradmaterials zuläßt, etwa 10% höher als bei einem entsprechenden Nachleitradgebläse sein, ohne eine größere Lautstärke befürchten zu müssen.

V'... Die Rechnungsfördermenge ist bei leitradlosen Gebläsen noch etwas höher einzusetzen, etwa 20% größer als die geforderte. Dies ergibt sich aus dem durch c_u bedingten größeren Anteil an kinetischer Energie beim Laufradaustritt. Bei Drosselung des Gebläses steigt daher η_{fa} bis zum Maximalwert noch länger an.

In den seltensten Fällen ist ein bestimmtes Nabenverhältnis ν gefordert. Dies mußte aber bereits für die Bestimmung der Umfangsgeschwindigkeit u_a angenommen werden. Häufig ist eine bestimmte Drehzahl oder ein maximaler Außendurchmesser vorgeschrieben. Um die Gebläsedaten unter Berücksichtigung einer oder mehrerer dieser Größen bestimmen zu können, ist es nun notwendig, die bisherige Rechnung mit verschiedenen Nabenverhältnissen zu wiederholen. Die einzelnen berechneten Werte trägt man zweckmäßig in einem Diagramm über dem Nabenverhältnis auf. Aus dem Schnittpunkt der entsprechenden Kurven, z. B. Drehzahlkurve mit dem gewünschten Wert für n, ergibt sich das erforderliche Nabenverhältnis und aus den Schnittpunkten dieser Ordinate mit den anderen Kurven (D_a, D_i, c_m, η_{fa}) findet man die übrigen gesuchten Daten.

Sollte diese Variation von ν bei konstant gehaltener Drosselziffer nicht ausreichen, um den Forderungen, soweit dies überhaupt möglich sein sollte, gerecht zu werden, so ist dasselbe mit einer geänderten Drosselziffer zu wiederholen.

Um Rechenarbeit zu ersparen und rasch einen größeren Variationsbereich umfassen zu können, sind für einstufige Axialgebläse ohne Leitrad für einen durchschnittlichen inneren Gesamtwirkungsgrad $\eta = 0{,}8$ in den Abb. 136 bis 139 für $\nu = 0{,}5$, $0{,}6$, $0{,}7$ und $0{,}8$ die Kurven $\frac{u_a^2}{2g\,H_{\text{fa}}}$ mit $\left(C_a \frac{l}{t}\right)_{\text{Lai}}$, $\left(\frac{w_2}{w_1}\right)_i$ und $\beta_{\infty a} = \text{konst.}$, $\left(\frac{c_{ui}}{c_m}\right)_{\text{opt}}$ und $\left(\frac{c_{ui}}{c_m}\right)_{u_a = \text{Min}}$ als Funktion von ε^2 aufgetragen, wobei die den Optimal- bzw. Grenzwerten in Zahlentafel 14 entsprechenden Kurven hervorgehoben sind. Der Bereich, in dem nur Werte $\frac{c_{ui}}{c_m} > \left(\frac{c_{ui}}{c_m}\right)_{\text{opt}}$ liegen, ist durch den voll ausgezogenen Teil der Kurve $\left(\frac{c_{ui}}{c_m}\right)_{\text{opt}}$ und durch $\left(\frac{u_a^2}{2g\,H_{\text{fa}}}\right)_{\min}$ begrenzt. Der strichlierte Teil der Kurve $\left(\frac{c_{ui}}{c_m}\right)_{\text{opt}}$ ist daher für die Gebläseauslegung ohne Bedeutung. Abb. 140 bzw. 141 enthält die Kurven $\frac{c_m^2}{2g\,H_{\text{fa}}}$ bzw. η_{fa} als Funktion von $\frac{u_a^2}{2g\,H_{\text{fa}}}$ für $\varepsilon^2 = \text{konst.}$ Die Kurven $\beta_{\infty a} = \text{konst.}$ in Abb. 136 bis 139 sind mit Gl. (6) errechnet, wobei c_{ui}/c_m aus der folgenden Beziehung eingesetzt wurde:

$$\frac{c_{ui}}{c_m} = \frac{1}{\nu}\left[\sqrt{\operatorname{ctg}^2 \beta_{\infty a} + \frac{1}{\varepsilon^2 \eta}} - \operatorname{ctg} \beta_{\infty a}\right].$$

Für die axiale Baulänge bzw. Laufschaufelausführung des einstufigen Axialgebläses ohne Leitrad gilt das im vorherigen Abschnitt über das Laufrad des einstufigen Axialgebläses mit Nachleitrad Gesagte.

Abb. 142 zeigt schematisch den Aufbau des Gebläses.

γ) Einstufige Radialgebläse

Die bei Kühlgebläsen übliche Bauart der Radialgebläse besteht im allgemeinen aus Laufrad mit oder ohne Deckscheibe mit einfach gekrümmten Schaufeln, Spiralgehäuse und eventuell kurzem Diffusor. Abb. 143 zeigt schematisch den Aufbau und die Abmessungen eines solchen Gebläses mit der meist angewendeten Rechteckspirale konstanter Breite.

Es bedeuten

D_2	in m ...	Laufrad-Außendurchmesser
D_1	in m ...	Laufrad-Innendurchmesser
D_S	in m ...	Ansaugdurchmesser
D_N	in m ...	Nabendurchmesser
b_2	in m ...	Laufrad-Austrittsbreite
b_1	in m ...	Laufrad-Eintrittsbreite
B	in m ...	Spiralenbreite
r_D	in m ...	Übergangsradius zum Saugdurchmesser
R_i	in m ...	Innenradius der Spirale
R_a	in m ...	Außenradius der Spirale am Spiralenende
r_a	in m ...	Außenradius der Spirale an dem im Winkel φ liegenden Querschnitt
β_1	in ° ...	Schaufel-Eintrittswinkel
β_2	in ° ...	Schaufel-Austrittswinkel
s	in m ...	Schaufelstärke
t_1	in m ...	Schaufelteilung am Eintritt
t_2	in m ...	Schaufelteilung am Austritt
n	in U/min	Laufraddrehzahl
c_S	in m/sek	Luftgeschwindigkeit im Saugstutzen
c_A	in m/sek	Luftgeschwindigkeit im Austrittsstutzen

Die Geschwindigkeitsdreiecke für das Laufrad sind aus Abb. 144 zu ersehen. Es ist

u_1 in m/sek ... Umfangsgeschwindigkeit am Laufradeintritt
u_2 in m/sek ... Umfangsgeschwindigkeit am Laufradaustritt
c_1 in m/sek ... Absolutgeschwindigkeit am Laufradeintritt
c_2 in m/sek ... Absolutgeschwindigkeit am Laufradaustritt
w_1 in m/sek ... Relativgeschwindigkeit am Laufradeintritt
w_2 in m/sek ... Relativgeschwindigkeit am Laufradaustritt
c_{m1} in m/sek ... Meridiangeschwindigkeit am Laufradeintritt
c_{m2} in m/sek ... Meridiangeschwindigkeit am Laufradaustritt
c_{u2} in m/sek ... Umfangskomponente der Absolutgeschwindigkeit am Laufradaustritt

Um die geforderte Förderhöhe H zu erreichen, ist eine bestimmte Umfangsgeschwindigkeit u_2 am Laufrad-Außendurchmesser notwendig. Dabei sind die Zusammenhänge zwischen H und der Gesamtförderhöhe H_{ges}, die Laufradproportionen und gewisse Bedingungen für die Schaufelwinkel zu berücksichtigen. Mit Hilfe von u_2 und der geforderten Fördermenge V erhält man schließlich den Laufrad-Außendurchmesser D_2, die Laufraddrehzahl n und die weiteren Gebläseabmessungen.

Im folgenden werden nun die zur Gebläseberechnung notwendigen Beziehungen abgeleitet.

Ausgegangen wird von der Hauptgleichung für das einstufige Radialgebläse ohne Vorleitrad.

$$H_{\text{ges}} = \frac{\eta \cdot \mu}{g} \cdot u_2 \cdot c_{u2} \text{ in m.}$$

Hierin ist

η ... innerer Gesamtwirkungsgrad (Geschwindigkeitsenergie am Gebläseaustritt nicht als Verlust gerechnet, mechanische Verluste unberücksichtigt)
$g = 9{,}81$ m/sek² .. Erdbeschleunigung
$\mu = H_{\text{th}}/H_{\text{th}\infty}$ .... Minderleistungsziffer

wobei

$H_{\text{th}\infty}$ in m ... theoretische Förderhöhe bei der Schaufelzahl ∞
H_{th} in m ... theoretische Förderhöhe bei der Schaufelzahl z

Die statische Förderhöhe des frei ausblasenden Gebläses ist

$$H_{\text{fa}} = H_{\text{ges}} - \frac{c_A^2}{2g} \text{ in m}$$

und der auf diese Förderhöhe bezogene Wirkungsgrad

$$\eta_{\text{fa}} = \eta \frac{H_{\text{fa}}}{H_{\text{ges}}} = \eta \left(1 - \frac{c_A^2}{2 g H_{\text{ges}}}\right).$$

Die Geschwindigkeitsenergie $c_A^2/2g$ im Austrittsstutzen des Gebläses kann mehr oder weniger nutzbringend verwertet werden oder auch gänzlich verlorengehen. Dies hängt von der konstruktiven Anordnung des Gebläses ab. Es wird daher

$$H_{\text{ges}} \gtreqless H \geqq H_{\text{fa}}$$

und da dies von Fall zu Fall verschieden sein kann, ist es zweckmäßig, die Gleichungen zur Gebläseauslegung auf H_{ges} zu beziehen.

Aus den Geschwindigkeits-Dreiecken ist

$$c_{u2} = u_2 - \frac{c_{m2}}{\operatorname{tg} \beta_2}$$

und

$$c_{m1} = u_1 \cdot \operatorname{tg}\beta_1 .$$

Führt man $k = c_{m2}/c_{m1}$ als Verzögerungsverhältnis der Meridiangeschwindigkeiten ein und berücksichtigt, daß $u_1/u_2 = D_1/D_2$, so erhält man

$$u_2 \cdot c_{u2} = u_2^2 \left(1 - k \frac{D_1}{D_2} \frac{\operatorname{tg}\beta_1}{\operatorname{tg}\beta_2}\right).$$

Setzt man dies in die Hauptgleichung ein, so ergibt sich

$$\frac{u_2^2}{2gH_{\text{ges}}} = \frac{1}{2\eta\,\mu\left(1 - k \frac{D_1}{D_2} \frac{\operatorname{tg}\beta_1}{\operatorname{tg}\beta_2}\right)}.$$

Für die Minderleistungsziffer kann nach PFLEIDERER

$$\mu = \frac{1}{1 + \dfrac{2\,(0{,}68 + 0{,}6 \sin\beta_2)}{z\left[1 - \left(\dfrac{D_1}{D_2}\right)^2\right]}}$$

gesetzt werden. Nimmt man nach ECK für die Schaufelzahl

$$z = 8{,}5 \frac{\sin\beta_2}{1 - \dfrac{D_1}{D_2}},$$

so erhält man schließlich zur Bestimmung von u_2 die Gleichung

$$\frac{u_2^2}{2gH_{\text{ges}}} = \frac{1 + \dfrac{0{,}16 + 0{,}14 \sin\beta_2}{\sin\beta_2\left(1 + \dfrac{D_1}{D_2}\right)}}{2\eta\left(1 - k \dfrac{D_1}{D_2} \dfrac{\operatorname{tg}\beta_1}{\operatorname{tg}\beta_2}\right)}.$$

Dazu ist nach den später beschriebenen Gesichtspunkten η und, da H gefordert ist, H_{ges}/H vorauszuschätzen, β_1 und β_2 auszuwählen sowie D_1/D_2 und k anzunehmen.

Die Ableitung einer Gleichung für den Außendurchmesser D_2 geht vom Zusammenhang zwischen Rechnungsfördermenge V', Meridiangeschwindigkeit c_{m1} am Laufradeintritt und dem Eintrittsquerschnitt aus. Es ist

$$V' = c_{m1} \cdot D_1\,\pi\,b_1\,\varkappa_1 ,$$

wobei

$$\varkappa_1 = 1 - \frac{s \cdot z}{D_1 \pi \sin\beta_1}$$

mit s als Schaufelstärke die Versperrungsziffer am Laufradeintritt ist.

Aus dem Eintrittsdreieck ergibt sich

$$c_{m1} = u_1 \operatorname{tg}\beta_1 = u_2 \frac{D_1}{D_2} \operatorname{tg}\beta_1 .$$

Setzt man

$$c_{m1} = \xi \cdot c_S$$

bzw.

$$D_1\,\pi\,b_1\,\varkappa_1 = \frac{1}{\xi} \cdot (D_S^2 - D_N^2)\,\frac{\pi}{4}$$

und verwendet die Verhältniszahlen

$$\chi = \frac{D_S}{D_1} \text{ bzw. } \bar{\nu} = \frac{D_N}{D_S},$$

so ergibt sich daraus

$$b_1 = \frac{\chi^2}{\xi}\,\frac{D_1}{4}\,(1 - \bar{\nu}^2).$$

Führt man c_{m1} und b_1 in die Gleichung für V' ein und schreibt für $D_1 = D_2(D_1/D_2)$, so erhält man nach einiger Umformung die Bestimmungsgleichung für den Außendurchmesser

$$D_2^2 = \frac{V'}{u_2}\left(\frac{D_2}{D_1}\right)^3 \frac{4\xi}{\chi^2(1-\bar{\nu}^2)\varkappa_1\pi} \cdot \frac{1}{\operatorname{tg}\beta_1}.$$

Die Rechnungsfördermenge V' und ξ sind nach den späteren Gesichtspunkten anzunehmen, $\varkappa_1$, χ und $\bar{\nu}$ für den ersten Entwurf zu schätzen. Die übrigen Größen sind bereits bekannt.

Mit dem Laufraddurchmesser ergeben sich nun auch die übrigen Gebläsedaten, wie Drehzahl

$$n = \frac{60\,u_2}{D_2\pi} \quad \text{in U/min.}$$

Meridiangeschwindigkeiten

$$c_{m1} = u_2\left(\frac{D_1}{D_2}\right)\operatorname{tg}\beta_1 \quad \text{in m/sek}$$

$$c_{m2} = k \cdot c_{m1} \quad \text{in m/sek.}$$

Umfangsgeschwindigkeit am Eintritt

$$u_1 = u_2\left(\frac{D_1}{D_2}\right) \quad \text{in m/sek}$$

und Laufradbreiten

$$b_1 = \frac{V'}{c_{m1}D_1\pi\varkappa_1} \qquad b_2 = \frac{V'}{c_{m2}D_2\pi\varkappa_2} \quad \text{in m},$$

wobei

$$\varkappa_2 = 1 - \frac{s \cdot z}{D_2\pi \cdot \sin\beta_2}.$$

Sollte eine bestimmte Drehzahl oder ein bestimmter Außendurchmesser D_2 gefordert sein, so wiederholt man die Rechnung mit anderen Durchmesserverhältnissen, trägt die Ergebnisse zweckmäßig in einem Diagramm über D_1/D_2 auf und erhält in der Ordinate durch den Schnittpunkt mit dem geforderten Wert die restlichen Größen. Sollte die Variation von D_1/D_2 nicht genügen, so kann dasselbe mit geändertem Laufschaufelwinkel β_2 wiederholt werden.

Zu den anzunehmenden bzw. zu schätzenden Größen ist folgendes zu sagen:

$\frac{D_1}{D_2}$ ... Das Durchmesserverhältnis liegt bei normalen Radialgebläsen zwischen 0,4 bis 0,7 (s. auch Abb. 127), bei Trommelläufern bis zu 0,9. Kann die Drehzahl hoch sein, so wählt man D_1/D_2 groß, um kleine Gebläse zu erhalten. Wenn n oder D_2 gegeben ist, erhält man, wie vorhin beschrieben, nach mehrmaligem Durchrechnen ein bestimmtes D_1/D_2.

β_1 ... Der Schaufelwinkel am Laufradeintritt soll für kleinste Gebläseverluste eine bestimmte Größe haben. Nach Eck können für kleinsten Laufradverlust in Abhängigkeit von b_1/r_D die in Zahlentafel 15 angegebenen Werte gewählt werden.

Um Ablösungen am Laufradeintritt zu vermeiden, sollte

$$\frac{b_1}{r_D} \leqq 1{,}2 \text{ bis } 2{,}0$$

ausgeführt werden.

β_2 ... Der Schaufelwinkel am Laufradaustritt ist, wenn möglich, im Hinblick auf bestmöglichen inneren Gesamtwirkungsgrad festzulegen. Eck gibt dazu die Beziehung

$$\frac{c_{u2}}{u_2} = 0{,}922\sqrt{\frac{D_1}{D_2}}$$

an. Setzt man dies in die bei der Ableitung der Beziehung für $u_2^2/2gH_{\text{ges}}$ erhaltene und durch u_2^2 dividierte Gleichung für $c_{u2} \cdot u_2$ ein, so ergibt sich

$$0{,}922\sqrt{\frac{D_1}{D_2}} = 1 - k\,\frac{D_1}{D_2}\,\frac{\operatorname{tg}\beta_1}{\operatorname{tg}\beta_2}$$

und durch Umformung

$$\operatorname{tg}\beta_{2\,\mathrm{opt}} = \frac{k\,\dfrac{D_1}{D_2}\,\operatorname{tg}\beta_1}{1-0{,}922\sqrt{\dfrac{D_1}{D_2}}}\,.$$

Für β_1 ist der vorhin gewählte Wert einzusetzen. Aus dieser Gleichung geht hervor, daß für optimalen inneren Gesamtwirkungsgrad β_2 immer kleiner als 90° sein müßte. Dies deckt sich auch mit der Forderung nach bestmöglichem statischem Wirkungsgrad η_{fa}. Wie aus Abb. 145, welche die Aufteilung des statischen und dynamischen Förderhöhenanteils in Abhängigkeit vom Winkel β_2 zeigt, leicht verständlich, ist der theoretische, statische Förderhöhenanteil $H_{\mathrm{stat\,th}\,\infty}$ des Laufrades im Verhältnis zur theoretischen Gesamtförderhöhe $H_{\mathrm{th}\,\infty}$ um so größer, je kleiner c_{u2}/u_2, bzw. der Austrittsschaufelwinkel β_2 ist. Der mögliche Anteil an verlorener dynamischer Förderhöhe bei unvollkommenem Leitapparat wird daher mit kleinerem β_2 immer geringer. Allerdings fordert eine bestimmte Gesamtförderhöhe bei kleinerem Schaufelwinkel β_2 eine größere Umfangsgeschwindigkeit u_2 am Laufrad-Außendurchmesser. Dies ergibt bei gegebener Drehzahl, wie z.B. bei einem Schwungradgebläse, einen größeren Außendurchmesser D_2, welcher vielfach nicht unterzubringen ist oder durch den Schwungraddurchmesser (Abb. 148) gegeben ist. Man verzichtet daher unter Umständen auf optimalen Wirkungsgrad und führt β_2 häufig zwischen 60 bis 90° aus. Einen guten Kompromiß bietet die Verwendung des Austrittswinkels $\beta_2 = 75°$. Hierbei braucht für gleiches $H_{\mathrm{stat\,th}\,\infty}$ die Umfangsgeschwindigkeit u_2 kaum noch größer als bei $\beta_2 = 90°$ sein, hingegen ist das Verhältnis zur Gesamtförderhöhe $H_{\mathrm{th}\,\infty}$ bereits viel günstiger und damit auch bei unvollkommenem Leitapparat der Wirkungsgrad η_{fa} des frei ausblasenden Ventilators. Der kleinste Laufraddurchmesser würde sich bei gegebener Gesamtförderhöhe und Drehzahl mit Schaufelwinkeln $\beta_2 > 90°$ ergeben. Da der statische Förderhöhenanteil des Laufrades dabei sehr gering ist, ist dies nur sinnvoll bei sehr gut ausgebildeter Spirale und ausreichendem Diffusor, oder wenn tatsächlich ein großer Teil der beim Gebläseaustritt noch vorhandenen Geschwindigkeitsenergie durch direktes Anblasen der Kühlrippen mittels eines unmittelbar vor der Zylindereinheit angeordneten Gebläses ausgenützt werden kann.

H_{ges} ... Die Gesamtförderhöhe muß, da die erforderliche Förderhöhe H, wie bereits früher angegeben, zwischen H_{ges} und H_{fa} liegt, je nach Größe und Ausnützung der Geschwindigkeitsenergie am Gebläseaustritt vorerst geschätzt werden.

Dabei sind die bei der Auswahl von β_2 gemachten Überlegungen zu berücksichtigen. Man kann etwa annehmen: $H_{\mathrm{ges}} = (1{,}3$ bis $1{,}6)\,H$ ... bei Schwungradgebläsen $H_{\mathrm{ges}} = (1{,}0$ bis $1{,}3)\,H$ ... bei Gebläsen vor jeder Zylindereinheit und Hochleistungsgebläsen mit kleinem Winkel β_2. Nach Festlegung der Spiralen- und Diffusorabmessungen kann dann die Richtigkeit dieser Annahme kontrolliert werden.

η ... Der innere Gesamtwirkungsgrad muß vorausgeschätzt werden. Er kann erst später nach Vorliegen des Entwurfs genauer nachgerechnet werden. Hochleistungs-Radialgebläse mit kleinem Schaufelwinkel β_2 und $\xi < 1$ erreichen zwar $\eta > 0{,}8$, dies setzt jedoch eine sehr sorgfältige Ausbildung der Einlaufabrundung, des Laufradspaltes und der Laufradschaufeln voraus. Bei Kühlgebläsen kann man dies kaum voraussetzen, und man nimmt daher etwa folgende Werte an:

$\eta = 0{,}6$ bis $0{,}7$ ..... Für gute Gebläseausbildung mit optimalen Schaufelwinkeln β_1 und β_2.
$\eta = 0{,}55$ bis $0{,}65$ ... bei größeren Austrittsschaufelwinkeln bis zu $\beta_2 = 90°$.
$\eta = 0{,}45$ bis $0{,}5$ .... für β_2 größer als 90°.
$\eta < 0{,}5$ .... bei Trommelläufern.

k ... Das Verhältnis der Meridiangeschwindigkeiten wird bei Schaufelwinkeln β_2 im Bereich um 90°, etwa von $\beta_2 = 60$ bis 120°, zweckmäßig mit $k = 1$ angenommen (konische Deckscheibe des Laufrades), da die Schaufelkanäle bei diesen Winkeln relativ kurz sind und die Verzögerung der Relativgeschwindigkeit im Laufrad sonst noch größer und ungünstiger (Strömungsablösungen) wird. Bei β_2 unter und über diesem Bereich ist in Verbindung mit der Rechteckspirale konstanter Breite $k = D_1 \cdot \varkappa_1 / D_2 \cdot \varkappa_2$ (parallele Laufradwände) vorteilhaft, da die Schaufelkanäle hier länger sind und auch ein Verzögern der Meridiangeschwindigkeit zulassen, wodurch der Stoßverlust beim Übergang zur Spiralenbreite kleiner wird.

V' ... Die Rechnungsfördermenge des Laufrades nimmt man um etwa 15 bis 20% größer als die geforderte Fördermenge V an. Dies berücksichtigt den Laufradspaltverlust und die Tatsache, daß der maximale Wirkungsgrad bei einer kleineren als der Rechnungsfördermenge erreicht wird.

ξ ... Das Verhältnis zwischen Meridiangeschwindigkeit c_{m1} beim Laufradeintritt und der Geschwindigkeit c_S im Saugstutzen wird vielfach $\xi \approx 1{,}2$ ausgeführt, um Ablösungen bei der Umlenkung in die radiale Richtung zu vermeiden. Bei Gebläsen mit kleinen Schaufelaustrittswinkeln β_2 (Hochleistungsgebläse) wird $\xi \geqq 0{,}6$ ausgeführt, ohne daß eine Ablösung auftritt. Dies setzt allerdings eine sorgfältige Ausbildung der Eintrittsabrundung, des Laufradspaltes und der Schaufelform voraus. Wenn dies nicht vorausgesetzt werden kann, ist es zweckmäßig, $\xi > 1$ zu wählen.

$\varkappa_1$ ... Die Schaufelversperrungsziffer am Laufradeintritt kann mit Hilfe der bereits vorher bestimmten Schaufelzahl z und eines angenommenen Verhältnisses zwischen Schaufelstärke s und geschätztem Eintrittsdurchmesser D_1 ermittelt werden. In der Regel ist

$\varkappa_1 = 0{,}7$ bis $0{,}85$ ... bei gegossenen Schaufeln
$\varkappa_1 = 0{,}9$ bis $0{,}95$ ... bei Blechschaufeln.

χ ... Das Verhältnis zwischen Saugdurchmesser D_S und Eintrittsdurchmesser D_1 liegt im allgemeinen in der Größenordnung um $\chi = 0{,}9$.

$\bar{\nu}$ ... Das Verhältnis zwischen Nabendurchmesser und Saugdurchmesser ist bei einstufigen Radialgebläsen im allgemeinen wegen der meist einseitigen Lagerung $\bar{\nu} = 0$.

Um rascher einige Variationen bei der Gebläseauslegung berücksichtigen zu können, sind in Abb. 146 die Kurven $u_2^2/2gH_{\text{ges}}$ mit β_1 und $\beta_2 = $ konstant als Funktion von D_1/D_2 für $\eta = 0{,}6$ und $c_{m1} = c_{m2}$ $(k = 1)$ aufgezeichnet.

Als Schaufelform wählt man am einfachsten einen Kreisbogen. Dieser ist durch β_1, β_2, D_1 und D_2 gegeben. Bei höheren Ansprüchen an den Gebläsewirkungsgrad (Hochleistungsgebläse) sind allerdings genauer berechnete Schaufelformen notwendig.

Die zweckmäßigste Anordnung des Spaltes zwischen Laufrad und Gehäuse am Laufradeintritt ist in Abb. 143 schematisch angedeutet.

Die Spirale wird allgemein mit dem Flächensatz

$$r \cdot c_u = \text{konst.}$$

in ähnlicher Weise wie schon bei der Wasserpumpe, Abschnitt C. V. 2. a, S. 113, ermittelt.

Für die am häufigsten verwendete Spirale mit konstanter Breite, wie z. B. für Schwungradgebläse, Abb. 143, erhält man für den Außenradius an einer beliebigen Stelle φ die Gleichung

$$r_a = R_i \cdot e^{\frac{\varphi}{360} \cdot \frac{2V''}{B \cdot \mu \cdot c_{u2} \cdot D_2}} \quad \text{in m.}$$

Hierin ist

$$c_{u2} = u_2 - \frac{c_{m2}}{tg\,\beta_2} \quad \text{in m/sek.}$$

V'' ... die Rechnungsfördermenge der Spirale ist etwa 10% größer als die geforderte Fördermenge V. Dadurch wird berücksichtigt, daß der maximale Gebläsewirkungsgrad bei einer kleineren als der Rechnungsfördermenge erreicht wird. V'' ist um den Spaltverlust des Laufrades kleiner als V'. Der Einfluß der Reibung kann bei den bei Gebläsen üblichen einfachen Spiralenbauarten vernachlässigt werden.

R_i ... Der Innenradius der Spirale wird zur Vermeidung einer unnötig großen Geräuschentwicklung $R_i = (1{,}05 \text{ bis } 1{,}10)\, D_2/2$ gemacht. Da der Strömungswinkel α_3 durch den Breitensprung von b_2 auf B mit der Neigung der äußeren Spiralenwand nicht zusammenpaßt, ist es zweckmäßig, die tatsächliche Spiralenzunge gegenüber der theoretischen etwas zu kürzen und sie stärker abzurunden. Es genügt, wenn der Innenradius der tatsächlichen Spiralenzunge der obigen Größe entspricht.

B ... Die Spiralenbreite muß häufig den konstruktiven Gegebenheiten angepaßt werden. Um einen guten Wirkungsgrad zu erhalten, sollte nach BROECKER

$$B = b_2\,(1 + 0{,}133 \cdot \alpha_3^0) \text{ in m}$$

sein, wobei α_3 gegeben ist durch

$$\operatorname{tg} \alpha_3 = \frac{c_{m2}}{\mu \cdot c_{u2}}.$$

Für die Spiralenform mit $B = \text{konst.}$ kann die in Abb. 147 gezeigte Näherungskonstruktion verwendet werden. Man ermittelt hierzu nur den Spiralenendradius $R_a = r_a$ für $\varphi = 360°$ und erhält daraus mit $a = (R_a - R_i)/8$ die gesamte Spiralenaußenform. Die innere Ringraumabdeckung kann auch weggelassen werden. Wegen etwas größerer Reibungsverluste sinkt dadurch allerdings der innere Gesamtwirkungsgrad des Gebläses nach MOSER bei Optimalauslegung um etwa 2%.

An die Spirale ist, vor allem bei größeren Schaufelwinkeln β_2 des Laufrades, zum Erreichen der erstrebenswerten Forderung nach Austrittsgeschwindigkeit c_A gleich Sauggeschwindigkeit c_S ein Diffusor anzuschließen. Als Erweiterungswinkel kann im Mittel $\delta = 10°$ angenommen werden.

Aus dem Endquerschnitt F_A erhält man

$$c_A = \frac{V''}{F_A} \text{ in m/sek}$$

und

$$H_{\text{fa}} = H_{\text{ges}} - \frac{c_A^2}{2g} \text{ in m.}$$

Es kann nun kontrolliert werden, inwieweit durch den sich ergebenden Übergang vom Gebläseaustritt zum Eintritt in den Kühlluftverteilraum mit einem Verlust der Geschwindigkeitshöhe $c_A^2/2g$ gerechnet werden muß und ob daher die anfängliche Schätzung von H_{ges} in bezug auf die geforderte Förderhöhe H richtig war.

δ) Gebläseantriebsleistung

Zur Beurteilung des Leistungsaufwandes für die Kühlung sowie zur Berechnung der Gebläselagerung und des Gebläseantriebs ist es wichtig, die Größe der Antriebsleistung N_G für das Kühlgebläse zu kennen. Sie beträgt

$$N_G = \frac{H_{\text{ges}} \cdot V' \cdot \gamma_L}{\eta_m \cdot \eta \cdot 75} = \frac{H_{\text{fa}} \cdot V' \cdot \gamma_L}{\eta_m \cdot \eta_{\text{fa}} \cdot 75} \text{ in PS,}$$

wobei η_m der mechanische Wirkungsgrad bedingt durch Lagerreibung und Antriebsverluste ist. Die übrigen Größen können der vorhergegangenen Gebläserechnung entnommen werden.

Die Antriebsleistung hängt, abgesehen vom Gebläsewirkungsgrad, von der durch die Verrippungsdichte und Versperrung des Zylinderkopfes abhängigen erforderlichen Förderhöhe H und Fördermenge V ab, und inwieweit durch die konstruktive Anordnung und Gebläsebauart H_{ges} größer als H sein muß. Sie sollte nicht mehr als 5 bis maximal 8% der effektiven Motorleistung betragen.

b) Ausführungsbeispiele von Gebläsen für luftgekühlte Motoren

Abb. 148 zeigt die Ausführung eines Schwungradgebläserades für einen Einzylindermotor mit 8 PS bei 3000 U/min. Das Gebläserad aus Leichtmetall in Kokille gegossen ist mit drei Inbusschrauben, welche durch verstärkte Schaufelprofile hindurchgehen, an die Schwungradstirnseite angeschraubt.

Die Lagerung eines riemengetriebenen Radialrades zeigt die Anordnung beim Volkswagenmotor Abb. 265, bei der das Gebläserad auf der Lichtmaschinenwelle befestigt ist. Aus dieser Abbildung ist auch ein aus Blechpreßteilen zusammengesetztes Laufrad ersichtlich.

Abb. 149 zeigt die Ausführung eines Kühlgebläses mit Axialrad und Nachleitrad mit Riemenantrieb.

Es ist zweckmäßig, die Gebläsegruppe als eine von den übrigen Motorteilen gesonderte Baugruppe auszuführen. Leit- und Laufrad sind aus einer vergüteten Leichtmetalllegierung gegossen.

Das Laufrad, welches auf der wälzgelagerten Hohlwelle zentriert ist, und die Riemenscheibe werden nur durch Reibungsschluß mitgenommen. Die notwendige Anpreßkraft wird durch die zentrale Dehnschraube aufgebracht, welche auch die gesamte Lagerung zusammenspannt.

Aus den Beispielen der luftgekühlten Motoren, Abschnitt D. II., S. 224, sind weitere Arten von Gebläseradlagerungen zu sehen.

c) Temperaturregelung bei luftgekühlten Motoren

Bekanntlich wird beim luftgekühlten Motor ein so rascher Temperaturanstieg auf die für das Verschleißverhalten günstige Zylinderwandtemperatur erreicht, daß in dieser Hinsicht zumindest für den Dieselmotor keine thermostatische Temperaturregelung notwendig wäre.

Wie Messungen an luftgekühlten Stationär- und auch bei Traktormotoren zeigen, wird die für den Verschleiß kritische Zylinderwandtemperatur von 60 bis 65° auch im Teillastbetrieb und in Leerlaufpausen sehr selten und höchstens bei sehr tiefen Temperaturen unterschritten, so daß für diese Fälle auf eine Temperaturregelung verzichtet werden kann. Hingegen hat sich bei Kraftfahrzeugmotoren, wo insbesondere während langer Talfahrten der Motor geschoben wird und auch die Wagenheizung durch die erwärmte Kühlluft erfolgt, eine Temperaturregelung als notwendig erwiesen. Bei luftgekühlten Ottomotoren und bei Vielstoffmotoren muß ebenfalls eine Temperaturregelung vorgesehen werden.

Die geeignetste Regelgröße ist bei luftgekühlten Motoren die Ablufttemperatur. Sie ermöglicht Rückschlüsse auf die Zylinderwand- und Kopftemperaturen und folgt auch zeitlich ziemlich konform den geänderten Betriebsbedingungen. Zur Temperaturregelung kann Drosselung der Kühlluft vor (VW-Motor Abb. 265) oder hinter dem Kühlgebläse, Abblasen von Kühlluft, Kurzschluß von Warmluft zurück zum Laufradeintritt und Steuerung der Kühlluftmenge durch die Änderung der Gebläsedrehzahl herangezogen werden. Die letztere Art ist für größere Leistungen über 130 PS für Fahrzeugmotoren die wirtschaftlichste, weil diese auch eine merkbare Kraftstoffersparnis bei stark wechselndem Betrieb bringt.

Zur Drehzahlregelung des Kühlgebläses kann in gleicher Weise wie bei den wassergekühlten Motoren sowohl die hydraulische Kupplung, Abb. 124, als auch der hydrostatische Antrieb ähnlich Abb. 125 herangezogen werden. Letztere Ausführung hat konstruktive Vorteile, weil der oft umständliche Zahnradantrieb des Gebläses entfallen kann und man in der Wahl der Gebläselage am Motor unabhängig ist.

Allerdings sind derzeit die hydrostatischen Antriebselemente noch ziemlich teuer, so daß der hydrostatische Antrieb nur für größere Leistungen luftgekühlter Motoren und für Sonderzwecke vorläufig in Frage kommt.

Abb. 150 zeigt das Gebläse für einen 140-PS-luftgekühlten-Fahrzeugmotor, bei welchem die hydraulische Kupplung, Bauart Voith, innerhalb der Nabe des Leitrades untergebracht ist. Das Gebläserad ist über die Hohlwelle mit der einen Hälfte der Kupplung starr verbunden und auf der zentralen Antriebswelle über zwei Wälzlager für sich gelagert. Die mit der Riemenscheibe verbundene Antriebswelle trägt die zweite Kupplungshälfte. Die Füllungsregelung der Kupplung erfolgt durch ein von einem Thermostaten gesteuertes Drosselventil. Das Öl läuft über eine hohlgegossene Leitradschaufel zurück in den Ölraum des Motors.

Abb. 239 zeigt den Einbau der hydraulischen Kupplung in die Zahnradwelle des Gebläseantriebes.

Schrifttum

Albring, W., und F. Schlender: Die Entwicklung eines Radiallüfters mit hohem Wirkungsgrad. Maschinenbautechnik **10**, 560 (1959).

Berndorfer, H.: Vorausberechnung des Kühlungsaufwandes von Motoren mit luftgekühlten Zylindern bei gegebener Verrippung und Luftführung. MTZ 1953, S. 57.

— Die Beeinflussung der Kühlverhältnisse an luftgekühlten Motorenzylindern durch die Gestaltung der Kühlluftführung. MTZ 1954, S. 291.

Broecker, E.: Optimalprobleme bei Radialventilatoren. Heizung-Lüftung-Haustechnik **10**, 155 (1959).

Bühning, P.: Über das Verhalten von extrem schnelläufigen Axialmaschinen. VDI-Forschungsheft Nr. 468 (1958).

Bussien, R.: Automobiltechnisches Handbuch, 17. Aufl., 2. Band (1953).

Eck, B.: Ventilatoren, 4. Aufl. Berlin-Göttingen-Heidelberg: Springer, 1962.

Eckert, B.: Axialkompressoren und Radialkompressoren. Berlin-Göttingen-Heidelberg: Springer, 1953.

— Das Kühlgebläse des Kraftfahrzeuges und sein betriebliches Verhalten. Dissertation Stuttgart 1940.

— Aufgaben bei der Gestaltung der Kühlanlagen des Kraftwagens. ATZ 1942, S. 233 und 270.

Eckert, K.: Der Wärmeübergang im Zylinderkopf und Zylinder von schnellaufenden luftgekühlten Otto- und Dieselmotoren. MTZ 1961, S. 37.

Gruber, J.: Neuzeitliche Konstruktionsrichtlinien beim Bau von Zentrifugalventilatoren. Heizung-Lüftung-Haustechnik **10**, 162 (1959).

Grünert, S.: Untersuchungen an Kühlgebläsen axialer Bauart. KFZ-Technik 1959, S. 361 und 449.

Hönmann, W.: Zum Problem der optimalen Laufradbreite bei Radialventilatoren. Heizung-Lüftung-Haustechnik **12**, 161 und 211 (1961).

Laux, H.: Zum Problem der optimalen Auslegung von Axialventilatoren. Heizung-Lüftung-Haustechnik **12**, 170 (1961).

Löhner, K.: Die Grundlagen der Luftkühlung der Brennkraftmaschinen. MTZ 1951, S. 37.

Marcinowski, H.: Optimalprobleme bei Axialventilatoren. Voith-Forschung und Konstruktion, H. 5 (1959), bzw. Heizung-Lüftung-Haustechnik **8**, 273 (1957).

— Der Einfluß des Laufradspaltes bei leitradlosen freiausblasenden Axialventilatoren. Voith Forschung und Konstruktion, H. 3 (1958).

— Der Einfluß des Laufradspaltes und der Luftführung bei einem Kühlgebläse axialer Bauart. MTZ 1953, S. 259.

Moser, K.: Untersuchungen von Spiralgehäusen an Radialventilatoren. Heizung-Lüftung-Haustechnik **8**, 319 (1957).

Pollmann, E.: Die Berechnung der Gebläse für luftgekühlte Motoren. MTZ 1951, S. 77 und 140.

Stegemann, W.: Einige Erörterungen über das Kühlungsproblem an luftgekühlten Motoren. MTZ 1951, S. 63.

Traupel, W.: Thermische Turbomaschinen. Berlin-Göttingen-Heidelberg: Springer, 1958.

VI. Einspritzanlage und Regler

Die Anordnung der Einspritzpumpen am Motor ist, soweit sie das Kurbelgehäuse betrifft, in Abschnitt C. III. 1., S. 70, besprochen.

Aufbau und Wirkungsweise der verschiedenen Einspritzpumpensysteme sind in Bd. 7: „Gemischbildung und Verbrennung im Dieselmotor" eingehend behandelt. Dem Konstrukteur stehen eine große Zahl von Einspritzpumpentypen und -größen sowie verschiedene Antriebs- und Befestigungsmöglichkeiten zur Verfügung, welche im Hinblick auf Motorgröße, Zylinderzahl und Verwendungszweck der Motoren gewählt werden müssen. Die auf dem Markt befindlichen und gebräuchlichsten Pumpengrößen und -typen und deren Anschlußmaße sind weitgehend vereinheitlicht (s. auch DIN 73365).

Im folgenden werden die Bezeichnungen der Einspritzpumpengrößen und -typen der Fa. Robert Bosch, Stuttgart, verwendet, welche zum Teil auch bei anderen Firmen gelten bzw. bekannt sind.

Für den Entwurf muß auch die Einspritzpumpengröße bestimmt werden. Aus dem zunächst geschätzten spezifischen Brennstoffverbrauch (Bd. 14: „Verschleiß, Betriebszahlen und Wirtschaftlichkeit von Verbrennungskraftmaschinen"), der Zylinderleistung und der Drehzahl bestimmt sich die pro Pumpenhub in mm^3 einzuspritzende Brennstoffmenge. Mit dieser Fördermenge kann aus den von den Einspritzpumpenfirmen herausgegebenen Konstruktionsblättern oder durch Anfrage die notwendige Pumpengröße bestimmt werden. Die Pumpengröße kann auch vom für das Verbrennungsverfahren notwendigen Stempeldurchmesser, vom Einspritzdruck, vom Einspritzgesetz und von der Leitungslänge (Entlastungsvolumen) beeinflußt werden.

Erfahrungsgemäß ergibt sich folgende Zuordnung der Einspritzpumpengrößen in Abhängigkeit vom Einzelzylindervolumen:

1,3 bis maximal 3 l Zylindervolumen Einspritzpumpen Größe B, P
0,4 bis 1,6 l Zylindervolumen Einspritzpumpen Größe A
unter 0,5 l Zylindervolumen Einspritzpumpen Größe K.

Die angegebene Zuordnung gilt für nichtaufgeladene Motoren.

Die Wahl der Pumpentype bzw. des Pumpenantriebes ist vom Verwendungszweck und von der Zylinderzahl abhängig.

Im allgemeinen verwendet man für Motoren mit drei bis vier Zylindern und darüber und insbesondere für Fahrzeugmotoren Einspritzpumpen, welche mit einer eigenen Nockenwelle in einem geschlossenen Pumpengehäuse und auch meist mit einem angeflanschten Regler versehen sind (PE-Pumpe = Pumpe mit Eigenantrieb). Der Antrieb erfolgt entweder direkt mit einem Zahnrad auf der Nockenwelle oder über eine Kreuzscheiben- bzw. Federscheibenkupplung. Die PE-Pumpe hat den großen Vorteil, daß bei Montage die auf die notwendige Fördermenge genau eingestellte Pumpe als Einheit an den Motor angebaut und auch im Reparaturfall ausgetauscht werden kann.

Bei Ein- und Zweizylindermotoren für stationäre Zwecke und insbesondere für Zylindergrößen unter 1 l ist ein gesonderter Zahnradtrieb für die Einspritzpumpe zu aufwendig. Die Einspritznocken werden in diesen Fällen bei Viertaktmotoren auf der Nockenwelle für den Ventiltrieb oder bei ventillosen Zweitaktern auf der Kurbelwelle bzw. auf der Massenausgleichswelle angeordnet, und die Einspritzpumpe wird über im Kurbelgehäuse geführte Rollenstößel betätigt. Der Regler ist am Motor gesondert oder auf einem freien Wellenende untergebracht.

Für diese Art des Einspritzpumpenantriebes gibt es die Einspritzpumpentype PF (Pumpen mit fremdgetriebener Nockenwelle), welche mit verschiedenen Lagen des Befestigungsflansches erhältlich sind.

Praktisch für den Einbau sind auch die Einsteckpumpen, bei welchen der Rollenstößel im Pumpengehäuse geführt ist. Sie ermöglichen eine staubgeschützte Regelstangenbetätigung.

Der auf die Pumpe wirkende Regler ist in seiner Arbeitsweise auf den Verwendungszweck des Motors abzustimmen.

Für Kraftfahrzeugmotoren werden im allgemeinen Enddrehzahlregler verwendet, welche nur die Leerlaufdrehzahl regeln und die Höchstdrehzahl begrenzen. Im Zwischenbereich wird die Regelstange direkt vom Gaspedal betätigt.

Für Stationärmotoren müssen Verstellregler vorgesehen werden, welche die eingestellte Drehzahl innerhalb des erforderlichen Ungleichförmigkeitsgrades einhalten. Der Verstellregler bemißt die Kraftstoffmenge, welche der jeweiligen Belastung entspricht. Auch für Traktor- und Lokomotivmotoren und für Motoren für schwere und geländegängige Fahrzeuge ist die Anordnung von Verstellreglern in Betracht zu ziehen.

Wie schon erwähnt, werden bei den PE-Pumpen für die raschlaufenden Motoren die Regler meist direkt an das Pumpengehäuse angebaut und auch vom Pumpenhersteller eingestellt mitgeliefert. Zum allergrößten Teil werden mechanische bzw. Fliehgewichtsregler verwendet. Für kleinere Fahrzeug- und Traktormotoren wird auch fallweise der pneumatische Regler vorgesehen. Am Ansaugrohr muß hiefür ein Stutzen angebracht werden, welcher aus einem Venturirohr mit Drosselklappe besteht. Durch den im Venturirohr entstehenden Unterdruck wird über einen Verbindungsschlauch die mit der Membrane des pneumatischen Reglers verbundene Regelstange der Pumpe betätigt.

Für Sonderfälle, wie z. B. für Parallelbetrieb von Motoren für die Stromerzeugung und für Lokomotivmotoren, müssen gegebenenfalls eigene hochempfindliche Regler konstruiert und deren Antrieb und Unterbringung am Motor vorgesehen werden. Solche hochempfindlichen Sonderregler sind auch von der Zubehörindustrie erhältlich.

Für kleinere stationäre Motoren mit PF-Pumpen ist es im allgemeinen billiger und zweckmäßig, eine eigene Reglerkonstruktion zu schaffen, welche in den Motorgesamtaufbau einzubeziehen ist.

Die Regler für Fahrzeuge, Traktoren und Baumaschinen müssen zur Erleichterung des Anlassens bei diesen automatisch die Einspritzmenge vergrößern. Vielfach wird die Einspritzmenge bei Vollast durch den Regler so gesteuert, daß mit sinkender Drehzahl innerhalb der Rauchgrenze ein Drehmomentanstieg erreicht wird. Der Fahrzeugmotor erhält dadurch Elastizität im Fahrbetrieb.

Bei Fahrzeugmotoren über 2300 U/min ist in der Regel im Einspritzpumpenantrieb ein selbsttätiger Spritzversteller einzuschalten, welcher zweckmäßig auch von den Einspritzpumpenfirmen bezogen wird. Der Spritzversteller wird entweder an der Einspritzpumpe oder im Antriebszahnrad angeordnet.

Mit zur Entwurfsarbeit gehört die richtige und saubere Anordnung der Zuführungsleitungen zur Einspritzpumpe und zum Brennstoffilter. Die Filterung des Kraftstoffes muß besonders beachtet werden, weil die Lebensdauer der Pumpenelemente wesentlich davon abhängt. Die richtige Schaltung der Leitungen zwischen Pumpe, Filter und Förderpumpe ist in Bd. 7: „Gemischbildung und Verbrennung im Dieselmotor“, S. 186, dargestellt.

Die Einspritzleitungen sind sehr sorgfältig zu verlegen und zu befestigen, um Schwingungsbrüche zu vermeiden. Lange Einspritzleitungen bei Mehrzylindermotoren müssen gegen einen festen Teil des Motors oder zumindest paarweise gegeneinander abgestützt werden. Die Fassung der Leitungen erfolgt zweckmäßig in Schellen aus Gummi- oder Kunstharzformteilen.

Die Einspritzleitungen von Motoren mit hohen Drehzahlen müssen gleich lang sein, um gleiche Einspritzverhältnisse in jedem Zylinder zu erhalten.

Es ist darauf zu achten, daß Leckmengen des Brennstoffes, welche beim Entlüften und Einstellen der Pumpe überlaufen, nicht auf heiße Teile oder elektrische Zubehörteile und Leitungen auftreffen und auch innerhalb von Gehäuseteilen, vor allem bei V-Motoren, keine Pfützen bilden können.

Die PE-Einspritzpumpen und der angeflanschte Regler haben in den meisten Fällen für ihre Schmierung einen eigenen Ölvorrat, welcher fallweise aufgefüllt werden muß. Um aber die Wartung zu vereinfachen, ist es zweckmäßig, die Schmierung von Einspritzpumpe und Regler auch an den Motorschmierkreislauf anzuschließen.

Ausführungsbeispiele von Einspritzpumpenantrieben und Reglern

Für Motoren bis zu sechs Zylindern und insbesondere für höhere Drehzahlen ist der Antrieb der Einspritzpumpe und deren Befestigung am Motor nach Abb. 55 mittels eines am Pumpengehäuse angegossenen oder auch angeschraubten senkrechten Flansches zweckmäßig und billig. Das Antriebszahnrad sitzt hiebei direkt am Wellenstummel der Einspritzpumpe. Zur Feineinstellung des Einspritzzeitpunktes soll das Zahnrad auf der Nabe verdrehbar sein. Diese Art der Flanschbefestigung der Pumpe ist nur bis zur Sechszylinder-Pumpe mit Regler möglich. Für Acht- und Zwölfzylinderpumpen muß, wenn der direkte Zahnradtrieb und die Flanschbefestigung beibehalten werden sollen, das Pumpengehäuse zusätzlich auf der Reglerseite abgestützt werden. Im allgemeinen ist für Acht- und Zwölfzylinderpumpen die übliche Sattelbefestigung der Pumpe und deren Antrieb über eine Kreuzscheiben- oder Federscheibenkupplung vorzuziehen.

Abb. 151 zeigt einen Einspritzpumpenantrieb für einen Einzylinder-Dieselmotor mit Einsteckpumpe Größe K und die Ausbildung des zugehörigen Reglers. Das Pumpengehäuse ist bei dieser Pumpentype außen zylindrisch bearbeitet und sitzt in der entsprechenden Aufnahmebohrung im Kurbelgehäuse. Der Rollenstößel ist im Pumpengehäuse geführt. Im vorliegenden Beispiel ist die Pumpe zwischen den Schwinghebeln für den Ventiltrieb angeordnet (Schnitt *C-D*). Die Feineinstellung des Einspritzzeitpunktes erfolgt durch Anheben oder Absenken des ganzen Pumpengehäuses durch Beilegen von Einstellblechen unter dem Befestigungsflansch.

Auf der Antriebsseite der Nockenwelle ist der Drehzahlverstellregler angebracht (Schnitt *E-F*). Die Fliehgewichte aus härtbarem Sinterstahl sind in gehärteten Schneiden am Nockenwellenantriebszahnrad gelagert. Die Reglermuffe gleitet am Nockenwellenende, das über das Zahnrad hinaus verlängert ist. Die Verstellkräfte werden über ein Radiallager auf den Reglerhebel *1* übertragen. An den Reglerhebel *1* ist die Verbindungsstange *2* mit Nut *5* angelenkt, in welche der Zapfen *3* der kurzen Regelstange *4* der Einspritzpumpe gleitet. Diese nach oben offene Nut *5* erlaubt den späteren Ausbau der Einspritzpumpe, ohne in das eingestellte Reglergestänge eingreifen zu müssen. Die Parallelführung bzw. die Abstützung der Verbindungsstange *2* und die Übertragung der Federkraft übernimmt der Zwischenhebel *6*. In den Zwischenhebel *6* ist auch die Reglerfeder *7* eingehängt. Das andere Ende der Reglerfeder *7* ist in den Drehzahlverstellhebel *8* befestigt, welcher mit dem Bedienungshebel verbunden ist. Durch Schwenken des Hebels *8* wird die Feder *7* gespannt, wobei sich der wirksame Radius der Federkraft am Zwischenhebel *6* so ändert, daß eine weitgehende Streckung der Federkennlinie möglich ist und der Ungleichförmigkeitsgrad auch im unteren Drehzahlbereich klein bleibt. Im vorliegenden Fall beträgt der Ungleichförmigkeitsgrad des 350-cm^3-Einzylindermotors bei 3000 U/min 2,6% und bei 700 U/min noch 10%, wobei bis zu dieser Drehzahl die Schwenkfeder wirksam ist.

Für einen gleichmäßigen Leerlauf wurde eine eigene schwächere Leerlauffeder *9* vorgesehen, welche direkt in die Verbindungsstange *2* eingehängt ist. Die Leerlauffeder *9* zieht für den Start bei Stillstand des Motors auch die Verbindungsstange *2* und damit die Regelstange *4* der Pumpe auf Überfüllung. Die Größe der Überfüllung ist durch die Länge des Schlitzes *10* in der Verbindungsstange *2* begrenzt. In den Schlitz greift auch der Bolzen des Zwischenhebels *6* ein. Beim Leerlauf des Motors wird durch die Reglergewichte die Verbindungsstange *2* nach links gezogen, wobei die rechte Seite des Langloches *10* an den Bolzen des Zwischenbehels *6* anliegt. Diese Lage stellt dann die Normalfüllung dar, welche durch die Stellschraube *11* begrenzt wird, an die der Zwischenhebel *6* ansteht. Das ganze Regelgestänge ist durch den auf der Seitenwand des Kurbelgehäuses befestigten Deckel *12*, in dem auch der Bedienungshebel *8* gelagert ist, staubdicht abgedeckt. Der Bedienungshebel wird in der gewünschten Lage am Deckel durch den Griffknopf *13* festgeklemmt. Die Höchstdrehzahl wird durch die Stellschraube *14* eingestellt. Die ganze Konstruktion ist sehr billig, da das ganze Gestänge aus einfachen Blechhebeln und einigen zylindrischen Bolzen zusammengesetzt ist.

Abb. 152 bringt den Einspritzpumpenantrieb mit der zugehörigen Reglerkonstruktion für einen Zweizylinder-Dieselmotor mit einer Zweizylinder-Einspritzpumpe Type PF. Der Motor ist in Abb. 228 dargestellt und beschrieben.

Bei dieser Pumpentype müssen die Rollenstößel für die Plungerbetätigung im Kurbelgehäuse geführt werden. Zur Parallelführung der Rollenstößel gleitet der verlängerte Rollenbolzen in einer Längsnut der Stößelbohrung. Der Fliehgewichtsregler ist am freien Nockenwellenende angeordnet. Die Drehzahlverstellung erfolgt nach dem gleichen Prinzip wie in Abb. 151 beschrieben. Die Schwenkfeder *1* ist einerseits im Drehzahlverstellhebel *2*, andererseits im Winkelhebel *3* eingehängt. Der Leerlauf wird durch die weichere Feder *6* geregelt. Die Überfüllung für den Start wird durch das Spiel des Bolzens *5* in der etwas größeren Bohrung *4* des Winkelhebels *3* bewirkt. Der Bolzen *5* stellt den Kraftschluß zwischen Federkraft und den Fliehgewichten her. Durch die Abstimmung der elastischen Deformation des Bolzens *5* kann die Förderkennlinie der Pumpe so beeinflußt werden, daß mit sinkender Drehzahl eine Zunahme der Drehmomentkennlinie des Motors erreicht wird.

Da bei der hier verwendeten Pumpentype die Regelstange der Pumpe freiliegt, muß diese und das Verbindungsgestänge zum Regler durch Hülsen und Gummimanschetten abgedichtet werden.

Im Schnitt *A-B* ist auch die automatische Abstelleinrichtung bei eventuellem Riß des Gebläseantriebsriemens ersichtlich.

Durch das Ausschwenken der federnden Spannwelle bei Riß des Riemens für das Kühlgebläse wird der Druckstift *7* hochgestoßen, wodurch der Winkelhebel *3* die Abstellung der Pumpe auf 0-Förderung bewirkt.

VII. Antriebsmittel für Hilfsmaschinen

Für den Antrieb der Steuerung, der Einspritzpumpen und der sonstigen Hilfsmaschinen stehen dem Konstrukteur Zahnräder, Ketten und Keilriemen zur Verfügung. Die Verwendung der einzelnen Antriebselemente ist sowohl von der Aufgabe und dem Leistungsbedarf des Antriebes als auch von der Motorart, der Motorgröße und vom Verwendungszweck des Motors abhängig. Zahnräder werden vor allem für den Steuerungs- und Einspritzpumpenantrieb von Dieselmotoren und insbesondere bei größerem Leistungsbedarf für den Antrieb von Spül- und Ladegebläsen verwendet. Für Ölpumpen wird durchwegs der zwangsläufige Antrieb über Zahnräder verwendet. Bei Lokomotivmotoren und größeren Bootsmotoren werden auch in der Regel die übrigen Hilfsmaschinen, wie Wasserpumpen, Lichtmaschinen, Kühlgebläse usw., über Zahnräder angetrieben.

Ketten sind nur für kleinere Antriebsleistungen und für stoßfreien Betrieb geeignet und finden hauptsächlich für den Nockenwellenantrieb von PKW-Ottomotoren Verwendung, wo es auf geräuschlosen Lauf ankommt. Bei großen Achsabständen, wie z.B. bei Anordnung der Nockenwelle am Zylinderkopf, ist die Kette ebenfalls das gegebene Antriebselement. Ketten sind für den Antrieb der Steuerung und der Einspritzpumpen von Dieselmotoren jedoch nicht sehr geeignet und finden außer bei einigen englischen Dieselmotoren nur selten Anwendung. Es kann bei der unvermeidlichen Längung der Kette im Betrieb, bei Vernachlässigung der Nachspannung oder beim Versagen des automatischen Kettenspanners vorkommen, daß die Kette beim Start oder beim Auspendeln des Motors auf einem Kettenrad überspringt. Dadurch können sich die Steuerzeiten so verändern, daß die Ventile, infolge des bei Dieselmotoren geringen Kolbenspaltes, auf dem Kolben aufschlagen. Es kann dabei zu schweren Motorschäden kommen. Die meist damit zusammenhängende Verstellung des Einspritzzeitpunktes hat thermische Schäden am Kolben und an der Düse zur Folge. Für die Übertragung größerer Leistungen bei hohen Drehzahlen z.B. für Spülgebläse ist die Kette nicht geeignet, da hiefür sehr große Kettenbreiten verwendet werden müßten, wodurch bauliche Nachteile entstehen.

Keilriemen sind in der heutigen Form als Schmalkeilriemen sehr zuverlässige Antriebselemente und werden bei allen Arten von Motoren, insbesondere bei den Kraftfahrzeugmotoren, zum Antrieb von Kühlgebläsen, Wasserpumpen, Lichtmaschinen, Bremsluftkompressoren und hydraulischen Servopumpen verwendet. Auch für Spül- und Ladegebläse an Motoren mit kleinen und mittleren Leistungen bilden die Schmalkeilriemen ein einfaches, verläßliches und geräuschloses Antriebselement.

1. Zahnräder

Die Dimensionierung der Zahnräder für den Steuerungsantrieb ist mehr auf Erfahrungszahlen aufgebaut und erfolgt mit Rücksicht auf geringe Abnützung und auf geräuschlosen Lauf. Eine Zusammenstellung praktischer Zahnradabmessungen für Steuerungsräder ist in Bd. 9: „Die Steuerung der Verbrennungskraftmaschinen", Abb. 191, enthalten.

Im allgemeinen genügt für die Steuerungsräder die Verwendung von Vergütungsstählen der Qualitäten C 45 oder C 60. Das Rad auf der Nockenwelle kann in manchen Fällen auch aus einer Graugußlegierung mit etwa 300 bis 350 Brinellhärte gemacht werden.

Bei Dieselmotoren kommt man gewöhnlich mit einem Zahnspiel von 0,1 mm aus. Bei PKW-Motoren, wo es auf einen geräuschlosen Lauf auch der Steuerräder ankommt, müssen die Räder mit einem Zahnspiel von 0,03 bis 0,05 mm zusammenarbeiten, was aber nur mehr mit geschabten Zähnen in Verbindung mit einem Zusammenpassen von in den Zahnstärken verschiedenen Ober- und Untermaßrädern eingehalten werden kann. Es kommen durchwegs schrägverzahnte Räder mit einem Schrägungswinkel von etwa 20° zur Anwendung.

Bei Ottomotoren sind zwecks Erreichung eines geräuschlosen Laufes auch Nockenwellenräder aus Kunststoff oder aus Leichtmetall üblich. Die Ausführung von Kunststoffrädern und die Verbindung mit der Nabe wird am besten entsprechend den Eigenschaften des jeweiligen Materials mit der Lieferfirma besprochen. Zur Schmierung der Steuerungsräder genügt in der Regel das von der Kurbelwelle austretende Sprühöl.

Die Dimensionierung von Zahnrädern und deren Lagerung für Leistungstriebe mit hohen Drehzahlen, wie z.B. für den Antrieb von Spül- und Ladegebläsen, hat nach der Getriebe- und Verzahnungstechnik zu erfolgen, d. h. ist nach den bekannten Formeln für Sicherheit gegen Grübchenbildung, Sicherheit gegen Zahnbruch und Sicherheit gegen Anfressen und den Formeln für Lebensdauer durchzuführen (s. Niemann, G: Maschinenelemente, Bd. 2: Getriebe, Berlin-Göttingen-Heidelberg: Springer, 1961).

Hinsichtlich der Materialauswahl und geeigneter Materialpaarung gibt Bd. 14: „Verschleiß, Betriebszahlen und Wirtschaftlichkeit von Verbrennungskraftmaschinen" Aufschluß.

Im allgemeinen trachtet man für Leistungstriebe bei Verbrennungsmotoren noch weitgehend mit nur vergüteten Rädern auszukommen. Nur für die letzte Übersetzungsstufe bei Radialgebläsen müssen in der Regel gehärtete und geschliffene Räder verwendet werden. Als Mittel für geräuschlosen Lauf ist auch hier die Anwendung geringer Zahnspiele von 0,04 bis 0,06 mm zu empfehlen, was aber nur mit einer Auswahl zusammenpassender Räder zu erreichen ist.

Zwischenräder sind in Zahnradtrieben ein geeignetes und gebräuchliches Hilfsmittel zur Überbrückung von größeren Achsentfernungen. Die Lagerung von Zwischenrädern ist bei Schrägverzahnung durch den dadurch verursachten Schräglauf bei größeren Leistungen ungünstig beansprucht. Meistens wird der Lagerung wenig Platz zugestanden, um einen schmalen Räderkasten zu erhalten. Nachstehend zwei Beispiele bewährter Ausführungen der Lagerung von Zwischenrädern.

Abb. 153 und Abb. 154 zeigen ein gleitgelagertes Zwischenrad und ein wälzgelagertes Zwischenrad für einen Rootsgebläseantrieb eines Zweitaktmotors.

Der kräftige Zapfen und die seitlich hohen Anlaufbunde verhindern einen Schräglauf des Zahnrades. Der Zapfen und die Anlaufscheibe werden durch eine gemeinsame zentrale Schraube am Kurbelgehäuse befestigt. Die Bleibronzelager sind druckölgeschmiert, die Ölversorgung erfolgt direkt aus dem Verteilkanal.

Für größere Leistungen sind Kegelrollenlager geeigneter. Sie lassen sich auf einen vollkommen spielfreien Lauf einstellen. Der Lagerzapfen ist im Kurbelgehäuse zentriert und mit einer zentralen Schraube befestigt. Im vorliegenden Fall ist ein Timken-Doppelkegelrollenlager eingebaut.

Beim Antrieb von Hilfsmaschinen mit großer Drehzahl und großer Masse, wie bei Spülgebläsen, Ventilatoren, Lichtmaschinen über Zahnräder, müssen drehfedernde und schwingungsdämpfende Kupplungen oder Rutschkupplungen in den Zahnradtrieb eingeschaltet werden.

2. Ketten

Für den Nockenwellenantrieb von PKW-Motoren sind bei vielen Konstruktionen in der Regel zwei- oder dreireihige 3/8-Zoll-Rollenketten in Gebrauch. Die Rollenketten laufen ruhig und sind am leichtesten von allen Kettenausführungen, was zur Dämpfung der Kettenschwingungen nur günstig ist. Als Werkstoff für die Kettenräder eignet sich ungehärteter Stahl oder auch Gußeisen. Das Zahnprofil ist nach DIN 8196 genormt. Zur Schmierung genügt im allgemeinen das aus dem vorderen Hauptlager austretende Spritzöl. Wenn eine zusätzliche Schmierung der Kette notwendig wird, soll Öl auf der Innenseite der Kette vor dem Auflauf auf das Kettenrad zugeführt werden.

Bei der Auslegung eines Kettentriebes muß auf die Kettenlängung, auf die Toleranzen im Achsabstand und in den Kettenrädern und auf Kettenschwingungen, hervorgerufen durch ungleichmäßigen Lauf von Kurbelwelle und Nockenwelle, Rücksicht genommen werden.

Zum Ausgleich der Längung im Betrieb müssen Kettenspanner, welche womöglich automatisch wirken sollen, und Mittel zur Schwingungsdämpfung im Kettentrieb zweckdienlich angeordnet werden.

Aus Abb. 155 des Kettentriebes für zwei im Zylinderkopf angeordnete Nockenwellen eines Sportmotors (Jaguar XK 120) sind die notwendigen Hilfsmittel zur Kettenspannung und die Anordnung von Schwingungsdämpfern ersichtlich.

Der Kettentrieb zum Zylinderkopf ist in zwei Ketten unterteilt. Die untere Kette wird durch ein im losen Trum angedrücktes Stahlband gespannt, das an einer Seite fest und an der anderen in einer Schwinge angelenkt ist und durch eine Zugfeder unter Spannung gehalten wird. Die obere Kette wird durch einen selbsttätigen Kettenspanner gespannt, welcher aus einem federbelasteten Kettenrad besteht. Das Spannrad läuft auf einem starken Zapfen, welcher durch eine Feder geschwenkt wird. Durch Rasten und federnde Stifte wird verhindert, daß das einmal herausgedrückte Spannrad wieder zurückweichen kann.

Das Nachspannen der Kette kann auch hydraulisch erfolgen. Zur Schwingungsdämpfung werden in der vorliegenden Konstruktion einfache Schienen verwendet, welche in kleinem Abstand von der Kette angeordnet sind und so die Schwingungsausschläge verhindern. Die Schienen sind in der Regel aus gehärtetem Stahl oder Preßstoff hergestellt. Ein geräuschloser Betrieb wird durch eine Ausführung gewährleistet, bei der die Rollen der Kette auf einem Gummiprofil laufen, welches auf der Dämpferschiene aufvulkanisiert ist.

3. Keilriemen

Für die meisten bei den raschlaufenden Verbrennungsmotoren, insbesondere bei Fahrzeugmotoren, vorkommenden Hilfsantriebe können die erforderlichen Leistungen mittels Keilriemen übertragen werden. Der Riementrieb ist elastisch, bedarf daher keiner elastischen und dämpfenden Kupplungen, auch dann nicht, wenn große raschlaufende Massen angetrieben werden müssen. Keilriemen sind im allgemeinen das billigste Antriebselement und benötigen außerdem keine genauen Achsabstandstoleranzen. Infolge seiner hohen spezifischen Leistung kommt fast ausschließlich nur mehr der Schmalkeilriemen zur Anwendung. Bei mehrfachen Riementrieben kann mit Schmalkeilriemen bedeutend an Baulänge eingespart werden. Die Entwicklung der Schmalkeilriemen ist durch die synthetischen Fasern und die richtige Ausnutzung des Keilprofils möglich geworden. Die Schmalkeilriemen haben den Vorteil einer geringen Längung im Betrieb. Es können ohne weiteres mehrfache Riementriebe mit Schmalkeilriemen für Leistungen von 40 bis 50 PS betriebssicher ausgeführt werden. Für raschlaufende Motoren sind hauptsächlich die Schmalkeilriemen mit den oberen Profilbreiten von 9,5 mm bzw. 0,380 Zoll und 12,5 mm bzw. 0,500 Zoll gebräuchlich. Sie sind nach DIN 7753 und SAE-Standard genormt. Der Riementrieb wird nach den von den Herstellerfirmen herausgegebenen Konstruktionsblättern ausgelegt. Als Beispiel für die Bestimmung der Keilriemengröße sind in Abb. 156 die Leistungsdiagramme für Schmalkeilriemen der Firma Continental Gummiwerke, Hannover, wiedergegeben.

Die Leistungswerte N in Abb. 156 gelten für den kleinsten zulässigen Laufdurchmesser dw und für einen Umschlingungswinkel von $\beta = 180°$. Bei Abweichungen muß die übertragbare Leistung mit den Berichtigungsfaktoren nach DIN 2218 korrigiert werden.

Wirkliche Leistung $N^+ = \frac{N \cdot C_1}{C_2} \cdot C_3$.

Beiwert C_1 gilt für Umschlingungswinkel $\beta < 180°$ nach Zahlentafel 16.

Beiwert C_3 berücksichtigt die Abweichung vom im Leistungsdiagramm zugrunde gelegten kleinsten Scheibendurchmesser. Werden die kleinsten Scheibendurchmesser unter- oder überschritten, so errechnet sich $C_3 = \frac{\text{gewählter Scheibendurchmesser mm}}{\text{kleinster Scheibendurchmesser } dw}$.

Ein höherer Wert von $C_3 = 1{,}3$ soll nicht verwendet werden, selbst wenn ein solcher rechnerisch ermittelt wurde. Bei Unterschreitung des kleinsten zulässigen Scheibendurchmessers muß mit einer Verringerung der Lebensdauer der Riemen entsprechend dem Beiwert C_3 gerechnet werden. Die erforderlichen Scheiben und Rillenabmessungen sind in Abb. 157 angegeben.

Bei Schmalkeilriemen gilt als Bestellgröße die Außenlänge. Es sind Riemenlängen in 25-mm-Stufungen erhältlich.

Von größter Wichtigkeit für die Lebensdauer und für die Ausnützung der Leistungsfähigkeit der Riemen ist, daß die Umschlingungswinkel möglichst groß gewählt werden und daß vor allem die Rillen entsprechend dem Riemenprofil ausgebildet sind und genau schlagfrei und fluchtend laufen. Insbesondere bei Verwendung mehrrilliger Scheiben müssen, wenn alle Riemen gleichmäßig tragen sollen, die Unterschiede der einzelnen Rillendurchmesser in engen Grenzen gehalten und Riemen mit gleicher Länge aufgelegt werden.

Ferner ist dafür zu sorgen, daß die Riemen spannungslos aufgelegt werden können und nicht über die Scheibenaußendurchmesser gezwängt werden müssen.

Zur Riemenspannung sind insbesondere bei einem mehrfachen Riementrieb Spannrollen vorzusehen, deren Rillen mit den gleichen engen Toleranzen wie die Antriebsscheiben ausgeführt sein müssen. Abb. 158 zeigt die Ausführung einer Spannrolle für einen Rootsgebläseantrieb. Für das spannungsfreie Auflegen der Riemen sind auch kurze Zentrierungen der Scheiben auf Flanschnaben, wie dies die abgebildete Konstruktion zeigt, von Vorteil.

Spannrollen sind womöglich im losen Trum des Riementriebes anzuordnen. Die Riemennachstellung kann bei Einfachriemen auch durch geteilte Riemenscheiben und dazwischengeklemmte Einstellscheiben erfolgen, Abb. 159. Um jedoch eine schräge Lage des Riemens zu vermeiden, sind immer zwei Einstellscheiben beim Nachspannen herauszunehmen, wovon eine zwischen Nabe und innerer Scheibenhälfte und die andere außen unter die Schraube gelegt wird. Das Nachspannen des Riemens nach dieser Art ist billiger in der Ausführung, aber zeitraubend und die Riemenscheibe muß hiezu gut zugänglich sein.

Für kleinere Leistungen ist auch die Anordnung einer schwenkbaren Lichtmaschine im Riementrieb geeignet. Es ist jedoch die Belastung der Lager der Lichtmaschine durch den Riemenzug zu prüfen.

Für die Vereinfachung der Wartung bei Fahrzeugmotoren und insbesondere bei luftgekühlten Motoren ist es zweckmäßig, den Riementrieb für das Kühlgebläse möglichst selbsttätig zu spannen. Sehr gut eignen sich hiezu Stoßdämpfer und Federbeine aus dem Zubehör für Kraftfahrzeuge, Abb. 160.

Bei allen Spannvorrichtungen ist die zulässige Riemenlängung, welche ungefähr 2 bis 3% der Länge beträgt, voll auszunützen.

Um die Sicherheit bei luftgekühlten Motoren mit riemengetriebenem Kühlgebläse zu erhöhen, wird bei einigen Motorkonstruktionen im Falle eines Riemenrisses die Schwenkbewegung der federbelasteten Spannrolle dazu benützt, den Motor durch Eingriff in das Regelgestänge abzustellen (Abb. 152) oder eine Alarmvorrichtung zu betätigen. Ist die Lichtmaschine im Gebläsetrieb eingeschaltet, so zeigt diese durch das Aufleuchten des Ladelämpchens ebenfalls den Ausfall des Riemens an. Sehr zweckmäßig und sicher ist auf alle Fälle die Verwendung von zwei Antriebsriemen, auch wenn leistungsmäßig nur ein Riemen notwendig wäre, da es unwahrscheinlich ist, daß beide Riemen zugleich ausfallen.

Schrifttum

Bensinger, W. O.: Die Kette zum Antrieb der Nockenwelle bei Kraftfahrzeugmotoren. Konstruktion 1958, S. 180.

Bericht über die Tagung Antriebselemente, Essen 1953. Riemen, Kettentriebe und Kupplungen. Konstruktion 1954, S. 41.

Ide, W. W.: Flugmotorengetriebe und ihre Berechnung. Luftfahrtforschung **17**, S. 130.

Niemann, G.: Maschinenelemente, Band 2: Getriebe. Berlin-Göttingen-Heidelberg: Springer, 1961.

Riopelle, E. F.: Important Factors in Designing Camshaft Chain Drives. Automotive Industries 1948, Oktober, S. 36.

VIII. Startanlagen und Starthilfsmittel

Bei Verbrennungsmotoren muß die Verwendung und der Anbau von besonderen Hilfsmitteln und Hilfsmaschinen zur Ingangsetzung der Motoren vorgesehen werden, da diese nicht mit eigener Kraft vom Stillstand anlaufen können. Die Grundlagen der Steuerung des Anlaßvorganges sind ausführlich in Bd. 9: „Die Steuerung der Verbrennungskraftmaschinen“ behandelt.

Die Art der vorzusehenden Hilfsmittel ist außer von der Motorengröße auch vom Verwendungszweck der Motoren und von den klimatischen Verhältnissen des Betriebsortes abhängig. Ebenso beeinflußt das Verbrennungsverfahren zum Teil die in Frage kommenden Hilfsmittel und Zubehörteile.

Um die Motoren auf die notwendige Anlaßdrehzahl zu bringen, stehen folgende Kraftquellen zur Verfügung:

Hand- oder Fußkraft
Elektrische Startmotoren
Druckluft
Hydrostatische Motoren
Kleine Benzinmotoren als Startmotoren.

Hinzu kommen noch Hilfsmittel, welche das Anlassen, besonders bei tieferen Temperaturen, erleichtern.

Das Andrehen mit Handkraft beschränkt sich naturgemäß auf kleinere Zylindergrößen und Zylinderzahlen, soweit eben die zur Verfügung stehenden menschlichen Kräfte die notwendigen Anlaßdrehzahlen noch erreichen lassen. Im allgemeinen werden kleine Einzylindermotoren für landwirtschaftliche und gewerbliche Zwecke mit einer Handandrehkurbel ausgerüstet. Auch Ein- und Zweizylinder-Traktormotoren können noch mit Hand angeworfen werden, obwohl auch für diese schon in den meisten Fällen die Ausrüstung mit elektrischen Anlassern von den Kunden verlangt und die Handkurbel nur mehr als Notbehelf vorgesehen wird. Motoren für Fischereiboote werden vielfach aus Gründen der Sicherheit mit einer zusätzlichen Handandrehvorrichtung ausgestattet, bei Motoren für Rettungsboote ist diese in der Regel Vorschrift.

Zu den Handandrehvorrichtungen gehören auch die Schwungkraftanlasser, bei denen die Handarbeit in einer raschdrehenden Schwungmasse gespeichert wird und der Motor dann über ein in den Zahnkranz eingekuppeltes Ritzel angedreht wird. Schwungkraftanlasser sind nicht billig und werden nur selten und hauptsächlich für militärische Motoren verwendet. Auch die Speicherung der Handarbeit in Federkraftwerken ist möglich, wird aber kaum ausgeführt. Anwurf mit Fußkraft ist nur bei Krafträdern üblich.

Bei allen raschlaufenden Motoren ist die Ingangsetzung mittels elektrischer Anlaßmotoren gebräuchlich. Auch für Lokomotivmotoren mit zwölf und sechszehn Zylindern bis zu 220 mm Zylinderdurchmesser stehen noch elektrische Anlasser zur Verfügung. Großmotoren werden nur mit Druckluft angelassen. Raschlaufende Motoren werden in der Regel nur bei bestimmten Verwendungszwecken mit Druckluft angelassen, so zum Beispiel bei Verwendung als Boots- und Schiffshilfsmotoren. Motoren für Erdölfeldausrüstungen und für Bergwerkslokomotiven müssen wegen der Feuersicherheit ebenfalls mit Druckluft angelassen werden. Bei Kraftfahrzeugen hat sich, außer für Sonderfälle, der Druckluftstart nicht durchgesetzt, da für die Beleuchtung, Heizung usw. sowieso eine elektrische Anlage vorhanden sein muß.

In letzter Zeit wurden auch hydrostatische Startanlagen entwickelt. Diese werden voraussichtlich infolge ihrer Vorteile hinsichtlich Feuersicherheit und großer Anlaßmomente bei Kaltstart und ihrer universellen Anwendungsmöglichkeit weite Verbreitung gewinnen.

Kleine Benzinmotoren, welche selbst von Hand aus gestartet werden können, werden hauptsächlich zum Anlassen von größeren Motoren für Raupenschlepper, Baumaschinen und für militärische Zwecke angebaut. Auch für außergewöhnliche Kaltstartbedingungen sind Ottomotoren als Startmotoren für Dieselmotoren geeignet.

1. Bemessung der Startanlage

Die verschiedenen Vorrichtungen für das Andrehen der Motoren müssen so bemessen werden, daß sie unter den gegebenen Bedingungen die Motoren auf diejenige Drehzahl bringen, bei der die angesaugte oder eingespritzte Ladung zündet und der Motor selbständig weiterläuft. Die notwendige Zünddrehzahl ist von der Art des Arbeitsverfahrens, vom Verbrennungsverfahren, von der Größe des Zylinderhubraumes und vom Verdichtungsverhältnis abhängig. Bei Dieselmotoren wird die Verdichtungsendtemperatur und damit die Zünddrehzahl von den Wärmeverlusten der Ladung während der Verdichtung und vor allem von den Lässigkeitsverlusten durch die Kolbenringe beeinflußt.

Anlaßdrehzahlen für Fahrzeugdieselmotoren:

über 1 l Hubraum/Zylinder	80 bis 120 U/min
0,5 bis 0,9 l Hubraum/Zylinder	120 bis 160 U/min

kleinere Hubvolumen verlangen noch höhere Drehzahlen, weil die Wärmeverluste größer werden.

Raschlaufende Zweitaktmotoren von 0,6 bis 0,8 l Hubvolumen benötigen etwa 160 bis 220 U/min Anlaßdrehzahl.

Die Zünddrehzahl für Ottomotoren liegt dagegen mit 25 bis 30 U/min verhältnismäßig niedrig, weil bereits beim Andrehen zündfähiges Gemisch angesaugt wird.

Zur Bemessung der Startanlage ist die Kenntnis der Anlaßwiderstände notwendig. Diese können entweder nur auf Grund von praktischen Versuchen ermittelt oder für die Vorausbestimmung der Anlaßanlage an Hand von Erfahrungszahlen vorangegangener Untersuchungen geschätzt werden.

Um von der Motorgröße unabhängig zu sein, werden die Anlaßwiderstände als mittlerer Kolbendruck p_r kg/cm² angegeben. p_r ist vor allem von der Temperatur und von der Ölviskosität abhängig. Abb. 215, 216 und 219 in Bd. 9: „Die Steuerung der Verbrennungskraftmaschinen" zeigen die Abhängigkeit von p_r von Temperatur und Ölviskosität.

Damit jedoch die Anlaßmotoren für normale klimatische Verhältnisse nicht zu schwer und zu teuer werden, genügt für Fahrzeugmotoren im allgemeinen die Auslegung der Anlage für eine Außentemperatur von $-10°$ C bzw. für ein $p_r = 8$ kg/cm². Für noch tiefere Temperaturen ist es dann zweckmäßiger und wirtschaftlicher, zusätzliche Kaltstarthilfsmittel zu verwenden.

Das erforderliche Drehmoment M_{da} der Anlaßvorrichtung bei der notwendigen Drehzahl $\varphi \cdot n_z$ errechnet sich aus

$$M_{da} = \frac{71620 \cdot V_h \cdot p_r}{900 \cdot \varphi} \text{ Kgcm}$$

V_h = Gesamthubraum in l.
φ = Übersetzungsverhältnis zwischen Motor und Anlaßwelle.
n_z = notwendige Zünddrehzahl des Motors.

Mit diesen Werten kann aus den Kennlinien der in Frage kommenden Anlaßmotoren deren Größe und die notwendige Übersetzung bestimmt werden.

2. Handandrehen

Die einfachste Vorrichtung für das Handandrehen besteht in der direkt an der Kurbelwelle angesetzten Handkurbel.

Bei Dieselmotoren muß, um das Durchdrehen mittels Handkraft zu ermöglichen, eine Dekompressionsvorrichtung zum Ausschalten des Verdichtungswiderstandes vorgesehen werden. Dadurch kann das Schwungrad auf diejenige Drehzahl gebracht werden, daß die darin aufgespeicherte Energie ausreicht, die Verdichtung bei wieder geschlossenem Dekompressionsventil zu überwinden.

Die für das Handandrehen notwendigen Schwungmomente der Schwungräder in Abhängigkeit von Verdichtungsverhältnis und Zylinderhubraum sind in Abb. 222, Bd. 9: „Die Steuerung der Verbrennungskraftmaschinen" angegeben, in dem auch die Ermittlung der notwendigen Handkräfte und die Grenzen des Handandrehens ausführlich behandelt sind.

Bei Motoren mit Zylinderhubvolumen unter 0,7 l ist es notwendig, eine Übersetzung zwischen Handkurbel und Kurbelwelle vorzusehen, um die aus dem kleinen Hubvolumen bedingte höhere Zünddrehzahl zu erreichen. Bei Viertaktmotoren kann am einfachsten die schon vorhandene Übersetzung zur Nockenwelle benutzt werden, wobei die Handkurbel an der Nockenwelle angesetzt wird. Es wird darüber hinaus auch bei den kleineren Motoren durch die meistens höher angeordnete Nockenwelle eine bequemere Kurbellage für die Bedienung erreicht.

Der Motorschnitt Abb. 228 zeigt eine Handandrehvorrichtung über die Nockenwelle, wobei in diesem Fall die Handkurbel für sich gelagert ist und immer am Motor bleibt.

Die Feder hält die Klauen im Betrieb außer Eingriff. In Abb. 161 ist ein Handkurbeltrieb mit einer innen verzahnten Übersetzung dargestellt. Durch eine Schrägverzahnung der Räder wird die Kurbel beim Anspringen des Motors herausgedrückt. Bei Betrieb werden die Räder durch die Feder auf der Welle außer Eingriff gehalten.

Abb. 219 zeigt die Anordnung der Handkurbel für Bootsmotoren. Bei Booten ist durch den meist sehr engen Motorraum und durch die tiefe Lage des Motors eine Bedienung der Handkurbel an der Kurbelwelle kaum durchzuführen. Durch Anordnung eines Kettentriebes kann die Handkurbel in eine praktische Bedienungshöhe gelegt werden. Bei Mehrzylindermotoren ist es möglich, die Handkurbelwelle bis über die Schwungradseite des Motors hinaus zu verlängern, so daß an zwei Kurbeln an beiden Motorenden gedreht werden kann.

Am Kurbelwellenende sind an einer Scheibe Klinken angebracht, welche bei Stillstand bzw. beim Andrehen des Motors in das in einem Bügel gelagerte mit dem Kettenrad verbundene Klinkenrad einrasten. Beim Anspringen und beim Lauf des Motors werden die Klinken durch die Fliehkraft außer Eingriff gehalten.

Dekompressionseinrichtung

Abb. 162 zeigt die Ausführung einer Dekompressionseinrichtung für einen Dieselmotor.

Im Ventilraumdeckel ist über den Ventilen eine mit zwei Abflachungen versehene Welle gelagert. Die Abflachungen liegen über den Kipphebeln, welche ihrerseits oberhalb der Wälzflächen zur Ventilbetätigung bearbeitete Nasen aufweisen.

Durch Verdrehen der Welle um etwa 90° werden die Kipphebel mit dem zylindrischen Teil der Welle über die Nasen niedergedrückt und damit auch die Ventile um etwa $^1/_2$ bis 1 mm geöffnet. Die Welle wird durch eine Blattfeder oder durch eine Kugelsicherung in Ruhestellung gehalten.

Bei Einzelköpfen können die einzelnen Dekompressionswellen über einfache Schlitz- und Zapfenverbindungen gegebenenfalls auch über mehrere Zylinder miteinander gekuppelt werden, wobei die unabhängige Demontage der Zylinderkopfdeckel gewahrt bleibt.

Weitere Beispiele von Dekompressionseinrichtungen sind in Bd. 9: „Die Steuerung der Verbrennungskraftmaschinen" enthalten.

3. Elektrische Startanlagen

a) Anlasser

Elektrische Anlaßmotoren, meist als Anlasser oder Starter bezeichnet, werden für die raschlaufenden Verbrennungsmotoren von der Zubehörindustrie in ausreichenden Leistungsabstufungen mit weitgehend international genormten Anschlußmaßen hergestellt.

Für die Bemessung und Auswahl der elektrischen Startanlagen werden von der Firma Robert Bosch, Stuttgart, ausführliche Berechnungsunterlagen mit den zugehörigen Typenblättern der verschiedenen Anlassergrößen herausgebracht, so daß sich eine Wiederholung derselben im Rahmen dieses Buches erübrigt.

Für den Erstentwurf kann für die rasche, überschlägige Auswahl folgende Zuordnung von Anlasserleistungen zum Hubvolumen der Motoren als Richtlinie angenommen werden:

Ottomotoren:	0,6 bis 1 l Hubvolumen	0,4-PS-Anlasser
	1 bis 1,7 l Hubvolumen	0,6-PS-Anlasser
	1,8 bis 2,3 l Hubvolumen	0,8-PS-Anlasser
	bis 3 l Hubvolumen	1-PS-Anlasser

Fahrzeug-Dieselmotoren:

0,5 l 1 Zylinder mit Dekompression	1-PS-Anlasser
1 bis 2,5 l 1 und 2 Zylinder mit Dekompression	1,8-PS-Anlasser
1,8 l mit 4 Zylindern	1,8-PS-Anlasser
2 bis 4 l ab 4 Zylinder	3-PS-Anlasser
4 bis 7 l ab 4 Zylinder	4-PS-Anlasser
7 bis 11 l 6 Zylinder	6-PS-Anlasser

Die notwendige Übersetzung zwischen Anlasser und Kurbelwelle liegt bei Fahrzeug-Dieselmotoren gewöhnlich zwischen 1:11 und 1:14. Diese Übersetzungen lassen sich mit den zur Verfügung stehenden Zähnezahlen der Anlasserritzel an einem für Fahrzeugmotoren geeigneten Schwungrad und dem darauf befestigten Zahnkranz unterbringen.

Für größere Motoren können auch zwei Anlasser parallel geschaltet werden. Die Befestigung der Anlasser am Motor erfolgt bis zur 6-PS-Type mittels Flanschen stirnseitig am Schwungradgehäuse. Dieses muß infolge der verhältnismäßig großen Gewichte der Anlasser an dieser Stelle durch Rippen versteift werden.

Die größeren Anlassertypen sind für eine Sattelbefestigung am Kurbelgehäuse ausgebildet. Bei der Anordnung der übrigen Zubehörteile ist auf den raschen, ungehinderten Ausbau des Anlassers Rücksicht zu nehmen.

Bei Traktor-, Fahrzeug- und Bootsmotoren soll der Anlasser möglichst über Kurbelwellenmitte gelegt werden, um ihn aus Schmutz- und Spritzwasser möglichst herauszuhalten.

b) Lichtmaschinen

Die vom elektrischen Anlaßmotor benötigte Energie muß in der Regel vom Motor selbst während des Betriebes aufgebracht und in einer Akkumulatorenbatterie gespeichert werden. Am Motor ist daher für den Antrieb und für die Befestigung des zugehörigen Generators, auch Lichtmaschine bezeichnet, Vorsorge zu treffen.

Die Leistung der vorzusehenden Lichtmaschine und Batterie richtet sich nach der Größe des Starters und auch nach der Starthäufigkeit, da der Anlasser für jeden Start eine große Strommenge benötigt. Bei Kraftfahrzeugen kommt dann noch hinzu, daß auch die Beleuchtungs- und Signalanlagen, Heizung usw. zusätzlich mit der notwendigen Strommenge versorgt werden müssen.

Im allgemeinen hat sich folgende Ausrüstung der Motoren als notwendig erwiesen:

Personenkraftwagen	90- bis 160-Watt-Lichtmaschine
Traktoren	90- bis 130-Watt-Lichtmaschine
Lastkraftwagen	160- bis 300-Watt-Lichtmaschine
Omnibusse, Kommunalfahrzeuge, militärische Fahrzeuge, Boote (mit Funkanlage)	500- bis 1200-Watt-Lichtmaschine.

Für die Befestigung am Motor sind Lichtmaschinen mit Schwenkarm sehr praktisch, weil dann die Lichtmaschine zur Spannung des eigenen Riemenantriebes oder des Antriebes zum Ventilator herangezogen werden kann. Eine Überprüfung der Lagerbelastung der Lichtmaschine durch den Riemenzug für den letzteren Fall ist zu empfehlen. Die Befestigung des Schwenkarmes am Kurbelgehäuse erfolgt am einfachsten über einen abgewinkelten Flacheisenbügel.

Für Lichtmaschinen über 300 Watt wird allgemein die Sattelbefestigung vorgesehen.

Gegebenenfalls kann die Verwendung einer Lichtmaschine mit einem zweiten freien Wellenende für den Antrieb einer Wasserpumpe, Vakuumpumpe oder Pumpe für die hydraulische Lenkung usw. zweckmäßig sein.

Bei der Festlegung der Übersetzung zum Antrieb der Lichtmaschine muß darauf geachtet werden, daß die Leerlaufdrehzahl des Motors nicht mit der Einschaltdrehzahl des Lichtmaschinenreglers zusammenfällt, um ein dauerndes Arbeiten und damit eine

Abnützung der Reglerkontakte zu vermeiden. Der sehr empfindliche Lichtmaschinenregler soll möglichst erschütterungsfrei, am besten getrennt vom Motor, angebracht werden.

Zur Kühlung der Lichtmaschine muß bei den meisten Typen ein kleines Radialrad, welches am einfachsten mit der Antriebsriemenscheibe verbunden wird, vorgesehen werden. Die großen Typen ab 600 Watt haben einen eigenen Lüfter eingebaut. Bei Motoren, welche in sehr staubiger Luft arbeiten, wie Traktormotoren, müssen staubdichte Ausführungen der Lichtmaschine gewählt werden, die aber dann im Kühlluftstrom des Ventilators stehen müssen. Bei Antrieb der Lichtmaschine über Zahnräder muß eine elastische Kupplung oder eine Rutschkupplung eingeschaltet werden.

4. Druckluftstartanlagen

Für die Ingangsetzung von Motoren mittels Druckluft stehen zwei Möglichkeiten zur Verfügung. Bei der ersteren, die insbesondere bei größeren Stationär- und Bootsmotoren verwendet wird, wird die Druckluft über einen Druckluftverteiler und ein Rückschlagventil den Motorzylindern zugeführt. Der Motor arbeitet während des Anlassens als Druckluftmotor. In den letzten Jahren wurden Druckluftmotoren entwickelt, die in gleicher Weise wie der elektrische Anlasser über Ritzel und Zahnkranz den Dieselmotor in Bewegung setzen. Die Verbreitung dieses Verfahrens nimmt vor allem bei raschlaufenden Motoren zu.

Das Anlassen mittels direkter Beaufschlagung des Kolbens mit Druckluft erfordert die Unterbringung von Anlaßventilen im Zylinderkopf, die Anordnung eines Druckluftverteilers und den Antrieb eines Hochdruckluftkompressors für 40 atü. Bei den raschlaufenden Motoren werden ausschließlich pneumatisch gesteuerte Anlaßventile verwendet. Die Druckluftverteiler werden am besten von der Nockenwelle oder von der Einspritzpumpenantriebswelle angetrieben. Ausführliche Konstruktionsdetails sind in Bd. 9: „Die Steuerung der Verbrennungskraftmaschinen" enthalten.

Das Anlassen mittels Druckluftmotoren erfordert außer der Unterbringung eines Antriebes für einen Druckluftkompressor für 30 atü keine Änderungen an Motorbauteilen. Da die Druckluftanlasser die gleichen Anschlußmaße und die gleiche Leistungsreihe wie die elektrischen Anlasser aufweisen, können bei Bedarf die Motoren jederzeit damit ausgerüstet werden.

Abb. 163 zeigt einen Schnitt durch einen Druckluftanlaßmotor der Firma Düsterloh mit 4 bis 6 PS Startleistung bei 1500 U/min. Als Antriebselement dienen zwei gerade verzahnte Rotoren, welche mit 4 bis 6 atü Druckluft beaufschlagt werden. Das Ritzel wird über ein Übersetzungsgetriebe und eine Lamellenkupplung mit Bosch-Schubtrieb angetrieben und pneumatisch in den Anlasserzahnkranz eingerückt.

Abb. 164 zeigt den zugehörigen Leistungs-, Drehmomentverlauf und Luftverbrauch dieser Type. Die während des Betriebes des Motors vom Hochdruckkompressor in einem Behälter gespeicherte Druckluft von 30 atü muß durch ein Druckminderventil auf den Betriebsdruck von 4 bis 6 atü des Anlassers reduziert werden.

5. Hydrostatischer Anlasser

Abb. 165 zeigt Anordnung und Wirkungsweise des Hydrostarters von General Motors.

Der Hydrostarter besteht im wesentlichen aus einem hydrostatischen Motor mit sieben kleinen Kolben, die gegen eine Taumelscheibe drücken. Er wird mit Drucköl von 200 bis 230 atü beaufschlagt, welches aus einer Mischung von 75% Dieselöl und 25% Schmieröl besteht.

Der Hydrostarter wirft in der gleichen Weise wie ein elektrischer Anlasser den Motor über Ritzel und Zahnkranz an.

Das Drucköl wird einem hydraulischen Akkumulator entnommen, welcher aus einem Zylinder und einem Kolben besteht. Eine Seite des Zylinders ist mit Stickstoff gefüllt, welcher von dem gespeicherten Öl auf der anderen Seite des Kolbens verdichtet wird. Für die Aufladung des hydraulischen Akkumulators sorgt eine vom Motor getriebene Hochdruckölpumpe oder eine handbetätigte Pumpe. Der Akkumulator ermöglicht mehrere Startvorgänge.

Der Hydrostarter erreicht unabhängig von der Außentemperatur große Anlaßmomente und hohe Startdrehzahlen, so daß dieses System insbesondere für extreme Kaltstartbedingungen sehr geeignet ist. Es ist anzunehmen, daß dieses neue Anlaßverfahren größere Verbreitung finden wird.

6. Ottomotor als Startmotor

Bei schweren Dieselmotoren für Raupenschlepper und Baumaschinen finden vielfach kleine Ottomotoren als Startmotoren Anwendung, weil infolge der starken Erschütterungen und Lageänderungen im Betrieb die üblichen Akkumulatoren nur geringe Lebensdauer aufweisen. Hauptsächlich kommen Ottomotoren von 6 bis 30 PS mit einem bis vier Zylindern zum Einbau, welche mit einem Untersetzungsgetriebe, Rutschkupplung und einem Einspurtrieb mit Ritzel zusammengebaut sind. Diese Anwurfaggregate werden entweder seitlich am Motorgehäuse oder auch hinter dem Zylinderblock über dem Schwungradgehäuse angebaut. Das Schwungrad ist in der üblichen Weise mit einem Zahnkranz versehen. Die Anlaßmotoren können bei wassergekühlten Motoren im Kühlwasserkreislauf des Dieselmotors eingeschaltet werden. Die Anlaßmotoren werden meistens von Hand angeworfen.

Abb. 166 zeigt die Ausführung eines Startmotors von 6,5 PS von ILO, der ein gutes Beispiel der Energieausnützung und geschickten Anpassung für den vorgesehenen Verwendungszweck darstellt.

Der Startmotor ist ein 150 cm³ wassergekühlter Einzylinder-Zweitakt-Ottomotor, dessen Kühlwasserkreislauf an den des Hauptmotors angeschlossen ist.

Der Ottomotor treibt vor dem eigentlichen Anlaßvorgang eine Wasserwirbelbremse, die bei etwa 6000 U/min die volle Motorleistung aufnimmt. Die Wasserwirbelbremse drückt das Kühlwasser zuerst durch den Startmotor, der durch die Belastung rasch auf Betriebstemperatur kommt, und dann in den Hauptmotor. Durch den zwangsläufigen Wasserumlauf wird die volle in Wärme umgesetzte Leistung des Startmotors sowie seine Kühlwasserwärme zur Erwärmung des Hauptmotors auf etwa 20° C verwendet. Die Wärmeabgabe des Startmotors beträgt etwa 2,2 Kcal/sek. Man läßt den Startmotor je nach Außentemperatur etwa 10 bis 15 min auf diese Weise laufen, bis der Hauptmotor genügend angewärmt ist und nur noch geringe Anlaßmomente benötigt. Während des Anlaßvorganges sinkt die Drehzahl auf etwa 3200 U/min ab, wobei die Leistungsaufnahme der Bremse nicht mehr ins Gewicht fällt. Bei dieser Drehzahl erreicht auch der Anlaßmotor sein höchstes Drehmoment von etwa 2,5 mkg.

Der Startmotor ist über eine Schaltkupplung und ein Zahnradvorgelege mit einem Untersetzungsverhältnis von 2,3:1 mit dem Bosch-Einspurtrieb verbunden. Mit dieser Starteinrichtung ist der Anwurf auch bei Außentemperaturen von —25° C bis —45° C möglich.

7. Starthilfsmittel und Kaltstarteinrichtungen für Dieselmotoren

Um das Anlassen von Dieselmotoren zu erleichtern bzw. bei tiefen Temperaturen überhaupt zu ermöglichen, müssen außer der entsprechenden Bemessung der Startanlage im allgemeinen weitere zusätzliche Maßnahmen getroffen werden. Die Startwilligkeit der Motoren ist zum Teil auch vom Verbrennungsverfahren abhängig. Insbesondere für indirekte Verbrennungsverfahren mit Vor- und Wirbelkammern müssen Glühhilfen vorgesehen werden, welche im Zylinderkopf bzw. in der Brennkammer unterzubringen sind. Diese werden vor und während des Andrehens zum Glühen gebracht, wobei die Luft in den Kammern erwärmt wird und sich auch Teile des zerstäubten Brennstoffstrahles daran entzünden. Bei Ein- und Zweizylindermotoren ohne elektrische Anlage, welche noch durch Handkraft angelassen werden können, wird bei indirekten Verbrennungsverfahren ein Glimmstift verwendet, welcher aus einem imprägnierten Papier besteht. Der Glimmstift wird in einen Glimmstifthalter gesteckt und in die Brennkammer eingeschoben.

Für mehrzylindrige Motoren mit elektrischer Anlage werden Glühkerzen verwendet, deren in die Brennkammer ragender Glühdraht vor dem Startvorgang durch den Batteriestrom zum Glühen gebracht wird. Von der Zubehörindustrie wird eine große Auswahl von Glühkerzen verschiedener Größen angeboten. Die Verwendung von Stabglühkerzen kann wegen ihrer Unempfindlichkeit gegen Erschütterungen und Abbrennen empfohlen werden. Die günstigste Lage des Glühdrahtes oder des Glimmstiftes hinsichtlich Startwilligkeit und Brennstoffverbrauch ist versuchsmäßig zu bestimmen.

Bei Ein- und Zweizylindermotoren mit kleinem Hubvolumen bringt für den Handstart auch die Verdichtungserhöhung durch Einbringen von Öl in den Brennraum eine wesentliche Erleichterung.

Abb. 167 zeigt die Ausführung eines solchen Hilfsmittels an einem Zylinderkopf eines MWM-Motors. Am Zylinderkopf ist ein kleiner Vorratsbehälter, dessen Inhalt vom Hubvolumen abhängig ist, befestigt. Der Behälter ist mit dem Ansaugkanal über eine Bohrung verbunden. Beim langsamen Durchdrehen des Motors wird das Ventilchen im Behälter von Hand aufgedrückt und das eingefüllte Öl oder Öl-Brennstoffgemisch fließt über das Einlaßventil in den Verbrennungsraum.

Es wird dadurch eine bestimmt begrenzte Verdichtungserhöhung und außerdem eine gute Abdichtung der Kolbenringe für den Startvorgang erreicht.

Der Vollständigkeit halber seien an dieser Stelle, wie bereits im Abschnitt C. VI., „Regler", S. 154, besprochen, als weitere wirkungsvolle Maßnahmen zur Starterleichterung die Erhöhung der Einspritzmenge und die Einspritzzeitverstellung während des Startvorganges nochmals erwähnt.

Für den ausgesprochenen Kaltstart von Dieselmotoren bei Temperaturen unter —10° C bis —15° C müssen dann noch weitere besondere Maßnahmen und Hilfseinrichtungen vorgesehen werden, um die erforderliche Startdrehzahl überhaupt zu erreichen und eine Zündung des eingespritzten Brennstoffes sicherzustellen.

Bei Verwendung elektrischer Startanlagen muß insbesondere das starke Absinken der Kapazität der Anlasserbatterie bei tiefen Temperaturen berücksichtigt werden. Es müssen daher entweder entsprechend große Batterien vorgesehen werden, welche zusammen die erforderliche Kapazität auch bei tiefen Temperaturen aufweisen, um das notwendige Durchdrehmoment des Anlassers zu gewährleisten, oder es müssen für tiefe Temperaturen geeignete Spezialbatterien (z. B. Nickel-Cadmium-Batterie) verwendet werden. Letztere kommen im allgemeinen aber wegen ihrer großen Kosten nur für Sonderzwecke in Frage.

Besonders geeignet für den Kaltstart sind auch die temperaturunabhängigen hydrostatischen Starter und Benzinmotoren (Abschnitt C. VIII. 5., S. 166, und Abschnitt C. VIII. 6., S. 167).

a) Vorwärmen der Ansaugluft

Bis zu Temperaturen von —10 bis —15° C kann bei entsprechender Anlaßdrehzahl die angesaugte Luft noch zu einer genügend hohen Verdichtungstemperatur komprimiert werden, so daß sich der eingespritzte Brennstoff noch selbst entzündet. Bei tieferen Temperaturen ist es vorteilhaft und vielfach notwendig, Mittel zur Vorwärmung der Ansaugluft vorzusehen. Eine Art der Vorwärmung besteht in der Anordnung einer elektrischen Glühspirale im Ansaugrohr, welche während des Startvorganges zum Glühen gebracht wird und die daran vorbeiströmende angesaugte Luft vorwärmt. Es ist zweckmäßig, die Glühspirale möglichst nahe dem Zylinderkopf anzuordnen, um Wärmeverluste auf dem Wege zum Zylinder zu vermeiden. Ein Nachteil dieser Vorrichtung besteht darin, daß die bei tiefen Temperaturen ohnehin in ihrer Kapazität geschwächte Batterie dadurch stark in Anspruch genommen wird, was sich gegebenenfalls in einer verminderten Startdrehzahl auswirkt.

Abb. 168 zeigt die Unterbringung einer Glühspirale in einem Flansch, welcher zwischen Zylinderkopf und Ansaugrohr geklemmt wird.

Eine weitere, sehr wirkungsvolle Methode zur Vorwärmung ist die Verbrennung einer begrenzten Brennstoffmenge im Ansaugrohr. Benzin oder Dieselöl wird durch eine Handpumpe in das Saugrohr eingespritzt und zerstäubt und durch eine Zünd- oder Glühkerze zur Entzündung gebracht. Die heißen Verbrennungsgase mischen sich mit der angesaugten Luft und wärmen auch die Zylinderwände und Kolben beim Durchdrehen an, so daß sich gleichzeitig die Durchdrehwiderstände vermindern und damit höhere Startdrehzahlen erreicht werden können.

Abb. 169 zeigt die Ausführung eines solchen Hilfsmittels zur Vorwärmung der Ansaugluft, das Thermostatgerät von CAV, welches in das Ansaugrohr eingesteckt wird. Der innere Teil des Ventilkörpers enthält ein Kugelventil, welches durch eine zentrale Nadel auf den Sitz gedrückt wird und den Zufluß des Brennstoffes normalerweise absperrt. Die Nadel ist am anderen Ende mit dem Ventilkörper fest verbunden. Außen ist der Ventilkörper mit einer Heizspirale umwickelt. Beim Start, wenn das Gerät eingeschaltet wird, erwärmt die Heizspirale den Ventilkörper. Durch seine Wärmedehnung öffnet sich durch Abheben der Nadel das Kugelventil. Der zufließende Brennstoff wird nun im Inneren des erwärmten Ventilkörpers verdampft. Wenn der Dampf dann die mit größerem Windungsdurchmesser ausgeführte offene Glühspirale erreicht, vermischt er sich mit der vorbeiströmenden Ansaugluft und entzündet sich. Bei abgeschaltetem Gerät kühlt der Ventilkörper rasch durch die vorbeiströmende Luft ab, und das Ventil schließt sich schnell. Die Brennstoffzufuhr bei Dieselmotoren erfolgt aus einem kleinen Falltank, welcher durch Anschluß an die Rücklaufleitung von der Einspritzpumpe dauernd gefüllt bleibt.

b) Zündhilfsmittel

Ein weiteres, einfaches Starthilfsmittel für tiefe Temperaturen besteht im Einspritzen einer Spezialflüssigkeit in die Ansaugluft, welche die Zündung des normalen Brennstoffes während der Startperiode solange fördert, bis die Maschine genügend warm ist und mit normalem Brennstoff ohne Hilfsmittel weiterlaufen kann. Am gebräuchlichsten und verläßlichsten als Zündhilfsmittel haben sich Mischungen mit Diäthyläther erwiesen. Um eine feuersichere Aufbewahrung bzw. Handhabung und eine begrenzte Zumessung der für einen Startvorgang notwendigen Menge der Startflüssigkeit zu gewährleisten, wird diese in kleinen Plastik- oder Stahlkapseln abgefüllt geliefert. Vor dem Start wird diese Kapsel in einen am Saugrohr befestigten kleinen Behälter gesteckt, wobei beim Verschließen des Behälters die Kapsel durch eine hohle Nadel aufgestochen wird. Beim Durchdrehen des Motors wird dann die Startflüssigkeit über die hohle Nadel aus der Kapsel mit der Ansaugluft abgesaugt. Andere Vorrichtungen zerstäuben die Startflüssigkeit durch eine Handpumpe und Düse während des Startvorganges in das Ansaugrohr. Die neuesten, sehr aussichtsreichen Entwicklungen zielen darauf hin, die Startflüssigkeit bereits in Dampfform dem Motor zuzuführen.

c) Vorwärmen des Motors

Das Vorwärmen des gesamten Motors vor dem Start durch eigene Heizgeräte ist zweifellos die in jeder Hinsicht wirkungsvollste Maßnahme, welche in Verbindung mit der oben beschriebenen Startflüssigkeit auch bei besonders tiefen Temperaturen einen sicheren Start von Dieselmotoren gewährleistet. Das Vorwärmen wird in der Hauptsache für Anlagen, welche dauernd in arktischen Regionen oder im Hochgebirge arbeiten, verwendet und kommt auch insbesondere für militärische Motoreinbauten in Frage. Das

Vorwärmen des Motors bringt vor allem eine weitgehende Absenkung der erforderlichen Anwurfsmomente, vermindert daher den Aufwand für die Startmotoren; weiters werden auch die durch das Anlassen der kalten Maschine als Folgeerscheinung auftretenden großen Abnützungen an den Zylindern und Ringen vermieden.

Das einfachste Vorwärmgerät für wassergekühlte Motoren besteht aus einem Wärmetauscher, welcher durch eine Lötlampe angewärmt wird und in den Kühlwasserkreislauf eingeschaltet ist. Das darin angewärmte Wasser wird durch Thermosyphonwirkung durch die Kühlwasserräume des Motors gedrückt und wärmt daher die Zylinderbüchsen und -köpfe auf. Rascher werden die Motoren durch Heizgeräte mit elektrisch betriebener Wasserumlaufpumpe auf die erforderliche Starttemperatur gebracht.

Diese Heizgeräte arbeiten ähnlich wie die üblichen Heizungen für Lastkraftwagen und Omnibusse. Bei luftgekühlten Motoren wird erwärmte Luft auf die Zylinderköpfe und Zylinderbüchsen geleitet.

Die Abgase der Heizgeräte können dann noch nutzbringend zum Schmierölbehälter und in die Batteriekästen geführt werden, um damit auch eine rasche Betriebsbereitschaft und die volle Batterieleistung für den Start zu erreichen. Bei größeren Motoren wird auch das vorgewärmte Schmieröl vor dem Anlassen durch eine von einem Elektromotor angetriebene Ölpumpe zu den Lagerstellen gedrückt. Eine weitere Möglichkeit der Vorwärmung besteht, wie schon in Abschnitt C. VIII. 6., S. 167, beschrieben, durch die Verwendung eines wassergekühlten Benzinmotors als Anlaßmotor.

d) Materialauswahl und Bedienung

Es ist zu beachten, daß bei tiefen Temperaturen eine Versprödung der Werkstoffe, und zwar auch von Stahl, eintreten kann, welche durch geeignete Materialauswahl zu berücksichtigen ist. Insbesondere müssen für tiefe Temperaturen geeignete und erprobte Werkstoffe für Schläuche, Dichtungen, Wellendichtungen, Riemen und für elektrische Isolierungen ausgewählt werden.

Bei Motoren, welche im arktischen Klima arbeiten, müssen alle zur Bedienung und Wartung der Motoren notwendigen Hebel und Verschlußschrauben usw. so ausgebildet sein, daß diese mit schweren Winterhandschuhen angefaßt werden können. Die Wartung der Motoren muß aufs äußerste vereinfacht werden, da das menschliche Denkvermögen und die menschlichen Urteils- und Willenskräfte bei tiefen Temperaturen sehr abnehmen.

Diese nur allgemein gebrachten Vorkehrungen für den Kaltstart von Dieselmotoren sollen insbesondere den jungen Konstrukteuren auch als Beispiel dienen, wie weitgehend und sorgfältig jedes Detail überlegt werden muß, um einen Motor oder eine Anlage einem bestimmten Verwendungszweck anzupassen.

Schrifttum

BLOSE, J. F.: Factors Affecting Diesel Engine Starting. SAE 1952, S. 40.

DECAROLIS, J. J.: Priming Aids for Cold Starting Diesel Engines. SAE Trans. 1959, S. 351.

ESPENSCHADE, P. W.: Six Musts for Subzero Winterization. SAE 1952, Mai, S. 26, SAE Trans. 1952, S. 689.

KÜHNER, K.: Das Ingangsetzen von Dieselmotoren bei arktischen Temperaturen. MTZ 1954, S. 149.

MACNEW, TH.: Air Starters for Commercial Vehicles. Automotive Industries 1953, August, S. 48.

MEYER, W. E.: The Starting of Diesel Engines at Very Low Temperatures. CIMAC, Bericht A 19 (1959).

RICHARD, D. J.: Starting in Extreme Cold. Automobile Engineer 1952, S. 409.

SCHMID, G.: Die Bestimmung der elektrischen Anlaßanlage in Kraftfahrzeugen. Kraftfahrzeugtechnik 1961, Januar, S. 21.

SLOAN, A. W.: The Low Temperature Starting and Operation of Diesel Engines. SAE Paper 543 (1951).

TRAINO, F. A.: Recent Developments in Sub Zero Engine Starting. Automotive Industries 1953, August, S. 52.

WIRBITZKY, G.: Gestaltung und Betriebsverhalten des Nova-Druckluftanlassers. ATZ 1953, S. 157.

IX. Auflade- und Spülgebläse

Für die Aufladung von Viertaktmotoren und Spülung von Zweitaktmotoren stehen folgende Gebläsebauarten zur Verfügung:

Kolbenspülpumpen,
Drehkolbengebläse,
Radialgebläse,
Abgasturbogebläse.

Für die Auslegung der Gebläse ist die Kenntnis des Fördervolumens und des zugehörigen Förderdruckes notwendig. Diese sind von der Drehzahl des Motors, vom Spül- und Aufladegrad, von der Spülungsart bei Zweitaktmotoren und von der Größe der Ventilüberschneidung abhängig und können entweder nach Bd. 4: „Der Ladungswechsel der Verbrennungskraftmaschine" berechnet oder müssen an Hand von Vorversuchen an Einzylinder-Versuchsmotoren bestimmt werden.

Da Kolbenspülpumpen nur mehr selten und dann höchstens bei stationären Einzylindermotoren Verwendung finden, werden diese im Rahmen dieses Bandes nicht behandelt.

1. Drehkolbengebläse

Von den vielen und zum Teil ausgeführten Konstruktionen von Drehkolbengebläsen und der dazugehörigen Läuferformen kommen für raschlaufende Motoren für die Spülung und Aufladung am häufigsten die Rootsgebläse zur Verwendung. Die Rootsgebläse sind in der Herstellung, insbesondere in der Bearbeitung der Läufer, am einfachsten und lassen sich im allgemeinen günstig am Motor anbauen. Außerdem erfordern sie für den Antrieb infolge der verhältnismäßig niedrigen Drehzahlen keinen großen Bauaufwand.

Rootsgebläse kommen für die mechanische Aufladung von Viertaktmotoren im Bereich von 80 bis 200 PS in Frage. In der Hauptsache sind sie als Spülgebläse für raschlaufende Zweitakt-Fahrzeugmotoren bis 500 PS in Anwendung und hiefür besonders geeignet, da infolge ihrer steilen Förderkennlinie die Fördermenge von dem Grad der Verschmutzung der Schlitze nur wenig beeinträchtigt wird.

Rootsgebläse werden von der Zubehörindustrie in ausreichender Auswahl hergestellt, jedoch verwenden manche Motorenfirmen eigene Konstruktionen, um Motor und Gebläse und dessen Antrieb in einer geschlossenen Einheit zu bauen.

a) Bestimmung der Hauptabmessungen

$$Q = \frac{\pi}{2}(1 - a^2)\frac{\eta_v}{60} \cdot D^2 \cdot L \cdot n_L .$$

Q = Fördermenge des Gebläses in l/sek
D = Außendurchmesser des Gebläseläufers in dm Abb. 170
L = Länge in dm
n_L = Drehzahl des Gebläses in U/min
a^2 = Flächenverhältnis der Profilfläche des Läuferquerschnittes zum Kreisquerschnitt des Außendurchmessers. Dieses liegt bei zwei- und dreiflügeligen Rotoren nach den Ausführungen Abb. 170, 176 zwischen 0,46 und 0,48.
Bei Ausführungen mit an den Rotoren angeschmiedeten Läuferstummeln ist a^2 etwas kleiner.
η_v = Volumetrischer Wirkungsgrad, welcher für mittlere Druckverhältnisse von 1,25 bis 1,35 Werte zwischen 0,75 und 0,85 erreicht.

η_v ist abhängig von der Läufergröße, von der Drehzahl und von der Spaltgröße (Herstellungsgenauigkeit). Das Verhältnis L/D soll erfahrungsgemäß den Wert von 2,7 bis 2,8 (maximal 3) nicht übersteigen, weil sich sonst schon große Durchbiegungen der Läufer ergeben, welche ungünstig große Spalte zwischen den Läufern erfordern.

Drehkolben mit größerem Durchmesser erzielen bessere volumetrische Wirkungsgrade, da naturgemäß die erreichbaren Spalte im Verhältnis kleiner ausfallen. Für einen guten volumetrischen Wirkungsgrad wäre das günstigste Verhältnis von Rotorlänge zum Durchmesser $L/D = 1$, wobei aber infolge der sich damit ergebenden großen Außenabmessungen das Gebläse am Motor nur sehr ungünstig unterzubringen ist.

Bei der Konstruktion einer Baureihe von Motoren wird man selbstverständlich versuchen, die einzelnen Motoren auch mit den gleichen Gebläseelementen auszurüsten. Das Gebläse für den Motor mit der größten Zylinderzahl ist dann mit dem größten zulässigen L/D auszulegen, während die Gebläse für die kleineren Zylinderzahlen mit den entsprechend zugehörigen kürzeren Läuferlängen bei gleichem Läuferprofil ausgestattet werden. Gegebenenfalls kann es zweckmäßig sein, bei den größeren Zylinderzahlen auch zwei gleiche Gebläse hintereinander anzuordnen. Dadurch werden die Außenabmessungen der Gebläse vermindert, und damit wird die Unterbringung in manchen Fällen am Motor erleichtert.

Die Drehzahl des Gebläses soll wegen des besseren volumetrischen und mechanischen Wirkungsgrades möglichst hoch gewählt werden. Erfahrungsgemäß soll die Umfangsgeschwindigkeit des Läufers jedoch nicht über 50 m/sek liegen, weil dann der Einfluß der Wirbelungsverluste rasch zunimmt. Ausgeführte Gebläse für Vier- und Zweitaktmotoren weisen Umfangsgeschwindigkeiten der Läufer von 38 bis 45 m/sek auf.

Bei riemengetriebenen Gebläsen kann die Drehzahl durch den für die Leistungsübertragung notwendigen Umschlingungswinkel an der Riemenscheibe der Gebläsewelle begrenzt sein. Das Übersetzungsverhältnis zwischen Motor und Gebläse soll aus diesem Grunde etwa 2,5 bis 3 nicht übersteigen.

b) Läuferkonstruktion

Für die Wälzprofile der Läufer gibt es eine Vielzahl von Möglichkeiten und Variationen. Angewendet werden jedoch nur jene Profile, welche gleiche Läufer ergeben und eine einfache und billige Herstellung ermöglichen.

In der Hauptsache sind zwei- und dreiflügelige Läufer in Verwendung.

α) Ermittlung der Profilkoordinaten für ein zweiflügeliges Profil

Nachdem der Außendurchmesser D des Gebläseläufers ermittelt wurde, ist für die Konstruktion des Profiles vorerst die Festlegung des Achsabstandes notwendig. Dieser bestimmt sich aus der Art der Verbindung der Läufer mit den Achsstummeln. Bei Verwendung von Läufern aus Leichtmetall müssen die Achsstummel in die Läufer eingeschrumpft oder eingepreßt werden (Abb. 226). Erfahrungsgemäß wird mit einem Achsabstand $A = 0{,}66\ D$ noch eine genügende Nabenstärke auch für Leichtmetalläufer für die sichere Verbindung mit den Achsstummeln erreicht.

Bei den Rootsgebläsen der Aerzener Maschinenfabrik werden Läufer aus Stahl verwendet, die mit dem Wellenstummel aus einem Stück bestehen. Dadurch ist der kleinstmögliche Fußkreis des Läuferprofils ausführbar, was sich auf einen Achsabstand von nur $0{,}625\ D$ auswirkt und eine sehr gedrängte Gebläsebauart ergibt.

Die Bedingung, daß beide Läufer kongruent sein sollen, erfordert, daß das Profil durch den Schnittpunkt B (Abb. 170) der Winkelhalbierenden des Läuferquadranten mit dem Teilkreis gehen soll. Das Kopfprofil kann gewählt werden, das Fußprofil ist nach dem Verzahnungsgesetz zu bestimmen. Im vorliegenden Beispiel wurde als Kopfprofil ein Kreisbogen angenommen. Die Genauigkeit bei der zeichnerischen Ermittlung des Gegenprofiles genügt unter keinen Umständen für das Erreichen eines gleichmäßigen engen Spieles zwischen den beiden Läufern. Es müssen die Profilkoordinaten sowohl des angenommenen Kopfprofiles und des daraus abgeleiteten Fußprofiles gerechnet und auf der Zeichnung angegeben werden, um danach den Fräsersatz herzustellen.

Das durch mechanische Bearbeitung erreichbare Spiel zwischen den Läufern liegt bei Serienproduktion zwischen 0,1 und 0,2 mm. Engere Spiele lassen sich auf einfache Weise durch Bespritzen der Läufer mit einem rasch trocknenden Graphitlack ins laufende Gebläse herstellen. Dadurch werden auch gleichmäßig hohe volumetrische Wirkungsgrade in der Serienproduktion gewährleistet.

Das notwendige Spiel zwischen den Läufern wird bei der Ausmittlung des Läuferprofils einfach dadurch berücksichtigt, daß man für die Rechnung den Mittenabstand

$$M_1 M_2 = A - e = 2R$$

einsetzt.

A = ausgeführter Achsabstand der Läufer

R = Teilkreisradius

$e = \frac{\text{Flankenspiel}}{\cos\psi}$

ψ = maximaler Winkel der Eingriffslinie zur Verbindungsachse zwischen den Läufermitteln $M_1 M_2$.

Dieser Winkel kann zeichnerisch ermittelt werden und beträgt für das Kreisbogenkopfprofil etwa 55°.

Bei der Profilermittlung muß man zuerst mit Hilfe bekannter trigonometrischer Beziehungen den Radius r des Kopfprofiles berechnen, der durch die drei Punkte A, B, C gegeben ist, Abb. 171. Aus den Dreiecken MAH und HAC ist $m = R \cdot \sin 45°$

$$\operatorname{tg}\alpha = \frac{m}{D/_2 - m}$$

und

$$r = \frac{m}{\sin(2\alpha)}.$$

Aus dem Kopfprofil kann nunmehr das Fußprofil ermittelt werden. Hiefür gilt die Beziehung, daß die Profilnormale im Berührungspunkt der Zahnflanken (Eingriffspunkt) durch den Berührungspunkt der Wälzkreise gehen muß. Am zweckmäßigsten ist es, wenn man für die einzelnen Punkte des Kopfprofiles die zugehörigen Punkte des Fußprofiles ermittelt, Abb. 172.

Als Parameter wird dabei der Winkel φ gewählt, den der Radius des Kopfkreises mit der Linie $M_1 M_2$ einschließt. Bis zu 200 mm Läuferdurchmesser reicht die Winkelteilung von einem Grad aus. Es genügt bei gleichen Läufern die Berechnung der Profilkoordinaten von einem Quadranten.

Aus der Beziehung, daß die Profilnormale im Eingriffspunkt durch den Berührungspunkt der Wälzkreise gehen muß, läßt sich die Lage des Punktes P des Kopfkreises bestimmen, in welcher er mit dem Gegenprofil in Eingriff kommt. Dies wird dann der Fall sein, wenn der Schnittpunkt E der Profilnormalen PD (Radius) mit dem Teilkreis t_1 bei der Drehung nach W gelangt ist, also nach einer Drehung des Läufers 1 um den Winkel β. Dadurch kommt auch der Profilpunkt P nach F. Da hier der Eingriff stattfindet, ist F gleichzeitig auch ein Punkt des Gegenprofiles. Man erhält nun den dem Punkt P entsprechenden Punkt Q des Fußprofiles, indem man den auch am Läufer 2 befindlichen Punkt F um den Winkel β zurückdreht.

Die Koordinaten des Punktes Q lassen sich aus der Lage des Punktes P mit folgendem einfachen trigonometrischen Rechnungsgang bestimmen. Aus Dreieck M_1DP (Abb. 173) ergibt sich mit Hilfe des Cosinussatzes

$$b = \sqrt{r^2 + a^2 + 2\,ra\cos\varphi}$$

$$\sin\varepsilon = \frac{r}{b}\cdot\sin\varphi \text{ und daraus den Winkel } \varepsilon.$$

Aus Dreieck M_1DE (Abb. 174) $\sin\delta = \frac{a}{R}\cdot\sin\varphi$ daraus Winkel δ.
Weiters ist $\beta = \varphi - \delta$
$\tau = \varepsilon - \beta$.

Aus Dreieck M_1M_2F (Abb. 175) ergibt sich

$$d = b\cdot\sin\tau$$

$$\operatorname{tg}\sigma = \frac{d}{2R - b\cos\tau} \quad \text{daraus } \sigma$$

$$c = b\frac{\sin\tau}{\sin\sigma}$$

$$\lambda = \sigma + \beta .$$

Mit c und λ ist der Punkt Q des Fußprofils festgelegt und braucht nur noch ebenso wie der zugehörige Punkt P für die Fräserherstellung in rechtwinkelige Koordinaten transformiert werden.

β) Ermittlung der Profilkoordinaten für ein dreiflügeliges Profil

Mehrzahnige Drehkolben ergeben ein ausgeglicheneres Antriebsmoment als zweiflügelige Läufer. Außerdem können diese auch verwunden ausgeführt werden, wodurch sich eine weitere Vergleichmäßigung der Antriebsmomente erzielen läßt. Allerdings ist auch von mehrzahnigen Läufern selbst in verschraubter Ausführung keine befriedigende Dämpfung der Gebläsegeräusche zu erwarten. Abb. 176 zeigt das vermaßte Profil von dreiflügeligen Gebläseläufern. Als Verzahnungsprofil zur Abdichtung zwischen Druck und Saugraum ist für diese Art der Läufer eine Zykloidenform, die Kardioide, besonders gut anwendbar und geeignet. Diese entsteht durch Abrollen zweier gleicher Kreise, welche im vorliegenden Fall die Teilkreise sind. Diese Wälzkurve hat den Vorteil, daß, wie aus Abb. 176 verständlich, nur die Kanten am Teilkreis A, B und die kurzen Kardioidenstücke A-C, B-D mit engem Spiel zusammenlaufen und präzis bearbeitet werden müssen, während der Rest des Läufers nur geschruppt werden braucht. Der Achsabstand ist mit $A = 0{,}66\,D$ festzulegen. Das Flankenspiel zwischen Wälzkante und Wälzkurve beträgt etwa 0,1 bis 0,2 mm. In der Auslegung und Berechnung der Profilkoordinaten berücksichtigt man das Flankenspiel, indem man den Anfangspunkt der Kardioide am Teilkreis jeweils um das halbe Flankenspiel verschiebt (30° 6′). Auch hier ist es notwendig, das Profil der Kardioide punktweise zu rechnen und auf die Koordinaten yz der Fräserachse F-F zu transformieren, um die Fräsmesser darnach herstellen zu können. Das konvexe und konkave Kreisbogenprofil werden ebenfalls mittels Satzfräsern vor der Feinbearbeitung der Kardioidenstücke gefräst. Die schmalen Dichtleisten gegen das Gebläsegehäuse am Außendurchmesser werden durch eine Drehoperation bearbeitet.

c) Konstruktionsbeispiele von Rootsgebläsen

Abb. 177 zeigt den Längsschnitt und Querschnitt des Rootsgebläses des Zweitakt-Dieselmotors der Ford-Werke AG., Köln (Abb. 247). In Abb. 178 ist das zugehörige Kennfeld dargestellt.

Grundsätzlich ist es zweckmäßig, das Rootsgebläse so zu konstruieren, daß es als geschlossene Baugruppe für sich hergestellt und am Motor befestigt werden kann. Im allgemeinen werden die Hauptteile des Rootsgebläses weitgehend in Leichtmetall ausgeführt, um geringe rotierende Massen und ein niedriges Baugewicht zu erreichen. Im vorliegenden Beispiel sind Gehäuse, Lagerdeckel, Läufer usw. für Kokillenguß konstruiert. Die Läufer sind dreiflügelig mit einem Profil ähnlich Abb. 176 ausgeführt, welches verschraubt ist. Die Wellenstummel sind mit den Passungen H7/s6 in die Läufer eingeschrumpft und mittels eines Kerbstiftes gesichert. Die Bearbeitung des Läuferprofiles muß wegen der Gewährleistung der notwendigen Genauigkeit mit den eingeschrumpften Wellenstummeln erfolgen. Zur Lagerung der Läufer werden fast ausschließlich Wälzlager, seltener auch Gleitlager, verwendet. Im letzteren Falle müssen besondere Vorkehrungen für die Abdichtung der Läufer gegen die Gleitlager getroffen werden.

Zur Einhaltung möglichst enger Seitenspiele zwischen Läufer und Lagerplatten muß eine spielfreie Lagerung auch in der Achsrichtung gesichert sein. Zur achsialen Lagesicherung der Läufer werden in der Hauptsache spielfrei eingestellte, doppelreihige Kugellager der Type 32X oder auch zwei einreihige Kugellager, welche durch Einstellbleche gegeneinander spielfrei zusammengespannt werden, eingebaut. Das Seitenspiel auf der Festlagerseite liegt in der Regel zwischen etwa 0,1 und 0,15 mm. Am anderen Läuferende muß im kalten Zustand bei der Montage ein entsprechend der Läuferlänge um etwa 0,1 bis 0,2 mm größeres Seitenspiel vorgesehen werden, um die Wärmedehnung des heißeren Drehkolbens gegenüber dem Gebläsegehäuse aufzunehmen. Das Umfangsspiel der Läufer zum Gebläsegehäuse beträgt etwa 0,1 bis 0,25 mm. Bei großem Verhältnis L/D wird man ein etwas größeres Umfangsspiel wählen, um Durchbiegungen und Verspannungen von Läufer und Gehäuse zu berücksichtigen. Die Lagerendplatten sind durch zwei Zylinderstifte am Gebläsegehäuse zentriert. Die Dichtflächen zwischen Gehäuse und Lagerplatten müssen so eben bearbeitet sein, daß man ohne gesonderte Papierdichtung dazwischen auskommt. Auf diese Weise werden Verspannungen vermieden und auch enge gleichmäßige Seitenspiele gewährleistet. Die Abdichtung zwischen Luftseite und dem Ölraum der Lagerplatten bzw. an den Wellendurchtritten muß vollkommen sein, da sonst Beschädigungen des Motors durch übermäßige Ölzufuhr in den Brennraum und hoher Ölverbrauch die Folgen sind. Zur Abdichtung der Wellendurchtritte werden vornehmlich Wellendichtringe oder auch Kolbenringe als Dichtelemente verwendet. Die Wellendichtringe müssen auf gehärteten und geschliffenen Zapfenflächen laufen. Ferner muß für eine geeignete Montage der Wellendichtringe Vorsorge getroffen werden, damit die Dichtlippen bei der meist sowieso schwierigen Montage auf keinen Fall beschädigt werden. Der Raum zwischen Wälzlager und der Wellendichtung darf nicht zu eng bemessen sein und außerdem müssen ausreichende Öffnungen nach oben und unten vorgesehen werden, um sowohl die Schmierung der Dichtflächen zu ermöglichen als auch auf alle Fälle einen Ölstau vor der Dichtung zu verhindern. Sehr gut hat sich für die vollkommene Abdichtung der Wellendurchtritte auch die Schaffung eines Überdruckes in dem läuferseitigen schmalen Ringraum um die Dichtringe bewährt, indem man vom Druckraum des Gebläses in den Lagerplatten seichte Rillen zum Ringraum um die Dichtringe führt.

Den Gleichlauf der Drehkolben bzw. die Einhaltung der notwendigen engen Eingriffsspiele zwischen den Drehkolbenprofilen besorgen die auf den Läuferstummeln befestigten Zahnräder. Diese Zahnräder müssen spielfrei (0,00 bis 0,03 mm Zahnspiel) zusammenlaufen, was eine äußerst präzise Herstellung der Verzahnung durch Schaben, Schleifen und eine Auswahlmontage erfordert.

Die Einhaltung der engen Zahnspiele über eine lange Betriebsdauer setzt eine geringe Abnützung der Zahnflanken voraus, welche man durch eine möglichst niedrige Zahnbeanspruchung berücksichtigt.

Zweckmäßig ist auch die Verwendung einer Schrägverzahnung mit etwa 20° Schrägungswinkel. Bei der Montage läßt sich durch achsiale Verschiebung der zwei Zahnräder gegeneinander das Eingriffsspiel der Läuferflanken genau einstellen. Die Zahnräder werden auf den Wellenstummeln je nach Größe des Gebläses mit Rundkeilen, Kerbzahnprofilen, Spannringen oder mittels Preßsitz befestigt. Zur Schmierung der Zahnräder und Lager genügt es, daß die Zahnspitzen und die eigens am gegenüberliegenden Wellenstummel angebrachte Sprühscheibe knapp in den Ölspiegel eintauchen. Um das Gebläse vollkommen wartungsfrei zu machen, ist es unbedingt notwendig, die Gebläseschmierung an die Motorumlaufschmierung anzuschließen. Es muß aber durch eine geeignete Öldosierung und durch große Ölablaufquerschnitte eine Überschmierung des Gebläses verhindert werden, damit kein Öl in den Luftraum übertritt. Die Eintrittsöffnung des Gebläses soll durch ein gesondert befestigtes grobmaschiges Stahldrahtsieb verschlossen sein, um auch bei abgenommenem Luftfilter oder Zuführungsrohr ein Eindringen von Fremdkörpern in die Gebläseläufer zu verhindern.

Rootsgebläse benötigen gesonderte Vorkehrungen zur Geräuschdämpfung, wofür sich am besten und einfachsten die Luftfilter eignen. Die Dämpfung wird durch entsprechende Anordnung und Abstimmung von zusätzlichen Räumen und Rohrstutzen bewirkt.

Bei Verwendung einer Auspuffbremse durch Absperren des Auspuffrohres bei einem mit Rootgebläse aufgeladenen Viertaktmotor würde die Antriebsleistung des Gebläses durch die Erhöhung des Gegendruckes wesentlich ansteigen. Es muß daher bei Einschalten der Motorbremse das Gebläse abgeschaltet oder kurzgeschlossen werden. Konstruktiv läßt sich dies nach Abb. 179 einfach dadurch lösen, indem man am Gebläsegehäuse einen Umgehungskanal vorsieht, welcher Druck- und Saugraum des Gebläses verbindet. Die im Saugstutzen angeordnete Klappe wird gleichzeitig bei Betätigung der Motorbremse geöffnet.

Die gleiche Anordnung ist auch zur Senkung der Teillastverbräuche sowohl für Zweitakt- als auch aufgeladene Viertaktmotoren geeignet, indem entsprechend dem Luftbedarf bei Teillasten die Klappe teilweise geöffnet wird und somit auch der Spül- und Ladedruck und damit die Antriebsleistung des Gebläses gesenkt wird. Der Hebel der Klappe wird dann in entsprechender Abhängigkeit von der Einspritzmenge und dem Luftbedarf mit dem Reglerhebel der Einspritzpumpe verbunden.

d) Antrieb von Rootsgebläsen

Der Antrieb des Rootsgebläses über Keilriemen ist ohne weiters für Motorleistungen bis zu 200 PS, also für Gebläseantriebsleistungen bis zu 30 bis 40 PS, möglich und wird in vielen Fällen insbesondere bei Fahrzeugmotoren bis zu diesen Leistungen verwendet. Der Riemenantrieb ist einfach, billig und geräuschlos. Es wird vor allem die Verwendung von Schmalkeilriemen empfohlen, welche infolge ihrer geringen Dehnung im Betrieb bei richtiger Auslegung ziemlich wartungsfrei und während langer Betriebsdauer sicher laufen.

Infolge des schwankenden Antriebsmomentes bei Rootsgebläsen und für die rasche Beschleunigung der Läufermassen ist es zweckmäßig, für die Bemessung der Riemen etwa 30 bis 40% Leistungszuschlag anzunehmen.

Die Lagerung des angetriebenen Läufers ist möglichst vom Riemenzug zu entlasten. Es ist daher unmittelbar neben oder auf der Antriebsriemenscheibe ein gesondertes Wälzlager anzuordnen, Abb. 158.

Bei Anwendung eines Zahnradtriebes für Rootsgebläse muß eine drehelastische und dämpfende Kupplung in den Zahnradtrieb eingeschaltet werden. Die Kupplung ist auf Resonanzschwingungen rechnerisch und versuchsmäßig zu überprüfen, wobei vor allem auch der Leerlauf des Motors zu berücksichtigen und zu beachten ist. In Abb. 177 der Rootsgebläsekonstruktion ist auch die Verbindung des Rootsgebläses mit dem Zahnradantrieb und die zugehörige elastische Kupplung dargestellt.

Das Antriebszahnrad ist auf einer hohlen Flanschwelle gelagert, auf welcher auch das Gehäuse der elastischen Kupplung befestigt ist. Die Verbindung zwischen dem Gebläseläufer und der drehelastischen Kupplung erfolgt durch eine kurze Welle, welche an beiden Enden mit einer Kerbverzahnung versehen ist und einerseits in den Nocken der elastischen Kupplung und am anderen Ende in der am Gebläsezahnrad befestigten Flanschnabe eingreift.

Die elastische Kupplung, deren Aufbau und Wirkung im Kreuzriß ersichtlich ist, baut in dieser Form sehr gedrängt und verhältnismäßig einfach. Die Kupplungsnocke stützt sich gegen zwei Blattfederpakete ab, welche außen auf zwei Gleitsteinen im Kupplungsgehäuse gegengelagert sind. Durch die Nockenform läßt sich jede notwendige Federcharakteristik über dem Verdrehwinkel erzielen.

Ist man in der Baulänge nicht so beschränkt, so sind Gummigelenkkupplungen als elastisches und dämpfendes Zwischenglied ebenfalls sehr gut geeignet. Diese dürfen allerdings nicht im Ölraum untergebracht werden.

Auch bei der Schaltung von zwei Gebläsen hintereinander ist die Anordnung einer Gummigelenkkupplung in der Verbindungswelle zwischen beiden Gebläsen notwendig.

Schrifttum

Bormuth, Ph.: Beitrag zur Frage der Leistungsverbesserung von Rootsgebläsen. Konstruktion 1957, April, S. 154.
— Ermittlung der Temperaturerhöhung in Rootsgebläsen. Konstruktion 1961, S. 21.
Ertl, H.: Die Auslegung von Rootsgebläsen. Konstruktion 1953, März.
Grote, P.: Auflade- und Spülgebläse nach dem Drehkolbenprinzip. MTZ 1952, Februar, S. 45.
— Drehkolbengebläse und Drehkolbenverdichter für die Aufladung von Dieselmotoren. MTZ 1955, September, S. 256.
Nuell, W. T.: Superchargers and Their Comparative Performance. SAE Trans. 1952, S. 753.
Pachernegg, S.: Kennlinien von Rootsgebläsen. MTZ 1958, S. 206.
Schröder, W.: Der mechanisch aufgeladene Viertaktmotor D28LA der Hanomag. MTZ 1956, Juli, S. 231.
Schweitzer, P. H.: Eignung des Zweitaktmotors für Straßenfahrzeuge. ATZ 1954, S. 265.
Wernig, F., und B. Eckert: Berechnung und Entwurf von Rootsladegebläsen. Deutsche Kraftfahrtforschung, Zwischenbericht 114 (1942).

2. Radialgebläse

Die mechanisch angetriebenen Radialgebläse kommen in der Hauptsache als Spülgebläse für mittlere und größere Zweitakt-Dieselmotoren in Frage. Bei den Viertaktmotoren wurden die mechanisch angetriebenen Radialgebläse bis auf ganz wenige Ausnahmen bei Sondermotoren und Flugmotoren durch die Abgasturbogebläse ersetzt.

Die für die Spülung und Aufladung erforderlichen Druckverhältnisse lassen im allgemeinen die einstufige Bauart zu, wobei in der Regel die Laufräder mit radialen Schaufeln, axialem Laufradeintritt und offen ausgeführt werden.

Das Ziel des nachfolgenden Rechnungsganges ist die rasche Bestimmung der Hauptdaten des Gebläses mit Außendurchmesser und Drehzahl, soweit diese für den Entwurf des Motors notwendig sind. Die im einzelnen genaue rechnerische Auslegung würde den gesteckten Rahmen des vorliegenden Bandes übersteigen. Es wird hiezu auf die im anschließenden Literaturverzeichnis angegebenen Quellen hingewiesen.

a) Bestimmung der Hauptabmessungen

Bearbeitet von Dipl.-Ing. Gerhard Thien,
Anstalt für Verbrennungsmotoren Prof. Dr. Hans List, Graz

In der schematischen Darstellung Abb. 180 eines Radialgebläses sind die im nachfolgenden Rechnungsgang vorkommenden Dimensionen eingetragen. Abb. 181 zeigt die für radiale Schaufeln zugehörigen Geschwindigkeitsdreiecke.

Für die Auslegung der Hauptabmessungen ist vorerst die Kenntnis von

V_A m³/sek der Fördermenge im Ansaugzustand und das zu erreichende

$\frac{p_E}{p_A}$, das ist das Druckverhältnis, notwendig, wobei

p_E kg/m² Druck im Sammelraum vor den Zylindern,

p_A kg/m² Druck im Ansaugzustand darstellen.

Meist läßt sich das erforderliche Druckverhältnis p_E/p_A nicht genau voraussagen. Man wähle daher p_E/p_A vorerst etwas zu reichlich. Anpassungen an die tatsächlichen

Verhältnisse sind dann durch Verkleinerung des Laufrad-Außendurchmessers D_2 während der Versuchsarbeit noch möglich.

Die für den Motorentwurf vorerst notwendigen Größen des Laufradaußendurchmessers D_2 und der Gebläsedrehzahl lassen sich aus der für das erforderliche p_E/p_A notwendigen Umfangsgeschwindigkeit am Laufradaußendurchmesser u_2 bestimmen.

$$u_2 = \sqrt{\frac{2g \cdot H_{ad}}{\psi_{ad}}} \text{ m/sek}$$

$$H_{ad} = R \cdot T_A \quad \frac{\varkappa}{\varkappa - 1} \left[\left(\frac{p_E}{p_A} \right)^{\frac{\varkappa - 1}{\varkappa}} - 1 \right] \text{m}$$

$T_a = t_a + 273°$ K absolute Temperatur im Ansaugzustand
$\varkappa = 1{,}4$ Adiabatenexponent der Luft
$R = 29{,}27$ mkg/kg° Gaskonstante

Die Bestimmung der Gebläseabmessungen muß sich vorläufig auf eine Schätzung der verschiedenen Wirkungsgrade stützen. Diese müssen dann im Zuge der genauen Gebläsedurchrechnung kontrolliert werden, wobei sich gegebenenfalls nachträglich kleine Abänderungen ergeben.

$\psi_{ad} = \psi_{theor.\,\infty} \cdot \mu \cdot \frac{\eta_{st}}{\eta_{vol.}}$ Druckziffer
$\psi_{theor.\,\infty}$ = Druckziffer für unendliche Schaufelzahl ($z = \infty$) und verlustlose Strömung
$\psi_{theor.\,\infty} = 2$ für $\beta_2 = 90°$ (radiale Schaufeln)
$\mu = \frac{c_{u2}}{c_{u2\,\infty}}$ Minderleistungsziffer
$c_{u2\infty} = u_2$ für $\beta_2 = 90°$

Die Minderleistungsziffer μ ist von der Laufschaufelzahl z, der Durchsatzzahl φ und von den Laufradproportionen abhängig. Letztere sind bei den hier zur Verwendung gelangenden Laufrädern mit radialen Schaufeln ziemlich einheitlich, so daß man für eine bestimmte Schaufelzahl eine einheitliche Abhängigkeit von der Durchsatzzahl φ annehmen kann. Abb. 182 zeigt die Abhängigkeit der Minderleistungsziffer μ von der Durchsatzzahl φ für $z = 20$.

$$\varphi = \frac{V_2}{\pi D_2 \cdot b_2 u_2}$$

V_2 = Fördermenge im Zustand bei Laufradaustritt m³/sek

$\varphi = 0{,}3$ bis $0{,}4$ muß vorläufig geschätzt werden, wobei für niedrige Drehzahlen der untere Wert und für kleine Baugrößen der obere Wert zu wählen ist. Für die zu wählende Schaufelzahl z, welche am günstigsten zwischen $z = 16$ bis 20 liegt, erhält man näherungsweise die Minderleistungsziffer

$$\mu = 1 - (1 - \mu_{20}) \frac{20}{z}$$

$\eta_{vol} = 0{,}95$ bis $0{,}98$ volumetrischer Wirkungsgrad
$\eta_{st} = 0{,}60$ bis $0{,}75$ Stufen- oder innerer Wirkungsgrad ist das Verhältnis der Nutzleistung $G \cdot H_{ad}$ zur gesamten auf die Luft übertragenen Leistung.

Er beinhaltet außer dem mechanischen Verlust die Strömungsverluste, Radscheibenreibung und volumetrische Verluste. Aus der Definition von H_{ad} als Funktion von p_E/p_A sind auch die Verluste in den Zu- und Ableitungen des Gebläses und der Verlust der Geschwindigkeitsenergie beim Eintritt in den Sammelraum inbegriffen. Der Stufenwirkungsgrad muß vorläufig geschätzt werden. Die obere Grenze gilt für Ausführungen mit Leitschaufeln, gut durchgebildeter Spirale und Diffusor. Für gedrängte Konstruktionen ist die untere Grenze zu wählen.

Mit Hilfe der geschätzten Größen μ, η_{vol} und η_{st} kann ψ_{ad}, welches im allgemeinen im Bereich von 1 bis 1,4 liegt, bestimmt werden. Mit ψ_{ad} und H_{ad} erhält man das gewünschte u_2 m/sek.

Von der Größe von u_2 ist die Wahl des Laufradmaterials abhängig. Erfahrungsgemäß ist für in vergüteter Leichtmetallegierung und in Kokille gegossene Räder eine maximale Umfangsgeschwindigkeit bis zu 280 m/sek zulässig. Geschmiedete Leichtmetallräder können bis zu Umfangsgeschwindigkeiten von 460 m/sek verwendet werden. Bei Flugmotoren sind auch geschmiedete Stahlräder zur Anwendung gelangt. Bei Spülgebläsen für Zweitaktmotoren kommt man in der Regel mit gegossenen, vergüteten Leichtmetallrädern aus.

Im Hinblick auf den Wirkungsgrad des Gebläses ist nur ein verhältnismäßig enger Bereich der Laufradabmessungen in Bezug auf den Außendurchmesser D_2 und die Umfangsgeschwindigkeit u_2 günstig. Nach Traupel, ,,Thermische Turbomaschinen'', sind folgende Zuordnungen der wichtigsten Abmessungen möglichst einzuhalten.

Für die Geschwindigkeitsdreiecke Abb. 181 gilt

$$\frac{w_2}{w_1} = 0{,}6-0{,}8 \qquad \frac{c_1}{u_2} = 0{,}35-0{,}4-(0{,}5).$$

Daraus ergibt sich

$$D_2 = ((2{,}93)-3{,}28-4{,}13)\,\frac{V_1}{u_2}\ \text{m}.$$

$$V_1 \sim V_A$$

womit man $n = \dfrac{60\,u_2}{D_2 \cdot \pi}$ U/min die Laufraddrehzahl erhält.

Durch den aus obiger Formel möglichen Spielraum von D_2 kann man sich gewissen konstruktiven Gegebenheiten noch anpassen. Weiters soll sein (Abb. 180):

$$b_2 = (0{,}035-0{,}05)\,D_2$$
$$D_{1a} = (0{,}55-0{,}6)\,D_2$$
$$D_{1i} = (0{,}25-0{,}3)\,D_2.$$

Sind Messungen von einer schon ausgeführten geometrisch ähnlichen Gebläseausführung, deren Daten mit + gekennzeichnet seien, vorhanden, so können daraus der Laufraddurchmesser D_2 und die Drehzahl n des Neuentwurfes nach der folgenden Beziehung umgerechnet werden:

$$D_2 = D_2^+ \cdot \left(\frac{V_A}{V_A^+}\right)^{\frac{1}{2}} \cdot \left(\frac{H_{\text{ad}}}{H_{\text{ad}}^+}\right)^{-\frac{1}{4}}$$

$$n = n^+ \cdot \left(\frac{V_A}{V_A^+}\right)^{-\frac{1}{2}} \cdot \left(\frac{H_{\text{ad}}}{H_{\text{ad}}^+}\right)^{\frac{3}{4}}.$$

Für H_{ad}^+ und V_{ad}^+ sind die Werte für den Punkt besten Wirkungsgrades einzusetzen. Alle übrigen Abmessungen, auch die der Saug- und Druckleitungen sind im Verhältnis D_2/D_2^+ umzuändern.

Bei hohen Druckverhältnissen sind die Laufradabmessungen hinsichtlich der Eintrittsmachzahl zu überprüfen. Bei Spülgebläsen für Zweitaktmotoren mit den relativ niedrigen Druckverhältnissen von 1,2 bis 1,6 ist man in der Regel weit von diesem Kriterium entfernt.

Die Antriebsleistung des Gebläses für die Auslegung der Antriebsräder und deren Lagerungen bestimmt sich nach

$$N = \frac{G \cdot H_{\text{ad}}}{75\,\eta_{\text{st}} \cdot \eta_{\text{mech.}}}\ \text{PS}.$$

$G = V_A/v_A$ Fördergewicht kg/sek

$v_A = RT_A/p_A$ spezifisches Volumen im Ansaugzustand m³/kg

$\eta_{\text{mech.}} = 0{,}93$ bis 0,98 je nach Anzahl der Getriebestufen.

Zum Leitapparat zählen alle Einrichtungen nach dem Laufrad, die zur Verzögerung und Druckumsetzung der Laufradaustrittsgeschwindigkeit dienen. Dieser hat besonders bei den Radialrädern mit $\beta_2=90$ erheblichen Einfluß auf den Gesamtwirkungsgrad des Gebläses, da im Laufrad nur etwa 50% der Gesamtenergie in Druck umgesetzt werden.

Die verschiedenen möglichen Formen des Leitapparates und der Spirale üben einen starken Einfluß auf den Verlauf der Gebläsekennlinien aus. Den flachsten Kennlinienverlauf hat der reine schaufellose Ringraum nach dem Laufradaustritt mit anschließendem konzentrischen Sammelbehälter. Zur Erzielung guter Wirkungsgrade ist in diesem Falle ein Laufradaustrittswinkel von $\alpha_2 \geqq 20°$ notwendig. Dies setzt die Wahl von D_2 in der Nähe der unteren möglichen Werte voraus. Ferner soll der Ringraum auf etwa doppelten Laufradaußendurchmesser bemessen werden ($D_3 \sim 2D_2$, Abb. 180).

Die steilsten Kennlinien und höchsten Wirkungsgrade werden mit Leitschaufeln und anschließender unsymmetrischer Spirale mit Diffusor erreicht. Am besten wären mehrere Teilspiralen. Leitschaufeln sind vor allem erforderlich, wenn der Laufradaustrittswinkel $\alpha_2 \leqq 15°$ und D_2 und b_2 an der oberen Grenze gewählt werden. Da in diesem Fall der Bereich guten Wirkungsgrades ziemlich eng begrenzt ist, ist eine genaue Anpassung des Gebläses an die Betriebsbedingungen erforderlich.

Die gedrängteste Gebläsebauart wird mit Leitschaufeln und mit nach innen gezogener Spirale und anschließendem Diffusor erreicht. Der Außendurchmesser der Spirale wird damit etwa 1,6 D_2. Die Leitschaufeln sollten aber auch hier nicht näher als (1,2 bis 1,4) D_2 an das Laufrad herangerückt werden. Eine ähnliche Ausführung ohne Leitschaufeln auszuführen, gäbe zwar noch geringere Einbauabmessungen, ist aber nicht zu empfehlen, da der Wirkungsgrad der Spirale selbst meist nicht besonders gut ist und sich in diesem Falle stark auf den Gesamtwirkungsgrad des Gebläses auswirkt.

Um beim Entwurf eines Motors rasch einen Überblick über die zu erwartenden Außenabmessungen des Gebläses mit dem Leitapparat zu erhalten, kann man den Spiralenendquerschnitt vorher überschlägig ermitteln.

Der nachstehende Rechnungsgang bezieht sich nur auf die Kombination eines schaufellosen Ringraumes mit anschließender Kreisquerschnittsspirale.

Zur Vergleichmäßigung der uneinheitlichen Geschwindigkeitsverteilung nach dem Laufradaustritt ist es zweckmäßig, allgemein und auch bei schaufellosen Ringräumen die äußere Ringraumbreite auf $b_3=0{,}72 \cdot b_2$ zu verengen. Der Radius des reibungsfrei gerechneten Endquerschnittes für die Spirale mit kreisförmigem Querschnitt bestimmt sich nach

$$r' = \frac{V_3}{\pi \cdot c_{u3} \cdot D_3} + \sqrt{\frac{V_3}{\pi \cdot c_{u3}}}\ \text{m}.$$

c_{u3} = Umfangskomponente der Absolutgeschwindigkeit im Ringraum am Durchmesser D_3 der Spirale. Unter Vernachlässigung der Verluste im schaufellosen Ringraum von Laufradaustritt bis zum Spiraleneintritt ergibt sich

$$c_{u3} = u_2 \cdot \frac{D_2}{D_3} \cdot \mu$$

V_3 = Fördermenge im Zustand am Spiraleninnenradius

$$V_3 = \frac{V_A \cdot T_3 \cdot p_A}{T_A \cdot p_3}$$

überschlägig errechnen sich

$$T_3 \sim T_A + (0{,}5 - 0{,}7)\, H_{ad} \frac{\eta_{vol}}{\eta_{st}} \cdot \frac{A}{c_p}$$

$$p_3 \sim p_A\left[1 + (0{,}5 - 0{,}7)\left(\frac{p_E}{p_A} - 1\right)\right]$$

$$\frac{A}{c_p} = \frac{1}{427 \cdot 0{,}24} = \frac{1}{102{,}3}\ °/\text{m für Luft}.$$

Zur Berücksichtigung der Reibungsverluste in der Spirale führt man den Querschnitt größer aus und macht

$$r = 1{,}1 \cdot r'.$$

An die Spirale ist dann ein Diffusor anzuschließen, dessen Endquerschnitt größer als der Laufradeintrittsquerschnitt F_1 sein soll, d. h. Austrittsgeschwindigkeit $c_5 < c_1$. Von großem Einfluß auf den Wirkungsgrad ist die Führung des Diffusors. Der Diffusor ist unbedingt nach der Spirale gerade auszuführen. Der Öffnungswinkel δ soll nicht größer als 10° ausgeführt werden, um Ablösung der Strömung zu vermeiden. Krümmer zur Umlenkung der Luft in die Ansaugleitungen und Spülluftträume sind nach dem Diffusor anzuordnen.

Der innere Krümmungsradius soll als Regel nicht kleiner als der Rohrdurchmesser sein.

b) Konstruktionsbeispiele von Radialgebläsen

Da Radialgebläse allgemein für größere Fördermengen verwendet werden und mit Drehzahlen von 12000 bis 24000 U/min und mehr arbeiten, kommt für die zu übertragenden Leistungen von vornherein nur ein Zahnradantrieb in Frage. Die Ausbildung der letzten Übersetzungsstufe mit ihrer Lagerung erfordert durch die hohen Drehzahlen besondere konstruktive Sorgfalt und eine sehr genaue Herstellung. Es ist daher zweckmäßig, das Radialgebläse mit der Lagerung des Läufers einschließlich der letzten raschlaufenden Übersetzungsstufe als eine in sich geschlossene Baugruppe auszuführen, welche als Ganzes am Motor befestigt wird. Fast ausschließlich werden für die erforderlichen Zahnradvorgelege Stirnräder verwendet, so daß damit die Lage des Gebläses mit paralleler Achse zur Kurbelwelle für den Anbau am Motor an eine der beiden Stirnseiten gegeben ist. Es wird dadurch in der Regel eine Umlenkung der aus dem Gebläse austretenden Ladeluft zu den Zylinderköpfen oder zum Spülluftraum erforderlich.

Da, wie im vorigen Abschnitt dargelegt wurde, der Gesamtwirkungsgrad des Gebläses auch von der Spiralen- und Diffusorausbildung und der Leitungsführung zum Spülluftraum beeinflußt wird, muß auch der Formgebung der Umlenkung und der Leitungen besondere Aufmerksamkeit beim Entwurf gewidmet werden.

Leider lassen die Einbauverhältnisse in der Regel die für optimale Wirkungsgrade notwendigen langen Diffusoren und großen Umlenkungskrümmer nicht zu.

Weitere Konstruktionsdetails werden an Hand der folgenden Konstruktionsbeispiele erörtert.

Abb. 183 zeigt die Ausführung eines Radialgebläses für die Spülluftförderung eines Vierzylinder-Zweitaktmotors von 200 PS der Jenbacher Werke.

Das Gebläse ist einschließlich der Lagerung der letzten Übersetzungsstufe in einer geschlossenen Baugruppe vereinigt und als Ganzes an der vorderen Stirnseite des Motors befestigt. Das Spiralgehäuse ist mit dem Getriebekasten aus einem Stück in einer vergüteten Leichtmetallegierung gegossen. Der seitlich offene Getriebekasten wird durch eine Lagerplatte gegen das Kurbelgehäuse abgeschlossen, welche die Gegenlager der Wellen trägt. Dadurch kann der Rädersatz einfach montiert werden. Die Lagersitze im Gehäuse und in der Lagerplatte werden gemeinsam feingebohrt. In der Nabe des großen Zahnrades ist die elastische Kupplung in der gleichen Form wie Abb. 177 mit einer gegen die Blattfedern sich abstützenden Nocke eingebaut. Beide Wellen sind wälzgelagert, wobei die Wälzlager in gesonderten Lagergehäusen aus Stahl sitzen, welche in dem Gebläsegehäuse und in der Lagerplatte befestigt sind. Für die mit 19000 U/min laufende Gebläsewelle sind Hochgenauigkeitslager mit Massivkäfigen vorgesehen, wie sie in der Regel für hohe Drehzahlen notwendig sind. Den Achsialschub bzw. die Lagesicherung übernehmen die zwei nahe dem Gebläserad liegenden gegeneinander spielfrei verspannten Kugellager. Die Abdichtung der Gebläsewelle gegen den Luftraum erfolgt durch ein nach innen förderndes reibungsloses Dichtgewinde und durch einen Spritzring.

Das Laufrad besteht aus einer vergüteten Leichtmetallgußlegierung, welche für die auftretende maximale Umfangsgeschwindigkeit von 220 m/sek noch ausreicht. Das Rad, das auf der verlängerten Zahnradwelle sitzt, wird nur durch Reibung mitgenommen, welche durch die zentrale Spannschraube aufgebracht wird. Das Gebläserad muß sorgfältig ausgewuchtet werden. Die Schmierung der Gebläsegruppe ist an die Druckumlaufschmierung des Motors angeschlossen. Vor dem Gebläse ist ein gesonderter Feinfilter vorgeschaltet. Eine Düse spritzt Öl gegen den Eingriff des raschlaufenden Zahnradpaares. Die Übertragung vom Zahnradtrieb im Kurbelgehäuse auf die Übersetzungsstufe im Gebläsegehäuse erfolgt durch einen kurzen Verbindungsstab.

Abb. 184 bringt ein Beispiel eines gleitgelagerten Radialgebläses. Gleitlager sind für hohe Drehzahlen sehr geeignet, wenn ihre Auslegung und Herstellung sehr sorgfältig durchgeführt werden. (Bd. 8/1: „Lager und Schmierung".)

Das vorliegende Beispiel ist ein Spülgebläse für einen Zweitaktmotor der Jenbacher-Werke mit 1000 PS Leistung.

Infolge der Größe des Gebläses sind Spirale und Getriebegehäuse als Gußteile getrennt ausgeführt, aber es wurde das Prinzip beibehalten, die letzte raschlaufende Übersetzungsstufe mit dem Gebläse als eine eigene Baugruppe auszuführen, die am Motor befestigt wird. Die Achse des Vorgeleges wird am Kurbelgehäuse zentriert und damit der Achsabstand zum Zahnradtrieb am Motor genau eingehalten. Bemerkenswert ist die Verwendung einer hydraulischen Kupplung als nachgiebiges und dämpfendes Zwischenglied im Zahnradtrieb.

Eine hydraulische Kupplung ist für diese Zwecke sehr geeignet und bietet im allgemeinen auch einen einfacheren Aufbau als jede andere mechanische, elastische Kupplung.

Um die Abmessungen der hydraulischen Kupplung klein zu halten, ordnet man diese in der Regel auf der raschlaufenden Welle an. Die eine Hälfte der Kupplung ist mit dem Ritzel verbunden. Diese Montagegruppe ist für sich auf der Gebläsewelle gelagert. Auch der Achsialschub der Kupplung wird auf der Welle selbst aufgenommen. Die zweite Kupplungshälfte ist mit der Gebläsewelle durch eine Flanschverbindung fest verbunden.

Die Ölzufuhr zur hydraulischen Kupplung und zu den Gleitlagern erfolgt durch die zentrale Bohrung in der Gebläseradwelle. Damit sich die Kupplung nicht in kurzer Zeit mit festem Ölschlamm füllt — sie würde infolge der hohen Drehzahl als Nebenstromschleuderfilter wirken —, ist im Mantel des äußeren Kupplungsgehäuses eine kleine Bohrung mit etwa 1 bis 1,5 mm vorgesehen, durch welche im Betrieb laufend eine geringe Menge von Öl austritt. Erfahrungsgemäß ist die Kupplung schon am Ende des Anlaßvorganges durch die Druckschmierung wieder gefüllt. Die Elemente der Kupplung können von der Zubehörindustrie bezogen werden.

Die Gebläsewelle, deren Lagerflächen induktionsgehärtet sind, läuft in Bleibronzebüchsen. Für höhere Drehzahlen ist die Verwendung von Mehrgleitflächenlagern zweckmäßig.

Das Laufrad ist aus einer vergüteten Aluminium-Gußlegierung hergestellt und sitzt mit einem flachen Konus auf der Gebläsewelle.

3. Abgasturbogebläse

Die theoretischen und konstruktiven Unterlagen für den Bau von Abgasturbogebläsen können im Rahmen dieses Bandes nicht gebracht werden. Die Abgasturbolader für raschlaufende Dieselmotoren werden in ausreichender Auswahl von einer darauf spezialisierten Zubehörindustrie entwickelt und hergestellt. Die Hauptaufgabe beim Motorentwurf beschränkt sich in der Regel auf die richtige Auswahl des Turboladers hinsichtlich Luftmenge, Ladedruck und Verwendungszweck des Motors und auf den zweckmäßigen und raumsparenden Anbau der Ladegruppe und der dazugehörigen Leitungen.

Vor allem ist vom Motorkonstrukteur zu beachten, daß der Motor selbst, insbesondere dann, wenn die gedachte Aufladung $p_e = 9$ kg/cm² überschreitet, in seiner Dimensionierung den höheren thermischen und mechanischen Beanspruchungen gewachsen sein muß, die durch die Aufladung entstehen. Vor allem müssen vorhandene Serienmotoren, die nachträglich aufgeladen werden sollen, in dieser Hinsicht überprüft und gegebenenfalls geändert werden. Bei Neukonstruktionen raschlaufender Motoren wird man, wenn diese nicht von vornherein aufgeladen verwendet werden, die spätere Auflademöglichkeit von Anfang an in der Dimensionierung und Ausführung der diesbezüglichen Bauteile des Motors und die einbaugerechte Anbringung des Laders berücksichtigen.

Wichtig ist die Auswahl und Abstimmung der Abgasturbolader hinsichtlich Verwendungszweck.

Fahrzeugmotoren verlangen eine Zunahme des Drehmomentes mit fallender Drehzahl. Für diesen Fall ist die Turbine mit Stoßbetrieb passend, weil diese durch die Ausnützung der Druckimpulse im unteren Drehzahlbereich des Motors eine höhere Turbinendrehzahl und dadurch einen höheren Ladedruck erreicht und somit auch höhere Drehmomente des Motors ermöglicht.

Für Motoren, deren Drehmomentenverlauf einer Propellercharakteristik entsprechen soll, ist die Turbine mit Staubetrieb zu verwenden. Die für Fahrzeugbetrieb erforderliche Drehmomentenkennlinie kann jedoch in Verbindung mit einer Auspuffabblaseregelung auch mit der Stauturbine verwirklicht werden.

Grundsätzlich ist für jeden Motor eine genaue versuchsmäßige Abstimmung und Anpassung der Turbine an den Motor notwendig, und es bedarf in dieser Hinsicht einer engen Zusammenarbeit zwischen Turbinen- und Motorhersteller.

Von Motoren für Fahrzeuge wird eine rasche Beschleunigung erwartet. Zu diesem Zweck müssen die Abgasturbinen bei Lastwechsel rasch die der neuen Last entsprechende Drehzahl annehmen. Das erfordert kleine, leichte Laufräder mit hohen Turbinendrehzahlen. Deshalb ist es notwendig, daß für Fahrzeugmotoren kleine, hochdrehende Abgasturbolader gewählt werden. Aus dem gleichen Grunde kann es zweckmäßig sein, bei größeren Leistungen von Fahrzeugmotoren und höheren Zylinderzahlen zwei oder mehrere kleine Abgasturbinen anzuordnen, welche billiger und geeigneter in der Wartung sein können als eine einzige größere Turbine. Bei Motorbaureihen kann man dadurch mit wenig Baugrößen von Abgasturboladern für die ganze Baureihe auskommen.

Bezüglich der Anordnung des Abgasturboladers am Motor ist man im allgemeinen frei und hat sich, insbesondere bei Fahrzeugmotoren, hauptsächlich nach dem zur Verfügung stehenden Einbauraum zu richten.

Zu beachten ist, daß die Auspuffleitung zur Turbine möglichst kurz und gerade geführt wird. Im allgemeinen sind die in Frage kommenden Abgasturbolader so ausgebildet, daß sie direkt auf das Auspuffsammelrohr gesetzt und mit diesem fest verbunden werden. Die Verbindung mit der Luftleitung muß aber dann beweglich sein. Wird die Ladegruppe am Lagergehäuse befestigt, so müssen alle Leitungsanschlüsse flexibel sein, um Verspannungen zu vermeiden. Bei V-Motoren läßt sich das Abgasturbogebläse im Raum zwischen den beiden Zylinderreihen platzsparend unterbringen.

Die Auspuffrohre für Stoßturbinen müssen so unterteilt sein, daß sich die Öffnungszeiten der Auspuffventile im gleichen Zweig der Zuführungsleitungen nicht überschneiden. Der Leitungsquerschnitt ist meistens durch den Einstrittsquerschnitt am Turbinengehäuse schon gegeben. Die Querschnitte sollen vom Zylinderkopf zur Turbine gleichmäßig verlaufen. Die Auspuffkanäle müssen aus den Zylinderköpfen einzeln herausgeführt und dürfen nicht innerhalb des Kopfes paarweise zusammengefaßt werden.

Bei Stauturbinen genügt in der Regel das übliche Auspuffsammelrohr. Der Querschnitt ist in diesem Fall mit der auf die mittlere Kolbengeschwindigkeit bezogenen Geschwindigkeit von 45 bis 50 m/sek auszulegen. Bei Krümmungen soll der innere Radius den Rohrdurchmesser keinesfalls unterschreiten. Die Größe der Abgasleitung von der Turbine ist durch den Austrittquerschnitt am Turbinengehäuse bestimmt.

Da die Turbine selbst schon einen guten Geräuschdämpfungseffekt hat, ist im allgemeinen kein weiterer Auspuffschalldämpfer hinter der Turbine notwendig. Die Abgasleitung soll mit Rücksicht auf die Turbine ohne starke Krümmung oder Verengungen geführt werden, ihr Widerstand soll am Turbinenauslaß nicht mehr als 50 mm Wassersäule betragen.

Die Luftverteilung ist so zu bemessen, daß große Druckschwankungen nicht auftreten können, um ein Pumpen des Laders zu verhindern. Die auf die Kolbengeschwindigkeit bezogene Geschwindigkeit in der Luftverteilleitung soll 45 m/sek nicht übersteigen, wobei scharfe Umlenkungen zu vermeiden sind. Der Übergang vom Gebläseaustrittsstutzen zur Luftverteilleitung ist allmählich, wenn möglich unter Zwischenschaltung eines richtig durchgebildeten Diffusors, zu gestalten. Der Druckabfall im Luftfilter und in der Verbindungsleitung zum Gebläse soll nicht mehr als 200 mm Wassersäule betragen und auch bei verschmutztem Filter 300 mm Wassersäule nicht übersteigen. Hinsichtlich der Anordnung des Luftfilters am Motor bzw. am Gebläse muß insbesondere dafür gesorgt werden, daß die Ansaugluft außerhalb des Motorraumes entnommen wird und nicht durch den Kühler erwärmte Luft in das Gebläse kommt. Dadurch würde nicht nur der Wirkungsgrad sinken, sondern auch die thermischen und mechanischen Beanspruchungen des Motors wesentlich steigen.

Entsprechend dem Einsatz der aufgeladenen Motoren sind von der Turbinenseite her nur begrenzte Abgastemperaturen zulässig. Für Dauerbetrieb soll die Abgastemperatur vor der Turbine etwa 600° C nicht überschreiten. Für kurzzeitigen Betrieb bei Kraftfahrzeugmotoren werden 650° bis 700° C Abgastemperatur vor der Turbine zugelassen.

Um die Abgastemperatur auf die zulässige Höhe abzusenken, wird vielfach eine vergrößerte Ventilüberschneidung ausgeführt. Bei Motoren für Kraftfahrzeuge sind jedoch größere Ventilüberschneidungen wenn möglich zu vermeiden, da dadurch die erwünschte und vorteilhafte Bremsleistung des Motors in Gefällen stark absinkt.

In diesem Zusammenhang ist bei Verwendung aufgeladener Motoren für Lastkraftwagen bei der Auslegung der Bremsanlage zu beachten, daß man in diesem Fall nicht mit einer der aufgeladenen Leistung entsprechenden Bremsleistung des Motors rechnen kann, sondern nur die Bremsleistung entsprechend der Leistung des unaufgeladenen Motors zur Verfügung hat.

Als weiteres Mittel zur Absenkung der Abgastemperatur bzw. zur wirksamen thermischen und mechanischen Entlastung des Motors käme die Ladeluftkühlung in Frage.

Für Aufladungsgrade, welche über $p_e = 11$ kg/cm² hinausgehen, wird im allgemeinen eine Zwischenkühlung der Ladeluft erforderlich sein. Es ist dann ein gesonderter Ladeluftkühler am Motor anzubringen.

Für stationäre Anlagen und bei Lokomotiven mit größeren Leistungen bietet die Anordnung eines Ladeluftkühlers mit einem getrennten Kühlwasserkreislauf außer der räumlichen Unterbringung keine besonderen konstruktiven Probleme.

Bei Motoren für Lastkraftwagen ist nach dem Stand der derzeitigen Entwicklung die Ladeluftkühlung bis auf wenige Ausnahmen und erste Versuchsausführungen noch kaum zur Anwendung gelangt.

Die Kosten der Ladeluftkühler sind derzeit noch beträchtlich, so daß sich der Einsatz der Ladeluftkühlung für Kraftfahrzeuge erst über 200 PS lohnen wird. Außerdem macht die raummäßige Unterbringung des Ladeluftkühlers Schwierigkeiten infolge des meist kleinen Motoreinbauraumes, der zur Verfügung steht.

Bei Verwendung des Motorkühlwassers zur Kühlung der Ladeluft kann die Temperatur derselben nur beschränkt gesenkt werden, weil man andererseits bestrebt sein muß, die Betriebstemperatur des Motors möglichst gleichmäßig hoch zu halten. Bei dieser Art der Ladeluftkühlung wird die Höhe der Aufladung auf etwa $p_e = 11$ bis 12 kg/cm² beschränkt sein.

Ein gesonderter Kühlkreislauf für den Ladeluftkühler ist für Kraftfahrzeugmotoren hinsichtlich Anordnung, Einbauraum und Kosten zu aufwendig.

An einem Kraftfahrzeug läßt sich konstruktiv noch am besten ein luftgekühlter Ladeluftkühler unterbringen, welcher vor den Motorkühler gestellt wird. Doch auch damit ist es nur möglich, eine beschränkte Kühlfläche unterzubringen und einen beschränkten Aufladegrad zu erreichen.

Die höheren thermischen und mechanischen Beanspruchungen aufgeladener Motoren und die vermehrte Kompliziertheit der Gesamtanlage verlangen eine ausgezeichnete Bedienung und Wartung von Motor und Turbine. Sie soll bei Motoren für Kraftfahrzeuge weitgehend durch möglichst automatische Regelungs- und Überwachungsgeräte ersetzt werden. Die Anwendung und Unterbringungsmöglichkeit solcher Geräte ist beim Neuentwurf aufgeladener Motoren je nach dem Verwendungszweck und Höhe der Aufladung in Betracht zu ziehen.

Der in der Regel vorkommende Rauchstoß bei der Beschleunigungsperiode des Motors läßt sich durch eine Anpassung der Einspritzmenge an den vom Lader gerade erzeugten Ladedruck weitgehend vermeiden. Die Einrichtung hiezu, welche heute bereits von den Einspritzpumpenherstellern fertig bezogen werden kann, ist verhältnismäßig einfach und besteht aus einer pneumatischen Dose, die am Regler der Einspritzpumpe angebracht wird und die in Abhängigkeit vom Ladedruck den Regelstangenanschlag verstellt. Diese Einrichtung dient auch zum Schutz einer thermischen Überlastung des Motors, wenn aus irgendeinem Grunde der Lader den erforderlichen Ladedruck nicht aufbringen sollte.

Von der Firma Air Research, USA, wurde eine Abgasabblaseeinrichtung entwickelt, bei der ein Abblaseventil am Auspuffsammelrohr in Abhängigkeit des Ladedruckes geregelt wird. Das Abblaseventil wird in diesem Fall mittels eines Servokolbens betätigt. Damit kann sowohl die Drehmomentcharakteristik durch Gleichhaltung des Ladedruckes ab einem bestimmten Drehzahlbereich beeinflußt als auch die zulässige Turbinendrehzahl begrenzt werden.

Sehr zweckmäßig wäre die Entwicklung einer Einrichtung, welche die Einspritzmenge in Abhängigkeit von der zulässigen Abgastemperatur regelt. Dadurch könnten sowohl der Motor als auch die Turbine weitgehend vor mechanischen und thermischen Überlastungen geschützt werden.

Bei der zukünftigen Entwicklung solcher automatischer Regel- und Überwachungsgeräte sollten alle Regelungsprobleme an der Ladergruppe selbst zusammengefaßt werden.

Im Leistungsbereich der raschlaufenden Dieselmotoren werden die Abgasturbinen fast ausschließlich in radialer Bauart ausgeführt. Mit der Entwicklung der radialen Abgasturbine wurde erst eine für Kraftfahrzeuge preiswerte und geeignete Ladergruppe mit gedrängter Form und mit raschem Beschleunigungsvermögen geschaffen.

Abb. 185 zeigt den Schnitt eines für Kraftfahrzeugmotoren bis etwa 200 PS geeigneten Abgasturbogebläses der Firma Kühnle, Kopp & Kausch. Das Turbinenrad ist im Wachsverfahren in einer wärmefesten Stahllegierung gegossen und an die Läuferwelle angeschweißt. Beide Laufräder sitzen fliegend auf der Welle. Die Gleitlager sind innerhalb und knapp neben den Rädern angeordnet. Im allgemeinen hat sich die Gleitlagerung für die hohen bei den modernen Ladern vorkommenden Drehzahlen von 80000 bis 100000 U/min am geeignetsten erwiesen und wird auch bei den meisten Laderbauarten in diesem Leistungsbereich verwendet. Die Gleitlager selbst sind im vorliegenden Fall als Mehrgleitflächenlager ausgeführt und an die Druckschmierung des Motors angeschlossen. Zum Teil werden bei anderen Laderkonstruktionen auch schwimmende Lagerbüchsen vorgesehen. Die Lagerkörper sind im Lagergehäuse elastisch aufgenommen, so daß sie sich nach der Welle ausrichten können. Das aus einer Leichtmetallegierung hergestellte Gebläserad ist mit einer Mutter gegen einen Wellenbund gespannt und wird nur durch Reibung mitgenommen.

Das laternenartige Lagergehäuse ist nur mit dem Gebläsegehäuse verbunden, so daß kein direkter Wärmefluß aus dem Turbinenteil in die Lager stattfinden kann. Die Wärmestrahlung wird außerdem durch ein Strahlungsblech abgeschirmt. Eine gesonderte Kühlung des Aufladeaggregates ist nicht notwendig.

Der Ölraum des Lagergehäuses wird gebläse- und turbinenseitig durch eine Schneidendichtung in einem Kohleringeinsatz abgeschlossen. Alle Teile des Lagergehäuses und der Zwischenwände sind als Blechformteile gestaltet.

Abb. 186 zeigt die Abmessungen und Abb. 187 die Schnittdarstellung eines Abgasturboladers der Fa. Eberspächer. Abb. 188 bringt das zugehörige Laderkennfeld.

Das Turbinenrad *1* und das Laderrad *2* sitzen auf beiden Seiten des Lagergehäuses *4* fliegend auf der gemeinsamen Welle *3*. Das Turbinenrad *1*, aus einem hochhitzebeständigen Werkstoff, ist mit der Welle *3* verschweißt, das Laderrad *2* aus Leichtmetall wird auf die Welle aufgepreßt. Die Kugellager *5*, die Wellendichtung *6*, die Hülse zwischen den Kugellagern und das Laderrad sind mit der Mutter *7* auf der Welle *6* gemeinsam zusammengespannt. Die im Lagergehäuse *4* elastisch eingebauten Kugellager werden durch das bei *9* eintretende Motoröl geschmiert. Ein grobes Ölsieb und eine Öldrossel sorgen in der Ölzuführung *9* für Zurückhaltung von Fremdkörpern und für eine Dosierung des Öls. Bei *10* an der Unterseite des Lagergehäuses tritt das Öl wieder aus und läuft über die Ölrücklaufleitung in den Motor zurück.

An das Lagergehäuse ist auf der einen Seite die Laderspirale *11* aus Leichtmetall und auf der Gegenseite das aus warmfestem Guß hergestellte Turbinengehäuse *12* angeflanscht.

Die Sperrlufträume *13* und *14* auf beiden Seiten des Lagergehäuses verhindern den Ölaustritt aus den Wellendichtungen *6* und das Eindringen von Abgasen in das Lagergehäuse. Ein Teil der Ladeluft wird über den Kühlluftkanal *16* und die Kühlluftbohrung *17* im Lagergehäuse dem Sperrluftraum *14* zugeführt und tritt dann zwischen dem Düsenring *19* und dem Turbinenrad *1* in den Abgasstrom aus. Dadurch ist eine wirksame Kühlung der Lager und des Turbinenrades gewährleistet. Die Abgase strömen nach Verlassen des Düsenringes *19* radial in das Turbinenrad *1* und treten an der Öffnung *20* in die Abgasleitung aus. Diese ist direkt an die Membrane *21* angeschweißt, welche Wärmedehnungen elastisch aufnehmen kann. Die sehr kompakt gebauten Aggregate lassen sich verhältnismäßig leicht am Motor unterbringen.

Schrifttum

a) Radialgebläse

Balje, O. E.: Contribution to the Problem of Designing Radial Turbo Machines. Trans. ASME **74** (1952).

Brown, W. B., und G. R. Bradshaw: Design and Performance of the Family of Diffusing Scrolls with Mixed-Flow Impeller and Vaneless Diffuser. NACA-Rep. 936 (1949).

Bullock, R. O., und H. B. Finger: Surging in Centrifugal and Axial Flow Compressors. SAE Quart. Trans. **6** (1952), Nr. 2, April.

Chung-Hua-Wu: A General Theory of Three-Dimensional Flow in Subsonic and Supersonic Turbo-Machines of Axial, Radial and Mixed Flow Types. Trans. ASME **74**, 1363 (1952).

Eckert, B.: Axialkompressoren und Radialkompressoren. Berlin-Göttingen-Heidelberg: Springer, 1953.

Hasselgruber, H.: Strömungsgerechte Gestaltung der Laufräder von Radialkompressoren mit axialem Laufradeintritt. Konstruktion **10**, 22—32 (1958).

Johnson, J. A., und A. Ginsburg: Some NACA-Research on Centrifugal Compressors. Trans. ASME **75**, 805 (1953).

Judson, C. A., und E. Kellett: Design and Development of Small Radial-Flow Turbochargers. Gas and Oil Power 1957.

Mueller, K. J.: Die Festigkeit hoch beanspruchter, rein radial geschaufelter Kreiselverdichter-Laufräder. Luftfahrtforschung 1944.

Nuell, W. T.: Die Gestaltung von Flugmotorenladern. Luftfahrtforschung **14**, 244—253 (1937).

— Lader. Automobiltechnisches Handbuch 1946.

— Auslegung und Gestaltung der Flugmotorenlader. Z. VDI 1941, S. 763—773.

— Ausführungsformen von Flugmotorenladern. Z. VDI 1941, S. 905—913.

— Abgasturbolader für Flugmotoren. Z. VDI 1941, S. 847—857.

— Antrieb und Regelung der Flugmotorenlader. Z. VDI 1941, S. 981—989.

Pfleiderer, C.: Die Kreiselpumpen für Flüssigkeiten und Gase, 5. Aufl. Berlin-Göttingen-Heidelberg: Springer, 1955.

SCHRÖDER, H. J.: Die reibungsbehaftete Strömung durch eine Sammelspirale beliebigen Querschnitts. Forsch. Ing. Wes. **25** (1959).
STANITZ, J. D.: Some Theoretical Aerodynamics Investigations of Impellers in Radial- and Mixed-Flow Centrifugal Compressors. Trans. ASME **74**, 473 (1952).
TRAUPEL, W.: Thermische Turbomaschinen, 1. Band 1958, 2. Band 1960. Berlin-Göttingen-Heidelberg: Springer.
— Die Radialmaschine. Fortbildungskurs E.T.H. Zürich 1960.
— Die Theorie der Strömung durch Radialmaschinen. Karlsruhe: G. Braun, 1962.
WOISKA, L. R.: Radial Flow Compressors and Turbines for the Simple Small Gas Turbine. Trans. ASME **74**, 1337 (1952).

b) Abgasturbine

EHRHART, F.: Entwicklungsstand der Aufladung und Erfahrungen mit Fahrzeug-Dieselmotoren kleiner und mittlerer Leistung in den USA. KKK Mitteilungen 1961, H. 8.
HARDY, J. A.: How to Help Turbochargers Last Longer. SAE 1959, Juli, S. 44.
KOLB, W.: Die wichtigsten Grundlagen der Abgasturboaufladung. MTZ 1962, März, S. 81.
KRANOLD, G.: Die Leistungsgrenzen hochaufgeladener Dieselmotoren im Hinblick auf die mechanische Beanspruchung. MTZ 1959, Dezember, S. 447.
LUX, W. J.: Turbocharged Diesel Engines at Work. SAE Paper 75 A.
MAY, J. J., und V. C. REDDY: Turbocharging the Series 71 Engines. SAE Trans. 1954, S. 100.
MEURER, S.: Die Entwicklung der Abgasturboaufladung der MAN Fahrzeug-Dieselmotoren. ATZ 1959, Juni, S. 147.
MITCHELL, J. E.: An Evaluation of Aftercooling in Turbocharged Diesel Engine Performance. SAE Paper 103 A.
NUELL, W. T.: Amerikanische und britische Ladeeinrichtungen für Kolbenbrennkraftmaschinen. MTZ 1956, Mai, S. 167.
— Design Refinements Aid Acceleration Problems of Turbocharged High Speed Diesel Engines. SAE 1956, April, S. 24.
— Turbocharging for Better Vehicle Engines. SAE Paper 631 A.
PARKER, W. E.: How to Select the Right Turbocharger. SAE 1958, November, S. 42.
— Problem in Matching Turbochargers to High Speed Diesel Engines. SAE Paper 71C.
ZELLBECK, G.: Verschiedene Möglichkeiten in der Anpassung eines Abgasturboladers radialer Bauart an einem Fahrzeug-Dieselmotor. ATZ 1959, Juni, S. 153.
ZIEGLER, G.: Regeleingriff am Turbolader eines Dieselmotors. MTZ 1962, Januar, S. 21.
ZINNER, K.: Abgasturbolader, Verbundverfahren und Treibgasverfahren in Nutzkraftwagen. ATZ 1960, Juni, S. 147.

X. Luftfilter

Die Wichtigkeit und Notwendigkeit einer sorgfältigen Filterung der Ansaugluft für den Zylinderverschleiß und der damit zusammenhängenden Lebensdauer von Verbrennungsmotoren kann als allgemein bekannt vorausgesetzt werden. Siehe auch Bd. 14: „Verschleiß, Betriebszahlen und Wirtschaftlichkeit von Verbrennungskraftmaschinen". Entsprechend dem Staubgehalt der Luft am Einsatzort der Motoren, welcher zwischen 0,001 bis 0,01 g/m³ auf Landstraßen, 0,1 bis 0,5 g/m³ beim Ackern und 2 g/m³ und mehr beim Einsatz von Kettenfahrzeugen liegt, muß die richtige Luftfiltertype gewählt und am Motor untergebracht werden. Von einem guten Luftfilter muß ein Ausscheidungsgrad von mehr als 98% verlangt werden.

Dem Aufbau und der Wirkung nach unterscheidet man folgende Luftfiltertypen:

Naßluftfilter

Diese bestehen aus mehreren Streckmetall- oder Metallwolleschichten, welche übereinanderliegend in trichter- oder kolbenförmigen Gehäusen eingelegt sind. Die Filterwirkung besteht darin, daß das mit Öl benetzte Filtergewebe beim Vorbeistreichen der Luft den Staub bindet. Die Filterwirkung hält aber nur solange an, bis das an den Filterschichten anhaftende Öl mit Staub gesättigt ist. Da die Staubspeicherfähigkeit naturgemäß nicht groß sein kann, sind die Naßluftfilter nur für ziemlich staubfreien Betrieb und dort geeignet, wo eine häufige Wartung durch Auswaschen des Staubes und Neubenetzen mit Öl sicher gewährleistet ist. Naßluftfilter werden hauptsächlich bei kleineren PKW- und Kraftradmotoren und bei Stationäranlagen in geschlossenen Räumen und bei Bootsmotoren verwendet.

Ölbadluftfilter

Das Ölbadfilter behebt den grundsätzlichen Nachteil des Naßluftfilters, indem aus dem Drahtgewebe durch eine Ölvorlage der anhaftende, ausgeschiedene Staub dauernd selbsttätig ausgewaschen wird.

Abb. 189 zeigt den Querschnitt und die Wirkungsweise eines Ölbadluftfilters der Fa. Mann & Hummel. Die angesaugte Luft strömt durch den Spalt zwischen Gehäuse und Filtereinsatz nach unten, prallt auf den Ölspiegel und wird unmittelbar nachher um 180° umgelenkt, wobei das Öl stark aufgewirbelt und ein Teil des Staubes dadurch schon ausgeschieden wird. Die Luft strömt weiter in den Filtereinsatz, an dessen dauernd ölbenetzter Füllung der Staub sich dann weitgehend absetzt. Im obersten Teil des Filtereinsatzes wird dann die Luft völlig auch von Ölspritzern befreit. Die so gereinigte Luft strömt anschließend über das Mittelrohr zum Ansaugverteilrohr des Motors. Im allgemeinen wird eine Staubmenge, welche ungefähr dem Eigengewicht des Öles im Ölbadraum entspricht, gebunden.

Die abgebildete Bauform ist für die direkte Befestigung am Ansaugverteilrohr oberhalb der Zylinderköpfe ausgelegt. Durch die flache Bauform bleibt eine niedrige Einbauhöhe des Motors gewahrt, was im allgemeinen für Kraftwagenmotoreinbauten sehr wünschenswert ist.

Sehr zu empfehlen ist die Verwendung eines Filters mit Frischluftansaugung, bei welcher, wie die Abbildung zeigt, durch den am Filtergehäuse angebrachten Rohrstutzen nicht vorgewärmte Luft außerhalb des Motorraumes angesaugt werden kann.

Für größeren Staubanfall sind die hängenden Luftfiltertypen nach Abb. 190 geeigneter, welche die Unterbringung einer größeren Ölfüllmenge ermöglichen. Diese Filterbauart wird allgemein auch bei Motoren mit größeren Leistungen verwendet. Die hängenden Luftfilter können vorteilhaft auch getrennt vom Motor außerhalb des Motorraumes aufgestellt werden. Durch Hochziehen der Ansaugöffnung des Filters kann, wie z. B. bei Traktoren, die Ansaugluft oberhalb der Luftschichten mit größter Staubdichte entnommen werden. Für sehr großen Staubanfall ist dann die zusätzliche Anordnung eines Vorfilters in Form eines Zyklonabscheiders notwendig, wie in Abb. 190 dargestellt. Diese Vorabscheider verlängern die Standzeit des Ölbadfilters, Zyklonfilter für sich allein sind jedoch nicht geeignet, da sie einen von der Luftgeschwindigkeit sehr stark abhängigen Wirkungsgrad aufweisen. Ölbadluftfilter sind für alle Verwendungszwecke gleich gut bewährt und sollten grundsätzlich bei jeder Motorbauart in einer der oben angegebenen Formen von vornherein vorgesehen werden.

Trockenluftfilter

Die neueste Bauform der Filter sind die Trockenluftfilter mit auswechselbaren Filterpatronen, nach Abb. 191.

Das Filterelement besteht — ähnlich wie bei den Nebenstromölfiltern — aus einem sternförmig gefalteten, porösen imprägnierten Papiereinsatz. Der Filterausscheidungsgrad liegt hier bei 99,8%. Die Wartung ist einfach, allerdings muß immer ein Ersatzfilter erhältlich sein, was bei der Aufstellung der Motoren in entlegenen Gebieten bei Anwendung dieser Filter zu beachten ist. Es ist außerdem darauf zu achten, daß der Filtereinsatz nicht feucht oder naß werden darf.

Trockenluftfilter lassen sich sehr flach bauen, sind daher für PKW-Motoren besonders geeignet.

Bei außerordentlich starkem, abrasivem Staubanfall ist eine Kombination von Ölbadmit Zyklonvorfilter und einem nachgeschalteten Trockenfilter vorzusehen.

Bei der Anordnung der Filter am Motor oder im Einbauraum ist allgemein zu beachten, daß die Filter selbst gut zugänglich sind und auch wirklich leicht abgebaut und gereinigt werden können. Bei den Verbindungen der Filter mit den Ansaugleitungen muß unbedingt vollkommene Dichtheit hergestellt werden. Gegebenenfalls ist die Verbindungsstelle zusätzlich mit einem eingelegten O-Ring oder mit einem Klebeband abzudichten. Die Ölbadfilter ergeben an und für sich eine weitgehende Dämpfung der Ansauggeräusche, welche durch Ausbildung des Filtergehäuses, durch Verändern der Länge des Frischluftstutzens am Filter und durch Zuschalten einer gesonderten Dämpferkammer am Filtergehäuse selbst noch verbessert und abgestimmt werden kann.

Bei der Auswahl der Filtergrößen für Ein- und Zweizylindermotoren aus den Katalogen der Filterfirmen ist zu beachten, daß die darin angegebenen zulässigen Luftmengen im allgemeinen eine kontinuierliche Luftströmung voraussetzen.

Das aus der Drehzahl und dem Hubvolumen errechnete Ansaugvolumen ist bei Einzylinder-Viertaktmotoren erfahrungsgemäß mit einem Faktor 3,5 und bei Zweizylinder-Viertaktmotoren bzw. Einzylinder-Zweitaktmotoren mit dem Faktor 1,75 zu multiplizieren. Mit diesen Werten können dann die Filtergrößen für die obigen Zylinderzahlen aus dem Katalog ausgewählt werden.

XI. Auspuffsammelrohr

Die Gestaltung und Form der Rohre und die Lage des Anschlußflansches der Auspuffleitung ist weitgehend von den Einbauverhältnissen der Motoren abhängig. Es kann vorkommen, daß für ein und dieselbe Motortype für die einzelnen Einbaufälle jeweils verschiedene Auspuffrohre konstruiert und hergestellt werden müssen. Die Auspuffsammelrohre werden im allgemeinen wegen der korrosiven Wirkung der Abgase und wegen guter Schalldämpfung aus Grauguß hergestellt. Bei Motoren mit Abgasturbolader sind Sammelrohre aus legiertem, hitzebeständigem Guß oder Sphäroguß zu verwenden.

Die Wandstärke liegt in der Regel innerhalb von 3,5 bis 5 mm. Die Anschlußflansche zu den Zylinderköpfen dürfen nicht zu schwach dimensioniert werden, um eine genügende Dichtheit sicherzustellen. Bei Motoren mittlerer Leistung wird die Flanschstärke zwischen 8 und 12 mm ausgeführt. Die Befestigungsschrauben des Sammelrohres am Zylinderkopf sind mit Gewinden nicht unter M 8, bei Dieselmotoren mittlerer Leistung nicht unter M 10, auszuführen. Der Übergang der von den Zylinderköpfen wegführenden, einzelnen Stutzen in das Sammelrohr soll mit großen Übergangsradien nach bestmöglichen strömungstechnischen Grundsätzen erfolgen. Bei über vier Zylinder hinausgehenden gemeinsamen Zylinderköpfen und insbesondere bei Einzelzylinderköpfen ist eine Unterteilung des Auspuffsammelrohres in Zweier- oder Dreiergruppen notwendig, um Wärmedehnungen auszugleichen und Verspannungen zu vermeiden.

Bei einer Baukastenreihe von Vier- und Sechszylindermotoren kann man gegebenenfalls bei Unterteilung des Auspuffsammelrohres in Zweiergruppen die Endteile für beide Zylinderzahlen gleich ausführen und für den Sechszylindermotor ein Mittelstück einfügen. Die Trennstellen werden durch kurze eingeschobene Rohrstücke überbrückt, welche in den einzelnen Teilstücken beweglich sind. Zur besseren Abdichtung werden vielfach in die Rohrstücke Kolbenringe eingelegt.

Für den Anschluß der Auspuffleitung an das Auspuffsammelrohr ist ein Dreieckflansch mit einem Linsendichtring zweckmäßig, der eine zwanglose Anpassung an die Lage des Gegenflansches ermöglicht.

Der Querschnitt des Auspuffsammelrohres und der anschließenden Auspuffleitung kann für nichtaufgeladene Viertaktfahrzeugmotoren ungefähr nach Abb. 192 bestimmt werden. Die Auslegung der Auspuffrohre für Viertaktmotoren mit Abgasturboaufladung wurde im Abschnitt C. IX. 3., S. 182, behandelt.

Für Zweitaktmotoren muß der Querschnitt des Sammelrohres hinsichtlich einer einwandfreien Spülung mit geringstem Spülleistungsaufwand in Verbindung mit der gesamten Auspuffanlage rechnerisch und versuchsmäßig bestimmt werden (Bd. 4: „Der Ladungswechsel der Verbrennungskraftmaschine").

Im allgemeinen ist bei Zweitaktmotoren ein größerer Querschnitt als bei Viertaktmotoren notwendig.

Bei kleineren Stationärmotoren und bei Traktormotoren werden vielfach Auspuffsammelrohr und Schalldämpfer in ein gemeinsames Gußstück zusammengefaßt. Für Bootsmotoren ist in den meisten Fällen ein wassergekühltes Auspuffsammelrohr vorgeschrieben, welches dann doppelwandig ausgeführt ist und an den Kühlwasserkreislauf angeschlossen wird (Abschnitt C. V. 2., S. 109).

XII. Schraubenverbindungen

Im Bau von Verbrennungsmotoren kommen den Schraubenverbindungen mannigfache Aufgaben zu.

Besondere Beachtung muß den Schraubenverbindungen zur Übertragung der Verbrennungskräfte und der Motorleistung zugewandt werden, da diese Verbindungen großen Wechselkräften und zum Teil auch Wärmedehnungen ausgesetzt sind. Hierher gehören vor allem die Schrauben für die Befestigung der Zylinderköpfe, Lagerbügel, Pleuelstangen, Schwungräder, Gegengewichte. An anderen Motorteilen muß die Schraubenverbindung die Dichtheit der verbundenen Teile gewährleisten und die Anbringung von Zubehörteilen usw. ermöglichen.

Die Schraubenverbindung muß so ausgelegt und ausgeführt sein, daß die verbundenen Teile sich als ein einheitliches Ganzes verhalten und sich nicht voneinander abheben oder gegeneinander gleiten. Die Schraubenverbindung muß unter allen Betriebsbedingungen und Verformungen dauerhaft bleiben. Mit Rücksicht auf die Wirtschaftlichkeit der Schraubenverbindungen sollen die Schrauben in ihrer Festigkeit voll ausgenützt werden. Dadurch wird auch den Forderungen des Leichtbaues entgegengekommen, weil mit kleinen Schraubenbutzen und mit schmalen Flanschen merkliche Gewichtseinsparungen erreicht werden. Hochfeste Schraubenwerkstoffe werden aus den gleichen Gründen verwendet.

Es ist an und für sich zweckmäßig, bei den raschlaufenden Motoren auch für alle normalen Befestigungsschrauben für Deckel usw. einheitlich hochfeste Schrauben in der Qualität 8G vorzusehen. Es wird damit zumindest ein Überdrehen der Schrauben durch unsachgemäße Behandlung weitgehend vermieden.

Es ist ein Zeichen einer gut durchdachten und ausgereiften Konstruktion, wenn an einer Motortype die Schraubengrößen und Schlüsselweiten für die allgemeinen Befestigungszwecke nur auf ein oder zwei Größen beschränkt und auch dem Einsatz und der vorauszusehenden Behandlung des Motors angepaßt sind. Im allgemeinen sollte man, außer bei Kleinmotoren oder kleinen PKW-Motoren, wenn möglich keine Schraube unter M 8 verwenden. Bei mittleren Traktormotoren z. B. sollte sogar versucht werden, einheitlich mit M 10-Gewinde auszukommen. Es lohnt sich die Mühe, nach Fertigstellung der Detailkonstruktion und Stücklisten nochmals alle verwendeten Schraubengrößen- und -längen zu überprüfen, ob sich nicht weitere Vereinheitlichungen der Schraubengrößen durch Änderungen der Schraubenbutzenlängen und Einschraubtiefen erreichen lassen. Bei Gewinden in Stahl oder Graugußteilen sind in der Regel für die üblichen Befestigungsschrauben Kopfschrauben zu verwenden, deren Einschraublängen im Gehäuse jedoch wenigstens 1,2 d erreichen sollen. Es ist darauf zu achten, daß das ausgeschnittene Gewinde mindestens 3 mm tiefer als das Schraubenende vermaßt wird, damit noch genügende Sicherheit besteht, daß die Kopfschrauben fest angezogen werden können und nicht vorher am Gewindeauslauf aufsitzen. Das ist selbstverständlich, wird aber manchmal von Konstrukteuren auf der Detailzeichnung übersehen.

Bei Gewinden in Leichtmetallteilen sind im allgemeinen Stiftschrauben mit Einschraublängen von 2 d zu verwenden. Sind aus irgendwelchen Gründen keine Stiftschrauben bei Leichtmetallteilen möglich, so müssen für die Verwendung von Kopfschrauben im Leichtmetallteil Stahlgewindebüchsen eingeschraubt werden. Sehr bewährt hat sich das Einschraubgewinde „Helicoil", welches aus einem rhomboidförmigen Stahldraht besteht. Man kann damit auch Wechselkräfte übertragen.

Bei untergeordneten Schraubenverbindungen, wenn diese insbesondere während der Lebensdauer des Motors nicht öfters gelöst werden müssen, können bei Leichtmetallteilen Kopfschrauben auch ohne Einsatz verwendet werden, nur soll die Einschraublänge in diesem Fall mindestens 2,5 d betragen.

Als Schraubensicherungen genügen für die allgemeinen Befestigungsschrauben die in der Norm vorgesehenen Federringe und Federscheiben. Innerhalb des Ölraumes des Motors sollten nur Blechsicherungen verwendet werden, da ein allenfalls mögliches Lösen einer Schraubenverbindung, z. B. an einer Ölleitung, von außen nicht ersichtlich ist. Federringe sind dafür weniger geeignet, da beim Festziehen einer Schraube über einen Federring kleine Metallspäne herausgerissen werden, welche in den Ölkreislauf gelangen können.

Die Schrauben, wie auch die verspannten Teile, welche an der Übertragung der Verbrennungskräfte teilnehmen und großen Wechselkräften ausgesetzt sind, müssen in ihrer Dimensionierung und Gestaltung beim Motorentwurf eingehende Berücksichtigung finden.

Leider wird vielfach bei der Berechnung von Schraubenverbindungen noch angenommen, daß der Schraubenquerschnitt allein die Betriebslast überträgt. Es müssen bei der Berechnung auch die zusammengespannten Teile in Betracht gezogen werden.

Der Vollständigkeit halber wird hier das Wichtigste über das Kräftespiel in einer Schraubenverbindung gebracht. Dabei wird auf die im Schrifttumsverzeichnis angegebenen eingehenden Abhandlungen hingewiesen.

Abb. 193 zeigt das bekannte Verspannungsschaubild nach RÖTSCHER. Durch die auf eine gewisse Verspannung P_v angezogene Schraube erfährt diese eine Verlängerung λ_v, wobei gleichzeitig auch die verspannten Teile um den Betrag δ_v zusammengedrückt werden. Kommt nun eine Betriebslast P, z. B. die Verbrennungskraft, hinzu, so erkennt man aus dem Schaubild, daß diese nur zum Teil (P_z) von der Schraube aufgenommen werden muß, während der andere Teil (P_a) von den verspannten Teilen getragen wird. Ist nun P wie im Fall der Verbrennungskraft eine wechselnde Kraft, sind nun auch P_z der Schraube und P_a der verspannten Teile Schwellkräfte. Für die Dauerhaltbarkeit der Schraube spielt die Größe von $\sigma_a = \frac{P_z}{2F_s}$ eine entscheidende Rolle. σ_a kann nun sowohl von der Materialseite als auch durch konstruktive Maßnahmen und durch die Größe der Vorspannung beeinflußt werden.

Aus Abb. 194 erklärt sich der Einfluß einer genügend hohen Vorspannung auf die Wechsellast σ_a. Die Vorspannung muß demnach zumindest so hoch gewählt werden, daß kein Abheben der verspannten Teile eintritt. Ein Schwingungsbruch tritt erfahrungsgemäß um so weniger auf, je höher die gewählte Vorspannung ist, weil eine hohe Vorspannung die beste Sicherung gegen Lockerung der Schraubenverbindung ist, wobei mit Schrauben hoher Festigkeit bei hoher Streckgrenze am wirtschaftlichsten eine hohe Vorspannung ermöglicht wird.

Abb. 195 zeigt dann die Beeinflussung der Wechsellast durch die Federkonstanten der Schraube bzw. der verspannten Teile, also durch konstruktive Maßnahmen. Man erkennt daraus, daß die von der Schraube aufzunehmende Wechsellast um so kleiner wird, je formelastischer die Schraube und je starrer die verspannten Teile sind.

Da auf eine Schraubenverbindung, wie z. B. bei einem Lagerbügel, nicht nur Zugkräfte allein, sondern auch Schubkräfte und Biegemomente wirken, muß die Vorspannung der Schrauben wesentlich höher gewählt werden, als es für das reine Abheben notwendig wäre, um sowohl ein Gleiten durch die Schubkräfte, als auch ein Klaffen durch die Biegemomente zu verhindern. Hohe Vorspannungen können wirtschaftlich nur durch hochfeste Schrauben gewährleistet werden.

Die zusätzlich zur Vorspannung ertragbaren Wechsellasten σ_a sind verhältnismäßig gering. σ_a ist außer von der Materialqualität auch von der Gewindeherstellung abhängig, jedoch fast unbeeinflußt von der Höhe der Beanspruchung durch die Vorspannung. Die letztere Eigenschaft ist besonders vorteilhaft, da sie gestattet, die erforderliche hohe Vorspannung bis nahe an die Streckgrenze auszunützen, ohne die ertragbaren Wechselbeanspruchungen zu verringern. Wesentlich für die Haltbarkeit der Schrauben sind die überlagerten Wechselspannungen und nicht die Zugbeanspruchung der Vorspannung. Rollen des Gewindes nach der Vergütung ist ebenfalls eine unbedingte Notwendigkeit zur Erreichung der erforderlichen Wechselfestigkeit. Das Schleifen der Gewinde für schwingungsbeanspruchte Schrauben sollte vermieden werden, da die unvermeidlichen Schleifrisse die Dauerfestigkeit herabsetzen.

In Zahlentafel 31 sind die Wechselfestigkeiten σ_a und die allgemein erfahrungsgemäß erreichbaren Verhältnisse der Vorspannung P_v zur Betriebslast P zusammengestellt.

Wenn nicht besondere konstruktive Maßnahmen vorgesehen werden, wird durch das Anziehen der Schraube auf die Vorspannung eine Verdrehbeanspruchung überlagert. Die zusammengesetzte Beanspruchung aus den Zugbeanspruchungen durch die Vorspannung P_v und die Schwellkraft P_z und aus der Verdrehbeanspruchung muß unterhalb der Streckgrenze zu liegen kommen.

Da man infolge der unsicheren und ungleichmäßigen Reibungsverhältnisse im Gewinde und an der Schraubenauflage die Verdrehbeanspruchung rechnerisch meist nicht genügend genau erfassen kann und außerdem in den meisten Fällen auf die Messung des Drehmomentes durch den Drehmomentenschlüssel angewiesen ist, wählt man, damit die resultierende Beanspruchung mit Sicherheit unter der Streckgrenze bleibt, die optimale Höhe der Vorspannung einer Schraube mit 70% der Streckgrenze.

Bei Verwendung von Dehnschaftschrauben ist eine geringfügige Überschreitung der Streckgrenze beim Anziehen oder durch die Betriebslast nicht gefährlich, da die Schrauben im Dehnschaft ohne weiters plastisch etwas nachgeben können. Wie aus dem Verspannungsschaubild Abb. 196 ersichtlich, tritt beim Überschreiten der Streckgrenze durch die überlagerte Betriebslast P eine plastische Verlängerung der Schraube ein, wobei dann beim Rückgang sich die Vorspannung von $P_{v\text{I}}$ auf $P_{v\,\text{rest}}$ vermindert. Bei der nächsten Belastung wird dann nur mehr die Streckgrenze erreicht, so daß damit die Schraubenverbindung voll ausgenützt ist. Bei Starrschrauben würde die plastische Verformung im Gewindeauslauf erfolgen, was zur Rißbildung im Gewindekern führt.

Wie aus oben Gesagtem hervorgeht, ist für die Haltbarkeit einer von Wechselkräften beanspruchten Schraubenverbindung wie bei Zylinderköpfen und Lagerbügeln die Ermittlung von σ_a notwendig. Nach Abb. 193 ist

$$\sigma_a = \frac{P_z}{2F_s}$$

$$P_z = P\frac{C_s}{C_s + C_p}$$

$$\frac{1}{C_s} = \frac{l}{E_s \cdot F_s}$$

$$\frac{1}{C_p} = \frac{l}{E_p \cdot F_p}.$$

Für die Zylinderkopfdichtung kann die Restkraft $P_{\min} = P_r - P_a$ von Interesse sein, wobei $P_a = P\frac{C_p}{C_s + C_p}$ ist.

Die Darstellung nach Abb. 193 des Verspannungsschaubildes gilt nur, wenn die Kraft P an den verspannten Teilen unmittelbar an der Schraubenkopf- bzw. Mutterauflage eingeleitet wird. Im allgemeinen wird die Kraft im Kern der verspannten Teile angreifen. Es liegen dann etwas andere Verhältnisse vor. In diesem Fall muß dann ein Teil des verspannten Teiles zum vorgespannten Teil der Schraube gerechnet werden, Abb. 197. Die Schraubenverbindung verhält sich dann beim Auftreten der Betriebskraft so, daß im Verspannungsschaubild die verspannten Teile starrer und die Schraube weicher erscheint, was hinsichtlich σ_a nur günstig ist.

Bei Schraubenverbindungen, welche an den Grenzen der Beanspruchungen liegen, wird es zweckmäßig sein, durch Messungen der tatsächlichen Verformungen und durch Aufzeichnen eines maßstäblichen Verspannungsschaubildes sich ein Bild über die genauen Spannungsverhältnisse und über die Ausnützung der Schraubenverbindung zu machen. Bei Auftreten beträchtlicher Wärmedehnungen, wie z. B. bei Leichtmetall-Zylinderköpfen und bei luftgekühlten Motoren, ist diese Methode auch zu empfehlen.

Der Schaftdurchmesser einer Dehnschraube wird im allgemeinen mit 0,9 des Kerndurchmessers d_k des Gewindes ausgeführt. Es hat sich jedoch gezeigt, daß es in vielen Fällen genügt, den Dehnschaft nur 0,2 bis 0,4 mm kleiner als den Kerndurchmesser zu machen. Es kann damit die Schraube in ihrer Vorspannung besser ausgenützt werden. Extreme Dehnschrauben mit kleineren Dehnschaftdurchmessern als 0,8 bis 0,9 d_k verwendet man meist nur dort, wo auch große Wärmedehnungen auszugleichen sind.

Es genügt, den Dehnschaft mit einer Rauhtiefe von 20 μ zu bearbeiten. Eine feinere Bearbeitung, wie etwa Polieren, hat sich nicht notwendig erwiesen, da die Schwachstelle dann noch immer in den Kerben des Gewindeauslaufes liegt. Nur bei Schrauben mit sehr kleinem Dehnschaftdurchmesser ist eine feinere Oberfläche notwendig.

Wie aus den vorangegangenen Darstellungen hervorgeht, stellt die Dehnschraube mit hoher Festigkeit zur Erreichung hoher Vorspannungen für die Zylinderkopf- und Lagerbügelbefestigung das einzig richtige Verbindungsmittel dar.

Die bis auf die Streckgrenze ausgenützten Dehnschrauben gewährleisten außerdem bei der Zylinderkopfbefestigung eine gleichmäßige Dichtungspressung und geringsten Zylinderbüchsenverzug und bei der Lagerbügelbefestigung eine gleichmäßige runde Form der Lagerschalengrundbohrung. Ein Überziehen durch unsachgemäße Montage hat bei Dehnschrauben keinen nachteiligen Einfluß.

Die Zylinderkopfschrauben für wassergekühlte Dieselmotoren sind für eine Zylindereinheit in ihrer Vorspannung auf das 3,5- bis 4fache des maximalen Verbrennungsdruckes auszulegen, wobei als maximale Zünddrücke 90 bis 100 kg/cm² für nicht aufgeladene und mäßig aufgeladene Motoren anzunehmen sind. Bei Neuentwicklungen mit hohen Aufladegraden empfiehlt es sich, die Schraubenverbindung an Hand der gemessenen Zünddrücke nachzuprüfen und gegebenenfalls diesen anzupassen.

Bei luftgekühlten Motoren ist aus der Konstruktion der Dichtung heraus in der Regel eine geringere Vorspannung der Zylinderkopfschrauben notwendig, welche erfahrungsgemäß für den Entwurf mit dem 2,5- bis 3fachen Wert der Verbrennungskraft gewählt wird. Die geringere Vorspannung ist auch hinsichtlich des Verzuges der Zylinderbüchse nur günstig. Bei ausgeführten luftgekühlten Motoren beträgt der Dehnschaftdurchmesser etwa 0,8 vom Kerndurchmesser. Die Vorausberechnung der Wechselspannung σ_a ist schwer möglich, da die elastischen Verformungen von Kopf und Büchse kaum vorher rechnerisch erfaßt werden können. In diesem Fall muß die Messung der Verformungen und Wärmedehnungen und die Aufzeichnung des Verspannungsbildes Klarheit über die Beanspruchungen und Ausnützung der Schrauben bringen.

Die Lagerbügelschrauben werden auf eine Vorspannung, die der 4- bis 4,5fachen maximalen Verbrennungskraft entspricht, bemessen, wobei anzunehmen ist, daß die Verbrennungskraft sich nur auf die unmittelbar beiderseits eines Zylinders angeordneten Schrauben verteilt.

Die Qualität des Werkstoffes der Zylinderkopf- und Lagerbügelschrauben ist zweckmäßig mit 10K zu wählen, weil sich das Gewinde bei dieser Festigkeit noch gut rollen läßt. Außerdem bleibt dann die Qualität 12K noch immer als Reserve für spätere Leistungserhöhung übrig.

Bei Kurbelgehäusen aus Gußeisen werden bei Ottomotoren und zuweilen bei kleineren und mittleren Dieselmotoren Kopfschrauben für die Zylinderkopf- und Lagerbügelbefestigung verwendet. Voraussetzung hiefür ist die gleichmäßige Qualität des Gehäusematerials in den Schraubenbutzen. Die Einschraublänge der Kopfschraube soll für diese Zwecke wenigstens den zweifachen Gewindedurchmesser betragen. Als Gewinde kommt in der Regel das metrische Normalgewinde DIN 13 Steigung Reihe 1 in Frage. Das Gewinde im Butzen muß wenigstens 4 mm tiefer als das Schraubenende vermaßt und geschnitten werden, um ein Aufsitzen am Gewindeauslauf mit Sicherheit zu verhindern. Für hochbelastete Dieselmotoren stellt die Stiftschraube für Lagerbügel und Zylinderkopfbefestigung die hochwertigere Verbindung auch bei Graugußgehäusen dar. Sie ist insbesondere für größere Zylinderdurchmesser und Aufladebetrieb zu wählen. Ein weiterer Vorteil der Stiftschrauben ist der, daß durch die Messung der Schraubendehnung, die einfach ausgeführt werden kann, die Stiftschrauben vollkommen gleichmäßig auf die volle Vorspannung angezogen werden können.

Bei Leichtmetallgehäusen ist die Verwendung von Stiftschrauben für die Zylinderkopf- und Lagerbügelbefestigung notwendig.

Bei Stiftschrauben ist die Gestaltung des Einschraubendes im Gehäuse hinsichtlich der Spannungsverteilung im Gewinde von Bedeutung. In Abb. 198 sind verschiedene Möglichkeiten von Einschraubenden gegenübergestellt. a) zeigt die Ausführung der genormten Stiftschrauben, bei der sich das Einschraubende im Gewindeauslauf des Bolzens verklemmt. Die Beanspruchung des sowieso am höchsten belasteten ersten tragenden Gewindeganges wird dadurch erheblich vergrößert, wie aus der daneben dargestellten Lastverteilung zu sehen ist, wodurch die Dauerhaltbarkeit herabgesetzt wird. Diese Art des Einschraubendes ist für Zylinderkopf- und Lagerbügelschrauben ungeeignet.

Häufig sieht man die Ausführung nach b), welche aber teuer ist. Diese hat den Vorteil, daß durch den Bund das Gewinde entlastet wird, weil die Betriebskraft die Pressung zwischen Bund und Gehäuse vermindert und diese Verminderung nicht in die Schwellbeanspruchung des Gewindes eingeht. Der Bunddurchmesser darf aber nicht zu klein gewählt werden. Bild c) zeigt die Stiftschraube mit Verspannzapfen, mit welcher man die höchste Dauerfestigkeit erreicht.

Der Zapfen wird beim Einschrauben der Stiftschraube gegen den Bohrlochgrund verspannt. Man erkennt, daß hier zunächst die der Belastungsrichtung abgekehrten Gewindegänge den größten Lastenanteil aufnehmen müssen. Die ersten unter der Betriebslast tragenden Gänge sind also wesentlich entlastet. Ein Bohrlochgrundwinkel von 120° und ein ebenso abgefaster Zapfen reichen zur Sicherung gegen Herausschrauben erfahrungsgemäß aus. Es ist zweckmäßig, den Verspannzapfen mit einer kleinen kurzen Gegenbohrung zu versehen, um bei dicht passendem Gewinde ein Aufsprengen des Butzens durch eingesperrtes Öl oder Luft zu vermeiden.

Die Länge des Einschraubendes soll bei hochbelasteten Stiftschrauben bei Graugußgehäusen den zweifachen Gewindedurchmesser und bei Leichtmetallgehäusen den dreifachen Gewindedurchmesser betragen.

Das Gewinde am Einschraubende kann bei Graugußgehäusen in der Regel bei M 12 bis M 20 Durchmesser gleich dem Muttergewinde als Feingewinde DIN13 Steigungsreihe 4 ausgeführt werden. Bei Leichtmetallgehäusen soll das Einschraubende Normalgewinde Steigungsreihe 1 aufweisen, während das Muttergewinde im allgemeinen als Feingewinde geschnitten ist.

Dadurch ergeben sich in der Regel für die Stiftschrauben für die Zylinderköpfe und Lagerbügel bei Leichtmetallgehäusen, wenn vom notwendigen Dehnschaft ausgegangen wird, verschiedene Gewindedurchmesser am Mutter- und Einschraubende.

Der Gewindeauslauf des Einschraubendes des Bolzens soll ganz in das Gehäusegewinde eingreifen, so daß dadurch die ersten tragenden Bolzengewindegänge entlastet werden. Diese Art ist auch bei Kopfschrauben mit Dehnschaft zweckmäßig. Das Einsetzdrehmoment der Stiftschrauben macht man erfahrungsgemäß gleich dem 0,5- bis 0,6fachen des Anziehdrehmomentes der Mutter.

Das Material der Muttern muß bei hochfesten Schraubenverbindungen entsprechend dem zugehörigen Schraubenwerkstoff gewählt werden. Für 8G-Schrauben sind die Muttern in 6S- und für 10K- und 12K-Schrauben die Muttern in 8G-Qualität zuzuordnen.

Im allgemeinen genügt für hochfeste Schraubenverbindungen die in der Norm vorgesehene Höhe der Muttern. Da es erfahrungsgemäß bei Reparaturen vorkommen kann, daß bei Verlust der ursprünglichen Mutter diese in Unkenntnis durch eine Mutter in üblicher Handelsqualität ersetzt wird, wobei es dann zu Vorspannungsverlust im Betrieb und den daraus folgenden Schäden kommen kann, sollen die Muttern für die Zylinderkopfschrauben und Lagerbügel sichtbar gekennzeichnet oder auch höher als die Normmuttern ausgeführt werden. Auch die Verwendung von Feingewinde für die Muttern für Zylinderkopf- und Lagerbügelschrauben gibt schon einige Sicherheit gegen Verwechslung.

Von grundsätzlicher Bedeutung für die hochfeste Schraubenverbindung ist, daß die auferlegte Vorspannung auch im Betrieb dauernd gehalten wird. Maßgebend daran beteiligt ist die Ausführung der Schrauben- bzw. Mutterauflage am verspannten Teil und die Qualität der Oberflächen der Teilflächen.

In der Regel sind die in der Norm vorgesehenen Auflageflächen an den Schraubenköpfen und Muttern bei hochwertigen Schraubenverbindungen nicht ausreichend, um die durch die Vorspannung hervorgerufenen Flächenpressungen an den verspannten Teilen aus Grauguß und insbesondere aus Leichtmetall zu übertragen. Auch die handelsüblichen genormten Beilagscheiben sind in der Regel sowohl im Durchmesser als auch in der Festigkeit ungeeignet.

Es sind daher größere als der Norm entsprechende Schlüsselweiten oder Bundmuttern zu verwenden, oder noch besser, Unterlagscheiben in genügender Höhe und ausreichendem Durchmesser aus vergütetem Stahl (C60) vorzusehen. Die Flächenpressung ist entsprechend der zulässigen Druckbelastung des Materials der verspannten Teile zu wählen und danach der Durchmesser der Scheibe zu bestimmen.

Als Regel kann man die Scheibengröße gleich dem notwendigen Durchmesser der Schraubenpfeife ausführen. Die Höhe der Unterlagscheiben soll etwa das 0,25fache des Schraubendurchmessers betragen, um ein Durchbiegen der Scheiben insbesondere bei Auflage auf Leichtmetall zu vermeiden. Bei Kopfschrauben mit Dehnschaft empfiehlt es sich, die Unterlagscheibe in einen kurzen Bund unter dem Schraubenkopf zu zentrieren, um damit ein Aufliegen der empfindlichen Ausrundung am Übergang vom Kopf zum Dehnschaft auf der Unterlagscheibe zu verhindern.

Für voll ausgenützte Dehnschaftschrauben sind grundsätzlich keine Sicherungen vorzusehen. Blechsicherungen sind für hochfeste Schraubenverbindungen gänzlich ungeeignet, da das in der Regel weiche Blech sich setzt, was zu Vorspannungsverlusten und daher zum Lockern der Schraubenverbindungen führt.

Es gehört mit zur Aufgabe des Konstrukteurs in den Einzelzeichnungen oder Montagezusammenstellungen die Anziehdrehmomente oder besser auch die notwendigen Schraubenlängungen, welche für die Erreichung der zugrundegelegten Vorspannungen notwendig sind, anzugeben.

In Zahlentafel 32 sind die von der bekannten Schraubenfirma Bauer & Schaurte ermittelten und empfohlenen Anziehdrehmomente zusammengestellt, wobei aber die eigene Nachprüfung der Anziehdrehmomente durch Messung der Schraubendehnung zur vollen Ausnutzung der Schraubenverbindung und gleichmäßigen Spannungsverteilung in vielen Fällen zweckmäßig sein wird.

Schrifttum

Bauer & Schaurte: Druckschriften, Schrauben-Vademecum, Ermüdungsbruch.

Benz, W.: Hochwertige Schrauben und Schraubenverbindungen im Motorenbau. Konstruktion 1955, H. 5, S. 175.

— Dehnschrauben, Spannkraft, Drehmomentenschlüssel. MTZ 1948, S. 33.

Erker, A.: Die vorgespannte Schraubenverbindung unter Dauerbeanspruchung und Überlastungen. MAN-Forschungsheft 1953, S. 3.

Junker, G.: Flächenpressung unter Schraubenköpfen. Maschinenmarkt 1961, Mai.

Kellermann, R., und H. Ch. Klein: Untersuchungen über den Einfluß der Reibung auf Vorspannung und Anzugsmoment von Schraubenverbindungen. Konstruktion 1955, S. 54, 1956, S. 236.

Klein, H. Ch.: Hochwertige Schraubenverbindungen. Einige Gestaltungsprinzipien und Neuentwicklungen. Konstruktion 1959, H. 6, S. 201.

Lickteig, E.: Konstruktive Gestaltung von Schraubenverbindungen. Konstruktion 1956, S. 150.

Menz, G.: Dehnschraubendiagramm für beliebige Lage des Angriffes der Betriebskraft an der Hülse. Konstruktion 1953, S. 151.

Niemann, G.: Maschinenelemente, 1. Band 1960, 2. Band 1961. Berlin-Göttingen-Heidelberg: Springer.

Niermeyer, H.: Verspannungsschaubild und Berechnung von Flanschverbindungen. Konstruktion 1953, S. 154.

Trutnovsky, K.: Berührungsdichtungen an ruhenden und beweglichen Maschinenteilen. Konstruktionsbücher, 17. Band. Berlin-Göttingen-Heidelberg: Springer, 1958.

Wiegand, H.: Neuere Ergebnisse und Untersuchungen über die Dauerhaltbarkeit von Schraubenverbindungen. Konstruktion 1961, S. 461.

D. Motorkonstruktionen

Zur Erreichung einer besseren Übersicht und Vereinfachung der Beschreibungen sind alle praktischen üblichen Kenndaten der nachfolgend beschriebenen einzelnen Konstruktionen in Zahlentafel 1 tabellenmäßig zusammengefaßt.

I. Viertakt-Dieselmotoren, wassergekühlt

1. Einzylinder-Dieselmotoren, liegende Bauart

Ein großer Verwendungsbereich einfacher Motoren liegt auch heute noch insbesondere in unterentwickelten Ländern vor. Dementsprechend müssen derartige Motoren billig und robust sein. Diesen Forderungen entspricht die Verdampfungskühlung, für welche die liegende Bauart am geeignetsten ist.

Die liegenden Motoren werden im allgemeinen nur für stationäre Zwecke, zum Antrieb einfacher landwirtschaftlicher Maschinen, Pumpen, kleiner einfacher Baumaschinen, eingesetzt.

Der Leistungsbereich liegender Motoren, welche bis auf wenige Ausnahmen auf Einzylinder beschränkt bleiben, erstreckt sich zwischen 5 und 20 PS und auf Drehzahlen von 1000 bis 1500 U/min. Höhere Drehzahlen kommen seltener in Betracht.

Der Einsatz dieser Motoren verlangt einfachste Bedienungsmöglichkeit, Handanwurf, geschlossene glatte Außenformen, gute Abdichtung, brennstoffunempfindliches Verbrennungssystem, großen Kühlwasserraum.

Liegender Einzylindermotor der Jenbacher Werke AG., Jenbach, Tirol

Als Beispiel einer liegenden Bauart ist in Abb. 199 der Längs- und Querschnitt eines Dieselmotors mit 125 mm Bohrung, 145 mm Hub, welcher bei 1500 U/min 20 PS leistet, gebracht. Es ist dies eine Konstruktion der Anstalt für Verbrennungsmotoren Prof. Dr. Hans List, Graz. Die Gestaltung des Motors entspricht den oben angegebenen Richtlinien, wie geschlossener Aufbau, großer Wasserraum, Einhebelbedienung und als Verbrennungsverfahren die hinsichtlich Brennstoffqualität bekannt unempfindliche Vorkammer.

Die Kurbelwelle ist in Zylinderrollenlagern gelagert, deren Innenlaufbahn leicht ballig geschliffen ist, um eine Kantenpressung der Rollen bei der unvermeidlichen Deformation der Welle zu verhindern. Die Schmierölzufuhr zum Bleibronzelager des Pleuelzapfens erfolgt über den am steuerradseitigen Kurbelwellenstummel angeordneten Exzenter, welcher die Kolbenschmierpumpe betätigt (s. auch Abb. 71). Das im Ölsumpf angeordnete Spaltfilter liegt auf der Saugseite der Ölpumpe.

Das prismatisch gestaltete Kurbelgehäuse beinhaltet den Kurbelraum, den Raum für den Steuerungsantrieb und für die Einspritzpumpe und den großen über den Kurbelraum vorgezogenen Kühlwasserbehälter.

Alle Befestigungs- und Deckelflächen am Gehäuse sind auf gemeinsame Bearbeitungsebenen gebracht, was hinsichtlich Bearbeitungsverbilligung wesentliche Vorteile mit sich bringt. Das Triebwerk ist über einen großen Deckel, welcher auch die Öleinfüllung und den Meßstab trägt, von der Stirnseite des Motors zugänglich. Bei der Gestaltung des Kühlwasserraumes bei Verdampfungskühlung muß sorgfältig darauf geachtet werden, daß die entstehenden Dampfblasen ungehindert aufsteigen und ein rasches Nachströmen des Wassers ermöglicht wird. Zu diesem Zweck sind große und breite Übertrittsöffnungen für die Wasserzirkulation durch den Zylinderkopf vorgesehen. Für die steife Abstützung der Zylinderbüchse sorgen zwei kräftige und hohe Biegungsträger zwischen den Seitenwänden des Wasserraumes, deren Formgebung ebenfalls den Kühlwasserzulauf zum oberen und heißesten Teil der Zylinderbüchse gestattet. Die Verwendung nasser eingesetzter Zylinderbüchsen ist bei dieser Motorenbauart zweckmäßig.

Eine bemerkenswerte konstruktive Lösung zeigt der Steuerungs- und Einspritzpumpenantrieb dieser Maschine, Abb. 200, welcher in dem schmalen Raum neben dem Kurbel- und Wasserraum untergebracht ist. Bemerkenswert insofern, als sowohl die beiden Ventile als auch die Einspritzpumpe von der gleichen Nocke betätigt werden.

Die Nockenwelle, die Schwinghebel für die Ventilbetätigung und der Rollenstößel für die Einspritzpumpe sind in einem in den schmalen Steuerungsraum eingesetzten Gehäuse vereinigt. Die Einspritzpumpe ist oberhalb des Nockenwellengehäuses angeflanscht, wobei die Einspritzleitung zur Düse unmittelbar in dem darüber angeordneten Zylinderkopf übertritt. Die Entlüftung der Einspritzpumpe kann über ein eigenes, von der Pumpe zu einer außerhalb des Steuerungsraumes angeordneten Entlüftungsschraube gelegtes Entlüftungsröhrchen erfolgen. Es braucht daher für diese öfter vorkommende Bedienung in den Ölraum nicht eingegriffen werden und es wird so das Eindringen von Staub vermieden.

Der Drehzahlverstellregler, Abb. 201, welcher vom Nockenwellenzahnrad ins Rasche übersetzt angetrieben wird, ist in der oberen Ecke des Kurbelraumes angeordnet und in einer Kreiszentrierung in der Lagerwand aufgenommen. Die ganze vormontierte Einheit wird von der Steuerraumseite eingeschoben.

Zur handlichen Bedienung des Hebels für die Drehzahlverstellung ist dieser an der Stirnseite des Motors angebracht. Vom Handhebel führt eine Welle im oberen Teil des Kurbelraumes zum Regler. Die Verbindung des Reglers mit der Einspritzpumpe erfolgt über eine im Reglergehäuse gelagerte Hebelwelle. Der Handhebel für die Dekompression gibt bei Betätigung beim Andrehen gleichzeitig eine Überfüllung der Einspritzmenge. Auch die Abstellung des Motors erfolgt über den gleichen Hebel. Die Lage dieses Hebels, welcher am Steuerräderdeckel angeordnet ist, ist so gewählt, daß er beim Ankurbeln betätigt werden kann.

Der Zylinderkopf wird mit vier M 20-Dehnschaftschrauben niedergehalten. Die Vorkammer in der üblichen Ausführung mit zwei Ausblaseöffnungen steht senkrecht zur Bodenfläche. Die Düse ist innerhalb des Ventilhebelraumes untergebracht. Der Einlaßkanal, welcher nach der Kopfoberseite herausgeführt wird, tritt in die Ventilhaube über, an welcher dann der Ölbadluftfilter unmittelbar befestigt wird. Die Kipphebel sind nadelgelagert und öldunstgeschmiert. Durch das in der Ventilhaube eingesetzte Flatterventil für die Kurbelgehäuseentlüftung kommt genügend Öldunst in den Ventilraum. Die beiderseits des Kurbelgehäuses angeordneten Schwungräder entsprechen der üblichen Bauform für liegende Motoren und ermöglichen durch ihr genügend großes Schwungmoment den Handstart und geben den notwendigen Gleichgang. Die Gegengewichte für den Ausgleich der rotierenden und ungefähr halben hin- und hergehenden Massen sind in den beiden Schwungradkränzen untergebracht.

2. Traktormotoren

Der Leistungsbereich der Motoren für landwirtschaftliche Traktoren liegt in Europa in der Hauptsache zwischen 15 und 50 PS. Die zur Verwendung gelangenden Drehzahlen liegen zwischen 1500, 2400 und 3000 U/min, wobei im Zuge der neueren Entwicklungsrichtung im Traktorenbau die höheren Drehzahlen mehr und mehr vorgezogen werden. Im allgemeinen lassen sich die notwendigen Leistungen der Motoren für die verschiedenen gebräuchlichen Traktortypen in eine Baukastenreihe einordnen.

Der Aufbau eines Traktormotors wird zum Teil von der Art der Traktorenkonstruktion beeinflußt.

Bei der rahmenlosen Traktorbauart ist der Motor mittragender Bauteil zwischen Vorderachse und Hinterachsgetriebeblock. In diesem Fall muß das Kurbelgehäuse in der unteren Partie entsprechend kräftig gestaltet werden. Vielfach wird hiezu die Tunnelbauart vorgezogen. Bei einigen Traktorenkonstruktionen ist auch die Ölwanne als verbindender und tragender Bauteil ausgebildet. Bei Traktoren mit Tragrahmen als Verbindung zwischen Vorder- und Hinterachse können Kurbelgehäuse und Ölwanne des Motors leichter gebaut werden. Die Verwendung eines raschlaufenden leichten Mehrzweckmotors wird dadurch möglich.

Im Hinblick auf den Einsatz müssen Traktormotoren in allen Einzelheiten auf einfache Bedienung und Wartung und staubdichte Ausführung konstruiert werden. Besonders zu achten ist auf die Verwendung wirksamer Öl-, Brennstoff- und Luftfilter, welche gut zugänglich untergebracht werden müssen. Auch der Reparaturdienst und der Austausch von Ersatzteilen durch einfache, manchmal entlegene Werkstätten muß beim Entwurf mit berücksichtigt werden. In dieser Hinsicht ist die Verwendung nasser Büchsen vorteilhaft.

Die Möglichkeit des Handstartes soll neben der schon weitgehend üblichen elektrischen Startanlage sowohl konstruktiv als auch vom Verbrennungsverfahren her noch vorgesehen werden. Damit der Anlasser und die Lichtmaschine vor Schmutz und Kurzschlüssen geschützt sind, sollen sie möglichst hoch am Motor angebracht werden. Entsprechend der üblichen Anordnung der landwirtschaftlichen Geräte am Traktor auf der rechten Seite, sollen die weiter ausladenden Motor- und Zubehörteile, wie z. B. Auspuff, Luftfilter usw., auf der linken Motorseite liegen, um die Sicht des Fahrers auf die Geräte nicht zu behindern.

Um eine gleichmäßige Arbeitsgeschwindigkeit der Traktoren einhalten zu können, sind die Motoren mit Drehzahlverstellreglern auszurüsten. Gegebenenfalls muß am Motor die Unterbringung einer hydraulischen Pumpe für Hebegeräte und eines Bremsluftkompressors für Anhängerbetrieb vorgesehen werden.

a) Einzylinder-Dieselmotor der Steyr-Daimler-Puch AG., Steyr

Der im Längs- und Querschnitt, Abb. 202, dargestellte Einzylindermotor ist das erste Glied einer Baureihe von Ein-, Zwei-, Drei-, Vier- und Sechzylindermotoren für Traktoren, Lastkraftwagen und stationäre Zwecke. In der vorliegenden Form mit Tunnelgehäuse für die hauptsächliche Verwendung in Traktoren werden nur Ein- und Zweizylindermotoren gebaut, während ab drei Zylindern die Motoren in der üblichen Ausführung mit eingesetzten Lagerbügeln konstruiert sind. Der Motor hat bei 110 mm Bohrung und 140 mm Hub eine Leistung von 18 PS bei 1750 U/min. Die Kurbelwelle ist in zwei Rollenlagern mit balliger Innenlaufbahn gelagert, wobei das schwungradseitige Lager stärker ist, um einerseits die zusätzliche Belastung des schweren Schwungrades aufzunehmen und andererseits auch die einfache stirnseitige Befestigung des Schwungrades mit dem erforderlichen Schraubenteilkreis zu ermöglichen. Der schwungradseitige Hauptlagerzapfen hat 100 mm Durchmesser, der steuerradseitige 70 mm Durchmesser. Um die Kurbelwelle in das Kurbelgehäuse einschieben zu können, ist das schwungradseitige Lager in einen kräftigen Lagerring mit dem Außendurchmesser der Gegengewichte eingesetzt. Der Lagerring wird durch einen gesonderten Deckel, der die Kurbelwellendichtung trägt, im Kurbelgehäuse gehalten. Der oberflächengehärtete Pleuelzapfen hat 75 mm Durchmesser und ist mit 6 mm Radius zu den Wangen hin ausgerundet. Dieser verhältnismäßig große Radius ist mit Rücksicht auf die nur zweifach gelagerte Zweizylinderkurbelwelle vorgesehen. Die gleichen Lagerdimensionen mit dem Lagerring werden auch beim Zweizylindermotor verwendet.

Der Kopf der Pleuelstange ist schräg geteilt, die Teilfläche ist verzahnt. Die zwei

Pleuelschrauben M 14 × 1,5 haben einen Dehnschaft und benötigen daher keine zusätzlichen Sicherungen.

Das Kurbelgehäuse umschließt auch den Steuerräderantrieb und die Einspritzpumpe mit Regler und Regelgestänge, so daß der Motor als Ganzes nach außen eine zweckmäßig glatte Form aufweist, wobei aber durch große Deckel die leichte Zugänglichkeit sowohl zum Triebwerk als auch zur Einspritzpumpe und zum Regler gewahrt bleibt. Die Deckel und Befestigungsflächen sind weitgehend auf gemeinsame Bearbeitungsebenen vorgezogen. Das Schwungradgehäuse ist mit dem Kurbelgehäuse aus einem Stück. Die Gußwandstärken des Gehäuses sind einheitlich mit 6 mm ausgeführt. Die nasse Zylinderbüchse entspricht dem hauptsächlichen Verwendungszweck als Traktormotor.

Der Steuerrädertrieb liegt innerhalb des Kurbelraumes. Von der Nockenwelle des Ventiltriebes aus wird über einen Rollenstößel auch die Einspritzpumpe betätigt. Diese ist zwischen den Stoßstangen im Stößelraum an der Trennwand zum Wasserraum angeflanscht. Der Drehzahlverstellregler ist mit dem Nockenwellenrad vereinigt. Der Reglerhebel ist direkt mit der Regelstange der Einspritzpumpe verbunden. Die Reglerfeder, welche auf dem anderen Ende der Regelstange der Einspritzpumpe eingehängt ist, wird über eine im Kurbelgehäuse geführte Stange vom Gasgestänge des Traktors gespannt. Das gesamte Reglergestänge ist äußerst einfach und vollkommen staubdicht abgeschlossen. Der Regler ist von der Stirnseite über einen flachen Deckel zugänglich.

Das zylindrisch geformte Ölpumpengehäuse ist unterhalb des vorderen Hauptlagers in der Lagerwand zentriert. Das Antriebsrad greift in das Steuerungsrad der Kurbelwelle ein. Das Spaltfilter ist seitlich in das Kurbelgehäuse eingeschoben. Die Ölzufuhr in die Kurbelwelle für die Pleuellagerschmierung erfolgt über eine Gleitlagerbüchse im vorderen Abschlußdeckel der Kurbelwellenlagerung. Der Abschlußdeckel hält unterhalb auch das Ölpumpengehäuse fest. Das Wasserpumpenrad fördert beim Einzylinder- wie auch beim Zweizylindermotor direkt ohne Spirale in den Wasserraum um die Zylinderbüchse.

Der Zylinderkopf, ein Einzelkopf aus der Baureihe, ist mit vier M 14 × 1,5-Dehnschaftstiftschrauben niedergespannt. Er ist innen auf der Zylinderbüchse und außen im Kurbelgehäuse mit einem Paßbund zentriert. Die ringförmige Zylinderkopfdichtung liegt nur am Zylinderbüchsenbund auf und dichtet somit nur den Verbrennungsraum ab. Die Wasser- und Ölübertritte werden mit im Kurbelgehäuse eingelegten O-Ringen abgedichtet. Der Ansaugkanal ist nach oben, der Auslaß seitlich aus dem Zylinderkopf herausgeführt. Bedingt durch die mehrzylindrigen Motoren der Baureihe sind die Ventile etwas zur Zylinderachse schräg gestellt, um möglichst große Ventilquerschnitte und einen kräftigen Ventilsteg zu erzielen. Der Einlaßkanaldurchmesser am Ventil beträgt 50 mm, der Auslaßdurchmesser 45 mm, wobei noch 13 mm Stegstärke dazwischen erhalten bleiben.

Die Vorkammer mit zwei Ausblaseöffnungen in den Zylinderraum liegt schräg zwischen den Stoßstangen. Die Ventilkammerdichtfläche ist über die obere Wasserraumwand hochgezogen. Dadurch ergibt sich eine erhöhte Steifigkeit des Zylinderkopfes und wird gleichzeitig die Abdichtung des Ölraumes erleichtert. Auf die gleiche Ebene ist auch der Ansaugkanalaustritt gelegt.

Die Zuleitung des Schmieröls zu den Kipphebeln erfolgt über die hohlen Stoßstangen. Im Ventilkammerdeckel sind auch die Dekompressionswelle und das Entlüftungsventil untergebracht.

b) Vierzylinder-Traktor-Dieselmotor von Massey-Ferguson, England

Der in Abb. 203 im Längs- und Querschnitt dargestellte Motor gehört zu einer der weitverbreitetsten Traktortypen; Massey-Ferguson war durch die Verwendung eines raschlaufenden Vierzylindermotors mit kleinem Hubvolumen im letzten Jahrzehnt der Traktorenentwicklung bahnbrechend.

Die Leistung des Motors beträgt 35 PS bei 2200 U/min, die Bohrung beträgt 85,7 mm, der Hub 101,6 mm.

Kurbelgehäuse und Ölwanne des Motors sind als tragende Teile zwischen Vorderachse und Hinterachsgetriebeblock eingeschaltet. Es war daher die Verwendung eines Tunnelgehäuses gegeben und die kräftige Ausbildung der Ölwanne notwendig. An der Frontseite der Ölwanne ist der Vorderachsträger befestigt.

Die Kurbelwelle ist nur dreifach gelagert. Der Pleuelzapfen hat 58,7 mm Durchmesser, der Hauptlagerzapfen 69,8 mm Durchmesser. Die Aufnahme der Hauptlager erfolgt in drei in das Kurbelgehäuse eingesetzten geteilten Lagerringen. Der Außendurchmesser des mittleren und schwungradseitigen Lagerringes beträgt 176 mm, der des stirnseitigen Lagerringes 130 mm, wobei letzterer auch die Ölpumpe aufnimmt. Die beiden äußeren Lagerringe sind mit dem Kurbelgehäuse durch kräftige Flansche verbunden, während der mittlere Lagerring durch eine 7/16-Zoll-Kopfschraube zwecks satter Anlage an die Tunnelbohrung nach unten gezogen wird. Die Kopfschraube übernimmt durch einen Paßbund auch die achsiale Lagesicherung des mittleren Lagerringes. Die Lagerringhälften, die aus einer Leichtmetall-Kokillengußlegierung bestehen, sind gegeneinander mittels Paßhülsen zentriert und mit zwei Schrauben zusammengespannt.

Den Seitenanlauf der Kurbelwelle übernehmen am schwungradseitigen Lagerring eingesetzte Bundscheiben. Der Zylinderabstand über dem lagerfreien Teil beträgt 98 mm, wobei die Zylinderrohre schon zusammenwachsen, der Abstand über dem Zwischenlager ist 128 mm ausgeführt. Die trockenen Zylinderbüchsen sitzen mit einem Schiebesitz im Gehäuse und haben eine Wandstärke von 2,8 mm. Das äußere Zylinderrohr ist mit 6 mm Wandstärke gegossen. Diese Zylinderanordnung mit den geringen Zylinderabständen erleichtert festigkeitsmäßig die Verwendung der nur dreifach gelagerten Kurbelwelle. Der Ölwannenflansch ist 128 mm unter die Kurbelwellenmitte gelegt, um noch eine genügend hohe tragende Stegstärke zur Tunnelbohrung zu erreichen. Den Anschluß an das Getriebegehäuse vermittelt eine an das Kurbelgehäuse angegossene kräftige Platte, welche zum Gehäuse hin noch durch starke Rippen abgestützt ist. Die Nockenwelle liegt im Kurbelraum und läuft in eingepreßten Büchsen. Die Lagesicherung der Nockenwelle übernimmt die stirnseitige Lagerbüchse, welche zwischen einem Bund der Nockenwelle und der Nabe des Nockenwellenantriebsrades liegt. Die Ausführung der Stößel und des Stoßstangendurchtrittes durch den Wasserraum ist deutlich aus der Abbildung zu ersehen. Den Antrieb der Nockenwelle besorgt eine zweireihige Rollenkette, welche durch ein Spannrad gespannt wird. Den Kettentrieb und die Ölpumpe umschließt ein tiefgezogener Blechdeckel. Als Einspritzpumpe ist die CAV-Einstempelverteilerpumpe vorgesehen, welche über ein Zwischenzahnrad von einem auf der Nockenwelle aufgeschnittenen kleinen Zahnrad angetrieben wird. (Siehe Teilschnitt.) Die Einspritzpumpe ist mit dem Zwischenradtrieb auf einem seitlich am Kurbelgehäuse angeflanschten Gehäuse befestigt. Mit dem Antriebsgehäuse der Pumpe ist die Öleinfüllung vereinigt, deren Deckel mit einer Zugfeder niedergehalten wird. Der Einfülldeckel kann daher weder im Betrieb noch beim Einfüllen verlorengehen. Als Brennstoffförderpumpe ist eine Membranpumpe vorgesehen. Den Schmierölkreislauf besorgt eine am Lagerring an der Frontseite angeordnete Innenzahnradpumpe, welche über zwei schmale Zahnräder von der Kurbelwelle angetrieben wird. Das von außen zugängliche, reichlich bemessene Saugsieb kann als Vorfilter betrachtet werden. Das Feinfilter ist seitlich am Motor angeflanscht. Die Schmierölzufuhr zu den Hauptlagern erfolgt durch die seitliche Längsbohrung im Kurbelgehäuse, von welcher zu den Lagerringen horizontale Bohrungen führen. Die um die Lagerschalen in den Lagerringen angebrachte Ringnut führt das Schmieröl auch den Nockenwellenlagern zu.

Der Lagerdeckel der schräggeteilten Pleuelstange umgreift den Pleuelkopf zur Lagesicherung mit einem 5 mm hohen Einpaß. Die achsiale Verschiebung verhindert eine Paßhülse um eine der beiden 7/16-Zoll-Pleuelschrauben. Der verhältnismäßig kurz gebaute Kolben mit einer Schaftlänge von 98 mm ist mit drei Dichtringen und einem Ölabstreifring bestückt.

Der Zylinderkopf, der sich über alle vier Zylinder erstreckt, wird mit 1/2-Zoll-Stiftschrauben niedergehalten. Ein- und Auslaßkanäle werden auf der gleichen Motorseite herausgeführt. Die Einlaßkanäle haben am Ventil eine Öffnung von 34 mm Durchmesser, die Auslaßkanäle einen Durchmesser von 28 mm. Für die Auslaßventile sind Ventilsitzringe eingeschrumpft. Die im Zylinderkopf eingearbeitete Wirbelkammer wird von der Zylinderdichtfläche her durch einen Pfropfen verschlossen, welcher auch die Ausblaseöffnung aus der Kammer enthält. Dadurch kann der thermisch hochbelastete Teil aus hitzebeständigem Material ausgeführt und leicht ausgetauscht werden.

Im Kolbenboden sind in Fortsetzung der Ausblaseöffnung zwei kreisförmige, flache Mulden ausgenommen. Das sehr ruhig und weich arbeitende Verbrennungsverfahren ist eine weitere Voraussetzung für die Verwendung der dreifach gelagerten Kurbelwelle. Die Einspritzdüse wird durch einen sehr steifen, gegossenen Spannbügel niedergehalten. Als Starthilfe wird das CAV-Startgerät, Abb. 169, verwendet. Das aus dem Zylinderblock in den Zylinderkopf übertretende Kühlwasser wird zur Gänze zuerst um die Wirbelkammern geführt und tritt dann an der Stirnseite des Kopfes aus. Im Austrittsstutzen ist der Thermostat eingesetzt. Die Wasserpumpe ist auf gleicher Anarbeitsebene mit dem Steuerräderdeckel an der Frontseite des Kurbelgehäuses befestigt. Anlasser und Lichtmaschine liegen hintereinander auf der gleichen Motorseite über der Kurbelwellenmitte und sind somit der Verschmutzung nur wenig ausgesetzt.

Der Gesamtaufbau des Motors ermöglicht eine billige Herstellung in der Großserienproduktion.

c) Vierzylinder-Dieselmotor der Ford-Motor-Company, Dagenham, England

Der in Abb. 204 im Längs- und Querschnitt gezeigte Dieselmotor gehört ebenfalls zu einer der bekanntesten auf dem Weltmarkt befindlichen Traktortypen. Die Bohrung beträgt 100 mm, der Hub 115 mm, die Leistung 40 PS bei 1600 U/min.

Richtungsgebend für die Gesamtauslegung des Motors war die Verwendung möglichst vieler gleicher Teile sowohl für einen Diesel- als auch für einen Ottomotor. Man ist so in der Lage, sich von vornherein den Gegebenheiten und Wechsel des Marktes in der Produktion rasch anpassen zu können, und man konnte durch große Stückzahlen eine wirtschaftliche Produktion erzielen. Tatsächlich unterscheiden sich beide Motortypen nur durch die Zylinderköpfe und Kolben.

Da am Traktor ein Verbindungsrahmen zwischen Vorderachse und Hinterachsgetriebeblock vorgesehen ist, sind bei der Gestaltung des Kurbelgehäuses in dieser Hinsicht keine gesonderten Verstärkungen notwendig gewesen.

Die Kurbelwelle ist aus einer Stahlgußlegierung gegossen, mit C = 1,2 bis 1,45%, Mn = 0,7 bis 0,9%, Cu = 1,5 bis 2%, Si = 0,85 bis 1,1%, Cr = 0,4 bis 0,5%, P = 0,1 max., S = 0,08% max. Die Hauptlagerzapfen haben 76,2 mm Durchmesser, die Pleuelzapfen 63,5 mm Durchmesser. Die Kurbelwelle läuft in Dreistoff-Dünnwandlagerschalen mit einem Lagerspiel von 0,04 bis 0,07 mm im Hauptlager und mit 0,025 bis 0,07 mm Spiel im Pleuellager. Der Seitenanlauf der Kurbelwelle ist am Mittellager angeordnet. Hiefür sind lose Bundscheibenhälften in die Lagernabe des Gehäuses und in den Lagerbügel eingelegt.

Das Kurbelgehäuse reicht nur bis zur Kurbelwellenmitte. Nach unten ist das Gehäuse durch eine sehr tiefe Ölwanne aus Gußeisen abgeschlossen, an welche die untere Hälfte der Schwungradglocke angegossen ist. Die Hauptlagerbügel sind im Kurbelgehäuse seitlich in einem 5 mm tiefen Einpaß gehalten und mit zwei Stück 1/2-Zoll-Kopfschrauben befestigt.

Die nassen Zylinderbüchsen haben eine Wandstärke von 5 mm. Der 11 mm hohe Zylinderbüchsenbund sitzt auf einer 3 mm breiten Auflagerfläche im Kurbelgehäuse. Der Überstand über die Dichtfläche beträgt 0,025 bis 0,07 mm. Die Abdichtung gegen den Ölraum erfolgt durch einen in eine Nut im Kurbelgehäuse eingelegten O-Ring.

Der Zylinderabstand beträgt 128 mm, über dem Mittellager jedoch 137 mm. Die bis zum Schwungrad vorgezogene Schwungradglocke ist mit dem Kurbelgehäuse zusammengegossen. Für die Stoßstangen und Stößel ist neben dem Wasserraum in der üblichen Weise der Stößelraum angeordnet. Frontseitig wird das Kurbelgehäuse durch eine über den Steuerradtrieb reichende Blechplatte abgeschlossen. Die Blechplatte dichtet stirnseitig auch am Lagerbügel gegen die in eine halbkreisförmige Ringnut eingelegte Dichtschnur, gegen welche auch die halbkreisförmige Kante der Ölwanne dichtend drückt.

Die Blechplatte hat an den äußeren unteren Enden zwei rechtwinkelig abgebogene Lappen, welche zur Abstützung des Motors am Traktorrahmen dienen. Die Nockenwelle und die Einspritzpumpe werden über zwei Zahnradpaare angetrieben. Die chromlegierte, gegossene Nockenwelle mit Lagerzapfen von 52,3 mm Durchmesser ist in jeder Lagerwand gelagert und läuft direkt im Grauguß des Kurbelgehäuses mit einem Lagerspiel von 0,05 bis 0,09 mm. Die achsiale Lagesicherung der Nockenwelle wird durch einen zweiteiligen, gesinterten Gußring bewerkstelligt, welcher in eine Ringnut der Nockenwelle eingreift und durch die Endplatte in einer Ausnehmung des Gehäuses achsial gehalten wird.

Das Antriebsrad der Einspritzpumpe ist in einem seitlich am Gehäuse angegossenen Vorbau in zwei Wälzlagern gelagert. Die Einspritzpumpe ist mit einem Unterdruckregler versehen. Als Förderpumpe dient eine Membranpumpe. Die Ölpumpe wird über Schraubenräder von der Einspritzpumpenantriebswelle angetrieben. Das Ölpumpengehäuse wird mit der Lagerung des Schraubenrades von der Kurbelgehäuseteilfläche eingeschoben und wird mit dem Ölpumpendeckel am Gehäuse befestigt. Bei der Ausführung als Ottomotor wird vom Schraubenrad auf der Ölpumpenwelle der vertikal darüber angebrachte Verteiler mitgenommen. Als Ölfilter ist ein Feinfilter im Hauptstrom vorgesehen, welcher unterhalb der Einspritzpumpe liegt.

Der über alle vier Zylinder gemeinsame Zylinderkopf wird mit sechzehn 1/2-Zoll-Kopfschrauben mit Dehnschaft niedergezogen. Die Auslaß- und Ansaugkanäle werden zur gleichen Motorseite herausgeführt. Für das Auslaßventil ist ein Ventilsitzring mit 0,05 mm Übermaß im Zylinderkopf eingeschrumpft. Die Einlaßventilöffnung hat 40 mm, die Auslaßventilöffnung 35 mm Durchmesser. Die 9,5 mm starken Ventilschäfte haben in den im Zylinderkopf eingepreßten Ventilführungen 0,02 bis 0,07 mm Spiel. Der Einspritzdüsenhalter ist schräg zwischen den Stoßstangen angeordnet, wobei die Vierlochdüse 7 mm außerhalb der Zylindermitte zu liegen kommt. Die Brennraummulde im Kolben ist offen und zylindrisch ausgebildet und ergibt ein Kompressionsverhältnis von 16:1. Der Kolben aus Leichtmetall ist 118 mm lang, der schwimmende Kolbenbolzen hat 31,7 mm Durchmesser.

Die Wasserpumpe fördert direkt in den Wasserraum des Zylinderblocks. Der Wasseraustritt am Zylinderkopf, in welchem auch der Thermostat eingebaut ist, ist an der Stirnseite angeordnet. Zu beachten ist auch die einfache Ausführung der Riemenscheibe und der Wasserpumpenlagerung.

3. Fahrzeugdieselmotoren

Unter Fahrzeugdieselmotoren werden im allgemeinen Motoren für die Verwendung in Lastkraftwagen und Omnibussen verstanden. Der Einbau von Dieselmotoren in Personenwagen ist, bis auf wenige Ausnahmen, bis jetzt verhältnismäßig selten. Die Leistungen und Drehzahlen der Motoren müssen den Aufgaben und Anforderungen der Kraftfahrzeuge entsprechen. Nach den gesetzlichen Bestimmungen in Deutschland ist z. B. derzeit 6 PS pro Tonne Gesamtzuggewicht vorgeschrieben. Hinzu kommt die allgemeine Forderung nach einem hohen Nutzlastfaktor, d. i. das Verhältnis vom Leergewicht zum Ladegewicht, welcher die Konstruktion von leichten Motoren mit hohen Drehzahlen zur Bedingung macht, weil dadurch auch die Getriebegewichte gesenkt werden können. Da Kraftfahrzeugmotoren im allgemeinen in größeren Stückzahlen gebaut werden, ist die Konstruktion in erster Linie auch auf eine wirtschaftliche, billige

Herstellung auszulegen. Hinsichtlich der zweckmäßigen Anordnung des Zubehörs und der Hilfsmaschinen ist ein enger Kontakt mit der Fahrzeugkonstruktion notwendig. Insbesondere muß darauf geachtet werden, daß der Motor im Fahrzeug soweit zugänglich bleibt, oder die Zugänglichkeit mit einfachen Mitteln möglich gemacht wird, daß der Motor gewartet und einfache Reparaturen, wie Nachziehen der Zylinderkopfschrauben, Ventilspielnachstellung, Austausch der Filter und elektrischer Hilfsmaschinen usw., möglich sind, ohne daß viel vom Fahrzeug abgebaut oder der ganze Motor ausgebaut werden muß.

Der Motoreinbau in das Fahrzeug muß vom Motorkonstrukteur auch hinsichtlich freiem Kühlluftzutritt und ungehinderter Kühlluftabfuhr und Kühlwasserführung überprüft werden. Die Luftfilter sind in einer kühlen Zone des Fahrzeuges, wenn möglich außerhalb des Motorraumes, anzubringen.

Es nützt dem Benützer des Fahrzeuges das schönste Styling nichts, wenn für an und für sich einfache Arbeiten hohe Kosten durch Montageschwierigkeiten entstehen, oder aus diesen Gründen überhaupt unterbleiben und der Motor durch ungünstige Einbauverhältnisse in seiner Leistung nicht ausgenützt werden kann.

Bei Fahrzeugmotoren muß die Unterbringung und der Antrieb von Bremskompressoren und bei Schwerfahrzeugen auch von hydraulischen Pumpen für die Lenkung möglich sein. Von Wichtigkeit für Fahrzeuge ist auch die richtige Anordnung und Auslegung der Motoraufhängung für den erschütterungsfreien und ruhigen Lauf des Motors im Fahrgestell.

Da die Fahrzeugmotoren durch die größere Stückzahl im allgemeinen das Rückgrat der Produktion einer Firma bilden und die Einbaubedingungen in die Fahrgestelle in der Regel konstruktiv die schwierigeren Probleme bringen, wird man in vielen Fällen zweckmäßig die Motoren für alle weiteren möglichen Verwendungen, wie Stationär-, Bootsmotoren usw., von der Fahrzeugmotorenkonstruktion ableiten.

a) Vierzylinder-Dieselmotor von Rover Co. Ltd., England

Abb. 205 bringt den Längs- und Querschnitt eines raschlaufenden kleinen Fahrzeugdieselmotors, welcher für geländegängige Personenfahrzeuge (Land Rover) verwendet wird und auch für Taxis und kleine Lieferwagen geeignet ist.

Die Bohrung beträgt 85,7 mm, der Hub 88,9 mm, die Leistung 52 PS bei 3500 U/min. Die Gesamtkonstruktion des Motors ist für die Produktion sowohl eines Dieselmotors als auch eines Ottomotors mit vielen gemeinsamen Teilen und für die Bearbeitung auf gleichen Einrichtungen ausgelegt.

Die Kurbelwelle ist dreifach gelagert und mit Hauptlagerzapfen von 63,5 mm Durchmesser und mit Pleuellagerzapfen von 54 mm Durchmesser versehen. Bemerkenswert ist, daß die Lagerzapfen nicht oberflächengehärtet sind, sondern die Kurbelwelle im ganzen auf 270 bis 310 Brinellhärte vergütet ist. Die Dünnwandlagerschalen haben einen Bleibronzeausguß mit einer Zinnauflage. Die Lagerspiele in den Haupt- und Pleuellagern betragen 0,025 bis 0,06 mm. Für den Seitenanlauf der Kurbelwelle ist in der gehäuseseitigen Nabe des Mittellagers beidseitig je eine halbe Bundscheibe eingelegt. Die Verdrehsicherung der Scheiben erfolgt durch deren Abstützung auf der überstehenden Teilfläche des Lagerbügels. Das vordere Kurbelwellenende trägt einen einfachen Gummi-Schwingungsdämpfer, welcher aus einem auf eine Nabe aufgezogenen Gummibalg besteht, der innerhalb der Dämpferscheibe eingespannt ist. In die Dämpferscheibe ist auch die Keilriemenrille eingestochen.

Das Kurbelgehäuse aus Grauguß ist unter die Kurbelwellenmitte gezogen und mit nassen Zylinderbüchsen ausgerüstet. Die Zylinderbüchsen sind unterhalb des Auflagebundes und am unteren Ende mit 0,025 bis 0,08 mm Spiel im Gehäuse zentriert. Die Abdichtung gegen den Ölraum erfolgt durch zwei in Nuten des Gehäuses eingelegte O-Ringe. Die Lagerdeckel sind mit Kopfschrauben mit Dehnschaft am Gehäuse befestigt.

Erwähnenswert ist die Ausbildung des schwungradseitigen Lagerbügels nach Abb. 206, der in ähnlicher Weise bei vielen Personenwagenmotoren Anwendung findet. Der Lagerbügel wird in diesem Falle auch zur Abdichtung gegen die Ölwanne und gegen die am Gehäuse angeschraubte Schwungradglocke herangezogen. Die rückwärtige Fläche und der obere Steg des Lagerbügels sind auf die gleiche Ebene der Schwungradgehäuse-Anschlußfläche und der Ölwannendichtfläche vorgezogen, wobei die Spalte zwischen Lagerbügel und Gehäuse noch durch in Nuten des Bügels eingelegte Dichtprofile abgedichtet werden. Durch diese Ausbildung wird etwas an Baulänge des Motors eingespart.

Für die Kühlwasserzufuhr zu den einzelnen Zylindern ist ein knapp unter der Zylinderkopfdichtfläche angeordneter Wasserverteilkanal vorgesehen.

Nockenwelle und Stößel liegen knapp unter der Zylinderkopfdichtfläche, so daß sich dadurch sehr kurze Stoßstangen ergeben. Abweichend von den üblichen Konstruktionen liegen hier die Nockenwellenlager in der Mitte des jeweiligen Zylinders. Die Lagerzapfen der Nockenwelle haben einen Durchmesser von 46,7 mm und laufen in im Gehäuse eingepreßten, gerollten Stahlbüchsen mit Weißmetallausguß mit einem Spiel von 0,02 bis 0,05 mm. Eine ungewöhnliche Lösung zeigen die Rollenstößel. Die Stößelrolle wird im Stößel nicht wie üblich auf einem eingesteckten Bolzen gelagert, sondern die Rolle aus Hartguß stützt sich in einer halbkreisförmig ausgefrästen Ausnehmung in ihrem Außenumfang im Stößel aus Bronze ab. Zur vollen Auflage der Rolle am Außenumfang im Stößel ist die Ausnehmung zusätzlich mit einer sehr dünnen Zinnauflage versehen. Die Stößel, welche in gesondert im Gehäuse eingepreßten Graugußbüchsen gleiten, sind durch einen in einem Schlitz des Stößels eingreifenden Bolzen verdrehgesichert. Für die Schmierung der Stößel und der Rolle ist eine eigene Längsbohrung im Gehäuse angeordnet, welche durch die Mitte der Stößel führt. Der Antrieb der Nockenwelle erfolgt über eine Duplex-Rollenkette, welche durch einen automatischen Kettenspanner gespannt wird. Der Kettenspanner wird hydraulisch durch den Öldruck der Motorschmierung angedrückt. Ein Klinkengesperre sichert das Rückspringen bei Stillstand. Von der Nockenwelle wird über einen Schraubenradtrieb sowohl die CAV-Einstempel-Einspritzpumpe als auch die Ölpumpe angetrieben. Die im Ölsumpf angeordnete Ölpumpe fördert das Öl in den Hohlraum um die Antriebswelle und von dort in den seitlich am Gehäuse angeordneten Hauptstrom-Feinfilter. Die längsseits neben der unteren Zylinderbüchseneinspannung laufende Verteilleitung versorgt dann die Haupt- und Nockenwellenlagerstellen. Die Wasserpumpe ist am Steuerräderdeckel befestigt, wobei die Spirale im Deckel direkt zum seitlichen Wasserverteilkanal führt.

Der Zylinderkopf, welcher sich über alle vier Zylinder erstreckt, ist mit sechzehn 1/2-Zoll-Kopfschrauben mit Dehnschaft am Gehäuse niedergezogen. Die Ein- und Auslaßkanäle werden nach einer Motorseite herausgeführt. Die Wirbelkammer mit Düse liegt zwischen den Stoßstangendurchtritten. Zur Vereinfachung der Kerne im Zylinderkopf werden die Stoßstangendurchtritte durch eingepreßte, außen kadmierte Stahlrohre gebildet, welche in den beiden Sitzen im Kopf noch einen O-Ring zur Abdichtung eingelegt haben. Die Wirbelkammer ist von der Dichtungsseite im Kopf eingearbeitet. Der thermisch hochbelastete Bodenteil der Kammer mit der Austrittsöffnung, welche in den Zylinderkopf eingepreßt wird, ist aus einer 80%igen Nickellegierung im Wachsverfahren gegossen.

In Richtung der Ausblaseöffnung aus der Brennkammer ist im Kolbenboden eine flache Nut eingegossen. Die Drosselzapfendüse hat zwei Düsenbohrungen. Der Düsenkörper ist zur Abschirmung des Wärmeflusses gegen die Wirbelkammer durch einen Einsatzteil abgedeckt. Das Verdichtungsverhältnis beträgt 22:1. Der Leichtmetallkolben ist mit drei Kompressionsringen, wovon der erste verchromt ist, und einem Ölabstreifring bestückt.

Das Kühlwasser aus dem Zylinderraum tritt zwischen den Stößeln unter den Brennkammern in den Zylinderkopf über. Anschließend wird das Wasser über die Ventilstege geführt. Im Kühlwasseraustritt am Zylinderkopf ist an der Stirnseite der Kurzschlußthermostat mit eingebaut, von welchem die Kurzschlußleitung direkt in den Saugraum der darunter liegenden Wasserpumpe führt. Für die Motorentlüftung ist am Ventilkammerdeckel ein kleiner Filter aufgesetzt.

b) Sechszylinder-Dieselmotor der Vauxhall Motors Ltd.

In Abb. 207 ist im Längs- und Querschnitt und in der Vorderansicht ein raschlaufender Sechszylinder-Dieselmotor dargestellt. Der Motor weist eine Leistung von 99 PS bei 2600 U/min auf. Die Bohrung beträgt 103 mm, der Hub 108 mm. Mit den gleichen Hauptabmessungen wird auch eine Vierzylindermaschine gebaut. Die hauptsächliche Verwendung der Motoren liegt bei Lastkraftwagen.

Die in ausgesprochenen Dünnwand-Dreistoff-Lagerschalen siebenfach gelagerte Kurbelwelle hat Hauptlagerzapfen von 69,8 mm Durchmesser und Pleuellagerzapfen von 60,3 mm Durchmesser. Das Lagerspiel in den Haupt- und Pleuellagern liegt zwischen 0,05 und 0,1 mm. Die Kurbelwelle wird im Mittellager durch eingelegte Bundscheibenhälften gehalten. Alle Kröpfungen sind mit angeschmiedeten Gegengewichten versehen.

Die Pleuelstangenaugen haben einen Mittenabstand von 193,5 mm. Der Kolbenbolzen hat einen Durchmesser von 35 mm. Der Pleuelkopf ist senkrecht zur Achse geteilt, der Pleueldeckel wird mit zwei Paßschrauben 7/16 Zoll befestigt. Das Kolbenbolzenlager wird durch eine Längsbohrung im Pleuelschaft druckölgeschmiert.

Der Kolben enthält eine offene Brennkammermulde für direkte Einspritzung. Das Verdichtungsverhältnis beträgt 1:17. Der Kolben ist mit drei Verdichtungsringen und zwei Ölabstreifringen bestückt. Auffallend ist der kurz gebaute Kolben mit einer Kolbenlänge von nur 118 mm.

Das sehr gedrängt gestaltete Kurbelgehäuse aus Grauguß enthält trockene Zylinderlaufbüchsen. Die Wandstärke der Büchsen beträgt 1 mm, die Wandstärke der Zylinderrohre im Gehäuse 6 mm. Die Zylinderrohre erstrecken sich über die ganze Kolbenlaufbahn. Der Zylinderabstand beträgt 122 mm, über dem Mittellager 133 mm. Der Ölwannenflansch liegt 67 mm unter der Kurbelwellenmitte. Die Lagerbügel sitzen in seitlichen Einpässen im Gehäuse.

Die Nockenwelle ist siebenfach gelagert und läuft in gerollten Büchsen mit Bleibronzeauflage die in das Gehäuse eingepreßt sind. Der Lagerdurchmesser der Nockenwelle beträgt 50 mm. Er nimmt von der Front- zur Schwungradseite geringfügig ab. Das Lagerspiel der Nockenwellenlager liegt zwischen 0,06 und 0,1 mm. Die Topfstößel mit 28,5 mm Durchmesser laufen unmittelbar im Grauguß des Kurbelgehäuses mit einem Spiel von 0,013 bis 0,025 mm. Der Stoßstangenraum, welcher am Kurbelgehäuse sowohl zur Seite als auch gegen die Zylinderkopfdichtfläche offen ausgeführt ist, wird durch einen bis zum Zylinderkopf reichenden Blechdeckel abgeschlossen.

Der an der Frontseite des Motors angeordnete Steuerrädertrieb liegt in einem an der Kurbelgehäusevorderseite gesondert angeschraubten flachen Kasten. Das Schwungradgehäuse ist ebenfalls ein vom Kurbelgehäuse getrenntes Gußstück. Nockenwelle und Einspritzpumpe liegen an verschiedenen Motorseiten. Die Einspritzpumpe ist mit einem Unterdruckregler versehen. Das Nockenwellenrad greift direkt in das Kurbelwellenrad ein, während in dem Trieb zur Einspritzpumpe ein Zwischenrad eingeschaltet ist. Das Zwischenrad läuft auf einem starken Zapfen von 50,8 mm Durchmesser mit einem Spiel von 0,025 bis 0,075 mm. Der Zapfen ist mit seinem Laufdurchmesser im Räderkasten zentriert und mit einem Zweilochflansch befestigt. Zwei lose Bundscheiben nehmen den Seitenanlauf des Zwischenrades auf.

Die Ölpumpe, welche unter dem Mittellager im Ölsumpf liegt, wird von der Nockenwelle über ein gekreuztes Schraubenräderpaar angetrieben. Das Schraubenräderpaar wird durch eine unmittelbar daneben angeordnete kleine Schmierbohrung mit Drucköl besprüht. Die Schmierölzufuhr zur Düse erfolgt über Bohrungen im Kurbelgehäuse und im Ölpumpengehäuse. Der Saugkorb ist unmittelbar am Ölpumpendeckel befestigt.

Die Ölwanne ist als Tiefziehteil ausgebildet und am Kurbelgehäuse mit Rundkopfschrauben befestigt. Der Flansch der Ölwanne ist zur sicheren Abdichtung mit Sicken versehen.

Von der Ölpumpe wird das Öl dem seitlich am Gehäuse angeflanschten Hauptstromfilter zugeleitet, von welchem eine Bohrung in der Mittellagerwand zur Verteilleitung führt.

Der Zylinderkopf aus Grauguß reicht als gemeinsames Gußstück über alle sechs Zylinder. Die Einlaßkanäle werden zur Nockenwellenseite und die Auslaßkanäle zur Einspritzpumpenseite aus dem Kopf geführt. Der Kanaldurchmesser am Einlaß beträgt 38 mm, am Auslaß 33 mm. Zwischen den Kanälen liegt schräg in einer im Zylinderkopf eingepreßten Hülse die Einspritzdüse. Die Hülse ist im Oberteil mit einem eingelegten O-Ring abgedichtet.

Die Kipphebel sind auf einer gemeinsamen gehärteten Rohrachse von 22 mm Durchmesser mit einem Spiel von 0,02 bis 0,06 mm gelagert. Sie sind mit dünnen gerollten Büchsen ausgebüchst. Der Kipphebelraum wird durch eine blechgepreßte Haube abgeschlossen. Der Kurbelraum wird über eine an den Stoßstangenraum angeschlossene Leitung zum Ansaugluftfilter entlüftet, in der ein gesonderter kleiner Ölabscheider eingeschaltet ist. Zur Reinigung der durch den Kurbelraum durchgesaugten Luft ist auf der Zylinderkopfhaube ein reichlich dimensioniertes Filter aufgesetzt.

Über dem Steuerräderkasten ist an der Frontseite des Kurbelgehäuses die Wasserpumpe angeflanscht, welche direkt in den Wasserraum um die Zylinderbüchsen fördert. Der Wasseraustritt aus dem Zylinderkopf erfolgt an der Stirnseite. In dem am Kopf befestigten Wasseraustrittsstutzen ist ein Kurzschluß-Thermostat eingebaut, aus welchem die Kurzschlußleitung unmittelbar in den Saugraum der darunterliegenden Wasserpumpe führt.

c) Sechszylinder-Dieselmotor der Maschinenfabrik Augsburg-Nürnberg

Der in Abb. 208 im Längs- und Querschnitt dargestellte Motor wird hauptsächlich für den Einbau in einen 5-Tonnen-Schnellastwagen verwendet. Die Bohrung dieses Motors beträgt 100 mm, der Hub 125 mm, die Leistung 120 PS bei 2700 U/min. In der gleichen Art sind auch Zwei- und Vierzylindermotoren baukastenmäßig konstruiert.

Die siebenfach gelagerte Kurbelwelle hat Hauptlager von 75 mm Durchmesser und Pleuelzapfen von 65 mm Durchmesser. Der Pleuelzapfen hat zwecks Erleichterung eine Bohrung von 32 mm Durchmesser. Die seitliche Lagesicherung der Welle übernimmt das Bundlager in Mitte des Motors. Auf das Frontende der Kurbelwelle ist ein Wellenstummel aufgeschrumpft, auf welchem das Steuerrad aufgeschnitten ist. Die Flanschnabe für den Holset-Schwingungsdämpfer wird über eine Anzahl von konischen Spannringen auf den Wellenstummel gespannt. Die Pleuelstange, mit einem Abstand zwischen den Augen von 232 mm, ist im Pleuelkopf schräg geteilt. Die Lagesicherung des Pleueldeckels übernehmen zwei Paßhülsen um die Kopfschrauben M $14 \times 1{,}5$ mit Dehnschaft. Der Kolbenbolzen hat 35 mm Durchmesser.

Das Kurbelgehäuse ist mit trockenen Zylinderbüchsen ausgestattet. Der Zylinderabstand beträgt 130 mm. Der Ölwannenflansch liegt 95 mm unter Kurbelwellenmitte. Die Lagerbügel sind mit zwei M $16 \times 1{,}5$-Kopfschrauben mit Dehnschaft am Kurbelgehäuse befestigt und mit je zwei Paßhülsen zentriert. Das Schwungradgehäuse ist gesondert an das Kurbelgehäuse angeflanscht. An der Stirnseite ist eine 7 mm starke Blechplatte zwischen dem Gehäuse und dem tiefgezogenen Steuerräderdeckel angeordnet, welche die Übertritte der Steuerräder über die Gehäusekontur abdeckt. An der Blechplatte werden auch die Gummiteile für die vordere Motoraufhängung befestigt.

Die Nockenwelle, welche in vier Lagerstellen mit 55 mm Durchmesser gelagert ist, läuft direkt im Grauguß des Kurbelgehäuses. Der Grundkreis der Nocken beträgt 40 mm. Die topfförmigen Ventilstößel sind über dem Stößelraum ausbaubar. Der Antrieb der Nockenwelle und der Einspritzpumpe erfolgt unter Zwischenschaltung eines gleitgelagerten Zwischenrades durch Zahnräder. Die Einspritzpumpe sitzt auf einem schalenförmigen Träger, welcher stirnseitig an der Blechplatte angeflanscht ist. Am Ende ist der Einspritzpumpenträger mit einer Schraube am Gehäuse abgestützt.

Die Ölpumpe ist am Frontlagerdeckel befestigt, welcher auch den Zapfen des wälzgelagerten Zwischenrades trägt. Die Ölkanäle zu und vom angeflanschten Kombinationsölfilter sind in der zweiten Lagerwand gebohrt. Die in der Längsrichtung im Gehäuse gebohrte Verteilleitung versorgt über Bohrungen in den Lagerwänden die Haupt- und Nockenwellenlager. An die Verteilleitung sind dann noch die feststehenden Spritzdüsen für die Kolbenkühlung angeschlossen (im Längsschnitt ersichtlich). Die Wasserpumpe, welche über dem Steuerräderdeckel am Kurbelgehäuse angeschraubt ist, fördert direkt in den Wasserraum um die Zylinderbüchsen. Die Wasserräume der Zylinderköpfe sind untereinander in den Trennwänden über federbelastete, dichtende kurze Gummibälge miteinander verbunden. Die Wasserabströmung erfolgt an der Stirnseite des vorderen Zylinderkopfes. Im Abströmstutzen ist der Kurzschlußthermostat eingebaut, von welchem die Kurzschlußleitung direkt in den Saugraum der darunterliegenden Pumpe führt. Der Aufbau des Zylinderkopfes ist bereits in Abb. 31 im einzelnen dargestellt.

Der Kolben beinhaltet die für das M-System charakteristische kugelförmige Brennraummulde. Das Verdichtungsverhältnis beträgt 18:1. Die Ringbestückung besteht aus drei Verdichtungsringen und einem Ölabstreifring. Der Kolben ist 135 mm hoch, die Kompressionshöhe beträgt 78 mm. Aus der Vorderansicht des Motors ist die Anordnung des Bremsluftkompressors und der Lichtmaschine und der zugehörige Riementrieb ersichtlich.

Einen interessanten Aufbau weist das bei diesem Motor verwendete Kaltstartgerät nach Abb. 209 auf. Dieses Gerät ist unterhalb des Ölbadluftfilters am Saugrohr angeflanscht. Beim Startvorgang wird durch die aus der Düse *7* austretende Druckluft Brennstoff aus der Brennstoffdüse *6* abgesaugt und beim Vorbeiströmen an der Zündkerze *1* entzündet. Beim Durchdrehen des Motors gelangt dann die dadurch erhitzte Ansaugluft in den Verbrennungsraum und wärmt die Kolbenmulde an. Die Druckluft wird aus dem Bremsluftbehälter entnommen. Der Zündfunke wird durch einen Summer und eine Zündspule erzeugt. Der Ablauf des Startvorganges erfolgt automatisch durch Bedienung des Anlasserdruckknopfes.

d) Achtzylinder-V-Dieselmotor der Maschinenfabrik Augsburg-Nürnberg

Abb. 210 zeigt den Längs- und Querschnitt der MAN-Achtzylinder-V-Maschine mit 115 mm Bohrung, 140 mm Hub und 180 PS Leistung bei 2000 U/min. Der Längsschnitt zeigt auch die Anordnung des Abgasturboladers für die aufgeladene Version. Wegen des Massenausgleiches für die V 90° Zylinderanordnung ist die Kurbelwelle an jeder Kröpfung mit Gegengewichten versehen. Die Hauptlager der Kurbelwelle haben 85 mm Durchmesser, die Pleuelzapfen, auf welchen die Pleuelstangen nebeneinander liegen, haben 80 mm Durchmesser. Die Pleuelzapfen sind durch eine Bohrung von 40 mm erleichtert. Die Pleuellagerschalen, deren Auflagebreite nur 28 mm beträgt, sind als Dünnwandlagerschalen ausgeführt, während die Hauptlagerschalen mit 8,5 mm Wandstärke verhältnismäßig stark ausgebildet sind. Die schwungradseitigen Bundlagerschalen übernehmen den Seitenanlauf der Kurbelwelle. Am vorderen Wellenende ist ein Verlängerungsstummel aufgeschrumpft. Der Stummel trägt den Flansch für die Befestigung des Holset-Schwingungsdämpfers, außerdem ist das Steuerrad auf ihm aufgeschnitten.

Das Kurbelgehäuse ist mit trockenen Zylinderlaufbüchsen versehen. Der Zylinderabstand beträgt 165 mm, die Versetzung der beiden Zylinderreihen infolge der nebeneinanderliegenden Pleuel beträgt 28 mm. Der Ölwannenflansch liegt 115 mm unter der Kurbelwellenmitte. Die Lagerbügel sind mit vier Kopfschrauben am Kurbelgehäuse befestigt. Zwei über die volle Höhe des Zylinderblockes reichende Deckel im V-Raum ermöglichen die gute Zugänglichkeit zur Bearbeitung der Stößelbohrungen von der Zylinderkopfseite.

Große Deckel an der Außenseite des Zylinderblockes erlauben eine gute Lagerung der Kerne der Wasserräume und deren Reinigung von Sand.

Gesondert am Kurbelgehäuse ist das Schwungradgehäuse angebracht. Es dichtet in der gleichen Anschlußebene auch stirnseitig gegen die Ölwanne. An der Frontseite ist eine 9 mm starke Blechplatte am Gehäuse vorgesehen, an welcher der Einspritzpumpenantrieb angeflanscht ist, und die Lichtmaschine, der Bremsluftkompressor und die vorderen Motoraufhängungsteile befestigt sind. Die Nockenwelle wird über ein gleitgelagertes Zwischenrad angetrieben. Sie läuft im Grauguß des Kurbelgehäuses und wird über eine Feder an einen zwischen Blechplatte und Zahnradnabe gelegten Druckring gedrückt und dadurch axial in der Lage gehalten. Die im V-Raum angeordnete Einspritzpumpe ist an einem eigenen Träger befestigt, welcher stirnseitig an der Blechplatte angeflanscht und am äußeren Ende gegen das Kurbelgehäuse abgestützt ist. Die Antriebswelle der Einspritzpumpe läuft im Grauguß des Trägers und wird in diesem in gleicher Weise und mit den gleichen Teilen wie die Nockenwelle gehalten. Die Anordnung des Ölkreislaufes ist aus Abb. 211 ersichtlich. Die Ölpumpe, eine Dreirad-Doppelpumpe, ist im vorderen Lagerdeckel untergebracht. Der Längsschnitt zeigt dann noch als Sonderausführung die Trockensumpfausrüstung des Motors mit einer im mittleren Lagerbügel eingebauten Saugpumpe, welche über eine Steckwelle mit der Druckpumpe im vorderen Lagerdeckel gekuppelt ist. Die Ölverteilleitung und die neben der Nockenwelle angeordneten Leitungen für die feststehenden Spritzdüsen zur Kolbenkühlung sind als Stahlrohre im Kurbelgehäuse eingegossen. Die Schmierölzuführung zu den Schwinghebelachsen an den Zylinderköpfen wird intermittierend durch je eine Bohrung im vorderen und hinteren Nockenwellenlagerzapfen gesteuert. Den Wasserumlauf bewirkt eine seitlich neben der Ventilatorachse angeordnete Wasserpumpe. Der Zylinderkopf ist in Abb. 32 im einzelnen genau dargestellt und im zugehörigen Text beschrieben.

Im Kolben ist der das M-Verfahren kennzeichnende kugelförmige Brennraum untergebracht, dessen Inhalt ein Verdichtungsverhältnis von 17 : 1 ergibt.

Die von der MAN entwickelte Abgasturbine mit einem Achsialrad ist über dem Schwungradgehäuse in Mitte Motor angebracht. Von den beiden Zylinderreihen führen entsprechend der Zündfolge unterteilte Leitungen zur Turbine.

e) Vierzylinder-Dieselmotor der Steyr-Daimler-Puch AG., Steyr

Der in Abb. 212 im Längs- und Querschnitt dargestellte Lastkraftwagenmotor leistet bei 2200 U/min 95 PS. Die Bohrung beträgt 110 mm, der Hub 140 mm.

Der zum Baukastensystem gehörige Einzylindermotor für Traktoren ist in Abb. 202 dargestellt. Hinsichtlich der Beschreibung der für die Baureihe gemeinsamen Teile wird auf den Abschnitt D. I. 2. a, S. 199, verwiesen.

Hervorzuheben bei dieser Motorkonstruktion ist die Verwendung eines Leichtmetall-Kurbelgehäuses, welches in Abb. 58 in seinen Einzelheiten dargestellt ist. Die Kurbelwelle hat Pleuelzapfen von 75 mm Durchmesser und Hauptlagerzapfen von 85 mm Durchmesser.

Die Sitzflächen der nassen Zylinderbüchsen im Leichtmetallgehäuse sind gegen das Kühlwasser mit unterhalb der Zylinderbüchsenbunde eingelegten hitzebeständigen O-Ringen abgedichtet, um die Büchsensitze gegen Korrosion zu schützen.

Die Schmierölzufuhr zur Kurbelwelle erfolgt nur über die Ringnut im verbreiterten vorderen Hauptlager, von welcher aus das Öl über die hohlgebohrten Haupt- und Pleuellagerzapfen und je zwei Verbindungsbohrungen von 8 mm Durchmesser in den Kurbelwangen im Innern der Kurbelwelle weitergeführt wird.

Die Hohlbohrungen der Wellenzapfen sind durch gegenseitig mit 8-mm-Schrauben zusammengespannte Blechdeckel abgedichtet. Das Öldruckmanometer ist am schwungradseitigen Hauptlager angeschlossen, kontrolliert somit die einwandfreie Ölzufuhr zu allen Lagerstellen. Die Kurbelwelle ist mit vier Gegengewichten entlastet, welche mit je zwei Dehnschaftschrauben M 14 × 1,5 an den Mittel- und äußeren Wangen befestigt sind.

Die Ölpumpe ist unter dem vorderen Lagerbügel beidseitig am Ölwannenflansch angeschraubt. Sie wird über ein im Ölpumpengehäuse beidseitig wälzgelagertes Zwischenrad vom Kurbelwellenzahnrad angetrieben. Die Ölleitungsführung im Gehäuse ist aus der Gehäuse-Detailzeichnung Abb. 58 zu sehen. Die Ölansaugleitung ist mit dem Ölpumpendeckel zusammengegossen. Die aus mehreren einfachen Blechpreßteilen zusammengesetzte Ölwanne wird mit einem Gummiprofil gegen das Gehäuse abgedichtet.

Der Antrieb der Nockenwelle und der Einspritzpumpe, welche auf der gleichen Gehäuseseite liegen, erfolgt über zwei Zahnradpaare. Die Einspritzpumpe sitzt auf einem am Gehäuse angeschraubten Sattelträger. Über dem Lagergehäuse des Einspritzpumpenantriebes ist der Bremsluftkompressor aufgestellt. Die stirnseitig über dem Steuerräderdeckel angeordnete Wasserpumpe fördert direkt in den schmalen seitlichen Wasserverteilkanal.

f) Sechszylinder-Dieselmotor der Österreichischen Saurer-Werke AG., Wien

Der in Abb. 213 im Längs- und Querschnitt dargestellte Sechszylinder-Lastkraftwagenmotor weist mit 110 mm Bohrung und 140 mm Hub eine Leistung von 150 PS bei 2400 U/min auf.

Die Kurbelwelle mit Pleuellagerzapfen von 70 mm Durchmesser und Hauptlagerzapfen von 90 mm Durchmesser ist siebenfach in Bleibronzelagerschalen gelagert. Das Mittellager ist durch zwei Gegengewichte entlastet, welche unter 30° zur Wangenachse angebracht sind. Zum Ausgleich sind an den äußersten Wangen ebenfalls Gegengewichte, und zwar diametral zu den inneren Gewichten, angeordnet. Das Steuerrad ist über dem Anschlußflansch des Schwungrades auf der Kurbelwelle aufgeschrumpft. Der Reibungsschwingungsdämpfer liegt gut geschützt innerhalb der Blechriemenscheibe. Der Seitenanlauf der Kurbelwelle wird in gesondert eingelegten Bundscheibenhälften im dritten Lager von der Schwungradseite aufgenommen. Die Pleuelköpfe sind gerade geteilt, die Teilfugen verzahnt. Die Befestigung der Pleuellagerdeckel erfolgt durch zwei M $12 \times 1{,}5$-Kopfschrauben. Der Mittenabstand bis zum 40-mm-Kolbenbolzen beträgt 245 mm.

Das Kurbelgehäuse aus Grauguß ist mit 140 mm Zylinderabstand für eine Ausführung mit nassen Zylinderbüchsen sehr gedrängt gebaut. Der Räderkasten für die Steuerräder ist mit dem Schwungradgehäuse an das Kurbelgehäuse angegossen. Der Ölwannenflansch liegt 130 mm unter Kurbelwellenmitte. Die Wasserraumwände umschließen eng die Zylinderlaufbüchsen, die in der üblichen Weise durch zwei O-Ringe in Nuten der Zylinderbüchsen gegen den Kurbelraum abgedichtet werden. Die Büchsenwandstärke ist 6,5 mm, die Bundhöhe 11 mm.

Die Lagerbügel sind mit je zwei Stück 16-mm-Kopfschrauben am Gehäuse angeschraubt und mit zwei Paßhülsen um die Schrauben zentriert. Die Lagerwände des Kurbelgehäuses sind 8 mm und die leichtgewellten Außenwände 6 mm stark. Die vordere Motoraufhängung ist an der Stirnwand des Kurbelgehäuses in Zylindermitte, die hinteren Aufhängungszapfen am Schwungradgehäuse angeordnet. In gleicher Ebene mit der vorderen Motoraufhängung und dem Abschlußdeckel der Kurbelwelle ist auch der Träger für die Ventilatorachse befestigt, welche über eine Spannschraube zur Riemenspannung in der Höhenlage verschiebbar ist.

Die Nockenwelle mit Lagerzapfen von 47 mm Durchmesser läuft unmittelbar im Grauguß des Kurbelgehäuses. Die Topfstößel sind nach oben über den Stößelraum ausbaubar. Nockenwelle und Einspritzpumpe liegen auf verschiedenen Motorseiten. Die durch den schwungradseitigen Antrieb verhältnismäßig großen Steuerräder, welche von der Ölwannenseite in den schmalen Zahnradkasten eingeschoben werden, sind stirnseitig an den Wellenstummeln der Nockenwelle und Einspritzpumpe angeflanscht. Die achsiale Lagesicherung der Nockenwelle übernimmt ein federbelasteter Druckstift. Die Einspritzpumpe sitzt in einem am Kurbelgehäuse angegossenen Sattel. In das Einspritzpumpenrad greift das Ritzel für den Antrieb des Bremsluftkompressors ein.

Die Ölpumpe, welche seitlich neben dem schwungradseitigen Lagerbügel an der Lagerwand befestigt ist, ist über den rückwärtigen Dichtungsdeckel zugänglich. Von der Ölpumpe wird das Öl dem seitlich am Gehäuse angeflanschten Siebplattenfilter zugeführt, von wo es über eine in der Lagerwand gebohrte vertikale Bohrung in den unterhalb der Nockenwelle gelegenen Verteilerkanal geleitet wird. Schräge Bohrungen in den Lagerwänden führen das Öl zu den Nockenwellen- und Hauptlagerstellen. Die Ölwanne aus Leichtmetall, deren Boden und Seitenflächen zur Kühlung gewellt und verrippt sind, dichtet mit einem Gummiprofil gegen das Kurbelgehäuse. Die Dichtpressung wird durch Distanzhülsen zwischen den Schraubenbutzen und der Dichtfläche begrenzt. Die Wasserpumpe ist auf der Auspuffseite am Kurbelgehäuse über dem außerhalb der Stößelführungen liegenden Wasserverteilkanal angeflanscht und mit der in gleicher Achse liegenden Lichtmaschine gekuppelt. Die Zylinderköpfe, welche sich als Doppelköpfe über je zwei Zylindereinheiten erstrecken, sind mit je acht Stück M 16 $\times$ 1,5-Stiftschrauben mit Dehnschaft am Gehäuse befestigt. Die Auslaßkanäle werden einzeln zwischen den Stoßstangendurchtritten nach der Seite herausgeführt. Die Einlaßkanäle werden paarweise in einem Kopf zusammengefaßt und nach oben geleitet. Ihre Fortsetzung finden die Einlaßkanäle in dem über alle Zylinderköpfe gelegten Ventilkammeraufsatz. Die sich an die Einlaßkanäle anschließenden einzelnen Ansaugleitungen von 70 mm Durchmesser und ungefähr 900 mm Länge sind in ihrer Länge abgestimmt, um eine Füllungsgradverbesserung durch eine dynamische Aufladung zu erreichen. Der Kanal am Einlaßventil hat 45 mm Durchmesser, der am Auslaßventil 37 mm Durchmesser. Dazwischen ergibt sich noch ein kräftiger Ventilsteg von 20 mm Stärke. Der unter 45° geneigte kurzgebaute Düsenhalter ist mit einer Kugelsitz-Mehrlochdüse ausgerüstet. Das Kühlwasser aus den Zylinderräumen tritt unter den Düsenhaltern in die Köpfe über.

Der Leichtmetallkolben ist mit vier Dichtringen und zwei Ölabstreifringen bestückt. Der oberste Ring ist ein verchromter Trapezring. Die Kolbenschaftlänge beträgt 152 mm, der elipsoidförmige eingezogene Brennraum ergibt ein Verdichtungsverhältnis von 16:1.

g) Sechszylinder-Dieselmotor der Mack Trucks Inc., USA

Der in Abb. 214 im Längs- und Querschnitt dargestellte Motor mit 123,8 mm Bohrung und 152,4 mm Hub hat als Saugmotor eine Leistung (intermittent rating) von 160 PS, mit Abgasturbolader eine Leistung von 190 PS bei 2100 U/min. Dieser Motor ist ein in den USA für Lastkraftwagen sehr häufig verwendeter Einbaumotor.

Die sehr kräftige Kurbelwelle ist in Dreistofflagerschalen siebenfach gelagert, jede Kröpfung ist mit angeschmiedeten Gegengewichten versehen. Die Hauptlagerzapfen haben 101,2 mm Durchmesser, die Pleuelzapfen 76,2 mm Durchmesser. Das mittlere und das schwungradseitige Lager sind breiter als die übrigen Zwischenlager ausgeführt. Diese sind mit 32 mm tragender Lagerbreite schmal im Verhältnis zu dem großen Zapfendurchmesser. Das Lagerspiel der Hauptlager beträgt 0,05 bis 0,11 mm, der Pleuellager 0,03 bis 0,08 mm. Der Seitenanlauf der Kurbelwelle wird im Mittellager durch beidseitig eingelegte Bundscheiben aufgenommen, welche ein Seitenspiel der Welle von 0,1 bis 0,25 mm vermitteln. Die schwungradseitige Wellenabdichtung, die aus einem in eine Ringnut des rückwärtigen Abschlußdeckels eingelegten Bleidraht von 4 mm Stärke besteht, fällt durch ihre Einfachheit auf. Vor dem Bleidichtring ist auf dem Schwungradflansch ein Spritzring angebracht, welcher mit einem Achsialspiel von 0,8 bis 1,1 mm gegen den Deckel läuft. Am vorderen Wellenende ist ein Flansch mit einer zentralen Dehnschraube befestigt, welcher die Riemenscheiben und den Holset-Schwingungsdämpfer trägt.

Die Pleuelstangenlänge beträgt 285 mm. Der Pleuelkopf ist schräg geteilt, der Pleueldeckel ist über eine Nut- und Federverbindung auf der Pleuelstange lagegesichert und mit zwei Kopfschrauben 5/8 Zoll mit Innensechskant und Dehnschaft befestigt. In das kolbenseitige Ende ist eine gerollte Bronzebüchse eingepreßt, in welcher der Kolbenbolzen mit 41,2 mm Durchmesser mit einem Spiel von 0,03 bis 0,04 mm läuft.

Das Kurbelgehäuse aus einem Cr-Ni-legierten Grauguß hat trockene Zylinderlaufbüchsen. Die Büchsen, welche eine Rockwell-Härte von C 47 bis 57 aufweisen, sind außen und innen geparkert. Ihre Wandstärke beträgt 3 mm. Sie sind im Kurbelgehäuse mit maximal 0,04 mm Übermaß eingeschrumpft. Der 4 mm hohe Bund der Büchsen steht über der Gehäusedichtfläche 0,07 mm vor. Der Zylinderabstand beträgt 146 mm, über dem Mittellager 178 mm. Um bei diesem verhältnismäßig engen Zylinderabstand noch Kühlwasser zwischen den Zylinderrohren durchzubringen, ist die sonst vorgesehene Zylinderrohrwandstärke von 7 mm an diesen Stellen auf 4 mm verringert, was eine ausgezeichnete Gießerei und eine gute Kernlagerung voraussetzt.

Der Kühlwasserraum um die Zylinderrohre erstreckt sich über die ganze Länge und über den ganzen Umfang der Kolbenlaufbahn. Die Aufnahmebohrungen der Zylinderbüchsen werden mit den eingesetzten, auf volle Schraubenspannung angezogenen Hauptlagerbügeln bearbeitet, um die erforderliche Genauigkeit und Rundheit zu erreichen. Der Ölwannenflansch ist 92 mm unter Kurbelwellenmitte angeordnet und sehr breit und kräftig ausgeführt. Auch sonst ist das Gehäuse sehr reichlich durch Rippen versteift. Die Lagerbügel sind mit zwei Stück 11/16-Zoll-Kopfschrauben am Gehäuse befestigt und seitlich eingepaßt. Die Lagerwände und die Außenwände sind einheitlich 7 mm stark gegossen. Die Nockenwelle läuft in eingepreßten Stahlbüchsen mit Weißmetallausguß. Die Lagerzapfen haben 62 mm Durchmesser, das Lagerspiel beträgt 0,025 bis 0,1 mm. Die Pilzstößel laufen direkt im Gehäuse. Für den Durchtritt der Stoßstangen ist außerhalb des Wasserraumes ein flacher Raum angeschlossen, der durch einen Blechdeckel abgedeckt ist. Knapp unter der Zylinderkopfteilfläche ist der Wasserverteilkanal am Gehäuse vorgesehen, von welchem das Wasser zwischen den Stoßstangen sowohl in den Wasserraum um die Zylinder als auch nach oben direkt in den Zylinderkopf übertritt. Das Schwungradgehäuse ist an das Kurbelgehäuse gesondert angeflanscht, der Steuerräderkasten ist mit dem Gehäuse zusammengegossen.

Der Antrieb der Nockenwelle erfolgt in der üblichen Weise über Zahnräder vom vorderen Kurbelwellenende aus. Von der Nockenwelle führt ein weiteres Zahnradpaar zur Einspritzpumpenwelle. In das Nockenwellenzahnrad greift dann noch das Zahnrad für eine unter der Einspritzpumpe liegende Hilfswelle ein, von welcher über ein Schraubenradpaar die Ölpumpe und direkt der Bremsluftkompressor angetrieben werden. Der Ölpumpentrieb wird von der Ölwannenseite in das Gehäuse eingeschoben. Die Ölpumpe selbst liegt im Ölsumpf. Der von unten über einen gesonderten Deckel an der Ölwanne zugängliche Ansaugfilter ist reichlich bemessen. Für die Feinreinigung des Öles ist nur ein großdimensionierter Nebenstromfilter vorgesehen, welcher gut zugänglich neben dem Motorgehäuse aufgestellt ist. Unter dem Auspuffrohr ist dann noch der wassergekühlte Ölkühler angeordnet, welcher auf der Saugseite der Wasserpumpe im Kühlkreislauf eingeschaltet ist. Das Schmieröl wird den Haupt- und Nockenwellenlagern in der üblichen Weise durch eine längs des Kurbelgehäuses gebohrte Verteilleitung zugeführt. Die Einfüllöffnung und der Entlüftungsfilter sind im Ventilkammerdeckel angeordnet.

Die Zylinderköpfe aus Ni-legiertem Grauguß bestehen aus zwei über je drei Zylinder reichenden Blöcken. Jeder Zylinderkopfblock ist mit sechzehn 9/16-Zoll-Stiftschrauben am Gehäuse niedergespannt. Ein- und Auslaßkanäle führen zu verschiedenen Motorseiten heraus. Die Kanalöffnung am Einlaßventil hat 52 mm Durchmesser und am Auslaßventil 43 mm Durchmesser. Der Einlaßkanal bewirkt durch seine flache Einströmrichtung in den Zylinder und durch seine tangentielle Stellung zur Zylinderbohrung die für die Verbrennung notwendige Rotation der Verbrennungsluft um die Zylinderachse. Für beide Ventile sind Ventilsitze aus einer Ni-legierten Gußlegierung mit einem Übermaß von 0,04 bis 0,09 mm in dem Zylinderkopf eingeschrumpft. Zur Sicherung eines satten Sitzes und guter Wärmeleitung sind die Ventilsitzringe außen verkupfert. Die Sitzflächen mit einem Sitzwinkel von 30° sind außerdem noch mit einer Stellitauflage gepanzert. Die Ventilschäfte mit 12,4 mm Durchmesser gleiten in Ventilführungen aus Sondergrauguß, die in den Zylinderkopf eingepreßt sind. Das Schaftspiel beträgt beim Auspuffventil 0,07 mm, beim

Einlaßventil 0,04 mm. Die Mehrlocheinspritzdüse sitzt schräg zwischen den Ventilen und ungefähr 10 mm außerhalb der Zylindermitte. Die Düsenpfeife im Kopf besteht aus einem mit 0,06 bis 0,12 mm Übermaß eingeschrumpften rostfreien Stahlrohr. Die über drei Zylinder reichende Kipphebelachse, welche auch die Schmierölverteilung zu den einzelnen Kipphebeln übernimmt, besteht aus einem gehärteten Stahlrohr von 28,6 mm Durchmesser. Die Schmierölzufuhr erfolgt über eine senkrechte Schmierölbohrung aus dem Zylinderblock. Die ausgebüchsten Kipphebel haben ein Laufspiel auf der Achse von 0,012 bis 0,04 mm. Der Ventilraum ist durch einen tiefgezogenen Blechdeckel abgeschlossen.

Im Kolbenboden des Leichtmetallkolbens ist ein offener Verbrennungsraum mit einem Verdichtungsverhältnis von 16,5:1 untergebracht. Der Kolben ist mit drei verchromten Trapezringen und zwei flexiblen Stahl-Ölabstreifringen bestückt. Für den obersten Kolbenring ist ein Ni-resist-Ringträger im Kolben eingegossen. Der Kolbenschaft mit 143 mm Länge ist verhältnismäßig kurz.

Die Wasserpumpe, welche an der Frontseite über dem Steuerräderdeckel angebracht ist, fördert direkt in die seitliche Verteilleitung am Gehäuse.

In der dargestellten Ausführung ist der Abgasturbolader unmittelbar am Auspuffrohr angeflanscht. Die Ladeluft wird über die Zylinderköpfe hinweg zum Ansaugrohr geführt. Die Verbindungsleitung ist mit üblichen Schlauchelementen an das Gebläse und am Ansaugrohr angeschlossen.

4. Unterflur-Dieselmotoren

Unterflurmotoren sind Fahrzeugmotoren, welche in der hauptsächlichen Verwendung für Stadt- und Schienenomnibusse unter dem Fußboden des Fahrgastraumes untergebracht werden müssen. Die Motoren müssen vor allem eine geringe Bauhöhe aufweisen, was durch eine horizontale Lage der Zylinder erreicht wird. Unterflurmotoren für Omnibusse werden in den meisten Fällen von vorhandenen Lastkraftwagenmotoren mit stehenden Zylindern in Einreihenanordnung abgeleitet. Die an und für sich flache Bauform der Boxeranordnung wird bei größeren Lastkraftfahrzeugen und Omnibussen für den Unterflureinbau derzeit kaum verwendet. Boxermotoren kommen in der Hauptsache nur zum Antrieb von Triebwagen mit höheren Leistungen und in Bauarten mit einer Zylinderzahl, die größer ist als sechs in Betracht. Der Leistungsbereich der üblichen Einreihen-Unterflurmotoren für Omnibusse erstreckt sich im allgemeinen zwischen 100 und 200 PS, welche in der Regel mit sechs Zylindern ausgelegt werden.

Um die erforderliche niedere Bauhöhe zu erreichen, ist es im allgemeinen notwendig, sämtliches Zubehör und die Hilfsmaschinen zum Teil an die Stirnseite des Motors und zum Teil auf den Abschlußdeckel des Kurbelraumes zu verlegen. Die Anordnung des Zubehörs und der Hilfsmaschinen ist von der Zugänglichkeit für die Wartung und von der Möglichkeit der Unterbringung des Motors zwischen den Rahmenlängs- und -querträgern im Fahrzeug abhängig. Am häufigsten findet man die Einspritzpumpe an der Frontseite des Motors parallel zu den Zylindern in Zylinderkopfhöhe angebracht. Dadurch werden sowohl die Einspritzpumpe als auch die Düsen und Zylinderköpfe von der Seite des Fahrzeuges gut zugänglich. Seltener findet man die Anordnung der Einspritzpumpe auf der Ölwanne. Öl- und Wasserführung müssen auf die horizontale Lage des Motors abgestimmt werden. Zur Rückführung des Schmieröles aus den Zylinderköpfen ist es zweckmäßig, die Nockenwelle mit den Stoßstangen auf die Unterseite des Motors zu legen. Die aus den Einbauverhältnissen sich ergebende Form des Ölbehälters oder der Ölwanne macht in den meisten Fällen eine zweite Absaugpumpe notwendig, sofern nicht die Ausbildung eines Trockensumpfes am zweckmäßigsten ist. In den Wasserräumen dürfen auch bei horizontalem Einbau keine Luft- und Dampfsäcke entstehen. Die Wasserableitung muß an der höchsten Stelle am Zylinderkopf oder am Kurbelgehäuse liegen, was vom Anfang an beim Entwurf zu berücksichtigen ist, wenn gleiche Teile aus der stehenden Bauart verwendet werden sollen. Die Kühlanlage ist in den meisten Fällen getrennt und in größerer Entfernung vom

Motor im Fahrgestell untergebracht. Der Antrieb des Ventilators erfolgt entweder über Gelenkwellen oder über einen hydrostatischen oder elektrischen Ferntrieb. Die meist langen Saug- und Druckleitungen zwischen Kühler und Wasserpumpe haben relativ große Leitungswiderstände; die Wasserpumpe ist daher für entsprechend große Förderhöhen auszulegen.

a) Sechszylinder-Unterflur-Dieselmotor der Büssing Automobilwerke AG.

Der in Abb. 215 im Längs- und Querschnitt dargestellte Motor hat 125 mm Bohrung, 155 mm Hub. Die Leistung beträgt bei 2100 U/min 192 PS.

Das Kurbelgehäuse aus Grauguß ist nur für den horizontalen Einbau des Motors ausgelegt. Der Ölsammelraum wird durch eine entsprechende Erweiterung bzw. Vertiefung der untenliegenden Seitenwand des Kurbelraumes gebildet. Die bis zum Boden des Ölsammelraumes reichenden Lagerwände sind für den Ölspiegelausgleich an der deckelseitigen Ecke mit großen Verbindungsöffnungen versehen. Die Zylinderebene ist um 4° von der Horizontalen nach oben geneigt. Die nassen Zylinderbüchsen dichten gegen den Kurbelraum durch zwei in Nuten des Gehäuses eingelegte O-Ringe. Die Trennwände zwischen den Zylindern sind bis zur Trennwand zwischen Wasser- und Ölraum durchgezogen. Die Nockenwelle und die Stoßstangen sind an der Unterseite des Motors angeordnet, was den natürlichen Ölablauf aus den Zylinderköpfen ermöglicht. Der gesamte Rädertrieb für die Nockenwelle, Einspritzpumpe und Ölpumpe ist an der Stirnseite des Motors untergebracht. Abb. 216 zeigt den gesamten Rädertrieb als Teilschnitt. Die Nockenwelle wird über ein gleitgelagertes Zwischenrad angetrieben. Es wird dadurch der Durchmesser des Nockenwellenrades klein gehalten, damit dieses nicht über die gegebene flache Kontur des Motors hinausragt. Die Nockenwelle ist im Gehäuse vierfach gelagert. Achsial wird sie durch das Flanschlager, welches zwischen dem Bund an der Nockenwelle und der Zahnradnabe liegt, gehalten. Die Einspritzpumpe wird über ein bogenverzahntes Kegelradpaar vom Nockenwellenzahnrad angetrieben. Die Lagerung der Einspritzpumpen-Antriebswelle ist in den vorderen Abschlußdeckel eingesetzt. Die Einspritzpumpe liegt mit der üblichen Sattelbefestigung in einem am Abschlußdeckel angeschraubten schalenartigen Träger. In das Nockenwellenrad greift auch das Antriebsrad für die Ölpumpe ein, die als Doppelpumpe mit zwei Absaugstellen ausgebildet ist. Unterhalb der Einspritzpumpe ist der Spaltölfilter ebenfalls gut zugänglich von der Fahrzeugseite her angeordnet. Für die Feinfilterung ist dann noch ein Nebenstromfilter vorgesehen. Auf der Kurbelgehäuseoberseite ist der Ölkühler direkt über der Ölverteilleitung angeflanscht. Von der Verteilleitung zweigen in der üblichen Weise die Bohrungen zu den Haupt- und Nockenwellenlagern und die Spritzdüsen für die Kolbenkühlung ab.

Das Schwungradgehäuse ist mit dem Kurbelgehäuse zusammengegossen, das unter der Teilfläche befindliche Segment setzt sich im Abschlußdeckel des Kurbelgehäuses fort. Die Hilfsmaschinen, wie Lichtmaschine, Kompressor, Wasserpumpe und Anlasser, sind am seitlichen Abschlußdeckel des Kurbelraumes angeordnet. Lichtmaschine und Wasserpumpe, welche hintereinander in gleicher Achse liegen, werden über Keilriemen gemeinsam angetrieben. Die Wasserpumpe fördert das Wasser in einen unter der Zylinderkopfdichtfläche angeordneten Verteilkanal, von wo es zuerst in die Zylinderköpfe und von dort in die Zylinderräume gedrückt wird. Der Wassersammelkanal ist im Kurbelgehäuse oberhalb der O-Ringe der Zylinderbüchsen angebracht.

Die Zylinderköpfe sind als Doppelköpfe ausgebildet. Die Auslaßkanäle führen nach unten, die Ansaugkanäle sind paarweise zusammengefaßt und schließen an Kanäle an, welche in Ventilkammerdeckel eingegossen sind. Die für die Büssing-Motoren charakteristische Wirbelkammer sitzt seitlich zum Hauptverbrennungsraum. Der Oberteil der Vorkammer mit dem Düsensitz wird direkt vom Kühlwasser umspült. Im Kolbenboden sind in Richtung der Ausblaseöffnungen flache Mulden ausgenommen. Die Kolben sind mit drei Verdichtungsringen und zwei Ölabstreifringen ausgerüstet. Das Verdichtungsverhältnis beträgt 21:1.

b) Sechszylinder-Unterflur-Dieselmotor von Leyland Motors Ltd.

Der in Abb. 217 im Längs- und Querschnitt dargestellte Unterflurmotor mit 121,9 mm Bohrung und 139,7 mm Hub erreicht eine Leistung von 125 PS bei 1800 U/min.

Bei dieser Konstruktion eines Unterflurmotors wird das gleiche Kurbelgehäuse sowohl für die stehende als auch für die liegende Anordnung verwendet. Die Einspritzpumpe sitzt auf dem Kurbelraumabschlußdeckel mit paralleler Achse zur Kurbelwelle. Um die Verwendung des gleichen Kurbelgehäuses für stehenden und liegenden Einbau zu ermöglichen, sind das Schwungradgehäuse und Steuerradgehäuse eigene Gußteile, welche der jeweiligen Einbaulage angepaßt sind. In diesem Fall bietet die Verwendung der Frontplatte große Vorteile, da sie die beidseitige Befestigung von Teilen und Antrieben gestattet, welche für den jeweiligen Einbaufall über die Grundkontur des Kurbelgehäuses hinausragen. Die Nockenwelle liegt auf der Unterseite, um den Ölablauf aus dem Zylinderkopf über die Stoßstangendurchtritte zu ermöglichen. Die Nockenwelle wird über ein Zwischenrad angetrieben, welches auf einem kräftigen Bolzen gleitgelagert ist. Ebenfalls über ein Zwischenrad wird auch die Einspritzpumpe angetrieben. Der Lagerbolzen dieses Zwischenrades ist im vorderen Lagerbügel eingesetzt.

Die Einspritzpumpe sitzt in der üblichen Sattelbefestigung auf dem Abschlußdeckel des Kurbelgehäuses, auf dem auch das Gehäuse für die Lagerung des Einspritzpumpenrades aufgesetzt ist. In gleicher Achse nach vorne wird über eine Zahnkupplung der Bremsluftkompressor vom Einspritzpumpenrad angetrieben.

An den Abschlußdeckel des Kurbelgehäuses ist der Ölbehälter angeflanscht, aus welchem mit der am schwungradseitigen Ende angeordneten Ölpumpe das Schmieröl abgesaugt wird. Der Antrieb der Ölpumpe erfolgt über ein Schraubenräderpaar von der Nockenwelle aus. Für den Ablauf des Öles aus dem Stößelraum führen aus diesem an beiden Enden des Kurbelgehäuses zwei Ausgleichsleitungen in den Ölsumpf.

Die Wasserpumpe ist in der üblichen Lage über dem Steuerräderdeckel in Zylindermitte angeordnet und wird durch Keilriemen angetrieben. Der Wasserverteilkanal ist neben dem Stößelraum unter der Zylinderkopfdichtfläche angeordnet und führt das Kühlwasser unmittelbar dem Zylinderkopf zu. Ein Leitkanal über dem Zylinderkopfboden richtet die Wasserströmung auf die Düsensitze und die Ventilstege. Aus dem Zylinderkopf wird das Kühlwasser in den Wasserraum um die Zylinderrohre geleitet. Der Kühlwasseraustritt aus dem Kurbelgehäuse liegt über dem oberen Abschlußdeckel des Wasserraumes um die Zylinder. Als Zylinderlaufbahnen sind in das Gehäuse trockene Zylinderbüchsen mit einem leichten Schiebesitz eingesetzt. Zwei Zylinderköpfe überbrücken je drei Zylinder. Die Auspuff- und Einlaßkanäle werden an der Oberseite des Motors herausgeführt. Sowohl für die Auslaß- als auch für die Einlaßventile sind Sitzringe mit Stellitauflage in den Zylinderkopfboden eingeschrumpft. Die Mehrlocheinspritzdüse steht etwas außermittig zwischen den Ventilen. Die offene Brennraummulde im Kolben ergibt ein Verdichtungsverhältnis von 15,75:1. Der Kolben trägt drei Verdichtungsringe, von denen der erste verchromt ist, und zwei Ölschlitzabstreifringe. Das Triebwerk zeigt die übliche Ausführung. Die Pleuelzapfen haben 76,2 mm Durchmesser, die Hauptlagerzapfen 86 mm Durchmesser.

5. Wassergekühlte Mehrzweck-Dieselmotoren

Die in diesem Abschnitt beschriebenen Motoren sind hauptsächlich für allgemeine Verwendungszwecke, wie für Schwerfahrzeuge, Baumaschinen, Raupenschlepper, stationäre und Bootsantriebe und Schiffshilfsmaschinen bestimmt.

Ihr Leistungsbereich liegt zwischen 30 und 600 PS. Diese Verwendungszwecke verlangen im allgemeinen eine robuste Bauart; geringes Gewicht ist in diesen Fällen von nicht so großer Bedeutung wie bei Fahrzeugmotoren.

Um eine Motortype oder Baureihe wirtschaftlich gut ausnützen zu können, ist vor allem in diesem Leistungs- und Verwendungsbereich bei der Auslegung und Konstruktion darauf Bedacht zu nehmen, daß die verschiedenen Verwendungszwecke von ein und derselben Grundbauart durch Adaption des jeweiligen notwendigen Zubehörs abgeleitet werden können. Anordnung und Art des Zubehörs richten sich weitgehend nach den Einbauverhältnissen und dem Verwendungszweck. Zum Großteil gelten auch die in den vorhergehenden Abschnitten angegebenen Richtlinien. Das für Bootsmotoren notwendige Zubehör ist in den einschlägigen Abschnitten über das Kühlsystem und an Hand der folgenden Beispiele beschrieben.

a) Dreizylinder-Dieselmotor der Torpedo-Werke, Rijeka

Der in Abb. 218 im Längs- und Querschnitt dargestellte Motor ist ein Glied einer Motorbaureihe vom Zwei- bis Zwölfzylinder. Der Zylinderdurchmesser beträgt 112 mm, der Hub 140 mm. Der Dreizylindermotor leistet bei 1600 U/min 45 PS. Abb. 219 zeigt die Marineversion dieses Motors. Die Baureihe ist eine Konstruktion der Anstalt für Verbrennungsmotoren Prof. Dr. Hans List.

Der für die gesamte Baureihe gleiche Zylinderkopf ist bereits im Detail in Abb. 30 gezeigt. Die Kurbelwelle hat Pleuelzapfen mit 75 mm Durchmesser und Hauptlager mit 85 mm Durchmesser. Die Haupt- und Pleuelzapfen sind ausgebohrt. Die Bohrungen sind untereinander verbunden, wodurch sie eine gleichmäßige und sichere Ölversorgung aller Lagerstellen vermitteln. Die Bohrungen in den Pleuellagerzapfen sind durch Gewindestopfen und die Hauptlagerzapfen durch gepreßte Blechdeckel verschlossen. Die Gegengewichte sind mittels M 14 $\times$ 1,5-Kopfschrauben mit Dehnschaft auf der Kurbelwellenwange befestigt. Die für die Baureihe gemeinsame Pleuelstange hat einen Mittenabstand von 255 mm. Der Pleuelkopf ist schräg geteilt, die Teilfläche verzahnt, der Pleueldeckel wird mit zwei M 14 $\times$ 1,5-Kopfschrauben mit Dehnschaft befestigt.

Das Kurbelgehäuse aus Grauguß ist in seiner äußeren Form als einfacher prismatischer Block ausgebildet, an dem alle Befestigungsflächen auf allen Seiten des Gehäuses auf gemeinsamen Bearbeitungsebenen vorgezogen sind. Neben der einfachen Bearbeitung des Kurbelgehäuses bietet diese Form auch die einfache Adaptionsmöglichkeit für verschiedene Verwendungszwecke. Schwungrad und Steuerrädergehäuse sind am Kurbelgehäuse aus diesen Gründen getrennt befestigt. Das Steuerrädergehäuse ist außerdem unter Zwischenschaltung einer 6-mm-Blechplatte, welche die über die Gehäusekontur vorspringenden Steuerräder kurbelgehäuseseitig abdeckt, am Gehäuse angeschraubt. In das Kurbelgehäuse sind in der üblichen Weise die nassen Zylinderlaufbüchsen eingesetzt. Der Zylinderabstand beträgt 155 mm.

Die Lagerdeckel und Zylinderköpfe sind mit M 16 $\times$ 1,5-Stiftschrauben mit Dehnschaft mit dem Gehäuse verbunden.

Anschließend an den Wasserraum um die Zylinderbüchsen ist innerhalb der trapezförmigen Gehäusekontur auf der einen Seite der Stößelraum und auf der gegenüberliegenden Motorseite der Wasserverteilkanal untergebracht. Der Ölwannenflansch ist 160 mm unter der Kurbelwellenmitte angeordnet, wobei durch dessen kräftige Ausbildung die Möglichkeit gegeben ist, das Kurbelgehäuse als tragenden Teil für eine rahmenlose Traktorbauart zu verwenden. Im Hinblick auf den Einbau des Motors in Boote sind seitlich am Kurbelgehäuse Zugangsöffnungen zum Kurbelraum vorgesehen. Beim Bootseinbau soll im allgemeinen die Möglichkeit bestehen, die Kolben ohne Abheben des Motors von seiner Fundierung ausbauen zu können. Diese Handlochöffnungen im Kurbelgehäuse sind zur Versteifung mit starken Rippen eingefaßt.

Die Nockenwelle und die Stößel laufen direkt im Grauguß des Kurbelgehäuses. Der Steuerradantrieb liegt vorne. Von der Nockenwelle aus führt ein weiteres Zahnradpaar zur Einspritzpumpe. Der Einspritzpumpenantrieb mit der darauf sattelbefestigten Einspritzpumpe ist stirnseitig an der Blechplatte angeflanscht.

An der Stirnfläche des Kurbelgehäuses ist neben dem Lagerbügel die Ölpumpe angeschraubt, deren Antriebsrad direkt in das Steuerrad an der Kurbelwelle eingreift. Über in der ersten Lagerwand gebohrte Leitungen wird das Öl in den seitlich angeflanschten Ölspaltfilter geführt, von welchem es in die Verteilleitung übertritt. Den Steuerradtrieb und die Ölpumpe deckt ein gegossener bis zur Zylinderkopfteilfläche hochgezogener Deckel ab. In diesem Deckel ist auch die Wasserpumpe mit der Saugleitung und dem Spiralgehäuse untergebracht. Der Deckel dient außerdem für die verschiedenen Motorvariationen als Geräteträger. An der Oberseite des Steuerräderdeckels ist für die Marineversion, Abb. 219, der Behälter des Wärmeaustauschers befestigt, von welchem das Motorkühlwasser unmittelbar in den Saugraum der Wasserumlaufpumpe übertreten kann.

Abb. 219 zeigt die Anordnung der zusätzlichen Hilfsmaschinen, welche für die Bootsversion an der Grundmaschine anzubringen sind. Das aus den Zylinderköpfen austretende Motorkühlwasser tritt direkt in den Kühlmantel des Auspuffrohres über, von welchem es dem Behälter des Wärmeaustauschers zugeleitet wird. In dem Sammelbehälter sind von der Seite die Rohrbündel der Kühlelemente eingeschoben, welche ihrerseits vom Seewasser durchflossen werden. Den Seewasserumlauf besorgt die seitlich über dem Einspritzpumpenantrieb am Steuerräderdeckel angeordnete, selbstansaugende Pumpe. An der Stirnseite des Steuerräderdeckels ist die mit der Kühlwasserumlaufpumpe gekuppelte Lenzpumpe angeschraubt.

Die für Notfälle vorgesehene Handkurbelwelle ist aus Gründen der leichten Bedienung in dem meist engen Motorraum eines Bootes in Zylinderkopfhöhe gelegt. Von der Handkurbelwelle führt eine Kette zur Kurbelwelle, an welcher ein Klinkengesperre angebracht ist, welches beim Anspringen des Motors den Kettentrieb selbsttätig ausschaltet. An den beiden Kurbelgehäuseenden sind seitlich unten die Anschlußflächen für die Motorbefestigung angebracht.

b) Achtzylinder-V-Dieselmotor der Torpedo-Werke, Rijeka

Der in Abb. 220 im Längs- und Querschnitt dargestellte V-Motor gehört zu der im letzten Abschnitt schon erwähnten Baureihe. Die Konstruktion wurde von der Anstalt für Verbrennungsmotoren Prof. Dr. Hans List ausgeführt. Die Leistung des Motors beträgt unaufgeladen 160 PS und mit einem Rootsgebläse aufgeladen 200 PS bei 2000 U/min.

Der Zylinderkopf ist in Abb. 30 und das V-Kurbelgehäuse in Abb. 59 dargestellt. Die Kurbelwelle hat Pleuelzapfen mit 75 mm Durchmesser und Hauptlagerzapfen mit 95 mm Durchmesser. Der Zylinderabstand beträgt 195 mm, wobei die Zylinderreihen durch die nebeneinander am Pleuelzapfen liegenden Pleuelstangen gegeneinander um 36 mm versetzt sind. Die Dimensionierung der Kurbelwelle entspricht den Anforderungen des Germanischen Lloyds für die Verwendung als Schiffsantriebsmaschine. Die Endwangen sind um 5 mm stärker ausgeführt als die übrigen Wangen. Die bei der Kreuzwelle für den Massenausgleich I. Ordnung notwendigen Gegengewichte sind an den beiden äußeren Wangenpaaren und in zusätzlichen Ausgleichsmassen am Schwungrad und an der Riemenscheibe untergebracht. Die Befestigung der Gegengewichte an der Kurbelwelle übernehmen zwei M 14 $\times$ 1,5-Inbusschrauben mit Dehnschaft. Die Lagerzapfen der Welle sind ausgebohrt und mit Verschlußstopfen bzw. mit gepreßten Verschlußdeckeln verschlossen.

Die Frontseite des Kurbelgehäuses ist mit einer Blechplatte von 7 mm Stärke abgedeckt, auf welcher zum V-Raum hin das Lagergehäuse der Einspritzpumpenwelle angeflanscht ist. Der Antrieb der Einspritzpumpenwelle erfolgt über ein Zahnradpaar von der Nockenwelle aus. Die Einspritzpumpe liegt wegen des Platzbedarfs der angebauten Förderpumpe etwas schräg im V-Raum.

Hervorzuheben ist die zweckmäßige und raumsparende Anordnung des Rootsgebläses, welches vor der Einspritzpumpe über dem V-Raum auf zwei Leisten am Rande der beiden Zylinderblöcke befestigt ist. Der Antrieb erfolgt über zwei Schmalkeilriemen von der Kurbelwelle. Die Luft tritt in das Rootsgebläse an der Oberseite ein. Die nach unten austretende Ladeluft wird in zwei Kanälen an den Außenwänden des Gebläsegehäuses wieder nach oben in die gleiche Ebene mit dem Gebläseeintritt geführt. Vom Gebläse sind über die Zylinderköpfe hinweg zwei Rohre zu den außenliegenden Ansaugleitungen gelegt. Das Rootsgebläse entspricht im wesentlichen der in Abb. 177 dargestellten Ausführung. Die Steuerräder sind durch einen gegossenen Deckel abgeschlossen, in den die Saugleitung zur Wasserpumpe, die Spirale und die Zuführungskanäle zu den beiden Zylinderblöcken eingegossen sind. Außerdem sind am Steuerräderdeckel der Bremsluftkompressor und bei der Marine-Version der Behälter für den Wärmetauscher befestigt. Der Wasserübertritt aus dem Wärmetauscher erfolgt unmittelbar in den Saugraum der Wasserpumpe. Der Kanal für die Motorentlüftung, welcher durch eine Trennwand von den Zahnrädern abgeschirmt ist, liegt ebenfalls im Steuerräderdeckel. Die Schmierölpumpe ist an der vorderen Lagerwand befestigt. Seitlich am Kurbelgehäuse ist der Schmierölfilter angeflanscht. Mit dem Ölfiltergehäuse verschraubt ist der Ölkühler, welcher auf der Saugseite der Wasserpumpe im Kühlwasserkreislauf liegt.

Der Leichtmetallkolben ist mit vier Dichtringen und zwei Ölabstreifringen bestückt. Bei der raschlaufenden, aufgeladenen Ausführung ist der Kolben mit Öl aus einer Spritzdüse im oberen Pleuelauge gekühlt. Die Pleuelstange ist zu diesem Zweck mit einer Längsbohrung im Schaft und die Pleuellagerschale mit der entsprechenden Zuführungsnut versehen. Für die aufgeladene Version sind in den Zylinderköpfen Ventilsitzringe eingeschrumpft. Die Ventile werden durch Rotocaps in zwangsläufige Drehung versetzt.

c) Sechszylinder-Dieselmotor der Caterpillar Tractor Co., USA

Der in Abb. 221 im Längs- und Querschnitt gezeigte Motor wird hauptsächlich für schwere Raupentraktoren und Baumaschinen und darüber hinaus auch für stationäre und Marine-Zwecke verwendet. Der Motor, mit einer Bohrung von 130,2 mm und einem Hub von 165,1 mm, erreicht abgasturboaufgeladen eine Leistung von 258 PS bei 2000 U/min (intermittent rating). Die Kurbelwelle mit Pleuelzapfen von 85,7 mm Durchmesser und Hauptlagerzapfen von 108 mm Durchmesser ist in Stahlstützschalen mit Al-Plattierung gelagert. Das Lagerspiel in den Hauptlagern beträgt 0,13 bis 0,2 mm, in den Pleuellagern 0,1 bis 0,13 mm. Das Seitenspiel liegt zwischen 0,3 und 0,5 mm. Die Pleuellagerzapfen sind mit einer Erleichterungsbohrung versehen, welche durch einen eingepreßten Blechdeckel verschlossen wird. Auf das schwungradseitige Ende der Kurbelwelle ist das Steuerrad direkt aufgeschnitten. Das frontseitige Ende trägt über eine Konusverbindung den Holset-Schwingungsdämpfer und die Keilriemenscheiben. Der Pleuelkopf ist senkrecht zur Achse geteilt, der Pleueldeckel wird mittels zweier Paßschrauben in seiner Lage gesichert und befestigt. Die Pleuelstangenlänge beträgt 273 mm, der Kolbenbolzen ist 44,4 mm stark.

Das Kurbelgehäuse ist tief unter die Kurbelwellenmitte gezogen. Die eingesetzten nassen Zylinderbüchsen sind gegen den Kurbelraum mit drei O-Ringen abgedichtet, wobei der oberste O-Ring den Zutritt von Wasser in den Passungsspalt verhindert. Die Trennwände zwischen den Zylindern sind über die ganze Wasserraumhöhe durchgezogen. Seitliche Öffnungen in der Kurbelraumwand ermöglichen die Zugänglichkeit zu den Pleuelstangenschrauben. Der schwungradseitige Rädertrieb liegt in einem geteilten, am Kurbelgehäuse angeschraubten Räderkasten. Der Deckel des Räderkastens ist mit dem Schwungradgehäuse verbunden. In dem Räderkasten ist auch der Kanal für die Kurbelgehäuseentlüftung eingegossen, an welchen außen ein reichlich dimensioniertes Entlüftungsfilter angeschlossen ist.

Die Nockenwelle liegt knapp unter der Zylinderkopfdichtfläche, die Ventilstößel selbst sind schon im Zylinderkopf geführt. Der Antrieb der Nockenwelle erfolgt über ein Vorgelegeräderpaar und ein Zwischenrad. Alle Räder sind gleitgelagert. Die von Caterpillar selbst entwickelte und gebaute Einspritzpumpe liegt in Zylinderkopfhöhe gegenüber der Nockenwelle. Die Lagerzapfen der Nockenwelle mit 60 mm Durchmesser laufen in eingepreßten Büchsen mit einem Lagerspiel von 0,07 bis 0,15 mm.

Die Ölpumpe ist ebenfalls schwungradseitig angeordnet, das Antriebszahnrad greift direkt in das Kurbelwellenrad ein. Das Ölpumpengehäuse überspannt brückenartig die beiden Ölwannenflansche, auf welchen es befestigt ist. Entsprechend dem hauptsächlichen Verwendungszweck des Motors für Raupenfahrzeuge ist die Ölpumpe als Doppelpumpe ausgebildet. Die Absaugpumpe fördert das Öl vom vorderen Motorende in den Ölsumpf, von welchem die Druckumlaufpumpe über ein reichlich bemessenes, in einem zylindrischen Gehäuse untergebrachtes, mit der Ölsaugpumpe verbundenes Ansaugfilter das Öl in den Schmierkreislauf drückt. Das ganze Ölpumpenaggregat mit dem Saugfilter ist über seitliche Deckel am Ölsumpf zugänglich und ausbaubar. Die Ölsaugleitung vom vorderen Motorende zur Ölpumpe und die Verbindungsleitung von der Ölpumpe zum Ölkühler sind Stahlrohre, die knapp über dem Ölwannenflansch in das Kurbelgehäuse eingegossen sind. Von dem seitlich am Kurbelgehäuse angeflanschten Ölkühler wird das Öl in zwei groß dimensionierte gut zugängliche stehende Hauptstromfeinfilter geführt. Die Trägerplatte der Filterlemente ist direkt über der Ölverteilleitung angeflanscht. An die Ölverteilleitung sind auch die Spritzdüsen für die Kolbenkühlung angeschlossen. In die Ölleitung zum Abgasturbolader ist noch ein gesondertes Feinfilter eingeschaltet. Die Einspritzpumpe ist, wie bei den meisten amerikanischen Motoren üblich, an den Schmierölkreislauf angeschlossen. Von der Verteilleitung werden außer den Bohrungen in den Lagerwänden für die Kurbelwellenschmierung auch Bohrungen für die Schmierölversorgung der Nockenwelle, des Rädertriebes und der Kipphebel abgezweigt.

Die Wasserpumpe, welche in der üblichen Ausführung mit dem Ventilatorantrieb vereinigt ist, wird über Keilriemen angetrieben. Der Ölkühler ist auf der Druckseite der Wasserpumpe eingeschaltet.

Der Zylinderkopf überbrückt als gemeinsames Gußstück alle sechs Zylinder. Ein- und Auslaßkanäle führen zu verschiedenen Seiten des Motors aus dem Zylinderkopf. Der Kanal am Einlaßventil hat 47,6 mm Durchmesser, am Auslaßventil 43 mm Durchmesser. Für beide Ventile sind Ventilsitzringe im Kopf eingeschrumpft. Die Sitze mit einem Sitzwinkel von 30° sind mit Stellit gepanzert. Der Ventilschaft mit 12,7 mm Durchmesser hat in der Einlaßventilführung 0,07 bis 0,12 mm, in der Auslaßventilführung 0,1 bis 0,15 mm Spiel. Für beide Ventile sind Rotocaps für die zwangsläufige Ventildrehung vorgesehen. Die im Zylinderkopf geführten Ventilstößel haben einen hydraulischen Ventilspielausgleich eingebaut. Die etwas seitlich zwischen den Ventilen im Zylinderkopf angeordnete „Caterpillar“-Vorkammer ist allseitig direkt vom Kühlwasser umspült. Der Kammerunterteil ist im Zylinderkopfboden eingeschraubt, der Kammeroberteil über O-Ringe abgedichtet. Vier um jede Zylinderbohrung angeordnete Wasserübertritte in den Zylinderkopf sorgen für die gleichmäßige Kühlung, wobei die in den Zylinderkopf eingepreßten Rohrstutzen das Kühlwasser parallel zur Bodenfläche auf die thermisch hochbelasteten Stellen richten. Den Hauptverbrennungsraum bildet eine Kugelkalotte im Kolbenboden, das Verdichtungsverhältnis beträgt 17,3:1. Der Leichtmetallkolben ist mit drei Verdichtungsringen, wovon für den ersten Ring ein Ringträger im Kolben eingegossen ist, und einem Ölabstreifring mit Schlauchfeder bestückt. Gegenüber der Austrittsöffnung aus der Vorkammer ist im Kolbenboden eine aus hitzebeständigem Stahl bestehende Prallplatte eingesetzt, welche von der Kolbenbodeninnenseite mittels einer Mutter befestigt ist. Die Abgasturbine ist direkt am Auspuffrohr angeflanscht, die Ladeluft wird über den Zylinderkopf hinweg in die Ansaugleitung geführt.

Als Startmotor ist ein Zweizylinder-Ottomotor mit 25 PS bei 2700 U/min vorgesehen, welcher seitlich am Motor am Schwungradgehäuse angeflanscht ist.

d) Zwölfzylinder-Dieselmotor der Henschel-Werke GmbH., Kassel

Der in Abb. 222 im Längs- und Querschnitt dargestellte Motor mit 135 mm Bohrung und 155 mm Hub hat unaufgeladen eine Leistung von 360 PS und abgasturboaufgeladen eine Leistung von 500 PS bei 1800 U/min. Nach dem Baukastensystem werden von dieser Baureihe auch eine Sechszylinder-Reihenmaschine und ein Sechzehnzylinder-V-Motor erzeugt.

Die Kurbelwelle mit den nebeneinander angeordneten Pleuelstangen ist in den Haupt- und Pleuellagerzapfen durchgebohrt. Die Hohlbohrungen der Zapfen sind durch gegenseitig verspannte Deckel verschlossen, untereinander aber durch Bohrungen in den Wangen über die ganze Länge der Kurbelwelle verbunden. Von der Innenseite der Kurbelwelle über die hohlgebohrten Zapfen und Verbindungsbohrungen in den Wangen werden nur die Pleuelstangen geschmiert. Für die Ölzufuhr ist ein eigenes Zuführungslager vor dem vorderen Hauptlager angeordnet. Die Ölzuteilung zu den Hauptlagern erfolgt über eine Rohrleitung, welche an der Unterseite der Hauptlagerbügel angeschraubt ist. Das vordere Kurbelwellenende trägt das Steuerungsantriebsrad und über eine Konusverbindung den Holset-Schwingungsdämpfer. An den Kurbelkröpfungen neben dem Mittellager und an den Außenkröpfungen sind Gegengewichte an die Wangen mit Kopfschrauben mit Dehnschaft angeschraubt. Die Kurbelwelle wird im Mittellager achsial gehalten. Der V-Winkel des Kurbelgehäuses beträgt 60°. Die nassen Zylinderbüchsen sind mit drei O-Ringen gegen den Kurbelraum abgedichtet.

Im Wasserraum angeordnete Leitwände führen den Kühlwasserstrom knapp an die Zylinderwände heran. Das Kurbelgehäuse ist ziemlich tief unter die Kurbelwellenmitte gezogen. Die seitlich im Kurbelgehäuse eingepaßten Lagerbügel sind mit je zwei Kopfschrauben mit Dehnschaft im Kurbelgehäuse befestigt.

Die Nockenwelle ist zwischen den beiden Zylinderreihen siebenfach in eingepreßten Büchsen gelagert. Zur Abnahme der Nockenbewegung sind Schwinghebel mit nadelgelagerten Rollen vorgesehen. Je vier Schwinghebel sind auf einer gemeinsamen Rohrachse in einer Montagegruppe zusammengefaßt und werden von oben her in das Kurbelgehäuse eingelegt. Für die Schmierung der Nockenwelle ist in Mitte des Gehäuses eine eigene Längsbohrung vorgesehen, von welcher über die Nockenwellenlager auch den Schwinghebelachsen das Schmieröl zugeführt wird. Von den Schwinghebellagern wird über kleine Bohrungen Öl auf die Nockenflanken gespritzt. Über den Schwinghebelachsen ist ein Abschlußdeckel vorgesehen, welcher die darauf sattelbefestigte Einspritzpumpe trägt.

Zwischen Nockenwelle und Kurbelwelle ist ein wälzgelagertes Zwischenrad eingeschaltet. Die Nockenwellen- und Einspritzpumpenräder sind stirnseitig an den Wellen befestigt. Die Nockenwelle wird im vorderen Flanschlager achsial gehalten. Die Einspritzpumpenwelle ist im Abschlußdeckel des V-Raumes gelagert, der stirnseitig auch an den Steuerräderdeckel angeflanscht wird.

Die an der Frontwand des Motors befestigte Ölpumpe besteht aus vier untereinander angeordneten und in Eingriff stehenden Ölpumpenrädern. Es entstehen somit drei Öl-Ein- und -Austritte. Die oberen zwei Ölpumpenaustritte führen das Öl über den Hauptstromfilter zu den Haupt- und Pleuellagern. Der untere Auslaß dient zur Schmierölversorgung der Nockenwelle, Schwinghebel und Kipphebellagerungen im Zylinderkopf. An die Verteilleitung zu den Hauptlagern ist die Schmierung der Abgasturbolader und ein automatischer Öldruckwächter angeschlossen. Je nach Bedarf ist zusätzlich eine Hand- oder eine elektrische Schmieröl-Vorpumpe vorgesehen.

Die Wasserpumpe ist seitlich am Motor untergebracht und wird über ein Zahnradpaar vom Nockenwellenrad angetrieben. Die in gleicher Achse angeordnete Lichtmaschine ist mit der Wasserpumpe gekuppelt. Die seitlich an den Zylinderblöcken angeflanschten flachen Deckel bilden die Wasserverteilkanäle zu den Zylinderräumen.

Die Einzelzylinderköpfe haben je zwei Einlaß- und Auslaßventile. Schirmventile sorgen für den notwendigen Drall der Verbrennungsluft im Verbrennungsraum. Die Doppelventile werden gemeinsam über eine zwischen den Ventilfedern an einem Bolzen geführte Brücke geöffnet. Die im Zylinderkopf gesondert eingesetzte Düsenpfeife, welche über den Düsenhalter niedergedrückt wird, ist an der Oberseite mit zwei O-Ringen abgedichtet. Für das gegebenenfalls notwendige Anlassen mit Preßluft ist die Unterbringung von Anlaßventilen in den Zylinderköpfen einer Zylinderreihe vorgesehen. Der zugehörige Druckluftverteiler wird dann stirnseitig an die Nockenwelle gekuppelt. Die Zylinderköpfe sind über die Kipphebelachse hochgezogen. Die Kipphebelachse wird in den Seitenwänden des Ventilraumes gelagert. Die Einlaßkanäle werden nach außen geführt, die Auslaßkanäle treten zwischen den Zylinderköpfen nach oben aus dem Zylinderkopf aus.

Der Kolben aus Leichtmetall, welcher die für die direkte Einspritzung klassische Brennraumform beinhaltet, ist mit vier Dichtringen und zwei Ölabstreifringen bestückt. Das Verdichtungsverhältnis beträgt bei der unaufgeladenen Maschine 15,7:1 und bei der aufgeladenen Version 13,7:1. Beim aufgeladenen Motor ist je ein Abgasturbolader für jede Zylinderreihe über dem Schwungrad angeordnet. Durch entsprechende Adaption kann der Motor für den Bootsantrieb umgebaut werden.

e) Zwölfzylinder-Dieselmotor der Cummins Engine Comp., Inc., USA

Der in Abb. 223 im Längs- und Querschnitt dargestellte Motor ist einer der leistungsstärksten Motoren in den USA für Schwerlastkraftwagen. Darüber hinaus findet dieser Motor für stationäre Zwecke, Boote und Lokomotiven Verwendung.

Diese Motortype mit einer Bohrung von 130,2 mm und einem Hub von 152,4 mm hat unaufgeladen eine Leistung von 382 PS und abgasturboaufgeladen eine Leistung von 510 PS bei 2100 U/min (intermittent rating). Mit den gleichen Hauptabmessungen wird auch eine Sechszylinder-Reihenmaschine erzeugt.

Hervorzuheben bzw. abweichend von den üblichen Dieselmotoren ist das von Cummins entwickelte Einspritzverfahren. Dieses besteht aus einer mit niederem Druck arbeitenden Zuteilpumpe und aus in Zylindermitte angeordneten Pumpen-Düseneinheiten, den Injektoren. Die von der Zuteilpumpe jedem Injektor zugemessene und vor den Düsenöffnungen vorgelagerte Brennstoffmenge wird im Einspritzzeitpunkt durch einen über Kipphebel von der Nockenwelle der Ventilsteuerung aus betätigten Pumpenstempel im Injektor durch die Düsenöffnungen gedrückt. Der Motor arbeitet mit direkter Einspritzung mit einem weiten, offenen Brennraum im Kolben.

Die Kurbelwelle mit Hauptlagerzapfen von 127 mm Durchmesser und Pleuelzapfen von 95,2 mm Durchmesser ist in Dreistofflagerschalen gelagert. Das Spiel in den Hauptlagern liegt zwischen 0,065 und 0,15 mm, in den Pleuellagern zwischen 0,15 und 0,11 mm. Das Mittel- und die Endlager sind breiter ausgeführt als die dazwischenliegenden Lager.

Die Pleuelstangen liegen nebeneinander am Pleuelzapfen, welcher eine Länge von 94 mm aufweist. Der Mittenabstand zum Kolbenbolzen mit 50,8 mm Durchmesser beträgt 305 mm. Der Pleuelkopf ist senkrecht zur Achsrichtung geteilt. Der Pleueldeckel wird mit zwei Paßschrauben mit 13,9 mm Dehnschaft fixiert und befestigt. Da der Pleuelkopf größer als die Zylinderbohrung ist, müssen Pleuelstange mit Kolben und Zylinderbüchse gemeinsam in das Gehäuse eingesetzt oder demontiert werden.

Die Zylinderreihen des Kurbelgehäuses, welche einen V-Winkel von 40° einschließen, sind gegeneinander um 47 mm versetzt. Der Zylinderabstand beträgt 200 mm und ist über dem Mittellager größer. Der Ölwannenflansch, welcher 140 mm unter der Kurbelwellenmitte liegt, ist sehr kräftig und breit ausgebildet, denn er dient auch als Motorauflage für stationäre Zwecke. Seitliche Deckel auf beiden Seiten des Kurbelraumes ermöglichen die Zugänglichkeit zu den Pleuelstangen bei am Fundament befestigtem Kurbelgehäuse. Die Lagerbügel sind seitlich im Kurbelgehäuse eingepaßt und mit zwei 1-Zoll-Stiftschrauben mit Dehnschaft niedergespannt. Die Aufnahmebohrungen der Hauptlagerschalen werden, um eine wirklich exakte Fluchtung zu erreichen, gemeinsam mit einer langen Honahle auf einer Spezialmaschine durchgehont. Der Motor hat nasse Zylinderbüchsen. Die Abdichtung gegen das Kurbelgehäuse erfolgt durch drei in Nuten der Zylinderbüchsen eingelegte O-Ringe.

Für die notwendige Dichtungspressung stehen die Zylinderbüchsenbunde 0,1 bis 0,15 mm über die Gehäusefläche vor. Der schmale V-Raum zwischen den Zylinderblöcken wird für den Wasserverteilkanal ausgenützt, in welchen gleichzeitig der Ölkühler von oben eingesetzt ist. Die beiden außen an den Zylinderreihen angeordneten Nockenwellen werden über ein wälzgelagertes Zwischenrad von der Kurbelwelle aus angetrieben.

Der Rädertrieb ist an der Stirnseite des Motors angeordnet. Das zweiteilige Steuerradgehäuse ist ebenso wie das Schwungradgehäuse am Kurbelgehäuse gesondert angeschraubt. Die Nockenwelle ist in jeder Lagerwand in eingepreßten Büchsen gelagert. Der Lagerdurchmesser beträgt 54 mm, das Lagerspiel 0,04 bis 0,13 mm. Es sind sowohl für die Ventilals auch für die Injektorbetätigung Rollenstößel vorgesehen, welche durch den weit dimensionierten Stoßstangenraum nach oben ausgebaut werden können. Die Rollenstößel werden durch Bolzen, welche in Schlitze am Stößelmantel eingreifen, gegen Verdrehung gesichert. Die Brennstoffzuteilpumpe, welche seitlich am Gehäuse angeordnet ist, wird am Steuerräderdeckel angeflanscht. Das Antriebsrad greift direkt in ein Nockenwellenrad ein.

Die Schmierölpumpe ist in gleicher Achse mit der Brennstoffzuteilpumpe außerhalb des Ölraumes am Steuerräderdeckel befestigt. Die Verbindung mit der Saugstelle und mit dem Hauptstromfilter erfolgt über Schläuche. Die Ölverteilleitung zu den Hauptlagern liegt in Motormitte zwischen den unteren Dichtringen der Zylinderbüchsen. Für die Stößel- und Kipphebelschmierung sind außerhalb der Stößelbohrungen in jeder Zylinderreihe Längsleitungen im Gehäuse gebohrt, wobei über die hohlen Stoßstangen das Schmieröl zu den Kipphebeln weitergeleitet wird.

Die Wasserpumpe, die ebenfalls über ein Zahnrad vom Nockenwellenrad angetrieben wird, ist unterhalb der Brennstoffzuteilpumpe seitlich am Motor untergebracht. Bei der Verwendung des Motors in Kraftfahrzeugen ist an der Frontseite des Motors in üblicher Weise der riemengetriebene Ventilator angeordnet.

In der dargestellten Ausführung steht das Kurbelgehäuse auf einer geschweißten Ölwanne, welche für die industrielle Verwendung des Motors auch als Grundplatte dient.

Die Zylinderköpfe, welche je drei Zylinder überbrücken, sind mit zwölf Stiftschrauben 7/8 Zoll am Gehäuse befestigt.

Je Zylinder sind zwei Einlaß- und zwei Auslaßventile gleicher Größe vorgesehen. Die Kanalöffnung an den Ventilen beträgt 40 mm. Für alle Ventile sind Sitzringe aus Stellit im Kopf eingeschrumpft. Die Ventilstege zwischen den Ventilen sind durchgebohrt, um sicher Kühlwasser dazwischen durchzubringen. Die Ventilpaare werden über eine zwischen den Ventilfedern an einem Bolzen geführten Brücke gleichzeitig von den Kipphebeln niedergedrückt. Die Luftsammelleitungen liegen an den beiden Außenseiten des Motors. Die Auslaßkanalöffnungen beider Zylinderreihen treten auf einer gemeinsamen horizontalen Ebene in Mitte Motor aus. Die darüber angeflanschten Auspuffsammelrohre sind wassergekühlt und dienen gleichzeitig als Kühlwassersammelleitung. In Zylindermitte ist zwischen den Ventilen der Injektor angeordnet, welcher in einer von Wasser umspülten, im Zylinderkopf eingewalzten Hülse sitzt und dadurch sehr gut gekühlt ist. Das über die Ventilstegbohrungen zugeleitete Kühlwasser wird entlang der Injektoren hochgeführt. Die Kipphebel sind auf einer gemeinsamen Kipphebelachse gelagert. Das Laufspiel beträgt 0,012 bis 0,06 mm. Auf den Ventilkammerdeckeln sind die Entlüftungsfilter angeordnet.

Für jede Zylinderreihe ist je eine Abgasturbine vorgesehen, welche je nach den Einbauverhältnissen entweder über dem Schwungradgehäuse oder in der Mitte des Motors direkt auf den Auspuffsammelrohren angeflanscht werden.

f) Zwölfzylinder-Dieselmotor von Davey-Paxmann & Co., Ltd., England

Abb. 224 zeigt im Längs- und Querschnitt einen Zwölfzylindermotor, der hauptsächlich für Lokomotiven, stationäre Anlagen und Bootsantriebe verwendet wird. Obwohl diese Motorengröße nicht mehr ganz in den Rahmen dieses Bandes fällt, so wird dieser Motor hauptsächlich deswegen gezeigt, um den Leser auch mit einzelnen interessanten Konstruktionselementen von etwas größeren Motoren bekannt zu machen, welche gegebenenfalls auch für die Entwicklung von raschlaufenden Motoren Anwendung finden können. Der dargestellte Motor gehört einer Baukastenreihe von V-Motoren mit vier, sechs, acht, zwölf und sechzehn Zylindern an. Die Zylinderdimensionen der Baureihe sind:

177,8 mm Bohrung, 196,8 mm Hub. Der Zwölfzylindermotor weist aufgeladen eine Leistung von 562 PS bei 1500 U/min auf. Als Einspritzverfahren der unaufgeladenen Maschine ist eine RICARDO-Wirbelkammer mit einem Verdichtungsverhältnis von 17,25:1 vorgesehen. Die abgasturboaufgeladene Ausführung hat einen vierventiligen Zylinderkopf mit einer direkten Einspritzung mit einem Verdichtungsverhältnis von 14,25:1. Als Sonderausführung werden die Motoren der Baureihe auch in Leichtmetall gebaut.

Bemerkenswert am Gesamtaufbau des Motors ist die Teilung in große Baugruppen, wie Kurbelgehäuse, Zylinderblöcke, und Steuerungsantrieb. Es wird dadurch die Größe der Gußteile vermindert sowie deren Bearbeitung und die Demontage erleichtert, wenn keine Hubvorrichtungen vorhanden sein sollten. Das Kurbelgehäuse hat zum Ausgleich seiner niedrigen Bauhöhe unter der Auflagefläche der Zylinderblöcke hohe, über die Gehäuselänge durchlaufende Rippen. Auch die Ölwannenflansche, welche gleichzeitig als Motorauflage dienen, sind beidseitig als breite Hohlträger ausgebildet.

Die Lagerbügel sind über durchgehende Querschrauben mit dem Kurbelgehäuse verspannt und verleihen dem Kurbelgehäuse somit die Steifigkeit eines Tunnelgehäuses.

Seitliche Öffnungen über den Kurbelräumen ermöglichen den Ausbau der Kolben und Pleuelstangen nach unten. Das Kurbelgehäuse ist hinsichtlich der Bearbeitung ein einfacher Bauteil, da außer der Kurbelwellenbohrung keinerlei sonstige Bohrungen mit genauen Passungen zu bearbeiten sind.

In den aufgesetzten Zylinderblöcken sind je drei Zylinder vereinigt, welche mittels in den Lagerwandebenen liegenden Dehnschaftschrauben auf das Kurbelgehäuse gespannt werden. Bemerkenswert sind noch die bei dieser Zylindergröße verwendeten trockenen Zylinderlaufbüchsen. Der in den Kurbelraum überstehende Teil der Zylinderbüchsen wird durch einen aufgeklemmten Ring versteift und auf diese Weise auch rund gehalten.

Die gesamte Lagerung der Nockenwelle, die Schwinghebel und der Einspritzpumpenantrieb sind in einem im V-Raum des Kurbelgehäuses aufgesetzten Kasten zusammengefaßt. Dieser Kasten und die Nockenwelle sind in der Mitte geteilt. Zwischen die beiden Nockenwellen ist ein Zahnrad geklemmt, welches das darüber liegende Einspritzpumpenrad antreibt. Beidseitig von diesem Rad werden die beiden Sechszylinder-Einspritzpumpen angetrieben, welche auf dem Abschlußdeckel des Nockenwellenkastens sitzen. Der vorgesehene hydraulische Regler wird vom stirnseitigen Ende der Nockenwelle über ein Kegelradpaar angetrieben. Der Antrieb der Nockenwelle selbst erfolgt von der Kurbelwelle aus über eine Duplex-Rollenkette. Das Kettenrad auf der Kurbelwelle, welches zweiteilig ist, wird mittels einer Schelle am Kurbelwellenzapfen aufgeklemmt.

Der Übertritt der Stoßstangen aus dem Nockenwellenkasten in die Zylinderblöcke wird durch kurze, rohrförmige Gummistulpen dicht abgeschlossen.

Als Zylinderköpfe sind Einzelköpfe vorgesehen, welche auf den Zylinderblöcken niedergespannt sind. Die Auslaßkanäle werden nach außen, die Einlaßkanäle zur Zylinderkopfoberseite geführt. Die in den einzelnen Ventilkammern liegenden Sammelleitungsrohrstücke sind untereinander durch kurze Schlauchstücke und Schellen verbunden. Die unteren Hälften der Brennkammern sind von der Dichtungsseite in die Zylinderköpfe eingesetzt.

Der Hilfsmaschinenantrieb ist an der Stirnseite des Motors angeordnet. Es sind zwei Ölpumpen nebeneinanderliegend gut zugänglich an der Außenseite der Ölwanne befestigt. Die eine Ölpumpe führt das Öl über den Hauptstromfilter zu den Schmierstellen, während die zweite im Nebenstrom das Öl aus der Wanne über den Ölkühler wieder in die Wanne zurückführt. Die Wasserumlaufpumpe ist ebenfalls an den Steuerräderdeckel angeflanscht.

Der ganze Hilfsmaschinenrädertrieb ist in einem gesonderten Räderkasten untergebracht, welcher mit Zwischenschaltung einer Blechplatte am Kurbelgehäuse befestigt wird. Die Pleuelkonstruktion besteht bei diesem Motor aus gegabelter Hauptpleuelstange und der dazwischenliegenden auf der Lagerschale gleitenden Nebenpleuelstange. Der Kopf der Hauptpleuelstange ist an dem Stangenschaft gesondert befestigt, um den Ausbau der Kolben nach unten zu ermöglichen. Die äußere Gleitfläche der Hauptpleuel-Lagerschale, auf welcher die Lagerschale der Nebenpleuelstange gleitet, ist hart verchromt. Die Leichtmetallkolben sind über Längsbohrungen in den Pleuelstangenschäften ölgekühlt.

Die Kolben sind sehr kurz gebaut, die Schaftlänge ist etwas kürzer als der Durchmesser. Der Kolben ist mit drei Verdichtungsringen und zwei Ölabstreifringen bestückt. Der erste Ring ist verchromt und in einem im Kolben eingegossenen Ringträger eingesetzt.

g) Zwölfzylinder-Dieselmotor der Klöckner-Humboldt-Deutz AG., Köln

Der in Abb. 225 im Querschnitt dargestellte Motor ist eine Sonderbauart, welche eine flache Bauform und die Zugänglichkeit aller Hilfsmaschinen von der Oberseite gewährleistet. Der Motor weist eine Bohrung von 135 mm und einen Hub von 160 mm auf. Die Leistung beträgt unaufgeladen bei 2000 U/min 400 PS und abgasturboaufgeladen 460 PS. Aus der gleichen Zylindereinheit werden Drei-, Vier- und Sechszylinder-Reihenmotoren gebaut. Der flache V-Winkel von 120° ermöglicht die Anordnung von Lichtmaschine, Anlasser, Einspritzpumpe, Wasserpumpe und Ölkühler zwischen den beiden Zylinderreihen. Der Antrieb aller Hilfsmaschinen erfolgt über einen Zahnradantrieb am schwungradseitigen Kurbelwellenende. Das Rädergehäuse, welches am Kurbelgehäuse gesondert angeschraubt ist, wird zu diesem hin über eine dazwischengespannte Blechplatte abgeschlossen. An die Blechplatte werden gehäuseseitig die Zahnradtriebe angeflanscht.

Der äußere Gehäuseaufbau ist aus der Abb. 226 ersichtlich. Der flache Zylinderwinkel bedarf einer besonders kräftigen Querverspannung der Lagerbügel mit dem Gehäuse. Die schräggeteilten Pleuelköpfe der nebeneinanderliegenden Pleuelstangen sind so gestellt, daß die Pleuelschrauben durch die seitlichen Handlochdeckel am Kurbelgehäuse angezogen werden können. Die Pleueldeckel sind auf der Stange über eine Nut- und Federverbindung fixiert.

Für jede Zylinderreihe ist außen am Gehäuse eine eigene Nockenwelle vorgesehen. Die Stoßstangen sind durch in das Gehäuse eingewalzte Rohre verkleidet, so daß die notwendigen, sonst üblichen, mit einem Deckel verschlossenen Stoßstangenräume am Gehäuse entfallen. Für jeden Zylinder sind Einzelzylinderköpfe aufgesetzt, deren Auslaßkanal nach unten und deren Einlaßkanäle nach oben geführt werden. Die parallel zur Zylinderachse stehenden Vorkammern liegen außerhalb der Kipphebelräume gut zugänglich an der Oberseite des Motors.

II. Luftgekühlte Viertakt-Dieselmotoren

Der Leistungsbereich luftgekühlter Dieselmotoren für Fahrzeuge und für industrielle Verwendung liegt derzeit zwischen 2 und 600 PS.

Bis 10 PS herrschen naturgemäß die Einzylindermotoren vor, welche im allgemeinen mit Drehzahlen bis zu 3000 U/min laufen. Von kleinen Einzylindermotoren wird im allgemeinen ein entsprechend niedriger Preis erwartet. Da die erforderliche Lebensdauer und Leistungsfähigkeit keinerlei Einsparung in der Fertigung hinsichtlich Genauigkeit zuläßt, muß der Gesamtaufbau und insbesondere die Gestaltung aller Einzelteile mit Rücksicht auf eine möglichst rationelle Herstellung durchdacht werden. Es kann in dieser Hinsicht die Konstruktion einer billigen und zuverlässigen Kleindieselmaschine schwieriger sein als die eines Hochleistungsmotors.

Im allgemeinen gelten hinsichtlich Zubehöranordnung, Hilfsmaschinen usw. für die einzelnen Verwendungsgruppen die bei den wassergekühlten Motoren gegebenen Richtlinien. Bei luftgekühlten Motoren kommt als entscheidender Faktor für den Aufbau die Wahl und Anordnung des Kühlluftgebläses noch hinzu. Bei Einzylindermotoren ist im allgemeinen das am Schwungrad angeordnete Radialgebläse am billigsten und zweckmäßigsten. Vielfach findet man auch noch Schwungradgebläse bis zum Zweizylindermotor mit 20 bis 25 PS, sehr selten jedoch darüber hinaus. Über zwei Zylinder ist im allgemeinen das Achsialgebläse sowohl konstruktiv als auch hinsichtlich seines Leistungsaufwandes am rationellsten.

Als Antriebselement für Achsialgebläse kommen bis zu 150 PS die Schmalkeilriemen, und zwar hauptsächlich für Reihenmotoren, in Frage. Bei Leistungen über 150 PS ist insbesondere bei V-Motoren der Zahnradantrieb des Achsialgebläses konstruktiv günstiger, da wegen des hochliegenden Nockenwellen- und Einspritzpumpenantriebs ein Zahnradgetriebe für das Achsialgebläse einfach angeordnet werden kann.

Bei Riementrieb ist die Anwendung einer automatischen Riemennachstellung, insbesondere bei höheren Leistungen bei Fahrzeugmotoren, sehr zu empfehlen. Vielfach wird auch der Einbau einer automatischen Abstellvorrichtung im Falle eines Riemenrisses vorgesehen. Bei Leistungen über 150 PS ist bei stark wechselndem Betrieb, wie er bei Kraftfahrzeugmotoren vorkommt, der Einbau eines regelbaren Ventilatorantriebes sehr wirtschaftlich. Bei Mehrzylindermotoren mit höheren Drehzahlen sind im allgemeinen Ölkühler vorzusehen.

Die luftgekühlten Motoren sind in ihrem Leistungsbereich an und für sich von vornherein durch die zur Verwendung gelangenden Einzelzylinder und Einzelzylinderköpfe für das Baukastenprinzip prädestiniert.

Die V-Anordnung der Zylinder ist gerade für luftgekühlte Motoren sehr geeignet, da der V-Raum als Luftsammel- und Verteilraum ohne besonderen konstruktiven Aufwand sozusagen naturgegeben ist und sich auch das Kühlgebläse vor dem V-Raum sehr platzsparend anbringen läßt. Der größere Zylinderabstand bei V-Motoren läßt eine günstigere und reichliche Ausbildung der Kühlrippen am Zylinderkopf und Büchse zu.

Ein wichtiges Problem bei luftgekühlten Motoren, insbesondere auch bei Fahrzeugmotoren, ist die Vorsorge der Abfuhr der Kühlluft aus den jeweiligen Einbauräumen der Motoren. Es muß vor allem ein Kurzschluß der heißen Abluft mit den Ansaugstellen der Kühlluft und der Ansaugluft des Motors vermieden werden.

1. Luftgekühlte Traktor- und Stationärmotoren

a) Luftgekühlter Einzylinder-Dieselmotor von Bernard Moteurs SA., Paris

Abb. 227 zeigt im Längs- und Querschnitt einen 350-cm³-Kleindieselmotor mit 76 mm Bohrung und 78 mm Hub, welcher 6 PS bei 3000 U/min leistet. Der Motor ist eine Konstruktion der Anstalt für Verbrennungsmotoren Prof. Dr. Hans List, Graz.

Bemerkenswert an der Konstruktion ist die allgemeine Verwendung von Leichtmetall für alle am Motor vorkommenden Gußteile, welche außerdem so gestaltet sind, daß diese in Druck- oder Kokillenguß bzw. bei Teilen mit unvermeidlichen Kernen zumindest in Außenkokille gegossen werden können. Die gezeigte Bauart beinhaltet sowohl die für kleine Einzylindermotoren unbedingt erforderliche Möglichkeit zur wirtschaftlichen Herstellung als auch durch das geringe Gewicht die leichte Ortsbeweglichkeit des Motors wie sie durch die Verwendungszwecke gefordert wird.

Das geschlossene einteilige Kurbelgehäuse aus vergütetem Leichtmetall umfaßt auch das Schwungradgehäuse bzw. das Spiralgehäuse und die Luftführungen um die Zylinderbüchse. Die Kurbelwelle wird durch die schwungradseitige Gehäuseöffnung eingeschoben. Die Montage der Pleuelstange erfolgt durch die seitliche Handlochöffnung. Mit im Kurbelgehäuse aufgenommen sind die Einsteck-Einspritzpumpe und das Ölspaltfilter. Die Zylinderbüchsenauflage ist gehäuseseitig durch kräftige Längsrippen unterstützt. Die untere Abschlußwand des Ölraumes des Kurbelgehäuses ist verrippt, wobei in die Rippenspalten zur Kühlung des Öls Kühlluft geblasen wird, welche durch kleine korrespondierende Bohrungen im Spiralgehäuse austritt. Die Nockenwelle, auf welcher auch die Einspritzpumpennocke angeordnet ist, liegt in Höhe der Kurbelwellenmitte im Kurbelraum. Beidseitig neben der Einspritzpumpe sind die Schwinghebel für die Ventilbetätigung gelagert. Die Schwinghebel sind im Präzisionsverfahren gegossen. Die Reglerausführung dieses Motors wurde bereits an Hand der Abb. 151 eingehend beschrieben.

Die sehr einfach ausgeführte Ölpumpe liegt unterhalb des vorderen Hauptlagers. Die Schmierölleitungen vom Saugfilter zur Pumpe und von der Pumpe zum Filter und zum vorderen Hauptlager sind in der vorderen Lagerwand gebohrt. Vom vorderen Hauptlager führen in der Kurbelwelle Schmierbohrungen über den hohlgebohrten Pleuelzapfen zum schwungradseitigen Lager. Die mit angeschmiedeten Gegengewichten versehene Kurbelwelle hat Hauptlagerzapfen von 60 mm Durchmesser und Pleuellagerzapfen von 48 mm Durchmesser. Das Schwungrad ist stirnseitig am Hauptlagerzapfen angeflanscht und mit Dehnschaftkopfschrauben befestigt. Am Schwungradkranz ist auch das Radialrad des Kühlgebläses angeschraubt. Schwungradseitig ist auch die Handandrehvorrichtung angeordnet. Diese besteht aus einem am Schwungrad mitangeschraubten Ritzel und aus einem auf der Handkurbelwelle angebrachten, innen verzahnten Rad. Ritzel und Innenzahnrad sind gegossen. Die Übersetzung ins Rasche ist für die Erreichung einer höheren Startdrehzahl erforderlich. Eine flache Schrägverzahnung bringt beim Übernehmen des Motors die Handkurbel selbsttätig außer Eingriff. Eine auf der Welle angeordnete Feder hält die Räder im Betrieb außer Eingriff.

Die Kraftabnahme erfolgt vom stirnseitigen Ende der Kurbelwelle. Um die Anpassung des Motors an mannigfaltige Verhältnisse zu ermöglichen, ist am Steuerräderdeckel die Anbringung von Über- und Untersetzungsgetrieben mit und ohne Ausrückkupplungen vorgesehen.

Der Zylinderkopf, der im wesentlichen Aufbau dem in Abb. 37 dargestellten Zylinderkopf ähnlich ist, wird mit vier Dehnschaftschrauben M 10 gemeinsam mit der Zylinderbüchse auf das Gehäuse gedrückt. Die Einlaßkanalöffnung am Ventil hat 29 mm Durchmesser, die Auslaßöffnung 24 mm. Die Ventile stehen hintereinander im Kühlluftstrom bzw. parallel zur Kurbelwellenachse. Der unter 45° geneigte Düsenhalter mit Drosselzapfendüsen liegt gut gekühlt quer zum Kühlluftstrom. Das Ventilkammergehäuse ist ein vom Zylinderkopf getrenntes Kokillengußstück, welches mit den Zylinderkopfschrauben auf dem Zylinderkopf befestigt wird. Die Rippenfläche an der Büchse beträgt 2000 cm^2 und am Zylinderkopf 1130 cm^2. Im Ventilkammerdeckel ist der Dekompressionshebel gelagert, welcher das Auslaßventil aufdrückt. Die mit dem Entlüftungsventil kombinierte Öleinfüllung ist auf den Ventilkammerdeckel aufgesetzt. Der Hauptlagerzapfen der Kurbelwelle hat 60 mm Durchmesser, der Pleuelzapfen 48 mm Durchmesser. Der Pleuelkopf der Pleuelstange ist schräg geteilt. Die Teilflächen sind verzahnt, der Pleueldeckel ist mit zwei M 8-Kopfschrauben mit Dehnschaft befestigt. Die Pleuelstangenlänge beträgt 137 mm. Der verhältnismäßig kurz gebaute Kolben, mit einer Schaftlänge von 80 mm, ist mit drei Verdichtungsringen und einem Ölabstreifring bestückt. Der bei Einzylindermotoren in der Regel am Motor noch unterzubringende Brennstoffbehälter ist am Schwungradgehäuse befestigt.

Die Möglichkeit der Verwendung einer Brennstoff-Förderpumpe ist vorgesehen. Als Sonderausrüstung kann auch ein elektrischer Starter am Schwungradgehäuse befestigt werden. Die hiezu notwendige Lichtmaschine bzw. Lichtmaschinenteile sind am schwungradseitigen Deckel und auf der Innenseite des Schwungradkranzes untergebracht. Dadurch entfällt die Verwendung einer gesonderten Lichtmaschine mit Riementrieb.

b) Luftgekühlter Zwei- und Vierzylinder-Dieselmotor von Bernard Moteurs SA., Paris

Abb. 228 zeigt den Längs- und Querschnitt eines luftgekühlten Zweizylinder-V-Motors mit 90 mm Bohrung und 90 mm Hub. Die Leistung beträgt 20 PS bei 3000 U/min.

In Abb. 229 ist der Längsschnitt des 40-PS-Vierzylindermotors mit den gleichen Zylinderabmessungen dargestellt. Mit gleichen Teilen der Zylindereinheit wird auch ein Einzylindermotor hergestellt.

Die Motoren sind Konstruktionen der Anstalt für Verbrennungsmotoren Prof. Dr. Hans List, Graz.

Die Gußteile sind für die Herstellung in Leichtmetall-Druckguß bzw. für Kokillenguß konstruiert. Hervorzuheben ist die Verwendung der V-Bauart auch für kleine Zylindergrößen, welche in Verbindung mit den angebauten Aggregaten sehr kompendiöse Einheiten ergibt. Durch die V-Bauart wird auch für einen Zweizylindermotor auf einfachste Weise ein ruhiger Lauf durch den erreichbaren Massenausgleich I. Ordnung gewährleistet. Ansonsten ist der Gesamtaufbau in der Anordnung der Steuerung, Regelung und Luftführung interessant und sehr einfach.

Das Kurbelgehäuse ist in seiner Außenform ein einfacher prismatischer Block, dessen bearbeitete Außenflächen zur Befestigung von Motorteilen dienen. Schwungradgehäuse und Steuerräderdeckel sind als eigene Kokillengußteile auf den beiden Endflächen des Kurbelgehäuses befestigt. Die prismatische Form des Gehäuses schließt auch den Ölsumpf mit ein.

Die Zugänglichkeit zu den schräg geteilten Pleuelstangen ist durch die Öffnung an der Unterseite des Gehäuses gesichert. Die Auflagen der Zylinderbüchsen sind durch starke und hohe Rippen eingerahmt, um an dieser Stelle die Deformation des Gehäuses und damit die der Büchsen auf ein Minimum zu bringen. Auf der Nockenwelle sind zwischen den Nocken für die Ventilbetätigung die Einspritznocken angeordnet. Die über der Nockenwelle im V-Raum angeflanschte Einspritzpumpe wird über die im Gehäuse gleitenden Rollenstößel betätigt. Die Ventilbewegung wird von den Nocken über Schwinghebel abgenommen, welche auf kurzen Achsen gelagert sind. Die Schwinghebel sind im Präzisionsverfahren gegossen. Die Reglerkonstruktion nach Abb. 152 wurde im einzelnen schon besprochen.

Der Kühlluftaufnahme- und Verteilraum wird hauptsächlich aus Aufbauelementen des Motors gebildet. Vorne ist der Kühlluftraum durch den Steuerräderdeckel bzw. durch das mit diesem vereinte Kühlgebläse abgeschlossen. Zu beiden Seiten des Kühlluftraumes stehen die Zylindereinheiten. Oben wird der Kühlluftraum durch einen Deckel abgeschlossen, in welchem die Ansaugverteilleitungen eingegossen sind und auf dem der Luftfilter unmittelbar aufgesetzt ist. Lediglich schwungradseitig ist eine eigene gesonderte Abschlußwand notwendig.

Das Kühlgebläse wird über einen Schmalkeilriemen angetrieben, welcher durch eine federnde Spannrolle automatisch gespannt wird. Das Axialrad, das beim Zweizylinder 230 mm Außendurchmesser und beim Vierzylinder 260 mm Außendurchmesser aufweist, hat eine maximale Drehzahl von 6800 U/min. Hinter dem Gebläserad ist ein Nachleitrad angeordnet, welches sich hinsichtlich Geräuschbildung ruhiger als ein Vorleitrad erwiesen hat. Das Leitrad selbst, welches als getrenntes Kokillengußstück in den Steuerräderdeckel eingesetzt ist, wird einfach an einigen Stellen mit Schweißpunkten befestigt.

Für das Gebläserad wird, wie die Zweizylinderabbildung zeigt, entweder ein im Steuerräderdeckel eingesetztes Lagergehäuse oder — wie aus dem Vierzylinder-Längsschnitt ersichtlich — bei elektrischer Startanlage die Lichtmaschine zur Lagerung herangezogen und anstelle des Lagergehäuses im Steuerräderdeckel befestigt. Die Kühlluft tritt senkrecht zur Kurbelwellenachse aus dem Sammelraum aus.

Die Ölpumpe ist unter dem vorderen Hauptlager unmittelbar an der Lagerwand angeflanscht. Das Antriebszahnrad greift direkt in das Steuerrad ein. Die Ölsaug- und -druckleitungen vom Saugfilter zum Spaltfilter und zum vorderen Hauptlager sind in der vorderen Lagerwand gebohrt. Das Schmieröl wird dem Mittellager und dem schwungradseitigen Lager innerhalb der Kurbelwelle durch die hohlgebohrten Pleuelzapfen und durch Verbindungsbohrungen in den Kurbelwangen zugeführt. Die Kurbelwelle hat einen Hauptlagerzapfen von 65 mm Durchmesser und einen Pleuelzapfen von 55 mm Durchmesser. Das schwungradseitige Lager ist in eine geschlossene Lagerscheibe eingepreßt, welche auf der Kurbelgehäusewand angeflanscht ist. Das Mittellager des Vierzylindermotors ist geteilt und in eine zweiteilige Lagerscheibe eingesetzt, welche mit zwei Inbusschrauben über dem Mittellagerzapfen zusammengespannt wird. Die Mittellagerscheibe wird mit vier M 12 × 1,5-Kopfschrauben, welche die Kraftleitung zum Mittellager aufnehmen in Richtung der Zylinder nach oben gespannt (Abb. 229a).

Den Zylinderkopf zeigt Abb. 37. Dieser wird mit vier M12 × 1,5-Dehnschaftschrauben mit der Zylinderbüchse auf das Kurbelgehäuse gespannt. Aus- und Einlaßventile stehen hintereinander im Kühlluftstrom senkrecht zur Kurbelwellenachse. Die Einspritzdüse steht um 45° geneigt quer zum Kühlluftstrom. Da die Zylinderköpfe in den Aus- und Einlaßkanälen gleich sind, können diese jeweils um 180° verdreht eingebaut werden. Die Düsenhalter sind daher beim Zweizylinder von der Frontseite und beim Vierzylinder auch von der Schwungradseite gut zugänglich, Abb. 229b.

Die Stoßstangen sind durch Rohre verkleidet, welche mit kurzen Gummistulpen gegen das Kurbelgehäuse und gegen den Ventilkammeraufsatz abdichten. Um das Öl aus den schrägliegenden Ventilkammern abzuleiten, sind an den Außenseiten jedes Zylinders Rohrleitungen zum Kurbelgehäuse geführt. Die Rippenfläche an der Zylinderbüchse beträgt 2200 cm^2 und am Zylinderkopf 2120 cm^2.

Der mit 102 mm Schaftlänge sehr kurz gebaute Kolben hat eine ellipsoidförmige Brennraummulde. Als Einspritzdüse ist eine Drosselzapfendüse vorgesehen. Für den Handstart wird der Motor, um die notwendige Startdrehzahl zu erreichen, über die an der Nockenwelle angreifende Handkurbel angedreht. Die in den Ventilkammerdeckeln gelagerten Dekompressionshebel, welche die Einlaßventile aufdrücken, sind zwischen den beiden Zylinderreihen über einen Drahtzug verbunden.

Der Brennstoffbehälter ist über dem Schwungradgehäuse angeordnet. Je nach den Einbauverhältnissen kann auch eine Brennstoff-Förderpumpe angebaut werden.

c) Luftgekühlter Zweizylinder-Dieselmotor der Motorenwerke Mannheim AG.

Der in Abb. 230 im Längs- und Querschnitt dargestellte Motor mit einer Bohrung von 98 mm und einem Hub von 120 mm ist das erste Glied einer Baureihe mit zwei, drei und vier Zylindern.

Der Zweizylindermotor leistet 24 PS bei 2000 U/min, er wird vielfach als Einbaumotor für Traktoren verwendet. Infolge des Tunnelgehäuses ist er für eine rahmenlose Traktorbauart besonders geeignet. Die Kurbelwelle ist dreifach gelagert. Das Mittellager ist in eine geteilte Lagerscheibe eingesetzt, die durch zwei Kopfschrauben nach unten in der Tunnelbohrung des Gehäuses zur satten Anlage gebracht wird. Der Hauptlagerzapfen des Mittellagers ist in seinem Durchmesser größer als der der beiden Endlager. Die Kurbelwelle wird im Mittellager achsial in Bundlagerschalen gehalten.

Das tief gezogene Kurbelgehäuse beinhaltet auch den Ölsumpf. Die schräg geteilten Pleuelköpfe mit verzahnten Teilflächen sind durch seitliche Handlochöffnungen zugänglich. Nockenwellenseitig schließt ein großer Deckel die Nockenwelle, den Regler und das Reglergestänge ab. An diesem Deckel sind die Öleinfüllung, der Ölmeßstab und der Ölspaltfilter angeordnet. Das Schwungradgehäuse ist als gesonderter Teil am Kurbelgehäuse befestigt. Das Kurbelgehäuse hat eine einfache prismatische Form. An den Außenflächen sind alle Deckel und Zubehörteile befestigt. Die Frontfläche dient auch zur Befestigung der Traktorvorderachse.

Die Nockenwelle wird durch einen am schwungradseitigen Kurbelwellenende angeordneten Rädertrieb angetrieben. Das frontseitige Nockenwellenende trägt den Regler und die Einspritznocken. Die Einspritzpumpe in der Einsteckbauart ist in ein an die Frontwand angeschraubtes Gehäuse eingeschoben und befestigt.

Die Räder der Ölpumpe laufen im schwungradseitigen Flanschlagerdeckel. Die Verbindungsleitungen von der Ölpumpe zum Filter und zum Ölkühler sind in der rückwärtigen Lagerwand gebohrt. Der Kurbelwelle wird das Schmieröl über das schwungradseitige Hauptlager zugeführt. Von diesem wird es durch Bohrungen in den Zapfen und Wangen den weiteren Haupt- und Pleuellagern zugeleitet. Durch die Stößelführungen führt eine Längsbohrung im Gehäuse, durch welche die Stößel und durch hohle Stoßstangen die Kipphebel im Zylinderkopf mit Öl versorgt werden.

Die Leichtmetallzylinderköpfe werden gemeinsam mit den Zylinderbüchsen auf das Gehäuse gespannt. Die Ventile liegen parallel zur Kurbelwellenachse. Starke Kanalwandungen übernehmen die Wärmeleitung zu den horizontalen Kühlrippen. Die Rippenfläche am Zylinderkopf beträgt 2300 cm^2, an den Zylinderbüchsen 3300 cm^2. Die Einspritzdüse, welche geneigt zwischen beiden Ventilen steht, liegt auf der Eintrittsseite der Kühlluft in den Zylinderkopf. Das Ventilkammergehäuse ist mit dem Zylinderkopf zusammengegossen. Ein- und Auslaßkanal werden auf die Ausblasseite der Kühlluft herausgeführt, auch die Stoßstangen sind an der Ausblaseseite der Kühlluft angeordnet.

Das Axialgebläse ist an der Frontwand des Kurbelgehäuses befestigt. Bei den neueren Ausführungen dieser Motoren wird ein leitradloses Gebläse verwendet. Die Kühlluftzuführung zu den Zylindereinheiten vermittelt eine blechgepreßte Haube. Hervorzuheben ist die zweckmäßige Anordnung des Ölkühlers, der längsseits des Kurbelgehäuses unterhalb der Kühlluftführung zu den Zylindern liegt. Die aus dem Ölkühler austretende Luft, welche an der Kurbelraumwand entlanggeführt wird, trägt zusätzlich zur Ölkühlung bei.

Der Leichtmetallkolben enthält eine etwas schrägliegende ellipsoidförmige Brennkammer mit einer dreieckigen Übertrittsöffnung am Kolbenboden. Der Kolben ist mit drei Dichtringen und zwei Ölabstreifringen bestückt.

d) Luftgekühlter Dreizylinder-Dieselmotor der Klöckner-Humboldt-Deutz AG., Köln

Der in Abb. 231 im Längs- und Querschnitt dargestellte Motor gehört zu einer vollständigen Baureihe vom Zwei- bis zum Zwölfzylinder.

Der beschriebene Dreizylindermotor dient hauptsächlich als Einbaumotor für Traktoren, Baumaschinen und für stationäre Zwecke. Der Zylinderdurchmesser der Baukastenreihe beträgt 110 mm, der Hub 140 mm. Der Dreizylindermotor leistet 48 PS bei 1800 U/min.

Der allgemeine Aufbau des Motors ist auf die hauptsächliche Verwendung in Traktoren ausgerichtet. Die gegossene Ölwanne in Verbindung mit den breiten Ölwannenflanschen am Kurbelgehäuse ermöglicht den Einbau in rahmenlose Traktoren. An der Frontwand der Ölwanne wird der Vorderachsträger angeschraubt, während das mit der Ölwanne verbundene Schwungradgehäusesegment direkt mit dem Getriebeflansch verbunden wird. Einspritzpumpe und Regler sowie Ölfilter sind vollkommen staubdicht in einem am Kurbelgehäuse seitlich angegossenen Kasten untergebracht, der mit einem großen Deckel abgeschlossen ist.

Die Zylinderkopfkonstruktion Abb. 38 wurde im einzelnen schon beschrieben. Der Kopf ist mit der Zylinderbüchse am Kurbelgehäuse durch vier Kopfschrauben mit 10,5 mm Dehnschaft Durchmesser befestigt. Vom Aufbau des Zylinderkopfes leitet sich die weitere Anordnung des Zubehörs und der Hilfsmaschinen am Motor ab. Zur guten Kühlung der Wirbelkammer ist das Kühlgebläse auf der gleichen Motorseite wie die Wirbelkammer angeordnet. Aus der Kopfkonstruktion ergibt sich auch die Anordnung der Stoßstangen und damit auch die Lage der Nockenwelle und Einspritzpumpe auf der Gebläseseite.

Mit dem Kurbelgehäuse aus einem Stück sind Schwungradgehäuse und das Steuerradgehäuse an der Frontseite. Die Auflagefläche der Zylinderbüchsen ist 240 mm oberhalb und der Ölwannenflansch 120 mm unterhalb der Kurbelwellenmitte angeordnet. Der Zylinderabstand beträgt 150 mm. Die Lagerbügel sind mit M 18-Kopfschrauben im Gehäuse befestigt. Die seitliche Lagesicherung der Bügel erfolgt durch die über die außermittige Teilfläche vorstehenden Lagerschalenhälften. Die Nockenwelle liegt, wie es sich bei den meisten luftgekühlten Motoren am zweckmäßigsten erwiesen hat, knapp unter der Auflagefläche der Zylinderbüchsen. Der Antrieb der Nockenwelle erfolgt vom vorderen Kurbelwellenende aus über das übliche 1:2-Zahnradpaar.

Die Nockenwelle, welche unmittelbar im Grauguß des Kurbelgehäuses läuft, wird mittels eines federnden Druckstiftes achsial in ihrer Lage gehalten. Auf der Nockenwelle sind auch die Einspritznocken angeordnet. Die Einspritzpumpe selbst ist senkrecht zur Zylinderachse am Gehäuse angeflanscht und im seitlichen Kasten ist das Gehäuse mit dem Regler und Reglergestänge untergebracht. Die Einspritzpumpe ist eine eigene Konstruktion von Deutz.

Die Ölpumpe ist am vorderen Lagerdeckel befestigt. Das Antriebszahnrad steht in direktem Eingriff mit dem Steuerrad an der Kurbelwelle.

Der Ölspaltfilter ist im seitlichen Kasten am Gehäuse angeordnet. Für die Ölzufuhr zu den Hauptlagern ist innerhalb des Kastens eine Rohrleitung gelegt. Eine Längsbohrung im Gehäuse, welche die Stößelbohrungen verbindet, führt das Öl über die Stößel und hohlen Stoßstangen zu den Kipphebeln im Zylinderkopf. Das Öl aus dem Ventilkammergehäuse jedes Zylinderkopfes wird durch kanalseitig angeordnete senkrechte Rohrstücke in das Kurbelgehäuse zurückgeführt. Für besondere Einbauverhältnisse ist auch beim Dreizylinder die Verwendung eines Ölkühlers vorgesehen. Steuerrad- und Ölpumpentrieb sind durch einen Blechpreßdeckel abgeschlossen.

Das Kühlluftgebläse ist als komplette Einheit mit einem Spannband am Steuerradkasten befestigt. Der Außendurchmesser des Axialrades beträgt 230 mm, sein Nabendurchmesser 150 mm. Das Übersetzungsverhältnis des Riementriebes des Gebläses beträgt 3,9:1. Die Kühlluftführung vom Gebläse zu den Zylindern und die Befestigung am Gehäuse ist fertigungsmäßig gut durchdacht und ausgebildet. Die als Blechpreßteil ausgeführte Kühllufthaube ist in längs der Zylinderköpfe und längs des Gehäuses gelegte Falzleisten eingehängt und mit Schnellverschlüssen befestigt. Es ist dadurch eine einfache und rasche Zugänglichkeit zu den unter der Kühllufthaube liegenden Düsen und Glühkerzen möglich. In gleicher Weise gut durchgebildet ist die Ausführung der aus Blechpreßteilen zusammengesetzten Auspuff- und Ansaugleitungen am Motor.

Die Kurbelwelle, welche gleiche Haupt- und Pleuelzapfen von 75 mm Durchmesser aufweist, ist in der üblichen Weise in Bleibronze auf Stahlstützschalen gelagert. Die Pleuelzapfen sind ausgebohrt. Die Pleuelstange, mit einer Länge von 255 mm, ist im Pleuelkopf senkrecht zur Achse geteilt. Der Pleueldeckel ist mit M 16 × 1,5-Kopfschrauben befestigt.

Die Pleuelstange muß gemeinsam mit Kolben und Büchse montiert werden.

Weitere gemeinsame Details der Baureihe finden sich in der Beschreibung des Vierzylindermotors Abb. 233 und des Achtzylindermotors Abb. 234.

e) Luftgekühlter Zweizylinder-Dieselmotor mit angebautem Druckluftkompressor der Jenbacher Werke AG., Jenbach, Tirol

Abb. 232 zeigt ein interessantes Beispiel einer Verbindung der Kraftmaschine mit der Arbeitsmaschine, bei welcher die Arbeitskolben des Kompressors an die Pleuelstangen des Motors angelenkt werden. Die Kompressorenzylinder sind auf das Kurbelgehäuse unter einem Winkel von 90° aufgesetzt, womit ein vollkommener Massenausgleich I. Ordnung erreicht wird.

Unter Verwendung des gleichen Kurbelgehäuses und einer Vielzahl sonstiger gleicher Teile ist auch eine wassergekühlte Ausführung des Motorkompressors vorgesehen, bei der einzelne Zylinderblöcke mit eingesetzten nassen Zylinderbüchsen sowohl für den Motor als auch für den Kompressor am Kurbelgehäuse aufgesetzt werden. Außerdem ist die Ausführung von Dieselmotoren bzw. Gasmotoren bis zu vier Zylindern in Reihe in der Gesamtauslegung berücksichtigt. In diesem Fall entfallen am Kurbelgehäuse die seitlichen Anschlußflächen für die Kompressorzylinder.

Die Hauptabmessungen des Motors sind 125 mm Bohrung und 145 mm Hub und die des Kompressors 135 mm Bohrung, 142 mm Hub. Der Zweizylindermotor leistet 40 PS bei 1500 U/min.

Es ist dies eine Konstruktion der Anstalt für Verbrennungsmotoren Prof. Dr. Hans List, Graz.

Die Konstruktion des Kurbelgehäuses ist hauptsächlich im Hinblick auf die Anbringung des Kompressorzylinders und des wahlweisen Aufbaues der luft- und wassergekühlten Zylinder ausgerichtet.

Der Zylinderabstand von 220 mm ergab sich bei dieser Konstruktion aus der Außendimension der Kompressorventile.

Die Wasserverteilkanäle zu den einzelnen Zylinderblöcken sind im Kurbelgehäuse mit eingegossen und liegen knapp unter den Auflageflächen der Zylinderbüchsen. Die Wasserkanäle tragen als Biegeträger zur Versteifung des Gehäuses und der Zylinderbüchsenauflage bei. Unter dem gleichen Gesichtspunkt wurde der Hohlträger über den Stößeln vorgesehen. Die Auflagefläche der Motorzylinderbüchsen ist 270 mm oberhalb und der Ölwannenanschlußflansch 180 mm unterhalb der Kurbelwellenmitte angeordnet. Die von den seitlich an der Kurbelraumwand aufgesetzten Kompressorzylindern kommenden Kräfte werden durch hohe Rippen zu den Lagerstellen geleitet. Die Lagerbügel aus Sphäroguß sind zur Aufnahme der Kräfte aus den Kompressorzylindern in hohen Einpässen am Kurbelgehäuse eingesetzt und mit M 20-Stiftschrauben mit Dehnschaft niedergezogen.

Das Schwungradgehäuse ist ein vom Kurbelgehäuse getrenntes Gußstück. Der Steuerradantrieb wird durch eine Blechplatte und den darüber angeschraubten Steuerraddeckel abgeschlossen. Die Einspritzpumpe ist kurbelgehäuseseitig direkt an die Blechplatte angeflanscht. Der Antrieb der Nockenwelle erfolgt vom vorderen Kurbelwellenende aus. Von der Nockenwelle führt ein weiteres Zahnradpaar zur Einspritzpumpe.

Die Nockenwelle mit Lagerzapfen von 48 mm Durchmesser läuft direkt im Grauguß des Kurbelgehäuses mit der Passung H 7/f 7. Die Nockenwelle und damit die Stoßstangen und die Einspritzpumpe sind auf der Ausblaseseite der Kühlluft am Motor angeordnet. Die Ölpumpe ist an der vorderen Lagerwand befestigt. Das Antriebszahnrad greift direkt in das Steuerrad der Kurbelwelle ein. Vom Ölfilter unterhalb der Einspritzpumpe führen zwei Schlauchleitungen zum Ölkühler. Die Ölkanäle von der Ölpumpe zum Ölfilter und zur Verteilleitung sind in der vorderen Lagerwand gebohrt. Zur Kipphebelschmierung ist im Kurbelgehäuse neben den Stößeln eine eigene Längsleitung gebohrt. Das Öl wird von dieser über die Stößel und die hohlen Stoßstangen den Kipphebeln zugeführt.

Die Kurbelwelle hat Pleuellagerzapfen von 80 mm Durchmesser und Hauptlagerzapfen von 95 mm Durchmesser. Für den Massenausgleich I. Ordnung der 90° V-Maschine sind an jeder Kurbelwange Gegengewichte mit Inbus-Dehnschrauben befestigt.

Am Pleueldeckel der Hauptpleuelstange ist die Nebenpleuelstange für den Kompressorkolben an einem 26 mm starken Bolzen angelenkt, dessen Lagerbüchse im Pleueldeckel druckgeschmiert ist. Der Stangenkopf der Nebenpleuel ist gegabelt und umgreift das Auge am Pleueldeckel. Der Pleuelstangendeckel ist mit zwei M $18 \times 1{,}5$-Kopfschrauben mit Dehnschaft befestigt. Die Seitenkräfte werden durch die verzahnte Teilfläche aufgenommen. Das Zylindermittel des Kompressors liegt, bedingt durch die Bewegungsverhältnisse des Nebenpleuelauges, 25 mm oberhalb des Kurbelwellenmittels.

Die Zylinderbüchse ist über den Zylinderkopf gemeinsam mit dem aufgesetzten Ventilkammerdeckel mit M 18-Stiftschrauben mit Dehnschaft auf das Gehäuse gespannt. Die Rippenfläche der Büchse beträgt 6060 cm^2, die des Zylinderkopfes 4140 cm^2. Die Zylinderkopfkonstruktion ist im wesentlichen ähnlich der nach Abb. 37. Die Ventile stehen in Richtung des Kühlluftstromes hintereinander. Der Düsenhalter mit einer Drosselzapfendüse steht gut gekühlt quer zum Kühlluftstrom. Die Kipphebelanordnung ist aus der Draufsicht ersichtlich. Der Auslaßkanal wird zur Kühlluftaustrittseite, der Einlaßkanal zur Kühllufteintrittseite aus dem Kopf geführt. Ein Teil des Einlaßkanals wird im Gebläsegehäuse weitergeführt. Der Kanaldurchmesser beim Auslaßventil beträgt 40 mm, beim Einlaßventil 48 mm. Für die Kühlluftförderung ist vor jeder Zylindereinheit ein Radialrad angeordnet. Der Antrieb erfolgt über zwei Schmalkeilriemen. Die für jede Zylindereinheit einzeln aufgesetzten gleichen Spiralgehäuse verteilen die Luft in richtigen Anteilen auf den Motor- und den Kompressorzylinder. Der Kompressorzylinder wird gemeinsam mit dem Kopf und dem dazwischengelegten Kompressorventil durch vier M 16-Dehnschaftschrauben auf das Kurbelgehäuse gespannt. Das Kompressorventil von HOERBIGER hat innen die Einlaß- und konzentrisch dazu außen die Auslaßringspalte angeordnet. Die Außenseite des Ventils ist zur Kühlung verrippt.

2. Luftgekühlte Fahrzeugmotoren

a) Luftgekühlter Vierzylindermotor der Klöckner-Humboldt-Deutz AG., Köln

Der in Abb. 233 im Längs- und Querschnitt dargestellte Motor gehört der gleichen Motorfamilie an wie die nach Abb. 231 beschriebene Dreizylindermaschine. Die Leistung des Vierzylindermotors beträgt 85 PS bei 2300 U/min. Der Motor ist für die hauptsächliche Verwendung in Lastkraftwagen ausgelegt.

In der gleichen Bauart wird auch eine Sechszylinder-Reihenmaschine ausgeführt. Der Unterschied gegenüber der Dreizylinder-Bauart besteht hauptsächlich darin, daß der Zahnradtrieb für die Nockenwelle und Einspritzpumpe an das schwungradseitige Kurbelwellenende gelegt wurde und als Einspritzpumpe ab dem Vierzylinder die übliche Blockpumpe mit angebautem Regler verwendet wird. Die Einspritzpumpe liegt in diesem Fall schräg unterhalb der Haube zur Kühlluftführung. Das Steuerrad ist zwischen dem letzten Hauptlager und dem Schwungradflansch auf die Kurbelwelle geschnitten. Der Rädertrieb zur Nockenwelle besteht aus dem üblichen Räderpaar mit der Übersetzung 2:1. Von der Nockenwelle wird durch ein kleineres Räderpaar mit der Übersetzung 1:1 die Einspritzpumpe angetrieben. Die Nockenwelle mit 48 mm Lagerdurchmesser läuft im Grauguß des Kurbelgehäuses. Axial wird die Nockenwelle mit einem federnden Druckstift gehalten.

Haupt- und Pleuellager der Kurbelwelle haben den gleichen Durchmesser von 75 mm. Interessant ist die zangenförmige Befestigung der Gegengewichte, welche auf die Wangen mit ihrer Eigenspannung aufgeklemmt sind. Dazu werden die Gegengewichte bei Montage mit einer hydraulischen Vorrichtung unterhalb der Streckgrenze aufgespreizt und auf die Wangen geschoben. Die in den äußersten Ecken der Gewichte befindlichen Bohrungen dienen für den Angriff der hydraulischen Spreizvorrichtung. Es sind vier Gegengewichte beidseitig neben dem Mittellager und je eines an den Außenwangen der Kurbelwelle angebracht.

Das Kurbelgehäuse ist aus Grauguß mit Außenwand- und Lagerwandstärken von 5 mm ausgeführt. Der Steuerräderkasten ist mit dem Kurbelgehäuse vereinigt, während das Schwungradgehäuse an dem Räderkasten gesondert befestigt wird. Die Auflageflächen der Zylinderbüchsen liegen 240 mm über, der Ölwannenflansch 110 mm unter der Kurbelwellenmitte.

Die Lagerbügel sind mit den über die außermittigen Teilflächen vorstehenden Lagerschalenhälften am Gehäuse zentriert. Die Ölpumpe liegt neben dem schwungradseitigen Lagerbügel. Das Antriebszahnrad greift direkt in das Steuerrad der Kurbelwelle ein. Da die Ölpumpenräder horizontal liegen, ist, um ein Auslaufen des Öls zu verhindern, in der Saugleitung ein Siphonkrümmer angeordnet. Die Ölverteilleitung zu den Hauptlagern ist in den Lagerwänden des Gehäuses eingewalzt. Der Ölkühler steht über dem Räderkasten neben dem schwungradseitigen Zylinder. Die Ölkühlerkonstruktion ist im einzelnen nach Abb. 91 beschrieben. Der Zylinderkopf Abb. 38 wurde bereits besprochen.

Das über Riemen angetriebene Kühlluftgebläse hat einen Außendurchmesser von 280 mm und einen Nabendurchmesser von 160 mm. Die Riemenübersetzung zum Gebläse beträgt 2,9:1. Die Riemenspannung übernimmt eine federnde, hydraulisch gedämpfte

Spannrolle; die ganze Kühlgebläseeinheit ist mit Spannbändern auf einem an der Frontseite des Kurbelgehäuses angeschraubten Träger befestigt. Die Kühlluftführungshaube aus Blech ist in längs der Zylinderköpfe und des Gehäuses angebrachte Falze eingehängt.

b) Luftgekühlter V8-Motor der Klöckner-Humboldt-Deutz AG., Köln

Abb. 234 zeigt den Längs- und Querschnitt des ebenfalls zur Baureihe der schon beschriebenen Drei- und Vierzylindermotoren gehörigen V8-Motors. In V-Bauart werden außerdem ein Sechszylinder- und ein Zwölfzylindermotor ausgeführt. Der Achtzylindermotor leistet 170 PS bei 2300 U/min mit 110 mm Zylinderdurchmesser und in der neuen aufgebohrten Version mit 120 mm Zylinderdurchmesser 195 PS bei 2300 U/min. Die Zylindereinheit wurde bereits in Abschnitt D.II.1.d, S. 229, bzw. der Zylinderkopf nach Abb. 38 beschrieben.

Der interessante Gesamtaufbau des Motors ist auf die hauptsächliche Verwendung in Lastkraftwagen ausgerichtet.

Das Kurbelgehäuse wurde durch verschiedene zusätzliche Maßnahmen besonders versteift, um die fehlende Blockhöhe auszugleichen. Hervorzuheben sind der weite rohrförmige Querschnitt, die längsseits durchlaufenden U-Träger über dem breiten Ölwannenflansch und der hohe Aufbau in der Mitte des V-Raumes, welcher die Lagerung der Gebläseantriebswelle und die Befestigung der Einspritzpumpe beinhaltet. Die Lagerbügel sind zur Aufnahme der großen Seitenkräfte der 90°-Zylinderanordnung mit vier M 18-Kopfschrauben am Gehäuse befestigt. Die Zentrierung übernehmen die über der außermittigen Teilfläche vorstehenden Lagerschalenhälften. Von den Gewindebutzen der Zylinderkopfschrauben führen in den Lagerwänden kräftige Rippen zu den Lagerbügelschrauben. Den schwungradseitigen Rädertrieb umschließt ein schmaler, mit dem Gehäuse verbundener Kasten, an dem auch das Schwungradgehäuse angegossen ist. Das unter dem Ölwannenflansch liegende Segment des Schwungradgehäuses ist mit der Ölwanne verbunden. Das Steuerrad ist auf der Kurbelwelle aufgeschnitten. Zwischen Nockenwellenrad und Einspritzpumpenrad liegt ein wälzgelagertes Zwischenrad, in welches auch das Ritzel für den Gebläseantrieb eingreift. Die Nockenwelle läuft an der Antriebsseite in einer im Gehäuse eingepreßten Büchse, während die übrigen Lagerstellen im Grauguß des Gehäuses laufen. Erwähnenswert ist noch die Ausführung der Stößellagerung. Zwischen jeder Lagerwand ist von der Kurbelraumseite her ein eigenes Gußstück im Kurbelgehäuse befestigt, in welchem die vier Stößelführungen gebohrt sind. Diese Führungsstücke sind mit einer Kreiszentrierung in das Kurbelgehäuse eingesetzt. In der Achsrichtung werden die einzelnen Führungsstücke jedes Kurbelraumes durch ein durch alle Führungsstücke durchlaufendes geschliffenes, engpassendes Rohr ausgerichtet, durch welches auch die Ölzuführungen zu den Stößeln erfolgt. Über die Stößel und die hohlen Stoßstangen wird das Öl zu den Kipphebeln im Zylinderkopf zugeführt.

Der Zylinderabstand am Kurbelgehäuse beträgt 175 mm. Die Zylinderreihen sind gegeneinander durch die nebeneinanderliegenden Pleuelstangen um 30 mm versetzt. Die Zylinderbüchsenauflagen sind 260 mm ober und der Ölwannenflansch 75 mm unter der Kurbelwellenmitte angeordnet. Die Kurbelwelle hat Pleuelzapfen mit 75 mm Durchmesser und Hauptlagerzapfen mit 90 mm Durchmesser. Die äußeren Wangen sind um 10 mm stärker als die Wangen der dazwischenliegenden Kröpfungen. Für den erforderlichen Massenausgleich I. Ordnung der 90°-V-Maschine sind sechs Gegengewichte an die Wangen angeschraubt. Das vordere Wellenende trägt über eine lange Nabe den Reibungsschwingungsdämpfer und die Riemenscheiben für die Lichtmaschine und den Kompressorantrieb. Von diesem Wellenende wird auch die Ölpumpe angetrieben, die am vorderen Gerätedeckel befestigt ist.

Die Vorderansicht des Motors Abb. 235 zeigt die Gestaltung des vorderen Deckels mit der Ölkühler-, Ölfilter- und Kompressoranordnung. Der Leitring des Kühlgebläses ist mit dem vorderen Gerätedeckel verbunden. Bemerkenswert ist die Befestigung des Leitradkranzes und der Lagernabe, welche in den geschlitzten, mit dem Geräteträger verbundenen Leitring eingeschoben und geklemmt werden. Dadurch ist es möglich, das Leitrad für sich in Kokille zu gießen. Das Gebläserad ist über eine elastische Gummikupplung mit der im Gehäuseaufbau gelagerten Gebläseantriebswelle verbunden. Das Gebläserad, welches 340 mm Außendurchmesser und 170 mm Nabendurchmesser hat, dreht mit etwa der dreifachen Motordrehzahl. Die Verwendung eines regelbaren, über eine hydraulische Kupplung angetriebenen Gebläses, ähnlich Abb. 124 ist bei den Fahrzeugmotoren vorgesehen. Der Kühlluftsammelraum im V des Motors wird durch zwei schmale, horizontale Blechdeckel zwischen den Zylinderköpfen und dem mittleren Gehäuseaufbau abgedeckt, durch welche die Düsen und Glühkerzen zugänglich sind.

c) Luftgekühlter raschlaufender Vierzylindermotor der Klöckner-Humboldt-Deutz AG., Köln

In Abb. 236 ist im Längs- und Querschnitt der luftgekühlte Vierzylindermotor der neuen kleinen hochdrehenden Baureihe von Deutz dargestellt. Die Ein- und Zweizylindermotoren sind mit Schwungradgebläse, die Drei-, Vier- und Sechszylindermotoren mit einem Achsialgebläse ausgerüstet. Die Bohrung der Baureihe beträgt 95 mm, der Hub 120 mm. Der Vierzylindermotor leistet 60 PS bei 2800 U/min. Die Leichtmetallköpfe und Zylinderbüchsen sind über vier Kopfschrauben mit 8 mm Dehnschaft am Gehäuse befestigt. Die kanalseitig liegenden Zylinderkopfschrauben kommen innerhalb der beiden Kanäle zu liegen. Die Zugänglichkeit wird durch Schraubstopfen im Kipphebelraum gewährleistet. Die etwas nach außen geneigten Ventile erlauben in Verbindung mit den dazwischen liegenden vertikalen Rippen eine gute Kühlung des Ventilsteges. Die eingegossene Wirbelkammer ist auf der Kühllufteintrittsseite des Zylinderkopfes angeordnet. Ein- und Auslaßkanäle werden nach der Abströmseite der Kühlluft herausgeführt. Die Stoßstangen liegen auch auf der Kühlluftabströmseite. Der Steuerradtrieb liegt auf der Motorstirnseite. Das Kurbelwellenrad ist am Wellenzapfen aufgeschrumpft. Zwischen Nockenwelle und Antriebswelle der Einspritzpumpe, welche auf verschiedenen Motorseiten angeordnet sind, ist ein gleitgelagertes Zwischenradpaar eingeschaltet.

Im Einspritzpumpenantriebsrad ist ein Spritzversteller eingebaut. Die Einspritzpumpe liegt etwas schräg unterhalb des Kühlluftgebläses. Die Antriebswelle der Einspritzpumpe ist in einem am Gehäuse angegossenen Lappen gelagert. Der Steuerrädertrieb ist durch einen gegossenen Leichtmetalldeckel abgeschlossen. Die Nockenwelle läuft im Grauguß des Kurbelgehäuses.

Das Kurbelgehäuse hat gewölbte Außenwände, die in Verbindung mit dem breiten, tief unter die Kurbelwellenmitte gelegten Ölwannenflansch dem Gehäuse eine große Biegesteifigkeit geben. Die Lagerbügel sind über Kopfschrauben am Gehäuse befestigt und zentrieren sich in den über die außermittigen Teilflächen vorstehenden Lagerschalenhälften. Das Schwungradgehäuse ist gesondert am Kurbelgehäuse befestigt.

Die Ölpumpe, die unterhalb des vorderen Lagerbügels angeordnet ist, überspannt bügelförmig die beiden Ölwannenflanschen. Das Antriebszahnrad greift direkt in das Kurbelwellenrad ein. Von der Ölpumpe führt innerhalb des Ölsumpfes eine Leitung zum nahe dem Schwungradgehäuse angebrachten Ölfilter. Das Ölfiltergehäuse enthält nebeneinander den Spaltfilter und die Nebenstromfilterpatrone.

Der Ölkühler besteht aus einem in einer Kegelspirale gewickelten Leichtmetallrippenrohr, das knapp hinter dem Kühlluftaustritt des Gebläserades innerhalb der Kühlllufthaube angeordnet ist.

Die Ölverteilleitung zu den Hauptlagern besteht aus einem Stahlrohr, das in jede Lagerwand eingewalzt wird. Eine horizontale Bohrung in der Lagerwand versorgt das Hauptlager und das Nockenwellenlager. Für die Kurbelgehäusebelüftung sind im Kipphebelraum der Zylinderköpfe Filterpropfen eingesetzt, durch welche gedrosselte Kühlluft in den Ölraum des Motors übertritt. Die Kipphebel werden über die Stößel und hohlen Stoßstangen geschmiert. Den Stößeln wird das Öl über die danebenliegenden Nockenwellenlager zugeführt. Aus dem Zylinderkopf fließt das Öl durch die Verkleidungsrohre der Stoßstangen in den Kurbelraum zurück.

Das Kühlgebläse ist in der bei den Deutz-Motoren üblichen Art mittels eines Spannbandes am Steuerräderdeckel angeschnallt. Der Leitschaufelkranz ist mit der Lagernabe in den geschlitzten Leitring geklemmt. Der Antrieb des Gebläses erfolgt über einen 12,5-mm-Schmalkeilriemen mit 2,3facher Kurbelwellendrehzahl.

Ansaug- und Auspuffleitung, Ölwanne, Kühllufthaube und die Riemenscheiben sind als Musterbeispiele von richtig gestalteten Blechpreßteilen zu beachten.

d) Luftgekühlter V8-Fahrzeug-Dieselmotor der Motorenwerke Mannheim AG.

Der in Abb. 237 im Längs- und Querschnitt dargestellte raschlaufende V8-Motor hat 105 mm Bohrung und 120 mm Hub. Seine Leistung beträgt 140 PS bei 2500 U/min. Aus der gleichen Zylindereinheit ist eine Baureihe von Ein-, Zwei-, Drei-, Vierzylinder-Reihenmotoren und ein V6-Motor aufgebaut.

Die Durchspritzvorkammer, welche als gesonderte Einheit mit dem Düsenhalter mit einer Brille am Zylinderkopf niedergehalten wird, ist auf der Kühllufteintrittsseite angeordnet. Die Ein- und Auslaßkanäle werden nach der Kühlluftaustrittsseite aus dem Kopf herausgeführt. In der Gesamtanordnung des Motors kommen die Brennkammern und Düsen innerhalb des V-Raumes und die Ansaug- und Auspuffleitungen auf den Motoraußenseiten zu liegen. Auch die Stoßstangen sind auf der Kühlluftaustrittsseite außen am Motor angeordnet, was die Verwendung von zwei Nockenwellen notwendig macht.

Das Kühlgebläse ist in der für Fahrzeugmotoren üblichen Lage an der Stirnseite des Motors zwischen den Zylinderreihen angebracht. Der Rädertrieb ist schwungradseitig in einem zweiteiligen, gesondert an das Kurbelgehäuse angeschraubten Räderkasten angeordnet. Das Schwungradgehäuse ist mit dem Deckel des Räderkastens verbunden. Das Kurbelgehäuse selbst ist auf die Erreichung einer möglichst hohen Steifigkeit hin konstruiert. Hohe durchlaufende Längsrippen und ein Hohlträger über den Stößeln geben dem Kurbelgehäuse ein hohes Trägheitsmoment und den Zylinderbüchsen eine deformationsfreie Auflage. Aus dem gleichen Grunde wurde der breite Ölwannenflansch mit hohen darauf aufgesetzten durchlaufenden hohen Längsrippen sehr tief unter die Kurbelwellenmitte gelegt.

Die Ölpumpenräder sind direkt in die rückwärtige Lagerwand eingesetzt und gelagert. Ebenso sind die Saugleitung und die Druckleitung von der Ölpumpe zur Verteilleitung mit im Gehäuse eingegossen. Die Ölzufuhr zu den Stößeln erfolgt über eine durch die Stößelmitten gehende Längsbohrung im Gehäuse, von welchen den Kipphebeln das Öl über die hohlen Stoßstangen zugeleitet wird. Aus dem Kipphebelraum im Zylinderkopf fließt das Öl durch die außenliegenden Stoßstangen-Verkleidungsrohre in den Kurbelraum zurück; ein Vorteil der außenliegenden Nockenwellen.

Das Steuerrad an der Kurbelwelle ist auf das schwungradseitige Wellenende aufgepreßt. Das Schwungrad wird stirnseitig am Abtriebszapfen angeflanscht. Die Räder der beiden außenliegenden Nockenwellen werden direkt vom Kurbelwellenrad angetrieben. Über ein gleitgelagertes Zwischenrad wird die Einspritzpumpe angetrieben. Das Gebläseantriebsrad greift in das Einspritzpumpenrad ein. Zum an der Frontseite liegenden Kühlgebläse führt eine Welle neben der etwas geneigt stehenden Einspritzpumpe der Länge nach durch den V-Raum. Sie verbindet über zwei elastische Gummikupplungen die Antriebswelle im Räderkasten mit der Kühlgebläsewelle.

Der Einspritzpumpenregler ist schwungradseitig an die Welle des Gebläseantriebsrades gekuppelt. Der Ölkühler ist an der Rückwand des V-Raumes angebracht.

Die Zylinderköpfe sind in der üblichen Weise mit den Zylinderbüchsen durch Dehnschrauben mit dem Gehäuse verspannt.

e) Luftgekühlter V8-Dieselmotor der Tatra-Werke, ČSSR

Abb. 238 zeigt den Längs- und Querschnitt eines luftgekühlten V8-Motors mit 120 mm Bohrung und 130 mm Hub. Die Leistung beträgt 180 PS bei 2000 U/min. Mit der gleichen Zylindereinheit werden im Baukastensystem ein Vierzylinder-Reihenmotor und Sechs- und Zwölfzylinder-V-Motoren gebaut. Besonders bemerkenswert ist an dieser Konstruktion die Verwendung eines Tunnelgehäuses in Leichtmetall mit einer rollengelagerten Kurbelwelle und der allgemein zweckmäßige, geschlossene Aufbau eines luftgekühlten Motors.

Die Kurbelwelle selbst ist aus einzelnen in Stahlguß gegossenen Kröpfungsstücken zusammengesetzt. Zwischen die scheibenförmigen Wangen sind die Rollenlager-Innenringe geklemmt. Die Außenringe der Rollenlager werden in der Tunnelbohrung durch eingesprengte federnde Stahlringe gehalten. Diese Kurbelwellenkonstruktion ergibt auch bei V-Motoren trotz nebeneinanderliegenden Pleuelstangen einen sehr geringen Zylinderabstand. Durch die hohl gegossenen Pleuelzapfen und Wangen erfolgt die Schmierölversorgung der Pleuellager. Die Schmierölzufuhr vermittelt ein kurzes Gleitlager vor dem vorderen Hauptlager, welches im vorderen Abschlußdeckel des Kurbelgehäuses untergebracht ist. In der letzten Kurbelwellenwange ist in Wellenmitte das Ölüberdruckventil eingesetzt. Das Antriebszahnrad für die Steuerung und den Gebläseantrieb ist auf dem mit der schwungradseitigen Scheibenwange verbundenen Zapfen aufgeschnitten. Der Schwungradbefestigungsflansch ist neben dem Zahnrad auf dem Zapfen aufgeschrumpft. Das Leichtmetall-Kurbelgehäuse ist mit hohen Rippen allseits gut versteift, insbesondere ist die Zylinderbüchsenauflage durch hohe durchlaufende Rippen und durch eine große Wandstärke der Auflagefläche gut unterstützt. Die Zylinderreihen schließen einen Winkel von 75° ein. Der geteilte Räderkasten und der als Geräteträger ausgebildete Frontteil sind gesondert an das Kurbelgehäuse angeschraubt. Auch diese Teile sind in Leichtmetall gegossen. Die Nockenwelle und die in Mitte des V-Raumes etwas geneigt stehende Einspritzpumpe werden über zwei Zahnradpaare angetrieben. In das Einspritzpumpen-Antriebsrad greift auch das Antriebsritzel für den Gebläseantrieb ein. Mit der Antriebswelle des Gebläses ist eine hydraulische Kupplung für die thermostatische Temperaturregelung verbunden, die nach Abb. 239 innerhalb des Räderkastens untergebracht ist. Die Ölzufuhr zur hydraulischen Kupplung erfolgt durch die hohle Ritzelwelle. Vom Räderkasten führt über eine elastische Kupplung neben der Einspritzpumpe eine Verbindungswelle zum an der Stirnseite des Motors liegenden Kühlluftgebläse. Die Druckventile und die Leitungen der Einspritzpumpe stehen über die Abdeckung des V-Raumes heraus. Das Kühlluftgebläse selbst ist als Einheit am vorderen Abschlußdeckel mittels Spannbändern befestigt. Die eng verrippten Zylinderbüchsen werden über den Zylinderkopf durch vier Kopfschrauben mit Dehnschaft auf das Kurbelgehäuse gespannt. Für die Kraftübertragung der Zylinderkopfschrauben müssen gesonderte Gewindebüchsen in das Leichtmetallkurbelgehäuse eingesetzt werden. Die Ventile im Zylinderkopf liegen hintereinander im Kühlluftstrom, die Einspritzdüse steht zwischen den Ventilen in der Zylinderachse. Die Ansaugkanäle werden an die Motorinnenseite und die Auslaßkanäle an die Motoraußenseiten geführt. Die hochgezogenen Kanalwände führen über die an diese anschließenden Kühlrippen die Wärme an die Kühlluft ab. Das Kipphebelgehäuse ist mit dem Zylinderkopf zusammengegossen.

Die Ölpumpe, als Doppelpumpe ausgebildet, ist schwungradseitig im Räderkasten untergebracht. Die Absaugpumpe fördert das Öl aus dem Kurbelraum in den am Frontdeckel befestigten Ölbehälter, das zweite Räderpaar besorgt den Druckölumlauf. Das Antriebsrad greift direkt in das Kurbelwellenrad ein. Die Verbindungsleitungen zu und von der Ölpumpe führen im Unterteil der Lagerwände längsseits durch das Kurbelgehäuse und sind an den Endlagerwänden eingewalzt. Die Ölpumpe ist an die hintere Lagerwand angeflanscht und schließt unmittelbar an die Leitungen an. Die Ölkanäle vom Saugsieb, zum Filter und zum Ölkühler, zum Zuführungslager für die Pleuelstangenschmierung und zum in der Mitte des Motors angeordneten Ölverteilkanal sind im Frontdeckel gebohrt bzw. eingegossen. Der Ölfilter ist vorne und der Ölkühler neben der linken Zylinderreihe am Frontdeckel angeflanscht.

Durch den in der Mitte des Gehäuses eingegossenen Ölkanal wird das Öl zu den Nockenwellenlagern und Stößeln geführt und von diesen über die hohlen Stoßstangen den Kipphebeln zugeleitet.

Für den Schmierölablauf aus dem Kipphebelraum werden an den Zylinderaußenseiten eigene Rohre zum Kurbelgehäuse geführt. Die Nockenwelle läuft in in das Kurbelgehäuse eingepreßte Büchsen, die Stößel gleiten im Leichtmetall des Gehäuses.

Die Keilriemenscheibe für den Lichtmaschinen- und für den Kompressorantrieb ist auf einem kurzen Wellenstummel in einem am Frontdeckel aufgesetzten Lagerschild für sich gleitgelagert. Die Mitnahme der Welle erfolgt über die in die vorderste Lagerscheibe der Kurbelwelle geräumte Kerbverzahnung.

Die weitere Zubehöranordnung und Leitungsführung sieht man am besten aus der Frontansicht des Motors nach Abb. 240.

f) Luftgekühlter Zwölfzylinder-Boxermotor der Schweizerischen Lokomotiv- und Maschinenfabrik, Winterthur

Der in Abb. 241 im Längs- und Querschnitt dargestellte Zwölfzylindermotor mit Boxeranordnung der Zylinder ist hauptsächlich für den Unterflureinbau in Eisenbahntriebwagen ausgelegt. Die Bohrung beträgt 110 mm, der Hub 140 mm. Der Zwölfzylindermotor erreicht eine maximale Leistung von 220 PS bei 2200 U/min. In der gleichen Bauweise werden eine Achtzylindermaschine, ebenfalls mit Boxeranordnung der Zylinder, und darüber hinaus aus den gleichen Zylindereinheiten auch Vier- und Sechszylinder-Reihenmotoren in liegender und stehender Bauart gebaut. Abweichend von dem allgemein üblichen zweiteiligen Kurbelgehäuse für Boxermotoren wird bei diesem Motor ein sehr interessant konstruiertes einteiliges Kurbelgehäuse aus Leichtmetall verwendet. Dieses Kurbelgehäuse hat im Grundaufbau einen U-förmigen Querschnitt, in welchen von der offenen Oberseite her die Lagerbügel eingesetzt werden. Die Lagerteilflächen liegen in diesem Fall parallel zu den Zylinderachsen und nicht, wie sonst üblich, senkrecht dazu. Zur Überleitung der Verbrennungskräfte über den offenen Teil des U-Querschnittes werden über jeden Lagerbügel eingepaßte Verbindungsbalken eingesetzt, welche über durchgehende Dehnschrauben mit den über den Lagerbügel vorstehenden Gehäuselappen kraftschlüssig verspannt werden. Durch das Zusammenspannen werden auch die Lagerbügel, welche in hohen Einpässen im Kurbelgehäuse sitzen, an diese zur satten Anlage gebracht.

Die Kurbelraumwände sind 12 mm stark. Die Lagerwände sind entsprechend dem Kraftverlauf verrippt. Die Zylinderauflageflächen liegen 260 mm über dem Kurbelwellenmittel. Unter der unteren Kurbelraumwand ist die Ölwanne angeschraubt, in welche das Öl über Bohrungen in der sonst geschlossenen Kurbelraumwand abfließen kann. Schwungradseitig sind an der Kurbelraumwand zwei Anlasser in Sätteln befestigt. Zwei Kanäle knapp unter den Zylinderauflageflächen führen das Öl, soweit sich die Anlasser erstrecken, aus den schwungradseitigen Kurbelräumen in die Ölwanne. Der Zylinderabstand beträgt 150 mm, die Zylinderversetzung infolge der nebeneinanderliegenden Pleuelstangen 32 mm. Das Schwungradgehäuse ist gesondert an das Kurbelgehäuse angeflanscht. Ebenso ist der Steuerräderkasten als eigenes Gußstück am Kurbelgehäuse an der vorderen Motorseite befestigt.

Der Steuerräderkasten dient auch zur Befestigung und Unterbringung aller restlichen Hilfsmaschinen und Zubehörteile, welche hauptsächlich stirnseitig angebracht werden, um die notwendige flache Bauform für die Unterfluranordnung zu erreichen.

Das Schwungradgehäuse und das vordere Trägergehäuse sowie die anderen Gußteile des Motors sind in Leichtmetall gegossen. Die Pleuelzapfen haben 70 mm, die Hauptlagerzapfen 90 mm Durchmesser. An jeder kreisförmig bearbeiteten Kurbelwange ist ein Gegengewicht angeschraubt. Am vorderen Wellenende sind ein Schwingungsdämpfer und das Antriebsrad für die Steuerung bzw. für die Kühlgebläse angebracht. Die Ventilbetätigung erfolgt bei Boxermotoren insbesondere bei größeren Abmessungen im allmeinen — wie auch vorliegende Ausführung zeigt — am günstigsten über zwei Nockenwellen, da dadurch kürzere Stoßstangen und im allgemeinen auch eine niedrigere Bauart erreicht werden. Außerdem entspricht in diesem Falle die Lage der Nockenwelle am Kurbelgehäuse des Boxermotors der Lage der Nockenwelle an der Reihenmaschine, so daß die gleichen Antriebselemente der Steuerung bei Reihen- und Boxermotoren verwendet werden können.

In gleicher Achse ist an die Nockenwellen nach vorne heraus für jede Zylinderreihe eine Sechszylinder-Einspritzpumpe angekuppelt. Die Einspritzpumpenanordnung und die Anordnung der Kühlgebläse sowie auch die der Bremsluftkompressoren usw. ist am besten aus der Gesamtansicht des Motors, Abb. 242, zu ersehen. Für jede Zylinderreihe ist ein Kühlgebläse vorgesehen, das an der Unterseite des Motors liegt.

Die erwärmte Kühlluft strömt demnach aus den Zylindern nach oben ab. Die Kühlgebläseräder werden über zwei Kegelradtriebe mit Bogenverzahnung angetrieben. Der Abtrieb erfolgt von der in der Mitte des Motors unter der Kurbelwelle liegenden Zwischenradwelle, deren Stirnrad in eines der beiden Nockenwellenräder eingreift. Die Kühlluftführungshauben sind in Leichtmetall gegossen und beinhalten auch den Ansaugluftkanal mit dem Luftfilter. Der Luftfilter besteht aus einem kombinierten Zyklonfilter mit einer Naßluftfilterpatrone, welcher die Luft aus dem Kühlluftraum entnimmt, so daß dadurch eine geringe Aufladung erreicht, zumindest aber der Luftfilterwiderstand wettgemacht wird. Vom Luftfilter tritt die Ansaugluft unmittelbar in die Ansaugleitung über, wodurch sich eine sehr geschlossene Ausführung ergibt. In die Kühllufthaube ist auch der Ölkühler eingesetzt. Die Schmierölpumpe liegt unter der vordersten Lagerwand und wird über die oben erwähnte Zwischenradwelle angetrieben.

Zylinderkopf und Zylinderbüchse sind wie üblich gemeinsam auf das Kurbelgehäuse gespannt. Der Zylinderkopf ist abweichend von anderen Ausführungen in Grauguß gegossen, der Kipphebelraum liegt im Gußstück des Kopfes. Die Ventile sind in Richtung der Kurbelwelle angeordnet, die Einspritzdüse steht dazwischen in Zylindermitte. Die in den Zylinderkopf eingepreßten Ventilführungsbüchsen aus Bronze sind zum Teil geriffelt und ebenfalls von der Kühlluft umspült.

Der Kolben enthält die für die direkte Einspritzung klassische Brennraumform, welche für ein Verdichtungsverhältnis von 1:18 ausgelegt ist. Der Kolben ist mit vier Verdichtungsringen und einem Ölabstreifring bestückt. Die Pleuelstangen sind gerade geteilt und müssen zusammen mit der Zylinderbüchse ausgebaut werden. Zwei M 14 × 1,5-Paßschrauben sichern und befestigen die Pleueldeckel.

III. Wassergekühlte Zweitakt-Dieselmotoren

Im allgemeinen bestehen bei den Zweitaktmotoren ähnliche Probleme hinsichtlich der Ausführung und Anpassung der Motoren an die verschiedenen Verwendungszwecke wie bei den Viertaktmotoren. Bei Zweitaktmotoren kommt noch die Wahl und Anordnung der Spülgebläse hinzu. Wie schon in den einschlägigen Abschnitten erwähnt, ist für Zylinderabmessungen bis etwa 130 mm und insbesondere für Fahrzeugmotoren das Rootsgebläse zur Spülluftförderung am besten geeignet.

Für Stationärmotoren, Eisenbahnmotoren mit größeren Zylinderabmessungen ist hinsichtlich Raumbedarf und Wirkungsgrad das Radialgebläse von Vorteil. Zum Antrieb von Rootsgebläsen ist für kleine Zylindereinheiten der Schmalkeilriemen sowohl im Hinblick auf Einfachheit als auch auf Geräuschlosigkeit vorzuziehen. Für Leistungen über 200 PS und für Radialgebläse verwendet man im allgemeinen den Zahnradantrieb.

Bei allen Einbauten von Zweitaktmotoren ist darauf zu achten, daß die für den einwandfreien Betrieb notwendigen Auspuffleitungs-Querschnitte und die darauf abgestimmten Schalldämpfer untergebracht werden können. Im allgemeinen sind diese etwas voluminöser als bei Viertaktmotoren.

1. Zweitakt-Diesel-Traktormotoren

a) Zweizylinder-Zweitakt-Dieselmotor der Rheinstahl-Hanomag AG., Hannover

Abb. 243 zeigt im Längs- und Querschnitt einen Zweizylinder-Zweitakt-Dieselmotor mit 85 mm Bohrung und 90 mm Hub, welcher bei 2200 U/min eine Leistung von 24 PS abgibt. Das Kurbelgehäuse dieses Motors wurde bereits in seinen Einzelheiten in Abb. 64 dargestellt und beschrieben.

Hervorzuheben im allgemeinen Aufbau ist die Unterteilung des Motors in ein Kurbelgehäuse mit aufgesetzten Einzelzylinderblöcken und dem über diese gestülpten Spülluftkasten. Diese Unterteilung vereinfacht die Modelleinrichtung und den Guß des Kurbelgehäuses, weil die sonst bei Zweitaktmotoren meist schwierigen Lagerungen der notwendigen Schlitzkanal- und der Wasserraumkerne am Kurbelgehäuse bei dieser Konstruktion entfallen. Um die notwendige Steifigkeit trotz der aus der allgemeinen Konzeption resultierenden nach oben niederen Bauhöhe des Kurbelgehäuses zu erreichen, ist dieses als Tunnelgehäuse ausgeführt. Zylinderblöcke und Zylinderköpfe werden gemeinsam, ähnlich wie bei luftgekühlten Motoren, auf das Kurbelgehäuse gespannt. Die Zylinderblöcke mit den Schlitzkanälen und Kühlwassermänteln werden im Croning-Verfahren geformt.

Der Zylinderblock ist doppelwandig und oberhalb und unterhalb der Schlitzpartie gekühlt. Auch die Auslaßschlitzstege sind vom Kühlwasser durchströmt. Die Kühlwasserführung zu den Zylinderblöcken erfolgt durch unterhalb der Zylinderblockauflagen angeordnete Ringräume. Zur Abdichtung gegen den Kurbelraum ist ein O-Ring in der Zylinderbüchse vorgesehen. Es sind zwei Auslaß- und je drei dazu symmetrische Einlaßschlitze angeordnet. Über die Zylinderblöcke ist der als Kokillengußstück ausgebildete Spülluftkasten gestülpt, der durch Gummiprofile gegen die Zylinderblöcke und Zylinderköpfe abdichtet. Der Spülluftkasten ist zwischen Auslaßstutzen an den Zylinderblöcken und Auspuffrohrflanschen geklemmt. Der aus dieser Konstruktion resultierende große Spülluftraum wirkt sich günstig auf den Gebläseleistungsaufwand aus. Auf der oberen Kurbelgehäusefläche ist neben dem Spülluftkasten die Einspritzpumpe angeflanscht, welche durch im Kurbelgehäuse gleitende Rollenstößel betätigt wird. Die Lage der Einspritzpumpe ermöglicht kurze Einspritzleitungen zu den Düsen. Die Nockenwelle der Einspritzpumpe, die von den schwungradseitig gelegenen Zahnrädern angetrieben wird, dient gleichzeitig als Massenausgleichswelle zum Ausgleich der Kippmomente. Der Regler eigener Konstruktion wird vom Einspritzpumpenrad angetrieben.

Das Roots-Spülgebläse mit zweiflügeligen Läufern sitzt seitlich am Kurbelgehäuse unmittelbar neben dem im Kurbelgehäuse eingegossenen Spülluftkanal und wird durch schwungradseitig gelegene Zahnräder angetrieben. Zwischen Zahnradtrieb und dem Gebläse ist eine Gummigelenkkupplung eingeschaltet.

Hervorzuheben ist noch die Befestigung der Gegengewichte auf den Kurbelwangen. Die Gegengewichte werden durch vorheriges Aufspreizen im elastischen Bereich auf die Wangen aufgeklemmt. Zur Übertragung der Fliehkräfte zwischen Wangen und Gegengewichten sind kurze zylindrische Walzen eingeklemmt. Die Walzen werden durch die Fliehkräfte auf Abscheren beansprucht.

In die Einzelzylinderköpfe aus Grauguß sind in der Zylindermitte die Wirbelkammern eingesetzt, welche mit einer Brille niedergehalten werden. Der Kammeroberteil mit der Düse wird umittelbar vom Kühlwasser umspült. Die Wirbelkammer ist im Präzisionsverfahren aus einer warmfesten Legierung gegossen. Das Verdichtungsverhältnis des Motors beträgt 18:1. Die Zylinderköpfe zentrieren sich in einem kurzen Einpaß in der Zylinderbohrung.

Die Kolben aus einer übereutektischen Aluminiumlegierung sind über die Pleuelstange mit Spritzöl gekühlt. Die Ringbestückung besteht aus vier Verdichtungsringen, wovon die obersten zwei Ringe als einfache Trapezringe ausgeführt sind, und zwei Ölabstreifringen unterhalb des Kolbenbolzens. Der obere Abstreifring ist als Nasenring, der untere als Topfasenring ausgebildet. Letzterer erhält über eine innen eingelegte ringförmige Spiralfeder (Schlauchfeder) eine zusätzliche Spannung.

Zu beachten sind an dieser Motorkonstruktion die Gestaltung verschiedener Anbauteile, wie Wasserpumpe, vorderer Deckel, Ölfilter, Regler, Rootsgebläse usw., für Leichtmetall-Kokillen- und Druckguß.

b) Zweizylinder-Zweitakt-Dieselmotor der Rheinstahl-Hanomag AG., Hannover

Der im Längs- und Querschnitt in Abb. 244 dargestellte Zweitakt-Dieselmotor weist im allgemeinen die gleichen Konstruktionsprinzipien auf wie die im vorigen Abschnitt beschriebene kleine Baureihe. Die größere Zweitakt-Baureihe, bestehend aus Zwei-, Drei- und Vierzylindermotoren, hat 130 mm Bohrung und 140 mm Hub; der Zweizylindermotor leistet 69 PS bei 1800 U/min.

Drei- und Vierzylindermotoren sind für 2000 U/min ausgelgt. Die hauptsächliche Verwendung dieser Motoren liegt bei Raupentraktoren und Erdbewegungsgeräten.

Die vorliegende Baureihe verwendet ein direktes Einspritzverfahren mit einer Brennraummulde im Zylinderkopf. Das Verdichtungsverhältnis beträgt 16,5:1. Der Sitz des Düsenhalters ist durch einen Ringkanal, durch welchen ein Teil des aus den Zylinderbüchsen in den Zylinderkopf übertretenden Kühlwassers unmittelbar geleitet wird, intensiv gekühlt.

In die einzelnen aufgesetzten Zylinderblöcke sind, abweichend von der vorher beschriebenen Konstruktion der kleinen Baureihe, bei dieser Motortype eigene Zylinderlaufbüchsen aus Schleuderguß eingesetzt. Die Abdichtung der Schlitzzone übernehmen O-Ringe, welche durch über die Zylinderbüchsen gestülpte Füllstücke angepreßt und in ihrer Lage gehalten werden.

Im Schmiersystem ist eine eigene Absaugpumpe mit einer Absaugstelle am Motorvorderteil neben der Druckumlaufpumpe vorgesehen, um die im Betrieb vorkommenden Längsneigungen des Fahrzeuges von 45° zu ermöglichen.

Interessant ist die Verwendung von verstellbaren Ventilatorschaufeln, um die Kühlluftförderung an die jeweiligen Temperaturverhältnisse im Einsatzgebiet des Motors rasch anpassen zu können. Die Einstellung bzw. die Verdrehung der Flügel wird durch die an der Riemenscheibe angebrachte geschlitzte Ringscheibe vorgenommen, in deren Schlitze die in den Ventilatorblättern eingesetzten Kugelzapfen eingreifen.

2. Zweitakt-Diesel-Fahrzeugmotoren

a) Zweizylinder-Zweitakt-Dieselmotor von Alfa Romeo, S.P.A., Mailand

Der in Abb. 245 im Längs- und Querschnitt dargestellte Motor dient zum Antrieb leichter Lieferwagen. Die Bohrung des Motors beträgt 85 mm, der Hub 102 mm, die Leistung 30 PS bei 3000 U/min. Die Motorkonstruktion stammt von der Anstalt für Verbrennungsmotoren Prof. Dr. Hans List. Der Motor arbeitet nach dem System der Umkehrspülung von Schnürle. Das Kurbelgehäuse dieses Motors wurde in seinen Einzelheiten in Abb. 61 dargestellt und dessen Aufbau eingehend beschrieben. Hervorzuheben ist, daß neben dem Kurbelgehäuse auch alle anderen Gußteile des Motors in Leichtmetall-Kokillenguß ausgeführt sind. Die in das Kurbelgehäuse eingesetzten Zylinderbüchsen entsprechen im wesentlichen der in Abb. 10 im einzelnen beschriebenen Bauart.

Die Zylinderbüchse hat drei Auslaßschlitze und je drei symmetrisch zu diesen liegende Einlaßschlitze.

Die Kurbelwelle mit einem Pleuelzapfen von 55 mm und Hauptlagerzapfen von 65 mm Durchmesser läuft in Dünnwand-Dreistofflagerschalen. Die für den Massenausgleich notwendigen Ausgleichsgewichte sind im Schwungrad und in der Riemenscheibe angebracht, welche zusammen mit den an der Massenausgleichswelle angeordneten Massen einen Ausgleich I. Ordnung geben. Das Zahnrad an der Massenausgleichswelle dient als Zwischenrad zum Einspritzpumpenantrieb. Die Massenausgleichswelle läuft in Lagerbüchsen, die in das Kurbelgehäuse an beiden Enden eingepreßt sind (Abb. 246). Die Einspritzpumpe ist an der Blechplatte angeflanscht, die zwischen Kurbelgehäuse und Schwungradgehäuse geklemmt ist. In das Zahnrad an der Einspritzpumpenwelle ist ein Spritzversteller eingebaut. Die Brennstoff-Förderpumpe wird von einem Exzenter an der Massenausgleichswelle betätigt.

Die Schmierölpumpe ist an der vorderen Bearbeitungsfläche des Kurbelgehäuses befestigt. Die in der ersten Lagerwand gebohrten Ölkanäle führen das Öl zum Ölfilter und zur Verteilleitung. Von der Verteilleitung wird das Schmieröl den einzelnen Lagerstellen und dem Rootsgebläse zugeführt. In den beiden Endlagerwänden führen Schmierbohrungen von der Verteilleitung zu den Lagerbüchsen der Massenausgleichswelle. An der vorderen Bearbeitungsfläche des Kurbelgehäuses ist die Wasserpumpe befestigt, welche das Wasser dem seitlich am Kurbelgehäuse oberhalb der Massenausgleichswelle angeordneten Wasserverteilkanal zuführt.

Das unmittelbar über dem Spülluftraum angeflanschte Rootsgebläse wird über zwei Schmalkeilriemen angetrieben. Die Riemenübersetzung von der Kurbelwelle beträgt ungefähr 1,9:1. Der Durchmesser des dreiflügelig verschraubten Läufers beträgt 92 mm. Die Konstruktion des Gebläses entspricht ungefähr der in Abb. 177 dargestellten Bauweise.

Die Zylinderköpfe werden zusammen mit den Zylinderbüchsen mit vier Stück M 12 × 1,5-Stiftschrauben mit Dehnschaft niedergezogen. Die Wirbelkammer ist in den Leichtmetallkopf eingegossen. Das Verdichtungsverhältnis beträgt 21:1.

Der Kolben aus einer übereutektischen Aluminiumlegierung ist über die Pleuelstange mit Spritzöl gekühlt. Der Kolben ist mit vier Verdichtungsringen, wovon der erste ein verchromter Trapezring aus vergütetem Gußeisen ist, und zwei Ölabstreifringen unterhalb des Kolbenbolzens bestückt. Der obere Ölabstreifring ist als Nasenring, der darunterliegende als hochgespannter Topfasenring ausgebildet. Der Kolbenbolzendurchmesser beträgt 30 mm. Die Pleuellänge beträgt 190 mm. Der Pleuelkopf ist schräg geteilt, die Teilfläche ist verzahnt, der Pleueldeckel wird mit zwei M 10-Dehnschaft-Kopfschrauben befestigt.

b) V-Sechszylinder-Zweitakt-Dieselmotor der Ford-Werke AG., Köln

Der in Abb. 247 im Längs- und Querschnitt dargestellte Zweitakt-Dieselmotor ist für die hauptsächliche Verwendung für Lastkraftwagen gedacht. Bei einer Bohrung von 92 mm und einem Hub von 105 mm weist der Sechszylindermotor eine Leistung von 120 PS bei 2800 U/min auf. In gleicher Bauweise wird ein V-Vierzylindermotor mit 80 PS ausgeführt. Der Motor ist eine Konstruktion der Anstalt für Motorenbau und Konstruktionen, Vaduz, Liechtenstein.

Die V-Form hat bei umkehrgespülten Zweitaktmotoren den Vorteil, daß der Zylinderabstand durch die Zylinderkonstruktion bei Zweitaktmotoren ungefähr gleich dem Zylinderabstand ist, der bei einer V-Maschine mit nebeneinanderliegenden Pleuelstangen durch die Dimension der Kurbelwelle erforderlich wird. Außerdem kann der zwischen den beiden Zylinderreihen liegende Raum als Spülluftaufnehmer ausgenützt werden, über dem sich das Rootsgebläse baulich günstig anbringen läßt.

Das Kurbelgehäuse dieses Motors ist in Abb. 62 detailliert dargestellt und wurde an Hand dieser Abbildung eingehend beschrieben.

Das Kurbelgehäuse sowie alle anderen Gußteile des Motors sind in Leichtmtall gegossen, welche in den meisten Fällen so gestaltet sind, daß diese in Kokille hergestellt werden können.

Die in das Kurbelgehäuse eingesetzten Zylinderbüchsen entsprechen der Bauart nach Abb. 10 für Umkehrspülung. Sie haben drei Auslaßschlitze und je drei symmetrisch dazu liegende Einlaßschlitze.

Die Zylinderbüchsen werden mit vier Stück M 14 × 1,5-Dehnschaftschrauben über den Zylinderkopf auf das Kurbelgehäuse gespannt. In den Leichtmetall-Zylinderkopf ist eine Wirbelkammer eingegossen, deren Unterteil mit dem Schußkanal im Präzisionsgußverfahren hergestellt ist.

Die Kurbelwelle hat Pleuellagerzapfen mit 62 mm Durchmesser und Hauptlagerzapfen mit 75 mm Durchmesser. Für den erforderlichen Massenausgleich der 90°-V-Maschine sind an den vorderen und hinteren Kröpfungspaaren Gegengewichte an den Kurbelwangen angeschmiedet. Da diese zum Ausgleich nicht genügen, sind zusätzliche Massen außen im Schwungrad und am Kurbelwellenende angebracht. Die am Schwungrad gelegene Kurbelwange ist 5 mm stärker als die übrigen Wangen. Auf den Schwungradbefestigungsflansch ist das Antriebsrad für den Gebläse- und Einspritzpumpenantrieb gepreßt. Ein an der Rückwand des Kurbelgehäuses zentriertes, gleitgelagertes Zwischenrad überbrückt den Abstand zwischen Kurbelwellen- und Gebläseantriebsrad, in welches das Antriebsrad zur Einspritzpumpe eingreift. Das Lagergehäuse des Gebläseradtriebes und die Einspritzpumpe sind an der zwischen Rädergehäuse und Kurbelgehäuse gespannten, 7 mm starken Blechplatte angeflanscht. Die Blechplatte ermöglicht die durchlaufende Bearbeitung der Befestigungsflächen am Kurbelgehäuse und die offene, für die Kokillenherstellung notwendige Gestaltung des am Kurbelgehäuse befestigten Räderkastens bzw. Schwungradgehäuses.

Die schräg über dem Rootsgebläse angeordnete Einspritzpumpe ergibt eine niedere Bauhöhe des Motors und gleich lange Einspritzleitungen. Am Antriebsrad der Einspritzpumpe innerhalb des Räderkastens ist ein Spritzversteller angebaut.

Das Rootsgebläse und dessen Antrieb sind in Abb. 177 im einzelnen dargestellt. Das Gebläse hat eine Drehzahl von 4300 U/min bei der Höchstdrehzahl des Motors. Das Rootsgebläse ist an die Öldruckschmierung des Motors angeschlossen. Die Ölpumpe ist unter dem vorderen Lagerbügel an den Ölwannenflanschen des Gehäuses angeschraubt. Ölpumpenräder und Antriebszahnrad sind auf den Wellen aufgeschrumpft.

Der vordere Abschlußdeckel des Kurbelgehäuses enthält die Wasseransaugleitung und die beiden Zuführungsleitungen zu den außen am Gehäuse angeordneten Wasserverteilkanälen zu den Zylindern. Dadurch entsteht ein geschlossener Aufbau des Motors ohne offenliegende Leitungen. Das Wasserpumpengehäuse mit der zweiflutigen Spirale ist auf dem vorderen Deckel angeschraubt. Wasserpumpe und Ventilator werden durch einen mit einer Spannrolle gespannten Schmalkeilriemen angetrieben.

Der Leichtmetallkolben aus einer übereutektischen Aluminiumlegierung trägt vier Verdichtungsringe, wovon der erste ein verchromter Trapezring aus vergütetem Gußeisen ist, und zwei hochgespannte Topfasen-Ölabstreifringe am Kolbenschaftende.

Der Kolben wird über die Spritzdüse am oberen Pleuelstangenende ölgekühlt. Der Kolbenbolzendurchmesser beträgt 35 mm, die Pleuelstangenlänge 220 mm. Der Pleueldeckel des schräg geteilten Kopfes ist über eine verzahnte Teilfläche und mit zwei Kopfschrauben M 12 × 1,5 mit Dehnschaft mit der Pleuelstange verbunden.

c) V-Achtzylinder-Zweitakt-Dieselmotor der Cerlist Engine Div., Waukesha Motor Comp., USA.

Abb. 248 zeigt im Längs- und Querschnitt eine hauptsächlich für Lastkraftwagen und für Boote entwickelte, leichte, raschlaufende Zweitakt-Dieselmaschine. Am Motor wird für alle Gußteile einschließlich des Kurbelgehäuses weitgehend Leichtmetall verwendet. Dadurch wird, wie aus der Zahlentafel 1 zu ersehen ist, in Verbindung mit der Zweitakt-

Bauart ein außerordentlich günstiges Leistungsgewicht erreicht. Der V8-Motor ist das letzte Glied einer Baureihe von Zwei-, Drei-, Vier- und Sechszylindermotoren, wobei von dem Vierzylinder an die Motoren in V-Bauart mit einem einheitlichen V-Winkel von 90° gebaut werden.

Die Hauptabmessungen der Baureihe sind 101,6 mm Bohrung und 114,3 mm Hub. Der Achtzylindermotor leistet 200 PS bei 3000 U/min (intermittent rating). Die Motoren wurden von der Anstalt für Motorenbau und Konstruktionen, Vaduz, Liechtenstein, konstruiert.

Der allgemeine Aufbau des Motors ist gleich wie bei dem im letzten Abschnitt besprochenen Zweitaktmotor. Ebenso ist das Kurbelgehäuse in ähnlicher Weise wie Abb. 62 konstruiert. Der Zylinderabstand beträgt 169 mm, die Versetzung der Zylinderreihen infolge der nebeneinander liegenden Pleuel 30 mm. Der Ölwannenflansch des Kurbelgehäuses liegt 145 mm unterhalb des Kurbelwellenmittels. Die Lagerbügel sind seitlich mit dem Kurbelgehäuse mit 1/2-Zoll-Kopfschrauben verspannt. Als Hauptlagerschrauben werden 5/8-Zoll-Stiftschrauben mit Dehnschaft verwendet.

Rootsgebläse und Einspritzpumpe sitzen im V-Raum hintereinander. Das Rootsgebläse wird über drei 1/2-Zoll-Schmalkeilriemen vom vorderen Kurbelwellenende nach Abb. 249, die Einspritzpumpe über einen Zahnradtrieb vom schwungradseitigen Wellenende angetrieben.

Um Einspritzpumpe und Rootsgebläse innerhalb der Gehäuselänge hintereinander unterzubringen, sind Regler und Einspritzpumpe nebeneinander angeordnet. Der Regler, sitzt auf der gleichen Fläche, an welcher die Einspritzpumpe angeflanscht ist, und wird über ein schmales Zahnradpaar vom Einspritzpumpenrad angetrieben. Die Reglerbewegung zur Einspritzpumpen-Regelstange überträgt eine kurze, im aufgesetzten Deckel gelagerte Hebelwelle. Die auf dem Deckel des Räderkastens montierte Einspritzpumpen- und Reglereinheit mit dem Zahnradtrieb kann getrennt vom Motor in der üblichen Weise eingestellt werden. In das Einspritzpumpenrad ist ein Spritzversteller eingebaut.

Die Spannrolle des Riemens zur Wasserpumpe sitzt auf der gleichen Achse wie die Gebläsespannrolle. Letztere ist auf einer darübergesteckten exzentrischen Hülse so gelagert, daß jeder Riementrieb für sich nachgespannt werden kann.

Die Kurbelwelle hat Pleuelzapfen mit 72 mm Durchmesser und Hauptlagerzapfen mit 89 mm Durchmesser. Alle Haupt- und Pleuellagerzapfen sind untereinander durch Hohlbohrungen und Bohrungen in den Wangen verbunden, um vor allem eine gleichmäßige Ölzufuhr zu den Spritzdüsen an den Pleuelköpfen für die Ölkühlung der Kolben zu ermöglichen. Die Pleuelstange mit schräg geteiltem Kopf und verzahnter Teilfläche hat einen Mittenabstand der Pleuelaugen von 233,5 mm. Der Pleueldeckel ist mit zwei Kopfschrauben 1/2 Zoll mit Dehnschaft befestigt. Der Kolbenbolzendurchmesser beträgt 42 mm. Der Motor zeigt in seiner Gesamtauslegung einen geschlossenen und kompakten Aufbau.

d) Fünfzylinder-Zweitakt-Dieselmotor von Friedrich Krupp, Motoren- und Kraftwagenfabriken, Essen

Abb. 250 zeigt den Querschnitt eines gleichstromgespülten Zweitakt-Dieselmotors, welcher in einer Baureihe mit drei, vier, fünf und sieben Zylindern hergestellt wird und hauptsächlich für Schwerlastkraftwagen und Baumaschinen Verwendung findet. Die Hauptabmessungen der Baureihe sind 115 mm Bohrung und 140 mm Hub. Der Fünfzylindermotor leistet 200 PS bei 1900 U/min.

Im einzelnen wurde bereits in Abb. 66 das Kurbelgehäuse des Fünfzylindermotors dargestellt. Aus dieser Abbildung geht auch der Aufbau des Motors in der Längsrichtung hervor. Der Zylinderkopf ist detailliert in Abb. 35 dargestellt. Der Aufbau und die Dimensionierung der zugehörigen Zylinderbüchsen wurden nach Abb. 14 besprochen.

Die Kolben sind aus einer Spezialgraugußlegierung dünnwandig gegossen. Die Ringbestückung besteht aus vier Dichtringen, wovon die oberen zwei Ringe als einseitige

Trapezringe ausgeführt sind, und zwei Ölabstreifringen am Schaftende. Die Kolben sind über die Spritzdüsen im Pleuelstangenkopf intensiv ölgekühlt. Um das Rückströmen des Kühlöls durch die Massenkräfte zu verhindern, ist in der Längsbohrung im Schaft der Pleuelstange am unteren Ende ein Rückschlagventil eingebaut. Der Kolben enthält eine weite offene Brennraummulde, welche für die gleichmäßige thermische Belastung des Kolbens und des Kopfbodens sehr günstig ist.

Die Länge der Pleuelstange beträgt 280 mm. Der Kolbenbolzen hat 45 mm Durchmesser, der Pleuelzapfen 75 mm Durchmesser. Der Pleueldeckel des schräg geteilten Pleuelkopfes wird mit zwei Kopfschrauben mit Dehnschaft M $12 \times 1{,}5$ befestigt. Die Seitenkräfte werden durch zwei Paßhülsen um die Schrauben aufgenommen. Die Nockenwelle ist, um ein kurzes Ventilgestänge zu erreichen, knapp unter der Zylinderkopf-Dichtfläche angeordnet. Die Lagerung erfolgt in Büchsen, die in das Kurbelgehäuse eingepreßt sind. Die Rollenstößel mit nadelgelagerten Rollen, die im Grauguß des Gehäuses gleiten, sind gegen Verdrehung durch einen in einen Schlitz des Stößels eingreifenden Bolzen gesichert. Rollenstößel, Stoßstangen und Kipphebel sind gesondert über eine sich am Zylinderkopf abstützende Feder abgefedert. Dies ist in der Regel bei ventilgesteuerten Zweitaktmotoren höherer Drehzahl vorzusehen, da es meist nicht möglich ist, die erforderlichen Federkräfte in den Ventilfedern allein unterzubringen. Der Rädertrieb für die Nockenwelle und Einspritzpumpe liegt schwungradseitig. Die Einspritzpumpe ist in Höhe der Zylinderköpfe am Kurbelgehäuse angeordnet und in einem Sattel befestigt, welcher seinerseits im Gehäuse ebenfalls in einer Rundzentrierung angeschraubt ist.

Das Rootsgebläse, ein Erzeugnis der Aerzener Maschinenfabrik, hat einen zweiflügeligen Läufer mit einem Durchmesser von 132 mm. Der Antrieb des Rootsgebläses erfolgt bis zum Fünfzylindermotor über Keilriemen vom vorderen Kurbelwellenende aus. Beim Siebenzylindermotor sind zwei Gebläse hintereinander gekuppelt und über schwungradseitig liegende Zahnräder angetrieben.

Das Schmieröl wird dem Rootsgebläse über die Nockenwellenlager zugeführt. In die Ölwanne aus Leichtmetall ist ein von unten zugänglicher großer Saugfilter eingesetzt. Für die Abscheidung des metallischen Abriebes ist ein in die Ölablaßschraube eingepreßter Permanentmagnet vorgesehen.

e) Raschlaufender, gleichstromgespülter Vierzylinder-Zweitakt-Dieselmotor von Friedrich Krupp, Motoren- und Kraftwagenfabriken, Essen

Der in Abb. 251 im Längs- und Querschnitt dargestellte Motor ist eine der neuesten Entwicklungen, welche den Anforderungen des Lastwagenbaues nach leichten und raschlaufenden Motoren entspricht. Der Motor hat 97 mm Bohrung und 110 mm Hub, die Leistung ist 120 PS bei 2500 U/min. Der Leichtbau wird durch die Verwendung von Aluminiumguß für das Kurbelgehäuse, den Zylinderkopf und für die sonstigen Hauptteile des Motors betont.

Der allgemeine Aufbau des Motors ist vornehmlich auf die Erfordernisse und Probleme, welche die hohe Drehzahl für die Einspritzung und für die Ventilsteuerung eines gleichstromgespülten Zweitaktmotors mit sich bringen, abgestimmt. Für die Steuerung von ventilgespülten Zweitaktmotoren mit hohen Drehzahlen ist die vorgesehene Anordnung der Nockenwelle unmittelbar über den Ventilen am Zylinderkopf konstruktiv die ideale Lösung.

Ebenso sind für das Erreichen einer exakten Einspritzung auch bei hohen Drehzahlen kurze Einspritzleitungen anzustreben, welche in der vorliegenden Konstruktion durch die Verwendung von einzelnen Einsteckpumpen knapp über den Einspritzdüsen verwirklicht wurden.

Der Oberteil des Kurbelgehäuses ist nach den Erfordernissen eines gleichstromgespülten Zweitaktmotors gestaltet. Die eingesetzten Zylinderbüchsen sind nur oberhalb der

Schlitzzone gekühlt. Für den allseitigen Spülluftzutritt zu den Schlitzen sind an beiden Seiten des Kurbelgehäuses weite, über die Büchsenlänge reichende Spülluftsammelräume angeordnet. Die Zylinderbüchsen sind durch in Nuten des Gehäuses liegende O-Ringe gegen den Wasser- und Ölraum hin abgedichtet. Neben den Wasserräumen um die Zylinderbüchsen ist ein Wasserverteilkanal am Gehäuse angebracht, über welchem unmittelbar die Wasserpumpe in einer Rundzentrierung befestigt ist. Leitwände um die Zylinderbüchsen sorgen für eine intensive Wasserströmung am Umfang. Der Übertritt des Kühlwassers in die Zylinderköpfe erfolgt durch knapp unterhalb der Auflagen der Zylinderbüchsen angeordnete, gleichmäßig am Umfang verteilte Radialbohrungen.

Das Kurbelgehäuse ist tief unter die Kurbelwellenmitte gezogen. Die Lagerbügel sind mit Paßhülsen im Gehäuse zentriert. Das schwungradseitige Lager ist als Paßlager ausgeführt. Schwungradseitig ist ein schmaler Räderkasten mit dem Gehäuse verbunden, welcher den Zahnradtrieb für die Nockenwelle und für den Gebläseantrieb aufnimmt. Das Schwungradgehäuse ist an den Räderkasten angeschraubt. Zwischen dem Zahnrad am Zylinderkopf und dem Antriebszahnrad auf der Kurbelwelle sind zwei Zwischenräder eingeschaltet. Die Zwischenräder sind auf Kugellagern gelagert, die auf Bolzen sitzen, welche von außen in den Räderkasten eingeschoben werden.

Die Nockenwelle ist in einem auf den Zylinderkopf aufgesetzten geschlossenen Aufsatz gelagert. Der neben dem Antriebszahnrad liegende Lagerzapfen der Nockenwelle läuft in einer eingepreßten Büchse, während die übrigen Lagerstellen direkt im Leichtmetall des Aufsatzes laufen. Die Ventilnocken arbeiten gegen die über die Ventilfedern gestülpten, kolbenartigen Stößel, welche unmittelbar die Ventile betätigen. Diese Stößel gleiten im Leichtmetall des Aufsatzes. Die Einspritznocken sind zwischen den Ventilnocken angeordnet. Die Einsteckpumpen sind horizontal in den Zylinderkopfaufsatz eingesetzt. Die Regelstangen der einzelnen Einsteckpumpen greifen in eine über die Länge des Aufsatzes durchgeführte gemeinsame Regelstange ein, welche von dem im schwungradseitigen Ende des Zylinderkopfaufsatzes angeordneten Regler betätigt wird. Der Regler ist mit der Nockenwelle direkt gekuppelt. Mit dem Frontende der Nockenwelle ist der Kühlventilator verbunden, welcher über eine Rutschkupplung mitgenommen wird.

Der Zylinderkopf erstreckt sich gemeinsam über alle vier Zylinder. Der Zylinderkopfboden ist, um Wärmespannungen auszugleichen, zwischen den Zylindern durch über die Breite des Kopfes führende dreikantige Schlitze unterbrochen. Die Einspritzdüsen sitzen seitlich über der Zylinderbohrung.

Die Brennraummulde im Kolben besteht aus einer flachen Kugelkalotte. Der Kolben aus Spezialgußeisen ist über die Spritzdüse am Pleuelstangenkopf ölgekühlt. Der Kolben trägt drei Verdichtungsringe und zwei Ölabstreifringe.

Interessant ist die Anordnung und der Antrieb des Rootsgebläses. Das kurze Rootsgebläse, dessen zweiflügelige Läufer mit einem $L/D \sim 1$ ausgelegt sind, ist an der Motorvorderseite etwas über der Kurbelwellenmitte befestigt. Der Lagerdeckel des Gebläses mit den Gleichlaufrädern ist mit dem vorderen Abschlußdeckel des Kurbelgehäuses vereinigt. Die Spülluft aus dem Gebläse tritt unmittelbar in die beiden längsseits liegenden Spülluftäume im Kurbelgehäuse über. Der Antrieb des Gebläses erfolgt über einen drehelastischen Stab, welcher durch das Kurbelgehäuse zum schwungradseitig gelegenen Antrieb reicht. In der Längenausdehnung erstreckt sich das Rootsgebläse durch die gedrängte Bauart nicht über den Kühlerblock, so daß, im ganzen gesehen, die Gesamtlänge des Motors durch die ungewöhnliche Gebläseanordnung nicht vergrößert wird. Die Riemenantriebe für Lichtmaschine und Bremsluftkompressor gehen von der Nockenwelle aus, da das vordere Kurbelwellenende vom Rootsgebläse abgedeckt ist. Lichtmaschine und Wasserpumpe liegen gleichachsig hintereinander am Gehäuse. An der Motorvorderseite unterhalb des vorderen Abschlußdeckels ist die Ölpumpe des Motors angeordnet. Ölkühler und Ölfilter sind seitlich am Motor unterhalb der Wasserpumpe angebracht.

f) V-Zwölfzylinder-Zweitakt-Dieselmotoren, Baureihe 71, der Detroit Diesel Engine Division der General Motors Corp.

Der in Abb. 252 im Längs- und Querschnitt dargestellte Zweitakt-Dieselmotor gehört der weitverbreitetsten Dieselmotorenbaureihe der Welt an mit der größten von einer Baureihe erzeugten Gesamtleistung in PS. Ihre Produktion wurde 1937 begonnen und wurde seit dieser Zeit stetig weiterentwickelt. In neuester Zeit wurde der bisherigen Reihenbauart, bestehend aus Zwei-, Drei-, Vier- und Sechszylindermotoren, eine V-Baureihe mit Sechs-, Acht-, Zwölf- und Sechzehnzylindermotoren hinzugefügt. Die Hauptdimensionen der Baureihe sind 107,95 mm Bohrung und 127 mm Hub. Der Zwölfzylindermotor weist eine maximale Leistung von 504 PS bei 2300 U/min (ohne Hilfsmaschinen) auf. Die ungefähr der DIN-Leistung B entsprechende Leistung beträgt 396 PS bei 2100 U/min (intermittent rating). Charakteristisch für alle General-Motors-Zweitaktmotoren ist die Verwendung der Gleichstromspülung und die Verwendung von kombinierten Pumpendüsenelementen für jede Zylindereinheit. Die V-Motoren sind für eine weite Variation von Verwendungszwecken, wie für Schwerlastkraftwagen, Erdbewegungsgeräte, Bohraggregate und für Industrie- und Bootsmotoren ausgelegt.

Der Aufbau der zusätzlich hinzugekommenen V-Maschinen bestimmte sich im wesentlichen aus der Forderung, möglichst viele gleiche Teile aus den schon in großen Stückzahlen vorhandenen Reihenmaschinen zu verwenden. Unter anderem sind die gleichen Zylinderköpfe und die gleichen Nockenwellen und deren Antriebsräder übernommen worden.

Dies bedeutet vor allem, daß die V-Maschinen auf den gleichen Zylinderabstand der Reihenmaschinen konstruiert werden mußten, weil dort gemeinsame Zylinderköpfe verwendet werden. Außerdem mußte wegen der schon vorhandenen Anordnung der Rollenstößel im Zylinderkopf die Lage der Nockenwelle zur jeweiligen Zylinderachse beibehalten werden. Dies ergab in Verbindung mit der Verwendung der gleichen Antriebszahnräder der Nockenwelle einen V-Winkel von 63,5°.

Die Übernahme des ohnehin schon geringen Zylinderabstandes der Reihenmaschine von 146 mm für die V-Maschine machte aber, um ungefähr die Lagerbelastungen und Kurbelwellenbeanspruchungen in den gleichen Grenzen zu halten, eine Verstärkung der Haupt- und Pleuellagerzapfen an der Kurbelwelle für die V-Maschinen notwendig. Der Pleuellagerzapfen der Reihenmaschine mußte von 69,8 mm Durchmesser bei der V-Maschine auf 76,2 mm Durchmesser und der Hauptlagerzapfen der Reihenmaschine von 88,9 mm Durchmesser auf 114,3 mm Durchmesser vergrößert werden. Im Verhältnis zu diesen Durchmessern ergaben sich in Verbindung mit den nebeneinander liegenden Pleuelstangen ziemlich schmale Lagerbreiten, welche bei der Pleuelstange 30 mm und beim Hauptlager 32 mm betragen. Die Zylinderversetzung der beiden Zylinderreihen durch die nebeneinander liegenden Pleuelstangen beträgt 30 mm. Das schwungradseitige Hauptlager ist als Paßlager mit lose eingelegten Bundscheiben ausgebildet. Die Kurbelversetzungen und die Gegengewichtsanordnung an der Kurbelwelle und an den beiden als Massenausgleichswellen herangezogenen Nockenwellen ist aus Abb. 253 ersichtlich.

Die Pleuelstangen haben 298 mm Lagerabstand, die Kolbenbolzen einen Durchmesser von 38,1 mm. Der Pleueldeckel der senkrecht zur Pleuelachse geteilten Pleuelstange ist mit zwei Paßschrauben fixiert und befestigt. Der Schaft der Pleuelstange ist durchbohrt, um Öl an die Spritzdüse am oberen Pleuelkopf für die notwendige Kolbenkühlung zu bringen.

Der Kolben ist in einer Spezialtempergußlegierung verhältnismäßig dünnwandig gegossen. In die Kolbenbolzenaugen sind gerollte Stahlbüchsen mit Bleibronzeauflage eingepreßt. Der Kolben trägt einen knapp unter der Bodenfläche liegenden Feuerring, drei Verdichtungsringe und vier schmale Nasenringe als Ölabstreifringe, welche paarweise in den Nuten liegen. Die Brennraummulde ist sehr offen gehalten, das Verdichtungsverhältnis beträgt 17:1.

Der Aufbau des Kurbelgehäuses entspricht den Erfordernissen eines gleichstromgespülten Zweitaktmotors. Der Spülluftverteilraum liegt in der Mitte des Motors zwischen beiden Zylinderreihen. Unmittelbar darüber sind die beiden Rootsgebläse aufgesetzt.

Bemerkenswert ist, daß trockene Zylinderbüchsen mit einem Schiebesitz in das Kurbelgehäuse eingesetzt sind, wovon aber nur der oberhalb der Schlitze liegende Gehäuseteil von einem Wassermantel umgeben ist. Die Hauptlagerbügel sind seitlich in kurzen Einpässen im Gehäuse zentriert und über je zwei 5/8-Zoll-Kopfschrauben am Gehäuse befestigt. Der Ölwannenflansch liegt 120 mm unterhalb der Kurbelwellenmitte. Knapp unterhalb den Zylinderkopfdichtflächen sind die Nockenwellen angeordnet. Die zugehörigen Rollenstößel für die Ventile und für die Einspritzpumpen sind im Zylinderkopf geführt, wodurch sich außerordentlich kurze Stoßstangen ergeben.

Die Nockenwellen sind zwischen jedem Zylinder in zweiteiligen Lagerbüchsen gelagert, die über den jeweiligen Lagerstellen mit zwei Federringen zusammengehalten und gemeinsam mit der Nockenwelle in das Kurbelgehäuse eingeschoben werden. Die Lagerbüchsen werden durch von außen eingesetzte Zapfenschrauben in ihrer Lage gehalten. Axial werden die Nockenwellen durch Flanschbüchsen zwischen den Bunden an den Wellen und den Zahnradnaben fixiert. Der Zahnradtrieb zu den Nockenwellen und zum Gebläse liegt an der Schwungradseite des Motors. Das Schema des Zahnradtriebes ist aus Abb. 253 zu ersehen. Die Lagerung des Zwischenrades ist in Abb. 154 detailliert dargestellt. Mit den Nockenwellenzahnrädern sind die Massen für den notwendigen Massenausgleich verbunden. Der ganze Zahnradtrieb liegt zwischen der am Kurbelgehäuse anliegenden 5-mm-Blechplatte und dem darüber angeschraubten, mit dem Schwungradgehäuse vereinigten Räderkasten. An den über dem V-Raum vorstehenden Teil der Blechplatte ist gehäuseseitig das Lagergehäuse des Gebläseantriebes angeflanscht.

Antriebszahnrad und Rootsgebläse sind drehelastisch und gelenkig miteinander verbunden. Auf dem Antriebszahnrad ist eine gelenkige Federscheibenkupplung angebracht, auf dem Gleichlaufrad des Gebläses eine drehelastische Kupplung befestigt. Die beiden Kupplungen sind durch einen Drehstab mit kerbverzahnten Wellenenden verbunden, der innerhalb des hohlen Lagerzapfens des Antriebszahnrades liegt. Durch diese Anordnung werden auch mögliche Mittenversetzungen zwischen dem Antrieb und der Gebläsewelle ausgeglichen.

Die elastische Kupplung entspricht der in Abb. 177 dargestellten Konstruktion. Beim Zwölfzylindermotor sind zwei Rootsgebläse, welche identisch dem Gebläse der V-Sechszylindermaschine sind, angeordnet. Die beiden Gebläse sind über eine Zahnkettenkupplung miteinander verbunden. Die Konstruktion der Gebläse mit dreiflügeligen verschraubten Läufern entspricht Abb. 177. Die Gebläseläufer mit 146 mm Durchmesser laufen mit 2,05facher Kurbelwellendrehzahl. Die Gebläse sind unmittelbar über dem Spülluftraum am Kurbelgehäuse zwischen den Zylinderreihen angeordnet. Sie sind mit Kopfschrauben befestigt, welche durch die Lagerplatten führen und diese niederspannen. Der Ölzu- und -ablauf für die Gebläseschmierung erfolgt über die Auflageflächen der Lagerplatten am Kurbelgehäuse. An ein Wellenende eines Läufers des ventilatorseitigen Gebläses ist der Fliehkraftregler für die Regelung der Einspritzpumpen gekuppelt.

Die Zylinderköpfe, die als gemeinsames Gußstück über die Zylinder einer Reihe reichen, sind mit 5/8-Zoll-Kopfschrauben auf das Gehäuse gespannt. Für jeden Zylinder sind vier Auslaßventile vorgesehen. In der Mitte des Zylinders zwischen den Ventilen ist das bekannte General-Motors-Pumpendüsenelement eingesetzt.

Rollenstößel, Stoßstange und Kipphebel sind für sich abgefedert. Interessant ist die Betätigung der Ventile über eine am Kipphebel gelagerte Schwinge, welche gemeinsam die hintereinander liegenden Ventilpaare aufdrückt. Dadurch ist eine getrennte Ventilspieleinstellung nicht notwendig. Die Kanalöffnung an den Ventilen beträgt 26 mm, der Sitzwinkel 30°, der Ventilschaftdurchmesser 7 mm. In die Zylinderköpfe sind Ventilsitzringe aus gehärtetem Stahl eingepreßt. Die Stege zwischen den Ventilen sind weit genug, um eine ausreichende Durchströmung mit Kühlwasser zu ermöglichen. Die Pumpendüseneinheit sitzt im Zylinderkopf in einer eingezogenen, oben mit einem O-Ring abgedichteten Kupferhülse, die eine gute Kühlung der Düse gewährleistet.

Die Pumpendüseneinheit wird mit einer Brille im Zylinderkopf niedergehalten. Für die Übertragung der Regelbewegung zu den einzelnen Regelstangen der Elemente dient eine im Zylinderkopf längsseits liegende Hebelwelle, deren einzelne Hebel in die offenen Nuten der Regelstange eingreifen. Voraussetzung für eine solche Art der Einspritzpumpen ist die genaue vorherige Gleichstellung aller Pumpenelemente, um diese gegebenenfalls auch einzeln austauschen zu können. Die Brennstoffzuführungs- und Rücklaufleitungen sind in den Zylinderköpfen in der Längswand auf der Nockenwellenseite gebohrt. Besonders zu erwähnen ist noch die Art der Zylinderkopfdichtung. Auf den Zylinderbüchsenbund jeder Zylinderbüchse liegt ein Metallmassivdichtring auf, welcher sich am Büchsenbundrand außen zentriert. Die Wasserübertritte werden durch O-Ringe in Aussenkungen des Gehäuses abgedichtet. Zur Ölabdichtung sind nahe an den Außenrändern der Auflagefläche des Zylinderkopfes am Gehäuse Rillen eingefräst, in welche eine Gummiprofilschnur eingelegt ist.

Die Doppel-Ölpumpe mit einer Absaug- und einer Druckumlaufpumpe wird über ein Zahnradpaar vom vorderen Kurbelwellenende angetrieben. Sie ist zwischen den beiden Ölwannenflanschen befestigt. Seitlich am Gehäuse sitzt der aus Plattenelementen zusammengesetzte Ölkühler, auf dem auch die Haupt- und Nebenstromfilter angeflanscht sind. Die zum Verteilkanal in der Mitte des Motors führenden Ölleitungen sind in der ersten Lagerwand gebohrt. Vom Verteilkanal zweigen Bohrungen zu den Längsleitungen unterhalb der Nockenwellenräume für die Zufuhr des Öls zu den Nockenwellenlagern ab. Die Wasserpumpe wird über ein Zahnradpaar vom vorderen Ende einer Nockenwelle angetrieben. Das geförderte Wasser wird erst in den Ölkühler gedrückt, von welchem es dann den seitlich an den Zylinderreihen entlanglaufenden Wasserverteilkanälen zugeführt wird. An der Kurbelgehäuse-Vorderseite ist ein Verbindungskanal zwischen den Wasserverteilkanälen der beiden Zylinderreihen angeordnet.

Der Ventilator ist auf einer zur Riemenspannung in der Höhe verstellbaren Nabe befestigt und wird von der Kurbelwelle aus über drei 1/2-Zoll-Schmalkeilriemen angetrieben.

g) Raschlaufender V6-Zweitakt-Dieselmotor, Baureihe 53, der Detroit Diesel Engine Division der General Motors Corp.

Mit dem in Abb. 254 im Längs- und Querschnitt dargestellten Zweitaktmotor, eine der letzten Entwicklungen von General Motors, soll den Forderungen nach raschlaufenden leichten Dieselmotoren für leichte und mittelschwere Lastkraftwagen entsprochen werden. Die Umdrehungszahl von 2800 U/min ist für einen ventilgesteuerten Zweitakt-Dieselmotor außerordentlich hoch und erfordert eine sorgfältige Entwicklung und Abstimmung des Ventiltriebes. Die Baureihe besteht aus Zwei-, Drei-, Vierzylinder-Reihenmotoren und einer Sechszylinder-V-Maschine. Die gemeinsamen Hauptabmessungen sind 98,5 mm Bohrung und 114,3 mm Hub. Die maximale Leistung (ohne Hilfsmaschinen) der Sechszylinder-V-Maschine erreicht 195 PS bei 2800 U/min. Die ungefähr der DIN-Leistung B entsprechende Leistung (intermittent rating) beträgt 171 PS bei 2500 U/min.

Im wesentlichen entspricht dieser Motor im Grundaufbau der im letzten Abschnitt beschriebenen größeren Baureihe 71. Auch hier ist der Zylinderabstand gleich dem der Reihenmaschinen, und wird der gleiche Zylinderkopf der Dreizylinder-Reihenmaschine für die V6-Maschine verwendet. Der V-Winkel von 66,75° ist bedingt durch den Abstand der beiden Nockenwellen bzw. durch die aus der Reihenmaschine verwendeten Nockenwellen-Antriebszahnräder und die Lage der Nockenwellen zur Zylinderbohrung. Der Zylinderabstand beträgt 143,1 mm. Die Pleuelzapfen der Reihenmaschine haben 63,5 mm Durchmesser, die der V-Maschine 69,8 mm Durchmesser. Die Hauptlagerzapfen der Reihenmaschine haben 76,2 mm Durchmesser, die der V-Maschine 88,9 mm Durchmesser.

Die Zylinderreihen sind um 29 mm gegeneinander versetzt. Das Pleuellager ist 28 mm, das Hauptlager 25,4 mm breit. Die in das schwungradseitige Hauptlager eingelegten Bundscheibenhälften übernehmen die axiale Lagesicherung der Kurbelwelle. Die für den Massenausgleich notwendige Gegengewichtsanordnung an der Kurbelwelle und an den mit Ausgleichsgewichten versehenen Nockenwellen zeigt Abb. 255. Der Mittenabstand der Pleuelaugen beträgt 249 mm. Der Schaft der Pleuelstange ist der Länge nach durchbohrt, um Öl zur Spritzdüse an das obere Pleuelauge für die Kolbenkühlung zu bringen. Der Kolben aus einer Spezialtempergußlegierung ist mit einem knapp unterhalb dem oberen Kolbenrand liegenden Feuerring und mit drei Verdichtungsringen und zwei Ölabstreifringen bestückt. Für die Lagerung des Kolbenbolzens mit 35 mm Durchmesser sind in den Kolben gerollte Stahlbleibronzebüchsen eingepreßt. Das Spiel des Bolzens im Pleuelauge beträgt 0,025 bis 0,048 mm, im Kolbenauge 0,06 bis 0,086 mm.

Als Zylinderbüchsen werden bei dieser Motortype entgegen der größeren Baureihe, Abb. 252 nasse Zylinderbüchsen verwendet, welche nur im Teil oberhalb der Einlaßschlitze gekühlt sind. Die Abdichtung des Spülluftraumes ober- und unterhalb übernimmt je ein in einer Nut des Gehäuses eingelegter O-Ring. Die Nockenwellen laufen in in das Gehäuse eingepreßten Stahlbleibronzebüchsen mit einem Lagerdurchmesser von 55,4 mm und einem Lagerspiel von 0,11 bis 0,15 mm.

Die Nockenwelle wird axial durch eine Scheibe zwischen dem Endlagerzapfen und dem Zahnrad gehalten. Die Schmierölzufuhr zu den Nockenwellen erfolgt von der zentralen Ölverteilleitung aus über Schmierbohrungen in der schwungradseitigen Lagerwand zu den Endlagern, von welchen eine Hohlbohrung in den Nockenwellen dann die weiteren Nockenwellenlager versorgt. Die Rollenstößel werden im Zylinderkopf geführt. Der Stößeldurchmesser beträgt 26,9 mm, dessen Spiel im Zylinderkopf 0,025 bis 0,075 mm.

Der Zahnradtrieb an der Schwungradseite des Kurbelgehäuses ist im Schema in Abb. 255 dargestellt. Das Zwischenrad ist auf einem im Gehäuse zentrierten kurzen Bolzen mit 55,4 mm Durchmesser gleitgelagert. Der Zahnradtrieb liegt zwischen der am Kurbelgehäuse befestigten Blechplatte und dem darüber angeschraubten, mit dem Schwungradgehäuse verbundenen Räderkasten. Das Gebläseantriebsrad, welches in eines der beiden Nockenwellenräder eingreift, ist in einem am Räderkasten eingesetzten Deckel gelagert. Es läuft direkt im Aluminiumguß des Deckels. Die Verbindung vom Zahnrad zum Gebläse stellt ein an beiden Enden mit einer Kerbverzahnung versehener elastischer Drehstab her, welcher in die im Gebläsegleichlaufrad angeschraubte elastische Kupplung eingreift. Die elastische Kupplung ist ähnlich der in Abb. 177 dargestellten Konstruktion ausgeführt. An das zweite Gleichlaufrad des Gebläses ist der Einspritzpumpenregler angekuppelt, dessen Welle im Deckel des Räderkastens gegengelagert ist. Das Reglergestänge ist am Abschlußdeckel des Gebläses untergebracht.

Von der Gehäuseseite her schließt das Rootsgebläse direkt an die über den V-Raum vorstehende Blechplatte an. Das Gebläsegehäuse wird an der Kurbelgehäusefläche zwischen den beiden Zylinderreihen über die beiden Lagerplatten mit Kopfschrauben niedergespannt.

Interessant ist die Durchbildung der Lagerung der Gebläseläufer. Die gehärteten Lagerzapfen der zweiflügeligen Gebläseläufer laufen direkt im Aluminium der Lagerplatten des Gebläses. Die Abdichtung der Läuferzapfen zum Luftraum des Gebläsegehäuses erfolgt über axiale Dichtringe, ähnlich den Wasserpumpendichtungen, welche in die Läufernaben eingesetzt sind. Die Dichtringe sind vom Öldruck durch kurze Aussenkungen in den Lagerbohrungen unmittelbar vor der Dichtfläche und durch eine in diese mündende Ölablaufbohrung entlastet. Die Gleitlager erhalten ihr Schmieröl unmittelbar über Bohrungen in den Lagerendplatten aus dem Kurbelgehäuse. Das Schmieröl läuft dann in die darunterliegenden Nockenwellenkanäle ab. Der Axialschub der Gleichlaufräder wird durch die auf den gegenüberliegenden Lagerzapfen angeordneten gehärteten Bundscheiben, welche zwischen dem Aluminium der Lagerplatten und einer darüber befestigten

Graugußplatte laufen, aufgenommen. Der Läuferdurchmesser beträgt 114 mm, die Übersetzung zwischen der Kurbelwelle und der Läuferwelle 2,5:1.

Die Zylinderköpfe enthalten vier Auslaßventile je Zylinder und sind im Prinzip ähnlich den Köpfen der größeren Typenreihe 71 aufgebaut. Die Kanäle bei den Ventilen haben 22 mm Durchmesser. Die gemeinsamen, drei Zylinder überdeckenden, Zylinderköpfe sind gleich den Köpfen der Dreizylinder-Reihenmaschine. In der Zylindermitte zwischen den Ventilen ist wie bei der größeren Type Abb. 252 das kombinierte Einspritzdüsenelement angeordnet. Die Kipphebel für die Ventilbetätigung und für die Einspritzpumpen einer Zylindereinheit sind jeweils auf einer gemeinsamen Achse mit 22 mm Durchmesser und einem Lagerspiel von 0,025 bis 0,06 mm gelagert. Die Kipphebel für die Einspritzpumpen sind ausgebüchst, während die Kipphebel für die Ventile in der Lagerbohrung gehärtet sind und unmittelbar auf der gehärteten Kipphebelachse laufen. Als Ölpumpe wird eine im Frontdeckel angeordnete Innenzahnradpumpe verwendet, deren Innenrad unmittelbar vom Kurbelwellenzapfen über ein Keilprofil mitgenommen wird. Die Ölansaug- und Druckkanäle von der Pumpe sind im Frontdeckel untergebracht. Seitlich an der Kurbelraumwand sind der Ölkühler und der Hauptstromfilter angeordnet. Die Wasserpumpe wird über Keilriemen von einer der Massenausgleichswellen angetrieben und fördert das Kühlwasser über den Ölkühler in den seitlich am Gehäuse angeordneten Wasserverteilkanal.

h) Dreizylinder-Gegenkolben-Zweitaktmotor der Commer Cars Ltd., England

Abb. 256 zeigt im Längs- und Querschnitt eine interessante Konstruktion eines Gegenkolben-Zweitaktmotors, bei welcher die Kolbenbewegung über Schwinghebel auf die unter den Zylinderbüchsen liegende Kurbelwelle übertragen wird.

Der Motor hat eine Bohrung von 82,55 mm, einen Hub von 101,6 mm (2 ×) und leistet 105 PS bei 2400 U/min. Die Anordnung des Zubehörs und des Rootsspülgebläses am Motor ist für die Verwendung in einem Lastkraftwagen mit Einbau unter dem Fahrersitz ausgelegt.

Das Kurbelgehäuse hat durch das gewählte Triebwerk einen eigenartigen, von den bisher üblichen Ausführungen abweichenden Aufbau. Die meisten Belastungen sind durch die Triebwerksanordnung gegenseitig ausgeglichen. Der einzige Gehäuseteil, den durchgehende Kräfte beanspruchen, liegt zwischen den Auflagepunkten der Zwischenhebelwellen. Die Hauptlager der Kurbelwelle sind im wesentlichen entlastet. Es war daher möglich, das Gehäuse für die notwendige Zugänglichkeit und Montage der Triebwerksteile in Form eines rechteckigen Prismas mit offenen Seitenwänden zu gestalten. Da es außerdem gelungen ist, alle übrigen Befestigungsflächen auf die Außenseiten des Prismas zu bringen, ergeben sich durchlaufende Bearbeitungsoperationen an den Seitenflächen des Prismas.

Die nassen, in das Gehäuse eingesetzten Zylinderbüchsen stützen sich in acht ringförmigen Einpässen im Gehäuse ab, deren Durchmesser etwas gegen die Auslaßseite abgesetzt sind, um das Einschieben der Büchsen durch die Paßbohrungen zu erleichtern. Die Büchse ist im Mittelteil zwischen den Ein- und Auslaßschlitzen und unterhalb der Auslaßschlitze von Wasser umspült.

Die Abdichtung der Wasser- und Ölräume zwischen den ringförmigen Rippen im Kurbelgehäuse erfolgt durch die in die Zylinderbüchsen eingearbeiteten U-förmigen Lippen, welche durch ihre Form etwas elastisch nachgeben können und durch das vorgesehene Übermaß von 0,05 bis 0,11 mm eine einwandfreie metallische Abdichtung gewährleisten. Die Dichtflächen werden zusätzlich noch mit einem der üblichen Dichtmittel bestrichen. Die Zylinderbüchsen werden durch in diese eingeschraubte Hülsen, in welche die Einspritzdüsen eingesetzt werden, achsial gehalten. Die Zylinder sind in einem Abstand von 158 mm im Gehäuse angeordnet, um genügende Zu- und Abflußquerschnitte zwischen den am Umfang angeordneten Schlitzen zu gewährleisten.

Unterhalb der horizontal liegenden Zylinderbüchsen sind die Hauptlagerbügel von der Ölwannenseite her in das Gehäuse eingesetzt und mit zwei 1/2-Zoll-Schrauben befestigt. Die sechsfach gekröpfte Kurbelwelle ist nur vierfach gelagert. Zwischen den Zylinderbüchsen- und dem Kurbelwellenmittel sind die Achsen der Zwischenhebel beidseitig am Kurbelgehäuse befestigt. Die zwischen den beiden Achsen auftretenden Kräfte werden nur in den beiden Endwänden unmittelbar durch die Wände selbst geleitet, während an den innen liegenden Lagerwänden die Kräfte über durchlaufende Zuganker mit einem Dehnschaft von 19 mm Durchmesser aufgenommen werden und so das Gehäuse an diesen Stellen von den Zugkräften vollkommen entlasten.

Ein schwieriges Problem der vorliegenden Bauart stellt die Lagerung der Schwinghebel dar, die nur durch reichliche Schmierung und durch sorgfältige Anordnung der Schmiernuten beherrscht werden konnte. Die Lagerzapfen der Zwischenhebelwelle haben 57,15 mm Durchmesser. Die Lagerbreite der Zwischenhebel beträgt 68 mm, das Lagerspiel 0,05 bis 0,097 mm. Das Schmieröl wird den Lagerstellen über die Hohlbohrung in der Achse von innen heraus zugeführt.

Die Augen der Schwinghebel, an welche die Kolben- und Pleuelstangen angelenkt werden, sind entsprechend der Anordnung der Kröpfungen an der Kurbelwelle seitlich versetzt. Die an die Augen angreifenden Stangenteile sind gegabelt. Die Bolzen, welche in den Gabelteil der Stangen geklemmt werden, haben 35 mm Durchmesser. Das Lagerspiel zwischen Bolzen und den in den Schwinghebeln eingepreßten Bronzebüchsen beträgt 0,02 bis 0,058 mm. Die Büchsen in den Schwinghebelaugen werden aus den Lagerstellen der Hebel über Bohrungen in den Schenkeln mit Öl versorgt.

Die kurze, gegabelte Kolbenstange hat einen Augenabstand von 95,25 mm. Der Kolben besteht aus zwei Teilen, dem Kolbenhemd aus Grauguß und dem mit einer zentralen Schraube befestigten Kolbenboden aus einem hitzebeständigen Auslaßventilstahl, der den kugelkalottenförmigen Brennraum enthält. Der gesonderte Kolbenboden soll den Wärmefluß zum Kolbenhemd abdämmen. Zu diesem Zweck liegt der Kolbenboden außerdem nur auf schmalen Ringflächen auf dem Boden des Kolbenhemdes auf. Bei dieser Ausführung wird keine Kolbenkühlung verwendet.

Der Kolben trägt einen noch im Kolbenboden eingesetzten, hohen Feuerring und am Kolbenhemd zwei Trapezringe und zwei Ölabstreifringe. In die Kolbenbolzenaugen sind Büchsen eingepreßt. Die Bolzenbohrungen im Kolben sind mit eingepreßten Deckscheiben gegen Ölaustritt in die Schlitze verschlossen.

Die Kurbelwelle läuft infolge der geringen, beinahe ausgeglichenen, Lagerbelastung mit ungehärteten Lagerzapfen in Lagerschalen mit Weißmetallausguß. Die Hauptlagerzapfen haben einen Durchmesser von 76,2 mm, das Lagerspiel beträgt 0,05 bis 0,1 mm. Auch die Pleuelzapfen mit 69,9 mm Durchmesser sind ungehärtet. Auf der Stangenseite des Pleuels ist eine Dreistofflagerschalenhälfte, auf dem Deckel eine mit Weißmetallausguß versehene Schalenhälfte eingelegt. Das Pleuellagerspiel liegt zwischen 0,05 bis 0,09 mm. Der Mittenabstand der beiden Pleuelaugen beträgt 213,3 mm.

Die Schwinghebelräume sind seitlich durch über die Länge des Kurbelgehäuses reichende Leichtmetalldeckel zugänglich. Der Kurbelraum ist unten durch eine Blechölwanne abgeschlossen.

Einspritzpumpe- und Rootsgebläse werden durch eine Triplex-Rollenkette mit selbsttätigem Kettenspanner angetrieben. In die Nabe des Kettenritzels für den Rootsgebläseantrieb ist eine elastische Kupplung, ähnlich der in Abb. 177 dargestellten Bauart, eingebaut, von der ein schlanker Drehstab längsseits durch das Kurbelgehäuse zu dem am vorderen Ende stirnseitig angeflanschten Rootsgebläse führt. Der Drehstab durchdringt die Zuganker der Schwinghebelachsen, die an dieser Stelle verstärkt sind. Das Rootsgebläse mit dreiflügeligen Läufern, ein Erzeugnis der Wade Engineering Co., dreht mit 1,8facher Kurbelwellendrehzahl. Bei den neuen Serienausführungen dieses Motors wurde der Kettenantrieb des Rootsgebläses durch einen Zahnradtrieb ersetzt.

3. Zweitakt-Diesel-Stationärmotoren

a) V-Zwölfzylinder-Zweitakt-Dieselmotor der Jenbacher Werke AG., Jenbach, Tirol

Der in Abb. 257 im Längs- und Querschnitt dargestellte Motor ist das letzte Glied einer Baureihe von Zwei-, Vier- und Achtzylinder-Zweitaktmotoren mit Umkehrspülung. Ab dem Vierzylindermotor werden diese in V-Form mit 90° Zylinderanordnung gebaut. Die Hauptabmessungen der Baureihe sind 150 mm Bohrung, 170 mm Hub. Der Zwölfzylinder gibt bei 1500 U/min eine Leistung von 600 PS ab. Der Motor wird hauptsächlich für Lokomotiven und Bohrfeld- und Generatoraggregate verwendet. Die Baureihe ist eine Konstruktion der Anstalt für Verbrennungsmotoren Prof. Dr. Hans List, Graz. Das Kurbelgehäuse dieses Motors wurde bereits eingehend an Hand der Abb. 63 beschrieben.

Entsprechend dem hauptsächlichen Verwendungszweck sind die Auslaßkanäle innen im V-Raum angeordnet, um die Auspuffgase direkt nach oben abführen zu können. Die Spülluft wird durch ein Radialgebläse gefördert, welches dem im allgemeinen verlangten Betriebsverhalten, der Größe und dem Verwendungszweck solcher Motoren am besten entspricht. Bei der vorliegenden Konstruktion ist das Spülgebläse an der vorderen Stirnseite des Motors angeflanscht. Vom schwungradseitig gelegenen Rädertrieb führt eine Hohlwelle durch den Spülluftraum zum Gebläse. Diese Welle wird in der Mitte durch ein aufgeklemmtes Rollenlager unterstützt. Den Abstand zwischen der Kurbelwelle und dem Antriebsrad für die Hohlwelle überbrückt ein Zwischenrad, welches auf zwei spielfrei verspannten Kegelrollenlagern auf einem von außen eingesetzten Bolzen gelagert ist. Von diesem Zwischenrad führt ein weiteres Räderpaar zum Einspritzpumpenantrieb. Das Einspritzpumpenantriebsrad ist in einem auf der oberen Fläche des Spülluftraumes aufgesetzen Deckel gelagert. Die Einspritzpumpen, zwei hintereinander gekuppelte Sechszylinderpumpen, sind in der Mitte des Motors am Abschlußdeckel des Spülluftraumes in der üblichen Sattelbefestigung angeschraubt.

Das Spiralgehäuse ist mit dem Rädergehäuse der letzten Übersetzungsstufe verbunden. Die zugehörigen Zahnräder sind wälzgelagert, für die raschlaufende Gebläseradwelle werden Spezialkugellager mit Massivkäfigen und ausgewählten Lagerspielen verwendet. In die Nabe des großen Rades ist eine elastische Kupplung, ähnlich Abb. 177 eingebaut. Das Gebläserad mit radialen Schaufeln hat einen Außendurchmesser von 280 mm. Seine Drehzahl ist 16000 U/min bei voller Motordrehzahl. Die Kurbelwelle hat Hauptlagerzapfen von 115 mm Durchmesser und Pleuelzapfen von 100 mm Durchmesser. Der Zylinderabstand ist 220 mm, die Versetzung der Zylinderreihen infolge der nebeneinander liegenden Pleuelstangen 38 mm. Die Lagerbügel sind mit zwei Kopfschrauben M 22 mit Dehnschaft am Gehäuse befestigt und außerdem mit zwei Kopfschrauben M 18 seitlich mit dem Kurbelgehäuse kraftschlüssig verspannt. Die Pleuelstangen mit einem zur Achse schräg geteilten Kopf haben einen Augenabstand von 360 mm. Die Teilflächen sind verzahnt, die Pleueldeckel werden mit zwei Stück M $16 \times 1{,}5$-Kopfschrauben mit Dehnschaft auf der Stange befestigt. Die Pleuelschäfte sind für die Ölzufuhr zu den oberen Pleuelaugen und für die Ölkühlung der Kolben der Länge nach durchbohrt.

Wasserpumpe und Ölpumpe, welche über Zahnräder vom vorderen Kurbelwellenende aus angetrieben werden, sind an der Stirnseite des Motors angeflanscht. Lediglich die Lichtmaschine wird über einen Keilriemen angetrieben.

Die Zylinderbüchsenkonstruktion ist ähnlich Abb. 10. Die Schlitzanordnung entspricht der Umkehrspülung nach Schnürle. Es sind drei Auslaßschlitze und symmetrisch dazu je vier Einlaßschlitze vorgesehen. Die Zylinderköpfe aus Sphäroguß werden mit bis in die Lagerwände durchgeführten Zugankern mit den Zylinderbüchsen auf das Gehäuse gespannt. Im Zylinderkopfboden ist in Zylindermitte eine flache Brennraummulde eingearbeitet. Zur intensiven Kühlung der über dem Brennraum zentral angeordneten Einspritzdüse führt eine Leitwand im Zylinderkopf den Kühlwasserstrom nahe an den Düsensitz heran.

Der mit einem flachen Boden versehene Leichtmetallkolben aus einer übereutektischen Leichtmetallegierung ist mit vier Verdichtungsringen und zwei Ölabstreif-Topfasenringen bestückt.

b) Achtzehnzylinder-Gegenkolben-Zweitakt „DELTIC“ Dieselmotor von Napier & Son Ltd., England

Der in Abb. 258 im Längs- und Querschnitt dargestellte Gegenkolben-Zweitaktmotor zeigt eine der interessantesten Konstruktionen einer Kolbenbrennkraftmaschine hinsichtlich Zylinderanordnung und Ausnützung von Bauraum.

Gleichzeitig ist diese Konstruktion ein Musterbeispiel einer ingenieurmäßigen und fertigungstechnisch gut durchdachten Lösung des Gehäuseaufbaues eines Dreikurbelwellenmotors. In gleicher Bauart wird auch eine Neunzylindermaschine erzeugt. Verwendet werden diese Motoren hauptsächlich für Marinezwecke und für Lokomotiven. Die Hauptabmessungen sind 130,2 mm Bohrung und 184,15 mm Hub (2 ×). Die Dauerleistung des Achtzehnzylindermotors beträgt 1725 PS bei 1500 U/min, die Maximalleistung ($^1/_4$ Stunde) 2500 PS bei 2000 U/min. In der mit einer Abgasturbine aufgeladenen Version wird eine Maximalleistung von 3100 PS bei 2000 U/min erreicht. Alle Gußteile des Motors, einschließlich Kurbelgehäuse und Zylinderblöcke, sind aus Leichtmetall gegossen. Die dreieckige Form des Gesamtaufbaues gewährleistet hohe Steifigkeit. Die Kurbelgehäuse in jeder der Ecken des Dreieckes sind durch die Zylinderblöcke, welche die Schenkel des Dreieckes bilden, untereinander verbunden und werden durch Zuganker zusammengespannt. Die Zuganker übernehmen die unmittelbare Kraftübertragung der Verbrennungskräfte auf die Hauptlager der Kurbelgehäuse in den Ecken des Dreiecks und entlasten dadurch die Zylinderblöcke.

Selbstverständlich erfordert diese Anordnung eine sehr genaue Herstellung der Längen der Zylinderblöcke und der Winkelflächen an den Kurbelgehäusen in engen Toleranzen. Die drei Zylinderblöcke sind einander gleich, ebenso die zwei oberen Kurbelgehäuse. Das untere Kurbelgehäuse ist etwas tiefer unter die Kurbelwellenmitte gezogen und ist mit den entsprechenden Flächen und Angüssen für die Motoraufstellung versehen. Die in die Kurbelgehäuse eingesetzten Lagerbügel sind mit durchgehenden Ankern seitlich mit dem Gehäuse kraftschlüssig verspannt.

Die Lagerstühle in den Kurbelgehäusen sind um die Lagerbügel doppelwandig ausgeführt. Knapp unter den Auflageflächen der Zylinderblöcke liegen die Angriffspunkte der Verbindungsanker zwischen den Kurbelgehäusen. Der Mittenabstand zwischen den Kurbelwellen ist 1184 mm. Die Zylinderblöcke haben eine Länge von 638 mm, der Zylinderabstand ist 204 mm.

In die Zylinderblöcke sind nasse Zylinderbüchsen eingesetzt, die aus einem Stahlschmiedestück herausgearbeitet werden. Die Laufflächen sind verchromt und geläppt. Um die Ölhaftung an der Lauffläche zu verbessern, sind durch einen speziellen Arbeitsgang in die Lauffläche nahe beieinanderliegende kalottenförmige, flache Vertiefungen eingedrückt. Am Umfang der Zylinderbohrung sind vierzehn tangential gerichtete Einlaßschlitze und neun Auslaßschlitze angeordnet. Die Büchse ist zwischen den Schlitzzonen und unterhalb der Auslaßschlitze vom Kühlwasser umspült. Zur Abdichtung der einzelnen Räume sind Gummiringe in Nuten der Büchse eingelegt. Die Büchsen werden in den Zylinderblöcken an der Einlaßseite mit einer Mutter achsial festgehalten. Die Einpaßdurchmesser der Büchsen nehmen gegen die Auspuffseite hin zu, um das Einsetzen der Büchsen in die Zylinderblöcke zu erleichtern.

Die Kurbelwellenanordnung und die notwendigen Drehrichtungen an der Dreieckanordnung der Zylinder zeigt die schematische Darstellung Abb. 259. Um die gleiche phasenrichtige Gegenbewegung der Kolben in den Zylindern im Dreieck zu erreichen, ist eine Phasenverschiebung von 20° zwischen den an jedem Ende eines Zylinders angeordneten Kurbelwellen erforderlich. Da für ein unsymmetrisches Steuerdiagramm die

Voreilung des Auslaßkolbens gegenüber dem Einlaßkolben notwendig ist, ist diese Phasenverschiebung nicht von Nachteil. Die allseitig nitrierten Kurbelwellen laufen in Dünnwand-Bleibronze-Lagerschalen. Die Hauptlagerzapfen haben 108 mm Durchmesser, die Pleuelzapfen 90 mm Durchmesser. Die Pleuelzapfen sind ausgebohrt.

Die Pleuelanordnung besteht aus einer Gabelpleuel- und einer Nebenpleuelstange. Der Mittenabstand zum Kolbenbolzen beträgt 368 mm. In den Pleuelkopf der gegabelten Stange ist eine außen nitrierte Büchse geklemmt, in welcher innen Dünnwand-Bleibronze-Lagerschalen mitgespannt werden. Auf der nitrierten harten Außenfläche der Büchse läuft die in der Nebenpleuelstange eingelegte schmale Lagerschale.

Die Pleuelstangenschäfte sind der Länge nach durchbohrt, um Öl zur Schmierung der Kolbenbolzen und zur Kühlung der Kolben zuzuführen. Die Kolben bestehen aus drei Teilen, und zwar aus einem Kolbenstuhl in Y-Leichtmetallegierung, welcher den Kolbenbolzen trägt, und dem darübergestülpten eigentlichen Kolben. Letzterer ist zusammengesetzt aus dem Kolbenhemd aus Y-Legierung und dem darauf angeschraubten Kolbenboden aus Hidurallegierung. Der Kolbenstuhl wird mit einem Federring im Kolbenhemd gehalten. Der zwischen Kolbenstuhl und Kolbenhemd und Kolbenboden sich bildende Zwischenraum wird von dem aus der Pleuelstange übertretenden Öl zwecks Kühlung des Kolbens durchspült. Die Kühlwirkung wird durch eine Shakerwirkung intensiviert.

Die drei Kurbelwellen sind phasenrichtig über ein Zahnradgetriebe verbunden und geben ihre Leistung an das in der Mitte des Dreiecks liegende Zahnrad ab, von welchem der Abtrieb aus dem Motor nach außen geführt wird. Das Schema des Zahnradtriebes zeigt Abb. 260. Die oberen Triebwerke sind mit dem zentralen Abtriebsrad über je ein Zwischenrad verbunden, während zwischen dem unteren Triebwerk und dem Abtriebsrad zwei Zwischenräder eingeschaltet sind, um den jeweiligen Gegenlauf der Kolben zu erzielen. Der ganze Zahnradtrieb ist in einem alle drei Kurbelgehäuse und Zylinderblöcke verbindenden und an diese angeschraubten Räderkasten enthalten. Jede der Kurbelwellen ist mit den zugehörigen Abtriebsrädern im Räderkasten durch kurze verzahnte Flanschwellen verbunden, welche in die passenden innenverzahnten Hülsen an den Kurbelwellen und an den Zahnrädern eingreifen. Diese Zahnkupplungen erlauben eine begrenzte Flexibilität und eine einfache Montage und Demontage. Die einzelnen Räder des Phasentriebes sind in Zylinderrollenlagern gelagert.

Jedem Zylinder ist eine einzelne Einspritzpumpe zugeordnet, die in unmittelbarer Nähe der Einspritzdüse steht. Die einzelnen Einspritzpumpen und die zugehörigen Einspritznockenwellen sind in eigenen, entlang der drei Zylinderblöcke angeschraubten, schmalen Gehäusen untergebracht. Für die Übertragung der Regelung sind die verdrehbaren Regelstangen der einzelnen Pumpen miteinander gekuppelt. Die Plunger der Einspritzpumpen werden von den Regelstangen über gekreuzte Schraubenräderpaare verdreht.

Das Spülgebläse, bestehend aus einem doppelflutigen Radialrad, ist an der dem Abtrieb entgegengesetzten Motorseite in der Mitte des Dreiecks angebracht. Die Spülluft tritt unmittelbar aus dem Spiralgehäuse in die Spülluftkanäle der Zylinderblöcke über. Der Antrieb des Gebläses ist im Schema ebenfalls aus Abb. 260 zu sehen. Für die Übertragung der notwendigen Gebläseleistung führen zwei Wellentriebe entlang der oberen zwei Kurbelgehäuse. Der Wellentrieb entlang des unteren Kurbelgehäuses dient zum Antrieb der Wasserpumpen und sonstigen Hilfsantriebe.

Das Schmiersystem ist als Trockensumpfschmierung ausgebildet. Das Öl aus den oberen Kurbelräumen läuft über zwei Sammelleitungen an der Außenseite der Kurbelgehäuse in den Ölsumpf des unteren Kurbelgehäuses ab. Von diesem wird das Öl von einer Absaugpumpe durch einen Schmierölkühler in einen gesondert vom Motor aufgestellten Behälter gedrückt. Die Ölumlaufdruckpumpe saugt dann das Öl aus dem Schmierölbehälter ab und fördert es in einen Hauptstromfilter, von welchem es dann den einzelnen Schmierstellen über im Kurbelgehäuse und Räderkasten und Gebläse gebohrte Verteilleitungen zugeführt wird.

Der Längsschnitt zeigt die Verbindung des Motors mit einem Bootswendegetriebe, in welchem der Vor- und Rückwärtsgang über eine öldruckgeschaltete Kupplung eingerückt werden. Der Motor wird in der Regel mittels Druckluft gestartet, wobei nur in einer Zylinderreihe über Anlaßventile Druckluft eingeblasen wird.

IV. Luftgekühlte Zweitakt-Dieselmotoren

1. Luftgekühlter Einzylinder-Zweitakt-Dieselmotor der Fichtel & Sachs AG., Schweinfurt

Der in Abb. 261 im Längs- und Querschnitt gezeigte luftgekühlte Zweitaktmotor stellt in Verbindung mit der verwendeten Kurbelkastenspülung die einfachste Ausführungsmöglichkeit eines Kolbenmotors dar. Der Motor hat 88 mm Bohrung und 100 mm Hub. Die Leistung beträgt 12 PS bei 2200 U/min. Die hauptsächliche Verwendung solcher Motoren liegt bei Kleintraktoren, für Antriebe aller Art in der Landwirtschaft und dort, wo gerade eine einfache Bauart von besonderem Vorteil ist.

Der Zylinder dieses Motors wurde in seinen Einzelheiten nach Abb. 22 schon beschrieben.

Das Kurbelgehäuse ist bei dieser Konstruktion ein sehr einfacher Bauteil. Die Lagerscheiben sind in das Gehäuse eingesetzt, das Schwungrad- und Reglergehäuse sind eigene Gußteile. Das Kurbelgehäuse umschließt das Triebwerk mit geringen Zwischenräumen, damit der schädliche Raum für die Kurbelgehäusespülung möglichst klein wird. Der aufgesetzte Zylinder mit den Spülkanälen wird am Gehäuse mit vier Stück M12-Stiftschrauben befestigt.

Die Kurbelwelle ist einteilig, da eine gleitgelagerte Pleuelstange verwendet wird. Die Hauptlagerzapfen mit 45 mm Durchmesser sind mit Zylinderrollenlagern versehen. Die Wangen sind wegen der möglichst guten Ausfüllung des Kurbelraumes für die Kurbelkastenspülung scheibenförmig ausgebildet. An der Innenseite der Wangen sind zusätzliche Gegengewichte angeschraubt. Der Pleuelzapfen hat 48 mm Durchmesser. Die Schmierölzufuhr zum Pleuellager erfolgt über die in die Wangenaußenseiten eingedrehten hinterstochenen Rillen, in welche das Schmieröl aus den Rollenlagern überläuft. Die Zylinderlaufbahn und der Kolbenbolzen sind durch Öldunst geschmiert.

Bemerkenswert einfach ist die Einspritzpumpen- und Regleranordnung. Die Einspritznocke sowie das Reglermeßwerk sitzen am verlängerten vorderen Kurbelwellenende. Die Einspritzpumpe der Einstecktype und das Reglergestänge sind in dem mit dem vorderen Lagerschild verbundenen Gehäuse angeordnet.

Als Reglergewichte wirken bei dieser Konstruktion die zwischen zwei konischen Scheiben gefüllten Kugeln, welche durch ihre Fliehkraft die beiden Scheiben auseinanderdrücken. Die Reglerfeder ist um die Achse des Reglerhebels gewickelt und greift mit einem Federende in den Reglerhebel und mit dem anderen in den Handverstellhebel ein. Für den Start ist eine einfache Überfüllungseinrichtung durch einen konischen Anschlagstift vorgesehen, welcher beim Start von Hand aus herausgezogen wird, womit dann die Regelstange der Einspritzpumpe durch die Reglerfeder auf Überfüllung gedrückt wird. Beim Anspringen des Motors springt der konische Stift selbsttätig wieder in die Ausgangslage, in welcher die Füllung auf die Nennleistung begrenzt wird. Die Schmierölzuteilpumpe von Bosch wird durch einen rechtwinkeligen Schraubenradtrieb von der Kurbelwelle aus angetrieben und ist am Reglergehäuse befestigt. Der Schmierölvorrat ist in einem Abteil des Brennstoffbehälters untergebracht. Von der Schmierölpumpe wird das Öl den beiden Kurbelwellenlagern in einer fest eingestellten Menge zugemessen. Das lange vordere Kurbelwellenende ist zur Aufnahme des Riemenzuges durch ein Kugellager unterstützt.

Zur Kühlung ist ein riemengetriebenes Achsialgebläse unmittelbar vor dem Zylinder und Zylinderkopf angeordnet. Der Riemen wird durch eine geteilte Riemenscheibe auf der Gebläsewelle nachgespannt. Anstelle der eingesetzten Lagernabe des Gebläserades kann auch eine Lichtmaschine befestigt werden, wenn Elektrostart vorgesehen ist.

In den Zylinderkopf aus Leichtmetall ist eine Wirbelkammer eingegossen. Das Verdichtungsverhältnis beträgt 20:1. Der Kolben aus Leichtmetall hat eingegossene Kolbenbolzenbüchsen. Er ist mit vier Verdichtungsringen bestückt, wovon der oberste als einseitiger Trapezring ausgebildet ist. Die Ringe sind gegen Verdrehung mit einem Stift gesichert. In der gezeigten Ausführung ist der Motor auf einem Sockel aufgestellt. In vielen Fällen wird der Motor fliegend am Schwungradgehäuse befestigt. Das Schwungradgehäuse ist ein Leichtmetall-Kokillengußstück.

2. Luftgekühlter Zweizylinder-Zweitaktmotor von Ornstein & Koppel und Lübecker Maschinenbau AG.

Der in Abb. 262 im Längs- und Querschnitt dargestellte Motor ist eine der ersten auf dem Markt befindlichen Neuentwicklungen eines luftgekühlten Zweitaktmotors mit Gebläsespülung. Der einfache Aufbau des Motors macht ihn für den Einsatz in Traktoren und Baumaschinen unter schwierigen Bedingungen mit ungeschultem Personal besonders geeignet.

In der gleichen Zylindergröße wird eine Baureihe von Ein-, Zwei-, Dreizylindern erzeugt. Der Einzylindermotor hat ein Kolbenspülgebläse, die Zwei- und Dreizylindermotoren werden durch Rootsgebläse gespült. Die Hauptabmessungen der Baureihe sind 110 mm Bohrung, 135 mm Hub, womit beim Zweizylindermotor eine Leistung von 36 PS bei 1700 U/min erreicht wird.

Das Kurbelgehäuse ist in Tunnelbauweise ausgebildet. Die Kurbelwelle wird bei dieser Konstruktion vom vorderen Motorende eingeschoben, während die schwungradseitige Lagerwand geschlossen ist. Die geteilte Lagerscheibe des Mittellagers wird zur satten Anlage an die Tunnelbohrung mit einer Dehnschaft-Kopfschraube nach unten gezogen. Unterhalb der Zylinderbüchsenauflage ist der Spülluft-Sammel- und Verteilraum angeordnet, an welchen unmittelbar darüber an der Motorseite das Rootsgebläse angebracht ist. Aus dem Spülluftraum tritt die Spülluft direkt in die darüber aufgesetzten Zylinderbüchsen über, wobei durch die an die Zylinderbüchsen angegossenen Spülkanäle die Spülluft den höher gelegenen Einlaßschlitzen zugeführt wird. Durch die Kanalform und Schlitzstellung wird die in den Zylinder eintretende Luft in die für die Umkehrspülung notwendige Richtung gelenkt. Um den Achsabstand zwischen den Zylindern zu vermindern, sind die Spülkanäle an den Büchsen an den aneinanderliegenden Seiten offen ausgeführt. Der Spalt zwischen den Kanälen wird auf einfache Weise durch ein darübergezogenes Gummiprofilband abgedichtet. Die Auspuffschlitze sind auf der Austrittsseite der Kühlluft angeordnet. Die Zylinderbüchsen werden über den Zylinderkopf mit vier Dehnschaftschrauben niedergehalten.

Der einfache Zylinderkopf mit senkrecht über dem Zylinderkopfboden angeordneten Kühlrippen enthält die für direkte Einspritzung vielfach ausgeführte Brennraumform mit eingezogener Brennraumkante, welche aus hitzebeständigem Stahl in den Zylinderkopf gesondert eingeschraubt ist. Die Einspritzdüse sitzt in einem im Zylinderkopf eingeschraubten Zwischenstück, das unmittelbar über dem Düsensitz Bohrungen hat, um Kühlluft an diesen heranzuführen.

Das achsiale Kühlgebläse wird mit einem Schmalkeilriemen angetrieben. Eine federnde Spannrolle sorgt für die selbsttätige Riemenspannung. Bei Riemenriß wird durch das Ausschwenken der Spannrolle die Brennstofförderung der Einspritzpumpe abgestellt.

Mit dem vorderen Lagerschild des Kurbelgehäuses ist der Räderkasten für den Einspritzpumpenantrieb verbunden. Die Einspritzpumpe ist an die über die Gehäusekontur vorstehende Fläche des Räderkastens direkt angeflanscht. Das Zwischenrad zwischen Kurbelwelle und Einspritzpumpe wird für den unmittelbaren Antrieb der Zahnradölpumpe herangezogen, deren Gehäuse mit dem Zwischenrad in den Räderkasten von außen eingeschoben wird. Die Ansaugleitung der Ölpumpe, welche im Boden und in der vorderen Wand des Kurbelgehäuses eingegossen ist, wird durch einen Kanal im Räderkasten zur Ölpumpe weitergeführt. Der Ölspaltfilter ist in den Räderkasten eingesetzt, von dem das Schmieröl durch weitere gebohrte und gegossene Kanäle im Räderkasten der im Kurbelgehäuse seitlich liegenden Verteilleitung zugeführt wird. Es wurde auf diese Weise jedwede Rohrleitung und Rohrverbindung am Motor vermieden.

Der Kolben mit einem gewölbten Kolbenboden ist mit drei Verdichtungsringen und zwei Ölabstreifringen bestückt.

V. Ottomotoren

1. Luftgekühlte Ottomotoren

a) Luftgekühlter Zweitakt-Ottomotor mit Kurbelkastenspülung der ILO-Werke GmbH.

Der in Abb. 263 im Längsschnitt gezeigte luftgekühlte Zweitakt-Ottomotor hat 50 mm Bohrung und 50 mm Hub. Seine Leistung beträgt 4,3 PS bei 4500 U/min. Das Hauptaugenmerk bei der Konstruktion solcher Motoren ist auf äußerst billige Herstellung und möglichst geringes Gewicht zu richten. Das vorliegende Beispiel weist typische Merkmale einer einfachen Konstruktion von Kleinmotoren auf.

Das Kurbelgehäuse ist aus zwei Hälften aus Leichtmetall-Druckguß zusammengesetzt, in welche die Kurbelwelle eingelegt wird. Die Wandstärken des Gehäuses liegen zwischen 2,5 und 3 mm. Die Kurbelwelle ist in zwei Kugellagern 6303 gelagert. Der gehärtete Pleuelzapfen mit 17 mm Durchmesser, auf welchem die Rollen des Pleuellagers unmittelbar laufen, ist in die Scheibenwangen eingepreßt. Der Kolbenbolzen ist gleitgelagert.

Als Schwungrad dient das Polrad des Schwungradzündmagneten, der in einer blechgepreßten Scheibe eingesetzt ist. Der Schwungradzündmagnet ist durch ein zwischen Gebläserad und Spiralgehäuse gebildetes Labyrinth vor Staub geschützt. Auf der blechgepreßten Scheibe sitzt außen das in Druckguß von 2 mm Wandstärke hergestellte Radiallaufrad. Auf dem Gebläserad ist die Anwurfrolle befestigt. Das Spiralgehäuse ist mit der schwungradseitigen Kurbelgehäusehälfte verbunden. Die Zylinderbüchse ist in Leichtmetall gegossen und hat eine verchromte Lauffläche. Zylinder und Zylinderkopf werden mit vier Stehbolzen gemeinsam auf das Gehäuse gespannt. Die Schmierung der Lager und Zylinderlaufbahn erfolgt wie bei allen diesen Motoren durch das angesaugte Brennstoff-Öl-Gemisch.

b) Luftgekühlter Zweizylinder-PKW-Motor der Lloyd-Motorenwerke, Bremen

Der in Abb. 264 in verschiedenen Schnitten und Ansichten dargestellte Motor hat 74 mm Bohrung, 64 mm Hub. Seine Leistung beträgt 25 PS bei 5000 U/min. Der Motor wird in einem Kleinpersonenwagen eingebaut und ist daher mit seiner Zubehör- und Hilfsmaschinenanordnung hauptsächlich dem Fahrzeug angepaßt. Die Zylinderachse des Motors ist im Motorraum um 40° gegen die Auspuffseite geneigt. Der Zylinderkopf dieses Motors wurde bereits in Abb. 40 im einzelnen dargestellt. Die Gußteile des Motors sind bis auf die Grauguß-Zylinderbüchsen alle in Leichtmetall abgegossen. Das Kurbelgehäuse ist zur Aufnahme der wälzgelagerten Kurbelwelle in der Kurbelwellenmitte geteilt, wobei für die Kraftübertragung der Kurbelgehäuseunterteil durch unmittelbar neben den Lagerbohrungen liegende Stiftschrauben M10 mit dem Oberteil verbunden ist. Die Außenflanschen der beiden Gehäusehälften sind noch zusätzlich mit M6-Schrauben verschraubt. Der Zylinderabstand beträgt 105 mm. Die Ölpumpe ist am Gehäuseteilungsflansch des Kurbelgehäuseunterteils neben dem Mittellager befestigt. Die von der Ölpumpe zu den drei Hauptlagern führende Ölleitung ist als Stahlröhrchen in das Kurbelgehäuseunterteil eingegossen. Als Ölfilter wirkt der von unten in den Ölsumpf eingesetzte Saugfilterkorb.

Die dreifach gelagerte Kurbelwelle ist aus einzelnen Kröpfungsteilen und Lagerzapfen zusammengesetzt, welche nur durch die Schrumpfpassung zusammengehalten werden. Das vordere Kurbelwellenlager ist als Rollenlager Größe NUL 30, das Mittellager als Rollenlager Größe NUL 35 ausgebildet, während als Endlager zur Lagesicherung der Welle ein Kugellager 6306 C3 vorgesehen ist. Auf dem Mittellagerzapfen ist auch das Ölpumpen-Antriebszahnrad mitgeklemmt. Als Pleuellager werden Doppelrollenlager verwendet, deren Innenring zwischen den Kurbelwangen mitgeklemmt ist. Die Pleuelzapfen an der Kurbelwelle sind nicht gegeneinander versetzt, um eine gleichmäßige Zündfolge zu erreichen. Die Schmierung der Pleuellager erfolgt durch die an den beiden Endwangen befestigten Fangscheiben, in welche das Schmieröl aus den Wälzlagern der Kurbelwelle übertritt und durch Fliehkraftwirkung den Pleuellagern zugeführt wird.

Die Nockenwelle, von welcher die direkt auf die Ventile drückenden Schwinghebel betätigt werden, ist in einem auf die Einzelzylinderköpfe aufgesetzen Gehäuse gelagert. Die Nockenwelle wird durch eine einfache Rollenkette vom vorderen Kurbelwellenende aus angetrieben. Die Kette wird durch eine federnde Stahlschiene gespannt. Das gezogene Trum wird zusätzlich durch eine Gummischiene gedämpft. Interessant ist der vorgesehene Druckausgleich vom Kurbelgehäuse, er wird durch einen mit dem Nockenwellenzahnrad elastisch gekuppelten Drehschieber gesteuert. Vom Drehschieber führt ein Kanal im Nockenwellengehäuse und anschließend ein Verbindungsrohr zum Luftfilter. An das schwungradseitige Ende der Nockenwelle ist der Zündverteiler gekuppelt.

Das radiale Kühlgebläse ist seitlich am Motor angebracht. Das Radialrad ist auf dem freien Wellenende der Lichtmaschine befestigt, die in einem mit dem Kurbelgehäuseunterteil verbundenen Sattel liegt. Das Spiralgehäuse mit der Luftführung zu den Zylindern ist aus Blechpreßteilen zusammengesetzt.

c) Luftgekühlter Vierzylinder-Boxermotor der Volkswagen GmbH.

Der in Abb. 265 in drei Schnitten dargestellte Motor ist im Grundaufbau im wesentlichen durch seine weite Verbreitung bekannt. Viele seiner konstruktiven Details können als Lehrbeispiele für die fertigungsgerechte Durchbildung von Einzelteilen sowohl für den jungen als auch für den erfahrenen Konstrukteur dienen. Die Kenndaten des Motors sind Bohrung 77 mm, Hub 65 mm, Leistung 30 PS bei 3400 U/min. Der Motor wird vielfach auch als Antriebsmotor für stationäre Zwecke und für Landmaschinen verwendet.

Das Kurbelgehäuse ist in der Kurbelwellenmitte senkrecht zu den Zylinderachsen geteilt, was die Herstellung der beiden Hälften in Leichtmetall-Druckguß ermöglicht. Die beiden Kurbelgehäusehälften sind neben den Zylinderköpfen die einzigen Hauptgußteile des Motors. Sie enthalten auch den Ölsumpf, den Steuerräderkasten, die Gebläselagerung und den Getriebeanschlußflansch. Die kraftleitende Verbindung beider Hälften übernehmen Stiftschrauben M 10 mit Dehnschaft, die in der Nähe der Lagerbohrungen liegen. An den Außenrändern werden die Gehäusehälften zusätzlich durch eine Anzahl von M 8-Schrauben zusammengehalten. Die beiden Gehäusehälften werden durch zwei diagonal liegende Paßstifte in ihrer Lage gegenseitig zentriert.

Kurbelwelle und Nockenwelle liegen in der Teilfläche des Gehäuses. Die Kurbelwelle ist dreifach in Leichtmetallagern gelagert. Zusätzlich ist noch ein Außenlager unmittelbar neben der Gebläseriemenscheibe vorgesehen. Das Mittellager muß geteilt sein. Die oberflächengehärteten Haupt- und Pleuellagerzapfen haben einen Durchmesser von 50 mm. Der Zylinderabstand beträgt 103 mm. Die Pleuellager haben Stahlstützschalen mit Bleibronzeausguß. Die Deckelschrauben der Pleuelstange werden aus Montagegründen von der Schaftseite her angezogen.

Der Mittenabstand der Pleuelaugen beträgt 130 mm. Die dreifach gelagerte Nockenwelle läuft im Leichtmetall des Gehäuses. Das Nockenwellenantriebszahnrad ist auf dem aufgestauchten Flansch der Nockenwelle aufgenietet. In gleicher Achse mit der Nockenwelle liegt die Ölpumpe, deren abgeflachter Antriebszapfen in den gefrästen Schlitz am

Nockenwellenflansch eingreift. Das zylindrisch gestaltete Ölpumpengehäuse ist an der Außenwand des Räderkastens zwischen die Teilflächen der Gehäusehälften geklemmt und wird über den blechgepreßten Abschlußdeckel an der Stirnwand befestigt.

Die Stößel gleiten ebenfalls im Leichtmetall des Kurbelgehäuses. Die gegen die Nocken arbeitende Wälzfläche der Stößel ist zylindrisch gewölbt. Die hiezu notwendige Verdrehsicherung übernehmen zwischen den Stößeln im Gehäuse befestigte Blechplättchen, welche sich gegen die Abflachungen an den Stößelenden satt anlegen. Die Stoßstangen sind in die Stößel eingelötet, sie werden daher um die Pfeilhöhe des Schwenkbogens am Kipphebel dauernd etwas elastisch gebogen. Die Schmierölzufuhr zu den Kipphebeln erfolgt über die Stößel und hohlen Stoßstangen. Die Stoßstangenverkleidungsrohre sind an beiden Enden gewellt und stützen sich dadurch federnd gegen die im Gehäuse und Zylinderkopf eingelegten Gummiformringe ab.

Die Zylinderbüchsen aus Grauguß werden gemeinsam über die Zylinderköpfe durch je vier Stück M10-Stiftschrauben mit Dehnschaft auf das Gehäuse gespannt. Die Zylinderbüchsen sitzen in einem etwa 11 mm hohen Einpaß in den Zylinderköpfen und dichten an ihrer Stirnfläche unmittelbar gegen das Leichtmetall des Kopfes. An der Außenseite des Einpasses ist zusätzlich zwischen Büchse und Kopf ein Kupfer-Asbest-Ring eingelegt, um ein allfälliges Übertreten von Abgasen in die Kühlluft, die auch zur Wagenheizung verwendet wird, mit Sicherheit zu verhindern.

Die Leichtmetallzylinderköpfe erstrecken sich als gemeinsames Gußstück über beide Zylinder einer Reihe. Mit dem Kopf zusammengegossen ist auch das Ventilkammergehäuse. Die Einlaßkanäle werden in der Mitte des Kopfes zusammengefaßt und nach oben, die Auslaßkanäle zur Front- und Schwungradseite aus dem Kopf geführt.

Die Kipphebelwelle wird in den im Ventilkammergehäuse ausgefrästen halbkreisförmigen Sätteln befestigt. Der Deckel des Kipphebelraumes wird durch einen im Zylinderkopf eingehängten federnden Drahtbügel niedergehalten.

Das radiale Gebläserad sitzt auf dem Wellenende der Lichtmaschine. Die Mitnahme der Radscheibe erfolgt mittels zweier zusammengespannter Reibscheiben. Der Keilriemen wird durch eine geteilte aus Blechpreßteilen zusammengesetzte Riemenscheibe gespannt. Das Gebläserad dreht mit $2^1/_2$facher Motordrehzahl. Die Lichtmaschine ist mittels eines Spannbandes auf einem mit einer Kurbelgehäusehälfte zusammengegossenen Sattelbock befestigt. Gebläserad und Luftführungen sind aus Blechpreßteilen zusammengesetzt.

Die Regelung der Zylindertemperatur erfolgt bei diesem Motor durch Drosselung der Kühlluftmenge. Zu diesem Zweck ist im Einlaufstutzen des Gebläserades ein schwenkbares Rohrstück angeordnet, welches je nach seiner Lage einen Teil des Eintrittsquerschnittes in das Gebläserad abdecken kann. Das Rohrstück ist auf einer unter dem Eintrittsstutzen befindlichen Welle gelagert, welche über ein Gestänge mit dem im Abluftstrom befindlichen Thermostaten verbunden ist. Durch die Längenänderung des Thermostaten wird über das Gestänge das Rohrstück entsprechend geschwenkt. Innerhalb des Gebläsegehäuses steht unmittelbar neben dem aus dem Gebläse austretenden Kühlluftstrom der Ölkühler, der über den zugehörigen Übertrittsbohrungen direkt am Kurbelgehäuse angeflanscht ist. Die Übertrittsbohrungen in den Ölkühler sind durch kurze Gummihülsen abgedichtet. Als Ölfilter dient der in das Kurbelgehäuse von unten eingesetzte Saugkorb an der Saugleitung zur Ölpumpe.

2. Wassergekühlte Ottomotoren

a) Vierzylinder-1,7 l-PKW-Ottomotor der Ford-Werke AG., Köln

Der in Abb. 266 im Längs- und Querschnitt dargestellte Motor hat bei einem Zylinderdurchmesser von 84 mm und einem Hub von 76,6 mm eine Leistung von 60 PS bei 4250 U/min.

Der Zylinderkopf dieses Motors wurde in Abb. 39 und das Kurbelgehäuse in Abb. 60 detailliert dargestellt. Bemerkenswert ist die Verwendung einer dreifach gelagerten Kurbelwelle aus Sphäroguß. Die Kurbel- und Pleuelzapfen und die Wangen im lagerfreien Teil sind hohl gegossen. Für die Schmierölzufuhr von den Haupt- zu den Pleuelzapfen sind in die Zapfen Röhrchen eingegossen. Der Pleuelzapfen hat einen Durchmesser von 54 mm, der Hauptlagerzapfen einen solchen von 57 mm. Das Spiel im Pleuellager beträgt 0,018 bis 0,05 mm, in den Hauptlagern 0,01 bis 0,042 mm. Die Kurbelwelle wird im Mittellager gehalten. Die Pleuelaugen haben einen Abstand von 126 mm. Die Bi-Metallkolben sind mit zwei Verdichtungsringen und einem Ölabstreifring bestückt. Der Kolbenbolzen hat 22 mm Durchmesser. Zylinderachse und Kurbelwellenmitte sind um 2 mm desachsiert. Die Nockenwelle ist ebenfalls nur dreifach gelagert und läuft in in das Gehäuse eingepreßten Büchsen mit Weißmetallausguß mit 43,3 mm Zapfendurchmesser und einem Lagerspiel von 0,025 bis 0,051 mm. Das Antriebszahnrad der Nockenwelle besteht aus einem Kunstharzgewebe mit einer eingepreßten Stahlnabe. Die Nockenwelle wird achsial durch eine zwischen vorderen Lagerzapfen und Zahnradnabe eingelegte Scheibe gehalten. Von der Nockenwelle werden über einen gemeinsamen Schraubenradtrieb die Ölpumpe und der Zündverteiler angetrieben.

Der Kurbelraum wird über einen knapp hinter dem Ventilatorstern angeordneten Rohrstutzen mit Frischluft belüftet.

Der Luftaustritt aus dem Kurbelraum liegt nahe dem Schwungradflansch in einem im Kurbelraum hochgeführten Kanal, von welchem ein Rohr nach unten geführt wird. Durch den vom Fahrtwind am Rohrende erzeugten Unterdruck tritt noch eine zusätzliche Saugwirkung auf.

Die sehr einfach gestaltete Wasserpumpe fördert direkt in den Kühlwasserraum um die Zylinderbüchsen. Die Riemenscheiben an der Kurbelwelle und Wasserpumpe sind einteilige Blechpreßteile, deren Rillenprofil durch einen Faltvorgang gebildet wird. Die Kipphebel im Zylinderkopf sind auf einer gemeinsamen Hohlachse aufgefädelt und gleiten unmittelbar Stahl auf Stahl auf der Achse. Ventilkammerdeckel, Steuerräderdeckel und Ölwanne sind als Blechpreßteile geformt.

b) Vierzylinder-1,3 l-PKW-Ottomotor von Alfa Romeo, S.P.A., Mailand

Der in Abb. 267 im Längs- und Querschnitt dargestellte Motor hat 74 mm Bohrung und 75 mm Hub. Die Leistung des Motors beträgt in der Normalausführung 50 PS bei 5200 U/min, in der Sportausführung 90 PS bei 6000 U/min. Der Motor zeigt in seinem Aufbau die Gestaltungsmerkmale eines hochdrehenden Sportwagenmotors, wie Leichtmetallzylinderkopf mit halbkugeligem Verbrennungsraum und schrägstehenden, großen Ventilen mit darüber angeordneten Nockenwellen.

Das Kurbelgehäuse ist unter die Kurbelwellenmitte gezogen. Die nassen Zylinderbüchsen sitzen auf einem Flansch unten im Wasserraum. Die Büchsen stehen 0,06 mm über der Gehäusefläche vor. An der Außenseite des Kühlwassermantels sind zu dessen Versteifung starke in die Lagerwände übergehende Rippen angeordnet. Die Zylinderkopfschrauben gehen durch den Wasserraum und sitzen mit dem Einschraubende direkt in der Lagerwand. Die Kurbelwelle ist fünffach gelagert und hat Hauptlagerzapfen mit 57 mm Durchmesser und Pleuellagerzapfen mit 45 mm Durchmesser. Das Hauptlagerspiel beträgt 0,013 bis 0,05 mm, das Pleuellagerspiel 0,025 bis 0,064 mm. Die Gegengewichte am Mittellager und an den Außenwangen sind mit der Welle aus einem Stück. Der Mittenabstand der Pleuelaugen beträgt 133 mm, der Kolbenbolzendurchmesser 20 mm. Der geschlitzte Kolben ist mit zwei Dichtringen und einem Ölabstreifring bestückt.

Die Verbindung von der Kurbelwelle zu den im Zylinderkopf gelagerten Nockenwellen erfolgt über einen unterteilten Kettentrieb nach Abb. 268. Von der Kurbelwelle führt zuerst ein 2:1-Kettentrieb auf ein Zwischenradpaar, welches im Gehäuse und im Abschlußdeckel gelagert ist. Von der Zwischenradwelle führt dann ein weiterer Kettentrieb mit kleinen Kettenrädern mit der Übersetzung 1:1 zu den beiden obenliegenden Nockenwellen; der letztgenannte Kettentrieb wird über ein in den Kettentrieb einspringendes federndes

Rad gespannt. Die Nockenwellen sind über den Ventilen in zwei mit dem Kopf verbundenen Aufsätzen untergebracht. Die Nockenwellen laufen im Leichtmetall des Zylinderkopfes in drei geteilten Lagerstellen. Der Lagerdurchmesser der Nockenwelle beträgt 27 mm, das Lagerspiel 0,02 bis 0,062 mm.

Die Nocken drücken unmittelbar auf die über die Ventilfedern und Ventile gestülpten Stößel. Die Stößel haben einen Durchmesser von 32,5 mm und gleiten ebenfalls im Leichtmetall des Kopfes mit einem Spiel von 0,005 bis 0,037 mm. Die beiden Nockenwellenräume und die Kettenräder werden durch einen gemeinsamen Deckel abgedeckt, der den Raum in der Mitte des Kopfes über den Zündkerzen frei läßt.

Im vorderen Abschlußdeckel des Kettentriebes sind auch die Ölpumpe und der Zündverteiler untergebracht, welche von einem gekreuzten Schraubenradpaar am vorderen Kurbelwellenende angetrieben werden. Die Wasserpumpe, die am vorderen Abschlußdeckel des Gehäuses befestigt ist, fördert unmittelbar in den knapp unter der Zylinderkopfdichtfläche liegenden Verteilkanal, aus welchem das Kühlwasser aus düsenartigen Bohrungen auf den Zylinderkopfboden gerichtet wird. Der Motor zeichnet sich durch sehr ruhige und glatte Linienführung aus.

c) V-Achtzylinder-Ottomotor der Bayerischen Motorenwerke AG., München

Der in Abb. 269 in verschiedenen Schnitten dargestellte V8-Motor wird hauptsächlich für Personenwagen, aber auch für Bootsantrieb verwendet. Die Bohrung des Motors beträgt 82 mm, der Hub 75 mm, die Fahrzeugleistung 140 PS bei 4800 U/min.

Das Kurbelgehäuse, der Zylinderkopf und alle anderen Gußteile sind in Leichtmetall gegossen.

Das Kurbelgehäuse ist in Kurbelwellenmitte geteilt. Die Lagerbügel sind für die Aufnahme der Seitenkräfte mit einer kreisförmigen Nut- und Federverbindung in das Gehäuse eingesetzt und mit zwei Dehnschaftschrauben M 14 × 1,5 befestigt. In das Kurbelgehäuse sind nasse Zylinderbüchsen der üblichen Ausführung mit obenliegendem Bund eingeschoben, die gegen den Kurbelraum durch zwei in Nuten der Büchse eingelegte O-Ringe abdichten. Die Zylinderreihen sind unter einem Winkel von 90° angeordnet und infolge der nebeneinanderliegenden Pleuelstangen gegeneinander in der Achsrichtung um 22 mm versetzt. Der Zylinderabstand ist 106 mm.

Der V-Raum zwischen den beiden Zylinderreihen wird durch einen gemeinsamen Deckel abgeschlossen, welcher auf den beiden Zylinderköpfen und auf den beiden hochgezogenen Endwänden aufliegt und gleichzeitig Stößel und Stoßstangen abdeckt. Mit dem Deckel ist die Ansaugverteil- und die Wassersammelleitung zusammengegossen. Dadurch wird eine wirksame Ansaugrohrvorwärmung erreicht. Auf dem Deckel sind dann unmittelbar die Vergaser aufgesetzt. Durch diese Anordnung wird ein geschlossenes Aussehen des Motors und eine einfache Ausbildung des V-Raumes ohne zusätzliche Kerne erreicht.

Die Kurbelwelle ist in Dreistofflagern fünffach gelagert. Die Hauptlager haben 60 mm, die Pleuellager 50 mm Durchmesser. Das Spiel in den Hauptlagern liegt zwischen 0,051 und 0,1 mm, in den Pleuellagern zwischen 0,033 und 0,07 mm. Für den Massenausgleich der als Kreuzwelle ausgebildeten Kurbelwelle sind an den äußeren drei Wangen Gegengewichte angeschmiedet. Die Außenwangen sind stärker als die dazwischenliegenden Wangen ausgeführt. Die Erleichterungsbohrungen der Hubzapfen werden durch eingeschlagene Röhrchen überbrückt.

Die Pleuelstange hat eine Länge von 142 mm. Das Kolbenbolzenauge wird durch eine Längsbohrung im Pleuelschaft druckgeschmiert. Der Kolbenbolzendurchmesser beträgt 22 mm. Der sehr kurz gebaute Autothermik-Kolben trägt drei Verdichtungsringe, wovon der oberste verchromt ist, und einen Ölabstreifring.

Die Nockenwelle liegt im Kurbelgehäuse in einem geschlossenen zylindrischen Kanal. Der Lagerdurchmesser der Nockenwelle beträgt 40 mm, das Lagerspiel liegt zwischen

0,039 und 0,07 mm. Die Nockenwelle läuft in eingepreßten Stahlbüchsen mit Lagermetallausguß. Der Außendurchmesser der Lagerbüchsen nimmt zum vorderen Gehäuseende hin zu, um das Einpressen der Lagerbüchsen durch die Paßbohrungen zu erleichtern. Die Topfstößel gleiten unmittelbar im Leichtmetall des Gehäuses.

Der Antrieb der Nockenwelle erfolgt über eine zweireihige Rollenkette. Der Steuerräderkasten ist vorne durch einen Leichtmetalldeckel abgeschlossen, der auch den Zündverteiler, die Förderpumpe, die Wasserpumpe und die Lichtmaschine trägt. Der Zündverteiler wird über ein geschränktes Schraubenräderpaar vom vorderen Nockenwellenende angetrieben. Die Förderpumpe wird von einem Exzenter betätigt. Die Wasserverteilkanäle von der Spirale zu den beiden Zylinderblöcken, die ebenfalls im vorderen Deckel eingegossen sind, führen das Kühlwasser direkt den beiden außen an den Zylinderreihen angebrachten Wasserverteilkanälen zu. Im rechten Wasserverteilkanal ist der Wasser-Ölkühler längsseits des Kurbelgehäuses untergebracht. Die Ölpumpe, die über eine einreihige Rollenkette angetrieben wird, liegt unter dem vorderen Lagerbügel.

Die Zylinderköpfe sind am Kurbelgehäuse mit langen Dehnschaft-Stiftschrauben M 14 × 1,5 befestigt. Die strömungsmäßig günstig durchgebildeten Ein- und Auslaßkanäle führen schräg nach oben zu beiden Seiten aus dem Zylinderkopf heraus. Der Einlaßkanal am Ventil hat 37 mm Durchmesser, der Auslaßkanal 33 mm Durchmesser. Für beide Ventile sind Perlit-Gußringe mit einem Übermaß von 0,115 bis 0,175 mm im Kopf eingeschrumpft. Die Auslaßventile sind zusätzlich am Sitz mit einer Hartmetallauflage gepanzert. Die im Zylinderkopf eingepreßten Ventilführungsbüchsen sind aus Bronze.

Bemerkenswert ist die Befestigung der Kipphebelachse. Die für jede Zylindereinheit vorgesehenen Schwinghebelböcke sind mit einem Ende zwischen den Ventilfedern am Kopf befestigt und mit dem anderen Ende über lange Stiftschrauben, welche im Kurbelgehäuse zwischen den beiden Stößeln eingeschraubt sind, abgestützt. Diese langen Schrauben nehmen im Betrieb ungefähr die Temperatur der Stoßstangen an, damit stellt sich die Höhe der Kipphebelachse stets so ein, daß eine Ventilspielvergrößerung im Betrieb vermieden wird.

d) V-Achtzylinder-Ottomotor der Ford Motor Company, Dearborn, USA

Der in Abb. 270 im Längs- und Querschnitt dargestellte Ottomotor ist für die hauptsächliche Verwendung in Schwerlastkraftwagen konstruiert. Interessant ist, daß aus derselben Grundmaschine durch zweifache Variation von Bohrung und Hub drei verschiedene Motoren erzeugt werden, deren Leistungen durch Verwendung von Zwei- und Vierfachvergasern noch weiter abgestuft werden können. In dieser Hinsicht werden in den USA die Motoren in der Regel von Anfang so ausgelegt, daß sie diese Leistungsvariationen gewährleisten und darüber hinaus später auch Leistungssteigerungen ermöglichen. Nachstehende Tabelle zeigt die erreichbaren Maximalleistungen (ohne Hilfsmaschinen).

Typ	Bohrung	Hub	Vergaser	PS/U/min
401	104,8	95,25	Doppel	206/3600
			Vierfach	226/3600
477	114,3	95,25	Doppel	231/3400
			Vierfach	253/3400
534	114,3	106,68		266/3200

Abb. 270 zeigt die Type 534.

Das Kurbelgehäuse aus Grauguß hat, wie bei diesen Motoren allgemein üblich, mitgegossene Zylinderlaufbahnen. Die Wandstärke der Zylinderrohre beträgt 5,5 mm. Der Zylinderabstand beträgt 133 mm. Die unter 90° angeordneten Zylinderreihen sind gegeneinander infolge der nebeneinanderliegenden Pleuelstangen um 26 mm versetzt. Der Ölwannenflansch liegt 95 mm unter Kurbelwellenmitte. Die seitlich im Gehäuse eingepaßten Lagerbügel werden über zwei 5/8-Zoll-Kopfschrauben befestigt. Das Schwungradgehäuse ist als gesonderter Gußteil am Gehäuse angeschraubt.

Der ganz offen gestaltete V-Raum zwischen den beiden Zylinderreihen ist zwischen den Nockenwellenlagern mit dem Kurbelraum unmittelbar verbunden. Der V-Raum mit Stößeln und Stoßstangen wird durch einen kreisförmig gebogenen Blechdeckel, der auf den beiden Zylinderköpfen und an den hochgezogenen Endwänden aufliegt, abgeschlossen. Mit diesem Blechdeckel ist ein in den V-Raum nach unten reichendes Blechgehäuse verbunden, welches als Beruhigungs- und Ölabscheidungsraum für die Kurbelgehäuseentlüftung dient. Aus dem Beruhigungsraum führt ein Rohr mit etwa 30 mm lichter Weite nach außen bzw. nach unten. Die Belüftungsluft tritt durch die auf die Zylinderkopfhauben aufgesetzten Filter ein.

Bemerkenswert ist die zu den Zylinderachsen um 13° schräg geneigte Zylinderkopfdichtfläche. Der dadurch entstehende Keil zwischen der Normalebene am Kolben und der Zylinderkopffläche bildet auf einfache Weise den Verbrennungsraum. Das Verdichtungsverhältnis beträgt 7,5:1. Die fünffach gelagerte, für einen Ottomotor kräftig dimensionierte Kurbelwelle hat Hauptlagerzapfen von 79,4 mm und Pleuellagerzapfen von 69 mm Durchmesser. Das Lagerspiel in den Hauptlagern liegt zwischen 0,046 und 0,1 mm und in den Pleuellagern zwischen 0,043 und 0,09 mm. Die Kurbelwelle wird im Mittellager achsial gehalten. Die Endwangen der Kurbelwelle sind stärker als die dazwischen liegenden Wangen ausgeführt. Für den Massenausgleich der 90°-V-Maschine sind je drei Gegengewichte an den außenliegenden Wangen angeschmiedet. Außerdem sind noch zusätzliche Massen in der Riemenscheibe und am Schwungradkranz untergebracht. Auf der Riemenscheibennabe ist ein Schwingungsdämpfer angeordnet, der aus einem Stahlring besteht, der unter Zwischenlage eines Gummiringes auf die Nabe aufgepreßt wird.

Die Pleuelaugen haben einen Mittenabstand von 196,6 mm. Der Kolben mit einer Schaftlänge von 113 mm trägt drei Verdichtungsringe, wovon der erste in einem eingegossenen Ringträger liegt, und einen Ölabstreifring.

Die Nockenwelle, welche über ein Zahnradpaar vom vorderen Kurbelwellenende angetrieben wird, ist in im Gehäuse eingepreßten schmalen Stahl-Bleibronze-Büchsen gelagert. Der Lagerdurchmesser beträgt 50 mm, das Lagerspiel 0,025 bis 0,076 mm. Die Nockenwelle wird achsial durch eine Bronzescheibe zwischen Lagerzapfen und Nockenwellenradnabe gehalten. Die verhältnismäßig kleinen und kurzen Topfstößel mit einem Durchmesser von 22 mm gleiten im Grauguß des Kurbelgehäuses mit einem Spiel von 0,012 bis 0,05 mm. Von der Nockenwelle wird über ein geschränktes Schraubenräderpaar knapp hinter dem vorderen Lager der Zündverteiler und die Ölpumpe angetrieben.

Die Ölpumpe mit innenverzahntem Räderpaar ist am Ölwannenflansch befestigt. Die Ölverteilleitung zu den Haupt- und Nockenwellenlagern, welche über der Nockenwelle in der Mitte des Motors liegt, besteht aus zwei starkwandigen Rohren, welche von beiden Motorseiten in die Aufnahmebutzen an den Lagerwänden eingepreßt werden. Für die Ölzufuhr zu den Hauptlagern ist eine Ringnut um die Nockenwellenlagerbüchsen im Gehäuse eingearbeitet. Vor dem schwungradseitigen Nockenwellenlager ist dann ein weiterer Schraubenradtrieb für einen Drehzahlendregler angeordnet. Der Steuerradtrieb ist durch einen einfachen Deckel abgeschlossen, an dem unten die Ölwanne mitangeflanscht ist.

Die gemeinsamen Zylinderköpfe aus Grauguß sind zwischen den Zylinderbüchsen mit zehn 5/8-Zoll-Kopfschrauben auf das Kurbelgehäuse gespannt. Wie schon vorhin erwähnt, ergibt sich durch die Schräge der Dichtfläche am Gehäuse eine ebene Bodenfläche am Kopf. Die Einlaßkanäle führen an die Motorinnenseite, die Auslaßkanäle nach außen. Das Einlaßverteilrohr ist in den Zylinderkopf eingegossen. Die beiden Einlaßrohre an den beiden Zylinderköpfen werden durch ein gemeinsames Vergaserverteilrohr überbrückt, auf welches dann die Vergaser aufgesetzt sind. Mit dem Verteilrohr ist zur Ansaugrohrvorwärmung das Wassersammelrohr aus den Zylinderköpfen verbunden, über welches die gesamte Kühlwassermenge des Motors abgeleitet wird. Im Wasserweg des Verteilrohres sind zwei Thermostaten angeordnet. Der schwungradseitige Thermostat, welcher sich zuerst öffnet, regelt den Kühlwasserfluß von den Zylinderblöcken durch das Verteilrohr zur Wasserpumpe für die anfängliche innere Zirkulation des Wassers. Der vordere Thermostat, welcher sich später öffnet, regelt den Kühlwasserstrom durch den Kühler.

Sowohl für die Ein- als auch für die Auslaßventile sind Ventilsitzringe mit einem Übermaß von 0,05 bis 0,1 mm in die Zylinderköpfe eingeschrumpft. Der Kanal am Einlaßventil hat 48 mm, am Auslaßventil 37 mm lichte Weite. Die Schäfte beider Ventile gleiten im Grauguß des Zylinderkopfes. Das Schaftspiel beim Einlaßventil beträgt 0,025 bis 0,065 mm, beim Auslaßventil 0,06 bis 0,1 mm. Der Schaft des Auslaßventils ist mit Natrium gekühlt.

Die Ventilführungen sind gegen das übermäßige Eindringen von Öl durch Gummistulpen, welche auf den Ventilschäften aufgeschoben sind, abgedeckt. Die Kipphebel einer Zylinderreihe sind auf einer gemeinsamen Kipphebelachse aufgefädelt. Die zwischen den Zylindern liegenden Kipphebelböcke werden über die Zylinderkopfschrauben am Kopf befestigt. Die Kipphebel gleiten ohne Büchsen auf der gehärteten Kipphebelachse mit einem Spiel von 0,025 bis 0,076 mm.

Die Wasserpumpe liegt über dem Steuerräderdeckel und ist mit den beiden Druckkanälen direkt über den Wasserräumen der beiden Zylinderblöcke angeflanscht. Als Wasserpumpenlager wird eine in sich geschlossene, abgedichtete Lagereinheit verwendet.

Zahlentafeln

Zahlentafel 1. Leistungsdaten und Kenn

Zeile	Hersteller	Kühlung	Takt	Zyl.-Zahl	Bohrung mm	Hub mm	Hubvol. l/Zyl.	Ges. Hubvol./l	Verbr.-Verf.	Größte Nutzleistung in PS DIN 70020 bei U/min	Aufladung	p_e kg/cm²	c_m m/sek	Dauerleistung B PS DIN 6270 bei U/min
	Einzylinder-Diesel-Stationär-													
1	Bernard Moteurs	L	4	1	90	90	0,572		D					10/3000
2	Bernard Moteurs	L	4	1	76	78	0,354		D					6/3000
3	Deutz	L	4	1	85	100	0,567		WK	10/3000		5,9	10	9,5/3000
4	Farymann	L	4	1	68	76	0,275		D	5/3000		5,45	7,6	4/2800
5	MWM	L	4	1	80	100	0,502		V					9/3000
6	Sendling	L	4	1	80	90	0,452		D					8/3000
7	Sendling	L	2	1	65	75	0,25		D					4/3000
8	Fichtel & Sachs	L	2	1	80	80	0,40		D					7/2500
9	Fichtel & Sachs	L	2	1	88	100	0,60		D	12/2200		4,47	9	10,5/2200
10	Petter	L	4	1	76,2	76,2	0,348		D					5/3000
	Dieselmotoren für Traktoren und													
11	Jenbacher Werke	W	4	1	125	145	1,78		V					20/1500
12	Steyr-Daimler-Puch	W	4	1	110	140	1,33		V	18/1750		6,95	8,2	
13	Perkins	W	4	4	88,9	127	0,79	3,15	WK	48/2000		6,85	8,5	42/2000
14	Torpedo	W	4	3	112	140	1,37	4,1	V					45/1600
15	MAN	W	4	2	100	125	0,98	1,96	D	30/2000		6,9	8,33	
16	Ferguson	W	4	4	85,7	101,6	0,59	2,36	WK					35/2200
17	Ford (Engl.)	W	4	4	100	115	0,9	3,6	D					40/1600
18	MWM	W	4	2	105	120	1,04	2,08	V	32/2200		6,3	8,3	30/2200
19	MWM	W	4	3	105	120	1,04	3,12	V	48/2200		6,3	8,3	45/2200
20	MWM	W	4	4	105	120	1,04	4,16	V	70/2200		6,9	8,3	60/2200
21	Hanomag	W	2	1	85	90	0,51		WK	12/2200		4,82	6,6	11,7/2200
22	Hanomag	W	2	2	85	90	0,51	1,02	WK	24/2200		4,82	6,6	23,6/2200
23	Bernard Moteurs	L	4	V 2	90	90	0,57	1,14	D					20/3000
24	Bernard Moteurs	L	4	V 4	90	90	0,57	2,28	D					40/3000
25	Deutz	L	4	1	95	120	0,85		WK	13/2300		6,0	9,2	11/2000
26	Deutz	L	4	2	95	120	0,85	1,7	WK	26/2300		6,0	9,2	22/2000
27	Deutz	L	4	2	110	140	1,33	2,66	WK	32/1800		6,02	8,4	32/1800
28	Deutz	L'	4	3	110	140	1,33	4	WK					48/1800
29	MWM	L	4	2	98	120	0,9	1,8	D	24/2000		6,0	8	22/2200
30	MWM	L	4	3	98	120	0,9	2,7	D	36/2000		6,0	8	33/2200
31	MWM	L	4	4	98	120	0,9	3,6	D	48/2000		6,0	8	44/2200
32	Ornstein & Koppel	L	2	2	110	135	1,28	2,26	D					36/1700

Zeichenerklärung zu Zahlentafel 1: D direkte Einspritzung. — V Vorkammer. — WK Wirbelkammer.

zahlen ausgeführter raschlaufender Motoren

Aufladung	p_e kg/cm²	cm m/sek	Gewicht kg	Außenabmessungen Länge mm	Breite mm	Höhe mm	Kennzahlen PS/l	kg/PS	kg/l	PS/m³	Bemerkungen	Zeile
Motoren, luftgekühlt, bis 10 PS												
	5,25	9	95	492	490	749	17,5	9,5	157	55,6		1
	5,1	7,8	65	435	395	590	17	10,8	184	59	Abb. 227	2
	5	10	110	450	495	668	16,8	11,6	194	57		3
	4,7	7,1	50	390	380	500	14,5	12,5	182	54		4
	5,38	10	105	350	495	615	17,9	11	210	84,5		5
	5,3	9	90	399	398	630	17,7	11,25	200	80		6
	2,4	7,5	38	345	307	475	16	9,5	152,5	79,5		7
												8
	3,15	6,6	70	462	535	569	17,5	10	175	50		
	3,6	9	104	510	690	705	19,9	8,7	172	57	Abb. 261	9
	4,32	7,6	110	415	414	694	14,4	22	316	42		10
allgemeine stationäre Zwecke												
	6,75	7,3	520	1150	570	692	11,2	26	292	44	Abb. 199	11
			300	645	565	870	13,5	16,7	226	56,5	Abb. 202	12
	6	8,5	326	760	607	914	15,2	6,8	103	113		13
	6,2	7,5	520	830	600	1000	11	11,5	127	90	Abb. 218	14
			350	621	748	904	15,3	11,7	178	71,5		15
	6,05	7,45		780	490	755	14,8			120	Abb. 204	16
	6,05	6,15	314	800	620	920	11,1	7,9	87	87	Abb. 203	17
	5,9	8,3	295	690	550	755	15,4	9,2	142	112		18
	5,9	8,3	355	780	500	825	15,4	7,4	114	149		19
	5,9	8,3	435	910	500	825	16,8	6,2	105	187		20
	4,7	6,6	104	456	484	671	23,5	8,7	204	81		21
	4,75	6,6	152	597	502	622	23,8	6,34	149	128	Abb. 243	22
	5,26	9	135	505	762	760	17,5	6,75	118	68	Abb. 228	23
	5,26	9	200	673	762	779	17,5	5	88	100	Abb. 229	24
	5,84	8	205	624	685	775	15,3	15,8	241	39,4		25
	5,84	8	285	695	640	802	15,3	11,0	168	73		26
	6,02	8,4	440	686	671	948	12	13,7	165	60		27
	6,02	8,4	500	761	656	948	12	10,4	125	101	Abb. 231	28
	5,5	8	270	685	525	865	13,3	11,3	150	77,3	Abb. 230	29
	5,5	8	320	735	582	925	13,3	8,9	118	91,2		30
	5,5	8	380	865	603	925	13,3	7,9	105	95		31
	3,72	6,75	360	648	620	877	14	10	140	103	Abb. 262	32

— R Rootsaufladung. — A Abgasgebläseaufladung. — W Wasserkühlung. — L Luftkühlung.

Fortsetzung auf S. 268

Zahlentafel 1, Fortsetzung von S. 267

Zeile	Hersteller	Kühlung	Takt	Zyl.-Zahl	Bohrung mm	Hub mm	Hubvol. l/Zyl.	Ges. Hubvol./l	Verbr.-Verf.	Größte Nutzleistung in PS DIN 70020 bei U/min	Aufladung	p_e kg/cm²	c_m m/sek	Dauerleistung B PS DIN 6270 bei U/min
	Dieselmotoren für													
33	Alfa Romeo	W	2	2	85	102	0,58	1,16	W K	34/3000		3,9	11,5	30/3000
34	Hanomag	W	2	4	85	90	0,51	2,04	W K	65/3200		4,5	9,6	48/2200
35	Ford (Köln)	W	2	V 4	92	105	0,7	2,8	W K	80/2800		4,6	9,8	77/2800
36	Ford (Köln)	W	2	V 6	92	105	0,7	4,2	W K	120/2800		6,9	9,8	115/2800
37	Cerlist	W	2	3	101,6	114,3	0,93	2,79	V	75/3000		4,04	11,4	72/2600
38	General Motors	W	2	3	98,5	114,3	0,865	2,6	D	81/2500		5,6	10,6	58/2200
39														
40	Bedford (Vauxhall)	W	4	4	103	108	0,9	3,61	D	62,5/2600		6,03	9,4	
41	Bedford (Vauxhall)	W	4	6	103	108	0,9	5,42	D	99/2600		6,35	9,4	
42	BMC	W	4	4	82,5	101,6	0,54	2,17	W K	55/3500		6,5	11,8	
43	BMC	W	4	4	95	120	0,85	3,4	D	68/2600		6,9	10,4	
44	BMC	W	4	6	95	120	0,85	5,1	D	105/2600		7,14	10,4	
45	Rootes	W	4	4	84	101,6	0,57	2,26	W K	54/3000		7,16	10,1	
46	Ford (Engl.)	W	4	6	100	115	0,9	5,4	D	100/2500		6,68	9,6	
47	Perkins	W	4	4	76,2	88,9	0,4	1,62	W K	43/4000		5,96	11,8	
48	Perkins	W	4	6	99	127	0,97	5,8	D	112/2800		6,2	11,9	85/2000
49	Rover	W	4	4	85,8	88,9	0,51	2,05	W K	52/3500		6,5	10,4	
50	Hercules	W	4	6	95,2	114,3	0,81	4,86	D	95/2800		6,3	10,7	68/1800
51	Waukesha	W	4	6	101,6	101,6	0,82	4,94	V	82/2800		6,35	9,45	65/2000
										118/2800	A	7,7		84/2000
52	Hanomag	W	4	4	90	110	0,7	2,8	V	70/2800	R	8	10,5	50/2000
53														
54	Deutz	L	4	4	95	120	0,85	3,4	W K	60/2800		5,7	11,2	44/2000
55	Deutz	L	4	6	95	120	0,85	5,1	W K	90/2800		5,68	11,2	66/2000
	Dieselmotoren für mittlere und													
56	Daimler-Benz	W	4	6	95	120	0,85	5,1	V	110/3000		6,5	12	94/2600
57	Daimler-Benz	W	4	6	128	140	1,79	10,8	V	200/2200		7,58	10,3	155/1800
58	Henschel	W	4	6	125	150	1,84	11	D	192/2100		7,5	10,5	168/1800
59	MAN	W	4	6	100	125	0,98	5,98	D	120/2700		6,7	11,2	89/2400
60	MAN	W	4	6	121	140	1,61	9,65	D	212/2100		9,4	9,8	135/2000
										230/2100	A	10,2	9,8	160/2000
61	MAN	W	4	V 8	115	140	1,45	11,63	D	180/2000		6,95	9,3	160/2000
														210/2000
62	MAN	W	4	6	108	128	1,17	7,03	D	150/2500		7,65	10,7	105/2200
63	Steyr-Daimler-Puch	W	4	4	110	140	1,33	5,3	V	95/2200		7,3	10,3	60/1500

Aufladung	p_e kg/cm²	c_m m/sek	Gewicht kg	Außenabmessungen Länge mm	Breite mm	Höhe mm	Kennzahlen PS/l	kg/PS	kg/l	PS/m³	Bemerkungen	Zeile
leichte LKW und *PKW*												
	3,83	10,2	140	540	515	730	29,6	4,1	122	167	Abb. 245	33
	4,8	6,6	212	839	525	680	32	3,26	104	93,5		34
	4,43	9,8	270	680	756	1100	28,6	3,38	96,5	156		35
	6,6	9,8	329	830	756	1100	28,6	2,74	78	192	Abb. 247	36
	4,46	9,9	274	795	585	890	27	3,65	98,5	162		37
	4,56	8,4	475	845	650	890	31,2	5,86	183	166		38
												39
			350	770	580	820	17,3	5,6	97	172		40
			450				18,3	4,5	81		Abb. 207	41
			280	720	415	740	25,4	5,1	129	250		42
			345	790	560	865	20	5,1	101	151		43
			495	815	600	865	20,6	4,7	97	248		44
			278				24	5,15	123			45
			400	1040	620	1000	18,5	4	74	155		46
			207	595	740	484	26,5	4,8	128	200		47
	6,6	8,5	410	960	580	850	19,3	3,65	71	235		48
			252	730	545	715	25,4	4,84	123	183	Abb. 205	49
	7	6,8	340	1020	540	890	19,6	3,58	70	194		50
	5,94	6,7	364	1020	570	815	16,6	4,45	74	174		51
A	7,65		386		625	990	23,9	3,27	78,2	187		
R	8	7,4	369	851	771	850	25	5,3	132	125		52
												53
	5,82	8	315	922	734	827	17,6	5,25	93,5	107	Abb. 236	54
	5,8	8	410	1230	734	848	17,6	4,55	80,5	118		55
schwere LKW, Baumaschinen												
	6,4	10,4	385	945	690	1010	21,6	3,5	75,6	167		56
	7,2	8,4	805	1385	785	1150	18,6	4,05	74,5	160		57
	7,6	9	720	1337	900	1170	17,5	3,75	65,2	136		58
	5,6	10	550	1095	720	842	20	4,58	92	181	Abb. 208	59
	6,3		750	1190	900	1010	21,9	3,54	77,6	187		60
A	7,5	9,3	770	1380	725	1010	23,8	3,35	80	216		
	6,2		990	1143	1190	1217	15,5	5,5	85	109	Abb. 210	61
A	8,15	9,3	1158	1179	1078	1188	18,1	5,6	100	139		
	6,1	9,4	580	1100	750	1000	21,5	3,85	82,5	182		62
	6,8	7	390	910	550	1030	18	4,1	73,5	185	Abb. 212	63

Fortsetzung auf S. 270

Zahlentafel 1, Fortsetzung von S. 269

Zeile	Hersteller	Kühlung	Takt	Zyl.-Zahl	Bohrung mm	Hub mm	Hubvol. l/Zyl.	Ges. Hubvol./l	Verbr.-Verf.	Größte Nutzleistung in PS DIN 70020 bei U/min	Aufladung	p_e kg/cm²	cm m/sek	Dauerleistung B PS DIN 6270 bei U/min
64	Österr. Saurerw.	W	4	6	110	140	1,33	8	D	150/2400		7,05	11,2	
65	Büssing	W	4	6	125	155	1,89	11,3	V	192/2100		7,3	10,8	
66	Torpedo	W	4	V 8	112	140	1,37	11	V	160/2000		6,55	9,3	
										200/2000	R	8,2		
67	Daimler	W	4	6	114,3	127	1,44	8,6	D	125/2000		6,55		
	(Engl.)									150/2000	A	7,85	8,5	
68	Meadows	W	4	6	120	120	1,36	8,14	D	150/2500		6,64	10	
69	Meadows	W	4	6	130	130	1,73	10,35	D	185/2000		6,45	8,7	
70	Thornycroft	W	4	6	120,6	165	1,89	11,33	D	155/1900		6,46	10,4	
										200/1900	A	8,35		
71	Leyland	W	4	6	121,9	139,7	1,62	9,7	D	125/1800		6,45	8,4	
72	Mack	W	4	6	123,8	152,4	1,83	11	D	160/2100		6,2	10,7	
										190/2100	A	7,4		
73	Cummins	W	4	V 6	139,7	106	1,63	9,8	D	200/2600[1]		7,1[1]	9,2	
74	Cummins	W	4	V 8	139,7	106	1,63	13	D	265/2600[1]		7,1[1]	9,2	
75	Krupp	W	2	4	97	110	0,81	3,25	D	120/2500		6,65	9,2	95/2400
76	Krupp	W	2	4	110	125	1,19	4,75	D	150/2400		5,9	10	110/2000
77	Krupp	W	2	5	115	140	1,45	7,27	D	200/1900		6,5	8,6	170/1800
78	General Motors	W	2	4	98,5	114,3	0,87	3,5	D	112/2500		5,75	9,5	82/2200
79	General Motors	W	2	V 6	98,5	114,3	0,87	5,22	D	171/2500		5,9	9,5	125/2200
80	General Motors	W	2	V 6	108	127	1,16	6,98	D	198/2100		6,1	8,9	162/1800
81	General Motors	W	2	V 8	108	127	1,16	9,3	D	263/2100		6,15	8,9	215/1800
82	General Motors	W	2	V 12	108	127	1,16	13,9	D	396/2100		6,08	8,9	324/1800
83	Cerlist	W	2	V 6	101,6	114,3	0,92	5,56	V	150/3000		4,05	11,4	
84	Cerlist	W	2	V 8	101,6	114,3	0,92	7,35	V	200/3000		4,05	11,4	
85	Comer	W	2	3	82,5	101,6 × 2	1,3	3,9	D	105/2400		5,05	8,2	
86														
87														
88														
89	Deutz	L	4	4	110	140	1,33	5,32	W K	85/2300		6,25	10,7	72/2000
90	Deutz	L	4	V 8	120	140	1,58	12,6	W K	195/2300		6,05	10,7	168/2000
91	Deutz	L	4	V 12	120	140	1,58	19	W K	290/2300		5,96	10,7	250/2000
92	MWM	L	4	V 6	105	120	1,04	6,23	V	105/2500		6,06	10	82/2200
93	MWM	L	4	V 8	105	120	1,04	8,3	V	140/2500		6,06	10	110/2200
94	Tatra	L	4	V 8	120	130	1,47	11,8	D	180/2200		6,85	8,6	
95	SLM	L	4	12	110	140	1,33	16	D					220/2200

Dieselmotoren für schwere Zugmaschinen, Traktoren,

Zeile	Hersteller	Kühlung	Takt	Zyl.-Zahl	Bohrung mm	Hub mm	Hubvol. l/Zyl.	Ges. Hubvol./l	Verbr.-Verf.	Größte Nutzleistung in PS DIN 70020 bei U/min	Aufladung	p_e kg/cm²	cm m/sek	Dauerleistung B PS DIN 6270 bei U/min
96	Daimler-Benz	W	4	V 8	165	175	3,74	29,9	V	480/2000		7,2	11,7	440/2000
										600/2000	A	9		550/2000
97	Deutz	W	4	6	135	160	2,4	13,7	V					200/2000
														230/1800
98	Deutz	W	4	V 12	135	160	2,4	27,4	V					400/2000
														460/2000

Aufladung	p_e kg/cm²	cm m/sek	Gewicht kg	Außenabmessungen Länge mm	Breite mm	Höhe mm	Kennzahlen PS/l	kg/PS	kg/l	PS/m³	Bemerkungen	Zeile
			680	1165	585	1110	18,7	4,55	85	197	Abb. 213	64
			920	1450	1363	530	17	4,8	81,5	183	Unterflur, Abb. 215	65
			1100	1290	1050	1050	14,5	6,85	100	113	Abb. 220	66
			1130				18,2	5,8		133		
			790	1450	700	1040	12,4	6,32	92	118		67
						1190	17,4	5,52		124,5		
			700	1310	650	1010	18,5	4,7	87	174,5		68
			685	1480	800	1090	17,8	4,68	83,5	143,5		69
			1230			1350	13,7	7,92	108	86		70
			1250	1638	815	1540	17,6	6,25	110	97,5		
			825	1690	1670	630	12,8	6,6	85	100	Unterflur Abb. 217	71
			880	1360	685	1180	16,5	5,5	80	145	Abb. 214	72
					865		17,3	4,6		137		
			680	900	820	1000	20,4[1]	3,4[1]	69,5	270[1]		73
			815	1085	820	1000	20,4[1]	3,05[1]	62,5	300[1]		74
	5,05	8,8	355	1118	582	1108	37	2,13	78,4	167,5	Abb. 251	75
	5,2	8,3	726	1113	725	1122	31,5	4,85	153	160		76
	5,85	8,4	868	1195	660	1128	27,5	4,35	119	225	Abb. 250	77
	4,8	8,4	515	884	650	985	32	4,6	147	198		78
	5,3	8,4	610	864	995	884	32,8	3,57	117	225	Abb. 254	79
	5,8	7,6	915	1055	970	1120	28,4	4,64	131	172		80
	5,8	7,6	1140	1190	910	1210	28,3	4,34	122	204		81
	5,8	7,6	1600	1510	1155	1385	28,3	4,04	114,5	163,5	Abb. 252	82
			425	950	840	895	27	2,84	76,4	210		83
			525	1125	840	895	27	2,62	71,5	236	Abb. 248	84
			470	1220	930	680	27	4,5	120	137	Gegenkolben Abb. 256	85
												86
												87
												88
	6,1	9,3	550	1315	740	1050	16	6,45	94	83	Abb. 233	89
	6,02	9,3	950	1216	1235	1021	15,5	4,88	75,5	127	Abb. 234	90
	5,9	9,3	1350	1690	1238	1021	15,3	4,65	71	135		91
	5,4	8,8	610	955	1080	925	16,8	5,8	98	110		92
	5,4	8,8	700	1110	1080	940	16,8	5	84,5	124	Abb. 237	93
			595	1066	958	994	15,2	3,3	50,5	175	Abb. 238	94
	5,6	10,3	1080	1585	1300	630	13,8	4,9	67,5	170	Abb. 241 Boxermotor	95
Boote, Sonderfahrzeuge, schwere Baumaschinen												
	6,6	11,7	1250	1200	1050	950	16	2,76	42	400		96
A	8,3		1300	1270	1050	1100	20	2,17	43,5	410		
	6,55	10,7	1035	1510	652	1120	14,6	5,2	76	182		97
A	8,35	9,6	1090	1700	855	1157	16,7	4,75	79	137		
	6,55	10,7	1820	1895	1315	1000	14,5	4,55	66,2	160	Abb. 225	98
A	7,5		1900	2890	1335	1315	16,7	4,13	69	90		

Fortsetzung auf S. 272

Zahlentafel 1, Fortsetzung von S. 271

Zeile	Hersteller	Kühlung	Takt	Zyl.-Zahl	Bohrung mm	Hub mm	Hubvol. l/Zyl	Ges. Hubvol./l	Verbr.-Verf.	Größte Nutzleistung in PS DIN 70020 bei U/min	Aufladung	p_e kg/cm²	cm m/sek	Dauerleistung B PS DIN 6270 bei U/min
99	Henschel	W	4	6	135	155	2,2	13,3	D					180/1800
														250/1800
100	Henschel	W	4	V 12	135	155	2,2	26,6	D					360/1800
														500/1800
101	AEC	W	4	6	155	155	2,9	17,9	D	275/1900		7,3	9,8	
102	Rolls-Royce	W	4	6	130,1	152,4	2,02	12,12	D	210/2100		7,4	10,7	
103	Rolls-Royce	W	4	6	130,1	152,4	2,02	12,12	D	275/2100	R	9,7		
										300/2100	A	10,6	10,7	
104	Rolls-Royce	W	4	8	130,1	154,4	2,02	16,16	D	280/2100		7,4	10,7	
105	Rolls-Royce	W	4	8	130,1	154,4	2,02	16,16	D	366/2100	R	9,7	10,7	
										400/2100	A	10,6		
106	Allis	W	4	6	133,3	165,1	2,3	13,8	D	190/1800		6,9	9,9	170/1800
	Chalmers									265/1800	A	9,6		225/1800
107	Caterpillar	W	4	6	130,2	165,1	2,2	13,2	V	258/2000	A	8,8	11	181/1800
108	Caterpillar	W	4	6	114,3	139,7	1,43	8,6	V	175/2200		8,3	10,2	150/2000
										220/2200	A	10		175/2000
109	Cummins	W	4	6	130,1	152,4	2,02	12,12	D	185/2100		6,55	10,7	150/1800
										286/2100	A	10,2		225/1800
110	Cummins	W	4	V 12	130,1	152,4	2,02	24,24	D	510/2100	A	9,1	10,7	410/1800
111	Cummins	W	4	V 8	139,7	127	1,94	15,5	D	297/2500		6,9	10,6	245/2200
										365/2500	A	8,5		305/2200
112	Intern.	W	4	6	136,5	152,4	2,22	13,3	D	227/2100		7,3	10,6	187/2100
	Harvest.									362/2100	A	11,7		287/2100
113	Caterpillar	W	6	R	137,16	165,1	2,44	16,6	V	396/1900	A	12,8	10,4	
										460/2000	A	14,2	11	
114														
115	Hanomag	W	2	2	130	140	1,85	3,7	D	69/1800		4,66	8,4	60/1600
116		W	2	3	130	140	1,85	5,57	D	105/2000		4,25	9,4	90/1600
117		W	2	4	130	140	1,85	7,43	D	140/2000		4,25	9,4	120/1600
118	General													
	Motors	W	2	6	127	142,2	1,8	10,8	D	274/2000		5,7		210/1800

Dieselmotoren für stationäre Verwendung,

119	Daimler-	W	4	6	150	190	3,36	20,16	V					250/1500
	Benz													320/1500
120	MAN	W	4	6	140	180	2,77	16,62	V					180/1500
														275/1500
121		W	4	6	160	180	3,62	21,72	V					240/1500
														375/1500
122		W	4	V 12	160	180	3,62	43,44	V					480/1500
														750/1500
123	Maybach	W	4	V 12	160	200	4,0	48	D					800/1500
124	MWM	W	4	6	140	180	2,77	16,62	V					200/1800
														256/1500
125		W	4	V 12	140	180	2,77	33,2	V					400/1800
														510/1500
126		W	4	V 16	140	180	2,77	44,3	V					530/1800
														685/1500
127	National	W	4	8	152	216	3,92	31,4	D					320/1500
														440/1500
128	Paxmann	W	4	V 12	178	197	4,9	58,8	D					562/1500
														750/1500

Aufladung	p_e kg/cm²	cm m/sek	Gewicht kg	Außenabmessungen Länge mm	Breite mm	Höhe mm	Kennzahlen PS/l	kg/PS	kg/l	PS/m³	Bemerkungen	Zeile
	6,8	9,3	1100	1607	770	1257	13,5	6,1	83	111		99
A	9,4		1150	1770			18,8	4,6	86,5	152		
	6,8	9,3	1800	1780	970	1200	13,5	5	88	174		100
A	9,4		1900	1850		1300	18,8	3,8	71	214	Abb. 222	
			1300	1660	750	1138	15,4	4,6	73	194		101
			1120	1574	1143	787	17,4	5,32	92	148		102
			1170				22,7	4,26	96,5			103
			1135				24,8	3,8	93,6			
			1410	1805	838	1040	17,4	5,04	87	178		104
			1540	1805	890	1040	22,7	4,2	95	220		105
			1505		838	1220	24,8	3,86	93,5	211		
	6,15	9,9	1800	1620	894	1630	13,8	9,5	130	80,5		106
A	8,15		1850			1620	19,2	7	134	113		
A	6,80	9,9	2200	1785	875	1435	18,7	8,6	160	115	Abb. 221	107
	7,85	9,3	920	1360	800	990	20,2	5,25	107	163		108
A	9,15		930				25,5	4,2		205	Ladeluftkühlung	
	6,2	9,15	1100	1530	710	1235	15,3	5,95	91	139		109
A	9,3		1170		900		23,6	4,10	97	168		
A	8,45	9,15	2400	1855	1120	1540	21	4,7	99	160	Abb. 223	110
	6,5	9,3	1370	1440	1160	1170	19,2	4,6	88,5	153		111
A	8						23,5	3,75		187		
	6,02	10,6	2090	1555	830	1260	17	9,2	157	139		112
A	9,25		2220		995	1435	27,2	6,1	167	163		
			1950	1820	1020	1470	27,2	4,9	133	145	Ladeluftkühlung	113
				1950		1390	31,4	4,2		165	Ladeluftkühlung mit Frischwasser	
												114
	4,55	7,5	420	803	705	970	18,6	6,1	114	110	Abb. 244	115
	4,55	7,5	575	970	715	970	18,9	5,75	103	156		116
	4,55	7,5	760	1165	730	970	18,8	5,4	102	170		117
												118
	4,86	8,5	1480	1590	942	1250	25,3	5,4	137	120		

Triebwagen, Lokomotiven, Bootsmotoren

	7,44	9,5	1750	1792	769	1430	12,4	7	87	127		119
A	9,55		1850	2170	769	1475	15,9	5,8	92	130		
	6,45	9	1790	1675	825	1165	10,8	9,95	108	112		120
A	9,95		2000	2015		1315	16,5	7,3	120	126		
	6,6	9	2190	1797	950	1325	11,05	9,15	101	106		121
A	10,4		2340	2110	1120	1360	17,3	6,25	108	117		
	6,7	9	3550	2080	1286	1617	11,05	7,4	82	111		122
A	10,4		3750	2610	1286	1862	17,3	5	86,5	120		
A	10	10	3600	2185	1220	2070	16,7	4,5	75	146		123
	6,7	9	1450	1460	860	1255	12,05	7,25	87	127		124
A	8,66		1600	1710	860	1255	15,4	6,25	96	139		
	6,8	9	2100	1630	1285	960	12,05	5,25	63	199		125
A	8,66		2220	1630	1100	1050	15,3	4,35	67	271		
	5,98	9	2550	2070	1285	960	11,95	4,8	57,6	207		126
A	9,3		2700		1100	1050	15,45	3,94	61	286		
	6,73	10,8	3450	2450	915	1465	10,4	10,7	110	94		127
A	9,28		3850	3030		1668	14	8,72	122,5	94		
	6,3	9,8	4630	2290	1345	1575	9,6	8,25	79	116	Abb. 225	128
A	9,3	8,2	4930	2590	1575	1600	12,75	6,56	84	116		

Fortsetzung auf S. 274

Zahlentafel 1, Fortsetzung von S. 273

Zeile	Hersteller	Kühlung	Takt	Zyl.-Zahl	Bohrung mm	Hub mm	Hubvol. l/Zyl.	Ges. Hubvol./l	Verbr.-Verf.	Größte Nutzleistung in PS DIN 70020 bei U/min	Aufladung	p_e kg/cm²	cm m/sek	Dauerleistung B PS DIN 6270 bei U/min
129	Paxmann	L	4	V 12	152	167,6	3,05	36,6	D	460/2000		5,7	11,2	400/1800
130	Caterpillar	W	4	V 12	159	203	4,02	48,3	V	800/1300	A	11,4	8,8	620/1200
131														
132														
133	Deutz	W	2	V 8	160	200	4,02	32,2	D					400/1200
														560/1200
134		W	2	V 12	160	200	4,02	48,3	D					600/1200
														840/1200
135	Jenbacher Werke	W	2	V 4	150	170	3,0	12,0	D					200/1500
136		W	2	V 8	150	170	3,0	24,0	D					400/1500
137		W	2	V 12	150	170	3,0	36,0	D					600/1500
														800/1500
138	Napier	W	2	18	130,2	184,2 × 2	4,88	88	D					1725/1500
														2200/1600
	Ottomotoren für													
139	ILO	L	2	1	50	50	0,098							4,3/4500
140	Fichtel & Sachs	L	2	1	48	54	0,097							2,75/3000
141		L	2	1	65	58	0,192							5/3000
142	Bernard Moteurs	L	4	1	50	42	0,082							1,25/3000
143		L	4	1	69	64	0,24							6/3000
144		L	4	1	88	90	0,54							11/2300
145	Briggs & Stratton	L	4	1	60,2	38,1	0,107							2,55/3600
146		L	4	1	69,8	60,2	0,244							4,9/3600
147	Wisconsin	L	4	1	66,6	69,8	0,243							4,8/3600
148		L	4	V 2	82,5	82,5	0,44	0,88						14,4/3200
149		L	4	V 4	82,5	82,5	0,44	1,76						30/2800
	Ottomotoren													
150	Chevrolet	W	4	6	90,4	100,1	0,64	3,84		115/3600		7,5	12	
151		W	4	V 8	104,6	82,5	0,71	5,6		194/3600		8,54	9,9	
152	Ford (USA)	W	4	V 8	114,3	106,6	1,08	8,64		235/3000		8,2	10,6	
	Ottomotoren									1				
153	Auto-Union	W	2	3	74	76	0,327	0,98		50/4500		5,1	11,4	
154	Ford (Köln)	W	4	4	84	76,6	0,425	1,7		67/4500		8,05	10,7	56/3600
155	Opel	W	4	4	80	74	0,375	1,5		56/4700		7,15	11,6	
156	Mercedes	W	4	6	80	72,8	0,366	2,195		105/5000		8,6	12,1	
157	Volkswagen	L	4	4	77	64	0,298	1,192		36/3700		7,35	7,9	28/3000
158	NSU	L	4	2	75	66	0,291	0,583		26/4800		8,4	10,5	
159	Lloyd	L	4	2	77	64	0,298	0,59		25/5000		7,65	10,7	
160	Austin	W	4	4	73,1	88,9	0,372	1,475		55/4400		7,6	13	
161	Ford (Engl.)	W	4	4	81	48,5	0,25	1,00		41/5000		7,36	8,1	
162	Ford (USA)	W	4	6	88,9	63,5	0,393	2,36		90/4200		8,2	8,9	
163	Chrysler	W	4	6	86,3	79,3	0,463	2,78		101/4400		7,5	11,6	
164	General Motors	L	4	6	85,7	66	0,38	2,28		80/4400		7,2	9,7	
165	Alfa Romeo	W	4	4	74	75	0,322	1,29		90/6000		10,5	15	
166	BMW	W	4	V 8	82	75	0,398	3,17		162/4800		9,6	12	

Aufladung	p_e kg/cm²	cm m/sek	Gewicht kg	Außenabmessungen			Kennzahlen				Bemerkungen	Zeile
				Länge mm	Breite mm	Höhe mm	PS/l	kg/PS	kg/l	PS/m³		
	5,45	10	2080	2030	1295	1295	10,9	4,5	56,8	135		129
A	9,6	8,1	5140	2890	1500	2084	16,6	6,5	107	89	Ladeluftkühlung	130
												131
												132
	4,66	8	2190	2025	1200	1535	12,4	5,47	68	107		133
A	6,54		2950	2100	1332	1850	17,4	5,28	92	108		
	4,66	8	2370	2490	1200	1580	12,4	3,95	49	127		134
A	6,54		3230	2580	1260	1955	17,4	3,85	67	132,5		
												135
	5	8,5	1250	1300	1140	1170	16,65	6,25	104	145		
	5	8,5	2000	1900	1140	1170	16,65	5	83,4	157		136
	5	8,5	2800	2100	1300	1170	16,65	4,66	77,6	187	Abb. 257	137
A	6,65		3300				22,2	4,1	92			
	5,9	9,2	4500	2410	1920	2300	19,6	2,6	51	161	Gegenkolben	138
A	7,05	9,8	5000	3140	1820		25	2,28	57	170	Abb. 258	
stationäre Verwendung												
	4,4	7,5	8,8	266	400	415	44	1,75	76	100	Abb. 263	139
												140
	4,25	5,4	14,8	307	380	417	28,4	5,4	152	57		
	3,9	5,8	27,9	362	442	448	26	5,6	145	70		141
												142
	4,6	4,2	12	228	274	311	15,25	9,6	146	64,5		
	7,5	6,4	42	378	468	604	25	7	175	56,2		143
	8	7,9	80	492	524	789	20,4	7,28	148	54,3		144
												145
	5,95	4,6	9				25,4	3,52	84			
	5,2	7,2	18,5				20	3,78	76			146
	4,5	8,4	34,5				19,8	7,2	142			147
	4,6	8,8	100				16,4	6,95	148			148
	5,5	7,7	140	635	698	645	17	4,66	80	105		149
für LKW												
			252	1060	880	650	30	2,20	66	190		150
			360	1060	865	756	34,2	1,86	63,5	280		151
			470	905	945	775	27,4	2	54,5	235	Abb. 270	152
für PKW												
			90	480	450	600	51	1,8	92	390		153
	8,25	9,2	130	648	485	753	39,4	1,94	76,5	282	Abb. 266	154
			144				37,4	2,57	96			155
			183				48	1,74	83,5			156
	7	6,4	85	663	745	678	30,1	2,36	71	108	Abb. 265	157
			85				44,6	3,4	146			158
			52	345	440	580	42	2,08	88	280	Abb. 264	159
							37,2					160
							41					161
							38,2					162
							36,4					163
												164
							35					
							70				Abb. 267	165
			200	752	691	864	51	1,23	63	360	Abb. 269	166

Fortsetzung auf S. 276

Zahlentafel 1, Fortsetzung von S. 275

Zeile	Hersteller	Kühlung	Takt	Zyl.-Zahl	Bohrung mm	Hub mm	Hubvol. l/Zyl.	Ges. Hubvol./l	Verbr.-Verf.	Größte Nutzleistung in PS DIN 70020 bei U/min	Aufladung	p_e kg/cm²	c_m m/sek	Dauerleistung B PS DIN 6270 bei U/min
										[1]				*Otto-Außen*
167	Johnson	W	2	2	60	47,5	0,134	0,268		10/4500		3,72	7,1	
168		W	2	4	76,2	63,5	0,29	1,16		50/4500		4,3	9,5	
										[1]				*Otto-Flugmotoren für*
169	Continental	L	4	4	98,4	92	0,7	2,8		65/2300		9,1	7,05	
170		L	4	6	130,1	107,9	1,43	8,58		300/3000		10,5	10,7	
171	Lycoming	L	4	4	120,6	98,4	1,12	4,48		108/2600		8,3	8,5	81/2360
172		L	4	6	130,1	98,4	1,3	7,8		320/3200		11,6	10,5	240/2750

[1] Maximale Leistung SAE ohne Hilfsmaschinen.

Zahlentafel 2. Zulässige p_e-Werte[1] in kg/cm²

Verwendung	Vh/Zyl. 0,5—0,8 l 2500—3000 U/min	Vh/Zyl. 1—2 l 2000—2800 U/min	Vh/Zyl. 2—3 l 1500—2000 U/min
Diesel, Stationär 4-Takt, Wasserkühlung	5,5—6	5,8—6,2	6—6,5
Diesel, Stationär 4-Takt, Wasserkühlung, aufgeladen		8,5—9	8,5—9,5
Diesel, Stationär 4-Takt, Luftkühlung	5—5,5	5,5—6	
Diesel, LKW 4-Takt, Wasserkühlung	6,2—6,5	6,5—7	6,5—7,2
Diesel, LKW 4-Takt, Wasserkühlung, aufgeladen		8,5—9,5	9—11
Diesel, LKW 4-Takt, Luftkühlung	5,6—5,9	6—6,3	
Diesel, Stationär 2-Takt, Wasserkühlung	Umkehr-Spül. 3,8—4,2 Gleichstr.-Spül. 5,5—6	4,2—4,5 5,5—6	4,5—5 5,5—6,5
Diesel, LKW 2-Takt, Wasserkühlung	Umkehr-Spül. 4—4,5 Gleichstr.-Spül. 5,5—6	4,2—4,5 6—6,5	 6—6,5
Otto, LKW 4-Takt, Wasserkühlung	7—8		
Otto, PKW 4-Takt, Wasserkühlung	7—8,5		

[1] p_e-Werte gelten für Stationärbetrieb nach DIN 6270 Dauerleistung B und für LKW-Betrieb nach DIN 70020. Größte Nutzleistung.

Aufladung	p_e kg/cm²	cm m/sek	Gewicht kg	Außenabmessungen Länge mm	Breite mm	Höhe mm	Kennzahlen PS/l	kg/PS	kg/l	PS/m³	Bemerkungen	Zeile
bordmotoren												
			30,4				37,3	3,04	113			167
			94				43	1,92	81			168
Sport- und Reiseflugzeuge												
			77				23,2	1,18	27,5			169
			252				35	0,84	29,4			170
	6,9	7,75	94				24	0,87	21			171
	10,1	9	225				6,1	0,7	29			172

Zahlentafel 3. Gebräuchliche O-Ring-Abmessungen

D_i ⌀ mm	Empfohlen d ⌀ mm	SAE d ⌀ mm
—120	3	2,62
100—150	4	3,53
150—	4—5,7	3,53—5,33

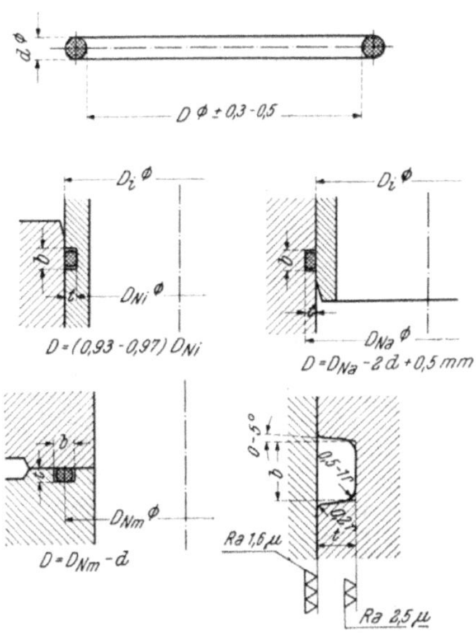

O-Ring d ⌀	Tol.	Nutbreite b mm	Tol.	Nuttiefe t mm	Tol.
2,62	± 0,07	3,6	± 0,1	2,3	± 0,05
3	± 0,1	4,2	± 0,1	2,5	± 0,05
3,53	± 0,1	4,8	± 0,1	3,1	± 0,05
4	± 0,1	5,4	± 0,1	3,5	± 0,05
5,53	± 0,12	7,2	± 0,2	4,8	± 0,1
5,7	± 0,12	7,7	± 0,2	5	± 0,1

Druck	Shore-Härte	Qualität Syngumin
bis 10 atü	55°	55140
10—20 atü	65°—70°	65140
über 20 atü	80°—85°	88110

Zahlentafel 4. Schlitzabmessungen für Umkehrspülung

	1500 U/min	2000—2400 U/min	3000 U/min
β_e	0,26—0,30	0,26—0,30	0,26—0,30
σ_e	0,23—0,25	0,24—0,27	0,26—0,275
β_a	0,15—0,17	0,15—0,17	0,15—0,17
σ_a	0,32—0,35	0,33—0,36	0,34—0,37

Zahlentafel 5. Schlitzabmessungen für Gleichstromspülung

	1500 U/min	2000—2300 U/min	2800 U/min
β_e	0,55—0,63	0,55—0,63	0,55—0,63
σ_e	0,13—0,18	0,15—0,20	0,17—0,22

β_e Einlaßschlitzbreite in Bruchteilen des Zylinderumfanges
β_a Auslaßschlitzbreite in Bruchteilen des Zylinderumfanges
σ_e Einlaßschlitzlänge in Hubteilen
σ_a Auslaßschlitzlänge in Hubteilen

Zahlentafel 6. Zusammensetzung von Gußeisen für Diesel-Zylinderköpfe

% C	% Si	% Mn	% Pmax	% S	% Cr	% Cu	% Mo	% V	% Ni	Verwendung
3,50–3,60	1,60–2,00	0,60–0,80	0,10	0,08	0,25–0,35		0,40–0,60			USA
3,50–3,60	1,60–2,00	0,60–0,80	0,10	0,08	0,25–0,35	0,50–0,70	0,40–0,60	0,15		USA
3,10	1,90	0,60	0,10	0,03			0,40		1,20	Saurer/ Arbon
3,20–3,40	2,00–2,20	0,60–0,80	0,05–0,15	0,1 max	0,30–0,40	0,60–0,70	0,30–0,40		0,20–0,40	MAN

Zahlentafel 7. Anhaltszahlen für Dichtpressung bei Zylinderkopfdichtungen

	Standfestigkeit		Dichtpressung (mindestens erforderliche Pressung)		Ausnutzbare Verformbarkeit	
	ohne Bördel	mit Bördel	Flächenpressung	Linienpressung	plastisch	elastisch
Massivmetalldichtung . .	>500°	—	>1000 kg/cm²	—	0,2%	—
Stahllagendichtung . . .	—	500°	(>1000 kg/cm²)	500 kg/cm	0,5%	0,2%
Stahlblech-sickendichtung	350°	—	(>1000 kg/cm²)	300 kg/cm	0,5%	0,2%
Eisenasbest	—	350°	500 kg/cm²	300 kg/cm	1,5%	0,8%
Kupferasbest	—	300°	300 kg/cm²	300 kg/cm	2 %	0,8%
Didur	250°	300°	250 kg/cm²	—	5 %	2 %
Ferrolastic	—	300°	150 kg/cm²	—	10 %	3 %

Zahlentafel 8. Sicherungsnasen für Lagerschalen

Wellendurchmesser d mm	Nasenbreite b	Nutbreite B	Nasentiefe t	Nuttiefe T	Nasenhöhe h	Nuthöhe H
20—40	4,6—0,1	4,7 + 0,1	1 —0,2	1,6 + 0,3	4 —0,1	5,6
40—65 Lagerschalenstärke 1,6 mm	4,6—0,1	4,7 + 0,1	1 —0,2	1,6 + 0,3	5,6—0,1	7
40—65 über 1,6 mm Schalenstärke	4,6—0,1	4,7 + 0,1	1,4—0,2	2 + 0,3	5,6—0,1	7
65—90	6,1—0,1	6,3 + 0,1	1,4—0,2	2 + 0,3	5,6—0,1	7
90—	9,3—0,1	9,5 + 0,1	1,6—0,2	2,4 + 0,3	8,7—0,1	10,3

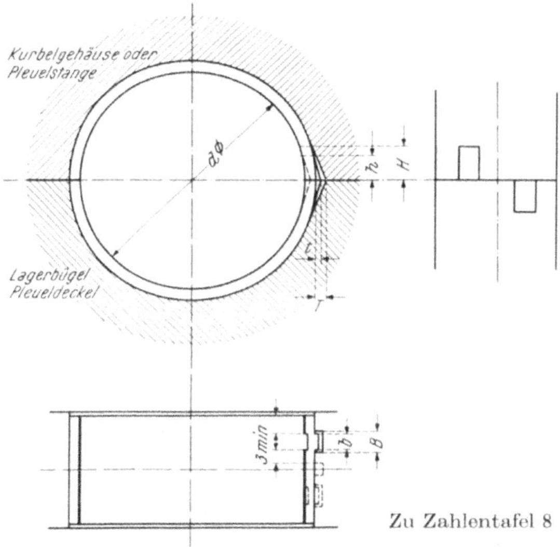

Zu Zahlentafel 8

Zahlentafel 9. Zusammensetzung von Gußeisen für Diesel-Kurbelgehäuse

% C	% Si	% Mn	$\%P_{max}$	$\%S_{max}$	% Cr	% Mo	% Ni	Zugfestigkeit kg/mm²	Brinellhärte kg/mm²
3,00–3,50	2,20–2,50	0,50–0,70	0,20	0,10	0,25–0,50	0,70–0,80	0,35–0,45		217–241
3,15	2,00	0,70		0,10	0,40	0,25		28	min 187–228

Zahlentafel 10. Mann-Siebscheiben-Filtereinsätze — Normgrößen und Baumaße

Filtertyp = Bestell-Nr.	40 E			66 E				90 E				110 E			
Anzahl der Siebscheiben	Ges. Siebfläche F cm²	Paketlänge L mm	Abfluß unten H mm	Ges. Siebfläche F cm²	Paketlänge L mm	Abfluß unten H mm	Abfluß oben H_1 mm	Ges. Siebfläche F cm²	Paketlänge L mm	Abfluß unten H mm	Abfluß oben H_1 mm	Ges. Siebfläche F cm²	Paketlänge L mm	Abfluß unten H mm	Abfluß oben H_1 mm
6	66	42	65	270	50	74	84	540	55	75	101	770	55	90	137
10	110	63	86	450	74	98	108	900	82	102	127	1290	83	118	165
16	180	95	118	720	110	134	144	1440	123	143	166	2060	125	160	207
25	—	—	—	1120	170	194	198	2250	190	210	225	3200	188	223	270
40	—	—	—	1800	262	286	288	3600	294	314	322	5200	293	328	375
63	—	—	—	—	—	—	—	5670	460	480	472	8100	454	490	536
100	—	—	—	—	—	—	—	—	—	—	—	12900	797	847	877

Zahlentafel 10, Fortsetzung von S. 279

Maße in Abb. 84, 85	Abmessungen in mm				Maße in Abb. 84, 85	Abmessungen in mm			
D	40	66	90	110	*D*	40	66	90	110
d	38	38	38	55	*a*	61	86	112	130
*d*1	45	70	95	115	*e*	15	12	16	22
*d*2	45	70	95	115	*f*	—	18	18	26
K	60	85	110	145	*i*	5	5	5	10
B	6,6	9	9	14	*m*	—	15	24	42
h	8	10	10	16	*n*	—	6	7	10
r	7	10	10	13,5					

Zahlentafel 11. Durchflußleistung von Filtersieben

Maschenweite mm	Für Hydraulik- und Regleröl im Kreislauf Viskosität unter 6° E (unter 45 cSt)	Für Kraftstoff Viskosität unter 6° E (unter 45 cSt)	Für Motorenschmieröl Viskosität unter 20° E (unter 152 cSt)
	Spez. Durchflußmenge q in l/h je cm^2 Siebfläche		
0,06	5	1—3	2—5
0,1	8	3—5	3—6
0,15	10	6	4—7
0,2	12	6	6—10

Zahlentafel 12. Berichtigungszahl k

D_2/D_1	$\beta_2 = 30°$	$\beta_2 = 20°$	$\beta_2 = 15°$
1,25	0,55	0,63	0,69
1,5	0,63	0,71	0,77
2	0,70	0,77	0,82

Zahlentafel 13. Kennwerte von Flachrohrkühlern der Kühlerfabrik Längerer und Reich

Type	Blocktiefe	Kühlleistungskennziffern		Widerstandsziffer
		q_1	m	ζ_k
	mm	kcal/m² °Ch	—	—
1131	100	820	0,797	6,27
	120	870	0,798	7,62
	150	920	0,813	9,80
	200	1120	0,815	13,9
1132	70	790	0,676	5,86
	80	815	0,698	6,53
	90	840	0,737	7,90
1133	50	835	0,623	6,35
	60	885	0,630	8,04
	70	910	0,663	9,26
	80	940	0,677	11,05
	90	970	0,687	13,5

Zahlentafel 14. Optimal- und Grenzwerte für einstufige Axialgebläse

	Stelle	Bauart	Optimalwert	Grenzwert
$\left(C_a \frac{l}{t}\right)_{La}$	Nabe	mit und ohne Leitrad	1,5	2,0
$\left(C_a \frac{l}{t}\right)_{Le}$	Nabe	mit Leitrad	2,0—2,2	2,5—2,7
c_u/c_m	Nabe	mit Leitrad	1,25	$\sim$1,75
		ohne Leitrad	$1\Big/\sqrt{0{,}5 - \frac{\nu^2}{1-\nu^2}\ln\frac{1}{\nu}}$	
w_2/w_1	Nabe	mit und ohne Leitrad	0,55—0,60	0,50
$\beta_{\infty a}$	außen	mit und ohne Leitrad	$>$15—20°	$\sim$10°

Zahlentafel 15. Günstigste Schaufelwinkel β_1 nach Eck

b_1/r_D	0,2	0,4	1,0	2,0	3,0	4,0
β_1	34°	31,9°	27,7°	22,3°	18,5°	16,7°

Zahlentafel 16. Beiwerte für Keilriemenauslegung

Beiwert c_1 bei Umschlingungswinkel $\beta < 180°$:

Umschlingungswinkel β	180°	170°	160°	150°	140°	130°	120°	110°	100°	90°	80°	70°
C_1	1	0,98	0,95	0,92	0,89	0,86	0,82	0,78	0,73	0,68	0,63	0,58

Beiwert c_2 bei kurzzeitiger Überbeanspruchung (Zwischenwerte linear interpolieren)

Kurzzeitige Überbeanspruchung im Verhältnis zur normalen Beanspruchung in Prozenten	0	25	50	100	150
C_2	1	1,1	1,2	1,4	1,6

Zahlentafel 17. Zulässige Wechsellasten für Schraubenwerkstoffe[1]

Schraubengüte	4D	5D	6G	8G	10K	12K
Mindeststreckgrenze nach DIN 267: $\sigma_{0,2}$ kg/mm²	21	28	54	64	90	108
Mindest-Spannungsausschlag der Zugschwingfestigkeit: $\pm\,\sigma_A$ kg/mm² ...	2,75	3,0	4,5	4,0	5,0	7,0
Vorspannungsverhältnis P_v/P	2,75	3,0	4,2	4,4	4,5	4,7

[1] Nach Bauer & Schaurte.

Zahlentafel 18. **Erforderliche Anzieh-Drehmomente** M_a **in kgm**[1]
(Richtwerte mit Abweichungen ± 7%)
für Starrschrauben und formelastische Schrauben (Dehn- oder Taillenschrauben)
Für phosphatierte und geschwärzte Oberfläche beträgt die Schwankung der Vorspannkraft ± 7% im Mittel.
Schraubengüte: 6 G, 8 G, 10 K und 12 K mit Mutterngüte 6 S bei Regelgewinde
Schraubengüte: 12 K mit Mutterngüte 8 G bei Feingewinde

Starrschrauben mit metrischem Regelgewinde DIN 13, Steig. Reihe 1					Formelastische (Dehn-) Schrauben mit metrischem Regelgewinde DIN 13, Steig. Reihe 1					
Gewinde	6G	8G	10K	12K	Gewinde	Kleinst. Dehnschaft ⌀ mm	Vorspg. in % der Streckgrenze	8G	10K	12K
	M_a kgm							M_a kgm		
M 5	0,5	0,6	0,9	1,1						
M 6	0,9	1,1	1,5	1,8	M 6	4,2	55	0,8	1,0	1,4
M 8	2,4	2,5	3,4	4,3	M 8	5,7	60	1,9	2,5	3,0
M10	4,4	4,7	6,5	8,3	M10	7,2	60	3,9	4,7	5,2
M12	7,3	7,8	11,3	14,0	M12	8,7	62	6,5	7,0	8,0
M14	11,0	12,0	17,5	21,5	M14	10,2	64	9,2	12,0	12,0
M16	17,0	18,0	26,0	31,0	M16	12,0	66	14,2	18,5	22,5
M18	23,0	25,0	36,0	43,0	M18	13,3	68	19,0	24,5	30,5
M20	31,5	33,0	47,0	56,0	M20	15,8	69	27,0	34,0	42,0
M22	42,0	43,0	60,0	72,0	M22	16,7	68	35,0	42,0	51,0
M24	54,0	56,0	79,0	95,0	M24	18,2	68	42,0	55,0	68,0

Starrschrauben mit metrischem Feingewinde DIN 13, Steig. Reihe 4					Formelastische (Dehn-) Schrauben mit metrischem Feingewinde DIN 13, Steig. Reihe 4					
Gewinde	6G	8G	10K	12K	Gewinde	Kleinst. Dehnschaft ⌀ mm	Vorspg. in % der Streckgrenze	8G	10K	12K
	M_a kgm							M_a kgm		
M 5 × 0,5	0,6	0,7	1,0	1,2						
M 6 × 0,5	1,0	1,3	1,7	2,1	M 6 × 0,5	4,8	64	1,1	1,5	1,8
M 8 × 1	2,7	3,0	4,0	5,0	M 8 × 1	6,0	66	2,5	3,2	3,8
M10 × 1	5,0	5,8	7,8	9,5	M10 × 1	7,8	66	4,2	5,1	5,7
M12 × 1,5	8,3	9,5	13,5	16,0	M12 × 1,5	9,0	68	7,2	9,2	11,0
M14 × 1,5	12,8	14,0	20,0	24,0	M14 × 1,5	10,8	68	12,4	14,5	17,6
M16 × 1,5	18	20,0	29,0	35,0	M16 × 1,5	12,6	68	16,0	22,5	25,5
M18 × 1,5	25	27,0	39,0	47,0	M18 × 1,5	14,4	68	22,5	29,0	34,0
M20 × 1,5	34	35,0	50,0	60,0	M20 × 1,5	16,2	69	30,0	38,0	45,0
M22 × 1,5	43	45,0	62,0	74,0	M22 × 1,5	17,8	69	40,0	48,0	56,0
M24 × 1,5	57	59,0	83,0	100	M24 × 1,5	19,7	69	45,0	58,0	71,0

Starrschrauben sind normale Schaftgewindeschrauben mit einem Schaftdurchmesser annähernd gleich Gewindeaußendurchmesser. Formelastische (Dehn-) Schrauben haben einen Schaftdurchmesser von mindestens 90% des Gewindekerndurchmessers.

Wegen des verkleinerten Taillenquerschnittes kann eine formelastische Schraube nicht mit dem gleichen Drehmoment angezogen werden wie eine Starrschraube, weil sonst der kleinere Taillenquerschnitt überbeansprucht würde.

Das Profil des metrischen Feingewindes mit den Steigungen 0,5 und 1 mm gestattet keine Ausnutzung der hohen Streckgrenze der Güten 10 K und 12 K, daher ist das Anziehmoment geringer.

[1] Nach Bauer & Schaurte.

Abbildungen

Die angegebenen Seitenzahlen weisen auf die Beschreibung im Textteil, die Zeilenangaben bei den Motorschnittbildern auf die genauen Kenndaten in Zahlentafel 1 (Seite 266 bis 277) hin.

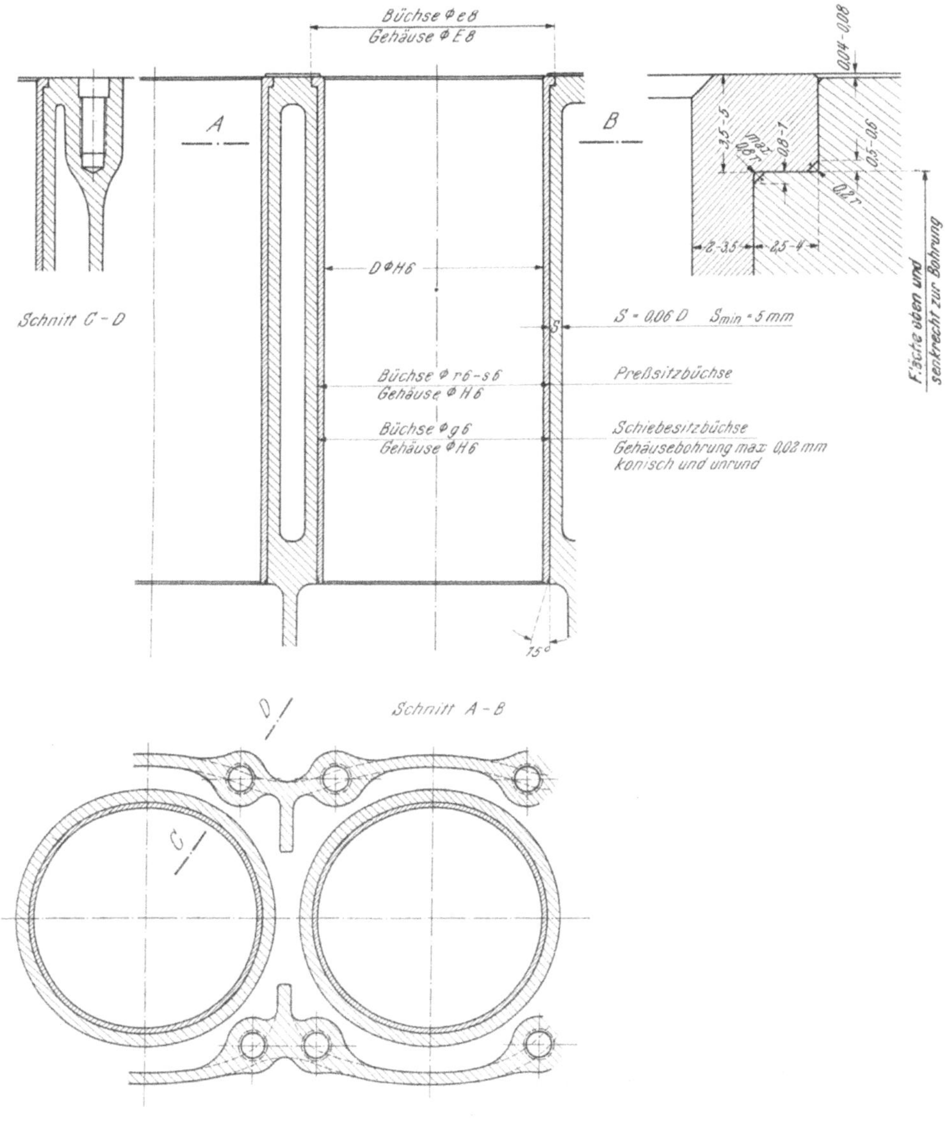

Abb. 1. Trockene Zylinderlaufbüchse (S. 20)

Abb. 2 und 3

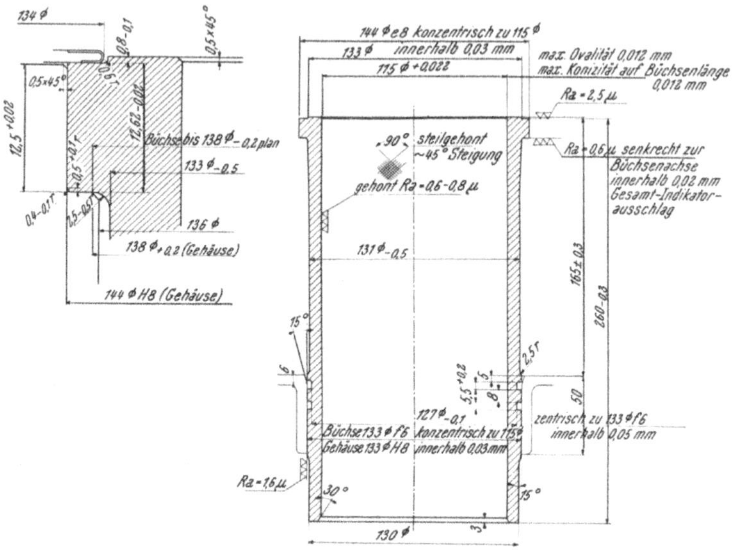

Abb. 2. Nasse Zylinderlaufbüchse (S. 21)

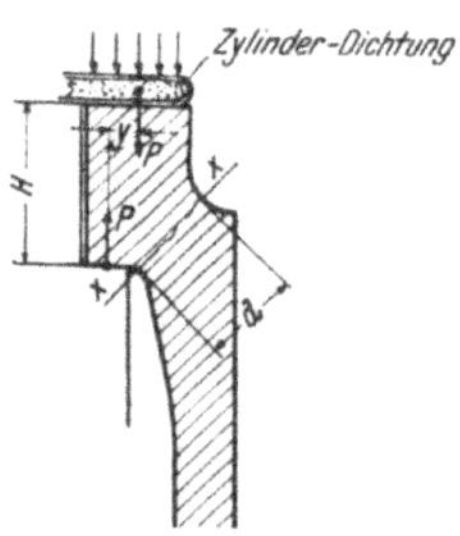

Abb. 3. Skizze zur Berechnung der Höhe des Zylinderbüchsenbundes (S. 22)

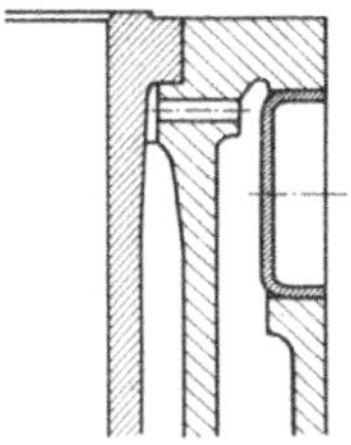

Abb. 4

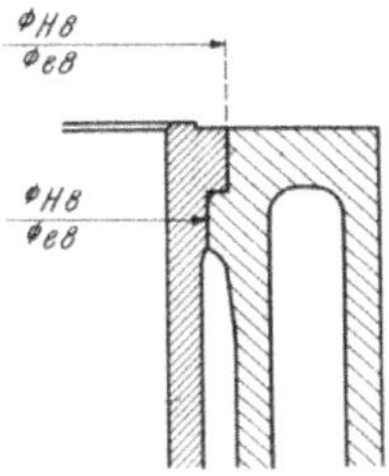

Abb. 5

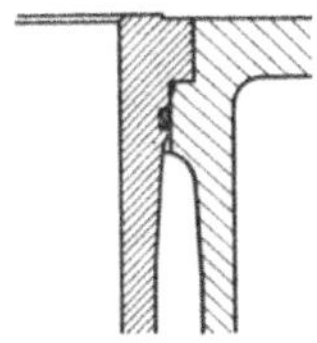

Abb. 6

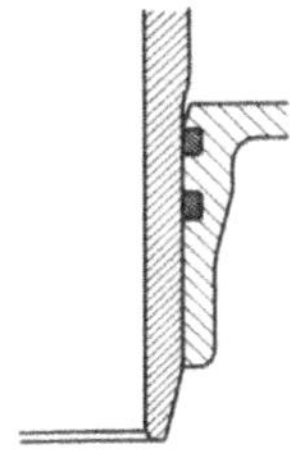

Abb. 7

Abb. 4. Beispiel der Ausbildung des Kurbelgehäuses an der Zylinderbüchsenauflage (S. 23)

Abb. 5. Nasse Zylinderbüchse mit Einpaß unter der Auflage (S. 23)

Abb. 6. Abdichtung der Auflage der Zylinderbüchse bei einem Kurbelgehäuse aus Leichtmetall (S. 23)

Abb. 7. Beispiel der unteren Abdichtung für nasse Zylinderbüchsen mit O-Ringen in Nuten des Gehäuses (S. 24)

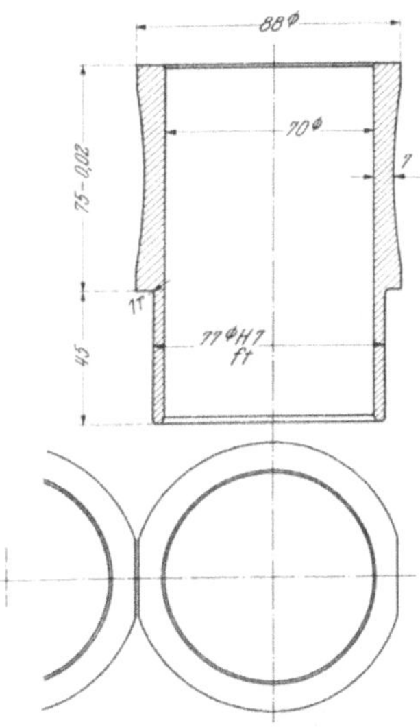

Abb. 8. Nasse Zylinderbüchse mit Auflageflansch unten (S. 25)

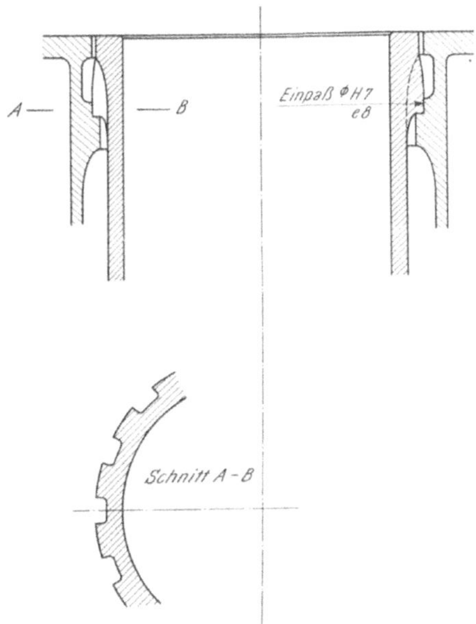

Abb. 9. Nasse Zylinderbüchse mit Auflageflansch in der Mitte (S. 26)

Abb. 10

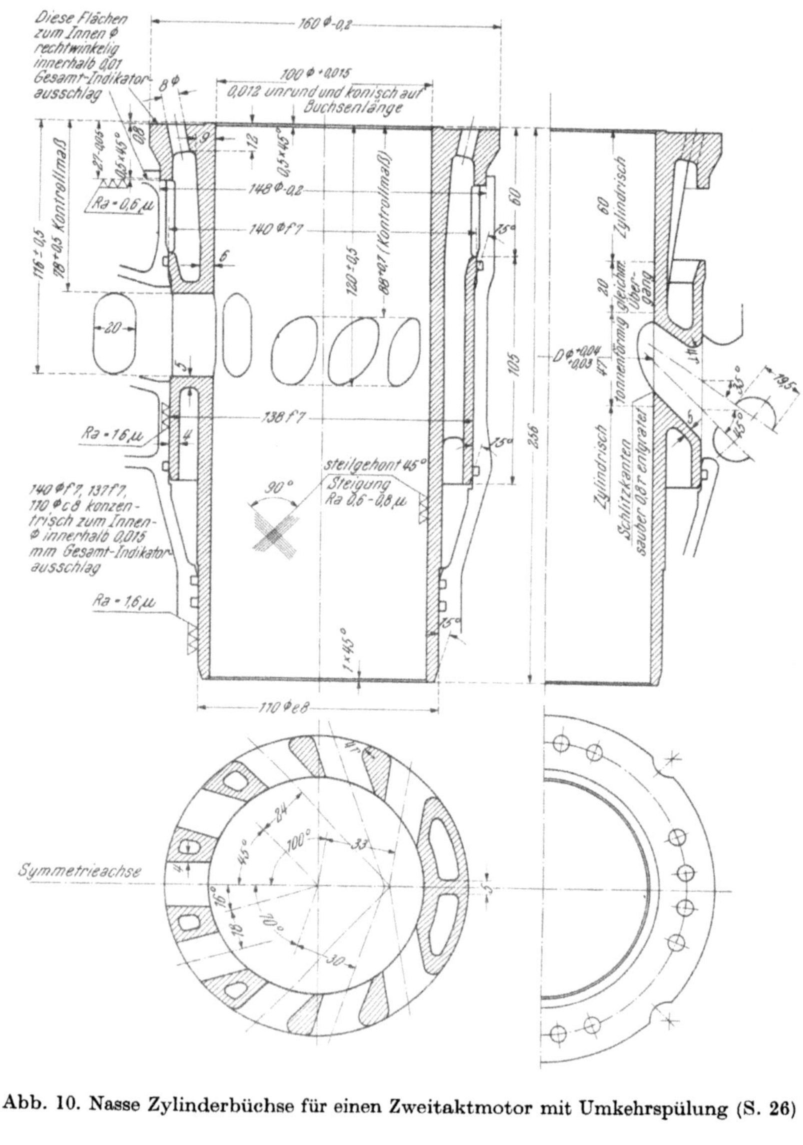

Abb. 10. Nasse Zylinderbüchse für einen Zweitaktmotor mit Umkehrspülung (S. 26)

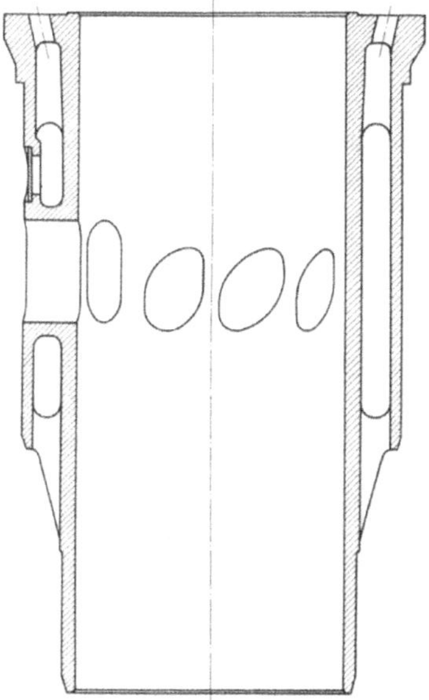

Abb. 11. Doppelwandige Zylinderbüchse für einen Zweitaktmotor mit Umkehrspülung (S. 29)

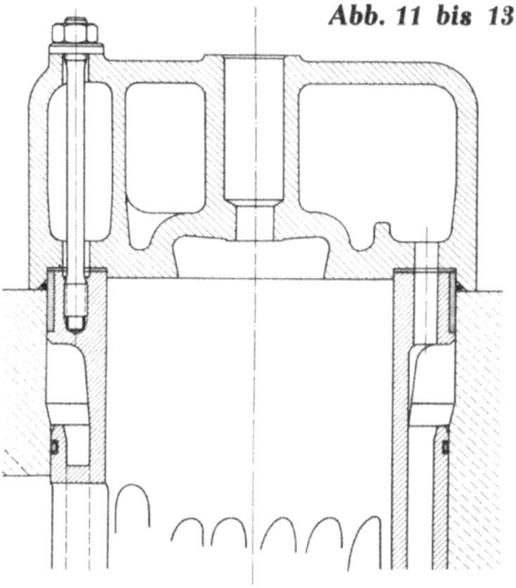

Abb. 12. Zylinderbüchse für einen Zweitaktmotor mit Umkehrspülung in hängender Ausführung (S. 29)

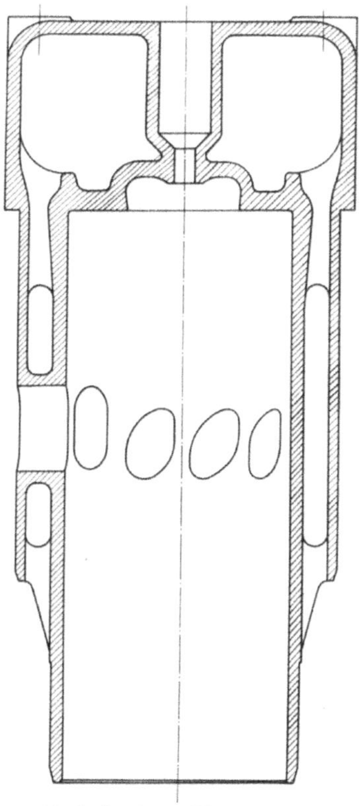

Abb. 13. Beispiel einer Zylinderbüchsen-Kopfeinheit für einen Zweitaktmotor mit Umkehrspülung (S. 29)

Abb. 14

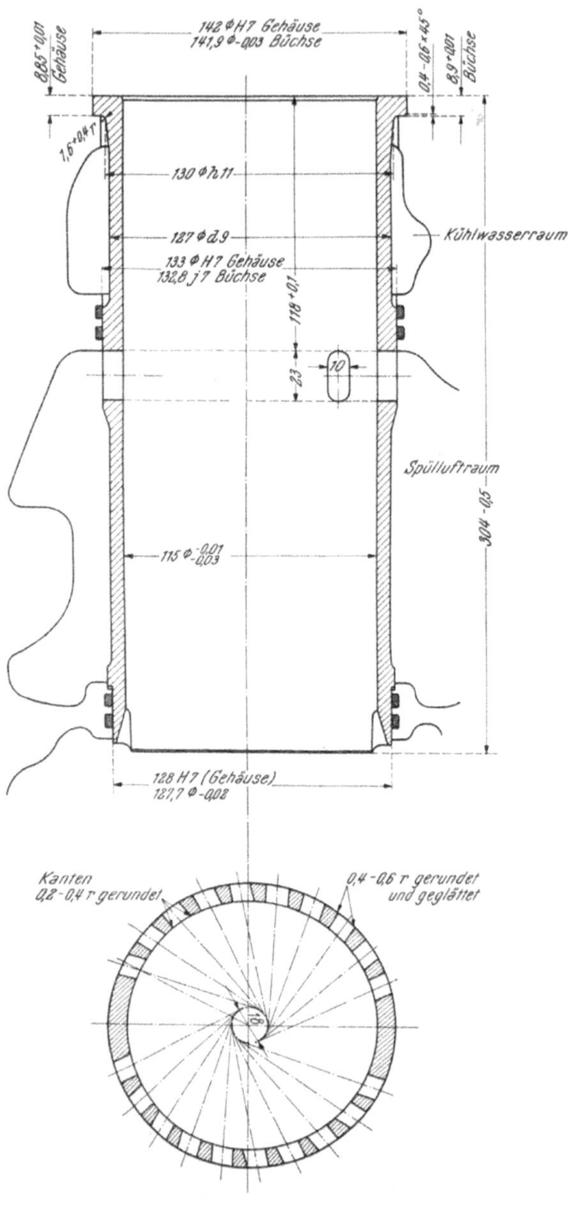

Abb. 14. Nasse Zylinderbüchse für einen Zweitaktmotor mit Gleichstromspülung (Krupp) (S. 30)

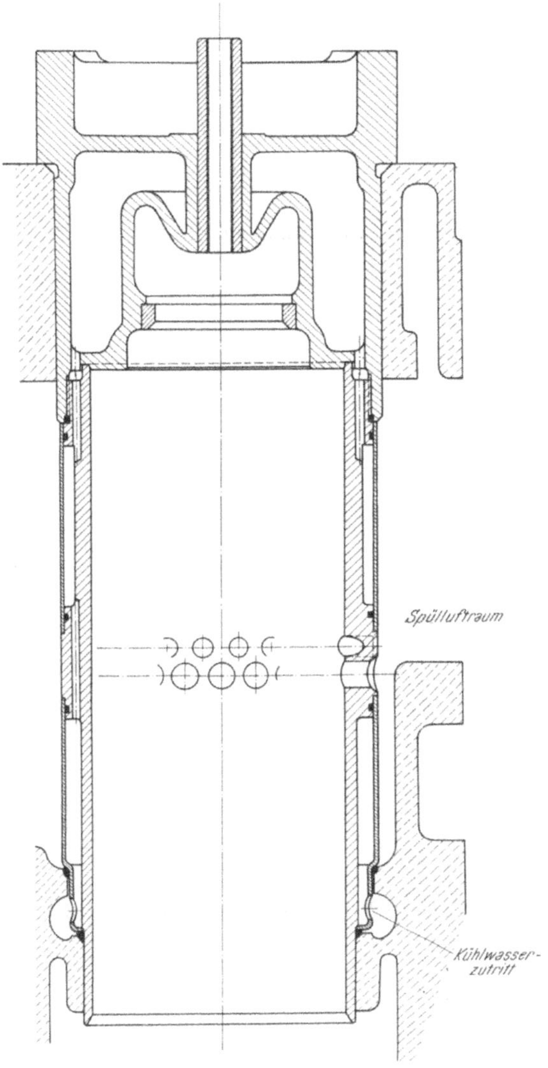

Abb. 15. Beispiel einer mit dem Zylinderkopf verschraubten Zylinderbüchse für einen Zweitaktmotor mit Gleichstromspülung, 114,2 mm Zylinderdurchmesser (Harnischfeger) (S. 31)

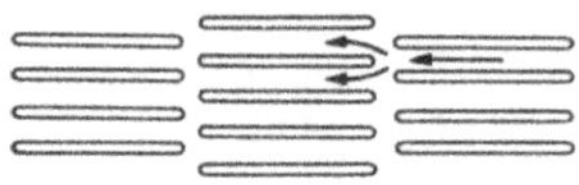

Abb. 16. Beispiel von Lamellenrippen für luftgekühlte Zylinderbüchsen (S. 32)

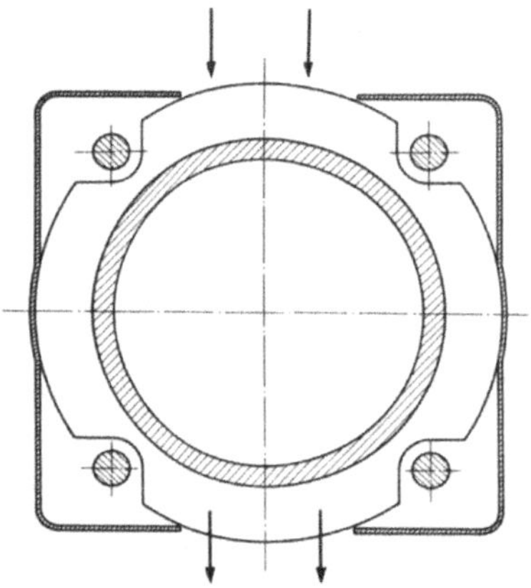

Abb. 17. Beispiel der Verkleidung von luftgekühlten Zylinderbüchsen (S. 32)

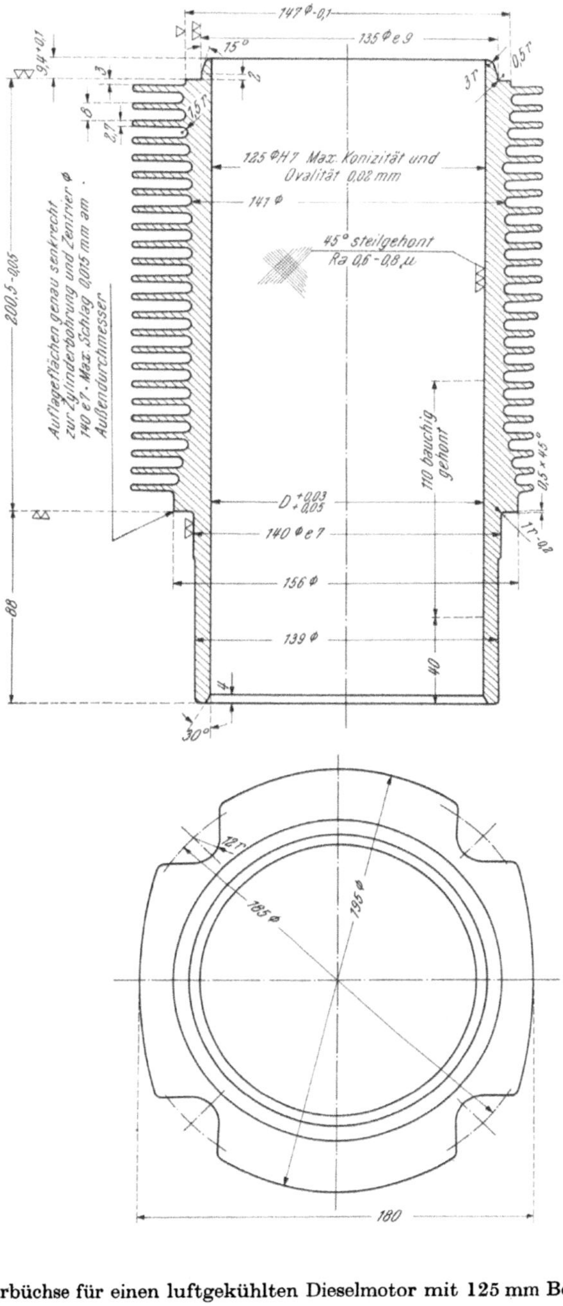

Abb. 18. Zylinderbüchse für einen luftgekühlten Dieselmotor mit 125 mm Bohrung (S. 33)

Abb. 19 und 20

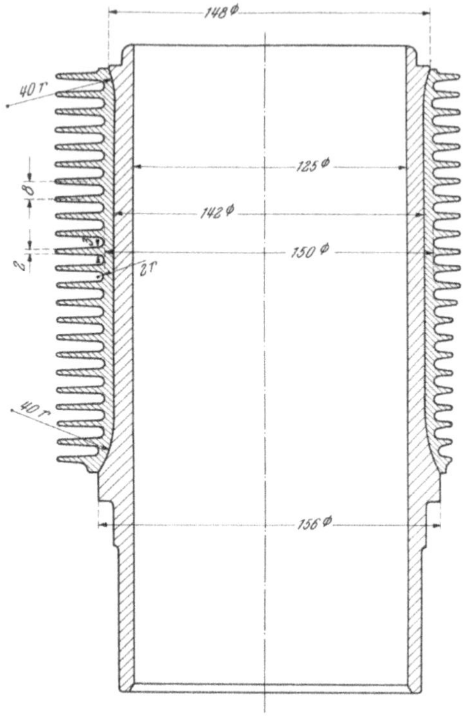

Abb. 19. Beispiel einer Zylinderbüchse mit im Alfin-Verfahren aufgegossenem Rippenzylinder (K. Schmidt GmbH.) (S. 34)

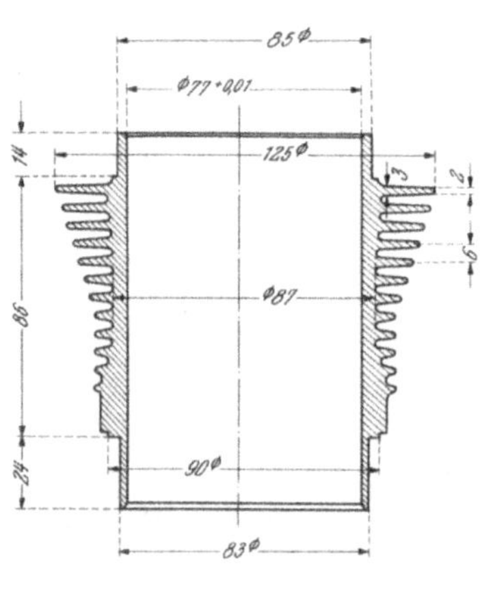

Abb. 20. Zylinderbüchse für einen luftgekühlten Ottomotor (Volkswagen) (S. 34)

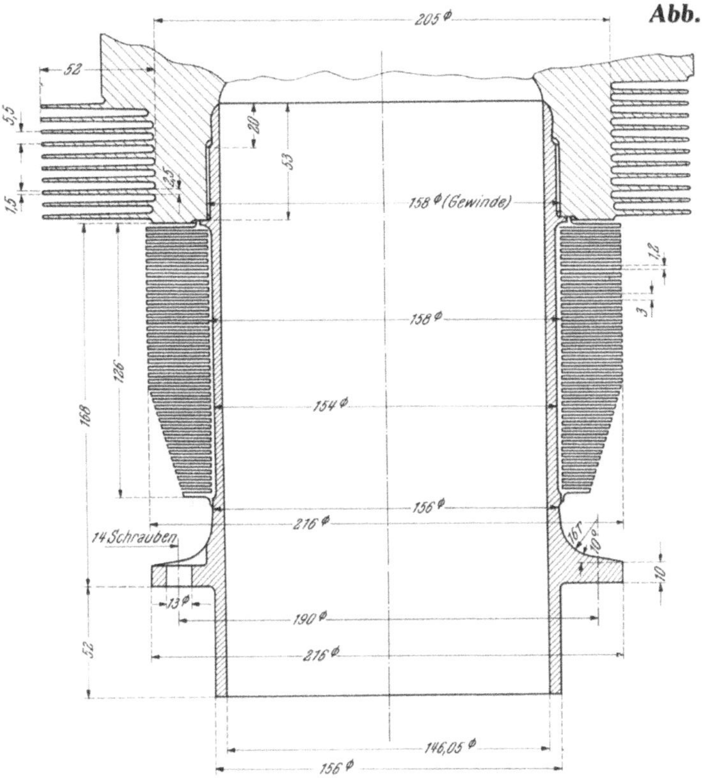

Abb. 21. Beispiel einer mit dem Zylinderkopf verschraubten Büchse eines luftgekühlten Dieselmotors (Continental Aviation) (S. 35)

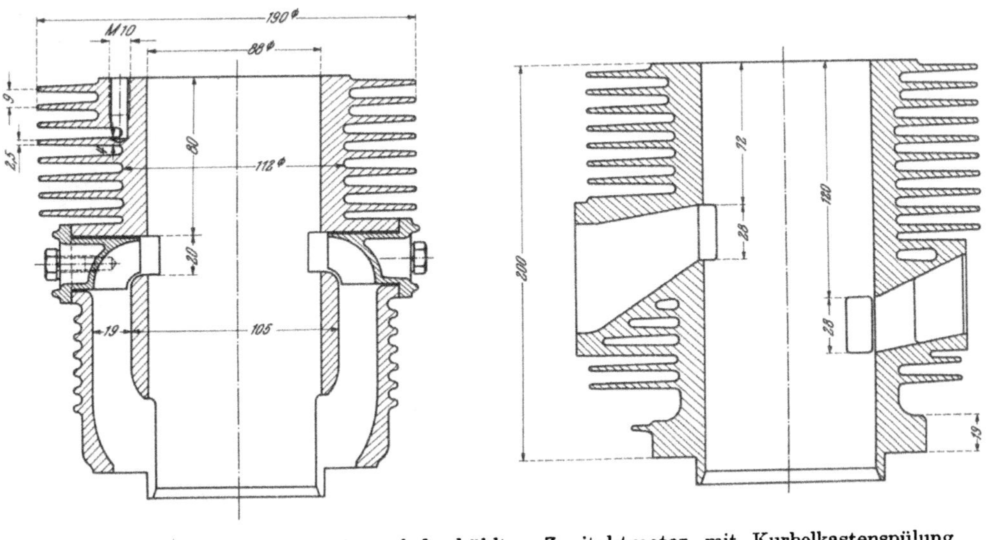

Abb. 22. Zylinderbüchse für einen luftgekühlten Zweitaktmotor mit Kurbelkastenspülung (Fichtel & Sachs) (S. 36)

Abb. 23 bis 26

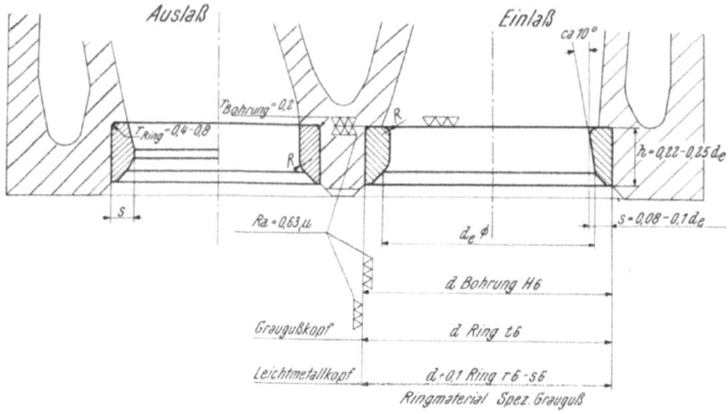

Abb. 23. Dimensionierung und Passungen für Ventilsitzringe (S. 40)

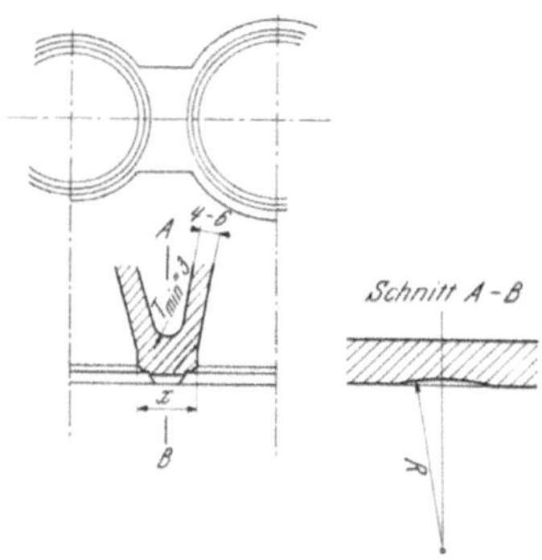

Abb. 24. Beispiel der Ausbildung des Steges zwischen den Ventilen (S. 40)

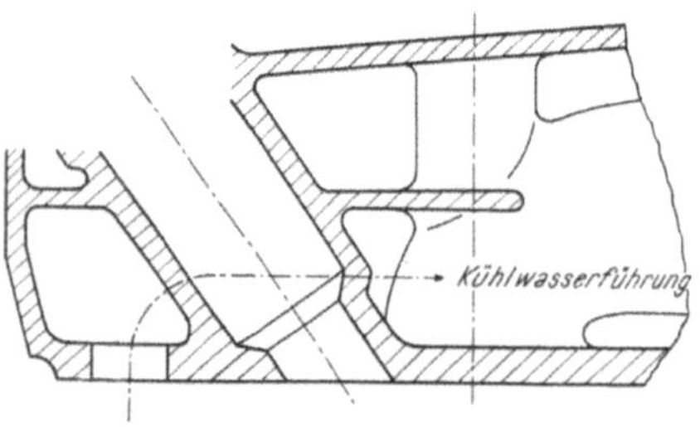

Abb. 25

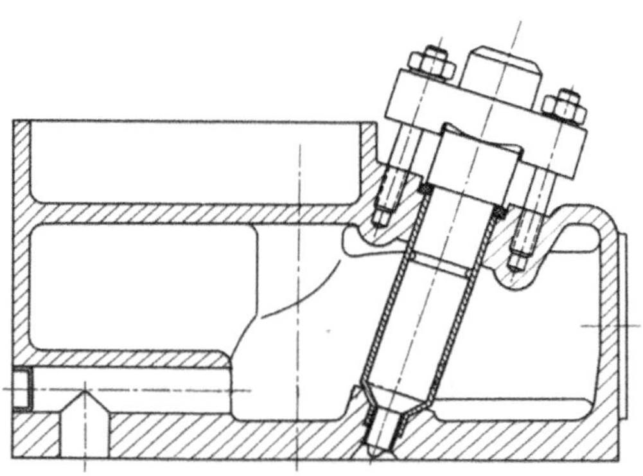

Abb. 26

Abb. 25 und 26. Beispiele der Kühlung des Steges zwischen den Ventilen (S. 41)

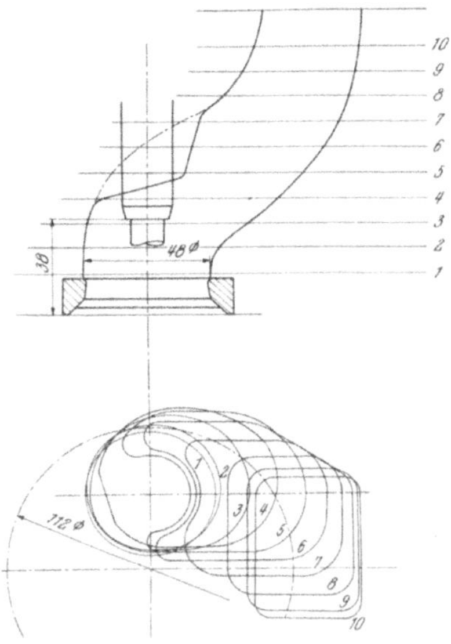

Abb. 27. Form und Querschnittsverlauf eines Einlaßkanals (S. 41)

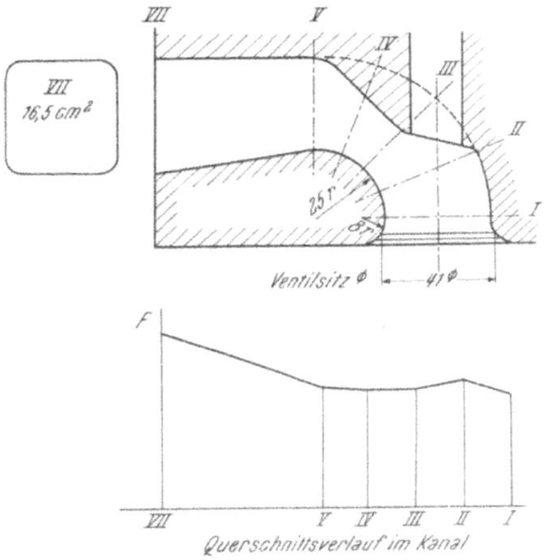

Abb. 28. Form und Querschnittsverlauf eines Auslaßkanals (S. 41)

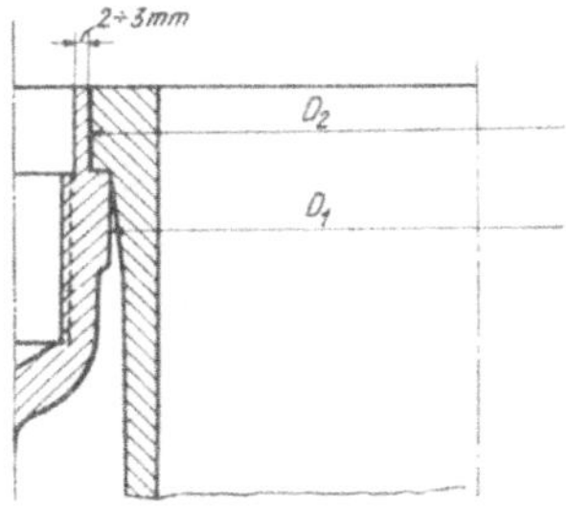

Abb. 29. Anordnung der Schraubenbutzen für die Zylinderkopfschrauben bei nassen Büchsen (S. 42)

Abb. 30

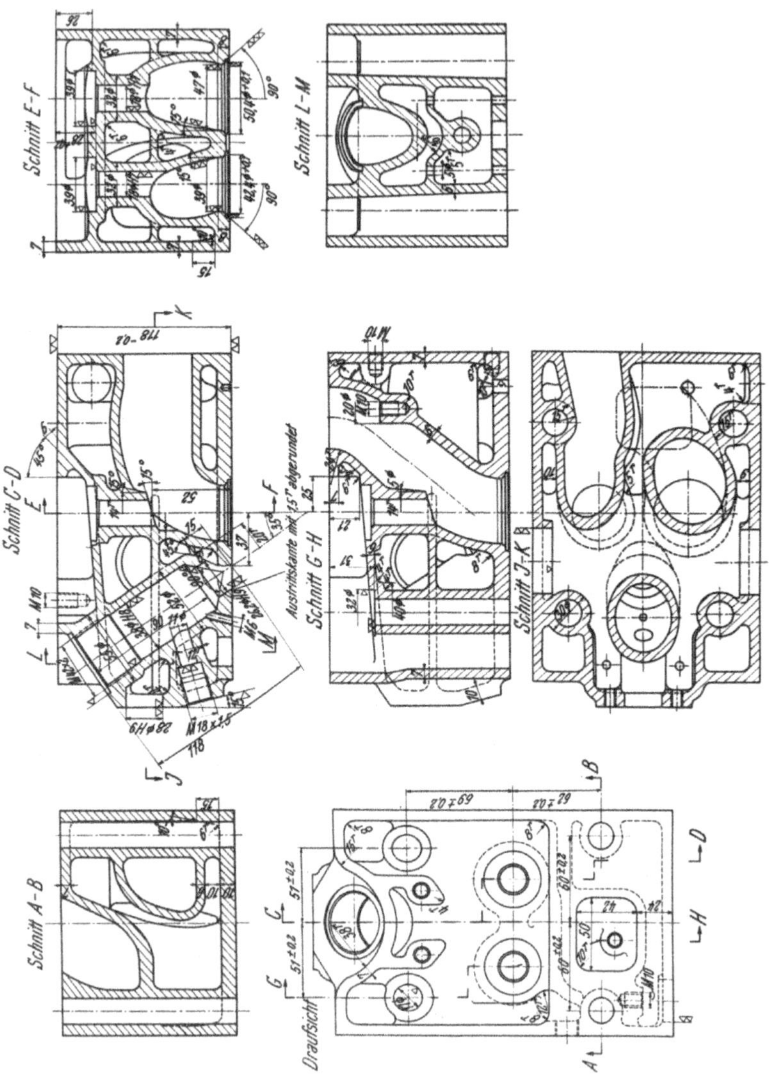

Abb. 30. Einzelzylinderkopf eines Viertaktmotors für Fahrzeuge mit 112 mm Zylinderdurchmesser (Torpedo-Werke) (S. 43)

Abb. 31

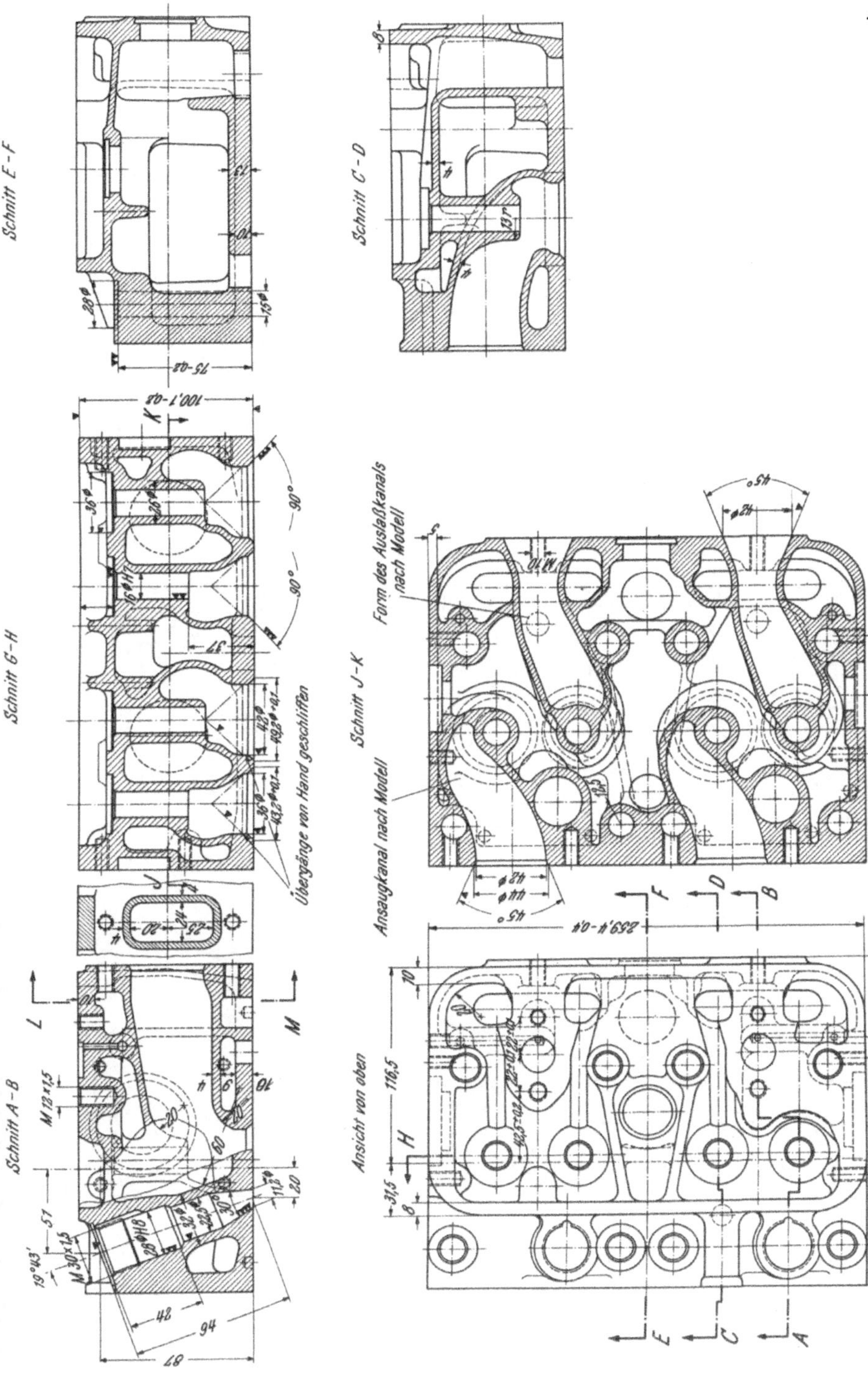

Abb. 31. Doppelkopf eines Viertakt-Dieselmotors für Fahrzeuge mit 100 mm Zylinderdurchmesser (MAN) (S. 45)

Abb. 32

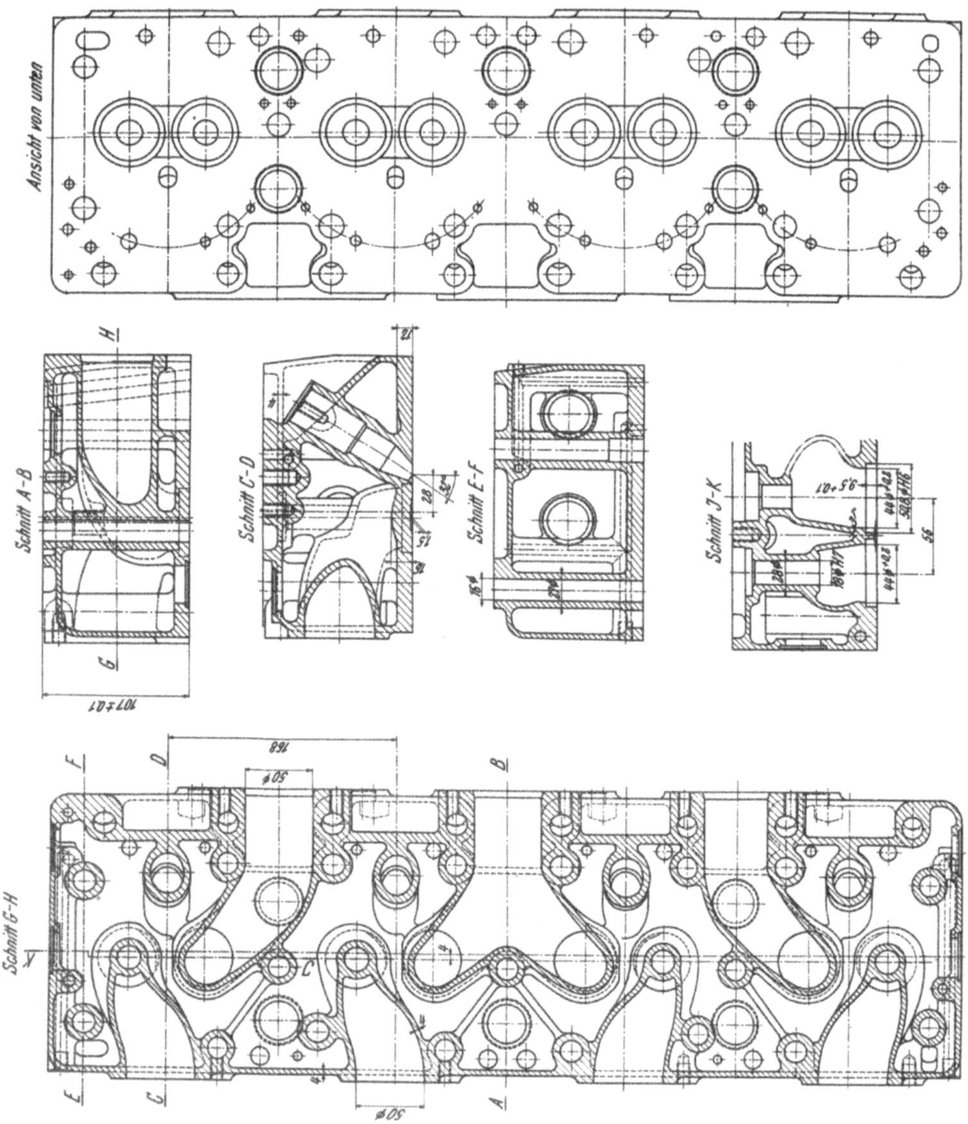

Abb. 32. Gemeinsamer Zylinderkopf eines V8-Viertakt-Dieselmotors für Fahrzeuge mit 115 mm Zylinderdurchmesser (MAN) (S. 45)

Abb. 33

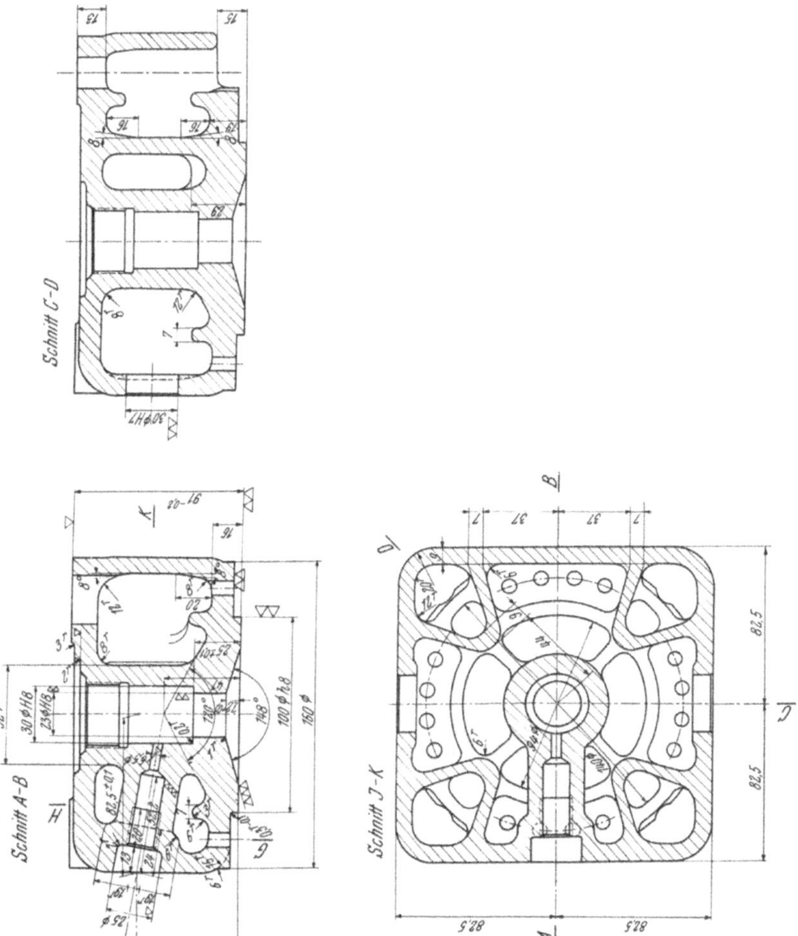

Abb. 33. Zylinderkopf aus Leichtmetall für einen Zweitakt-Dieselmotor mit Umkehrspülung für 100 mm Zylinderdurchmesser (S. 46)

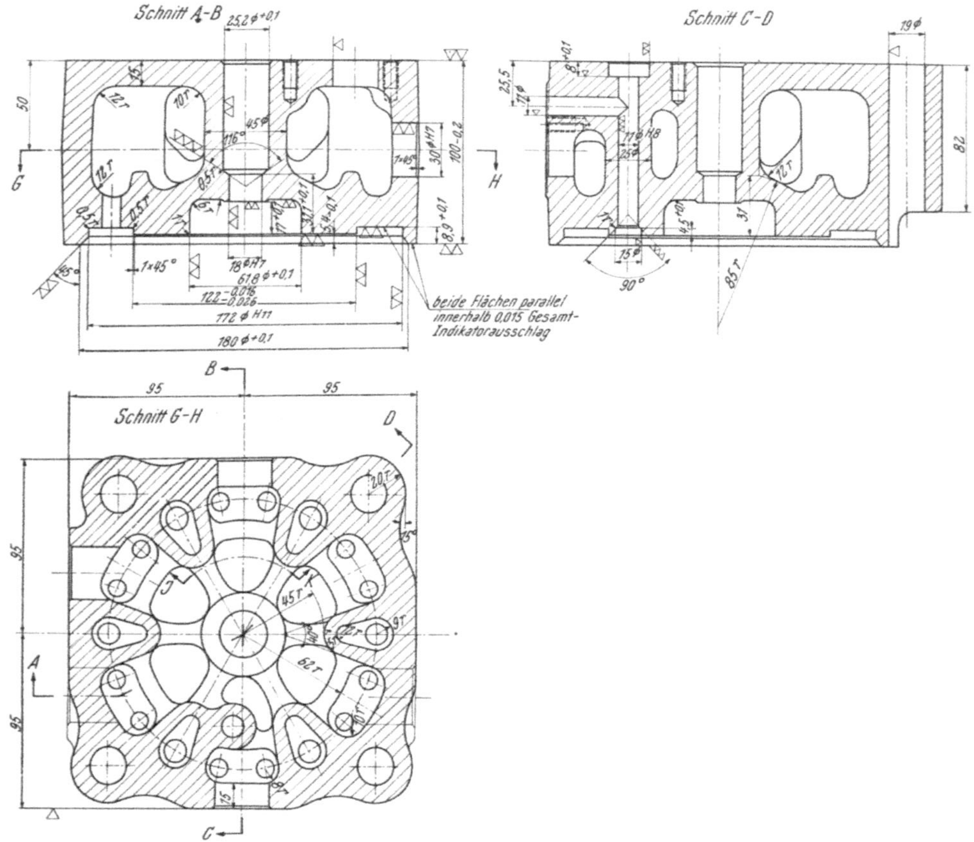

Abb. 34. Zylinderkopf aus Leichtmetall für einen Zweitakt-Dieselmotor mit Umkehrspülung für hängende Büchsenbefestigung (Gräf & Stift) (S. 47)

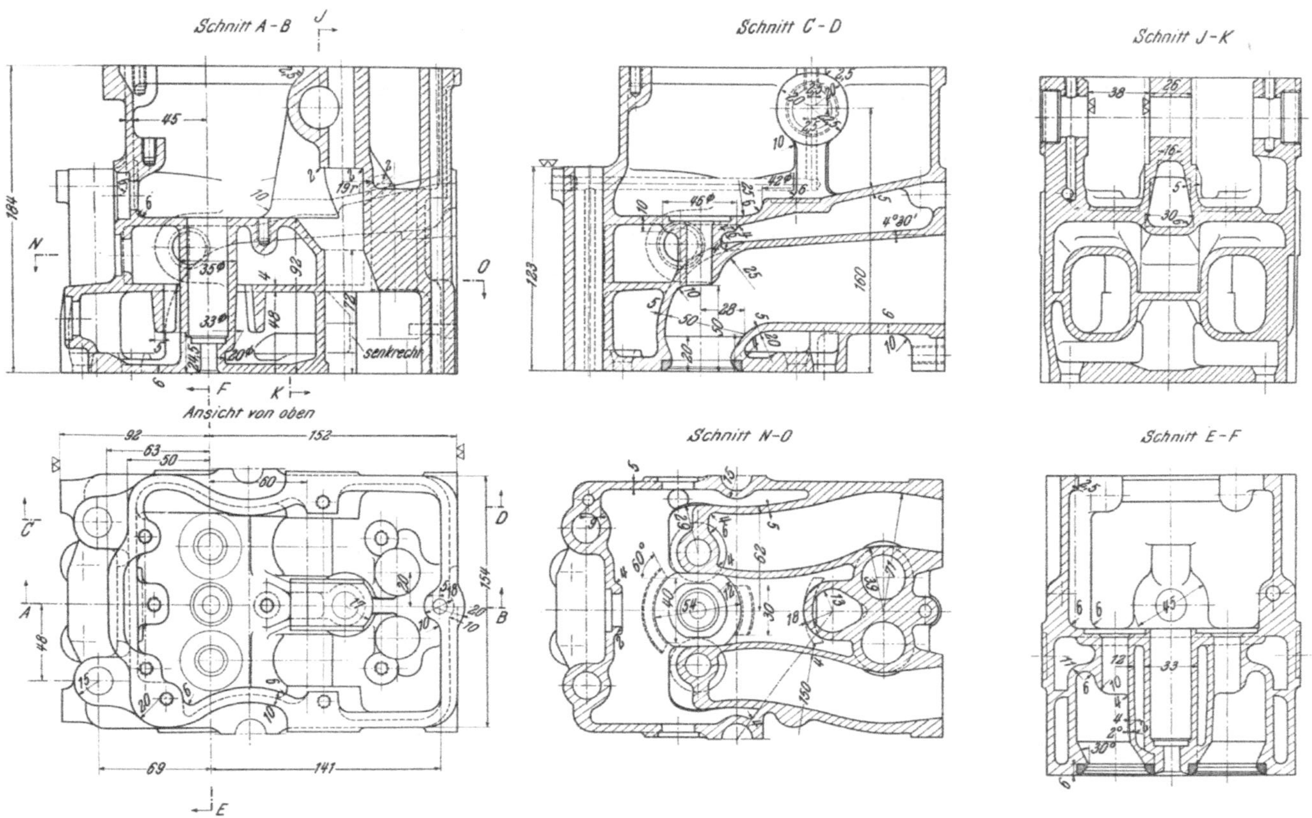

Abb. 35. Einzelkopf eines gleichstromgespülten Zweitakt-Dieselmotors für Lastkraftwagen mit 115 mm Zylinderdurchmesser (Krupp) (S. 49)

Abb. 35

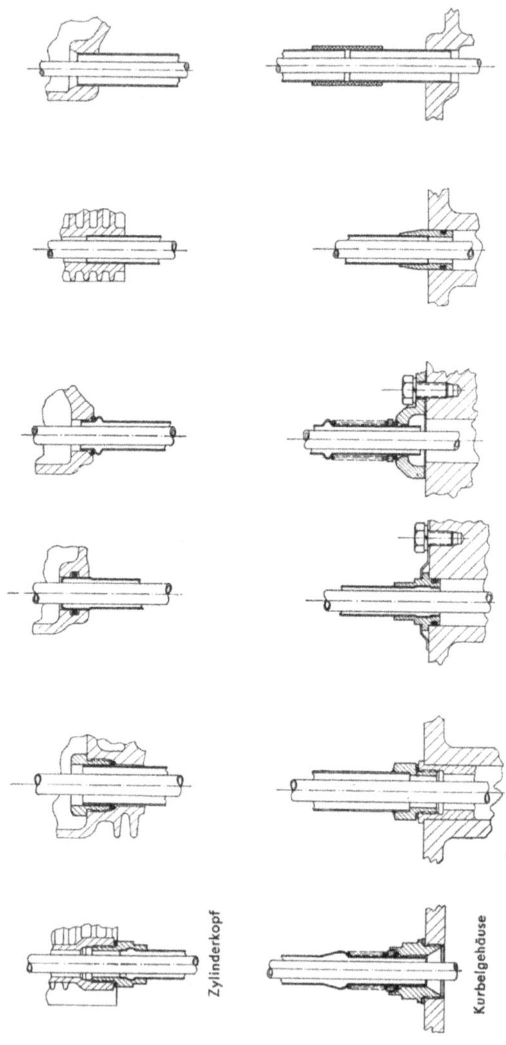

Abb. 36. Beispiele von Stoßstangenverkleidungen für luftgekühlte Motoren (aus MWM-Nachrichten, Heft 1, 1956) (S. 52)

Abb. 37

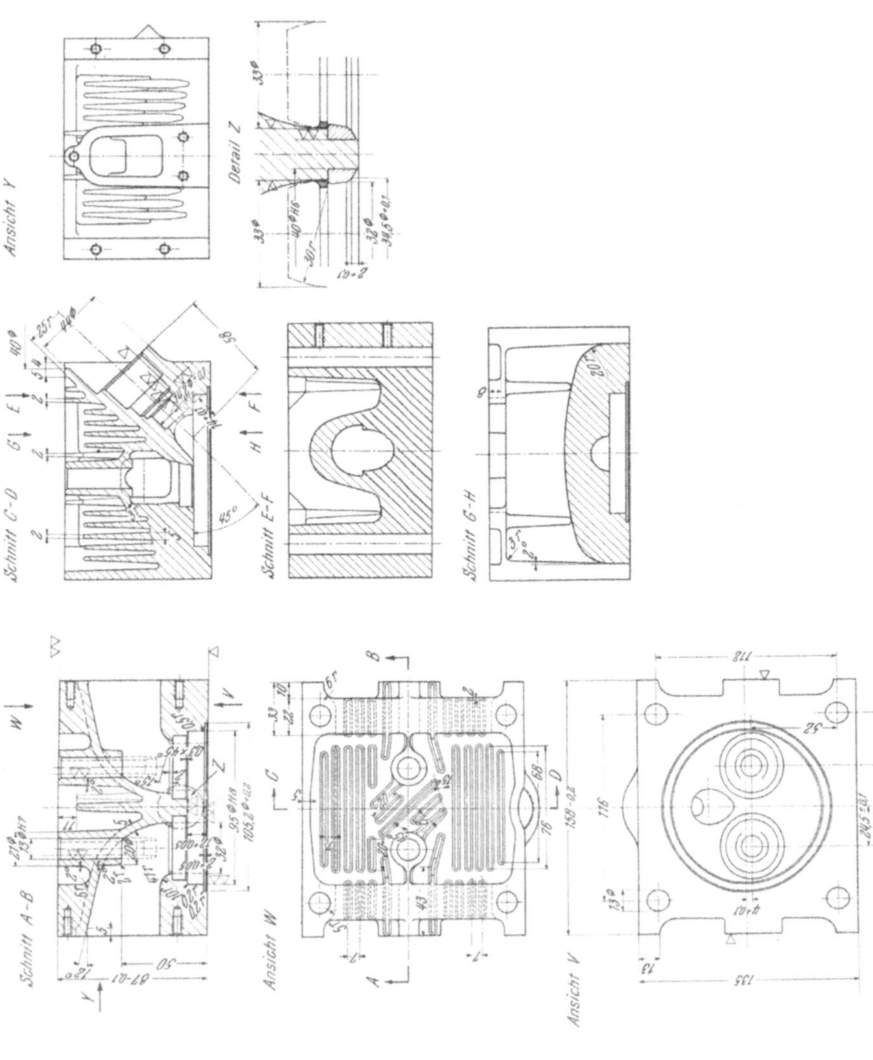

Abb. 37. Zylinderkopf eines luftgekühlten Dieselmotors mit direkter Einspritzung und 90 mm Zylinderdurchmesser (Bernard Moteurs) (S. 52)

Abb. 38

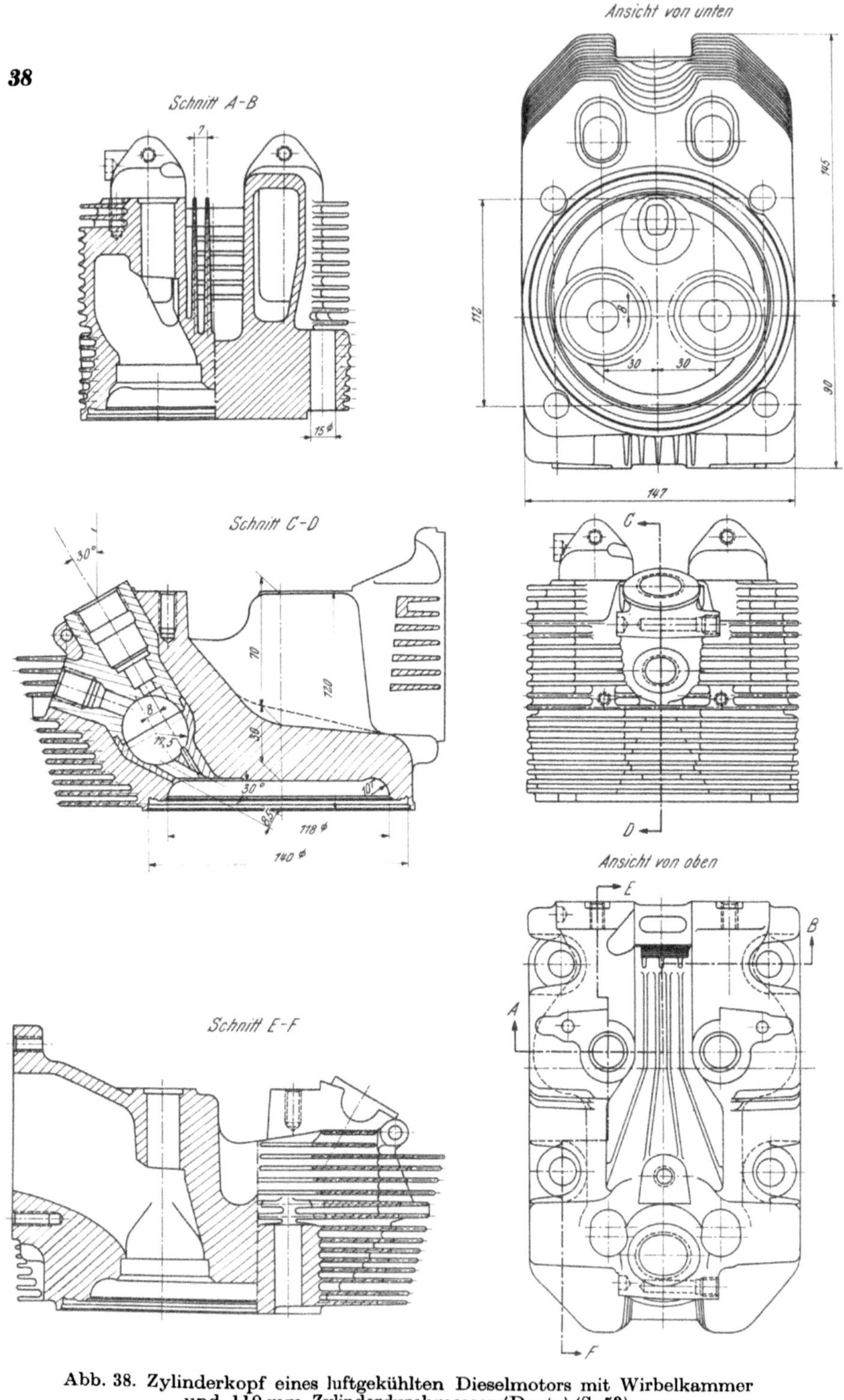

Abb. 38. Zylinderkopf eines luftgekühlten Dieselmotors mit Wirbelkammer und 110 mm Zylinderdurchmesser (Deutz) (S. 53)

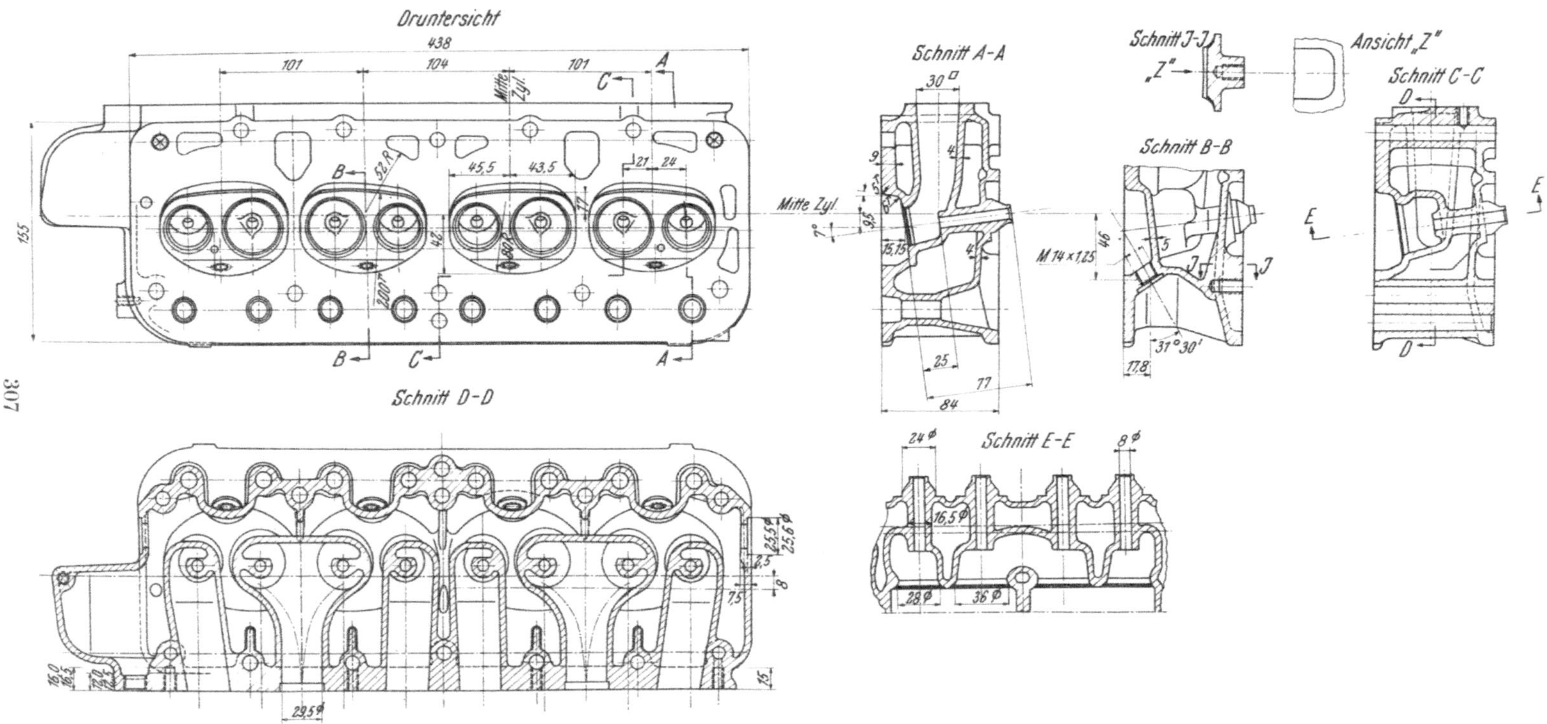

Abb. 39. Zylinderkopf eines Ottomotors für PKW mit 84 mm Zylinderdurchmesser (Ford) (S. 55)

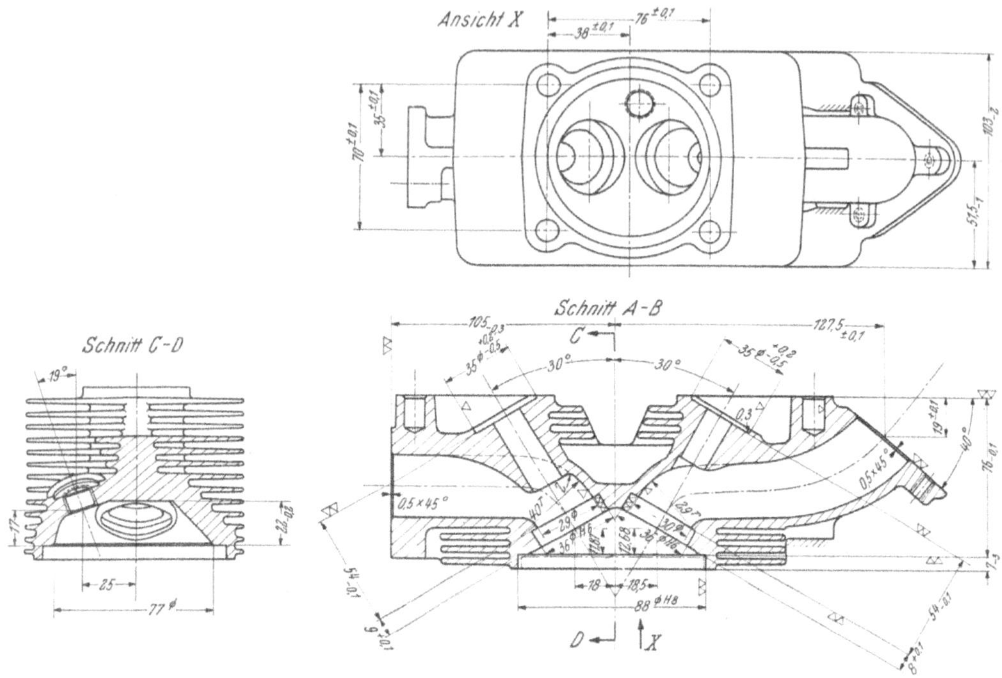

Abb. 40. Zylinderkopf eines luftgekühlten Ottomotors für PKW mit 77 mm Zylinderdurchmesser (Lloyd) (S. 56)

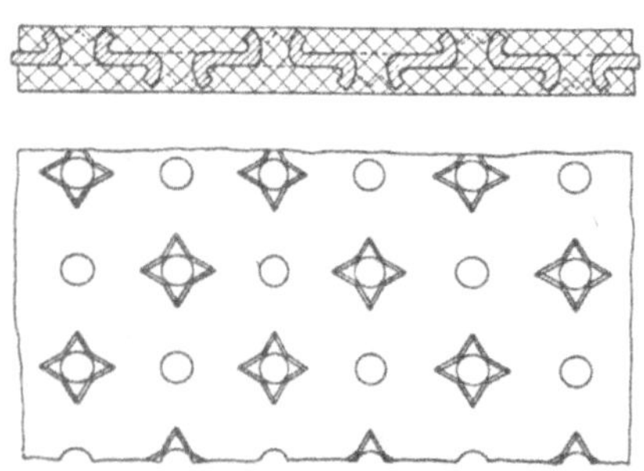

Abb. 41. Aufbau einer Zylinderkopfdichtung (Diring) (aus ATZ, Heft 9, 1957) (S. 57)

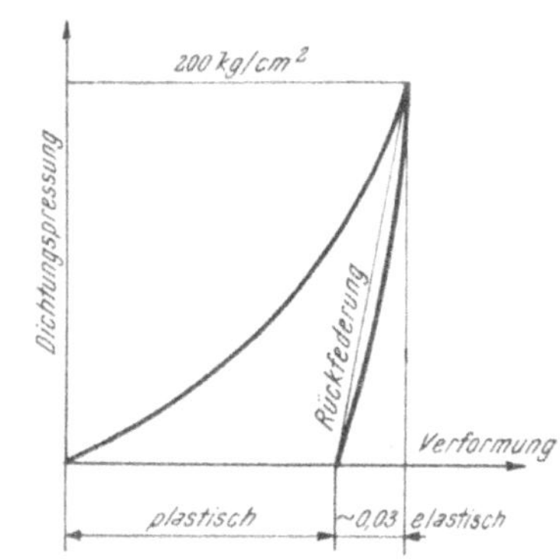

Abb. 42. Verformungskennlinien einer Zylinderkopf-Weichstoffdichtung (Diring) (aus ATZ, Heft 9, 1957) (S. 57)

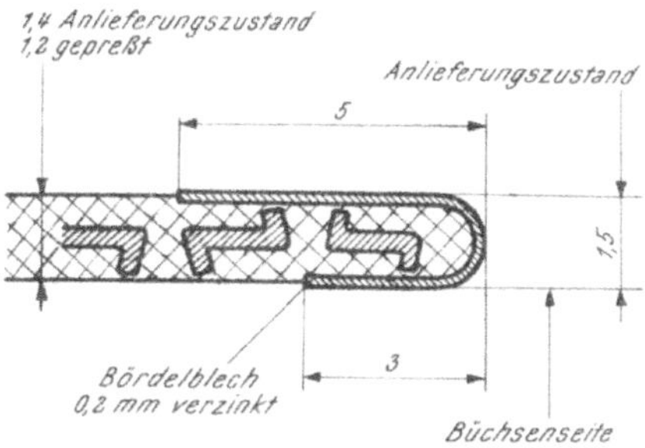

Abb. 43. Beispiel eines Bördelrandes einer Weichstoffdichtung (Diring) (S. 57)

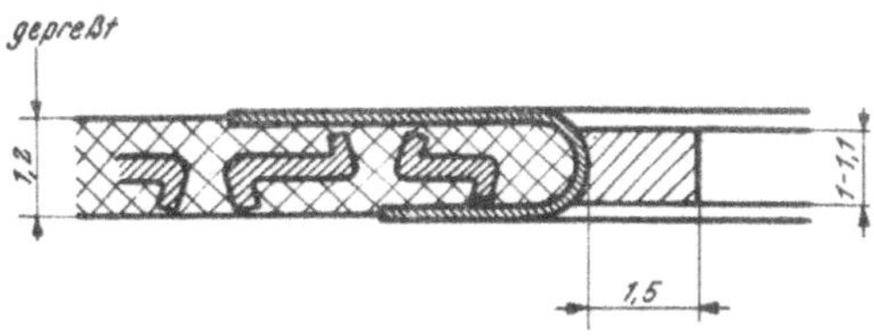

Abb. 44. Beispiel eines Bördelrandes mit Schutzring einer Weichstoffdichtung (Diring) (S. 58)

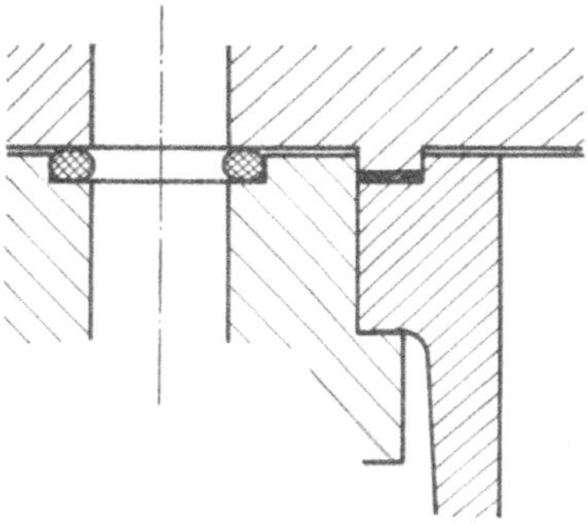

Abb. 45. Beispiel einer Metall-Massivdichtung für Zylinderköpfe (S. 59)

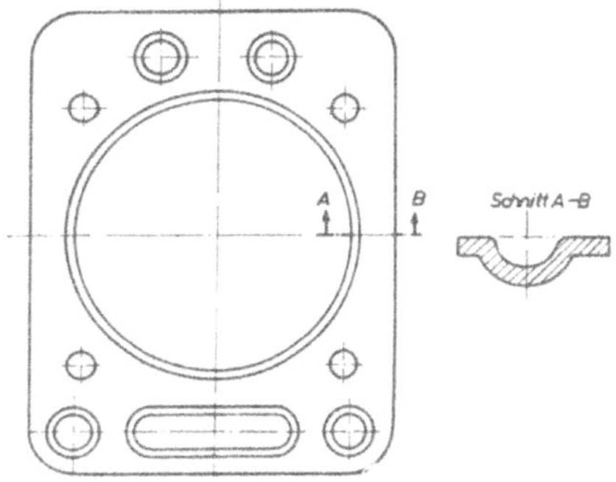

Abb. 46. Beispiel einer Metall-Sickendichtung für Zylinderköpfe (aus ATZ, Heft 9, 1957) (S. 59)

Abb. 47

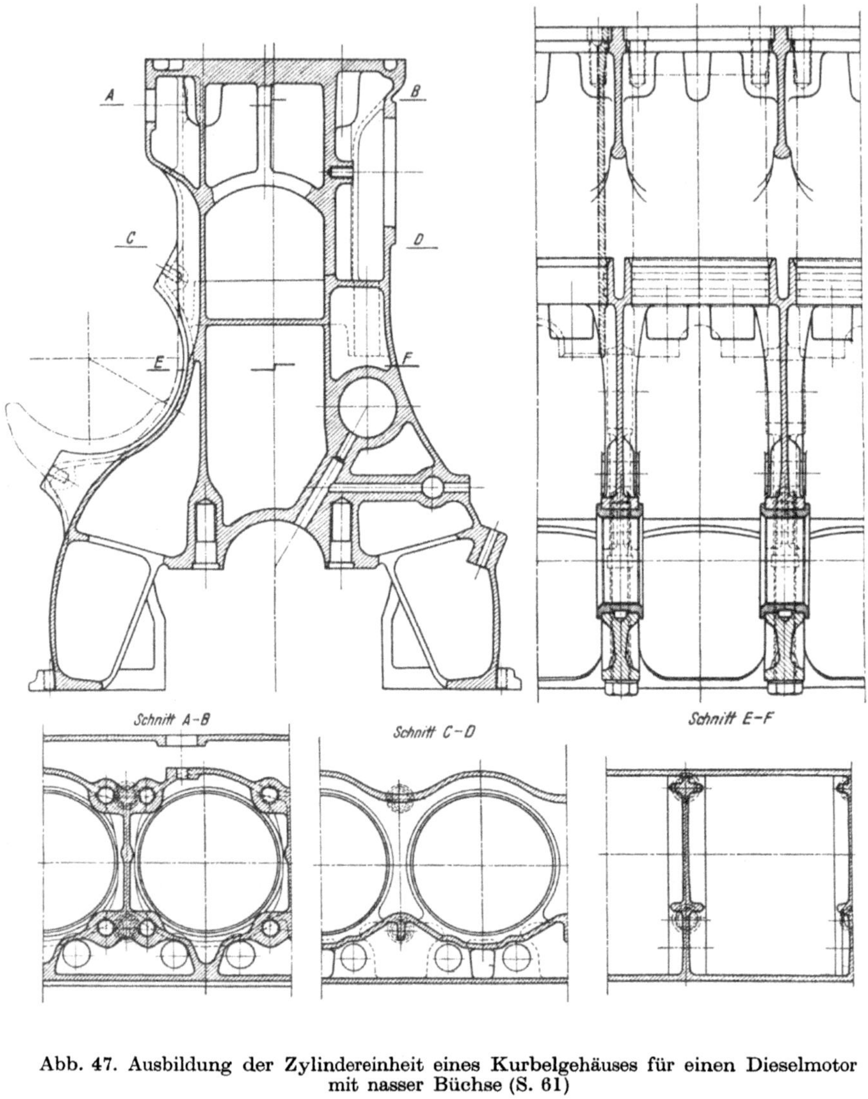

Abb. 47. Ausbildung der Zylindereinheit eines Kurbelgehäuses für einen Dieselmotor mit nasser Büchse (S. 61)

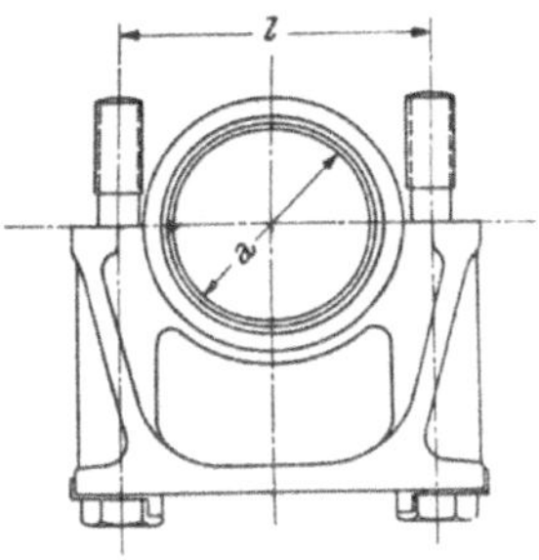

Abb. 48. Lagerdeckel zum Kurbelgehäuse eines Dieselmotors (S. 63)

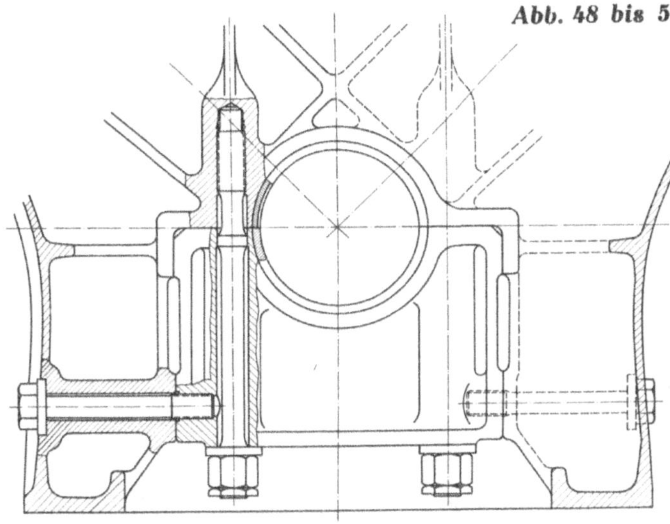

Abb. 49. Durch Querschrauben mit dem Kurbelgehäuse verspannter Lagerdeckel eines V-Dieselmotors (S. 65)

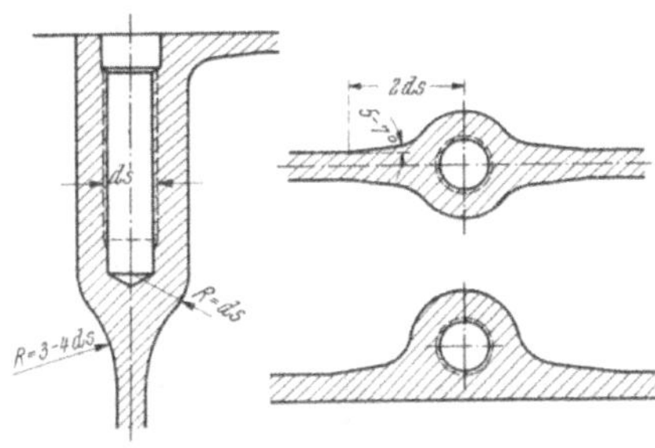

Abb. 50. Beispiele von Gestaltung der Schraubenbutzen bei Leichtmetallgußteilen (S. 68)

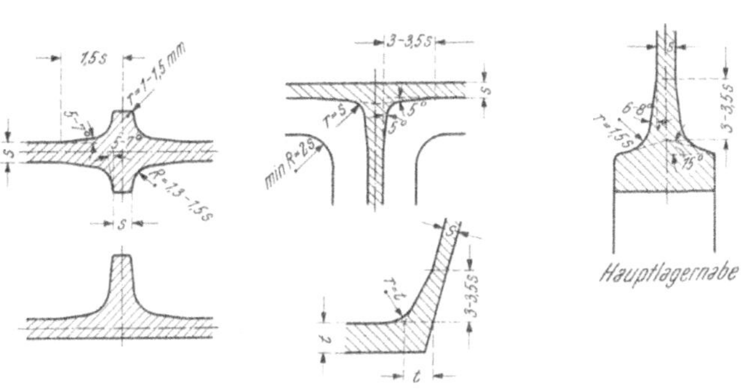

Abb. 51. Beispiele von Wandübergängen, Naben und Rippen bei Leichtmetallgußteilen (S. 68)

Abb. 52 bis 54

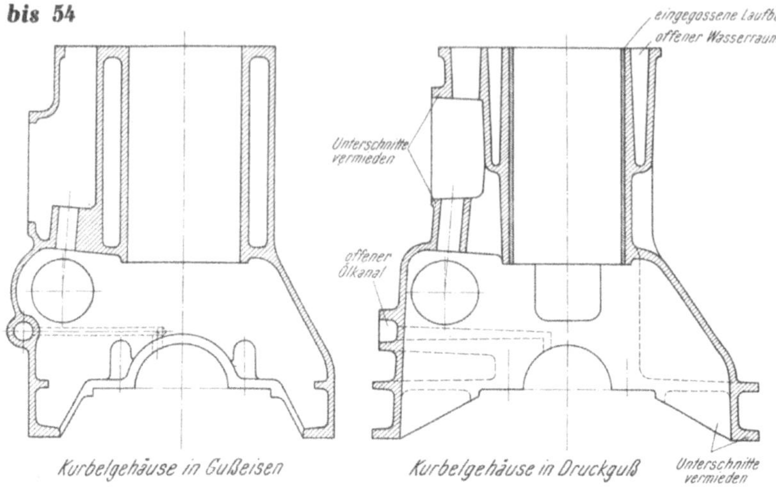

Abb. 52. Beispiel der Gestaltung eines Kurbelgehäuses für Druckguß (aus SAE-Transactions, Nr. 68, 1960) (S. 70)

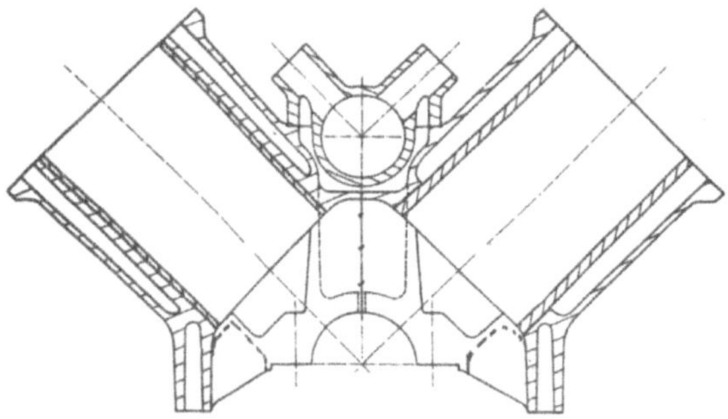

Abb. 53. Beispiel eines Kurbelgehäuses eines V8-Ottomotors für Druckguß (aus SAE-Transactions, Nr. 68, 1960) (S. 70)

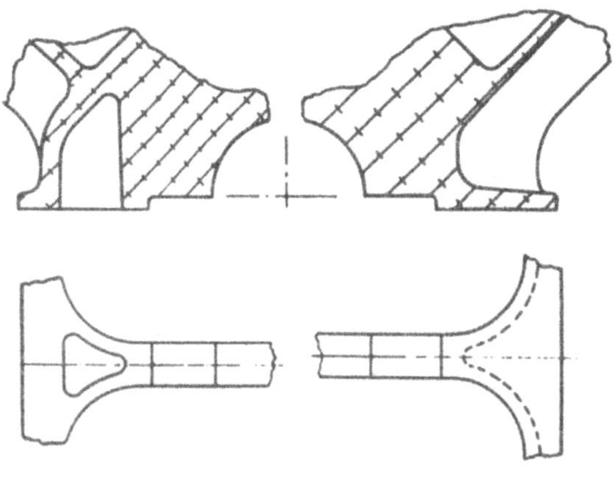

Abb. 54. Beispiel der Gestaltung der Lagerwand eines Kurbelgehäuses für Druckguß (aus SAE-Transactions, Nr. 68, 1960) (S. 70)

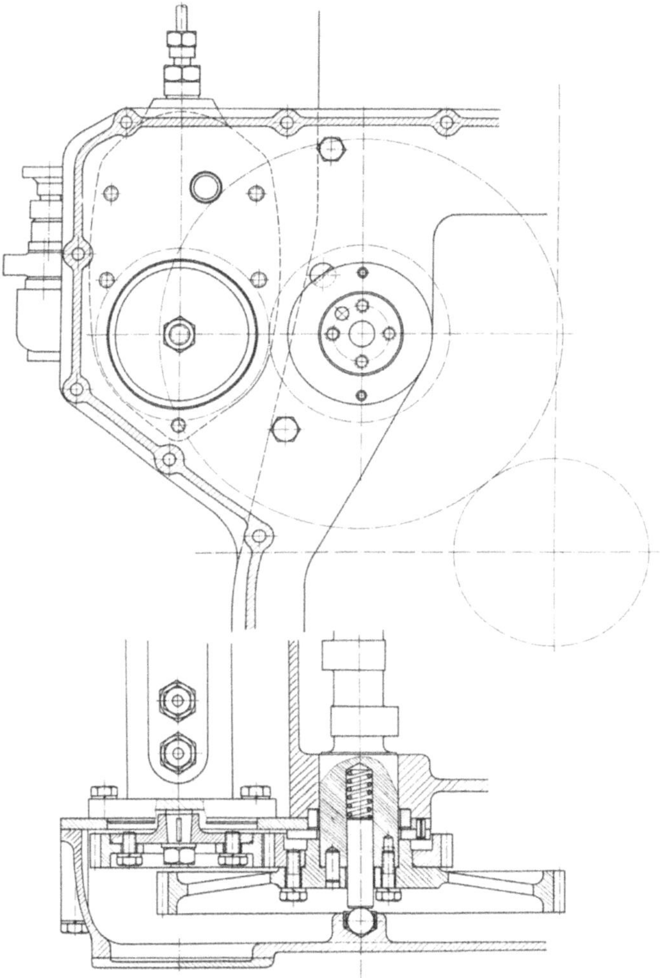

Abb. 55. Antrieb von Nockenwelle und Einspritzpumpe (S. 72)

Abb. 56 und 57

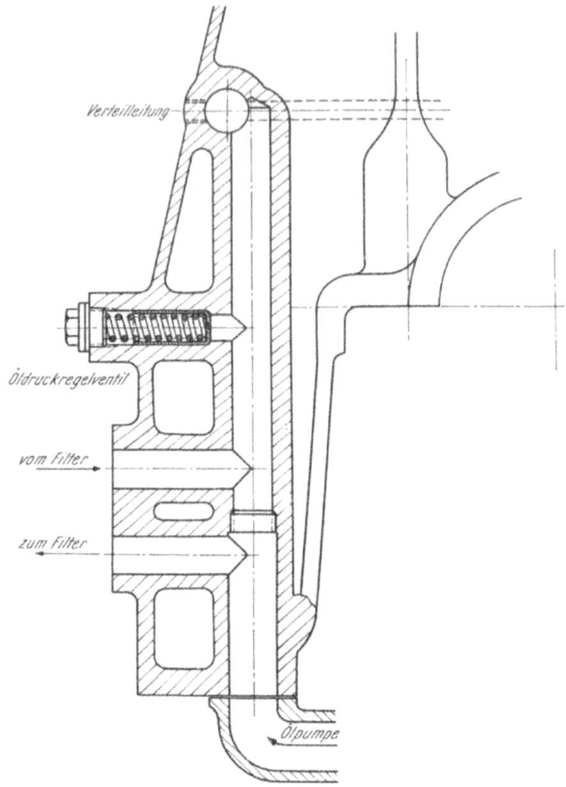

Abb. 56. Beispiel der Ölkanalführung in einer Lagerwand (S. 73)

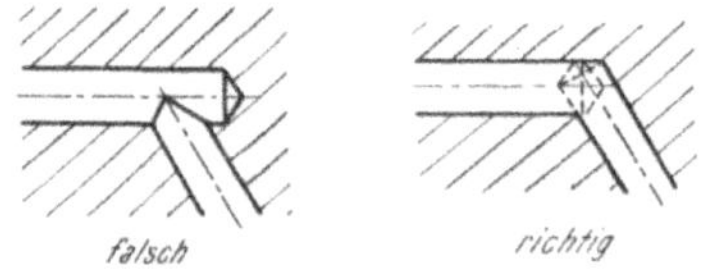

Abb. 57. Richtige Ausbildung der Kreuzung von Schmierölbohrungen (S. 73)

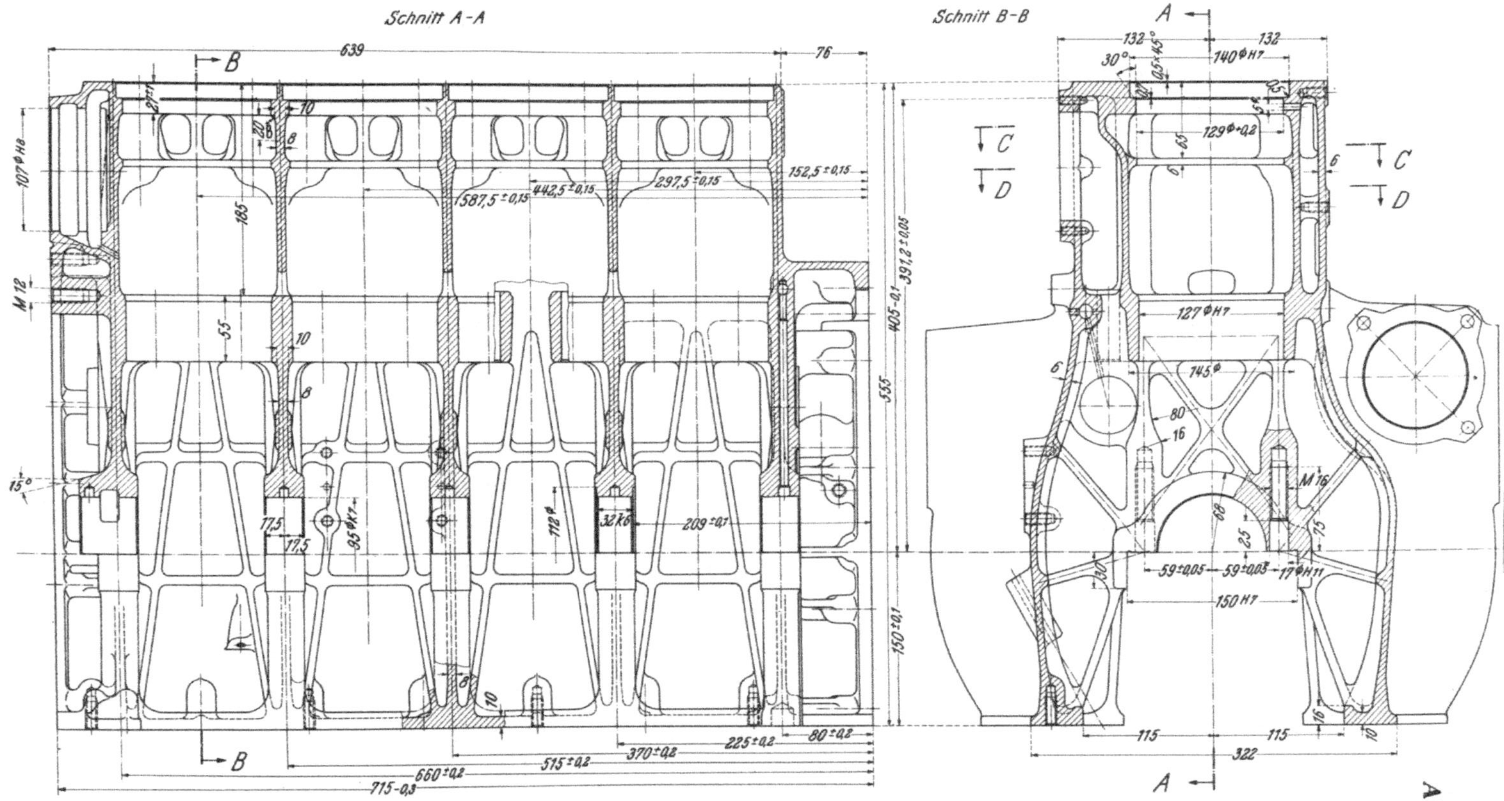

Abb. 58a

Abb. 58a. Längs- und Querschnitt des Kurbelgehäuses eines Vierzylinder-Viertakt-Dieselmotors in Leichtmetall für 110 mm Zylinderdurchmesser (Steyr-Daimler-Puch) (S. 74)

Abb. 58b

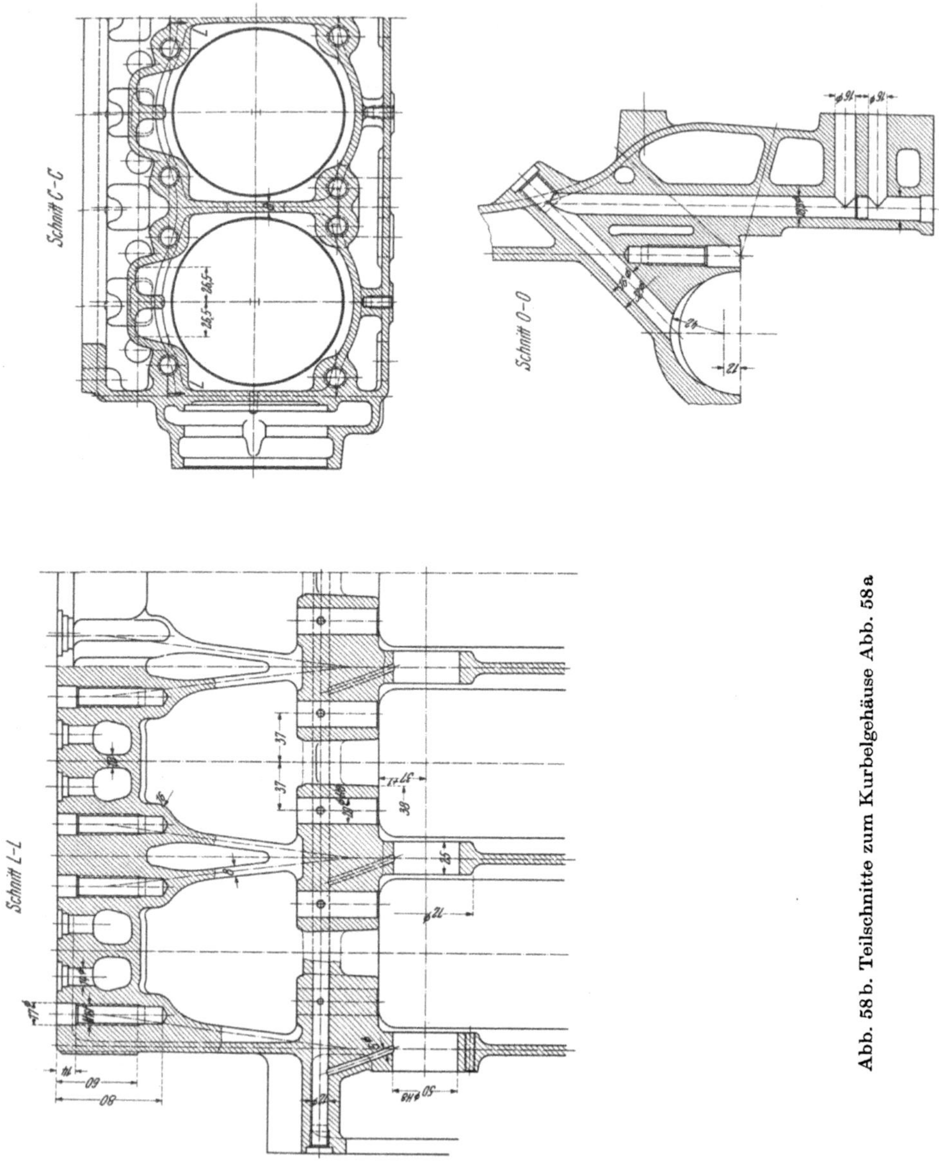

Abb. 58b. Teilschnitte zum Kurbelgehäuse Abb. 58a

Abb. 58c

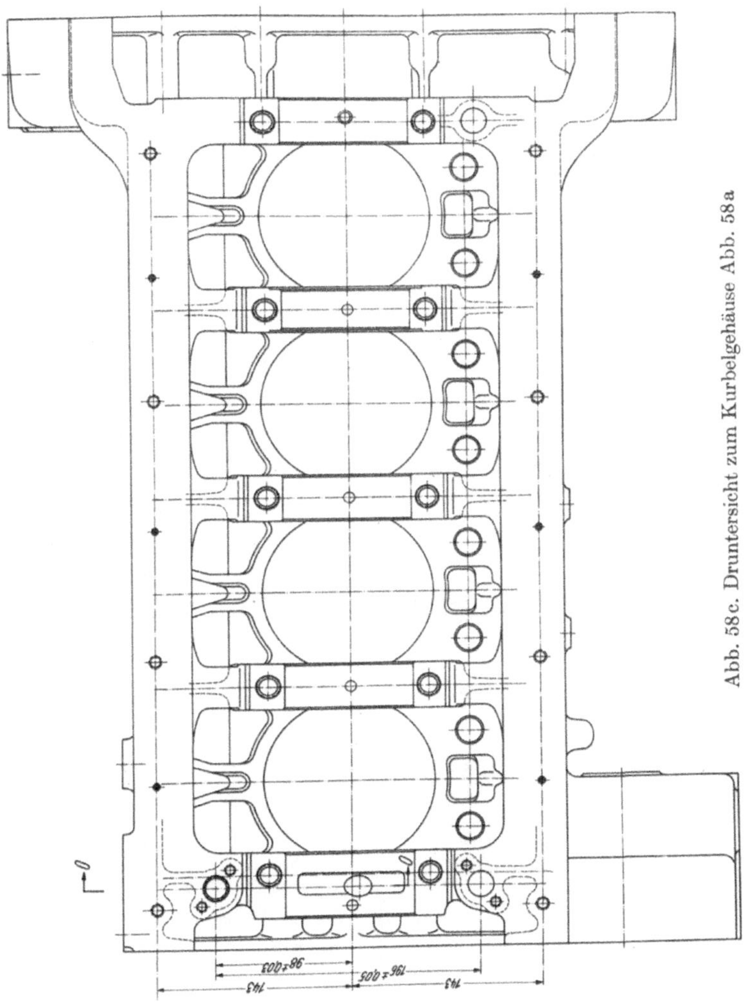

Abb. 58c. Druntersicht zum Kurbelgehäuse Abb. 58a

Abb. 59a und b

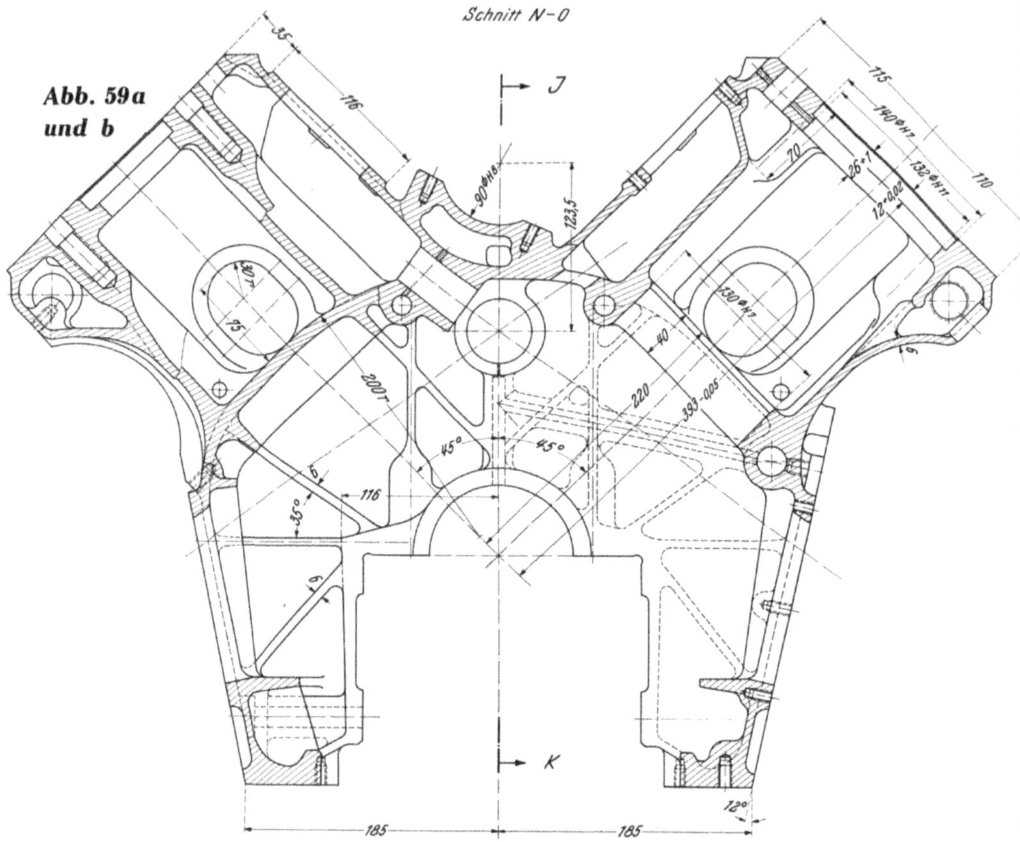

Abb. 59a. Querschnitt des Kurbelgehäuses eines V-Achtzylinder-Viertakt-Dieselmotors für 112 mm Zylinderdurchmesser (Torpedo-Werke) (S. 76)

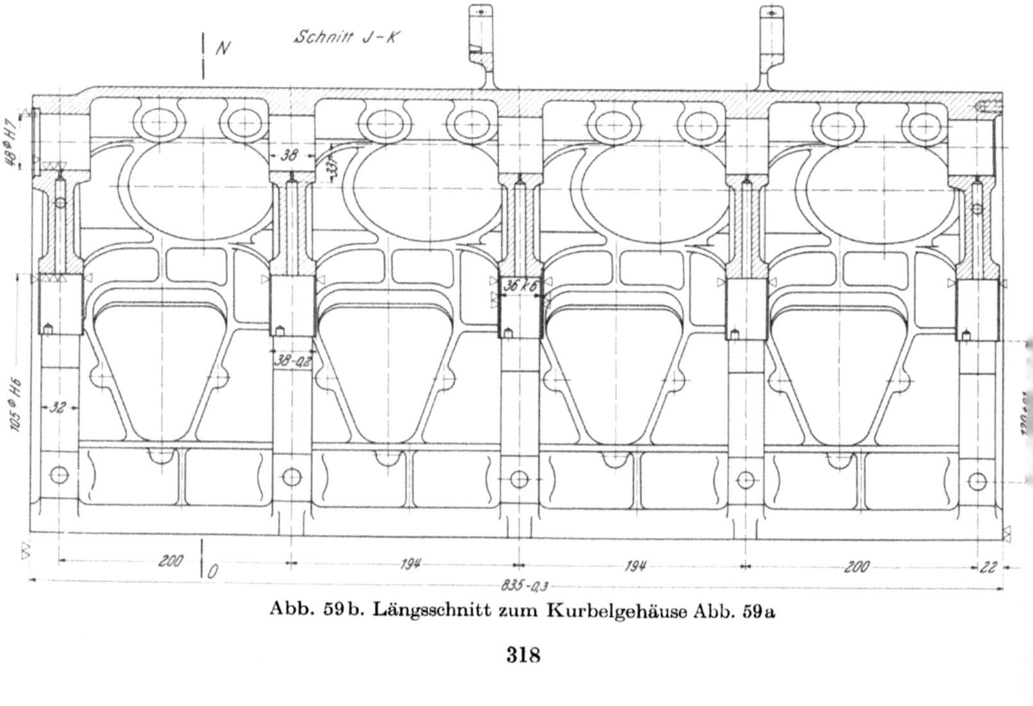

Abb. 59b. Längsschnitt zum Kurbelgehäuse Abb. 59a

Abb. 59c

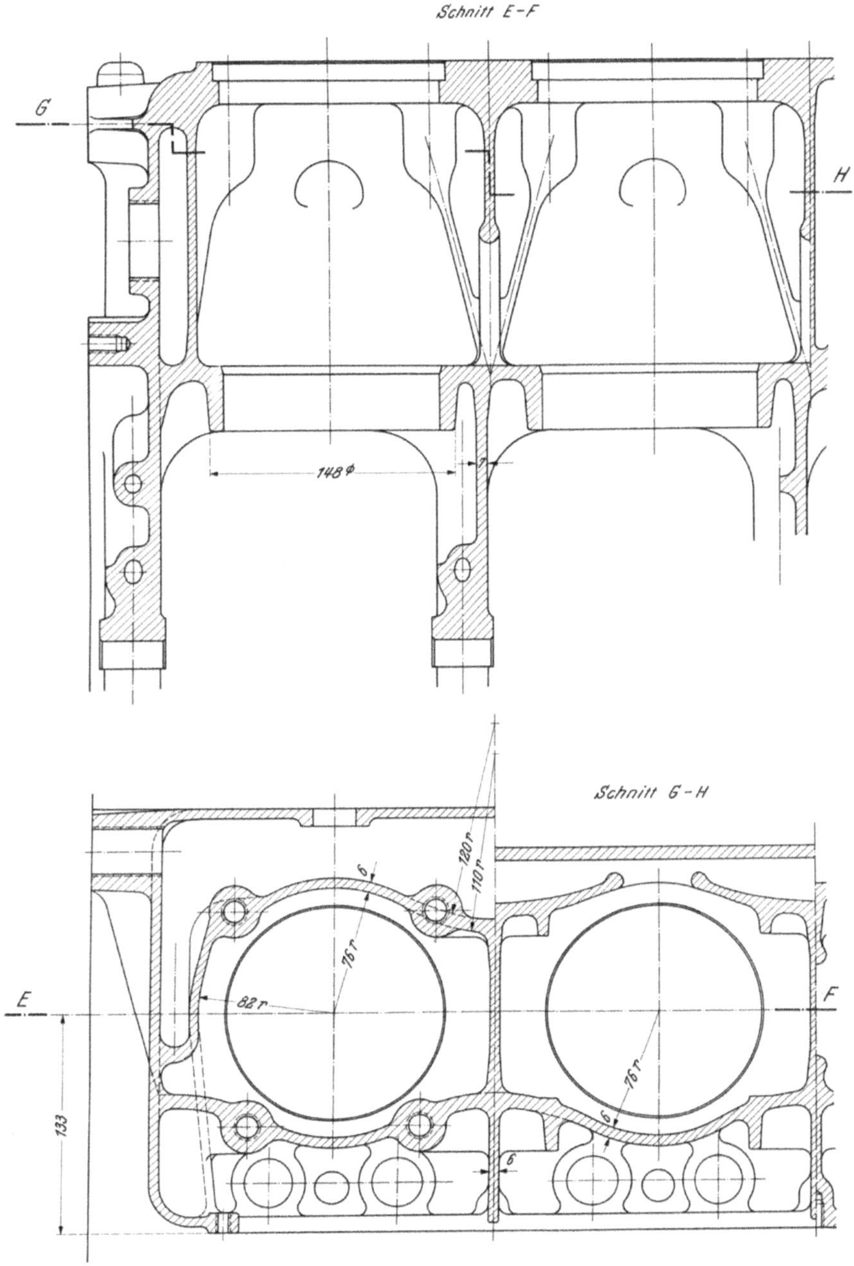

Abb. 59c. Teilschnitte zum Kurbelgehäuse Abb. 59a

Abb. 60a

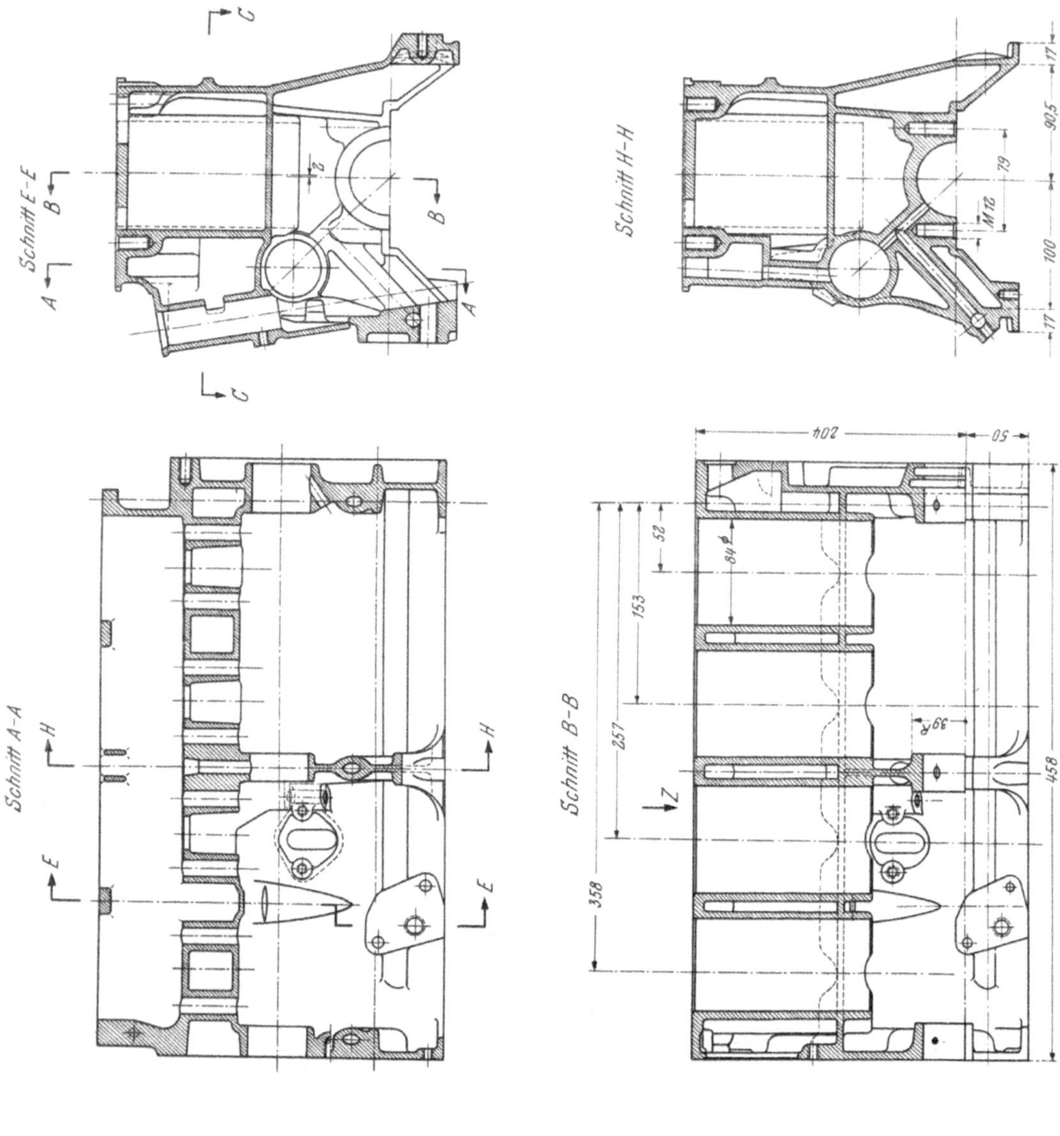

Schnitt E-E
Schnitt A-A
Schnitt H-H
Schnitt B-B
204
50
52
84 ⌀
153
257
358
458
39R
17
90,5
79
M12
100
17

Abb. 60b

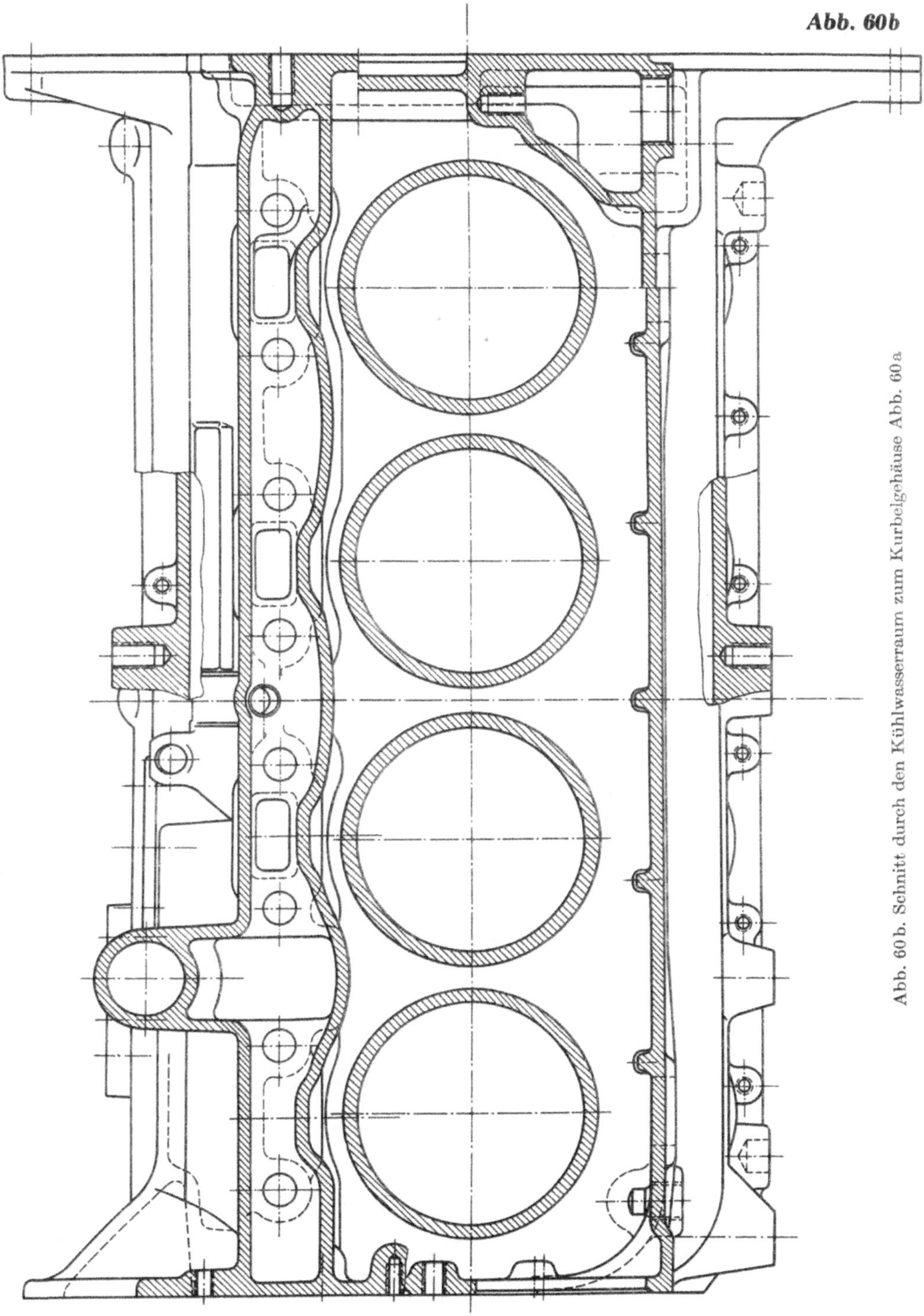

Abb. 60b. Schnitt durch den Kühlwasserraum zum Kurbelgehäuse Abb. 60a

Abb. 60c

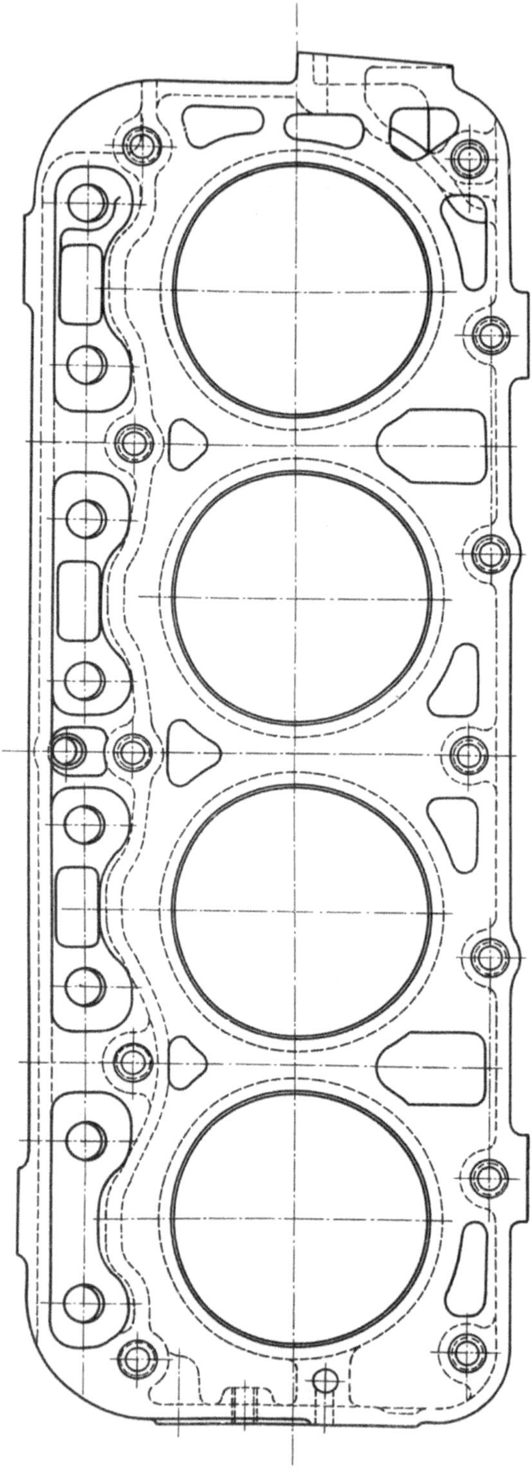

Abb. 60c. Draufsicht zum Kurbelgehäuse Abb. 60a

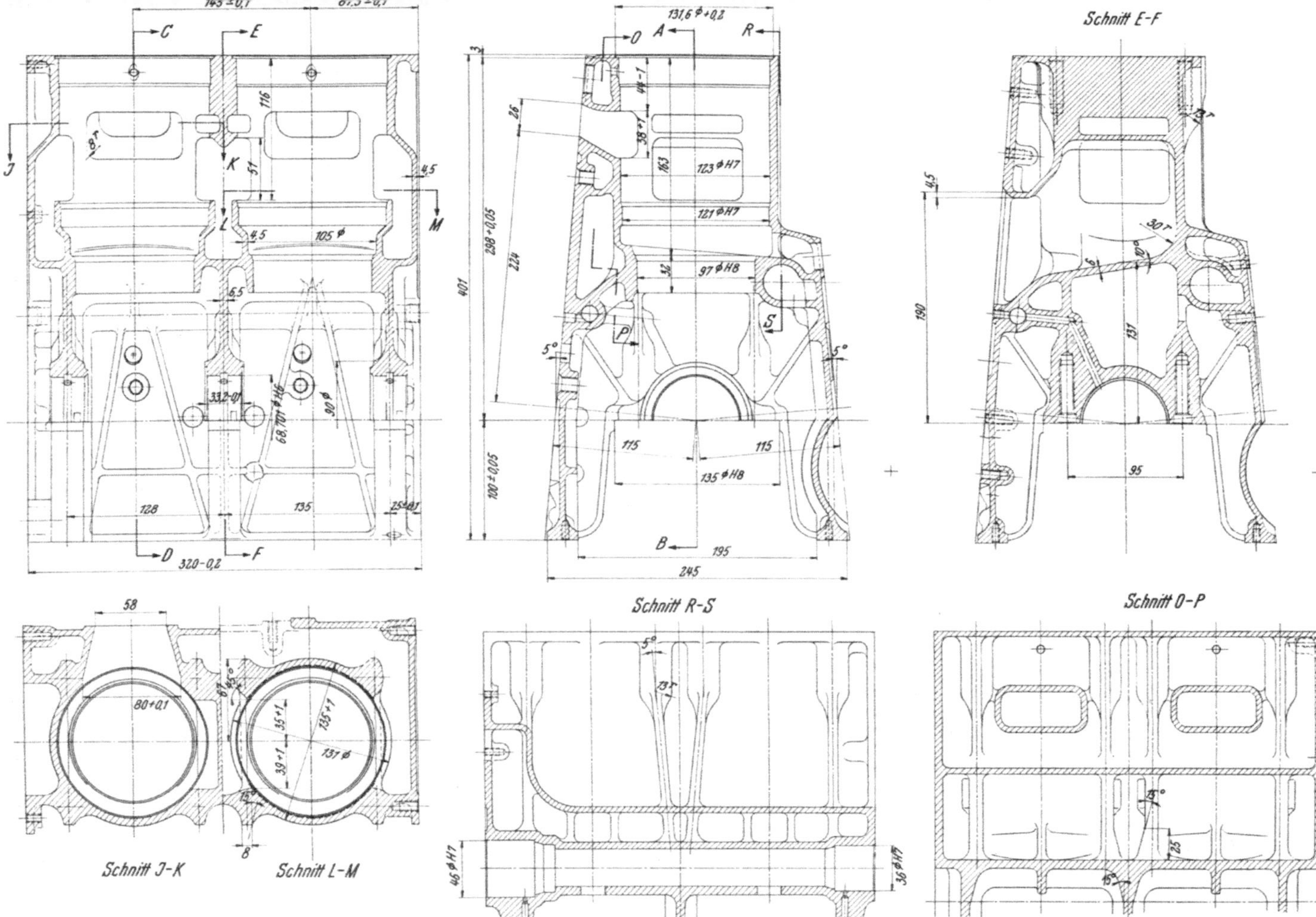

Abb. 61

Abb. 61. Kurbelgehäuse eines Zweizylinder-Zweitakt-Dieselmotors mit Umkehrspülung in Leichtmetall mit 85 mm Zylinderdurchmesser (Alfa Romeo) (S. 79)

Abb. 62a

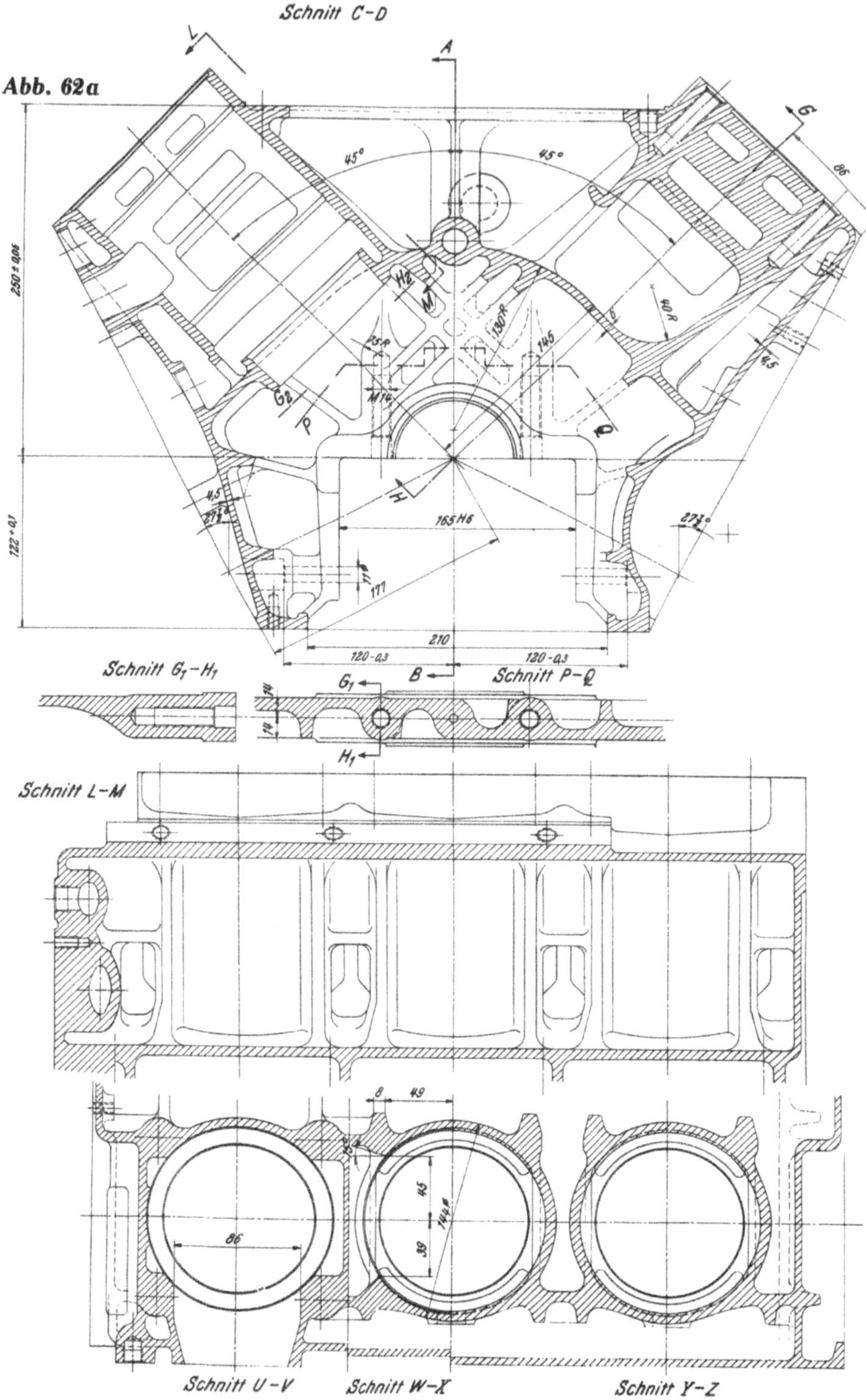

Abb. 62a. Querschnitt und Teilschnitte des Kurbelgehäuses eines V-Sechszylinder-Zweitakt-Dieselmotors mit Umkehrspülung in Leichtmetall mit 92 mm Zylinderdurchmesser (Ford) (S. 81)

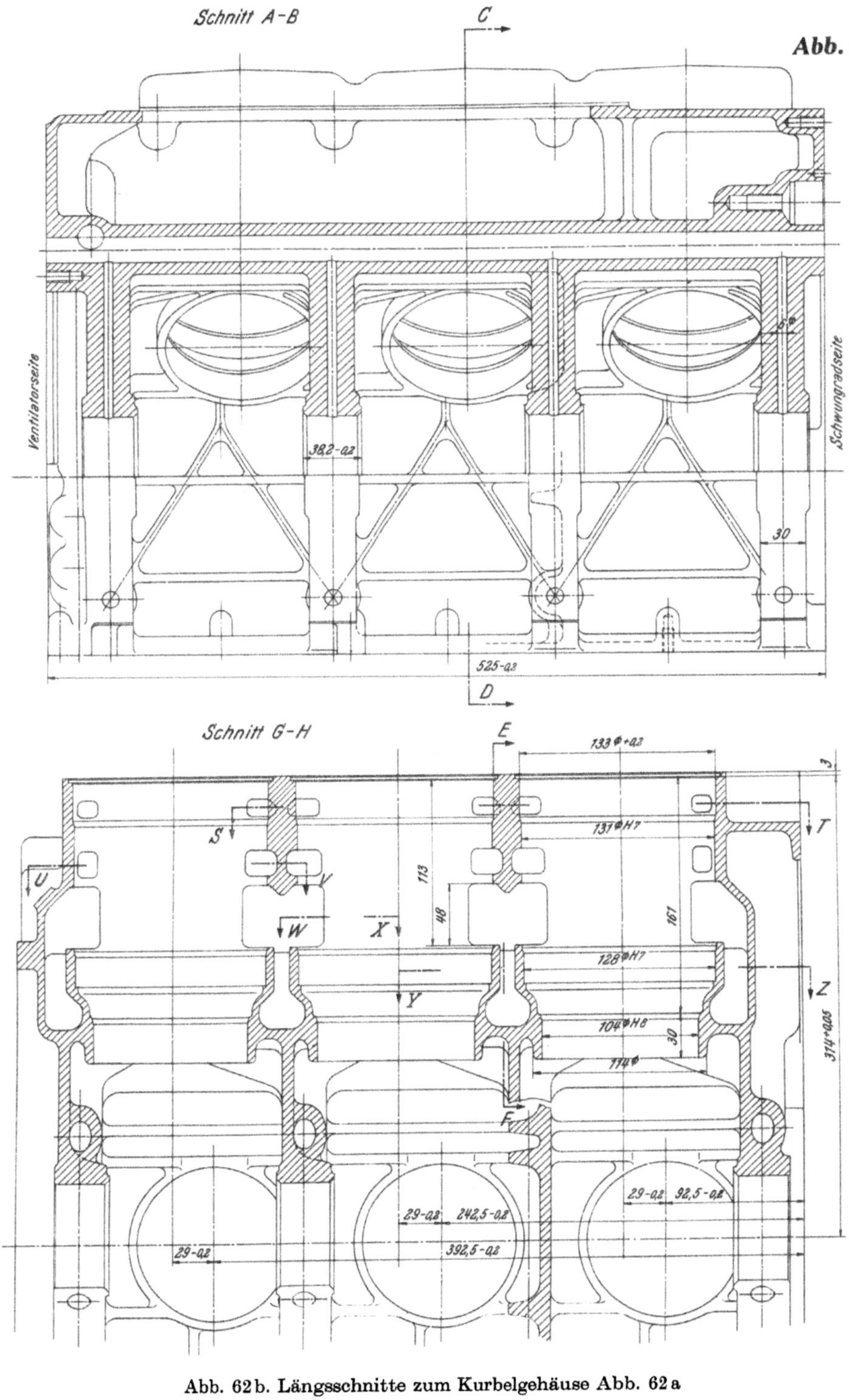

Abb. 62b. Längsschnitte zum Kurbelgehäuse Abb. 62a

Abb. 63a

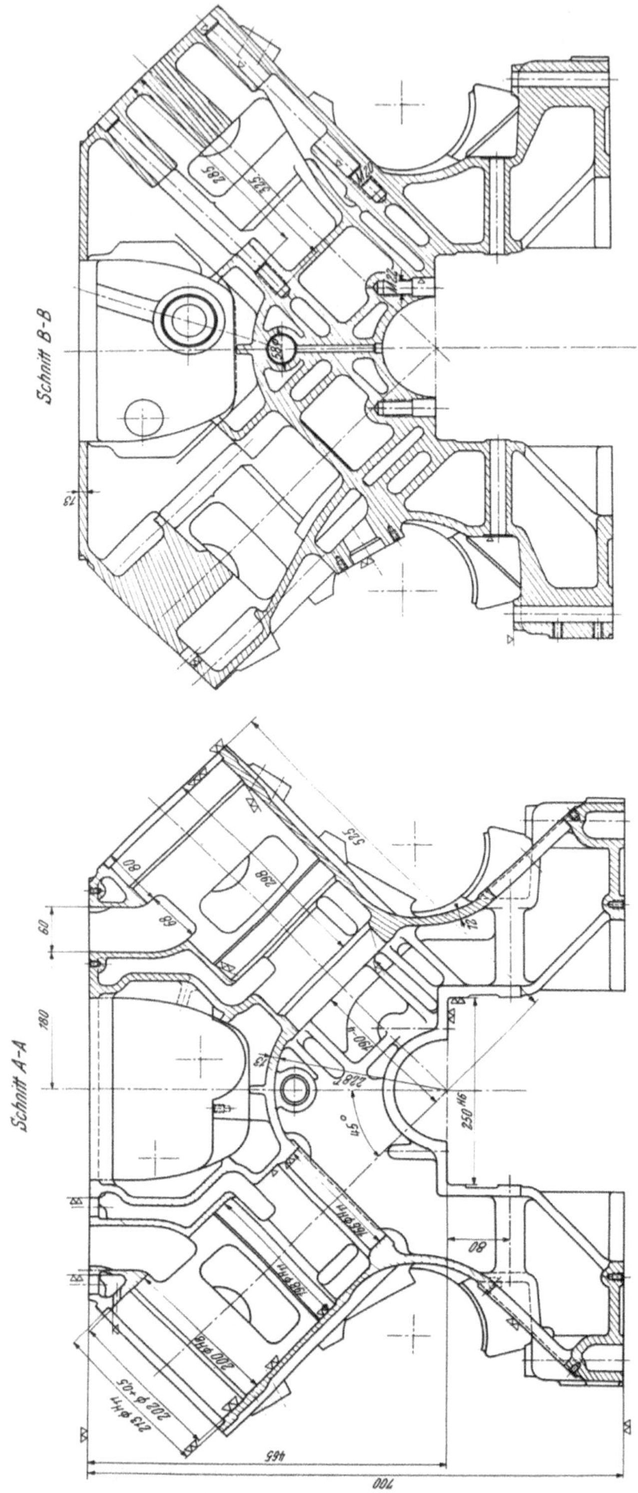

Abb. 63a. Kurbelgehäuse eines Zwölfzylinder-Zweitakt-Dieselmotors mit Umkehrspülung in V-Bauart (Jenbacher Werke) (S. 83)

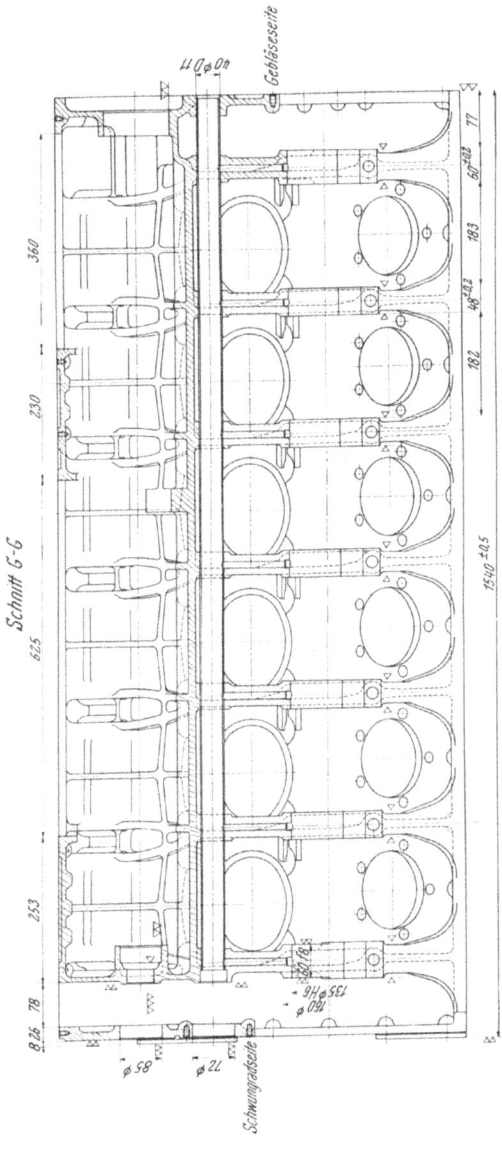

Abb. 63b. Längsschnitt zum Kurbelgehäuse Abb. 63a

Abb. 63c

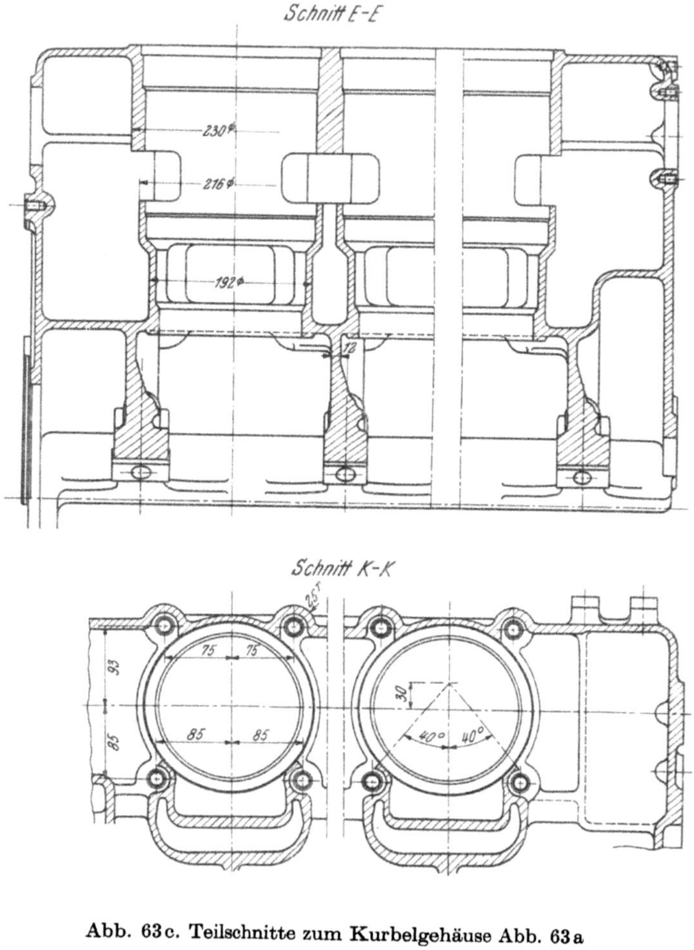

Abb. 63c. Teilschnitte zum Kurbelgehäuse Abb. 63a

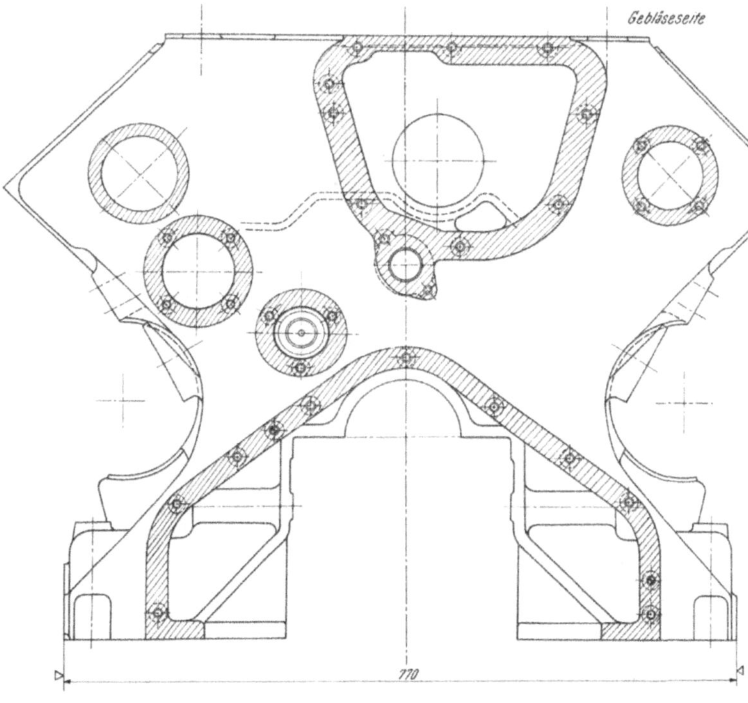

Abb. 63d. Vorderansicht zum Kurbelgehäuse Abb. 63a

Abb. 64

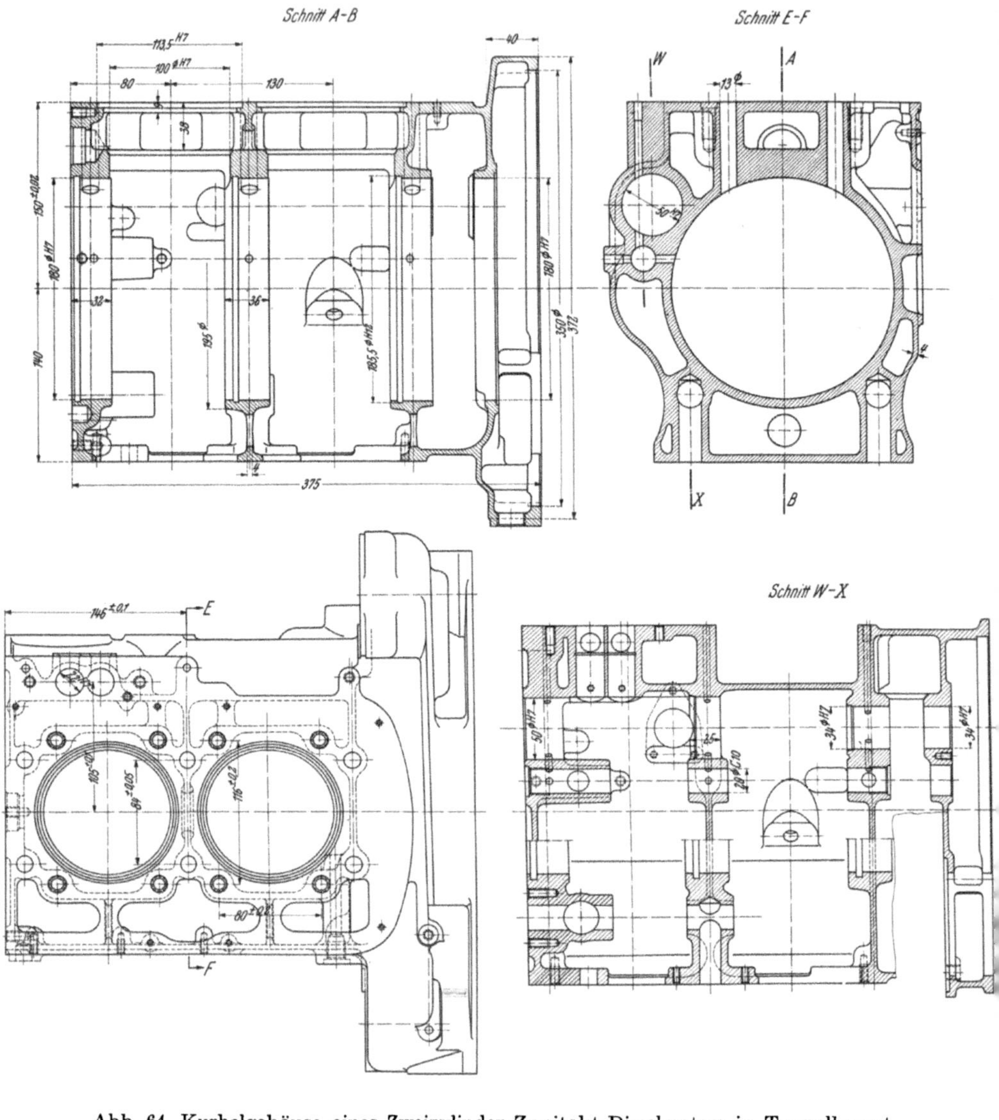

Abb. 64. Kurbelgehäuse eines Zweizylinder-Zweitakt-Dieselmotors in Tunnelbauart (Rheinstahl-Hanomag) (S. 84)

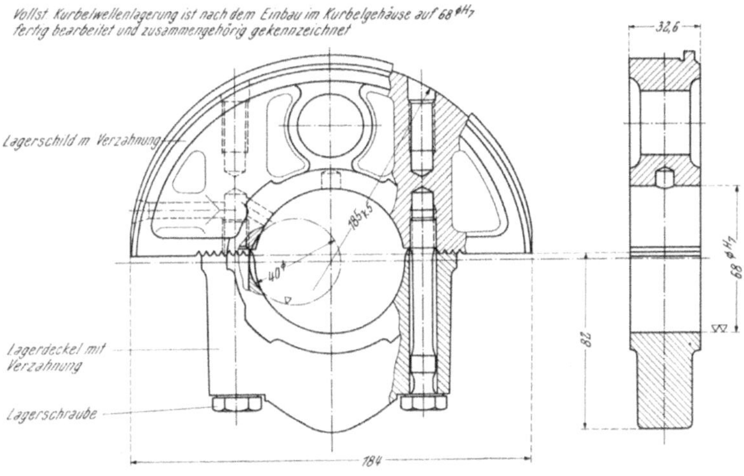

Abb. 65. Lagerschild zum Kurbelgehäuse Abb. 64 (S. 85)

Abb. 66a

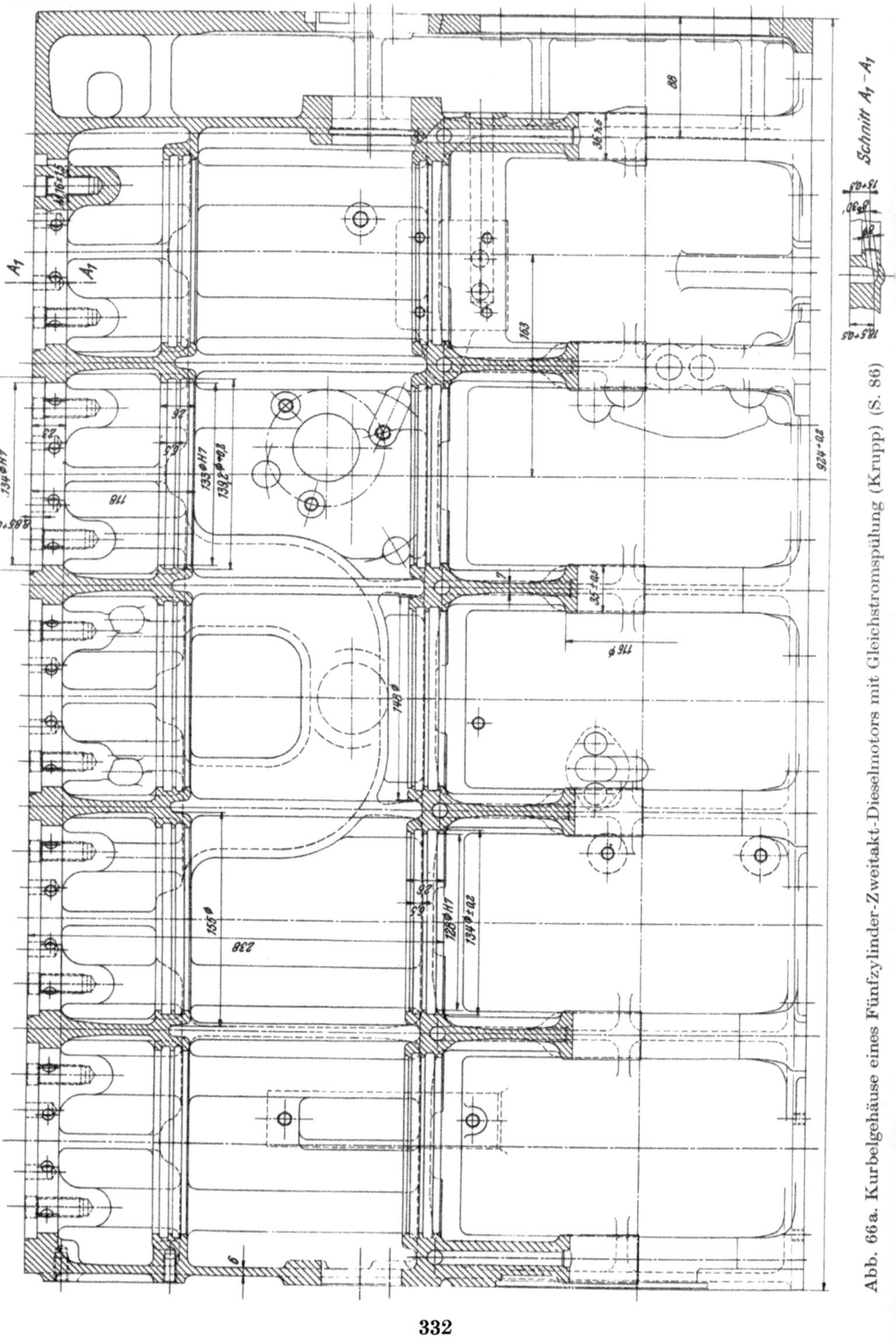

Abb. 66a. Kurbelgehäuse eines Fünfzylinder-Zweitakt-Dieselmotors mit Gleichstromspülung (Krupp) (S. 86)

Abb. 66b

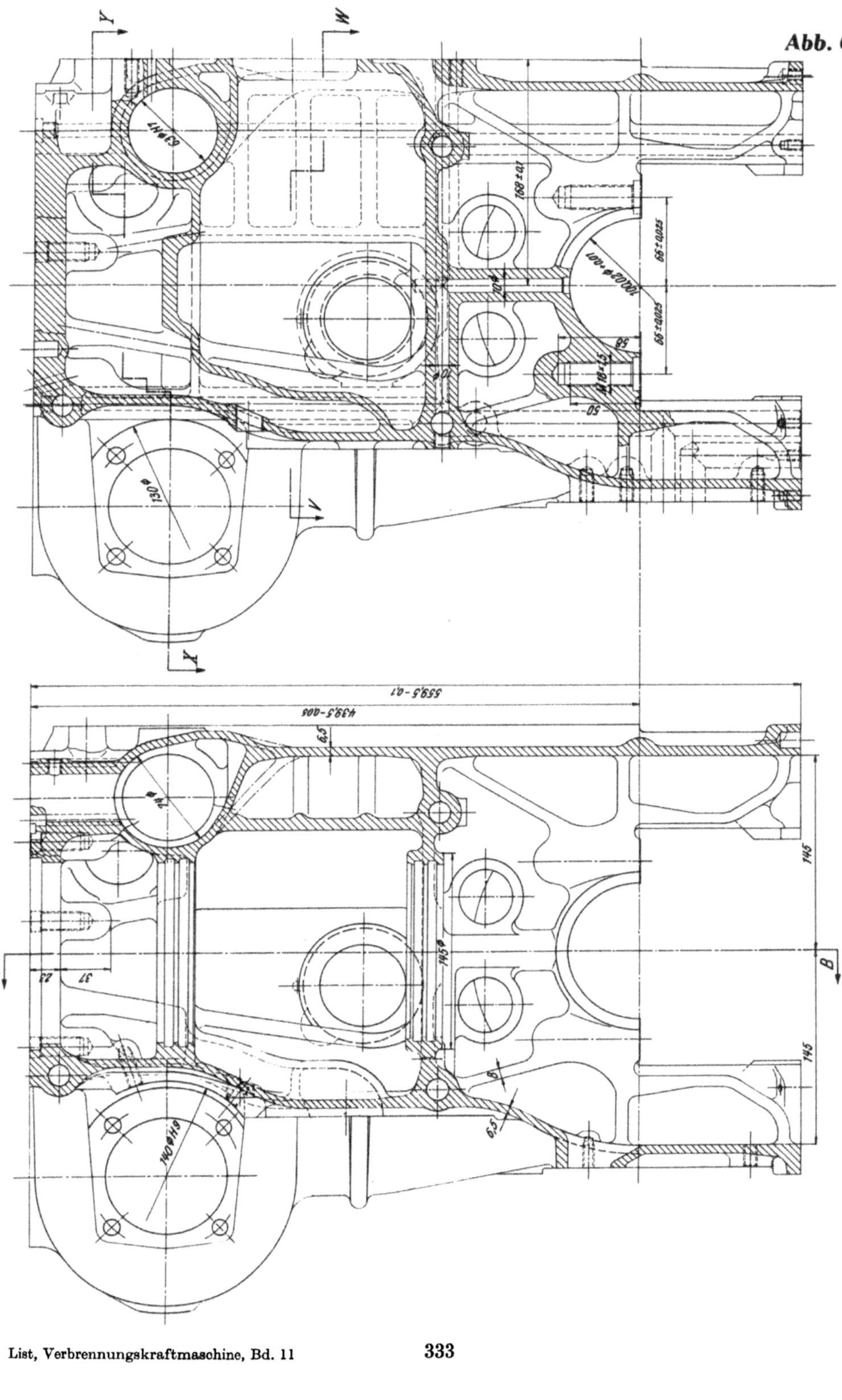

Abb. 66b. Querschnitte zum Kurbelgehäuse Abb. 66a

Abb. 66c

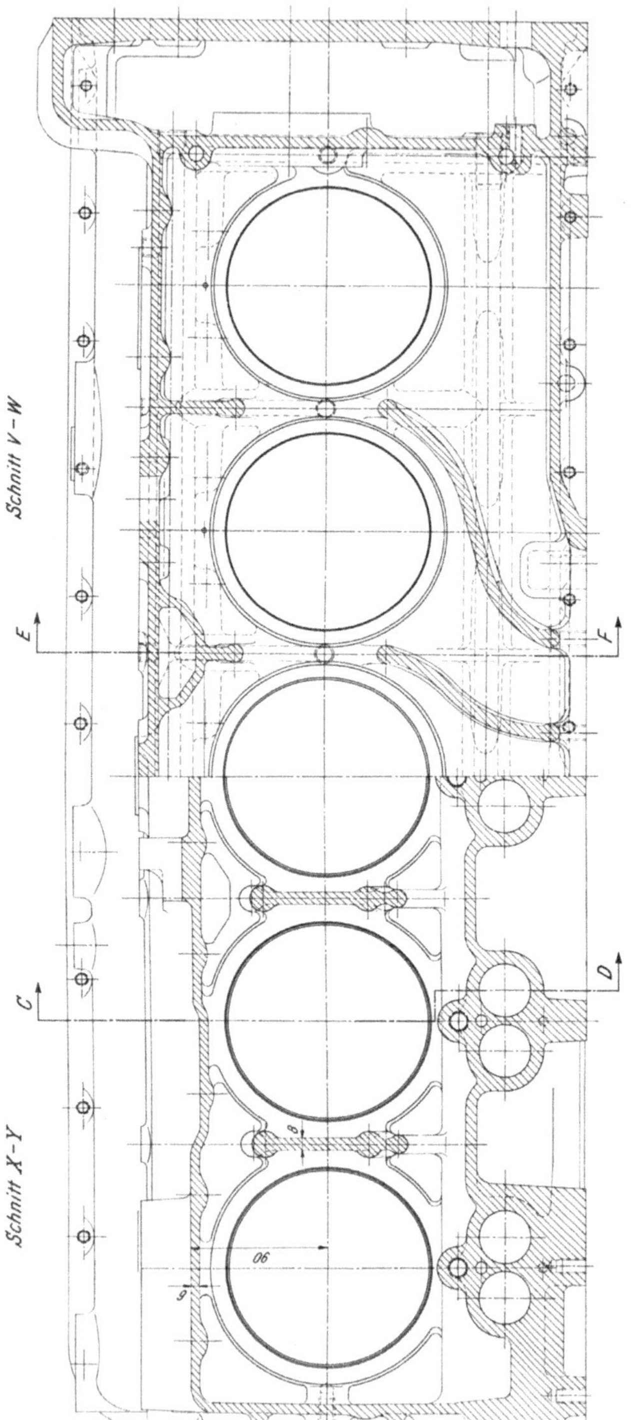

Abb. 66c. Teilschnitte durch Kühlwasser- und Spülluftraum zum Kurbelgehäuse Abb. 66a

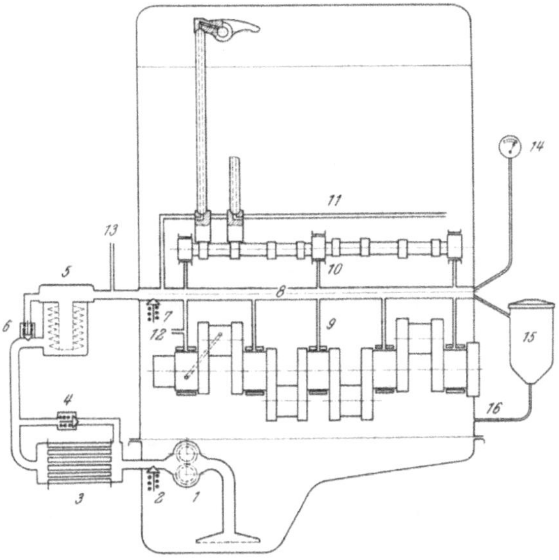

Abb. 67. Schema eines Schmierölkreislaufs für einen Fahrzeugmotor (S. 89)

1 Ölpumpe
2 Sicherheitsventil 10 atü
3 Ölkühler
4 Kurzschlußventil zum Ölkühler 1 bis 2 atü
5 Hauptstrom-Ölfilter
6 Kurzschlußventil zum Filter 1 bis 2 atü
7 Öldruckregelventil 4 bis 5 atü
8 Ölverteilleitung
9 Bohrung zu den Hauptlagern
10 Bohrung zu den Nockenwellenlagern
11 Verteilbohrung zur Schmierung von Stößel und Kipphebel
12 Ölzuführung zum Zwischenrad
13 Ölzuführung zum Kompressor, Gebläse
14 Öldruck-Manometer
15 Nebenstrom-Ölfilter
16 Rückleitung ins Kurbelgehäuse

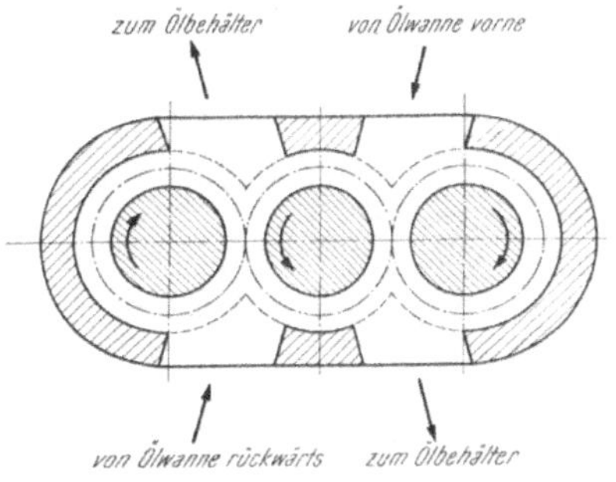

Abb. 68. Schema einer Zahnradschmierölpumpe für zwei Absaugstellen (S. 91)

Abb. 69 und 70

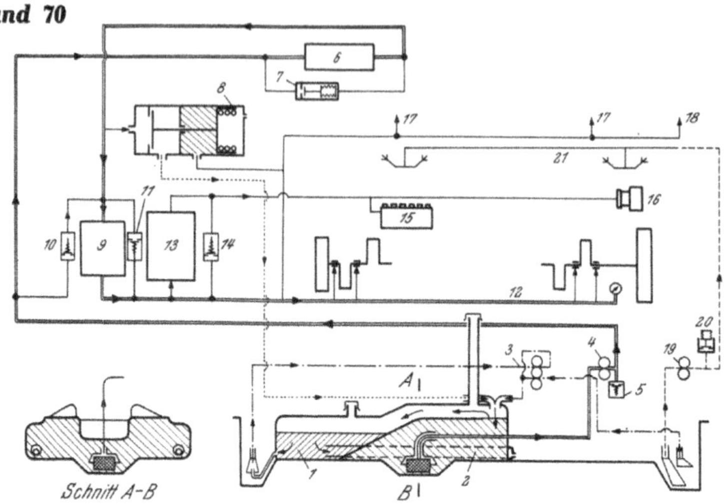

Abb. 69. Schema eines Schmierölkreislaufs mit Trockensumpf (Continental Aviation) (aus SAE-Transactions, Nr. 65, 1957) (S. 91)

1 Reserveöl-Abteil
2 Umlauföl-Abteil
3 Saugpumpe
4 Druckpumpe
5 Sicherheitsventil
6 Ölkühler
7 Thermostatisches Kurzschlußventil
8 Druckregelventil
9 Hauptstromventil
10 Kurzschlußventil für Ölkühler
11 Kurzschlußventil für Filter
12 Hauptverteilleitung
13 Feinfilter
14 Kurzschlußventil für Feinfilter
15 Einspritzpumpe
16 Turbolader
17 zu den Ventilatoren
18 zur Nockenwelle
19 Pumpe zur Kolbenkühlung
20 Thermostatisches Kurzschlußventil
21 Verteilleitung zu den Spritzdüsen für Kolbenkühlung

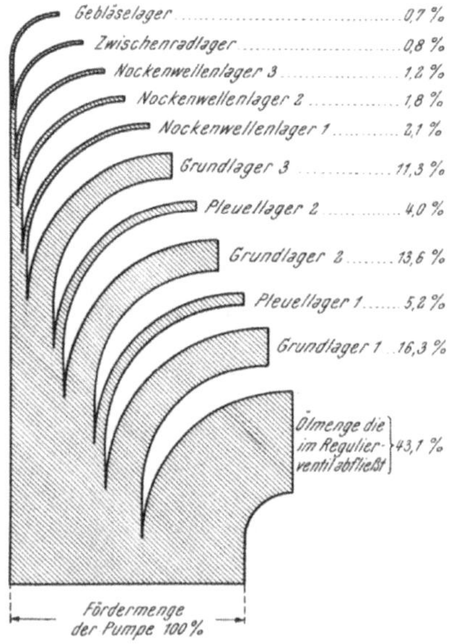

Abb. 70. Schema der Ölverteilung auf die Schmierstellen (aus MTZ, Heft 4, 1957) (S. 92)

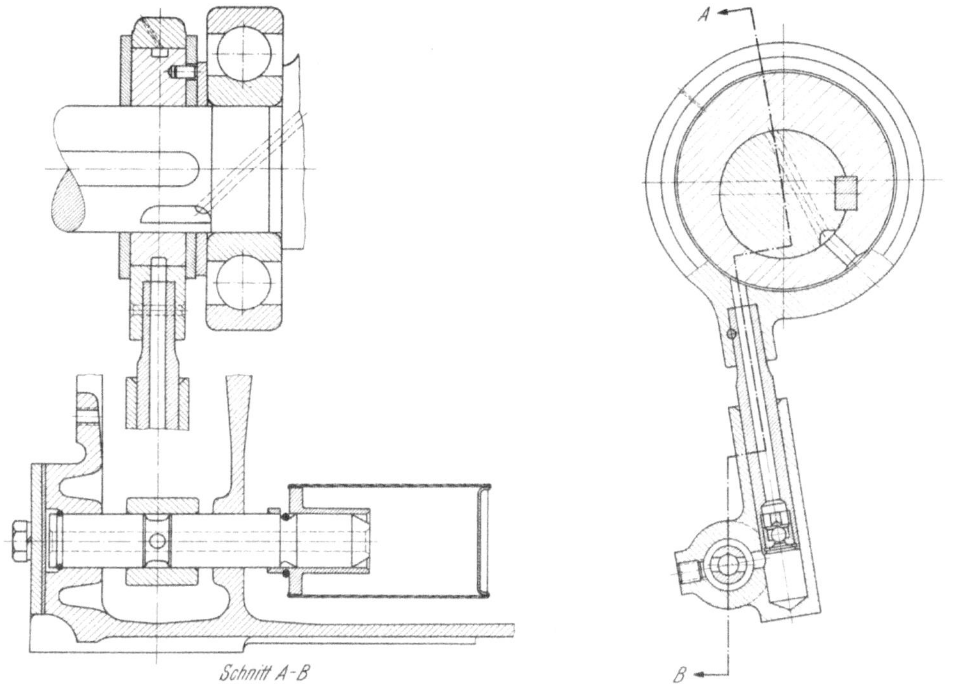

Abb. 71. Kolbenschmierpumpe eines liegenden Einzylinder-Dieselmotors (Jenbacher Werke) (S. 92)

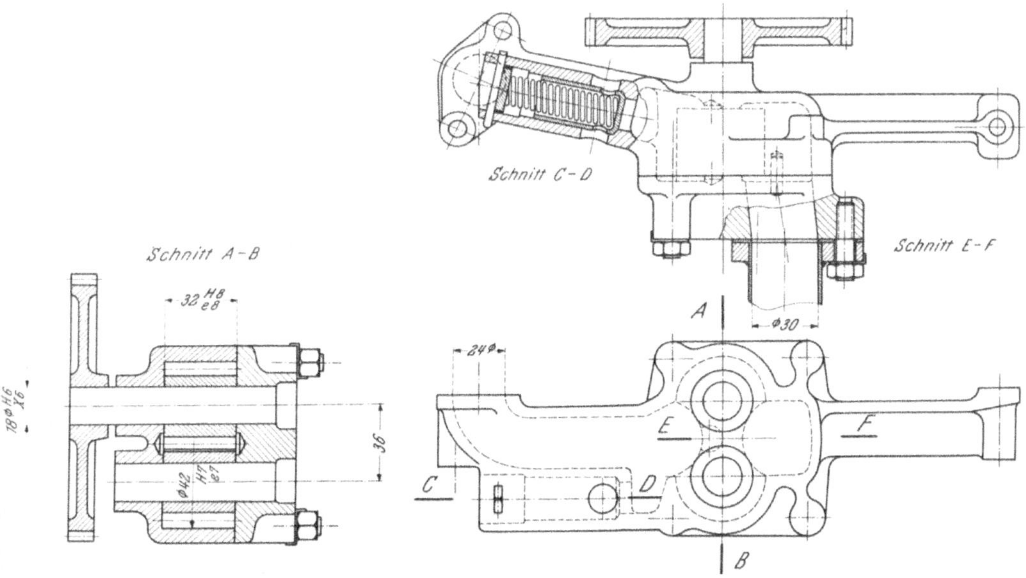

Abb. 72. Zahnradschmierölpumpe (S. 93)

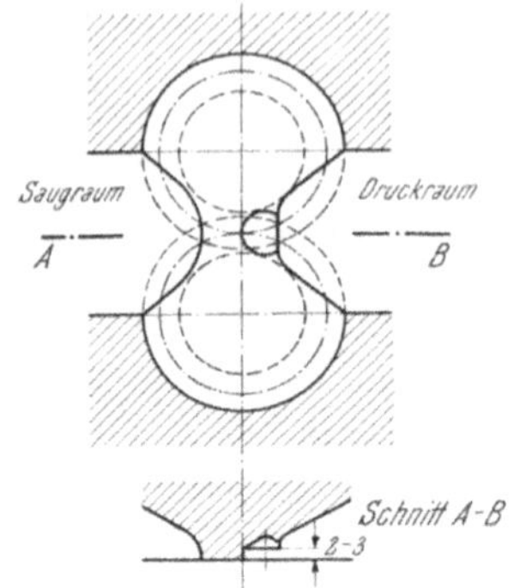

Abb. 73. Richtige Anordnung der Entlastungsnut bei Zahnradpumpen (S. 94)

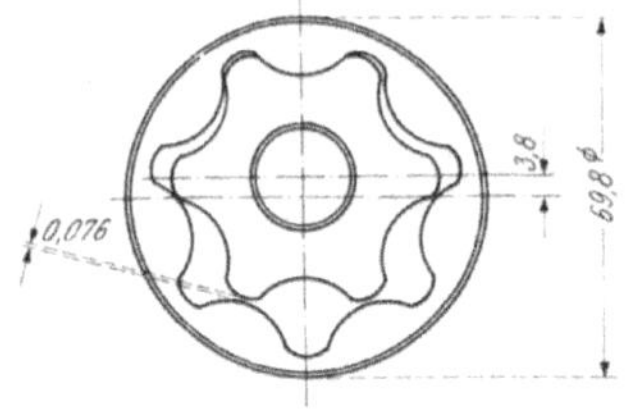

Abb. 74. Rotorensatz einer Innenzahnradpumpe (Zahnradfabrik Friedrichshafen) (S. 95)

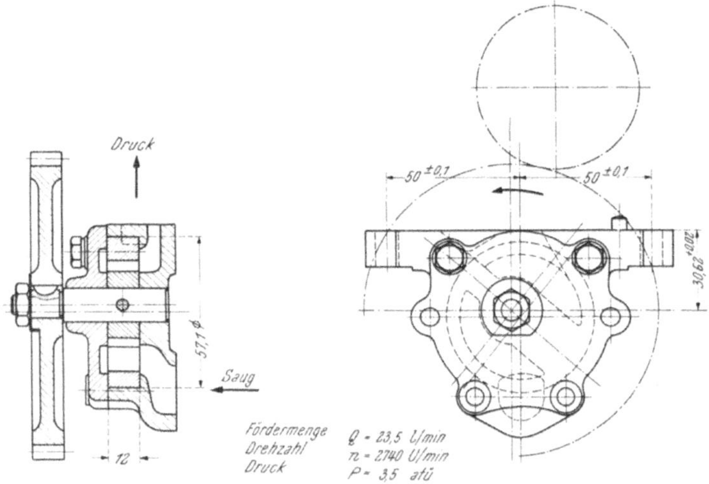

Abb. 75. Innenzahnradpumpe (Zahnradfabrik Friedrichshafen) (S. 95)

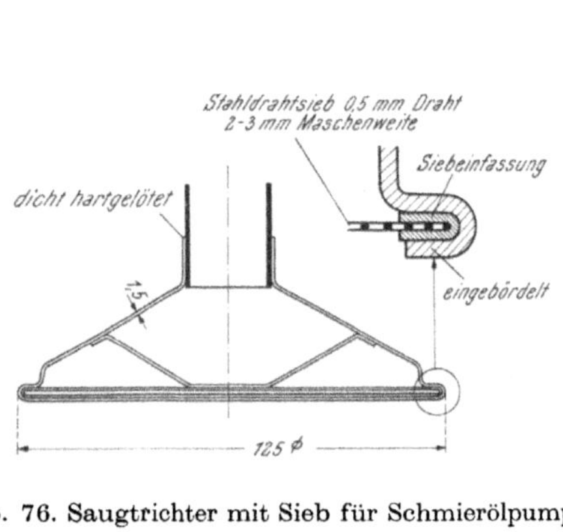

Abb. 76. Saugtrichter mit Sieb für Schmierölpumpen (S. 97)

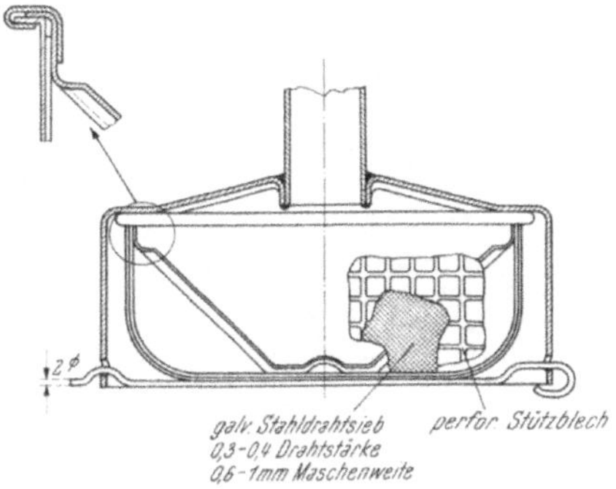

Abb. 77. Zerlegbarer Saugkorb für Schmierölpumpen (S. 97)

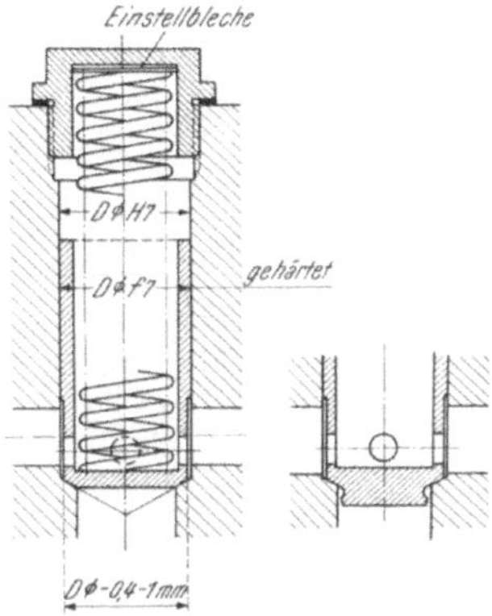

Abb. 78. Öldruckregelventil (S. 97)

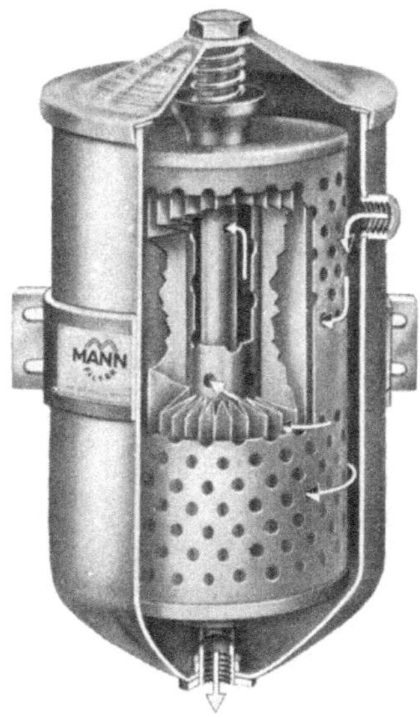

Abb. 79. Nebenstromfilter (Mann & Hummel) (S. 98)

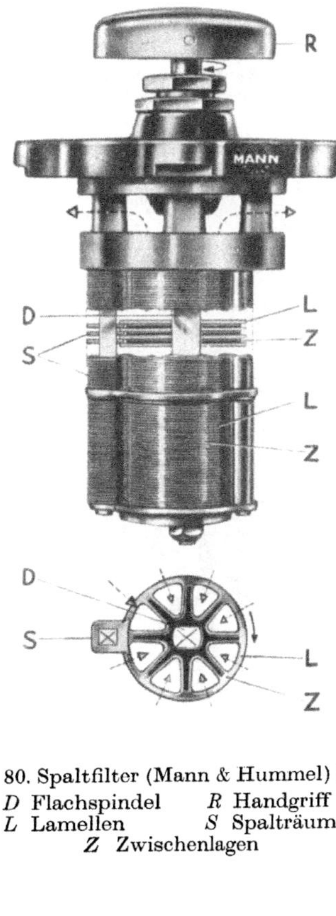

Abb. 80. Spaltfilter (Mann & Hummel) (S. 100)
D Flachspindel *R* Handgriff
L Lamellen *S* Spalträumer
Z Zwischenlagen

Abb. 81 bis 85

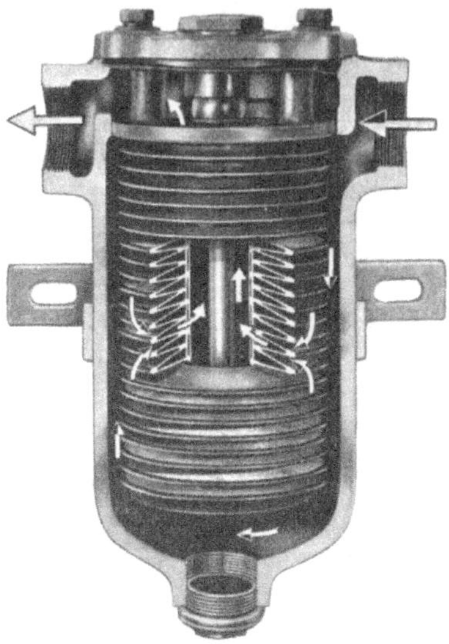

Abb. 81. Siebscheibenfilter (Mann & Hummel) (S. 100)

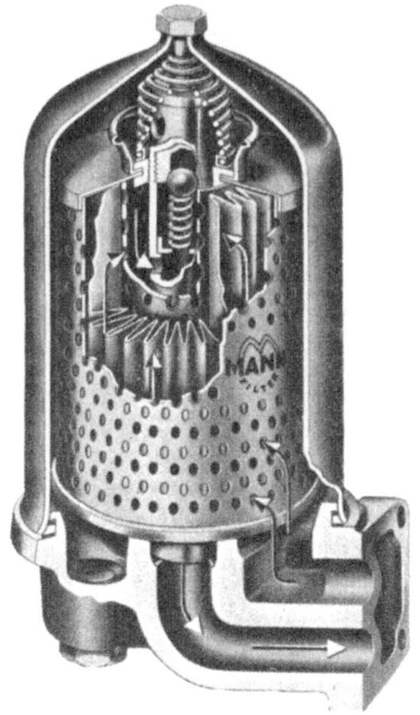

Abb. 82. Hauptstromfeinstfilter (Mann & Hummel) (S. 99)

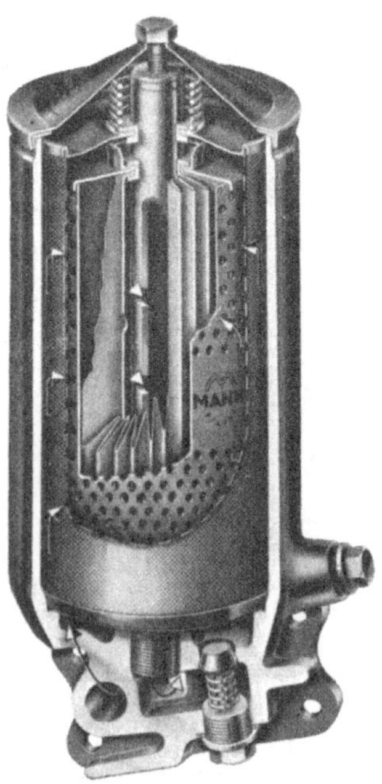

Abb. 83. Kombinationsfilter (Mann & Hummel) (S. 101)

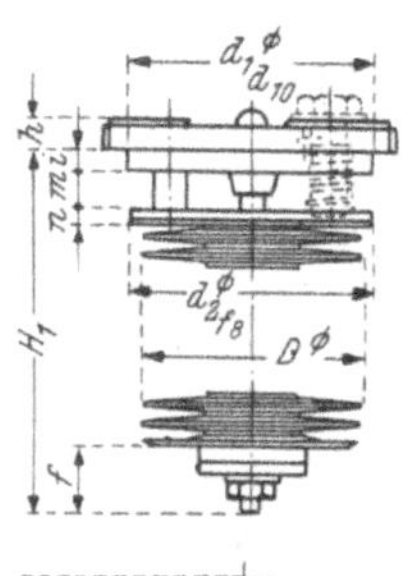

Abb. 84.
Siebscheibenfiltereinsatz mit Ölabfluß nach oben (Mann & Hummel) (S. 100)

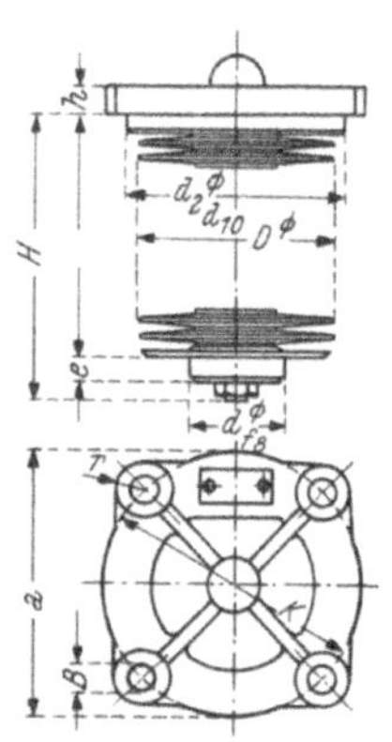

Abb. 85.
Siebscheibenfiltereinsatz mit Ölabfluß nach unten (Mann & Hummel) (S. 100)

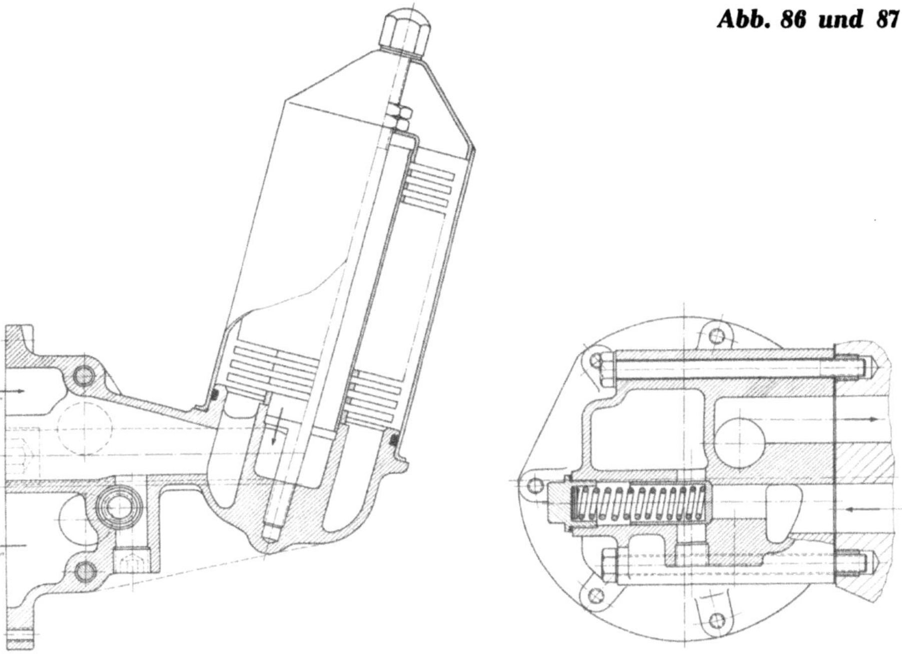

Abb. 86. Gehäuse für Siebscheibenfilter (S. 100)

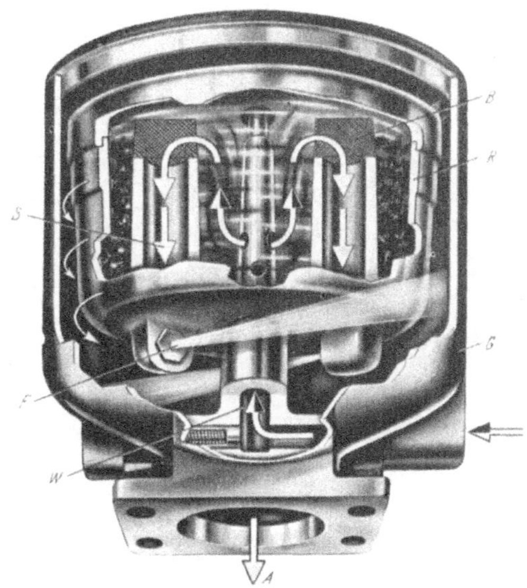

Abb. 87. Freistrahl-Filterzentrifuge (Mann & Hummel) (S. 101)

A Reinöl-Austritt *G* Gehäuse
B Sieb *R* Rotor
F Düse *S* Standrohr
W Hohlwelle

Abb. 88 und 89

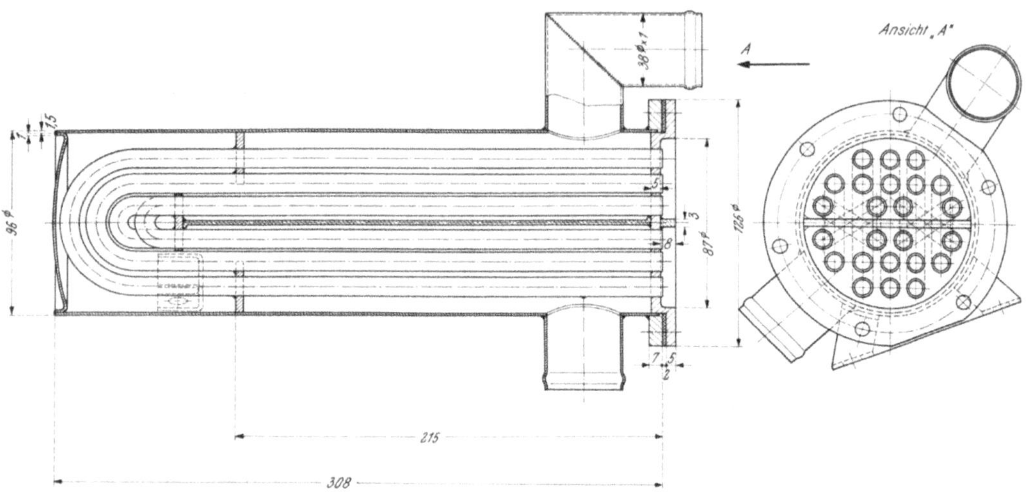

Abb. 88. Ölkühler (Süddeutsche Kühlerfabrik F. Behr) (S. 103)

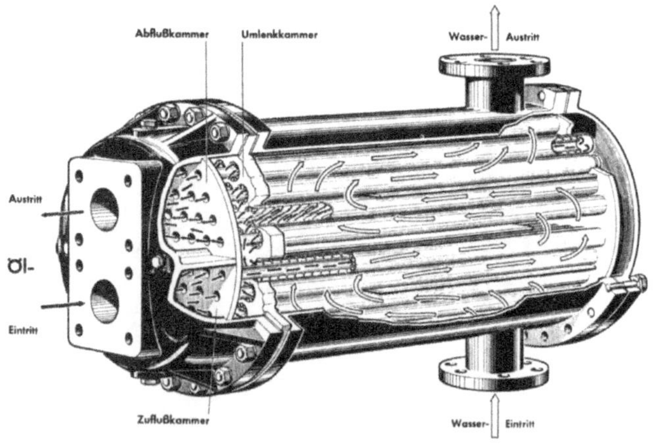

Abb. 89. Doppelrohrölkühler (Kühlerfabrik Längerer & Reich) (S. 103)

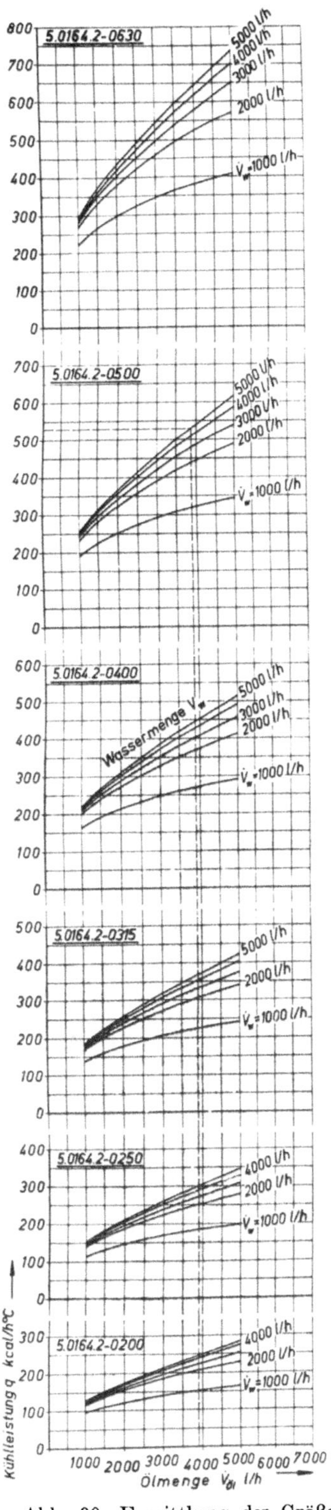

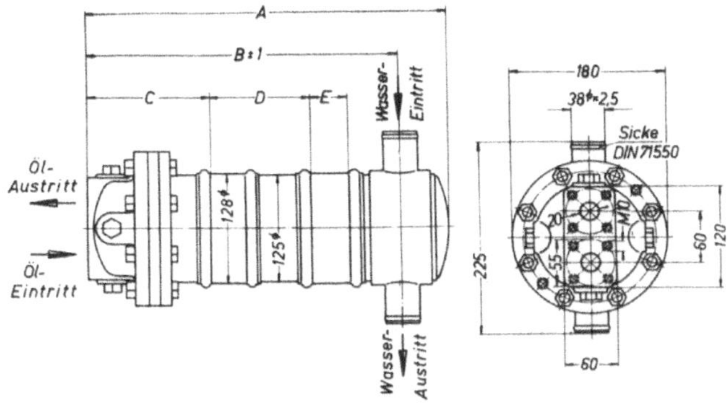

Type	A	B	C	D	E
5.0164.2 - 0200	300	245	-	-	-
5.0164.2 - 0250	350	295	140	95	-
5.0164.2 - 0315	415	360	140	120	40
5.0164.2 - 0400	500	445	140	205	40
5.0164.2 - 0500	600	545	140	305	40
5.0164.2 - 0630	730	675	140	435	40

Probedruck: ölseitig 25 atü
wasserseitig 5 atü

Einbau: liegend

Rohrleitungen sind spannungs- und schwingungsfrei anzuschließen!

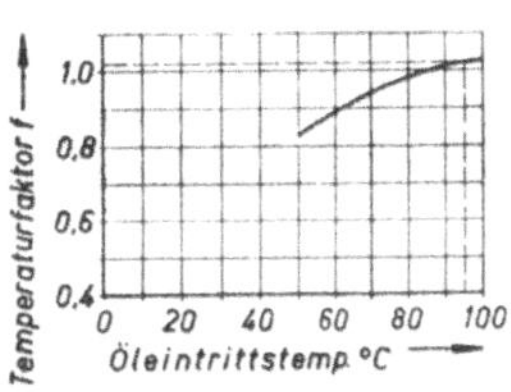

Berechnungsbeispiel:

Gegeben:

Wärmemenge $Q = 10\,000$ kcal/h

Ölmenge $\dot V_{Öl} = 3800$ l/h

Öleintrittstemperatur $t_{Öl_e} = 95°$ C

Wassermenge $\dot V_W = 5000$ l/h

Wassereintrittstemperatur $t_{W_e} = 75°$ C

Daraus errechnet sich die Kühlleistung q zu:

$$q_{\text{erf.}} = \frac{1}{f} \cdot \frac{Q}{t_{Öl_e} - t_{W_e}} = \frac{1}{1{,}02} \cdot \frac{10000}{95-75} = 490 \quad \left[\frac{\text{kcal}}{\text{h °C}}\right]$$

Aus den Diagrammen läßt sich ablesen: Erforderlicher Wärmetauscher: 5.0164.2 — 0500 ($q_{\text{vorh.}} \approx 530$ kcal/h °C)

Kennlinien gültig für Öl SAE 30 — 8 °E bei 50° C

Abb. 90. Ermittlung der Größe für einen Doppelrohrölkühler (Kühlerfabrik Längerer & Reich) (S. 104)

Abb. 91

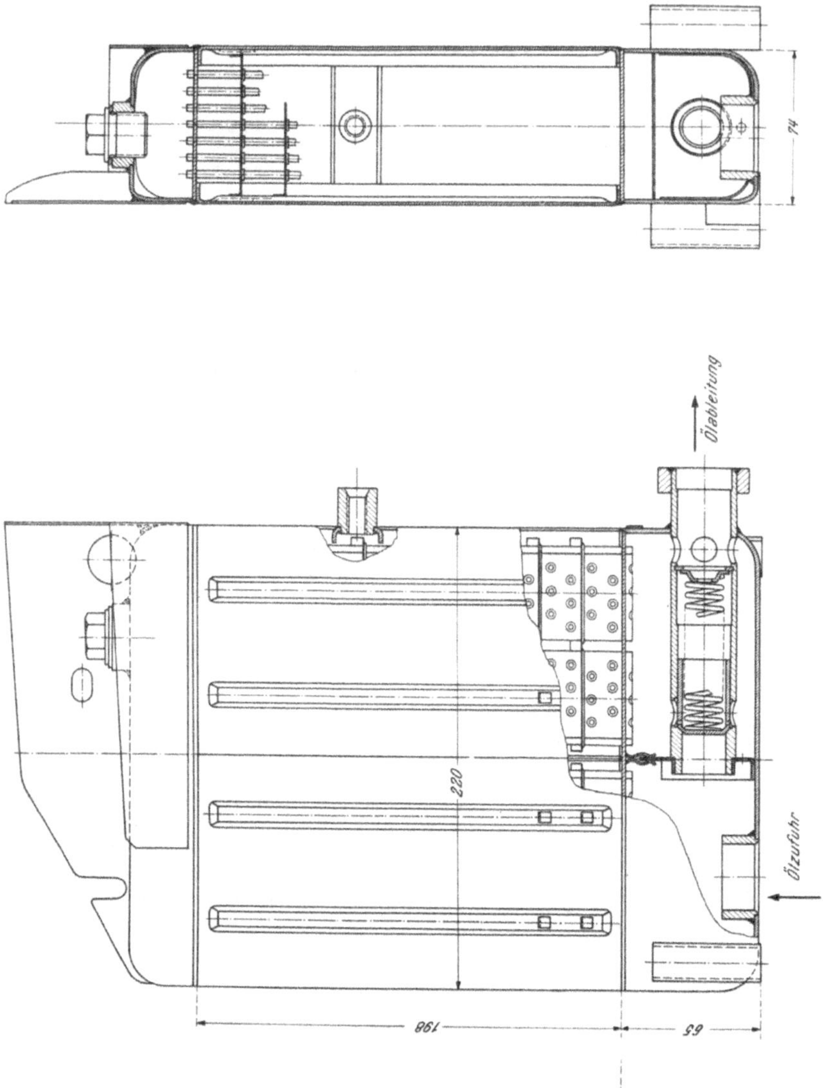

Abb. 91. Ölkühler für einen luftgekühlten Dieselmotor (Kühlerfabrik Längerer & Reich) (S. 104)

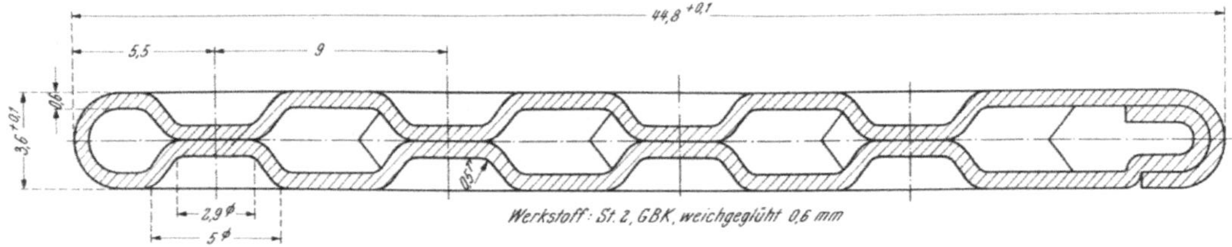

Abb. 92. Flachrohrelement zum Ölkühler Abb. 91 (Kühlerfabrik Längerer & Reich) (S. 104)

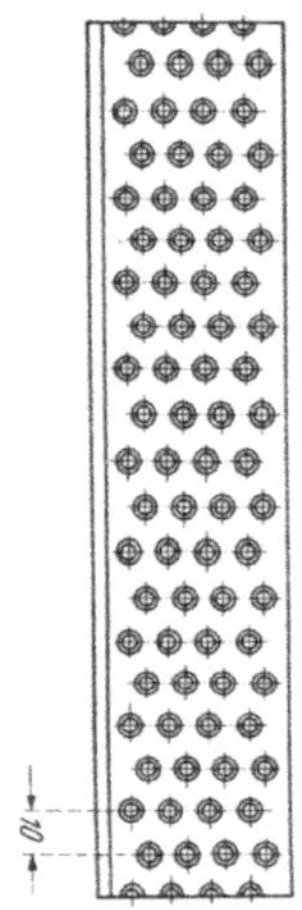

Zu Abb. 92

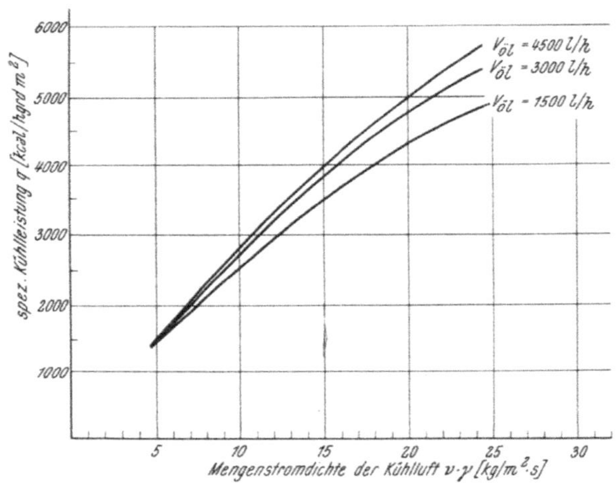

Abb. 93. Spezifische Kühlleistung des Ölkühlers Abb. 91 (S. 105)

Abb. 94

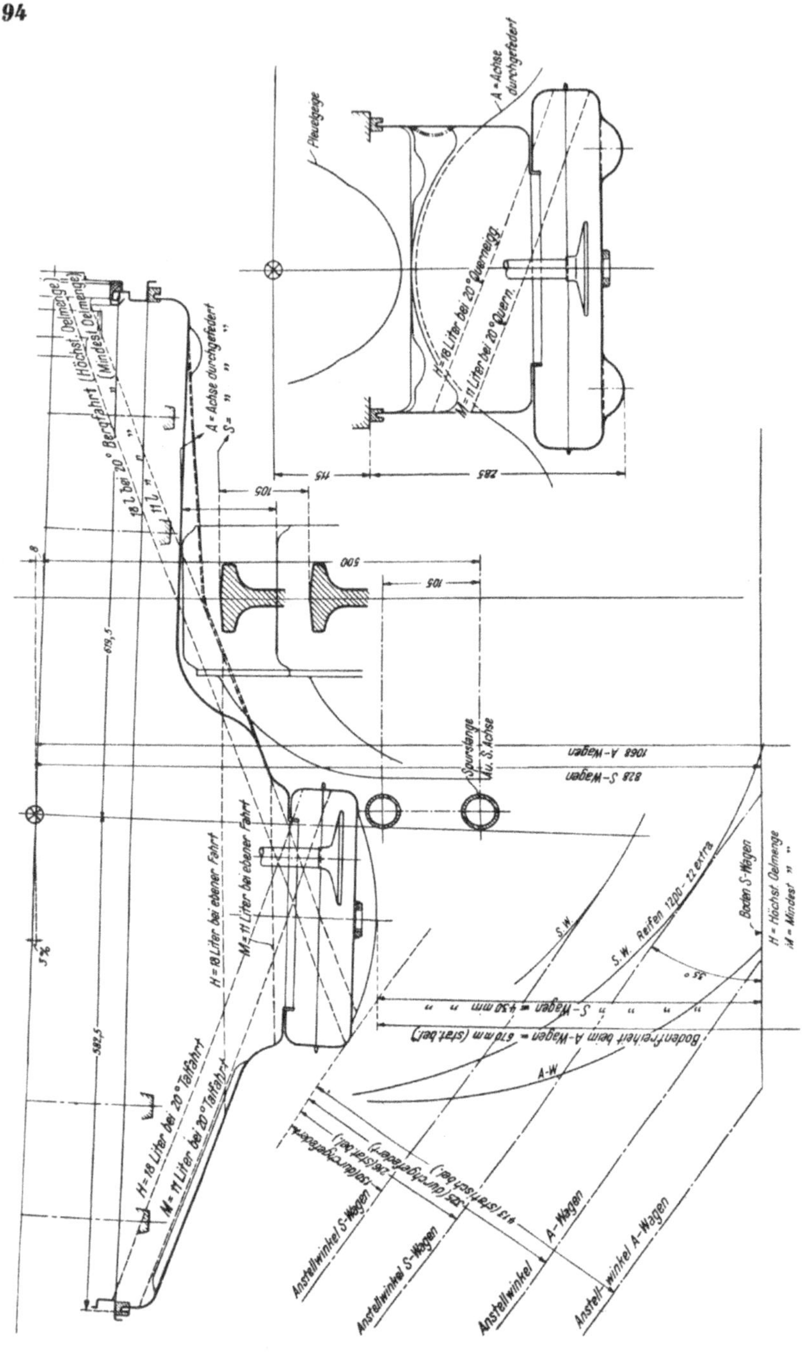

Abb. 94. Ausmittlung einer Ölwanne (S. 105)

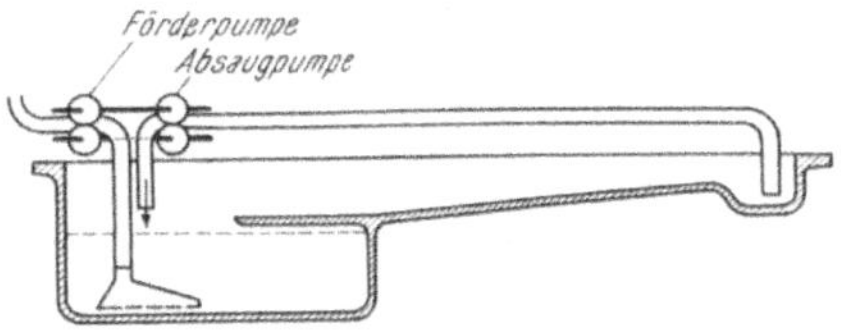

Abb. 95. Schema einer Ölwanne mit einer Absaugpumpe (S. 106)

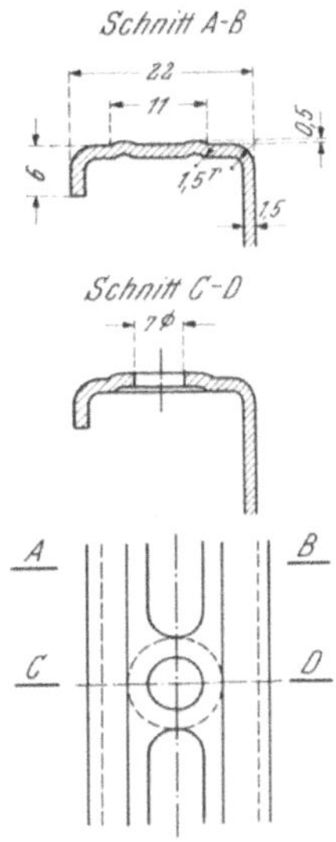

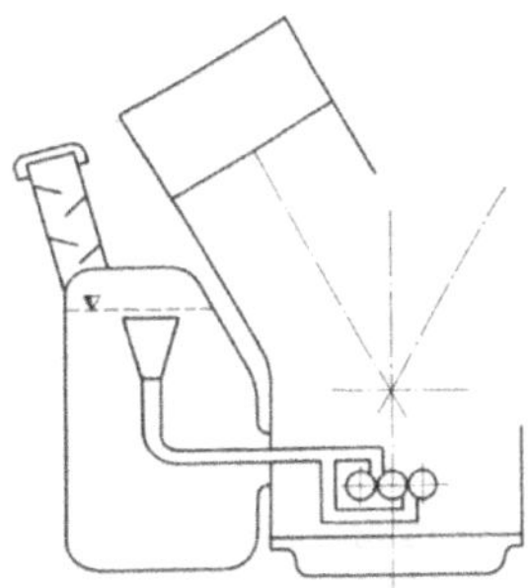

Abb. 96. Ölbehälter für Trockensumpfschmierung (S. 106)

Abb. 97. Beispiel der Ausbildung des Dichtflansches für Ölwannen aus Blech (S. 106)

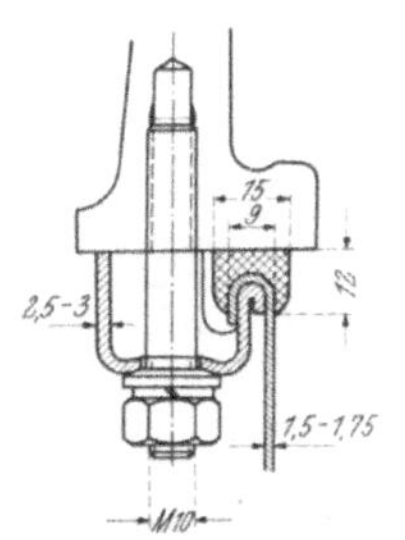

Abb. 98. Gummiprofil zur Abdichtung von Ölwannen (S. 107)

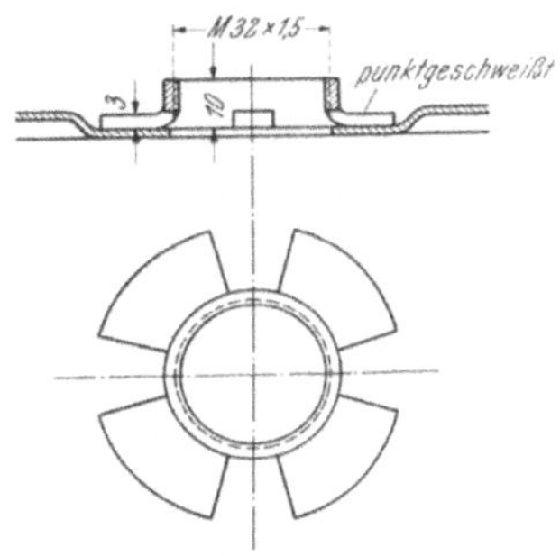

Abb. 99. Beispiel der Anbringung einer Ölablaßschraube an Ölwannen aus Blech (S. 107)

Abb. 100 und 101

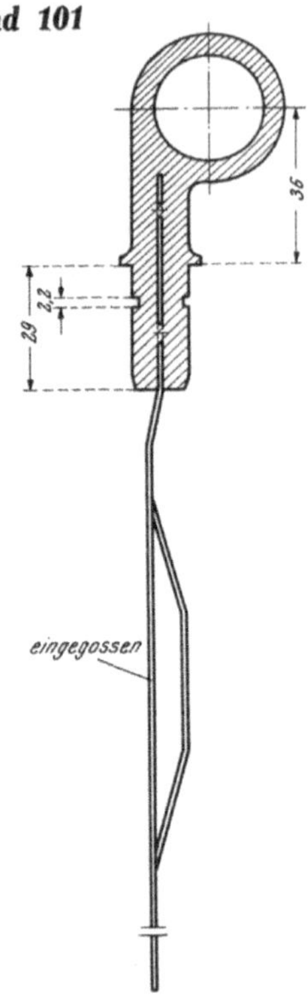

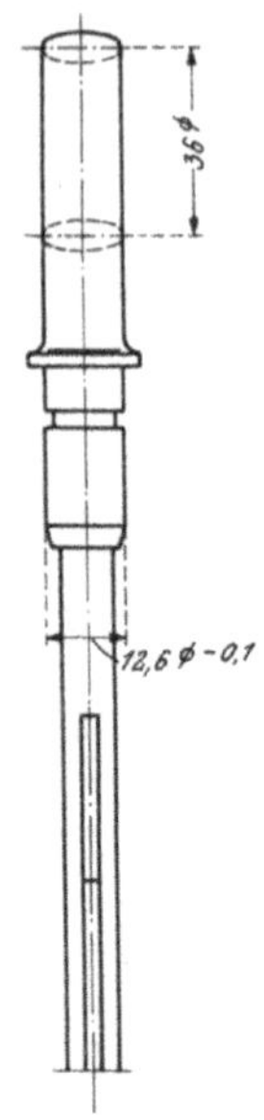

Abb. 100. Ölmeßstab (S. 107)

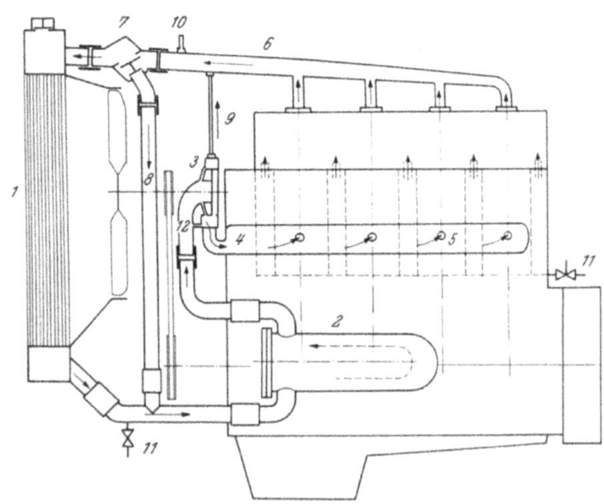

Abb. 101. Schema des Kühlwasserkreislaufs eines Fahrzeugmotors (S. 111)

1 Wasserkühler
2 Ölkühler
3 Wasserpumpe
4 Verteilleitung
5 Übertrittsöffnungen in den Kühlwasserraum
6 Sammelleitung
7 Thermostat
8 Kurzschlußleitung
9 Entlüftungsleitung der Wasserpumpe
10 Fernthermometeranschluß
11 Wasserablaßhahn
12 Ablaufbohrung aus der Spirale der Wasserpumpe

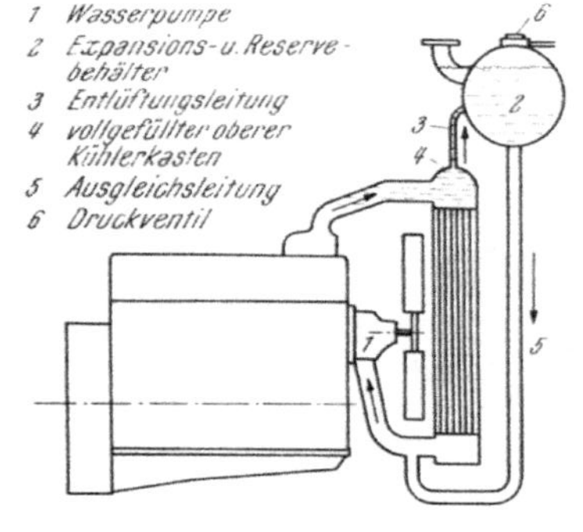

Abb. 102. Anordnung eines Beruhigungsbehälters im Kühlkreislauf (aus SAE-Paper 77, 1959) (S. 112)

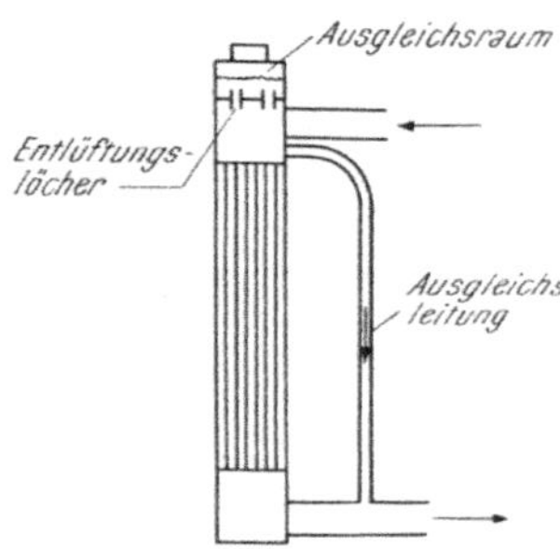

Abb. 103. Anordnung eines Beruhigungsraumes im oberen Wasserkasten eines Kühlers (aus SAE-Paper 77, 1959) (S. 112)

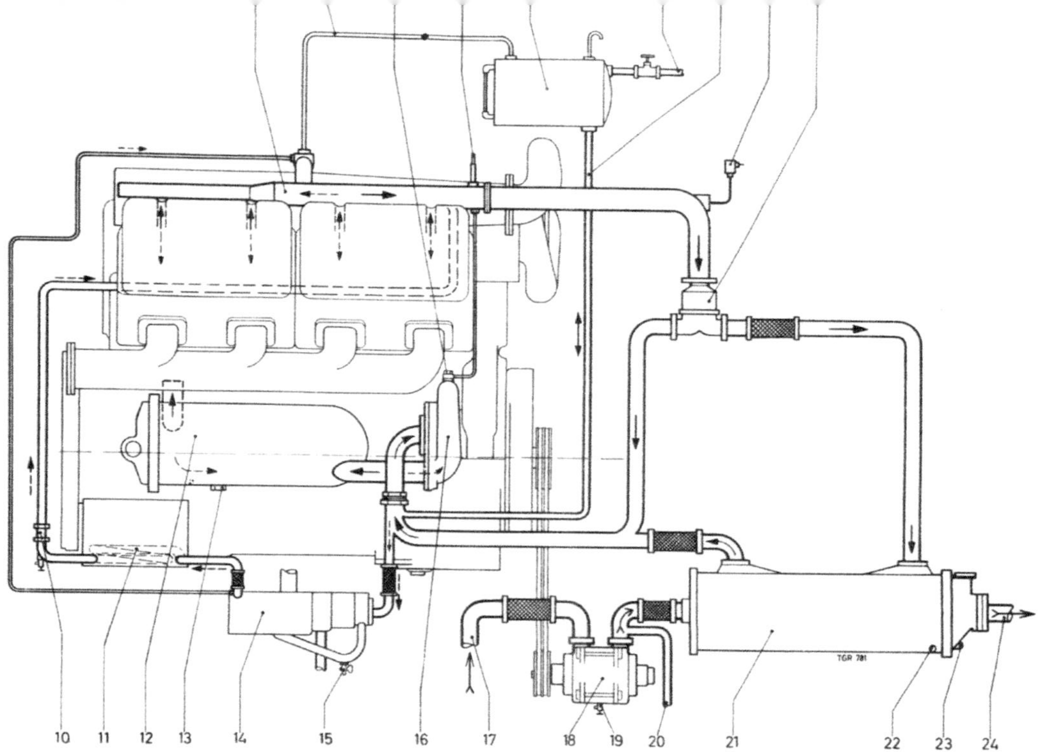

Abb. 104. Schema eines Kühlkreislaufs für Bootsmotoren (Daimler-Benz) (S. 112)

1 Sammelleitungen am Motoraustritt
2 Entlüftungsleitung
3 Entlüftung
4 Temperaturgeber (Austritt)
5 Ausgleichbehälter
6 Auffüll-Leitung
7 Ausgleich-Leitung
8 Temperaturwächter mit Schaltkontakt
9 Thermostat
10 Rückschlagklappe in Vorwärmleitung
11 Vorwärmung im Ölbehälter
12 Ölwärmetauscher
13 Entwässerung
14 Vorwärmequelle (z. B. Webastogerät)
15 Entwässerung
16 Motor-Umlaufpumpe
17 Rückkühlwasser- (Seewasser-) Zufluß
18 Rückkühlpumpe
19 Entwässerung
20 Anschluß für weitere Kühlung, z. B. Getriebeöl-Kühler
21 Kühlstoff-Rückkühler
22, *23* Entwässerung
24 Rückkühlwasser- (Seewasser-) Abfluß
→ Kühlstoff-Lauf im Betrieb
--→ Kühlstoff-Lauf beim Vorwärmen
>→ Kühlwasser- (Seewasser-) Lauf

Abb. 105 bis 112

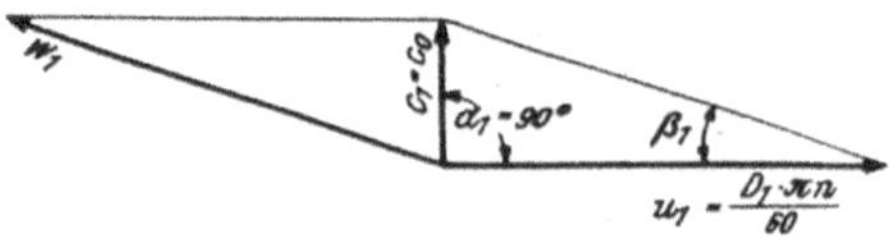

Abb. 105. Geschwindigkeitsdreieck am Laufradeintritt (S. 113)

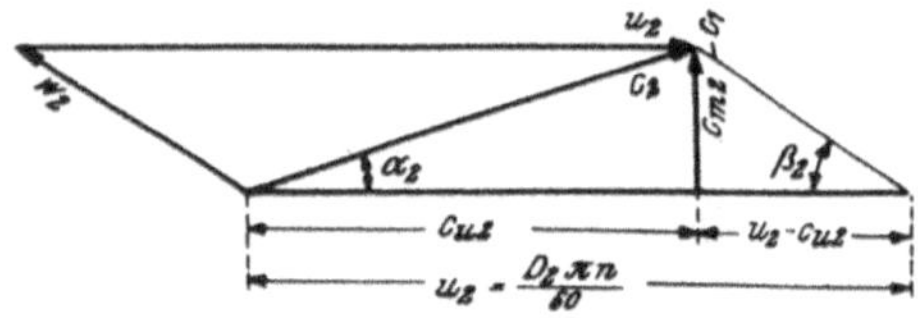

Abb. 106. Geschwindigkeitsdreieck am Laufradaustritt (S. 113)

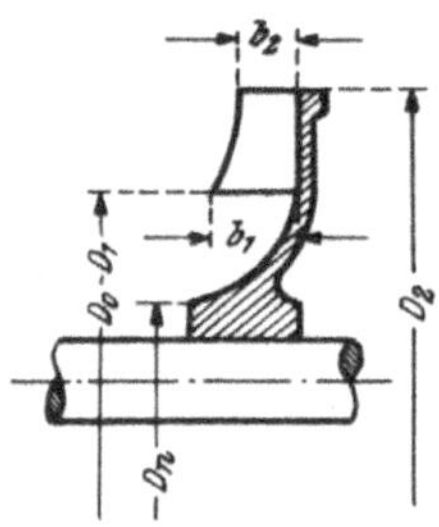

Abb. 107. Laufradabmessungen (S. 114)

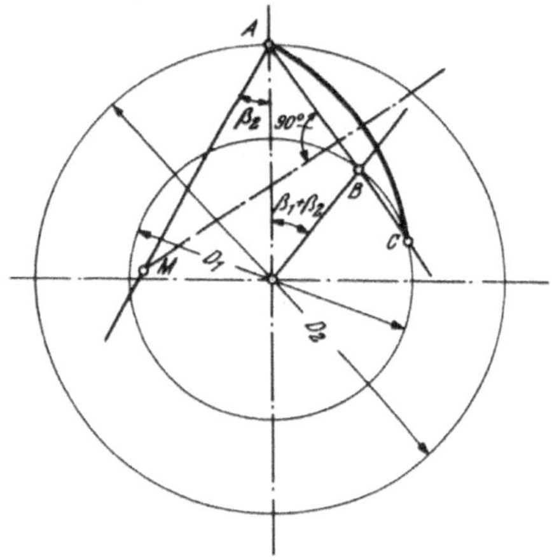

Abb. 108. Konstruktion einer Laufradschaufel (S. 115)

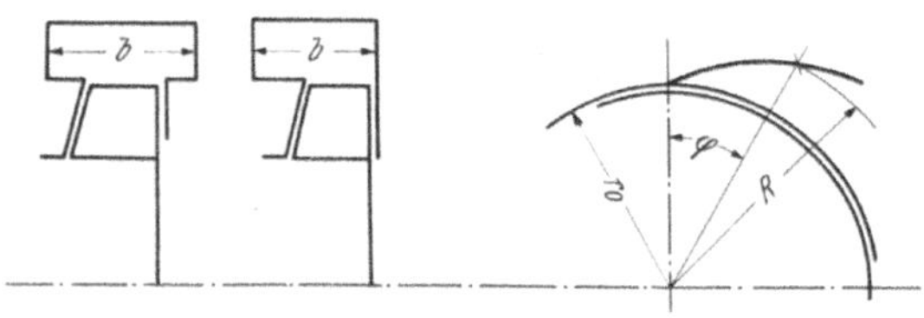

Abb. 109. Schema zur Berechnung eines Spiralgehäuses mit rechteckigem Querschnitt (S. 115)

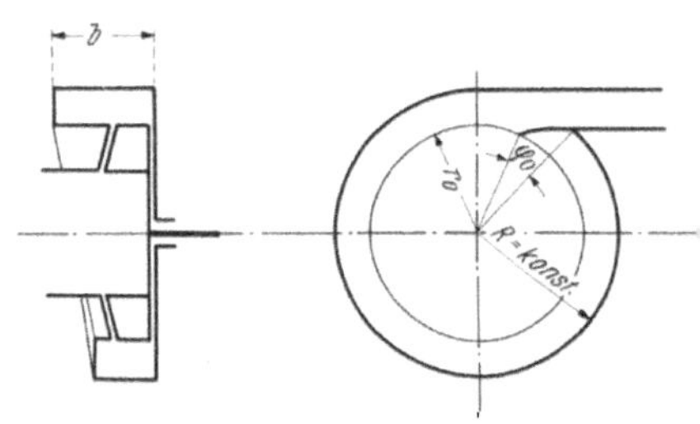

Abb. 110. Schema zur Berechnung eines axialen Spiralgehäuses (S. 115)

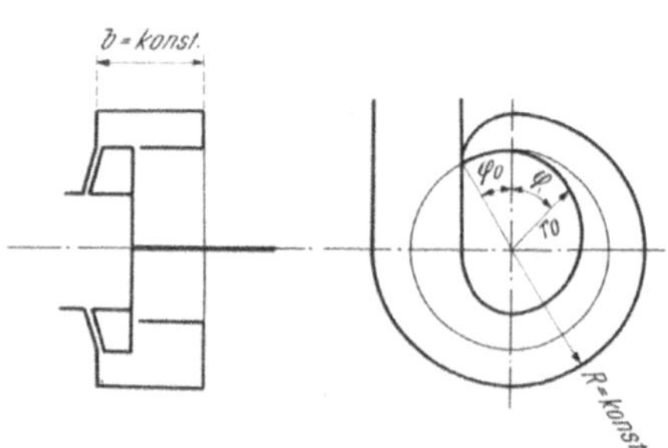

Abb. 111. Schema zur Berechnung eines Gehäuses mit Innenspirale (S. 116)

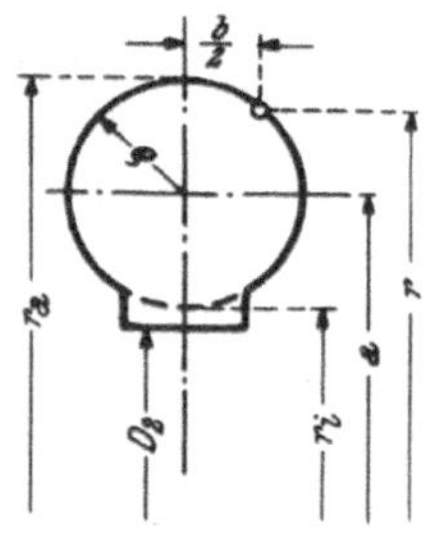

Abb. 112. Schema zur Berechnung eines Spiralgehäuses mit kreisförmigem Querschnitt (S. 116)

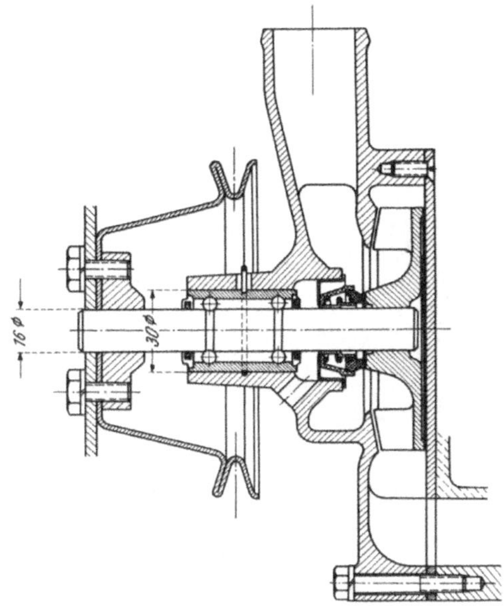

Abb. 113. Wasserpumpe für einen Fahrzeugmotor (S. 116)

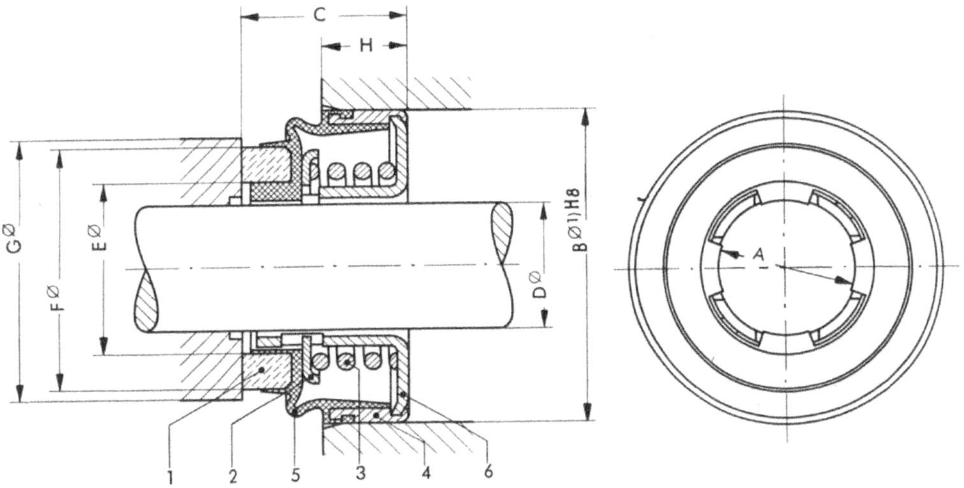

Abb. 114. Gleitringdichtung für Wasserpumpen (KAKO) (S. 116)
Gleitring *1* aus Kunstharz-Asbest-Graphit-Gemisch, Dichtungsbalg *2* aus Sygumin, Druckfeder *3* aus Bronze, Mantel *4*, Federteller *5* und Führungshülse *6* aus Messing

Nennmaß	Innendurchmesser A	Innendurchmesser Abw.	Außendurchmesser B	Einbaubreite C	Einbaubreite zul. Abw.	Wellendurchmesser D maximal	E	F	G	H
13×30×15	13	−0,5	30	15	±0,75	12	16	21	24	8
17×35×16	17		35	16		16	20	26	30	9
22×42×18	22		42	18	±1	20	25,5	32,5	36	10
27×47×19	27		47	19		25	30,5	38	42	11

Abb. 115 und 116

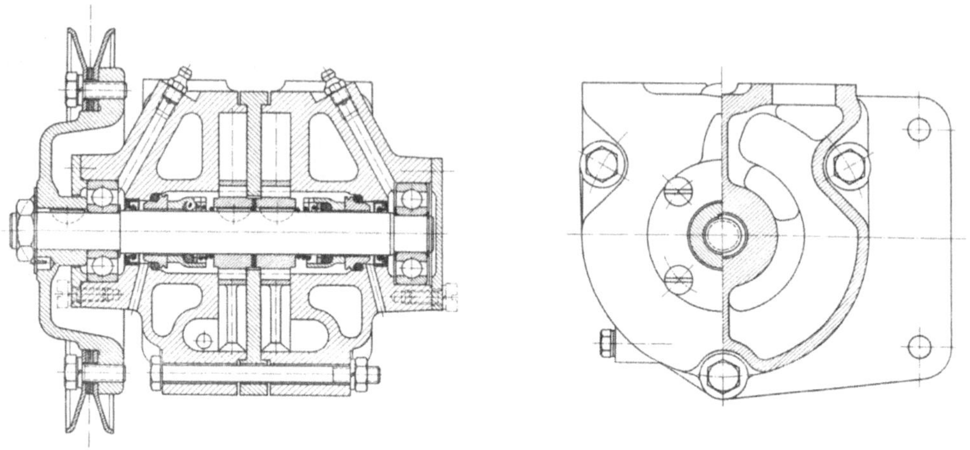

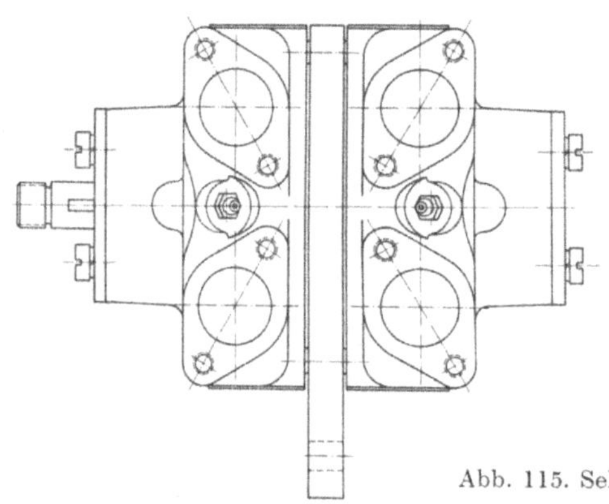

Abb. 115. Selbstansaugende Wasserpumpe für einen Bootsmotor (S. 117)

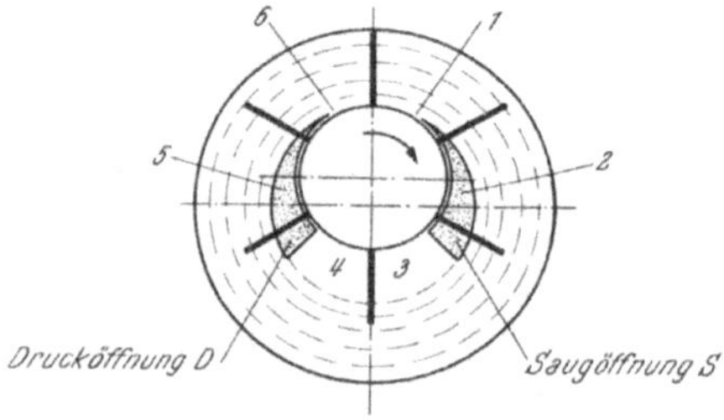

Abb. 116. Schema der Wirkungsweise einer Wasserringpumpe (aus PFLEIDERER, Die Kreiselpumpen für Flüssigkeiten und Gase, 5. Aufl., Berlin-Göttingen-Heidelberg: Springer, 1961) (S. 117)

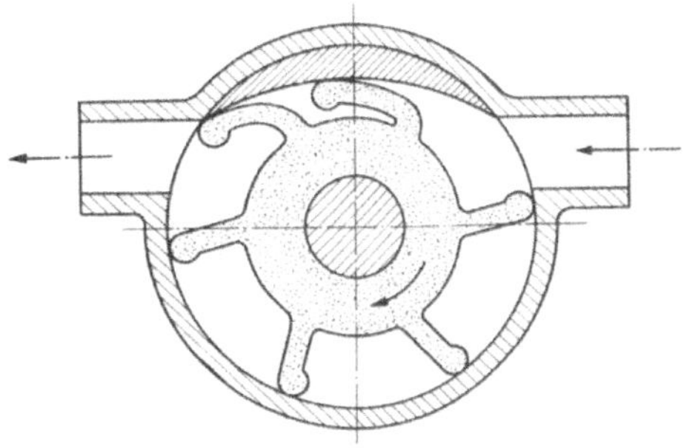

Abb. 117. Schema einer selbstansaugenden Wasserpumpe mit Gummiläufer (Jabsco) (S. 117)

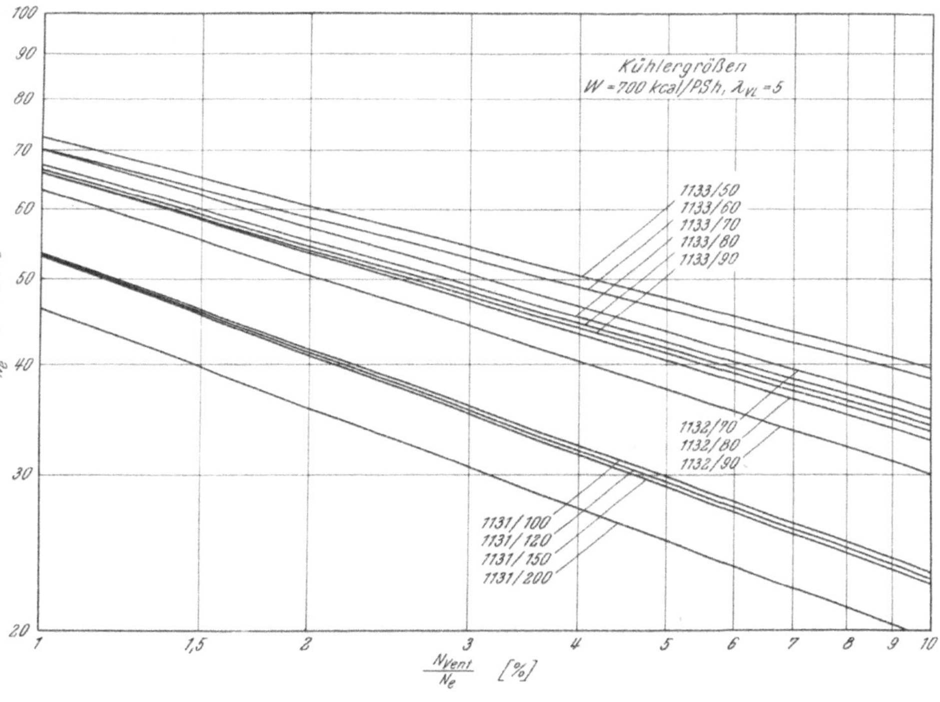

Abb. 118. Kennlinien zur Bestimmung der Größe eines Wasserkühlers (Längerer & Reich) (S. 120)

Abb. 119

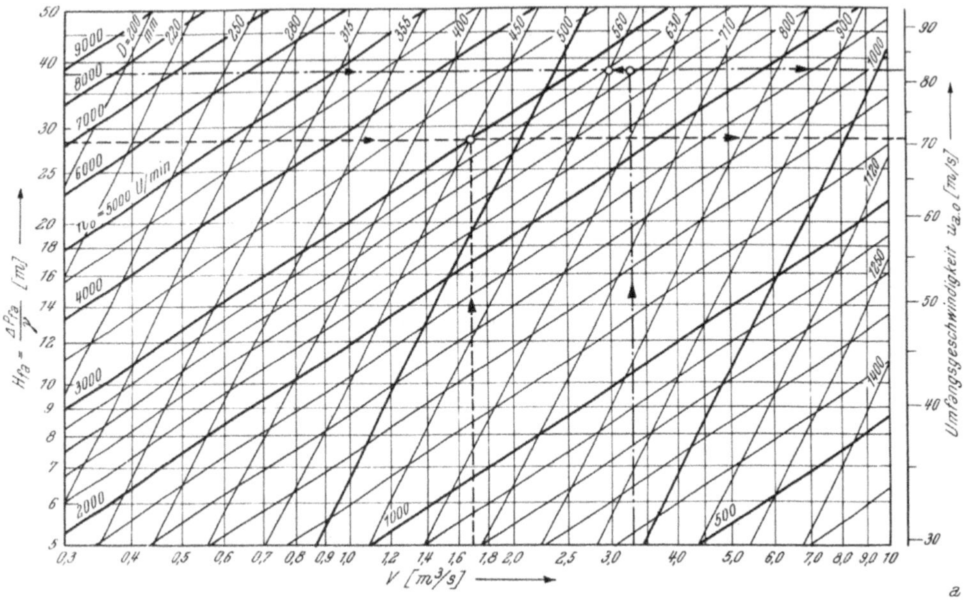

Schaufelzahl z	6	4	3
Schaufelwinkel β_s	19°	16,5°	14,5°
Drehzahl n	n_0	$1,16 \cdot n_0$	$1,35 \cdot n_0$

$a = 0,25 \cdot D$
$l = 0,175 \cdot D$
$h = 0,333 \cdot D$
$r = 0,4 \cdot D$
$d = 0,02 \cdot l$

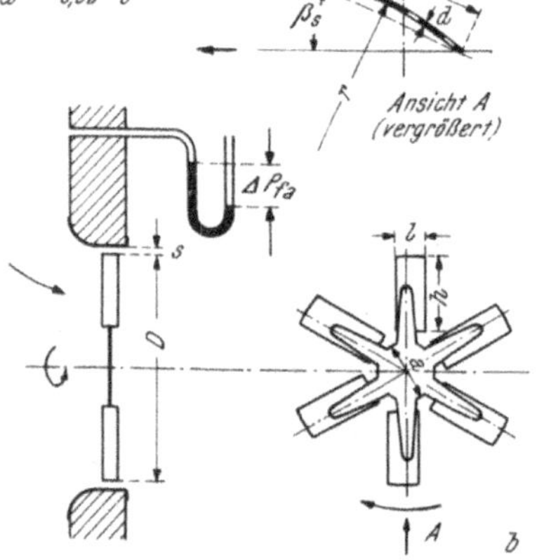

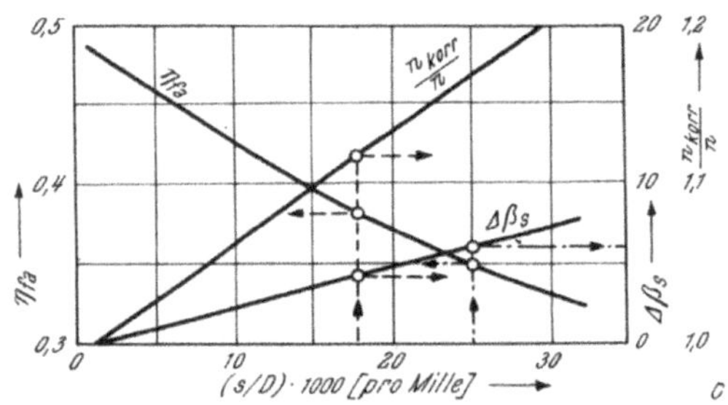

Abb. 119a, b und c. Kennlinien zur Bestimmung der Hauptabmessungen von Ventilatoren in Blechausführung (aus MTZ, Heft 9, 1958) (S. 122)

Abb. 120

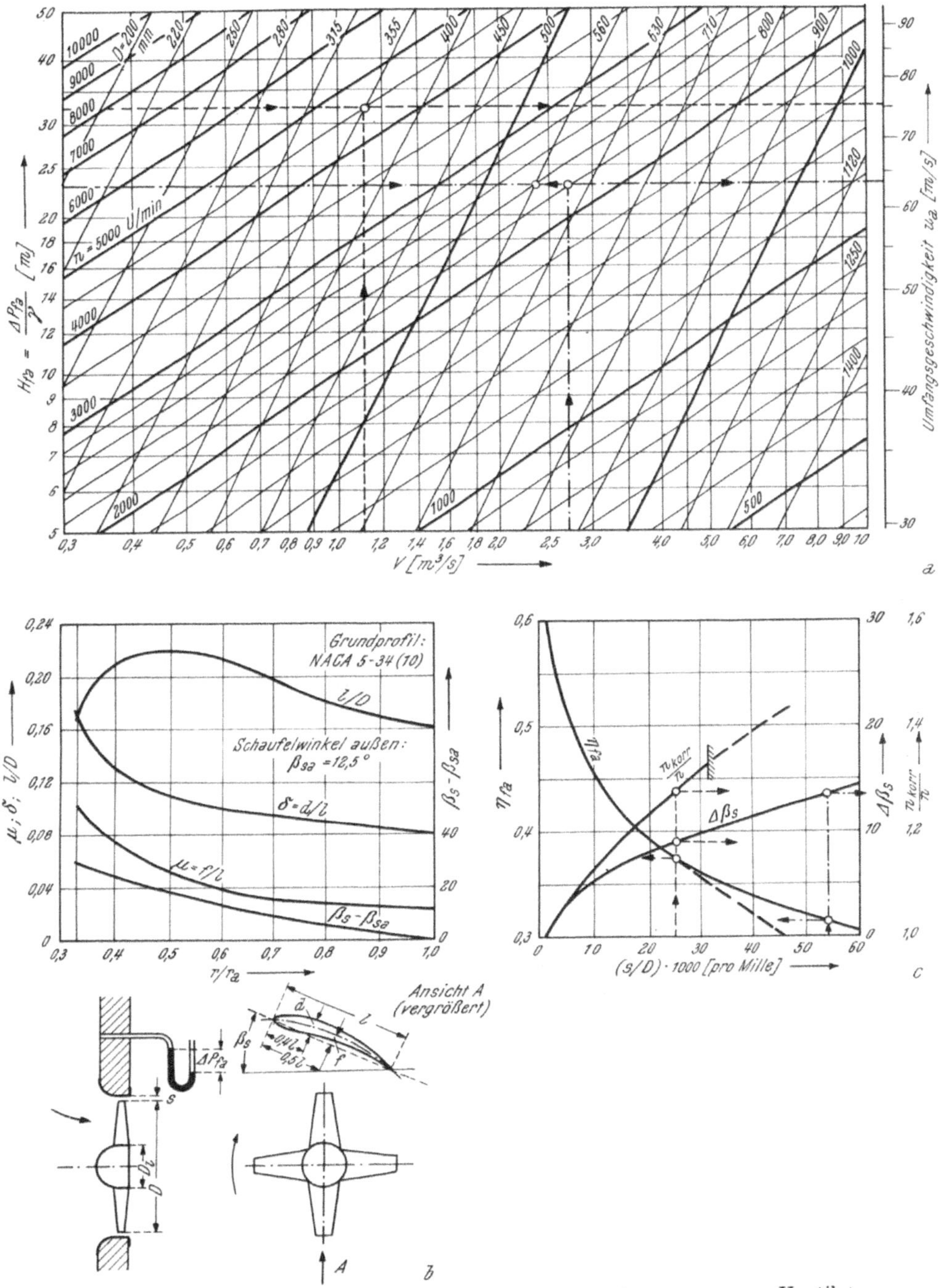

Abb. 120a, b und c. Kennlinien zur Bestimmung der Hauptabmessungen von Ventilatoren in Gußausführung (aus MTZ, Heft 9, 1958) (S. 122)

Abb. 121 bis 123

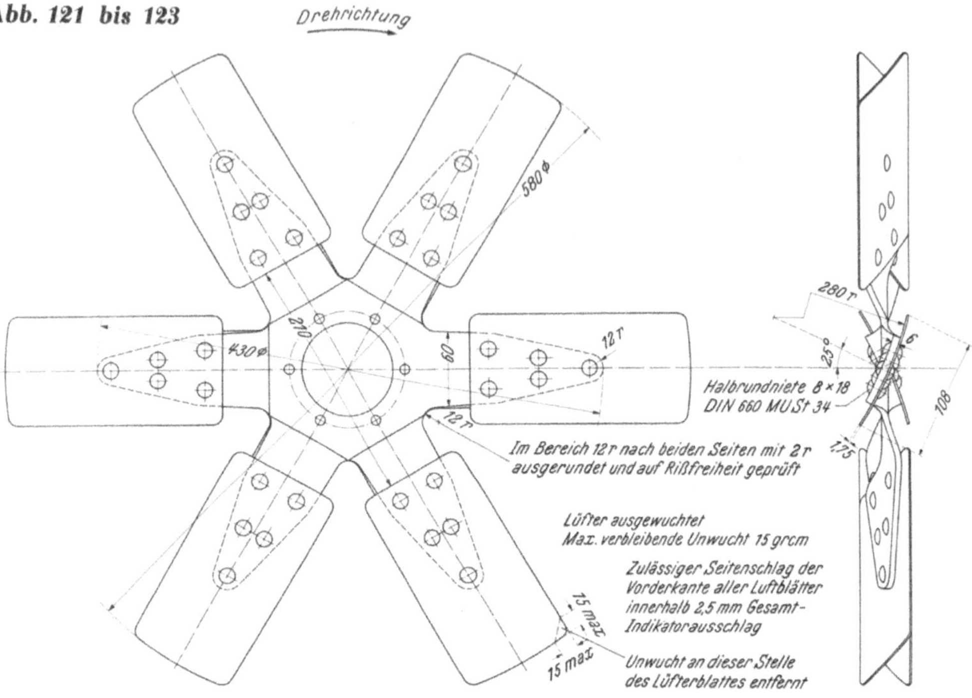

Abb. 121. Ventilator eines Fahrzeugmotors in Blechausführung (S. 123)

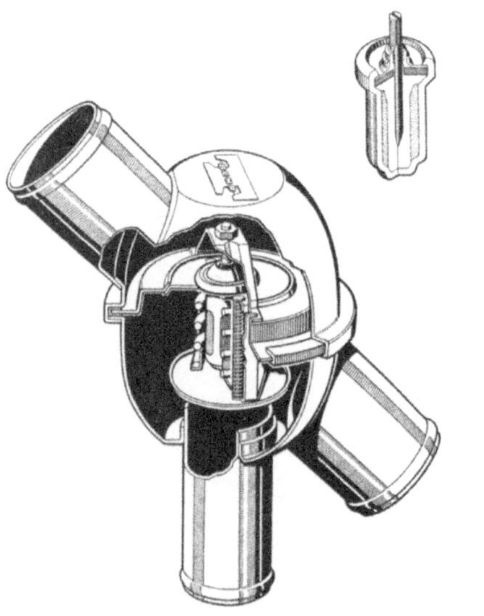

Abb. 123. Kurzschlußthermostat für 45 m³/h Umlaufmenge (Behr-Thompson) (aus MTZ, Heft 5, 1959) (S. 124)

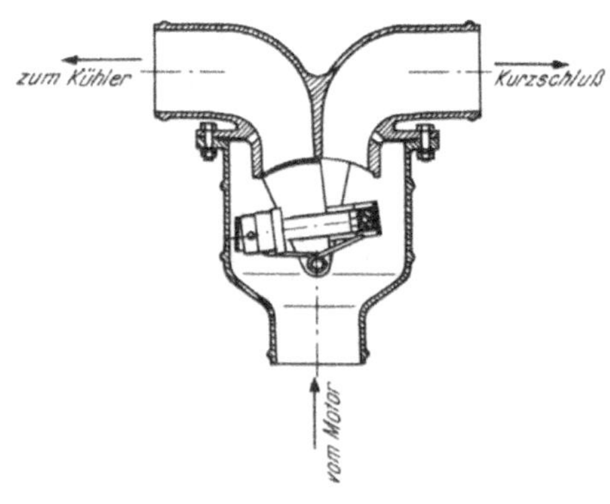

Abb. 122. Kurzschlußthermostat (Behr-Thompson) (aus MTZ, Heft 5, 1959) (S. 124)

Abb. 124 bis 126

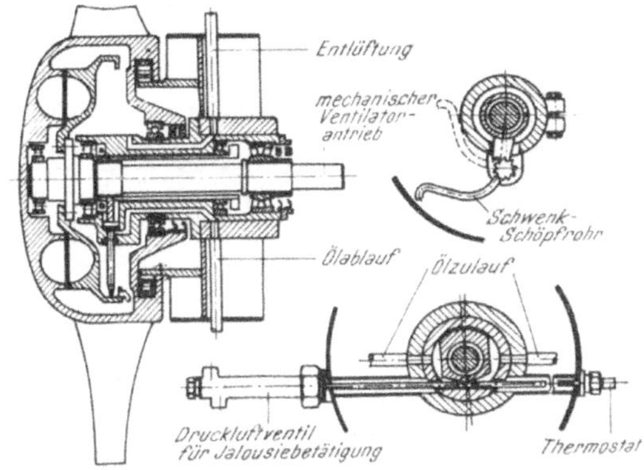

Abb. 124. Regelventilator mit hydraulischer Kupplung (Voith) (aus MTZ, Heft 8, 1958) (S. 125)

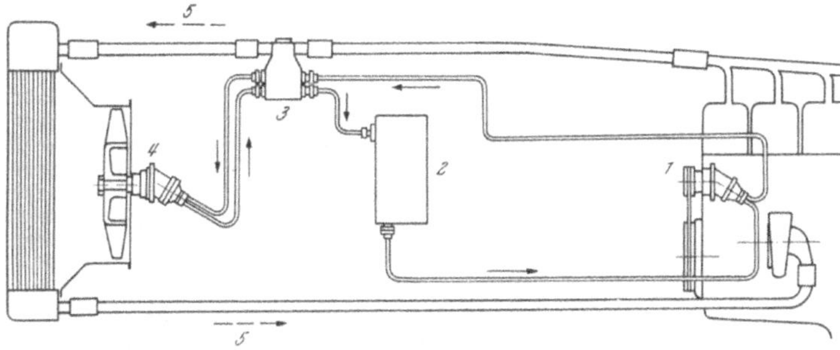

Abb. 125. Schema eines hydrostatischen Ventilatorantriebes (Süddeutsche Kühlerfabrik F. Behr) (S. 125)

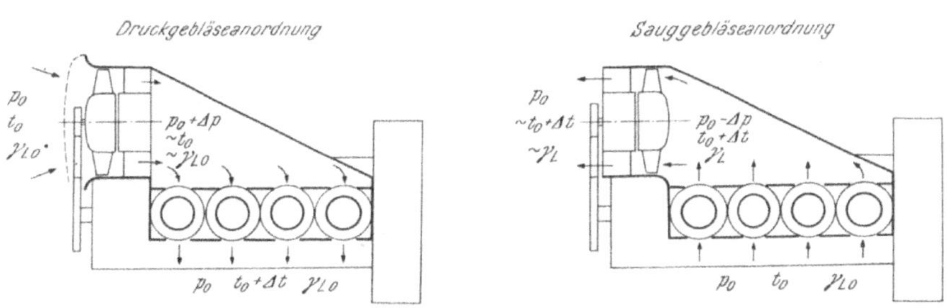

Abb. 126. Schema von Gebläseanordnungen an einem luftgekühlten Motor (S. 128)

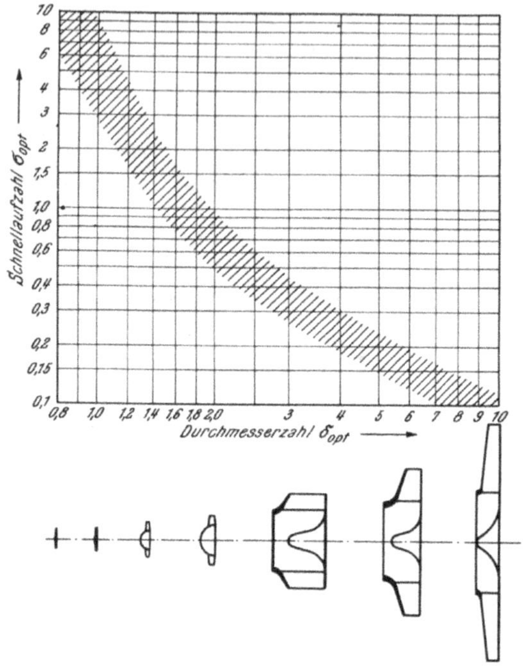

Abb. 127. Ermittlung der Gebläsebauart nach der CORDIER-Kurve (Voith-Forschung und Konstruktion, Heft 5, 1959) (S. 129)

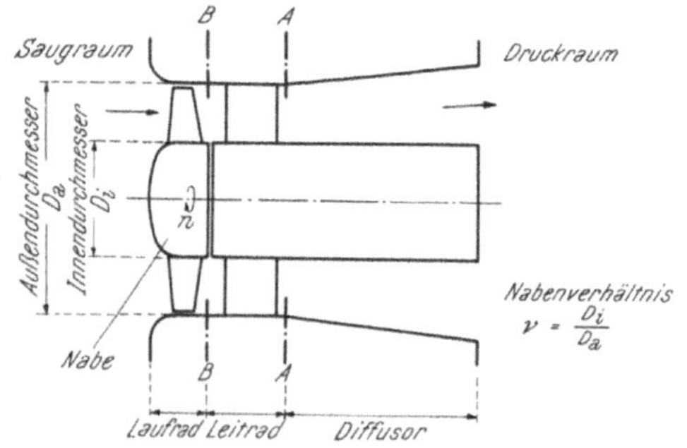

Abb. 128. Schematischer Aufbau eines einstufigen Axialgebläses mit Nachleitrad und Diffusor (S. 130)

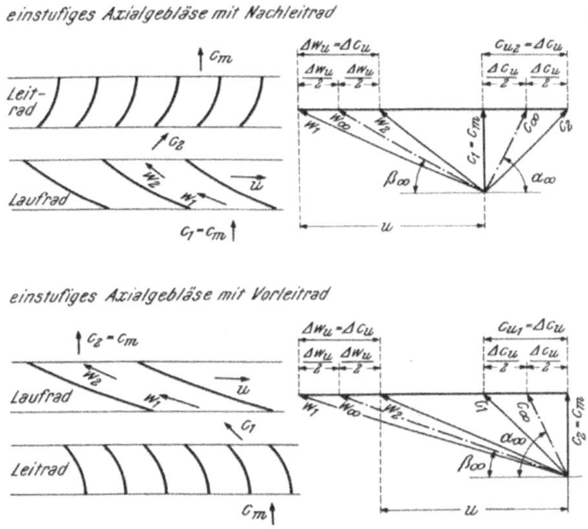

Abb. 129. Geschwindigkeitsdreiecke für Axialgebläse mit Nach- und Vorleitrad (S. 132)

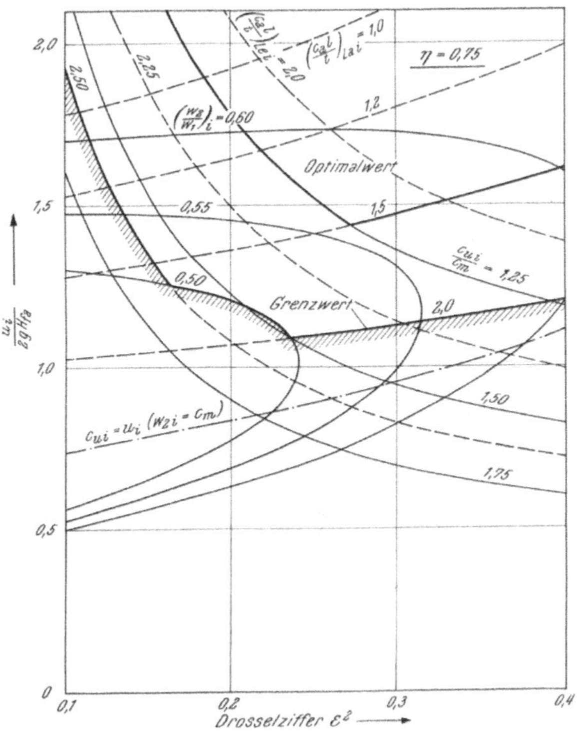

Abb. 130. Ermittlung der Umfangsgeschwindigkeit an der Nabe für Axialgebläse mit Nachleitrad (S. 137)

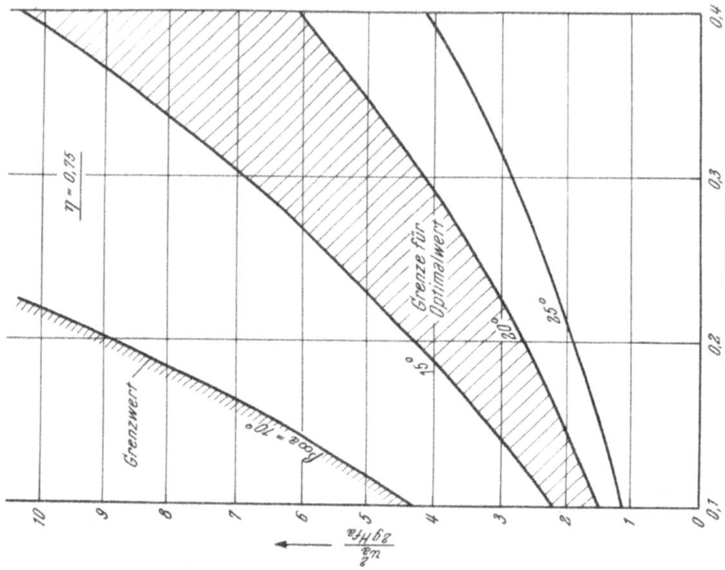

Abb. 132. Zulässige Umfangsgeschwindigkeit am Außendurchmesser in Abhängigkeit vom Schaufelwinkel für Axialgebläse mit Nachleitrad (S. 138)

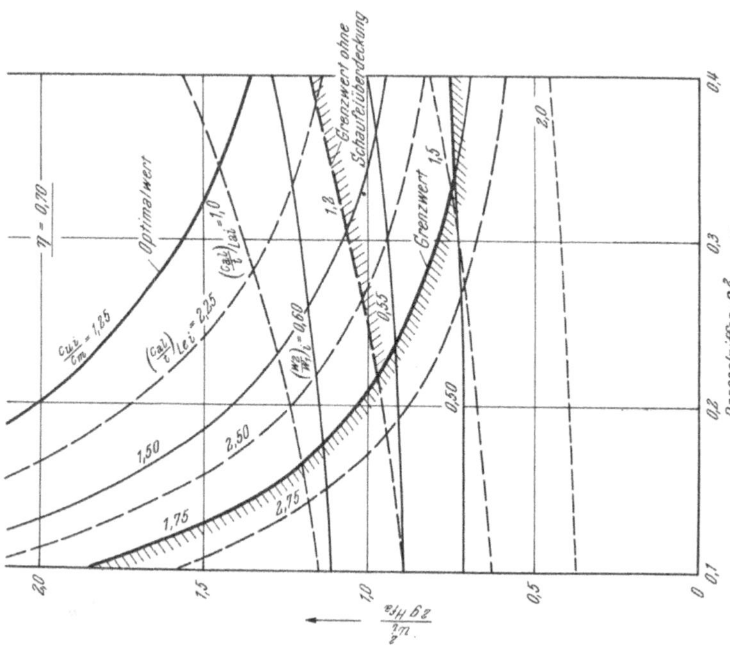

Abb. 131. Ermittlung der Umfangsgeschwindigkeit an der Nabe für Axialgebläse mit Vorleitrad (S. 137)

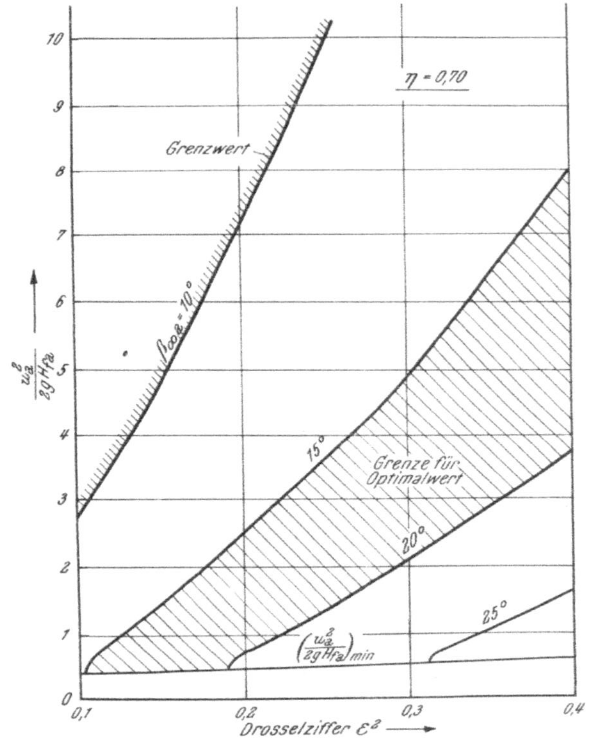

Abb. 133. Zulässige Umfangsgeschwindigkeit am Außendurchmesser in Abhängigkeit vom Schaufelwinkel für Axialgebläse mit Vorleitrad (S. 138)

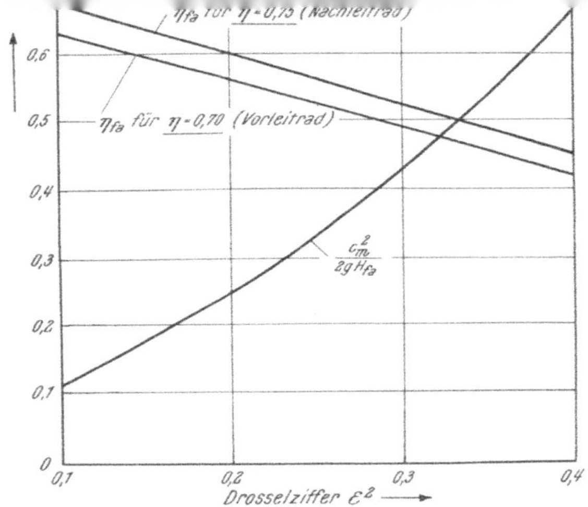

Abb. 134. Meridiangeschwindigkeit und statischer Wirkungsgrad für einstufige Axialgebläse mit Leitrad (S. 139)

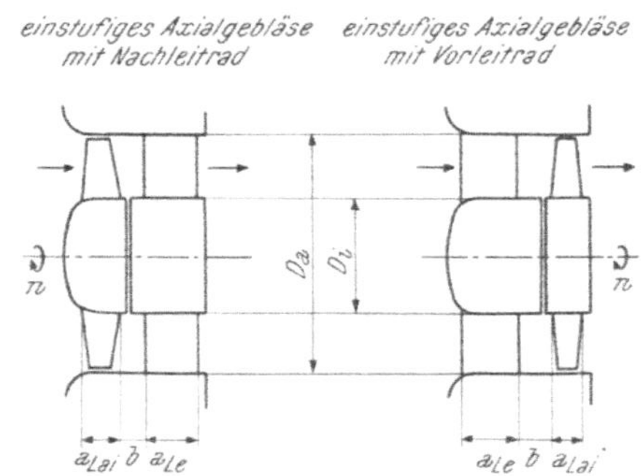

Abb. 135. Schema von Axialgebläsen mit Vor- und Nachleitrad zur Ermittlung der Schaufeltiefe (S. 140)

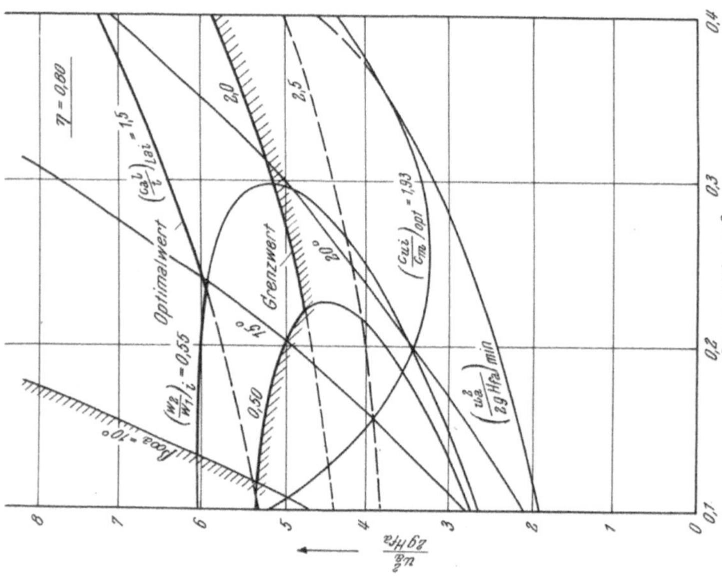

Abb. 136. Ermittlung der Umfangsgeschwindigkeit am Außendurchmesser für Axialgebläse ohne Leitrad bei einem Nabenverhältnis $\nu = 0{,}5$ (S. 145)

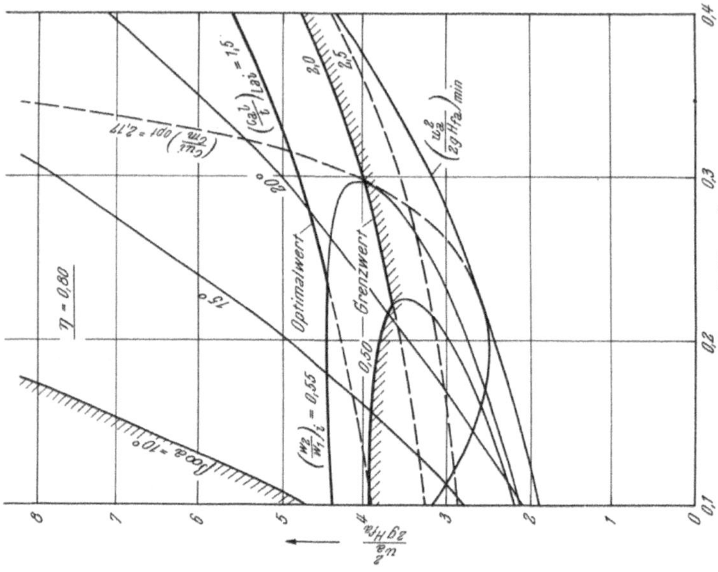

Abb. 137. Ermittlung der Umfangsgeschwindigkeit am Außendurchmesser für Axialgebläse ohne Leitrad bei einem Nabenverhältnis $\nu = 0{,}6$ (S. 145)

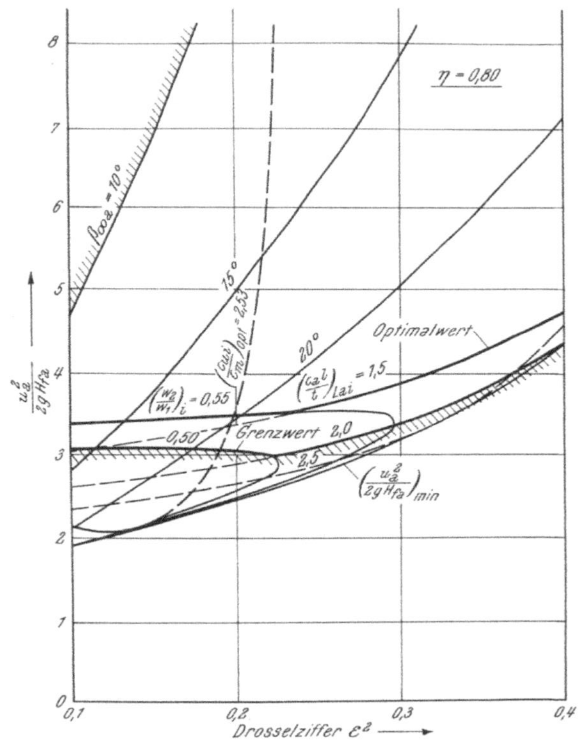

Abb. 138. Ermittlung der Umfangsgeschwindigkeit am Außendurchmesser für Axialgebläse ohne Leitrad bei einem Nabenverhältnis $\nu = 0{,}7$ (S. 145)

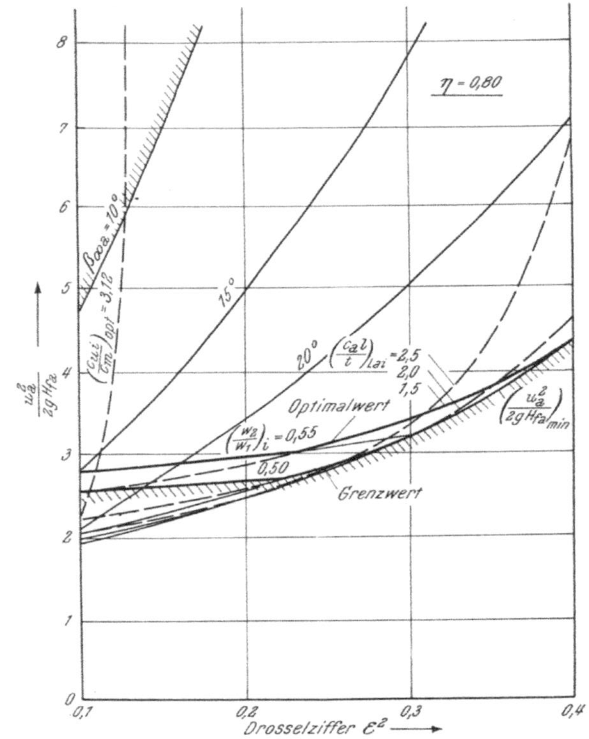

Abb. 139. Ermittlung der Umfangsgeschwindigkeit am Außendurchmesser für Axialgebläse ohne Leitrad bei einem Nabenverhältnis $\nu = 0{,}8$ (S. 145)

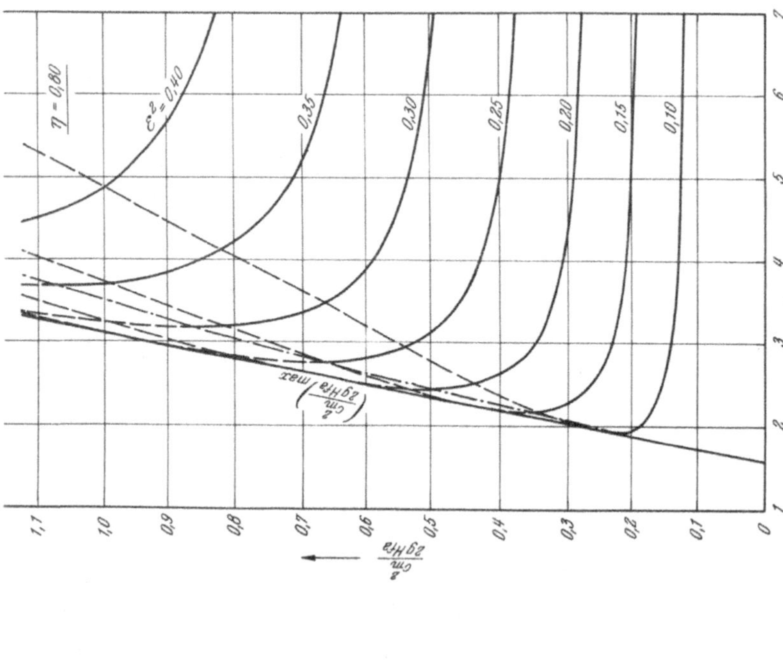

Abb. 140. Ermittlung der Meridiangeschwindigkeit für Axialgebläse ohne Leitrad (S. 145)

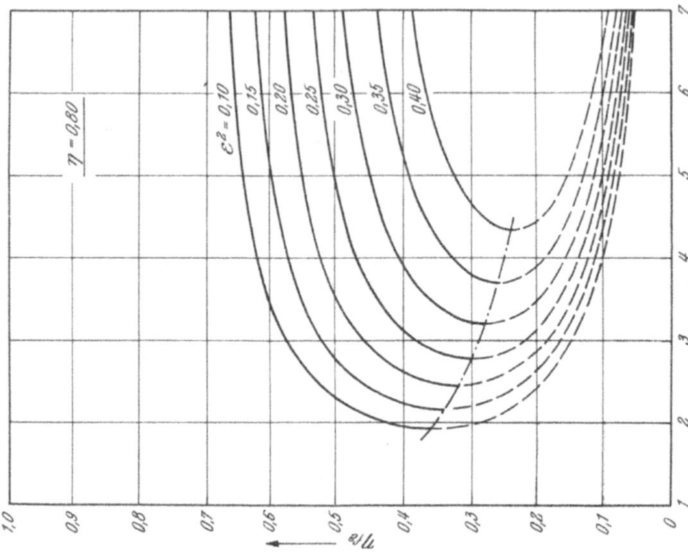

Abb. 141. Ermittlung des statischen Wirkungsgrades für Axialgebläse ohne Leitrad (S. 145)

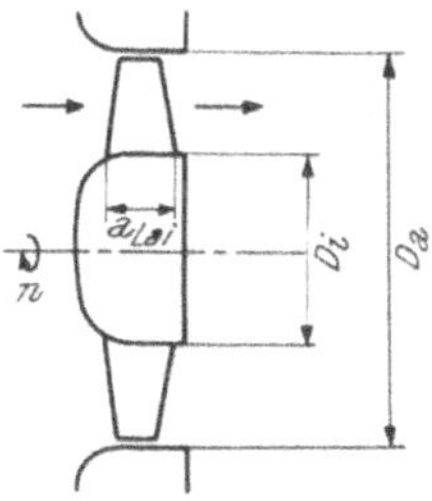

Abb. 142. Schema eines Axialgebläses ohne Leitrad zur Ermittlung der Schaufeltiefe (S. 145)

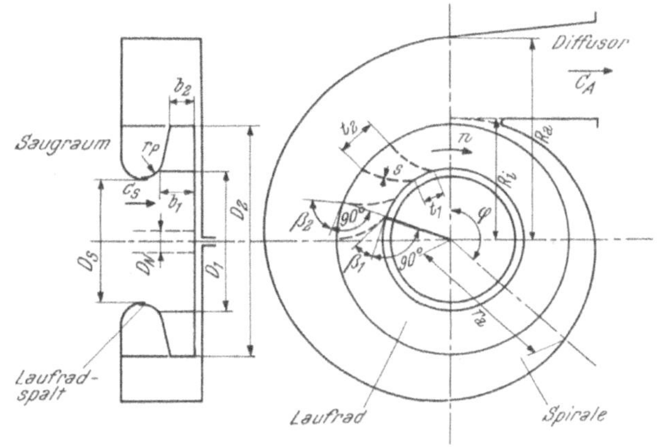

Abb. 143. Schematischer Aufbau eines radialen Kühlgebläses mit einfach gekrümmten Schaufeln, Rechteckspirale und Diffusor (S. 145)

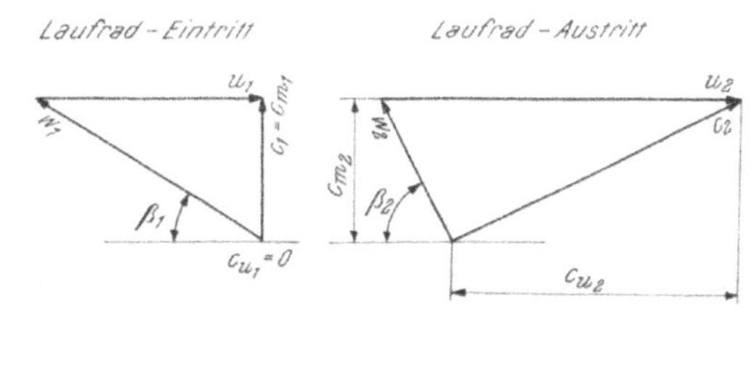

Abb. 144. Geschwindigkeitsdreiecke für das Laufrad eines Radialgebläses (S. 146)

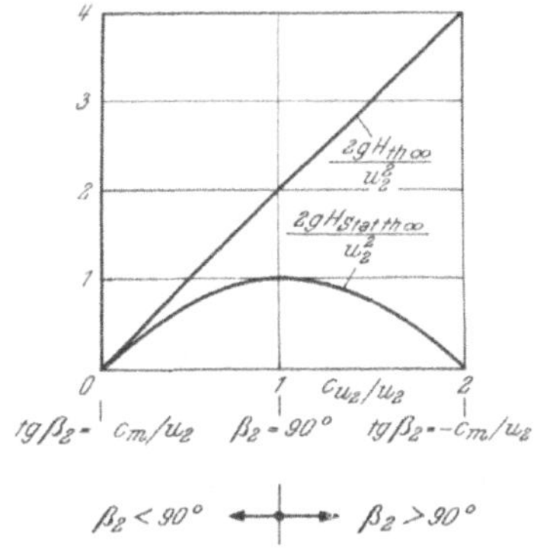

Abb. 145. Abhängigkeit der theoretischen Förderhöhen von Radialgebläsen mit Schaufelzahl ∞ vom Schaufelwinkel β_2 (S. 149)

Abb. 146

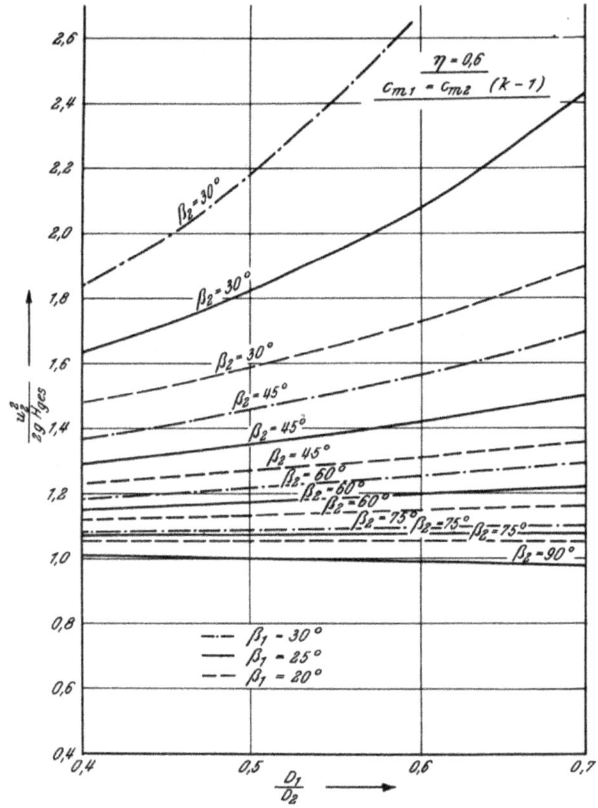

Abb. 146. Ermittlung der Umfangsgeschwindigkeit am Laufradaußendurchmesser für Radialgebläse (S. 150)

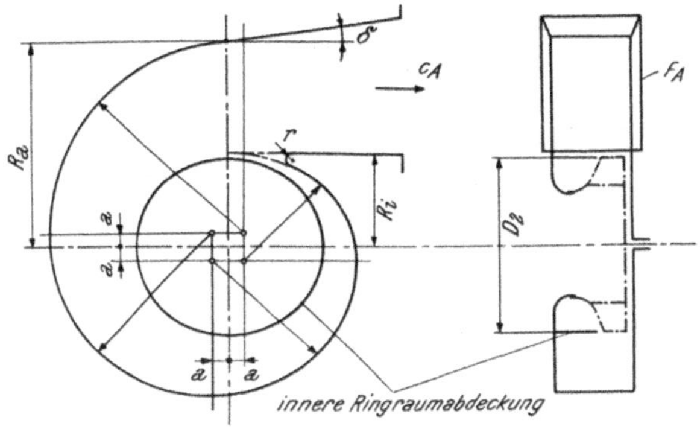

Abb. 147. Näherungskonstruktion für die Spirale mit Rechteckquerschnitt und konstanter Breite (S. 151)

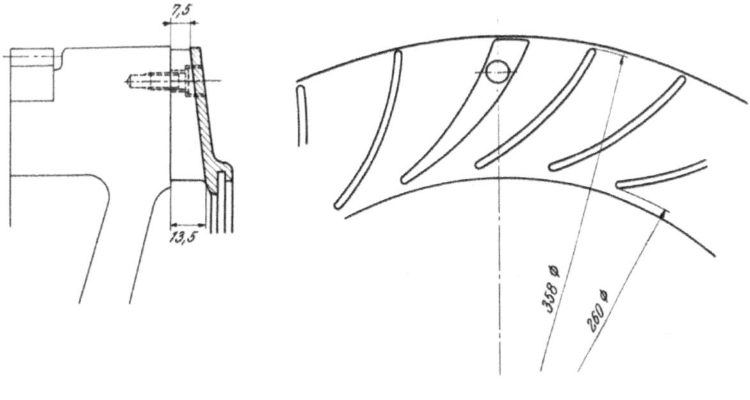

Abb. 148. Laufrad eines Schwungradgebläses (S. 152)

Abb. 149 und 150

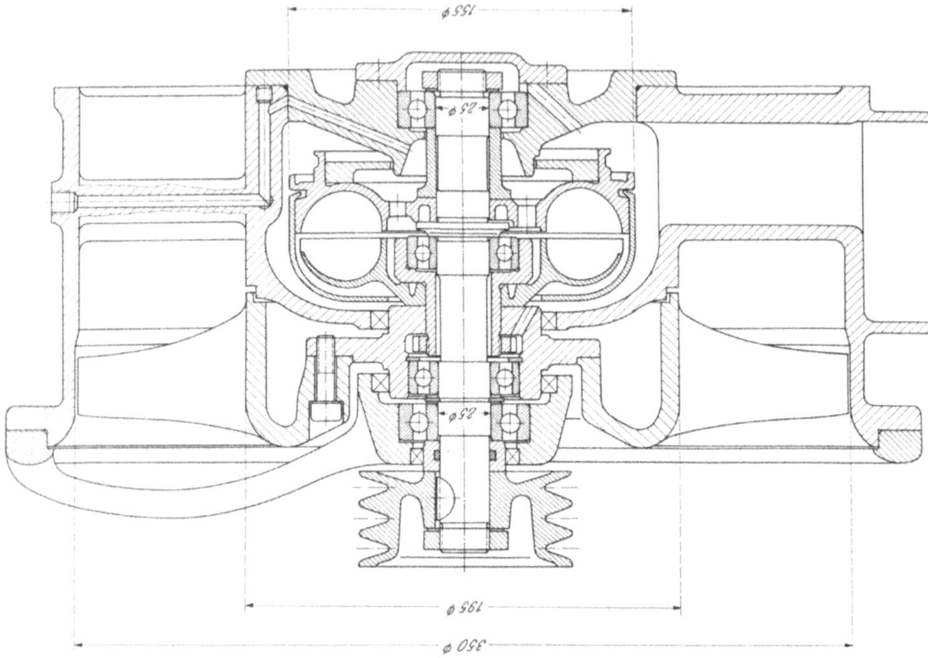

Abb. 150. Regelbares Kühlgebläse mit hydraulischer Kupplung (Voith) für einen luftgekühlten Dieselmotor mit 140 PS (S. 153)

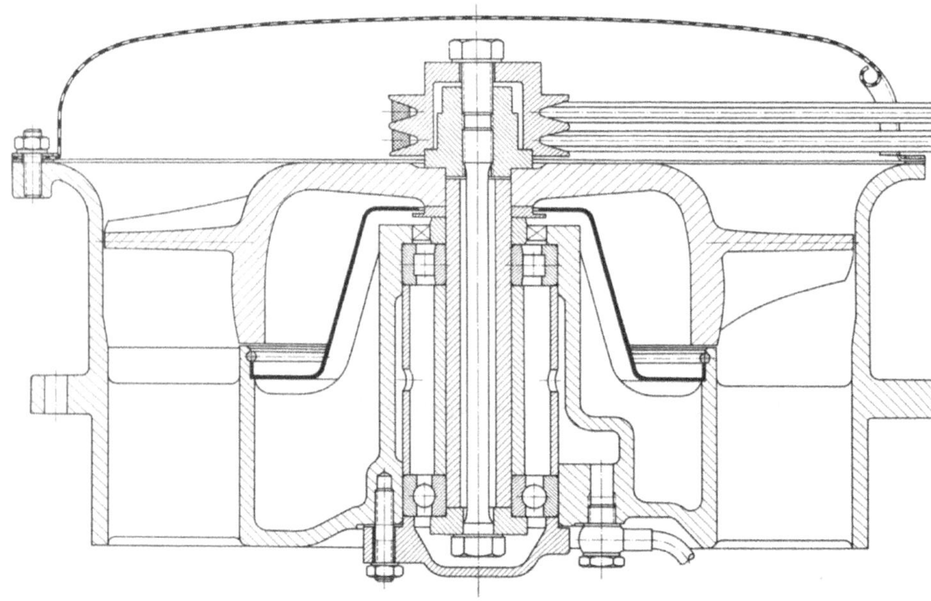

Abb. 149. Axiales Kühlgebläse mit Nachleitrad für einen luftgekühlten Dieselmotor (S. 152)

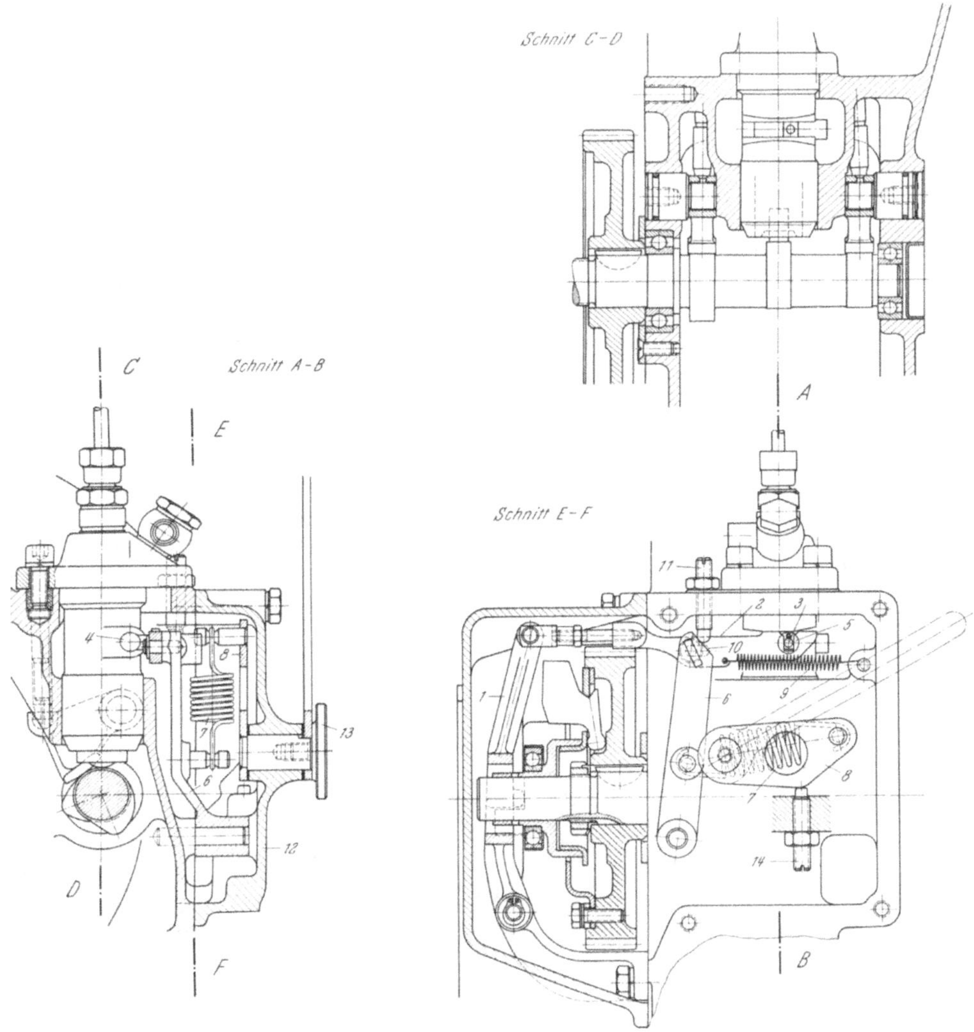

Abb. 151. Regler mit Drehzahlverstellung für einen Einzylinder-Dieselmotor (Bernard Moteurs) (S. 156)

Abb. 152

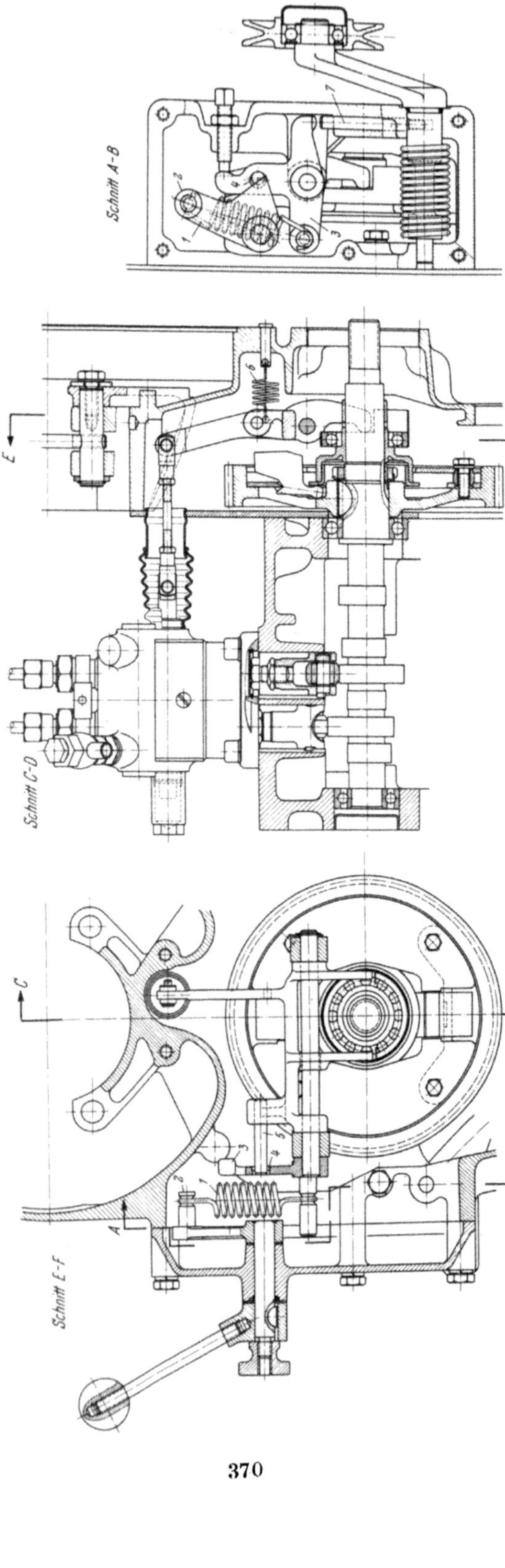

Abb. 152. Regler mit Drehzahlverstellung für einen V-Zweizylinder-Dieselmotor (Bernard Moteurs) (S. 157)

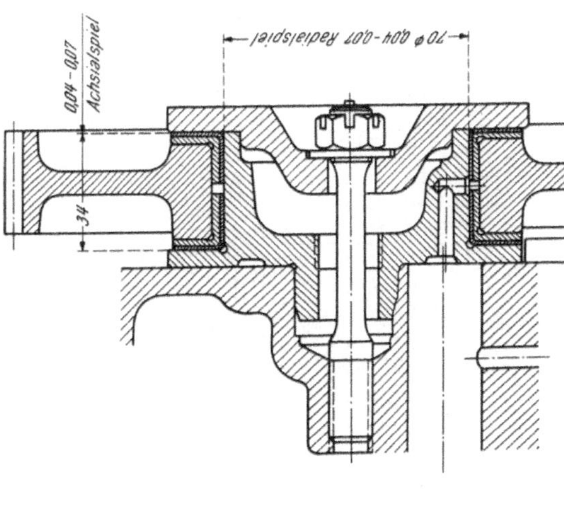

Abb. 153. Lagerung eines Zwischenrades mit Gleitlager (S. 159)

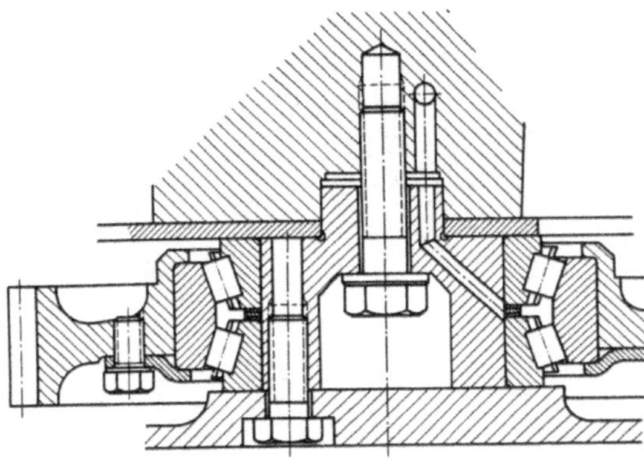

Abb. 154. Lagerung eines Zwischenrades mit Wälzlager (S. 159)

Abb. 155

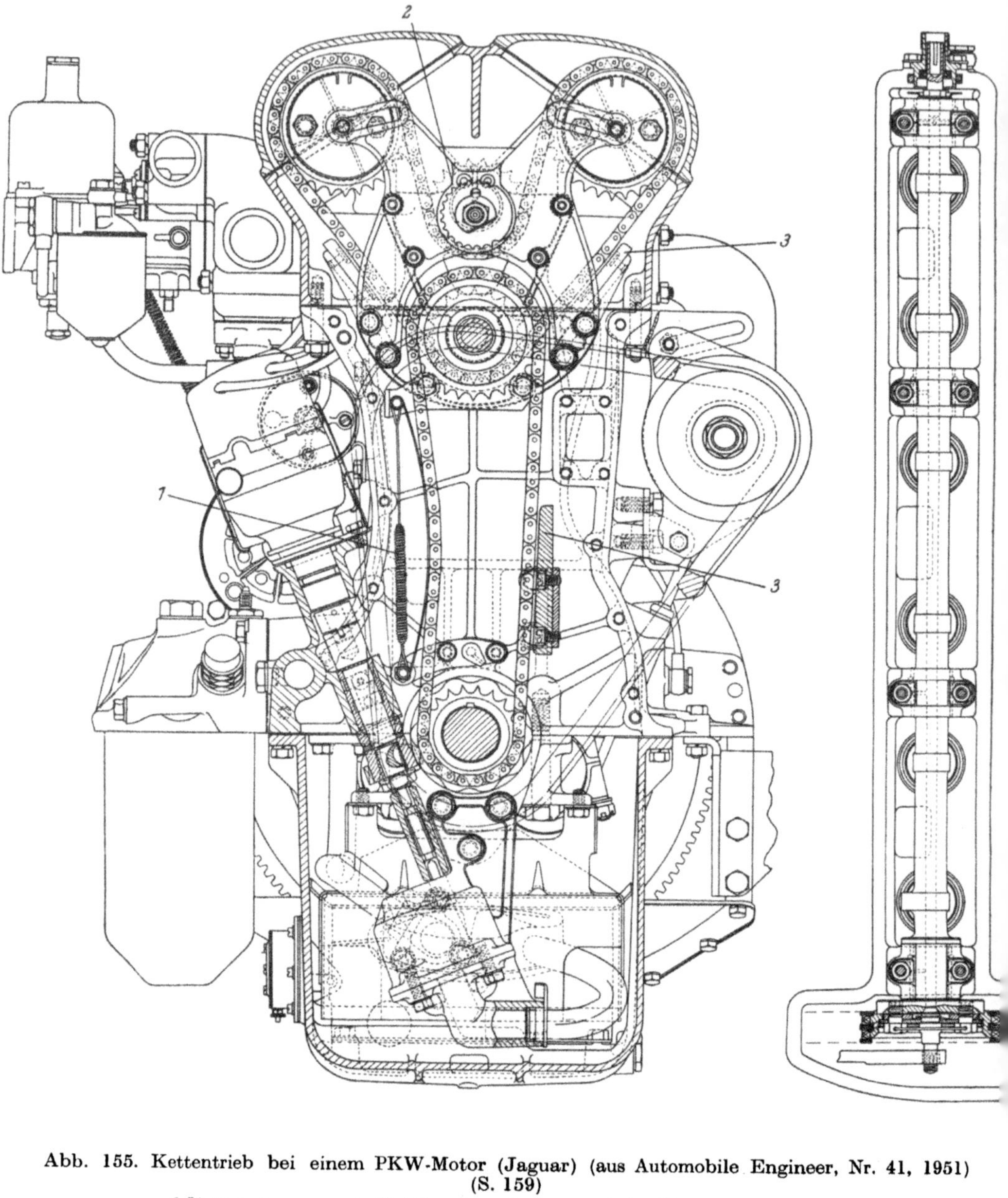

Abb. 155. Kettentrieb bei einem PKW-Motor (Jaguar) (aus Automobile Engineer, Nr. 41, 1951) (S. 159)
1 Kettenspanner mit Stahlband *2* automatische Kettenspannrolle
3 Dämpfungsschienen

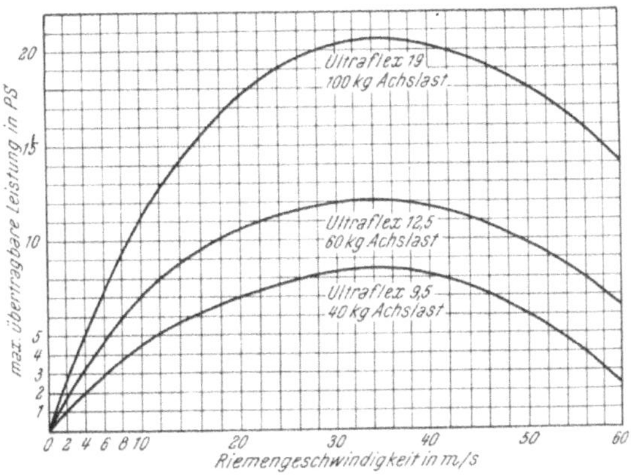

Abb. 156. Leistungskurven von Schmalkeilriemen (Continental Gummiwerke AG.) (S. 160)

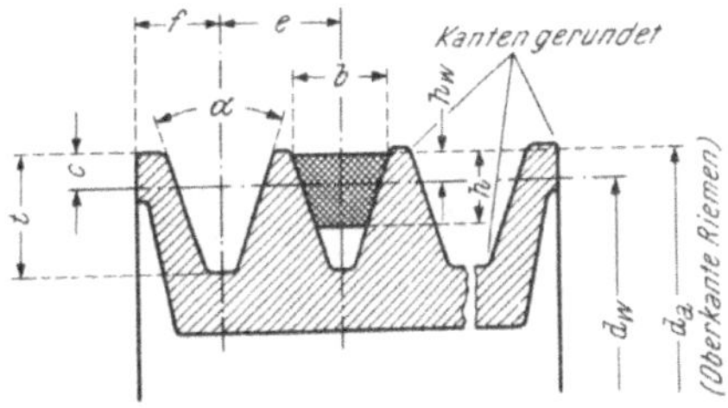

Abb. 157. Scheiben und Rillenabmessungen für Schmalkeilriemen nach DIN 2211 (Continental Gummiwerke AG.) (S. 160)

9,5 mm *dw* mindestens 71 mm	*b* *c* *e* *f* *h* *t* *hw*	9,5 3 12 9 8,25 12 ≈2,5	12,5 mm *dw* mindestens 90 mm	*b* *c* *e* *f* *h* *t* *hw*	12,5 3,5 15 12 10 15 ≈3	19 mm *dw* mindestens 160 mm	*b* *c* *e* *f* *h* *t* *hw*	19 6 23 18 16 22 ≈5

Rillenwinkel α

33° ± 1°	36° ± 1° für *dw*	39° ± 1°
unter 71	71 bis 140	über 140
unter 90	90 bis 160	über 160
unter 160	160 bis 355	über 355

Abb. 158 und 159

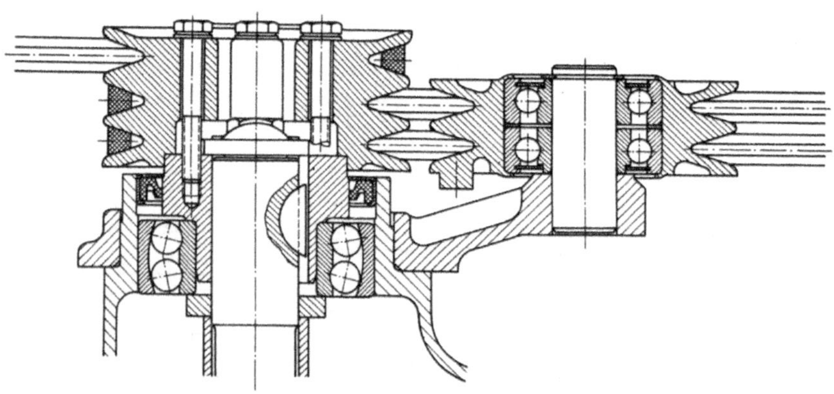

Abb. 158. Spannrolle (S. 160)

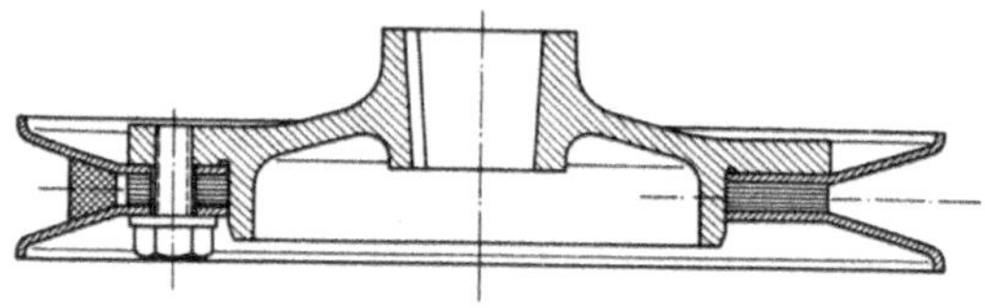

Abb. 159. Geteilte Riemenscheibe (S. 161)

Abb. 160

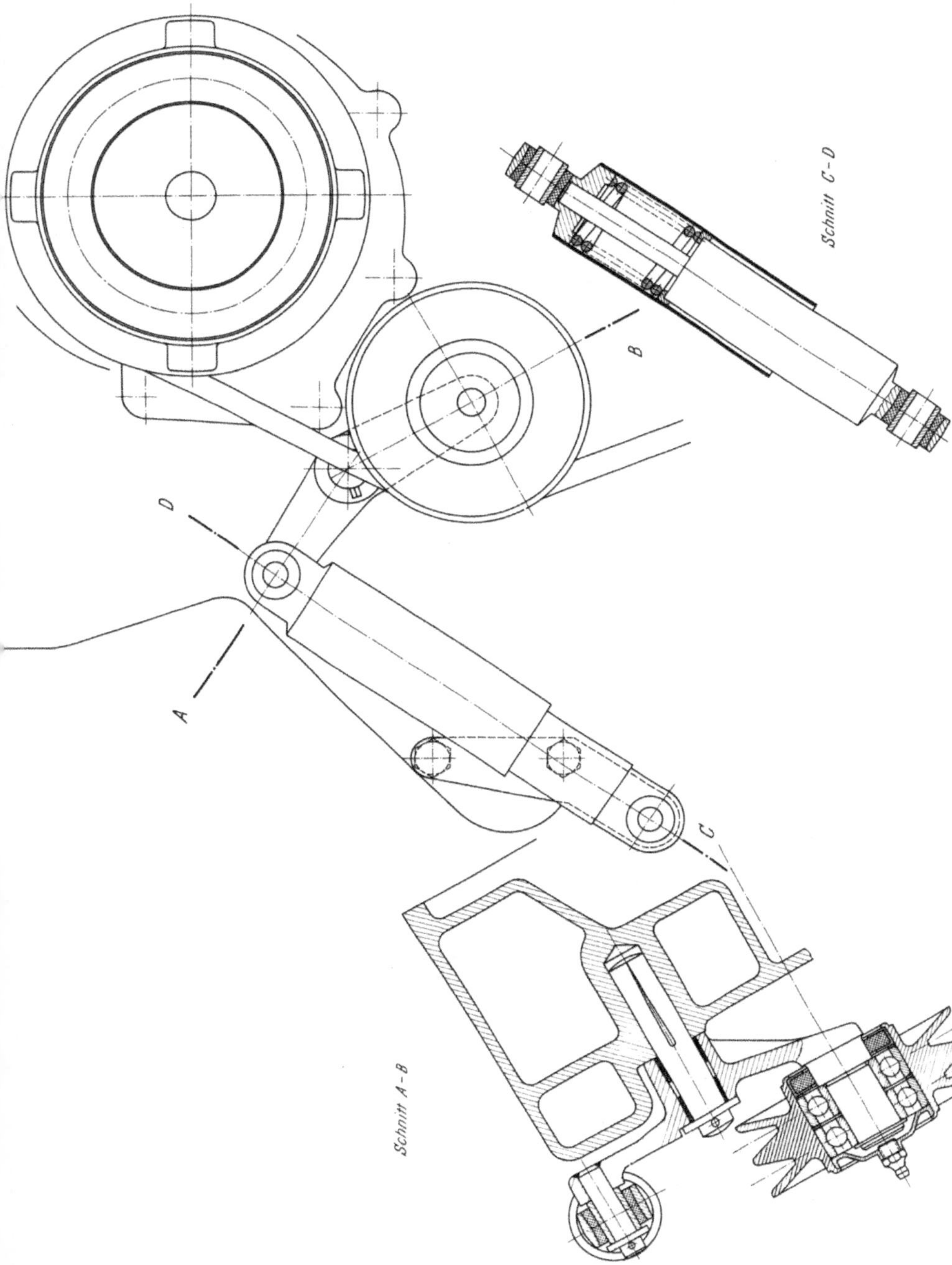

Abb. 160. Selbsttätige Riemennachstellung mittels Federbein (Boge) (S. 161)

Abb. 161

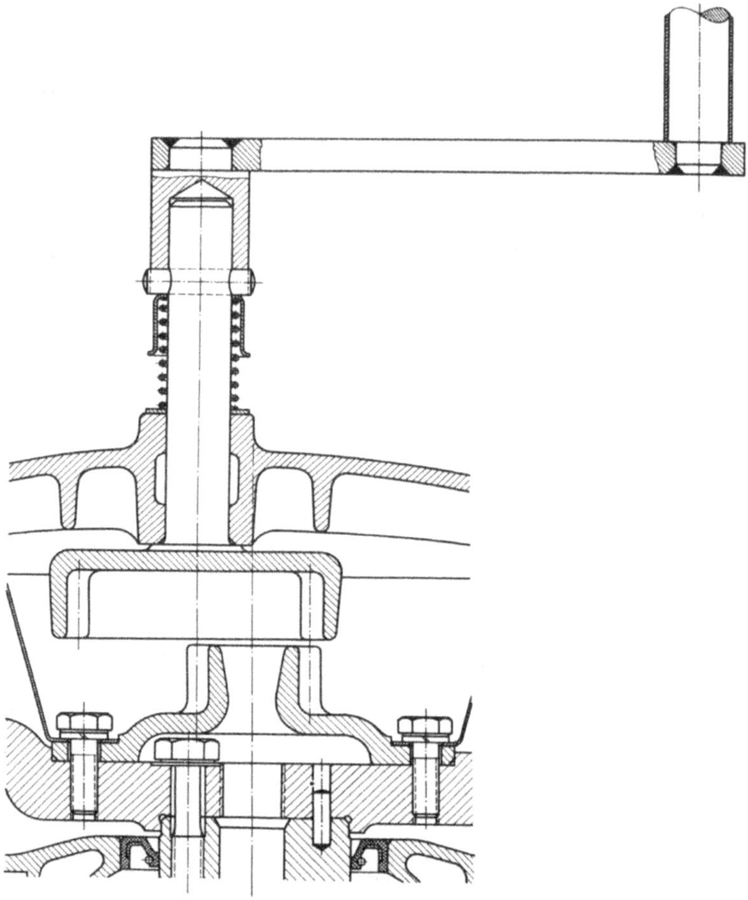

Abb. 161. Handkurbel mit Übersetzung für einen luftgekühlten Einzylinder-Dieselmotor (Bernard Moteurs) (S. 164)

Abb. 162

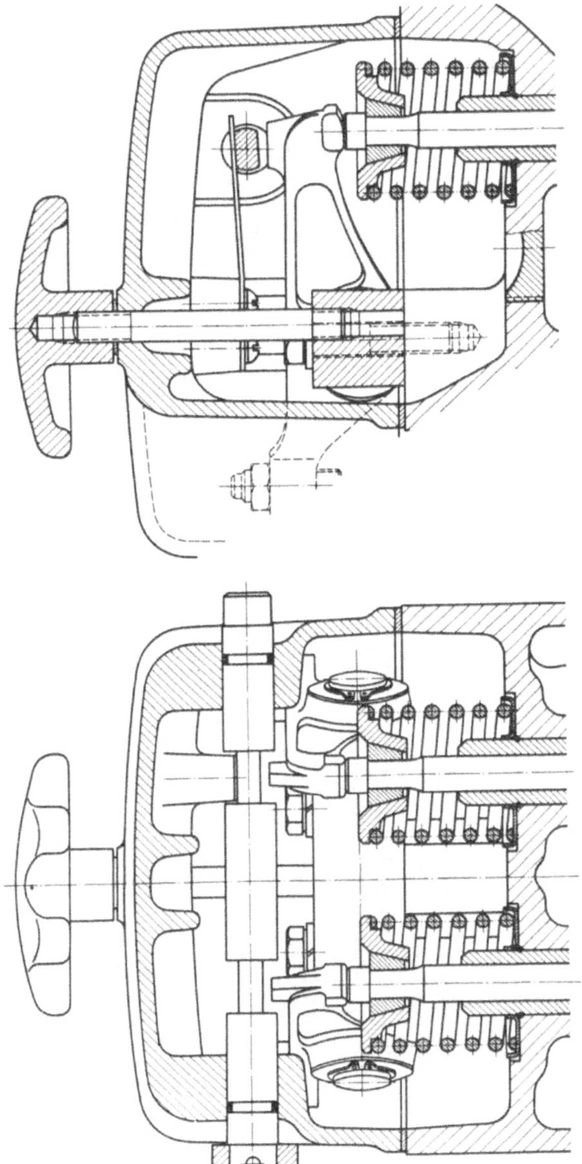

Abb. 162. Dekompressionseinrichtung für einen Dieselmotor (S. 162)

Abb. 163

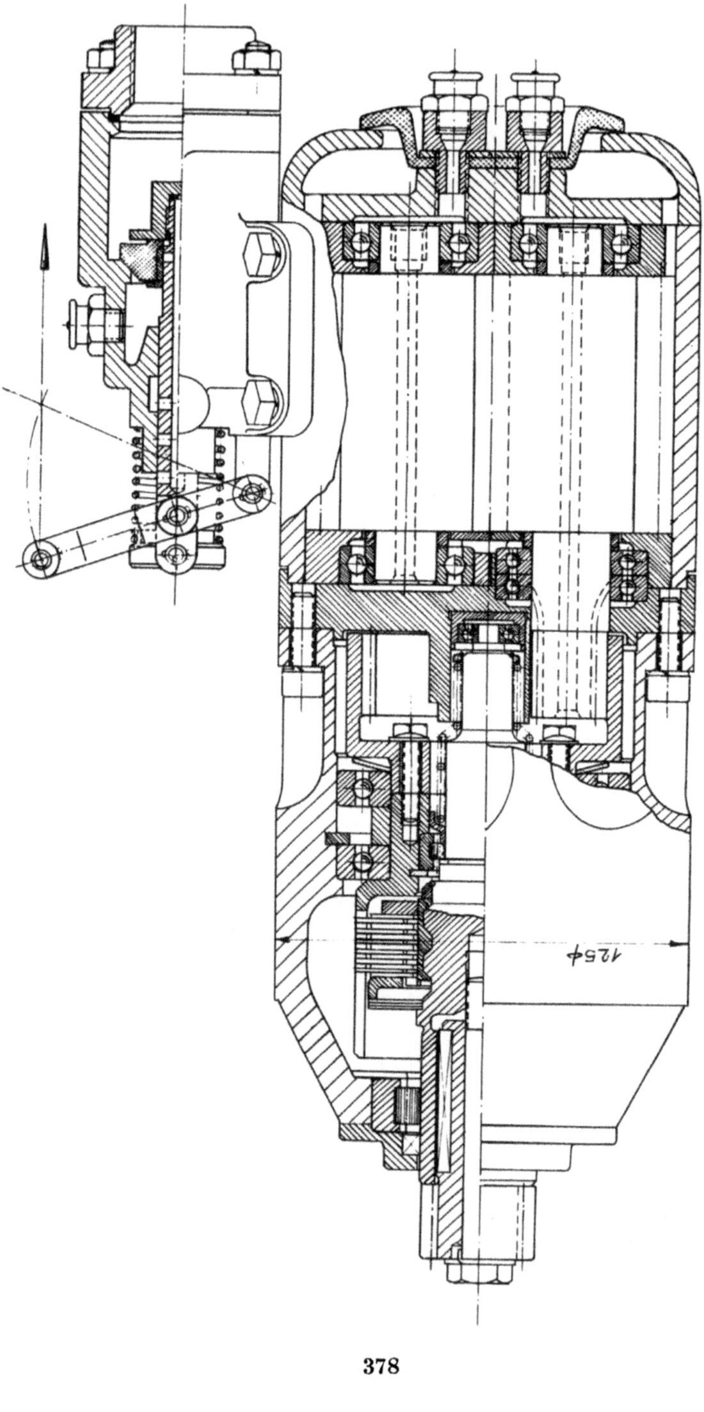

Abb. 163. Druckluftanlaßmotor (Düsterloh) (S. 166)

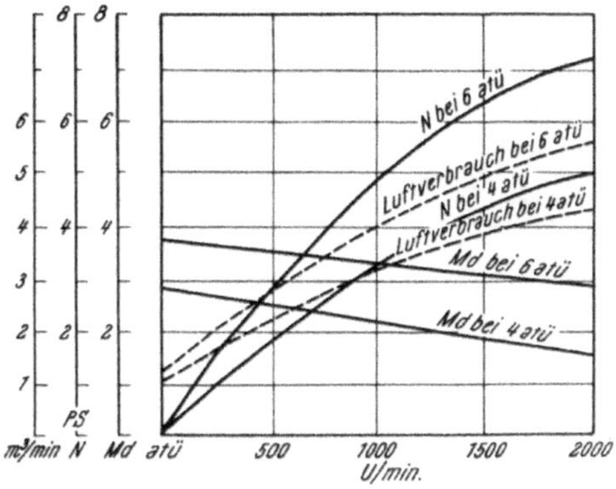

Abb. 164. Leistungsdiagramm und Luftbedarf für den Druckluftanlaßmotor Abb. 163 (S. 166)

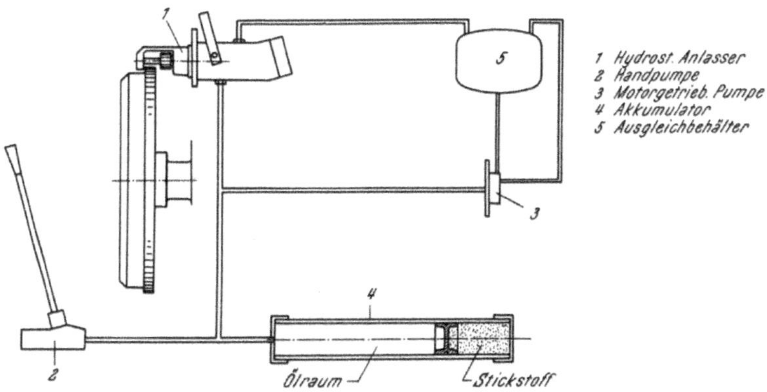

Abb. 165. Schematische Anlage für einen hydrostatischen Anlasser (General Motors) (S. 166)

Abb. 166

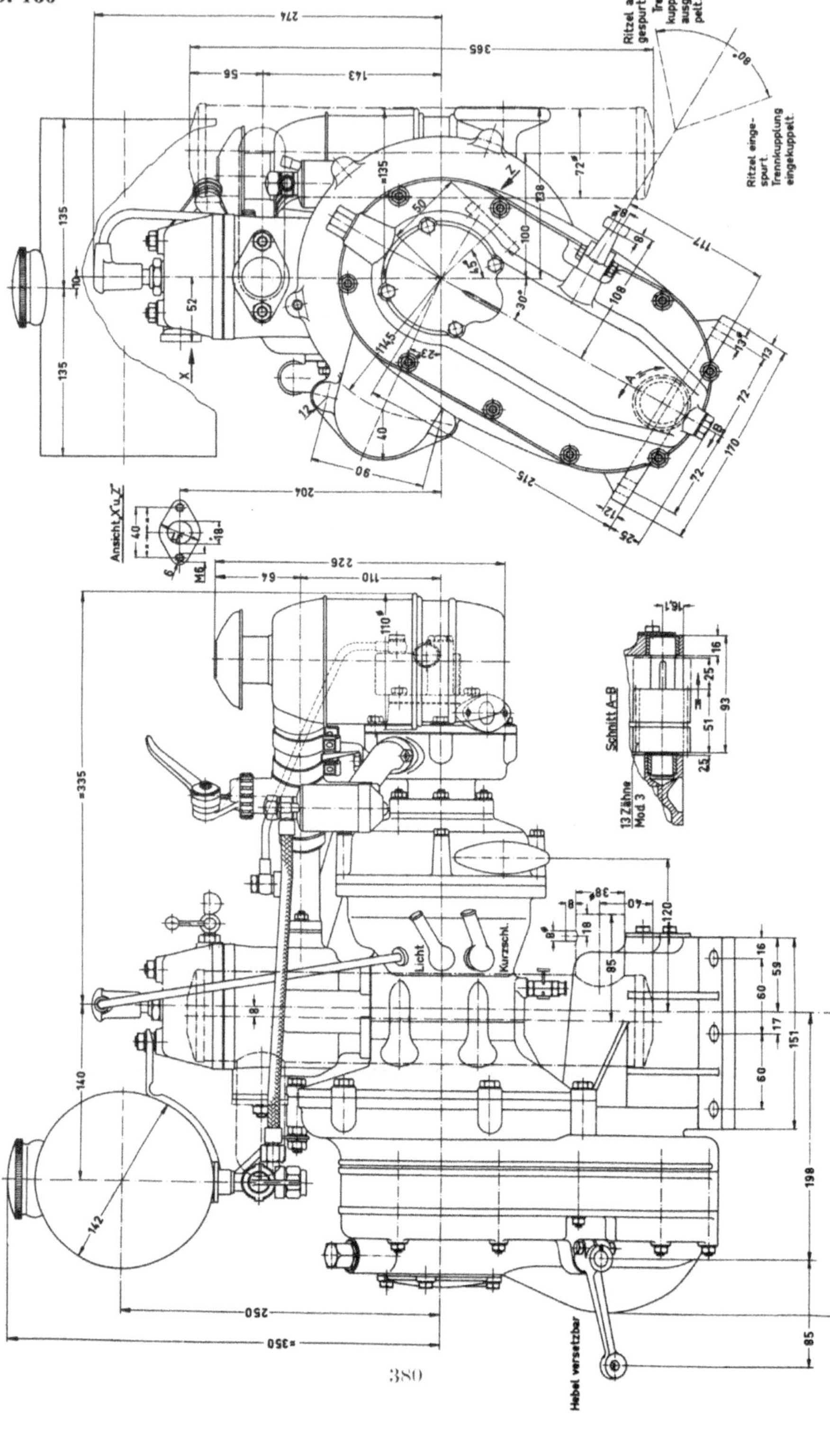

Abb. 166. Ottomotor als Anlasser (ILO) (S. 167)

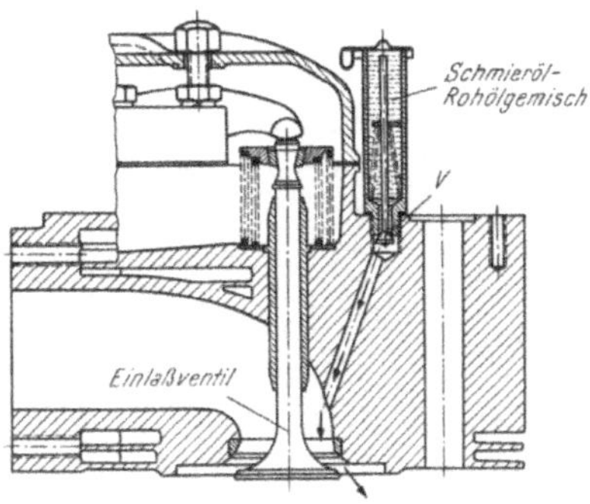

Abb. 167. Starthilfe an einem Zylinderkopf (MWM) (S. 168)

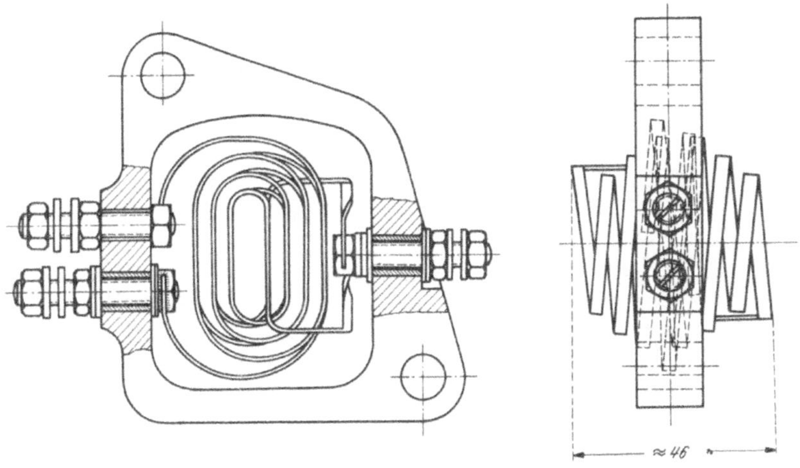

Abb. 168. Glühspirale zum Anwärmen der Ansaugluft (S. 169)

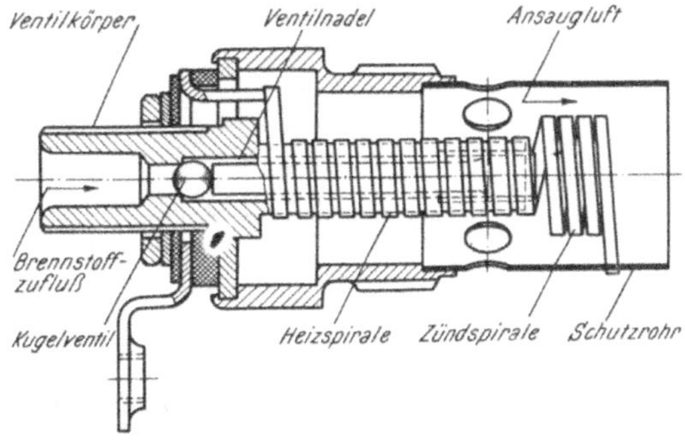

Abb. 169. Thermostatgerät von CAV zum Anwärmen der Ansaugluft (S. 169)

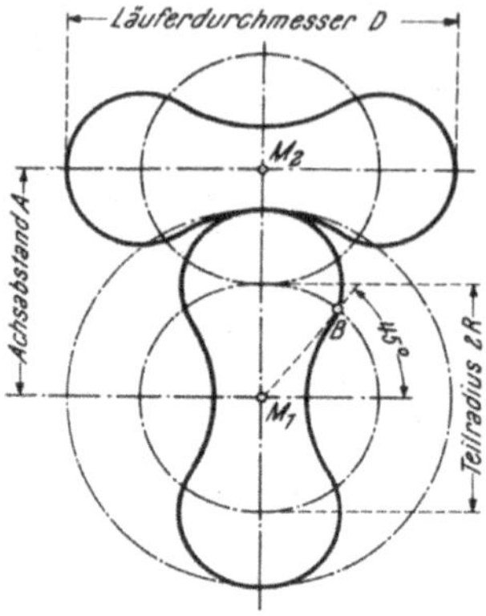

Abb. 170. Zweiflügeliger Läufer für Rootsgebläse (S. 172)

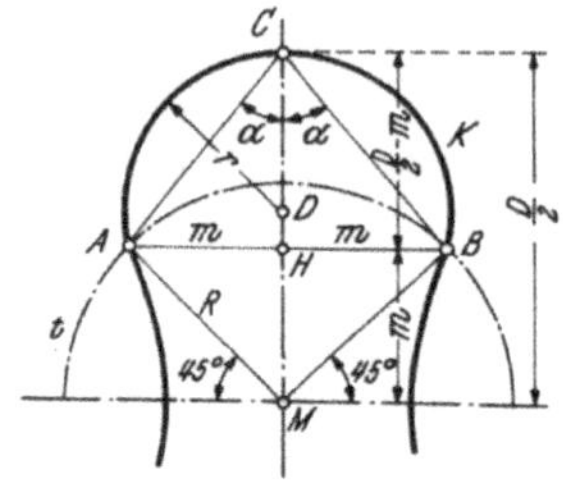

Abb. 171. Ermittlung des Kopfprofils für zweiflügelige Läufer von Rootsgebläsen (S. 173)

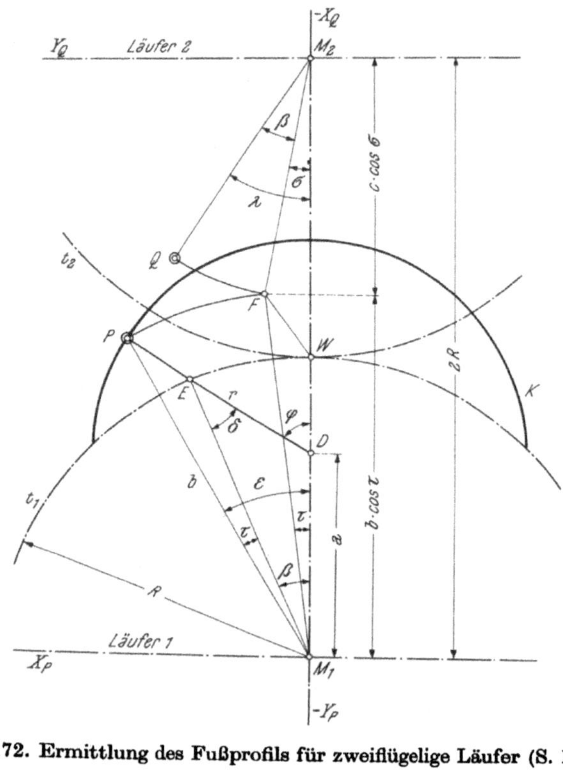

Abb. 172. Ermittlung des Fußprofils für zweiflügelige Läufer (S. 173)

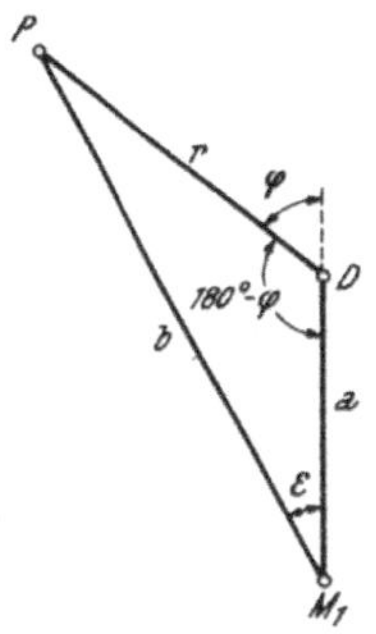

Abb. 173

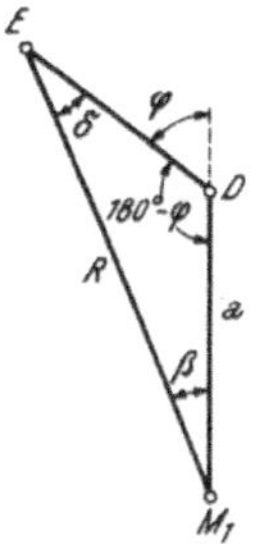

Abb. 174

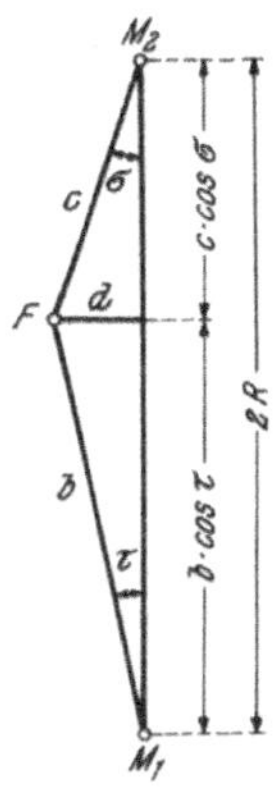

Abb. 175

Abb. 173. Hilfsdreieck zur Berechnung des Fußprofils für zweiflügelige Läufer von Rootsgebläsen (S. 173)

Abb. 174. Hilfsdreieck zur Berechnung des Fußprofils für zweiflügelige Läufer von Rootsgebläsen (S. 174)

Abb. 175. Hilfsdreieck zur Berechnung des Fußprofils für zweiflügelige Läufer von Rootsgebläsen (S. 174)

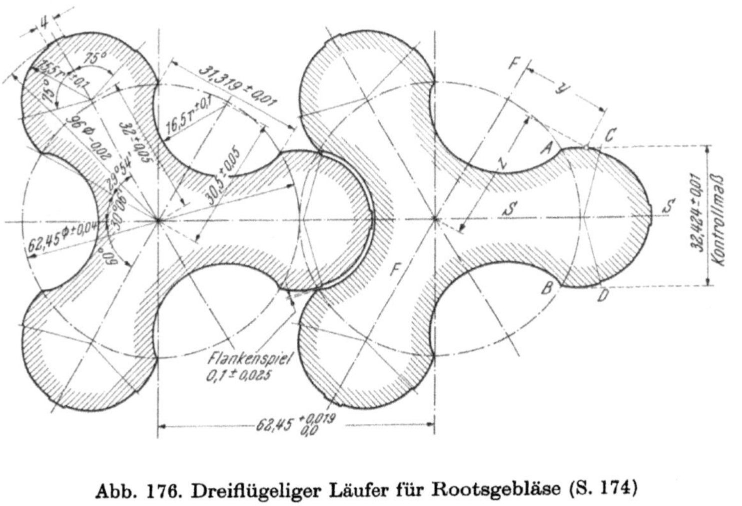

Abb. 176. Dreiflügeliger Läufer für Rootsgebläse (S. 174)

Abb. 177a

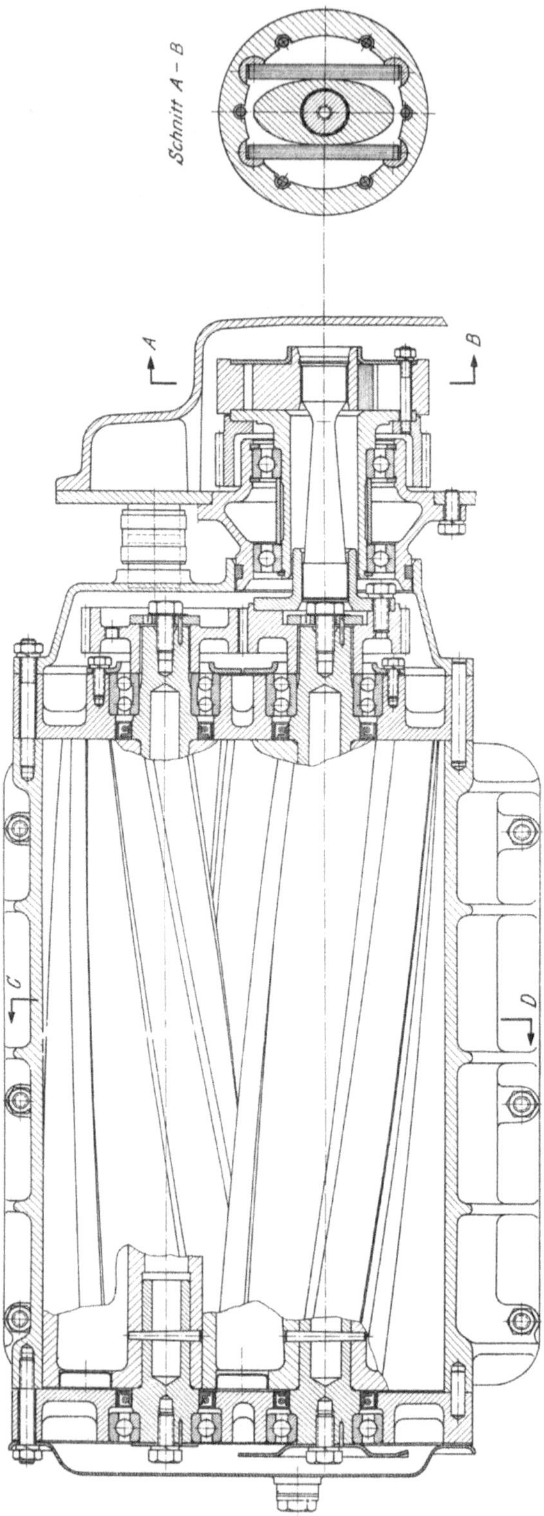

Abb. 177a. Rootsgebläse für einen Fahrzeug-Zweitakt-Dieselmotor (Ford) (S. 174)

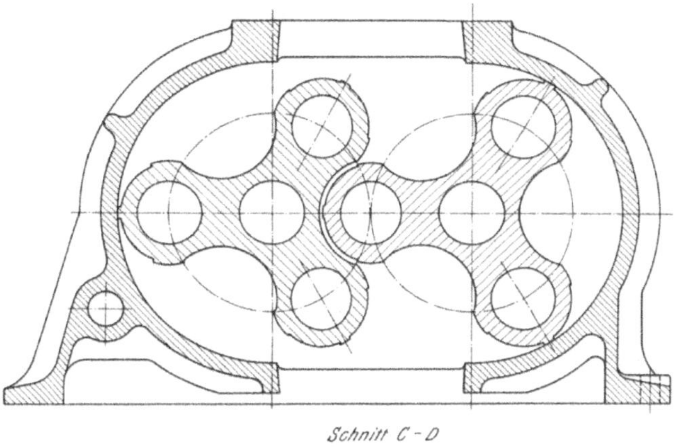

Abb. 177b. Querschnitt zum Rootsgebläse Abb. 177a

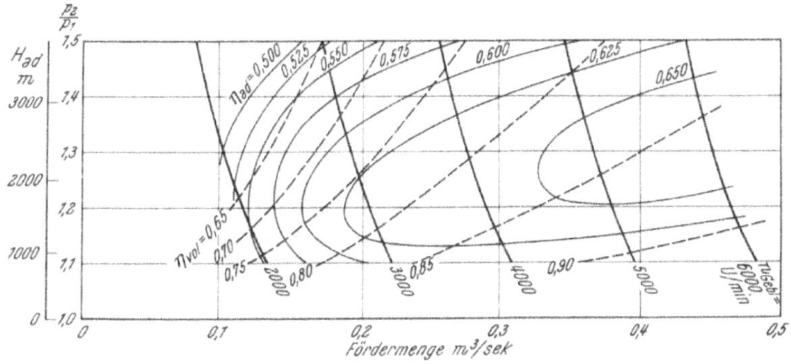

Abb. 178. Kennfeld des Rootsgebläses Abb. 177 (S. 174)

Abb. 179

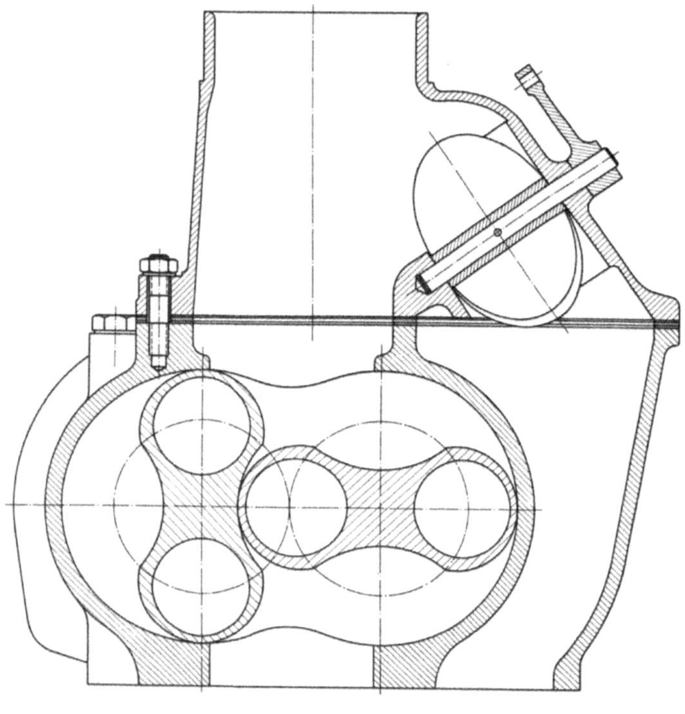

Abb. 179. Rootsgebläse mit Kurzschlußklappe (S. 176)

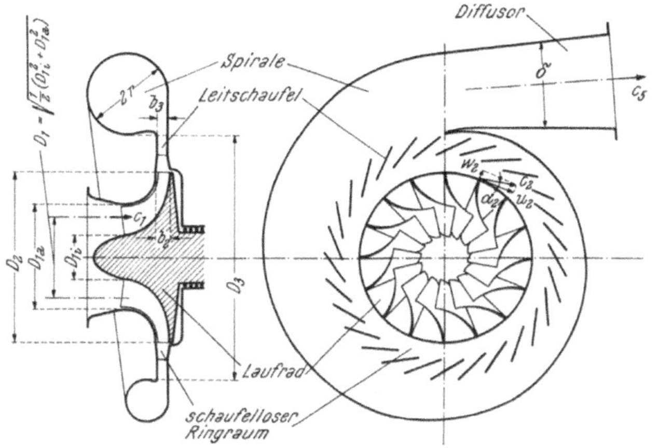

Abb. 180. Schematischer Aufbau eines radialen Lade- oder Spülgebläses (S. 177)

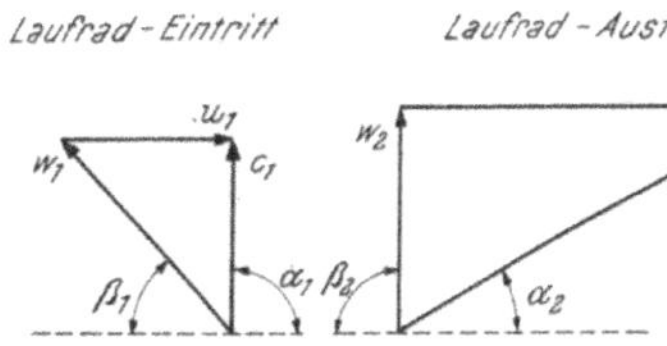

Abb. 181. Geschwindigkeitsdreiecke für radiale Laufradschaufeln (S. 177)

u Umfangsgeschwindigkeit des Laufrades
c Absolutgeschwindigkeit
w Relativgeschwindigkeit
α Strömungswinkel der Absolutgeschwindigkeit
β Schaufelwinkel

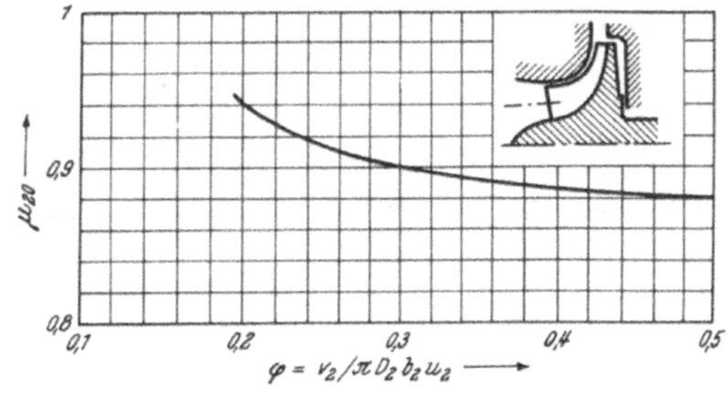

Abb. 182. Diagramm der Minderleistungsziffer (aus TRAUPEL, Thermische Turbomaschinen, Berlin–Göttingen–Heidelberg: Springer, Bd. I 1958, Neudruck 1962, Bd. II 1960) (S. 178)

Abb. 183a

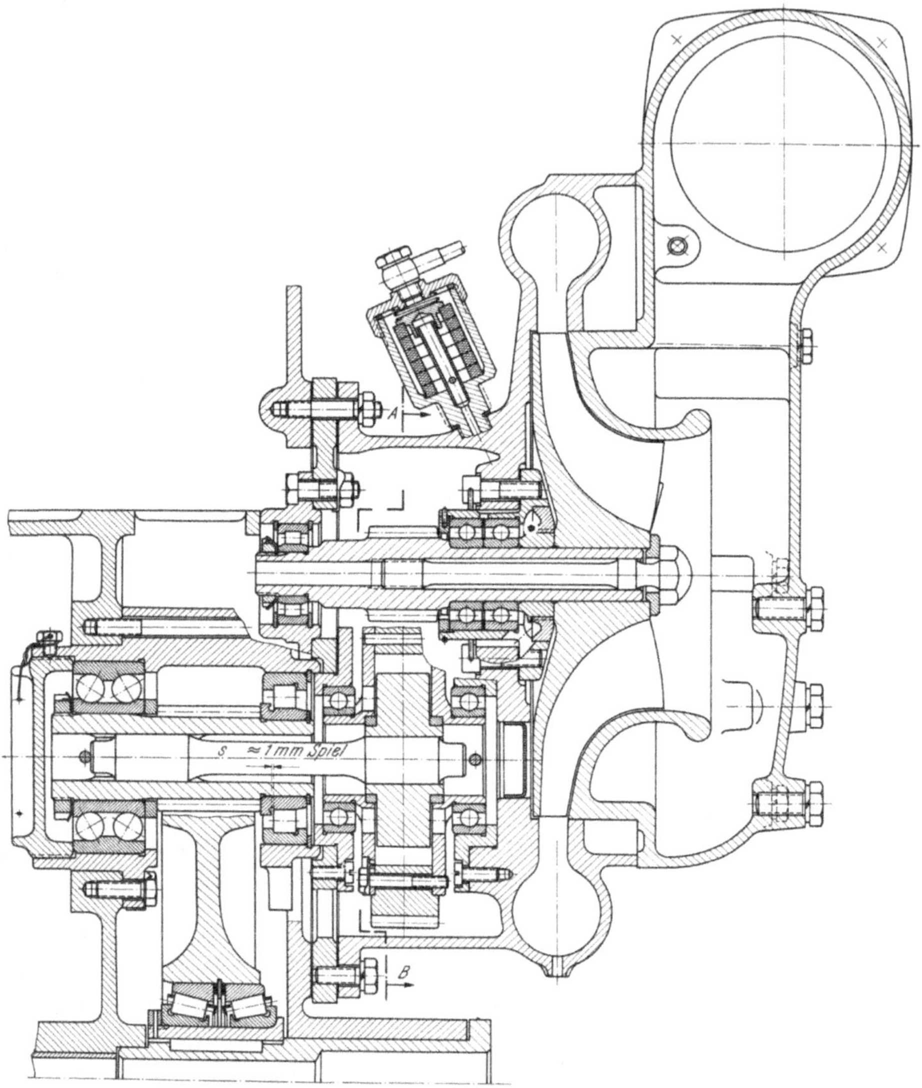

Abb. 183a. Radiales Spülgebläse für einen Zweitakt-Dieselmotor von 200 PS (Jenbacher Werke) (S. 181)

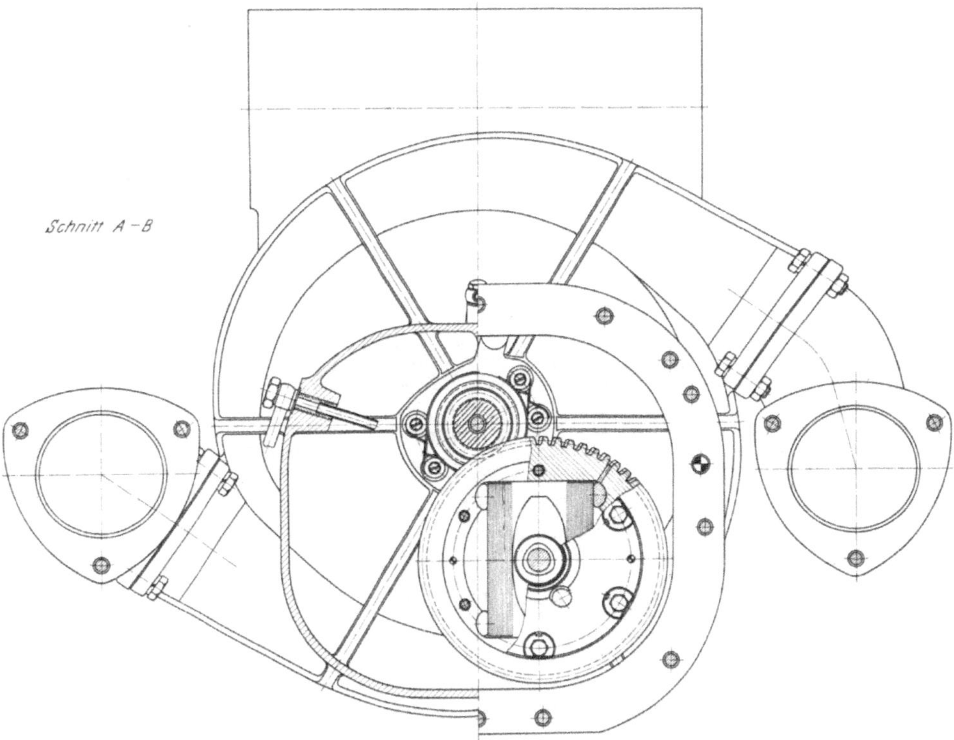

Abb. 183b. Stirnansicht und Schnitt durch Kupplung zu Abb. 183a

Abb. 184

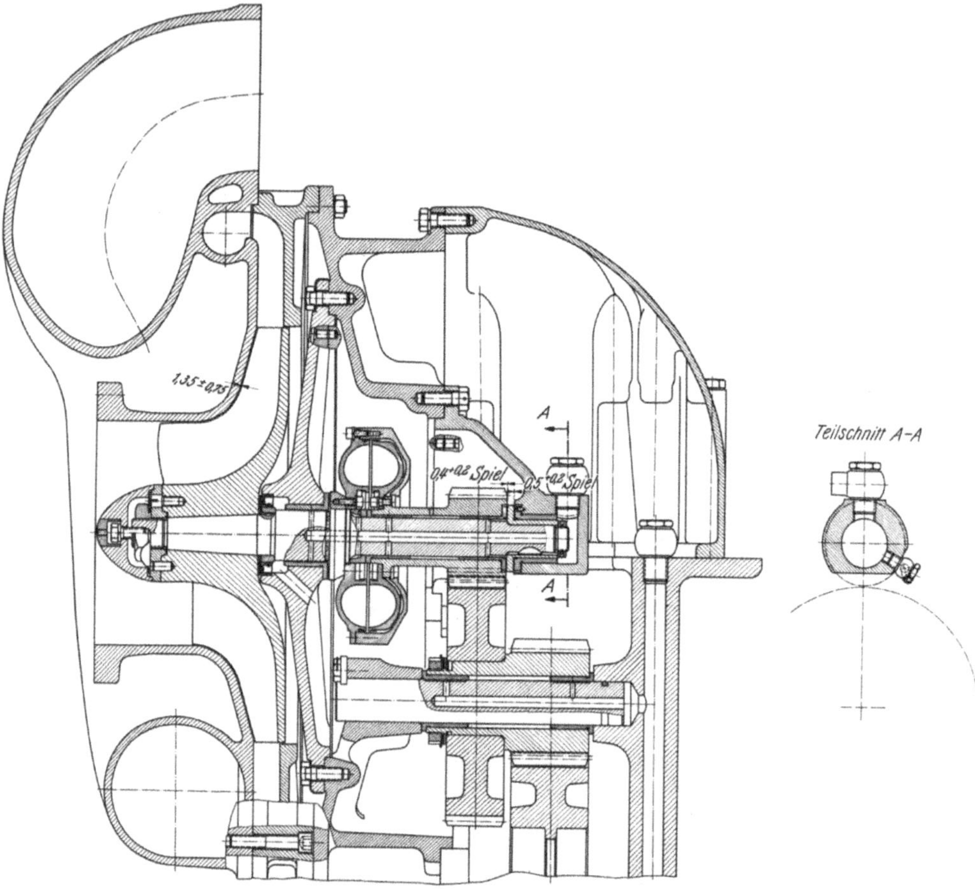

Abb. 184. Radiales Spülgebläse für einen Zweitakt-Dieselmotor von 1000 PS (Jenbacher Werke) (S. 182)

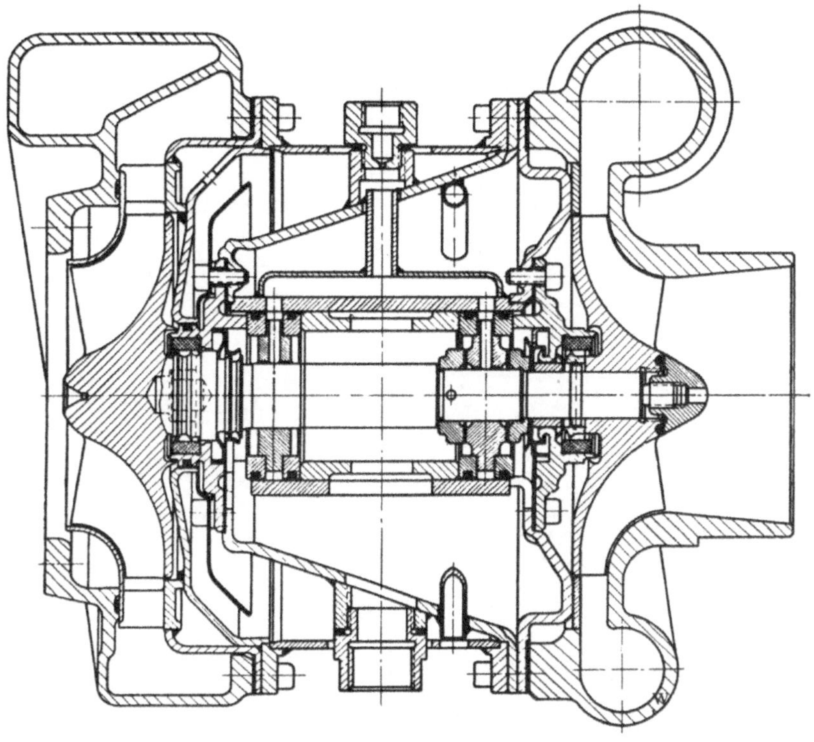

Abb. 185. Abgasturbolader von Kühnle, Kopp & Kausch (S. 185)

Abb. 186

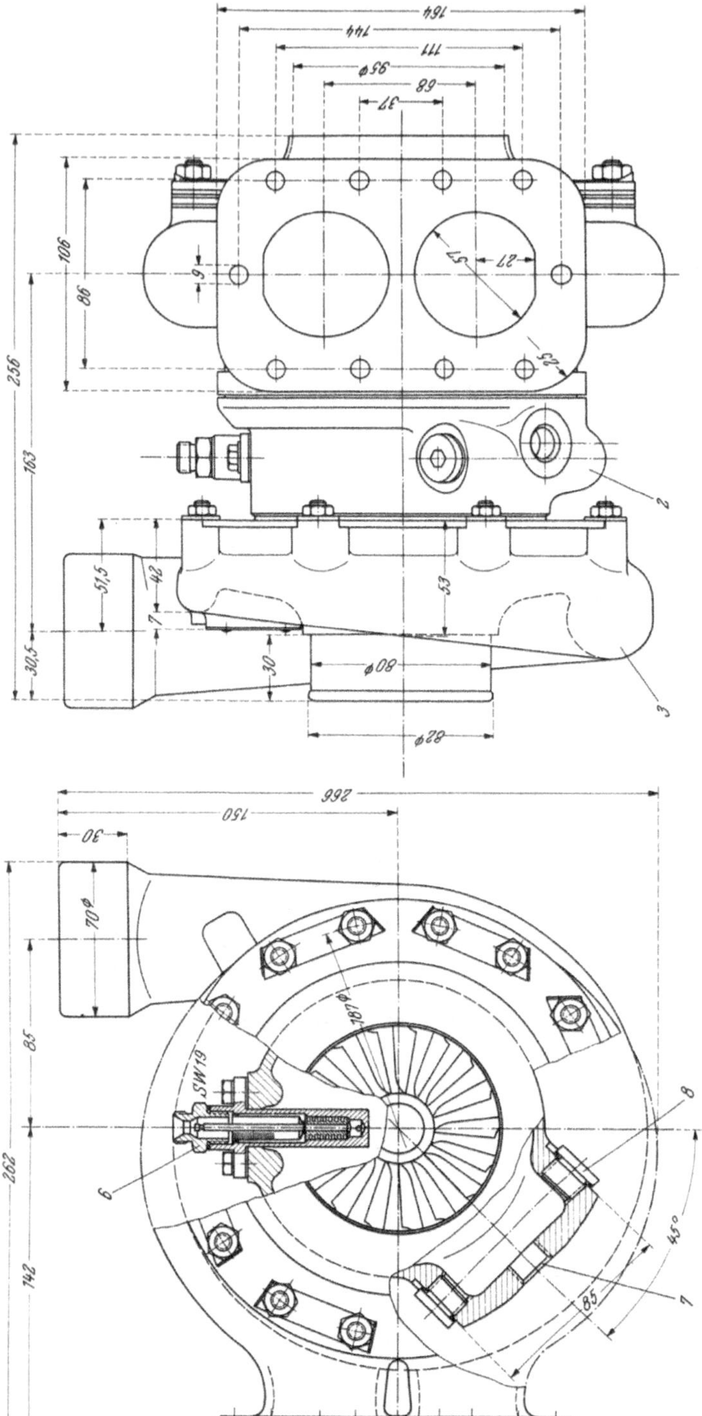

Abb. 186. Außenabmessungen eines Abgasturboladers für Kraftfahrzeugmotoren (Eberspächer) (S. 186)

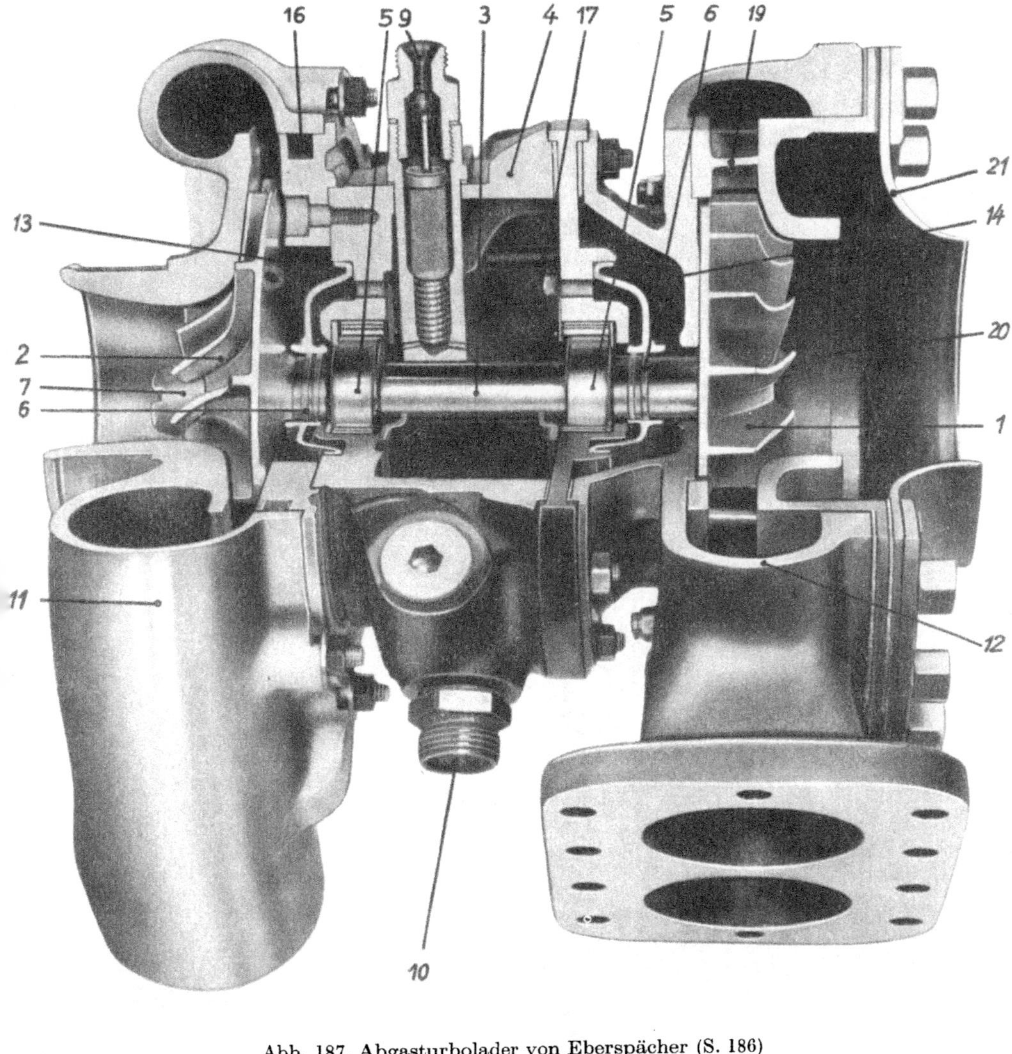

Abb. 187. Abgasturbolader von Eberspächer (S. 186)

1 Turbinenrad	*10* Ölaustritt
2 Laderrad	*11* Laderspirale
3 Welle	*12* Turbinengehäuse
4 Lagergehäuse	*13*, *14* Sperrlufträume
5 Kugellager	*16* Kühlluftkanal
6 Wellendichtung	*17* Kühlluftbohrung
7 Mutter	*19* Düsenring
9 Ölzuführung mit Feinfilter	*20* Abgasaustritt
	21 Membrane

Abb. 188 bis 191

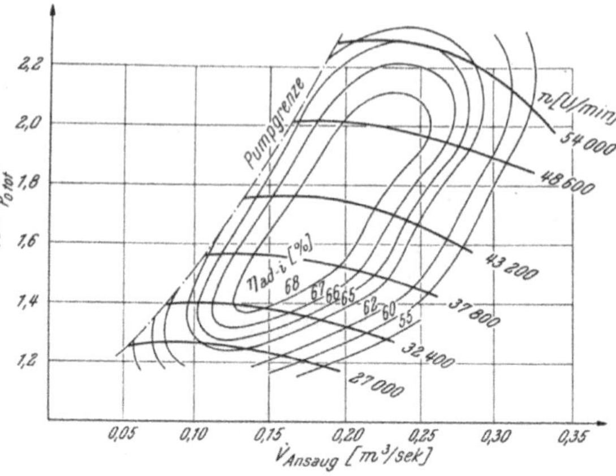

Abb. 188. Laderkennfeld zu Abb. 186 (S. 186)

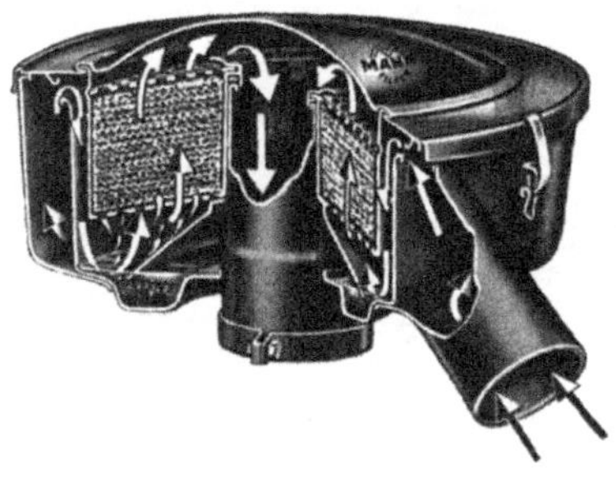

Abb. 189. Ölbadluftfilter (Mann & Hummel) (S. 188)

Abb. 190. Ölbadluftfilter in hängender Ausführung (Mann & Hummel) (S. 188)

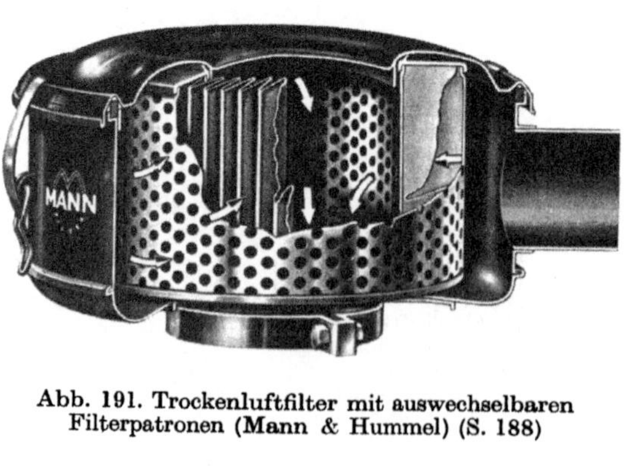

Abb. 191. Trockenluftfilter mit auswechselbaren Filterpatronen (Mann & Hummel) (S. 188)

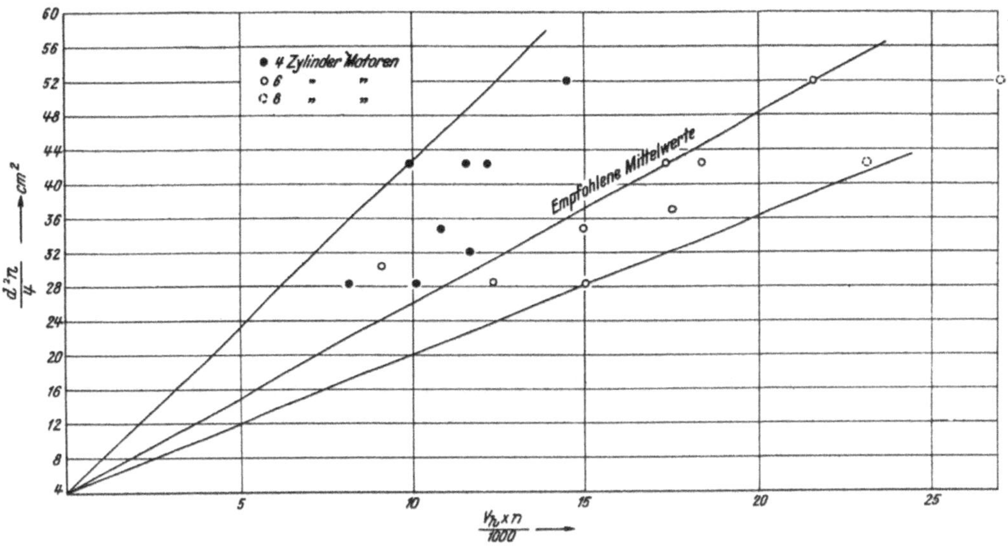

Abb. 192. Diagramm zur Ermittlung der Durchmesser für Auspuffsammelrohre für Viertakt-Dieselmotoren (S. 189)

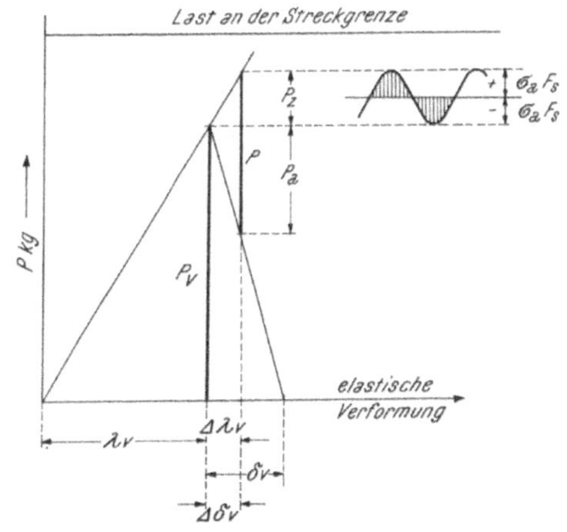

Abb. 193. Verspannungsschaubild einer Schraubenverbindung nach RÖTSCHER (S. 191)

P_v Vorspannkraft
P Betriebslast
λ_v elastische Längung der Schraube
δ_v elastische Zusammendrückung der verspannten Teile
P_z zusätzlicher Schwellkraftanteil der Schraube
P_a Schwellkraftanteil der verspannten Teile
$\pm\sigma_a$ Spannungsausschlag, kg/mm²
F_s Kern- bzw. Dehnschaftquerschnitt, mm²
F_p Putzenquerschnitt der verspannten Teile, mm²
C_s Federkonstante der Schraube, kg/cm
C_p Federkonstante der verspannten Teile, kg/cm
E Elastizitätsmodul
l Länge der Schraube bzw. der verspannten Teile

Abb. 194 bis 196

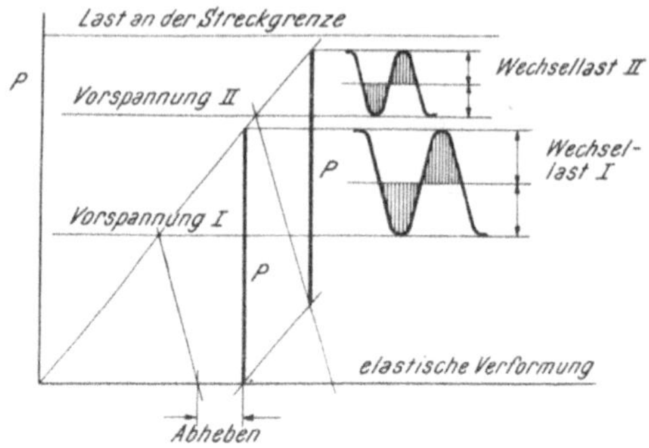

Abb. 194. Einfluß der Höhe der Vorspannung bei einer Schraubenverbindung (S. 191)

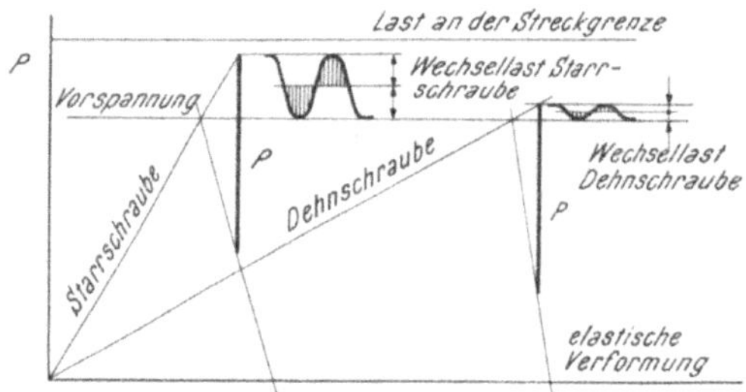

Abb. 195. Einfluß einer Dehnschaftschraube auf die Wechsellast (S. 191)

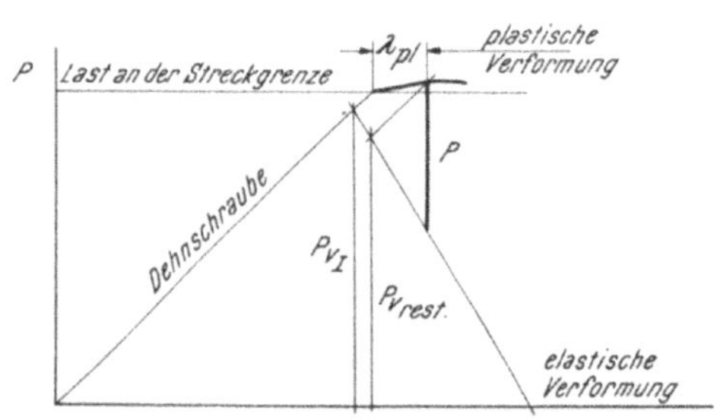

Abb. 196. Überschreitung der Streckgrenze bei einer Dehnschaftschraube im Verspannungsschaubild (S. 192)

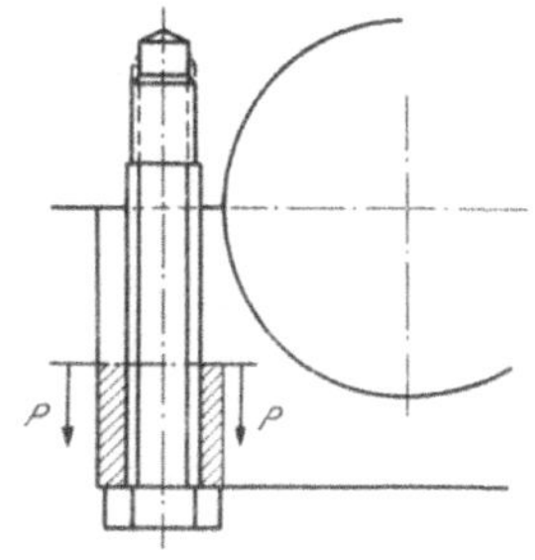

Abb. 197. Kraftangriff im Kern des verspannten Teiles (S. 193)

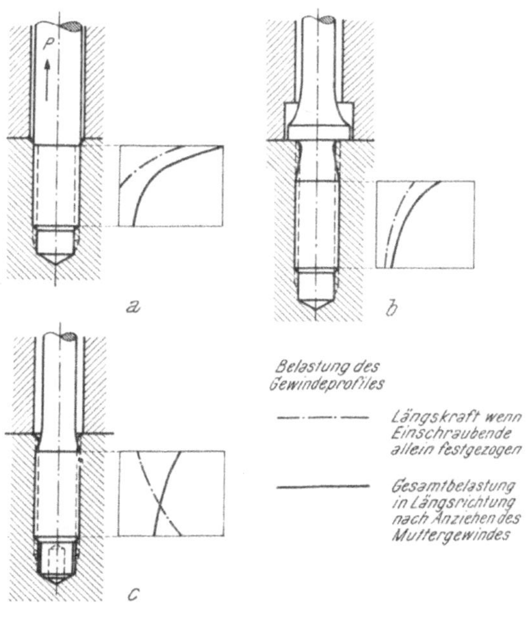

Abb. 198a, b und c. Ausbildung der Einschraubenden von Stiftschrauben (aus Konstruktion, Heft 6, 1959) (S. 194)

Abb. 199a

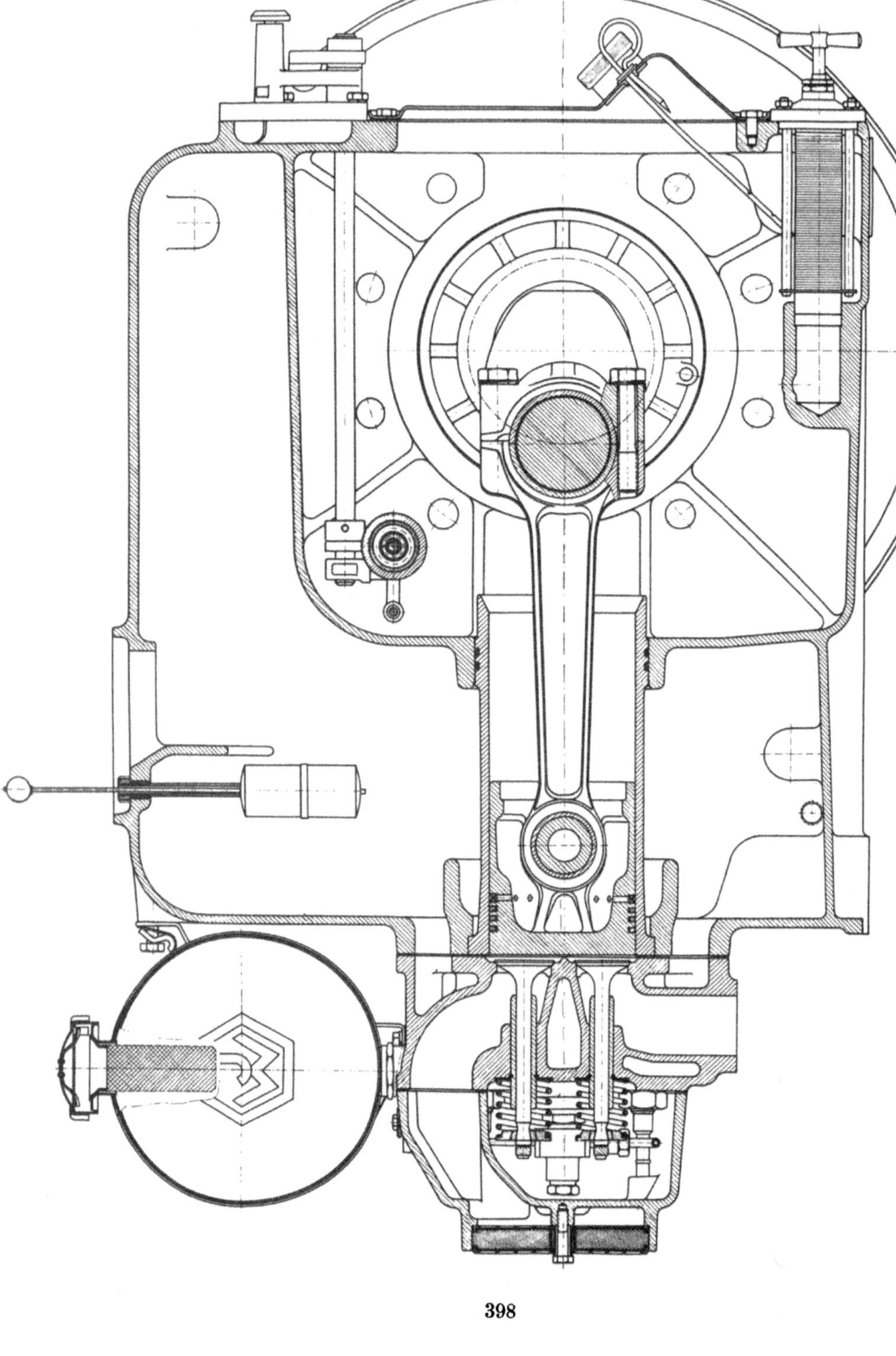

Abb. 199a. Längsschnitt eines liegenden Einzylinder-Dieselmotors mit Verdampfungskühlung der Jenbacher Werke mit 125 mm Zylinderdurchmesser und 145 mm Hub (Zahlentafel 1, Zeile 11, und S. 197)

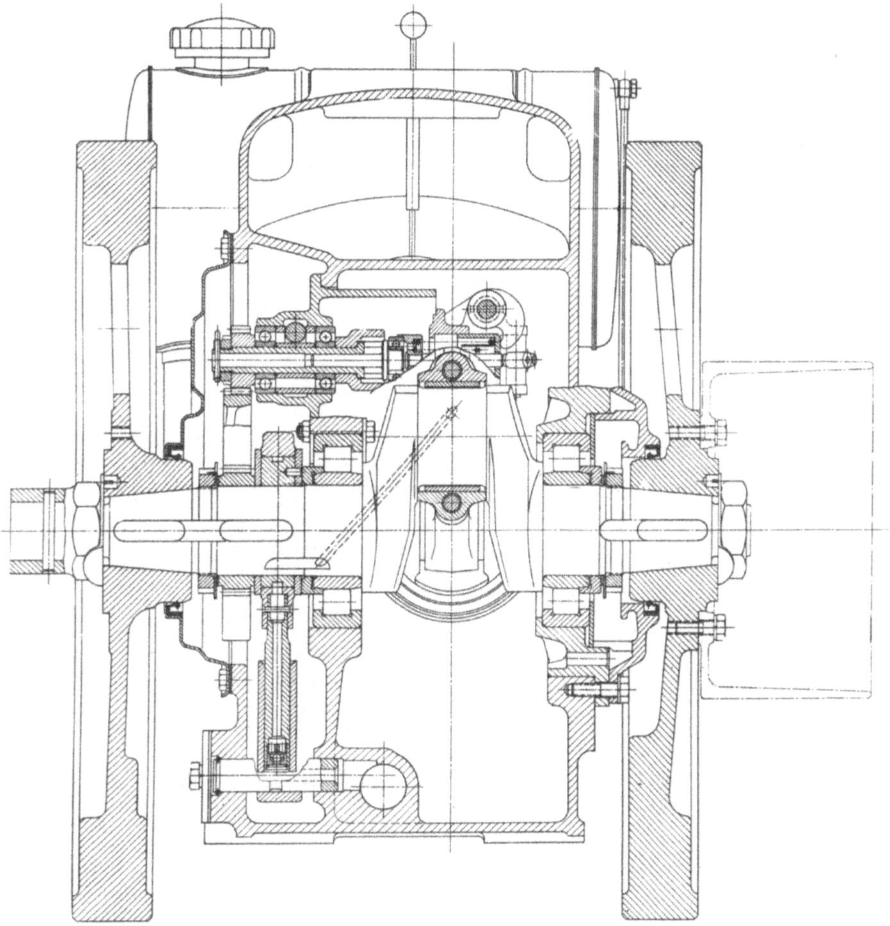

Abb. 199b. Querschnitt zu Abb. 199a

Abb. 200

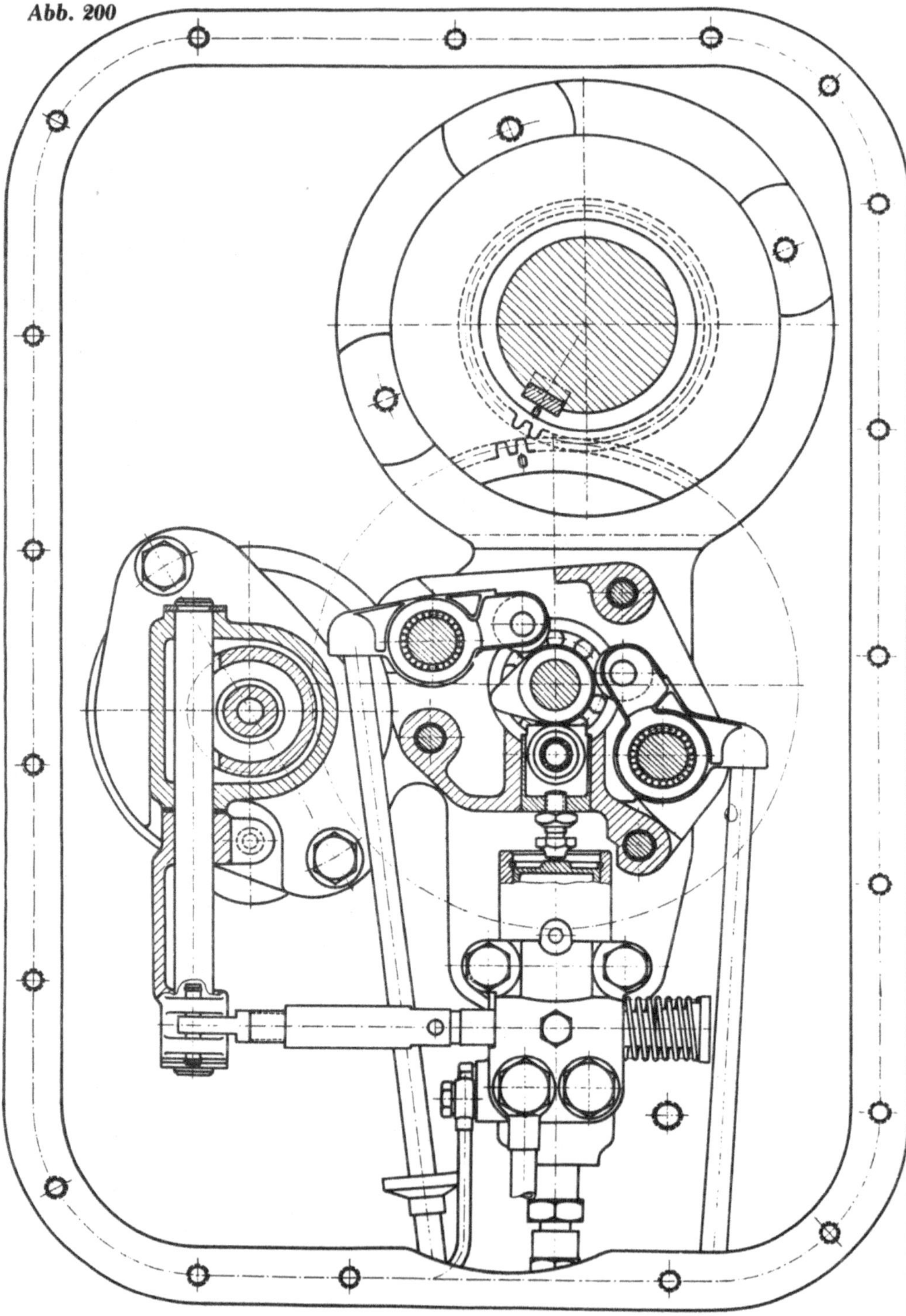

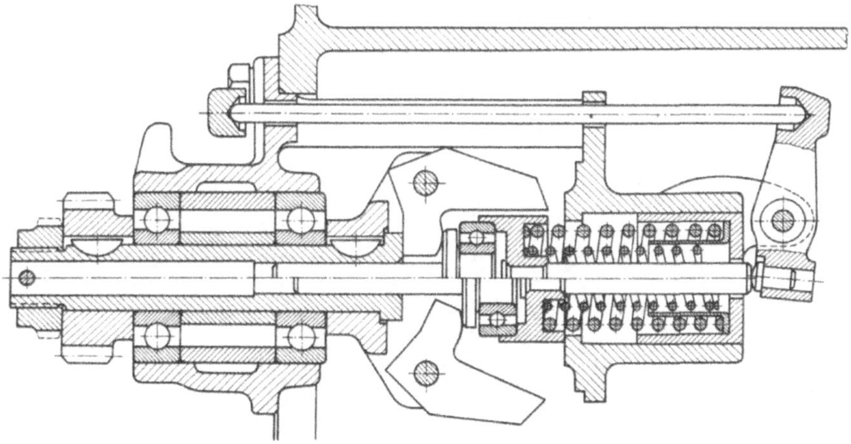

Abb. 201. Drehzahlverstellregler zum Motor Abb. 199 (S. 198)

Abb. 202a

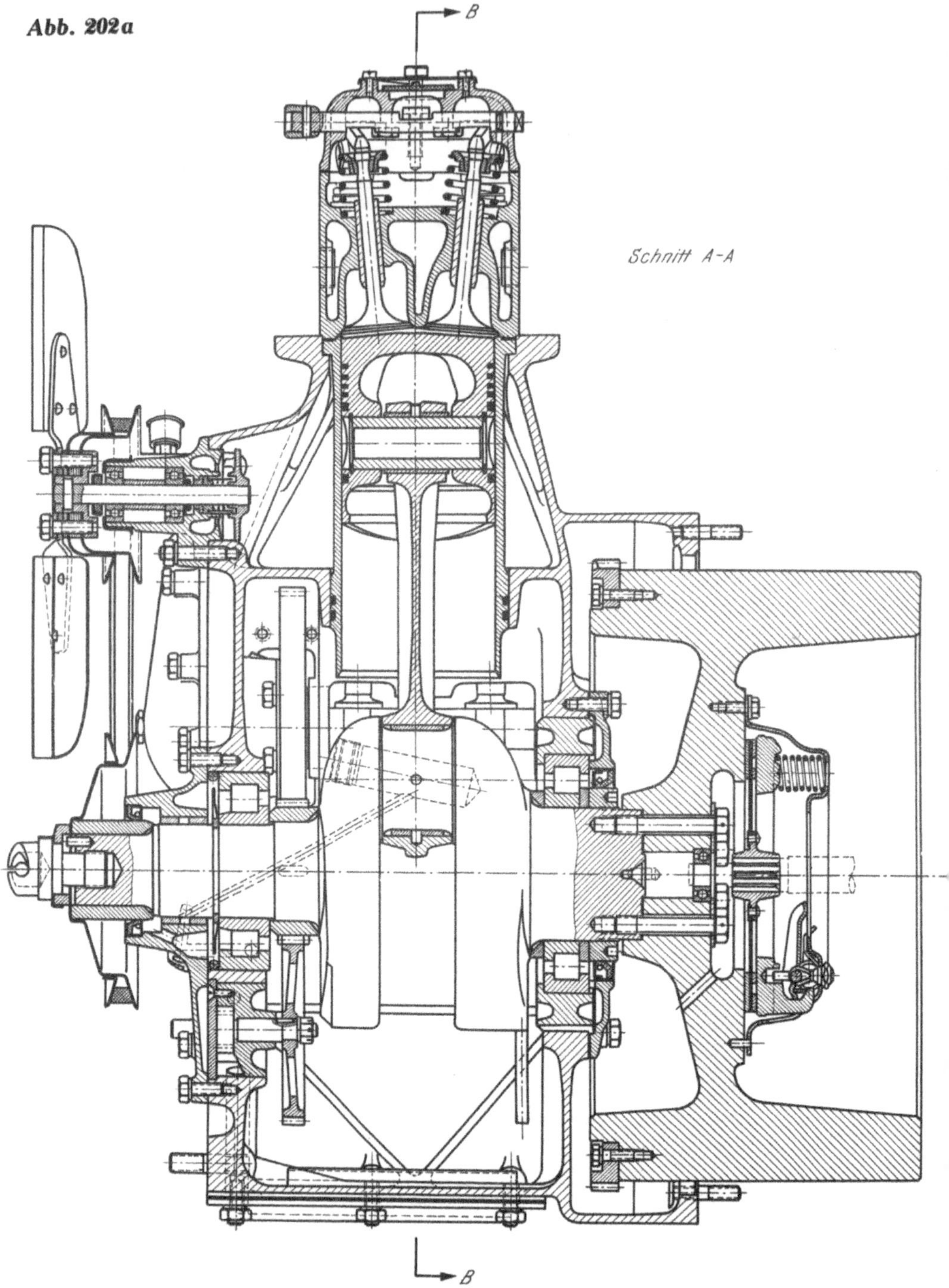

Abb. 202a. Längsschnitt eines Einzylinder-Viertakt-Dieselmotors von Steyr-Daimler-Puch mit 110 mm Zylinderdurchmesser und 140 mm Hub (Zahlentafel 1, Zeile 12, und S. 199)

Abb. 202b

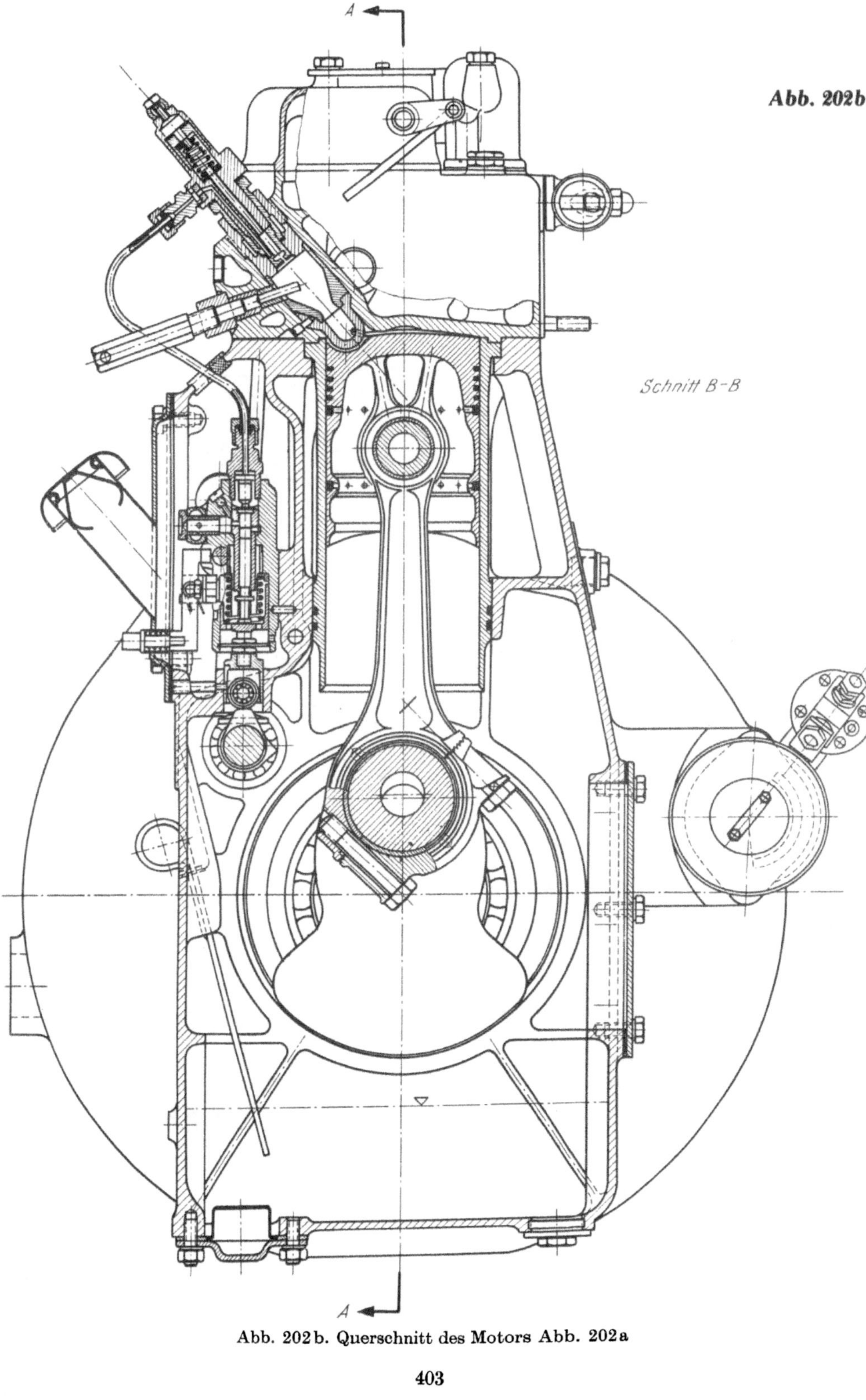

Abb. 202b. Querschnitt des Motors Abb. 202a

Abb. 203a

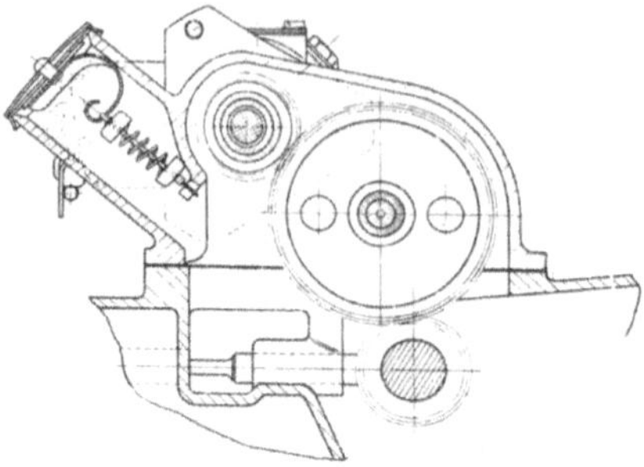

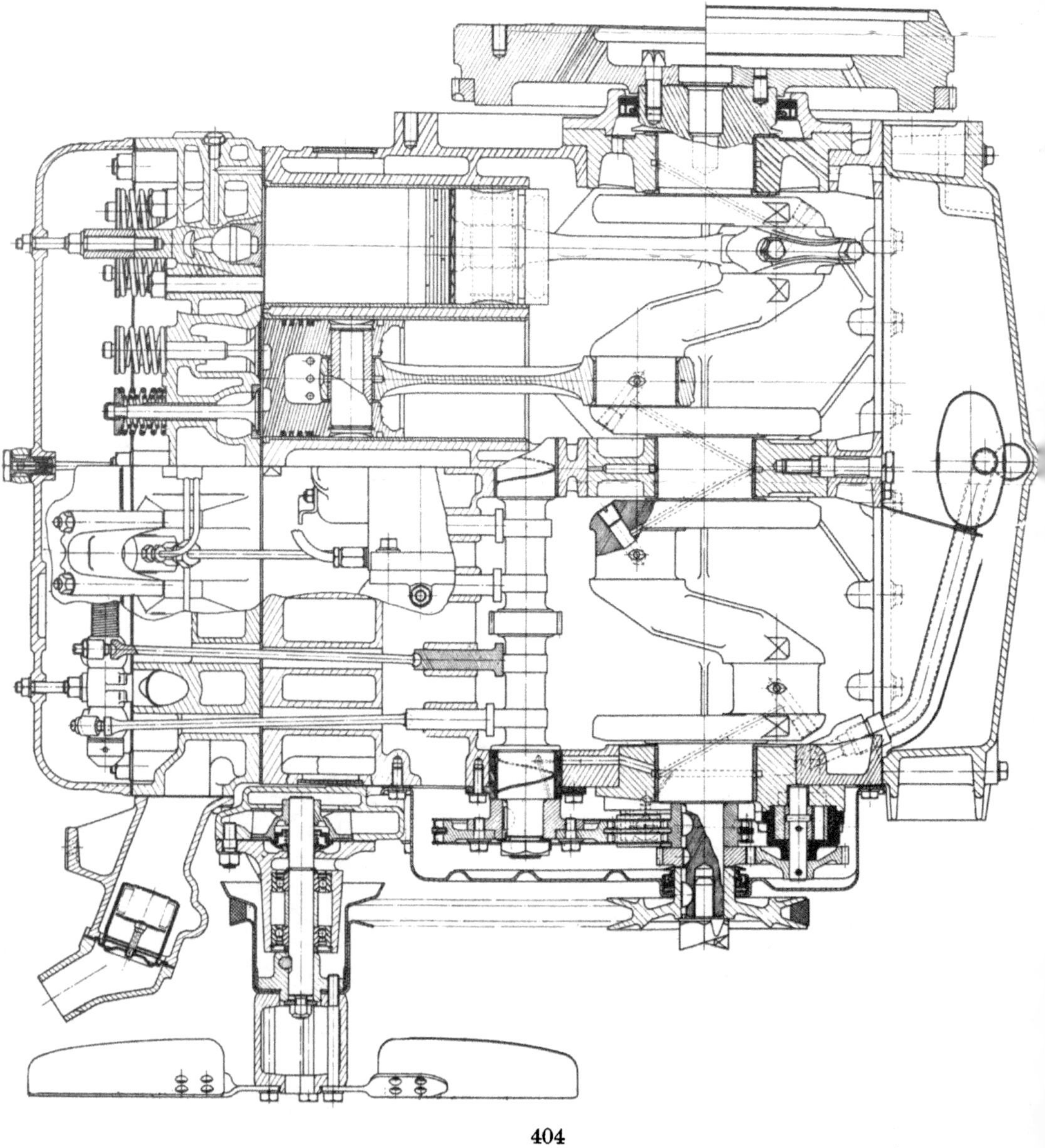

Abb. 203b

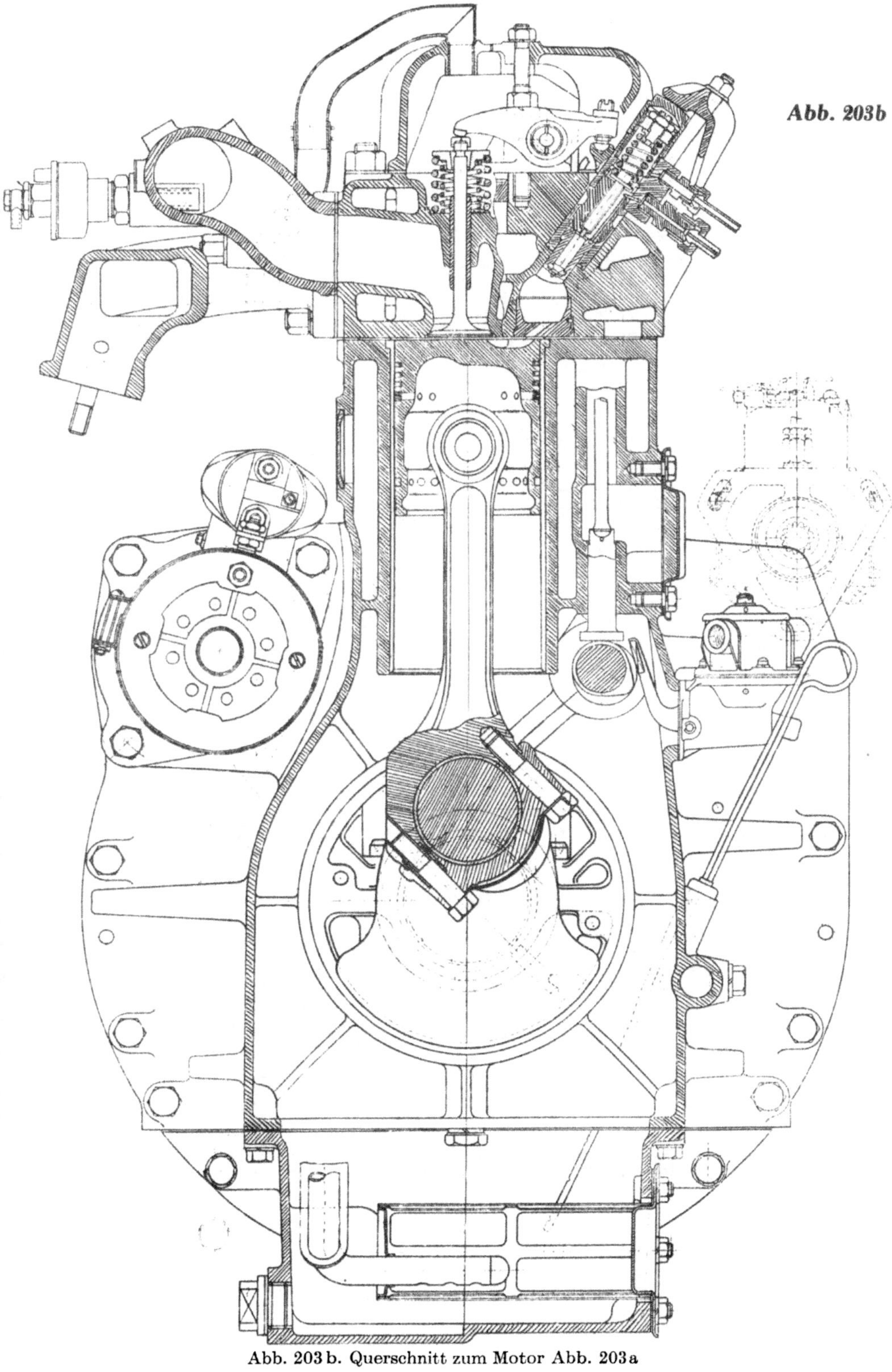

Abb. 203 b. Querschnitt zum Motor Abb. 203 a

Abb. 204a

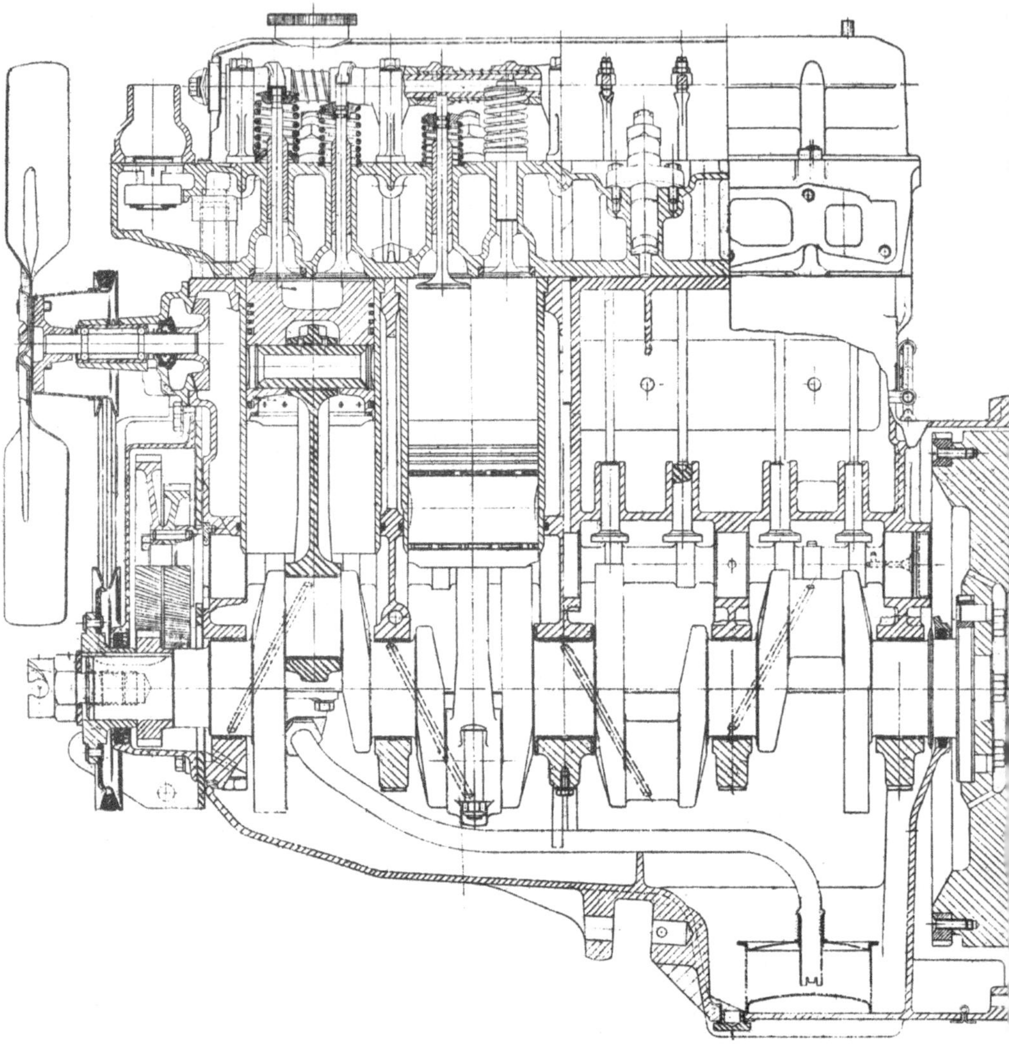

Abb. 204a. Längsschnitt eines Vierzylinder-Viertakt-Dieselmotors für Traktoren von Ford, England, mit 100 mm Bohrung und 115 mm Hub (Zahlentafel 1, Zeile 17, und S. 202)

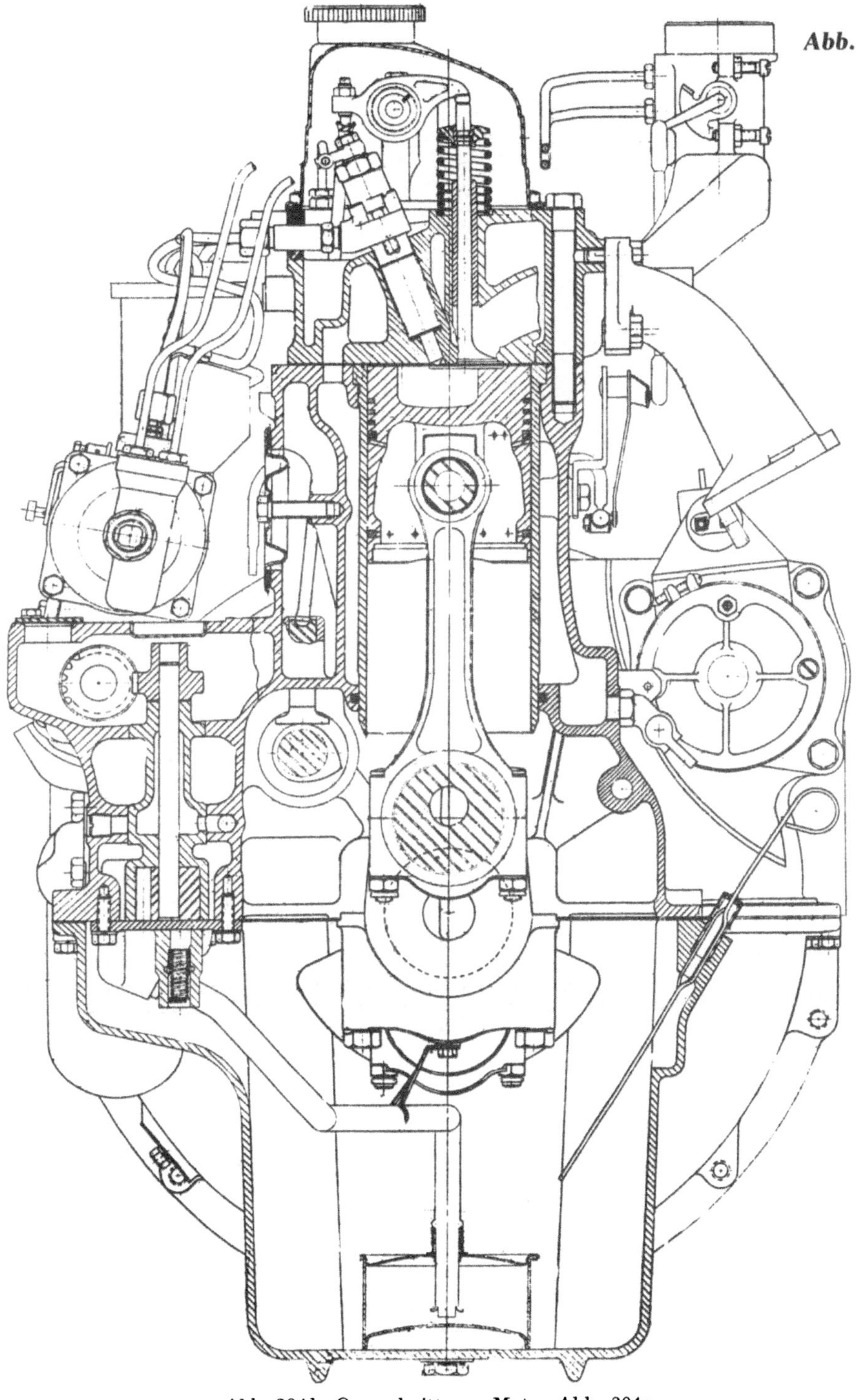

Abb. 204 b. Querschnitt zum Motor Abb. 204a

Abb. 205a und 206

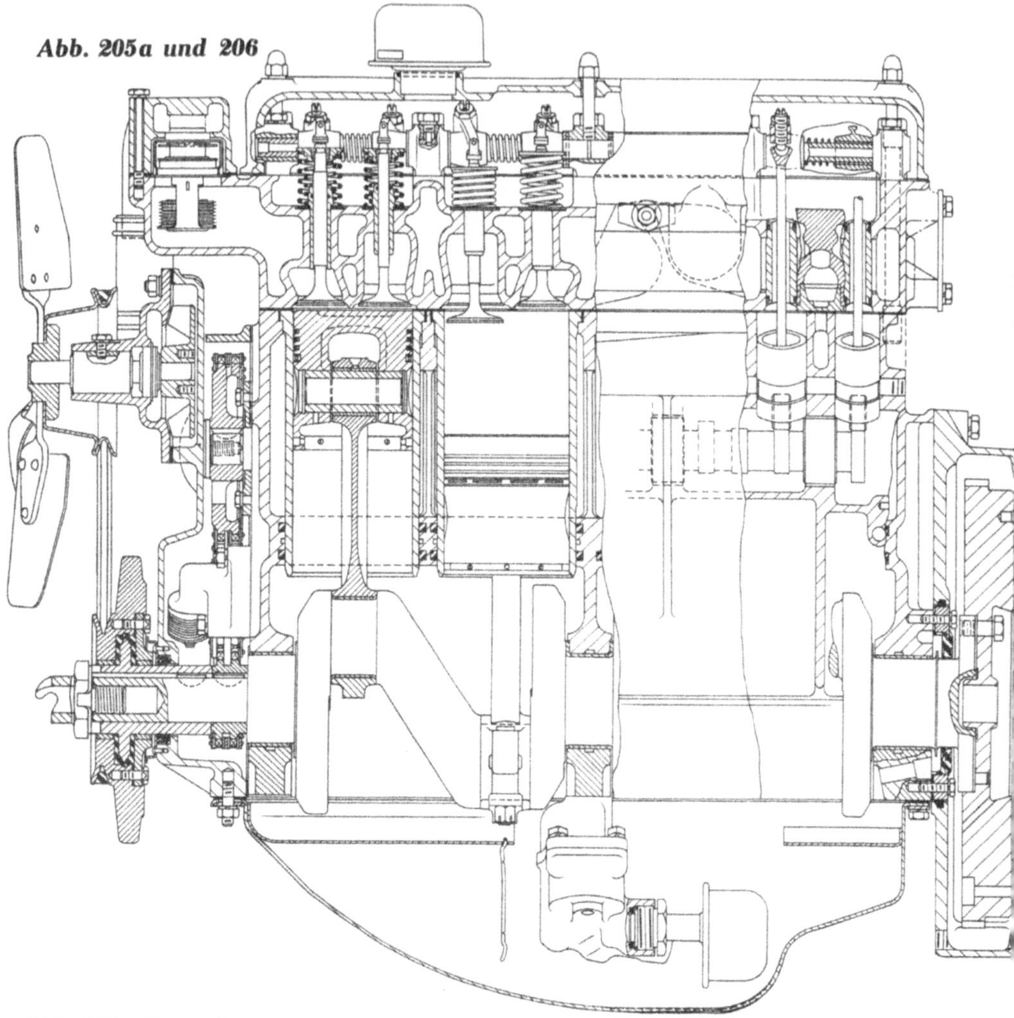

Abb. 205a. Längsschnitt eines Vierzylinder-Viertakt-Dieselmotors für Kraftfahrzeuge von Rover mit 85,7 mm Bohrung und 88,9 mm Hub (aus Automobile Engineer, Nr. 49, 1959) (Zahlentafel 1, Zeile 49, und S. 204)

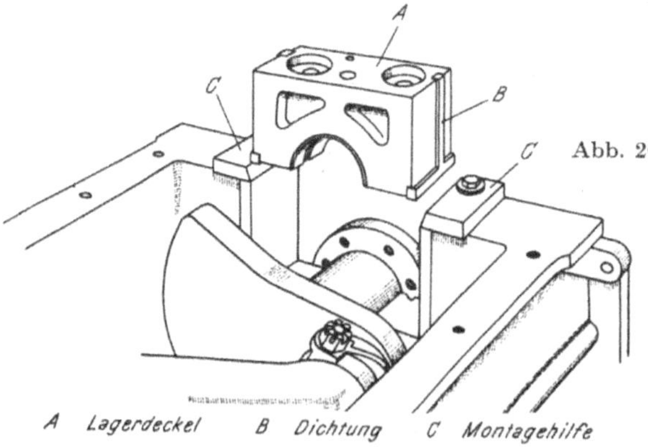

Abb. 206. Lagerbügel zum Motor Abb. 205a (S. 205)

Abb. 205b

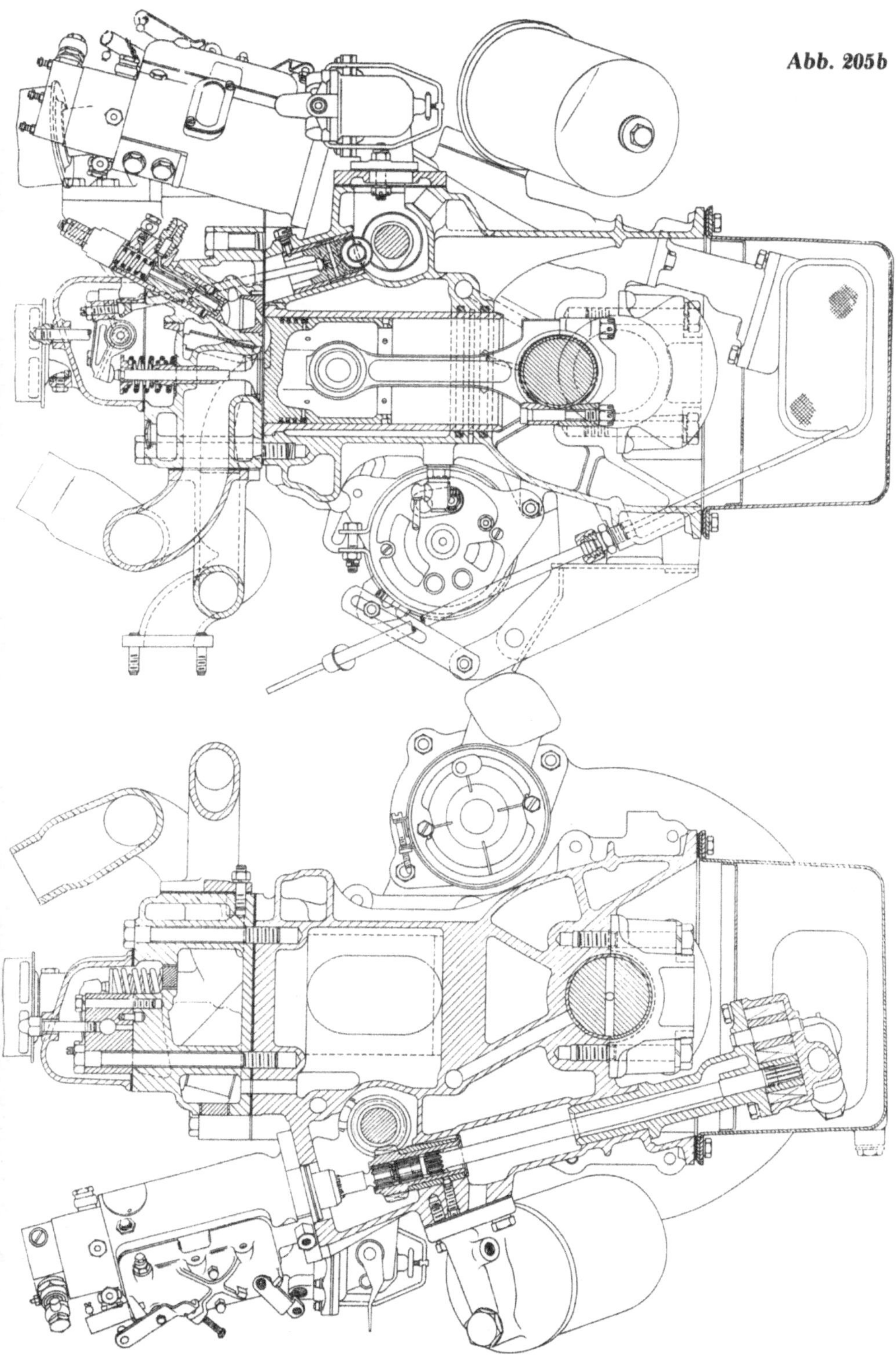

Abb. 205b. Querschnitte zu Abb. 205a (aus Automobile Engineer, Nr. 49, 1959)

Abb. 207a

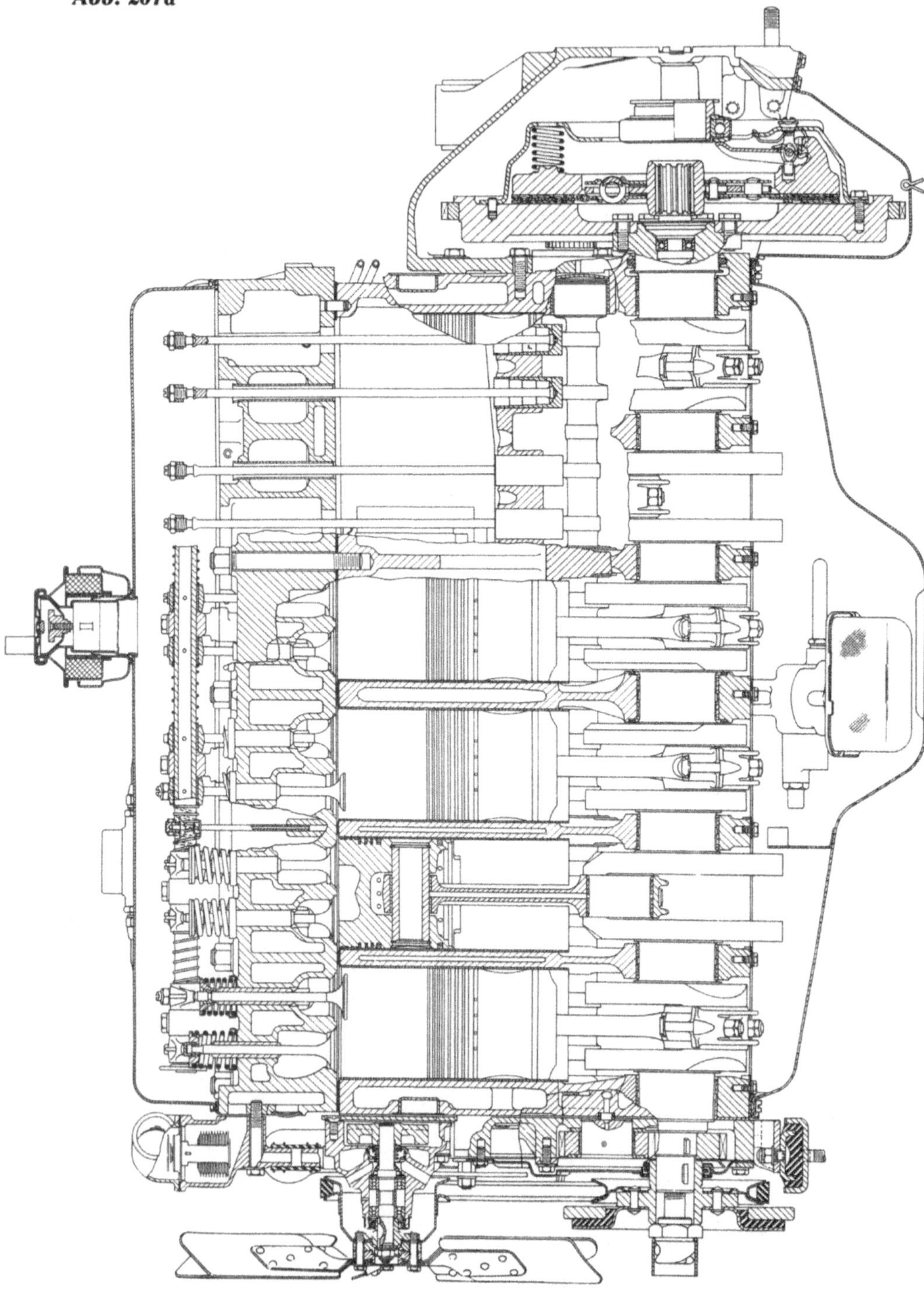

Abb. 207a. Längsschnitt eines Sechszylinder-Viertakt-Dieselmotors für LKW von Vauxhall mit 103 mm Bohrung und 108 mm Hub

Abb. 207b

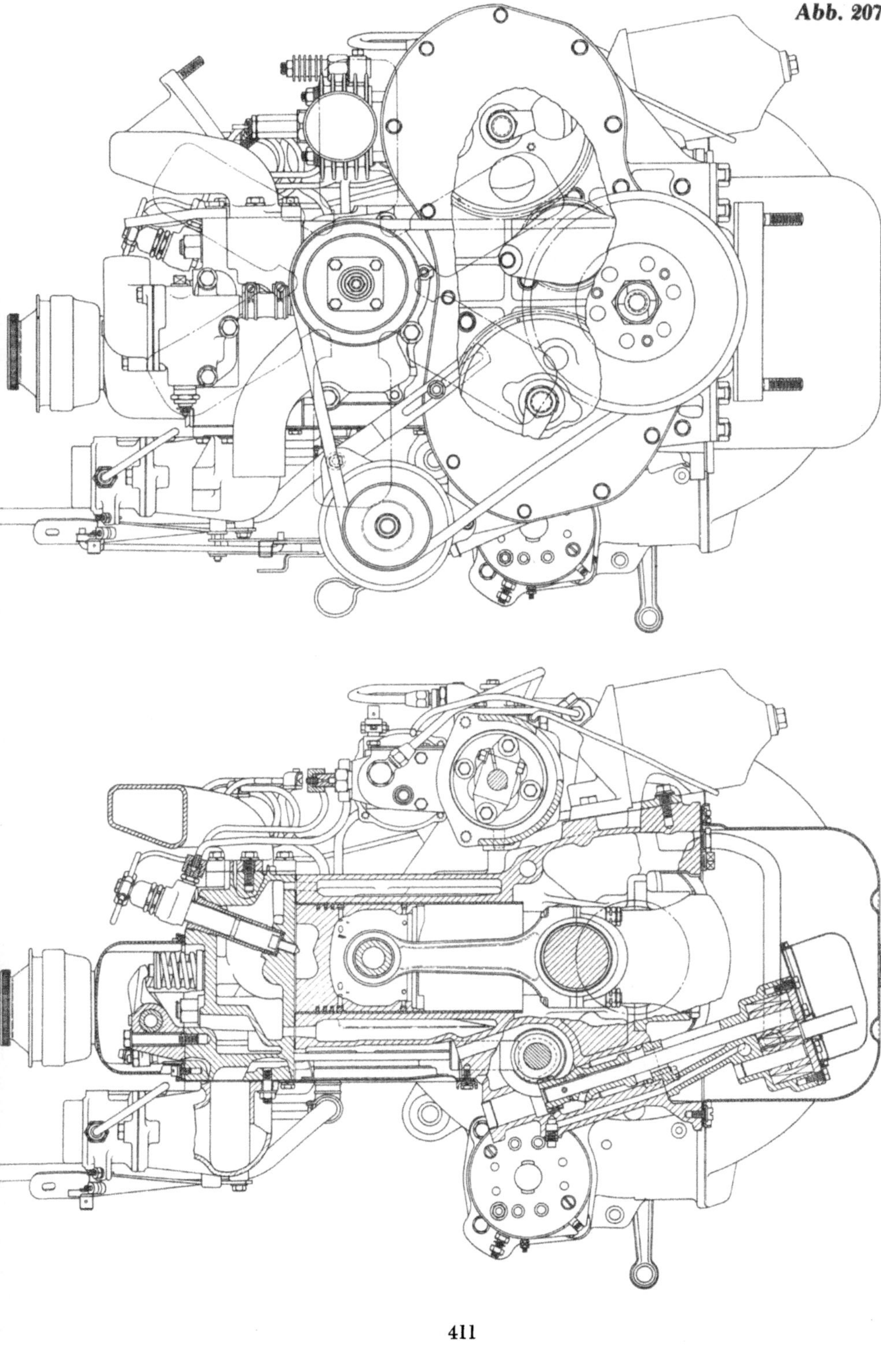

Abb. 207b. Querschnitt und Vorderansicht zu Motor Abb. 207a (aus Automobile Engineer, Nr. 52, 1962)

Abb. 208a

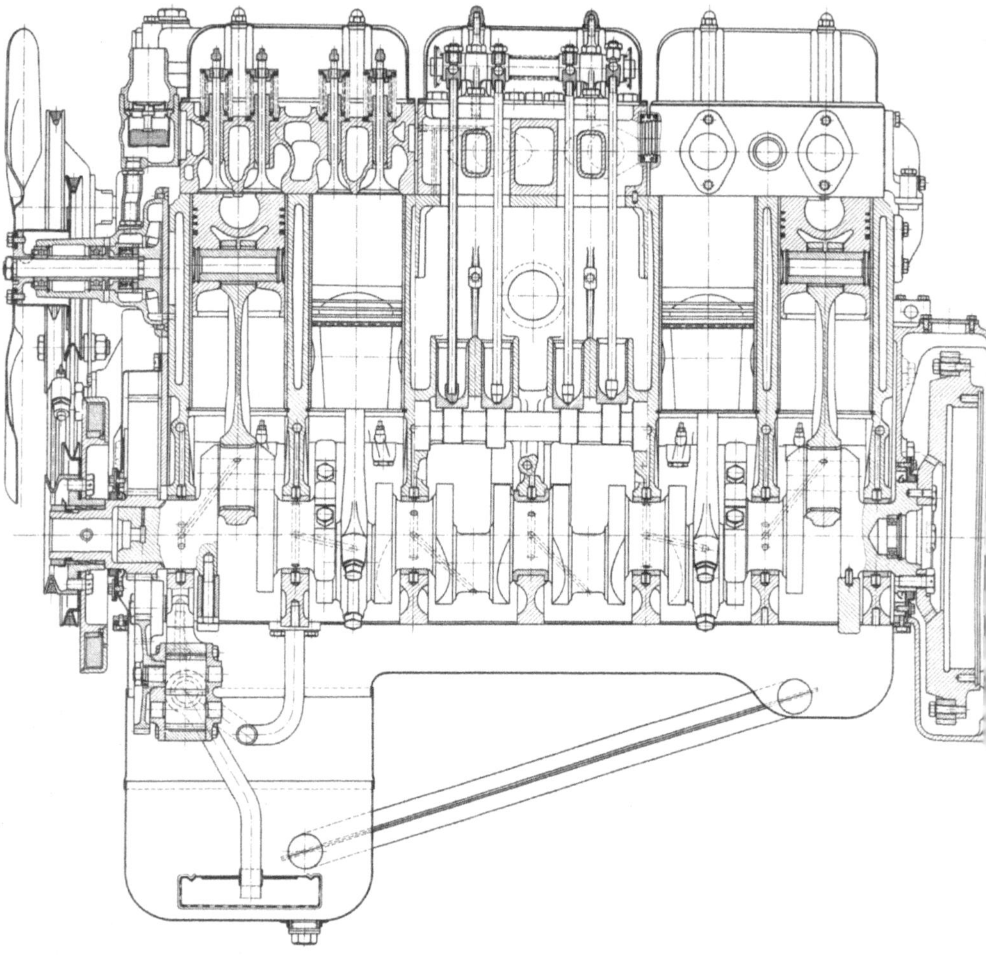

Abb. 208a. Längsschnitt eines Sechszylinder-Viertakt-Dieselmotors für LKW von MAN mit 100 mm Bohrung und 125 mm Hub (Zahlentafel 1, Zeile 59, und S. 207)

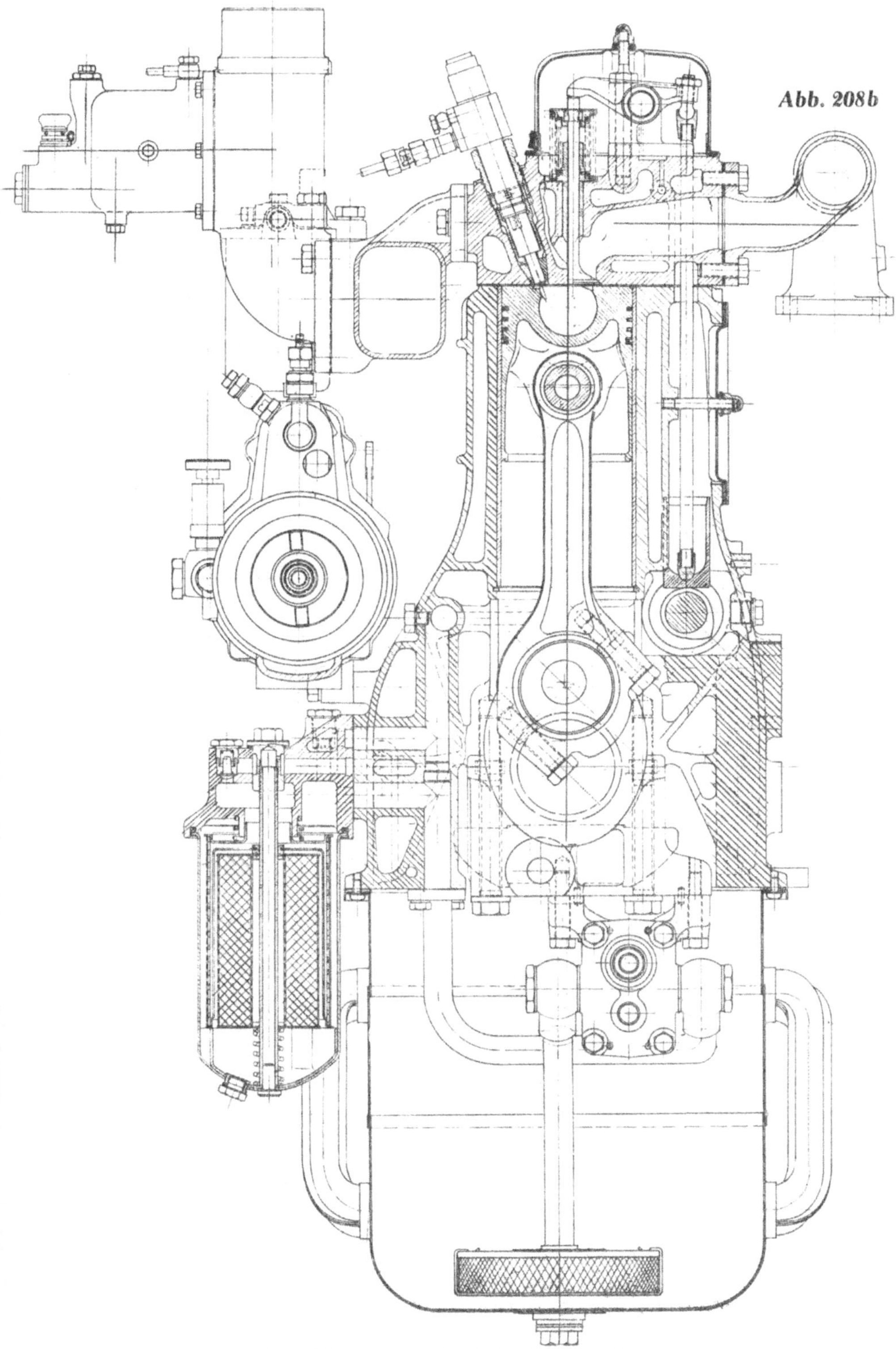

Abb. 208b. Querschnitt des Motors Abb. 208a

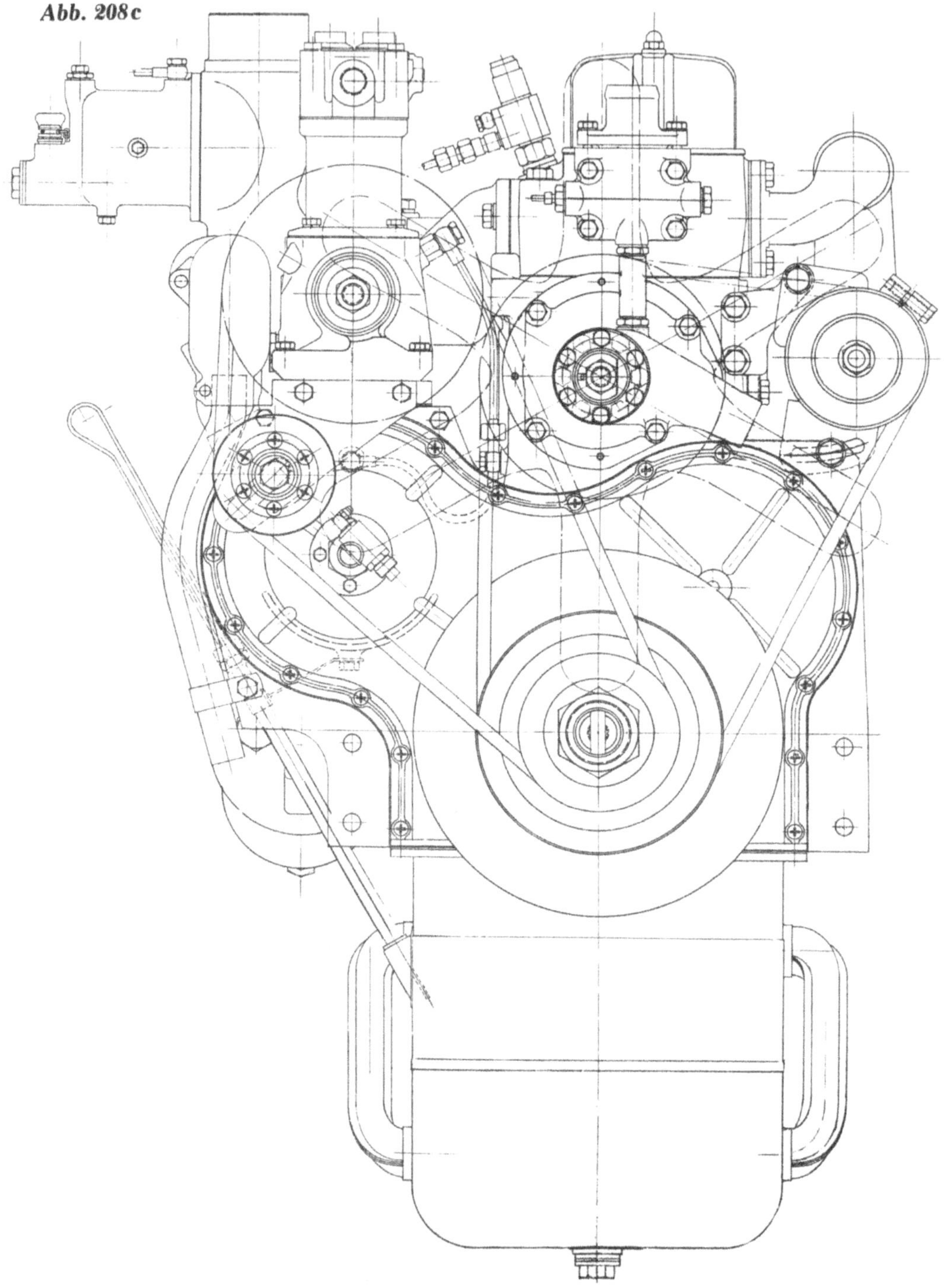

Abb. 208c. Vorderansicht des Motors Abb. 208a

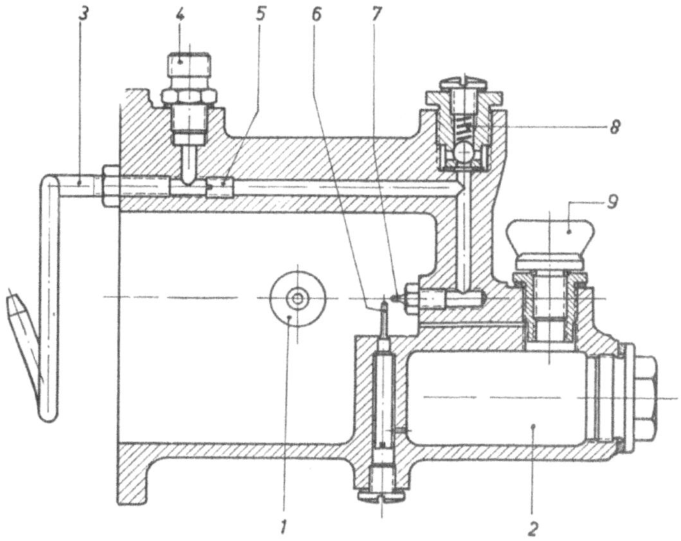

Abb. 209. Kaltstartgerät für den Motor Abb. 208a (S. 208)

1 Zündkerze
2 Brennstoffbehälter
3 Blasrohr
4 Druckluftanschluß
5 Drosseldüse
6 Brennstoffdüse
7 Luftdüse
8 Druckregelventil
9 Einfüllschraube

Abb. 210a

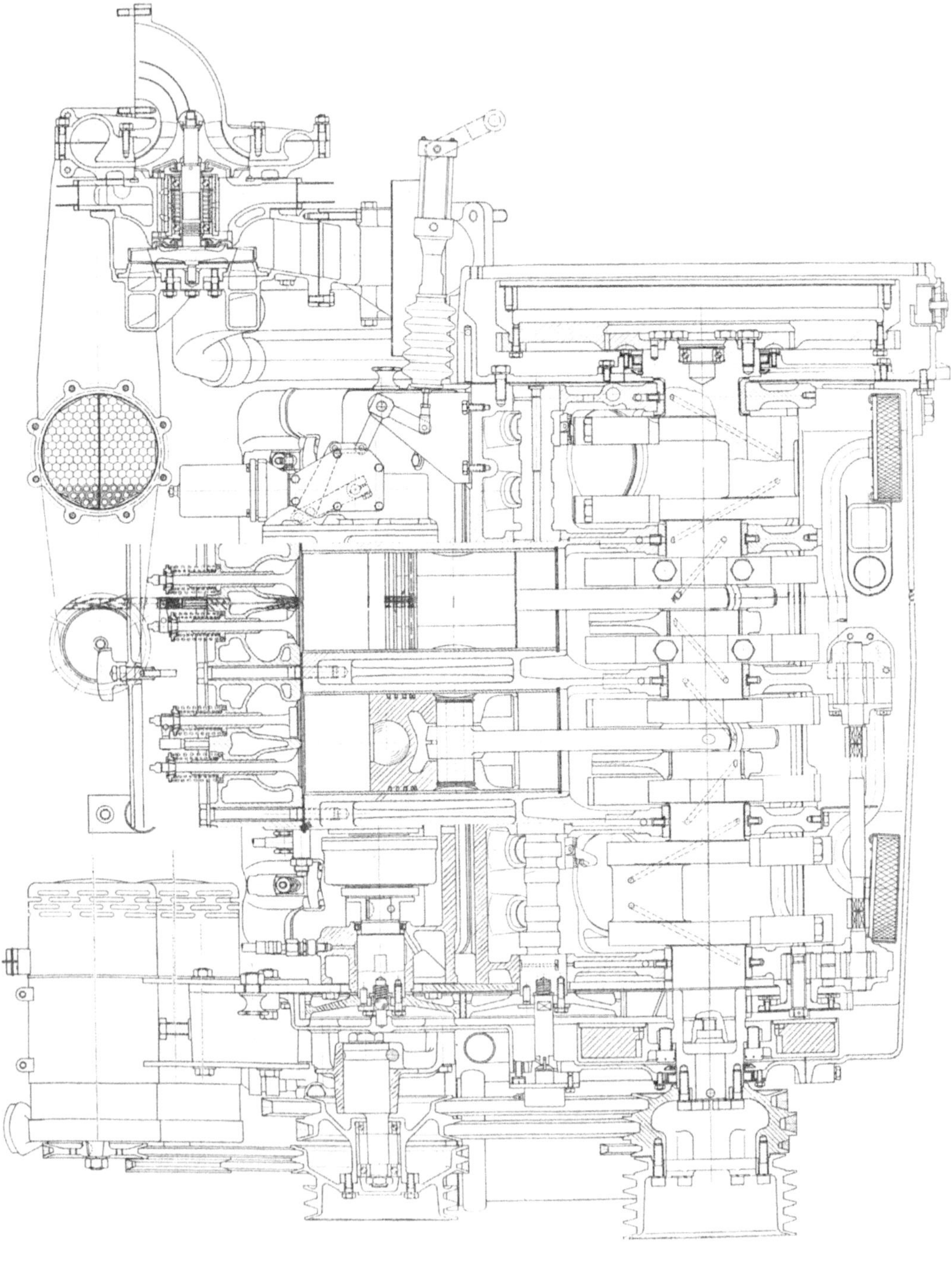

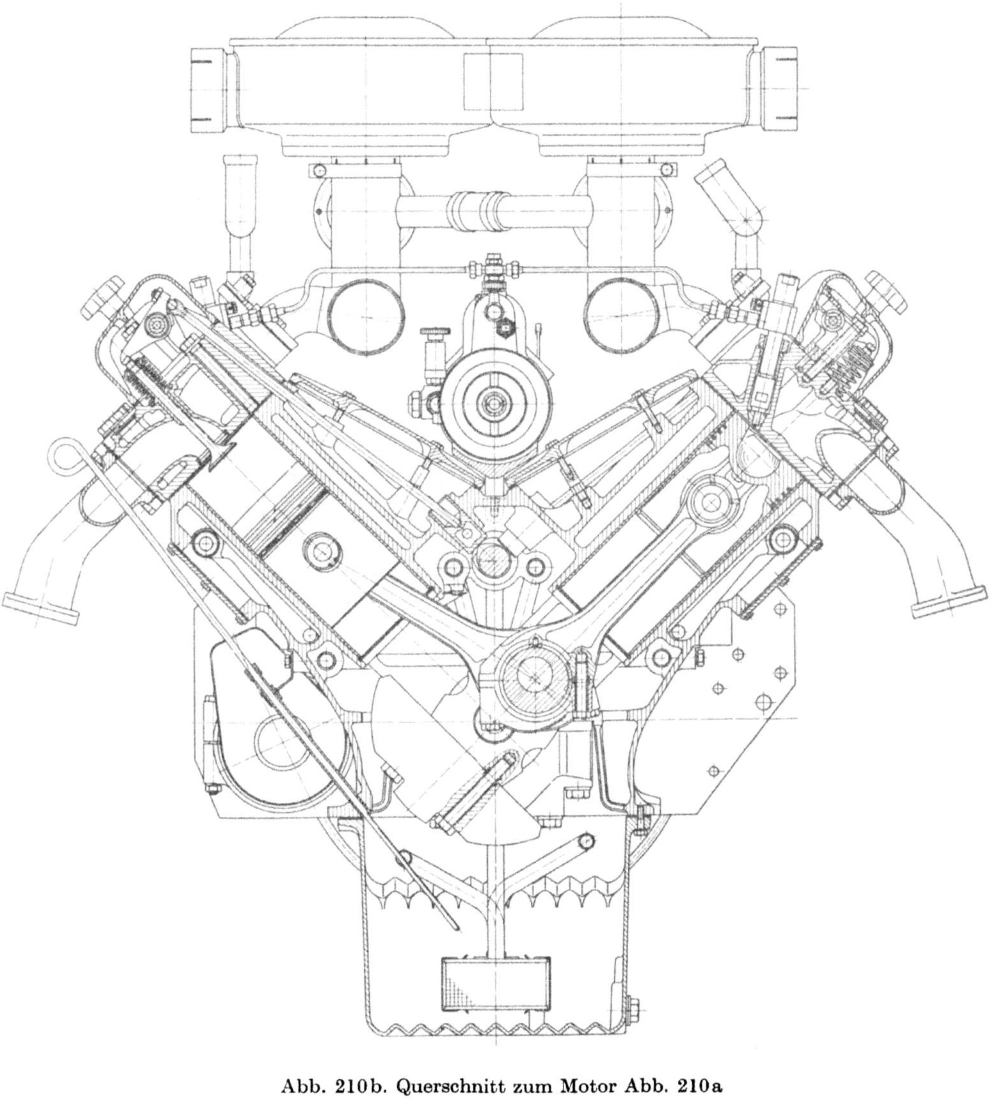

Abb. 210b. Querschnitt zum Motor Abb. 210a

Abb. 211

Abb. 211. Ölkreislauf zum MAN-V8-Motor Abb. 210a (S. 209)

1 Rohrleitung zum Einspritzpumpenantrieb
2 Antriebswelle (Einspritzpumpe)
3 Zwischenflansch
4 Hauptstrom-Ölfilter
5 Lagerbolzen (Zwischenrad)
6 Öldruckleitung
7 Ölleitung zum Ölkühler
8 Schmierölpumpe
9 Ölleitung vom Ölkühler
10 Ölbohrung zum Zwischenradlagerbolzen
11 Verteilerrohr (links)
12 Saugkorb
13 Ölkühler
14 Kipphebelachse (rechts)
15 Ölsteigrohr (Kipphebel)
16 Kipphebelachse (links)
17 Nebenstrom-Ölfilter
18 Ölleitungen mit Ölspritzdüsen
19 Verteilerrohr (rechts)
20 Ölbohrung vom Verteilerrohr (rechts)
21 Ölbohrung zwischen Haupt- und Nockenwellenlager

Abb. 211

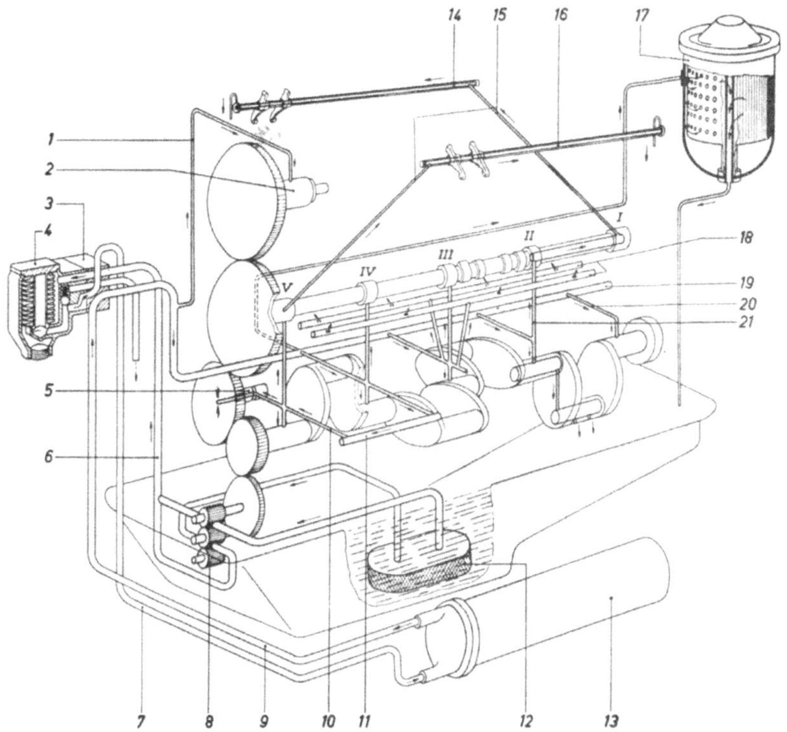

Abb. 212a

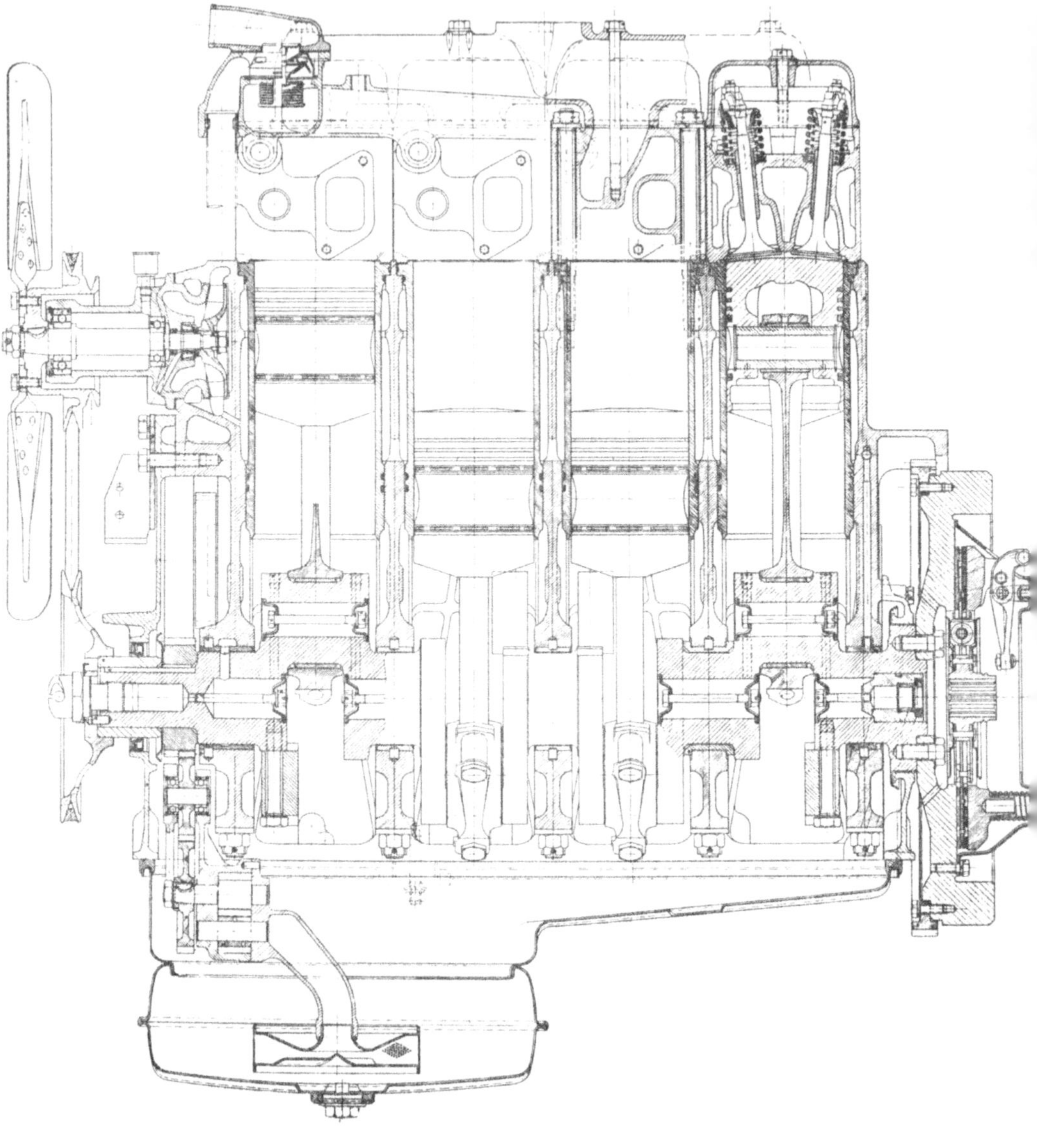

Abb. 212a. Längsschnitt des Vierzylinder-Viertakt-Dieselmotors für LKW von Steyr-Daimler-Puch mit 110 mm Bohrung und 140 mm Hub (Zahlentafel 1, Zeile 63, und S. 209)

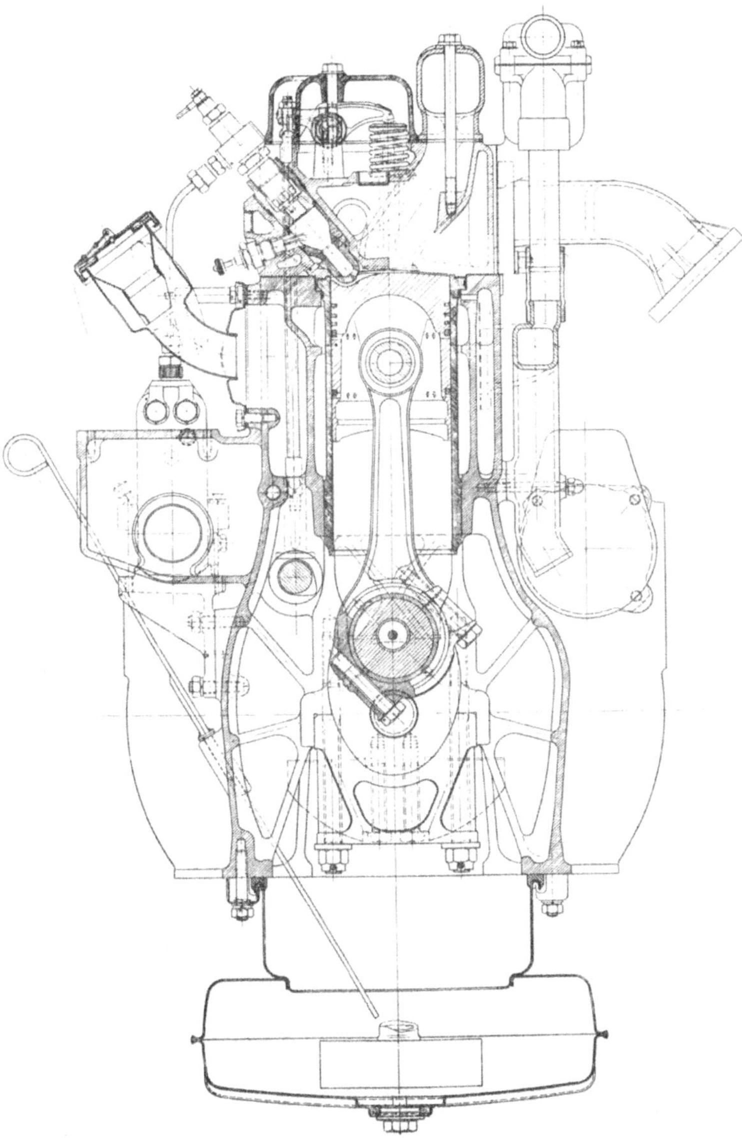

Abb. 212b. Querschnitt des Motors Abb. 212a

Abb. 213a

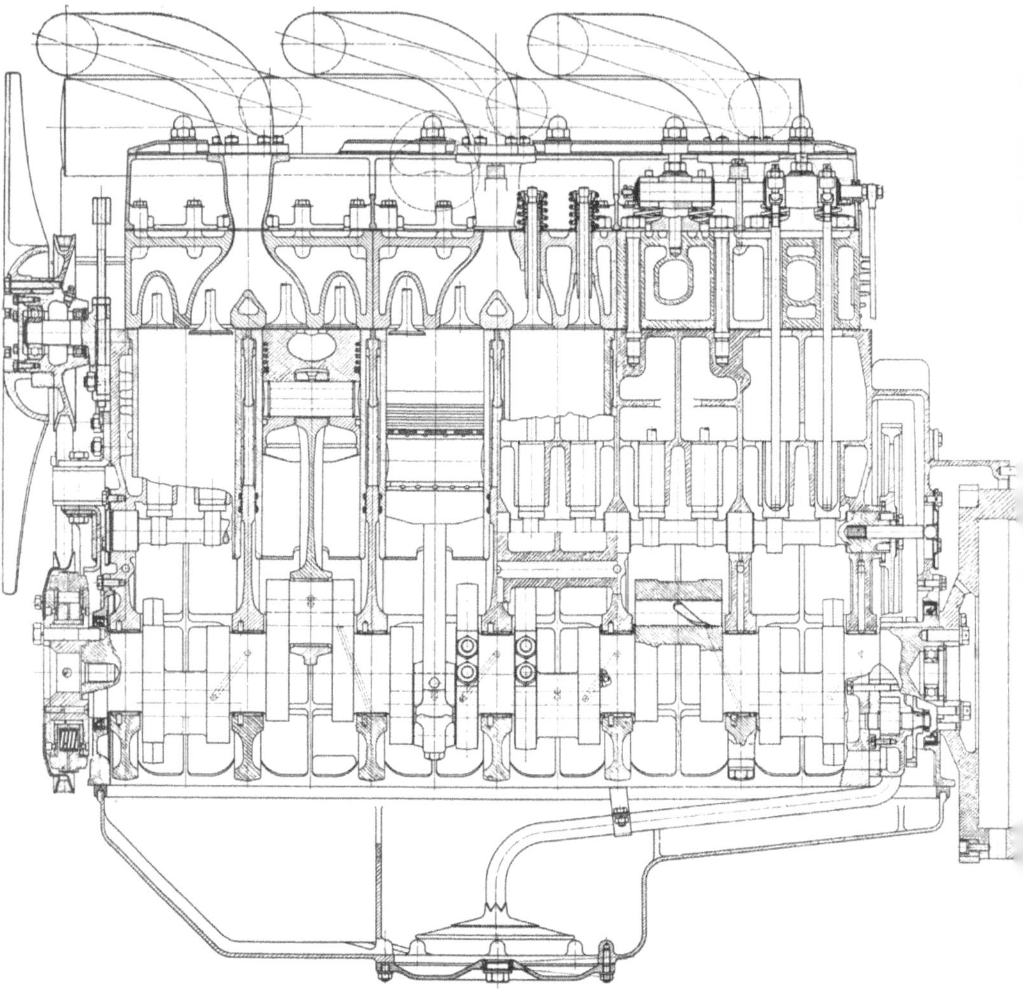

Abb. 213a. Längsschnitt des Sechszylinder-Viertakt-Dieselmotors für LKW der Österreichischen Saurerwerke mit 110 mm Bohrung und 140 mm Hub (Zahlentafel 1, Zeile 64, und S. 210)

Abb. 213b

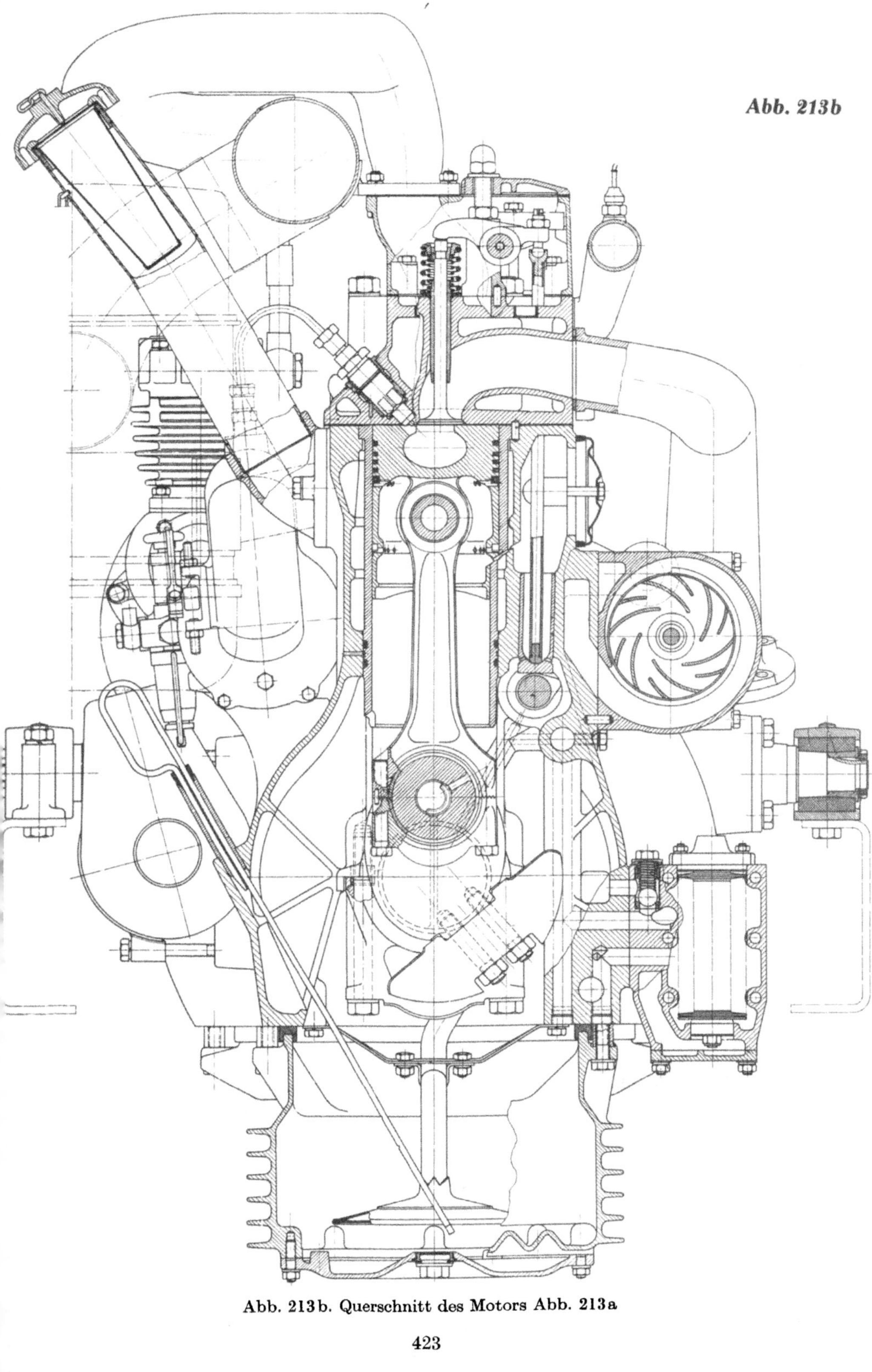

Abb. 213b. Querschnitt des Motors Abb. 213a

Abb. 214a

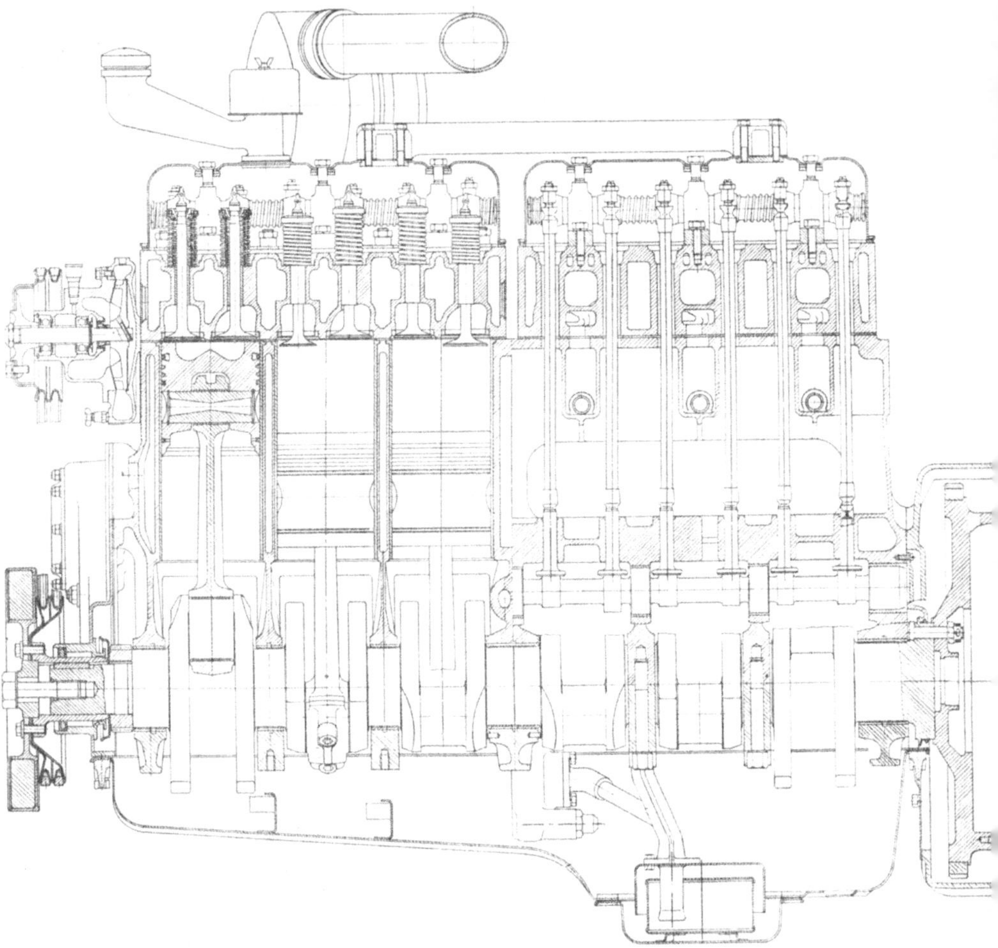

Abb. 214a. Längsschnitt des Sechszylinder-Viertakt-Dieselmotors für LKW von Mack mit 123,8 mm Bohrung und 152,4 mm Hub (Zahlentafel 1, Zeile 72, und S. 211)

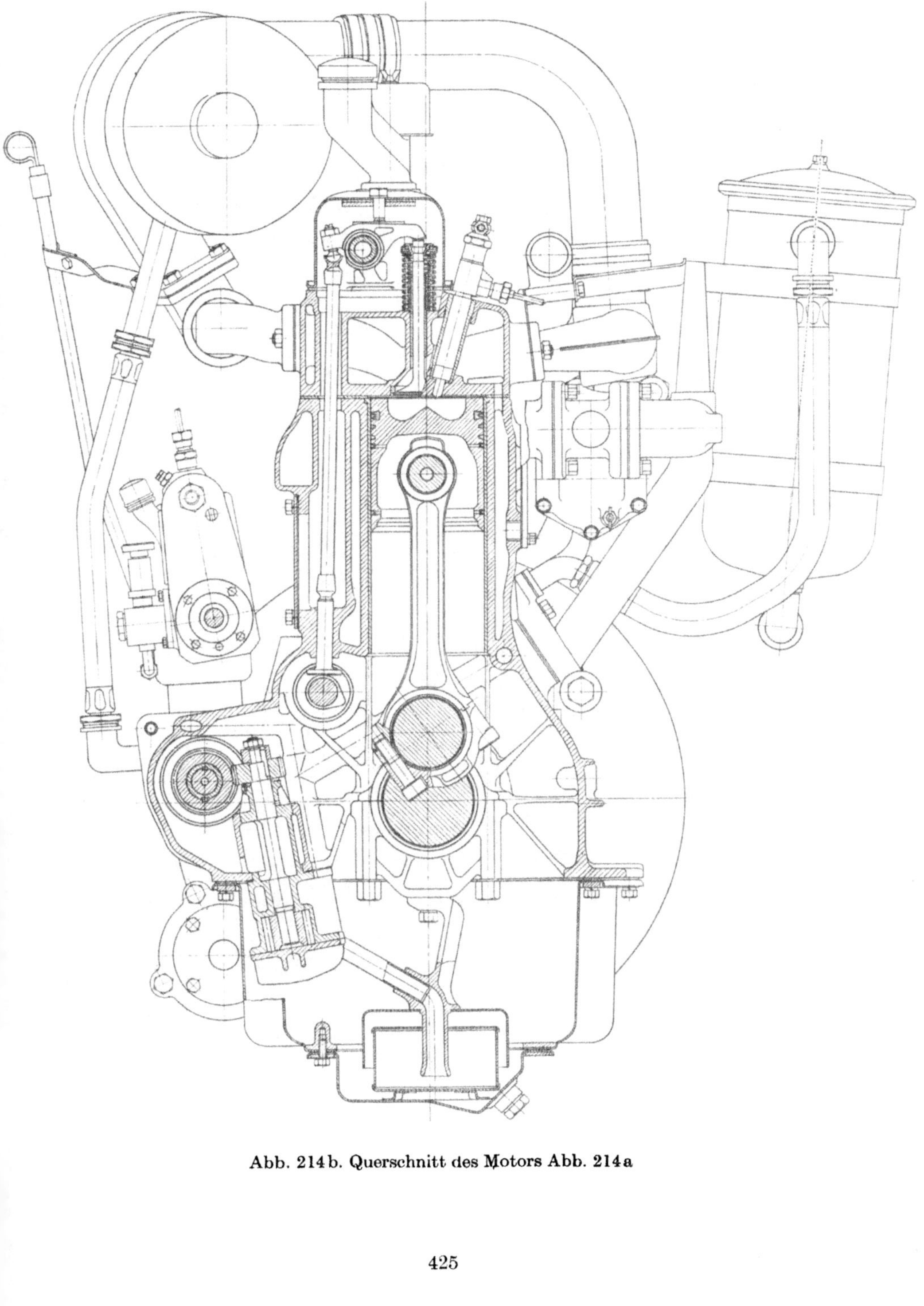

Abb. 214b. Querschnitt des Motors Abb. 214a

Abb. 215a

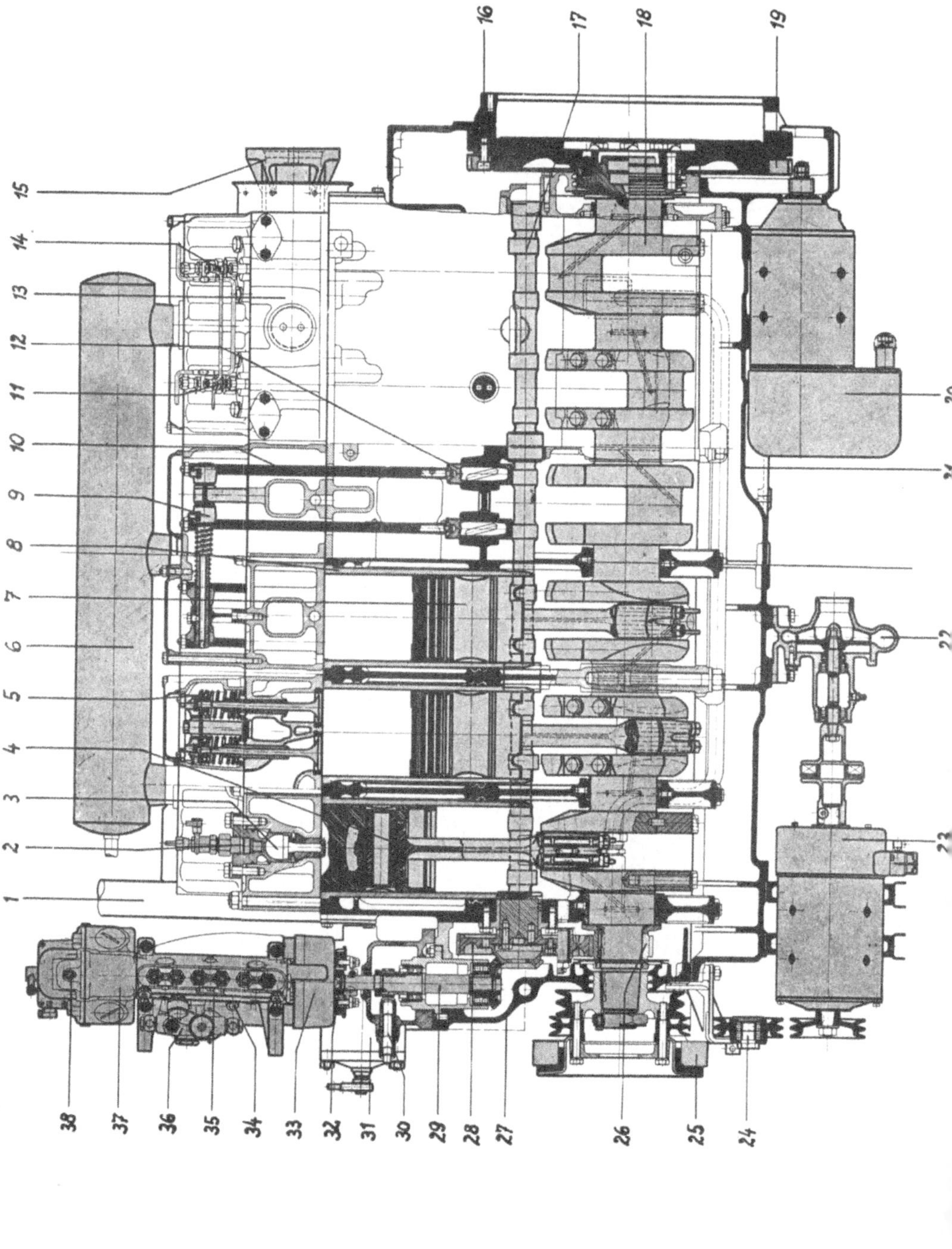
1
2
3
4
5
6
7
8
9
10
11
12
13
14
15
16
17
18
19
24
25
26
27
28
29
30
31
32
33
34
35
36
37
38

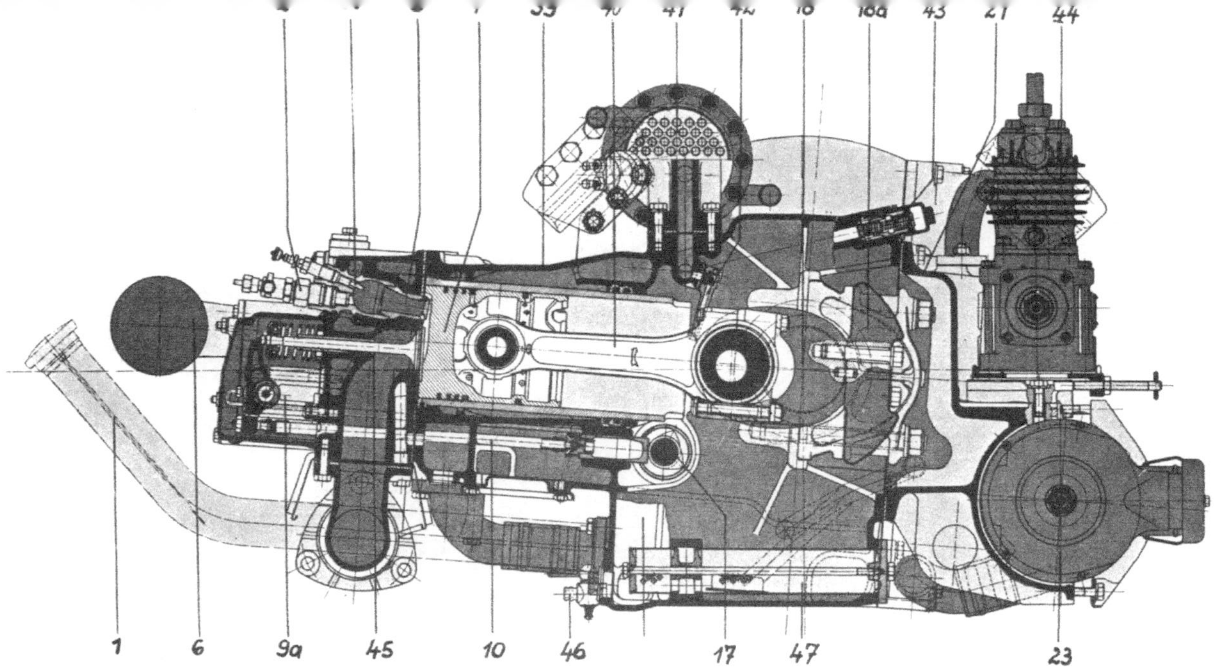

Abb. 215b. Querschnitt des Motors Abb. 215a

1 Öleinfüllstutzen
2 Einspritzdüse
3 Wirbelkammer
4 Kolbenbolzen
5 Ventil
6 Ansaugluftverteilrohr
7 Kolben
8 Zylinderbüchse
9 Kipphebel
9a Kipphebelbock
10 Stoßstange
11 Glühkerze
12 Stößel
13 Zylinderkopf
14 Glühkerzenleitung
15 Auspuffstutzen
16 Schwungrad
17 Nockenwelle
18 Kurbelwelle
18a Gegengewicht zur Kurbelwelle
19 Anlasserzahnkranz
20 Anlasser
21 Ölwanne
22 Wasserpumpe
23 Lichtmaschine
24 Spannrolle
25 Schwingungsdämpfer
26 Steuerungsantriebsrad
27 Steuerräderdeckel
28 Antriebsrad zur Nockenwelle
29 Antriebswelle zur Einspritzpumpe
30 Welle zum Drehzahlmesser
31 Spaltfiltergehäuse
32 Kupplung zur Einspritzpumpe
33 Spritzmomentversteller
34 Ölmeßstab für Einspritzpumpe
35 Einspritzpumpe
36 Förderpumpe
37 Regler
38 Öleinfüllnippel zum Regler
39 Kurbelgehäuse
40 Pleuelstange
41 Ölkühler
42 Spritzdüse zur Kolbenkühlung
43 Öldruckregelventil
44 Bremsluftkompressor

Abb. 216

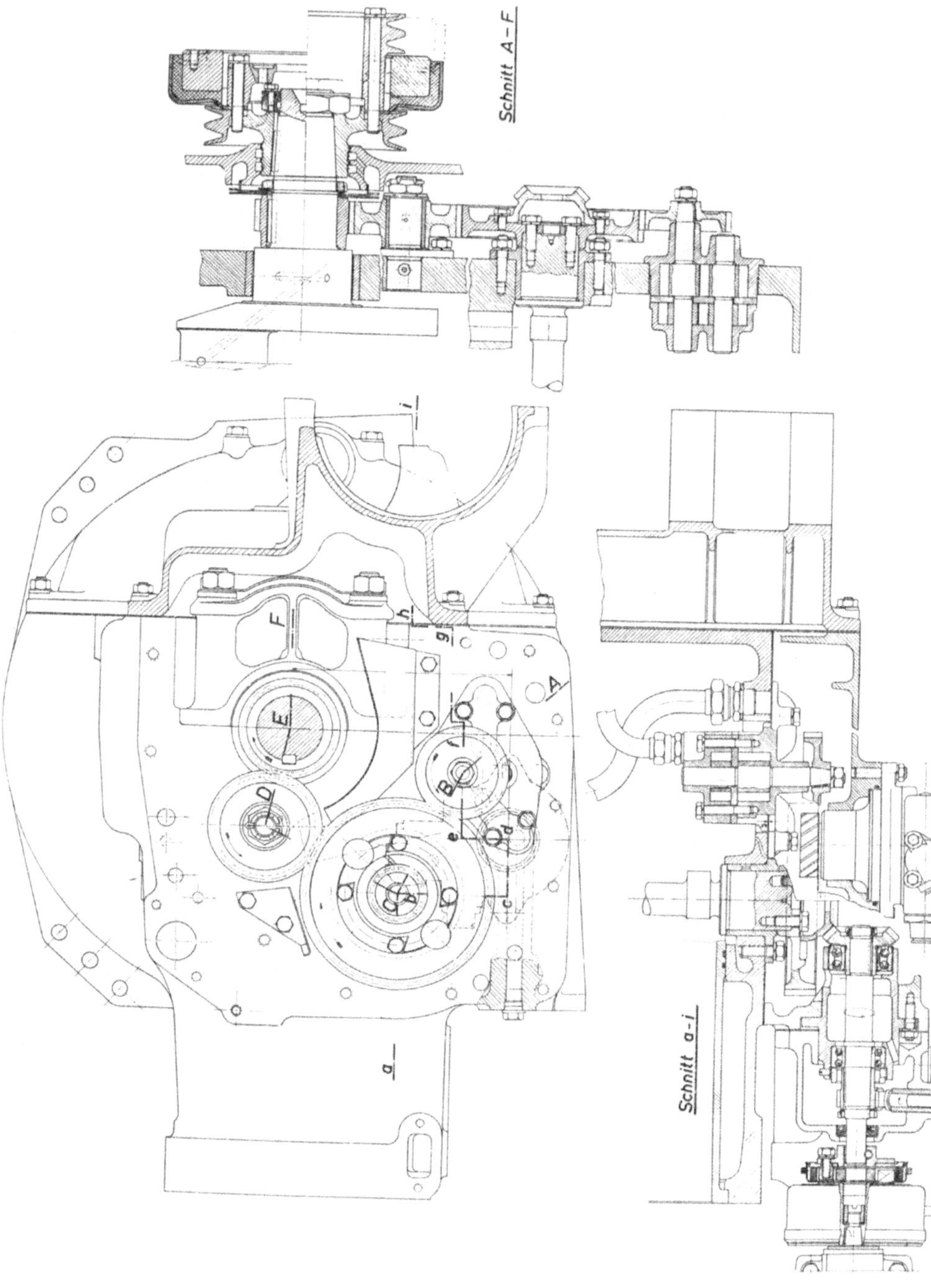

Abb. 216. Steuerungs- und Einspritzpumpenantrieb des Motors Abb. 215a (S. 214)

Abb. 217

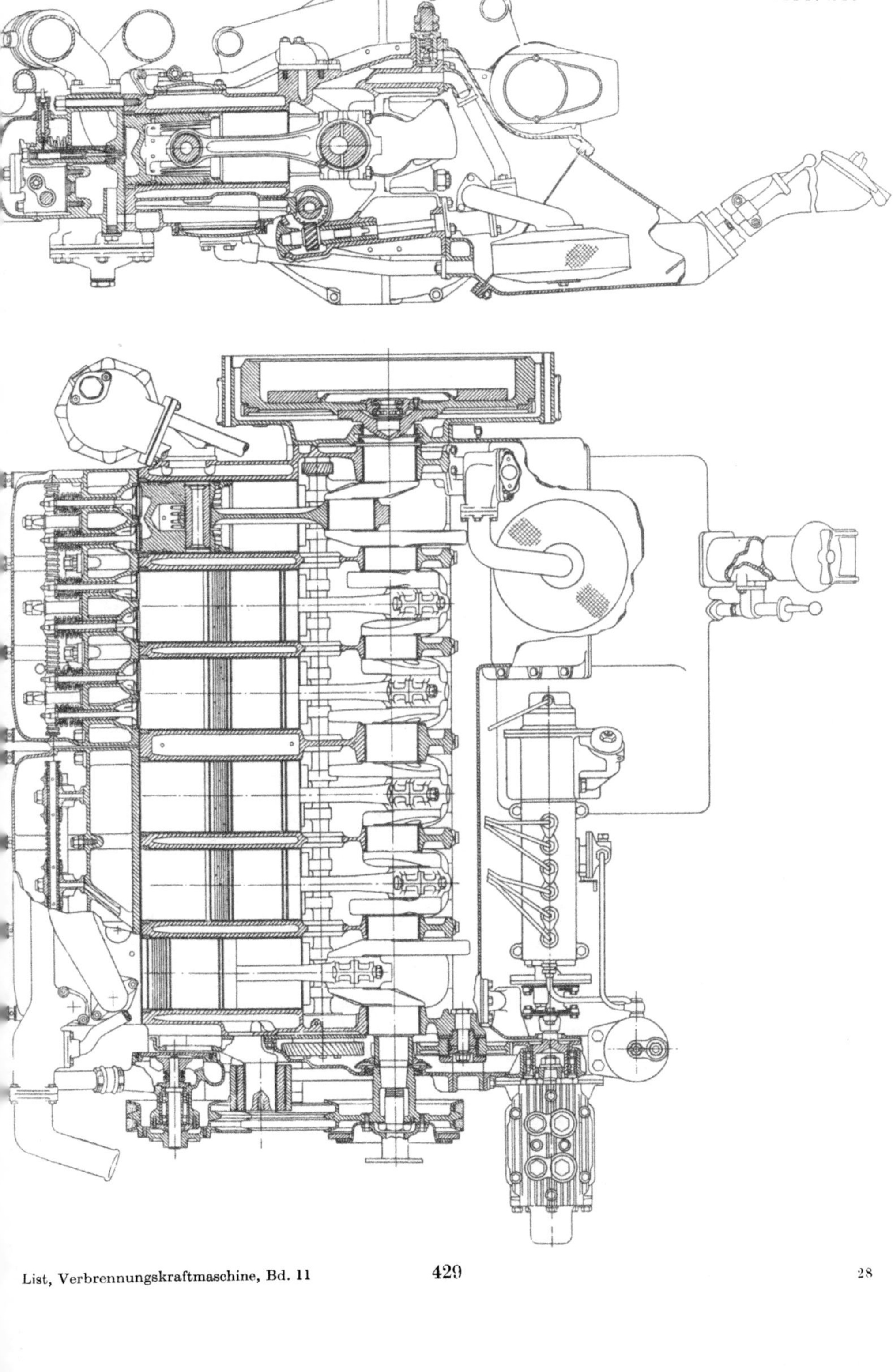

Abb. 217a und b. Längs- und Querschnitt des Sechszylinder-Viertakt-Dieselmotors für Unterflureinbau von Leyland mit 121,9 mm Bohrung und 139,7 mm Hub (aus Automobile Engineer, Nr. 39, 1949) (Zahlentafel 1, Zeile 71, und S. 215)

Abb. 218

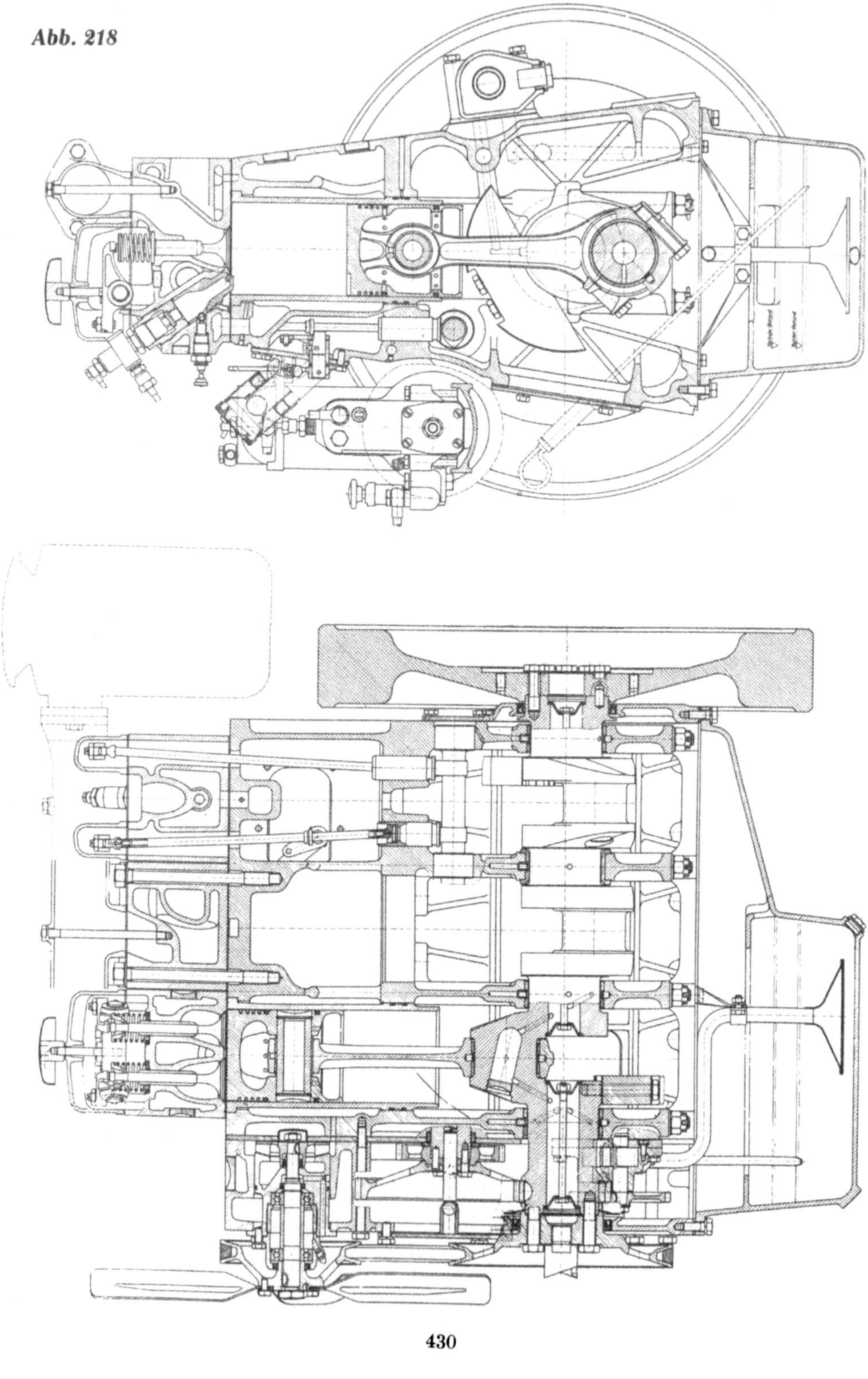

Abb. 219

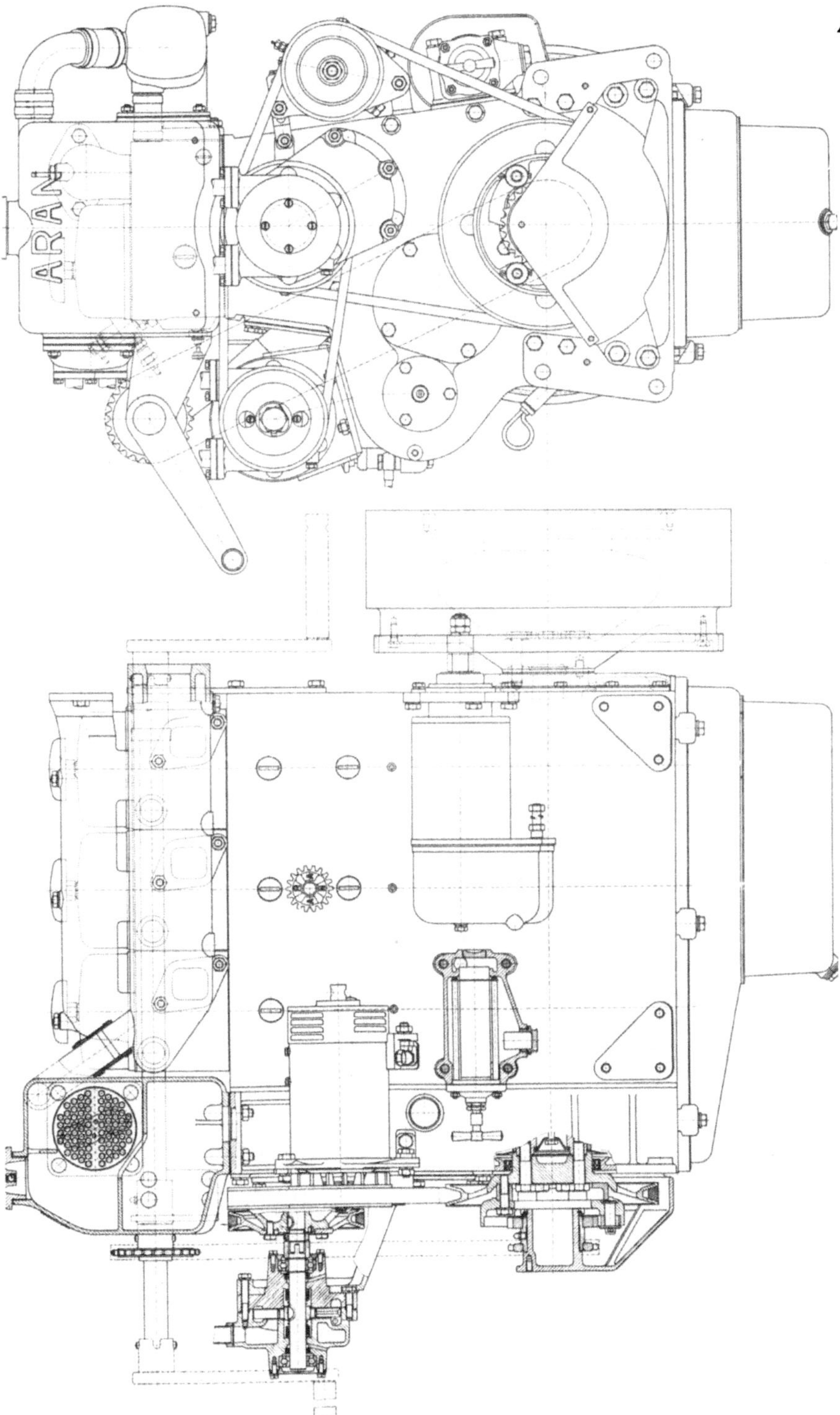

Abb. 219. Marineausführung des Motors Abb. 218 (S. 216)

Abb. 220a

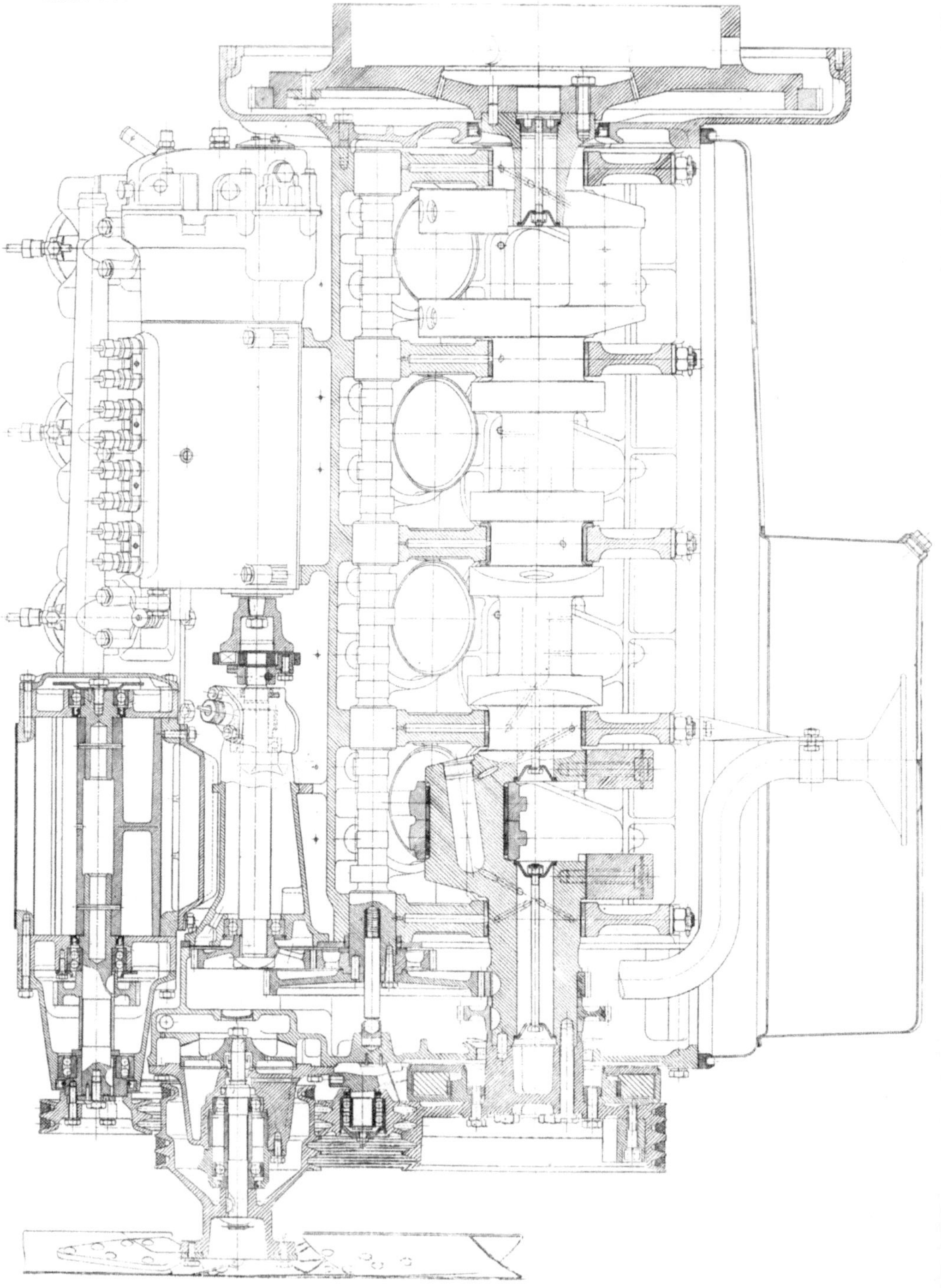

Abb. 220b

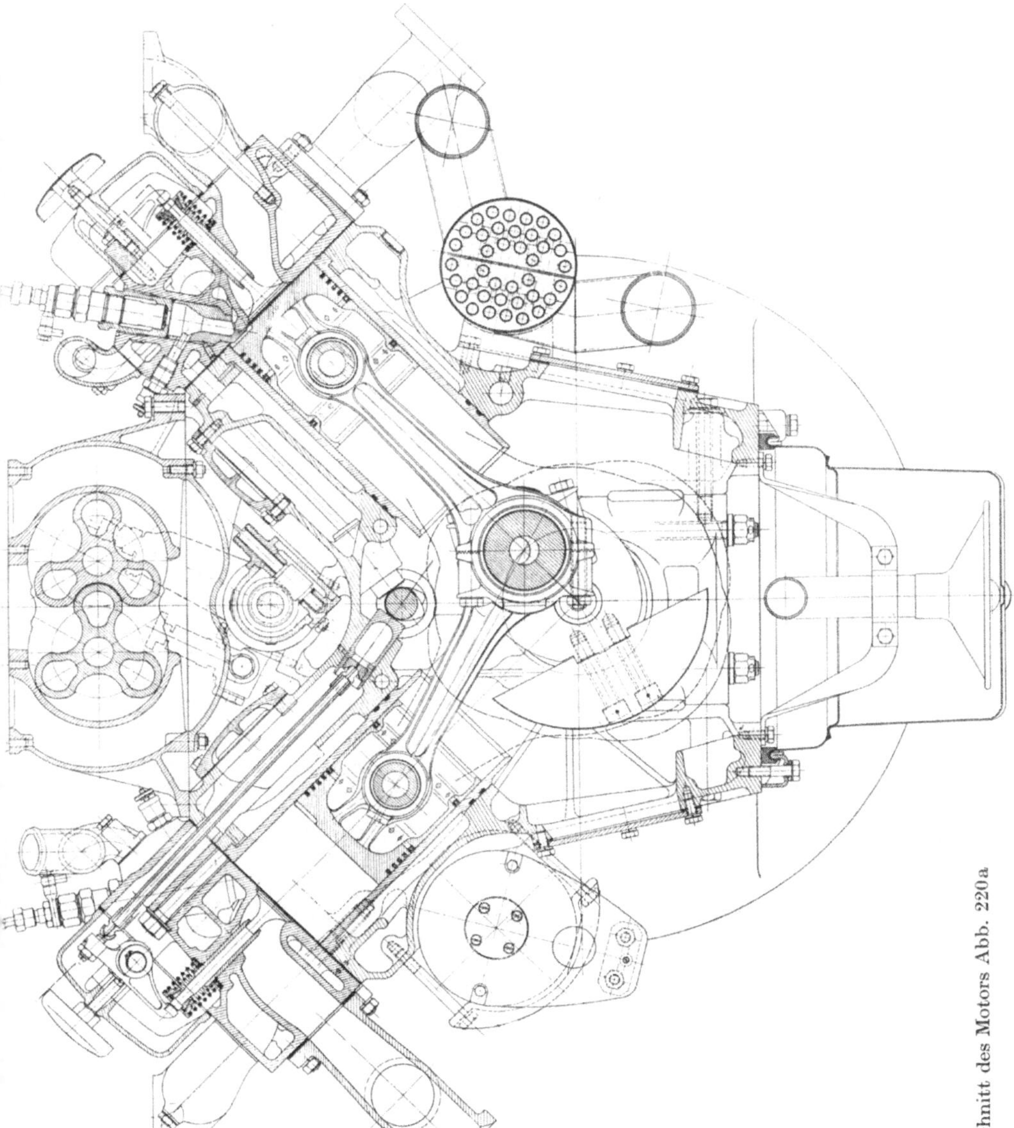

Abb. 220b. Querschnitt des Motors Abb. 220a

Abb. 221a

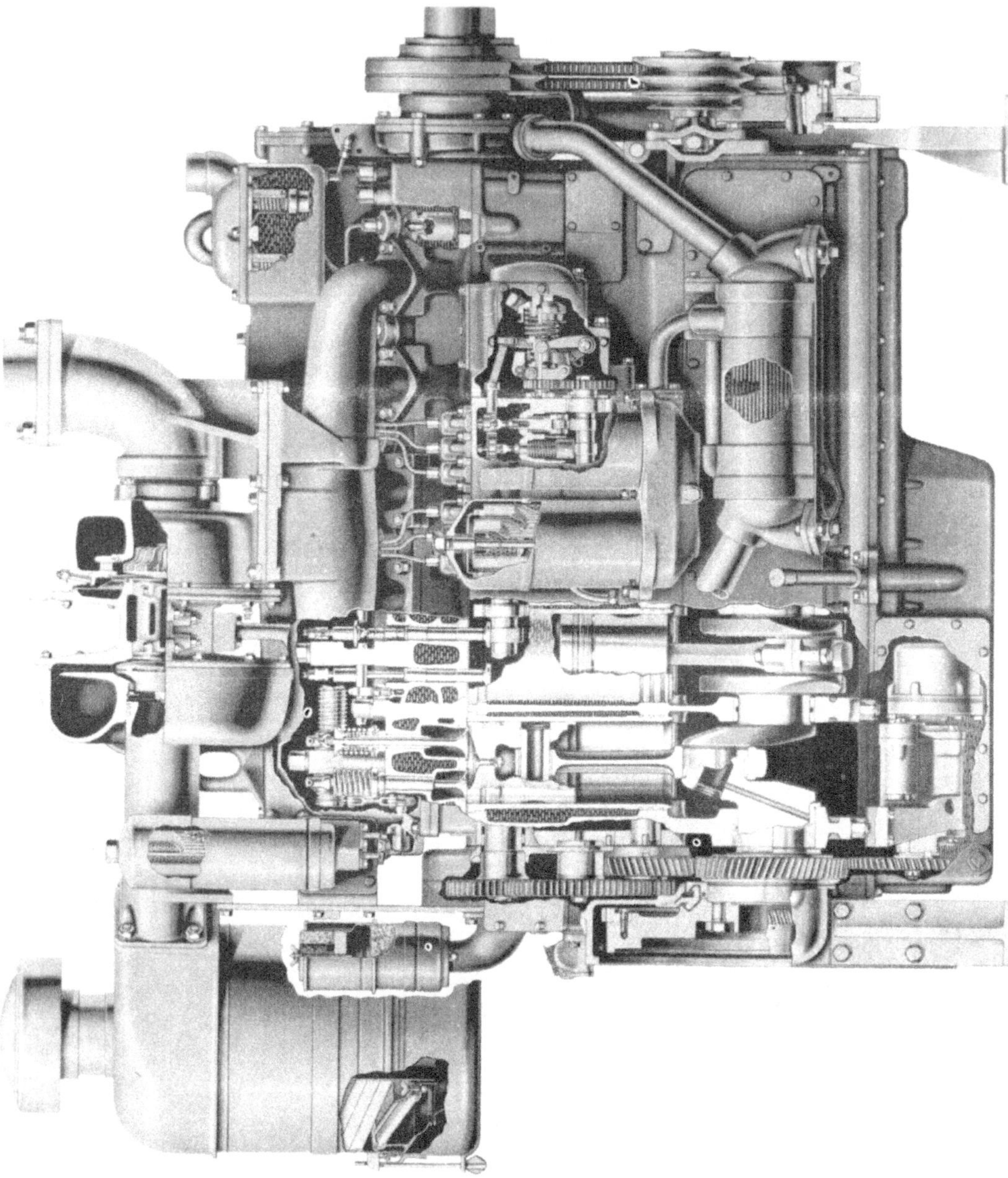

Abb. 221b

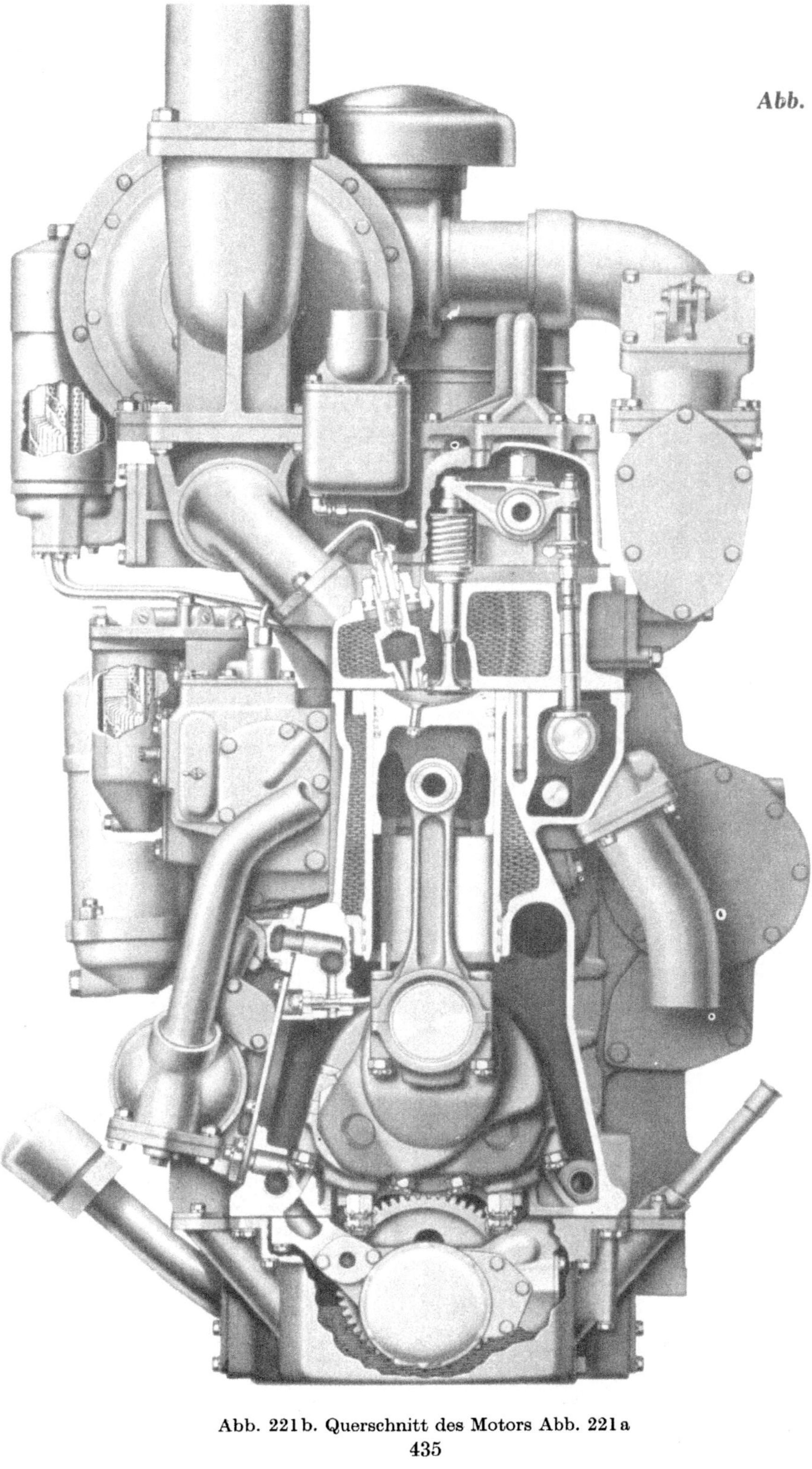

Abb. 221b. Querschnitt des Motors Abb. 221a

Abb. 222a

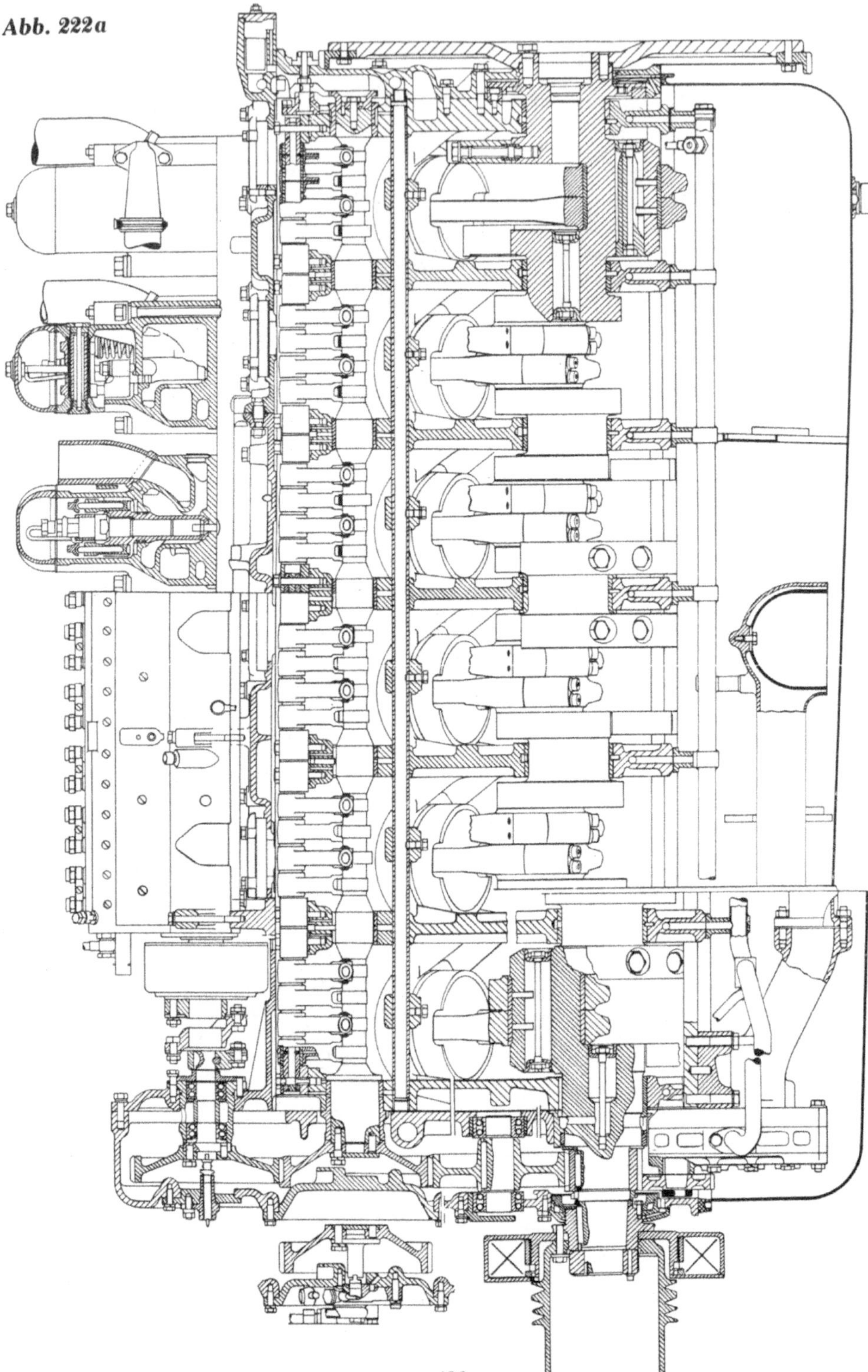

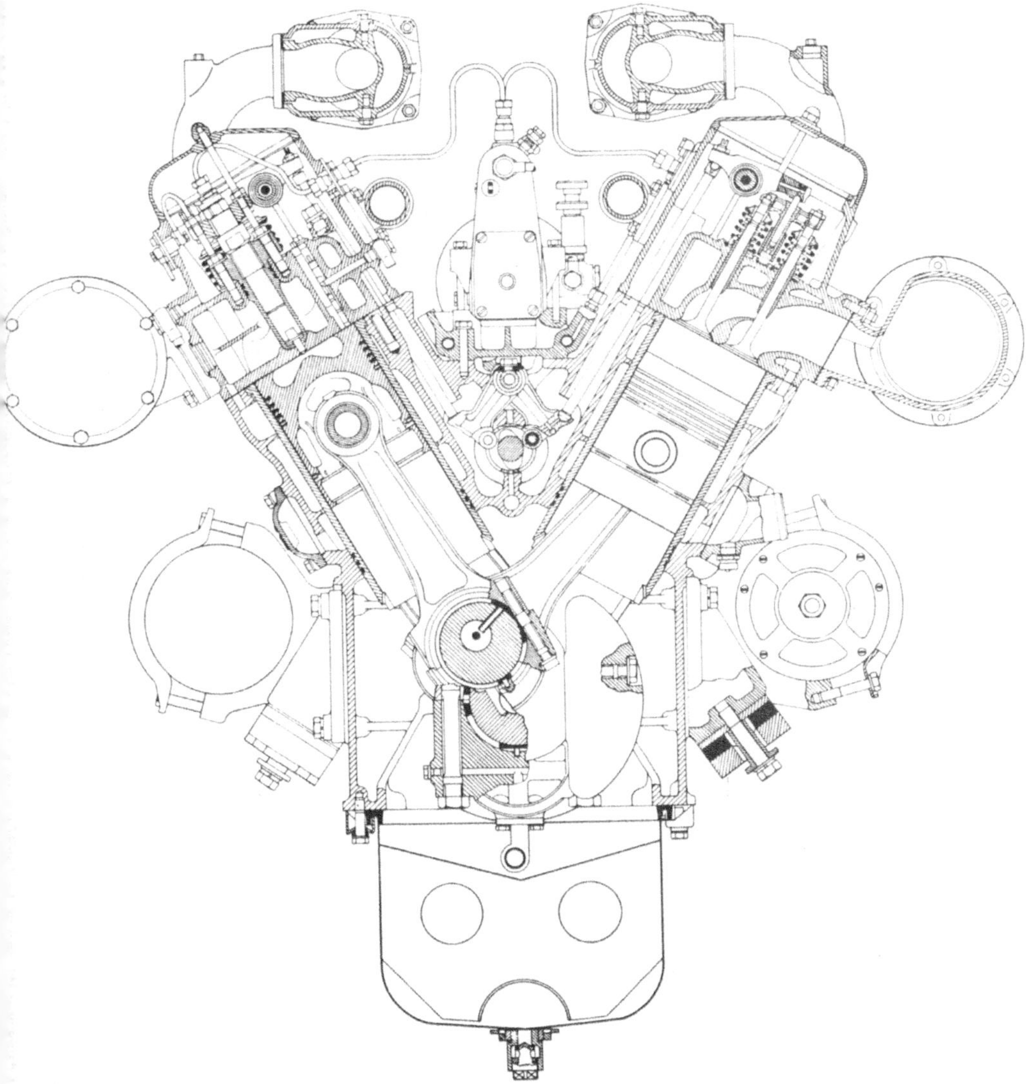

Abb. 222 b. Querschnitt des Motors Abb. 222 a

Abb. 223a

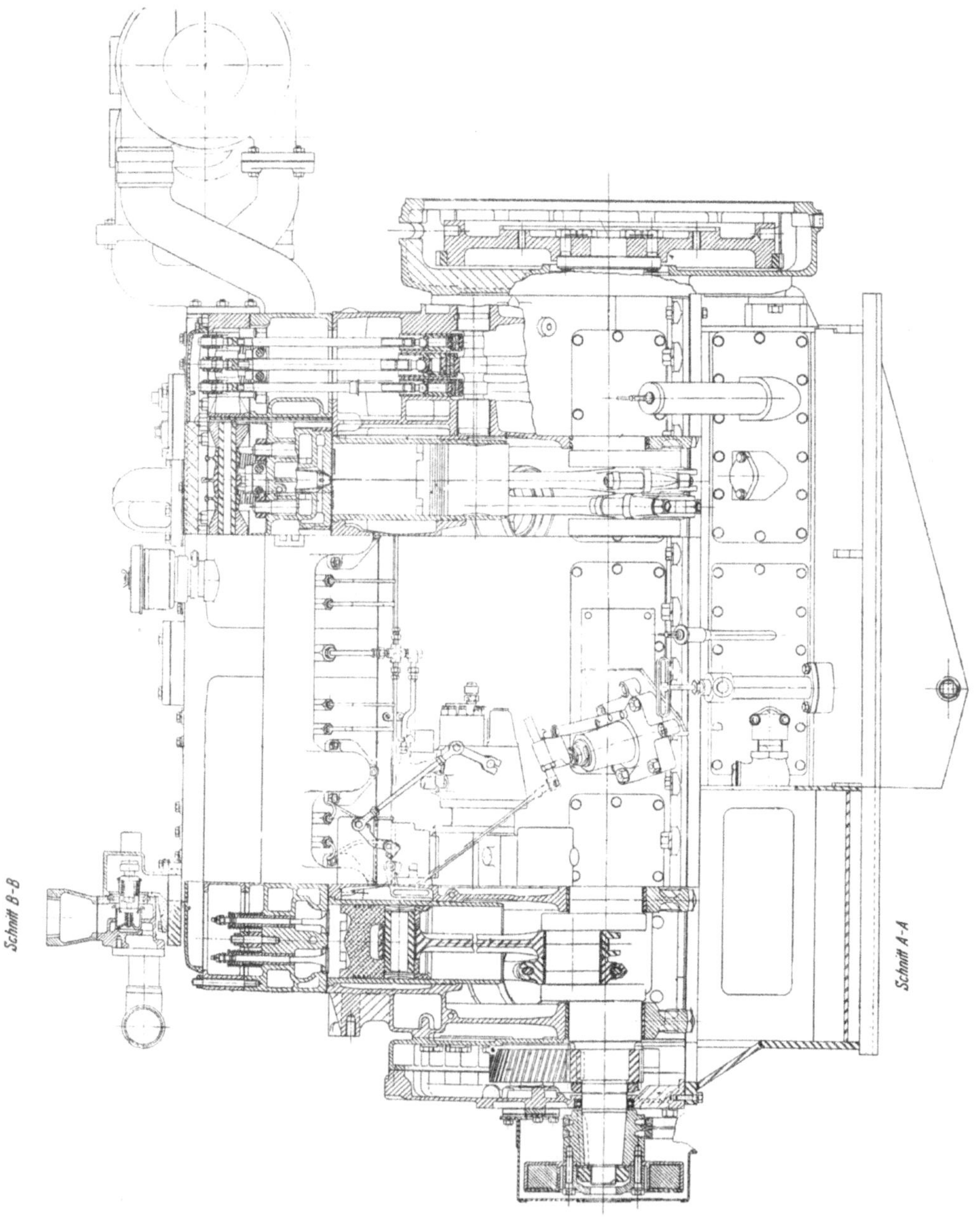

Abb. 223a. Längsschnitt eines V-Zwölfzylinder Viertakt-Dieselmotors von Cummins mit 130,2 mm Bohrung und 152,4 mm Hub

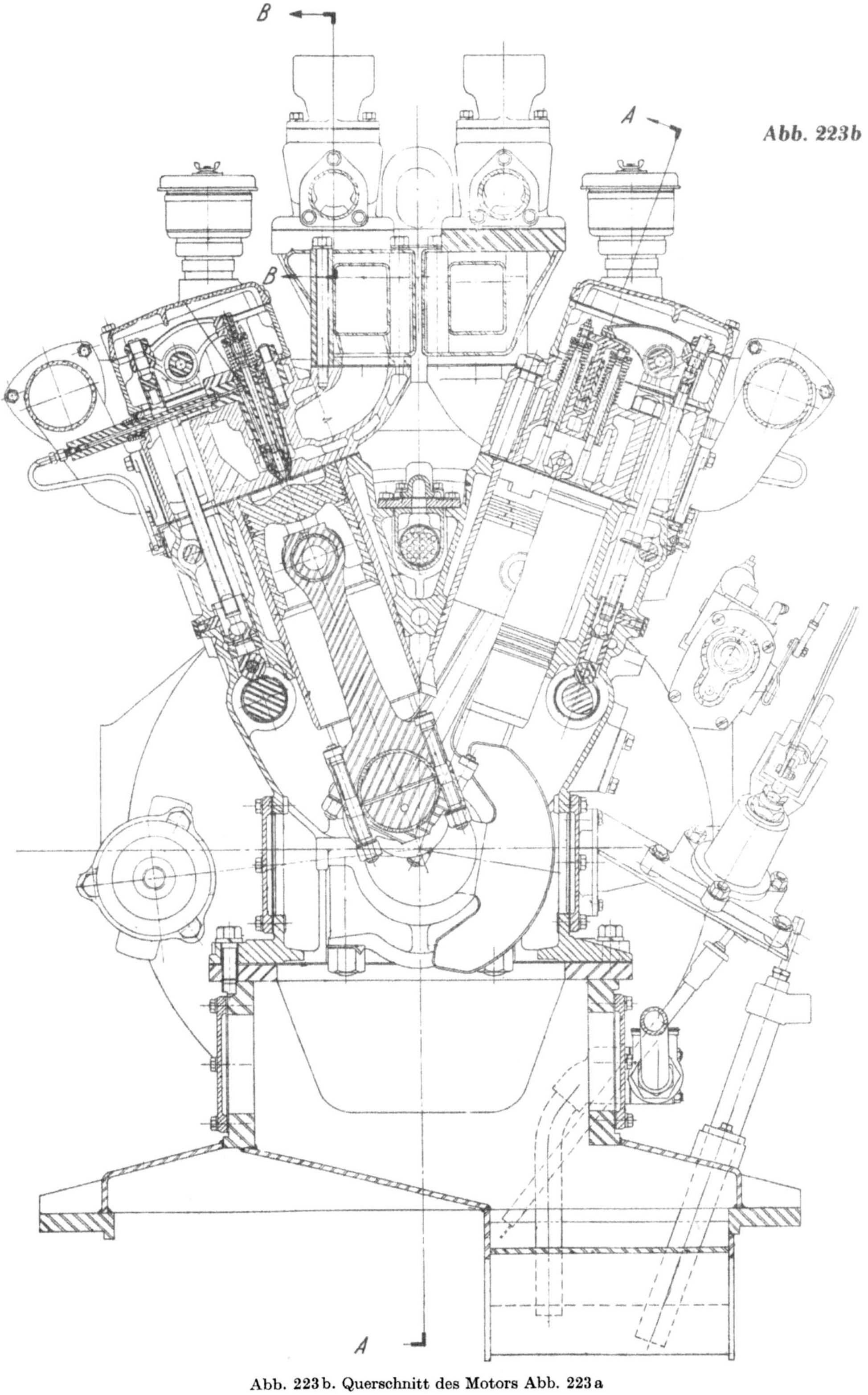

Abb. 223 b. Querschnitt des Motors Abb. 223 a

Abb. 224a

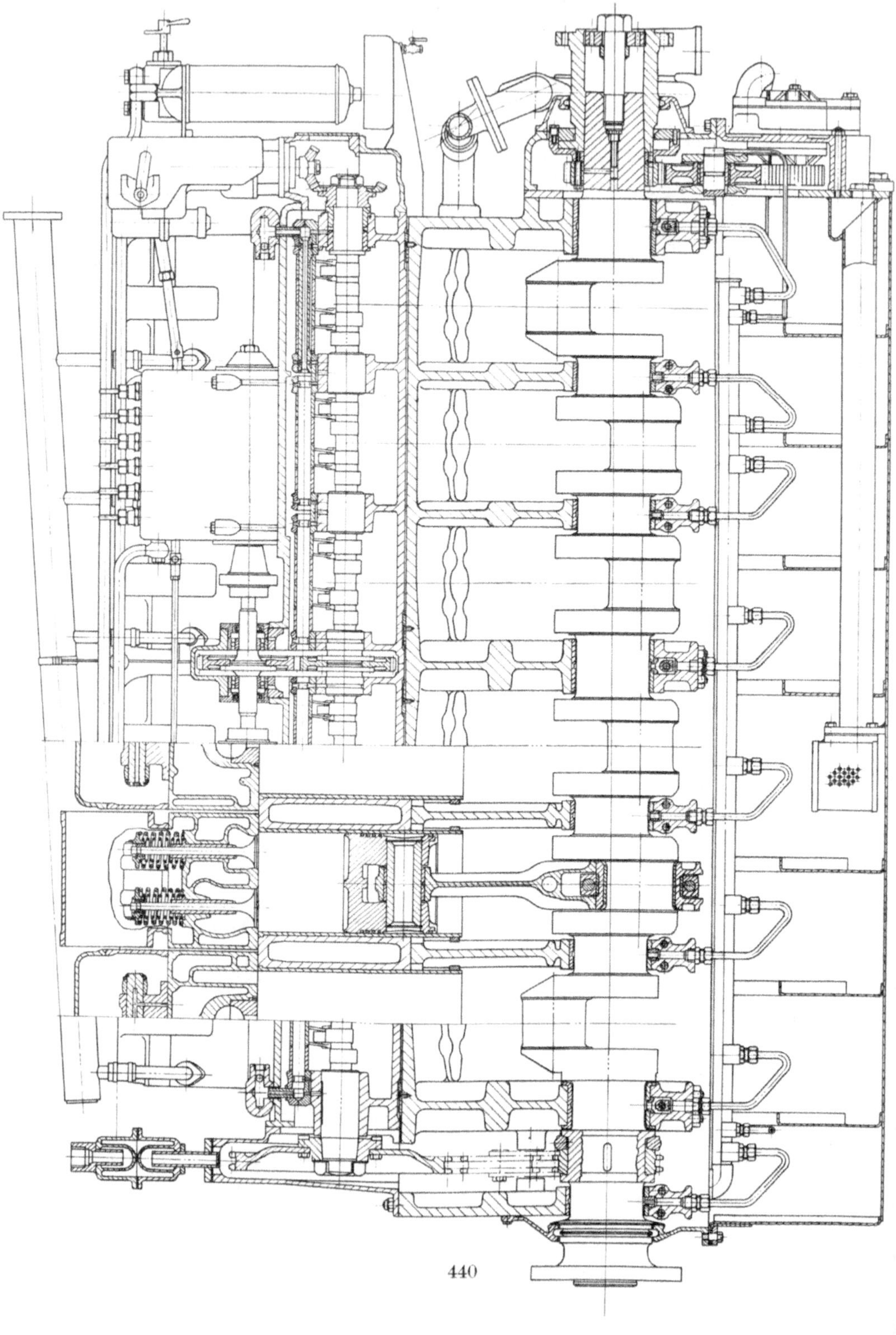

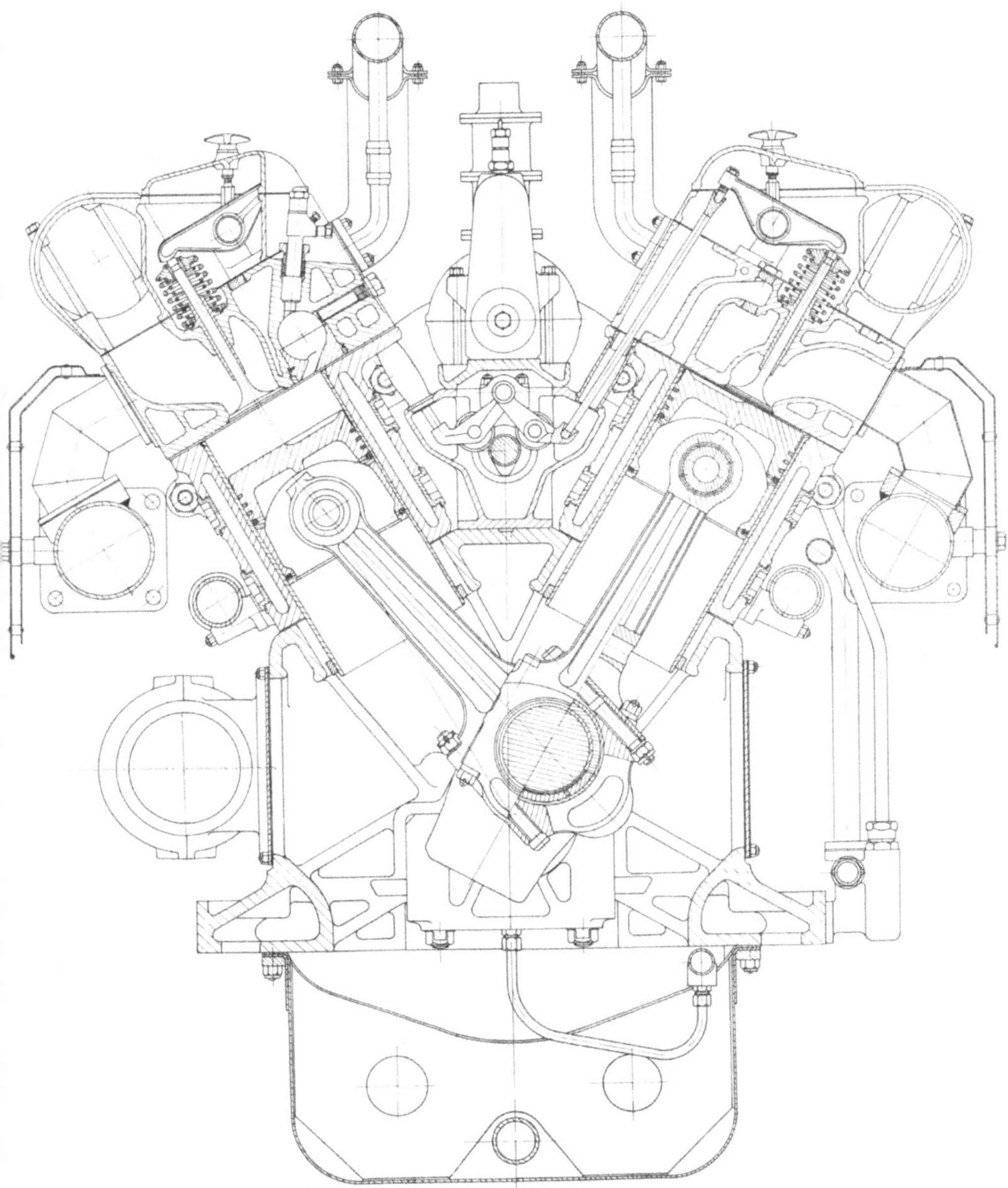

Abb. 224 b. Querschnitt des Motors Abb. 224 a

Abb. 225

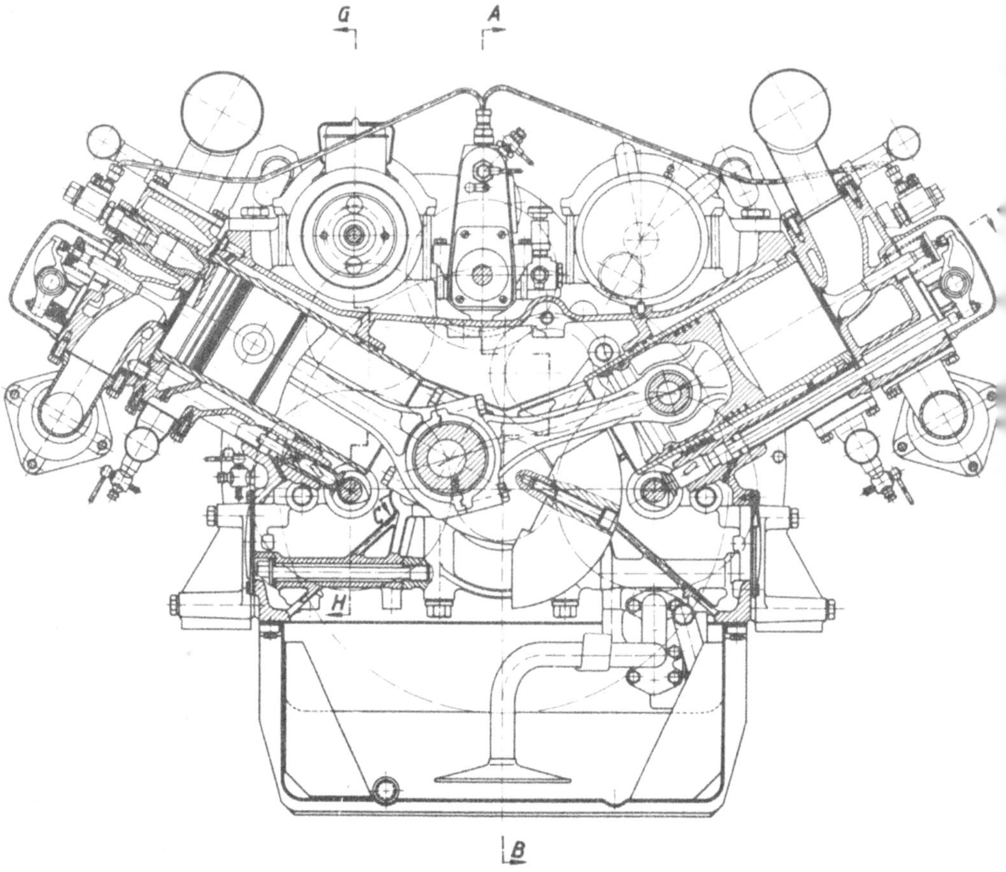

Abb. 225. Querschnitt eines V-Zwölfzylinder-Viertakt-Dieselmotors von Klöckner-Humboldt-Deutz mit 135 mm Bohrung und 160 mm Hub (Zahlentafel 1, Zeile 98, und S. 224)

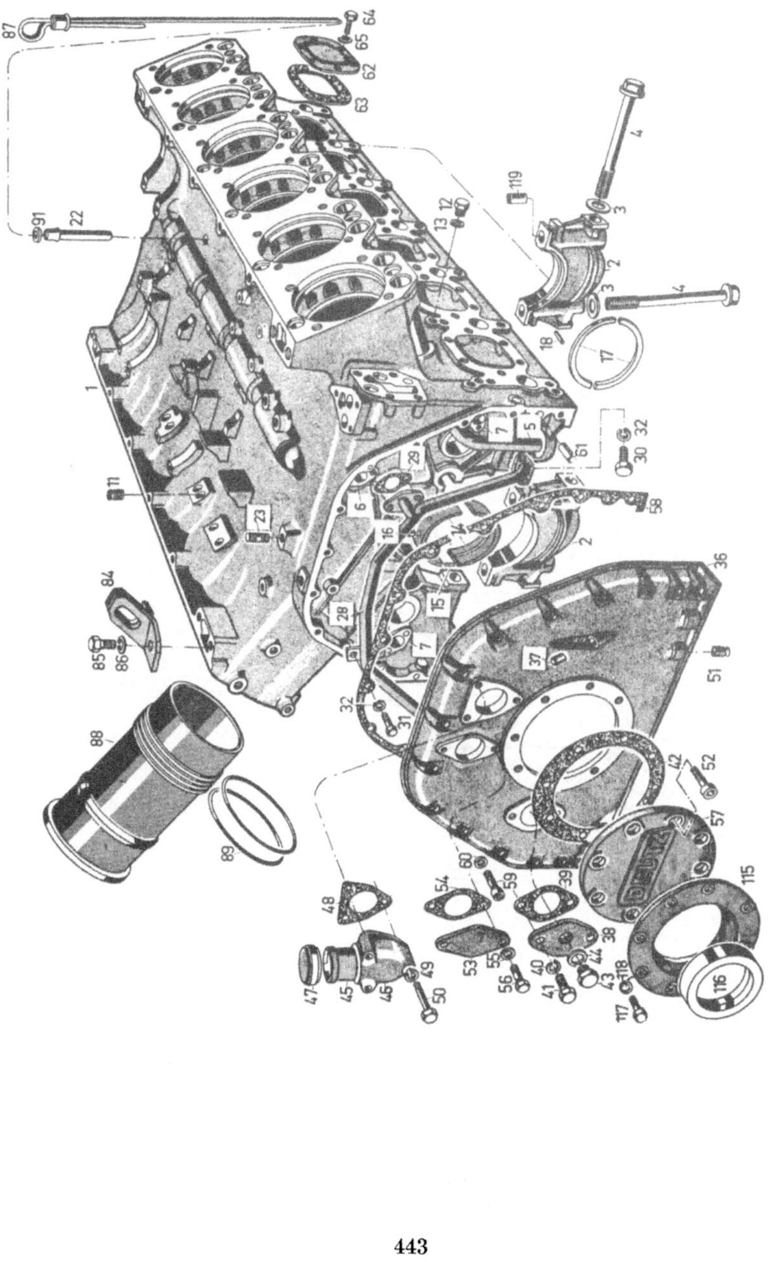

Abb. 226. Kurbelgehäuse des Motors Abb. 225 (S. 224)

Abb. 227a

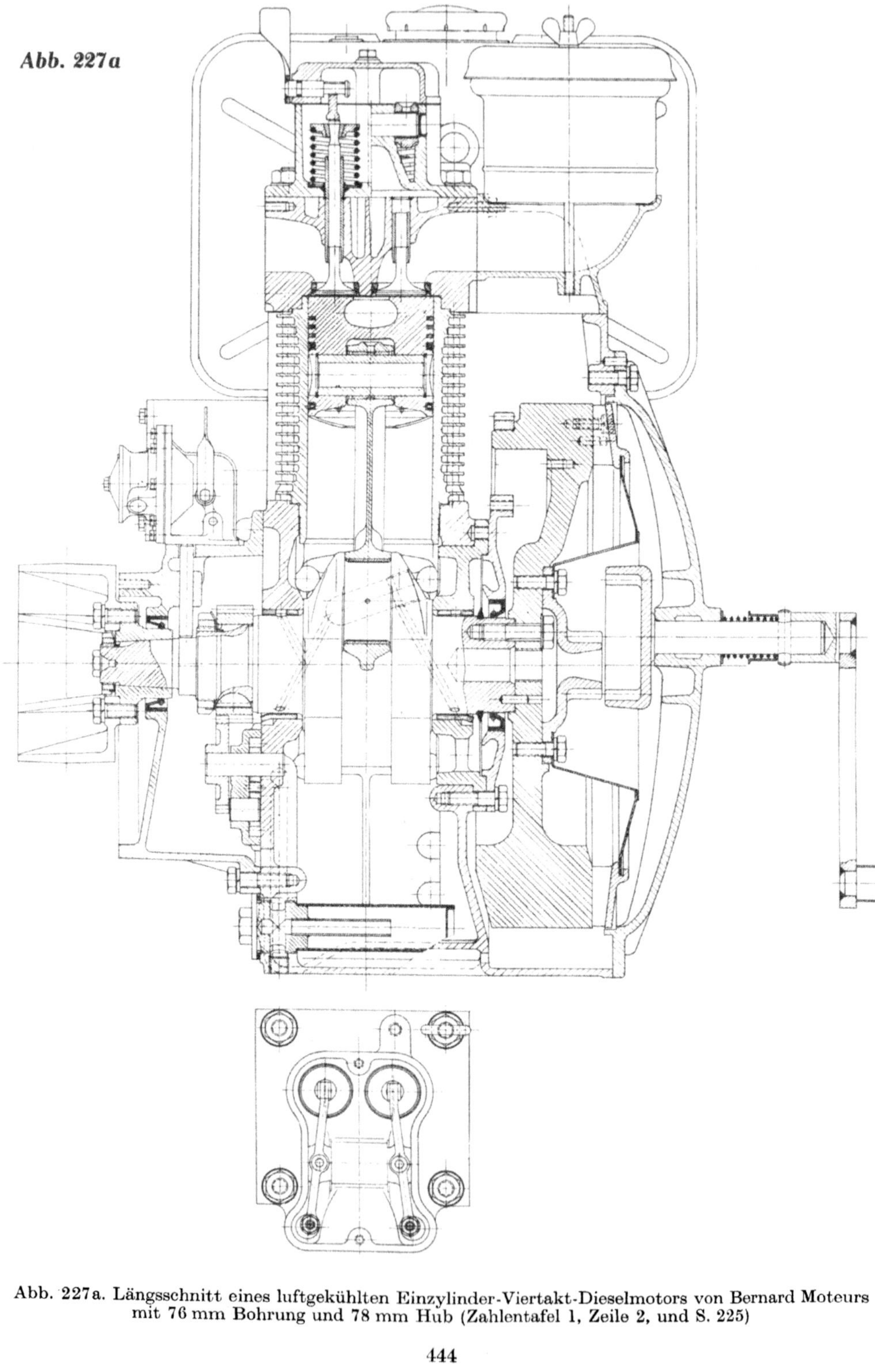

Abb. 227a. Längsschnitt eines luftgekühlten Einzylinder-Viertakt-Dieselmotors von Bernard Moteurs mit 76 mm Bohrung und 78 mm Hub (Zahlentafel 1, Zeile 2, und S. 225)

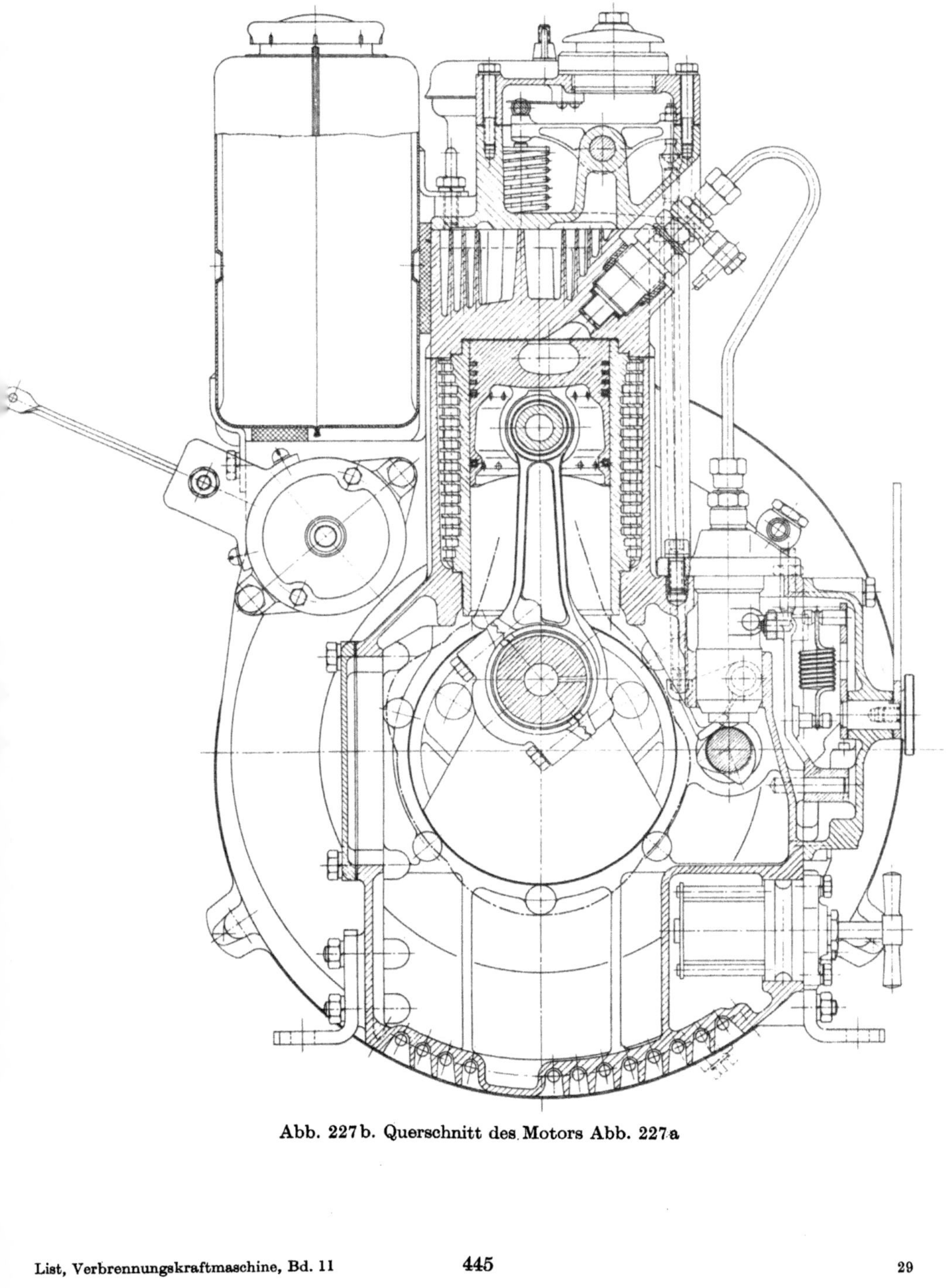

Abb. 227b. Querschnitt des Motors Abb. 227a

Abb. 228a

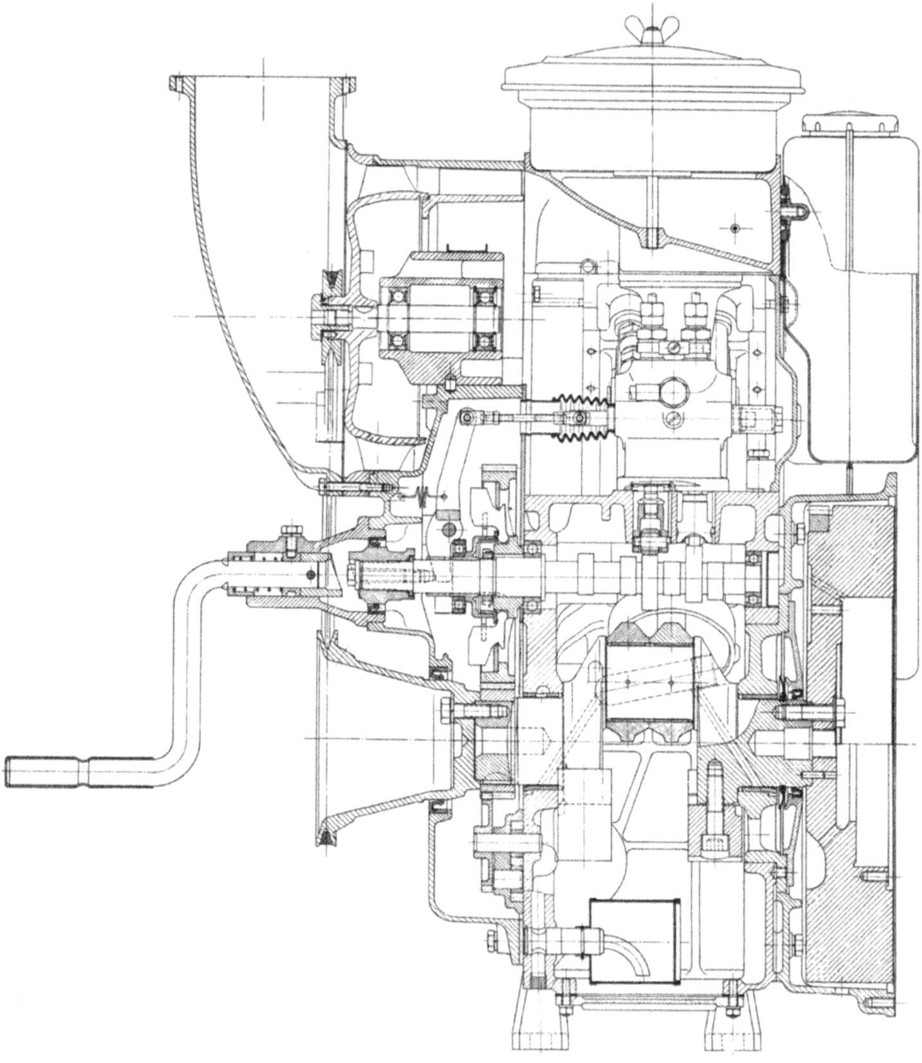

Abb. 228a. Längsschnitt eines luftgekühlten V-Zweizylinder-Viertakt-Dieselmotors von Bernard Moteurs mit 90 mm Bohrung und 90 mm Hub (Zahlentafel 1, Zeile 23, und S. 226)

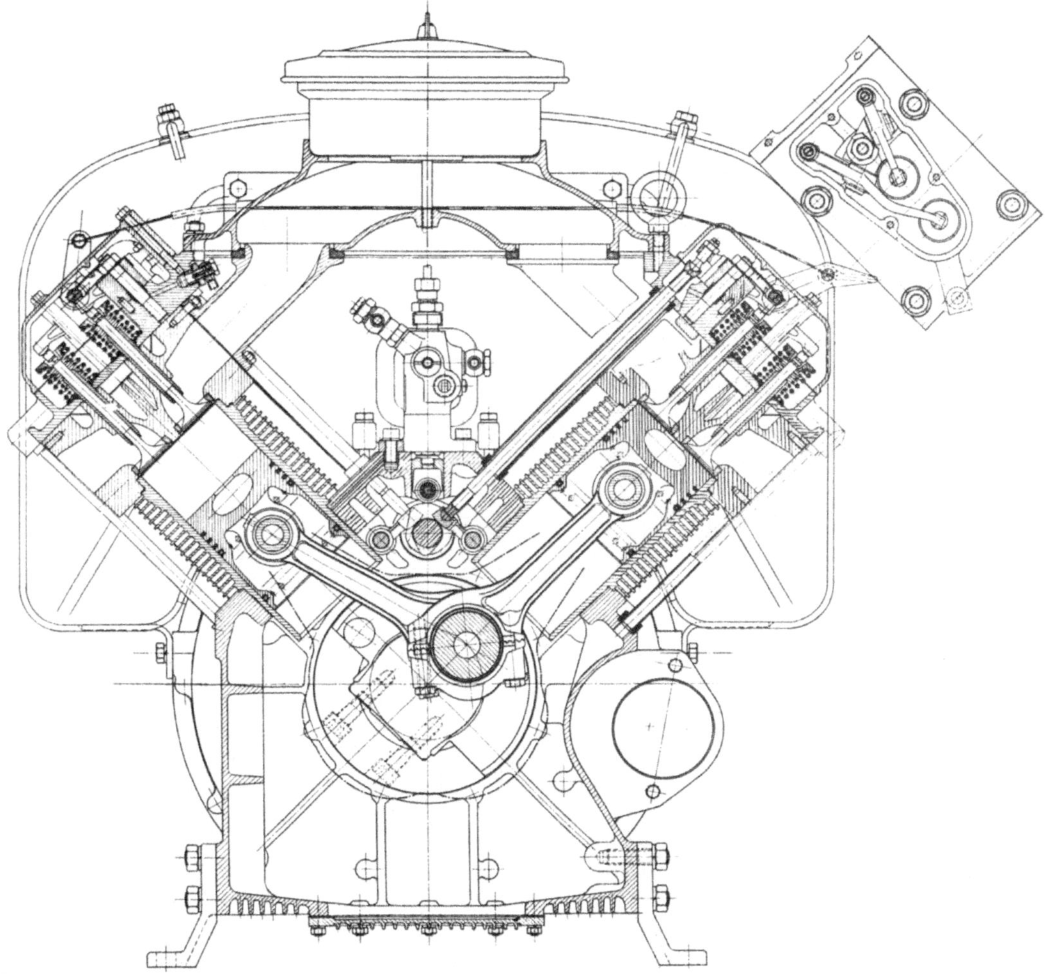

Abb. 228b. Querschnitt des Motors Abb. 228a

Abb. 229a

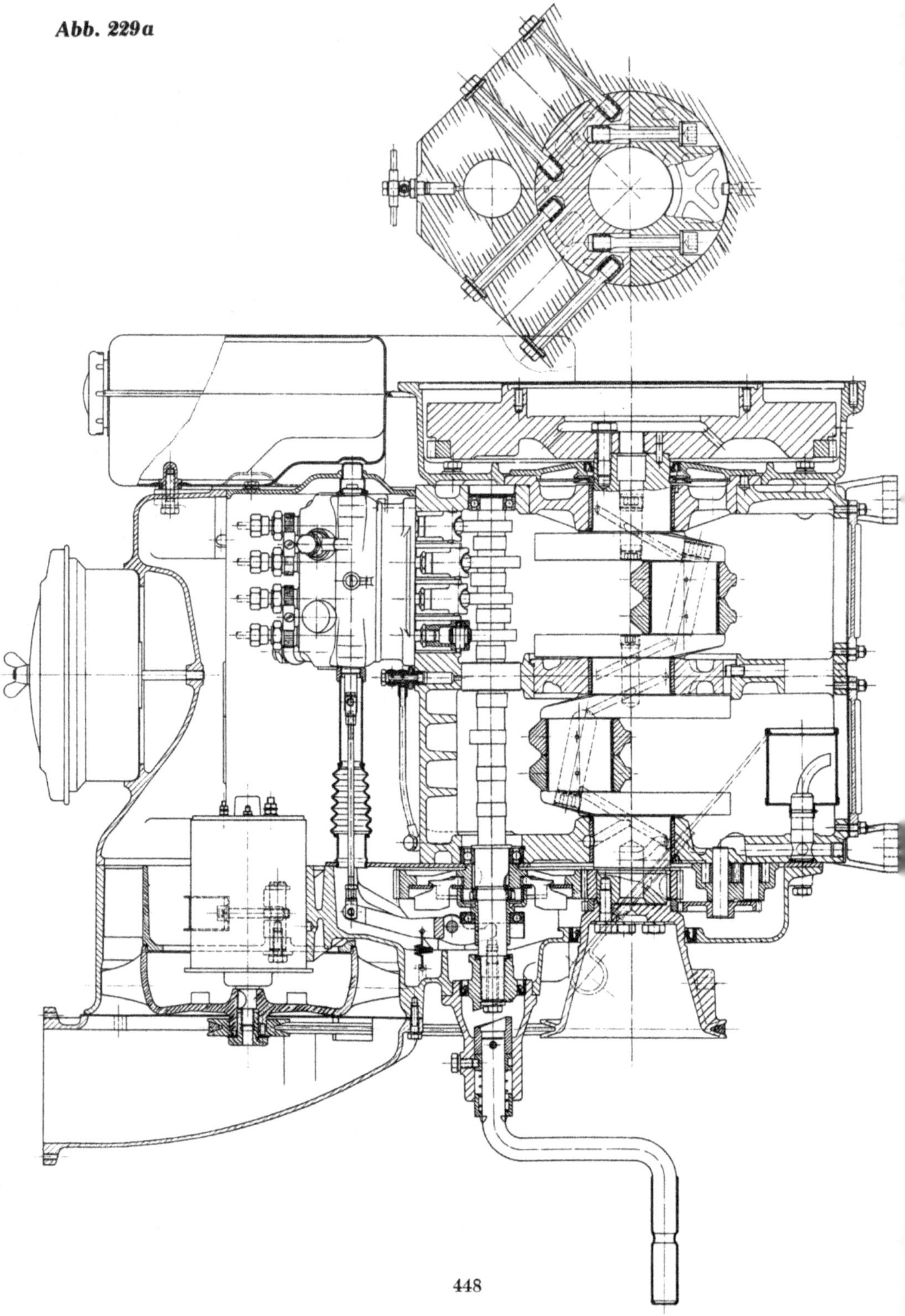

Abb. 229b

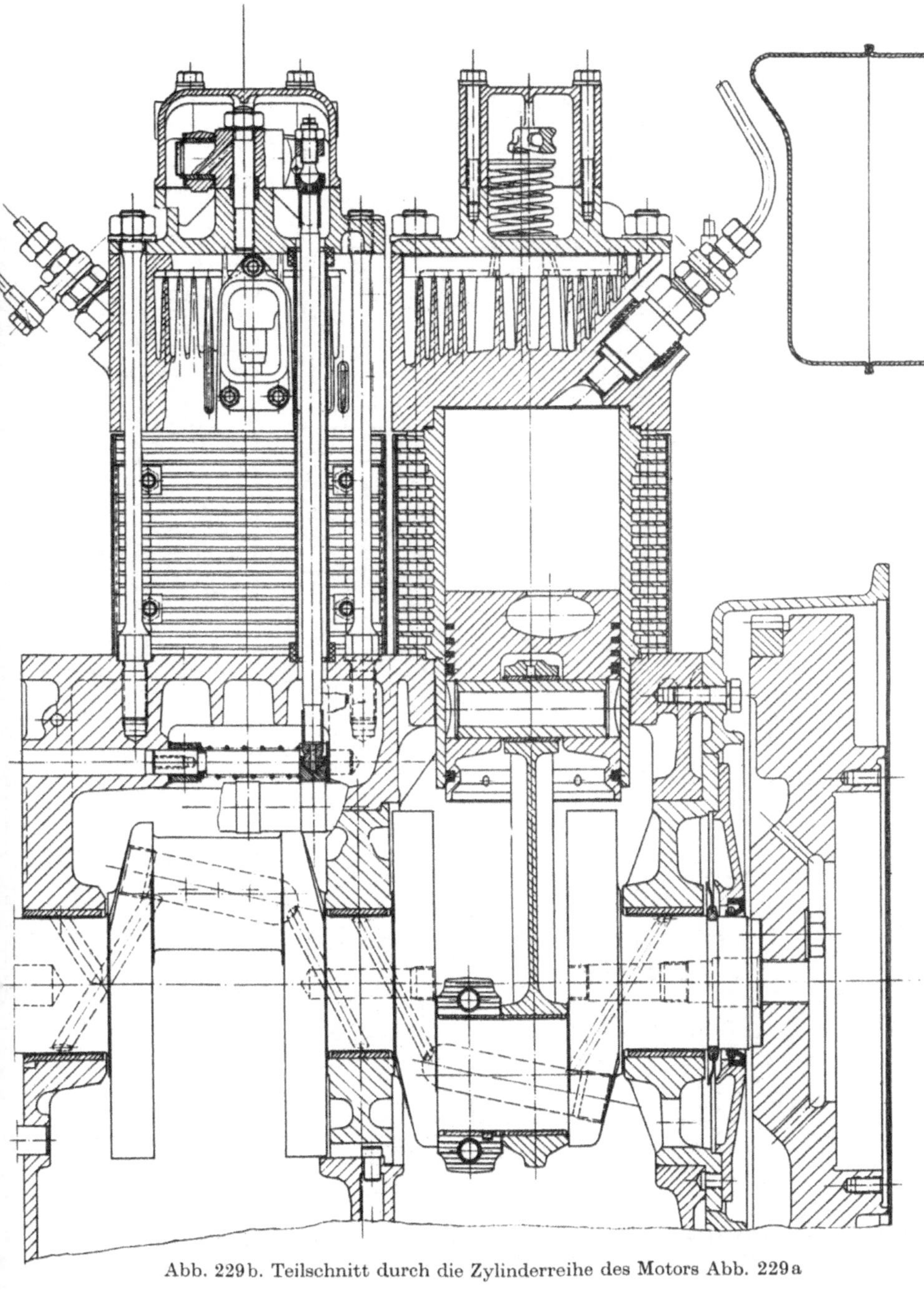

Abb. 229b. Teilschnitt durch die Zylinderreihe des Motors Abb. 229a

Abb. 230a

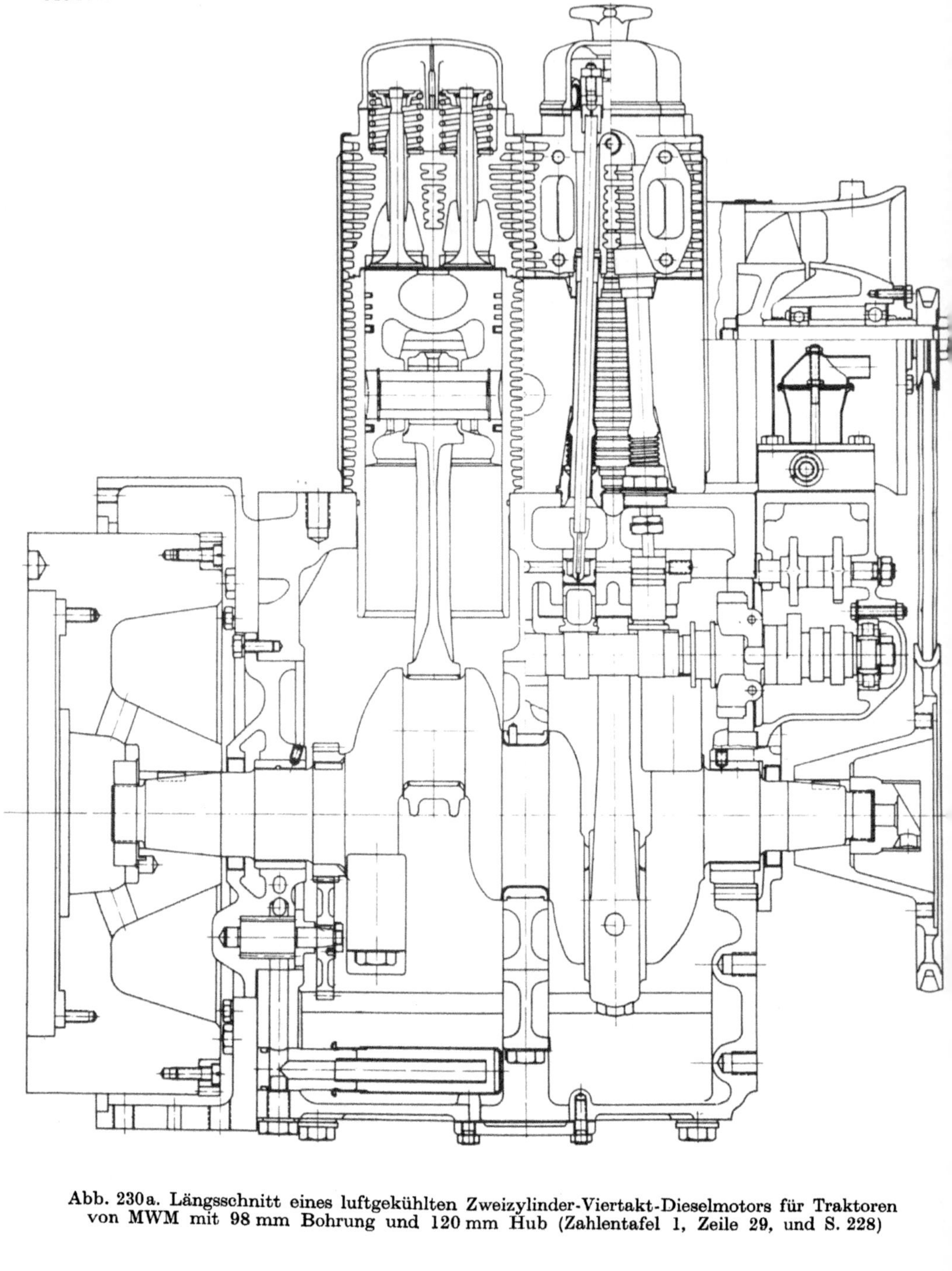

Abb. 230a. Längsschnitt eines luftgekühlten Zweizylinder-Viertakt-Dieselmotors für Traktoren von MWM mit 98 mm Bohrung und 120 mm Hub (Zahlentafel 1, Zeile 29, und S. 228)

Abb. 230b

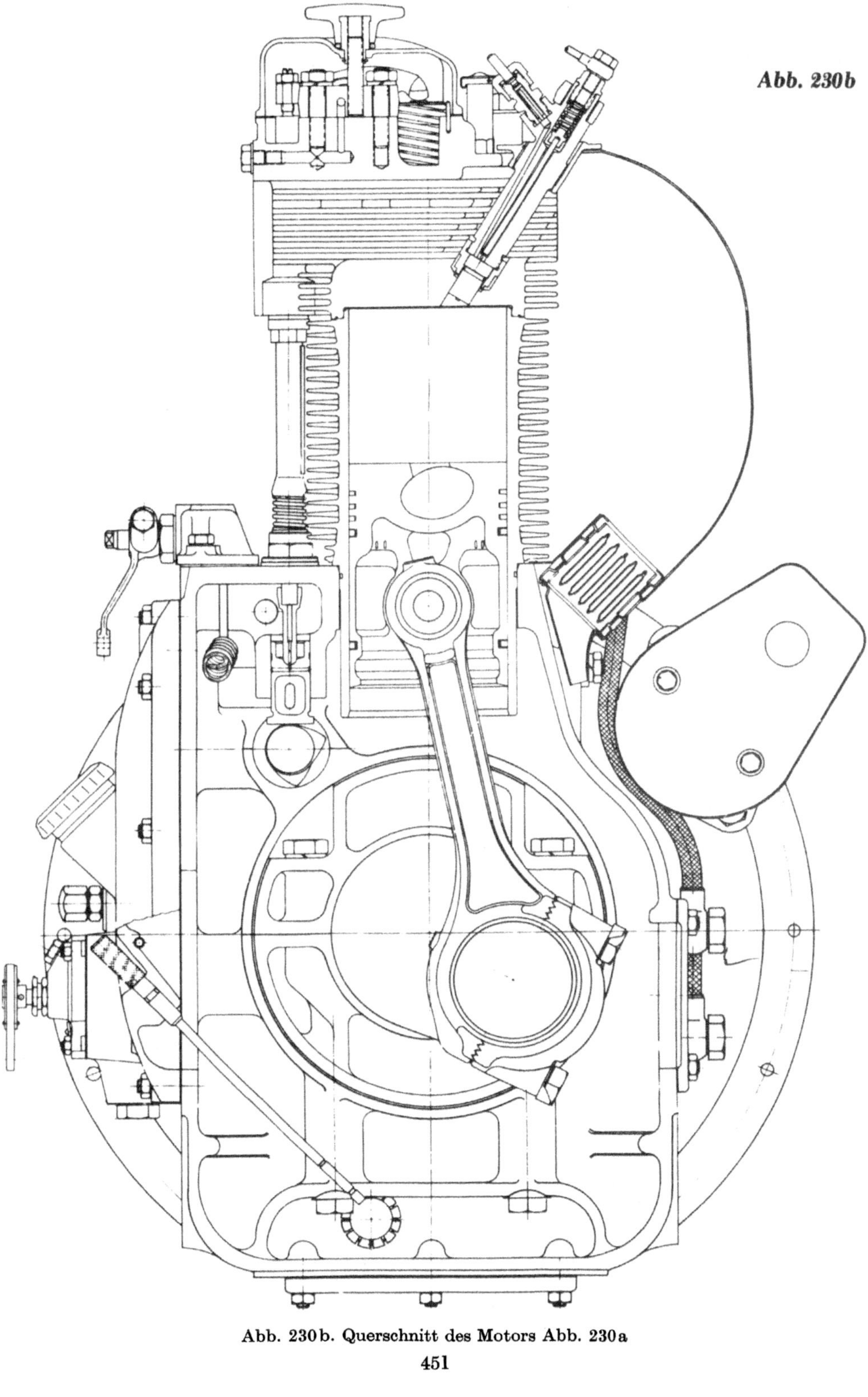

Abb. 230b. Querschnitt des Motors Abb. 230a

Abb. 231a

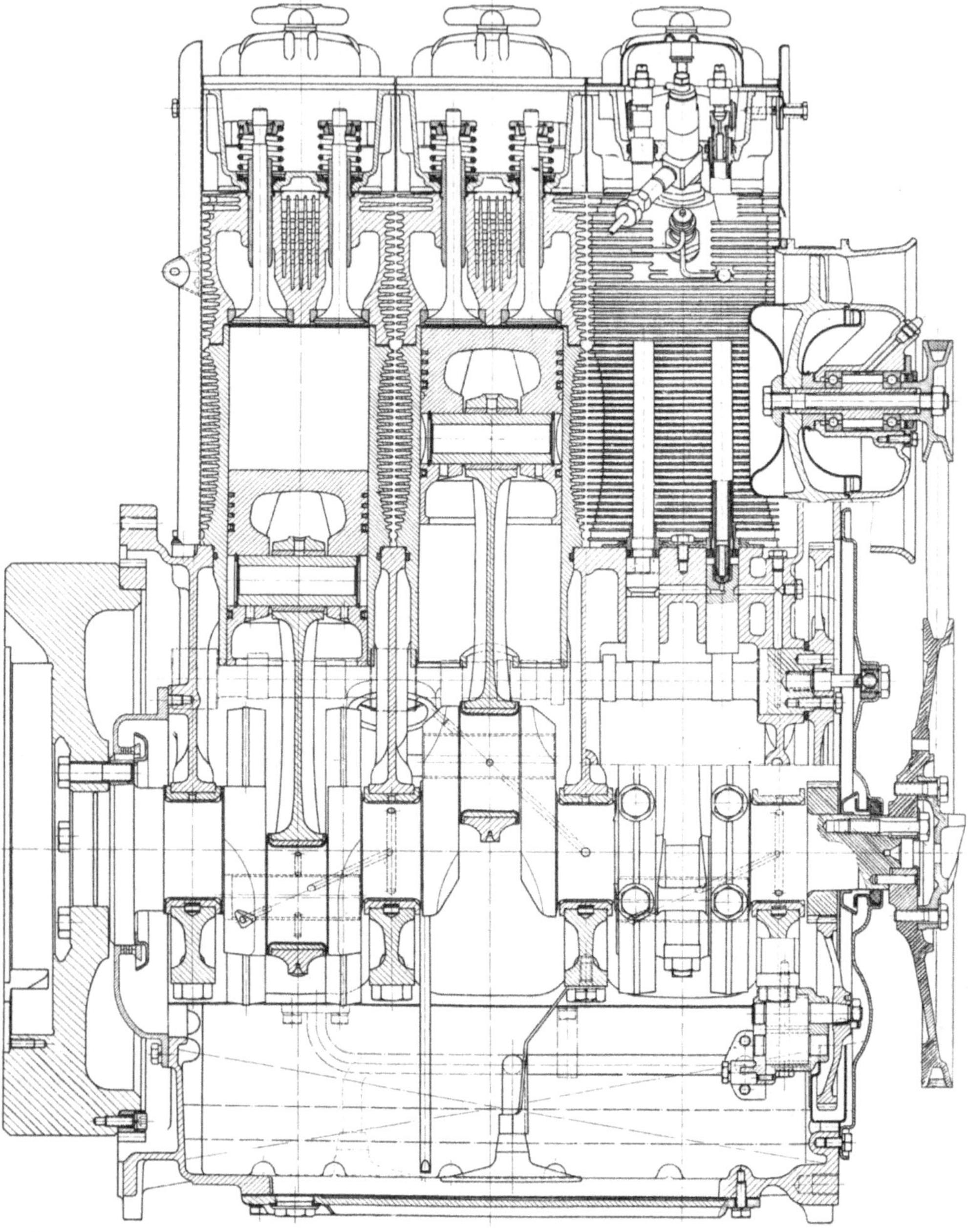

Abb. 231a. Längsschnitt eines luftgekühlten Dreizylinder-Viertakt-Dieselmotors von Klöckner-Humboldt-Deutz mit 110 mm Bohrung und 140 mm Hub (Zahlentafel 1, Zeile 28, und S. 229)

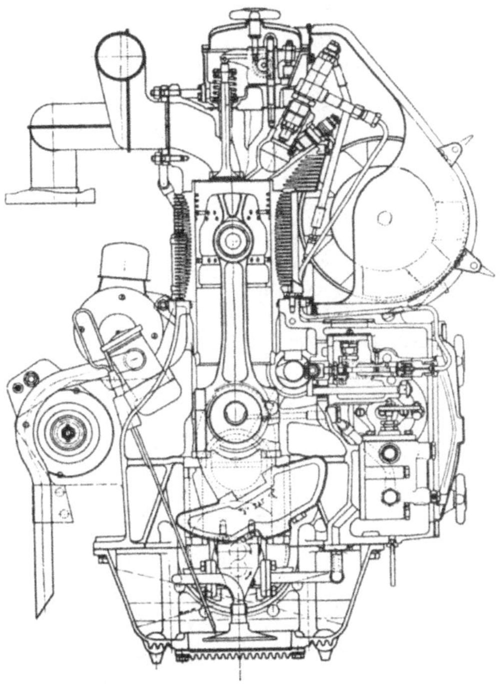

Abb. 231 b. Querschnitt des Motors Abb. 231 a (aus MTZ, Heft 5, 1951)

Abb. 232a

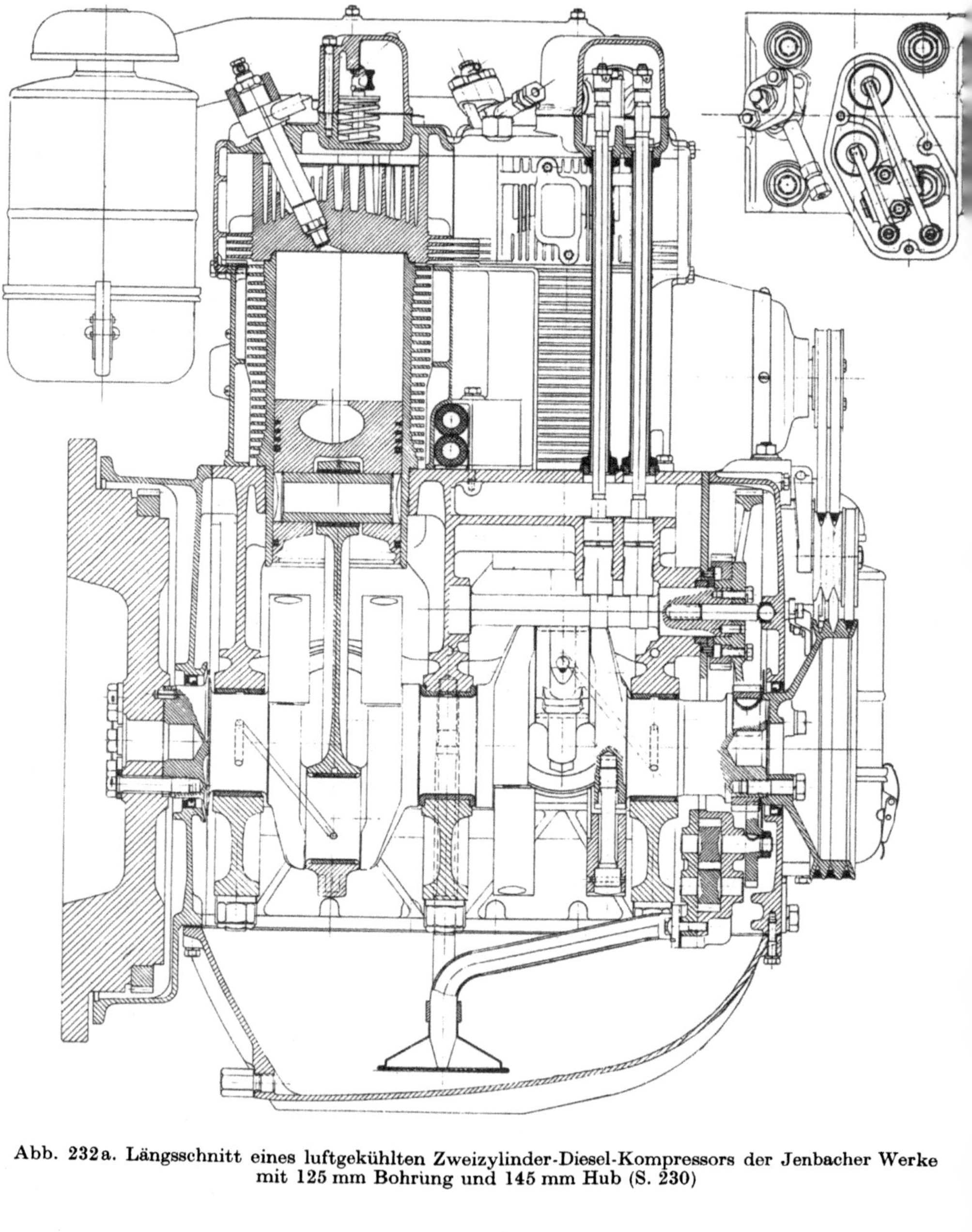

Abb. 232a. Längsschnitt eines luftgekühlten Zweizylinder-Diesel-Kompressors der Jenbacher Werke mit 125 mm Bohrung und 145 mm Hub (S. 230)

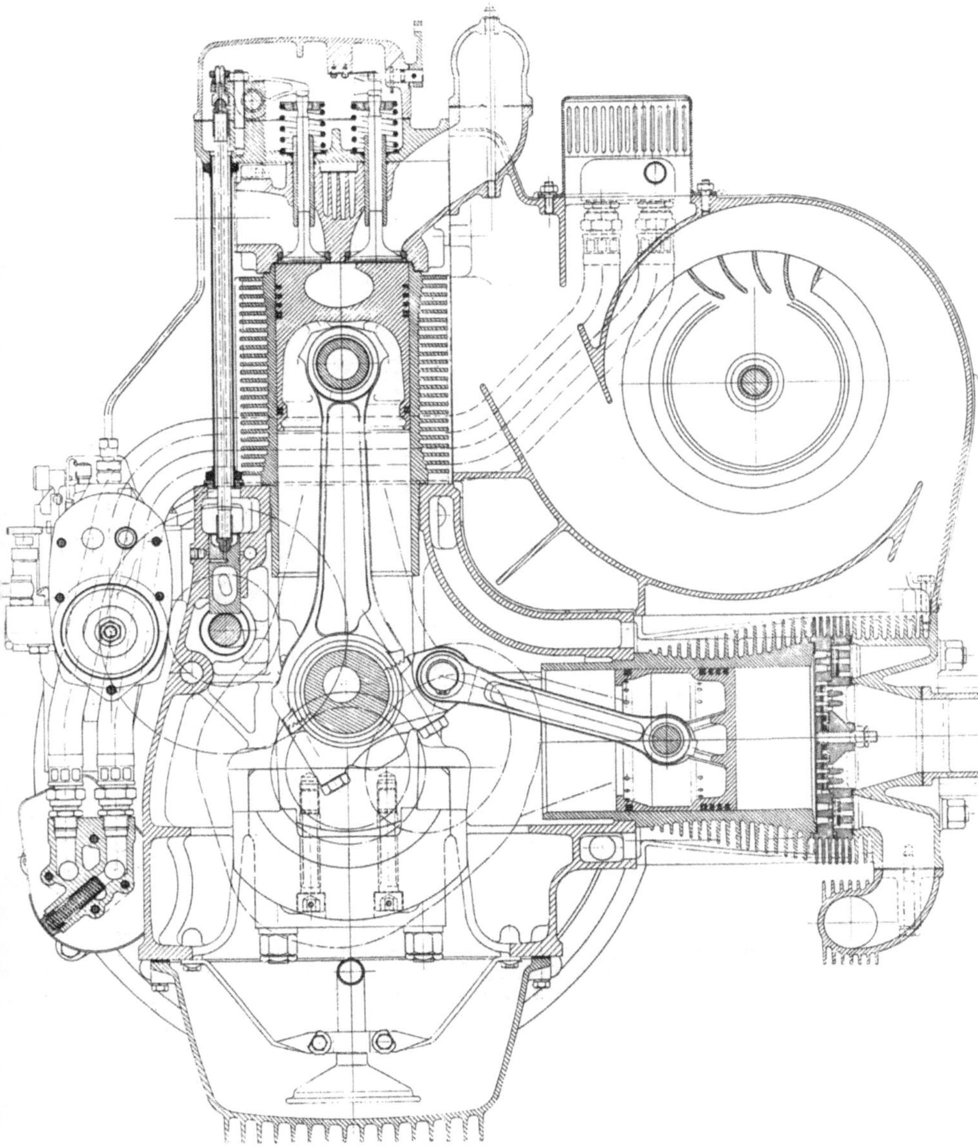

Abb. 232 b. Querschnitt des Dieselkompressors Abb. 232 a

Abb. 233a

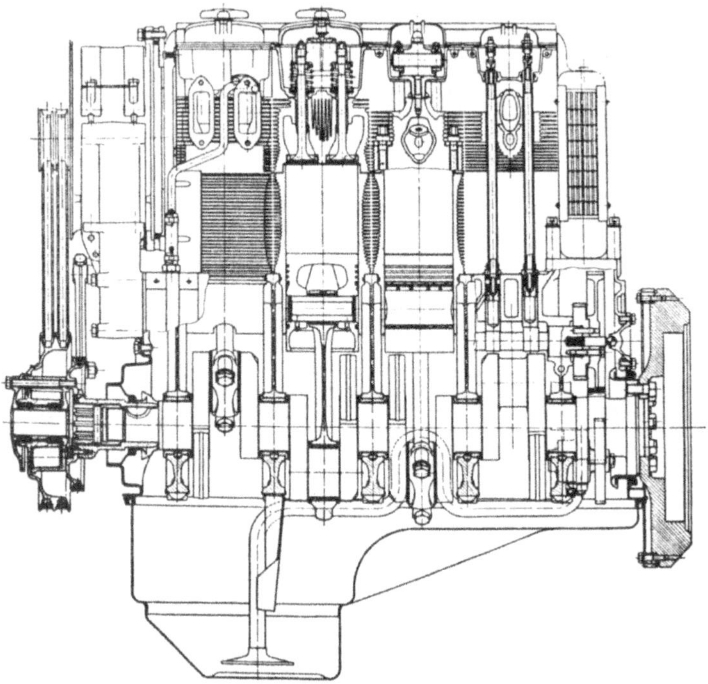

Abb. 233a. Längsschnitt eines luftgekühlten Vierzylinder-Viertakt-Dieselmotors für LKW von Klöckner-Humboldt-Deutz mit 110 mm Bohrung und 140 mm Hub (aus MTZ, Heft 5, 1951) (Zahlentafel 1, Zeile 89, und S. 232)

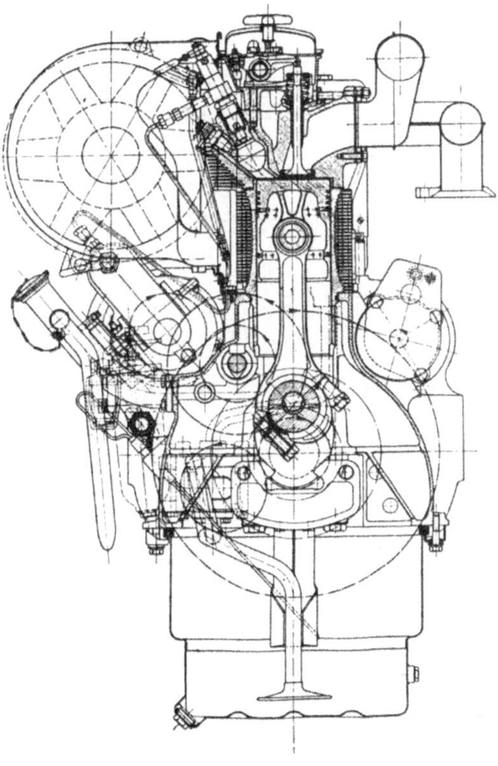

Abb. 233b. Querschnitt des Motors Abb. 233a (aus MTZ, Heft 5, 1951)

Abb. 234a. Längsschnitt des luftgekühlten V-Achtzylinder-Viertakt-Dieselmotors für LKW von Klöckner-Humboldt-Deutz mit 110 mm Bohrung und 140 mm Hub (aus SASS, Bau und Betrieb von Dieselmaschinen, Bd. II, Berlin–Göttingen–Heidelberg: Springer, 1957) (Zahlentafel 1, Zeile 90, und S. 233)

a Kurbelgehäuse-Oberteil
b Kurbelgehäuse-Unterteil
c vorderer Gehäusedeckel
d Schwungrad
e, f Gehäusedeckel
g Lagerdeckel
h Zahnrad auf Kurbelwelle
i Zahnrad auf Nockenwelle *k*
l Zwischenzahnrad
m Zahnrad auf Gebläsewelle
n Zahnrad für Antrieb der Brennstoffpumpe *o*
p Stirnrad zum Antrieb der Schmierölpumpe *q*
r Kopfschrauben
s, t Riemenscheiben
w Schwingungsdämpfer
x Druckbolzen
y Gehäusedeckel
a_1 Stößelbrücken
h_1 Gestänge für Brennstoffregelung
i_1 Brennstoffdruckleitungen
o_1 Leitschaufelkranz des Kühlgebläses
p_1 Gebläseläufer
q_1 Dämpferkupplung
r_1 Gebläsewelle
t_1 Luftführungshaube
v_1 Ölsaugrohr
z_1 Schmierbohrungen
a_2 Schmierbohrung
b_2 Ölverteilrohr für die Steuerungsteile
c_2 Schmierbohrungen für die Stößel
e_2 Öldüse für Schmierung der Zahnräder
g_2 Bohrung für Öldruckregelventil
k_2 Knaggen für Befestigung der Brennstoffpumpe
p_2 Verschalung des Zahnrades *n*
a_3 Sicherung der Grundlagerschalen, zugleich Schmieröldrosseldüse
b_3 Blech zum Haltern von v_1
w_3 Rohrstück für Schmierölführung im Kurbelzapfen
x_3, y_3 Gegengewichte an den Kurbelwangen

Abb. 234a

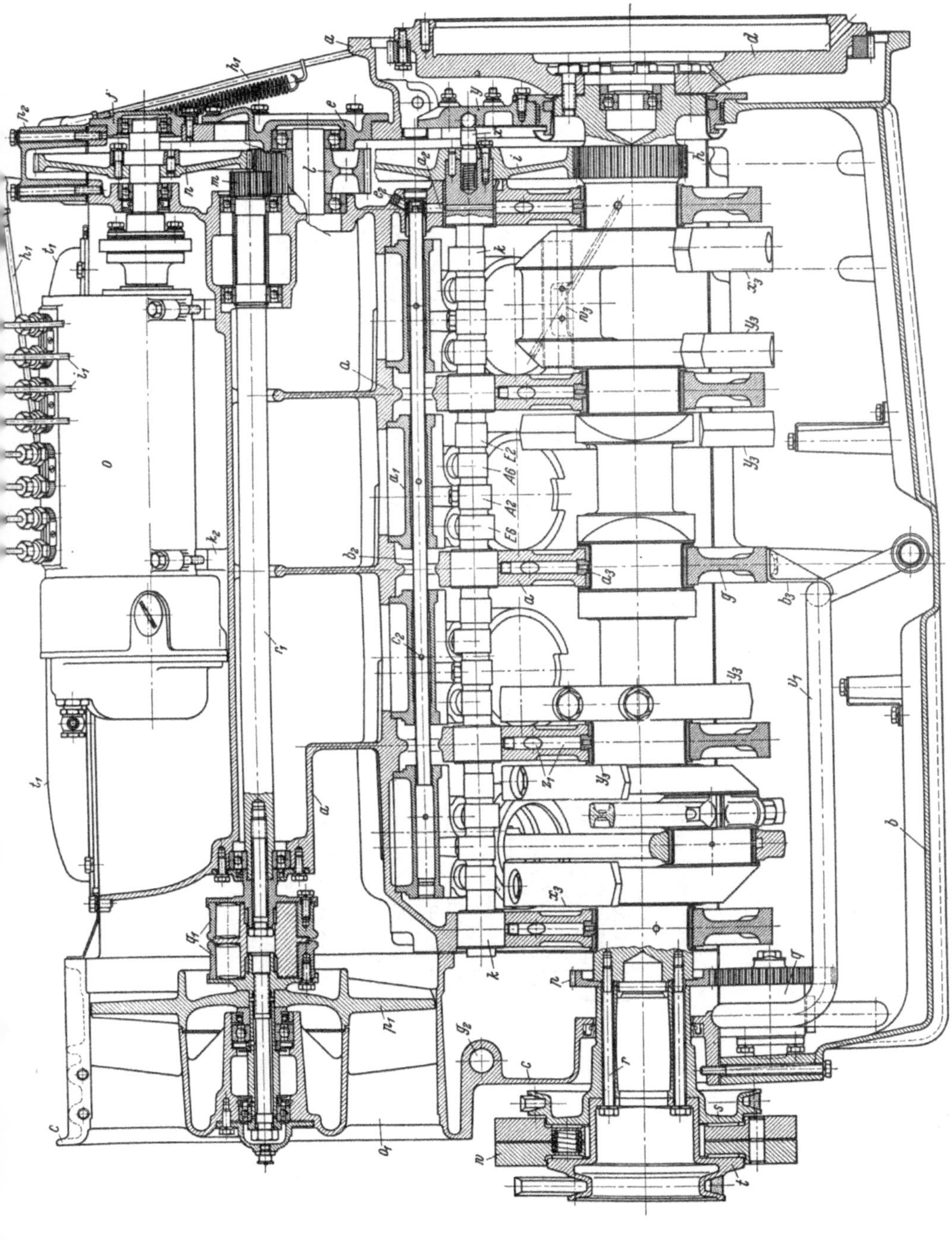

Abb. 234b. Querschnitt des Motors Abb. 234a (aus SASS, Bau und Betrieb von Dieselmaschinen, Bd. II, Berlin–Göttingen–Heidelberg: Springer, 1957)

- a Kurbelgehäuse-Oberteil
- b Kurbelgehäuse-Unterteil
- g Lagerdeckel
- h Zahnrad auf Kurbelwelle
- i Zahnrad auf Nockenwelle k
- l Zwischenzahnrad
- m Zahnrad auf Gebläsewelle
- n Zahnrad für Antrieb der Brennstoffpumpe o
- u Lichtmaschine
- z Stößel
- a_1 Stößelbrücke
- b_1 Stoßstange
- c_1 Schutzrohre
- d_1 Aufsatz zum Zylinderkopf
- e_1 Einsaugventil
- f_1 Saugrohre
- g_1 Auspuffleitungen
- h_1 Gestänge für Brennstoffregelung
- i_1 Brennstoffdruckleitungen
- k_1 Einspritzventile
- l_1 Wirbelkammer
- m_1 Glühkerze
- n_1 Leckbrennstoffleitungen
- p_1 Läufer des Kühlgebläses
- r_1 Gebläsewelle
- t_1 Luftführungshauben
- v_1 Ölsaugrohr
- y_1 Ölverteilrohr für die Kurbel- und Nockenwelle
- b_2 Ölverteilrohr für die Steuerungsteile
- c_2 Schmierbohrungen
- d_2 Ölabflußrohre
- h_2 Anlasser
- k_2 Knaggen für Befestigung der Brennstoffpumpe
- s_2 Knaggen für Halterung der Luftführungsbleche
- t_2 Flanschen für Befestigung des Motors
- u_2 Kopfschraube für Befestigung der Stößelbrücke
- b_3 Blech für Halterung von v_1
- w_3 Rohrstück für Schmierölführung im Kurbelzapfen
- x_3 Gegengewicht an den Kurbelwangen

Abb. 234b

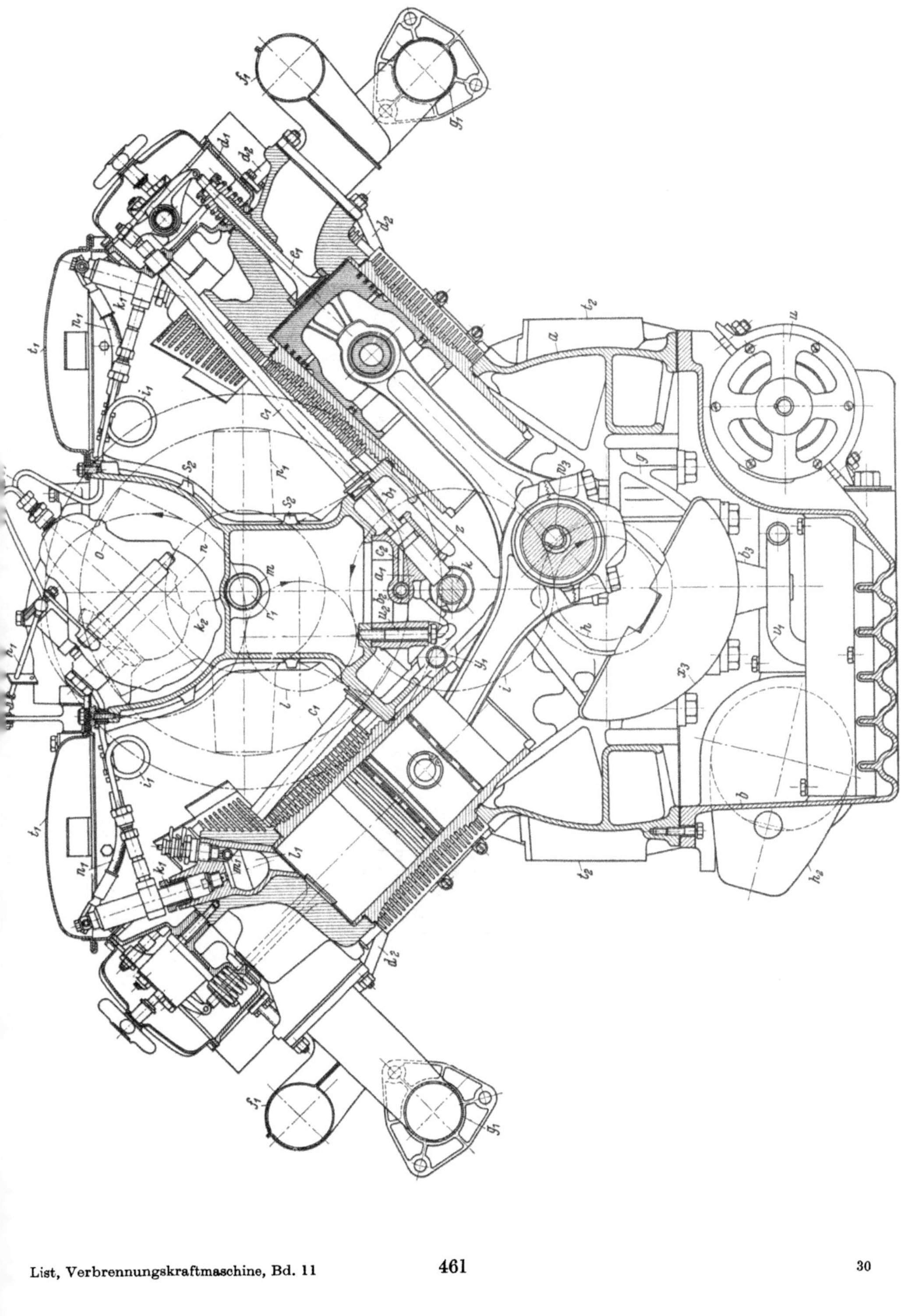

Abb. 235. Vorderansicht des Motors Abb. 234 (S. 233)

1 Zylinderkopfhaube
2 Abschlußdeckel
3 Ölkühler
4 Einspritzpumpe, Regler, Förderpumpe
5 Kühlgebläse
6 Kraftstoffilter
7 Luftpresser
8 Schwingungsdämpfer
9 Lichtmaschine
10 Ölmeßstab
11 Öleinfüllstutzen
12 Kurbelgehäuse-Unterteil (AL-Ausführung)
13 Ölspaltfiltereinsatz
14 Anlasser
15 Kurbelgehäuse-Oberteil
16 Gestänge zur Ölfiltertasche
17 Auspuffsammelrohr
18 Ölrücklaufrohr vom Zylinderkopfaufsatz zum Kurbelgehäuse-Oberteil
19 Luftansaugrohr

Abb. 235

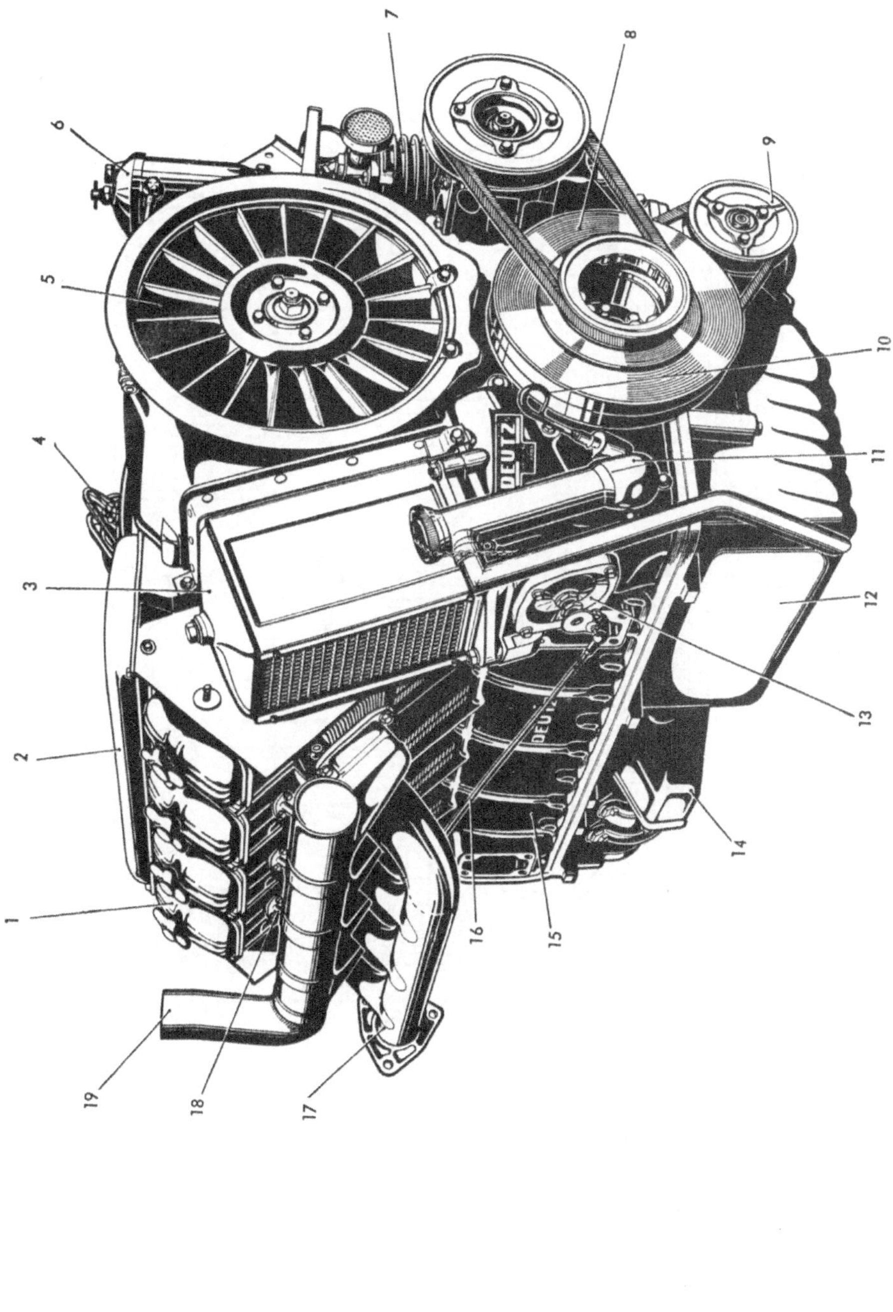

Abb. 236a

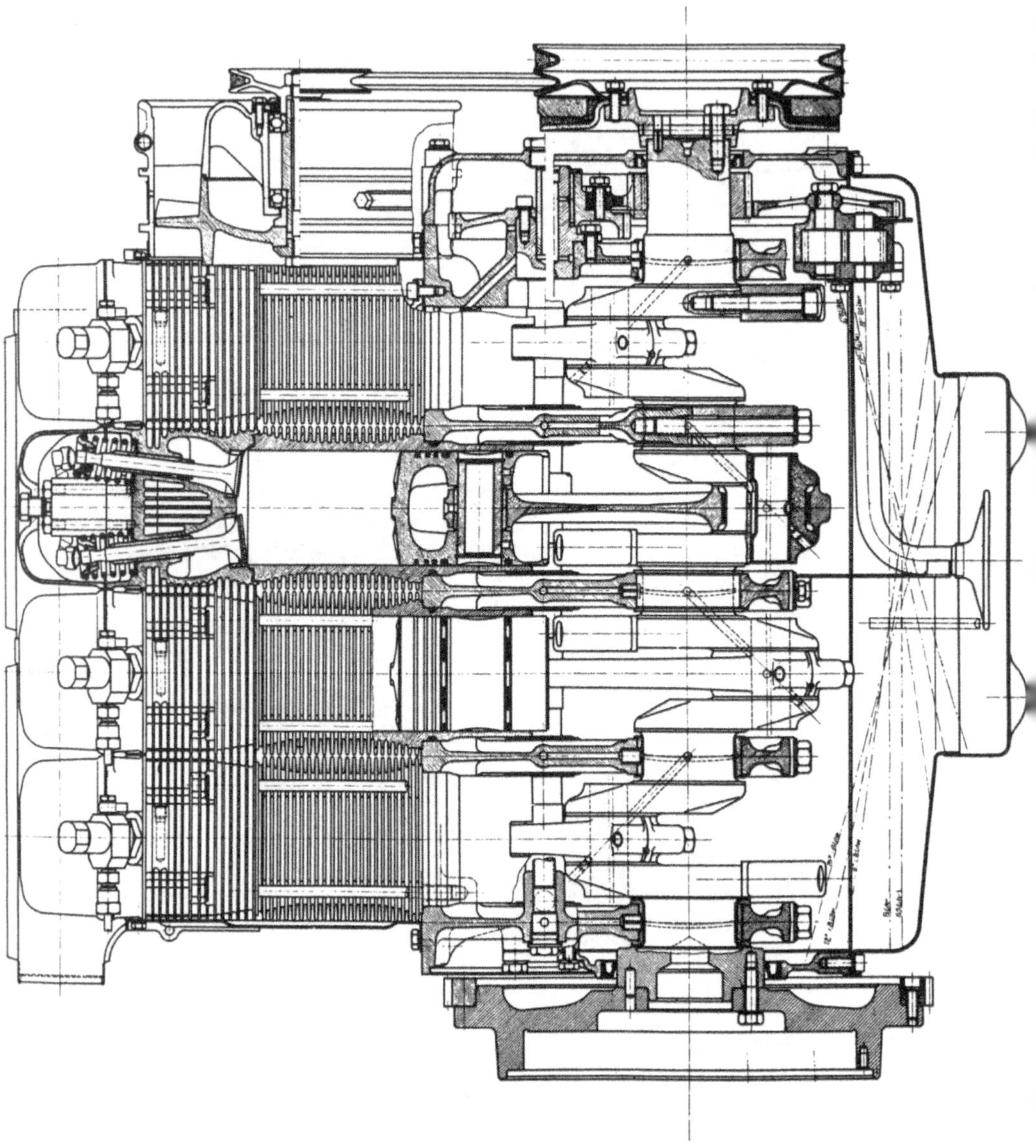

Abb. 236b

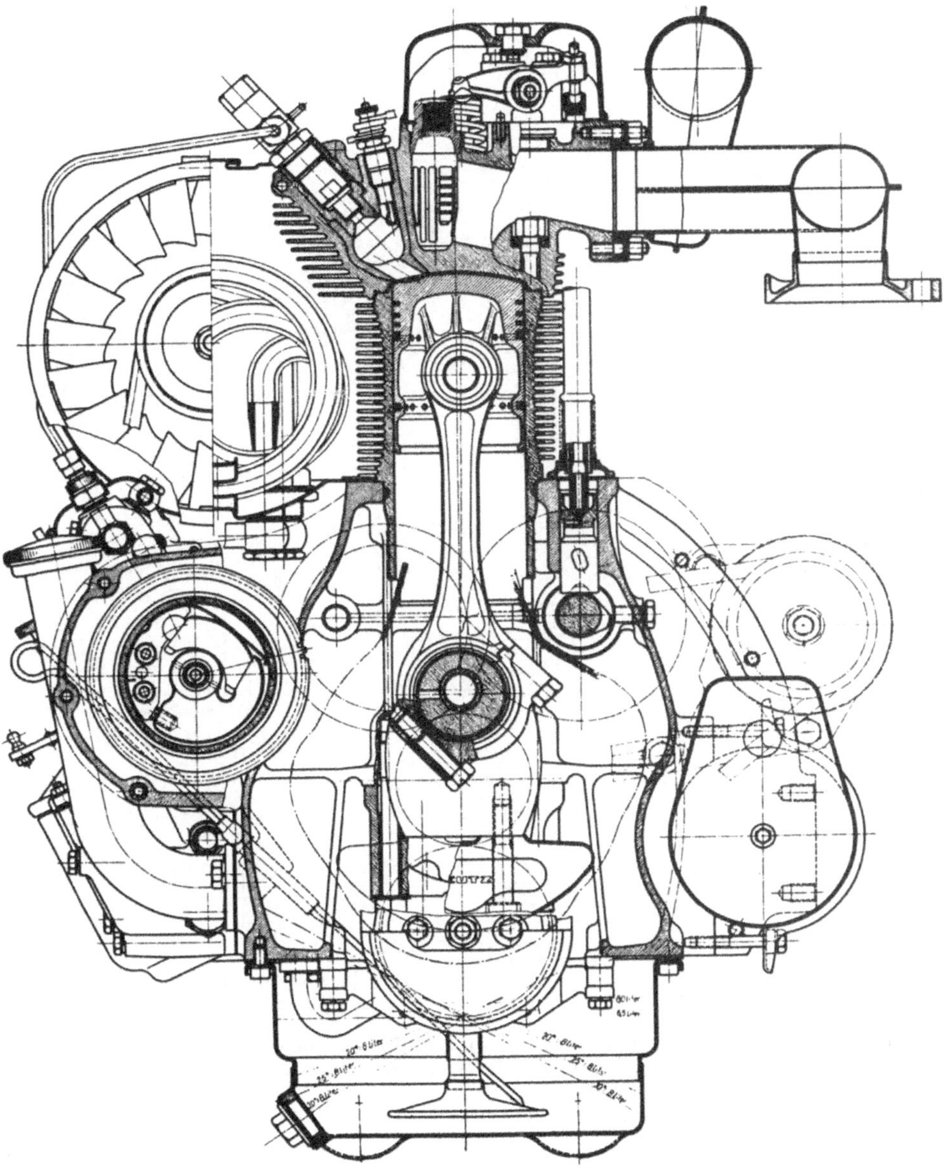

Abb. 236b. Querschnitt des Motors Abb. 236a

Abb. 237a

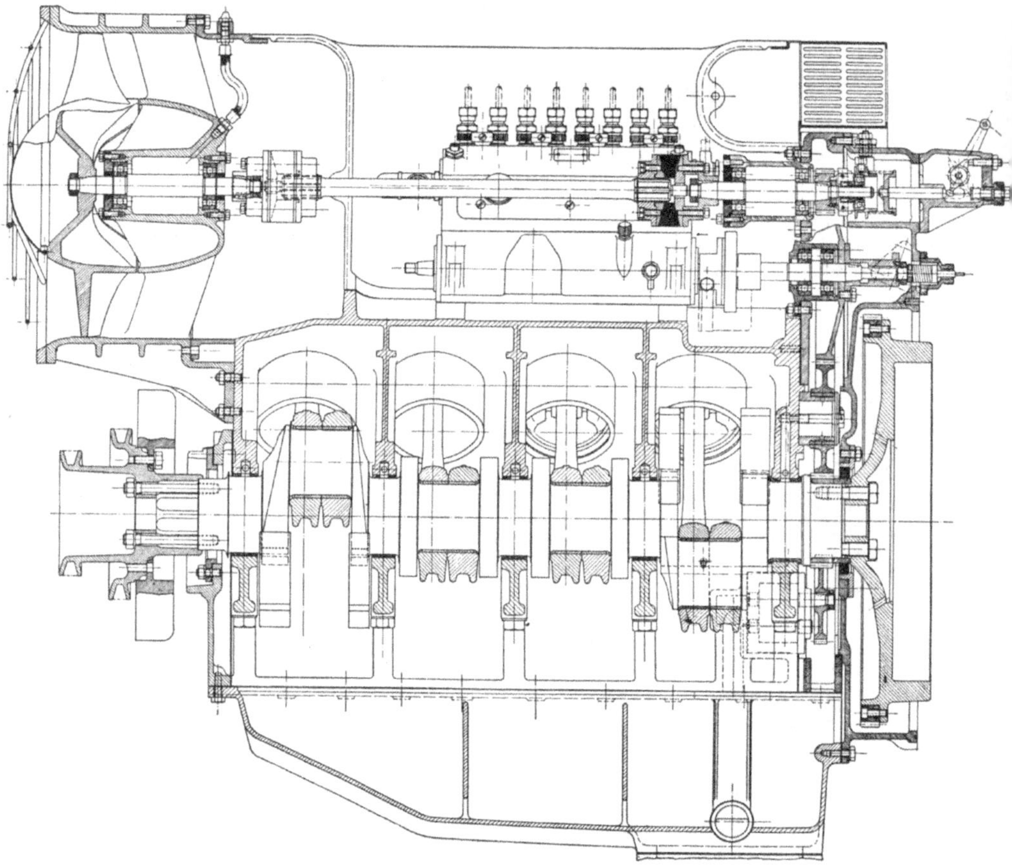

Abb. 237a. Längsschnitt des raschlaufenden, luftgekühlten V-Achtzylinder-Viertakt-Dieselmotors für LKW von MWM mit 105 mm Bohrung und 120 mm Hub (Zahlentafel 1, Zeile 93, und S. 235)

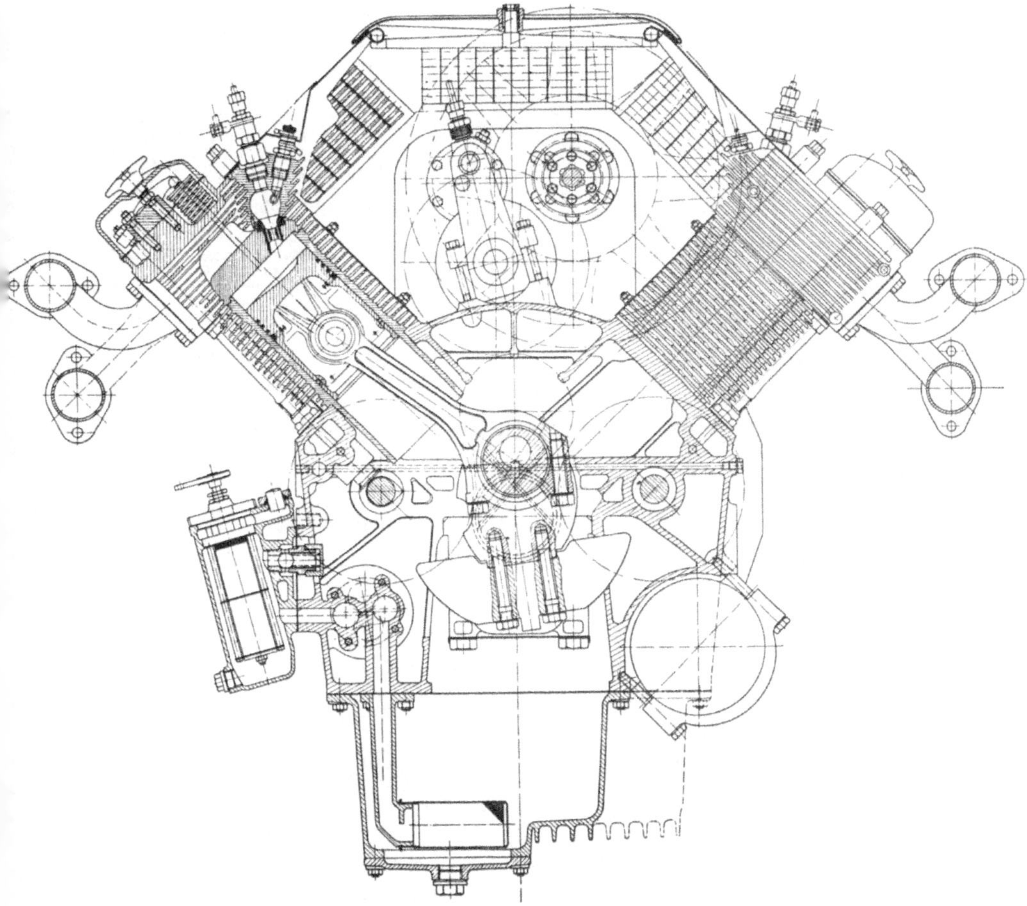

Abb. 237b. Querschnitt des Motors Abb. 237a

Abb. 238

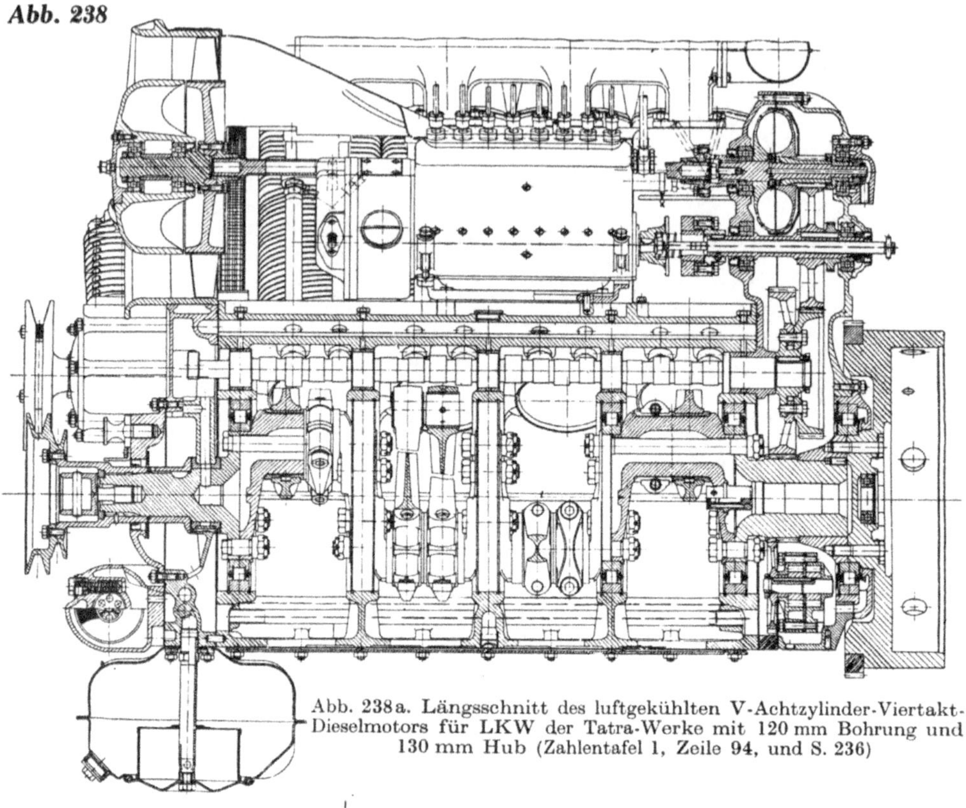

Abb. 238a. Längsschnitt des luftgekühlten V-Achtzylinder-Viertakt-Dieselmotors für LKW der Tatra-Werke mit 120 mm Bohrung und 130 mm Hub (Zahlentafel 1, Zeile 94, und S. 236)

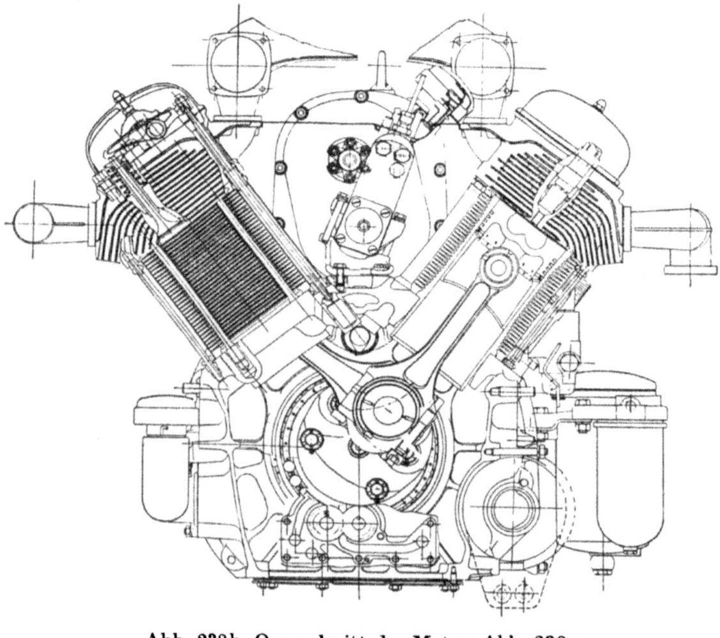

Abb. 238b. Querschnitt des Motors Abb. 238a

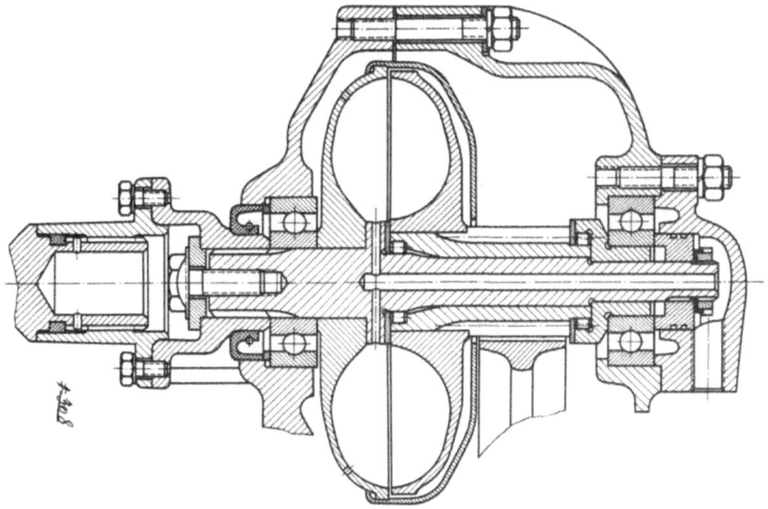

Abb. 239. Hydraulische Kupplung zur Drehzahlregelung des Kühlgebläses für den Motor Abb. 238 (S. 236)

Abb. 240. Vorderansicht des Motors Abb. 238 (S. 237)

Abb. 241a

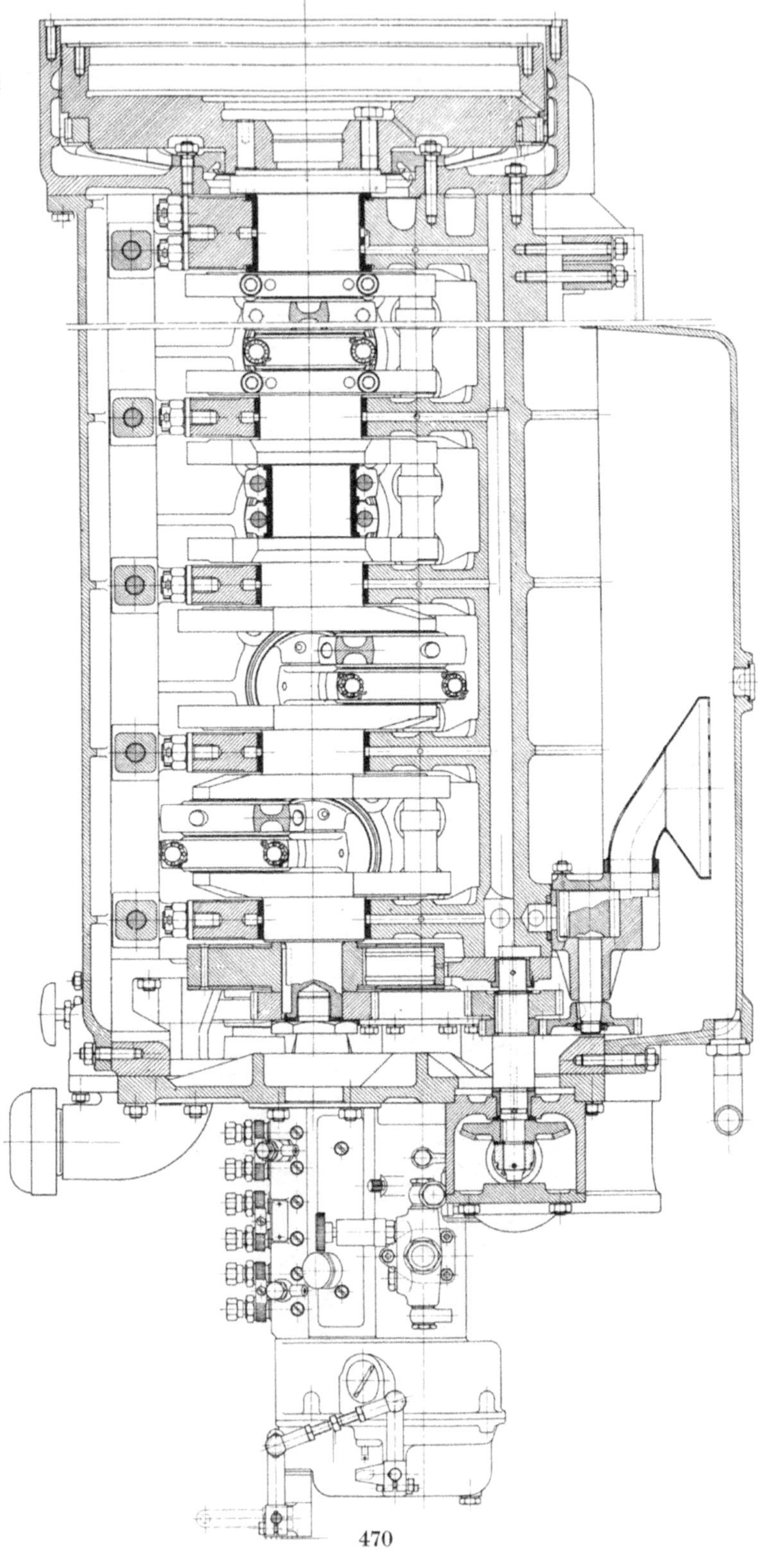

Abb. 241a. Längsschnitt des luftgekühlten Zwölfzylinder-Boxer-Dieselmotors für Triebwagen der Schweizerischen Lokomotiv- und Maschinenfabrik mit 110 mm Bohrung und 140 mm Hub (Zahlentafel 1, Zeile 95, und S. 237)

Abb. 241b

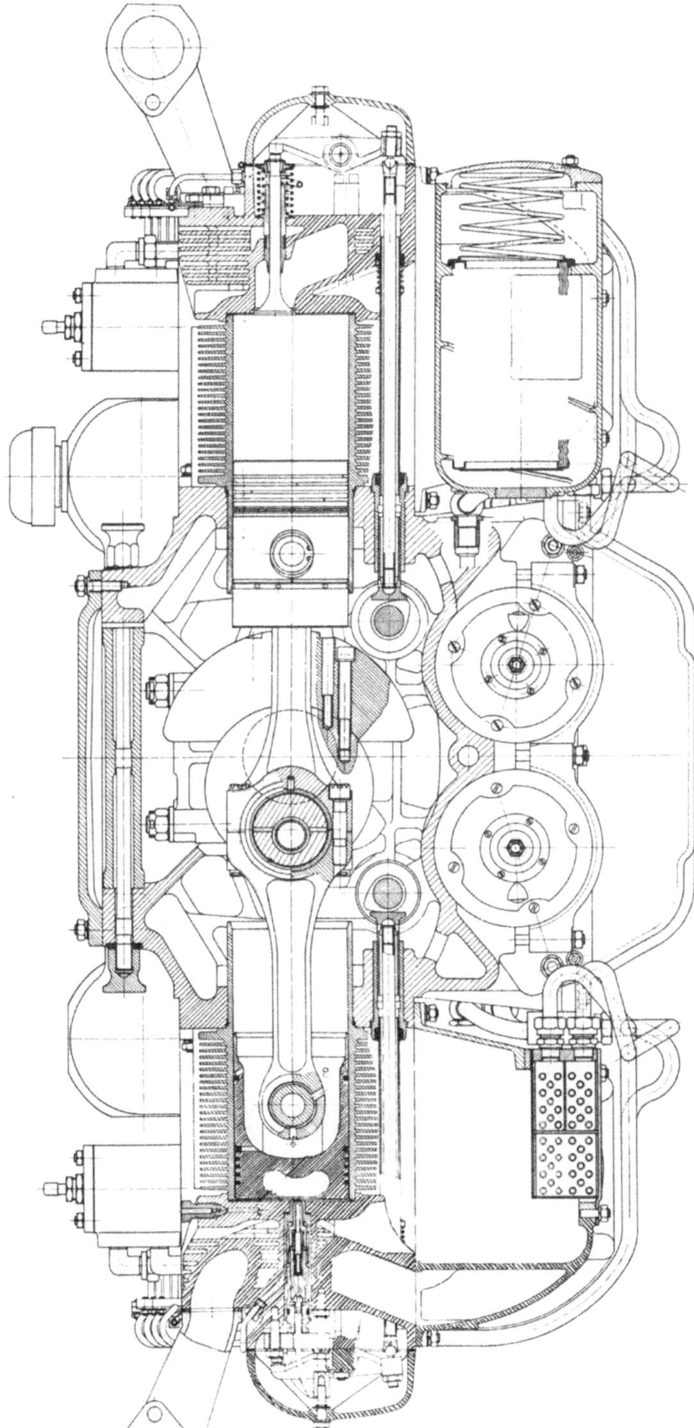

Abb. 241 b. Querschnitt des Motors Abb. 241 a

Abb. 242 und 243a

Abb. 242. Vorderansicht des Motors
Abb. 241 (S. 238)

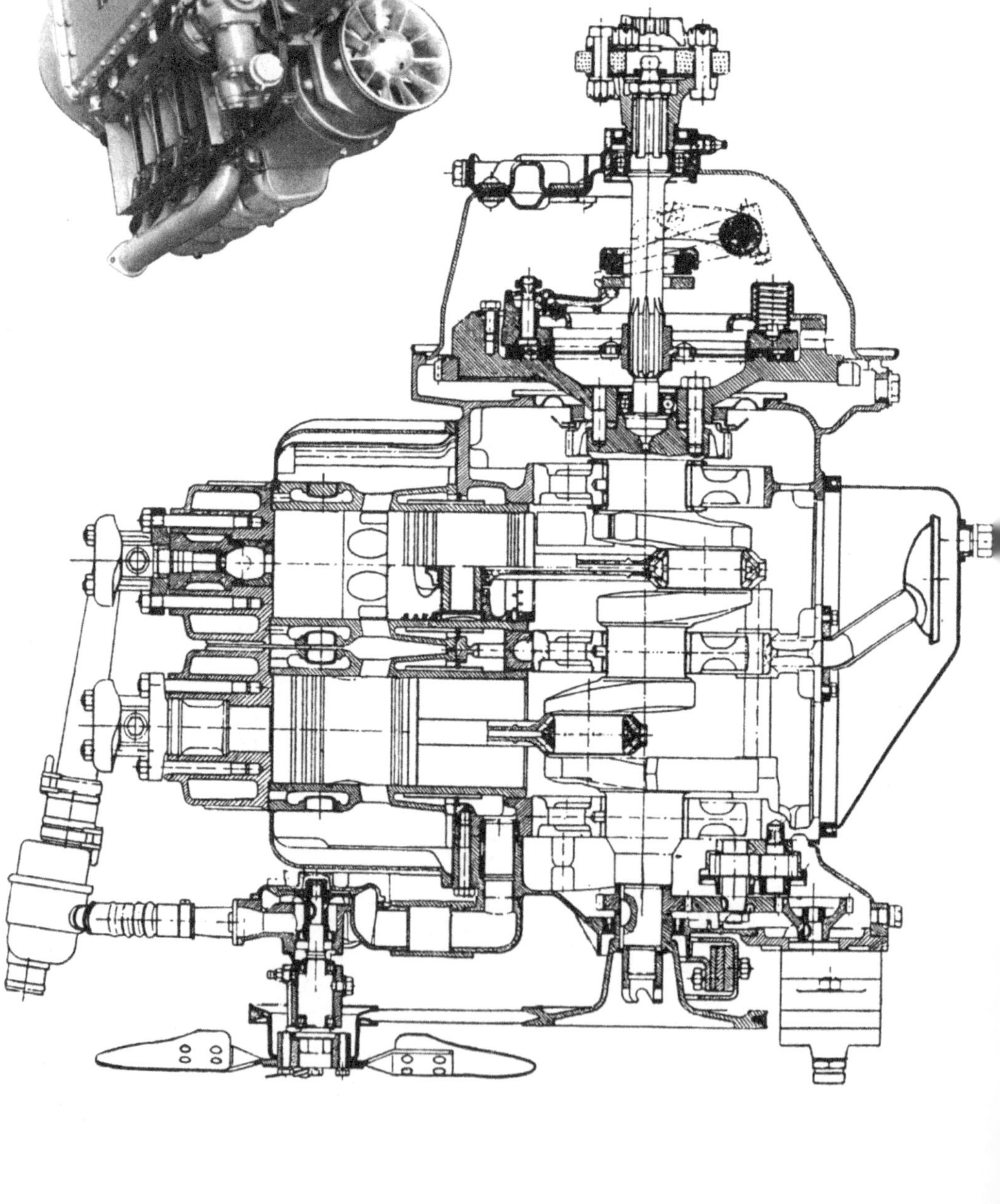

Abb. 243b

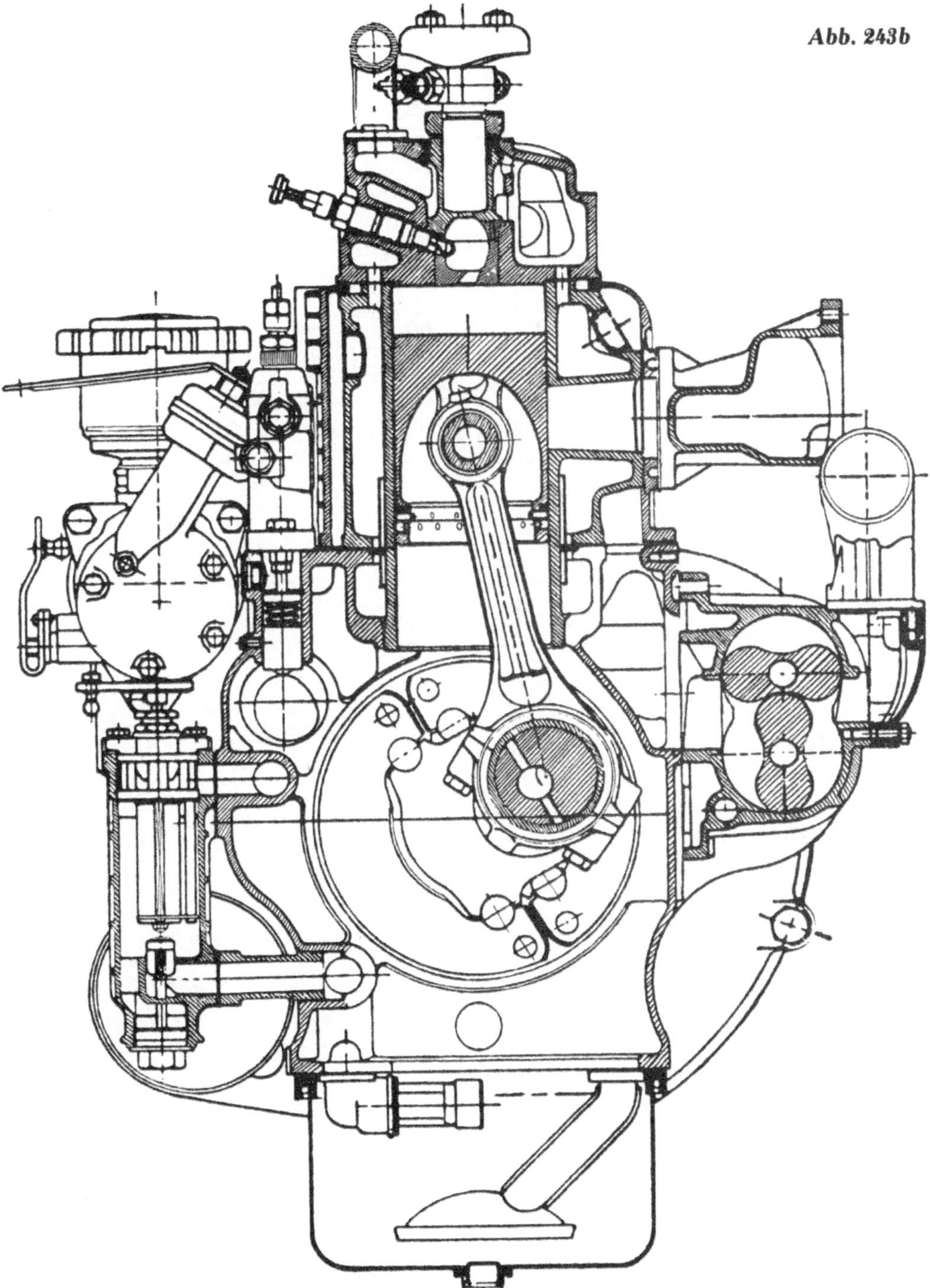

Abb. 243b. Querschnitt des Motors Abb. 243a

Abb. 244a

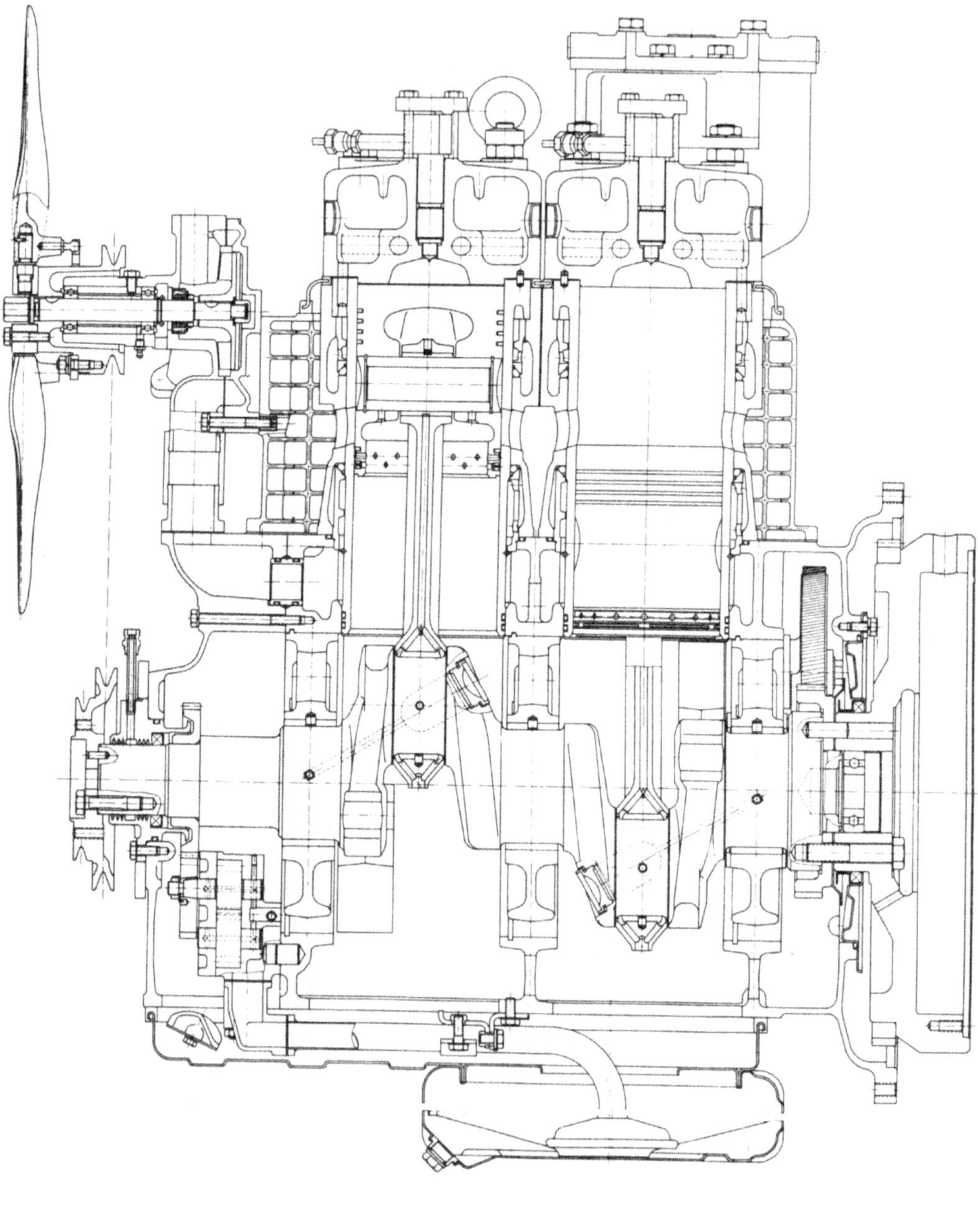

Abb. 244b

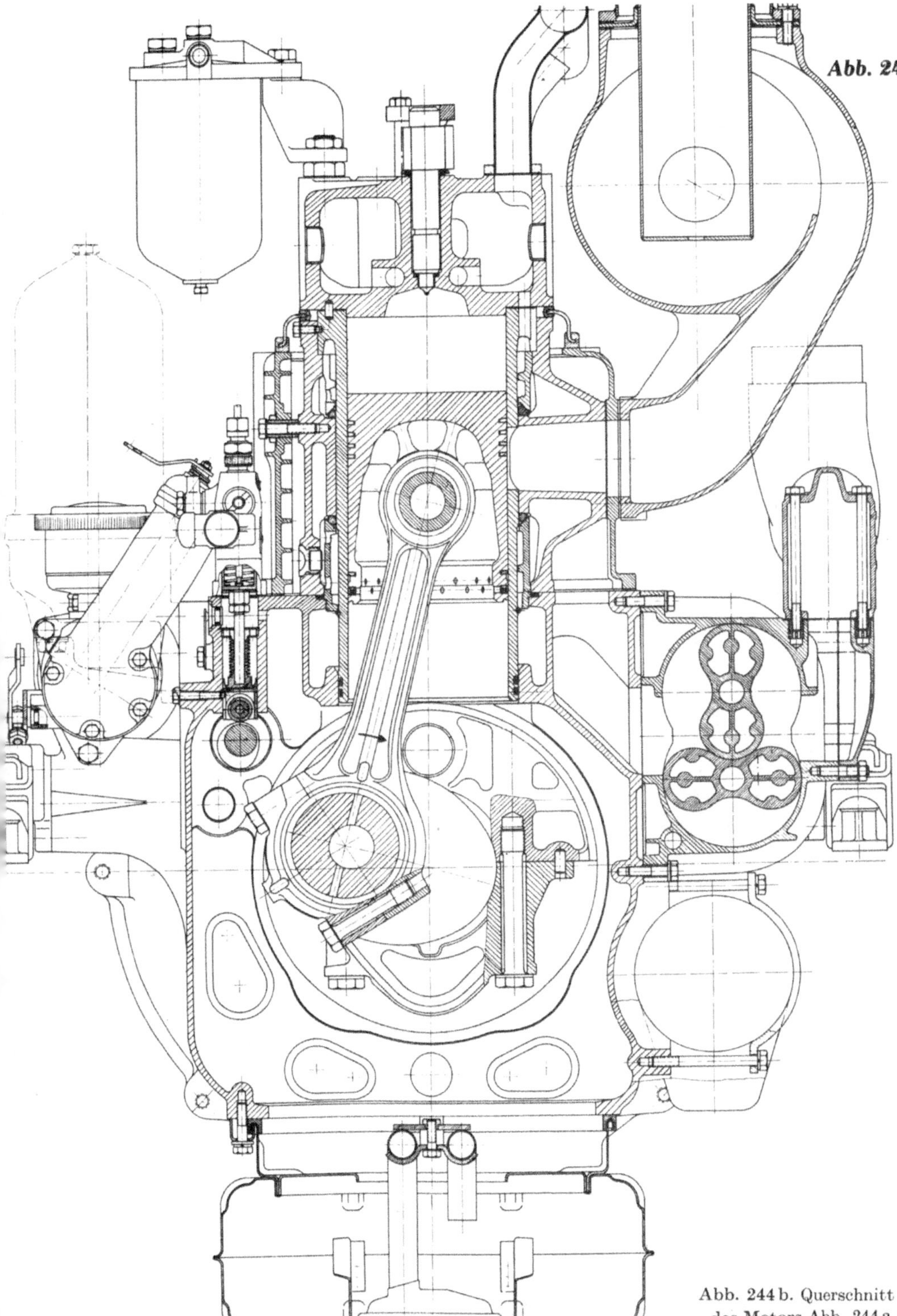

Abb. 244 b. Querschnitt des Motors Abb. 244 a

Abb. 245a

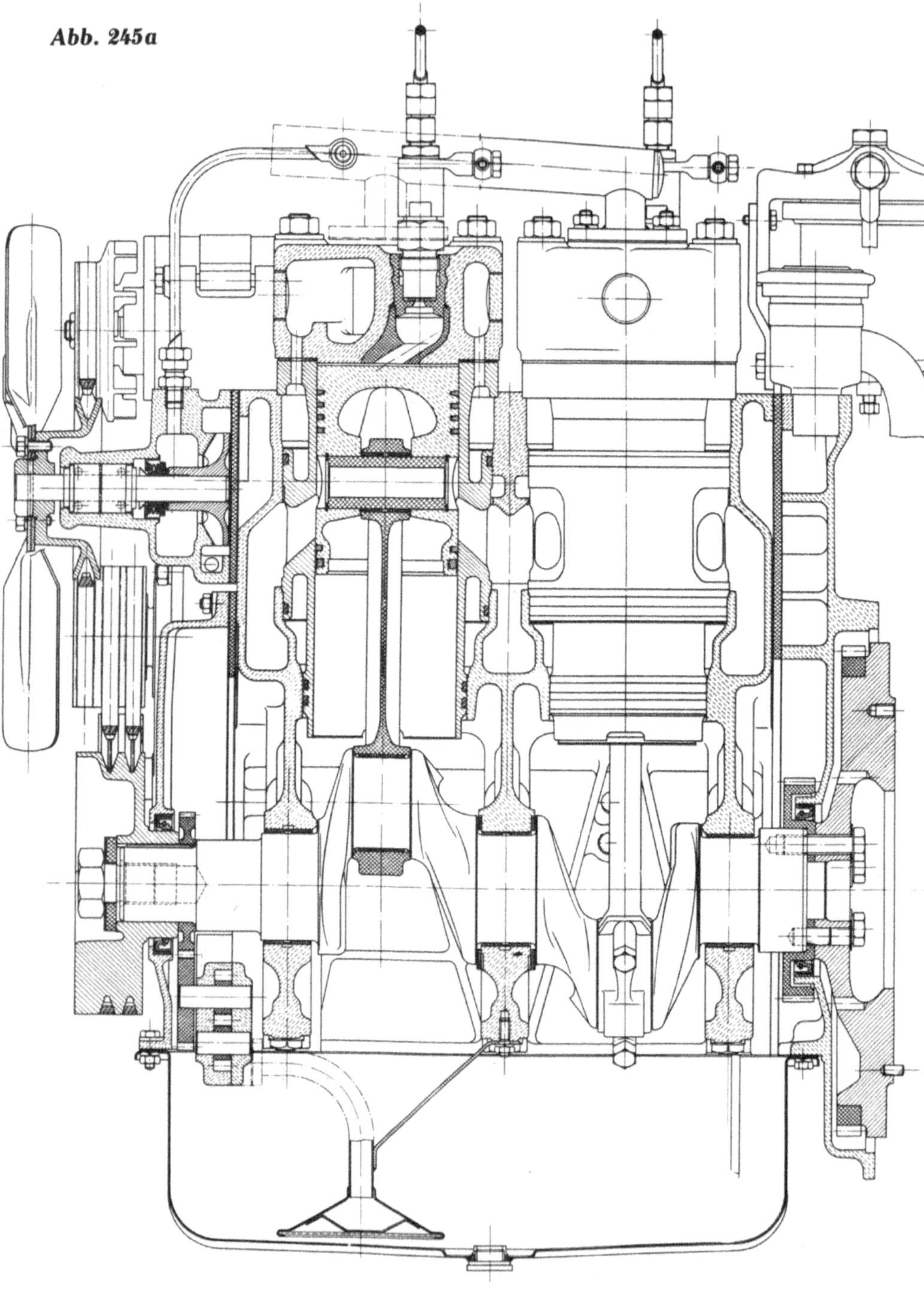

Abb. 245a. Längsschnitt des Zweizylinder-Zweitakt-Dieselmotors für LKW von Alfa Romeo mit 85 mm Bohrung und 102 mm Hub (Zahlentafel 1, Zeile 33, und S. 240)

Abb. 245 b

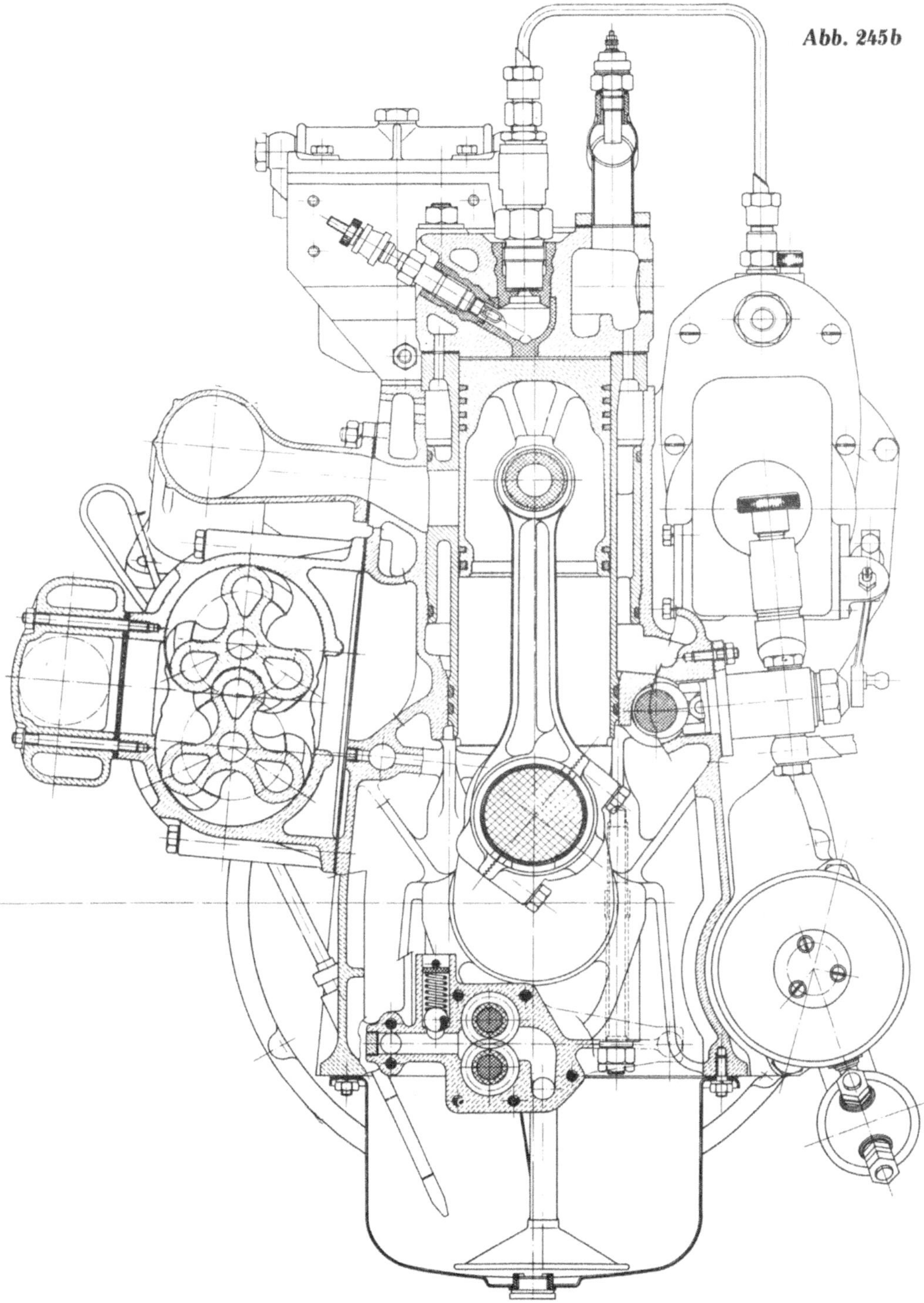

Abb. 245 b. Querschnitt des Motors Abb. 245 a

Abb. 246

Abb. 246. Teilschnitt durch Lagerung der Massenausgleichswelle des Motors Abb. 245 (S. 241)

Abb. 246

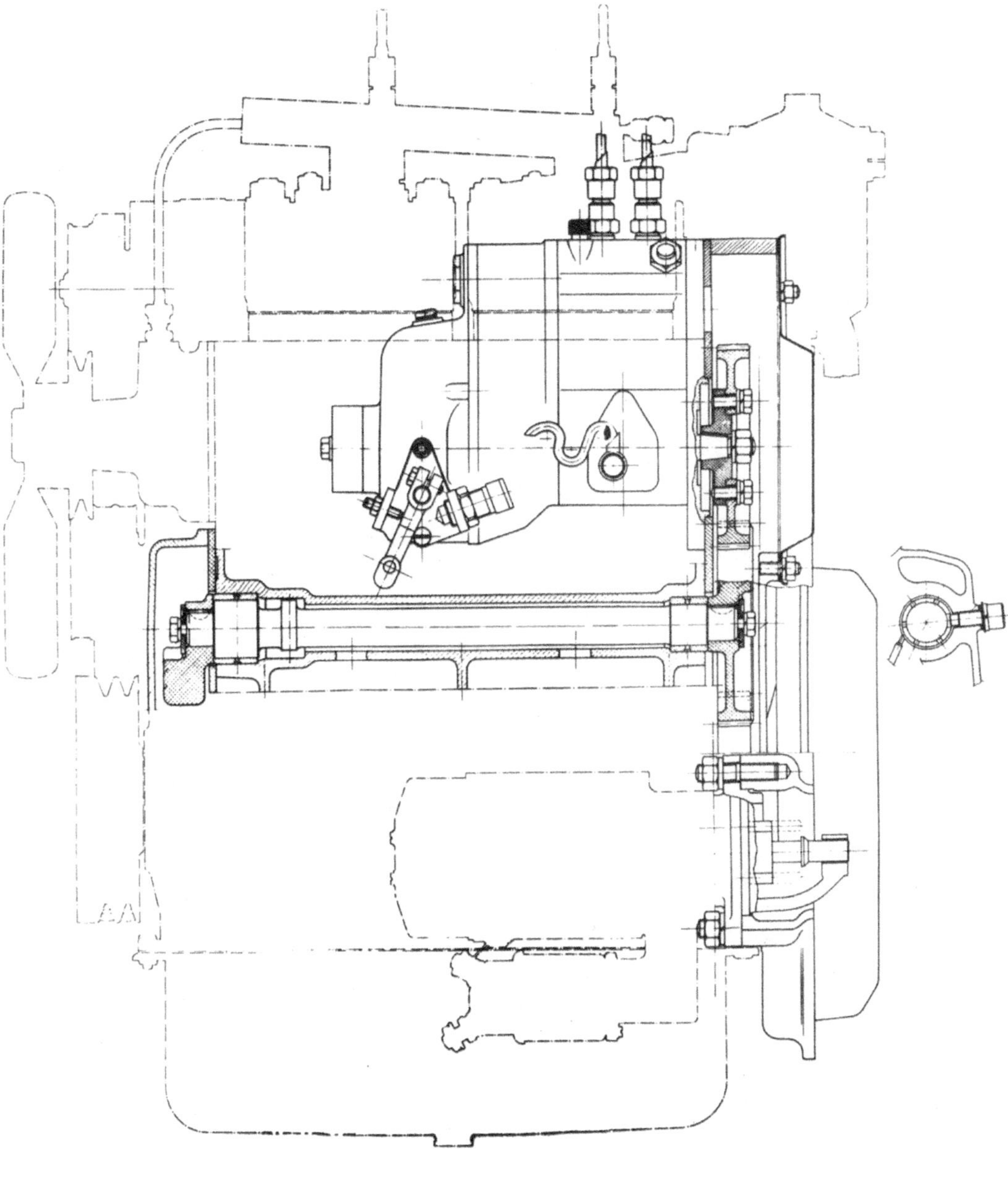

Abb. 247a

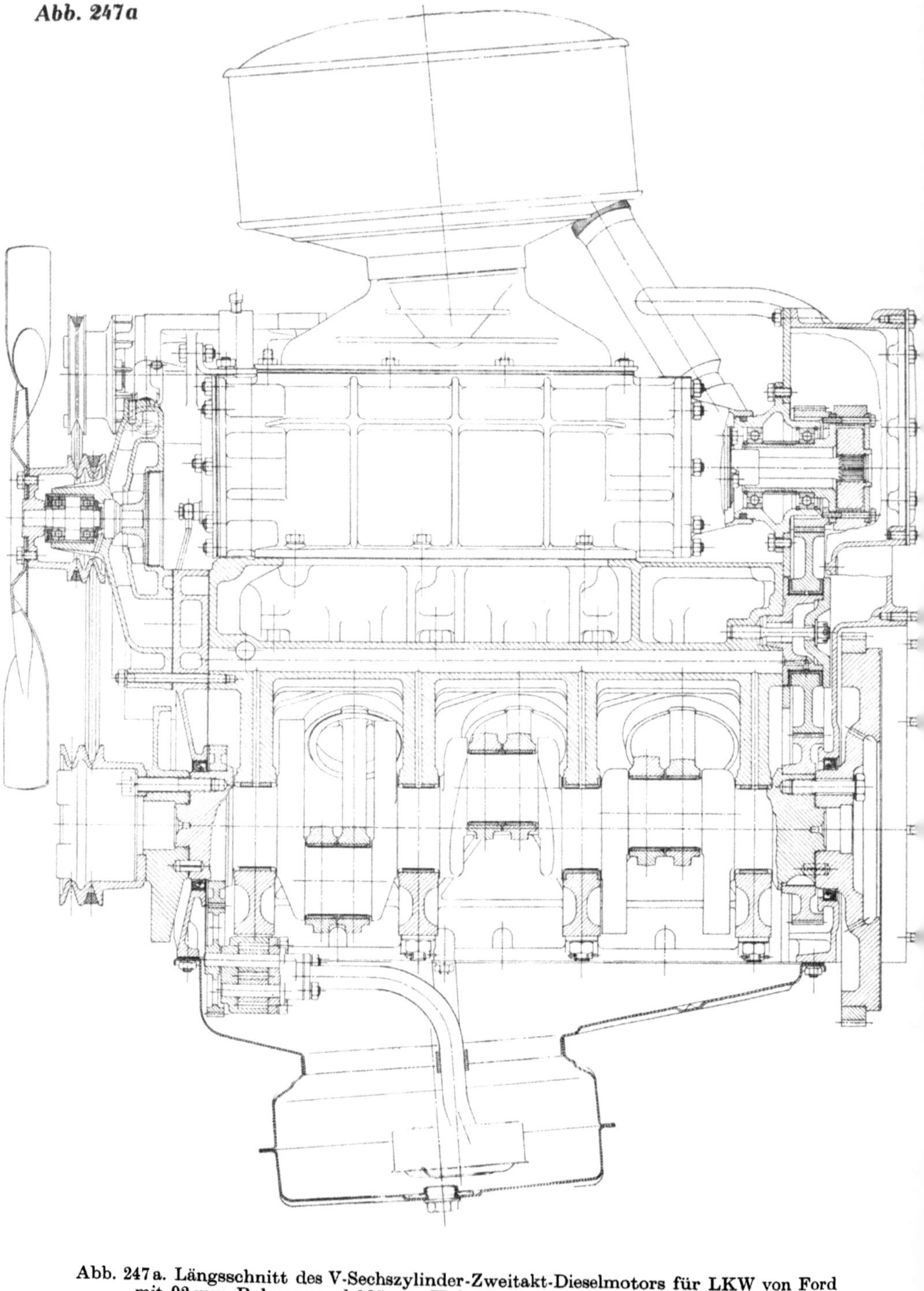

Abb. 247a. Längsschnitt des V-Sechszylinder-Zweitakt-Dieselmotors für LKW von Ford mit 92 mm Bohrung und 105 mm Hub (Zahlentafel 1, Zeile 36, und S. 241)

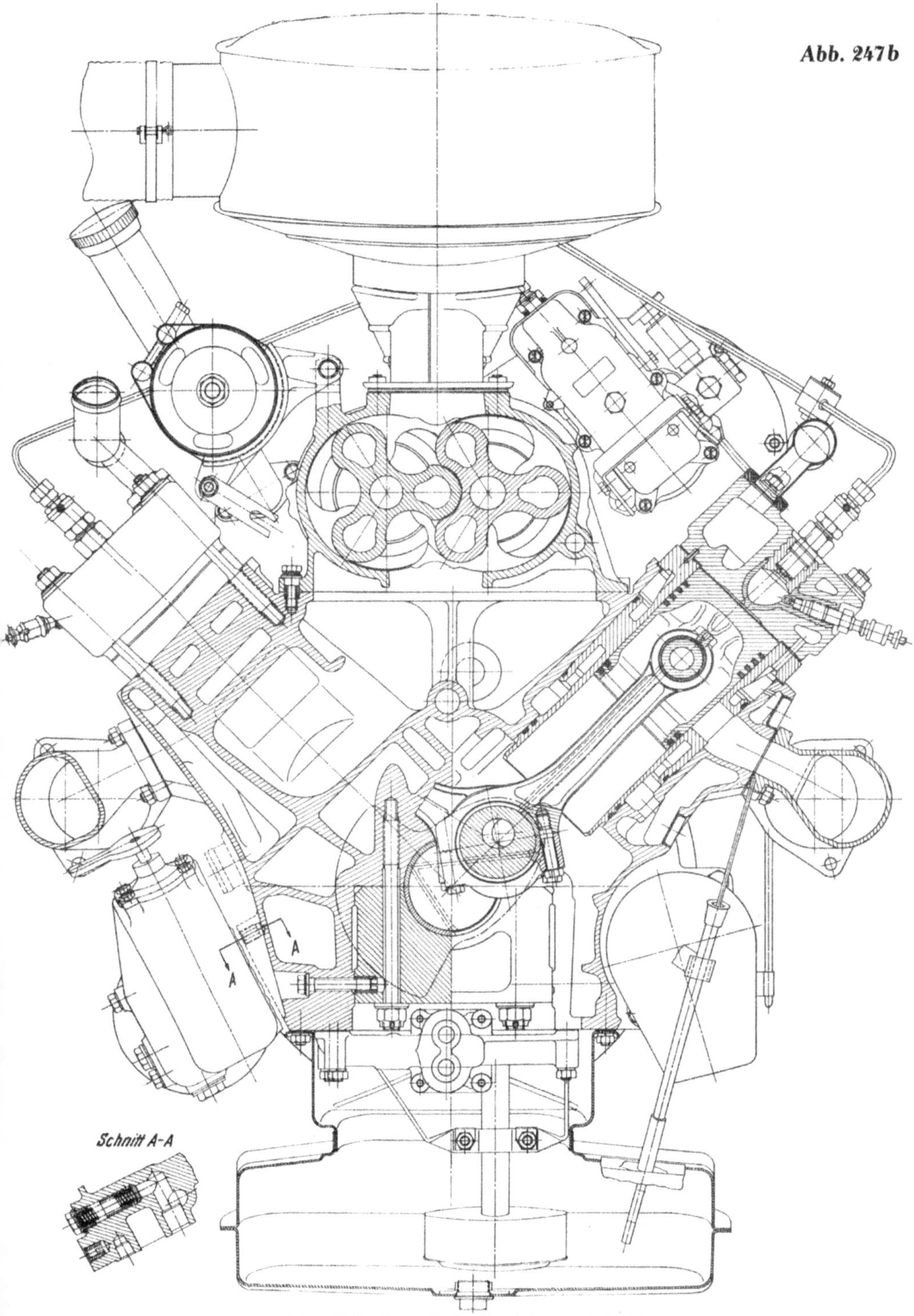

Abb. 247b. Querschnitt des Motors Abb. 247a

Abb. 248a

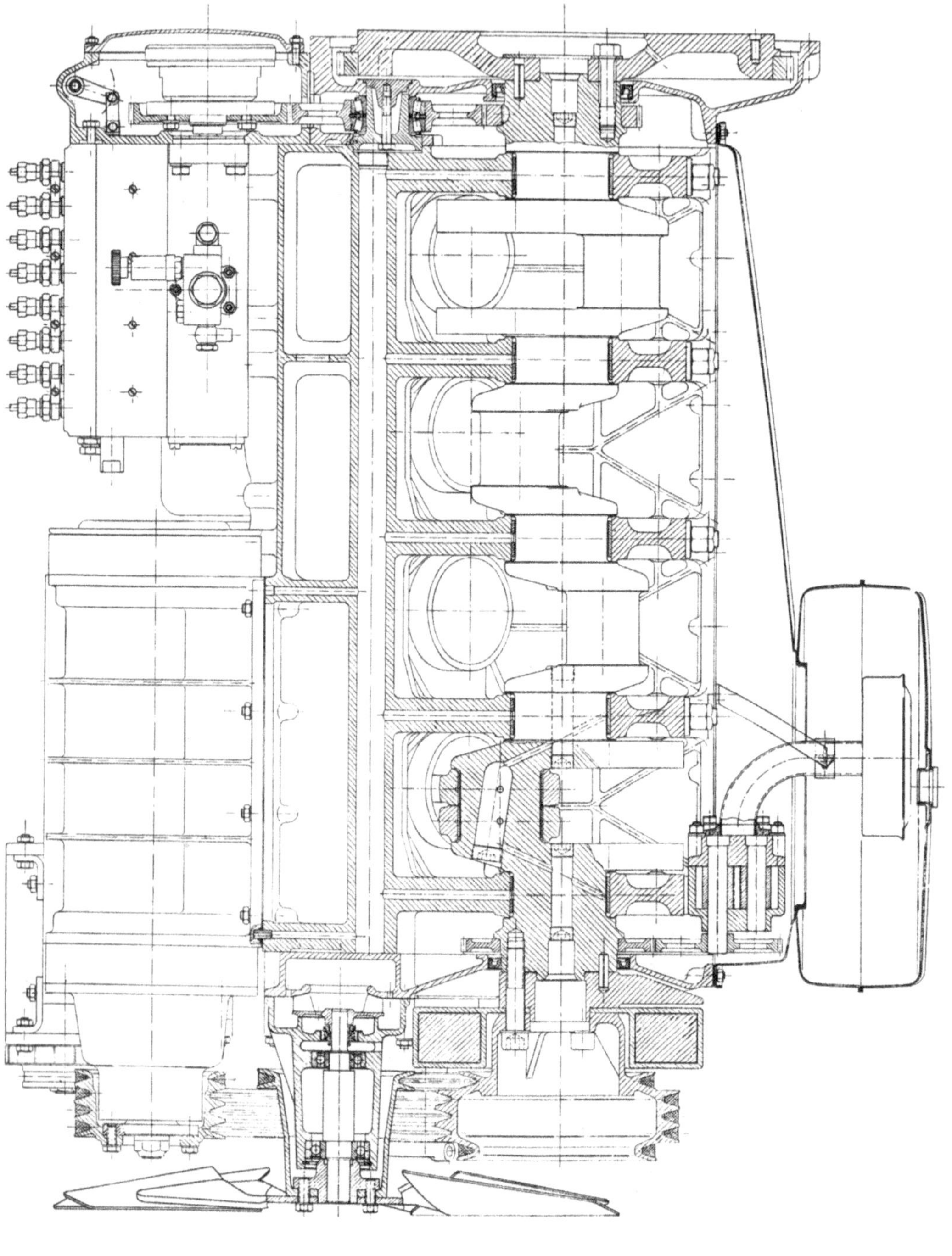

Abb. 248b

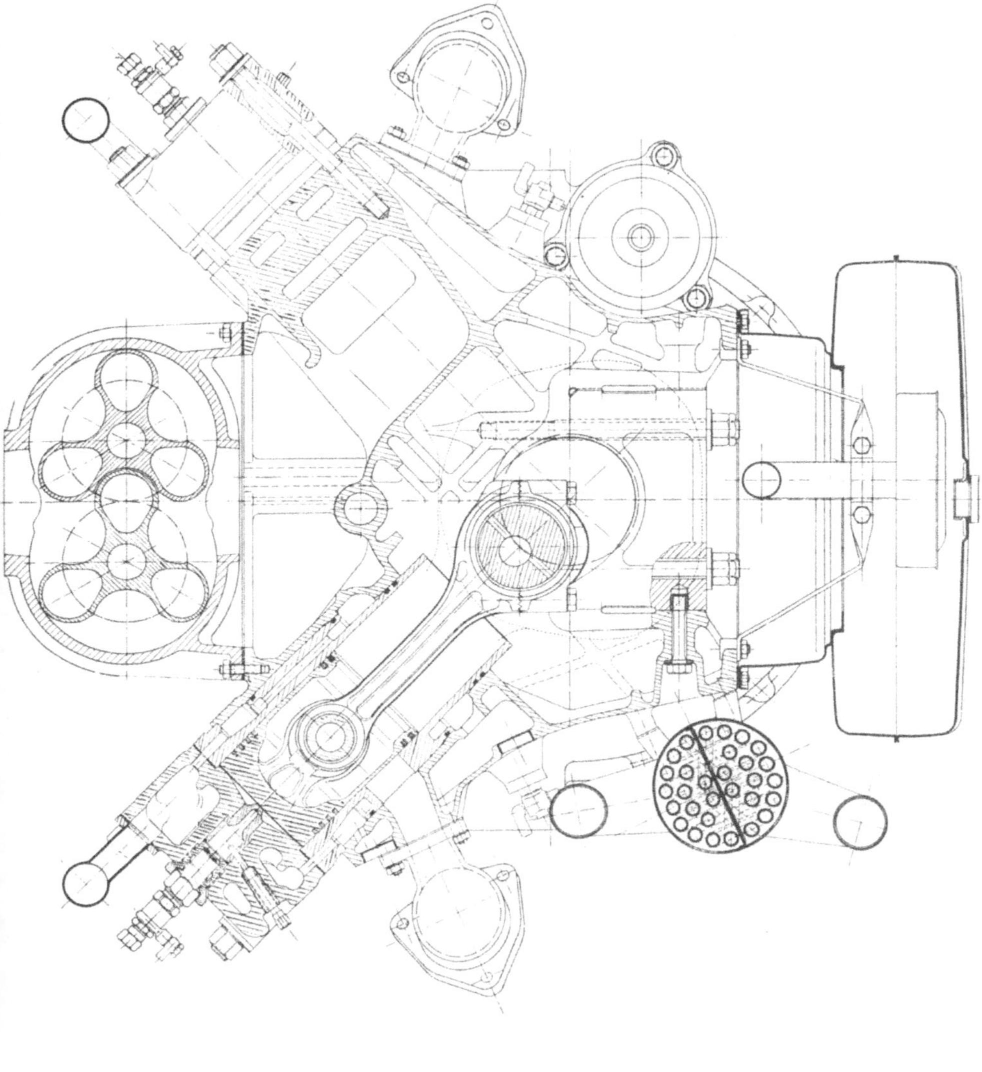

Abb. 248b. Querschnitt des Motors Abb. 248a

Abb. 249

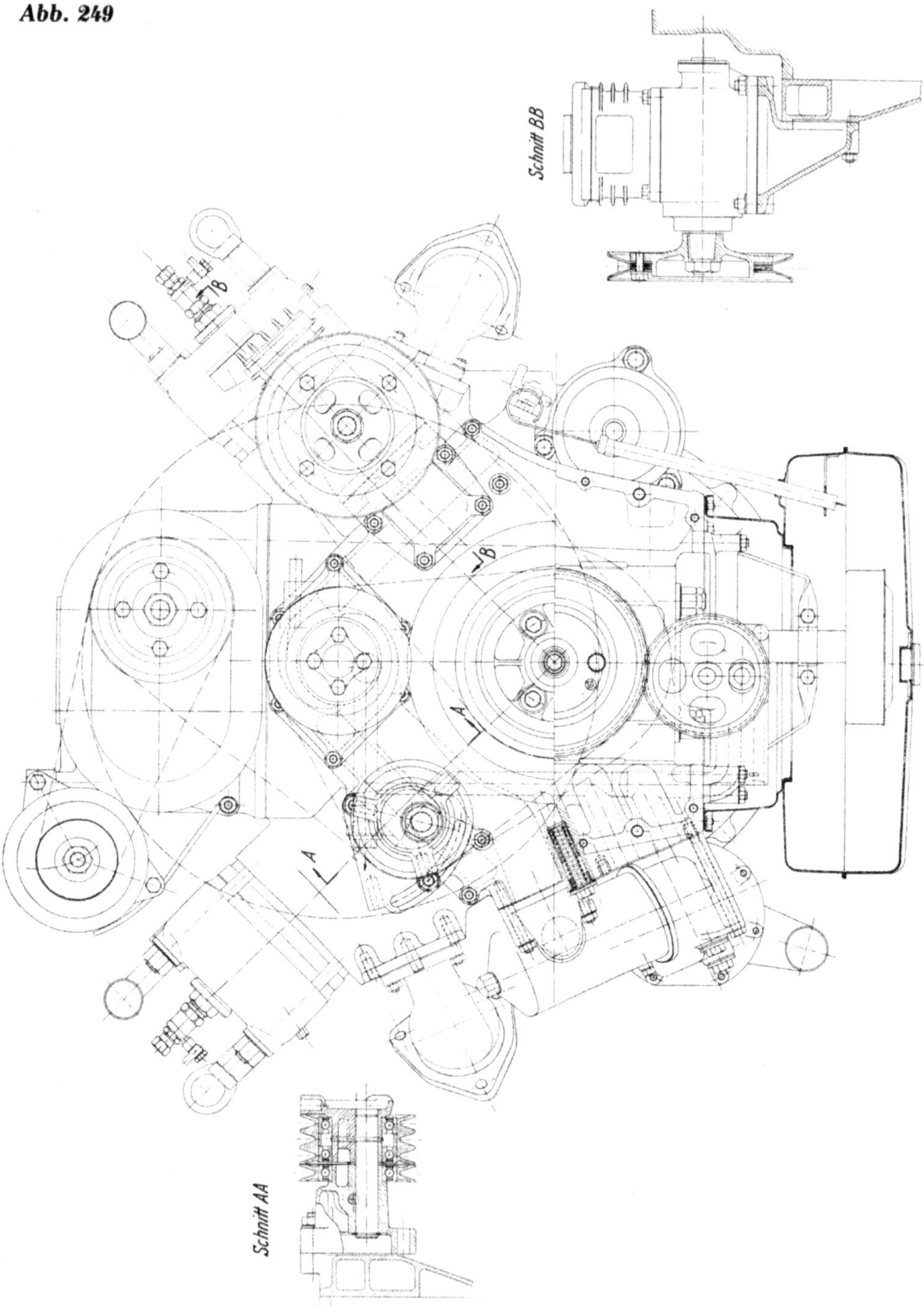

Abb. 250

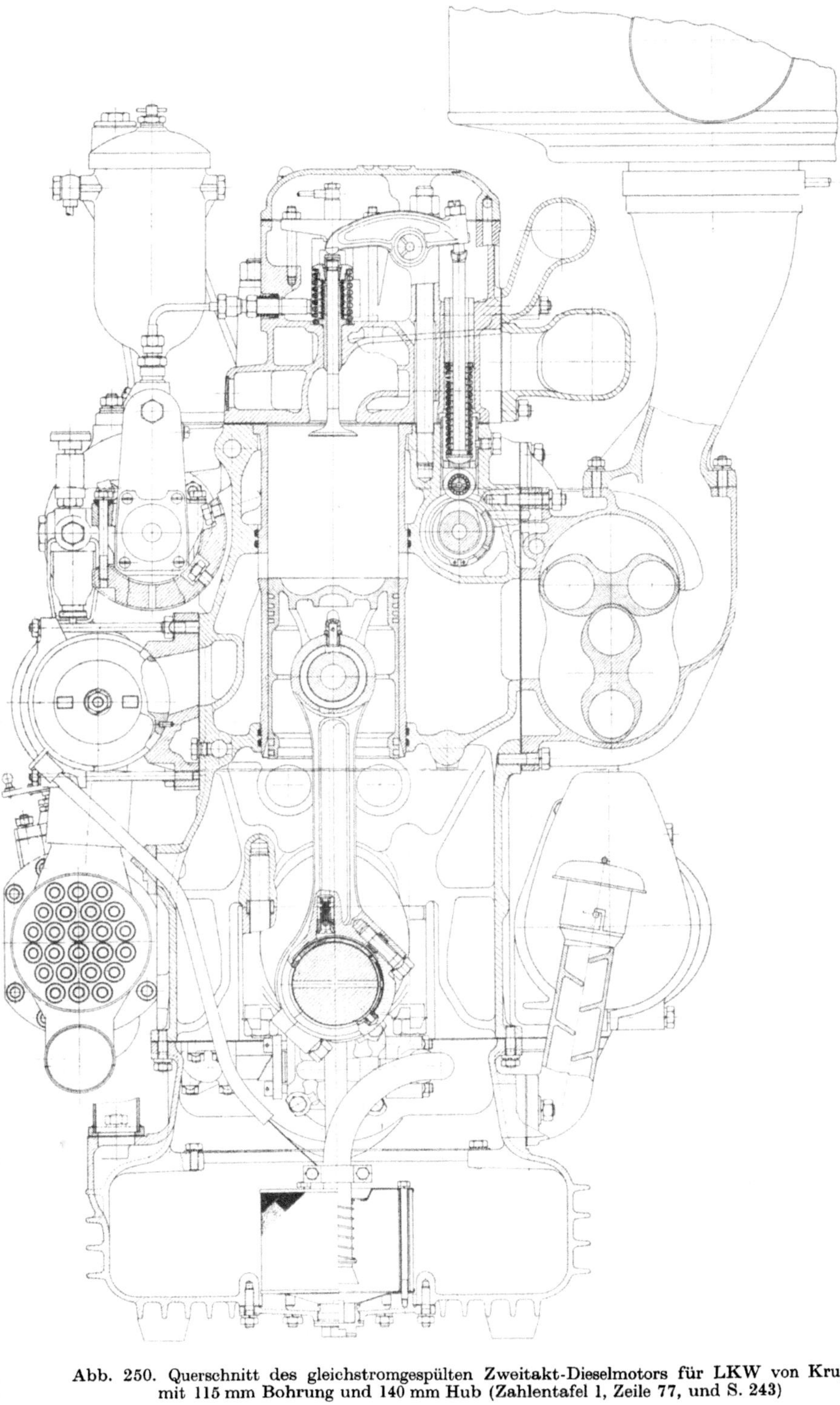

Abb. 250. Querschnitt des gleichstromgespülten Zweitakt-Dieselmotors für LKW von Krupp mit 115 mm Bohrung und 140 mm Hub (Zahlentafel 1, Zeile 77, und S. 243)

Abb. 251a

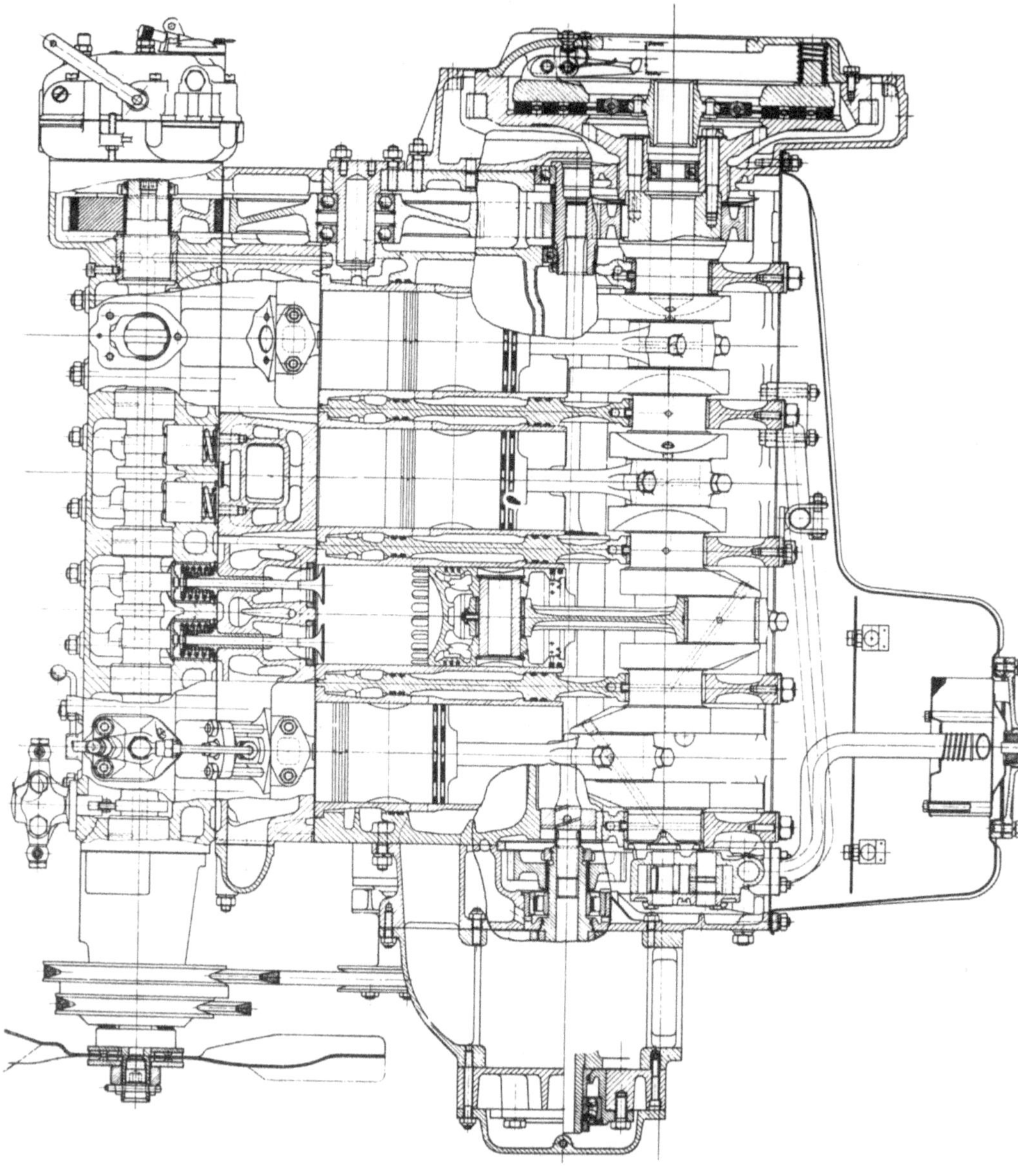

Abb. 251b

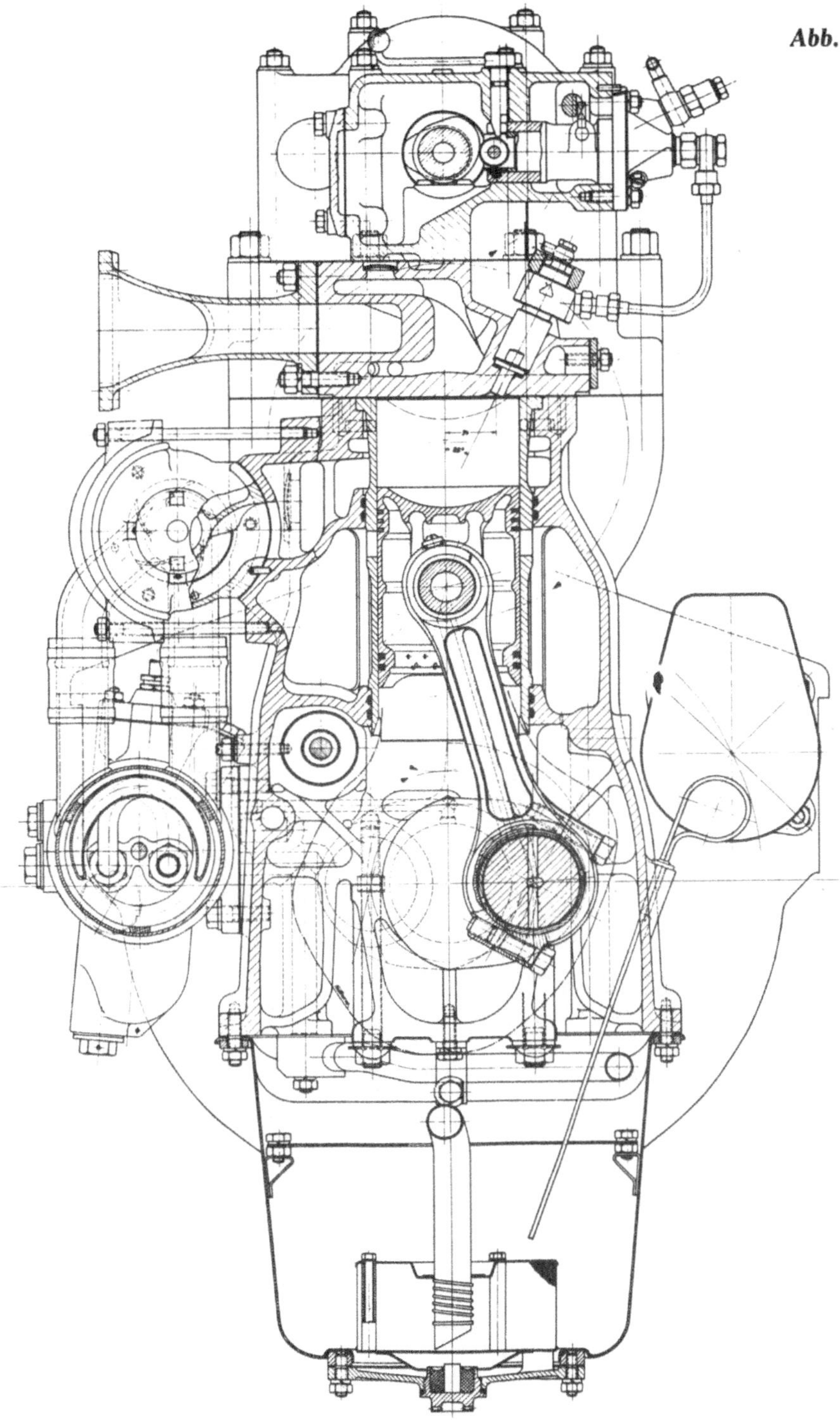

Abb. 251 b. Querschnitt des Motors Abb. 251 a

Abb. 252a

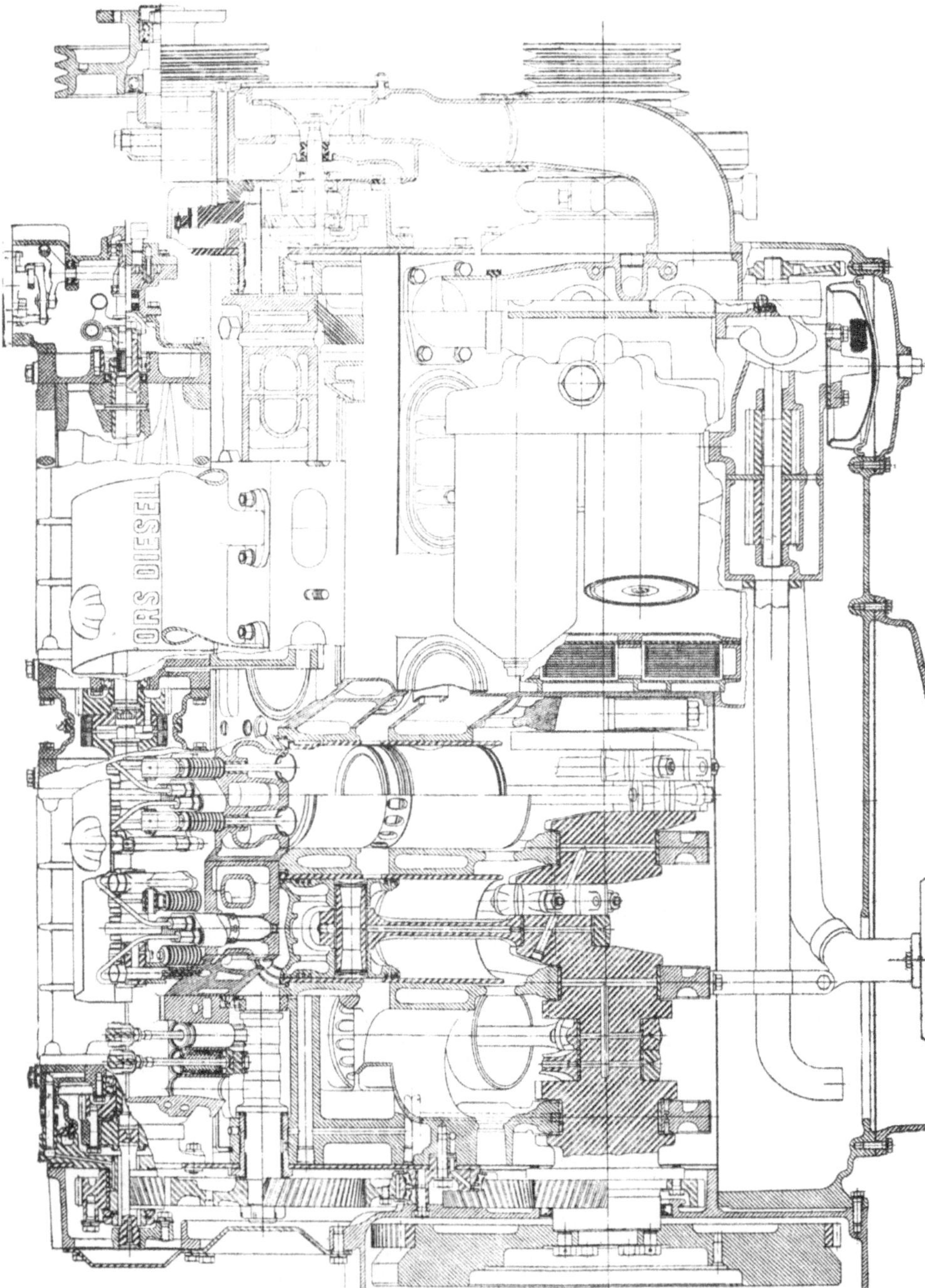

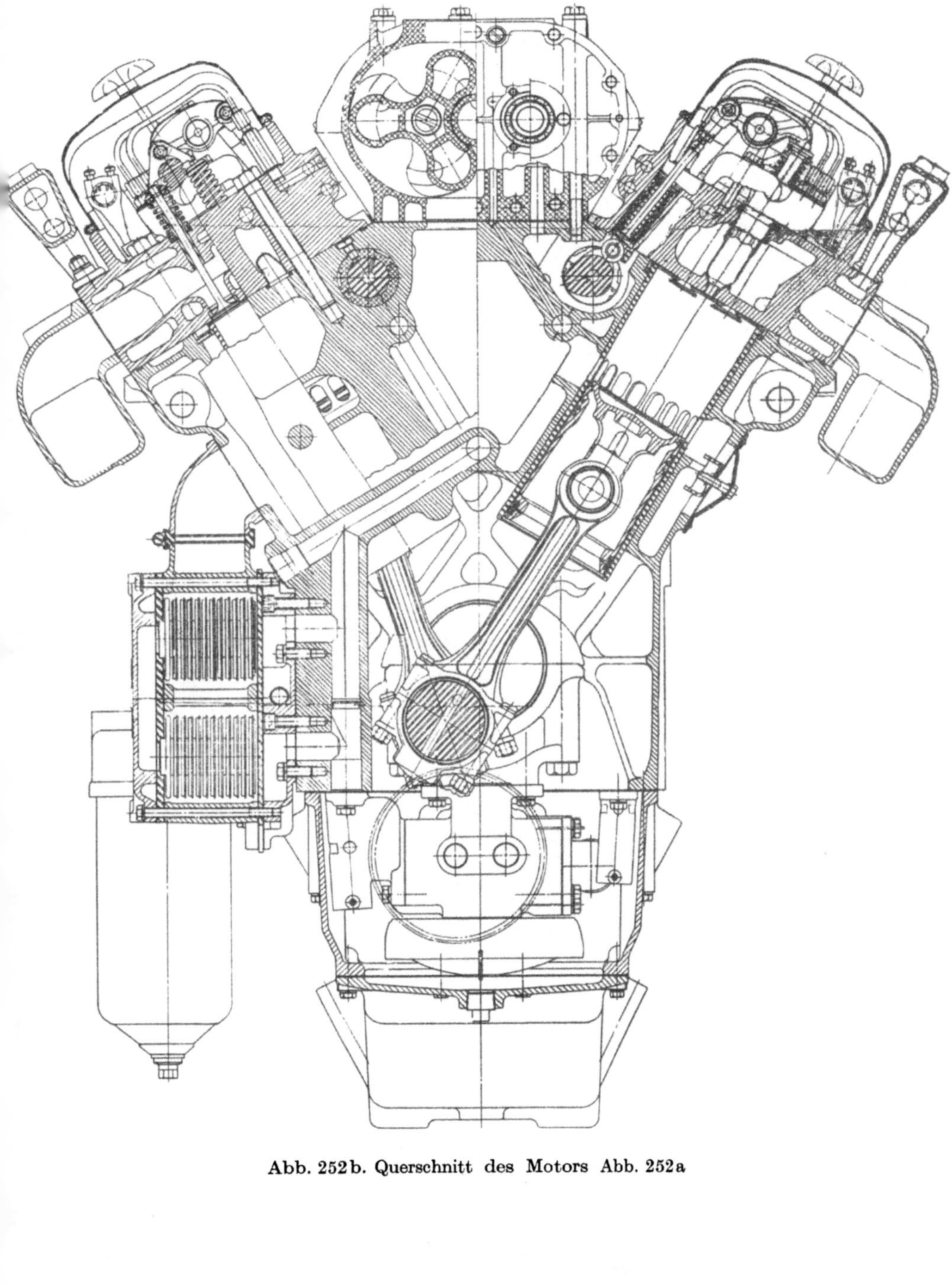

Abb. 252b. Querschnitt des Motors Abb. 252a

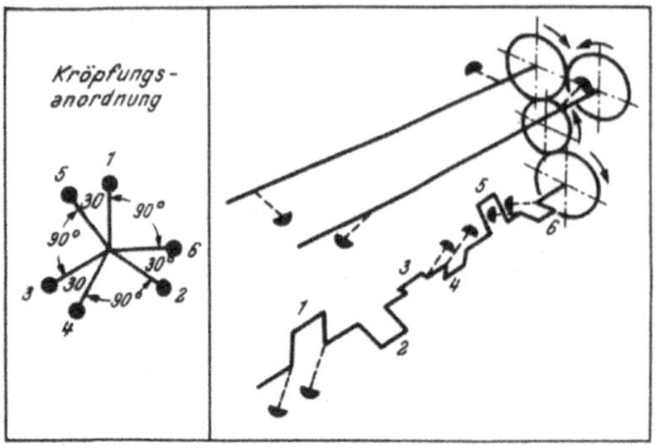

Abb. 253. Anordnung der Kurbelwellenkröpfungen und Massenausgleichswellen des Motors Abb. 252 (S. 246)

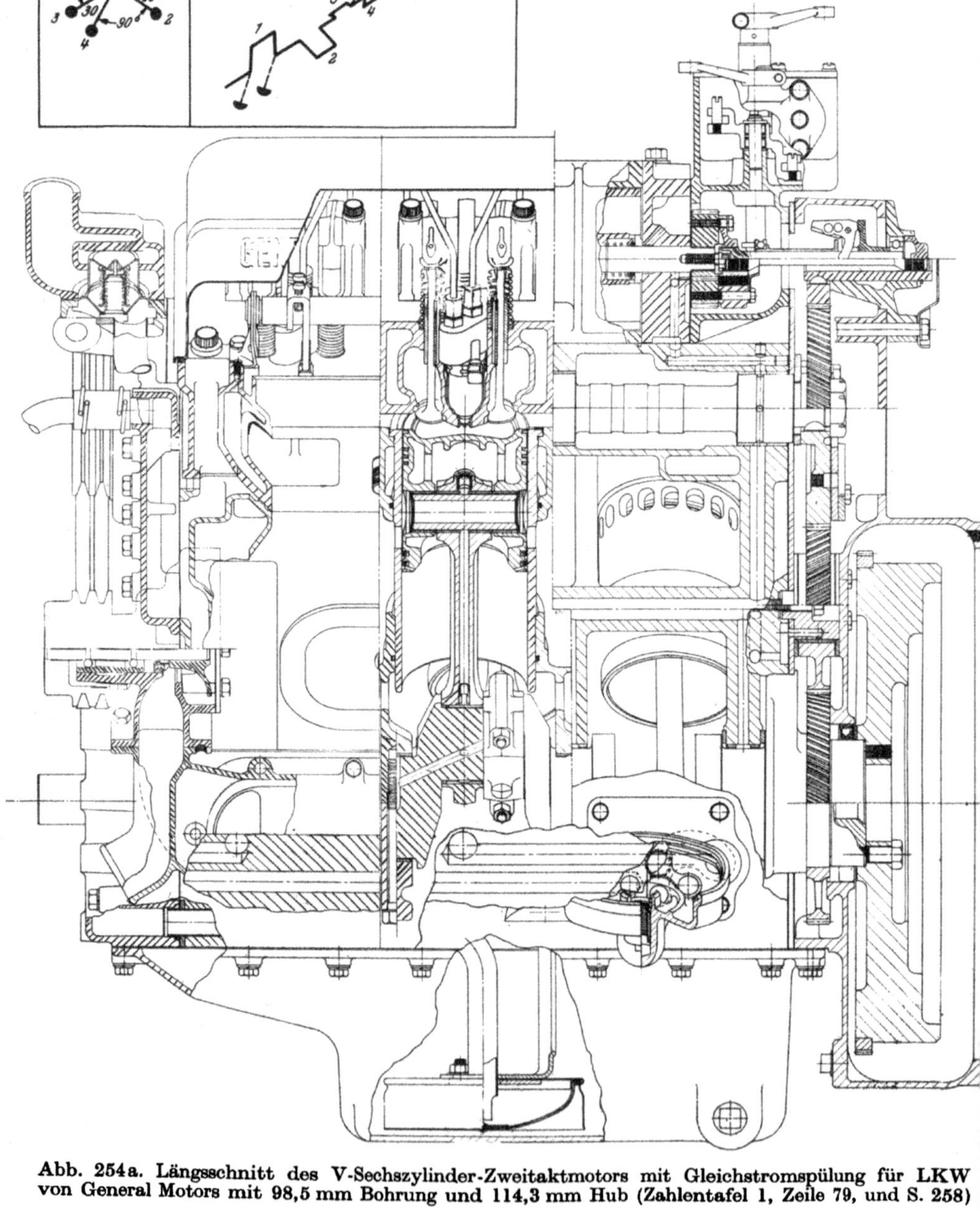

Abb. 254a. Längsschnitt des V-Sechszylinder-Zweitaktmotors mit Gleichstromspülung für LKW von General Motors mit 98,5 mm Bohrung und 114,3 mm Hub (Zahlentafel 1, Zeile 79, und S. 258)

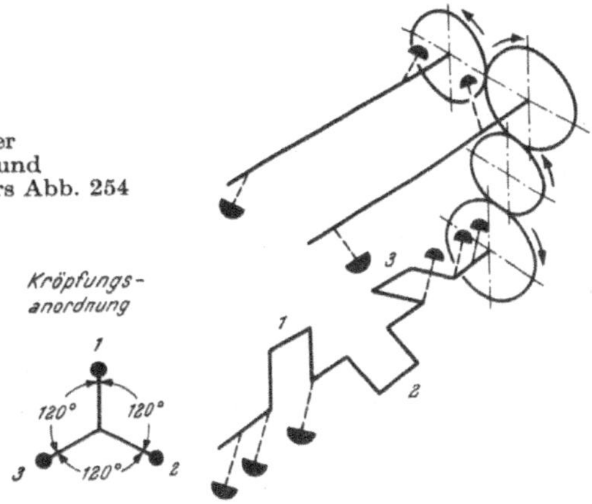

Abb. 255. Anordnung der Kurbelwellenkröpfungen und Massenausgleichswellen des Motors Abb. 254 (S. 249)

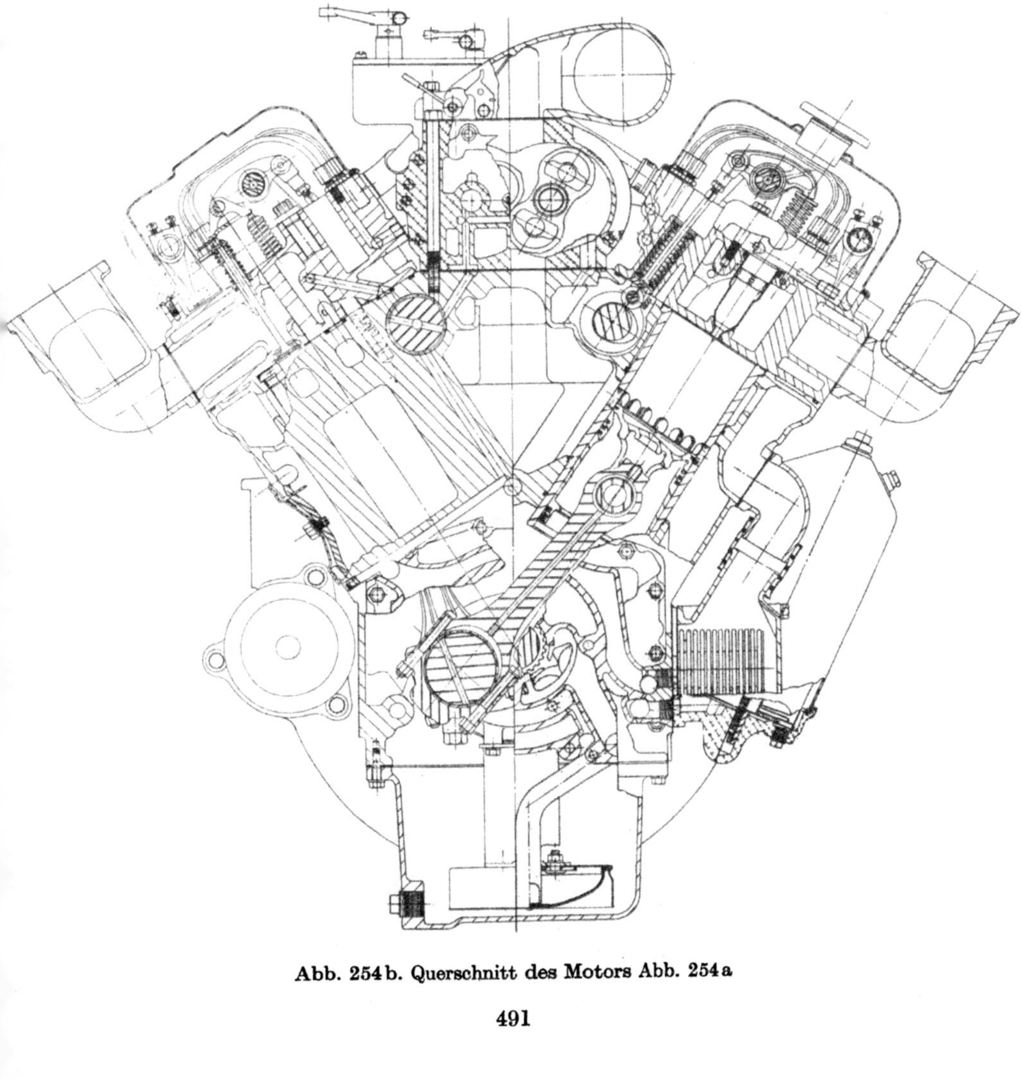

Abb. 254b. Querschnitt des Motors Abb. 254a

Abb. 256a

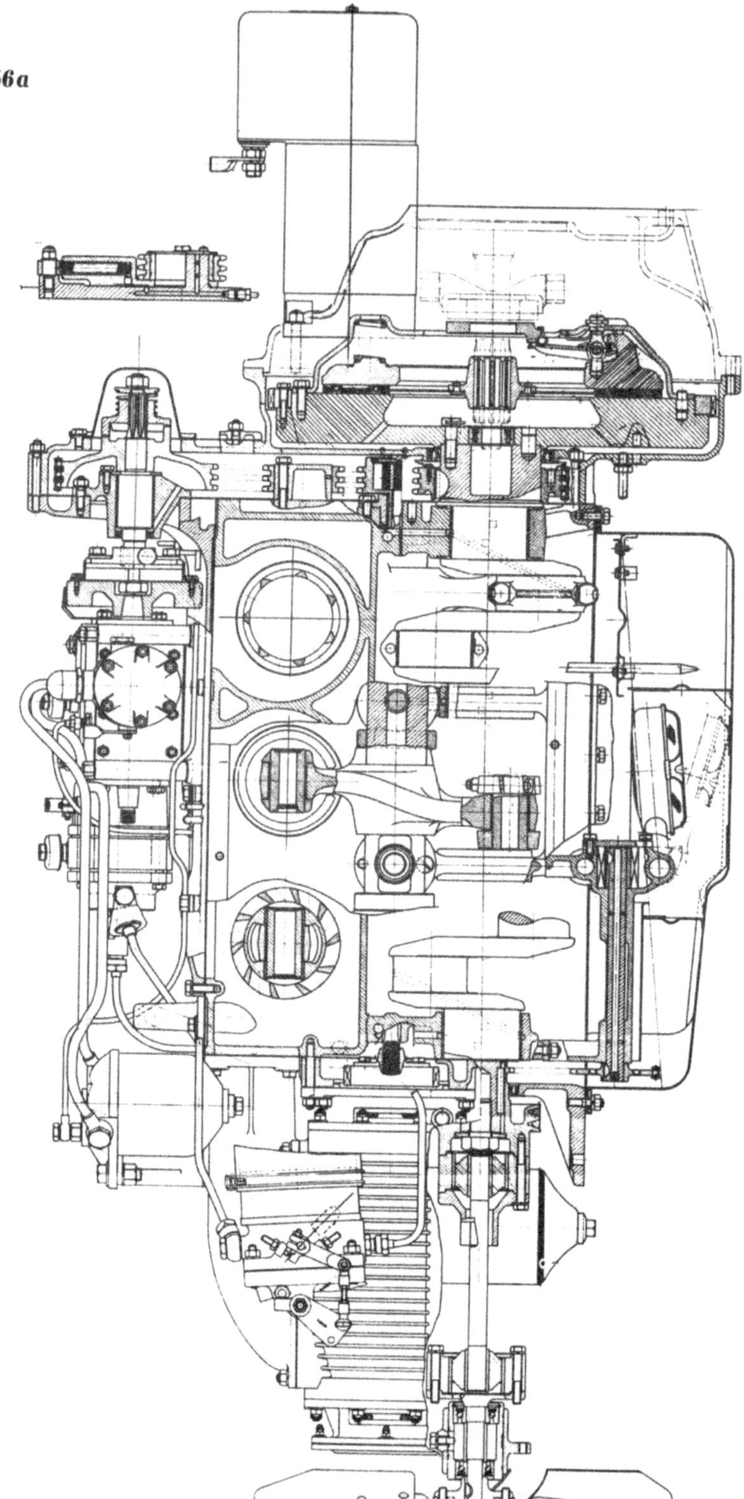

Abb. 256a. Längsschnitt des Dreizylinder-Gegenkolben-Zweitakt-Dieselmotors von Commer mit 82,55 mm Bohrung und 101,6 mm (2 ×) Hub (Zahlentafel 1, Zeile 85, und S. 250)

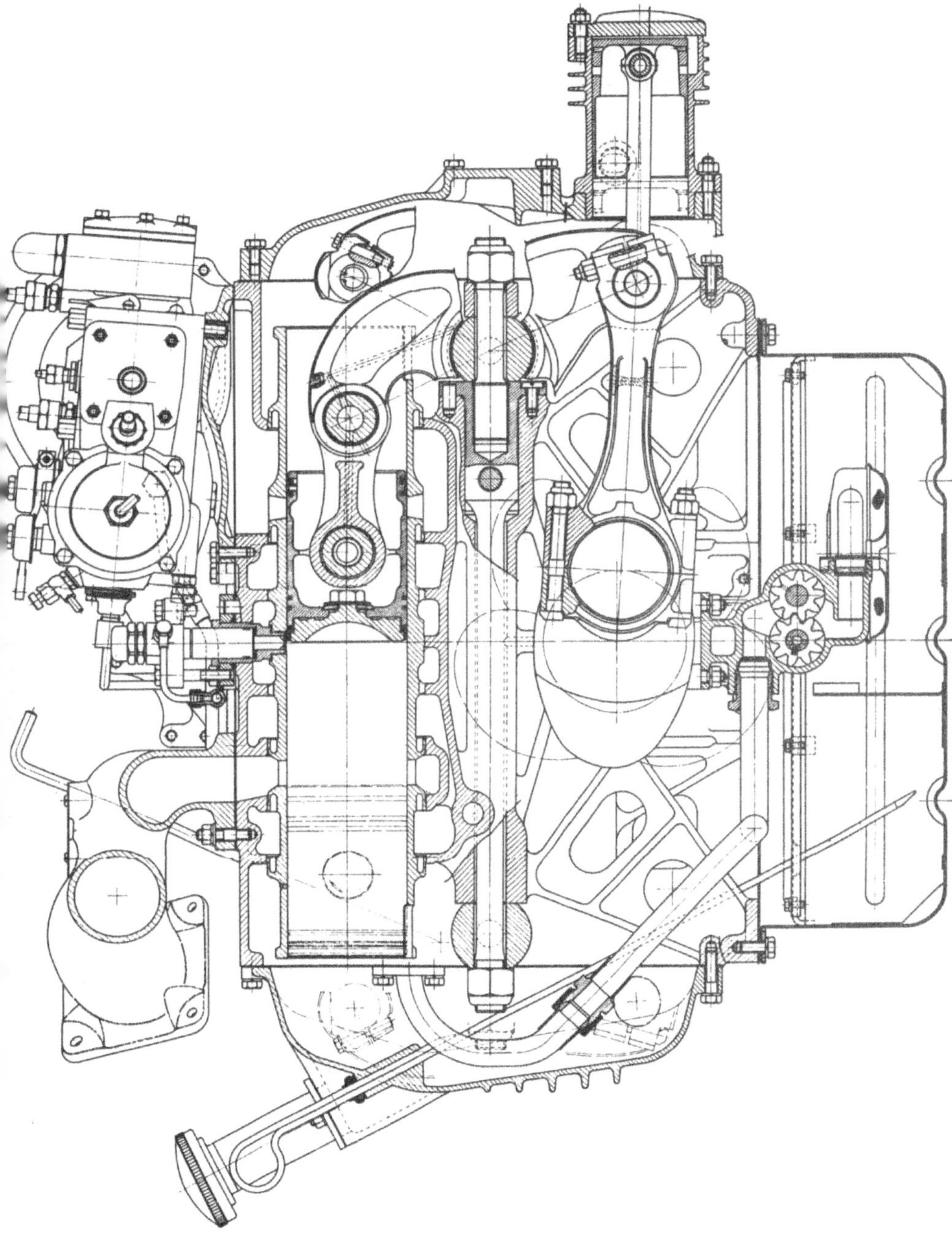

Abb. 256b. Querschnitt des Motors Abb. 256a

Abb. 257a

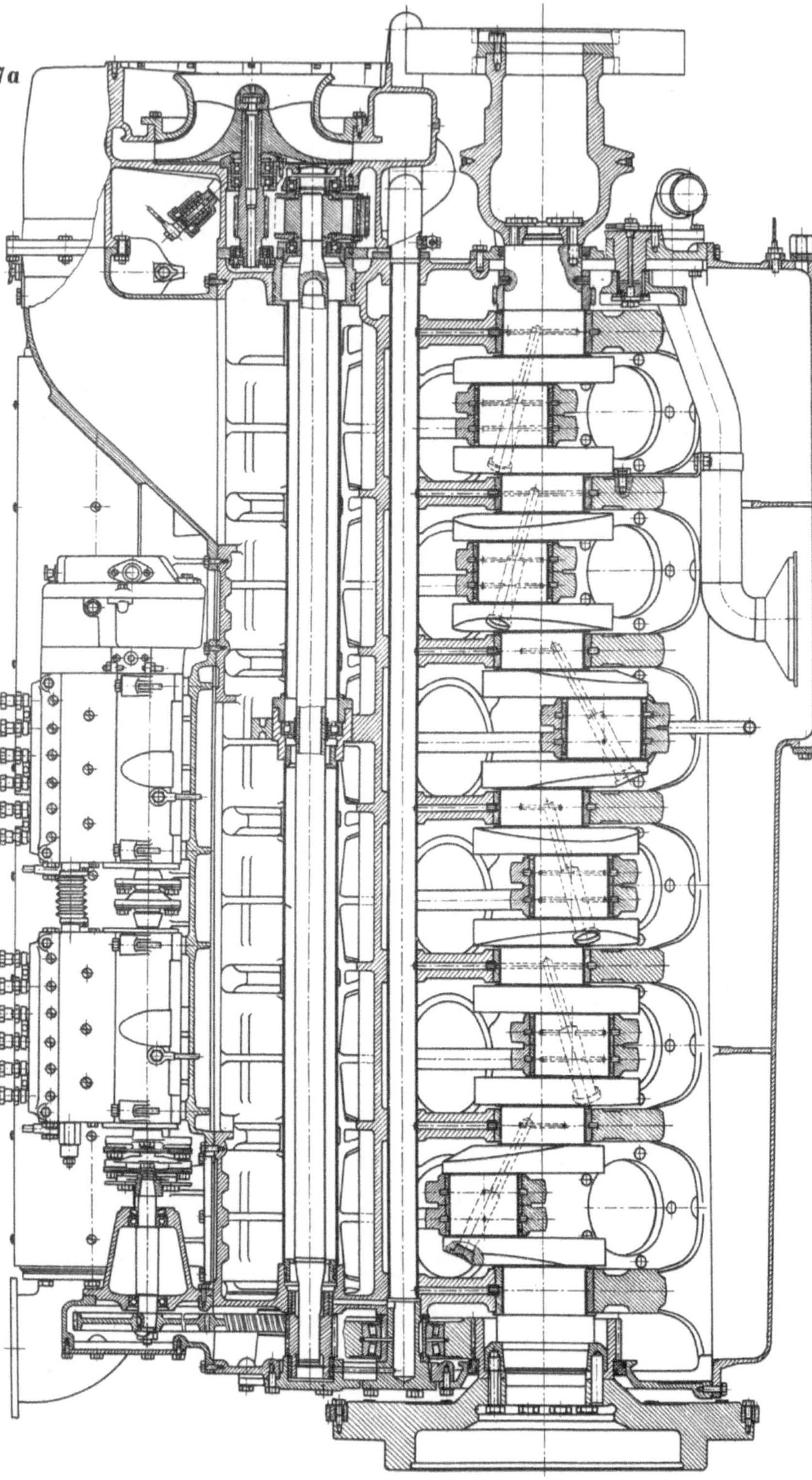

Abb. 257a. Längsschnitt des V-Zwölfzylinder-Zweitakt-Dieselmotors mit Umkehrspülung für Lokomotiven der Jenbacher Werke mit 150 mm Bohrung und 170 mm Hub (Zahlentafel 1, Zeile 137, und S. 252)

Abb. 257b

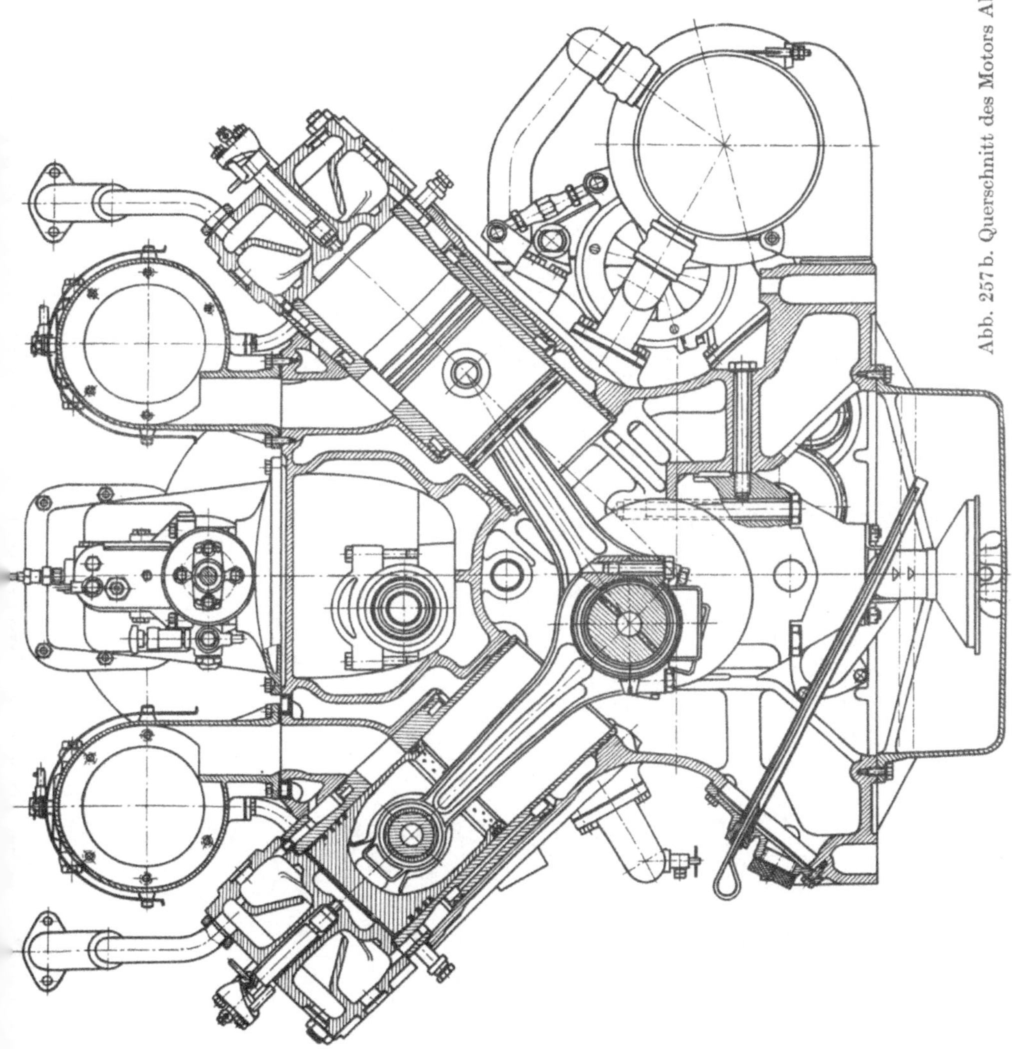

Abb. 257b. Querschnitt des Motors Abb. 257a

Abb. 258a

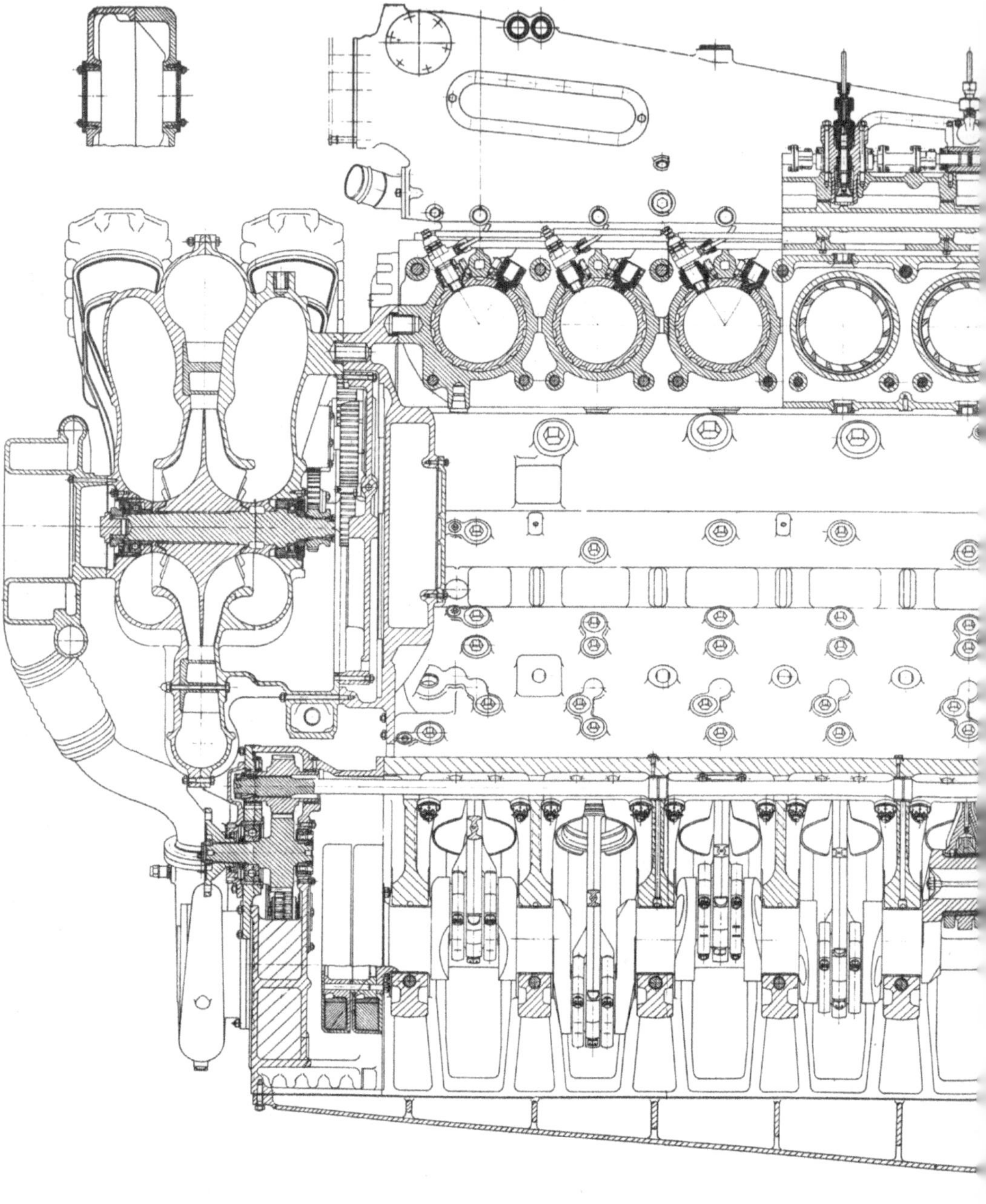

Abb. 258a. Längsschnitt des Achtzehnzylinder-Gegenkolben-Zweitakt-Dieselmotors „Deltic“

Abb. 258a

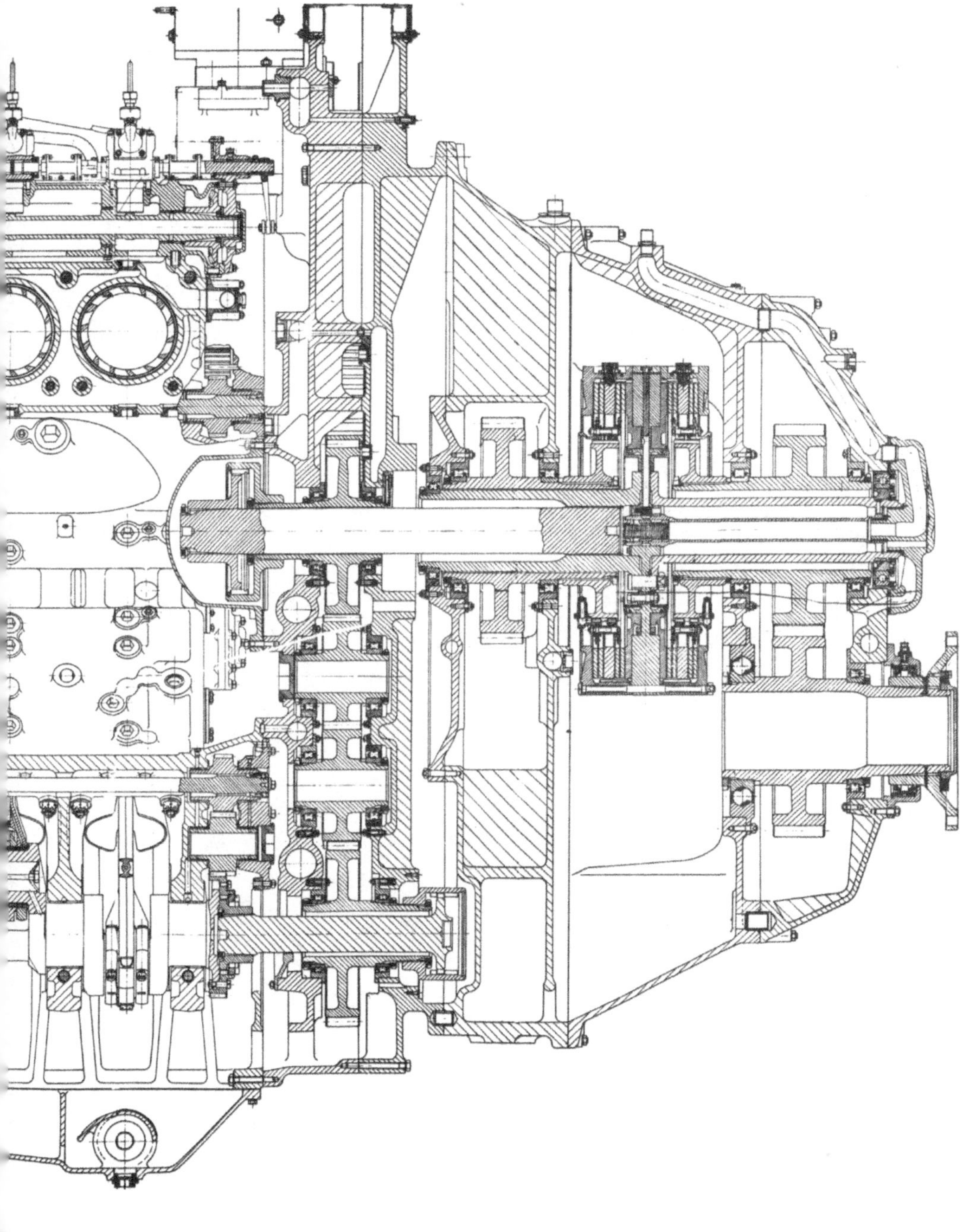

ier mit 130,2 mm Bohrung und 184,15 mm (2 ×) Hub (Zahlentafel 1, Zeile 138, und S. 253)

Abb. 258b

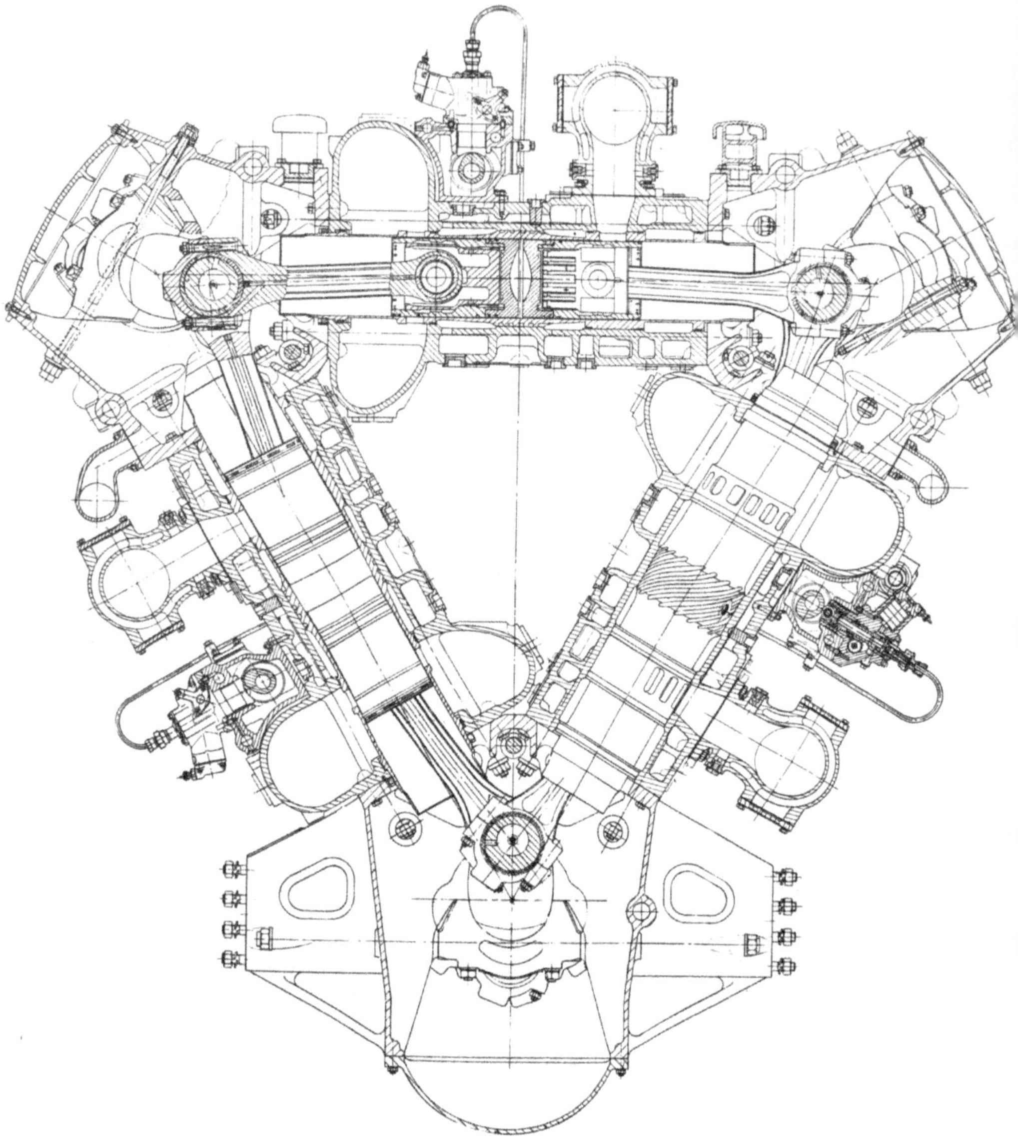

Abb. 258b. Querschnitt des „Deltic"-Motors Abb. 258a

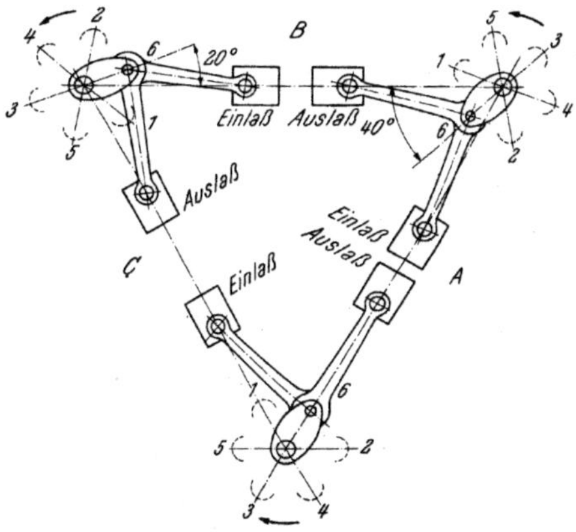

Abb. 259. Anordnung der Kurbelwellen des „Deltic"-Motors Abb. 258 (S. 253)

Abb. 260

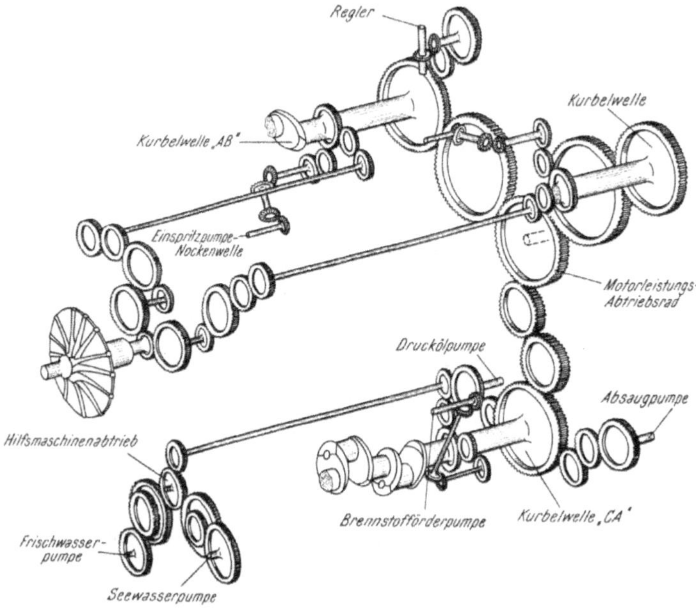

Abb. 260. Schema des Rädertriebs des „Deltic"-Motors Abb. 258 (S. 254)

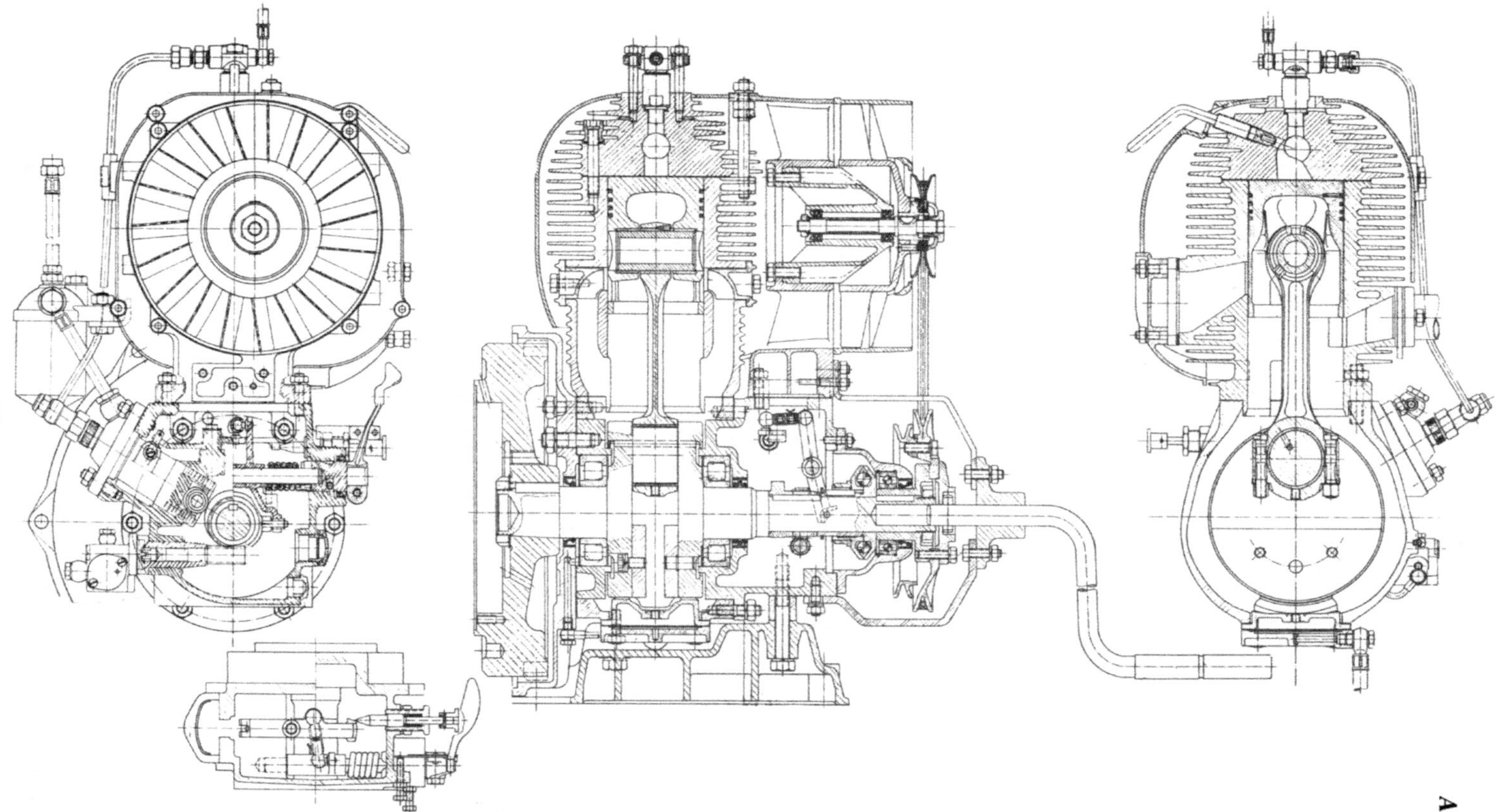

Abb. 261a und b. Längs- und Querschnitt des luftgekühlten Einzylinder-Zweitakt-Dieselmotors mit Kurbelkastenspülung von Fichtel & Sachs mit 88 mm Bohrung und 100 mm Hub (Zahlentafel 1, Zeile 9, und S. 255)

Abb. 261

Abb. 262a

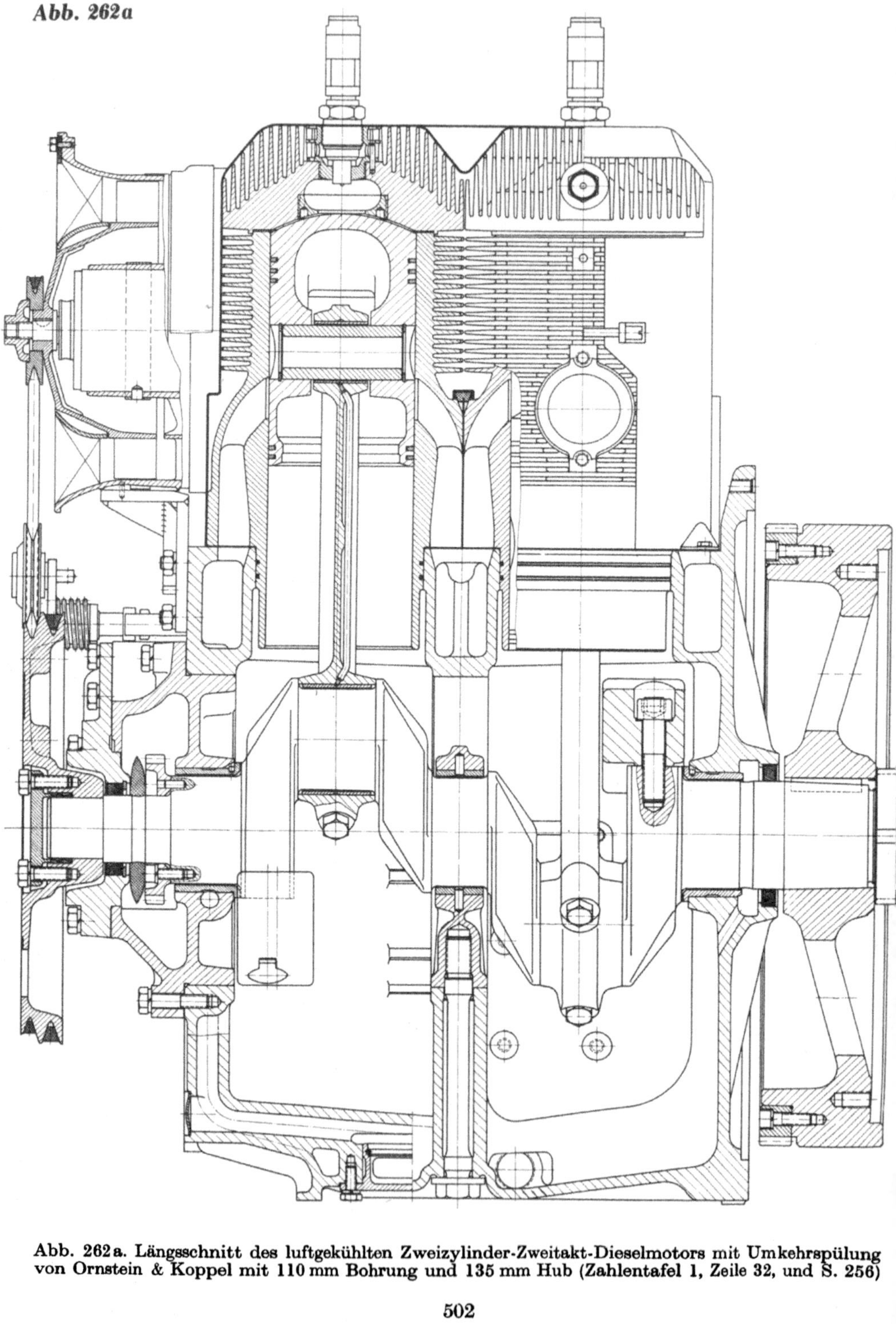

Abb. 262a. Längsschnitt des luftgekühlten Zweizylinder-Zweitakt-Dieselmotors mit Umkehrspülung von Ornstein & Koppel mit 110 mm Bohrung und 135 mm Hub (Zahlentafel 1, Zeile 32, und S. 256)

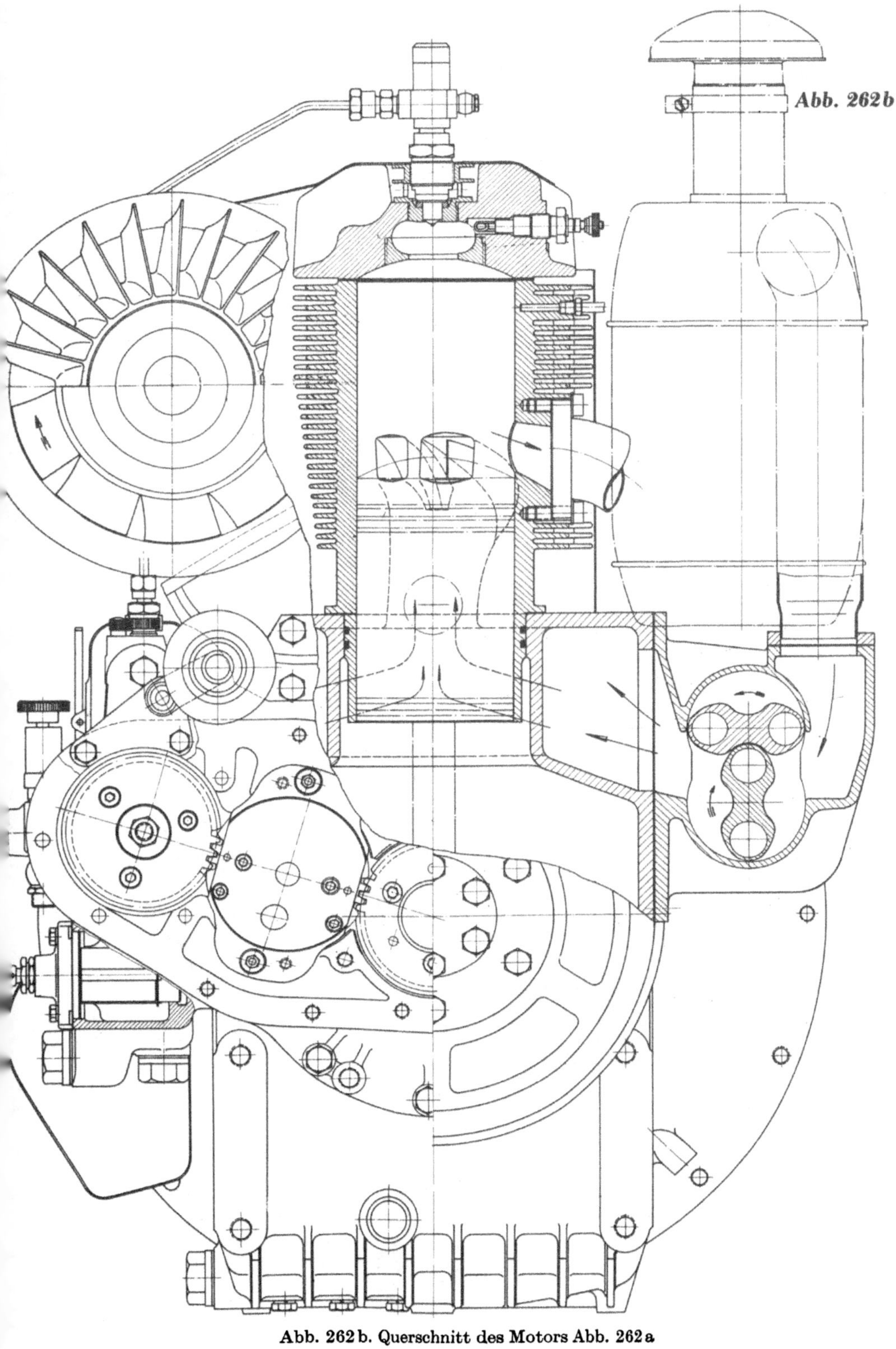

Abb. 262b. Querschnitt des Motors Abb. 262a

Abb. 263 und 264a

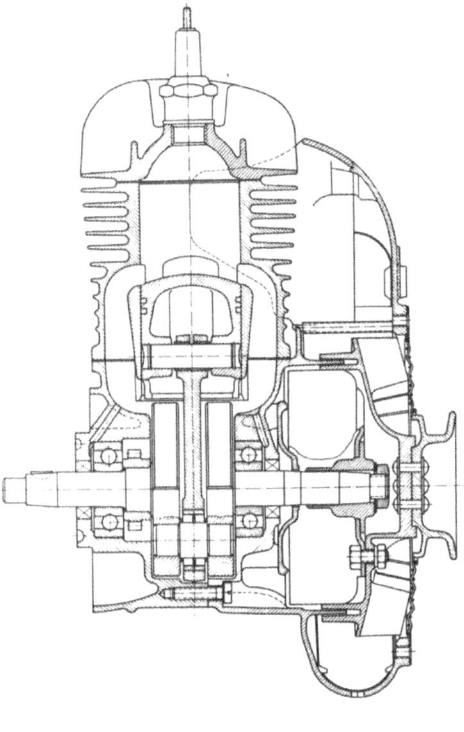

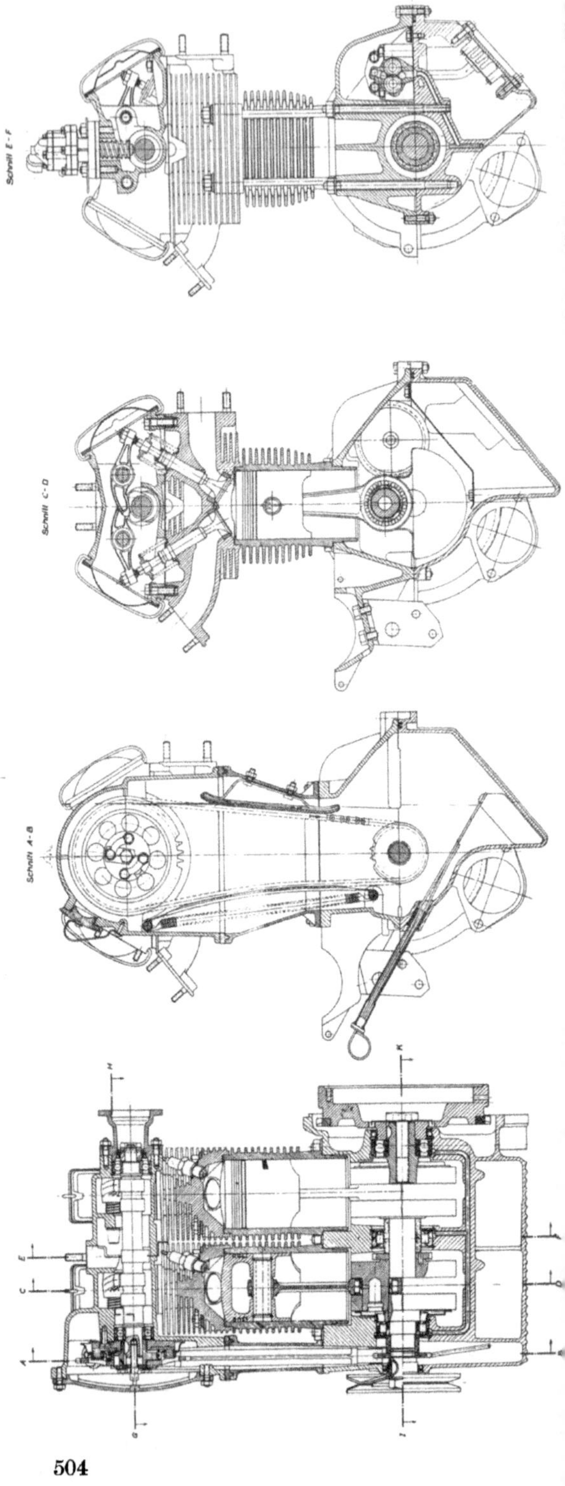

Abb. 263. Längsschnitt des luftgekühlten Einzylinder-Zweitakt-Ottomotors mit Kurbelkastenspülung von ILO mit 50 mm Bohrung und 50 mm Hub (Zahlentafel 1, Zeile 139, und S. 257)

Abb. 264b

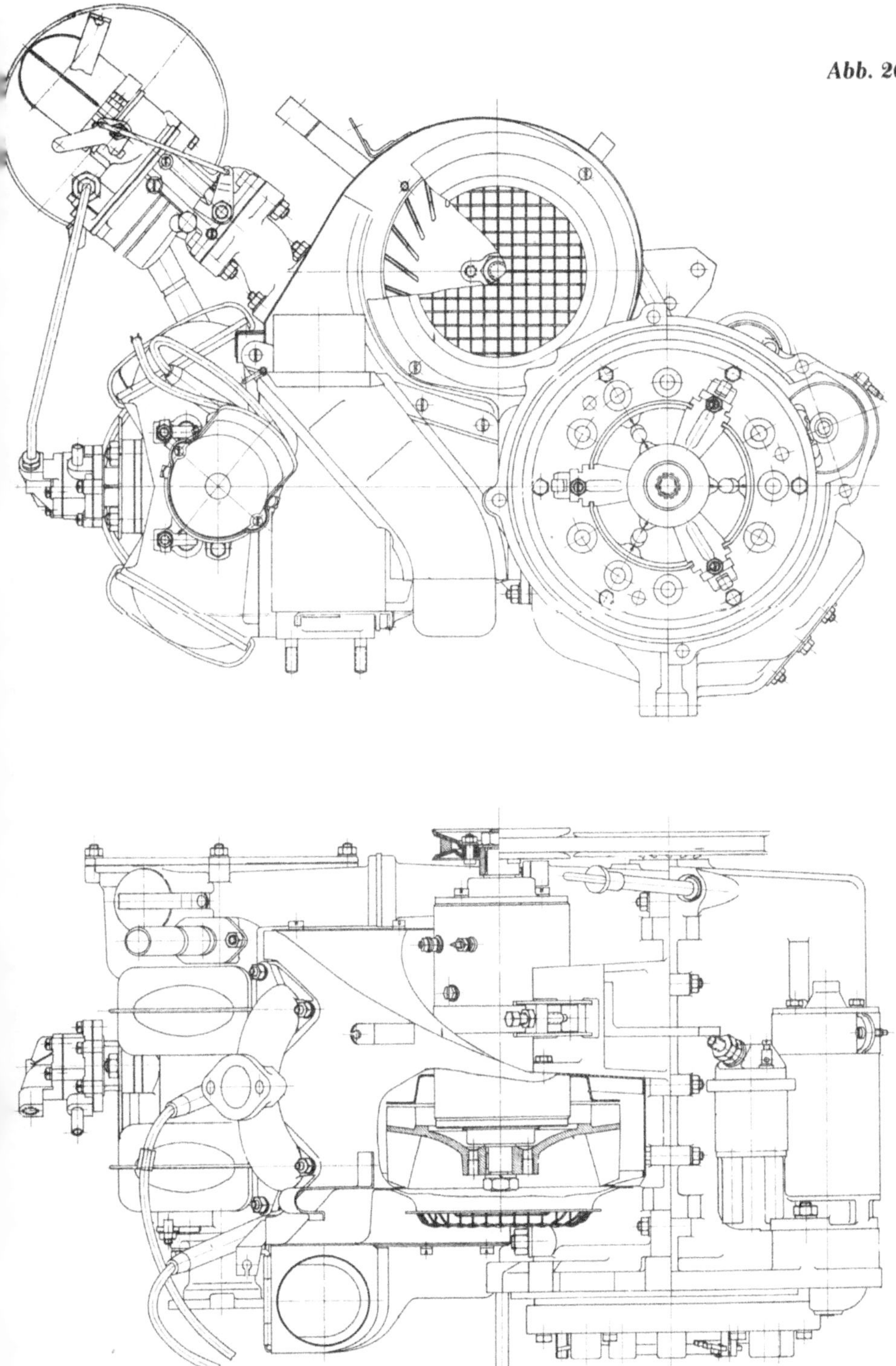

Abb. 264b. Außenansichten des Motors Abb. 264a

Abb. 265a

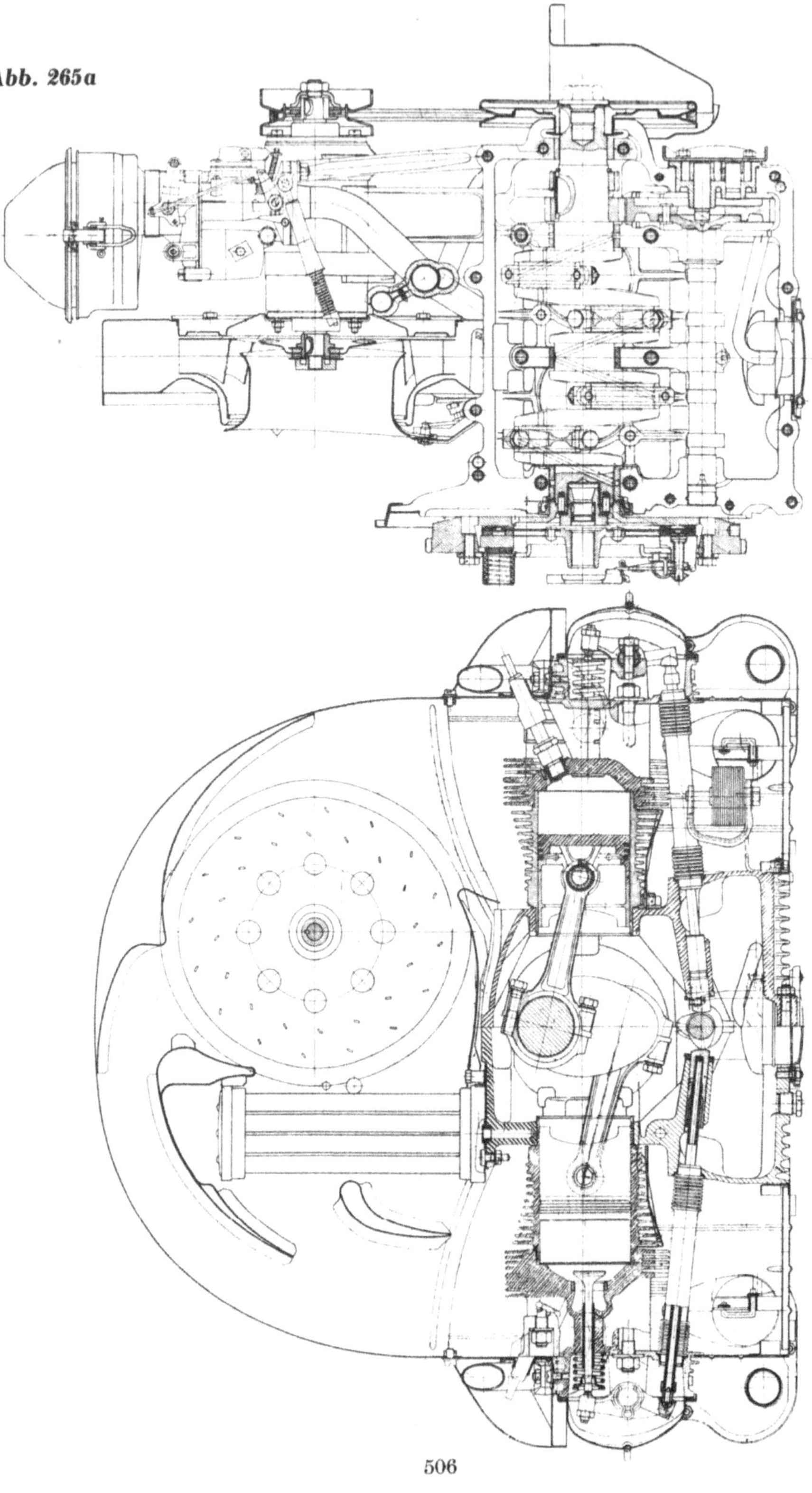

Abb. 265a. Längs- und Querschnitt des luftgekühlten Vierzylinder-Otto-Boxermotors für PKW der Volkswagenwerke mit 77 mm Bohrung und 65 mm Hub (Zahlentafel 1, Zeile 157, und S. 258)

Abb. 265b

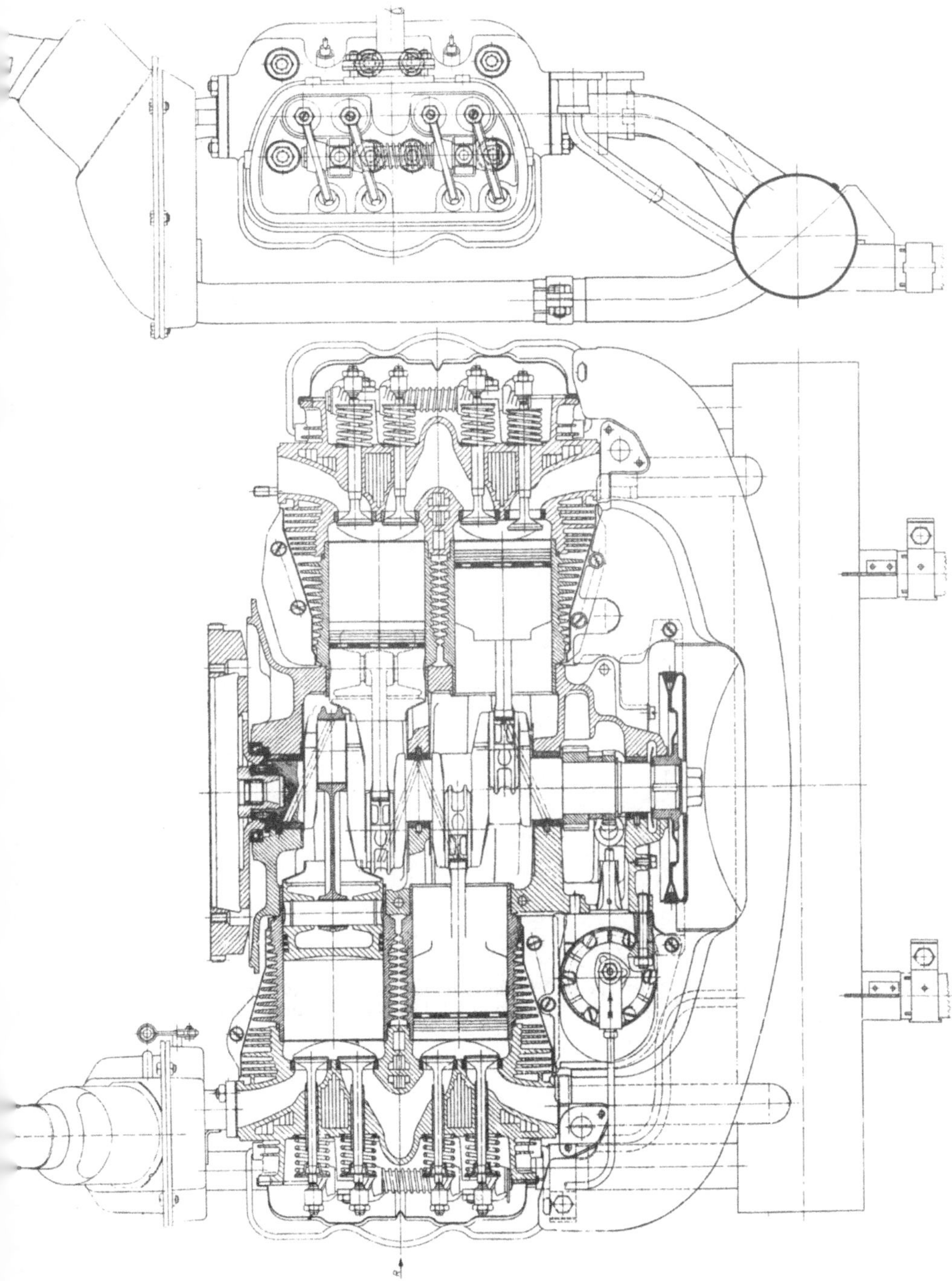

Abb. 265 b. Horizontalschnitt und Ansicht des Volkswagenmotors Abb. 265 a

Abb. 266a

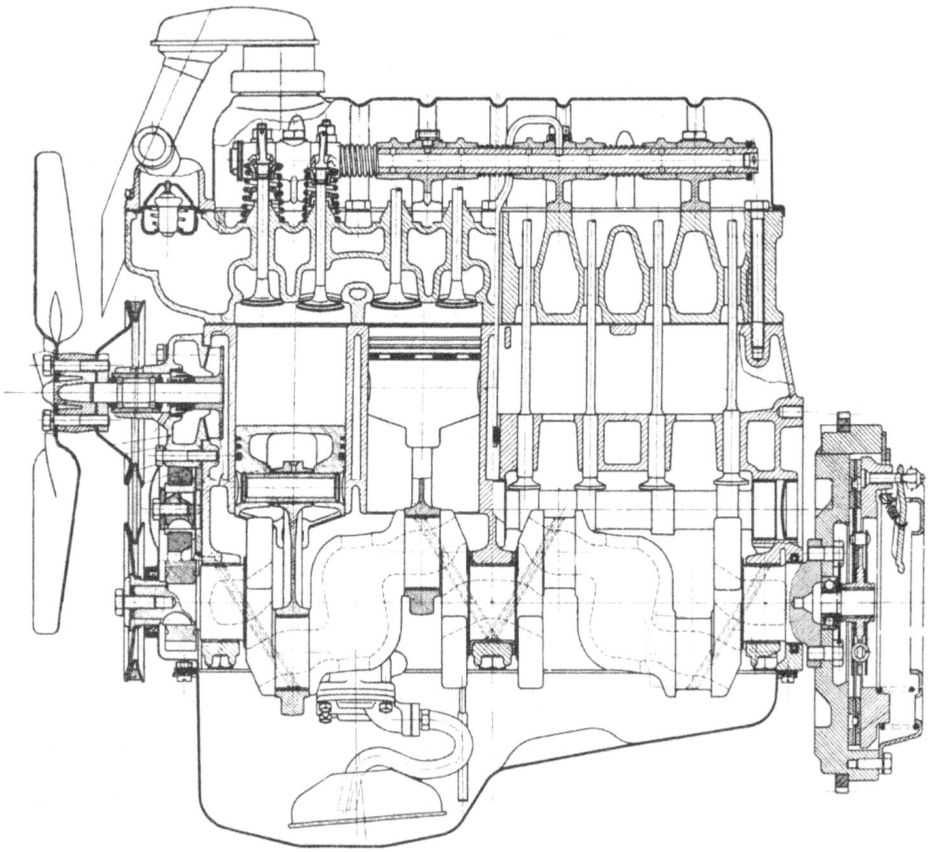

Abb. 266a. Längsschnitt des Vierzylinder-Viertakt-Ottomotors für PKW von Ford mit 84 mm Bohrung und 76,6 mm Hub (Zahlentafel 1, Zeile 154, und S. 259)

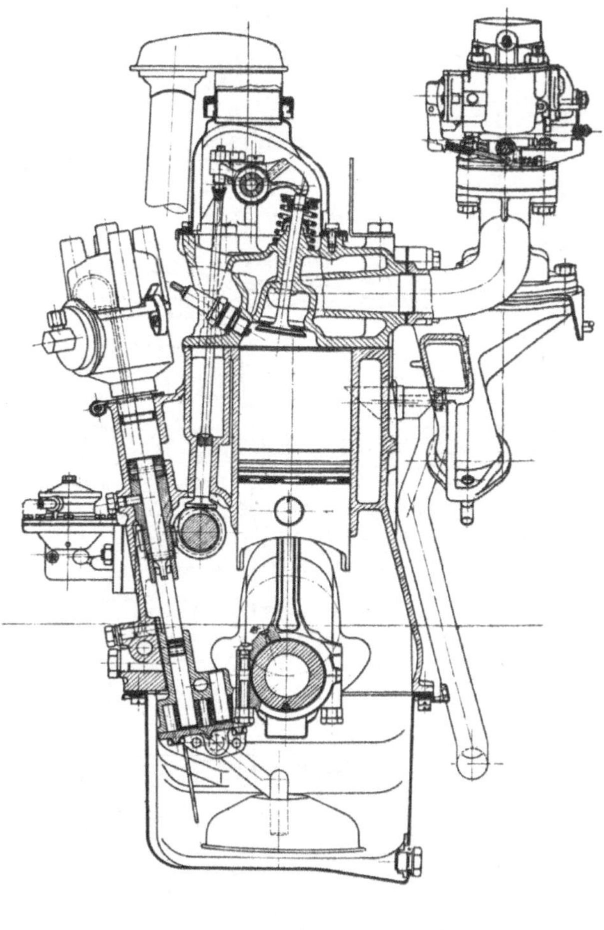

Abb. 266b. Querschnitt des Motors Abb. 266a

Abb. 267a

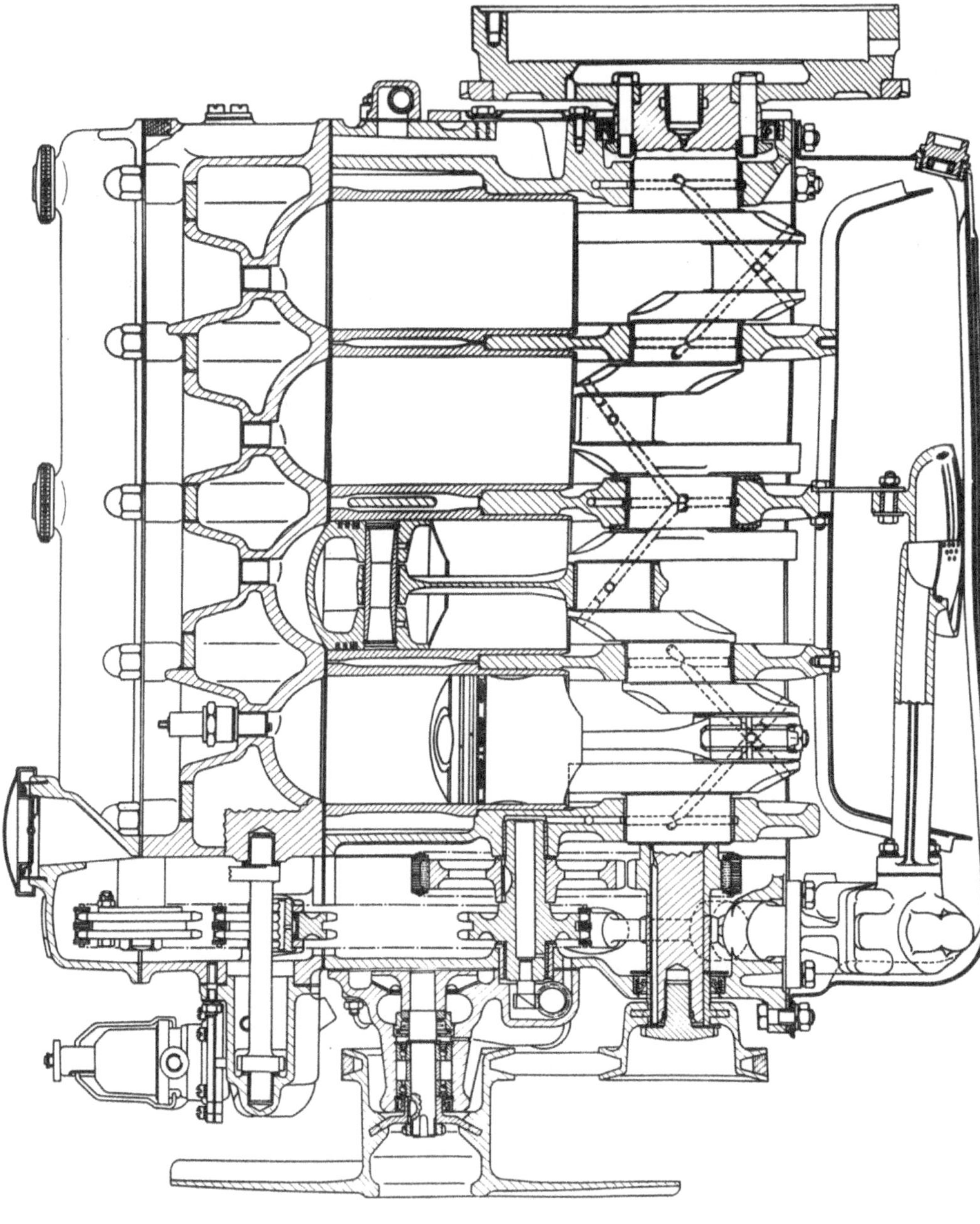

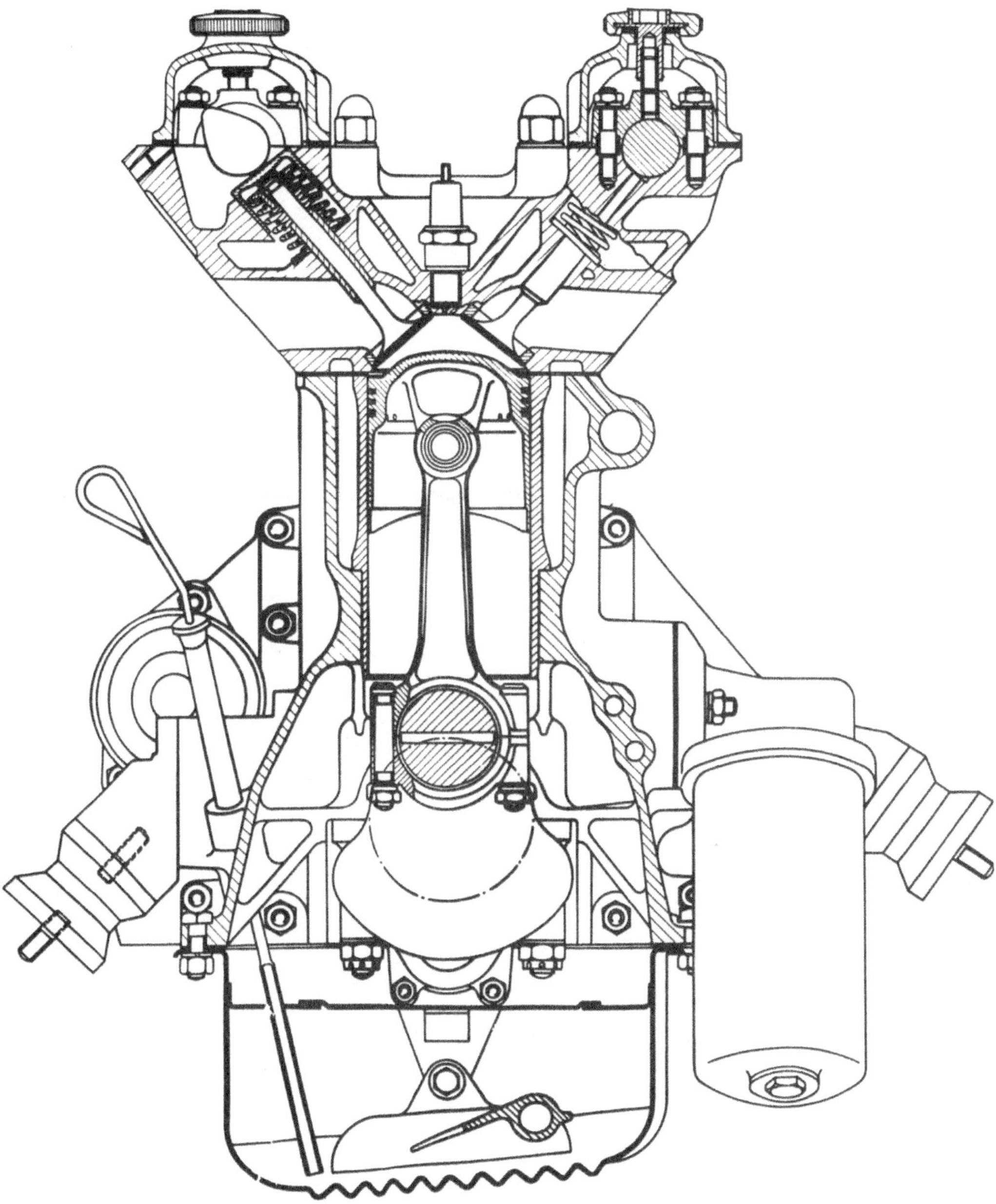

Abb. 267b. Querschnitt des Motors Abb. 267a

Abb. 268

Abb. 268. Teilschnitt durch den Steuerungsantrieb des Motors Abb. 267 (S. 260)

Abb. 268

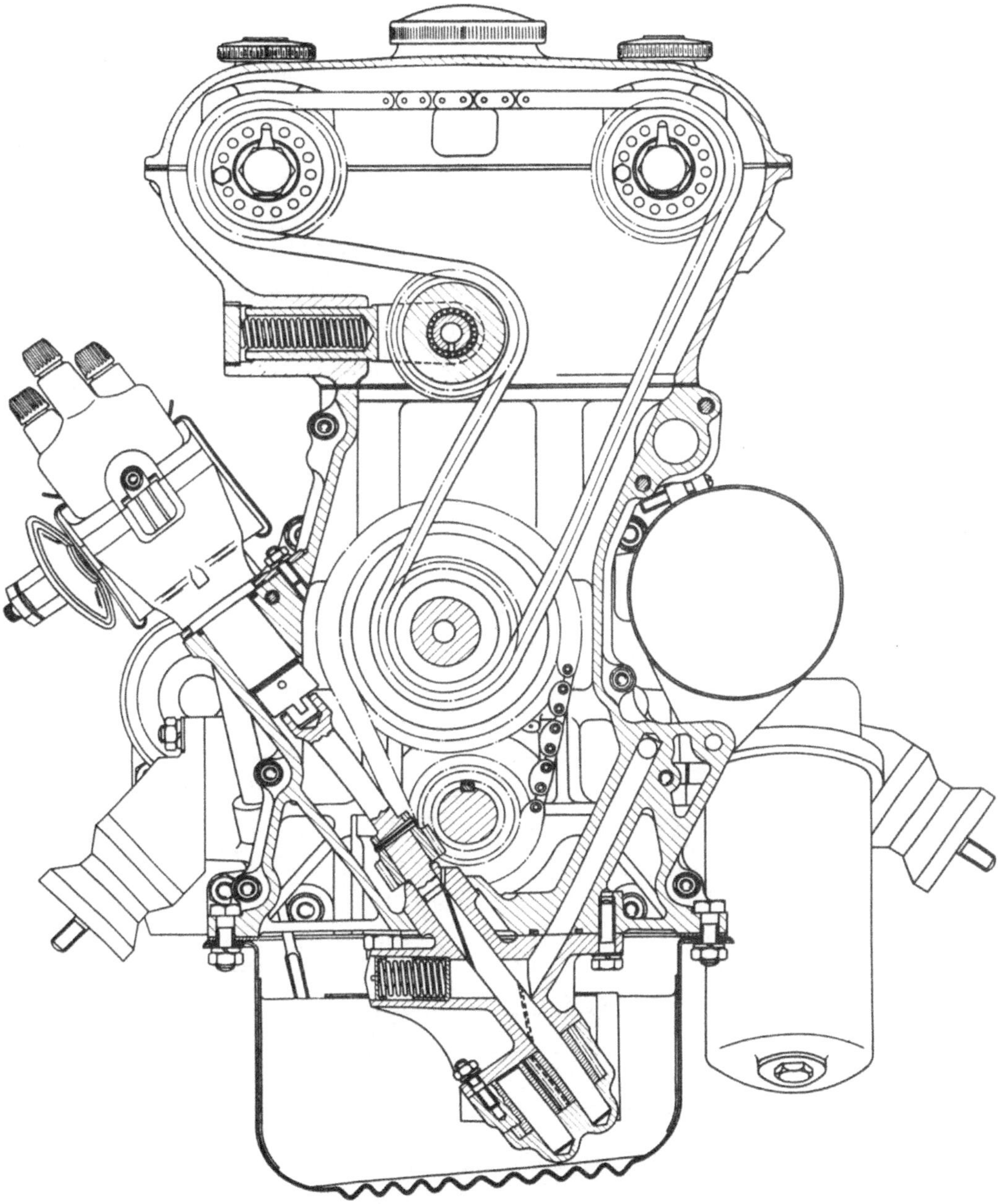

Abb. 269a

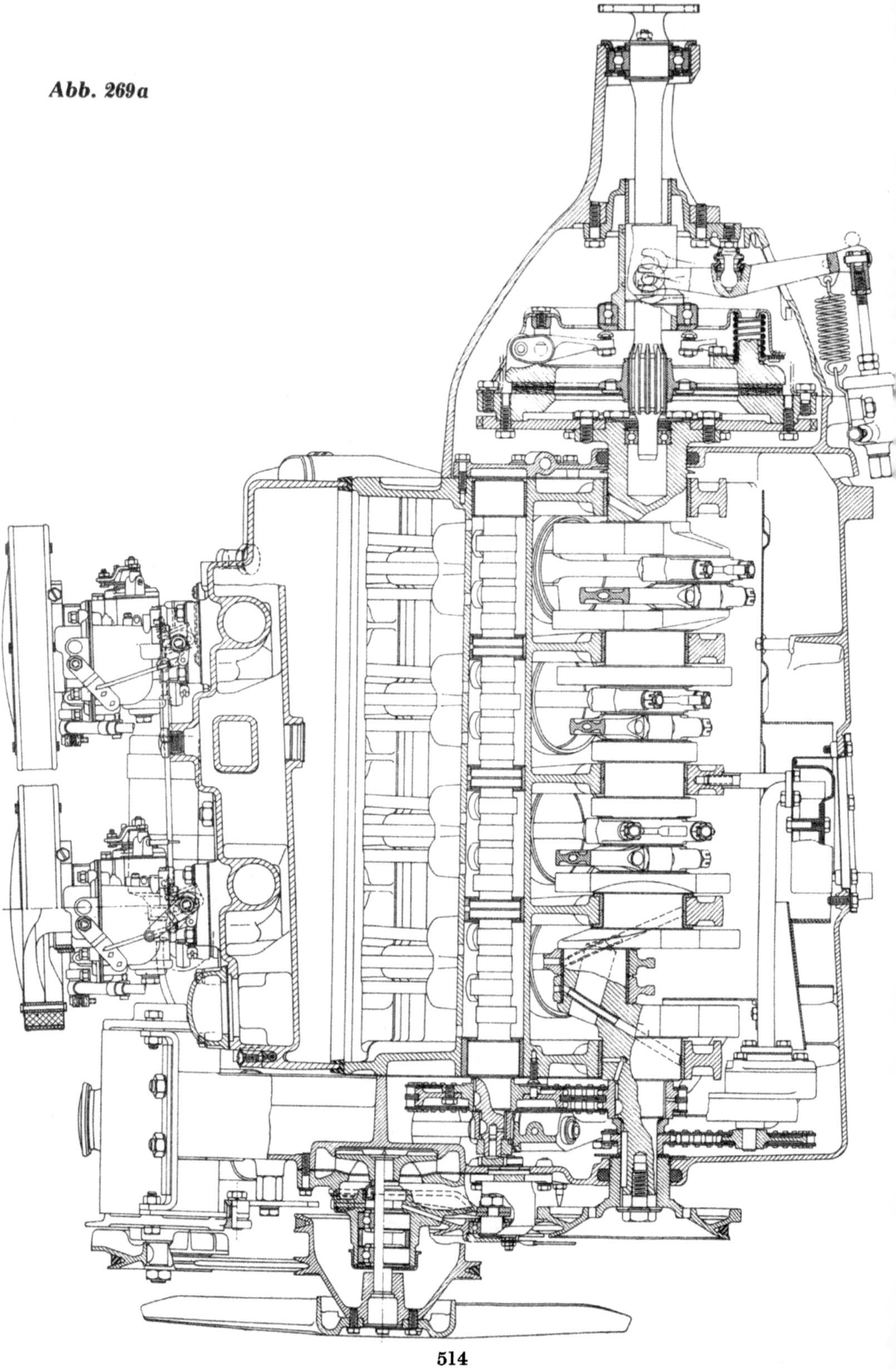

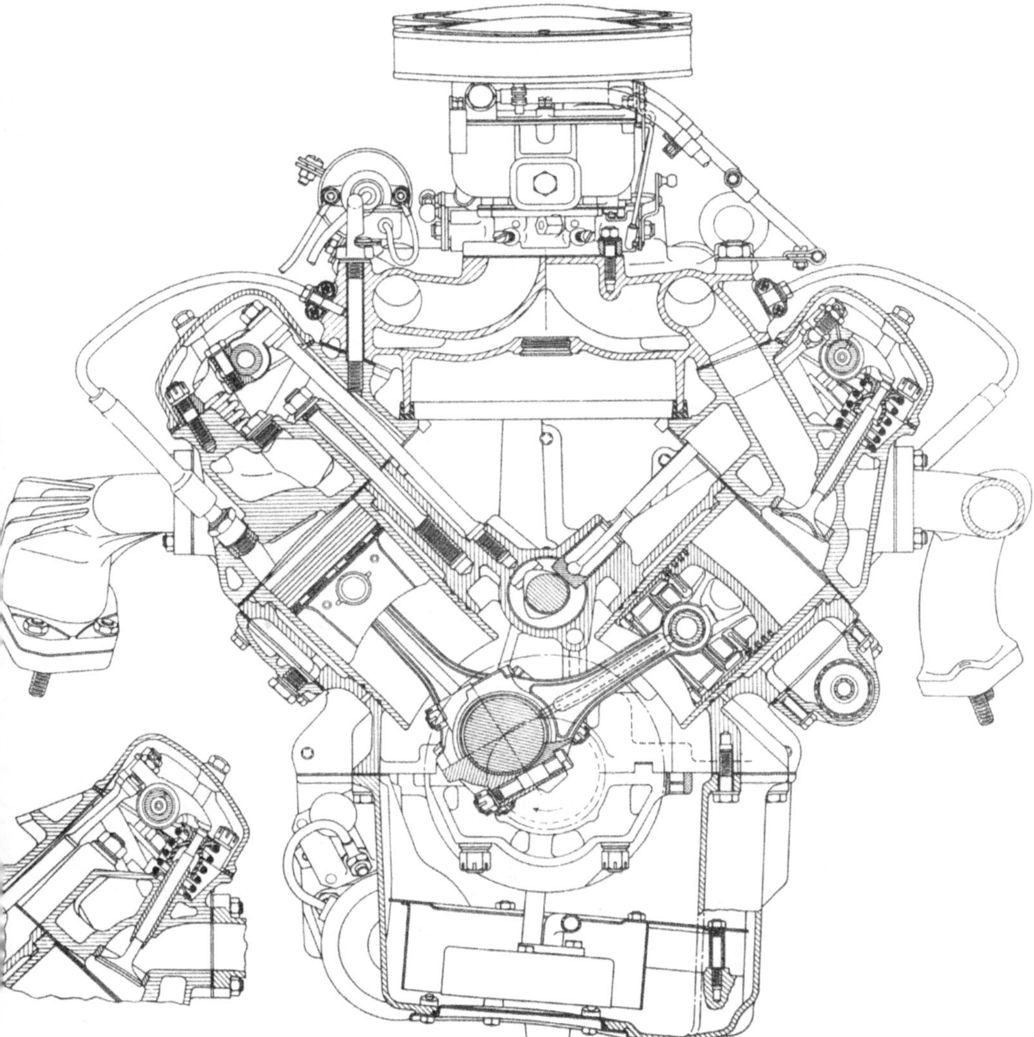

Abb. 269b. Querschnitt des Motors Abb. 269a (aus Automobile Engineer, Nr. 52, 1962)

Abb. 270a

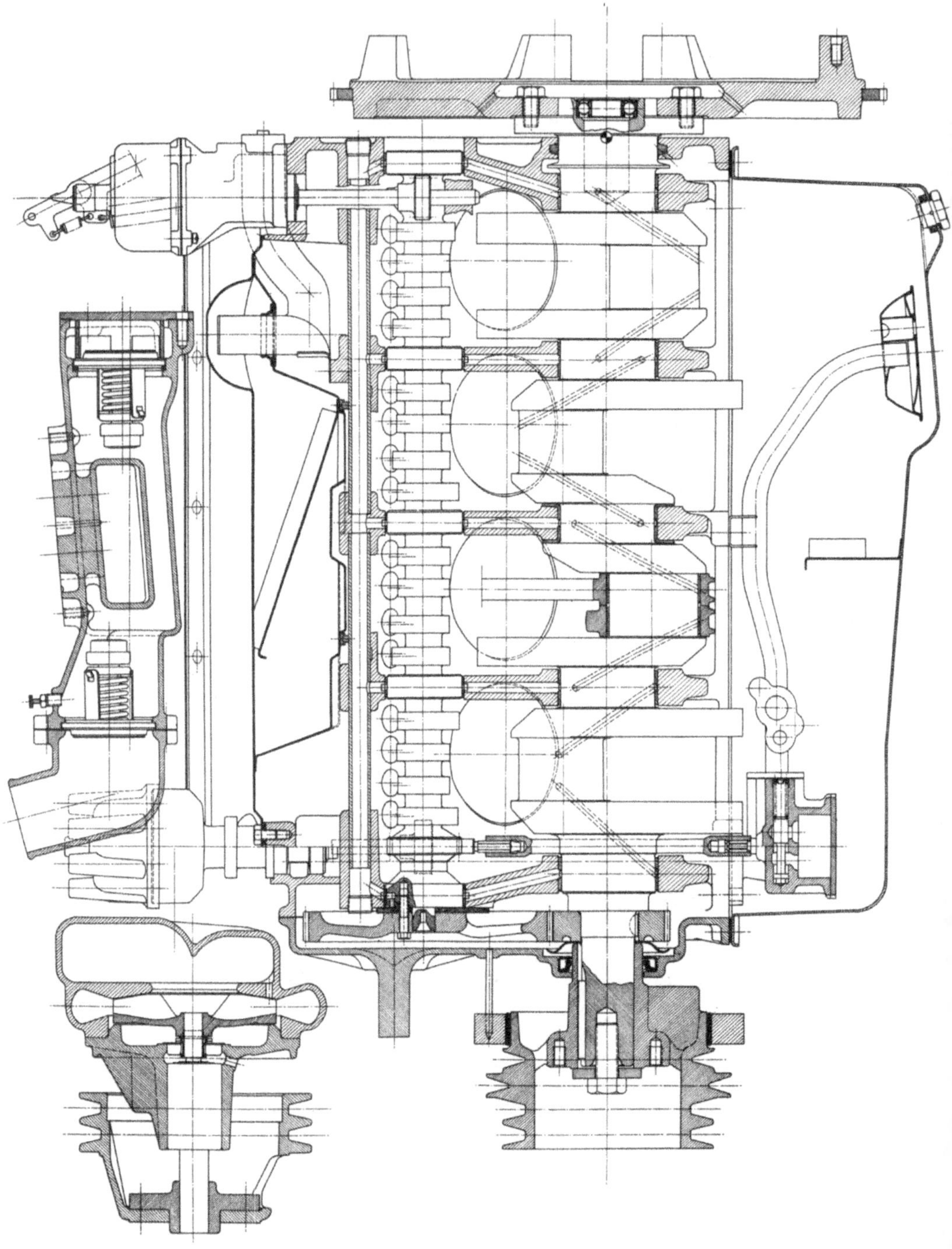

Abb. 270b

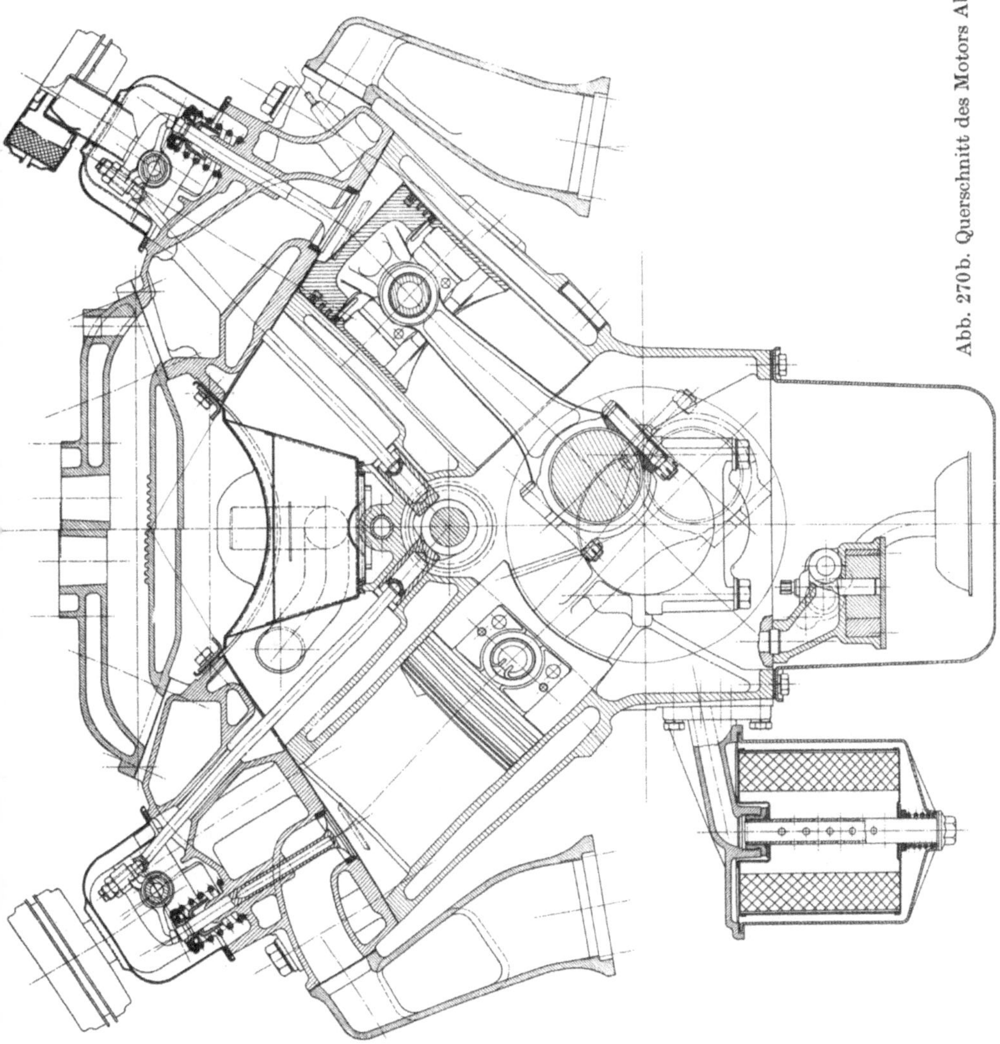

Abb. 270b. Querschnitt des Motors Abb. 270a

Abb. 271 und 272

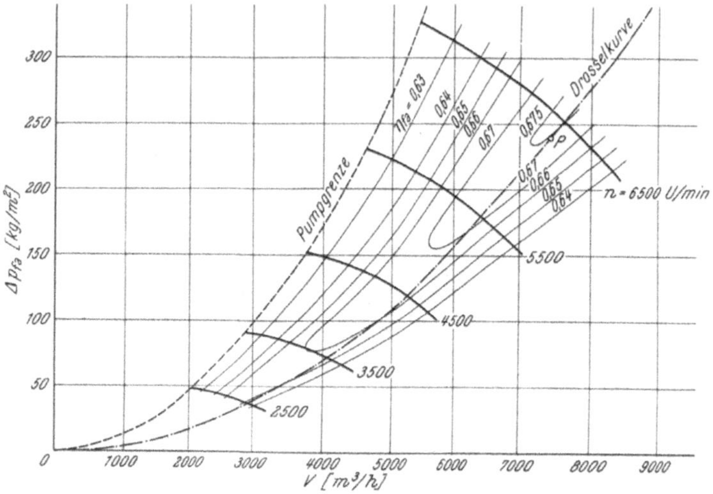

Abb. 271. Kennfeld zum Berechnungsbeispiel eines axialen Kühlgebläses Abb. 150. $D_a = 350$ mm, $D_i = 195$ mm. Ansaugzustand der Luft: 20° C, 735 mm QS, $\gamma_L = 1{,}17$ kg/m³. *P* der Berechnung zugrunde gelegter Arbeitspunkt

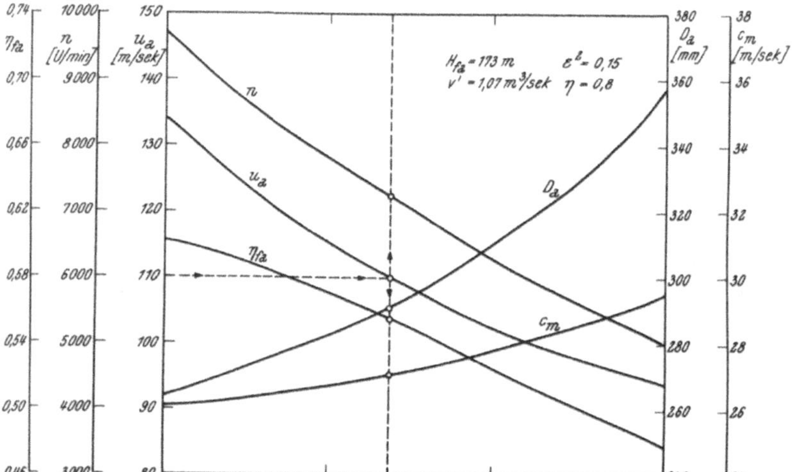

Abb. 272. Ermittlung der Daten zur Berechnung eines Axialgebläses ohne Leitrad

Anhang

Berechnungsbeispiele für Kühlgebläse axialer Bauart

Bearbeitet von Dipl.-Ing. GERHARD THIEN,
Anstalt für Verbrennungsmotoren Prof. Dr. Hans List, Graz

a) Einstufiges Axialgebläse mit Nachleitrad

(zu Abschnitt V, 3, a, β, 1, S. 131)

Die für die Auslegung des Kühlgebläses für einen luftgekühlten 140-PS-Dieselmotor erforderliche Luftmenge $V = 7450\ \mathrm{m^3/h}$ wurde im vorliegenden Fall an Hand der Entwicklungsversuche an einem Einzylinder-Versuchsmotor ermittelt. Dem zugehörigen Druckabfall im Kühlluftweg $\Delta p = 240\ \mathrm{kg/m^2}$, bezogen auf 20° C und 735 mm QS ($\gamma_L = 1{,}17\ \mathrm{kg/m^3}$), entspricht eine erforderliche Förderhöhe

$$H = \frac{\Delta p}{\gamma_L} = \frac{240}{1{,}17} = 205\ \mathrm{m}.$$

Das Kühlgebläse wird als Druckgebläse am Kühlluftverteilraum angebracht. Der Zustand der Luft vor dem Gebläse ist daher annähernd gleich dem Luftzustand vor dem Kühlluftweg (Kühlluftverteilraum). Die vom Kühlgebläse zu fördernde Luftmenge beträgt demnach ebenfalls

$$V = 7450\ \mathrm{m^3/h}.$$

Die Gebläsedrehzahl $n = 6500$ U/min bestimmte sich aus der Auslegung des Riementriebes.

Die am Gebläseaustritt vorhandene Geschwindigkeitsenergie wird beim Eintritt in den Kühlluftverteilraum verwirbelt und trägt zur Überwindung des Druckabfalls im Kühlluftweg nicht bei. Es ist daher die statische Förderhöhe H_{fa} des Gebläses der erforderlichen Förderhöhe H gleichzusetzen, das heißt

$$H_{\mathrm{fa}} = H = 205\ \mathrm{m}.$$

Die Gebläsefördermenge ist ziemlich groß. Um die Gebläseabmessungen klein zu halten, wird, obwohl der statische Wirkungsgrad dadurch etwas schlechter wird, die Drosselziffer nahe an der oberen Grenze angenommen, und zwar

$$\varepsilon^2 = 0{,}26.$$

Der innere Gesamtwirkungsgrad wird mit $\eta = 0{,}75$ vorausgeschätzt.

Mit diesen Angaben kann die erforderliche Umfangsgeschwindigkeit am Nabendurchmesser bestimmt werden. Unter Verwendung des Diagramms Abb. 130 erhält man

$$\left(\frac{u_i^2}{2g\,H_{\mathrm{fa}}}\right)_{\mathrm{opt}} = 1{,}47 \text{ und } \left(\frac{u_i^2}{2g\,H_{\mathrm{fa}}}\right)_{\mathrm{Grenz}} = 1{,}10.$$

Um möglichst kleine Abmessungen zu erhalten, wird mit dem Grenzwert gerechnet. Man erhält damit

$$u_i = \sqrt{2g\,H_{\mathrm{fa}}} \cdot \sqrt{\left(\frac{u_i^2}{2g\,H_{\mathrm{fa}}}\right)_{\mathrm{Grenz}}} = \sqrt{2 \cdot 9{,}81 \cdot 205} \cdot \sqrt{1{,}10} = 66{,}4\ \mathrm{m/sek}.$$

Daraus ergibt sich für den Nabendurchmesser

$$D_i = \frac{60 \cdot u_i}{\pi \cdot n} = \frac{60 \cdot 66{,}4}{\pi \cdot 6500} = 0{,}195 \text{ m}.$$

Um den Betriebspunkt des Gebläses in den Bereich besten statischen Wirkungsgrades zu legen, wird die Rechnungsfördermenge V' um 20% höher als die geforderte Fördermenge angenommen, das heißt

$$V' = 1{,}2 \cdot V = 1{,}2 \cdot 7450 = 8930 \text{ m}^3/\text{h} = 2{,}48 \text{ m}^3/\text{sek}.$$

Unter Verwendung von Abb. 134 ist

$$\frac{c_m^2}{2g H_{fa}} = 0{,}35$$

und daraus die Meridiangeschwindigkeit

$$c_m = \sqrt{2g H_{fa}} \cdot \sqrt{\frac{c_m^2}{2g H_{fa}}} = \sqrt{2 \cdot 9{,}81 \cdot 205} \cdot \sqrt{0{,}35} = 37{,}5 \text{ m/sek}.$$

Damit ergibt sich

$$\frac{D_a^2 \cdot \pi}{4} = \frac{D_i^2 \cdot \pi}{4} + \frac{V'}{c_m} = \frac{0{,}195^2 \cdot \pi}{4} + \frac{2{,}48}{37{,}5} = 0{,}0960 \text{ m}^2$$

und der Laufradaußendurchmesser

$$D_a = 0{,}350 \text{ m}.$$

Das Nabenverhältnis beträgt

$$\nu = \frac{D_i}{D_a} = \frac{0{,}195}{0{,}350} = 0{,}577.$$

Die Umfangsgeschwindigkeit am Laufradaußendurchmesser ist

$$u_a = \frac{u_i}{\nu} = \frac{66{,}4}{0{,}577} = 119 \text{ m/sek}.$$

Zur Kontrolle des Strömungswinkels $\beta_{\infty a}$ der mittleren Relativgeschwindigkeit am Laufradaußendurchmesser kann Abb. 132 verwendet werden. Mit

$$\frac{u_a^2}{2g H_{fa}} = \frac{119^2}{2 \cdot 9{,}81 \cdot 205} = 0{,}35$$

und $\varepsilon^2 = 0{,}26$ erhält man

$$\beta_{\infty a} = 20°.$$

Dies liegt innerhalb des Grenzbereiches für den Optimalwert. Da es sich um ein größeres Kühlgebläse handelt, kann die Umfangsgeschwindigkeit $u_a = 119$ m/sek hinsichtlich der zu erwartenden Geräuschentwicklung als zulässig erachtet werden (< 125 m/sek). Auch das Nabenverhältnis $\nu = 0{,}557$ hat eine sehr günstige Größe (nahe 0,5 und $0{,}5 < \nu < 0{,}8$).

Für den geschätzten inneren Gesamtwirkungsgrad $\eta = 0{,}75$ und die gewählte Drosselziffer $\varepsilon^2 = 0{,}26$ ergibt sich nach Abb. 134 ein statischer Gebläsewirkungsgrad von

$$\eta_{fa} = 0{,}555.$$

Das Laufrad soll wälzgelagert und durch Keilriemen angetrieben werden. Für den mechanischen Wirkungsgrad kann $\eta_m = 0{,}92$ angenommen werden. Die Antriebsleistung des Kühlgebläses im Berechnungspunkt beträgt dann

$$N_G = \frac{H_{fa} \cdot V' \cdot \gamma_L}{\eta_m \cdot \eta_{fa} \cdot 75} = \frac{205 \cdot 2{,}48 \cdot 1{,}17}{0{,}92 \cdot 0{,}555 \cdot 75} = 15{,}5 \text{ PS}.$$

Da es sich um ein größeres Kühlgebläse handelt, wird zur Abschätzung der Baulänge des Gebläses $\text{Re}_{\min} = 3 \cdot 10^5$ angenommen.

Mit $\nu_L = 15{,}5 \cdot 10^6$ m²/sek (20° C und 735 mm QS) und TF = 1,2 (einstufiges Gebläse) erhält man für die axiale Länge der Laufschaufel am Nabendurchmesser

$$a_{\mathrm{Lai}} > \frac{\mathrm{Re}_{\min} \cdot \nu_L}{\mathrm{TF} \cdot c_m} \cdot \frac{1}{1 + \left(\frac{u_i}{c_m} - \frac{c_m}{u_i} \cdot \frac{1}{4\varepsilon^2 \eta}\right)^2}$$

$$= \frac{3 \cdot 10^5 \cdot 15{,}5 \cdot 10^{-6}}{1{,}2 \cdot 37{,}5} \cdot \frac{1}{1 + \left(\frac{66{,}4}{37{,}5} - \frac{37{,}5}{66{,}4} \cdot \frac{1}{4 \cdot 0{,}26 \cdot 0{,}75}\right)^2} = 0{,}049 \text{ m}$$

und für die axiale Länge der Leitschaufel am Nabendurchmesser

$$a_{\mathrm{Lei}} > \frac{\mathrm{Re}_{\min} \cdot \nu_L}{\mathrm{TF} \cdot c_m} \cdot \frac{1}{1 + \left(\frac{c_m}{u_i} \cdot \frac{1}{4\varepsilon^2 \eta}\right)^2}$$

$$= \frac{3 \cdot 10^5 \cdot 15{,}5 \cdot 10^{-6}}{1{,}2 \cdot 37{,}5} \cdot \frac{1}{1 + \left(\frac{37{,}5}{66{,}4} \cdot \frac{1}{4 \cdot 0{,}26 \cdot 0{,}75}\right)^2} = 0{,}068 \text{ m.}$$

Für den Außendurchmesser ergibt sich analog

$$a_{\mathrm{Laa}} > 0{,}012 \text{ m und } a_{\mathrm{Lea}} > 0{,}089 \text{ m.}$$

Der Abstand zwischen den Lauf- und Leitschaufeln wird mit 40% von $a_{\mathrm{La\,max}}$ gewählt, das heißt

$$b = 0{,}4 \cdot a_{\mathrm{Lai}} = 0{,}4 \cdot 0{,}049 \approx 0{,}020 \text{ m.}$$

Die Gesamtlänge des beschaufelten Gebläseteiles ist

$$a_{\mathrm{La\,max}} + b + a_{\mathrm{Le\,max}} = a_{\mathrm{Lai}} + b + a_{\mathrm{Lea}} = 0{,}049 + 0{,}020 + 0{,}089 = 0{,}158 \text{ m.}$$

Mit 10 mm Zuschlag für die Einlaufabrundung ergibt sich für die Gesamtlänge des Gebläses (ohne Keilriemenscheibe)

$$L = 168 \text{ mm.}$$

Abb. 150 zeigt einen Längsschnitt durch das ausgeführte Gebläse.

Das gemessene statische Kennfeld des freiausblasenden Gebläses ist aus Abb. 271 zu ersehen. Die Kennlinie für die Nenndrehzahl des Gebläses von $n = 6500$ U/min liegt mit einer kleinen Reserve über dem der Berechnung zugrunde gelegten Arbeitspunkt P ($V = 7450$ m³/h und $\Delta p = 240$ kg/m²).

Der maximale statische Wirkungsgrad $\eta_{\mathrm{fa\,max}}$ ist größer als 67,5%. Der Arbeitspunkt bzw. die Drosselkurve liegt bei ganz wenig größeren Fördermengen, als sie der Kurve besten statischen Wirkungsgrades entsprechen würden. Das ist günstig, da bei Verschmutzung des Kühlluftweges die Drosselkurve im guten Wirkungsgradbereich bleibt. Der Abstand bis zur Pumpgrenze ist ausreichend groß.

b) Einstufiges Axialgebläse ohne Leitrad

(zu Abschnitt V, 3, a, β, 2, S. 141)

Für einen luftgekühlten Vierzylinder-Fahrzeugdieselmotor mit direkter Einspritzung und $N_e = 80$ PS bei $n = 2600$ U/min ist ein Kühlgebläse zu entwerfen. Es soll ein keilriemengetriebenes einstufiges Axialgebläse ohne Leitrad, angeordnet als Druckgebläse, verwendet werden.

Auf Grund der Erfahrungszahlen wird für die spezifische Kühlluftmenge

$$v_0 = 40 \text{ m}^3/\text{PSh}$$

und für den Druckabfall im Kühlluftweg

$$\Delta p = 200 \text{ kg/m}^2$$

angenommen.

Die Gebläsefördermenge beträgt

$$V = v_0 \cdot N_e = 40 \cdot 80 = 3200 \text{ m}^3\text{/h}.$$

Nimmt man als mittleren Ansaugzustand der Luft 20° C und 730 mm QS ($\gamma_L = 1{,}158$ kg/m³) an, dann beträgt die erforderliche Förderhöhe

$$H = \frac{\Delta p}{\gamma_L} = \frac{200}{1{,}158} = 173 \text{ m}.$$

Da das Kühlgebläse in einen Kühlluftverteilraum fördert, wird die statische Förderhöhe H_{fa} des in einen großen Raum ausblasenden Gebläses der erforderlichen Förderhöhe H gleichgesetzt, das heißt

$$H_{fa} = H = 173 \text{ m}.$$

Um einen möglichst hohen statischen Wirkungsgrad zu erzielen, kann bei der vorliegenden mittleren Motorgröße

$$\varepsilon^2 = 0{,}15$$

gewählt werden.

Damit der Arbeitspunkt des Gebläses in den Bereich von $\eta_{fa\,max}$ zu liegen kommt, wird als Berechnungsfördermenge

$$V' = 1{,}2 \cdot V = 1{,}2 \cdot 3200 = 3840 \text{ m}^3\text{/h} = 1{,}07 \text{ m}^3\text{/sek}$$

angenommen.

Unter Vorausschätzung eines inneren Gesamtwirkungsgrades $\eta = 0{,}8$ ergeben sich mit Hilfe der Abb. 136 bis 141 die in der folgenden Tabelle für die Nabenverhältnisse

ν		—	0,5	0,6	0,7	0,8
$\left(\frac{u_a^2}{2g\,H_{fa}}\right)_{Grenz}$	nach Abb. 136 bis 139 für $\eta = 0{,}8$ und $\varepsilon^2 = 0{,}15$	—	5,28	3,90	3,08	2,60
u_a	$\sqrt{2gH_{fa}} \cdot \sqrt{\left(\frac{u_a^2}{2g\,H_{fa}}\right)_{Grenz}}$	m/sek	134,0	115,0	102,2	93,8
$\frac{c_m^2}{2g\,H_{fa}}$	nach Abb. 140 für $\eta = 0{,}8$, $\varepsilon^2 = 0{,}15$ und $\left(\frac{u_a^2}{2g\,H_{fa}}\right)_{Grenz}$	—	0,200	0,210	0,227	0,255
c_m	$\sqrt{2g\,H_{fa}} \cdot \sqrt{\frac{c_m^2}{2g\,H_{fa}}}$	m/sek	26,1	26,7	27,8	29,5
$\frac{D_a^2\pi}{4}$	$\frac{1}{1-\nu^2} \cdot \frac{V'}{c_m}$	m²	0,0546	0,0625	0,0755	0,1007
D_a	$\sqrt{\frac{4}{\pi}} \cdot \sqrt{\frac{D_a^2\pi}{4}}$	m	0,264	0,282	0,310	0,358
D_i	$\nu \cdot D_a$	m	0,132	0,169	0,217	0,287
n	$\frac{60 \cdot u_a}{D_a \cdot \pi}$	U/min	9710	7780	6300	5000
η_{fa}	nach Abb. 141 für $\eta = 0{,}8$, $\varepsilon^2 = 0{,}15$ und $\left(\frac{u_a^2}{2g\,H_{fa}}\right)_{Grenz}$	—	0,602	0,570	0,525	0,478

$\nu = 0{,}5$—$0{,}6$—$0{,}7$ und $0{,}8$ errechneten Werte der Umfangsgeschwindigkeit u_a am Außendurchmesser, der Meridiangeschwindigkeit c_m, des Laufradaußendurchmessers D_a, des Laufradinnendurchmessers D_i, der Laufraddrehzahl n und des statischen Gebläsewirkungsgrades η_{fa}.

Um möglichst kleine Gebläseabmessungen zu erhalten, werden die Grenzwerte verwendet.

In der weiteren Folge ergibt sich das kleinste Gebläse, wenn man u_a an der als zulässig erachteten Grenze wählt. Diese kann beim vorliegenden Motor mit

$$u_a = 110 \text{ m/sek}$$

angenommen werden.

Um alle übrigen Gebläsedaten zu erhalten, wird, wie in Abb. 272 dargestellt, der Verlauf dieser Werte abhängig vom Nabenverhältnis aufgezeichnet. Die gesuchten Größen liegen auf der Ordinate durch den auf der Höhe 110 m/sek liegenden Punkt der u_a-Kurve.

Es ergibt sich

$$D_a = 0{,}291 \text{ m} \qquad c_m = 27{,}1 \text{ m/sek}$$
$$\nu = 0{,}635 \qquad u_i = \nu \cdot u_a = 69{,}8 \text{ m/sek}$$
$$D_i = \nu \cdot D_a = 0{,}185 \text{ m} \qquad \eta_{fa} = 0{,}555$$
$$n = 7200 \text{ U/min}$$

Zur Abschätzung der axialen Länge der Laufschaufel wird $\mathrm{Re}_{\min} = 3 \cdot 10^5$ angenommen. Mit $\nu_L = 15{,}6 \cdot 10^{-6}$ m²/sek (20° C und 730 mm QS) und TF $= 1{,}2$ (einstufiges Gebläse) erhält man am Nabendurchmesser

$$a_{Lai} > \frac{\mathrm{Re}_{\min} \cdot \nu_L}{\mathrm{TF} \cdot c_m} \cdot \frac{1}{1 + \left(\dfrac{u_i}{c_m} - \dfrac{c_m}{u_i} \cdot \dfrac{1}{4\,\varepsilon^2 \eta}\right)^2}$$

$$= \frac{3 \cdot 10^5 \cdot 15{,}6 \cdot 10^{-6}}{1{,}2 \cdot 27{,}1} \cdot \frac{1}{1 + \left(\dfrac{69{,}8}{27{,}1} - \dfrac{27{,}1}{69{,}8} \cdot \dfrac{1}{4 \cdot 0{,}15 \cdot 0{,}8}\right)^2} = 0{,}0351 \text{ m}$$

und analog für den Außendurchmesser

$$a_{Laa} > 0{,}0121 \text{ m}.$$

Mit einem angenommenen mechanischen Wirkungsgrad (Lager und Keilriemenverluste) von $\eta_m = 0{,}9$ ergibt sich für die Antriebsleistung des Kühlgebläses im Berechnungspunkt

$$N_G = \frac{H_{fa} \cdot V' \cdot \gamma_L}{\eta_m \cdot \eta_{fa} \cdot 75} = \frac{173 \cdot 1{,}07 \cdot 1{,}158}{0{,}9 \cdot 0{,}555 \cdot 75} = 5{,}7 \text{ PS}$$

das sind 7% der effektiven Motorleistung N_e.

GPSR Compliance

The European Union's (EU) General Product Safety Regulation (GPSR) is a set of rules that requires consumer products to be safe and our obligations to ensure this.

If you have any concerns about our products, you can contact us on ProductSafety@springernature.com

In case Publisher is established outside the EU, the EU authorized representative is:

Springer Nature Customer Service Center GmbH
Europaplatz 3
69115 Heidelberg, Germany

Batch number: 10682323

Printed by Printforce, the Netherlands